内蒙古植物志

（第三版）

第六卷

赵一之 赵利清 曹 瑞 主编

内蒙古人民出版社

2020·呼和浩特

图书在版编目（CIP）数据

内蒙古植物志：全6卷 / 赵一之，赵利清，曹瑞主编 . —3 版 . —呼和浩特：
内蒙古人民出版社，2020.1

ISBN 978-7-204-14546-1

Ⅰ . ①内… Ⅱ . ①赵… ②赵… ③曹… Ⅲ . ①植物志－内蒙古
Ⅳ . ① Q948.522.6

中国版本图书馆 CIP 数据核字（2017）第 006496 号

内 蒙 古 植 物 志 ： 全 6 卷
NEIMENGGU ZHIWUZHI : QUAN6 JUAN

丛书策划	吉日木图　郭　刚
策划编辑	田建群　刘智聪
主　编	赵一之　赵利清　曹　瑞
责任编辑	段瑞昕　王　曼　王　静
责任监印	王丽燕
封面设计	南　丁
版式设计	朝克泰　南　丁
出版发行	内蒙古人民出版社
地　址	呼和浩特市新城区中山东路 8 号波士名人国际 B 座 5 楼
网　址	http://www.impph.cn
印　刷	北京雅昌艺术印刷有限公司
开　本	889mm×1194mm　1/16
印　张	39.75
字　数	1016 千
版　次	2020 年 1 月第 1 版
印　次	2020 年 1 月第 1 次印刷
印　数	1—2000 册
书　号	ISBN 978-7-204-14546-1
定　价	880.00 元（全 6 卷）

图书营销部联系电话：(0471) 3946267 3946269
如发现印装质量问题，请与我社联系。联系电话：(0471) 3946120 3946124

FLORA INTRAMONGOLICA

EDITIO TERTIA
Tomus 6

Redactore Principali:Zhao Yi-Zhi   Zhao Li-Qing   Cao Rui

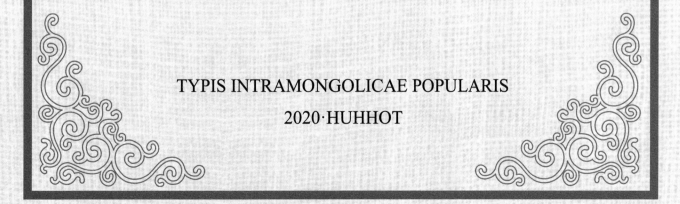

TYPIS INTRAMONGOLICAE POPULARIS

2020·HUHHOT

《内蒙古植物志》（第三版）编辑委员会

主　编：赵一之　赵利清　曹　瑞

编　委（以姓氏笔画为序）：

马　平　王迎春　田建群　吉日木图　朱宗元　刘果厚　刘钟龄

刘智聪　陈　山　赵一之　赵利清　哈斯巴根　莫日根　郭　刚

曹　瑞

《内蒙古植物志》（第三版）专家委员会

主　任：刘钟龄　陈　山

副主任：朱宗元　赵一之

委　员：覃海宁　张宪春　赵利清　曹　瑞

《内蒙古植物志》（第一版）编辑委员会

主　　编：马毓泉

副 主 编：富象乾　陈　山

编 辑 委 员（以姓氏笔画为序）：

　　　　　马恩伟　马毓泉　王朝品　朱宗元　刘钟龄　孙岱阳　李　博

　　　　　杨锡麟　陈　山　音扎布　徐　诚　温都苏　富象乾

《内蒙古植物志》（第二版）编辑委员会

主　　编：马毓泉

副 主 编：富象乾　陈　山

编 辑 委 员（以姓氏笔画为序）：

　　　　　马恩伟　马毓泉　王朝品　朱宗元　刘钟龄　李可达　李　博

　　　　　杨锡麟　陈　山　周世权　音扎布　温都苏　富象乾

办公室主任：赵一之

办公室成员：马　平　曹　瑞

说明

本书是在内蒙古大学和内蒙古人民出版社的主持下，由国家出版基金资助完成的。在研究过程中，得到国家自然科学基金项目"中国锦鸡儿属植物分子系统学研究"（项目号：30260010）、"蒙古高原维管植物多样性编目"（项目号：31670532）、"黄土丘陵沟壑区沟谷植被特性与沟谷稳定性关系研究"（项目号：30960067）、"脓疮草复合体的物种生物学研究"（项目号：39460007）、"绵刺属的系统位置研究"（项目号：39860008）等的资助。

全书共分六卷，第一卷包括序言、内蒙古植物区系研究历史、内蒙古植物区系概述、蕨类植物、裸子植物和被子植物的金粟兰科至马齿苋科，第二卷包括石竹科至蔷薇科，第三卷包括豆科至山茱萸科，第四卷包括鹿蹄草科至葫芦科，第五卷包括桔梗科至菊科，第六卷包括香蒲科至兰科。

本卷记载了内蒙古自治区被子植物的香蒲科至兰科，计21科（其中包括禾本科、莎草科、百合科、鸢尾科等）、153属、599种，另有9栽培属、31栽培种。内容有科、属、种的各级检索表及科、属特征；每个种有中文名、别名、拉丁文名、蒙古文名、主要文献引证、特征记述、生活型、水分生态类群、生境、重要种的群落成员型及其群落学作用、产地（参考内蒙古植物分区图）、分布、区系地理分布类型、经济用途、彩色照片和黑白线条图等。在卷末附有植物的蒙古文名、中文名、拉丁文名对照名录及中文名索引和拉丁文名索引。

本卷由内蒙古大学赵一之、赵利清、曹瑞修订、主编，内蒙古师范大学哈斯巴根、乌吉斯古楞编写蒙古文名。

书中彩色照片除署名者外，其他均为赵利清在野外实地拍摄，黑白线条图主要引自第一、二版《内蒙古植物志》。此外还引用了《中国高等植物图鉴》《中国高等植物》《东北草本植物志》及 *Flora of China* 等有关植物志书和文献中的图片。

本书如有不妥之处，敬请读者指正。

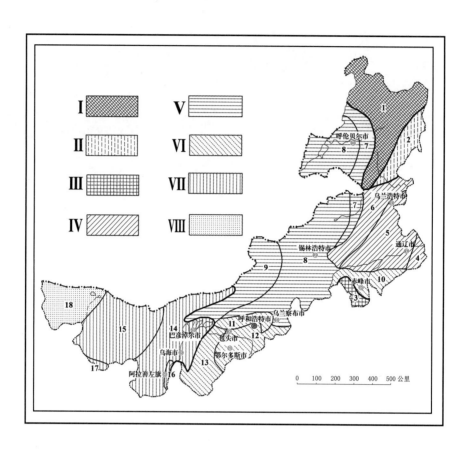

内蒙古植物分区图

Ⅰ. 兴安北部省　　　　　6. 兴安南部州　　　　　13. 鄂尔多斯州

　1. 兴安北部州　　　　Ⅴ. 蒙古高原东部省　　Ⅶ. 阿拉善省

Ⅱ. 岭东省　　　　　　　7. 岭西州　　　　　　　14. 东阿拉善州

　2. 岭东州　　　　　　　8. 呼锡高原州　　　　　15. 西阿拉善州

Ⅲ. 燕山北部省　　　　　9. 乌兰察布州　　　　　16. 贺兰山州

　3. 燕山北部州　　　　Ⅵ. 黄土丘陵省　　　　　17. 龙首山州

Ⅳ. 科尔沁省　　　　　　10. 赤峰丘陵州　　　　Ⅷ. 中央戈壁省

　4. 辽河平原州　　　　　11. 阴山州　　　　　　18. 额济纳州

　5. 科尔沁州　　　　　　12. 阴南丘陵州

目　录

125. 香蒲科 Typhaceae

水生或湿生多年生草本。具根状茎。茎常高大而不分枝,直立。叶互生,两行排列,条形,无柄,下部具鞘。花单性,雌雄同株,多数形成密集的顶生的圆柱形穗状花序,雄花在上,雌花在下,两部分可以互相连接或两者稍离开;无花被。雄花具 (1～)2～5雄蕊,离生或互相连结,与单出或分叉的毛或膜质鳞片相混生;花药细长,基底着生,药隔常延伸。雌花具1雌蕊,单心皮;子房具长柄,1室,1胚珠;花柱细长;柱头条形、条状披针形或菱状披针形,宿存;不育雌花生于具毛的长柄上,顶端膨大而为不育的子房。果实呈坚果状,具长柄,果皮纵裂;种子含有肉质或粉质的胚乳。

内蒙古有1属、9种。

1. 香蒲属 Typha L.

属的特征同科。

内蒙古有9种。

分种检索表

1a. 雄花序与雌花序相连接。
  2a. 雌花基部的毛与柱头近等长,雌花序长6～10cm,雄花序长3～5cm······**1. 东方香蒲 T. orientalis**
  2b. 雌花基部的毛比柱头短,雌花序长10～20cm,雄花序长7～15cm········**2. 宽叶香蒲 T. latifolia**
1b. 雄花序与雌花序不相连接而分离。
  3a. 雌花无小苞片,柱头披针形;植株高80～100cm;叶宽1～3.5mm······**3. 无苞香蒲 T. laxmannii**
  3b. 雌花具小苞片。
    4a 植株较矮小,低于80cm;花茎下部的叶无叶片,只有叶鞘。
      5a. 雄花序轴具毛,叶片宽2～4mm······**4. 短序香蒲 T. lugdunensis**
      5b. 雄花序轴无毛,叶片宽1～2mm。
        6a. 雌花基部的毛先端膨大,且短于花柱······**5. 小香蒲 T. minima**
        6b. 雌花基部的毛先端不膨大,且与花柱近等长······**6. 球序香蒲 T. pallida**
    4b. 植株较高大,高于100cm;花茎下部的叶具叶片,没有叶鞘。
      7a. 小苞片匙形或近三角形,柱头披针形······**7. 达香蒲 T. davidiana**
      7b. 小苞片线形或披针形,柱头条形至披针形。
        8a. 花药长约2mm,柱头与花柱一样宽······**8. 水烛 T. angustifolia**
        8b. 花药长约1.4mm,柱头比花柱宽······**9. 长苞香蒲 T. domingensis**

1. 东方香蒲（香蒲）

Typha orientalis C. Presl in Abh. Konigl. Bohm. Ges. Wiss., Ser. 5, 6:599; Epim Bot. 239. 1851; Fl. Intramongol. ed. 2, 5:2. t.1. f.4. 1994; Fl. China 23:161. 2010.

多年生草本,高100～150cm。地下具粗壮根状茎,直径约1cm。茎直立,粗壮。叶条形,宽5～10mm,基部扩大呈鞘状,两边膜质。穗状花序圆柱形,长9～15cm,雌雄花序相连接,不间隔。雄花序在上,长3～5cm,约为雌花序的一半;雄花具2～4雄蕊;花粉单粒。雌花序在下，长 6～10cm；雌花无小苞片，有多数基生乳白色长毛，毛与柱头近等长；子房具细长的柄；花柱细长。柱头紫黑色，披针形。果穗长椭圆形，直径 2～2.5cm，有时呈紫褐色。花果期 6～7月。

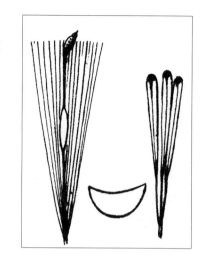

　　水生草本。生于森林区和草原区的湖边浅水中及沼泽草甸。产兴安北部（牙克石市）、辽河平原（科尔沁左翼后旗）。分布于我国黑龙江东部和东南部、吉林东北部和南部、辽宁中部、河北、河南西部、山东、山西中部、陕西南部、安徽南部、江苏南部、浙江西北部、台湾、湖北、江西西部、广东西部、贵州、云南东南部，日本、朝鲜、俄罗斯（远东地区）、缅甸、菲律宾，大洋洲。为东亚—大洋洲分布种。

　　用途同水烛。

2. 宽叶香蒲

Typha latifolia L., Sp. Pl. 2:971. 1753; Fl. Intramongol. ed. 2, 5:1. t.1. f.1-3. 1994.

　　多年生草本。根状茎粗壮，白色，横走泥中，具多数淡褐色细圆柱形的根。茎直立，高 100～300cm，粗壮，中实，具白色的髓。叶扁平，条形，长 50～100cm，宽 1～2cm，基部具长叶鞘，鞘宽 2～3cm，两边具白色膜质的边缘。穗状花序长 15～30cm，雄花序与雌花序相互连接。雄花序长 7～15cm；雄花具 2～3 雄蕊；花丝丝状，下部合生；花药长矩圆形，长约 2.5mm，落粉后呈螺旋状扭转，花粉四合体。雌花序圆柱形，长 10～20cm；雌花无苞片，基部着生有淡褐色分枝的毛，比柱头短；子房狭椭圆形，具细长的柄；花柱丝状，细长；柱头菱状披针形，先端紫黑色；不育花有退化子房，稍短于毛。花果期 7～8月。

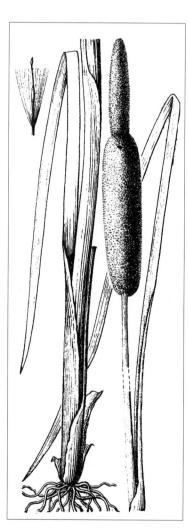

　　水生草本。生于森林区和森林草原区的渠边、湖泊或浅水中。产兴安北部（牙克石市）、兴安南部（扎赉特旗、阿鲁科尔沁

旗）。分布于我国黑龙江、吉林、辽宁、河北中西部、河南西部、陕西南部、甘肃东北部、四川北部、浙江西北部、西藏、云南、新疆中部和北部及西北部，亚洲、欧洲、北美洲、南美洲、大洋洲、非洲。为世界分布种。

用途同水烛。

3. 无苞香蒲（拉氏香蒲）

Typha laxmannii Lepech. in Nov. Act. Acad. Sci. Imp. Petrop. Hist. Acad. 12:84. 1801; Fl. Intramongol. ed. 2, 5:4. t.2. f.4-6. 1994.

多年生草本，高 80 ～ 100cm。根状茎褐色，直径约 8mm，横走泥中，须根多数，纤细，圆柱形，土黄色。茎直立。叶狭条形，长 30 ～ 50cm，宽 2 ～ 4(～ 10) mm，基部具长宽的鞘，两边稍膜质。穗状花序长 20cm，雌雄花序通常不连接，中间相距 1 ～ 2cm，花序轴具毛。雄花序长圆柱形，长 7 ～ 10cm；雄花具 2 ～ 3 雄蕊；花药矩圆形，长约 1.5mm，花粉单粒；花丝丝状，下部合生。雌花序圆柱形，长 5 ～ 9cm，成熟后直径 14 ～ 17mm；雌花无小苞片，不育雌蕊倒卵形，先端圆形，褐色，比毛短；子房条形；花柱很细；柱头菱状披针形，棕色，向一侧弯曲，基部具乳白色的长毛，比柱头短。果实狭椭圆形，褐色，具细长的柄。花果期 7 ～ 9 月。

水生草本。生于森林区和草原区的水沟、水塘、河边等浅水中。产兴安北部及岭东和岭西（额尔古纳市、牙克石市、鄂伦春自治旗、鄂温克族自治旗）、兴安南部（扎赉特旗、科尔沁右翼前旗、阿鲁科尔沁旗、巴林右旗、克什克腾旗）、辽河平原（大青沟）、赤峰丘陵（翁牛特旗）、燕山北部（敖汉旗）、锡林郭勒（东乌珠穆沁旗、锡林浩特市、苏尼特左旗、察哈尔右翼前旗、

丰镇市）、阴山（大青山白石头沟）、阴南平原（呼和浩特市、凉城县）、阴南丘陵（准格尔旗）、鄂尔多斯（达拉特旗、乌审旗、鄂托克旗）、东阿拉善（巴彦浩特镇）。分布于我国黑龙江、吉林、辽宁、河北、河南、山东、山西、陕西北部、宁夏西部、甘肃（河西走廊）、青海、四川西北部、江苏、新疆中部和北部及西北部、日本、蒙古国东部和北部及西部、俄罗斯（西伯利亚地区、远东地区）、巴基斯坦、阿富汗、中亚、西南亚，欧洲。为古北极分布种。

用途同水烛。

4. 短序香蒲

Typha lugdunensis P. Chabert in Bull. Soc. Hort. Prat. Dep. Rhone 1850:149. 1850; Fl. China 23:163. 2010.——*T. gracilis* Jordan in Index Seminum (Grenoble) 1849:24. 1849.

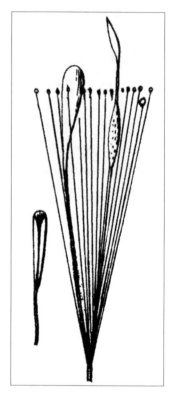

多年生草本。根状茎姜黄色,先端乳白色。地上茎直立,细弱,高 45～70cm。鞘状叶基生,长 4～9cm,红棕色,先端尖;上部叶片 2～4 枚,窄条形,斜向上展开,长 50～70cm,稍长于花葶,宽 2～4mm,先端渐尖,边缘向上隆起,下部横切面半圆形,叶脉不明显;叶鞘较长。雌雄花序远离。雄花序长 3～6cm,花序轴基部具弯曲的柔毛,叶状苞片 1 枚,比叶宽;雄花无花被,雄蕊单生;花药矩圆形,长约 1.2mm,纵裂;花丝长约 1mm,向下渐宽。雌花序长 1.5～3cm,直径 1～1.5cm;雌花具小苞片,小苞片很小,褐色。孕性雌花柱头披针形,长约 0.7mm;花柱极细,长约 0.5mm;子房纺锤形至椭圆形,长约 1mm,子房柄长 2.5～4mm。不孕雌花子房长 1.5～2mm,先端圆形,黄色,具褐色圆形斑点,白色丝状毛先端膨大呈圆形,着生于子房柄基部,向上延伸,短于花柱和不孕雌花。小坚果椭圆形,纵裂,果皮膜质;种子椭圆形,褐色。花果期 5～8 月。

湿生草本。生于水渠、浅水中。产内蒙古南部。分布于我国河北、山东、新疆,北亚、西亚,欧洲。为古北极分布种。

用途同水烛。

5. 小香蒲

Typha minima Funck ex Hoppe in Bot. Taschenb. Anf. Wiss. Apothekerkunst 5: 187. 1794; Fl. Intramongol. ed. 2, 5:2. t.2. f.1-3. 1994.

多年生草本。根状茎横走泥中,褐色,直径 3～5mm。茎直立,高 20～50cm;花茎下部只有膜质叶鞘。叶条形,宽 1～2mm,基部具褐色宽叶鞘,边缘膜质。穗状花序,长 6～10cm,雌雄花序不连接,中间相距 5～10cm。雄花序圆柱形,长 3～5cm,直径约 5mm,在雄花序基部常有淡褐色膜质苞片,与花序约等长;雄花具 1 雄蕊,基部无毛;花药长矩圆形,长约 2mm,花粉为四合体;花丝丝状。雌花序长椭圆形,长 1.5～3cm,直径 5～7mm,成熟后直径达 1cm,在基部有 1 褐色膜质的叶状苞片,比全花序稍长;子房长椭圆形,具细长的柄;柱头条形,稍长于白色长毛,毛先端稍膨大,与小苞片近等长,比柱头短。果实褐色,椭圆形,具长柄。花果期 5～7 月。

湿生草本。生于森林区和草原区的河湖边浅水中、河滩、低湿地。产兴安北部(大兴安岭)、呼伦贝尔、兴安南部及科尔沁(阿鲁科尔沁旗、巴林右旗、通辽市)、辽河平原(科尔沁左翼后旗)、赤峰丘陵(翁牛特旗)、阴南丘陵(凉城县)、鄂尔多斯(达拉特旗、伊金霍洛旗、乌审旗、鄂托克旗)。分布于我国黑龙江、吉林北部、辽宁北部、河北、

河南西部和北部、湖北西北部、山东、山西中北部、陕西、甘肃、四川东北部、新疆北部和西北部、蒙古国西部、俄罗斯、巴基斯坦，中亚、西南亚，欧洲。为古北极分布种。

用途同水烛。

6. 球序香蒲

Typha pallida Pobedimova in Bot. Mater. Gerb. Bot. Inst. Kom. Akad. Nauk S.S.S.R. 11:17. 1949; Fl. China 23:163. 2010.

多年生植物。根状茎粗壮。地上茎秆细弱，直立，常簇生，高 70～80cm，向上渐细。叶片窄条形，长 40～45cm，宽 1～2mm；叶鞘大都不抱茎，具膜质边，基生者常不具叶片，先端尖，长 4～12cm。雌雄花序远离，或比较接近。雄花序长 4～5cm，基部具 1 枚叶状苞片；雄花具单一雄蕊；花药长 1.2～1.5mm，条形，深褐色；花丝扁，长约 1mm。雌花序长 2.5～4.5cm，直径 1.5～2cm，灰褐色，基部具 1 枚叶状苞片，花后脱落；雌花具小苞片。孕性雌花柱头条形，长约 0.8mm。不孕雌花柱头常不发育；子房长 1～1.2mm，棒状，具红棕色斑点，先端尖，黄色，子房柄较粗壮，基部着生，白色丝状毛，较少，先端不呈圆形，果期丝状毛较长，有时可超过不孕雌花和孕性雌花柱头及小苞片。果实褐色，先端较圆，具红棕色斑点，长约 0.8mm。花果期 6～8 月。

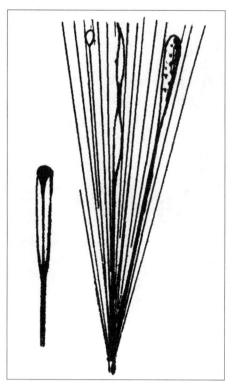

水生草本。生于池塘、溪流中。产锡林郭勒（克什克腾旗达里诺尔湖）、阴南平原（包头市）。分布于我国河北、新疆，中亚。为东古北极分布种。

用途同水烛。

7. 达香蒲（蒙古香蒲）

Typha davidiana (Kronfeld) Hand.-Mazz. in Oesterr. Bot. Z. 87:133. 1938; Fl. China 23:163. 2010.——*T. martini* Jord. var. *davidiana* Kronfeld in Verh. K. K. Zool.-Bot. Ges. Wien 39:149. 1889.

多年生草本。根状茎横生泥中，粗壮。茎直立，高约 100cm，基部具枯叶。叶狭条形，宽 2～3mm，基部鞘状，抱茎。雌雄花序离生，相距 2～4cm。雄花序在上，长 10cm 以上。雌花序在下，矩圆形或椭圆形，长 4.5～11cm，直径 1.5～2cm，叶状苞片比叶宽，花后脱落；雌花具匙形或近三角形小苞片。孕性雌花柱头条形或披针形，长 1～1.2mm；花柱很短；子房披针形，具深褐色斑点，子房柄长 3～4mm。不孕雌花子房倒圆锥形，具褐色斑点，子房柄基部着生；白色丝状毛，多少上延，果期通常与小苞片和柱头近等长，长于不孕雌花。果实长 1.3～1.5mm，披针形，具棕色条纹，果柄不等长；种子纺锤形，长约 1.2mm，黄褐色，微弯。花期 6～7 月，果期 9～10 月。

水生草本。生于湖边、河岸。产兴安北部（额尔古纳市、牙克石市）、呼伦贝尔（海拉尔区、新巴尔虎左旗）、科尔沁（科尔沁右翼中旗、通辽市、阿鲁科尔沁旗、巴林右旗、敖汉旗）。分布于我国辽宁、河北、河南、江苏、浙江、新疆中部和南部，蒙古国，中亚。为东古北极分布种。

用途同水烛。

8. 水烛（狭叶香蒲、蒲草）

Typha angustifolia L., Sp. Pl. 2:971. 1753; Fl. Intramongol. ed. 2, 5:4. t.1. f.5-7. 1994.

多年生草本，高 150～200cm。根状茎短粗，须根多数，褐色，圆柱形。茎直立，具白色的髓部。叶狭条形，宽 4～8（～10）mm，下部具圆筒形叶鞘，边缘膜质，白色。穗状花序长 30～60cm，雌雄花序不连接，中间相距 (0.5～)3～8（～12）cm。雄花序狭圆柱形，长 20～30cm；雄花具 2～3 雄蕊，基部具毛，较雄蕊长；花药长约 2mm，花粉单粒。雌花序长 10～30cm；雌花具线形小苞片，先端淡褐色，比柱头短；子房长椭圆形，具细长的柄，基部具多数乳白色丝状毛，稍短于柱头，与小苞片约等长；柱头条形，褐色，柱头与花柱近等宽。小坚果褐色。花果期 6～8 月。

水生草本。生于湖边、池塘、河岸浅水中。产兴安北部（额尔古纳市、牙克石市）、兴安南部及科尔沁（科尔沁右翼前旗、科尔沁右翼中旗、扎赉特旗、阿鲁科尔沁旗、巴林右旗、敖汉旗）、辽河平原（科尔沁左翼后旗）、赤峰丘陵（翁牛特旗）、锡林郭勒（苏尼特左旗、苏尼特右旗、丰镇市）、乌兰察布（乌拉特前旗）、阴南平原（呼和浩特市、包头市）、阴南丘陵（准格尔旗）、鄂尔多斯（达拉特旗、乌审旗、鄂托克旗、杭锦旗）、龙首山、额济纳。分布于我国除西藏以外的其他省区，亚洲、欧洲、北美洲、大洋洲。为世界分布种。

花粉及全草或根状茎可入药。花粉（药材名：蒲黄）能止血、祛瘀、利尿，主治衄血、咯血、吐血、尿血、崩漏、痛经、产后血瘀脘腹刺痛、跌打损伤等；全草、根状茎能利尿、消肿，主治小便不利、痈肿等。叶供编织用，蒲绒可做枕芯。

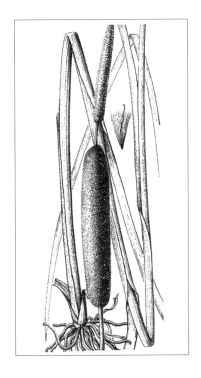

9. 长苞香蒲

Typha domingensis Persoon in Syn. Pl. 2:532. 1807; Fl China 23:162. 2010.——*T. angustata* Bory et Chaub. in Exped. Sci. Mor. 3:338. 1832.

多年生草本，高 150～200cm。根状茎短粗，须根多数，褐色，圆柱形。茎直立，具白色的髓部。叶狭条形，宽 4～8(～10)mm，下部具圆筒形叶鞘，边缘膜质，白色。穗状花序长 30～60cm，雌雄花序不连接，中间相距 (0.5～)3～8(～12)cm。雄花序狭圆柱形，长 20～30cm；雄花具 2～3 雄蕊，基部具毛，较雄蕊长；花药长约 1.4mm，花粉单粒。雌花序长 10～30cm；雌花具线形或披针形小苞片，先端淡褐色，比柱头短；子房长椭圆形，具细长的柄，基部具多数乳白色分枝的毛，稍短于柱头，与小苞片约等长；柱头条形，褐色，比花柱宽。小坚果褐色。花果期 6～8 月。

水生草本。生于湖边、池塘、河岸浅水中。产呼伦贝尔（海拉尔区）。分布于我国黑龙江、吉林西部、辽宁、河北、河南、山东西部、山西东部、陕西北部、甘肃（河西走廊）、安徽南部、江苏西南部、台湾、江西北部、四川、贵州南部、云南、新疆，日本、蒙古国、俄罗斯、越南、尼泊尔、印度、缅甸、巴基斯坦、印度尼西亚、马来西亚、菲律宾、斯里兰卡、欧洲、北美洲、南美洲、大洋洲、非洲。为世界分布种。

用途同水烛。

126. 黑三棱科 Sparganiaceae

多年生沼泽或水生草本。具根状茎。茎直立或浮水，单一或分枝。叶2列，互生，条形，无柄，直立或漂浮于水面，叶片扁平，或有明显中脉，在背面中下部具龙骨状凸起或呈三棱形。圆锥花序由1至数个雄性头状花序和雌性头状花序组成；花小，单性，雌雄同株，密集呈球形头状花序。雄性头状花序位于雌性头状花序上方；花被片3～6，呈膜质，鳞片状；雄花具3个或更多雄蕊；花丝分离，基部有时连合；花药矩圆形，基部着生。雌花具膜质苞片，略短于花被片；子房上位，1室，稀2室，每室有1胚珠，悬垂。果实不开裂，外果皮海绵质，内果皮坚硬，骨质；种皮质薄，内含粉质胚乳及直立的胚。

内蒙古有1属、6种。

1. 黑三棱属 Sparganium L.

属的特征同科。

内蒙古有6种。

分种检索表

1a. 叶背面中下部三棱形，具龙骨状凸起；植株直立。
  2a. 侧枝上具有雄性和雌性头状花序，子房基部无柄。
    3a. 叶宽6～19mm，横切面扁，背面龙骨凸起明显·····················**1. 黑三棱 S. stoloniferum**
    3b. 叶宽2～3mm，横切面三角形·····························**2. 狭叶黑三棱 S. subglobosum**
  2b. 侧枝上无雄性头状花序，只具有一个雌性头状花序，子房基部具柄。
    4a. 花序轴长10～20cm；雄性头状花序5～7，与雌性头状花序远离·······**3. 小黑三棱 S. emersum**
    4b. 花序轴长6～15cm；雄性头状花序1～2，与雌性头状花序互相连接·····
      ··**4. 短序黑三棱 S. glomeratum**
1b. 叶扁平或中下部背面呈半月形隆起，不呈三棱形，宽约4mm；植株浮水，少近于直立。
  5a. 雄性头状花序2～4，与雌性头状花序远离，花被片倒三角形或矩圆形；植株浮水··········
    ··**5. 线叶黑三棱 S. angustifolium**
  5b. 雄性头状花序2～4，与雌性头状花序互相连接，花被片匙形或条形；植株近于直立··········
    ··**6. 矮黑三棱 S. natans**

1. 黑三棱（京三棱）

Sparganium stoloniferum (Buch.-Ham. ex Graebn.) Buch.-Ham. ex Juz. in Fl. U.R.S.S. 1:219. 1934; Fl. Intramongol. ed. 2, 5:6. t.3. f.1-3. 1994.——*S. ramosum* Huds. subsp. *stoloniferum* Buch.-Ham.ex Graebn. in Engl. Pflanzenr. 2(4:10):14. 1900.

多年生草本。根状茎粗壮，在泥中横走；具卵球形块茎。茎直立，伸出水面，高50～120cm，上部多分枝。叶条形，长60～95cm，宽6～19mm，先端渐狭，基部三棱形，中脉明显，在背面中部以下具龙骨状凸起。圆锥花序开展，长30～50cm，具3～5（～7）侧枝，每侧枝下部具1～3雌性头状花序，上部具数个雄性头状花序。雌性头状花序呈球形，直径10～15mm；雌花密集，花被片4或5，红褐色，倒卵形，长5～7mm，膜质，先端较厚，加宽，

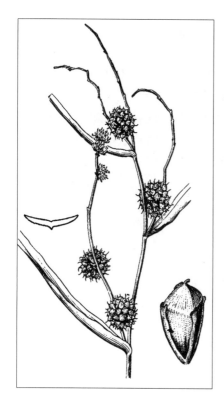

平截或中部稍凹；子房纺锤形，长约 4mm，子房近无柄；花柱与子房近等长；柱头钻形，单一或分叉。雄花具花被片 3～4，膜质，匙形，长约 2mm，有细长的爪；雄蕊 3，花丝丝状，花药黄色。果实倒圆锥形，呈不规则四棱状，褐色，长 5～8mm，顶端急收缩，具喙，近无柄。花果期 7～9 月。

　　湿生草本。生于森林草原区和草原区的河边或池塘浅水中。产岭西及呼伦贝尔（额尔古纳市、新巴尔虎左旗、新巴尔虎右旗）、兴安南部及科尔沁（科尔沁右翼前旗、科尔沁右翼中旗、扎赉特旗、阿鲁科尔沁旗、巴林右旗、敖汉旗）、辽河平原（大青沟）、锡林郭勒（锡林浩特市、苏尼特左旗）、乌兰察布、阴山（大青山）、阴南丘陵（准格尔旗）、鄂尔多斯。分布于我国黑龙江、吉林、辽宁、河北中西部、河南、山东西部、山西东北部、陕西北部、甘肃东部、安徽东部、江苏、浙江、江西西部、湖北、云南西南部、西藏南部、新疆北部和中部及东部，日本、朝鲜、蒙古国北部、俄罗斯、巴基斯坦、阿富汗，中亚、西南亚。为东古北极分布种。

　　块茎入药（药材名：三棱），能破血祛瘀、行气消积、止痛，主治血瘀经闭、产后血瘀腹痛、气血凝滞、症瘕积聚、胸腹胀痛等。块茎入蒙药（蒙药名：哈日－高日布勒吉－乌布斯），能清肺、舒肝、凉血、透骨蒸，主治肺热咳嗽、支气管扩张、气喘痰多、黄疸性肝炎、痨热骨蒸。

2. 狭叶黑三棱

Sparganium subglobosum Morong in Bull. Torrey Bot. Club. 15:81. 1888; Fl. China 23:159. 2010.

　　多年生草本，植株高 30～60cm。根状茎在泥土中横走。叶线形；基生叶与茎下部叶长 45～50(～60)cm，宽 2～3(～4)mm，背面有棱，横切面呈三角形，叶鞘稍膨大。圆锥花序长 10～15cm，通常只有 1 个侧枝，与主枝一样，都有雌、雄头状花序，无柄，稀无侧枝；一般主枝有雄头状花序 (4～)5～7，下部一般有 2 个雌头状花序，开花时直径 7～14mm；侧枝通常有（1～）2～3个雄头状花序，有1（～2）个雌头状花序，各头状花序之间有间距。花被片3，近膜质，先端色稍深，浅棕色，全缘；雄蕊1～3（～8），花丝长约6mm，花药长圆形，长约1mm；子房菱状椭圆形，向先端渐狭与花柱连接，柱头长约0.5mm，无柄。果实倒圆锥形，无棱或有棱，内果皮无棱。花期7月，果期8月。

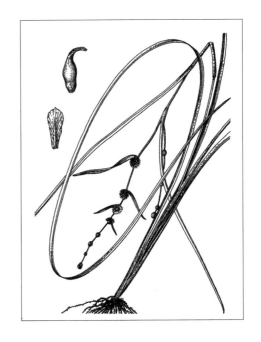

湿生草本。生于阔叶林带的水边、沼泽。产岭西（新巴尔虎左旗罕达盖苏木）、燕山北部（喀喇沁旗旺业甸林场）。分布于我国黑龙江、吉林、辽宁、河北，日本、朝鲜、俄罗斯（西伯利亚地区、远东地区）。为西伯利亚—东亚北部分布种。

用途同黑三棱。

3. 小黑三棱（单歧黑三棱）

Sparganium emersum Rehmann in Veh. Naturf. Vereins Brunn 10:80. 1872; Fl. China 23:159. 2010.——*S. simplex* Huds. in Fl. Angl. ed. 2, 2:401. 1778. nom. illeg. superfl.; Fl. Intramongol. ed. 2, 5:7. t.3. f.4-7. 1994.

多年生草本。根状茎细，直径2～3mm。茎直立，高30～60cm，通常不分枝，具细的纵条纹。叶条形，长12～35cm，宽3～8mm，先端钝，上部扁平，基部呈鞘状，在背面中下部呈龙骨状凸起，边缘稍呈膜质。花序枝顶生，长15～25cm。雌头状花序2～4个生于花序下部，最下部1或2个具梗，直径8～10mm，雌花密集；花被片3～5，褐色，膜质，匙形或条形，长2.5～3mm，宽约0.5mm，先端三角形或稍呈圆形，具不规则浅裂；子房纺锤形，长约2mm；花柱长约1.5mm；柱头钻形，长约2mm，基部具短柄。雄头状花序5～7个生于花序顶端，直径约1cm；花被片膜质，狭条形，长约2.5mm，先端通常锐尖；花药黄色，长约1.5mm；花丝丝状，长6～7mm。聚

花果直径约 1cm；果实纺锤形，长约 3mm，顶端渐尖，基部渐狭具短柄。花果期 8～10 月。

　　湿生草本。生于森林区和草原区的河边或池塘浅水中。产岭西（额尔古纳市、海拉尔区、鄂温克族自治旗）、岭东（扎兰屯市）、呼伦贝尔（新巴尔虎右旗）、兴安南部及科尔沁（科尔沁右翼前旗、扎赉特旗、通辽市）、锡林郭勒（锡林浩特市）。分布于我国黑龙江东部、吉林东部、辽宁东部和西部、河北中部、河南北部、陕西南部、甘肃东南部、新疆北部，日本、蒙古国东部和西部、俄罗斯、越南，中亚、欧洲、北美洲。为泛北极分布种。

　　用途同黑三棱。

4. 短序黑三棱

Sparganium glomeratum Laest. ex Beurl. in Ofvers. Kongl. Vet.-Acad. Forh. 9:192. 1853; Fl. Intramongol. ed. 2, 5:7. t.3. f.8-9. 1994.

　　多年生草本。根状茎粗壮。茎直立，高（20～）40～60cm。叶条形，长 20～60cm，宽 4～18mm，先端钝，基部稍呈三棱状抱茎，中脉在背面明显呈龙骨状凸起。圆锥花序紧缩，长 6～15cm：雄性头状花序 1～2 个生于上部，与雌性头状花序互相连接；雌头状花序 3～5（～6）个，密集着生于下部，最下部稀分枝。雌花密集，花被片 3～4（～5），膜质，狭条形，长约 4mm，先端稍膨大，呈三角形，具不规则齿裂；子房纺锤形，长约 2mm，明显具柄，常与子房等长，上部渐尖；花柱极短，连柱头长约 1mm；柱头钻形。聚花果直径 1～1.8cm；果实纺锤形，淡褐色，长约 5mm，明显具柄。花果期 7～9 月。

湿生草本。生于森林区的浅水中。产兴安北部（牙克石市）、岭东（扎兰屯市）。分布于我国黑龙江西北部、吉林东部、辽宁中部、云南西北部、西藏东南部，日本、蒙古国北部、俄罗斯（西伯利亚地区、远东地区），欧洲、北美洲。为泛北极分布种。

5. 线叶黑三棱

Sparganium angustifolium Michaux in Fl. Bor.-Amer. 2:189. 1803; Fl. Intramongol. ed. 2, 5:9. t.4. f.1-5. 1994.

多年生草本，全株漂浮水中。具细根状茎，须根多数，纤细，红褐色。茎细弱，长70～100cm，浮水，稀直立。叶狭条形，扁平，膜质，长40～60cm，宽约4mm，先端渐狭，基部增宽至6mm，中脉在背面不明显。圆锥花序稍开展，长10～15cm，下部有时分枝：雄性头状花序2～3个密集着生于花序顶端，不与雌性头状花序相连接，疏离；雌性头状花序2～4个稀疏生于花序下部。雄性头状花序直径4～5mm；花被片极薄膜质，矩圆形或三角形，长约1.5mm，先端不规则浅裂；花丝丝状，长约2mm；花药矩圆形，长约1mm。雌性头状花序直径约7mm，雌花密集；花被片膜质，倒三角形或矩圆形，长约1.5mm，宽0.5～1mm，先端常扩大，平截，呈不规则浅裂或撕裂状，或圆形不裂，基部有时稍连合；子房卵形，长约1.5mm，上部渐尖，近无花柱；柱头钻形，极短，长约0.4mm，基部近无柄。果实卵球形，长约3mm，直径约1.5mm，上部渐尖，基部近无柄。花果期8～9月。

沉水水生草本。生于森林带海拔1400～1500m的高山水塘中。产兴安北部（阿尔山市天池）、岭东（扎兰屯市）。分布于我国黑龙江南部、吉林（西部及长白山）、新疆，蒙古国、日本、印度，欧洲、北美洲。为泛北极分布种。

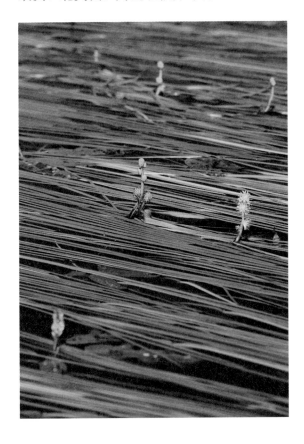

6. 矮黑三棱

Sparganium natans L., Sp. Pl. 2:971. 1753; Fl. China 23:160. 2010.——*S. minimum* Wallr. in Erst. Beitr. Fl. Hercyn. 2:297. 1840; Fl. Intramongol. ed. 2, 5:9. t.4. f.6-7. 1994.

多年生草本。茎直立或漂浮，高 8～30cm，通常不分枝。叶狭条形，扁平，长 20～30cm，宽 3～4mm，先端钝，有时黑色，基部稍膨大，中脉在背面稍凸起，呈半月形。圆锥花序收缩，长约 3cm：雄性头状花序常 1 个，稀 2 个，着生于上部，与雌性头状花序相连；雌性头状花序 2～4 个着生于下部，近球形，花期直径 5～7mm。雌花密集；花被片 4～5，膜质，匙形，长 1.5～2mm，宽 0.5～1mm，先端近圆形或三角形，稀平截，具不规则浅裂，下部狭窄；子房卵状纺锤形，长约 2mm，上部渐尖；近无花柱；柱头钻形，长约 0.5mm，基部近无柄。雄花花被片膜质，极薄，条形，长约 2mm，先端近三角形，不规则浅裂；花丝丝状，长 2～3mm；花药矩圆形，长约 1mm。果穗直径 1～1.2cm；果卵形，淡褐色，长约 3mm，近无柄或具极短的柄。花果期 7～8 月。

水生草本。生于森林区的水中。产兴安北部（牙克石市乌尔其汉镇、额尔古纳市奇乾乡）。分布于我国黑龙江、四川，俄罗斯（西伯利亚地区、远东地区）、哈萨克斯坦、欧洲、北美洲。为泛北极分布种。

127. 眼子菜科 Potamogetonaceae

淡水或海水草本植物。根状茎细长。叶沉没水中或漂浮水面，通常浮水叶宽而质厚，沉水叶狭窄而质薄，互生或对生，稀轮生；托叶常膜质，与叶分离，或与叶基部合生，围茎成鞘。花小，两性或单性，排列成穗状、总状或单生，花部 1～4 基数；假花被片（萼片状的药隔）常 3～4，呈杯状，有时无花被；雄蕊 1～4，花药常 2 室，外向；雌蕊由 1 至几个离生心皮组成，子房 1 室，每室含 1 胚珠。果实为不开裂的小坚果状或小核果状。种子无胚乳。

内蒙古有 2 属、13 种。

分属检索表

1a. 托叶与叶片分离，鞘状，或其 1/2 以下合生而上部分离；沉水叶片半透明，无沟槽，扁平⋯⋯⋯⋯⋯⋯⋯⋯⋯⋯⋯⋯⋯⋯⋯⋯⋯⋯⋯⋯⋯⋯⋯⋯⋯⋯⋯⋯⋯⋯⋯⋯⋯⋯⋯⋯⋯⋯**1. 眼子菜属 Potamogeton**

1b. 托叶与叶片合生，或至少 2/3 以下合生；叶全部沉水，叶片不透明，具沟槽，线形⋯⋯⋯⋯⋯⋯⋯⋯⋯⋯⋯⋯⋯⋯⋯⋯⋯⋯⋯⋯⋯⋯⋯⋯⋯⋯⋯⋯⋯⋯⋯⋯⋯⋯⋯**2. 篦齿眼子菜属 Stuckenia**

1. 眼子菜属 Potamogeton L.

淡水生一年生或多年生草本。茎纤细，有分枝，圆柱形或扁。叶 2 列，互生或对生，沉水叶膜质，浮水叶常革质；托叶与叶片分离，鞘状，顶端分离，呈叶舌状，膜质，宿存或早落。花两性，排列成腋生或顶生的穗状花序，开花时伸出水面；假花被片 4，绿色，具爪，镊合状排列；雄蕊 4，无花丝，着生在假花被片的爪上；花粉粒球形；心皮（1～）4，离生，或基部稍合生。果实为小核果状，内果皮骨质，外果皮含气腔。

内蒙古有 11 种。

分种检索表

1a. 叶二型，有浮水叶和沉水叶之分，浮水叶革质或近革质，明显具长叶柄，沉水叶膜质或草质，具柄或无柄。

2a. 沉水叶无柄，雌蕊具 4 枚离生心皮。

3a. 沉水叶线形或丝状，宽约 1mm；浮水叶较小，长 1～2.5cm，宽 4～12mm；果实较小，长约 2mm⋯⋯⋯⋯⋯⋯⋯⋯⋯⋯⋯⋯⋯⋯⋯⋯⋯⋯⋯⋯⋯⋯⋯⋯⋯⋯⋯⋯**5. 南方眼子菜 P. octandrus**

3b. 沉水叶狭距圆形或倒披针形，宽 5～12mm；浮水叶较大，长 2.5～10cm，宽 1～3cm；果实较大，长 2.5～3.1mm⋯⋯⋯⋯⋯⋯⋯⋯⋯⋯⋯⋯⋯⋯⋯⋯**11. 禾叶眼子菜 P. gramineus**

2b. 沉水叶具柄，浮水叶较大，长 2～10cm，宽 1～5cm；雌蕊具 1～3 枚离生心皮；果实较大，长约 3.5mm⋯⋯⋯⋯⋯⋯⋯⋯⋯⋯⋯⋯⋯⋯⋯⋯⋯⋯⋯⋯**6. 眼子菜 P. distinctus**

1b. 叶全部为沉水叶，无柄或具柄。

4a. 叶狭条形，宽在 3mm 以下。

5a. 茎明显扁，宽 0.9～2.5mm；叶宽 1.5～2.5mm，具多条脉⋯**1. 东北眼子菜 P. mandschuriensis**

5b. 茎丝状，直径 0.3～0.8mm；叶宽 0.8～1.5mm，具脉 3～5。

6a. 托叶分裂，仅基部连合，叶脉（3～）5⋯⋯⋯⋯⋯⋯⋯⋯**2. 弗里斯眼子菜 P. friesii**

6b. 托叶不分裂，叶脉（1～）3⋯⋯⋯⋯⋯⋯⋯⋯⋯⋯⋯⋯⋯**3. 小眼子菜 P. pusillus**

4b. 叶较宽，非狭条形，宽 3mm 以上；茎圆柱形或扁圆柱形。

7a. 叶宽卵形或披针状卵形，基部心形且抱茎·······························**7. 穿叶眼子菜 P. perfoliatus**
7b. 叶基部不抱茎。
　8a. 叶条状矩圆形或条形，具长柄，先端骤尖，有长 2～5mm 的针尖或芒，边缘皱波状··············
　··**4. 竹叶眼子菜 P. wrightii**
　8b. 叶无柄或具短柄。
　　9a. 果实基部连合，先端具镰状外弯的长喙；叶缘明显皱波状；植株明显具有特化的休眠芽········
　　································**8. 菹草 P. crispus**
　　9b. 果实完全分离，先端具短喙；叶缘无明显皱波状；植株无特化的休眠芽。
　　　10a. 叶具短柄，椭圆状披针形或披针形，先端具长 1～5mm 的芒尖头···················
　　　·······································**9. 光叶眼子菜 P. lucens**
　　　10b. 叶无柄，条形或披针状条形，先端无尖头或具小尖头。
　　　　11a. 叶全缘或微波状，宽达 20mm，先端钝或锐尖，无小尖头··········
　　　　···································**10. 兴安眼子菜 P. xinganensis**
　　　　11b. 叶缘具微齿，宽达 12mm，先端具小尖头··············**11. 禾叶眼子菜 P. gramineus**

1. 东北眼子菜

Potamogeton mandschuriensis (A. Benn.) A. Benn. in Trans. et Proc. Bot. Soc. Edinburgh 29:50. 1924; Fl. China 23:110. 2010.——*P. acutifolius* Link ex Roem. et Schult. subsp. *mandschuriensis* A. Benn. in J. Bot. 42:76. 1904.——*P. acutifolius* auct. non Link: in Roem. et Schult., Syst. Veg. 3:513. 1818; Fl. Intramongol. ed. 2, 5:14. t.7. f.1-7. 1994.

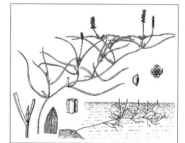

　多年生草本。茎扁，宽 0.9～2.5mm，长 40～60cm，基部单一，上部分枝，节间长 1～6(～10)cm，上部节间短缩。叶狭线形，长 2～6(～12)cm，宽 1.5～2.5mm，全缘，中脉明显，具 3～5 侧脉，先端渐尖或突然收缩成短尖头，基部不变细而无柄；托叶长 1～2cm，渐尖，凋落。穗状花序梗长 1.5～3.5cm，直径约 1mm；花序长 5～7mm，具 6～12 花。果期果序长约 1cm；果斜卵形，扁，两侧凹下，背部圆，具波状脊。花果期夏秋季。

　沉水草本。生于森林区和草原区的池塘、湖泊、沟渠。产兴安北部（牙克石市）、科尔沁（科尔沁右翼中旗、阿鲁科尔沁旗、巴林右旗、克什克腾旗）、锡林郭勒（锡林浩特市）。分布于我国黑龙江、吉林、辽宁，俄罗斯（远东乌苏里地区）。为满洲分布种。

2. 弗里斯眼子菜

Potamogeton friesii Rupr. in Beirt. Pflanzenk. Russ. Reich. 4:43. 1845; Fl. China 23:111. 2010.

　一年生草本。根茎有或无。茎丝状，压扁长 20～130cm，直径 0.3～0.8mm，多分枝，节间长 1.5～3(～7)cm。叶互生，花序梗下的叶对生，狭条形，长 3～7cm，宽 0.8～1.5mm，先端渐尖，全缘，通常具（3～）5 脉，少具 1 脉，中脉常在下面凸起；托叶白色膜质，与叶分离，长 7 ～ 25mm，仅基部合生，上部分裂，呈纤维状，早落。花序梗纤细，不增粗，长 1 ～ 3cm，基部具 2 膜质总苞，早落；穗状花序长约 5mm，由 2 ～ 3 簇花间断排列而成。小坚果斜卵形，稍扁，长 1.4 ～ 1.6mm，宽约 1mm，背部具龙骨状凸起，腹部外凸，顶端具短喙。花果期 7 ～ 9 月。

沉水草本。生于池塘、湖泊、溪流。产内蒙古各地。分布于俄罗斯，中亚，欧洲、北美洲。为泛北极分布种。

3. 小眼子菜（线叶眼子菜、丝藻）

Potamogeton pusillus L., Sp. Pl. 1:127. 1753.——*P. panormitanus* Biv. in Nuov. Piante ined. 6. 1838; Fl. Intramongol. ed. 2, 5:14. t.7. f.8-10. 1994.

一年生草本。无根茎。茎丝状，圆柱形或稍扁，长 20 ～ 70cm，直径 0.3 ～ 0.8mm，多分枝，节间长 1.5 ～ 3(～ 7)cm。叶互生，花序梗下的叶对生；狭条形，长 3 ～ 7cm，宽 0.8 ～ 1.5mm，先端渐尖，全缘，通常具（1 ～）3 脉，少具 1 脉，中脉常在下面凸起；托叶白色膜质，与叶离生，幼时合生为套管状抱茎，长达 1cm，先端不分裂，早落。花序梗纤细，不增粗，长 1 ～ 3cm，基部具 2 膜质总苞，早落；穗状花序长约 5mm，由 2 ～ 3 簇花间断排列而成。小坚果斜卵形，稍扁，长 1.4 ～ 1.6mm，宽约 1mm，背部具龙骨状凸起，腹部外凸，顶端具短喙。花果期 7 ～ 9 月。

沉水草本。生于静水池沼及沟渠。产内蒙古各地。分布于我国各地，世界各地广布。为世界分布种。

全草可做绿肥及鱼、鸭的饲料。

4. 竹叶眼子菜

Potamogeton wrightii Morong in Bull. Torrey Bot. Club 13:158. 1886; Fl. China 23:112. 2010——*P. malaianus* auct. non Miq.: Fl. Intramongol. ed. 2, 5:16. t.8. f.5-6. 1994.

多年生草本。根状茎纤细，伸长，淡黄白色。茎细长，不分枝或少分枝，长 100cm 左右，节间长 2 ～ 5cm。沉水叶互生，花序梗下部叶对生；膜状纸质，条状披针形或条形，长 5 ～ 8cm，宽 1 ～ 2cm，先端骤尖，有长 2 ～ 5mm 的针尖或芒，基部渐狭或楔形，边缘波状且有不明显的细

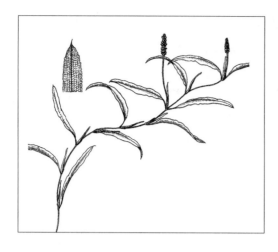

齿，叶脉 7～11，中脉较粗，二级细脉呈梯状；叶柄扁圆形，长 1.5～5cm；托叶膜质，与叶片离生，长 2～5cm，抱茎。总花梗长 3～5cm，圆柱形，常上部增粗；穗状花序长 2～5cm，直径约 5mm，密生多数花。小坚果宽倒卵形，长约 3mm，宽约 2.5mm，侧面扁平，背部具 3 脊，中脊明显凸出，具短喙。花期 6～7 月，果期 8～9 月。

沉水草本。生于草原区的静水池沼、河沟。产科尔沁（扎赉特旗、乌兰浩特市、科尔沁右翼中旗、阿鲁科尔沁旗、翁牛特旗）、阴南平原（托克托县）。分布于我国黑龙江、吉林、辽宁、河北、河南、山东、安徽、江苏、浙江、江西、福建、台湾、湖北、湖南、广东、云南、四川、西藏，日本、朝鲜、俄罗斯、印度、哈萨克斯坦，东南亚。为东古北极分布种。

全草入药，能清热解毒、利尿、消积，主治目赤肿痛、黄疸、水肿、白带、小儿疳积，外用治痈疖肿毒。

5. 南方眼子菜（钝脊眼子菜、小浮叶眼子菜）

Potamogeton octandrus Poir. in Encycl. Suppl. 4:534. 1816; Fl. China 23:113. 2010.——*P. octandrus* Poiret. var. *miduhikimo* (Makino) H. Hara in J. Jap. Bot. 20:331. 1944; Fl. Intramongol. ed. 2, 5:16. t.9. f.5-7. 1994.

多年生草本，植株极纤细。茎丝状，长 30～50cm，有较稀疏的分枝。浮水叶稍革质，互生，总花梗下的叶对生；椭圆形或椭圆状披针形，长 1～2.5cm，宽 4～12mm，先端锐尖或钝，基部宽楔形，通常具 7 条弧形脉，二级脉呈细网状；叶柄纤细，长 7～10mm，基部较细。沉水叶互生，丝形，长 1～6cm，宽约 1mm，仅 1 脉，无侧脉和细脉，无柄，先端尖，基部通常具 2 腺体，干时不明显；托叶鞘状，多脉，膜质，条形，长 4～7mm，先端渐尖或钝。穗状花序顶生或腋

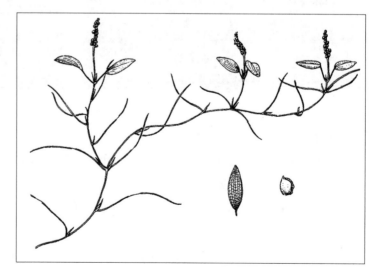

生，长约 1cm；花序梗长 1.5～2cm，丝状，果期稍增粗。小坚果扁球状卵形，长约 2mm，宽约 1.5mm，背部有 3 条龙骨状凸起，中央凸起钝，有时具 2～3 小凸起，喙直立或稍弯。花果期 6～8 月。

沉水草本。生于草原区的池沼、水沟。产呼伦贝尔（海拉尔区）。分布于我国黑龙江、吉林、辽宁、河北、河南、山东、江苏、浙江、江西、福建、台湾、湖北、湖南、广东、广西、海南、云南、陕西南部、四川，日本、朝鲜、俄罗斯、尼泊尔、印度，东南亚、北非，大洋洲。为世界分布种。

6. 眼子菜

Potamogeton distinctus A. Benn. in J. Bot. 42:72. 1904; Fl. Intramongol. ed. 2, 5:19. t.9. f.1-4. 1994.

多年生草本。根状茎淡黄白色，直径 2～3mm，横生，伸长。茎少分枝，有时不分枝，长 15～30cm，直径约 2mm。浮水叶稍革质，互生，花序梗基部叶对生；宽披针形或卵状椭圆形，

长 2～10cm，宽 1～5cm，先端钝圆或钝，全缘而微皱，上面有光泽，中脉在下面明显凸起，每边具弧形侧脉 6～8，二级细脉梯状；叶柄长 4～10cm。沉水叶披针形或条状披针形，较浮水叶小；叶柄亦较短；托叶膜质，条形或条状披针形，长 3～4cm，先端锐尖，与叶片分离，早落。花序梗自茎顶部浮水叶的叶腋生出，长约 5cm，直立，常向顶部增粗；穗状花序圆柱形，长 2～5cm，直径约 5mm，密生多花；雌蕊具（1～）2（～3）枚心皮。小坚果斜宽卵形，长约 3.5mm，宽约 2.5mm，腹面近直，背部具半圆形的 3 条脊。中脊近锐尖，波状；

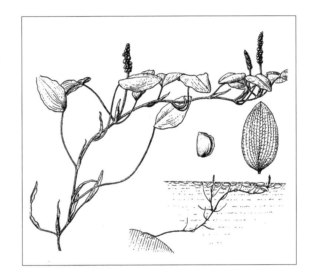

侧脊稍钝，常具小凸起，顶端具短喙。花果期 7～9 月。

沉水草本。生于草原区的静水池沼、湖泊浅水处。产兴安南部（扎赉特旗、科尔沁右翼前旗、科尔沁右翼中旗、克什克腾旗）、阴山（大青山）、阴南平原（呼和浩特市）、阴南丘陵（和林格尔县、准格尔旗）、鄂尔多斯（达拉特旗、乌审旗、杭锦旗）。分布于我国黑龙江、吉林、

辽宁、河北、河南、山东、山西、江苏、浙江、江西、福建、台湾、湖北、湖南、广东、贵州、云南、陕西南部、甘肃、青海、四川、西藏，日本、朝鲜、不丹、尼泊尔、越南、印度尼西亚、马来西亚、菲律宾。为东亚分布种。

全草可做鱼和鸭的饲料。

7. 穿叶眼子菜

Potamogeton perfoliatus L., Sp. Pl. 1:126. 1753；Fl. Intramongol. ed. 2, 5:19. t.10. f.6-8. 1994.

多年生草本。根状茎横生土中，伸长，淡黄白色，直径约 3mm，节部生出许多不定根。茎常多分枝，稍扁，长 30～50(～100)cm，直径 2～3mm，节间长 0.5～3cm。叶全部沉水，互生，花序梗基部叶对生；质较薄，宽卵形或披针状卵形，长 1.5～5cm，宽 1～2.5cm，先端钝或渐尖，基部心形且抱茎，全缘且有波状皱褶，中脉在下面明显凸起，每边具弧状侧脉 1～2，侧脉间常具细脉 2；无柄；托叶透明膜质，白色，宽卵形，长 0.5～2cm，与叶分离，早落。花序梗圆柱形，长 2.5～4cm；穗状花序密生多花，长 1.5～2cm，直径约 5mm。小坚果扁斜宽卵形，长约 3mm，宽约 2mm，腹面明显凸出，具锐尖的脊，背部具 3 条圆形的脊，但侧脊不明显。花期 6～7 月，果期 8～9 月。

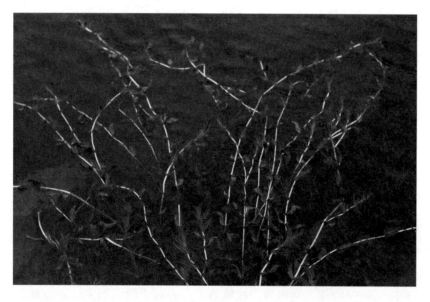 

沉水草本。生于湖泊、水沟、池沼。产内蒙古各地。分布于我国黑龙江、吉林、辽宁、河北、河南、山东、山西、湖北、湖南、贵州、云南、宁夏、陕西、甘肃、青海、四川、西藏、新疆，亚洲、欧洲、非洲、北美洲、南美洲、大洋洲。为世界分布种。

全草可做鱼和鸭的饲料。全草也入药，能渗湿、解表，主治湿疹、皮肤瘙痒。

8. 菹草（扎草、虾藻）

Potamogeton crispus L., Sp. Pl. 1:126. 1753；Fl. Intramongol. ed. 2, 5:22. t.10. f.1-5. 1994.

多年生草本。根状茎匍匐，伸长，横生，近四棱形，直径 1～2mm，节部向下生出多数不定根。茎扁圆柱形，稍带 4 棱，直径 1～2mm，长 30～70cm，上部多分枝。叶互生；条形，长

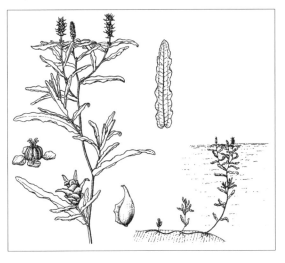

3～8cm，宽3～10mm，先端钝或稍尖，基部圆形或宽楔形而半抱茎，边缘有微齿，具波状皱褶，常具3脉，二级细脉网状；托叶膜质，与叶分离，长3～5mm，淡黄白色，早落。繁殖芽生于叶腋，球形，密生多数叶；叶宽卵形，长7～10mm，肥厚，坚硬，边缘具齿。花序梗不增粗，常和茎等粗，长2～5cm；穗状花序具少数花，长5～10mm，连续或间断。果实在基部稍合生，扁卵球形，长2～3mm，背部有具齿的龙骨状凸起，顶端有镰状外弯的长喙，喙长约2mm。花期6～7月，果期8～9月。

沉水草本。生于草原区的静水池沼、沟渠。产兴安南部及科尔沁（科尔沁右翼中旗、通辽市、阿鲁科尔沁旗、翁牛特旗、克什克腾旗）、锡林郭勒（苏尼特左旗）、阴山（大青山）、阴南平原（呼和浩特市、包头市）、阴南丘陵（凉城县、准格尔旗）、鄂尔多斯（达拉特旗、乌审旗、杭锦旗）、东阿拉善（乌拉特前旗、乌海市、阿拉善左旗）、西阿拉善（阿拉善右旗）。我国与世界各地都有分布。为世界分布种。

全草可做猪、鹅、鸭、鱼的饲料，并可做绿肥。

9. 光叶眼子菜

Potamogeton lucens L., Sp. Pl. 1:126. 1753；Fl. Intramongol. ed. 2, 5:22. t.8. f.1-4. 1994.

多年生草本。具粗壮的根状茎。茎近圆柱形，长可达300cm，直径3～4mm，有分枝，节间长3～8cm。叶膜质，透明，互生，总花梗下部叶对生；椭圆状披针形或披针形，长5～10cm，宽1.5～2cm，先端圆形或钝，有1～5mm长的尖头，基部宽楔形，且渐狭成短柄或近无柄，全缘且有微波状皱褶，很少有细齿，中脉在下面凸起，每边有弧形侧脉3～4条，二级细脉明显呈梯状；托叶绿色，条状披针形或条形，长2～4.5cm，先端圆钝，抱茎，常宿存。总花梗长1～5cm，上部增粗；穗状花序圆柱形，长约4cm，直径约5mm，密生多数花。果实斜宽卵形，长2～2.5mm，宽1.5～2mm，侧面扁平，背部具半圆形脊3条，中脊较钝，侧脊较尖，顶端具短喙。花果期6～8月。

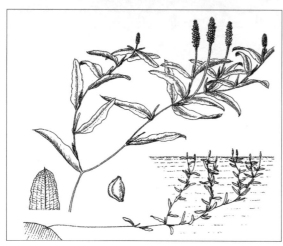

沉水草本。生于森林区的池沼、泉水中。产兴安北部及岭东和岭西（额尔古纳市、鄂伦春自治旗）、兴安南部（科尔沁右翼中旗）、辽河平原（大青沟）。分布于我国黑龙江、吉林、河北、河南、山东、山西、江苏、江西、湖北、云南、宁夏、陕西、甘肃、青海、西藏、新疆，蒙古国西部、俄罗斯、印度、缅甸、尼泊尔、菲律宾、巴基斯坦、阿富汗，中亚、西南亚、北非，欧洲。为古北极分布种。

全草可做鱼和鸭的饲料，也可做绿肥。

10. 兴安眼子菜

Potamogeton xinganensis Y. C. Ma in Act. Sci. Nat. Univ. Intramongol. 20(2):281. 1989; Fl. Intramongol. ed. 2, 5:23. t.11. f.1-6. 1994.

多年生草本。茎分枝，长 80～100cm，直径 2～3mm，节间长 3～10cm。叶条形或披针状条形，长 8～27cm，宽 8～20mm，先端钝或锐尖，全缘或呈细小皱波状，中脉明显，在下面隆起，平行侧脉 8～10 条，二级侧脉稀疏或不明显；托叶离生，膜质，条状披针形，长 3～4cm，宽 4～8mm。穗状花序密生多花，长 15～20mm，直径约 6mm，总花梗长 3～6cm。果序梗长 8～12cm；果稍扁，斜倒卵形或近椭圆形，长约 3mm，宽约 1.8mm，背部近圆形，具龙骨状凸起 1 条，顶端具短喙，喙直立，长约 0.3mm。花果期 7～9 月。

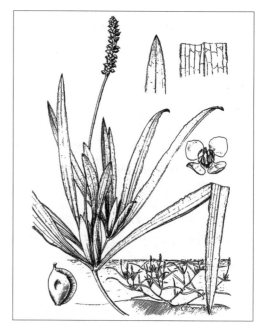

沉水草本。生于森林区海拔 800～1400m 的池塘中。产兴安北部（阿尔山市伊尔施林场）。为大兴安岭分布种。

22

11. 禾叶眼子菜（异叶眼子菜）

Potamogeton gramineus L., Sp. Pl. 1:127. 1753；Fl. China 23:113. 2010.

多年生草本。根状茎细，直径通常不超过 2mm，白色，二叉分枝，先端粗。茎分枝，长约 120cm。沉水叶无柄，通常质薄，披针形或倒披针形，长 2～2.5cm，宽 5～7（～12）mm，全缘，先端钝或锐尖；浮水叶有或无，若具浮水叶，则为革质，叶片长圆形，长 2.5～10cm，宽 1～3cm，具多数叶脉，先端钝圆，基部圆形，柄长（2～）3～8cm。沉水叶及浮水叶的托叶同形，长 1.5～2cm，薄膜质，脉多数。穗状花序叶腋生，花梗长 2～6cm，花序长约 2cm，花多数，排列较密，雌蕊具 4 枚心皮。果倒卵形，长约 2.5mm，背部具脊。花果期 5～8 月。

沉水草本。生于池塘、浅水中。产呼伦贝尔（新巴尔虎右旗）。分布于我国黑龙江、吉林、辽宁、陕西北部、四川、西藏、云南、新疆，日本、俄罗斯、中亚、西南亚、欧洲、北美洲。为泛北极分布种。

2. 篦齿眼子菜属 Stuckenia Borner

一年生或多年生沉水草本。茎纤细，有分枝，圆柱形或扁。叶 2 列，互生；线形，具沟槽，叶脉 1～5；托叶与叶片合生，叶片状，宿存或早落。花两性，排列成腋生或顶生的穗状花序，开花时伸出水面；假花被片 4，绿色，具爪，镊合状排列；雄蕊 4，无花丝，着生在假花被片的爪上，花粉粒球形；心皮 4，离生，或基部稍合生。果实为小核果状，内果皮骨质，外果皮含气腔。

内蒙古有 2 种。

分种检索表

1a. 叶鞘合生成管状···**1. 丝叶眼子菜 S. filiformis**
1b. 叶鞘席卷···**2. 龙须眼子菜 S. pectinata**

1. 丝叶眼子菜

Stuckenia filiformis (Persoon) Borner in Fl. Deut. Volk. 713. 1912; Fl. China 23:115. 2010. ——
Potamogeton filiformis Persoon in Syn. Pl. 1:152. 1805.

多年生草本。根状茎细长，白色，直径约 1mm，具分枝，常于春末至秋季在主根状茎及其分枝顶端形成卵球形休眠芽体。茎圆柱形，纤细，直径约 0.5mm，近基部分枝，节间常短缩，长 0.5～2cm，或伸长。叶互生，线形，长 3～7cm，宽 0.3～0.5mm，先端钝，基部与托叶贴生成鞘；鞘长 0.8～1.5cm，绿色，合生成套管状抱茎（或至少在幼时为合生的管状），顶端具一长 0.5～1.5cm 的无色透明膜质舌片；叶脉 3，平行，顶端连接，中脉显著，边缘脉细弱而不明显，次级脉极不明显。穗状花序顶生，具 2～4 轮花，间断排列；花序梗细，长 10～20cm，与茎近等粗；花被片 4，近圆形，直径 0.8～1mm；雌蕊 4，离生，通常仅 1～2 枚发育为成熟果实。果实倒卵形，长 2～3mm，宽 1.5～2mm，喙极短，呈疣状，背脊通常钝圆。花果期 7～10 月。

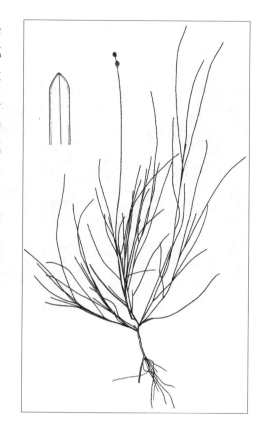

沉水草本。生于池塘、溪流、浅水。产内蒙古南部。分布于我国陕西、甘肃、青海、四川、西藏、云南、新疆，亚洲、欧洲、北美洲、南美洲。为泛北极分布种。

2. 龙须眼子菜（篦齿眼子菜）

Stuckenia pectinata (L.) Borner in Fl. Deut. Volk. 713. 1912; Fl. China 23:115. 2010.——*Potamogeton pectinatus* L., Sp. Pl. 1:127. 1753; Fl. Intramongol. ed. 2, 5:12. t.5. f.1-5. 1994.——*P. intramongolicus* Y. C. Ma in Act. Bot. Boreal.-Occid. Sin. 3(1):8. 1983; Fl. Intramongol. ed. 2, 5:12. t.6. f.1-7. 1994.

多年生草本。根状茎纤细，伸长，淡黄白色，在节部生出多数不定根，秋季常于顶端生出白色卵形的块茎。茎丝状，长短与粗细变化较大，长 10～80cm，稀达 200cm，直径 0.5～2mm，淡黄色，多分枝，且上部分枝较多，节间长 1～4(～10)cm。叶互生，淡绿色，狭条形，长 3～10cm，宽 0.3～1mm，先端渐尖，全缘，具 3 脉；鞘状托叶绿色，与叶基部合生，长 1～5cm，宽 1～2mm，顶部分离，呈叶舌状，白色膜质，长达 1cm。花序梗淡黄色，与茎等粗，长 3～10cm，基部具 2 膜质总苞，早落；穗状花序长约 3cm，疏松或间断；雌蕊心皮 4。果实棕褐色，斜宽倒卵形，长 3～4mm，宽 2～2.5mm，背部外凸具脊，腹部直，顶端具短喙。花果期 7～9 月。

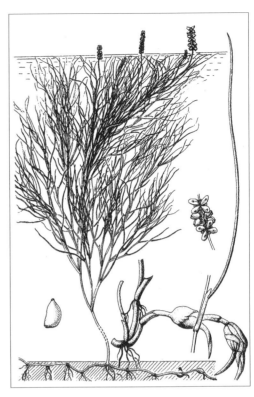

沉水草本。生于浅水、池沼中。产内蒙古各地。分布于我国各地，世界各地广布。为世界分布种。

全草可做鱼、鸭饲料，又可做绿肥。全草也入药，能清热解毒，主治肺炎、疮疖。全草也入蒙药用（蒙药名：乌森呼日西），能清肺、收敛，主治肺热咳嗽、疮疡。

128. 角果藻科 Zannichelliaceae

淡水或海水生多年生草本。茎纤细,分枝。叶细条形,托叶鞘状。花单性,雌雄同株,腋生,有 1 朵雄花和 1 朵雌花,同生在膜质总苞内;雄花只有 1 个雄蕊,无花被,花丝细长。雌花有杯状花被;心皮 1～8,通常 4,离生;柱头斜盾状。果实为小坚果状,无梗或具梗。

内蒙古有 1 属、1 种。

1. 角果藻属 Zannichellia L.

属的特征同科。

内蒙古有 1 种。

1. 角果藻(角茨藻)

Zannichellia palustris L., Sp. Pl. 2:969. 1753;Fl. Intramongol. ed. 2, 5:23. t.12. f.1-5. 1994.

多年生草本,植株沉没水中,由于许多丝状茎与叶交织成一团,外貌像绿藻。细长的根状茎生于泥中,节上着生多数不定根。茎带淡黄色,质脆,易折断,扁,极纤细,直径不到 1mm。叶对生,狭条形,扁平,长 2～7cm,宽约 0.5mm,先端尖,基部有鞘状膜质的托叶,具 1 脉,无叶柄。

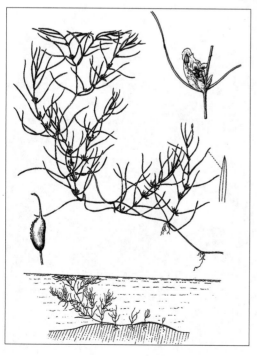

总苞膜质,长约 3mm,包藏雄花和雌花;雄花具 1 雄蕊,花药长约 1mm,顶端具由药隔延伸的短尖头,花丝细长;雌花的花被膜质,杯状,子房近扁球形或椭圆形,花柱细长,柱头盾形。小坚果豆荚状,近肾形,稍扁,长约 2mm,宽约 0.8mm,顶端具长喙,背部常具有齿的脊;果梗长 1～2mm。

耐盐沉水草本。生于草原带和草原化荒漠带的淡水池沼、内陆盐碱湖。产呼伦贝尔、科尔沁(科尔沁右翼中旗)、阴山(大青山)、阴南平原(呼和浩特市)、阴南丘陵(凉城县)、东阿拉善(阿拉善左旗)。分布于我国黑龙江、辽宁、河北、山东、安徽、江苏、浙江、湖北、陕西、宁夏、青海、台湾、西藏、新疆,广布于世界各地。为世界分布种。

129. 水鳖科 Hydrocharitaceae

一年生或多年生水生草本，沉水或漂浮水面，生于淡水或海水中。茎纤细，多分枝，具节，下部茎节生根，中部和上部节生叶，无刺，稀具刺。叶互生、对生、近对生、轮生或假轮生，无柄或具柄，基部具鞘。花单性或两性，辐射对称，包在佛焰苞内，佛焰苞无柄或有柄；雄蕊1至多数，偶见一些退化雄蕊，花药1～4室。雌花通常单生，萼片3，花瓣3，有时缺；子房下位，1室，胚珠少数至多数，侧膜胎座；心皮2～15，合生；花柱2～5；柱头通常2裂。果膜质或肉质；种子无胚乳。

内蒙古有1属、3种。

1. 茨藻属 Najas L.

沉水一年生水生植物，生于淡水或海水中。茎纤细，多分枝，具节，下部茎节生根，中部和上部节生叶，无刺，稀具刺。叶对生或假轮生，条形或条状披针形，全缘，具牙齿或具刺；无柄；基部鞘状，叶鞘内常具2小鳞片。花单性，雌雄同株，稀异株，腋生单花，极小。雄花具单雄蕊，包藏在花被状佛焰苞内；花药4室，稀1室，纵裂。雌花具单雌蕊，通常裸露或具不明显的膜质鞘；子房1室，胚珠1，倒生，自子房基部直立；花柱短；柱头2～4。小坚果常被叶鞘包围其下半部，不开裂，果皮薄，膜质；种皮的表皮细胞有各种形状，胚直立，无胚乳。

内蒙古有3种。

分种检索表

1a. 雌雄异株；叶条形，宽约 1.5mm 或更宽。

  2a. 茎、叶缘、叶的背面中脉具锐尖的粗刺·······················**1a. 茨藻 N. marina** var. **marina**

  2b. 茎、叶缘、叶的背面中脉无粗刺而具粗齿·············**1b. 短果茨藻 N. marina** var. **brachycarpa**

1b. 雌雄同株；叶丝状，宽约 1mm 或以下。

  3a. 茎下部叶 3 枚假轮生···**2. 小茨藻 N. minor**

  3b. 茎下部叶 5 枚假轮生···**3. 纤细茨藻 N. gracillima**

1. 茨藻（大茨藻）

Najas marina L., Sp. Pl. 2:1015. 1753; Fl. Intramongol. ed. 2, 5:25. t.13. f.1-8. 1994.

1a. 茨藻

Najas marina L. var. **marina**

一年生草本。茎柔软，多分枝，有稀疏锐尖的粗刺，刺长 1～2mm。叶对生，或 3 枚假轮生；条形，长 1～3cm，宽 3～5mm，先端锐尖，边缘每侧具 5～8 个锐尖的粗刺，下面中脉有 1～4 个粗刺；基部叶鞘近圆形，鞘长 3～5mm，其顶端无锯齿或具少数锯齿；无叶柄。雌雄异株，稀同株。雄花包藏在坛状佛焰苞内，苞长约 5mm，其顶部具少数齿裂；花药长约 3mm，4 室。雌花裸露；雌蕊长约 5mm，子房椭圆形，花柱圆柱形，柱头常 3。小坚果椭圆形或卵状椭圆形，长

3～5mm，顶端常具3条宿存柱头；种子的表面细胞为六角或五角形。花果期8～10月。

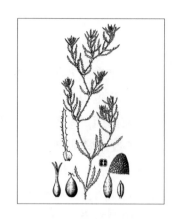

沉水草本。生于草原区和草原化荒漠区的湖泊、池沼、水沟中。产科尔沁（科尔沁右翼中旗）、辽河平原（大青沟）、鄂尔多斯（达拉特旗、杭锦旗）、东阿拉善（临河区、磴口县、乌拉特前旗、杭锦后旗）。分布于我国黑龙江、吉林北部、辽宁、河北、河南、山东西部、山西、安徽、江苏、浙江、台湾、江西、湖北、湖南北部、广东、广西、云南、新疆，几乎广布于世界各地。为世界分布种。

1b. 短果茨藻

Najas marina L. var. **brachycarpa** Trautv. in Bull. Soc. Imp. Nat. Mosc. 40(3):97. 1867; Fl. China 23:92. 2010.——*N. intramongolica* Y. C. Ma in Fl. Intramongol. 7:27. 259. t.13. f.1-8. 1983.——*N. marina* L. subsp. *intramongolica* (Y. C. Ma) J. You in Cracific. Eval. Najas China 58. 1992; Fl. Intramongol. ed. 2, 5:25. t.14. f.1-8. 1994.

本变种与正种的区别是：茎、叶缘、叶的背面中脉无粗刺而具粗齿。

沉水草本。生于草原化荒漠区的湖泊、池沼、水沟中。产鄂尔多斯（杭锦旗）、东阿拉善（临河区、磴口县）。分布于我国新疆，中亚。为中亚—亚洲中部分布变种。

2. 小茨藻

Najas minor All. in Auct. Syn. Meth. Stirp. Horti Regii Taur. 3. 1773; Fl. Intramongol. ed. 2, 5:27. t.13. f.9-13. 1994.

一年生草本。茎纤细，长10～30cm，圆柱形，直径约1mm，二叉状分枝，光滑无刺，节间长2～4cm。叶在下部者3枚假轮生，在上部者对生；丝状，稍肉质，长1～2cm，宽0.3～0.5mm，先端有1～2细刺，边缘每侧有6～11细刺；基部叶鞘截状圆形，上部边缘有大小不等的棕色细刺。雌雄同株；雄蕊狭椭圆形，长约1mm，花药1室；雌蕊长约2mm，子房狭椭圆形，花柱细长，柱头2裂。小坚果狭长椭圆形；种子的表面细胞为横向的、整齐的扁长方形，呈梯状。花期8～9月，果期10月。

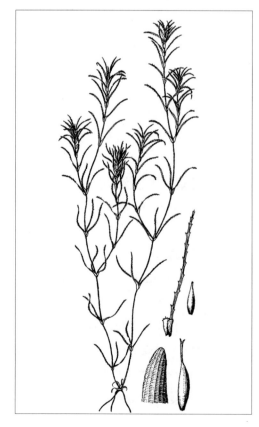

沉水草本。生于草原区和草原化荒漠区的小池沼或小水沟、浅水中。产嫩江西部平原（扎赉特旗）、鄂尔多斯（达拉特旗、杭锦旗）、东阿拉善（临河区、磴口县）。广布于我国各地，亚洲、欧洲、非洲、北美洲。为泛北极分布种。

3. 纤细茨藻（日本茨藻）

Najas gracillima (A. Braun ex Engelm.) Magnus in Beitr. Kenntn. Najas 23. 1870; Fl. Intramongol. ed. 2, 5:27. t.14. f.9-12. 1994.——*N. indica* (Willd.) Cham. var. *gracillima* A. Braun ex Engelm. in Manual, ed.5, Bot. 681. 1867.

一年生草本。茎极纤细，呈丝状，节间较长，紫红色，节部白色。叶在茎下部为 5 枚假轮生；丝状狭条形，长 10 ～ 15mm，宽 0.1 ～ 0.2mm，先端具 1 ～ 2 刺状微齿，边缘每侧具 9 ～ 10刺状微齿；基部叶鞘矩圆形，长约 1.5mm，白色膜质，上部边缘具刺状微齿。花单性，雌雄异株；雌花成对着生于叶腋，子房长椭圆形，柱头 2 裂。果实纺锤形；种子为狭长椭圆体，棕褐色，长 1.7 ～ 2mm，表皮细胞纵向长方形。花果期 7 ～ 9 月。

沉水草本。生于草原区的池沼或稻田中。产嫩江西部平原（扎赉特旗保安沼农场）。分布于我国吉林、辽宁、河北、湖北、江西、浙江、福建、台湾、广西、海南、贵州、云南，日本，北美洲。为亚洲—北美分布种。

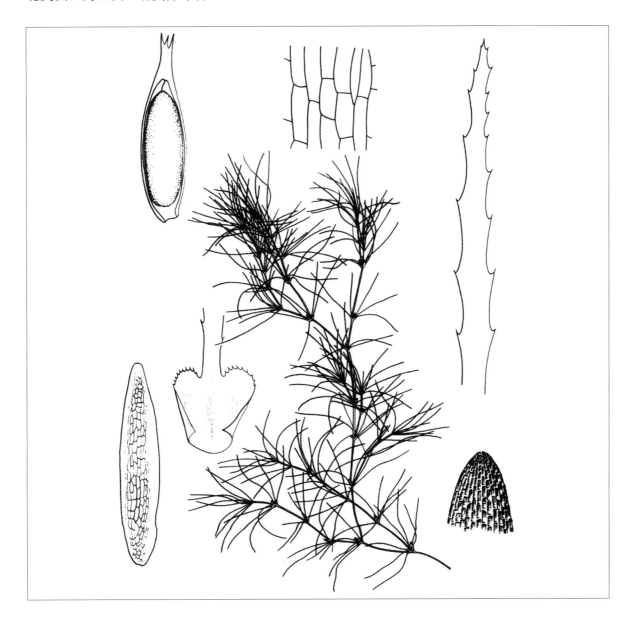

130. 水麦冬科 Juncaginaceae

一年生或多年生草本。叶常基生，条形，基部具宽叶鞘。花序顶生，穗状、总状或圆锥状；花小，整齐，两性或单性，具苞片；花被片6，2轮排列；雄蕊6，分离，花药2室。心皮6，分离，连合或基部连合；子房每室具1胚珠，胚珠基生或倒生；花柱短粗或无；柱头毛刷状或乳头状。蒴果或蓇葖果，3或6裂；含种子1或2，无胚乳。

内蒙古有1属、2种。

1. 水麦冬属 Triglochin L.

叶基生，条形或锥状条形。总状花序通常较叶长。花两性，辐射对称；花梗短；花被片6，2轮排列，绿色；雄蕊6，常发育不全，2轮排列，与花被片对生，无花丝或很短。心皮6，有时3枚不发育，合生于中轴，果熟后分离；子房3或6室，每室具胚珠1。分果椭圆形、卵形或条形。

内蒙古有2种。

分种检索表

1a. 总状花序较紧密；果实椭圆形或卵形，成熟后呈6瓣裂开··················**1. 海韭菜 T. maritima**
1b. 总状花序较疏松；果实棒状条形，成熟后右下方呈3瓣裂开··················**2. 水麦冬 T. palustris**

1. 海韭菜（圆果水麦冬）

Triglochin maritima L., Sp. Pl. 1:339. 1753; Fl. Intramongol. ed. 2, 5:30. t.15. f.4. 1994.

多年生草本，高 20～50cm。根状茎粗壮，斜生或横生，被棕色残叶鞘，有多数须根。叶基生，条形，横切面半圆形，长 7～30cm，宽 1～2mm，较花序短，稍肉质，光滑，生于花葶两侧，基部具宽叶鞘，叶舌长 3～5mm。花葶直立，圆柱形，光滑，中上部着生多数花；总状花序，花梗长约 1mm，果熟后可延长为 2～4mm；花小，直径约 2mm；花被 6，2轮排列，卵形，内轮

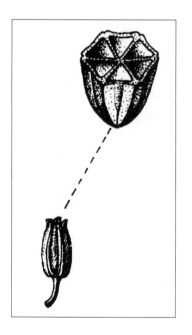

较狭，绿色；雄蕊 6；心皮 6，柱头毛刷状。果实椭圆形或卵形，长 3～5mm，宽约 2mm，具 6 棱。花期 6 月，果期 7～8 月。

耐盐湿生草本。生于河湖边盐渍化草甸。产内蒙古各地。分布于我国河北、山东、山西、陕西、宁夏、甘肃、青海、四川西部、西藏、云南西部、新疆，广布于北半球温带及寒带地区。为泛北极分布种。

2. 水麦冬

Triglochin palustris L., Sp. Pl. 1:338. 1753; Fl. Intramongol. ed. 2, 5:30. t.15. f.1-3. 1994.

多年生草本。根状茎缩短，秋季增粗，有密而细的须根。叶基生，条形，一般较花葶短，长 10～40cm，宽约 1.5mm，叶片光滑；基部具宽叶鞘，叶鞘边缘膜质，宿存叶鞘纤维状；叶舌膜质。花葶直立，高 20～60cm，圆柱形，光滑；总状花序顶生，花多数，排列疏散，花梗长 2～4mm；花小，直径约 2mm；花被片 6，鳞片状，宽卵形，绿色；雄蕊 6，花药 2 室，花丝很短；心皮 3，柱头毛刷状。果实棒状条形，长 6～10mm，宽约 1.5mm。花期 6 月，果期 7～8 月。

耐盐湿生草本。生于河湖边盐渍化草甸、林缘草甸。产内蒙古各地。分布于我国黑龙江、河北北部、山东北部、山西、宁夏、甘肃、青海、四川、西藏、新疆，广布于北半球温带及寒带地区。为泛北极分布种。

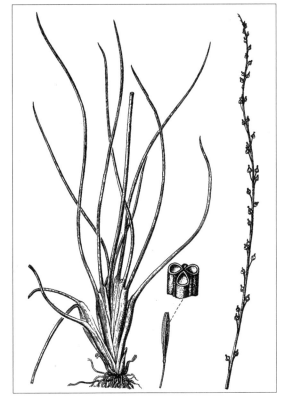

131. 泽泻科 Alismataceae

一年生或多年生草本，沼生或水生。具根状茎。叶基生，常分陆生及水生叶，叶脉弧形。花两性或单性。花被片6，2轮排列：外轮绿色，宿存；内轮花瓣状，脱落。雄蕊6至多数，花丝分离。心皮6至多数，分离，多螺旋状排列于凸起的花托上；花柱果期宿存；子房单室，1至多数胚珠。瘦果聚集成头状；种子马蹄形，不具胚乳。

内蒙古有3属、7种。

分属检索表

1a. 花两性，叶片椭圆形、卵形或披针形。
  2a. 雄蕊6，心皮环状排列·····································**1. 泽泻属 Alisma**
  2b. 雄蕊6～9至多数，心皮螺旋状排列·························**2. 泽薹草属 Caldesia**
1b. 花单性，雄蕊多数；叶箭形·································**3. 慈姑属 Sagittaria**

1. 泽泻属 Alisma L.

多年生草本，沼生或水生。具须根，根状茎缩短成块状。叶基生，全缘，具长柄。轮状复伞形花序；花两性；萼片3，宿存；花瓣3，质薄，脱落；雄蕊6。心皮多数，环状排列于花托上；花柱侧生于腹缝线的上部；胚珠1，直立，基底着生。瘦果两侧压扁，彼此紧密靠合，聚成头状。

内蒙古有4种。

分种检索表

1a. 叶通常椭圆形或卵形，基部心形、浅心形、圆形或截形。
  2a. 花瓣边缘有小齿，心皮有规则的排列，花柱长0.7～1.5mm·········**1. 泽泻 A. plantago–aquatica**
  2b. 花瓣边缘波状，心皮不规则的排列，花柱长约0.5mm···········**2. 东方泽泻 A. orientale**
1b. 叶披针形至宽披针形，基部楔形。
  3a. 侧面的果皮薄，透明；花柱近直立，花药长1～1.2mm·········**3. 膜果泽泻 A. lanceolatum**
  3b. 侧面的果皮厚，不透明；花柱卷曲，花药长约0.5mm··········**4. 草泽泻 A. gramineum**

1. 泽泻

Alisma plantago–aquatica L., Sp. Pl. 1:342. 1753; Fl. China 23:87. 2010.

多年生草本。具短缩的块状根头，直径1～3.5cm，或更大。叶基生，通常多数；沉水叶条形或披针形，挺水叶宽披针形、椭圆形至卵形，长4～14cm，宽2～6cm，顶端渐尖，稀急尖，基部截形、浅心形或近圆形，具5～7弧形脉，横脉多数；叶柄长1.5～30cm；基部扩大成鞘，边缘膜质。花葶直立，高达80cm；花序长达50cm，具3～8轮分枝，每节轮生6～9个分枝，轮生的分枝可再分枝，形成圆锥状复伞形花序，伞形花序的梗不等长，纤细；苞片披针形；花两性，直径约10mm，花梗长1～3.5cm。外轮花被片3，绿色，卵形或宽卵形，稍尖，长2.5～3.5mm，宽2～3mm，通常具7脉，边缘膜质；内轮花被片3，红色或白色，顶端圆，边缘具不规则粗齿，远大于外轮。雄蕊长约为雌蕊的 2 倍；花药长圆形，黄色，长约 1mm；花丝长 1.5～1.7mm。心皮 17～23，整齐地排列于平凸的花托上；花柱直立，长 0.7～1.5mm，长于子房；柱头短，为花柱的 1/9～1/5。瘦

果椭圆形，两侧扁，果喙自腹侧伸出，具 1～2 条不明显的浅沟，下部平，长 2～2.5mm，宽 1.5～2mm。花期 5～8 月，果期 7～9 月。

水生草本。生于森林带的沼泽。产兴安北部（大兴安岭）。分布于我国黑龙江、吉林、辽宁、河北西北部、山东东部、山西中北部、陕西、湖北西南部、广西西北部、贵州西部、四川北部、云南西北部、新疆，日本、朝鲜、蒙古国、俄罗斯、尼泊尔、越南、缅甸、泰国、印度、巴基斯坦，大洋洲、欧洲、北美洲、非洲。为世界分布种。

2. 东方泽泻

Alisma orientale (Sam.) Juz. in Fl. U.R.S.S. 1:281. 1934; Fl. Intramongol. ed. 2, 5:32. t.16. f.1-3. 1994.—— *A. plantago-aquatical* L. var. *orientale* Sam. in Act. Horti. Gothob. 2:84. 1926.

多年生草本。根状茎缩短，呈块状增粗，须根多数，黄褐色。叶基生，卵形或椭圆形，长 3～16cm，宽 2～8cm，先端渐尖，基部圆形或心形，具纵脉 5～7，弧形，横脉多数，两面光滑；具长柄，质地松软，基部渐宽呈鞘状。花茎高 30～100cm，中上部分枝；花序分枝轮生，每轮 3 至多数，组成圆锥状复伞形花序；花直径 3～5mm，具长梗；萼片 3，宽卵形，长 2～2.5mm，宽约 1.5mm，绿色，果期宿存；花瓣 3，倒卵圆形，长 3～4mm，薄膜质，白色，易脱落，边缘波状。雄蕊 6；花药淡黄色，长约 1mm。心皮多数，离生；花柱侧生，长约 0.5mm，宿存。瘦果多数，倒卵形，长 2～2.5mm，宽 1.5～2mm，光滑，两侧压扁，紧密地排列于花托上。花期 6～7 月，果期 8～9 月。

水生草本。生于沼泽。产内蒙古各地。分布于我国黑龙江、吉林、辽宁、河北、河南、山东、山西、安徽、江苏、浙江、福建、江西、湖北、湖南、

广东、广西、贵州、陕西、宁夏、甘肃、青海东部、四川、云南、新疆，日本、朝鲜、蒙古国、俄罗斯（远东地区）、印度、尼泊尔、越南、缅甸，克什米尔地区。为东亚分布种。

3. 膜果泽泻

Alisma lanceolatum With. in Bot. Arr. Brit. Pl. ed. 3, 2:362. 1796; Fl. China 23:88. 2010.

多年生草本。具短的块状根头，直径1～2cm，或更小。叶全部基生。沉水叶少数，条状披针形，或叶柄状；挺水叶墨绿色，披针形或宽披针形，长9～13cm，宽2.5～4.5cm，顶端急尖或渐尖，基部楔形，具5～7脉，叶柄长13～25cm，基部渐宽，近海绵质，边缘膜质。花茎直立，高35～80cm；花序长20～40cm，具3～6轮分枝，每节轮生4～6（～9）个分枝，轮生的分枝可再分枝，形成圆锥状复伞形花序；伞形花序的梗不等长，纤细；苞片披针形；花两性；花梗长1.5～2.5cm，细弱。外轮花被片3，绿色，卵形或宽卵形，长2～3mm，具5～7脉；内轮花被片3，红色或白色，长4～6.5mm，近圆形，有时尖。雄蕊短于或等长于雌蕊；花药黄色，矩圆形，长1～1.2mm；花丝长1.2～1.4mm，基部宽，向上渐狭。心皮12～15枚生于平凸的花托上，排成一轮；花柱生于子房上部，稍短于子房，长0.6～1mm；柱头长约为花柱的1/3～1/2。瘦果侧扁，倒卵形，长2～2.5mm，宽1.2～1.5mm；果喙自腹侧上部生出，腹部具薄翅，背部有1条明显的浅沟，下部平；两侧果皮薄膜质，透明，

可见种子。种子黑紫色，有光泽。花期6～8月，果期8～9月。

水生草本。生于湖岸、池塘、河边沼泽。产内蒙古东部。分布于我国黑龙江、吉林、辽宁、陕西、云南、新疆，巴基斯坦、阿富汗，中亚、西南亚、北非，欧洲、大洋洲。为世界分布种。

4. 草泽泻

Alisma gramineum Lejeune in Fl. Spa. 1:175. 1811; Fl. Intramongol. ed. 2, 5:32. t.16. f.4-5. 1994.

多年生草本。根状茎缩短，须根多数，黄褐色。茎直立，一般自下半部分枝。叶基生。水生叶条形，长可达100cm，宽3～10mm，全缘，无柄；陆生叶长圆状披针形、披针形或条状披针形，长3～10cm，宽0.5～2cm，先端渐尖，基部楔形，具纵脉3～5，弧形，横脉多数，两面光滑，叶柄约与叶等长。花茎高于或低于叶；花序分枝轮生，组成圆锥状复伞形花序；花直径约3mm；萼片3，宽卵形，长约2mm，淡红色，宿存；花瓣3，白色，质薄，果期脱落。雄蕊6；花药球形，长约0.5mm；花丝分离。心皮多数，离生；花柱侧生于腹缝线，比子房短，顶端钩状弯曲，果期宿存。瘦果多数，倒卵形，长约2mm，背部常具1～2条沟纹及龙骨状凸起，光滑、紧密地排列于花托上。花期6月，果期8月。

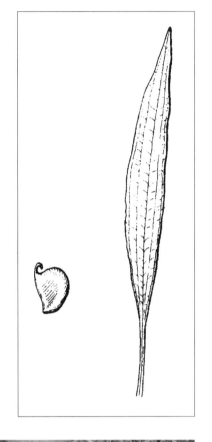

水生草本。生于草原区和荒漠区的沼泽。产呼伦贝尔、科尔沁（科尔沁右翼中旗、阿鲁科尔沁旗、巴林右旗）、锡林郭勒（苏尼特左旗）、阴南平原（托克托县、土默特右旗）、阴南丘陵（准格尔旗）、鄂尔多斯、东阿拉善（临河区、阿拉善左旗）、额济纳。分布于我国黑龙江、吉林、辽宁、河北、河南、山西、宁夏、甘肃、青海、新疆，亚洲、欧洲、非洲、北美洲。为泛北极分布种。

2. 泽薹草属 Caldesia Parl.

多年生、水生草本。叶卵形、心形、肾形至椭圆形。圆锥状花序或圆锥状聚伞形花序，分枝轮生；花两性；花被片6；花瓣通常比花萼大；雄蕊6～12，花药纵裂。心皮5至多数，分离，集生成半球形；花柱着生于心皮的腹面，与子房等长。果实由5至多数小坚果组成，外果皮海绵质，内果皮木质；仅1粒种子。

内蒙古有1种。

1. 泽薹草（北泽薹草）

Caldesia parnassifolia (Bassi ex L.) Parl. in Fl. Ital. 3:599. 1860; Fl. China 23:87. 2010.——*Alisma parnassifolium* Bassi ex L. in Syst. Nat. ed. 12, 3:230. 1768.

多年生草本。着生多数纤维状根。叶基生，圆形或卵圆形、广椭圆形，长2.5～4.5cm，宽1.8～3.8cm，基部深心形，先端圆形或钝，叶脉5～11；有长柄，长达20cm，伸出水面，稀漂浮于水面上。花茎长达50cm；轮生圆锥花序或总状花序，通常每轮有3个花梗，有的花梗再分枝，于端部着生1花；花梗长1.8～3cm；苞片卵状披针形或长圆状披针形，长约6mm；萼片3，圆形；花瓣3，宽卵形，长约3mm，比萼片稍长，白色，受粉后，花被片逐渐脱落；雄蕊6，花药纵裂，花丝丝状，着生于药的基部；心皮6～9，花柱先端狭窄，呈丝状。果斜倒卵形，背面弓形，有3条纵棱，腹面直，长约2mm，花柱宿存呈喙状。沉在水中的花穗，每轮有3枚胎芽；胎芽披针形，长5～12mm。花期7月，果期8月。

水生草本。生于草原带的湖泊、池塘、沼泽。产科尔沁（科尔沁左翼后旗东草坪）。分布于我国黑龙江、山西、江苏、浙江、湖北、云南，日本、朝鲜、俄罗斯、越南、泰国、印度、巴基斯坦、尼泊尔，欧洲、大洋洲、非洲。为世界分布种。

3. 慈姑属 Sagittaria L.

水生或沼生，一年生或多年生草本。根状茎块状或球状，须根多数，绳状。叶常分沉水及浮水两型：沉水叶常为带状，无柄；浮水叶多箭形，具长柄。花单性，稀两性，雌雄同株，稀异株，常3枚轮生；萼片3，果期宿存；花瓣3，白色，质薄，果期脱落；雄花常位于上方，具长柄，雄蕊多数；雌花位于两侧，心皮多数，生于球形的花托上，子房扁平，花柱顶生或侧生，胚珠1。果实两侧压扁，具翅。

内蒙古有2种。

分种检索表

1a. 浮水叶的侧裂片长于中裂片，一般无沉水叶···1.野慈姑 S. trifolia
1b. 浮水叶的侧裂片短于中裂片，一般具沉水叶··2.浮叶慈姑 S. natans

1. 野慈姑

Sagittaria trifolia L., Sp. Pl. 2:993. 1753; Fl. Intramongol. ed. 2, 5:34. t.17. f.1-4. 1994.——*S.*

trifolia L. f. *longiloba* (Turcz.) Makino in J. Jap. Bot. 1:38. 1918; Fl. Intramongol. ed. 2, 5:34. 1994.——*S. sagittifolia* L. var. *longiloba* Turcz. in Bull. Soc. Imp. Nat. Mosc. 3:57. 1854.

多年生草本。根状茎球状，须根多数，绳状。叶箭形，连同裂片长 5～20cm，基部宽 1～4cm，先端渐尖，基部具 2 裂片，两面光滑，具 3～7 弧形脉，脉间具多数横脉；叶柄长 10～60cm，基部具宽叶鞘；叶鞘边缘膜质。基部 2 裂片较叶片狭长，有的几呈条形。花茎单一或分枝，高 20～80cm；花 3 朵轮生，形成总状花序；花梗长 1～2cm；苞片卵形，长 3～7mm，宽 2～4mm，宿存；花单一；萼片 3，卵形，长 3～6mm，宽 2～3mm，宿存；花瓣 3，近圆形，明显大于萼片，白色，膜质，果期脱落；雄蕊多数，花药多数；心皮多数，聚成球形。瘦果扁平，斜倒卵形，长约 3.5mm，宽约 2.5mm，具宽翅。花期 7 月，果期 8～9 月。

水生草本。生于浅水及水边沼泽。产内蒙古各地。分布于我国各地，广布于亚洲、欧洲。为古北极分布种。

2. 浮叶慈姑（小慈姑）

Sagittaria natans Pall. in Reise Russ. Reich. 3:757. 1776; Fl. Intramongol. ed. 2, 5:36. t.17. f.5. 1994.

多年生草本。根状茎球状，须根多数，丝状。叶基生；沉水叶带状条形，浮水叶条状披针形、披针形或长圆形，长 3～16cm，宽 0.3～3cm，两面光滑，具 3～7 弧形脉，先端渐尖，基部箭形；2 裂片较短，短于叶片的 1/3；叶柄长可达 30cm，基部具宽叶鞘；叶鞘边缘膜质。花茎单一，高 7～50cm；花 2～3 朵轮生，形成总状花序；花单性，雌雄同株；花梗长 1～5cm；苞片膜质，卵形，长约 3mm；萼片 3，三角形，长约 5mm，淡紫色；花瓣 3，卵形，长 8～10mm，白色。瘦果扁球形，直径 1.5～2mm，具狭翅，宿存花柱短而弯曲。花期 7～8 月。

水生草本。生于森林区的浅水中。产兴安北部（大兴安岭）。分布于我国黑龙江、吉林、辽宁、新疆北部，日本、朝鲜、俄罗斯（西伯利亚地区、远东地区），欧洲。为古北极分布种。

132. 花蔺科 Butomaceae

一年生或多年生草本。具根状茎。叶多数基生。花单生或聚成伞形花序；具苞片；花两性，整齐。外轮花被片3，近革质；内轮花被片3，质薄。雄蕊9或多数，花丝分离，花药2室，侧缝开裂；心皮6，常仅基部连合，子房1室，胚珠多数。蓇葖果；种子无胚乳，胚直立。

内蒙古有1属、1种。

1. 花蔺属 Butomus L.

多年生草本。根状茎发达。叶条形或三棱形。伞形花序；花两性；花被片6，分2轮排列，不脱落；雄蕊9，花丝扁平；心皮6，轮状排列于平展的花托上。蓇葖果含多数种子；种子细小，具沟纹。

内蒙古有1种。

1. 花蔺

Butomus umbellatus L., Sp. Pl. 1:372. 1753; Fl. Intramongol. ed. 2, 5:36. t.18. f.1-3. 1994.

多年生草本。根状茎匍匐，粗壮，须根多数，细绳状。叶基生，条形，基部三棱形，长40～100cm，宽3～7mm，先端渐尖；基部具叶鞘，叶鞘边缘膜质。花葶直立，圆柱形，光滑，具纵条棱；伞形花序；花多数，花直径1～2cm；苞片3，卵形或三角形，长10～20mm，宽5～8mm，先端锐尖；花梗长5～8cm。外轮花被片3，卵形，淡红色，基部颜色较深；内轮花被片3，较外轮花被片长，颜色较淡。雄蕊9，花丝粉红色，基部稍宽；心皮6，粉红色，柱头向外弯曲。蓇葖果具喙，种子多数。花期7月，果期8月。

水生草本。生于草原区的水边沼泽。产呼伦贝尔及岭西（额尔古纳市、鄂温克族自治旗、新巴尔虎左旗）、科尔沁（科尔沁右翼前旗、科尔沁右翼中旗、乌兰浩特市、扎鲁特旗、巴林右旗、克什克腾旗）、辽河平原（科尔沁左翼后旗）、锡林郭勒（锡林浩特市、苏尼特左旗）、阴南丘陵（凉城县、准格尔旗）、鄂尔多斯（伊金霍洛旗、乌审旗）。分布于我国黑龙江、吉林、辽宁、河北、河南、山东、山西、陕西、安徽东部、江苏、湖北、新疆北部和中部，广布于亚洲、欧洲。为古北极分布种。北美洲有逸生。

133. 禾本科 Gramineae

一年生、二年生或多年生禾草，很少为木本（竹亚科）。有时具地下根状茎。秆（茎）直立、倾斜，亦有匍匐于地面者；节明显，基部节常膝曲，节间通常中空，少为实心。叶互生，2 行排列，分为叶片和叶鞘两部分。叶鞘包住秆，边缘彼此覆盖，于一侧开缝，少数种类的叶鞘闭合；叶片通常扁平，或为内卷，叶脉平行，中脉常明显；叶片与叶鞘间通常具叶舌，有时两侧还具叶耳。花序由许多小穗组成，小穗具柄或无柄，着生在穗轴上，再排成圆锥状、总状、穗状或头状花序；小穗的基部具 2 枚颖片（下部的为第一颖，上部的为第二颖），颖的上面有 1 至数朵无柄的小花，着生在小穗轴上。小花（由外稃、内稃、鳞被及雄蕊、雌蕊构成）通常两性，稀为单性：外稃（即苞片，其基部可具基盘，顶端或背部可具芒）及内稃（即小苞片）包在外面，其内有鳞被 2～3（稀为 6）；雄蕊（2～）3～6；雌蕊 1，由 2（～3）枚心皮组成 1 室的上位子房，花柱 2（稀为 3 或 1），柱头常为羽毛状。果实通常为颖果，少为胞果、坚果或浆果。

内蒙古有 72 属、254 种，另有 8 栽培属、24 栽培种。

分属检索表

1a. 小穗含多数至 1 小花，大都两侧压扁，通常脱节于颖之上，小穗轴大都延伸至最上方小花的内稃之后而呈细柄状或刚毛状。

2a. 小穗的 2 颖退化或仅在小穗柄的顶端留有痕迹；成熟小花的稃体常以其边缘互相紧扣；内稃 3 脉，中脉成脊或无脊（**I. 稻亚科 Oryzoideae**）。

3a. 小穗两性，两侧压扁而具脊［**（1）稻族 Oryzeae**］。

4a. 不孕小花之 2 枚外稃虽小但甚显著。栽培······················**1. 稻属 Oryza**

4b. 不孕小花之 2 枚外稃缺··························**2. 假稻属 Leersia**

3b. 小穗单性，雌雄小穗略不相同，多少呈圆锥形而不具脊［**（2）菰族 Zizanieae**］·················

····························**3. 菰属 Zizania**

2b. 小穗的 2 颖或 1 片通常明显；成熟小花的稃体的边缘不互相紧扣，或外稃紧包全部内稃；内稃 2 脉，偶可无脊或内稃缺。

5a. 成熟小花的外稃具多脉至 5 脉（稀为 3 脉），或其脉不明显；叶舌通常无纤毛（芦苇属例外）（**Ⅲ. 早熟禾亚科 Pooideae**）。

6a. 小穗以背腹面对向穗轴，侧生小穗无第一颖［**（8）黑麦草族 Lolieae**］·····················

····························**16. 黑麦草属 Lolium**

6b. 小穗以侧面对向穗轴，第一颖存在。

7a. 小穗无柄或几无柄，排成穗状花序［**（10）小麦族 Triticeae**］。

8a. 小穗单生于穗轴的各节。

9a. 外稃有显著基盘，颖果通常与内外稃相贴着。野生禾草或为栽培牧草。

10a. 颖及外稃的背部扁平或呈圆形，顶生小穗大都正常发育。

11a. 植株通常无地下茎，或仅具短根头；小穗脱节于颖之上，小穗轴于诸小花间断落··········**19. 鹅观草属 Roegneria**

11b. 植株具地下茎或匍匐茎；小穗脱节于颖之下，小穗轴不于诸小花间断落··········**20. 偃麦草属 Elytrigia**

10b. 颖及外稃两侧压扁，背部显著具脊；顶生小穗不孕或退化。

    12a. 多年生禾草；穗轴延续而不折断，颖两侧边缘膜质 ·········**21. 冰草属 Agropyron**

    12b. 一年生禾草；穗轴具关节而逐节断落，颖两侧边缘在成熟时变厚或呈角质·········

    ··**22. 旱麦草属 Eremopyrum**

9b. 外稃无基盘，颖果与内外稃相分离。栽培的谷类作物。

    13a. 颖卵形，具 3 至数脉···**23. 小麦属 Triticum**

    13b. 颖锥形，仅具 1 脉···**24. 黑麦属 Secale**

8b. 小穗常以 2 至数枚生于穗轴之各节，或在花序之上、下两端可为单生。

    14a. 小穗含 2 至数小花，以 2 至数枚（有时上、下两端为 1 枚）生于穗轴之各节。

        15a. 植株不具根状茎，基部从不为碎裂成纤维状的叶鞘所包围，颖矩圆状披针形，具 3～5 脉；小穗轴不扭转，颖包于外稃的外面·········**25. 披碱草属 Elymus**

        15b. 植株具下伸或横走的根状茎，基部常为枯老碎裂成纤维状的叶鞘所包围，颖细长呈锥形，具 1～3 脉；外稃常因小穗轴扭转而与颖交叉排列，使外稃背部露出·········

        ··**26. 赖草属 Leymus**

    14b. 小穗含 1 或 2（～3）小花，以 2～3 枚生于穗轴之各节。

        16a. 小穗含 1 小花，稀含 2 小花，以 3 枚生于穗轴各节，居中者无柄而为孕性，两侧小穗常不孕而呈芒状且大多具柄·········**27. 大麦草属 Hordeum**

        16b. 小穗含 2～3 小花，以 2～3 枚同生于一节，均为孕性或其一顶生小花退化为棒状······

        ··**28. 新麦草属 Psathyrostachys**

7b. 小穗具柄，稀可无柄，排列为开展或紧缩的圆锥花序，或近于无柄，形成穗形总状花序；若无柄时，则小穗覆瓦状排列于穗轴一侧，再形成圆锥花序。

17a. 小穗含 2 至多数小花，如为 1 小花时，则外稃有 5 条以上的脉。

    18a. 小穗的两性小花 1 或多数，但位于不孕花的下方，稀可位于小穗中部（即两性小花的上、下方均有不孕小花）。

        19a. 第二颖通常较短于第一小花；芒如存在时劲直（或稀可反曲）而不扭转，通常自外稃顶端伸出，有时可在外稃顶端 2 裂齿间或裂缝的下方伸出。

            20a. 外稃基盘延伸如细柄状，其上方有长丝状柔毛；叶舌具纤毛；高大禾草［**Ⅱ. 芦竹亚科 Arundinoideae,（3）芦竹族 Arundineae**］·········**4. 芦苇属 Phragmites**

            20b. 外稃基盘通常无毛，如有毛时，从不为长丝状柔毛，且其毛大都短于外稃；叶舌通常膜质，无纤毛；一般为中小型禾草（**Ⅲ. 早熟禾亚科 Pooideae**）。

            21a. 颖果顶端具锥状的喙，叶舌厚膜质，基盘无毛［（4）**龙常草族 Diarrheneae**］

            ··**5. 龙常草属 Diarrhena**

            21b. 颖果顶端不具锥状的喙，叶舌薄膜质，基盘无毛或具毛。

                22a. 外稃通常有 7 至更多的脉，亦可具 5 或 3 脉；叶鞘全部闭合，或下部闭合，亦可不闭合（但其外稃具多数脉）。

                    23a. 子房顶端无毛或偶可有短柔毛，内稃脊上无毛或具短纤毛或柔纤毛，颖果顶端无附属物或喙，有时有无毛的短喙［（6）**臭草族 Meliceae**］。

24a. 第一颖具 1～3 (～5) 脉，第二颖具 5 (～7) 脉。

25a. 小穗柄具关节而使小穗整个脱落，外稃无芒；基盘无毛；小穗顶端有不孕外稃
形成的小球······**7. 臭草属 Melica**

25b. 小穗柄无关节而不整体脱落，外稃有芒；基盘具毛；小穗顶端不具上述小球······
······**8. 裂稃茅属 Schizachne**

24b. 颖的脉不明显或仅具 1 脉，或第二颖具 3 脉，小穗柄无关节，脱节于颖之上。

26a. 外稃具 5～7～9 脉，小穗含数朵至多数小花。

27a. 外稃顶端通常钝圆，基盘无毛······**9. 甜茅属 Glyceria**

27b. 外稃顶端呈不整齐齿状，基盘有髭毛······**10. 水茅属 Scolochloa**

26b. 外稃具 3 脉；小穗常含 2 小花，稀 1～4 小花······**11. 沿沟草属 Catabrosa**

23b. 子房顶端有糙毛，内稃脊上有硬纤毛或短纤毛，颖果顶端有生毛的附属物或短喙〔(9) 雀麦族 Bromeae〕。

28a. 叶鞘闭合；花序为开展或收缩的圆锥花序，花柱生于子房的前下方······
······**17. 雀麦属 Bromus**

28b. 叶鞘边缘不闭合；花序为穗形总状花序，花柱生于子房的顶端······
······**18. 短柄草属 Brachypodium**

22b. 外稃具 (3～)5 脉；叶鞘通常不闭合，或边缘互相覆盖〔(7) 早熟禾族 Poeae〕。

29a. 外稃背部圆形。

30a. 外稃顶端钝，具细齿，诸脉平行不于顶端汇合······**15. 碱茅属 Puccinellia**

30b. 外稃顶端尖，诸脉在顶端汇合······**12. 羊茅属 Festuca**

29b. 外稃背部具脊。

31a. 小花单性，不完全的雌雄异株，外稃被贴生的微毛，子房顶端有短毛······
······**13. 银穗草属 Leucopoa**

31b. 小花两性；外稃脊和边缘有柔毛，基盘常有绵毛或可全部无毛；子房通常无毛······
······**14. 早熟禾属 Poa**

19b. 第二颖大都等长或长于第一小花；芒若存在时膝曲而有扭转的芒柱，通常位于外稃的背部或由其先端的 2 裂片间伸出〔(11) 燕麦族 Aveneae〕。

32a. 外稃无芒或顶端具小尖头或具短芒，具 3～5 脉；小穗轴无毛或具细毛，圆锥花序紧密呈穗状，常为圆柱形······**29. 溚草属 Koeleria**

32b. 外稃显著具芒，如无芒时则圆锥花序不呈穗状。

33a. 小穗长不及 1cm；子房无毛；颖果不具腹沟，与内稃互相分离。

34a. 外稃背部有脊，顶端 2 齿裂，芒自其背部的中部以上伸出······**30. 三毛草属 Trisetum**

34b. 外稃背部圆形，顶端啮蚀状，芒自其背部的中部以下伸出······**33. 发草属 Deschampsia**

33b. 小穗长大于 1cm；子房上部或全部有毛；颖果具腹沟，通常与内稃互相附着。

35a. 多年生禾草；小穗直立或开展；2 颖通常不等大，具 1～5 脉······
······**31. 异燕麦属 Helictotrichon**

35b. 一年生禾草；小穗下垂；2 颖近于相等，具 7～11 脉······**32. 燕麦属 Avena**

18b. 小穗含 3 小花，其中两性小花仅 1 朵，位于 2 不孕小花的上方，或因不孕小花退化而使小穗仅含 1 小花；成熟外稃质硬，无芒 [（12）虉草族 **Phalarideae**]。

36a. 小穗下部 2 不孕小花的外稃内含 3 雄蕊，与顶生成熟小花等长或较之长；小穗棕色而有光泽；两性小花含 2 雄蕊；植株干后仍有香味……………………**34. 茅香属 Anthoxanthum**

36b. 小穗下部 2 不孕小花的外稃空虚，退化为小鳞片状而无芒，远较其顶生成熟小花为短；小穗灰绿色而无光泽；两性小花含 3 雄蕊；植株干后无香味……………**35. 虉草属 Phalaris**

17b. 小穗通常仅含 1 小花，外稃具 5 脉或稀可更少。

37a. 外稃大部为膜质，通常短于颖，也可略与颖等长，如长于颖时，则质地稍坚硬，成熟时疏松包裹着颖果或几不包裹 [（13）剪股颖族 **Agrostideae**]。

38a. 圆锥花序极紧密呈穗状，圆柱形或矩圆形。

39a. 小穗脱节于颖之上；颖及外稃的边缘均不连合；外稃无芒，稍长于内稃………………
………………………………………………………………………**36. 梯牧草属 Phleum**

39b. 小穗脱节于颖之下；颖及外稃在下部的边缘彼此连合；外稃背部的中部或中部以下有芒；内稃缺………………………………………………**37. 看麦娘属 Alopecurus**

38b. 圆锥花序开展或紧密，但不呈穗状柱形。

40a. 小穗多少具柄，长形，排列为开展或紧密的圆锥花序。

41a. 小穗脱节于颖之上；小穗柄不具关节；颖先端尖或渐尖，不具芒。

42a. 外稃基盘有柔毛。

43a. 小穗轴不延伸于内稃之后，或稀有极短的延伸，常无毛或具疏柔毛……
………………………………………………………**38. 拂子茅属 Calamagrostis**

43b. 小穗轴延伸于内稃之后，常具丝状柔毛…………**39. 野青茅属 Deyeuxia**

42b. 外稃基盘无毛或仅有微毛…………………………**40. 剪股颖属 Agrostis**

41b. 小穗脱节于颖之下。

44a. 颖先端具长芒，圆锥花序紧密呈棒状………………**41. 棒头草属 Polypogon**

44b. 颖先端无芒，圆锥花序疏散…………………………**42. 单蕊草属 Cinna**

40b. 小穗无柄，几呈圆形，复瓦状排列于穗轴之一侧，而后再排列成圆锥花序…………
………………………………………………………………………**43. 菵草属 Beckmannia**

37b. 外稃质地厚于颖，至少在背部较颖坚硬成熟后与内稃一起紧包颖果 [（14）针茅族 **Stipeae**]。

45a. 外稃有芒，基盘尖锐或钝圆。

46a. 外稃芒宿存，大都粗壮而下部常扭转。

47a. 外稃不裂或顶端多少 2 裂，通常无延伸的小穗轴。

48a. 芒下部扭转，且与外稃顶端成关节；外稃细瘦呈圆筒形，常具排列成纵行的短柔毛，基盘大都长而尖锐；内稃背部在结实时不外露，通常无毛；芒长常超过 30mm……………………………………………**45. 针茅属 Stipa**

48b. 芒下部扭转或几不扭转，不与外稃顶端成关节；外稃背部有散生柔毛；内稃背部在结实时裸露，脊间无毛；芒长常不超过 30mm。

49a. 芒下部无毛或具微毛；小穗柄较粗，大都短于小穗…………………
………………………………………………………………**46 芨芨草属 Achnatherum**

49b. 芒全部被柔毛；小穗柄呈毛细管状，较长于小穗………**47. 细柄茅属 Ptilagrostis**

47b. 外稃 2 裂至中部，在裂片基部有一圈冠毛状茸毛；小穗轴多少延伸于内稃之后………
………………………………………………**50. 冠毛草属 Stephanachne**

46b. 外稃芒易落，大都简短，细弱，下部不扭转。

50a. 外稃无毛或有毛，具光泽，其芒自顶端伸出……………**44. 落芒草属 Piptatherum**

50b. 外稃遍生柔毛，其芒自裂片间伸出。

51a. 外稃 7 ～ 9 脉，基盘无毛；花药顶端具毫毛；植株高 100 ～ 150cm，具长而粗壮
的根状茎………………………………………**48. 沙鞭属 Psammochloa**

51b. 外稃 3 脉，基盘有毛；花药顶端无毫毛；植株高 30 ～ 50cm，丛生；具短根状茎
………………………………………………**49. 钝基草属 Timouria**

45b. 外稃无芒；基盘短钝而不明显；稃于成熟时变硬，平滑无毛，有光泽………**51. 粟草属 Milium**

5b. 成熟小花外稃具 3 或 1 脉，亦有具 5 ～ 9 脉者；叶舌通常具纤毛，或为一圈毛所代替（外稃虽具多脉，
但叶舌具毛而可与上项"5a"区别）（**IV. 画眉草亚科 Eragrostoideae**）。

52a. 外稃具 7 ～ 9 脉。

53a. 外稃具 9 或更多脉，顶端通常呈羽状的芒［**（15）冠芒草族 Pappophoreae**］………
………………………………………………**52. 冠芒草属 Enneapogon**

53b. 外稃无芒，小穗近于无柄而排列于花序分枝的一侧［**（16）獐毛族 Aeluropodeae**］…………
………………………………………………**53. 獐毛属 Aeluropus**

52b. 外稃（1 ～）3（～ 5）脉。

54a. 小穗具（2 ～）3 至多数结实小花；圆锥花序，如为总状花序或穗状花序时其小穗排列于穗
轴的一侧［**（17）画眉草族 Eragrostideae**］。

55a. 小穗紧密覆瓦状排列于穗轴较宽的一侧而形成穗状花序，此时穗状花序再以数枚呈指
状排列于秆顶；囊果………………………………**54. 䅟属 Eleusine**

55b. 小穗排列为开展或紧缩的圆锥花序，稀可为总状花序，亦可几无柄成 2 行排列于纤细
穗轴的一侧，形成 1 个穗状花序单生秆顶；颖果。

56a. 小穗两侧压扁，背部明显具脊；小穗轴大都不逐节断落；外稃顶端大都完整无芒，
平滑无毛，基盘无毛………………………………**55. 画眉草属 Eragrostis**

56b. 小穗背部呈圆形；小穗轴于成熟时与小花一起逐节断落；外稃多少生有柔毛，顶
端大都具或与其 2 裂齿间生 1 小尖头，稀无芒，基盘多少生有短柔毛。

57a. 圆锥花序狭窄，由数枚单纯的或具有分枝的总状花序所组成；叶鞘内有隐
藏的小穗………………………………**56. 隐子草属 Cleistogenes**

57b. 穗状花序 1，单生茎顶；叶鞘内不具隐藏的小穗……**57. 草沙蚕属 Tripogon**

54b. 小穗含 1 结实小花。

58a. 小穗无柄或近于无柄，排列于穗轴一侧形成穗状花序，数个穗状花序再形成指状或近
于指状排列于穗轴先端，组成复合花序［**（18）虎尾草族 Chlorideae**］…………
………………………………………………**58. 虎尾草属 Chloris**

58b. 小穗通常具柄，如无柄或近于无柄时，也不排列于穗轴一侧，不呈指状排列的花序。

59a. 花序穗状或穗形总状，若为圆锥花序，则紧缩成头状或穗状；外稃成熟时质薄，不呈圆筒形，顶端无芒或仅具 1 芒。

　　60a. 圆锥花序紧缩成头状或穗状，位于宽广苞片之腋中；第一颖存在；小穗不为下一项所列情况 [（**19）鼠尾草族 Sporoboleae**]。

　　　　61a. 小穗脱节于颖之下，外稃顶端无芒 ·······················**59. 扎股草属 Crypsis**

　　　　61b. 小穗脱节于颖之上，外稃顶端具长芒 ···············**60. 乱子草属 Muhlenbergia**

　　60b. 穗状花序或穗形总状花序；第一颖微小或缺；小穗 2～5 枚簇生，最下方的 2 枚成熟小穗合并为一刺球体 [（**20）结缕草族 Zoysieae**] ···············**61. 锋芒草属 Tragus**

59b. 圆锥花序疏展；外稃成熟时质地变硬，圆筒形，顶端有 3 裂的芒或具 3 芒 [**Ⅱ. 芦竹亚科 Arundinoideae，（5）三芒草族 Aristideae**] ···························**6. 三芒草属 Aristida**

1b. 小穗含 2 小花，下部小花常不发育而为雄性，甚至退化仅余外稃，则此时小穗仅含 1 小花，背腹扁或为圆筒形，稀可两侧扁，脱节于颖之下，稀可脱节于颖之上；小穗轴从不延伸于顶端成熟小穗内稃之后（**V. 黍亚科 Panicoideae**）。

62a. 第二小花的外稃及内稃通常质地坚韧，质比颖厚。

　　63a. 小穗成对或稀可单生，脱节于颖之上，成熟小花的外稃大都具芒，稀无芒，其基盘亦常有毛 [（**21）野古草族 Arundinelleae**] ·············**62. 野古草属 Arundinella**

　　63b. 小穗单生或成对，脱节于颖之下，成熟小花的外稃通常无芒，其基盘无毛 [（**22）黍族 Paniceae**]。

　　　　64a. 花序中无不育的小枝，不具刚毛；其穗轴不延伸至上端小穗的后方。

　　　　　　65a. 小穗排列为开展的圆锥花序；小穗柄长，不排列在穗轴的一侧 ···················· ·······················**63. 黍属 Panicum**

　　　　　　65b. 小穗无柄或几无柄，排列于穗轴的一侧而为穗状花序或穗形总状花序，此花序再排列呈指状或圆锥花序。

　　　　　　　　66a. 穗形总状花序或总状花序再组成圆锥花序；第二外稃在成熟时为骨质或革质，多少有些坚硬，通常有狭窄而内卷的边缘，故其内稃露出较多。

　　　　　　　　　　67a. 小穗基部具 1 环状或珠状的基盘（系由微小的第一颖及第二颖下的小穗轴愈合膨大而成），第一颖常缺，第一外稃无芒；叶舌存在············· ·······················**64. 野黍属 Eriochloa**

　　　　　　　　　　67b. 小穗基部无上述基盘，第一颖虽小但存在，第一外稃具芒或芒状小尖头；叶舌缺 ·······················**65. 稗属 Echinochloa**

　　　　　　　　66b. 穗形总状花序呈指状排列或近于指状；第二外稃在成熟时为软骨质，不具芒或芒状小尖头，边缘膜质透明，不内卷 ···············**66. 马唐属 Digitaria**

　　　　64b. 花序中有不育的小枝（或由穗轴延伸）所组成的刚毛。

　　　　　　68a. 刚毛互相连合形成刺苞，内含小穗 1 至数枚 ···············**67. 蒺藜草属 Cenchrus**

　　　　　　68b. 刚毛互相分离，不形成刺苞。

　　　　　　　　69a. 小穗脱落时附于其下的刚毛仍宿存花序上 ···············**68. 狗尾草属 Setaria**

　　　　　　　　69b. 小穗脱落时连同附于其下的刚毛一起脱落 ·······**69. 狼尾草属 Pennisetum**

62b. 第二小花的外稃及内稃为膜质或透明膜质，质比颖薄。

    70a. 小穗两性，或成熟小穗与不孕小穗同时混生穗轴上〔（23）蜀黍族 Andropogoneae〕。

        71a. 穗轴具凹穴，无柄小穗嵌生于凹穴中，有柄小穗的柄与穗轴节间结合；外稃无芒…………
        …………………………………………………………………**73. 牛鞭草属 Hemarthria**

        71b. 穗轴不具凹穴，无柄小穗及有柄小穗亦不为上述情况。

            72a. 小穗孪生，两性，能孕且均可成熟，各具长短不一的柄或 1 无柄。

                73a. 圆锥花序紧缩成穗状，小穗无芒…………………………**71. 白茅属 Imperata**

                73b. 圆锥花序开展或为总状花序排列呈指状，小穗常有芒或有极短的芒。

                    74a. 圆锥花序开展，穗轴延伸而无关节，小穗自柄上脱落。

                        75a. 圆锥花序扇形宽展，成对小穗均有柄；穗轴节间及小穗柄的先端不
                        膨大…………………………………………………**70. 芒属 Miscanthus**

                        75b. 圆锥花序矩圆形，成对小穗，1 无柄，1 有柄，或均有柄；穗轴节间
                        及小穗柄的先端膨大而成棒状；基盘无毛…**72. 大油芒属 Spodiopogon**

                    74b. 花序总状，呈指状排列；穗轴具关节，各节连同着生其上的无柄小穗一
                    起脱落…………………………………………**74. 莠竹属 Microstegium**

            72b. 孪生小穗的异性对中无柄小穗两性，能结实，有柄小穗雄性或中性，不育以至退化
            成 1 短柄；或在同性对中无柄小穗与有柄小穗均不育，为雄性或中性。

                76a. 叶宽披针形至卵状披针形，基部心形抱茎；无柄小穗第二外稃的芒从近基部
                着生…………………………………………………**75. 荩草属 Arthraxon**

                76b. 叶条形至条状披针形，基部不为心形抱茎；无柄小穗第二外稃的芒从不自基部
                伸出。

                    77a. 总状花序呈圆锥状或指状排列，花序下不具佛焰苞，孪生小穗中也不具上
                    述情况的同性对。

                        78a. 无柄小穗第二外稃发育正常，先端 2 裂，芒自裂齿间伸出或全缘而
                        无芒…………………………………………**76. 高粱属 Sorghum**

                        78b. 无柄小穗第二外稃退化呈条形柄状，顶端延伸成芒…………………
                        …………………………………………**77. 孔颖草属 Bothriochloa**

                    77b. 总状花序位于舟状的佛焰苞内或微伸出于苞外，基部 2 对为同性对，互相
                    接近似轮生总苞，其余 1～3 对为异性对…………**78. 菅属 Themeda**

    70b. 小穗单性，雌小穗与雄小穗分别生于不同花序上，或在同一花序的不同部位上〔（24）玉蜀黍
    族 Maydeae〕。

        79a. 单性小穗位于同一花序上，雄性在上，雌性在下，包于球形坚硬的总苞内…**79. 薏苡属 Coix**

        79b. 单性小穗分别生于不同花序上，雄花序为顶生的圆锥花序，雌花序为腋生具多数鞘包的
        穗状花序………………………………………………………………**80. 玉蜀黍属 Zea**

I. 稻亚科 Oryzoideae

（1）稻族 Oryzeae

1. 稻属 Oryza L.

一年生或有时为多年生禾草，水生或陆生。叶扁平。圆锥花序顶生，开展；小穗两侧压扁，含1小花及附于此两性花下的2枚呈鳞片状或锥刺状的退化外稃；颖2枚，极退化，在小穗柄的顶端呈二半月形的边缘。外稃坚硬，具脊，有5脉，边脉紧贴边缘，顶端有时具芒；内稃与外稃同质，具脊，有3脉，其边脉亦紧贴边缘且与外稃之边缘紧握；雄蕊6。

内蒙古有1栽培种。

1. 稻

Oryza sativa L., Sp. Pl. 1:333. 1753; Fl. Intramongol. ed. 2, 5:49. 1994.

一年生栽培植物。秆丛生，直立，高100cm左右（常因栽培品种不同而有差异）。叶鞘无毛；叶舌膜质较硬，披针形，先端2深裂，长8～25mm，叶耳幼时明显，老时脱落；叶片扁平，长宽因品种不同而有变化，一般长30～60cm，宽6～15mm。圆锥花序松散，成熟时弯曲下垂；小穗矩圆形，长6～8mm；颖极退化，2退化外稃锥刺状，无毛，长2～3mm；孕花外稃与内稃均遍被细毛，稀无毛，外稃顶端无芒或具长达7cm的芒。收割期7～8月。

湿生禾草。原产我国长江流域以南。为华南分布种。内蒙古科尔沁和辽河平原（扎赉特旗、科尔沁右翼前旗、科尔沁右翼中旗、通辽市、西辽河流域）、鄂尔多斯（乌审旗南部）、东阿拉善（河套地区）有栽培。全国各省区及世界各国广为栽培。

本种为我国主要粮食作物。除食用外，尚可制淀粉、酿酒；米糠含丰富的乙种维生素，可榨油，亦可做家禽饲料；带稃颖果、颖果、秆叶及稻根入药。发芽带稃颖果（药材名：谷芽）能消食、健胃，主治消化不良、不思饮食；颖果（药材名：粳米）能益气生津、健脾和胃、除烦渴、止泻痢，主治烦躁口渴、伤暑吐泻、下痢烦热；秆叶能宽中下气、消食积，主治噎膈、

反胃、食滞、泄泻；稻根能止汗。颖果也入蒙药（蒙药名：道图日嘎），能止渴、止呕、止泻、开胃消食、滋补，主治食欲不振、消化不良、久泻腹痛、身体虚弱。此外，秆亦为造纸原料，亦可供编织用。

2. 假稻属 Leersia Sol. ex Sw.

多年生禾草。常具匍匐茎。顶生圆锥花序；小穗两侧压扁，含 1 两性小花，无芒，脱节于极短的小穗柄上；颖退化。外稃硬纸质，舟形，脊上具硬纤毛，常 5 脉，边脉接近边缘，边缘紧抱内稃边脉；内稃与外稃同质等长，具 3 脉，侧脉靠近边缘，脊上被硬纤毛；雄蕊 6 或 1～3。

内蒙古有 1 种。

1. 秕壳草（蓉草）

Leersia oryzoides (L.) Sw. in Prodr. 21. 1788; Fl. Intramongol. ed. 2, 5:50. t.19. f.1-2. 1994.——*Phalaris oryzoides* L., Sp. Pl. 1:55. 1753.

多年生禾草。具根状茎。秆直立，疏丛，高 30～90cm，节被柔毛。叶鞘被倒生刺毛；叶舌短小，长 1～2mm；叶片扁平，长 10～25cm，宽 5～15mm，灰绿色，粗糙，两面边缘被倒生短刺毛。圆锥花序顶生，疏松，长可达 20cm，幼时常包于顶生叶鞘内；分枝细弱，上升，具棱，互生，长可达 10cm。小穗长约 4.5mm，宽约 1.5mm，含 1 小花；小穗柄较短，长约 4.5mm，上部膨大处为关节，易脱落。二颖退化。不孕小花之 2 枚外稃缺，成熟小花外稃 5 脉，脊与边缘具刺毛；内稃具 3 脉，脊上具刺毛。

湿生禾草。生于稻田及水边沼泽。产辽河平原（大青沟）、科尔沁（敖汉旗）。分布于我国黑龙江、江苏、浙江、福建、江西、湖南、广东、海南、新疆，日本、俄罗斯（西伯利亚地区、远东地区），中亚、西南亚、北非，欧洲、北美洲。为泛北极分布种。

（2）菰族 Zizanieae

3. 菰属 Zizania L.

一年生或多年生水生禾草。叶片长而宽广。圆锥花序大型，顶生，雌雄同株。小穗多少呈圆锥形而不具脊，单性，含1小花。雌小穗位于花序上部，脱节于小穗柄之上，其柄顶端呈杯状；雄小穗位于花序下部，也在小穗柄上脱节。颖完全退化而不见。外稃具5脉，在雌小穗中先端具长芒；内稃与外稃同质，且为外稃所紧包；雄蕊6。

内蒙古有1种。

1. 菰（茭白）

Zizania latifolia (Griseb.) Turcz. ex Stapf in Bull. Misc. Inform. Kew 1909:385. 1909; Fl. Intramongol. ed. 2, 5:50. t.20. f.1-4. 1994.——*Hydropyrum latifolium* Griseb. in Fl. Ross. 4:466. 1853.

多年生。具长根状茎。秆直立，高70～120（～200）cm，基部节上具横格并生不定根。叶鞘肥厚，无毛；叶舌膜质，顶端钝圆，长10～15mm；叶片扁平，长可达1m，宽约2cm，上面点状粗糙，下面无毛。圆锥花序长35～45cm；分枝多数簇生，上部分枝上升，多紧缩，基部者略开展。雄性小穗具短柄，带紫色，长8～12.5mm（芒除外）。外稃膜质，具5脉，脉上有时被微刺毛，其余部分光滑无毛，顶端具长3～5mm的短芒，芒粗糙；内稃与外稃等长，先端尖，具3脉；雄蕊6。雌小穗长1.3～2cm。外稃厚纸质，具5条粗糙的脉，先端具芒，芒长14～20mm；内稃与外稃等长，边缘为其外稃边缘包卷，具3脉。花果期7～9月。

水生禾草。生于森林带和森林草原带的水中、水泡子边缘。产兴安北部（根河市）、呼伦贝尔（海拉尔区）、嫩江西部平原（扎赉特旗保安沼农场）、兴安南部（科尔沁右翼前旗、阿鲁科尔沁旗、巴林右旗）、辽河平原（大青沟）、阴南丘陵（准格尔旗）。分布于我国黑龙江、吉林东部、辽宁中部、河北中部、河南、山东东南部、安徽、江苏、浙江、福建、台湾、江西、湖北东南部、湖南、广东、广西、海南、贵州、陕西、四川中部、云南、日本、朝鲜、蒙古国东部（哈拉哈河流域）、俄罗斯（东西伯利亚地区、远东地区）、印度东北部、越南。为东亚分布种。

秆基被真菌（黑粉菌）*Ustilago edulis* 寄生后变肥嫩而膨大，可做蔬菜食用，称"茭白"。根和谷粒入药能治心脏病或做利尿剂。本种亦为中等饲用禾草，牛最喜食其叶。

II. 芦竹亚科 Arundinoideae

（3）芦竹族 Arundineae

4. 芦苇属 Phragmites Adans.

多年生禾草。具粗壮的匍匐根状茎。叶片扁平。顶生圆锥花序。小穗两侧压扁，含数朵小花；小穗轴节间短而无毛，脱节于第一外稃和第二小花之间。颖不等长，第一颖较小，3～5脉。第一外稃远大于颖，内含雄蕊或为中性，狭长披针形，顶端渐窄狭如芒，具3脉，无毛，基盘细长且有丝状毛；内稃甚小于外稃；雄蕊3；花柱顶生，分离。

内蒙古有1种。

1. 芦苇（芦草、苇子、热河芦苇）

Phragmites australis (Cav.) Trin. ex Steud. in Nomencl. Bot. ed. 2, 1:143. 1840; Fl. Intramongol. ed. 2, 5:54. t.21. f.1-6. 1994.——*Arundo australis* Cav. in Anales Hist. Nat. 1:100. 1799.——*P. jeholensis* Honda in Rep. First. Sci. Exped. Manch. Sect. 4, 4:102. 1936; Fl. Intramongol. ed. 2, 5:52. t.21. f.7-8. 1994, syn. nov.

多年生禾草。秆直立，坚硬，高50～250cm，直径2～10mm，节下通常被白粉。叶鞘无毛或被细毛；叶舌短，类似横的线痕，密生短毛；叶片扁平，长15～35cm，宽1～3.5cm，光滑或边缘粗糙。圆锥花序稠密，开展，微下垂，长8～30cm；分枝及小枝粗糙。小穗长

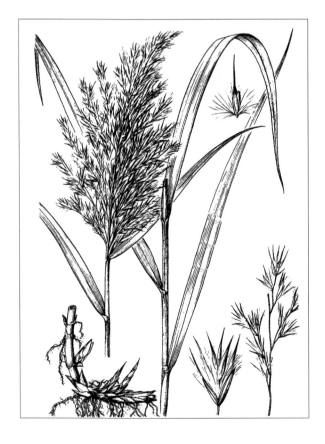

12～16mm，通常含 3～5 小花；二颖均具 3 脉，第一颖长 4～6mm，第二颖长 6～9mm。外稃具 3 脉，第一小花常为雄花，其外稃狭长披针形，长 10～14.5mm，内稃长 3～4mm；第二外稃长 10～15mm，先端长渐尖，基盘细长，有长 6～12mm 的柔毛，内稃长约 3.5mm，脊上粗糙。花果期 7～9 月。

广幅湿生禾草。生于池塘、河边、湖泊水中，常形成大片芦苇荡，在沼泽化放牧场也往往形成单纯的芦苇群落，在盐碱地、干旱沙丘及多石的坡地上也能生长。广布于内蒙古及我国其他省区，世界其他地区。为世界分布种。

芦苇是我国当前主要造纸原料之一，茎秆纤维不仅可造纸，还可做人造棉和人造丝的原料，茎秆也可供编织和盖房用。

芦苇的根状茎、茎秆、叶及花序均可入药。根状茎（药材名：芦根）能清热生津、止呕、利尿，主治热病频渴、胃热呕逆、肺热咳嗽、肺痈、小便不利、热淋等；茎秆（药材名：苇茎）能清热排脓，主治肺痈吐脓血；叶能清肺止呕、止血、解毒；花序能止血、解毒。

芦苇根状茎富含淀粉和蛋白质，可供熬糖和酿酒用。因根状茎粗壮，蔓延力强，又是固堤和使沼泽变干的优良植物。

芦苇是一种优等饲用禾草，叶量大，营养价值较高，抽穗期以前，由于含糖分较高，有甜味，各种家畜均喜食；抽穗以后，草质逐渐粗糙，适口性下降，但调制成干草，仍为各种家畜所喜食。它再生性特别强，平均每天能长高 1cm，有很强的繁殖能力。

（4）龙常草族 Diarrheneae

5. 龙常草属 Diarrhena P. Beauv.

多年生禾草。叶披针形。圆锥花序；小穗含 2～4 小花，上部小花退化，小穗脱节于颖之上及各小花之间；颖显著短于小穗，宿存。外稃质硬，3 脉，偶可在基部有 5 脉，无芒，基盘无毛；内稃短于外稃；雄蕊 1～2。颖果顶端具锥状的喙，成熟时肿胀使内外稃张开。

内蒙古有 2 种。

分种检索表

1. 龙常草（东北龙常草）

Diarrhena mandshurica Maxim. in Bull. Acad. Imp. Sci. St.-Petersb. 32:628. 1888; Fl. Intramongol. ed. 2, 5:56. t.22. f.1-5. 1994.

多年生禾草。基部具短根状茎及鳞芽。秆高 70～90（～120）cm，具 5～6 节，节下具微毛。叶鞘短于节间；叶舌厚膜质，长约 0.5mm；叶片质薄，条状披针形，长 15～25（～30）cm，宽 6～20mm，两面密生短毛。圆锥花序长 12～20cm；分枝单一，直立，粗糙，与主轴贴生，各具 2～7 小穗。小穗含 2～3 小花，长 4.5～7mm。颖膜质；第一颖长约 1mm，具 1 脉；第二颖长约 1.7mm，具 1～3 脉。第一外稃长 4.5～5mm，具 3 脉；内稃近等长于外稃，脊上具纤毛。颖果长约 4mm。花果期 7～9 月。

中生禾草。生于阔叶林林下、林缘、丘陵沟谷。产兴安南部（阿鲁科尔沁旗、巴林左旗、巴林右旗）、辽河平原（大青沟）。分布于我国黑龙江、吉林东部、辽宁、河北北部，朝鲜、俄罗斯（远东地区）。为满洲分布种。

2. 小果龙常草（法利龙常草）

Diarrhena fauriei (Hack.) Ohwi in Act. Phytotax. Geobot. 10:135. 1941; Fl. Intramongol. ed. 2, 5:56. t.22. f.6-10. 1994.——*Molinia fauriei* Hack. in Bull. Herb. Boiss. Ser. 2, 3:504. 1903.

多年生禾草。基部具短根状茎及鳞芽。秆高 60～100cm，具 5～6（～7）节，节下具微毛。叶鞘短于节间；叶舌厚膜质，长约 0.5mm；叶片扁平，质薄，条状披针形，长 20～30cm，宽 1～2cm。圆锥花序长 10～19cm，每节具 2～5 分枝；分枝直立，粗糙，其上再分枝，具 4～10（～15）枚小穗。第一颖具 1 脉，长 1～1.5mm，第二颖具 1 脉，长 1.2～2mm。第一外稃具 3 脉，长 3～3.5mm；内稃具 2 脉，几等长于外稃，具 2 脊，脊上粗糙。颖果长约 2.5mm。花果期 7～9 月。

中生禾草。生于阔叶林林下、林缘、山坡、沟谷。产辽河平原（大青沟）。分布于我国黑龙江、吉林、辽宁，朝鲜、俄罗斯（远东地区）。为满洲分布种。

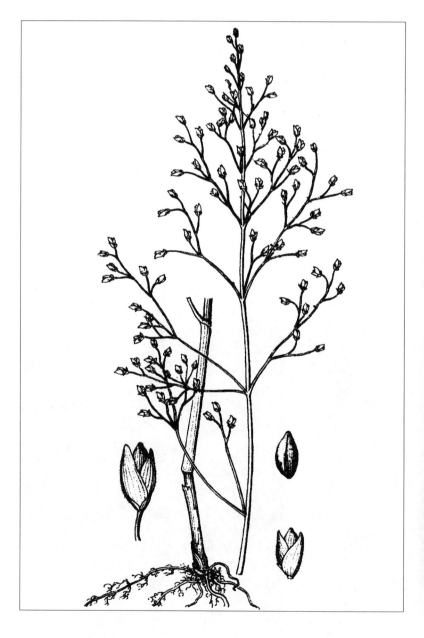

（5）三芒草族 Aristideae

6. 三芒草属 Aristida L.

一年生或多年生细弱丛生禾草。叶片狭窄，通常内卷。圆锥花序狭窄或开展；小穗含1小花，脱节于颖之上；颖狭窄，具1～5脉，锐尖、急尖或具芒尖，通常具脊。外稃狭圆柱状，内卷，熟后质地变硬，顶端具3芒，芒与外稃间具关节或无，芒粗糙或被柔毛；内稃质薄而短小，或甚退化，为外稃所包。

内蒙古有1种。

1. 三芒草

Aristida adscensionis L., Sp. Pl. 1:82. 1753; Fl. Intramongol. ed. 2, 5:58. t.20. f.5-6. 1994.

一年生禾草。基部具分枝。秆直立或斜倾，常膝曲，高12～37cm。叶鞘光滑；叶舌膜质，具长约0.5mm之纤毛；叶片纵卷如针状，长3～16cm，宽1～1.5mm，上面脉上密被微刺毛，下面粗糙或亦被微刺毛。圆锥花序通常较紧密，长6～14cm；分枝单生，细弱。小穗灰绿色或带紫色，长6.5～12mm（芒除外）；颖膜质，具1脉，脊上粗糙，第一颖长5～8mm，第二颖长6～10mm。外稃长6.5～12mm，中脉被微小刺毛，芒粗糙而无毛，主芒长11～18mm，侧芒较短，基盘长0.4～0.7mm，被上向细毛；内稃透明膜质，微小，长1mm左右，为外稃所包卷。花果期6～9月。

旱生禾草。生于荒漠草原带和荒漠带以及草原带的干燥山坡、丘陵坡地、浅沟、干河床及沙土上。产内蒙古各地。分布于我国河北、山东、山西、陕西、甘肃、青海、四川、云南、新疆，世界温带地区也有分布。为泛温带分布种。

良等饲用禾草。它是荒漠化草原上的重要牧草，适口性好，羊喜食，马和骆驼也乐食。

III. 早熟禾亚科 Pooideae

（6）臭草族 Meliceae

7. 臭草属 Melica L.

多年生禾草。叶鞘闭合。顶生圆锥花序紧密或开展。小穗含 2 至数朵小花，上部 2～3 小花退化，仅具外稃，常互抱成小球，脱节于颖之上，并在各花之间断落；小穗柄细长，弯曲，常自弯转处折断而使小穗整个脱落。颖具膜质边缘，等长或第一颖稍短，具 3～5（～7）脉，或第一颖只具 1 脉，等长或稍短于第一小花；外稃背部圆形，具 7 脉或更多，无芒，或由先端 2 裂齿间伸出 1 芒。颖果具细长腹沟。

内蒙古有 5 种。

分种检索表

1a. 小穗长 8～13mm，第一颖长 9～11mm··**1. 大臭草 M. turczaninowiana**

1b. 小穗长 4～7mm，第一颖长 2～7mm。

  2a. 外稃先端具 2 浅裂片···**2. 藏臭草 M. tibetica**

  2b. 外稃先端不裂。

    3a. 二颖不等长，第一颖长 2～3mm，第二颖长 3～4mm·····················**3. 抱草 M. virgata**

    3b. 二颖几等长。

      4a. 花序较大，小穗多而密集，第一颖具 3～5 脉；叶片宽 2～7mm········**4. 臭草 M. scabrosa**

      4b. 花序较小，小穗稀疏，第一颖具 1 脉，侧脉不明显；叶片宽 1～2mm·····································

      ··**5. 细叶臭草 M. radula**

1. 大臭草

Melica turczaninowiana Ohwi in Act. Phytotax. Geobot. 1:142. 1932; Fl. Intramongol. ed. 2, 5:59. t.23. f.1-4. 1994.——*M. gmelinii* Turcz. ex Trin. in Mem. Acad. Imp. Sci. St.-Petersb. Ser. 6, Sci. Math. 1:368. 1831, not Roth(1789).

多年生禾草。秆直立，丛生，高 70～130cm。叶鞘无毛，闭合达鞘口；叶舌透明膜质，长 2～4mm，顶端呈撕裂状；叶片扁平，长 7～18cm，宽 3～6mm，上面被柔毛，下面粗糙。圆锥花序开展，长 10～20cm，每节具分枝 2～3；分枝细弱，上升或开展，基部主枝长 9cm 左右。小穗柄弯曲，顶端稍膨大被微毛，侧生者长 3～7mm；小穗紫色，具 2～3 朵能育小花，长 8～13mm。颖卵状矩圆形，二颖几等长，先端钝或稍尖，具 5～7 脉，长 9～11mm。外稃先端稍钝，边缘宽膜质，具 7～9 脉或在基部具 11 脉，中部以下在脉上被糙毛，长 8～9mm；内稃倒卵状矩圆形，长为外稃的 2/3，先端变窄成短钝头，脊上无毛；花药长 1.5～2mm。花果期 6～8 月。

中生禾草。生于森林带和草原带的山地林缘、针叶林及白桦林下、山地灌丛、草甸。产兴安北部及岭西（额尔古纳市、根河市、牙克石市、鄂温克族自治旗）、兴安南部（扎赉特旗、科尔沁右翼前旗、阿鲁科尔沁旗、巴林右旗、克什克腾旗、东乌珠穆沁旗、西乌珠穆沁旗、锡林浩特市）、燕山北部（喀喇沁旗、宁城县、兴和县苏木山）、阴山（大青山）。分布于我国黑龙江、河北中北部、河南西部、山西，朝鲜北部、蒙古国、俄罗斯（西伯利亚地区、远东地区）。为东古北极分布种。

2. 藏臭草

Melica tibetica Roshev. in Bot. Mater. Gerb. Glavn. Bot. Sada R.S.F.S.R. 2:27. 1921; Fl. Intramongol. ed. 2, 5:59. t.23. f.5-9. 1994.

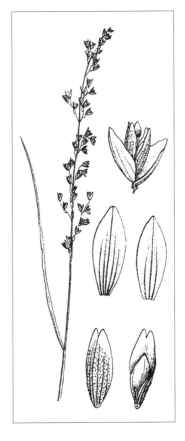

多年生禾草。秆直立，丛生，高 20～50cm。叶鞘粗糙；叶舌膜质，长约 1mm，先端截平；叶片扁平或内卷，两面粗糙。圆锥花序直立，长 6～15cm，宽约 10mm，具较密集的小穗。小穗柄细弱，常弯曲，上部被微毛；小穗淡紫色，长 5～7mm，通常含 2 朵孕性小花。颖膜质，倒卵状矩圆形，先端钝，被微毛，第一颖长 5～7mm，具 1～3 脉（侧脉不明显），第二颖长 5～8mm，具 3～5 脉。外稃被微硬毛及瘤状突起，倒卵状矩圆形，长 4～6mm，顶端 2 浅裂，具 5～7 脉；内稃短于外稃，先端截平；花药长约 1mm。花果期 7～8 月。

中生禾草。生于荒漠带的山地阴坡。产龙首山。分布于我国青海南部、四川西北部、西藏东部。为横断山脉分布种。

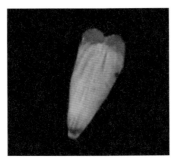

3. 抱草

Melica virgata Turcz. ex Trin. in Mem. Acad. Imp. Sci. St.-Petersb. Ser. 6, Sci. Math. 1:369. 1831; Fl. Intramongol. ed. 2, 5:59. t.24. f.7-12. 1994.

多年生禾草。秆丛生，细而硬，高 30～70cm。叶鞘无毛；叶舌长约 1mm；叶片常内卷，长 7～15cm，宽 2～4mm，上面被柔毛，下面微粗糙。圆锥花序细长，长 10～20cm，分枝直立或斜向上升。小穗柄先端稍膨大，被微毛；小穗长 4～6mm，含 2～3 朵能育小花，顶端不育外稃聚集成棒状，成熟后呈紫色。颖先端尖；第一颖卵形，长 2～3mm，具 3～5 条不明显的脉；第二颖宽披针形，长 3～4mm，

具 5 条明显的脉。外稃披针形，顶端钝，具 7 脉，背部被长柔毛，第一外稃长 4～5mm；内稃与外稃等长或略短；花药长 1.5～1.8mm。花果期 7～9 月。

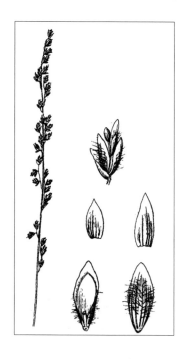

旱中生禾草。生于森林草原带和草原带的石质山坡、草原。产兴安南部（阿鲁科尔沁旗、巴林右旗、克什克腾旗）、赤峰丘陵（红山区、翁牛特旗）、燕山北部（喀喇沁旗、兴和县苏木山）、锡林郭勒（锡林浩特市、镶黄旗）、乌兰察布（达尔罕茂明安联合旗南部）、阴山（大青山、蛮汗山、乌拉山）、阴南丘陵（准格尔旗阿贵庙）、贺兰山。分布于我国河北中北部、山西、宁夏、甘肃中部、青海东部和南部、四川西北部、西藏东北部，蒙古国、俄罗斯（西伯利亚地区）。为东古北极分布种。

为充饥禾草。据有关文献记载，本种草若牲畜（羊）嚼食过多可中毒，出现停食、腹胀、痉挛等症状，严重者可致死亡。

4. 臭草（肥马草、枪草）

Melica scabrosa Trin. in Enum. Pl. China Bor. 72. 1833; Fl. Intramongol. ed. 2, 5:61. t.24. f.1-6. 1994.

多年生禾草。秆密丛生，直立或基部膝曲，高 30～60cm。叶鞘粗糙；叶舌膜质透明，长 1～3mm，顶端撕裂；叶片长 6～15cm，宽 2～7mm，上面被疏柔毛，下面粗糙。圆锥花序狭窄，长 8～16cm，宽 1～2cm。小穗柄短而弯曲，上部被微毛；小穗长 5～7mm，含 2～4 朵能育小花。颖狭披针形，几相等，膜质，长 4～7mm，具 3～5 脉。第一外稃卵状矩圆形，长 5～6mm，背部颗粒状，粗糙；内稃短于外稃或相等，倒卵形；花药长约 1.3mm。花果期 6～8 月。

中生禾草。生于山地阳坡、田野、砂地。产呼伦贝尔（满洲里市）、兴安南部（克什克腾旗）、燕山北部（喀喇沁旗）、乌兰察布（乌拉特中旗）、阴山（大青山）、阴南丘陵（准格尔旗）、

东阿拉善（桌子山）、贺兰山。分布于我国黑龙江南部、河北、河南、山东、山西、安徽、江苏、陕西、宁夏、甘肃东部、青海东部、湖北西北部、四川中北部、西藏东部，朝鲜。为东亚（满洲—华北—横断山脉）分布种。

饲用价值同抱草。

5. 细叶臭草

Melica radula Franch. in Pl. David. 1:336. 1884; Fl. Intramongol. ed. 2, 5:61. t.24. f.13-18. 1994.

多年生禾草。秆密丛生，直立，较细弱，高30～40cm。叶鞘微粗糙；叶舌短，长约0.5mm；叶片常内卷成条形，长5～12cm，宽1～2mm，下面粗糙。圆锥花序长6～15cm，狭窄，具稀少的小穗；小穗长5～7mm，通常含2朵能育小花；颖矩圆状披针形，先端尖，二颖几等长，长4～6mm，第一颖具1明显的脉（侧脉不明显），第二颖具3～5脉。外稃

矩圆形，先端稍钝，具7脉，第一外稃长4.5～6mm；内稃短于外稃，卵圆形，脊具纤毛；花药长1.5～2mm。花果期6～8月。

中生禾草。生于低山丘陵、山坡下部、沟边、田野。产乌兰察布（乌拉特中旗）、阴山（大青山）、阴南丘陵（准格尔旗阿贵庙）、东阿拉善（桌子山）、贺兰山。分布于我国河北中北部、河南西部、山东西部、山西中南部、陕西、甘肃东部、湖北西北部、四川西部。为华北分布种。

8. 裂稃茅属 Schizachne Hack.

多年生禾草。叶鞘闭合或部分闭合，叶片扁平或内卷。圆锥花序呈总状。小穗两侧扁，通常具 3～7 小花；小穗轴无毛，脱节于颖上及诸小花之间。颖不等长，第一颖较短，具 3 脉，第二颖具 5 脉。外稃背部圆，基盘密生柔毛，顶端 2 浅裂，芒生于裂齿间，直，长于稃体；内稃膜质，短于外稃，背部具 2 脊；雄蕊 3；子房顶端无毛。颖果长圆形，与稃体分离。

内蒙古有 1 亚种。

1. 裂稃茅

Schizachne purpurascens (Torrey) Swallen subsp. **callosa** (Turcz. ex Griseb.) T. Koyama et Kawano in Canad. J. Bot. 42:862. 1964; Fl. China 22:223. 2006.——*Avena callosa* Turcz. ex Griseb. in Fl. Ross. 4:416. 1853.——*S. callosa* (Turcz. ex Griseb.) Ohwi in Act. Phytotax. Geobot. 2:279. 1933.

多年生禾草。秆细弱，丛生，高 25～60cm，具 2～3 节，花序以下稍粗糙。叶鞘长于节间，闭合或中部以上开放；叶舌膜质，长不及 1mm，或上部者长达 2mm；叶片扁平或有时内卷，长 5～14cm，宽 2～4mm，顶端渐尖。圆锥花序呈总状，长 6～8cm，通常具 4～6 小穗。小穗柄粗糙，三棱形，直上；小穗含 4～5 小花，长 10～14mm。颖不等长，带紫色；第一颖长 4～5mm，具 3 脉，侧脉不明显；第二颖长 5～7mm，具 5 脉。外稃边缘膜质，顶端 2 浅裂，第一外稃长 7～8mm，具 7 脉，基盘具短毛，毛长约 2mm，芒由近顶端处伸出，直，长 9～14mm。内稃长约 6mm，具 2 脊，脊上具纤毛；花药黄色，长 1.5～2mm。

中生禾草。生于森林带的白桦林下。产兴安北部（牙克石市）、兴安南部（科尔沁右翼前旗、巴林右旗、克什克腾旗黄岗梁）、阴山（大青山）。分布于我国黑龙江北部、吉林东部、辽宁东北部、河北西部、河南、山西东北部、四川北部、云南西北部，日本、朝鲜、蒙古国、俄罗斯（西伯利亚地区、远东地区）、哈萨克斯坦，欧洲（乌拉尔山）。为东古北极分布种。

9. 甜茅属 Glyceria R. Br.

多年生禾草。叶鞘全部或大部分闭合，叶片扁平或席卷。顶生圆锥花序开展或紧缩；小穗两侧压扁或多少呈圆筒形，脱节于颖之上及小花之间，含 3～15 小花；颖膜质，具 1 脉，稀第二颖具 3 脉，不等或几等长，短于第一朵小花。外稃背部圆形，具 7（稀 5 或 9）脉，各脉平行并隆起，基盘无毛；内稃稍短于、等长或较长于外稃，脊通常微粗糙，具狭翼或无翼；雄蕊 2～3。

内蒙古有 4 种。

分种检索表

1. 狭叶甜茅

Glyceria spiculosa (F. Schmidt) Roshev. ex B. Fedtsch. in Fl. Zabaik. 1:85. 1929; Fl. Intramongol. ed. 2, 5:63. t.25. f.1-7. 1994.——*Scolochloa spiculosa* F. Schmidt in Reis. Amur.-Land., Bot. 201. 1868.

多年生禾草。秆单生，直立，高 50～100cm，直径 2.5～7mm。叶鞘无毛，闭合几达顶端；叶舌透明膜质，钝，先端圆形，长约 1mm；叶片坚硬，长 20～30cm，宽 3～5mm，上部的稍带灰色或浅灰色至绿色。圆锥花序较大，花期收缩，成熟时疏展，长 15～25cm，每节具 3～4 分枝，枝与小枝平滑无毛；小穗含 5～8 小花，长 4～8mm，呈黄绿色带灰白色；第一颖长 3～4mm，第二颖长 4～4.5mm。外稃顶端尖，先端膜质显著，长 3.2～4mm；内稃先端尖，长约 3mm；雄蕊 3，花药长 1.5～2mm。花期 7 月。

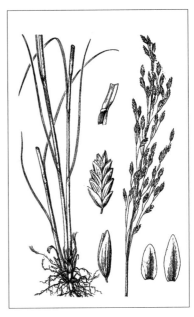

湿生禾草。生于森林带和森林草原带的草甸、湖泊及溪边沼泽地，往往形成小面积的狭叶甜茅群落。产兴安北部及岭西（额尔古纳市、根河市、海拉尔区）、兴安南部（扎赉特旗、科尔沁右翼前旗）、辽河平原（大青沟）、锡林郭勒（西乌珠穆沁旗、苏尼特左旗、正蓝旗）。分布于我国黑龙江、辽宁西北部，朝鲜北部、俄罗斯（东西伯利亚地区、远东地区）。为东西伯利亚—满洲分布种。

2. 水甜茅（东北甜茅）

Glyceria triflora (Korsh.) Kom. in Fl. U.R.S.S. 2:458. 1934; Fl. Intramongol. ed. 2, 5:63. t.26. f.1-8. 1994.——*G. aquatica* (L.) Wahlb. var. *triflora* Korsh. in Trudy Imp. St.-Petersb. Bot. Sada 12:418. 1892.

多年生禾草。秆单生，直立，粗壮，高 50～80cm，基部直径达 6～8mm。叶鞘无毛，具横脉纹，闭合几达顶端；叶舌膜质透明，稍硬，先端钝圆，长 2～4mm；叶片长 15～23cm，

宽 7～10mm。圆锥花序开展，长达 25cm，每节有 3～4 分枝；小穗卵形或长圆形，长 5～7mm，含 5～7 小花，淡绿色或成熟后带紫色；第一颖长 1.5～2mm，第二颖长 2～3mm。外稃顶端钝圆，长 2.5～3mm；内稃较短或等长于外稃，先端截平，有时凹陷；雄蕊 3，花药长 1～1.5mm。花期 7～8 月，果期 8～9 月。

湿生禾草。生于森林带和森林草原带的河流、小溪、湖泊沿岸、泥潭及低湿地，常形成繁茂的水甜茅群落。产兴安北部（鄂伦春自治旗、根河市）、兴安南部及科尔沁（扎赍特旗、科尔沁右翼前旗、科尔沁右翼中旗、扎鲁特旗、阿鲁科尔沁旗、巴林右旗、翁牛特旗、克什克腾旗）、燕山北部（喀喇沁旗、宁城县、敖汉旗）、锡林郭勒（锡林浩特市白音锡勒牧场、苏尼特左旗南部）、阴山（大青山）。分布于我国黑龙江、河北北部、陕西东南部、新疆北部，朝鲜北部、蒙古国、俄罗斯（西伯利亚地区、远东地区）、哈萨克斯坦，欧洲。为古北极分布种。

3. 假鼠妇草

Glyceria leptolepis Ohwi in Bot. Mag. Tokyo 45:381. 1931; Fl. Intramongol. ed. 2, 5:65. t.26. f.9-14. 1994.

多年生禾草。秆单生，直立，高 80～100cm，基部直径粗 5～8mm，具 10 余节，几全为叶鞘所包。叶鞘无毛，具有横脉纹，闭合几达顶端；叶舌质厚，硬，极短，长 0.3～1mm，先端圆形；叶片较厚，长达 30cm，宽 5～9mm，具横脉，上面粗糙，下面光滑。圆锥花序

开展，长达 15～20cm，每节有 2～3 分枝；小穗卵形或矩圆形，长 6～8mm，含 4～7 小花，绿色，成熟后变黄褐色；第一颖卵形，长 1.2～2mm，第二颖卵状矩圆形，长 2～2.5mm。外稃先端狭膜质，第一外稃长约 3mm；内稃等于或稍长于外稃，先端微凹，脊上粗糙；雄蕊 2，花药长 0.6～0.7mm。花果期 7～9 月。

湿生禾草。生于森林带和森林草原带的沼泽地、溪流和湖边。产兴安北部（额尔古纳市、根河市满归镇）、兴安南部（克什克腾旗）、辽河平原（大青沟）、锡林郭勒（锡林浩特市）。分布于我国黑龙江、山东、河南西部、安徽西部、湖北东北部、江西西部、台湾中部、浙江西北部、陕西西南部、甘肃东南部，日本、朝鲜、俄罗斯（远东乌苏里地区）。为东亚分布种。

4. 二蕊甜茅（细弱甜茅）

Glyceria lithuanica (Gorski) Gorski in Icon. Bot. Char. Cyper. Gram. Lith. t.20. 1849; Fl. China 22:215. 2006.——*Poa lithuanica* Gorski in Naturihist. Skizze 117. 1830.

多年生禾草。秆直立，高 60～75cm，有时可高达 100cm，径 2～3mm，具 5～6 节。叶鞘短于或长于节间，光滑或微粗糙；叶舌膜质，长 2～4mm，顶端截形；叶片质软，宽 3～8mm，两面绿色，粗糙。圆锥花序开展，长 15～25cm，每节 2～3 分枝，分枝粗糙；小穗长 4～8mm，含 3～5（～7）小花，绿色；颖不等长，具 1 脉，背部粗糙，第一颖长 1.2～1.5mm，第二颖长 1.5～1.8mm。外稃长 3～3.5mm，具 7 脉，背部粗糙；内稃与外稃近等长或稍长，具 2 脊，脊上粗糙；雄蕊 2，花药黄色，长 0.5～0.8mm。花果期 6～7 月。

湿生禾草。生于森林带和森林草原带的溪水边。产岭西。分布于我国黑龙江、吉林、辽宁，日本、朝鲜、俄罗斯，西南亚、北欧。为古北极分布种。

10. 水茅属 Scolochloa Link

属的特征同种。

单种属。

1. 水茅

Scolochloa festucacea (Willd.) Link in Enum. Pl. 1:137. 1827; Fl. Intramongol. ed. 2, 5:65. t.27. f.1-3. 1994.——*Arundo festucacea* Willd. in Enum. Pl. 1:126.1809.

多年生禾草。具长的横走根状茎。秆直立，高 70 ～ 200cm。叶鞘光滑无毛；叶舌膜质，长 3 ～ 8mm，无毛；叶片通常扁平，长可达 40cm，宽 4 ～ 10mm，两面平滑，边缘粗糙。圆锥花序多少开展，长 15 ～ 30cm，分枝多少粗糙。小穗两侧压扁，长 7 ～ 10mm，含 (2 ～)3 ～ 4(～ 5) 小花，顶端者常不发育；小穗轴节间长约 1.2mm，微粗糙。颖宽披针形，具长尖，多少具脊；第一颖长约 6.5mm，具 1 ～ 3 脉；第二颖长约 7.3mm，具 3 ～ 5 脉。外稃宽披针形，长 6 ～ 8mm，具 5 ～ 7 脉，无脊，上半部粗糙，先端常具 3 齿，顶端具短芒，基盘尖，长约 0.5mm，其基部两侧各具一簇髯毛，长约 1.6mm，内稃披针形，长约 6mm，具 2 脊，脊上部具短毛，先端具 1 尖齿；花药条形，长 2.5 ～ 3.4mm；子房矩圆状，长约 0.8mm，上半部被毛。花期 6 ～ 7 月。

湿生禾草。生于草原带的水边、沼泽地。产呼伦贝尔、锡林郭勒（浑善达克沙地）。分布于我国黑龙江、吉林、辽宁，蒙古国东北部、俄罗斯（西伯利亚地区）、哈萨克斯坦，西南亚，欧洲、北美洲。为泛北极分布种。

水茅为中等的刈割饲用植物，开花后迅速粗老，其籽实为水鸟的食物。

11. 沿沟草属 Catabrosa P. Beauv.

多年生柔软禾草。叶片扁平。圆锥花序开展或收缩。小穗极小，常含 2 小花，稀 1～4 小花；小穗轴节间较长，无毛，脱节于颖之上或诸小花之间。颖不等长，均短于小花，脉不明显，顶端截平或呈啮蚀状。外稃较宽，具 3 条平行而明显的脉，顶端干膜质，无芒；内稃等长于外稃，具 2 直脉。

内蒙古有 2 种。

分种检索表

1a. 颖片近圆形或卵形，第一颖长 0.5～1.2mm，第二颖长 1～2mm。

  2a. 植株高 30～60cm；圆锥花序开展，长 10～20cm，宽 4～12cm，分枝细长，斜升或几与主轴垂直；外稃长约 3mm··**1a. 沿沟草 C. aquatica** var. **aquatica**

  2b. 植株高达 20cm；圆锥花序紧缩，长 2～5cm，宽 0.8～2.5cm，分枝较短，直立或斜升；外稃长约 2mm··**1b. 紧穗沿沟草 C. aquatica** var. **angusta**

1b. 颖片长圆形，第一颖长 1.5～2mm，第二颖长 2～2.3mm；圆锥花序紧缩狭窄··**2. 长颖沿沟草 C. capusii**

1. 沿沟草

Catabrosa aquatica(L.) P. Beauv. in Ess. Agrostogr. 97. 1812; Fl. Intramongol. ed. 2, 5:67. t.28. f.1-9. 1994.——*Aira aquatica* L., Sp. Pl. 1:64. 1753.

1a. 沿沟草

Catabrosa aquatica (L.) P. Beauv. var. **aquatica**

多年生禾草。秆直立，质地柔软，基部斜倚，并于节处生根，高 30～60cm。叶鞘松弛；叶舌透明薄膜质，长 2～4mm；叶片扁平，柔软，长 5～20cm，宽 4～8mm。圆锥花序开展，长 10～20cm，宽达 4cm；分枝细长，斜升或几与主轴垂直，基部各节者多呈半轮生，近基部常无小穗或具排列稀疏的小穗。小穗柄长于 0.5mm，小穗长 2～3mm，含 1～2 小花；颖半透明膜质，先端钝圆或近截平，第一颖长约 1mm，第二颖长约 1.5mm。外稃边缘及脉间质薄，先端截平，具隆起 3 脉，长约 3mm；内稃与外稃等长，具 2 脉；花药长约 1mm。花期 6～7 月，果期 7～8 月。

湿生禾草。生于森林带和草原带的河边、湖旁和积水洼地的草甸上，为沼泽草甸种。产兴

63

安北部、呼伦贝尔、兴安南部及科尔沁（克什克腾旗）、锡林郭勒、贺兰山。分布于我国河北、甘肃西南部、青海东部、四川西北部、湖北、贵州中部、云南西北部、西藏南部、新疆北部和中部、蒙古国、俄罗斯、巴基斯坦、阿富汗，克什米尔地区，中亚、西南亚，欧洲、北美洲。为泛北极分布种。

中等饲用禾草，适口性较好，牛羊喜食。

1b. 紧穗沿沟草（窄沿沟草）

Catabrosa aquatica (L.) P. Beauv. var. **angusta** Stapf in Fl. Brit. India 7:311. 1896; Fl. China 22:314. 2006.——*C. aquatica* (L.) P. Beauv. subsp. *capusii* auct. non (Fanch.) Tzvel.: Fl. Intramongol. ed. 2, 5:67. 1994.

本变种与正种的区别是：圆锥花序紧缩，宽仅达 3cm；分枝较短，直立或斜升；小穗多聚生于分枝基部及分枝上，小穗柄短于 0.5mm 或几无柄；外稃长约 2mm。

湿生禾草。生于草原带的沼泽、草甸、河沟。产锡林郭勒。分布于我国青海、四川、西藏。为东蒙古—横断山脉分布变种。

用途同正种。

2. 长颖沿沟草

Catabrosa capusii Franch. in Ann. Sci. Nat. Bot. Ser. 6. 18:272. 1884; Fl. China 22:313. 2006.

多年生低矮禾草。秆直立，高 6～20cm，基部有长匍匐茎或沉水的茎，节处生根。叶鞘闭合达 1/2，松弛，光滑，长于节间；叶舌透明膜质，顶端钝圆，长约 2mm；叶片柔软，扁平，长 3～8cm，宽 2～4mm，两面无毛。圆锥花序狭窄，稍开展或紧缩近穗形，长 2～5cm，宽 0.8～2.5cm；分枝短，长约 2cm，常紧贴主轴或斜升。小穗含 1～2 小花，长 3～3.5mm；颖半透明膜质，黄色或黄绿色，顶端钝圆或呈啮蚀状，长圆形，具 1～3 脉，不清晰，第一颖长 1.5～2mm，第二颖长 2～2.3mm。外稃顶端及边缘质薄，色浅，其余草质，黄褐色或带紫色，长 2～2.7mm，顶端常截平，有时具齿，具隆起 3 脉，光滑；内稃与外稃近等长，具 2 脊，光滑；花药黄色，长 0.8～1.5mm。花期 6～8 月。

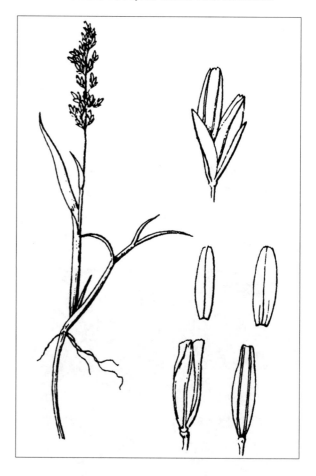

湿生禾草。生于荒漠带的沼泽。产内蒙古西部。分布于我国西藏，中亚、西南亚（土耳其、伊拉克、伊朗）。为古地中海分布种。

（7）早熟禾族 Poeae

12. 羊茅属 Festuca L.

多年生禾草。须根常呈黑色。秆直立。叶常狭窄，平展或卷曲。圆锥花序常较松散；穗轴呈"之"字形弯曲，小穗含 2 至多数小花，脱节于颖之上及诸小花之间；第一颖较小，具 1 脉，第二颖较长，具 3 脉；外稃披针形，背部圆形，光滑或具毛，基盘无绵毛，具 5 脉，尖锐，无芒或具芒。

内蒙古有 10 种。

分种检索表

1a. 叶无镰状弯曲的叶耳；外稃顶端不裂，芒从顶端伸出。

  2a. 疏丛禾草，具根状茎；叶平展，宽 1.5～5mm；圆锥花序较平展。

    3a. 叶宽 2～5mm，外稃芒长约等于稃体·············**1. 远东羊茅 F. extremiorientalis**

    3b. 叶宽 1.5～2mm，外稃芒短于稃体之半。

      4a. 外稃背部具细短柔毛或粗糙·············**2a. 紫羊茅 F. rubra** subsp. **rubra**

      4b. 外稃背部具长柔毛·············**2b. 毛稃紫羊茅 F. rubra** subsp. **arctica**

  2b. 密丛禾草，无根状茎；叶内卷，宽 1mm 以下；圆锥花序紧缩或较松散。

    5a. 叶坚韧，平滑无毛。

      6a. 叶呈须发状，柔软而弯曲；外稃无芒；圆锥花序较松散·············**3. 雅库羊茅 F. jacutica**

      6b. 叶不呈须发状，质硬而直立；外稃无芒或具芒；圆锥花序较紧缩或紧缩呈穗状。

        7a. 外稃无芒或仅具长约 0.5mm 的小尖头。

          8a. 叶宽（0.6～）0.8～1mm；圆锥花序较紧缩，长 6～8cm；外稃长 5～5.5mm，背部具细短柔毛或粗糙；花药长 2.5～3mm；生于沙地·············**4. 达乌里羊茅 F. dahurica**

          8b. 叶宽 0.6mm 以下；圆锥花序紧缩呈穗状，长 3～5cm；外稃长 4～5mm，背部光滑或粗糙；花药长约 2mm；生于丘陵坡地·············**5. 蒙古羊茅 F. mongolica**

        7b. 外稃具芒，芒长 1.5～2mm。

          9a. 花药长 1.5～2.5mm，圆锥花序长 3～8cm，第二颖长 3～5mm。

            10a. 颖片边缘具睫毛，外稃被柔毛，小穗淡绿色·············**6. 东亚羊茅 F. litvinovii**

            10b. 颖片边缘光滑或具纤毛，外稃光滑或上部微粗糙，小穗绿紫色·············**7. 沟叶羊茅 F. valesiaca** subsp. **sulcata**

          9b. 花药长 1～1.4mm，圆锥花序长 2～3cm，第二颖长约 2～3mm，小穗紫色或紫褐色·············**8. 矮羊茅 F. coelestis**

    5b. 叶脆涩，丝状，宽约 0.3mm，具稀而短的刺毛；外稃芒长 1.5～2mm·············**9. 羊茅 F. ovina**

1b. 叶具镰状弯曲的叶耳；外稃顶端微二裂，芒从裂齿背部伸出·············**10. 苇状羊茅 F. arundinacea**

1. 远东羊茅

Festuca extremiorientalis Ohwi in Bot. Mag. Tokyo 45:194. 1931; Fl. Intramongol. ed. 2, 5:70. t.29. f.1-6. 1994.

多年生禾草。具短根状茎。秆直立，单一，高 50～100cm。叶鞘短于节间；叶片条形，扁

平，柔软，长5～25cm，宽2～5mm，两面无毛。圆锥花序开展，疏散，长10～20cm，每节具1～2分枝；分枝细软，下垂，基部分枝长可达10cm。小穗长5～7mm，含2～4小花；颖狭披针形，边缘膜质，第一颖长3～4mm，第二颖长4～5mm。外稃披针形，长5～7mm，具5脉，背部粗糙，顶端渐尖，具长芒，等于或略长于稃体；内稃等于或稍短于外稃，膜质；花药长1～1.8mm。花果期6～7月。

　　高大中生禾草。生于森林带和森林草原带的山地林缘及灌丛。产兴安北部（牙克石市、阿尔山市）、兴安南部（科尔沁右翼前旗、阿鲁科尔沁旗、巴林右旗）、燕山北部（喀喇沁旗）、阴南丘陵（准格尔旗）、贺兰山。分布于我国黑龙江、吉林、辽宁、河北、山东、山西西部、陕西、甘肃东部、青海东北部、四川南部、云南中西部，日本、朝鲜、俄罗斯（东西伯利亚地区、远东地区）。为东西伯利亚—东亚分布种。

2. 紫羊茅

Festuca rubra L., Sp. Pl. 1:74. 1753; Fl. Intramongol. ed. 2, 5:72. t.30. f.1-4. 1994.

2a. 紫羊茅

Festuca rubra L. subsp. **rubra**

　　多年生禾草。具横走根状茎。秆疏丛生，直立，高30～60cm，光滑，近花序处粗糙。叶鞘粗糙；叶片长20～40cm，宽1.5～2mm，两面光滑。圆锥花序长5～15cm，每节具1～2分枝，基部分枝长达2cm，具短柔毛；小穗长8～10mm，具5～7小花，绿色或紫色，小穗轴被短柔毛；颖披针形，背面粗糙，边缘被微细睫毛，顶端渐尖，无芒，第

一颖长 3～3.5mm，第二颖长约 4.5mm。外稃狭披针形，长 5～6mm，背部顶端具细短柔毛或粗糙，顶端渐尖，芒长 1.5～3mm；内稃与外稃等长，顶部具细短柔毛；花药长 2～2.5mm。花果期 6～7 月。

根状茎中生禾草。生于森林带和草原带的河滩草甸、山地草甸、林缘及灌丛，可为草甸优势种。产兴安北部（额尔古纳市、牙克石市、东乌珠穆沁旗宝格达山）、兴安南部（阿鲁科尔沁旗）、燕山北部（宁城县）、锡林郭勒（锡林浩特市）、阴山（和林格尔县、蛮汗山）、贺兰山（主峰）。分布于我国东北、华北、西北、西南地区，日本、蒙古国北部和西部、俄罗斯、巴基斯坦，中亚、西南亚，欧洲、北美洲。为泛北极分布种。

为优良牧草。

2b. 毛稃紫羊茅

Festuca rubra L. subsp. **arctica** (Hack.) Govor. in Fl. Urala 127. 1937; Fl. Intramongol. ed. 2, 5:72. t.30. f.5-6. 1994.——*F. rubra* L. f. *arctica* Hack. in Monogr. Festuc. Eur. 140. 1882.

本亚种与正种的区别是：外稃背部具长柔毛。

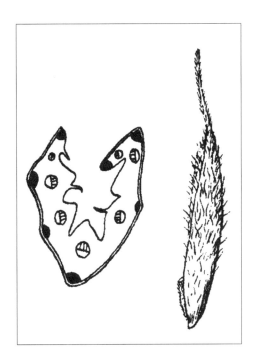

根状茎中生禾草。生于草原带的山地林缘、低湿地草甸。产锡林郭勒东部、阴山（大青山、蛮汗山）。分布于我国河北、山西、甘肃、青海、四川、西藏、新疆，蒙古国、俄罗斯、巴基斯坦，克什米尔地区，中亚、北欧，北美洲。为泛北极分布亚种。

3. 雅库羊茅

Festuca jacutica Drob. in Trudy Bot. Muz. Imp. Akad. Nauk 14:163. 1915; Fl. Intramongol. ed. 2, 5:72. t.31. f.1-4. 1994.

多年生禾草。秆密丛生，高 50～70cm，光滑，基部具残存叶鞘。叶片内卷呈须发状，柔软而弯曲，长达 30cm，宽约 0.3mm，光滑。圆锥花序松散，长 5～10cm，每节常具 2 细分枝，基部分枝长 2～3cm，花序轴及分枝均光滑；小穗矩圆状卵形，长 5～7mm，具 4～7 小花，绿色或淡紫色；颖片狭披针形，半膜质，第一颖长约 2mm，第二颖长约 3mm。外稃披针形，长约 4mm，先端尖锐，无芒；内稃稍短于外稃；花药长 1.5～2mm。花果期 6～7 月。

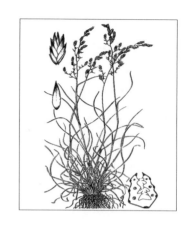

中生禾草。生于森林带的山地林下及林缘草甸。产兴安北部（牙克石市）、燕山北部（敖汉旗）。分布于我国黑龙江西部、吉林东部、辽宁，俄罗斯（东西伯利亚地区、远东地区）。为东西伯利亚—满洲分布种。

4. 达乌里羊茅

Festuca dahurica (St.-Yves) V. I. Krecz. et Bobr. in Fl. U.R.S.S. 2:517. 1934; Fl. Intramongol. ed. 2, 5:74. t.31. f.5-8. 1994.——*F. ovina* L. subsp. *laevis* St.-Yves var. *dahurica* St.-Yves in Bull. Soc. Bot. France 71:40. 1924.

多年生禾草。秆密丛生，直立，高 30～60cm，光滑，基部具残存叶鞘。叶长 20～30cm，

宽（0.6～）0.8～1mm，坚韧，光滑，横切面圆形，具较粗的 3 束厚壁组织。圆锥花序较紧缩，长 6～8cm，花序轴及分枝被短柔毛，近小穗处毛较密；小穗矩圆状椭圆形，长 7～8.5mm，具 4～6 小花，绿色，有时淡紫色；颖披针形，先端锐尖，光滑，第一颖长 3～4mm，第二颖长 4～5mm。外稃披针形，长 5～5.5mm，被细短柔毛或粗糙，先端锐尖，无芒；内稃等于或稍短于外稃，光滑；花药 2.5～3mm。花果期 6～7 月。

旱生禾草。生于典型草原带的沙地及沙丘上，是组成沙地小禾草草原的优势种或建群种，但群落面积往往较小。产岭西（额尔古纳市、鄂温克族自治旗、新巴尔虎左旗）、岭东（扎兰屯市）、呼伦贝尔（满洲里市）、科尔沁（科尔沁右翼中旗、阿鲁科尔沁旗、巴林右旗、克什克腾旗）、辽河平原（科尔沁左翼后旗）、锡林郭勒（锡林浩特市白音锡勒牧场、浑善达克沙地）。分布于我国黑龙江西南部、吉林西部、河北西部、甘肃东部、青海北部和东部，蒙古国东北部和东部、俄罗斯（东西伯利亚地区）。为华北—东蒙古分布种。

优等牧草，为各种家畜四季喜食。返青早，冬季株丛保存良好，因此为冬春重要饲用植物。

5. 蒙古羊茅

Festuca mongolica (S. R. Liou et Y. C. Ma) Y. Z. Zhao in Class. Fl. Ecol. Geogr. Distr. Vasc. Pl. Inn. Mongol. 621. 2012.——*F. dahurica* (St.-Yves) V. I. Krecz. et Bobr. subsp. *mongolica* S. R. Liou et Y. C. Ma in Fl. Intramongol. 7:261. t.29. 1983; Fl. Intramongol. ed. 2, 5:74. t.32. f.1-5. 1994.

多年生禾草。秆密丛生，直立，高 30～60cm，光滑，基部具残存叶鞘。叶长 20～30cm，宽 0.6mm 以下，坚韧，光滑，横切面圆形，具较粗的 3 束厚壁组织。圆锥花序较紧缩，长 3～5cm，花序轴及分枝被短柔毛，近小穗处毛较密；小穗矩圆状椭圆形，长 7～8.5mm，具 4～6 小花，绿色，有时淡紫色；颖披针形，先端锐尖，光滑，第一颖长 3～4mm，第二颖长 4～5mm。外稃披针形，长 4～5mm，被细短柔毛或粗糙，先端锐尖，无芒；内稃等于或稍短于外稃，光滑；花药长约 2mm。花果期 6～7 月。

密丛生旱生禾草。生于典型草原带的砾石质山地、丘陵坡地及丘顶，为山地草原建群种。产呼伦贝尔（海拉尔区、满洲里市）、兴安南部（扎赉特旗、阿鲁科尔沁旗、巴林左旗）、锡林郭勒（锡林浩特市）、阴山（大青山）。分布于我国黑龙江、河北、甘肃、青海。为华北—东蒙古分布种。

优良牧草。

6. 东亚羊茅

Festuca litvinovii (Tzvel.) E. B. Alexeev in Nov. Sist. Vyssh. Rast. 13:31. 1976; Fl. Intramongol. ed. 2, 5:74. t.33. f.1-4. 1994.——*F. pseudosulcata* Drob. var. *litvinovii* Tzvel. in Rast. Tsentr. Azii 4:170. 1968.

多年生禾草。秆密丛生，直立，高 20～60cm，具条棱，光滑。叶鞘光滑；叶绿色或淡绿色，坚韧，直立或弧形弯曲，宽 0.3～0.6mm，光滑，横切面圆形，具较粗的 3 束厚壁组织，维管束 5，2 细 3 粗。圆锥花序紧密呈穗状，长 2～5cm，花序与枝被短柔毛；小穗矩圆状椭圆形，长 6～8mm，具 3～5 小花，淡绿色；颖披针形，先端渐尖，边缘具细睫毛，第一颖长约 2.5mm，第二颖长 3～4mm。外稃狭披针形，长 4～5mm，背部具细短柔毛或粗糙，顶端毛常较密集，渐尖，芒长 1.5～2mm；内稃等长于外稃，先端钝，具细短柔毛；花药长 2～2.5mm。花果期 6～7 月。

密丛生中旱生禾草。生于森林草原带的山地草原、草甸草原。产兴安北部（牙克石市）、岭东（扎兰屯市）、兴安南部（阿鲁科尔沁旗、巴林右旗、西乌珠穆沁旗）。分布于我国黑龙江西南部、吉林东部、辽宁北部、河北北部、山西、青海北部和南部、新疆中部和西部，蒙古国东部、俄罗斯（东西伯利亚地区、远东地区）。为东古北极分布种。

优良牧草。

7. 沟叶羊茅

Festuca valesiaca Schleich. ex Gaudin subsp. **sulcata** (Hackel) Schinz et R. Keller in Fl. Schweiz, ed. 2, 26. 1905; Fl. China 22:241. 2006.——*F. ovina* L. var. *sulcata* Hackel in Bot. Centralbl. 8:405. 1881.——*F. rupicola* Heuff. in Verh. K.K. Zool.-Bot. Ges. Wien 8:233. 1858.

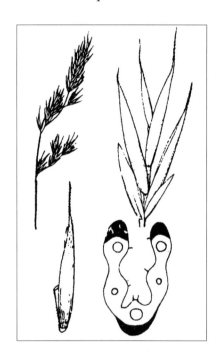

多年生禾草，密丛。秆直立，上部粗糙，高 20～50cm。叶鞘平滑或稍粗糙；叶舌长约 1mm，顶端具纤毛；叶片细弱，常对折，长 10～20cm，宽 0.6～0.8mm，横切面具维管束 5，厚壁组织 3，稀 5，较粗。圆锥花序较狭窄，但疏松不紧密，长 4.5～8mm，分枝直立，粗糙；小穗淡绿色或带绿色，或黄褐色，长 7～8mm，含 3～5 小花。颖片背部平滑，边缘具窄膜质，顶端尖；第一颖披针形，具 1 脉，长 2～2.5mm；第二颖卵状披针形，边缘具纤毛，具 3 脉，长 3～4.5mm。外稃背部平滑或上部微粗糙，顶端具芒，芒长 2～3mm，第一外稃长 4～5mm；内稃两脊粗糙；花药长约 2mm；子房顶端平滑。花果期 6～9 月。

密丛生中生禾草。生于草原带的山地草甸、山坡草地。产岭西（海拉尔区）、兴安南部（阿鲁科尔沁旗）、阴山（大青山、蛮汗山）。分布于我国吉林、山西、陕西、四川西北部、云南、新疆，俄罗斯，中亚，欧洲。为古北极分布种。

8. 矮羊茅

Festuca coelestis (St.-Yves) V. I. Krecz. et Bobrow in Fl. U.R.S.S. 2:514. 1934; Fl. China 22:240. 2006.——*F. ovina* L. subsp. *coelestis* St.-Yves in Candolea 3:376. 1928.

多年生禾草，形成不大的草丛。秆直立或斜倾，高 5～20cm，平滑无毛，基部具棕色或棕褐色残留叶鞘。叶鞘平滑，疏松裹茎；叶片内卷呈刚毛状，宽 0.5～0.6mm。圆锥花序紧密，长 2～3cm，分枝短，具 1～2 小穗；小穗椭圆形，紫褐色或褐色，长 5～6mm，含 3～6 花。第一颖披针形，渐尖，具 1 脉，长约 2mm；第二颖宽披针形，具 3 脉，长约 3mm，渐尖，边缘具细小纤毛。外稃宽披针形或几乎卵形，长 3.5～4mm，平滑无毛，边缘具纤毛，先端被微毛，顶端具芒，芒长超过稃体 1/3。内稃约与外稃等长，脊的上半部具细小纤毛；花药长 1～1.4mm。花果期 7～9 月。

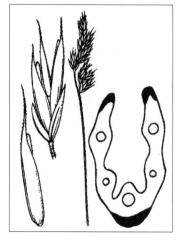

密丛生中生禾草。生于荒漠带的山地林缘、灌丛、草甸。产贺兰山。分布于我国甘肃中部和东部、青海、湖北西部、四川西部、西藏、云南西北部、新疆，巴基斯坦，克什米尔地区，中亚。为亚洲中部高山分布种。

9. 羊茅

Festuca ovina L., Sp. Pl. 1:73. 1753; Fl. Intramongol. ed. 2, 5:77. t.33. f.5. 1994.

多年生禾草。秆密丛生，具条棱，高 30～60cm，光滑，仅近花序处具柔毛，基部具残存叶鞘。叶鞘光滑；叶丝状，脆涩，宽约 0.3mm，常具稀而短的刺毛，横切面圆形，厚壁组织不呈束状，为一完整的马蹄形。圆锥花序穗状，长 2～5cm，分枝常偏向一侧；小穗椭圆形，长 4～6mm，具 3～6 小花，淡绿色，有时淡紫色；颖披针形，先端渐尖，光滑，边缘常具稀疏细睫毛，第一颖长 2～2.5mm，第二颖长 3～3.5mm。外稃披针形，长 3～4mm，光滑或顶部具短柔毛，芒长 1.5～2mm；花药长约 2mm。花果期 6～7 月。

密丛生旱中生禾草。生于森林带和草原带的山地林缘草甸。产兴安北部（根河市）、兴安南部（科尔沁右翼前旗、阿鲁科尔沁旗、巴林右旗、东乌珠穆沁旗、西乌珠穆沁旗）、燕山北部（宁城县）、阴山（大青山）、贺兰山。分布于

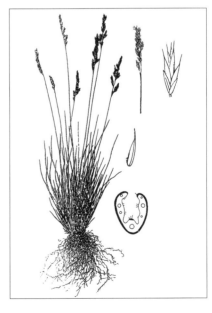

我国黑龙江南部、吉林东部、山东、山西、陕西西南部、宁夏、甘肃中部和东部、青海、四川、安徽南部、江苏、浙江、台湾、贵州东北部、云南西北部、新疆北部和中部，日本、朝鲜、蒙古国北部和西部、俄罗斯，西南亚、欧洲、北美洲。为泛北极分布种。

优等饲用禾草，草质柔软，适口性好。青鲜时羊和马最喜食，牛采食较少；晒制成干草，各种家畜均喜食。牧民认为是夏秋季节的抓膘牧草，对小畜有催肥的效果，因此被称为"细草"。

10. 苇状羊茅

Festuca arundinacea Schreb. in Spic. Fl. Lips. 57. 1771; Fl. China 22:233. 2006.

多年生禾草。秆直立，光滑，高 80～100cm，基部径约 3mm，具 2～3 节。叶鞘大多平滑无毛，长于节间或上部者短于节间；叶舌截平，长 0.5～1mm；叶片条形，先端长渐尖，下面平滑，上面及边缘粗糙，大多扁平，宽 3～7mm，分蘖叶长可达 60cm。圆锥花序开展，直立或垂头，长 15～30cm，每节着生 2～4(～5) 个分枝；分枝粗糙，基部分枝长 6～8cm。小穗长 7～9(～13)mm，含 4～5 花，绿色或带紫色；颖披针形，无毛，先端渐尖，边缘膜质，第一颖具 1 脉，长 3～5mm，第二颖具 3 脉，长 4～6mm。外稃长圆状披针形，顶端膜质，具 5 脉，边缘粗糙，芒长 0.3～0.8（～5）mm，第一外稃长 6～9mm；内稃与外稃等长或稍短，脊上具短纤毛；子房先端无毛；花药长约 4mm。花果期 6～9 月。

中生禾草。生于城市草坪，外来种。产阴南平原（呼和浩特市）。分布于我国新疆，俄罗斯，欧洲。为欧洲—西伯利亚分布种。我国东北、河北、山东、陕西、甘肃、青海、四川、浙江、湖北、江西、云南有栽培。

13. 银穗草属 Leucopoa Griseb.

多年生禾草。为不完全的雌雄异株。圆锥花序；小穗含多数小花且为单性（但雌小花中具不育雄蕊，雄小花中具不育雌蕊），小穗轴粗糙，脱节于颖之上及诸小花之间；颖半透明膜质，无毛，不相等，均短于第一小花，具明显的中脉和不明显的侧脉。外稃膜质，多少具脊，背面粗糙或被微毛，具5脉，脉上小刺状粗糙，间脉通常不显著；内稃膜质，脊较粗壮，具细刺状纤毛，顶端完整或不规则齿裂。

内蒙古有1种。

1. 银穗草（白莓）

Leucopoa albida (Turcz. ex Trin.) V. I. Krecz. et Bobr. in Fl. U.R.S.S. 2:495. 1934; Fl. Intramongol. ed. 2, 5:79. t.34. f.1-6. 1994.——*Poa albida* Turcz. ex Trin. in Mem. Acad. Imp. Sci. St.-Petersb. Ser. 6. 1:387. 1831.——*Festuca sibirica* Hackel ex Boiss. in Fl. China 22:230. 2005.

多年生禾草。须根较坚韧。秆直立，丛生，高25～60cm，基部具密集的残存叶鞘。叶鞘松弛；叶舌几不存在；叶片质地较硬，内卷，多向上直伸，长5～20cm，宽约2mm，常无毛或微粗糙。圆锥花序紧缩，长2.5～6cm，仅具5～15个小穗，分枝极短；小穗长7～12mm，含3～6

小花，银灰绿色；颖光滑，第一颖长3～5mm，具1脉，第二颖长4～5mm，具3脉（侧脉极不明显）。外稃卵状矩圆形，先端具钝而不规则的裂齿，边缘宽膜质，脊和边脉明显，背部微毛状粗糙，脊具短刺毛，第

一外稃长5～7mm；内稃等长或稍长于外稃，脊具刺状纤毛；花药黄棕色，长约3.5mm。颖果长达4mm，具腹沟。花期6～7月，果期7～8月。

中旱生禾草。生于森林草原带和草原带的山地顶部和阳坡，为山地草原种。产兴安北部及岭西（额尔古纳市、东乌珠穆沁旗宝格达山）、岭东（扎兰屯市）、呼伦贝尔（满洲里市）、兴安南部及科尔沁（科尔沁右翼前旗、突泉县、阿鲁科尔沁旗、巴林左旗、巴林右旗、翁牛特旗、克什克腾旗）、赤峰丘陵（松山区、翁牛特旗）、燕山北部（喀喇沁旗）、锡林郭勒（锡林浩特市）、阴山（大青山）。分布于我国河北西部，蒙古国、俄罗斯（东西伯利亚地区、远东地区）。为东古北极分布种。

中等饲用禾草，适口性一般，春季时羊喜食。

Flora of China（22:230. 2006.）将本种置于羊茅属 *Festuca*，但本种外稃背部具脊，与羊茅属 *Festuca* 背部圆形明显不同，故仍置于银穗草属 *Leucopoa*。*Leucopoa* 实际上与早熟禾属 *Poa* 较为相近。

14. 早熟禾属 Poa L.

多年生禾草或少数为一年生。叶片扁平或对折，末端成舟形尖头。圆锥花序开展或紧缩。小穗卵状披针形，含2至多数小花；小穗轴脱节于颖之上及各小花之间，顶生小花退化或不发育。颖略不相等，具脊，第一颖通常具1脉，第二颖具3脉。外稃纸质或较厚，先端锐尖或稍钝且通常为薄膜质，具脊，无芒，具5脉，脊与边脉通常具柔毛或罕无毛，基盘具绵毛或无毛；内稃等长于或稍短于外稃，具2脊，脊上具纤毛或微粗糙。颖果纺锤形或条形。

内蒙古有36种。

分种检索表

1a. 一、二年生禾草；内稃脊上具长柔毛，基盘无毛 ·······························**1. 早熟禾 P. annua**

1b. 多年生禾草，内稃脊上具短纤毛或粗糙。

  2a. 基盘无毛（仅乌库早熟禾 *P. ochotensis* 基盘有时具数根长柔毛）。

    3a. 外稃无毛或仅基部脊上稍具毛；圆锥花序大型疏展，长与宽均达10～20cm。

      4a. 圆锥花序长为其秆的1/3，花药长3～3.5mm ···············**2. 散穗早熟禾 P. subfastigiata**

      4b. 圆锥花序长远不及秆的1/3，花药长1.5～2mm ···············**3. 西伯利亚早熟禾 P. sibirica**

    3b. 外稃脊下部与边缘具柔毛。

      5a. 圆锥花序大型疏展，长与宽均达10～20cm；植株具长根状茎 ····························· ······························**4. 希斯肯早熟禾 P. × schischkinii**

      5b. 圆锥花序紧缩成穗状，长2～10cm，宽0.5～2cm。

        6a. 植株具地下根状茎。

          7a. 地下根状茎粗壮，长；外稃长4～5mm；圆锥花序长5～10cm，宽1～2cm；叶宽 3～4mm；花药长2～3mm ···············**5. 西藏早熟禾 P. tibetica**

          7b. 地下根状茎短，斜升，植株明显呈丛生；外稃长约2.5mm；圆锥花序长2～5cm，宽 0.5～1.5cm；叶约1.5mm；花药长1.2～1.5mm·····**6. 阿拉套早熟禾 P. albertii**

        6b. 植株丛生，地下不具根状茎。

          8a. 外稃长4～5mm，脊下部1/4～1/3与边脉1/5疏生柔毛；叶舌长2～3mm；花药 长2～2.5mm···**7. 光盘早熟禾 P. hylobates**

          8b. 外稃长2.5～3～4mm，脊与边脉中部以下具柔毛；叶舌长1～2mm。

            9a. 叶片直立，质地较硬，内卷，宽约1.5mm；外稃长2.5～3.2mm·············· ·····························**8. 硬叶早熟禾 P. stereophylla**

            9b. 叶片开展，质地较软，扁平，宽约1mm。

              10a. 小穗长5～6mm，含6～7小花；外稃长3～3.5mm；花药长1.2～1.5mm ···**9. 乌库早熟禾 P. ochotensis**

              10b. 小穗长4～5mm，含2～4小花；外稃长3.5～4mm；花药长约2mm······ ·····························**10. 瑞沃达早熟禾 P. reverdattoi**

  2b. 基盘具绵毛。

    11a. 植株具地下长根状茎。

      12a. 外稃先端宽膜质，脉间被微毛；花药长2.5～3mm。

        13a. 小穗光亮，颖及外稃宽膜质边缘透明，外稃脊下部1/3及边脉基部1/4具柔毛······

························**11. 唐氏早熟禾 P. tangii**

13b. 小穗不光亮，颖及外稃宽膜质边缘不透明，外稃脊下部 1/2 及边脉基部 1/3 具柔毛···········

························**12. 极地早熟禾 P. arctica**

12b. 外稃先端窄膜质，脉间无毛；花药长 1.2～2mm。

    14a. 小穗长 6～7mm，含 5～7 花；叶舌先端稍尖···········**13. 粉绿早熟禾 P. pruinosa**

    14b. 小穗长 3.5～6mm，含 2～5 花；叶舌先端截平。

        15a. 圆锥花序紧缩，花药长 1.2mm；叶舌长 0.5～1mm。

            16a. 植株高 30～60cm；叶鞘短于节间；圆锥花序长 5～10cm；小穗长 4～5mm，含 2～5 花···········**14. 细叶早熟禾 P. angustifolia**

            16b. 植株高 10～20cm；叶鞘长于节间；圆锥花序长 3～5cm；小穗长 3～4mm，含 2～3 花···········**15. 高原早熟禾 P. alpigena**

        15b. 圆锥花序开展，花药长 1.5～2mm；叶舌长 1.5～3mm·····**16. 草地早熟禾 P. pratensis**

11b. 植株丛生，不具根状茎或稀具下延之短根状茎。

    17a. 圆锥花序分枝弯曲而下垂；叶舌长 2～4mm，先端截平，具不规则微齿；花药长 0.5mm···········

························**17. 垂枝早熟禾 P. declinata**

    17b. 圆锥花序分枝不弯曲下垂。

        18a. 外稃基部脉间有毛。

            19a. 圆锥花序暗紫色；外稃脊下部 1/2 及边脉与间脉基部 1/3 具柔毛，脉间基部有时疏生微毛···········**18. 堇色早熟禾 P. ianthina**

            19b. 圆锥花序淡绿色或有时带紫色；外稃脊下部 1/2 及边脉基部 1/3 具柔毛，脉间下部 1/3 贴生柔毛···········**19. 额尔古纳早熟禾 P. argunensis**

        18b. 外稃基部脉间无毛。

            20a. 圆锥花序开展。

                21a. 叶舌长 4～7mm，外稃脊下部 1/2 及边脉基部 1/3 具柔毛···········**20. 多变早熟禾 P. varia**

                21b. 叶舌长 0.3～5mm。

                    22a. 叶舌长 0.3～1mm。

                        23a. 外稃脊下部 1/2 及边脉基部 1/3 具柔毛。

                            24a. 圆锥花序开展，宽达 10cm；叶片宽 3～5mm···········**21. 乌苏里早熟禾 P. urssulensis**

                            24b. 圆锥花序稍开展，宽达 1～3cm；叶片宽 1～2mm。

                                25a. 植株绿色，高 40～90cm；花序长 10～30cm；叶舌长 0.5～1mm；间脉不明显·······**22. 林地早熟禾 P. nemoralis**

                                25b. 植株灰色，高 25～35cm；花序长 4～7cm；叶舌长 1～1.5mm；间脉明显·········**23. 灰早熟禾 P. glauca**

                        23b. 外稃脊下部 2/3 及边脉基部 1/2 具柔毛。

                            26a. 小穗轴密被茸毛，叶舌长 0.5～1mm·····**24. 毛轴早熟禾 P. pilipes**

                            26b. 小穗轴无毛，叶舌长 0.3～0.5mm·····**25. 蒙古早熟禾 P. mongolica**

                    22b. 叶舌长 1.5～5mm。

27a. 叶舌长 1.5～3mm。

　　28a. 植株较坚硬；基盘具少量柔毛，第一外稃长约 3mm····················**26. 泽地早熟禾 P. palustris**

　　28b. 植株较柔软；基盘具大量柔毛，第一外稃长 3.5～4mm·······················

　　·······················**27. 假泽早熟禾 P. pseudo-palustris**

27b. 叶舌长 3.5～5mm，第一外稃长约 2.5mm····················**28. 普通早熟禾 P. trivialis**

20b. 圆锥花序紧缩。

　　29a. 外稃脊下部 2/3 及边脉基部 1/2 具柔毛；叶舌长 3～5mm，先端锐尖·······················

　　·······················**29. 硬质早熟禾 P. sphondylodes**

　　29b. 外稃脊下部 1/3 及边脉基部 1/4 具柔毛或外稃脊下部 1/2 及边脉基部 1/3 具柔毛。

　　　　30a. 外稃脊下部 1/3 及边脉基部 1/4 具柔毛；叶舌长 2～3mm，先端圆形·······················

　　　　·······················**30. 柔软早熟禾 P. lepta**

　　　　30b. 外稃脊下部 1/2 及边脉基部 1/3 具柔毛。

　　　　　　31a. 小穗轴疏生微毛；叶舌长 0.5～1mm，先端截平·······**31. 贫叶早熟禾 P. oligophylla**

　　　　　　31b. 小穗轴无毛。

　　　　　　　　32a. 植株高大，高 60～110cm；圆锥花序长 10～23cm，宽 2～4cm；叶宽 2～4mm

　　　　　　　　·······················**32. 高株早熟禾 P. alta**

　　　　　　　　32b. 植株较低，高 20～60cm；圆锥花序长 6～10cm，宽 0.5～2cm；叶宽 1～1.5mm。

　　　　　　　　33a. 外稃长 3～3.5mm；小穗长 3.5～4mm，含 2～3 小花·······················

　　　　　　　　·······················**33. 细长早熟禾 P. prolixior**

　　　　　　　　33b. 外稃长 3～3.5mm；小穗长 4～6mm，含 3～5 小花。

　　　　　　　　　　34a. 花药长 1～1.5mm，秆具 4～6 节·······**34. 渐狭早熟禾 P. attenuata**

　　　　　　　　　　34b. 花药长 1.5～2mm。

　　　　　　　　　　　　35a. 秆具 3～8 节，叶舌长 1.5～3mm，叶片多扁平·······················

　　　　　　　　　　　　·······················**35. 多叶早熟禾 P. erikssonii**

　　　　　　　　　　　　35b. 秆具 2 节，叶舌长 2～4mm，叶片多对折·······················

　　　　　　　　　　　　·······················**36. 少叶早熟禾 P. paucifolia**

1. 早熟禾

Poa annua L., Sp. Pl. 1:68. 1753; Fl. Intramongol. ed. 2, 5:98. t.41. f.8-11. 1994.

一、二年生禾草。须根纤细。秆直立或基部稍倾斜，丛生，平滑无毛，高 5～30cm。叶鞘中部以下闭合，短于节间，平滑无毛；叶舌膜质，圆钝，长 1～2mm；叶片狭条形，柔软，扁平，两面无毛，先端边缘粗糙，长 3～11cm，宽 1～3mm。圆锥花序卵形或金字塔形，开展，长 3～7cm，每节具 1 或 2 个分枝；小穗绿色或有时稍带紫色，长 4～5mm，含 3～5 小花；颖质薄，先端钝，具较宽的膜质边缘，第一颖长 1.5～2mm，第二颖长 2～2.5mm。外稃卵圆形，先端钝，边缘宽膜质，具明显 5 脉，脊下部 2/3 与边脉基部 1/2 具长柔毛，基盘不具绵毛，第一外稃长约 3mm；内稃稍短于或等长于外稃，脊上具长柔毛；花药长 0.5～0.8mm。花期 6～7 月。

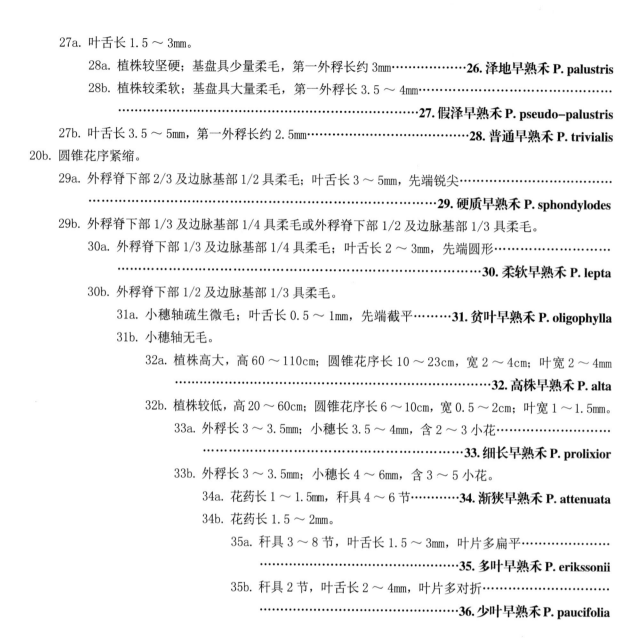

中生禾草。生于森林带和森林草原带的草甸。产岭西（额尔古纳市）、兴安南部（阿鲁科尔沁旗、巴林右旗）。分布于我国各地，广布于世界各地。为世界分布种。

中等饲用禾草。

2. 散穗早熟禾

Poa subfastigiata Trin. in Fl. Alt. 1:96. 1829; Fl. Intramongol. ed. 2, 5:82. t.35. f.1-5. 1994.

多年生禾草。具粗壮根状茎。秆直立，高 30～60cm，多单生，粗壮，光滑。叶鞘松弛裹茎，光滑无毛；叶舌纸质，长 0.5～3mm；叶片扁平，长 3～21cm，宽 2～5mm。圆锥花序大而疏展，金字塔形，长 10～25cm，花序占秆的 1/3 以上，宽 10～23cm，每节具 2～3 分枝，粗糙，近中部或中部以上再分枝；小穗卵形，稍带紫色，长 7～9mm，含 3～5 小花；颖宽披针形，脊上稍粗糙，第一颖长 3～4.5mm，具 1 脉，第二颖长 4～5.5mm，具 3 脉。外稃宽披针形，全部无毛或外稃基部脊上有时稍具毛，具 5 脉，第一外稃长 4～6mm；内稃等长于或稍短于外稃，上部者亦可稍长，先端微凹，脊上具纤毛；花药长 3～3.5mm。花期 6～7 月。

湿中生禾草。生于森林草原带的河谷滩地、草甸，常成为建群种或优势种。产兴安北部及岭西（额尔古纳市、牙克石市）、呼伦贝尔（新巴尔虎左旗、满洲里市）、兴安南部（扎赉特旗、科尔沁右翼前旗、科尔沁右翼中旗、乌兰浩特市、阿鲁科尔沁旗、巴林右旗、翁牛特旗、克什克腾旗、东乌珠穆沁旗）、锡林郭勒（苏尼特左旗）。分布于我国黑龙江西北部和西南部、吉林、辽宁、甘肃中部、青海南部，蒙古国、俄罗斯（西伯利亚地区、远东地区）。为东古北极分布种。

良等饲用禾草，青鲜时牛乐食，抽穗期粗蛋白质的含量占干物质的 12.68%。

3. 西伯利亚早熟禾

Poa sibirica Roshev. in Izv. Imp. St.-Petersb. Bot. Sada. 12:121. 1912; Fl. Intramongol. ed. 2, 5:85. t.36. f.11-14. 1994.

多年生草本。具根状茎。秆直立，高 90 ～ 110cm，质较柔软，光滑。叶鞘松弛裹茎，无毛；叶舌膜质，先端截平或急尖，长 0.5 ～ 1.5mm；叶片扁平，长 6 ～ 11cm，宽 2 ～ 4mm，无毛。圆

锥花序疏展，长 10 ～ 15cm，金字塔形，每节具 2 ～ 5 分枝，分枝纤细；小穗卵状披针形，长 3.5 ～ 4mm，绿色或稍带黑紫色，通常含 2 ～ 3 小花；颖披针形，先端锐尖，上部及脉上稍粗糙，第一颖长 1.5 ～ 2mm，第二颖长 2 ～ 2.5mm。外稃披针形，先端急尖且为狭膜质，具 5 脉，全部无毛，基盘亦无绵毛，仅上部稍粗糙，第一外稃长约 3mm；内稃稍短于或等长于外稃，上部小花的内稃可稍长于外稃，先

端微凹，脊上具微纤毛，脊间粗糙或稍具微毛；花药长 1.5 ～ 2mm。花期 7 ～ 8 月。

中生禾草。生于森林带和森林草原带的草甸、沼泽草甸、林缘、林下、灌丛。产兴安北部（额尔古纳市、牙克石市、鄂伦春自治旗）、兴安南部（兴安盟、巴林右旗、克什克腾旗、锡林郭勒盟东部）。分布于我国黑龙江西北部、吉林东部、辽宁东部、河北北部、山西西部、四川西部、云南西北部、新疆中部和北部，日本、朝鲜、蒙古国北部和西部、俄罗斯（西伯利亚地区、远东地区），中亚，欧洲。为古北极分布种。

良等饲用禾草，牛喜食。

4. 希斯肯早熟禾

Poa × schischkinii Tzvel. in Novosti Sist. Vyssh. Rast. 11:32. 1974. pro sp.; Fl. China 22:260. 2006.

多年生禾草。具根状茎。秆较高大，基部为叶鞘所覆盖。叶片纵长对折，宽约 4mm，质地厚

而粗糙。圆锥花序大型，疏展，长 10～20cm，宽 10～15cm；分枝叉分开展，上部粗糙，下部裸露。小穗长圆状披针形，长 5～6mm；颖片长 3～4mm，第一颖稍短，具 1 脉；外稃长约 5mm，脊与边脉密生长柔毛，基盘无绵毛。花期 7～8 月。

中生禾草。生于荒漠带的高山草甸或灌丛。产贺兰山。分布于我国青海、新疆，俄罗斯（西伯利亚地区）。为亚洲中部高山分布种。

5. 西藏早熟禾

Poa tibetica Munro ex Stapf in Fl. Brit. India 7:339. 1896; Fl. China 22:259. 2006.

多年生禾草。具匍匐横走或下伸的长根状茎。秆直立或斜升，高 20～60cm，直径 2～3mm，下部具 1 或 2 节，为残存的纤维状老鞘所包围。茎生叶鞘平滑无毛，长于其节间，基部者被细毛；叶舌膜质，长 1～2mm，顶端钝圆；叶片长 4～7cm，宽 3～4mm，质地较厚，常对折，下面平滑无毛，上面与边缘微粗糙，顶端尖；蘖生叶片扁平，长 12～18cm。圆锥花序紧缩成穗状，长 5～10cm，宽 1～2cm，平滑无毛，每节具 2～4 分枝，基部主枝长 2～4cm，下部裸露，侧枝自基部着生小穗。小穗含 3～5 花，长 5～7mm，黄绿色；小穗轴节间长约 0.5mm，无毛。颖具狭膜质边缘，顶端尖或钝；第一颖长 2.5～3.5mm，狭窄，具 1 脉；第二颖长 4～5mm，具 3 脉，脊先端微粗糙，下部边缘具短纤毛。外稃较宽，长圆形，顶端及边缘多少膜质，间脉不明显，脊与边脉的中部以下具细直的长柔毛，脊与脉间上部微粗糙或贴生微毛，基盘无毛，第一外稃长 4～5mm；内稃与外稃等长或稍短，两脊上部粗糙，下部 1/3 平滑无毛，顶端 2 浅裂；花药长约 2mm，紫色。花果期 7～9 月。

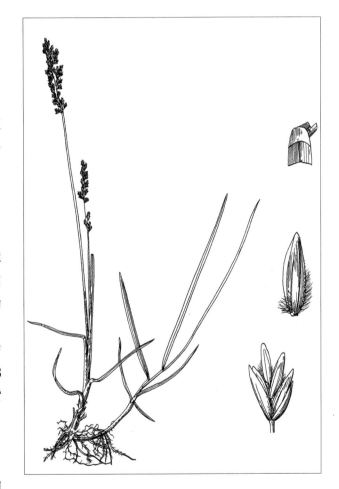

中生禾草。生于荒漠带的高山草甸。产贺兰山。分布于我国甘肃、青海、西藏、新疆，蒙古国西部和南部、俄罗斯（西伯利亚地区）、印度北部、尼泊尔、巴基斯坦，克什米尔地区，中亚、西南亚（伊朗）。为中亚—亚洲中部高山分布种。

6. 阿拉套早熟禾

Poa albertii Regel in Trudy Imp. St.-Petersb. Bot. Sada 7:611. 1881; Fl. China 22:307. 2006.

多年生禾草。具斜生的根状茎。秆高6～25cm，粗糙，基部为多数老鞘所包围，顶节位于茎下部1/3处。顶生叶鞘长约8cm；叶舌长1～2mm；叶片窄线形，常对折，宽约1.5mm，微粗糙，顶生叶片长约2cm，宽约1mm。圆锥花序长圆形，狭窄，密聚，长2～4cm；分枝短，长约1cm，粗糙。小穗披针形，含2～3小花，长3～4mm，带紫色或有彩斑；颖顶端尖，第一颖长1.5～2mm，第二颖长2～2.5mm；外稃窄披针形，顶端尖，长约2.5mm，质地较厚，边缘白膜质，脊与边脉下部有柔毛，基盘无绵毛。花果期7～8月。

中生禾草。生于荒漠带的高山草甸。产贺兰山。分布于我国陕西、甘肃中部、青海、四川西部、西藏、云南、新疆中部和西北部，俄罗斯（阿尔泰地区）、尼泊尔、印度、巴基斯坦，中亚。为中亚—亚洲中部高山分布种。

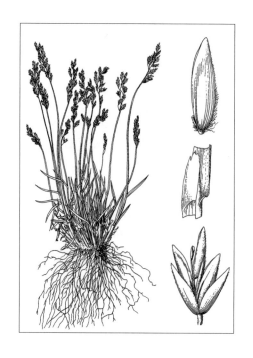

7. 光盘早熟禾（喜巴早熟禾）

Poa hylobates Bor in Bull. Bot. Surv. India 7:132. 1965; Fl. China 22:304. 2006.——*P. elanata* Keng ex Tzvel. in Rast. Tsentr. Azii Fasc. 4:142. 1968; Fl. Intramongol. ed. 2, 5:89. t.38. f.11-12. 1994.

多年生禾草。根须状，根外常具沙套。秆直立，密丛生，高30～70cm，稍粗糙。叶鞘长于节间，稍粗糙；叶舌膜质，长约2mm；叶片扁平或对折，长8～15cm，宽1～2mm，两面均粗糙。圆锥花序狭窄，长6～8cm，宽3～8mm，每节具2～3分枝，粗糙；小穗长4～5mm，含2～4小花，小穗轴稍粗糙；颖披针形，先端尖，具3脉，第一颖长3～3.5mm，第二颖长3.5～4mm。外稃矩圆形，先端稍膜质，间脉不甚明显，脊下部1/4与边脉基部1/5疏生微毛，基盘无毛，第一外稃长3～3.5mm；内稃稍短于外稃，脊上具短纤毛；花药长约1mm。花果期7～8月。

中生禾草。生于荒漠带的山坡林缘。产贺兰山。分布于我国青海、四川、西藏，尼泊尔。

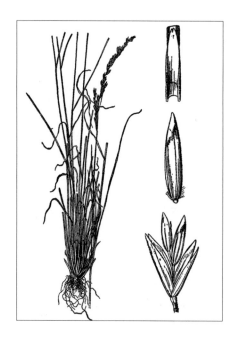

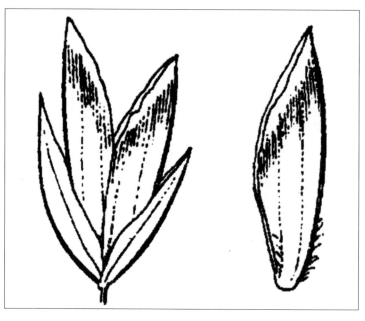

为横断山脉—喜马拉雅分布种。

　　良等饲用禾草。

8. 硬叶早熟禾

Poa stereophylla Keng ex L. Liu in Fl. Reip. Pop. Sin. 9(2):403. 2002; Fl. Helan Mount. 665. t.114. f.4. 2011.——*P. versicolor* Bess. subsp. *orinosa*(Keng) Olonova et G. Zhu in Fl. China 22:305. 2006.

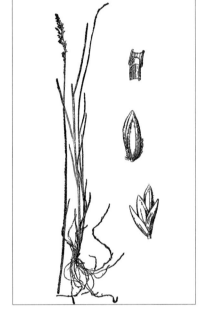

　　多年生禾草，丛生。秆直立，高约50cm，具5～6节，顶节距秆基约15cm，裸露部分糙涩。叶鞘粗糙，大多长于其节间，顶生者长约5cm；叶舌长1～1.5mm，钝头；叶片直立，质地较硬，长3～8cm，宽约1.5mm，内卷，两面粗糙。圆锥花序狭窄，较紧密，长约6cm，宽约1cm，草黄色；分枝孪生，直立，粗糙，长约2cm，下部裸露。小穗含2～3小花，长约4mm；二颖近相等，长2.5～3mm，均具3脉，先端锐尖，脊上粗糙。外稃长2.8～3.2mm，间脉不明显，先端较钝，狭膜质，脊与边脉下部具短柔毛，基盘无绵毛；内稃等长于外稃，脊上部2/3具小纤毛，背部有点状微毛；花药长于1mm。花期6～8月。

　　丛生中生禾草。生于荒漠带海拔约2300m的石质山坡，零星生长。产贺兰山。为贺兰山分布种。

9. 乌库早熟禾

Poa ochotensis Trin. in Mem. Acad. Imp. Sci. St.-Petersb. Ser. 6, Sci. Math. 1:377. 1831; Fl. Reip. Pop. Sin. 9(2):206. 2002.——*P. versicolor* Bess. subsp. *ochotensis* (Trin.) Tzvel. in Nov. Sist. Vyssh. Rast. 11:31. 1974. 472. 1976; Fl. China 22:306. 2006.

　　多年生禾草。秆高30～40cm，细瘦，具3～4节，顶节位于下部1/3处，节下粗糙。叶鞘无毛，顶生者长于其叶片；叶舌长1～2mm；叶片狭窄线形，宽1～1.5mm，扁平，粗糙。圆锥花序长7～8cm，宽约1.5cm，稠密；分枝甚粗糙，长约2.5cm。小穗柄短，小穗含6～7小花，长5～6mm；颖窄披针形，长约2.5mm，第二颖稍大于第一颖。外稃长3～3.5mm，脉明显，脊与边脉下部具柔毛，其他部分无毛，基盘几无绵毛；花药长1.2～1.5mm。花果期6～7月。

　　旱生禾草。生于草原带的山坡草地。产岭西（额尔古纳市）、呼伦贝尔（满洲里市）。分布于我国黑龙江、吉林、辽宁、河北、河南、山西、陕西、甘肃、安徽，日本、朝鲜、蒙古国北部和东部、俄罗斯（东西伯利亚地区、远东地区）。为蒙古—东亚北部分布种。

10. 瑞沃达早熟禾

Poa reverdattoi Roshev. in Fl. U.R.S.S. 2:407. 1934; Fl. Reip. Pop. Sin. 9(2):196. 2002.——*P. versicolor* Bess. subsp. *reverdattoi* (Roshev.) Olonova et G. Zhu in Fl. China 22:305. 2006. syn. nov.

多年生禾草，密丛型。秆直立，高 30～40cm，质硬，粗糙，上部裸露，无叶；叶舌长圆形，长 1～2mm；叶片扁平或对折，长约 8cm，宽 0.5～1.2mm，基生叶丰富，粗糙。圆锥花序较狭窄，长约 8cm，宽 0.5～1cm；分枝长约 2cm，粗糙，贴生，后稍伸展。小穗长 4～5mm，含 2～4 小花，黄绿色；二颖狭披针形，近等长，长 3～3.2mm，3 脉不明显，先端尖，边缘膜质；外稃长 3.5～4mm，脊与边脉中部以下具较长柔毛，基盘无绵毛。花期 7 月。

旱生禾草。生于草原带的石质山坡草地。产内蒙古东部。分布于我国辽宁，蒙古国西部、俄罗斯（西伯利亚地区）。为西伯利亚分布种。

11. 唐氏早熟禾

Poa tangii Hitchc. in Proc. Biol. Soc. Washington 43:94. 1930; Fl. Intramongol. ed. 2, 5:97. t.42. f.11-12. 1994.

多年生禾草。具根状茎。秆直立，疏丛生，细弱，光滑，高 20～50cm。叶鞘疏松裹茎，光滑或有时微粗糙；叶舌膜质，先端截平且细裂，长约 1mm；叶片条形，扁平，柔软，光滑，秆生者长 1.5～5cm，宽 2～3mm，蘖生者长 10～20cm。圆锥花序卵圆形，开展，长 3～8cm，宽 2～5cm，分枝细弱，孪生；小穗矩圆形，淡绿色或稍带紫色，光亮，长 5～8mm，含 3～6 小花；颖狭卵圆形，先端钝，质薄，边缘透明宽膜质，第一颖长 3～3.5mm，第二颖长 3.5～4mm。外稃矩圆形，先端钝，质薄，边缘及顶端透明宽膜质，脊下部 1/3 及边脉基部 1/4 具柔毛，脉间被微毛，基盘有少量绵毛，第一外稃长 4～5mm；内稃等长于或稍短于外稃，脊上具微纤毛；花药长约 3mm。

中生禾草。生于草原带的山地阴坡林下。产阴山（大青山）、贺兰山、龙首山。分布于我

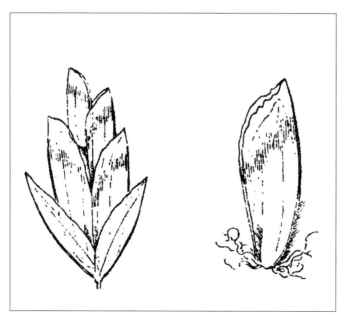

国河北北部、山西、甘肃、青海。为华北分布种。

中等饲用禾草。

12. 极地早熟禾

Poa arctica R. Br. in Chlor. Melvill. 30. 1823; Fl. Intramongol. ed. 2, 5:97. t.42. f.6-10. 1994.

多年生禾草。具根状茎。秆从基部匍地向上，高 10～45cm。叶鞘松弛裹茎，稍被短毛或粗糙；叶舌膜质，边缘细齿，长 0.5～1mm；叶片狭条形，上面稍被短毛或粗糙，下面无毛，长 2～15cm，宽 1～2mm。圆锥花序开展，宽卵圆形或金字塔形，带紫色，长 4～7cm，宽 4～6cm，分枝通常孪生；小穗长 5～8mm，含 4～7 小花；颖卵圆状披针形，边缘及先端宽膜质，第一颖长 2～3mm，第二颖长 3～4mm。外稃先端稍钝，具宽膜质，脊中部以下及边脉基部 1/3 被柔毛，脉间稍被贴生微毛，基盘具大量绵毛，第一外稃长 4～5mm；内稃稍短于外稃，先端微凹，脊上具短纤毛；花药长约 2.5mm。花期 6～8 月。

中生禾草。生于草原带海拔约 2000m 的山地。产阴山（大青山）、贺兰山。分布于我国黑龙江、吉林东部、河北西部，俄罗斯（西伯利亚地区、远东地区），北欧，北美洲。为泛北极分布种。

春季和夏初鹿喜食。

13. 粉绿早熟禾（密花早熟禾）

Poa pruinosa Korotky in Repert. Spec. Nov. Regni Veg. 13:291. 1914; Fl. China 22:277. 2006.——*P. pachyantha* Keng ex Shan Chen in Fl. Intramongol. 7:259. 1983; Fl. Intramongol. ed. 2, 5:83. t.36. f.6-10. 1994.——*P. pratensis* L. subsp. *pruinosa* (Korotky) Dickore in Fl. China 22:277. 2006.

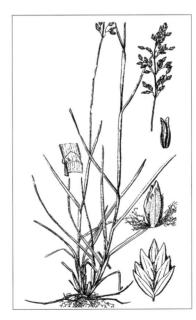

多年生禾草。植株粉绿色。具匍匐根茎。秆直立，单生或疏丛生，高 20～70cm，平滑无毛。叶鞘松弛裹茎，平滑无毛；叶舌膜质，先端稍尖，长 1～2mm；叶片对折或扁平，长 4～12cm，宽 2～5mm，上面稍粗糙，下面平滑无毛。圆锥花序卵状矩圆形，开展，长 5～13cm，每节具 2～5 分枝，分枝上端密生多数小穗；小穗矩圆形，长 6～7mm，含 5～7 小花；颖先端尖，稍粗糙或至少在脊上微粗糙，第一颖长 2.5～3mm，第二颖长 3～3.5mm。外稃矩圆形，先端稍膜质，脊下部约 2/3 与边脉基部 1/3 具较长的柔毛，脉间点状粗糙，基盘具较长的绵毛，第一外稃长 3～3.5mm；内稃稍短于或等长于外稃，先端微凹，脊上具短纤毛，脊间稍粗糙；花药长约 2mm。花期 6～7 月。

中生禾草。生于森林草原带的山坡林缘草地、沟谷湿地。产兴安南部（科尔沁右翼前旗、赤峰市北部）、燕山北部（喀喇沁旗）、锡林郭勒东部、贺兰山、龙首山。分布于我国黑龙江、甘肃、青海东部、四川西部、西藏东南部、云南西北部、新疆，俄罗斯（西伯利亚地区）、巴基斯坦、阿富汗，中亚。为中亚—亚洲中部山地分布种。

14. 细叶早熟禾

Poa angustifolia L., Sp. Pl. 1:67. 1753; Fl. Intramongol. ed. 2, 5:83. t.36. f.1-5. 1994.——*P. pratensis* L. subsp. *angustifolia* (L.) Lejeun in Fl. China 22:276. 2006.

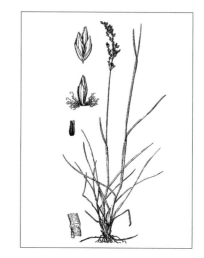

多年生禾草。具根状茎。秆直立，丛生，高 30～60cm，光滑。叶鞘短于节间，无毛；叶舌膜质，先端截平，长 0.5～1mm；叶片条形，秆生者对折或扁平，长 2～11cm，宽 2mm，基生者常内卷。圆锥花序较紧缩，矩圆形，长 2～10cm，宽 1～3cm，每节具 3～5 分枝，微粗糙；小穗卵圆形，长 3.5～5mm，绿色或稍带紫色，含 2～5 小花；二颖近等长或第一颖稍短，先端尖，长 2～3mm，脊上部微粗糙。外稃先端尖而具狭膜质，脊下部 2/3 及边脉基部 1/2 具长柔毛，脉间无毛，基盘密生长绵毛，第一外稃长约 3mm；内稃等长于或上部小花者较长于其外稃，脊上具短纤毛；花药长约 1.2mm。花期 7～8 月，果期 8 月。

中生禾草。生于森林带和草原带的山地林缘草甸、沟谷河滩草甸，可成为优势种。产兴安北部及岭西和岭东（大兴安岭、额尔古纳市、鄂温克族自治旗）、兴安南部（科尔沁右翼前旗、科尔沁右翼中旗、阿鲁科尔沁旗、巴林右旗、克什克腾旗、东乌珠穆沁旗）、燕山北部（喀喇沁旗、宁城县）、阴山（大青山）、贺兰山。分布于我国黑龙江、吉林东部、辽宁中部、河北中部、山东、山西、陕西南部、宁夏、甘肃东部、青海北部和东部、四川中西部、西藏东南部、云南西北部、贵州、新疆北部和中部，日本、蒙古国、俄罗斯（西伯利亚地区、远东地区）、印度、不丹、巴基斯坦、伊朗、阿富汗，中亚、西南亚，欧洲。为古北极分布种。

良等饲用禾草，牲畜乐食。

15. 高原早熟禾

Poa alpigena Lindm. in Sv. Fanerog. 91. 1918; Fl. Reip. Pop. Sin. 9(2):101. t.20. f.5-5a. 2002; Fl. China 22:276. 2006; High. Pl. China 12:715. f.957. 1-4. 2009.——*P. pratensis* L. subsp. *alpigena* (Lindm.) Hiiton. in Fl. China 22:276. 2006.

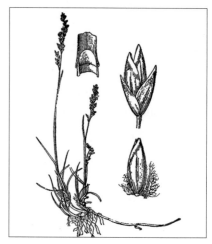

多年生疏丛生根状茎禾草。根状茎匍匐。秆直立，高 10～20cm，直径约 1mm。叶鞘光滑，通常长于节间，顶生的长于叶片；叶舌钝圆，长 0.5～1mm；叶片条形，长 1.5～4.5cm，宽 1～2mm，对折，蘖生叶长达 10cm。圆锥花序卵形或较狭窄，长 3～5cm，每节 2～4 分枝，微粗糙，下部主枝长 1.5～3cm，下部裸露；小穗长 3～4mm，含 2～3 小花；颖近等长，长 2～3mm，脊上微粗糙。第一外稃长约 3mm，间脉明显，脊下部 1/2 具长柔毛，上部粗糙，边脉下部 1/3 具柔毛，基盘具密绵毛；内稃与外稃等长或稍短，脊上粗糙。花果期 6～8 月。

中生禾草。生于荒漠带的山地草甸。产贺兰山。分布于河北、河南、宁夏、甘肃、青海、四川、云南、西藏、新疆，亚洲、欧洲、北美洲。为泛北极分布种。

16. 草地早熟禾

Poa pratensis L., Sp. Pl. 1:67. 1753; Fl. Intramongol. ed. 2, 5:82. t.35. f.6-10. 1994.

多年生禾草。具根状茎。秆单生或疏丛生，直立，高 30～75cm。叶鞘疏松裹茎，具纵条纹，光滑；叶舌膜质，先端截平，长 1.5～3mm；叶片条形，扁平或有时内卷，上面微粗糙，下面光滑，长 6～15cm，蘖生者长可超过 40cm，宽 2～5mm。圆锥花序卵圆形或金字塔形，开展，长 10～20cm，宽 2～5cm，每节具 3～5 分枝；小穗卵圆形，绿色或罕稍带紫色，成熟后呈草黄色，长 4～6mm，含 2～5 小花；颖卵状披针形，先端渐尖，脊上稍粗糙，第一颖长 2.5～3mm，第二颖长 3～3.5mm。外稃披针形，先端尖且略膜质，脊下部 2/3 或 1/2 与边脉基部 1/2 或 1/3 具长柔毛，基盘具稠密而长的白色绵毛，第一外稃长 3～4mm；内稃稍短于或最上者等长于外稃，脊具微纤毛；花药长 1.5～2mm。花期 6～7 月，果期 7～8 月。

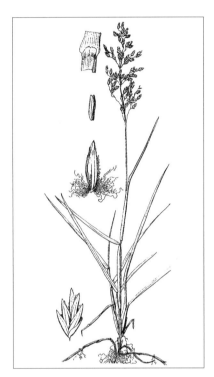

中生禾草。生于森林带和草原带的草甸、草甸化草原、山地林缘及林下。产兴安北部及岭东和岭西（额尔古纳市、根河市、鄂伦春自治旗）、呼伦贝尔、兴安南部及科尔沁（兴安盟、赤峰市、东乌珠穆沁旗）、燕山北部（喀喇沁旗、宁城县）、阴山（大青山、蛮汗山）、贺兰山。分布于我国黑龙江、吉林、辽宁、河北、河南、山东、山西、陕西、宁夏、甘肃、青海、四川、西藏、云南、安徽、江苏、江西、湖北、台湾、新疆，广布于北半球温带及南美洲、大洋洲、非洲。为世界分布种。

优等饲用禾草,各种家畜均喜食,牛尤其喜食。它的秆、叶、穗比例是:37.5:25:37.5,叶量占全株重的 1/4。开花期,粗蛋白质的含量占干物质的 11.99%,粗脂肪占 3.1%。有栽培前途,可在人工草场上进行试种。

17. 垂枝早熟禾

Poa declinata Keng ex L. Liu in Fl. Reip. Pop. Sin. 9(2):144. 390. 2002; Fl. Helan Mount. 656. t.112. f.1. 2011.

多年生禾草。疏丛。秆直立,高 50～60cm,直径约 1.5mm,具 4～5 节,基部稍膝曲。叶鞘长于其节间,平滑无毛,下部闭合,顶生者长 15cm 左右,长于其叶片;叶舌长 2～4mm,截平而具微齿;叶片扁平,长 5～8cm,宽 2～3mm,质地柔软,上面与边缘微粗糙。圆锥花序疏松开展,长 7～20cm;分枝 2～3 着生于各节,长 4～8cm,上部小枝密生 2～5 小穗,下部长,裸露,弯曲而下垂,微粗糙。小穗长约 4mm,含 3 小花,灰绿色;颖狭披针形,先端尖,脊上部微粗糙,第一颖长

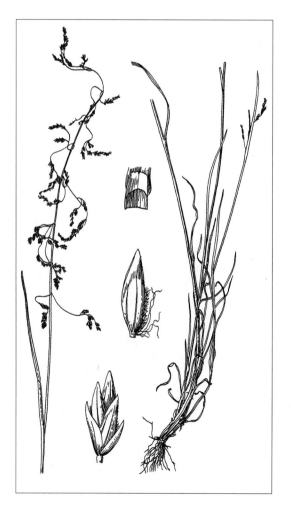

约 2mm,具 1 脉,第二颖长约 3mm,具 3 脉,较宽。外稃长 3～3.5mm,先端尖,有少些膜质,5 脉明显,脊中部以下与边脉下部 1/4 具短柔毛,基盘绵毛稀少;内稃稍短于外稃,沿脊粗糙;花药长约 0.5mm。颖果三棱形,长约 2mm。花果期 6～8 月。

丛生中生禾草。生于荒漠带海拔 2900m 左右的石质山坡或岩石缝中,零星生长。产贺兰山。分布于我国甘肃、青海。为唐古特分布种。

18. 堇色早熟禾

Poa ianthina Keng ex Shan Chen in Fl. Intramongol. 7:260. 1983; Fl. Intramongol. ed. 2, 5:91. t.40. f.1-3. 1994.——*P. araratica* Trautv. subsp. *ianthina* (Keng ex Shan Chen) Olonova et G. Zhu in Fl. China 22:306. 2006. syn. nov.

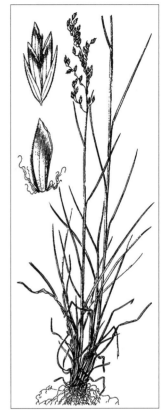

多年生禾草。秆直立，密丛生，高 30～45cm，近花序下部稍粗糙。叶鞘长于节间，粗糙，基部稍带紫红色；叶舌膜质，先端尖，具撕裂，长 1～3mm；叶片扁平或内卷，两面均粗糙，长 3～15cm，宽 1.5～2mm。圆锥花序狭矩圆形，暗紫色，长 5～12cm，宽 2～3cm，每节具 2～3 分枝，粗糙或被微毛；小穗狭卵形，长 3.5～6mm，含 3～4 小花，小穗轴被微毛；颖卵状披针形，先端锐尖，脊上部粗糙，通常紫色且具白色膜质边缘，第一颖长 3～3.5mm，第二颖长 3.5～4mm。外稃卵状披针形，先端稍钝，通常紫色而顶端有黄铜色膜质边缘，脊下部的 1/2 以及边脉与间脉的 1/3 具柔毛，基部脉间有时疏生微毛，基盘具少量绵毛，第一外稃长 3.5～4mm；内稃稍短于或等长于外稃，先端微凹，脊上具微纤毛，脊间稍粗糙；花药长 1.5～1.8mm；子房长 1～1.2mm。花期 6～8 月。

中生禾草。生于森林带和森林草原带的山地阳坡灌丛。产兴安北部（牙克石市乌尔其汉镇）、兴安南部（科尔沁右翼前旗、巴林右旗）、贺兰山。分布于我国河北西部、山西北部、甘肃西南部、青海北部、四川西部、西藏、云南西北部。为东亚（兴安—华北—横断山脉）分布种。

良等饲用禾草。

19. 额尔古纳早熟禾

Poa argunensis Roshev. in Fl. U.R.S.S. 2:404. t.30. f.11. 1934; Fl. Intramongol. ed. 2, 5:97. t.42. f.1-5. 1994.

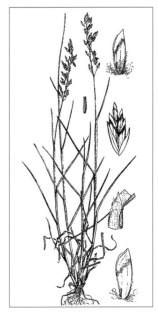

多年生禾草。根外常具沙套。秆直立，密丛生，较坚硬，稍粗糙，灰绿色，高 10～55cm。叶稍粗糙，基部者稍带灰褐色或紫褐色；叶舌膜质，先端 2 裂，长 1.5～3mm；叶片条形，较坚硬，长 2.5～6cm，宽 1～1.5mm，上面具微毛，下面粗糙，边缘内卷。圆锥花序紧缩，长 2～6cm，宽 0.5～1.5cm，每节具 2～3 分枝，粗糙；小穗卵状矩圆形，淡绿色或有时稍带紫色，长 3～5mm，含 2～5 小花；颖卵状披针形，先端锐尖，上部稍粗糙，第一颖长 2～2.5mm，第二颖长 3～3.5mm。外稃披针形，先端膜质，脊之 1/2 及边脉基部 1/3 具柔毛，脉间下部 1/3 处贴生柔毛，基盘具中量绵毛，第一外稃长约 3mm；内稃稍短于外稃，脊上具短纤毛，脊间贴生微毛；花药长约 1mm。花期 6～8 月。

旱生禾草。生于草原带和森林草原带的石质山坡草地、沙地。产兴安北部（额尔古纳市、根河市、牙克石市）、呼伦贝尔、兴安南部（扎赉特旗）、锡林郭勒（锡林浩特市、阿巴嘎旗、苏尼特左旗）。分布于我国辽宁中部、新疆北部和东北部，蒙古国、俄罗斯（西伯利亚地区）。为东古北极分布种。

　　良等饲用禾草。

20. 多变早熟禾

Poa varia Keng ex L. Liu in Fl. Reip. Pop. Sin. 9(2):404. 2002.——*P. versicolor* Bess. subsp. *varia* (Keng et L. Liu) Olonova et. G. Zhu in Fl. China 22:305. 2006.

　　多年生禾草。秆丛生，直立或膝曲上升，高 30～40cm，粗糙，具 3～4 节，顶节距基部约 15cm。叶鞘微糙涩，长于其节间，顶生者长约 10cm，长于其叶片；叶舌长 4～7mm，先端尖；叶片狭窄，长 8～11cm，宽约 1.5mm，两面糙涩。圆锥花序长 5～10cm，宽 2～5cm，每节具 2～5 分枝；分枝粗糙，主枝长约 4cm，中部以下裸露，上部着生较密的小穗。小穗倒卵形，长 4～5mm，含 2～3 小花，各花间疏松，小穗轴外露可见；颖具 3 脉，先端锐尖，脊微粗糙，第一颖长 3～3.5mm，第二颖长 3.5～4mm。外稃长 3～3.5mm，先端具少些膜质，其下方稍呈黄铜色，间脉不甚明显，脊中部以下与边脉下部 1/3 具较长柔毛，基盘具少量绵毛；内稃稍短，脊上粗糙；花药长约 1.5mm。花果期 6～8 月。

　　中生禾草。生于荒漠带的高山草甸。产贺兰山。分布于我国甘肃、青海、四川、西藏、云南。为横断山脉分布种。

21. 乌苏里早熟禾

Poa urssulensis Trin. in Mem. Acad. Imp. Sci. St.-Petersb. Div. Sav. 2:527. 1835; Fl. China 22:303. 2006.

　　多年生禾草，疏丛。秆高 40～80cm，斜升。叶鞘短于其节间，平滑无毛，顶生叶鞘伸长；叶舌长 0.5～2mm；叶片条形，扁平，长 20cm 左右，宽 3～5mm，上面微粗糙。圆锥花序疏展，长 15～30cm，宽达 10cm；分枝孪生，长 6～10cm，先端着生 3～5 枚小穗，中下部常裸露，疏松下垂。小穗卵状披针形，长 5～5.5mm，含 3～5（～6）小花，绿色；颖窄披针形，具 3 脉，第一颖长 3～4mm，第二颖长 3.5～4.5mm。外稃披针形，顶端渐尖，长 3.5～4.5（～5）mm，5 脉明显，脊与边脉下部生柔毛，基盘有少量绵毛；内稃脊上部具小糙毛；花药长约 1.2mm。花果期 6～8 月。

　　中生禾草。生于森林带的山地林缘、林下。产内蒙古东部。分布于我国黑龙江、吉林、辽宁、河北、山东、甘肃、青海东部、西藏、新疆，俄罗斯、哈萨克斯坦、欧洲。为古北极分布种。

22. 林地早熟禾

Poa nemoralis L., Sp. Pl. 1:69. 1753; Fl. Intramongol. ed. 2, 5:85. t.37. f.1-4. 1994.

多年生禾草，疏丛。秆细弱，高 40～90cm，花序下部稍粗糙。叶鞘平滑，基部者稍带紫色或呈黄褐色；叶舌膜质，长 0.5～1mm；叶片狭条形，扁平，上面稍粗糙，下面平滑，长 3～7cm，宽 1～2mm。圆锥花序较开展，长 10～30cm，宽 1～2.5cm，每节具 1～3 分枝；小穗披针形，灰绿色，长 4～5mm，含 2～5 小花，小穗轴稍被微毛；颖披针形，先端渐尖，边缘膜质，脊上部稍粗糙，第一颖长约 3.5mm，第二颖长约 4mm。外稃矩圆状披针形，先端膜质较宽，间脉不明显，脊中部以下及边脉基部 1/3 具较长的柔毛，基盘具少量绵毛，第一外稃长 3.5～4mm；内稃较短而狭窄，长约 3mm，脊上粗糙或有时具短纤毛，脊间中部以下粗糙或疏生微毛；花药长 1～1.5mm。花期 7 月，果期 8 月。

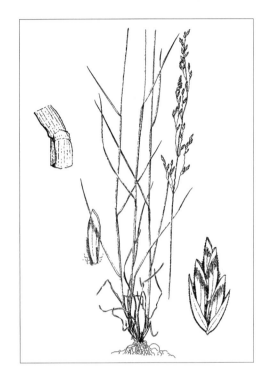

中生禾草。散生于森林带和草原带的山地林缘、林下及灌丛。产兴安北部及岭东和岭西（额尔古纳市、鄂伦春自治旗、东乌珠穆沁旗宝格达山、阿荣旗）、兴安南部（科尔沁右翼前旗、阿鲁科尔沁旗、巴林右旗、克什克腾旗）、燕山北部（喀喇沁旗、宁城县、敖汉旗）、阴山（大青山、乌拉山）、贺兰山。分布于我国黑龙江北部和西北部、吉林东部、辽宁东部、河北北部、山西、陕西南部、甘肃、青海东部、四川、西藏、云南西北部、贵州北部、新疆中部和北部，日本、朝鲜、蒙古国北部、俄罗斯、印度、巴基斯坦、不丹、尼泊尔，中亚、西南亚，欧洲。为古北极分布种。

良等饲用禾草，牛、马喜食，羊乐食。

23. 灰早熟禾

Poa glauca Vahl in Fl. Dan. 6(17):3. 1790; Fl. China 22:309. 2006.

多年生禾草，丛生。具短匍匐根状茎。秆直立，平滑无毛，高 25～35cm。叶舌短，长约 1mm；叶片窄条形，长渐尖，宽 1～2mm，边缘粗糙。圆锥花序长 4～7cm，紧缩，后开展；分枝粗糙，长 2～3cm，着生数枚小穗。小穗长圆状卵形，含 2～4 小花，长 4～5mm，带紫色；颖狭披针形，不相等，长 2.5～3.5mm；外稃窄披针形，间脉不明显，脉间无毛，脊与边脉下部生柔毛，基盘具少量绵毛，第一外稃长约 4mm。花期 6～8 月。

旱生禾草。生于荒漠带的干燥砾石质山坡。产贺兰山。分布于我国陕西、甘肃中部、青海东北部和南部、四川西部、西藏、云南、台湾、新疆北部和中部及西部，日本、朝鲜、俄罗斯（西伯利亚），中亚，欧洲、北美洲。为泛北极分布种。

24. 毛轴早熟禾

Poa pilipes Keng ex Shan Chen in Fl. Intramongol. ed. 2, 5:594. 1994.——*P. lapponica* Prokudin subsp.*pilipes* (Keng ex Shan Chen) Olonova et G. Zhu in Fl. China 22:300. 2006. syn. nov.

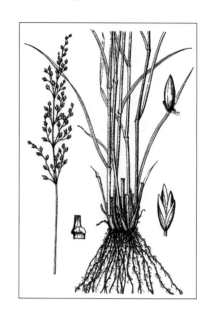

多年生禾草。根状茎短，须根纤细。秆直立，丛生，高 50～80cm。叶鞘平滑，稍短于节间；叶舌膜质，长 0.5～1mm；叶片质柔，扁平或稍内卷。圆锥花序疏展，分枝纤弱；小穗长 3.5～4mm，含 2～3 小花，小穗轴密被茸毛，第一节间长约 1mm；颖长圆状披针形，先端锐尖，点状粗糙，具 3 脉，第一颖长 3～3.5mm，第二颖长 3.5～4mm。外稃长圆状披针形，先端狭膜质，点状粗糙，间脉与脉间无毛，脊下部 2/3 及边脉 1/2 具柔毛，具 5 脉，基盘具少量或中量的绵毛，第一外稃长约 3.5mm；内稃略短于外稃，脊具短纤毛；花药长约 1.5mm。花期 7～8 月。

中生禾草。生于森林草原带的山地林下草甸。产兴安南部（巴林右旗、克什克腾旗、锡林浩特市）、燕山北部。分布于我国河北西部、四川西部。为华北—横断山脉分布种。

良等饲用禾草。

25. 蒙古早熟禾

Poa mongolica (Rendle) Keng in Clav. Gen. Sp. Gram. Prim. Sin. 166. 1957. Fl. Intramongol. ed. 2, 5: 89. t.37. f.9-10. 1994.——*P. nemoralis* L. var. *mongolica* Rendle in J. Linn. Soc. 36:426. 1904.

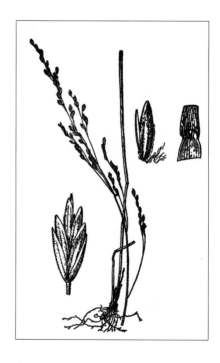

多年生禾草。须根纤细。秆直立，疏丛生，高 70～120cm，柔软，基部有时稍膝曲。叶鞘短于节间，无毛；叶舌膜质，长 0.3～0.5mm，先端截平且细裂；叶片条形，长 3～15cm，宽 2～3mm，扁平，上面稍粗糙以至近叶舌部分具微毛，下面无毛。圆锥花序开展，长 10～20cm；小穗绿色或先端稍带紫色，长 4～5mm，含 2～3 小花，小穗轴无毛；颖先端锐尖，脊上稍粗糙，第一颖长 2.5～3mm，第二颖长 3～3.5mm。外稃披针形，先端尖，顶端狭膜质，或熟后带黄铜色或紫色，脊下部 2/3 与边

脉基部 1/2 具柔毛，基盘具中量绵毛，第一外稃长 3～3.5mm；内稃稍短于或顶生小花者可稍长于外稃，先端微凹，脊上具微纤毛，脊间有时具微毛；花药长 1～1.5mm。花期 6～7 月，果期 7～8 月。

中生禾草。生于森林带和森林草原带的山地林缘、草

甸。产兴安北部及岭西（额尔古纳市、鄂伦春自治旗）、兴安南部及科尔沁（兴安盟、通辽市、阿鲁科尔沁旗、巴林左旗、巴林右旗、克什克腾旗、东乌珠穆沁旗）、燕山北部（喀喇沁旗、宁城县）。分布于我国黑龙江西北部、吉林东部、辽宁、河北北部。为满洲分布种。

良等饲用禾草，各种家畜乐食。

26. 泽地早熟禾（沼泽早熟禾）

Poa palustris L. in Syst. Nat. ed. 10, 2:874. 1759. Fl. Intramongol. ed. 2, 5:87. t.38. f.7-10. 1994.

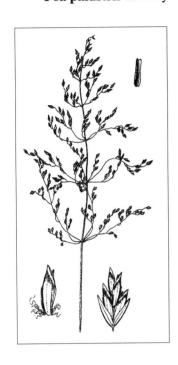

多年生禾草。根状茎短，须根纤细，根外常具沙套。秆直立，疏丛生，稍粗糙，节下被微毛，高达80cm。叶鞘松弛裹茎，稍粗糙，具脊；叶舌膜质，先端钝，长2～3mm；叶片扁平，粗糙，长8～15cm，宽2～4mm。圆锥花序金字塔形或矩圆形，开展，每节分枝5～10以上，粗糙；小穗披针形，长4～6mm，含3～5小花；颖披针形，急尖，几相等，长2.5～3mm。外稃矩圆形，先端狭膜质，稍呈青铜色，间脉不明显，脊下部2/3与边脉基部1/2具长柔毛，基盘具少量长绵毛，第一外稃长约3mm；内稃等长于或稍短于外稃，脊上具微纤毛；花药长约1mm。花果期7～8月。

中生禾草。生于沼泽、河谷沼泽草甸、林缘、路边。产兴安北部及岭西（额尔古纳市、大兴安岭、阿尔山市）、燕山北部（宁城县）、锡林郭勒（苏尼特左旗）。分布于我国黑龙江、吉林东部、辽宁中部、河北、河南、安徽、新疆北部和中部，日本、朝鲜、蒙古国北部和西部、俄罗斯（西伯利亚地区、远东地区）、印度、巴基斯坦、中亚、西南亚，欧洲、北美洲。为泛北极分布种。

良等饲用禾草。

27. 假泽早熟禾

Poa pseudo-palustris Keng ex L. Liu in Fl. Reip. Pop. Sin. 9(2):400. 2002; Fl. Intramongol. ed. 2, 5:87. t.38. f.1-6. 1994.

多年生禾草。根状茎短，须根纤细。秆直立，疏丛生，基部稍膝曲，高50～80cm。叶鞘短于节间，松弛裹茎，平滑无毛；叶舌膜质，长1.5～3mm；叶片扁平，长4～16cm，宽约2mm，上面微粗糙，下面平滑。圆锥花序矩圆形，疏展，长9～12cm，宽1～3cm，每节通常具2～5分枝；小穗绿色或顶端稍带紫色，长4～5mm，通常含3小花，有时亦可有2或4小花；颖披针形，先端尖，脊上微粗糙，第一颖长3～3.5mm，第二颖长3.5～4mm。外稃长椭圆形，先端尖而具狭膜质，脊下部1/2或有时2/3与边脉1/3或有时1/2具较长的柔毛，基盘具大量绵毛，第一外稃长3.5～4mm，内稃长2.5～3mm，脊具短纤毛；花药长0.6～1mm。花果期7～8月。

中生禾草。生于森林带和森林草原带的山地草甸、林缘。产兴安北部（牙克石市）、兴安南部（巴林右旗、克什克腾旗、东乌珠穆沁旗）。分布于我国黑龙江、吉林东部、辽宁。为满洲分布种。

中等饲用禾草。

28. 普通早熟禾

Poa trivialis L., Sp. Pl. 1:67. 1753; Fl. China 22:298. 2006.

多年生禾草。秆丛生，基部倾卧地面或着土生根而具匍匐茎，秆高 50～80（～100）cm，直径 1～2mm，具 3～4 节，花序与鞘节以下微粗糙。叶鞘糙涩，顶生叶鞘长 8～15cm，约等长于其叶片；叶舌长圆形，长 3.5～5mm；叶片扁平，长 8～15cm，宽 2～4mm，先端锐尖，两面粗糙。圆锥花序长圆形，长 9～15cm，宽 2～4cm，每节具 4～5 分枝；分枝粗糙，斜上直升，主枝长 4cm 左右，中部以下裸露。小穗柄极短。小穗含 2～3 小花，长 2.5～3.5（～4）mm。颖片中脊粗糙；第一颖窄，具 1 脉，长约 2mm；第二颖具 3 脉，长 2.5～3mm。外稃背部略呈弧形，具明显稍隆起的 5 脉，先端带膜质，脊与边脉下部具柔毛，脉间无毛，基盘具长绵毛，第一外稃长约 2.5mm；内稃等长或稍短于外稃；花药长约 1.5mm，黄色。花果期 5～7 月。

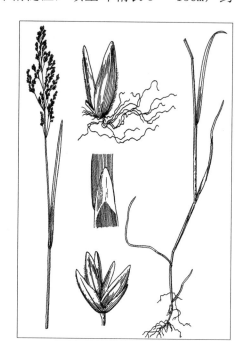

中生禾草。生于森林带的山坡湿草地。产内蒙古南部。分布于我国河北、江苏、江西、新疆，亚洲、欧洲。为古北极分布种。

29. 硬质早熟禾

Poa sphondylodes Trin. in Enum. Pl. China Bor. 71. 1883; Fl. Intramongol. ed. 2, 5:94. t.41. f.1-3. 1994.

多年生禾草。须根纤细，根外常具沙套。秆直立，密丛生，高 20～60cm，近花序下稍粗

糙。叶鞘长于节间，无毛，基部者常呈淡紫色；叶舌膜质，先端锐尖，易撕裂，长3～5mm；叶片扁平，长2～9cm，宽1～1.5mm，稍粗糙。圆锥花序紧缩，长3～10cm，宽约1cm，每节具2～5分枝，粗糙；小穗绿色，成熟后呈草黄色，长5～7mm，含3～6小花；颖披针形，先端锐尖，稍粗糙，第一颖长约2.5mm，第二颖长约3mm。外稃披针形，先端狭膜质，脊下部2/3与边脉基部1/2具较长柔毛，基盘具中量的长绵毛，第一外稃长约3mm；内稃稍短于或上部小花者稍长于外稃，先端微凹，脊上粗糙以至具极短纤毛；花药长1～1.5mm。花期6月，果期7月。

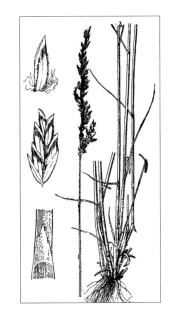

旱生禾草。生于森林带和草原带及荒漠带的山地、沙地、草原、草甸、盐化草甸。产兴安北部（根河市）、呼伦贝尔（满洲里市）、兴安南部及科尔沁（科尔沁右翼前旗、科尔沁右翼中旗、巴林右旗、克什克腾旗）、赤峰丘陵（翁牛特旗、红山区）、燕山北部（喀喇沁旗、宁城县）、锡林郭勒（西乌珠穆沁旗、锡林浩特市、苏尼特左旗）、乌兰察布（达尔罕茂明安联合旗南部、固阳县）、阴山（大青山）、阴南丘陵（准格尔旗）、鄂尔多斯（东胜区、毛乌素沙地）、东阿拉善（桌子山）、贺兰山。分布于我国黑龙江、吉林、辽宁、河北、河南、山东、山西、安徽、江苏、台湾、四川，日本、朝鲜、俄罗斯（远东地区）。为东亚分布种。

良等饲用禾草，马、羊喜食。

30. 柔软早熟禾

Poa lepta Keng ex L. Liu in Fl. Reip. Pop. Sin. 9(2):396. 2002; Fl. Helan Mount. 663. t.113. f.6. 2011.

多年生禾草。具短根状茎。秆基有多数分蘖，高约45cm，具3～4节，顶节位于下部1/3处，较软。叶鞘粗糙，多少长于节间，顶生者长约15cm；叶舌长2～3mm，分蘖叶叶舌长约1mm；叶片较薄，长5～15cm，宽1～2mm，微粗糙，先端渐尖。圆锥花序长8～10cm，宽约1cm；分枝孪生，直立，粗糙，长2～5cm，中部以上疏生1～4小穗。小穗灰绿色，长4～5mm，具3～4小花；小穗轴稍被微毛。颖质薄，披针形，具3脉，脊上部粗糙，第一颖长3～4mm，第二颖长3.5～4.5mm。外稃较薄，先端膜质，间脉明显，脊下部1/3与边脉基部1/4具柔毛，脊上部2/3微粗糙，基盘有稀少绵毛，第一外稃长约4mm；内稃长约3.5mm，两脊上部粗糙，基部平滑；花药长约1.2mm。花果期6～9月。

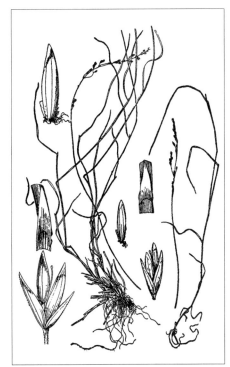

中生禾草。生于荒漠带海拔2500～2800m的山地林缘或灌丛及石质山坡，零星生长。产贺兰山、龙首山。分布于我国河北、陕西、四川、青海。为华北分布种。

31. 贫叶早熟禾

Poa oligophylla Keng in Fl. Tsinling. 1(1):436. 1976; Fl. Intramongol. ed. 2, 5:91. t.40. f.4-5. 1994.——*P. araratica* Trautv. subsp. *oligophylla* (Keng) Olonova et G. H. Zhu in Fl. China 22:306. 2006.

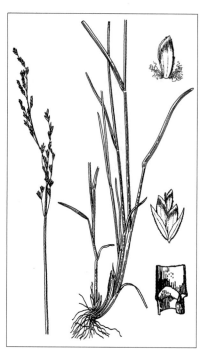

多年生禾草。具短根状茎，须根外常具沙套。秆直立，疏丛生，高 30～50cm，粗糙，通常具 2 节。叶鞘稍粗糙，基部者稍带紫褐色；叶舌膜质，长 0.5～1mm；叶片扁平或对折，长 3～12cm，宽 1～2mm，两面均稍粗糙。圆锥花序较狭窄，长 5～10cm，宽 0.5～2cm，每节具 2～4 分枝，粗糙；小穗狭倒卵形，带紫色，长 3.5～4.5mm，含 2～3 小花，小穗轴疏生微毛；颖披针形，先端锐尖，边缘稍带紫色，脊上稍粗糙，第一颖长约 3mm，第二颖长约 3.5mm。外稃矩圆状披针形，先端稍膜质，膜质下部稍带紫色，间脉不明显，脊下部 1/2 与边脉基部 1/3 具柔毛，基盘具绵毛，第一外稃长 2.5～3mm；内稃稍短于或等长于外稃，脊上具短纤毛，两脊间具微毛；花药长 1～1.5mm。花果期 7～8 月。

中生禾草。生于山地林缘、沟谷。产兴安北部（牙克石市）、贺兰山。分布于我国陕西南部、青海、四川西北部、西藏东南部、新疆，俄罗斯（西伯利亚地区）。为亚洲中部山地分布种。

良等饲用禾草。

32. 高株早熟禾

Poa alta Hitchc. in Proc. Biol. Soc. Washington 43:93. 1930; Fl. China 22:301. 2006.

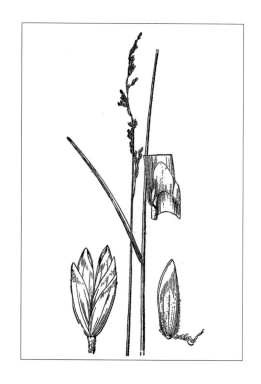

多年生禾草。秆直立，粗糙，高约 100cm，具 3 节，上部长，裸露。叶鞘粗糙，顶生者长约 15cm，短于其叶片；叶舌膜质，长约 2mm；叶片扁平，粗糙，长 20～30cm，宽 2～4mm，顶生叶位于秆的中部以下，长约 15cm。圆锥花序狭窄，长 10～23cm；分枝孪生，直升，粗糙，下部裸露，上部着生 4～6 小穗，基部主枝长约 5cm；小穗含 4 小花，长 4～6mm，草黄色，小穗轴无毛；二颖近相等，披针形，具 3 脉，顶端稍尖，脊微粗糙，第一颖长 3.5～4mm，第二颖长 4～4.5mm。外稃阔披针形，先端钝，5 脉不明显，脊微粗糙，中部以下和边脉下部 1/3 具长柔毛，基盘有少量绵毛，第一外稃长约 4mm；内稃稍短于外稃，脊微粗糙；花药长约 2mm。花期 8 月。

中生禾草。生于山地草甸。产内蒙古东部。分布于我国黑龙江、吉林、辽宁、山西、陕西、四川、西藏、云南、新疆，日本、俄罗斯。为东古北极分布种。

33. 细长早熟禾

Poa prolixior Rendle in J. Linn. Soc. 36:427. 1904; Fl. Intramongol. ed. 2, 5:87. t.37. f.5-8. 1994.

多年生禾草。根纤细，根外常具沙套。秆直立，密丛生，高 30～35(～70) cm，稍粗糙。叶鞘稍粗糙，基部者常呈暗褐色；叶舌膜质，长 2～4mm；叶片扁平，上面微粗糙，下面近于平滑。圆锥花序狭窄，长 6～10cm，宽 5～10mm，每节具 2～3 分枝，粗糙；小穗淡绿色，长 3.5～4mm，含 2～3 小花；颖披针形，先端锐尖，边缘稍膜质，微粗糙，第一颖长约 3mm，第二颖长约 3.5mm。外稃矩圆形，先端稍膜质，稍带紫色，脊中部以下与边脉 1/4 具柔毛，基盘具少量绵毛，第一外稃长 3～3.5mm；内稃稍短于外稃，先端微凹，脊上具微纤毛；花药长约 1.2mm。

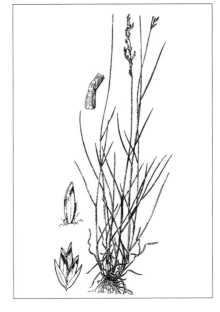

中生禾草。生于山地草甸、林下石缝。产兴安南部（兴安盟）、贺兰山。分布于我国江苏、浙江、湖北、四川。为东亚（华东—华北—兴安）分布种。

中等饲用禾草。

根据《中国主要植物图说•禾本科》（172. 1965.）和《中国植物志》[9(2):191. 2002.] 记载，本种外稃长 2～2.5mm，小穗长 2.5～3.5mm，而非《内蒙古植物志》（ed. 2, 5:87. 1994.）中记载的外稃长 3～4mm，小穗长 3.5～4mm，故于此纠正。

34. 渐狭早熟禾

Poa attenuata Trin. in Mem. Acad. Imp. Sci. St.-Petersb. Div. Sav. 2:527. 1835; Fl. Intramongol. ed. 2, 5:94. t.41. f.4-7. 1994.——*P. attenuata* Trin. var. *dahurica* (Trin.) Griseb. in Fl. Ross. 4:371. 1852; Fl. China 22:307. 2006.——*P. dahurica* Trin. in Mem. Imp. Acad. Sci. Nat. 4(2):63. 1836.

多年生禾草。须根纤细。秆直立，坚硬，密丛生，高 8～60cm，近花序部分稍粗糙。叶鞘无毛，微粗糙，基部者常带紫色；叶舌膜质，微钝，长 1.5～3mm；叶片狭条形，内卷、扁平或对折，上面微粗糙，下面近于平滑，长 1.5～7.5cm，宽 0.5～2mm。圆锥花序紧缩，长 2～7cm，宽 0.5～1.5cm，分枝粗糙；小穗披针形至狭卵圆形，粉绿色，先端微带紫色，长 3～5mm，含 2～5 小花；颖狭披针形至狭卵圆形，先端尖，近相等，微粗糙，长 2.5～3.5mm。外稃披针形至卵圆形，先端狭膜质，具不明显 5 脉，脉间点状粗糙，脊下部 1/2 与边脉基部 1/4 被微柔毛，基盘具少量绵毛以至具极稀疏绵毛或完全简化，第一外稃长 3～3.5mm；花药长 1～1.5mm。花期 6～7 月。

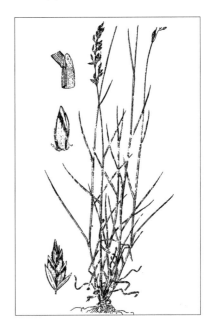

旱生禾草。生于典型草原带和森林草原带以及山地砾石质山坡。产兴安北部及岭东和岭西（额尔古纳市、牙克石市、

鄂伦春自治旗、新巴尔虎左旗）、呼伦贝尔
（满洲里市）、兴安南部及科尔沁（扎赉特旗、
科尔沁右翼前旗、科尔沁右翼中旗、阿鲁科
尔沁旗、巴林右旗、翁牛特旗、克什克腾旗）、
赤峰丘陵（红山区、松山区）、燕山北部（喀
喇沁旗、宁城县）、锡林郭勒（西乌珠穆沁
旗、锡林浩特市）、阴山（大青山、蛮汗山）、
阴南丘陵（准格尔旗）、鄂尔多斯（乌审旗、
鄂托克旗）、贺兰山。分布于我国河北北部、
山西、陕西、甘肃东部、青海东北部和南部、
四川西南部、西藏、云南西北部、新疆，蒙
古国、俄罗斯（西伯利亚地区）、不丹、尼
泊尔、印度、巴基斯坦，中亚。为东古北极
分布种。

　　良等饲用禾草，各种家畜乐食。抽穗期，
粗蛋白质的含量占干物质的 10.29%，粗脂
肪占 2.61%。

35. 多叶早熟禾（长颖早熟禾）

Poa erikssonii (Melderis) Y. Z. Zhao in Class. Fl. Ecol. Geogr. Distr. Vasc. Pl. Inn. Mongol. 629.
2012.——*P. sphondylodes* Trin. var. *erikssonii* Melderis in Fl. Mongol. Steppe 1:99. 1949; Fl. China
22:302. 2006.——*P. plurifolia* Keng in Fl. Tsinling. 1(1):436. 1976. nom subnud.; Fl. Intramongol. ed. 2,
5:93. t.40. f.6-9. 1994.

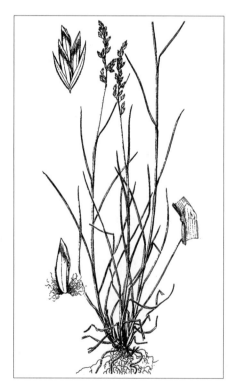

　　多年生禾草。根须状，根外常具沙套。秆直立，密
丛生，高 25～45cm，具 3～8 节，近花序以下微粗糙。
叶鞘通常长于节间，顶生者短于其叶片，微粗糙，基部
灰褐色或紫褐色；叶舌膜质，先端稍尖，长 1.5～3mm；
叶片扁平或边缘稍内卷，长 4～11cm，宽 1～1.5mm，
两面均粗糙。圆锥花序紧缩或狭而较疏，长 4～8cm，
宽 7～12mm，黄绿色；小穗倒卵形，长 4～6mm，含
（2～）3～4（～5）小花；颖披针形，先端渐尖，具 3 脉，
边缘稍膜质，脊上微粗糙，第一颖长 3～3.5mm，第二
颖长 3.5～4mm。外稃矩圆形，先端稍膜质，稍带紫色，
具 5 脉，脊中部以下及边脉基部 1/3 具柔毛，基盘具少
量绵毛，第一外稃长约 3.5mm；内稃长约 3mm，脊上微粗
糙或有时具微纤毛，先端微 2 裂；花药长 1.5～2mm。
花期 6～7 月，果期 7～8 月。

　　旱中生禾草。生于森林带和草原带的砾石质山坡、林
缘草甸、沟谷草甸。产兴安北部（鄂伦春自治旗）、兴安

南部（科尔沁右翼前旗、阿鲁科尔沁旗、克什克腾旗）、燕山北部（宁城县）、锡林郭勒、阴山（大青山）、贺兰山。分布于我国河北中北部、河南西部、山西西部、陕西东南部、甘肃东南部、四川西北部。为华北—兴安分布种。

良等饲用禾草。

36. 少叶早熟禾

Poa paucifolia Keng ex Shan Chen in Fl. Intramongol. 7:261. 1983; Fl. Intramongol. ed. 2, 5:93. t.40. f.10-11. 1994.

多年生禾草。须根纤细，根外有时具沙套。秆直立，密丛生，高 25～50cm，通常具 2 节，近花序下微粗糙。叶鞘微粗糙，基部者常呈紫褐色，大都长于节间，顶生者长于其叶片；叶舌膜质，先端尖，易撕裂，长 2～4mm；叶片条形，多为对折，上面粗糙，下面近于平滑，长 5～10cm，宽 1～1.5mm。圆锥花序较紧密，条状矩圆形，长 3～8cm，宽 0.5～2cm；小穗披针状矩圆形，长 5～6mm，含 3～5（～7）

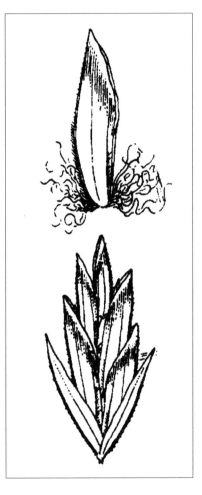

小花；颖披针形，先端尖，边缘膜质，膜质以下绿色或稍带紫色，脊上粗糙，第一颖长 2～2.5mm，第二颖长 2.5～3mm。外稃矩圆形，先端稍黄色膜质，膜质下呈紫色，脊下部 1/2 与边脉基部 1/3 具柔毛，基盘具少量至中量绵毛，第一外稃长 3～3.5mm；内稃等长于或稍短于外稃，脊上具微纤毛；花药长 1.5～2mm。花期 6 月，果期 7 月。

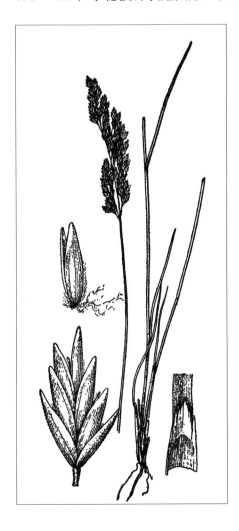

旱生禾草。生于山地草原带的干山坡及干沟中。产兴安北部及岭东和岭西（额尔古纳市、鄂伦春自治旗）、兴安南部（兴安盟）、燕山北部（喀喇沁旗）、锡林郭勒、阴山（大青山）、贺兰山。分布于我国甘肃东部、青海东部。为华北—兴安分布种。

中等饲用禾草。

15. 碱茅属 Puccinellia Parl.

多年生禾草，稀为一年生。叶扁平或内卷。圆锥花序，开展或紧缩；小穗含 2～8 小花；颖不相等，均短于外稃，第一颖具 1～3 脉，第二颖具 3～5 脉。外稃背部圆形，稀具脊，具不明显的 5 脉，先端多少膜质而钝，或稍尖，具细齿，且诸脉在顶端不会合；内稃通常等长于外稃，具 2 脊。

内蒙古有 11 种。

分种检索表

1a. 外稃无毛，稃体基部与下部与脉间均不具毛被或略被微毛。

  2a. 叶宽 1～3mm；圆锥花序长 8～15cm，每节分枝 2～5；植株高 30～70cm。生于盐化草甸⋯⋯⋯⋯⋯⋯⋯⋯⋯⋯⋯⋯⋯⋯⋯⋯⋯⋯⋯⋯⋯⋯⋯⋯⋯⋯⋯⋯⋯**1.星星草 P. tenuiflora**

  2b. 叶宽 0.3～1mm；圆锥花序长 3～8cm，每节分枝 2～3；植株高 20～30cm。生于盐化沙地⋯⋯⋯⋯⋯⋯⋯⋯⋯⋯⋯⋯⋯⋯⋯⋯⋯⋯⋯⋯⋯⋯⋯⋯⋯⋯⋯⋯⋯**2.线叶碱茅 P. filifolia**

1b. 外稃被毛，稃体下部脉与脉间或基部两侧具短柔毛。

  3a. 花药长 0.8～2mm。

    4a. 小花较大，外稃长 2.5～3.5mm。

      5a. 叶扁平，宽 2～4mm；圆锥花序疏展，分枝长 4～8cm；植株高 30～70cm，疏丛型；花药长 1.2～2mm。

        6a. 外稃长 3～3.5mm，先端锐尖⋯⋯⋯⋯⋯⋯⋯⋯⋯⋯⋯**3. 热河碱茅 P. jeholensis**

        6b. 外稃长 2.5～3mm，先端钝⋯⋯⋯⋯⋯⋯⋯⋯⋯**4. 大药碱茅 P. macranthera**

      5b. 叶片内卷或扁平，宽 1～2mm；圆锥花序狭窄，分枝长 1～3cm；植株高 20～40cm，密丛型；花药长 0.8～1.2mm⋯⋯⋯⋯⋯⋯⋯⋯⋯⋯⋯⋯**5. 狭序碱茅 P. schischkinii**

    4b. 小花较小，外稃长 1.5～2.5mm；第一颖长 0.5～1mm。

      7a. 小穗长 4～7mm，含 4～7 小花；花药长 1.2～1.5mm⋯⋯⋯**6. 朝鲜碱茅 P. chinampoensis**

      7b. 小穗长 3～4mm，含 3～5 小花；花药长约 0.8～1.3mm⋯⋯**7. 柔枝碱茅 P. manchuriensis**

  3b. 花药长 0.3～0.8mm。

    8a. 小花较大，外稃长 2.5～3.5mm；小穗含 3～4 花⋯⋯⋯⋯⋯**8. 日本碱茅 P. niponica**

    8b. 小花较小，外稃长 1.5～2.2mm。

      9a. 第一颖长 0.5～1mm，第二颖长 1.2～1.5mm。

        10a. 圆锥花序稀疏，分枝下部常裸露；小穗含 5～8 花，长 4～5mm；外稃长 1.5～2mm⋯⋯⋯⋯⋯⋯⋯⋯⋯⋯⋯⋯⋯⋯⋯⋯⋯⋯**9. 鹤甫碱茅 P. hauptiana**

        10b. 圆锥花序密集，分枝下部少裸露；小穗含 2～3 花，长约 2.5mm；外稃长约 1.5mm⋯⋯⋯⋯⋯⋯⋯⋯⋯⋯⋯⋯⋯⋯⋯⋯⋯⋯⋯⋯**10. 微药碱茅 P. micrandra**

      9b. 第一颖长 1～1.5mm，第二颖长 1.5～2mm，外稃长 1.5～2.2mm⋯⋯⋯⋯**11. 碱茅 P. distans**

1. 星星草

Puccinellia tenuiflora (Griseb.) Scribn. et Merr. in Contr. U. S. Natl. Herb. 13:78. 1910; Fl. Intramongol. ed. 2, 5:100. t.43. f.1-4. 1994.——*Atropis tenuiflora* Griseb. in Fl. Ross. 4:389. 1852.

多年生禾草。秆丛生，直立或基部膝曲，灰绿色，高 30～70cm。叶鞘光滑无毛；叶舌干膜质，

长约 1mm，先端半圆形；叶片通常内卷，长 2～8cm，宽 1～3mm，上面微粗糙，下面光滑。圆锥花序开展，长 8～15cm，主轴平滑；分枝每节 2～5，细弱，多平展，与小穗柄微粗糙。小穗长 3.2～4.2mm，含 3～4 小花，紫色，稀为绿色。第一颖长约 0.6mm，先端较尖，具 1 脉；第二颖长约 1.2mm，具 3 脉，先端钝。外稃先端钝，基部光滑或略被微毛，第一外稃长 1.5～2mm；内稃平滑或脊上部微粗糙；花药条形，长 1～1.2mm。花果期 6～8 月。

盐生中生禾草。生于草原带和荒漠带的盐化草甸，可成为建群种，组成星星草草甸群落，也可见于草原区盐渍低地的盐生植被中。产岭西（额尔古纳市）、呼伦贝尔（鄂温克族自治旗、新巴尔虎左旗、满洲里市）、兴安南部及科尔沁（扎赉特旗、科尔沁右翼前旗、科尔沁右翼中旗、通辽市、阿鲁科尔沁旗、巴林右旗、克什克腾旗、敖汉旗）、辽河平原（科尔沁左翼后旗）、赤峰丘陵（翁牛特旗）、锡林郭勒（锡林浩特市、苏尼特左旗、苏尼特右旗、正蓝旗、多伦县、达尔罕茂明安联合旗南部）、阴山（大青山）、阴南丘陵（凉城县、清水河县）、鄂尔多斯（乌审旗、鄂托克旗）、东阿拉善（杭锦后旗、阿拉善左旗）、西阿拉善（阿拉善右旗）。分布于我国黑龙江西南部、吉林西部和东北部、辽宁西北部、河北中部、山东、山西中部和北部、甘肃东北部、青海东北部、安徽、新疆，日本、蒙古国、俄罗斯（西伯利亚地区）、哈萨克斯坦、西南亚。为东古北极分布种。

各类家畜喜食，有些地区的牧民将其作为过冬前的抓膘饲料，山羊、绵羊、骆驼特别喜食。开花期粗蛋白质含量高，据资料可达 13.3%。

2. 线叶碱茅

Puccinellia filifolia (Trin.) Tzvel. in Nov. Sist. Vyssh. Rast. 1964:18. 1964; Fl. China 22:250. 2006.——*Colpodium filifolium* Trin. in Mem. Acad. Imp. Sci. St.-Petersb. Ser. 6, Sci. Math. Seconde Pt. Sci. Nat. 4, 2(1):70. 1836.

多年生密丛型禾草。具多数分蘖枝条。茎秆直立，高 20～30cm，直径 0.7～1.5mm。叶舌长 0.6～2mm；叶片对折，刚毛状，长 2～5cm，宽 0.3～1mm。圆锥花序开展，长 3～8cm，每节具 2～3 分枝；分枝长 2～6cm，光滑无毛。小穗带紫色，长 2.5～4mm，含小花 2～4；

颖片先端钝，第一颖长 0.5～1mm，第二颖长 1～1.5mm。外稃长 1.6～2mm，光滑或近光滑，内稃两脊光滑无毛；花药长 0.9～1.1mm。花期 5～6 月。

盐生中生禾草。生于草原带的盐化沙地。产呼伦贝尔（海拉尔区）。分布于蒙古国东部。为东蒙古分布种。

3. 热河碱茅

Puccinellia jeholensis Kitag. in Rep. First. Sci. Exped. Manch. Sect. 4, 4:102. 1936; Fl. China 22:249. 2006.——*P. macranthera* auct. non (Krecz.) Norlindh: Fl. Intramongol. ed. 2, 5:102. 1994. p.p.

多年生禾草。秆丛生，直立或膝曲上升，高约 60cm，直径约 2mm，具 3～5 节，顶节位于中部以下。叶鞘平滑无毛，稍带紫色，顶生者长达 15cm；叶舌长约 1mm。叶片扁平，质地较硬，长 6～10cm，宽 2～3mm；蘖生叶片较长，宽约 3mm，灰绿色，下面平滑无毛，上面及边缘具小刺毛而粗糙。圆锥花序长约 15cm，宽约 10cm，每节具 2～3 分枝；基部主枝长约 5cm，平展，上部微粗糙。侧生小穗柄长 0.5～2mm，小穗含 4～5 小花，长 5～6mm。第一颖长约 1.2mm，顶端尖，具 1 脉；第二颖长约 1.8mm，具 3 脉，先端钝，具细齿。外稃长 3～3.5mm，紫色，先端钝，具细齿裂，边缘膜质，黄色，下部 1/4 具短毛；内稃等长于外稃，两脊下部有毛，上部微糙，先端具裂齿；花药长约 1.8mm。颖果长约 1mm。花果期 6～8 月。

盐生中生禾草。生于草原带的湖边、盐渍低地。产呼伦贝尔（满洲里市、呼伦贝尔市）、科尔沁（科尔沁右翼中旗）。分布于我国黑龙江、河北北部、江苏北部。为华北—满洲分布种。

为绵羊和骆驼喜食的牧草。

4. 大药碱茅

Puccinellia macranthera (V. I. Krecz.) Norl. in Fl. Mongol. Steppe 1:102. 1949; Fl. Intramongol. ed. 2, 5:102. t.43. f.5-8. 1994.——*Atropis macranthera* V. I. Krecz. in Fl. U.R.S.S. 2:759. 1934.

多年生禾草。秆丛生，灰绿色，坚硬，高 30～50cm。叶鞘松弛，平滑；叶片扁平或半内卷，长 2～6cm，宽 4～5mm，上面和边缘粗糙，下面近平滑。圆锥花序疏松，卵状金字塔形，长 10～20cm，每节具 2～3 分枝；分枝及主轴相当粗糙，分枝上举，花后平展或下伸。小穗含 4～6 小花，长 5～6mm。颖卵状，先端钝；第一颖长 1～1.5mm，具 1 脉，先端尖；第二颖长约 2mm，先端钝而具细裂齿。外稃长椭圆形，紫色，先端与边缘黄色，具 5 脉，先端三角形或钝状而具细裂齿，稀具脊，下部沿脉具相当多的毛，第一外稃长约 3mm；内稃等长或稍长于外稃，上部粗糙，下部有微毛；花药条形，长 1.6～2.1mm。

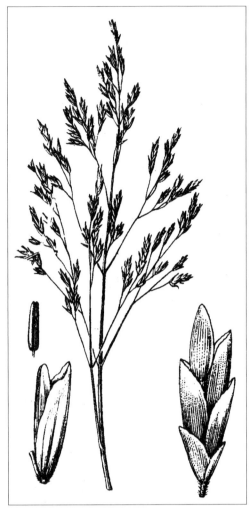

　　盐生中生禾草。生于草原带的盐化草甸、湖边盐湿低地。产科尔沁（科尔沁右翼中旗、阿鲁科尔沁旗）、锡林郭勒（锡林浩特市）、鄂尔多斯（达拉特旗、伊金霍洛旗、鄂托克旗、杭锦旗、乌审旗）。分布于我国吉林、辽宁、河北北部、甘肃、新疆东北部，蒙古国、俄罗斯（西伯利亚地区）。为蒙古高原分布种。

　　大药碱茅是各种家畜的好饲料，绵羊与骆驼尤其喜食。

5. 狭序碱茅（斯碱茅）

Puccinellia schischkinii Tzvel. in Bot. Mater. Gerb. Bot. Inst. Kom. Akad. Nauk S.S.S.R. 17:57. 1955; Fl. China 22:251. 2006.

多年生禾草，密丛型。秆直立或基部斜升，高 20～40cm，直径 1～2mm，质地柔软，平滑无毛。叶鞘褐色；叶舌顶端圆或尖，长 1～2mm；叶片内卷或扁平，长 4～5cm，宽 1～2mm，质地较硬，下面平滑，上面微粗糙，灰绿色。圆锥花序长 10～20cm，狭窄；分枝长 1～3cm，直伸，微粗糙，从基部即着生小穗，常贴生。小穗长约 6mm，含 5～7 小花，绿色，小穗轴长约 1mm；颖披针形，常具脊，脊上部粗糙，顶端尖，边缘具纤毛状细齿裂，第一颖长 1.5～1.8mm，具 1 脉，第二颖长 2～2.5mm，具 3 脉。外稃长 2.8～3mm，顶端尖或渐尖，具 5 脉，中脉上部微粗糙，边缘膜质，先端具纤毛状细齿裂，基部有稀少短毛；内稃脊之上部粗糙，下部有纤毛；花药长（0.8～）1～1.2mm。颖果长 1.6～1.8mm，种脐点状。花果期 6～8 月。

盐生中生禾草。生于荒漠带的盐化草甸、湖边盐湿草地。产鄂尔多斯（杭锦旗、鄂托克旗）、东阿拉善（阿拉善左旗温都尔勒图镇）。分布于我国新疆，蒙古国西部和南部、俄罗斯（西伯利亚地区），中亚。为戈壁分布种。

6. 朝鲜碱茅

Puccinellia chinampoensis Ohwi in Act. Phytotax. Geobot. 4:31. 1935；Fl. China 22:249. 2006.——*P. tenuiflora* auct. non (Griseb.) Scribn. et Merr.: Fl. Intramongol. ed. 2, 5:100. 1994. p. min. p.

多年生禾草。须根密集发达。秆丛生，直立或膝曲上升，高60～80cm，直径约1.5mm，具2～3节，顶节位于下部1/3处。叶鞘灰绿色，无毛，顶生者长达15cm；叶舌干膜质，长约1mm；叶片条形，扁平或内卷，长4～9cm，宽1.5～3mm，上面微粗糙。圆锥花序疏松，金字塔形，长10～15cm，宽5～8cm，每节具3～5分枝；分枝斜上，花后开展或稍下垂，长6～8cm，微粗糙，中部以下裸露。侧生小穗柄长约1mm，微粗糙；小穗含4～7小花，长4～7mm。颖先端与边缘具纤毛状细齿裂；第一颖长约1mm，具1脉；第二颖长约1.4mm，具3脉，先端钝。外稃长1.6～2mm，具不明显的5脉，近基部沿脉生短毛，先端截平，具不整齐细齿裂，膜质，其下黄色，后带紫色；内稃等长或稍长于外稃，脊上部微粗糙，下部有少许柔毛；花药线形，长1.2～1.5mm。颖果卵圆形，干粒重约0.134克。花果期6～8月。

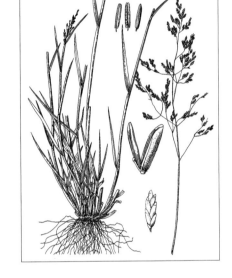

盐生中生禾草。生于草原带的盐化湿地。产呼伦贝尔（鄂温克族自治旗、满洲里市、呼伦贝尔市）、兴安南部（乌兰浩特市、克什克腾旗）。分布于我国辽宁、河北，朝鲜。为满洲分布种。

为盐碱地优良牧草。

7. 柔枝碱茅

Puccinellia manchuriensis Ohwi in Act. Phytotax. Geobot. 4:31. 1935；Fl. China 22:250. 2006.

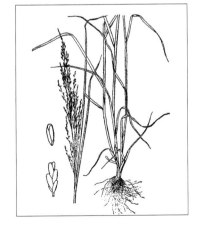

多年生禾草。秆丛生，植株高20～40cm。叶鞘平滑无毛；叶舌长1～2mm。叶片长10～15cm，宽1.5～3mm，扁平，质地柔软，上面沿脉密生小刺而粗糙；分蘖叶细长，密集，常内卷。圆锥花序长10cm左右，每节具3～5分枝；分枝长2～4cm，平滑，着生多数小穗。小穗含3～5小花，长3～4mm；第一颖长约0.8mm，第二颖长约1.2mm，边缘膜质。外稃长约2mm，质地薄，边缘宽膜质，先端钝，具缘毛状细裂，基盘具微柔毛；内稃沿脊生小刺而糙涩；花药长0.8～1.3mm。颖果卵球形，长约1mm，橘黄色。花果期5～7月。

盐生中生禾草。生于草原带的盐化草甸、河边湿地。产呼伦贝尔（满洲里市）。分布于我国黑龙江、河北、山西、甘肃、江苏北部，俄罗斯（远东地区）。为华北—满洲分布种。

8. 日本碱茅

Puccinellia nipponica Ohwi in Bot. Mag. Tokyo 45:379. 1931; Fl. China 22:254. 2006.

多年生禾草。秆丛生，高 30～100cm，平滑无毛。叶舌膜质，长 2～3mm；叶片长 10～20cm，宽 2～3mm，内卷时宽 1mm，具微小乳突，无毛，质软，粉绿色。圆锥花序长 10～20(～30)cm，下部为顶生叶鞘包藏；分枝粗糙，基部即着生小穗，直伸或贴生主轴，近轮生。小穗长 4～6mm，含 3～4 小花；颖披针形，顶端尖，稍长于下部外稃，第一颖长 2～2.5mm，具 1 脉，第二颖长 3mm，具 3 脉。外稃长 2.5～3.5mm，先端尖，基部生短柔毛；花药长约 0.8mm。花果期 7～8 月。

盐生中生禾草。生于草原带的盐化草甸。产呼伦贝尔（满洲里市南部）。分布于我国辽宁，日本、朝鲜、俄罗斯（远东地区）。为东亚北部（满洲—日本）分布种。

9. 鹤甫碱茅

Puccinellia hauptiana (Trin. ex V. I. Krecz.) Kitag. in Rep. Inst. Sci. Res. Manch. 1:255. 1937; Fl. Intramongol. ed. 2, 5:102. t.44. f.1-4. 1994.——*Atropis hauptiana* Trin. ex V. I. Krecz. in Fl. U.R.S.S. 2:763. 1934.

多年生禾草。秆疏丛生，绿色，直立或基部膝曲，高 15～40cm。叶鞘无毛；叶舌干膜

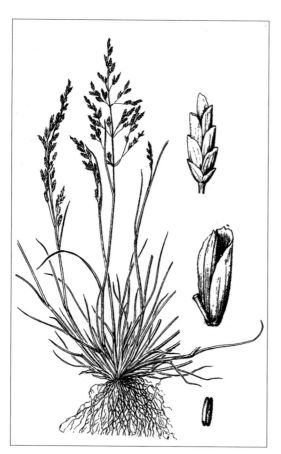

质，长 1～1.5mm，先端截平或三角形；叶片条形，内卷或部分平展，长 1～6cm，宽 1～2mm，上面及边缘微粗糙，下面近平滑。圆锥花序长 10～20cm，花后开展；分枝细长，平展或下伸，分枝及小穗柄微粗糙。小穗长 4～5mm，含 5～8 花，绿色或带紫色；第一颖长 0.6～1mm，具 1 脉，第二颖长约 1.2mm，具 3 脉。外稃长 1.5～2mm，先端钝圆形，基部有短毛；内稃等长于外稃，脊上部微粗糙，其余部分光滑无毛；花药长 0.3～0.5mm。花果期 7～8 月。

盐生中生禾草。生于森林带、草原带及荒漠带的河边、湖畔低湿地、盐化草甸，也见于田边路旁，为农田杂草。产兴安北部（额尔古纳市、牙克石市、鄂伦春自治旗）、兴安南部（兴安盟）、赤峰丘陵（红山区、松山区、翁牛特旗）、燕山北部（喀喇沁旗、宁城县）、锡林郭勒（锡林浩特市、正蓝旗）、阴山（大青山）、阴南丘陵（凉城县）、东阿拉善（五原县、磴口县）、西阿拉善（阿拉善右旗）、贺兰山。分布于我国黑龙江西南部、吉林、辽宁中部、河北北部、山东、山

西中北部、陕西南部、甘肃东部、青海、安徽西部、江苏东北部、新疆，日本、朝鲜、蒙古国、俄罗斯，中亚、东欧，北美洲。为泛北极分布种。

各类家畜喜食，但开花以后粗老。

10. 微药碱茅

Puccinellia micrandra (Keng) Keng et S. L. Chen in Bull. Bot. Res. Harbin 14(2):140. 1994.——*P. distans* (L.) Parl. var. *micrandra* Keng in Sunyatsenia 6:58. 1941.

多年生，疏丛型。秆膝曲上升，高 10 ～ 20cm，直径约 1mm，具 3 节，顶节位于下部 1/4 处。叶鞘无毛，灰绿色，长于其节间，顶生者长达 10cm；叶舌长约 1mm，截平或三角形；叶片短，长 2 ～ 4cm，宽 1 ～ 2mm，内卷，上面与边缘粗糙，质地较硬，直伸，先端渐尖。圆锥花序广开展，呈金字塔形，长 5 ～ 8cm，宽达 5cm；分枝每节 2 个，长 2 ～ 4cm，下部裸露而平滑。侧生小穗柄长约 0.5mm，微粗糙；小穗长约 2.5mm，含 2 ～ 3 花，淡黄色，后带紫色。颖先端尖，与其边缘具缘毛细齿，第一颖长 0.6 ～ 1mm，第二颖长约 1.2mm，具 3 脉。外稃长圆形，先端截平，具缘毛细齿裂，5 脉不明显，长约 1.5mm，基盘有短毛；内稃两脊上部平滑，先端具毛状细齿；花药长约 0.5mm。花果期 6 ～ 8 月。

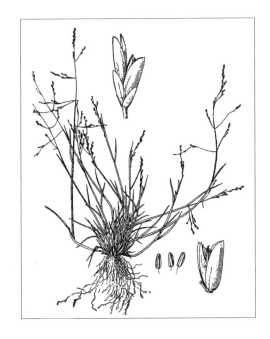

中生禾草。生于草原带的水边湿地。产兴安北部及岭西（额尔古纳市、阿尔山市伊尔施林场）、兴安南部（科尔沁右翼前旗）。分布于我国黑龙江、河北中部、山西、甘肃、青海、江苏北部。为华北—满洲分布种。

11. 碱茅

Puccinellia distans (Jacq.) Parl. in Fl. Ital. 1:367. 1848; Fl. Intramongol. ed. 2, 5:100. t.44. f.5-8. 1994.——*Poa distans* Jacq. in Obsev. Bot. 1:42. 1764.——*P. filiformis* Keng in J. Wash. Acad. Sci. 28:303. 1938.

多年生禾草。秆丛生，直立或基部膝曲，高 15～50cm，基部常膨大。叶鞘平滑无毛；叶舌干膜质，长 1～1.5mm，先端半圆形；叶片扁平或内卷，长 2～7cm，宽 1～3mm，上面微粗糙，下面近平滑。圆锥花序开展，长 10～15cm，分枝及小穗柄微粗糙；小穗长 3～5mm，含 3～6 小花；第一颖长 1～1.5mm，具 1 脉，第二颖长 1.5～2mm，具 3 脉。外稃先端钝或截平，其边缘及先端均具不整齐的细裂齿，具 5 脉，基部被短毛，长 1.5～2mm；内稃等长或稍长于外稃，脊上微粗糙；花药长 0.5～0.8mm。花果期 6～8 月。

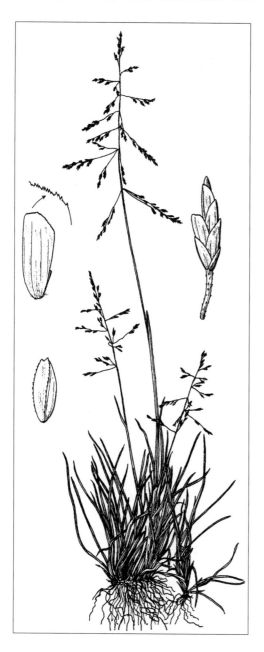

盐生中生禾草。生于草原带和荒漠带的盐湿低地。产呼伦贝尔（新巴尔虎左旗）、科尔沁（科尔沁右翼中旗、阿鲁科尔沁旗、巴林右旗、翁牛特旗、敖汉旗）、锡林郭勒（锡林浩特市、苏尼特左旗）、阴山（大青山）、阴南平原（土默特右旗）、阴南丘陵（凉城县、准格尔旗）、鄂尔多斯、东阿拉善（杭锦后旗、阿拉善左旗）。分布于我国黑龙江西南部、吉林西部、辽宁中部、河北中西部、河南东北部、山东西部、山西中部、陕西北部、江苏北部、青海、新疆，日本、朝鲜、蒙古国西南部、俄罗斯，克什米尔地区、中亚、西南亚、北非，欧洲、北美洲。为泛北极分布种。

碱茅的饲用价值同鹤甫碱茅。

（8）黑麦草族 Lolieae

16. 黑麦草属 Lolium L.

多年生或一年生禾草。叶片扁平。穗状花序顶生；小穗含 4～15 小花，单生于穗轴的各节，两侧压扁，以其背面（即第一、三、五……外稃的背面）对向穗轴；第一颖除顶生小穗外均退化，第二颖位于背轴的一方，具 5～9 脉。外稃背部圆形，具 5 脉，无芒或有芒；子房无毛。颖果腹面凹陷而中部具纵沟，与内稃黏合不易脱落。

内蒙古有 2 栽培种。

分 种 检 索 表

1a. 多年生禾草；外稃无芒，小穗含 5～10 小花 ·· **1. 黑麦草 L. perenne**
1b. 一年生禾草；外稃具芒，小穗含 8～22 小花 ································· **2. 多花黑麦草 L. multiflorum**

1. 黑麦草

Lolium perenne L., Sp. Pl. 1:83. 1753; Fl. Intramongol. ed. 2, 5:104. t.45. f.1-4. 1994.

多年生禾草。具细短根状茎。秆疏丛生，基部节常膝曲，高 45～70cm。叶鞘疏松，无毛；

叶舌长 0.5～1mm；叶片质软，扁平，长 9～20cm，宽 3～6mm，上面被微毛，下面平滑，边缘粗糙。穗状花序直立，微弯曲，长 14～25cm。小穗长 10～21mm，含 5～10 小花；穗轴棱边被细纤毛，小穗轴光滑无毛。颖具 5 脉，无毛，短于小穗而长于第一小花，边缘狭膜质，先端锐尖，长 8～12.5mm。外稃质薄，边缘狭膜质，先端钝圆或尖，无芒，极少在个别的先端具短芒尖，第一外稃长 7～7.5mm；内稃与外稃等长，脊上生短纤毛。花果期 7～8 月。

中生禾草。

原产俄罗斯，北非，欧洲。为欧洲—北非分布种。内蒙古赤峰市和锡林郭勒盟有栽培，我国陕西、甘肃等地亦有栽培。

2. 多花黑麦草

Lolium multiflorum Lam. in Fl. Franc. 3:621. 1779; Fl. Intramongol. ed. 2, 5:104. t.45. f.5-8. 1994.

一年生、越年生或短期多年生禾草。秆直立或基部偃卧节上生根，高 50～130cm，具 4～5 节，较细弱至粗壮。叶鞘疏松；叶舌长达 4mm，有时具叶耳；叶片扁平，长 10～20cm，宽 3～8mm，无毛，上面微粗糙。穗形总状花序直立或弯曲，长 15～30cm，宽 5～8mm。穗轴柔软，节间长 10～15mm，无毛，上面微粗糙，小穗轴节间长约 1mm，平滑无毛；小穗含 8～22 小花，长 10～18mm，宽 3～5mm。颖披针形，质地较硬，具 5～7 脉，长 5～8mm，具狭膜质边缘，顶端钝，通常与第一小花等长。外稃长圆状披针形，长约 6mm，具 5 脉，基盘小，顶端膜质透明，具长 5～15mm 之细芒，或上部小花无芒；内稃约与外稃等长，脊上具纤毛。颖果长圆形，长为宽的 3 倍。花果期 7～8 月。

中生禾草。原产北非、西南亚，欧洲。为欧洲—北非分布种。内蒙古赤峰市和锡林郭勒地区及我国河北、河南、安徽、福建、湖南、江西、台湾、贵州、陕西、四川、云南、新疆等地有栽培。

（9）雀麦族 Bromeae

17. 雀麦属 Bromus L.

一年生或多年生禾草。叶鞘闭合，叶片扁平。圆锥花序开展或紧缩；小穗大型，两侧压扁，含多数小花，小穗轴脱节于颖之上及诸小花之间；颖不等长或近等长，先端急尖或渐尖乃至成芒状尖头，第一颖具 1～3 脉，第二颖具 3～7 脉。外稃背部圆形或具脊，常 5～9 脉，先端全缘或具 2 齿，具芒或稀无芒，芒顶生或由齿间生出，稀由先端稍下处伸出；内稃狭窄，膜质，先端微缺，脊具纤毛；雄蕊 3；子房顶端有糙毛，花柱生于子房的前下方。颖果条状矩圆形，腹面具槽沟，成熟后紧贴于内稃，顶端具毛。

内蒙古有 7 种，另有 4 栽培种。

《内蒙古植物志》第二版第五卷（1994）依据《内蒙古植被》（1985）收载了糙雀麦 *Brumus squarosus* L.（ed. 2, 5:110.）和尖齿雀麦 *Bromus oxyodon* Schrenk（ed. 2, 5:111.），无标本依据，本书不予收载。

分种检索表

1a. 多年生禾草，具地下根状茎。
  2a. 外稃无芒或仅具 1～2mm 的短芒。
    3a. 外稃长 8～11mm，无毛或基部疏被短柔毛；花药长 3～4.5mm············**1. 无芒雀麦 B. inermis**
    3b. 外稃长 10～15mm，基部两侧边缘密被长柔毛；花药长 5～7mm·······**2. 沙地雀麦 B. korotkiji**
  2b. 外稃显著具芒，芒长 2～5mm。
    4a. 外稃无毛或粗糙···**3. 波申雀麦 B. paulsenii**
    4b. 外稃边缘中部以下被长柔毛。
      5a. 小穗长 25～40mm，含 9～13 小花；花药长 4～6mm·········**4. 紧穗雀麦 B. pumpellianus**
      5b. 小穗长 15～25mm，含 4～8 小花；花药长 4mm 以下。
        6a. 圆锥花序开展；外稃背部无毛；花药长 1～5mm············**5. 缘毛雀麦 B. ciliatus**
        6b. 圆锥花序紧缩，狭窄；外稃背部沿脉被短柔毛；花药长 2～4mm···················
        ···**6. 西伯利亚雀麦 B. sibiricus**
1b. 一年生禾草，无地下根状茎。
  7a. 小穗多少呈圆形或两侧压扁；外稃具 5～9 脉，顶端具长芒，背部圆形或中脉成脊。
    8a. 圆锥花序紧密；外稃宽披针形，先端急尖，芒长 8～12mm。栽培···**7. 密穗雀麦 B. sewerzowii**
    8b. 圆锥花序开展。
      9a. 外稃狭披针形，先端渐尖，长 10～14mm。栽培············**8. 旱雀麦 B. tectorum**
      9b. 外稃披针形，先端钝圆或急尖。
        10a. 外稃长 7～10mm，芒长 5～10mm。栽培·············**9. 雀麦 B. japonicus**
        10b. 外稃长 10～15mm，芒长 10～17mm·············**10. 篦齿雀麦 B. pectinatus**
  7b. 小穗两侧极压扁；外稃具 7～11 脉，顶端具芒尖，中脉显著成脊。栽培···**11. 扁穗雀麦 B. catharticus**

1. 无芒雀麦（禾萱草、无芒草）

Bromus inermis Leyss. in Fl. Halens. 16. 1761; Fl. Intramongol. ed. 2, 5:106. t.46. f.1-4. 1994.——*B. inermis* Leyss. var. *malzevii* Drob. in Trudy Bot. Muz. Imp. Akad. Nauk 12:229. 1914; Fl. Intramongol. ed. 2, 5:106. 1994. syn. nov.

多年生禾草。具短横走根状茎。秆直立，高 50～100cm，节无毛或稀于节下具倒毛。叶鞘通常无毛，近鞘口处开展；叶舌长 1～2mm；叶片扁平，长 5～25cm，宽 5～10mm，通常无毛。圆锥花序开展，长 10～20cm，每节具 2～5 分枝；分枝细长，微粗糙，着生 1～5 小穗。小穗长 (10～)15～30(～35)mm，含 (5～)7～10 小花；小穗轴节间长 2～3mm，具小刺毛。颖披针形，先端渐尖，边缘膜质，第一颖长 (4～)5～7mm，具 1 脉，第二颖长 (5～)6～9mm，具 3 脉。外稃宽披针形，具 5～7 脉，无毛或基部疏生短毛，通常无芒或稀具长 1～2mm 的短芒，第一外稃长 (6～)8～11mm；内稃稍短于外稃，膜质，脊具纤毛；花药长 3～4.5mm。花期 7～8 月，果期 8～9 月。

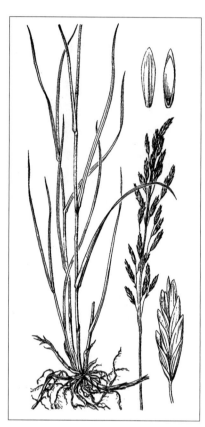

中生禾草。常生于草甸、林缘、山间谷地、河边、路旁、沙丘间草地，是草甸草原和典型草原地带常见的优良牧草，在草甸上可成为优势种。产岭东、岭西、呼伦贝尔、兴安南部、科尔沁、赤峰丘陵、燕山北部（宁城县）、锡林郭勒、乌兰察布、阴山、阴南丘陵、鄂尔多斯、贺兰山、龙首山。

分布于我国黑龙江、吉林北部、辽宁西北部、河北北部、山东东部、山西北部、陕西南部、甘肃东部、青海东部和南部、四川北部和南部、西藏西部、贵州、云南西北部、江苏、新疆北部和中部，日本、蒙古国、俄罗斯，克什米尔地区，中亚、西南亚，欧洲。为古北极分布种。

优等饲用禾草，是世界上著名的优良牧草之一。草质柔软，叶量较大，适口性好，为各种家畜喜食，尤以牛最喜食。营养价值较高，一年四季均可食用。它是一种可建人工草地的优良牧草。在草甸草原、典型草原地带以及温带较温润的地区可以推广种植。

2. 沙地雀麦（甘蒙雀麦、伊尔库特雀沙）

Bromus korotkiji Drobow in Trudy Bot. Muz. Akad. Nauk 12:238. 1914; Fl. China 22:377. 2006.——*B. ircutensis* Kom. in Bot. Mater. Gerb. Glavn. Bot. Sada. R.S.F.S.R. 2:130. 1921; Fl. Intramongol. ed. 2, 5:107. t.46. f.5-7. 1994.

多年生禾草。地下横走根状茎发达。秆直立，基部斜倚，高 50～90cm，花序下部常倒生茸毛。叶鞘基部常密生茸毛或近无毛，多撕裂成纤维状；叶舌质硬，长约 1mm；叶片扁平，长 15～30cm，宽 3～7mm，无毛或有时被短柔毛。圆锥花序直立，收缩，长 15～35cm，具 5～7 节，每节具 2～5 分枝；分枝几直立，较稀疏，被短柔毛，具 1～2 小穗。小穗长 20～35(～45)mm，含 5～10(～12) 小花；小穗轴节间长 2～4mm，疏被短柔毛。颖披针形，膜质，第一颖长 7～9mm，具 1 脉，第二颖长 8～10mm，具 3 脉。外稃质薄，宽披针形，先端钝圆，无芒，常具 5～7 脉，基部边缘密生长柔毛（除第一小花外），第一外稃长 10～15mm；内稃透明膜质，狭窄，与外稃等长或稍短，脊具纤毛；花药褐色，长 5～6mm。花期 7～8 月，果期 8～9 月。

旱中生禾草。生于草原带的固定和半固定沙丘上，在沙丘边缘以至在流动沙丘上也有生长，喜生于沙丘的背风坡，但在迎风坡裸露的流沙上也生长良好，是一种典型的喜沙植物。产科尔沁沙地、浑善达克沙地。分布于我国河北北部、甘肃（河西走廊）、新疆，蒙古国北部和东部、俄罗斯（东西伯利亚地区）。为蒙古高原草原区沙地分布种。

良等饲用禾草。适口性较好，一年四季为牛和骆驼所喜食，羊仅在青鲜时喜食其叶。开花期的营养价值较高，种子成熟后营养价值显著下降。由于地下横走根状茎发达，无性繁殖能力特别强，又抗风沙和耐干旱，所以是一种沙地草场补播改良和固定沙丘的先锋植物，同时也是培育抗旱抗风沙的优良牧草育种材料。

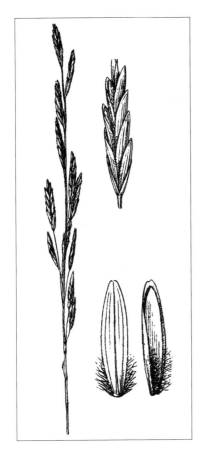

3. 波申雀麦

Bromus paulsenii Hack. ex Paulsen in Vidensk. Meddl. Naturhist Foren. Kjobenhavn 1903:174. 1903; Fl. China 22:377. 2006.

多年生禾草。常具根茎，密丛生，基部残存叶鞘呈纤维状或撕裂。秆直立，高 20～40cm，被柔毛或上部光滑无毛，具 2 节，上部常裸露，被微柔毛。叶片长 8～15cm，宽约 5mm，质硬，直伸，线状渐尖，密被柔毛或绢毛。圆锥花序卵形，直立开展，长 10～12cm，分枝孪生或单生，具 1 枚小穗；小穗披针形，长 20～25mm，含 7 花，黄色；颖披针形，先端尖，第一颖具 1～3 脉，第二颖具 3～5 脉，无毛；外稃长宽披针形，先端与边缘干膜质，具 7 脉，无毛或粗糙或具微小糙毛，芒直伸，长 3～5mm。花期 6～8 月。

旱中生禾草。生于山坡草地。产贺兰山。分布于我国新疆，帕米尔高原，阿富汗，中亚。为中亚—亚洲中部高山分布种。

4. 紧穗雀麦 （耐酸草）

Bromus pumpellianus Scribner in Bull. Torrey Bot. Club 15:9. 1988; Fl. China 22:375. 2006.——*B. ciliatus* L. var. *richardsonii* auct. non (Link) Y. Q. Yang:Fl. Intrarnongl. 7:104. 1983.

多年生禾草。具横走根状茎。秆直立，高 60～120cm，具 4～6 节，节密生倒毛。叶鞘常宿存秆基，无毛或疏生倒柔毛；叶舌长约 1mm，顶端齿蚀状；叶片长约 15cm，宽 6～7mm，上面疏生柔毛，下面与边缘粗糙。圆锥花序开展，长约 20cm；分枝长 2～6cm，具 1～2 小穗，棱具细刺毛，2～4 枚着生于主轴各节。小穗含 9～13 花，长 25～40mm，宽 5～8mm；小穗轴节间长 2～2.5mm，被柔毛。颖顶端尖，具膜质边缘，第一颖长 7～9mm，具 1 脉，第二颖长 9～11mm，具 3 脉。外稃披针形，长 10～14mm，宽约 1.5mm，下面与边缘膜质，具 7 脉，间脉和边脉较短或不明显，中部以下脊和边缘常具长 1～2mm 之柔毛，顶端具长 2～5mm 的短芒；内稃脊具纤毛，稍短于外稃；花药长 4～6mm。颖果常不发育。花果期 6～8 月。

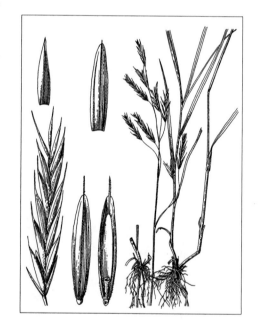

中生禾草。生于森林带和森林草原带的林缘草甸、山地草甸。产兴安北部及岭西（额尔古纳市、根河市、牙克石市、阿尔山市、鄂温克族自治旗）、兴安南部（科尔沁右翼前旗、巴林右旗、克什克腾旗）、赤峰丘陵（翁牛特旗）。分布于我国黑龙江、山西，蒙古国、俄罗斯（西伯利亚地区、远东地区），北美洲。为亚洲—北美分布种。

5. 缘毛雀麦

Bromus ciliatus L., Sp. Pl. 1:76. 1753; Fl. Intramongol. ed. 2, 5:108. t.46. f.8-10. 1994.

多年生禾草。具地下根状茎。秆直立或基部斜升，高 60～120cm，节常被倒柔毛，基部具宿存的枯萎叶鞘。叶鞘长于或稍短于节间，基部常被倒柔毛；叶舌膜质，极短，长约 1mm；叶片扁平，长 10～20cm，宽 5～10mm，无毛或稀被疏柔毛。圆锥花序长 10～25cm，于花期

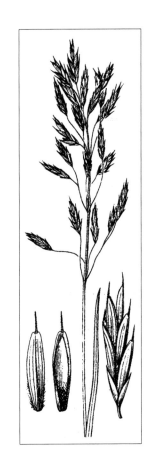

开展，每节着生 1～4 个分枝；分枝常弯曲，较长，长达 15cm，着生 1～3 枚小穗。小穗长 1～25(～30)mm，含 3～7(～10) 小花；小穗轴节间长 1～2mm，被疏柔毛。颖披针形，无毛或仅脊粗糙，第一颖长 5～7(～8)mm，具 1 脉，第二颖长 8～10mm，具 3 脉。外稃披针形，长 9～12(～14)mm，边缘膜质，具 5～7 脉，边缘中部以下或稀至先端被柔毛，中脉下部 1/3 被短柔毛或粗糙，背部无毛，先端具 1 直芒，芒长 2～6mm；内稃膜质，长 9～12mm，脊具纤毛；花药橙黄色或褐色，长 1～1.5mm。花期 7～8 月，果期 8～9 月。

中生禾草。生于森林草原带的林缘草甸、路边、沟边。产兴安北部（额尔古纳市、根河市、牙克石市、东乌珠穆沁旗宝格达山）、兴安南部及科尔沁（阿鲁科尔沁旗、翁牛特旗、巴林右旗、克什克腾旗）。分布于日本、俄罗斯（远东地区），北美洲。为东亚—北美分布种。

良等饲用禾草。草质较柔软，适口性良好，春末夏初为家畜所喜食；结实后草质粗老，营养价值下降，适口性较差，是一种放牧和打草兼用的牧草，现已引种栽培。

6. 西伯利亚雀麦

Bromus sibiricus Drobow in Trudy Bot. Muz. Imp. Akad. Nauk 12:229. 1914; Fl. China 22:375. 2006.

多年生禾草。具横走根状茎。秆高 20～100cm，节生柔毛，基部为褐色老叶鞘所包围。叶鞘平滑无毛；叶舌短，长约 0.5mm；叶片扁平粗糙，长约 15cm，无毛或散生柔毛。圆锥花序长 8～15(～20)cm，直立，狭窄，较紧缩，有些下垂；分枝短于其小穗，上部着生 1～2 枚小穗。小穗紫色，长 15～25mm，窄长圆形，含 4～8 小花，小穗轴被细毛；颖片无毛，第一颖长 6～8mm，具 1 或 3 脉，第二颖长 7～10mm，

具 3 脉。外稃披针形，长 10～12mm，具 5～7 脉，边脉密生柔毛，中脉与间脉具短柔毛或粗糙，芒长 2～3mm；内稃短于外稃，沿脊生纤毛；花药长 2～4mm。花果期 6～8 月。

中生禾草。生于山地草甸。产兴安北部（鄂伦春自治旗）、兴安南部（克什克腾旗）。分布于我国黑龙江、河北，俄罗斯（西伯利亚地区），欧洲。为欧洲—西伯利亚分布种。

7. 密穗雀麦（北疆雀麦）

Bromus sewerzowii Regel in Trudy Imp. St.-Petersb. Bot. Sada 75:601. 1881; Fl. Intramongol. ed. 2, 5:111. 1994.

一年生禾草。须根发达，具沙套。秆直立或基部稍膝曲，高 30～60cm，具 4～5 节，节和节下部密生柔毛。叶鞘常短于节间，紧密包茎，上部裂，密生长柔毛，基部尤甚；叶舌膜质，撕裂，长 2～3mm；叶片扁平，长 5～20cm，宽 3～5mm，上面密被柔毛，下面疏生柔毛。圆锥花序直立，紧缩，稠密，长 7～14cm，具 6～8 节，每节聚生 1～5 个分枝；分枝极短，短于小穗，被柔毛，着生 1～5 小穗。小穗倒楔形，长 20～30mm（芒除外），含 7～12 小花，小穗轴节间长约 1mm，粗糙；颖卵状披针形，边缘宽膜质，先端渐尖，贴生银白色短柔毛，第一颖长 6～7mm，具 3 脉，第二颖长 8～10mm，具 5 脉。外稃宽披针形或长椭圆形，具 7 脉，边缘膜质，被银白色短柔毛，先端急尖，2 深裂，裂齿长约 1mm，从下部伸出一芒，芒长 8～12mm，直立，第一外稃长 11～12mm；内稃短于外稃，膜质，脊具纤毛；花药黄褐色，长 0.5～1mm。花期 7—8 月，果期 8～9 月。

中生禾草。内蒙古于 1976 年从新疆引种栽培成功。分布于我国新疆，俄罗斯、阿富汗、伊朗，中亚、西南亚。为古地中海分布种。

良等饲用禾草。适口性好，抗逆性较强，是一种有栽培前途的优良牧草。

8. 旱雀麦

Bromus tectorum L., Sp. Pl. 1:77. 1753; Fl. Intramongol. ed. 2, 5:111. t.47. f.9-12. 1994.

一年生禾草。秆丛生，直立，高 30～60cm。叶鞘幼时具有柔毛，后渐脱落；叶舌膜质，常呈撕裂状，长约 2mm；叶片扁平，长 5～20cm，宽 2～6mm，疏被柔毛。圆锥花序开展，稀疏，长 5～15cm，每节具 3～5 分枝；分枝细长，多弯曲，粗糙，每枝着生 1～5 小穗。小穗先端较宽，长 15～25mm（芒除外），含 4～7 小花；颖狭披针形，边缘膜质，第一颖长 5～7mm，具 1～3 脉，第二颖长 6～7mm，具 3～5 脉；外稃狭披针形，具 7 脉，上部及边缘贴生短柔毛或粗糙，边缘及先端膜质，先端渐尖，2 小裂，在先端膜质以下伸出略长于稃体的直芒，第一外稃长 10～14mm；内稃短于外稃，脊具纤毛。颖果贴生于内稃。花期 6～7 月，果期 7～8 月。

　　旱中生禾草。内蒙古有引种栽培。分布于我国宁夏南部、陕西、甘肃东部、青海东部和南部、四川西部、西藏东部和南部及西部、云南西北部、新疆北部和中部，蒙古国西部、俄罗斯、印度西北部、巴基斯坦，中亚、西南亚、北非，欧洲。为古北极分布种。

　　饲用价值同雀麦。

9. 雀麦

Bromus japonicus Thunb. in Syst. Veg. ed. 14, 119. 1784; Fl. Intramongol. ed. 2, 5:110. t.47. f.5-8. 1994.

　　一年生禾草。秆直立，基部膝曲，具枯萎叶鞘，高 20～60cm，具 3～5 节，无毛或疏生倒毛。叶鞘被柔毛；叶舌长 1～2mm，膜质；叶片扁平，长 9～17cm，宽 5～8mm，上面密被柔毛，下面疏生柔毛。圆锥花序开展，稀疏，稍向下弯垂，长 8～19cm，每节有 2～6 分枝；分枝细长，长达 10cm，弯曲，着生 2～5 小穗，粗糙。小穗宽披针形，向上稍窄，长 15～30mm（芒除外），含 5～12（～15）小花；颖宽披针形，边缘膜质，先端急尖，第一颖长 4～5mm，具 3～5 脉，第二颖长 6～7mm，具 5～7 脉。外稃宽卵状披针形，边缘膜质，具 7（～9）脉，无毛或被短糙毛，先端钝圆，顶端具 2 小齿裂，芒从先端约 2mm 处伸出，芒长 5～10mm，成熟后向后弯曲，第一外稃长 7～10mm；内稃显著短于外稃，脊疏生纤毛；花药长 1～2mm。颖果压扁。花期 6～7 月，果期 7～8 月。

　　中生禾草。内蒙古有引种栽培。锡林郭勒和阴南平原（呼和浩特市）的路旁和沟边有逸生。分布于我国辽宁南部、河北中部、河南西部和南部、山东、山西西部和南部、陕西南部、甘肃中部和东部、青海、四川西部、安徽西部、江苏、台湾、江西北部、湖北、湖南、云南西北部、西藏南部和西部、新疆，日本、蒙古国西部和南部、俄罗斯、中亚、西南亚、北非，欧洲。为古北极分布种。

中等饲用禾草。适口性好，但产草量不高，可作为牧草育种的材料。

10. 篦齿雀麦

Bromus pectinatus Thunb. in Prodr. Fl. Cap. 1:22. 1794; Fl. China 22:385. 2006.

一年生禾草。秆疏丛生，高 50～80cm，膝曲上升。叶鞘被柔毛；叶片长 15～30cm，宽 4～8mm。圆锥花序长 15～25cm，开展；分枝与小穗柄长于其小穗，反折或下垂。小穗披针形，长 20～30mm，含 6～10 花。第一颖狭披针形，长 6～8mm，具 3 脉，渐尖，第二颖长 8～10mm，具 5 脉，先端尖。外稃狭倒披针形，长 10～15mm，草质，具膜质边缘，顶端具长 2～3mm 之尖裂齿，芒长 10～17mm，从裂齿间伸出，直伸或向外张开；内稃两脊具长约 0.5mm 之疏纤毛；花药长 0.5～1.2mm。花果期 5～9 月。

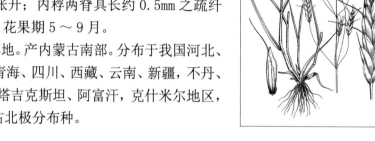

中生禾草。生于山坡草地。产内蒙古南部。分布于我国河北、河南、山西、陕西、甘肃、青海、四川、西藏、云南、新疆，不丹、尼泊尔、印度、巴基斯坦、塔吉克斯坦、阿富汗，克什米尔地区，西南亚、欧洲、非洲。为古北极分布种。

中等饲用禾草。

11. 扁穗雀麦

Bromus catharticus Vahl. in Symb. Bot. 2:22. 1791; Fl. Intramongol. ed. 2, 5:110. t.47. f.1-4. 1994.

一年生禾草。秆丛生，直立，高 50～100cm，无毛。叶鞘被柔毛或无毛；叶舌膜质，长 2～3mm，先端具不整齐的缺刻；叶片扁平，长达 30cm，宽 3～7mm，上面疏被柔毛或无毛，下面无毛。圆锥花序开展，疏松，长 15～25cm，每节具 1～3 个分枝；分枝粗而长，长达 15cm，粗糙，棱具刺毛，顶端着生 1～3 小穗。小穗极压扁，长 (15～)20～30mm，含 (4～)6～12 小花；颖卵状披针形，边缘膜质，脊具微刺毛，第一颖长 9～11mm，具 7 脉，第二颖长 12～14mm，具 9 脉。外稃 9～11 脉，先端渐尖，无芒或具芒状尖头，背部粗糙，脊具微刺毛，第一外稃长 15～18mm；内稃较短，长 9～11mm，脊具纤毛，边缘及脊间点状粗糙；花药淡黄色，长 1～1.5mm。花期 7～8 月，果期 8～9 月。

中生禾草。原产南美洲。为南美分布种。内蒙古及我国河北、江苏、贵州、台湾、云南有栽培。

中等饲用禾草。产草量较高，但草质较粗糙，适口性一般。

18. 短柄草属 Brachypodium P. Beauv.

一年生或多年生禾草。具顶生穗形总状花序，略呈圆柱形或两侧稍压扁；小穗含 3 至多数小花，脱节于颖之上和各小花之间；颖不相等，矩圆形至披针形，具 3 至数脉。外稃矩圆形至披针形，具 5 至多脉，先端延伸成直芒或短尖头；内稃等于或稍短于外稃，先端通常截平或微凹陷，脊具硬纤毛。

内蒙古有 1 种。

1. 兴安短柄草（羽状短柄草）

Brachypodium pinnatum (L.) P. Beauv. in Ess. Agrostogr. 155. 1812; Fl. Intramongol. ed. 2, 5:114. t.48. f.1-6. 1994.——*Bromus pinnatus* L., Sp. Pl. 1:78. 1753.

多年生禾草。具匍匐根状茎。秆高 70 ～ 120cm，具 5 ～ 6 节，节被微毛。叶鞘被柔毛，仅于柄基部闭合；叶舌膜质，长 1 ～ 1.5mm；叶片扁平，淡绿色，长 9 ～ 30cm，宽 5 ～ 10mm，上

面沿脉被白色长柔毛，下面被疏柔毛或粗糙。穗形总状花序长 7 ～ 15cm。小穗柄长约 1mm，被微毛；小穗长 2 ～ 4cm（芒除外），含 (6 ～)8 ～ 15 小花。颖披针形，先端渐尖，被短柔毛，第一颖长 7 ～ 8mm，具 3 ～ 5 脉，第二颖长 9 ～ 10mm，具 7 ～ 9 脉。外稃宽披针形或矩圆形，长 10 ～ 11mm，具 7 脉，先端具长约 2mm 的短芒；内稃矩圆形，先端微凹形。花期 8 月。

中生禾草。生于森林草原带的山地林缘草甸。产兴安南部（阿鲁科尔沁旗、巴林右旗、克什克腾旗、东乌珠穆沁旗、西乌珠穆沁旗）、燕山北部（兴和县苏木山）、阴山（大青山、蛮汗山）。分布于我国河北北部、山西、云南、西藏东南部、新疆（天山），蒙古国东北部、俄罗斯，中亚、西南亚、北非，欧洲。为古北极分布种。

中等饲用禾草。各种家畜乐食。

（10）小麦族 Triticeae

19. 鹅观草属 Roegneria K. Koch

多年生或越年生禾草。通常丛生而无根状茎，稀可具短根状茎。叶片扁平或内卷，平滑，粗糙或有时具柔毛。穗状花序顶生，直立或弯曲。穗轴节间延长，并不逐节断落，每节具1小穗，顶生小穗发育正常；小穗含2～10小花，脱节于颖之上，且其小穗轴于诸小花之间折断。颖与外稃背部扁平或呈圆形而无脊，先端有芒或无芒。

内蒙古有22种，另有1栽培种。

分种检索表

1a. 外稃具远较稃体为长的芒。

  2a. 小穗结实期其外稃先端的芒劲直或稍屈曲。

    3a. 颖显著短于第一外稃，具宽膜质边缘；外稃边缘透明膜质；内稃脊上具翼，翼缘密生细纤毛……
…………………………………………………………………………**1. 鹅观草 R. kamoji**

    3b. 颖与外稃近等长，或至少第一颖长为第一外稃的2/3～3/4；内稃脊上不具密生细纤毛的翼。

      4a. 外稃边缘或接近边缘处显著有较长的纤毛。

        5a. 秆与叶鞘密生柔毛，上部叶鞘毛较少…………………**2. 毛秆鹅观草 R. pubicaulis**

        5b. 秆与叶鞘平滑无毛，或仅于节上贴生微毛，或在基部叶鞘被微毛。

          6a. 节上光滑无毛；外稃平滑无毛，或仅于近顶端处疏生短小硬毛……………………
…………………………………………………………………………**3. 缘毛鹅观草 R. pendulina**

          6b. 节上被微毛；外稃上半部显著疏生柔毛，或全部被短小硬毛…………………
…………………………………………………………………………**4. 多秆鹅观草 R. multiculmis**

      4b. 外稃边缘粗糙，或具有与稃体相同的短毛，从不具有较长的纤毛。

        7a. 花序疏松，小穗排列于穗轴两侧，外稃背部较平滑。

          8a. 基部叶鞘常密生倒毛。

            9a. 秆平滑，节上无毛或有时被微毛；颖及外稃先端两侧或一侧具微齿……………
…………………………………………………………………………**5. 河北鹅观草 R. hondai**

            9b. 秆节上密生白色柔毛，紧接节下亦多被柔毛；颖及外稃先端尖，不具微齿……
…………………………………………………………**6b. 毛节毛盘草 R. barbicalla var. pubinodis**

          8b. 秆节、叶鞘均平滑无毛。

            10a. 叶两面无毛………………**6a. 毛盘鹅观草 R. barbicalla var. barbicalla**

            10b. 叶上面被柔毛………………**6c. 毛叶毛盘草 R. barbicalla var. pubifolia**

        7b. 花序较紧密；小穗排列多少偏于穗轴一侧；外稃背部贴生微毛或呈点状粗糙，或平滑无毛而在接近边缘处具微毛。

          11a. 秆具3～6节，叶片质较软而扁平，外稃背部平滑无毛或接近边缘处具微毛……
…………………………………………………………………………**7. 涞源鹅观草 R. aliena**

          11b. 秆具2～3节，叶片大都质硬而常内卷，外稃背部贴生稀疏微毛或呈点状粗糙。

            12a. 秆基部与分蘖叶鞘具倒向细毛，节微具柔毛……**8. 粗糙鹅观草 R. scabridula**

            12b. 秆基部与分蘖叶鞘无倒向细毛，节平滑。

13a. 叶片宽 3～7mm，外稃基盘具长约 0.4mm 的毛。

    14a. 穗状花序长 8～10cm，颖先端锐尖；叶片宽 3～4mm······**9a. 中华鹅观草 R. sinica** var. **sinica**

    14b. 穗状花序长 10～15cm，颖先端具长 1～3mm 的短芒；叶片宽达 7mm··································
        ···**9b. 中间鹅观草 R. sinica** var. **media**

13b. 叶片宽 1～2mm，外稃基盘具长 0.1～0.4mm 的毛·····**9c. 狭叶鹅观草 R. sinica** var. **angustifolia**

2b. 小穗结实期其外稃先端的芒常显著向外反曲。

15a. 颖与外稃近等长，或至少第一颖长为第一外稃的 2/3～3/4。

    16a. 内稃矩圆状倒卵形，显著短于外稃（一般仅及外稃的 1/2～2/3）。

        17a. 叶片两面及边缘被柔毛，或被短毛而于脉上及边缘有白色长毛；颖先端渐尖，不具齿；
        外稃边缘被短硬毛或糙毛。

            18a. 秆基部直径（3～）4～5mm；叶片宽 3～8mm；外稃背部粗糙或被短硬毛，边
            缘具短硬毛，基部两侧毛较多但从不夹杂黑色短毛及黑褐色斑点；颖的脉上及上
            部边缘粗糙，不被长硬毛·······························**10. 毛叶鹅观草 R. amurensis**

            18b. 秆基部直径 1～2mm；叶片宽 1～2mm；外稃背部及边缘密被粗硬毛且点状粗糙，
            边缘还夹杂黑色短毛及黑褐色斑点；颖的脉上及边缘具白色长硬毛，基部两侧
            被褐色糙毛···**11. 毛花鹅观草 R. hirtiflora**

        17b. 叶片两面及边缘无毛，或亦可具柔毛，但其颖先端具小尖头，两侧或一侧具齿；外
        稃边缘具长硬纤毛。

            19a. 叶片两面及边缘无毛·····························**12a. 纤毛鹅观草 R. ciliaris** var. **ciliaris**

            19b. 叶片两面及边缘密生柔毛·······················**12b. 毛叶纤毛草 R. ciliaris** var. **lasiophylla**

    16b. 内稃矩圆状，与外稃等长或稍短。

        20a. 外稃背部平滑无毛或仅上部及边缘部分被微小硬毛。

            21a. 秆节上被微毛；下部叶鞘具倒生柔毛，叶片质软而扁平；小穗在穗轴上排列多少
            偏于一侧···**13. 吉林鹅观草 R. nakaii**

            21b. 秆节上通常无毛；叶鞘光滑无毛，叶片质较硬而通常内卷；小穗在穗轴上两侧
            排列···**14. 肃草 R. stricta**

        20b. 外稃遍生微小硬毛，或背部具稀疏微小硬毛。

            22a. 植株低矮，高 25～30cm；叶两面均具柔毛且以上面较密；花序长 8～9cm，外稃
            芒长约 12mm···**15. 小株鹅观草 R. minor**

            22b. 植株高 50cm 以上；叶下面光滑无毛，上面粗涩或被细短微毛；花序长（8～）10～18cm，
            外稃芒长 20～45mm。

                23a. 秆较细瘦，直径 1.5～2mm；两颖不等长，均短于第一外稃··················
                ····································**16a. 直穗鹅观草 R. gmelinii** var. **gmelinii**

                23b. 秆较粗壮，直径约 3mm；两颖几等长，且等于第一外稃或有时超过之·········
                ····························**16b. 大芒鹅观草 R. gmelinii** var. **macranthera**

15b. 颖显著短于第一外稃，其长不超过外稃的 1/2。

    24a. 植株细弱矮小，高 20～40cm；穗状花序下垂，穗轴细弱常弯曲作蜿蜒状，小穗草黄色·····
        ···**17. 垂穗鹅观草 R. burchan-buddae**

    24b. 植株高大粗壮，高 60～80cm；穗状花序微下垂，穗轴不弯曲作蜿蜒状，小穗微带紫色。

25a. 基部叶鞘被微毛或边缘具纤毛，叶舌极短或几缺如；穗状花序一般长 6～8（～10）cm，颖沿脉具短刺毛··**18. 秋鹅观草 R. serotina**

25b. 叶鞘光滑无毛，叶舌长约 0.5mm；穗状花序长 11～14cm，颖粗糙，脉上不具刺毛··**19. 紫穗鹅观草 R. purpurascens**

1b. 外稃无芒或具远较稃体为短的芒。

26a. 颖及外稃背部均平滑无毛，或外稃先端可具微毛。

27a. 颖显著短于第一外稃，小穗轴平滑无毛·············**20. 阿拉善鹅观草 R. alashanica**

27b. 颖长于第一外稃或与之近等长，小穗轴密被微毛。

28a. 颖内侧贴生较密的短柔毛；外稃内侧上端被柔毛，顶端具长 2～5mm 的短芒··**21. 九峰山鹅观草 R. jufinshanica**

28b. 颖与外稃均不被毛，外稃顶端无芒或具长 1.5～2mm 的芒尖··**22. 贫花鹅观草 R. pauciflora**

26b. 外稃背部密被微柔毛；颖背部密生微硬毛，腹面下半部被疏柔毛··**23. 内蒙古鹅观草 R. intramongolica**

1. 鹅观草

Roegneria kamoji (Ohwi) Keng et S. L. Chen in J. Nanjing Univ. (Biol.) 1963(1):15. 1963; Fl. Intramongol. ed. 2, 5:117. t.49. f.1-6. 1994.——*Agropyron kamoji* Ohwi in Act. Phytotax. Geobot. 11(3):179. 1942.—— *Elymus kamoji* (Ohwi) S. L. Chen in Bull. Nanjing Bot. Gard. 1987:9. 1988; Fl. China 22:422. 2006.

多年生禾草。秆丛生，直立或基部倾斜，高 45～80cm。叶鞘光滑，常于外侧边缘具纤毛；叶舌短，截平，长仅 0.5mm；叶片扁平，长 10～23cm，宽 2～6mm，无毛。穗状花序长 9～15cm，弯曲下垂，穗轴边缘粗糙或具小纤毛；小穗绿色、灰绿色或带紫色，长 12～18mm（芒除外），含 3～10 小花，小穗轴被微小短毛；颖卵状披针形至矩圆状披针形，先端尖或具长 2～7mm 的短芒，具 3～5 粗壮的脉，边缘白色膜质，第一颖长 6～7.5mm，第二颖长 8～10mm（芒除外）。外稃披针形，具宽膜质边缘，背部无毛，有时基盘两侧可具极微小的短毛，上部具明显的 5 脉，第一外稃长 12～14mm，先端具直芒或芒的上部稍有弯曲，长（20～）25～33mm；内稃比外稃稍长或稍短，先端钝，脊显著具翼，翼缘具微小纤毛。花果期 5～8 月。

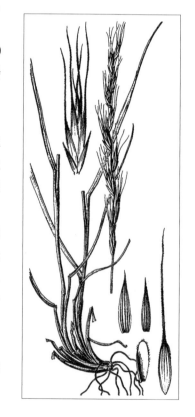

丛生中生禾草。生于森林带和森林草原带的山坡、山沟林缘湿润草甸。产兴安北部（东乌珠穆沁旗宝格达山）、兴安南部及科尔沁（科尔沁右翼前旗、巴林右旗、克什克腾旗、锡林浩特市）、燕山北部（喀喇沁旗、敖汉旗）、阴山（大青山、蛮汗山）。分布于我国黑龙江东南部、河北、河南、山东、山西、陕西南部、青海东部、四川中部和东部、西藏、云南、安徽、浙江、福建、湖北、广西北部、贵州，日本、朝鲜、俄罗斯（远东地区）。为东亚分布种。

优良牧草,适口性较好,各种家畜均喜食。早春萌发,叶质柔软而繁盛,收获量大,可食性高,很有栽培价值。

2. 毛秆鹅观草（毛节缘毛草）

Roegneria pubicaulis Keng in J. Nanjing Univ. (Biol.) 1963(1):30. 1963; Fl. Intramongol. ed. 2, 5:121. 1994.——*R. pendulina* Nevski var. *pubinodis* Keng in Act. Univ. Nankin. Sci. Nat. 1963(1):28. 1963; Fl. Intramongol. ed. 2, 5:120. 1994.——*Elymus pendulinus* (Nevski) Tzvel. subsp. *pubicaulis* (Keng) S. L. Chen in Fl. China 22:428. 2006.

多年生禾草。秆疏丛生,高 55～80cm,秆的露出部分以及下部叶鞘均密生柔毛,上部叶鞘的毛较少。叶片扁平,长 8～20cm,宽 3～7(～8)mm,两面粗糙。穗状花序细弱,下垂,长 12～15cm;小穗绿色或基部微带紫色,长 12～14mm,含 4～5 小花;颖矩圆状披针形,长 6～9mm,先端尖,常渐尖成短尖头,具 5～7 脉,脉上粗糙。外稃披针形,背部粗糙,边缘或接近边缘处显著具有较长的纤毛,基盘两侧具长约 0.5mm 的柔毛,第一外稃长约 9mm,先端芒长 20～30mm,细直或微屈;内稃等长于外稃,先端钝或微缺,脊间被毛,中部以下疏被短毛,向基部逐渐消失。花果期 7～9 月。

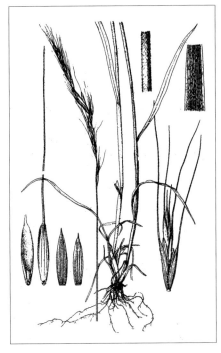

疏丛旱中生禾草。生于森林草原带和草原带的山坡、丘陵、沙地、草地。产兴安南部（科尔沁右翼前旗、巴林右旗）、赤峰丘陵、锡林郭勒（正蓝旗）。分布于我国辽宁、陕西、甘肃、青海东部、云南。为东亚（满洲—华北—横断山脉）分布种。

3. 缘毛鹅观草

Roegneria pendulina Nevski in Fl. U.R.S.S. 2:616. 1934; Fl. Intramongol. ed. 2, 5:120. 1994.——*Elymus pendulina* (Nevski) Tzvel. in Fl. China 22:428. 2006.

多年生禾草。秆高 30～45cm,节上无毛。叶鞘无毛或基部者有时具倒毛;叶舌极短,长约 0.5mm;叶片扁平,质薄,长 8～21cm,宽 1.5～6mm,无毛或上面粗糙。穗状花序长 9.5～16cm,直立,或先端稍垂头,穗轴棱边具纤毛;小穗长 15～19mm（芒除外）,含 5～7 小花,小穗轴密生短毛;颖矩圆状披针形,先端具芒尖,具 5～7 脉,明显,第一颖长 8～9mm,第二颖长 9～10.5mm。外稃椭圆状披针形,边缘具纤毛,背部平滑无毛或于近顶处疏生短小硬毛,基盘具短毛,其两侧的毛长 0.4～0.7mm,第一外稃长 10～11mm,芒长 10～20mm;内稃与外稃等长,脊上部具纤毛,脊间亦被短毛,顶端截平或微凹。花果期 6～8 月。

疏丛中生禾草。生于森林带和草原带的山地灌丛、林下、沙地

灌丛。产兴安北部（大兴安岭）、兴安南部（科尔沁右翼前旗、阿鲁科尔沁旗、巴林右旗、克什克腾旗）、辽河平原（科尔沁左翼后旗）、燕山北部（喀喇沁旗、宁城县、敖汉旗）、锡林郭勒（正蓝旗）、阴山（大青山）、阴南丘陵（准格尔旗）。分布于我国黑龙江、辽宁、河北、山东、山西、陕西、甘肃、青海东部、四川，日本、朝鲜、俄罗斯（远东地区）。为东亚北部分布种。

4. 多秆鹅观草

Roegneria multiculmis Kitag. in J. Jap. Bot. 17:235. 1941; Fl. Intramongol. ed. 2, 5:120. 1994.——*Elymus pendulinus* (Nevski) Tzvel. subsp. *multiculmis* (Kitag.) A. Love in Feddes Repert. 95:459. 1984; Fl. China 22:428. 2006.

多年生禾草。秆疏丛生，直立或基部膝曲，高 70 ～ 92cm，节上贴生微毛。叶鞘无毛或基部贴生微毛；叶舌边缘具细齿，常撕裂，长约 1mm；叶片扁平，长 11.5 ～ 24cm，宽 2 ～ 8mm，上面疏生柔毛或粗糙，下面无毛或在基部与叶鞘连接处被微毛。穗状花序先端下垂，长 11 ～ 14cm，穗轴棱边具短硬纤毛；小穗长 14 ～ 18mm（芒除外），含 4 ～ 6 小花，小穗轴密被毛；颖披针形，先端渐尖，边缘有时疏生小纤毛，具 3 ～ 5（～ 7）明显的脉，脉上粗糙，第一颖长 7 ～ 8mm，第二颖长 8 ～ 10mm。外稃矩圆状披针形，边缘密生较长的纤毛，上部显著疏生柔毛，或全部被短小硬毛，具 5 脉，基盘具短毛，其两侧的毛长约 0.5mm，第一外稃长 9 ～ 10mm，芒细直，有时稍屈曲，长 10 ～ 24mm；内稃与外稃几等长或短于外稃，先端截形，脊上部 1/3 具纤毛，脊间疏生细毛，向基部渐少。花果期 6 ～ 8 月。

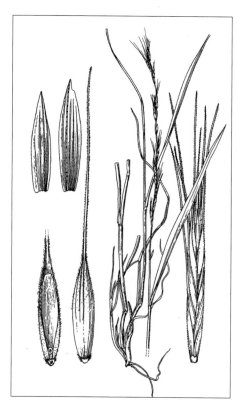

疏丛旱中生禾草。生于草原带的石质山坡、丘陵地。产赤峰丘陵、燕山北部（喀喇沁旗、宁城县）、锡林郭勒、

乌兰察布、阴山（大青山）。分布于我国黑龙江、吉林、河北、河南、山西、陕西中部、甘肃东部、青海东部。为华北—满洲分布种。

5. 河北鹅观草（本田鹅观草）

Roegneria hondai Kitag. in Rep. Inst. Sci. Res. Manch. 6(4):118-119. 1942; Fl. Intramongol. ed. 2, 5:119. t.49. f.13-14. 1994.——*Elymus hondae* (Kitag.) S. L. Chen in Bull. Nanjing Bot. Gard. 1987:9. 1988; Fl. China 22:426. 2006.

多年生禾草。秆疏丛，基部节常膝曲，高 60～90cm，无毛或有时节上被微毛。叶鞘上部者无毛（或有时被微毛），基部者常具倒毛；叶舌截平，长约 0.5mm；叶片扁平，长 5.5～16.5cm，宽 1.5～4（～5）mm，上面平滑或粗糙，有时脉上具糙毛，下面较平滑，边缘有时具微小糙毛。穗状花序长 7～15cm，穗轴粗糙，棱边具纤毛；小穗疏松两侧排列，含 5 小花，长（10～）14～17mm（芒除外），小穗轴被毛；颖宽披针形，先端尖至具小尖头，一侧或

两侧常有齿，具 3～6 脉，脉上粗糙，边缘无毛，第一颖长 8～9mm，第二颖长 9～10mm。外稃披针形，上部具明显的 5 脉，脉上稍糙涩，边缘粗糙，其余部分无毛，先端两侧或一侧具微齿，基盘两侧具长约 0.5mm 的毛，第一外稃长 9～11mm，芒长 14～18mm；内稃稍短于外稃，先端微下凹成 2 齿，脊中部以上具硬纤毛，脊间上部被微毛。花果期 7～9 月。

疏丛中生禾草。生于森林草原带和草原带的山地林缘、沟谷草甸。产兴安南部（扎赉特旗）、燕山北部（喀喇沁旗、敖汉旗）、锡林郭勒、阴山（大青山）。分布于我国辽宁、河北、河南、陕西、宁夏、青海。为华北—兴安分布种。

6. 毛盘鹅观草

Roegneria barbicalla (Ohwi) Keng et S. L. Chen in J. Nanjing Univ. (Biol.) 1963(1):23. 1963.——*Agropyron barbicallum* Ohwi in Act. Phytotax. Geobot. 11(4):257. 1942; Fl. Intramongol. ed. 2, 5:117. 1994.——*Elymus barbicallus* (Ohwi) S. L. Chen in Bull. Nanjing Bot. Gard. 1987:9. 1988; Fl. China 22:425. 2006.

6a. 毛盘鹅观草

Roegneria barbicalla (Ohwi) Keng et S. L. Chen var. **barbicalla**

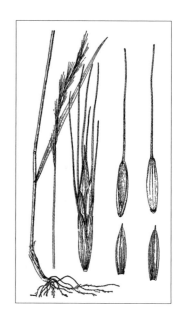

多年生禾草。秆直立，有时基部节膝曲，平滑无毛，节上不被毛，高 75～97cm。叶鞘平滑无毛，顶端具叶耳，边缘无毛；叶舌截平，长约 0.5mm；叶片扁平，长 12～21.5cm，宽 3～8mm，两面均无毛。穗状花序长 11～16cm，穗轴棱边具纤毛；小穗贴生，长 14～21mm，含 5～8 小花，小穗轴被细短毛；颖披针形，平滑无毛，具 4～6 脉，先端渐尖，第一颖长 7.5～8mm，第二颖长 8.5～9mm。外稃宽披针形，上部明显 5 脉，背部平滑无毛，有时在边缘、脉上或基部两边疏生微细毛，基盘两侧髭毛长约 0.5mm，第一外稃长 9.5～10.5mm，先端芒细直或微弯曲，粗糙，长 10～24mm；内稃与外稃等长，先端微凹，脊上具短纤毛，脊间先端具微毛。花期 6～7 月。

丛生中生禾草。生于荒漠区的山地。产贺兰山。分布于我国河北北部、山西中南部、青海东部。为华北分布种。

6b. 毛节毛盘草

Roegneria barbicalla (Ohwi) Keng et S. L. Chen var. **pubinodis** Keng in J. Nanjing Univ. (Biol.) 1963(1):24. 1963; Fl. Intramongol. ed. 2, 5:119. t.49. f.7-12. 1994.——*Elymus barbicallus* (Ohwi) S. L. Chen var. *pubinodis* (Keng) S. L. Chen in Fl. China 22:426. 2006.

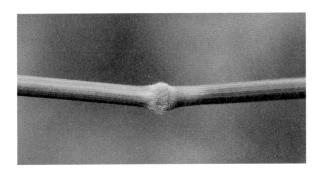

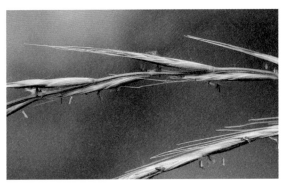

本变种与正种的区别是：秆节上密生白色柔毛，紧接节下亦多被柔毛；叶鞘外侧边缘具纤毛，下部叶鞘密生倒毛。花果期 7 ～ 9 月。

丛生中生禾草。生于森林草原带的山坡、林缘、灌丛。产兴安南部（科尔沁右翼前旗、巴林右旗、锡林郭勒东部）、赤峰丘陵（翁牛特旗）、燕山北部（敖汉旗大黑山）、阴山（大青山）。分布于我国河北、青海东部。为华北—兴安分布变种。

6c. 毛叶毛盘草

Roegneria barbicalla (Ohwi) Keng et S. L. Chen var. **pubifolia** Keng in J. Nanjing Univ. (Biol.) 1963(1):25. 1963; Fl. Intramongol. ed. 2, 5:119. 1994.——*Elymus barbicallus* (Ohwi) S. L. Chen var. *pubinodis* (Keng) S. L. Chen in Fl. China 22:426. 2006.

本变种与正种的区别是：叶片上面被柔毛。花果期 7 ～ 9 月。

丛生中生禾草。生于森林带和草原带的山地阴坡、山沟草丛。产兴安北部（大兴安岭）、阴山（大青山）。分布于我国河北、山西、青海东部。为华北—兴安分布变种。

7. 涞源鹅观草（多叶鹅观草）

Roegneria aliena Keng in J. Nanjing Univ. (Biol.) 1963(1):31. 1963; Fl. Intramongol. ed. 2, 5:121. 1994.——*R. foliosa* Keng in J. Nanjing Univ. (Biol.) 1963(1):32. 1963; Fl. Intramongol. ed. 2, 5:122. 1994.——*Elymus alienus* (Keng.) S. L. Chen in Fl. China 22:426. 2006.

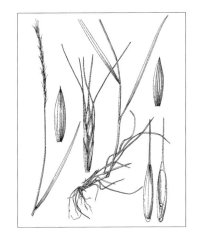

多年生禾草，疏丛或单生。具下伸的短根状茎。秆基部膝曲，稍倾斜，高 75 ～ 120cm，具 3 ～ 6 节。叶鞘无毛或下部者具微毛；叶舌平截，碎裂，长约 1mm；叶片扁平，长 10 ～ 30cm，宽 5 ～ 10mm，上面被柔毛，下面平滑或糙涩。穗状花序直立或微弯曲，长 12 ～ 15cm，穗轴节间长 5 ～ 15mm，棱边具短纤毛；小穗绿色或带紫色，长 13 ～ 17mm，含 5 ～ 6 小花，顶端小花通常不孕而只生一外稃，小穗轴节间长 1.5 ～ 2.5mm，被短微毛；颖矩圆状披针形，先端锐尖成一短芒，一侧或有时两侧具微齿，第一颖长 7 ～ 10mm，第二颖长 8 ～ 11mm。外稃披针形，先端一侧或有时两侧具微齿，背部无毛，上部具明显的 5 脉，脉上粗糙，基盘具微毛或近无毛，第一外稃长 8～12mm，先端具 1 细直的芒，芒长 5～15mm，粗糙；内稃较短于外稃，脊上全部具短纤毛，先端钝；花药长 2～2.2mm。花果期 7～9 月。

疏丛中生禾草。生于森林草原带和草原带的山地林缘、石质坡地。产兴安北部（东乌珠穆沁旗宝格达山）、乌兰察布（达尔罕茂明安联合旗百灵庙镇）。分布于我国辽宁、河北北部、河南北部、山西。为华北—兴安分布种。

良等饲用禾草。抽穗之前为各种家畜所采食。

8. 粗糙鹅观草

Roegneria scabridula (Ohwi) Melderis in Fl. Mongol. Steppe 1:122.1949; Fl. Intramongol. ed. 2, 5:121. 1994.——*Agropyron scabridulum* Ohwi in J. Jap. Bot. 19:166. 1943.——*Elymus scabridulus* (Ohwi) Tzvel. in Fl. China 22:423. 2006.

多年生丛生禾草。秆高 50～60cm，光滑，具纵条纹，有 2～3 节，节微具柔毛。叶鞘长 5～12cm，通常无毛，但分蘖叶鞘与秆下部叶鞘具倒向细毛，粗糙；叶舌很短或近于缺；叶片直立，疏松内卷，分蘖叶长 15～20cm，秆生叶长 7～15cm，宽约 3mm，两面多少粗糙。穗状花序直立，长 8～10cm，穗轴节间压扁，棱边刺状粗糙；小穗紧密地排列于穗轴的一侧，直立，长约 12mm，含 5～6 小花，小穗轴节间粗糙；颖几等长，第一颖长 9～10mm，第二颖长 11～12mm，具 3～4(～5) 条粗糙的脉，边缘微呈膜质，先端渐尖或具小尖头，有时其一侧有明显的齿。外稃披针形，长 7～8mm，点状粗糙，边缘不呈干膜质，上部具明显的 5 脉，至下部渐消失，先端渐尖成芒，其两侧、下部与基盘均粗糙，芒直立，细弱，稍带紫色，长 12～15mm；内稃与外稃等长，条状矩圆形，先端钝，其 2 脊上部具刺状纤毛；花药黄色，矩圆形，长约 1.5mm；子房顶端疏生柔毛。

丛生中生禾草。生于草原带的山地林缘。产阴山（卓资县福胜庄村）。为大青山分布种。

9. 中华鹅观草

Roegneria sinica Keng in J. Nanjing Univ. (Biol.) 1963(1):33. 1963; Fl. Intramongol. ed. 2, 5:122. 1994.——*Elymus sinicus* (Keng) S. L. Chen in Fl. China 22:424. 2006.

9a. 中华鹅观草

Roegneria sinica Keng var. **sinica**

多年生禾草。秆疏丛，基部膝曲，高 60～90cm。叶鞘无毛；叶片质硬，直立，内卷，长 6～12cm（蘖生者长可达 20cm），宽 3～4mm，上面疏生柔毛，下面无毛。穗状花序直立，长 8～10cm；小穗含 4～5 小花，长 13～14mm；颖矩圆状披针形，常偏斜，先端锐尖，具 3～5 脉，第一颖长 7～8mm，第二颖长 8～10mm。外稃矩圆状披针形，背部贴生稀疏微毛，上部具较明显的 5 脉，第一外稃长约 9mm，基盘两侧的毛长约 0.4mm，芒直立或稍外曲，长 10～18mm；内稃与外稃等长，先端截平或稍下凹，脊上具刺状纤毛，脊间上部亦被短小微毛。花果期 7～9 月。

疏丛中生禾草。生于森林草原带的山地沟谷草甸。产阴山（大青山）、贺兰山。分布于我国山西、甘肃东部、青海东部、四川西北部。为华北分布种。

9b. 中间鹅观草

Roegneria sinica Keng var. **media** Keng in J. Nanjing Univ. (Biol.) 1963(1):35. 1963; Fl. Intramongol. ed. 2, 5:123. 1994.——*Elymus sinicus* (Keng) S. L. Chen in Fl. China 22:424. 2006.

本变种与正种的区别是：叶片宽达 7mm，穗状花序长 10～15mm，颖片具长 1～3mm 的短芒。花果期 7～9 月。

疏丛中生禾草。生于森林草原带的山坡、丘陵地。产兴安南部（巴林右旗）。分布于我国河南、山西、陕西、宁夏、甘肃。为华北分布变种。

9c. 狭叶鹅观草

Roegneria sinica Keng var. **angustifolia** C. P. Wang et H. L. Yang in Bull. Bot. Res. Harbin 4(4):88. t.6. 1984; Fl. Intramongol. ed. 2, 5:123. 1994.

本变种与正种的区别是：植株具明显短根状茎；叶片宽 1～2mm，强烈内卷；颖有膜质边缘；基盘两侧具极短的毛，长仅 0.1～0.4mm。

疏丛中生禾草。生于森林草原带的山坡草地、路边。产阴山（土默特左旗旧窝铺村）、贺兰山。分布于我国甘肃、青海、四川。为华北分布变种。

10. 毛叶鹅观草

Roegneria amurensis (Drob.) Nevski in Fl. U.R.S.S. 2:606. 1934; Fl. Intramongol. ed. 2, 5:125. t.50. f.1-4. 1994.——*Agropyron amurensis* Drob. in Trudy Bot. Muz. Imp. Acad. Nauk 12:50. 1914.——*Elymus ciliaris* (Trin. ex Bunge) Tzvel. var. *amurensis* (Drob.) S. L. Chen in Fl. China 22:409. 2006.

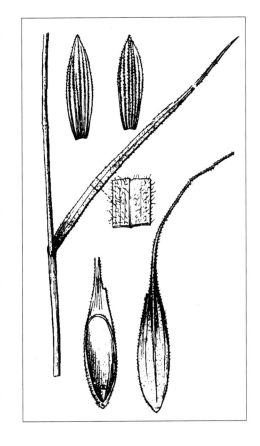

多年生禾草。秆成疏丛，直立或基部膝曲，高 110～136cm，下部直径达 (3～)4～5mm。叶鞘无毛或在下部者通常有毛；叶舌干膜质，长 0.5～2mm；叶片两面及边缘密生柔毛，长 12～17cm，宽 3～8mm，扁平。穗状花序直立或垂头，长 14～18cm，穗轴棱边具短硬纤毛；小穗绿色，两侧排列，长 14～17mm，含 5～9 小花，小穗轴无毛；颖矩圆状披针形，先端尖或渐尖，具 5～7 脉，脉上及上部边缘粗糙，第一颖长 5.5～8mm，第二颖长 7～9.5mm。外稃披针形，背部粗糙至具短刺毛，基部两侧较多，边缘具短硬毛，基盘两侧及腹面可见被有极短微细毛，长不及 0.2mm，背部则平滑无毛，第一外稃长 8～9.5mm，芒粗壮，向外反曲，长 18～22cm；内稃长为外稃的 2/3～4/5。花果期 6～8 月。

疏丛旱中生禾草。生于森林带和草原带的干燥山坡、沟谷灌丛。产岭东（扎兰屯市）、岭西（海拉尔区）、燕山北部（喀喇沁旗、敖汉旗）、阴山（大青山）。分布于我国黑龙江南部，日本、朝鲜、俄罗斯（远东地区）。为东亚北部分布种。

11. 毛花鹅观草

Roegneria hirtiflora C. P. Wang et H. L. Yang in Bull. Bot. Res. Harbin 4(4):86. t.4. 1984; Fl. Intramongol. ed. 2, 5:125. t.50. f.5-10. 1994.——*Elymus ciliaris* (Trin. ex Bunge) Tzvel. var. *hirtiflorus* (C. P. Wang et H. L. Yang) S. L. Chen in Fl. China 22:409. 2006.

多年生禾草。秆疏丛生，高在100cm左右，直径1～2mm。叶鞘无毛或于鞘口疏被长柔毛；叶舌短，长约0.5mm；叶片扁平，长8～15cm，宽1～2mm，两面均被短毛，脉上及边缘尚有白色长毛。穗状花序直立，疏松，长12～22cm，穗轴棱边具硬毛；小穗含7～9小花，长10～15mm(芒除外)，小穗轴密被毛；颖矩圆状披针形，具5～7脉，脉上及边缘具白色长硬毛，先端渐尖，基部两侧被棕色糙毛，腹面基部贴生微毛，第一颖长7～8mm，第二颖长约10mm。外稃矩圆形，背部除近顶处无毛外密被粗硬毛，点状粗糙，边缘夹杂黑色短毛及黑褐色斑点，第一外稃长7～9.5mm，芒长16～25mm，反曲；内稃先端钝圆，短于外稃，脊间疏被短纤毛。花果期6～9月。

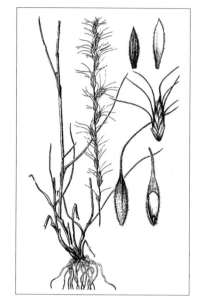

丛生中生禾草。生于草原带的山坡草地。产阴山（大青山坝口子村）。为大青山分布种。

12. 纤毛鹅观草

Roegneria ciliaris (Trin. ex Bunge) Nevski in Fl. U.R.S.S. 2:607. 1934; Fl. Intramongol. ed. 2, 5:125. t.50. f.11-14. 1994.——*Triticum ciliare* Trin. ex Bunge in Enum. Pl. China Bor. 72. 1833.——*Elymus ciliaris* (Trin. ex Bunge) Tzvel. in Nov. Sist. Vyssh. Rast. 9:61. 1972; Fl. China 22:408. 2006.

12a. 纤毛鹅观草

Roegneria ciliaris (Trin. ex Bunge) Nevski var. **ciliaris**

多年生禾草。秆直立，单生或成疏丛，高37～68cm，无毛，基部常膝曲。叶鞘无毛，很少在基部叶鞘接近边缘处具柔毛；叶舌干膜质，短，长约0.5mm；叶片扁平，长5～13cm，宽2～9mm，两面均无毛，边缘粗糙。穗状花序多少下垂，长5～16cm，穗轴棱边粗糙；小穗通常绿色，长12～21mm(芒除外)，含5～11小花，小穗轴贴生短毛；颖椭圆状披针形，先端常具短尖头，两侧或一侧常具齿，具明显而强壮的5～7脉，边缘及边脉上具纤毛，第一颖长

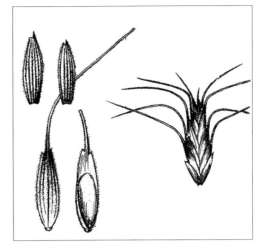

6～7mm，第二颖长7～8mm。外稃矩圆状披针形，背部被粗毛，边缘具长而硬的纤毛，上部有明显的5脉，基盘两侧及腹面具极短的毛，第一外稃长8～9mm，顶端具长为(7～)10～22mm反曲的芒，芒的两侧或一侧常具齿；内稃矩圆状倒卵形，长为外稃的2/3，先端钝头，脊的上部具长纤毛。花果期6～8月。

　　疏丛旱中生禾草。生于森林草原带和草原带的山坡、潮湿草地、路边。产兴安南部（扎赉特旗、巴林右旗）、锡林郭勒、乌兰察布。分布于我国黑龙江、辽宁、河北、河南、山东、山西、陕西、宁夏南部、甘肃东部、安徽、江苏、浙江、福建、湖北、湖南、四川、贵州、云南西北部和东北部，日本、朝鲜、俄罗斯（远东地区）。为东亚分布种。

12b. 毛叶纤毛草（粗毛纤毛草）

Roegneria ciliaris (Trin. ex Bunge) Nevski var. **lasiophylla** (Kitag.) Kitag. in Rep. Inst. Sci. Res. Manch. 2:285. 1938; Fl. Intramongol. ed. 2, 5:126. 1994.——*Agropyron ciliare* (Trin. ex Bunge) var. *lasiophyllum* Kitag. in Rep. First. Sci. Exped. Manch. Sect. 4, 4:60, 98. 1936.——*Elymus ciliaris* (Trin. ex Bunge) Tzvel. var. *lasiophyllus* (Kitag.) S. L. Chen in Fl. China 22:409. 2006.

　　本变种与正种的区别是：叶片两面（或仅上面）及边缘密生柔毛。

　　疏丛中生禾草。生于森林带和草原带的山坡路边、山地、草甸。产兴安北部及岭东（大兴安岭、扎兰屯市）、赤峰丘陵、燕山北部。分布于我国辽宁、河北、山东、山西、陕西、宁夏、甘肃。为华北—兴安分布变种。

13. 吉林鹅观草（中井鹅观草）

Roegneria nakaii Kitag. in Rep. Inst. Sci. Res. Manch. 5(5):151. 1941; Fl. Intramongol. ed. 2, 5:126. t.51. f.4-7. 1994.——*Elymus nakaii* (Kitag.) S. L. Chen in Fl. China 22:411. 2006.

　　多年生禾草。秆直立，有时基部膝曲而倾斜，高55～105cm，节上多少被微毛。叶鞘无毛或下部者具倒生柔毛；叶舌截平且具细齿，长约0.5mm；叶片扁平，质软，上面疏生柔毛，下面无毛，粗糙或被短刺毛，长8～24cm，宽4～6mm。穗状花序长11～20cm，穗轴棱边具短硬纤毛；小穗排列较紧密，且多少偏于穗轴之一侧，长14～19mm，含5～6小花，小穗轴被微毛；颖披针形，先端渐尖或具小尖头，具(3～)5～7脉，脉上粗糙，边缘无毛，第一颖长8.5～9.5mm，第二颖长11～12mm（包括尖头）。外稃披针形，上部具明显的5脉，无毛或

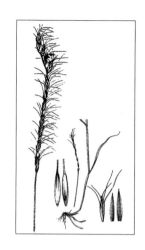

仅脉上与近边缘部分以及基部具微小硬毛，基盘两侧具短髭毛，第一外稃长 10～12mm，芒粗糙而反曲，长 11～20(～45)mm；内稃与外稃等长或稍长于外稃，先端钝圆或稍凹，脊仅于上部具硬纤毛，脊间的上部被微毛。花果期 6～8 月。

疏丛中生禾草。生于森林带和草原带的山地林缘草甸、沟谷草甸。产兴安北部及岭东（大兴安岭、扎兰屯市）、赤峰丘陵（松山区）、燕山北部（喀喇沁旗）、阴山（大青山、蛮汗山）、阴南丘陵（清水河县）。分布于我国吉林东部、河北东北部、宁夏南部，朝鲜北部。为华北—满洲分布种。

14. 肃草（多变鹅观草）

Roegneria stricta Keng in J. Nanjing Univ. (Biol.) 1963(1):68. 1963; Fl. Intramongol. ed. 2, 5:129. t.51. f.8-12. 1994.——*R. varia* Keng in J. Nanjing Univ. (Biol.) 1963(1):70. 1963; Fl. Intramongol. ed. 2, 5:126. t.51. f.1-3. 1994.——*Elymus strictus* (Keng) S. L. Chen in Fl. China 22:411. 2006.

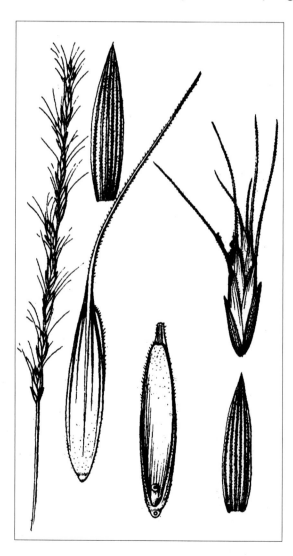

多年生禾草。秆直立，基部微呈膝曲状，质较坚硬，成疏丛，高 70～100cm。叶鞘无毛；叶舌长约 0.5mm；叶片较坚硬，内卷，长 12～30cm，宽 3～7mm，灰绿色或被粉质，上面有毛，下面无毛。穗状花序劲直，长 14～24cm，穗轴棱边粗糙或具短纤毛；小穗灰绿色，长 14～18mm（芒除外），含 5～8 小花，小穗轴被微小短毛；颖矩圆状披针形，先端尖或具小尖头，具 5～7 脉，脉上粗糙，第一颖长 9～10mm，第二颖长 11～13mm。外稃披针形，上部具明显的 5 脉，背部无毛，边缘及下部或可贴生微小短毛，第一外稃长 12～14mm，先端芒长 14～24mm，粗糙，多少向外反曲；内稃与外稃等长，先端截平或微凹缺，脊的上部具短小刺状纤毛，脊间上部被稀少微小短毛。花果期 7～9 月。

疏丛旱中生禾草。生于草原带的向阳山坡、丘陵坡地、山沟、林缘、路旁。产兴安南部（巴林右旗）、燕山北部（喀喇沁旗）、阴山（大青山、蛮汗山）、阴南丘陵（丰镇市）、贺兰山。分布于我国河南西部、山西中部和北部、陕西北部、宁夏北部和南部、甘肃东部、青海东部和南部、四川西部、贵州中部和西北部、云南西北部、西藏东部。为华北—横断山脉分布种。

15. 小株鹅观草

Roegneria minor Keng in J. Nanjing Univ. (Biol.) 1963(1):71. 1963.——*Elymus zhui* S. L. Chen in Fl. China 22:410. 2006.

多年生禾草。秆直立或基部稍膝曲，高 25～30cm。叶鞘无毛或于分蘖叶鞘被微小茸毛；叶片内卷或对折，长 8～10cm（蘖生叶长可达 15cm），宽 2～4mm 两面均具柔毛，尤以上面为密。穗状花序直立，长 8～9cm；小穗两侧排列，绿色，含（2～）3～5 小花；颖长圆状披针形，具明显的 5～6 脉，脉上粗糙，先端锐尖或上部一侧有齿，第一颖长 5～7mm，第二颖长 6～8mm。外稃披针形，背部遍生微小短毛，上部具明显 5 脉，第一外稃长约 8.5mm，芒反曲，长约 12mm；内稃与外稃近等长，先端钝圆，脊上部具硬纤毛，脊间先端具微毛。

疏丛旱中生禾草。生于草原带的山坡。产阴山（大青山）。分布于我国河北西南部、山西中部、宁夏北部、青海东北部。为华北分布种。

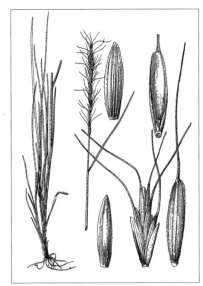

16. 直穗鹅观草（细穗鹅观草、百花山鹅观草）

Roegneria gmelinii (Ledeb.) Kitag. in Rep. Inst. Sci. Res. Manch. 3(App.1.):91. 1939.——*Triticum caninum* L. var. *gmelinii* Ledeb. in Fl. Alt. 1:118. 1829.——*R. turczaninovii* (Drob.) Nevski in Fl. U.R.S.S. 2:607. 1934; Fl. Intramongol. ed. 2, 5:129. t.52. f.1-4. 1994.——*Agropyron turczaninovii* Drob. in Trav. Mus. Bot. Acad. Sci. Petrogr. 12:47. 1914.——*R. turczaninovii* (Drob.) Nevski var. *tenuiseta* Ohwi in Act. Phytotax. Geobot. 10(2):97. 1941. Fl. Intramongol. ed. 2, 5:130. t.52. f.7-8. 1994.——*R. turczaninovii* (Drob.) Nevski var. *pohuashanensis* Keng in J. Nanjing Univ. (Biol.) 1963(1):67. 1963; Fl. Intramongol. ed. 2, 5:130. 1994.——*Elymus gmelinii* (Ledeb.) Tzvel. in Rast. Tsentr. Azii 4:216. 1968; Fl. China 22:410. 2006.

16a. 直穗鹅观草

Roegneria gmelinii (Ledeb.) Kitag. var. **gmelinii**

多年生禾草。植株具短根头。秆细瘦，疏丛，高 70～105cm，基部直径 1.5～2mm。叶鞘上部者无毛，下部者常具倒毛；叶舌短，长 0.2～0.5mm，有时缺；叶片质软而扁平，长 11～20cm，宽 3.5～5（～10）mm，上面被细纤毛，下面无毛。穗状花序直立，长 8.5～13.5cm，穗轴棱边粗糙；小穗常偏于一侧，黄绿色或微带青紫色，长 14～17mm（芒除外），含 5～7 小花，小穗轴微被毛；颖披针形，先端尖，具 3～5 粗壮的脉及 1～2 细而短的脉，脉上粗糙或具短纤毛，第一颖长 8～10mm，第二颖长 10～12mm。外稃披针形，全体被较硬的细毛，上部具明显的 5 脉，基盘具短毛，两侧毛较长，第一外稃长 9～11mm，先端具粗糙反曲的芒，芒长 16～40mm；内稃与外稃几等长

或稍短于外稃，先端钝圆或微下凹，脊上部具短硬纤毛，脊间上部微被短硬毛；花药深黄色。花果期7～9月。

疏丛中生禾草。生于森林带和草原带的山地林缘、林下、沟谷草甸。产兴安北部（额尔古纳市、东乌珠穆沁旗宝格达山）、岭东（扎兰屯市）、岭西及呼伦贝尔（海拉尔区、鄂温克族自治旗、陈巴尔虎旗、满洲里市）、兴安南部（科尔沁右翼前旗、科尔沁右翼中旗、阿鲁科尔沁旗、巴林右旗、克什克腾旗、东乌珠穆沁旗、锡林浩特市）、燕山北部（喀喇沁旗、宁城县、敖汉旗）、锡林郭勒（正蓝旗）、阴山（大青山、乌拉山）、阴南丘陵（准格尔旗）、东阿拉善（桌子山）、贺兰山。分布于我国黑龙江、河北、河南、山西、陕西、宁夏、甘肃中部和东部、青海东北部、云南、新疆北部和中部，日本、朝鲜、蒙古国、俄罗斯（西伯利亚地区），中亚。为东古北极分布种。

16b. 大芒鹅观草

Roegneria gmelinii (Ledeb.) Kitag. var. **macranthera** (Ohwi) Kitag. in Neo-Lineam. Fl. Manshur. 108. 1979.——*Agropyron turczaninovii* Drob. var. *macratherum* Ohwi in Act. Phytotax. Geobot. 10(2):98. 1941.——*Elymus gmelinii* (Ledeb.) Tzvel. var. *macratherus* (Ohwi) S. L. Chen et G. Zhu in Novon 12:426. 2002; Fl. China 22:410. 2006.——*R. turczaninowii* (Drob.) Nevski var. *macranthera* Ohwi in Fl. Intramongol. ed. 2, 5:130. t.5. f5-6. 1994.

本变种与正种的区别是：秆较粗壮，基部直径约3mm；二颖几等长，且等长于第一外稃或有时超之。花期7月。

疏丛中生禾草。生于森林带和草原带的山地林缘、沙丘下沿低地、山坡草地。产兴安北部（大兴安岭）、兴安南部（阿鲁科尔沁旗、巴林左旗、巴林右旗、克什克腾旗、东乌珠穆沁旗、西乌珠穆沁旗）、赤峰丘陵（松山区、翁牛特旗）、燕山北部（喀喇沁旗、敖汉旗）、阴山（大青山）。为华北—兴安分布变种。

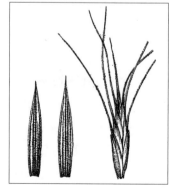

17. 垂穗鹅观草

Roegneria burchan-buddae (Nevski) B. S. Sun in Fl. Yunnan. 9:414. 2003.——*Agropyron burchan-buddans* Nevski in Izv. Bot. Sada Akad. Nauk S.S.S.R. 30:514. 1932.——*R. nutans* (Keng) Keng in J. Nanjing Univ. (Biol.) 1963(1):48. 1963; Fl. Intramongol. ed. 2, 5:131. t.52. f.9-11. 1994.——*Agropyron nutans* Keng in Sunyatsenia 6(1):63. 1941.——*Elymus burchan-buddae* (Nevski) Tzvel. in Rast. Tsentr. Azii. 4:220. 1968; Fl. China 22:413. 2006.

多年生禾草。植株基部分蘖密集成根头。秆细而质坚，高 20～40cm，光滑。叶鞘疏松，光滑；叶舌长 0.2～0.5mm 或几缺；叶片长 3～8.5(～17)cm，宽 1.5～2.5mm，内卷，无毛或上面疏生柔毛。穗状花序长 5～7cm，下垂，且常弯曲作蜿蜒状，穗轴细弱，无毛或棱边被小纤毛，基部的 2～4 节常不具小穗；小穗草黄色，长 4.5～7mm(芒除外)，含 3～4(～5) 小花，小穗轴被微毛；颖披针形，质较薄，先端尖，具 3 脉，平滑或脉上微糙涩，第一颖长 4～7mm，第二颖长 5～9mm。外稃披针形，多少贴生短刺毛，上部具明显 5 脉，基盘两侧的毛长 0.5～1mm，第一外稃长 8～10mm，芒粗壮，糙涩，反曲，长 10～28mm；内稃与外稃等长或稍短于外稃，脊上半部粗糙或具短纤毛，脊间贴生微毛；花药黑色。花果期 7～10 月。

丛生中生禾草。生于草原带的山地草甸、水边湿地。产兴安南部（巴林右旗）、赤峰丘陵（翁牛特旗）、燕山北部（喀喇沁旗、敖汉旗）、阴山（大青山）、东阿拉善（巴彦淖尔市西部）。分布于我国甘肃中部和西南部、青海、四川西部、西藏东部和南部、云南西北部、新疆中部和西部，印度、尼泊尔。为亚洲中部分布种。

18. 秋鹅观草

Roegneria serotina Keng in J. Nanjing Univ. (Biol.) 1963(1):50. 1963; Fl. Intramongol. ed. 2, 5:133. 1994.——*Elymus serotinus* (Keng) A. Love ex B. Rong Lu in Nordic J. Bot. 15:21.1995; Fl. China 22:416. 2006.

多年生禾草。秆丛生，直立，基部斜上或膝曲，高可达 80cm，直径 1.5～2mm。叶鞘松弛，基部者被微毛或边缘具纤毛；叶舌极短或几缺；叶片内卷，长 10～20cm，宽 2～5mm，上面粗糙或被白柔毛，下面无毛。穗状花序弯曲下垂，长 6～8(～10)cm；小穗略带紫色，长 12～13mm(芒除外)，含 3～6 小花；颖披针形，渐尖成短尖头，背部粗糙或疏生细毛，沿脉具短刺毛，第一颖长约 7.5mm，第二颖长可达 9.5mm(包括短芒尖)。外稃披针形，背部密被短硬毛，基盘两侧被短毛，第一外稃长约 10mm，先端芒反曲，长 2.5～3cm；内稃与外

稃等长或稍短于外稃,脊间被微毛。花果期7～9月。

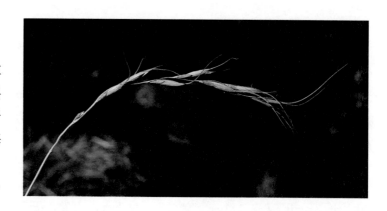

多年生疏丛中生禾草。生于草原带的山地林缘、山坡草地。产兴安南部（东乌珠穆沁旗）。分布于我国河南西部、陕西西南部、青海东部。为华北分布种。

全草入药,能清热、凉血、镇痛。

19. 紫穗鹅观草

Roegneria purpurascens Keng in J. Nanjing Univ. (Biol.) 1963(1):56. 1963; Fl. Intramongol. ed. 2, 5:131. t.51. f.13-15. 1994.——*Elymus purpurascens* (Keng) S. L. Chen in Fl. China 22:417. 2006.

多年生禾草。根外常具沙套。秆单生或成疏丛,直立,有时基部膝曲而略倾斜,质较坚硬,无毛,高60～75cm。叶鞘疏松,光滑;叶舌截平,纸质,长约0.5mm;叶质较硬,内卷,长9～20cm,宽2.5～4.5mm,上面被毛,边缘粗糙,下面无毛。穗状花序下垂,长11～14cm(芒除外),穗轴棱边具小纤毛;小穗微带紫色,长13～17mm(芒除外),含4～7小花,小穗轴被微毛;颖矩圆状披针形,先端锐尖,显著具3～5脉,粗糙,第一颖长6.5～8mm,第二颖长9～10mm。外稃披针形,背部粗糙或具微小硬毛,上部具显著5脉,基盘两侧的毛

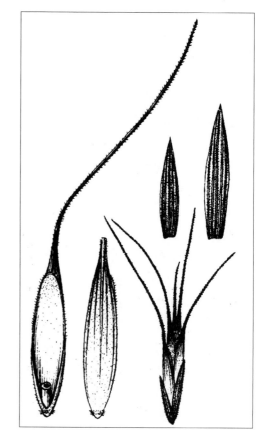

长约0.5mm,第一外稃长10～12mm,芒粗壮,糙涩,紫色,反曲,长17～30mm;内稃与外稃近等长,脊上部1/3具短纤毛,向基部渐稀至无毛,脊间被微毛,先端较多。花期7月。

疏丛中生禾草。生于草原带的山地林缘、丘陵地。产兴安南部（巴林右旗、锡林浩特市）、阴山（大青山、蛮汗山）。分布于我国宁夏南部、甘肃中部、青海东北部、四川西北部、云南西北部。为华北—横断山脉分布种。

20. 阿拉善鹅观草

Roegneria alashanica Keng in J. Nanjing Univ. (Biol.) 1963(1):73. 1963; Fl. Intramongol. ed. 2, 5:123. 1994.——*Elymus alashanicus* (Keng) S. L. Chen in Bull. Bot. Res. Harbin 14:142. 1994; Fl. China 22:419. 2006.

多年生禾草。植株具鞘外分蘖（幼时为膜质鞘所包），有时横走或下伸成根状茎。秆质刚硬，疏丛，直立或基部斜升，高45～70cm。叶鞘紧密裹茎，基生者常碎裂作纤维状；叶舌透明膜质，长约1mm；叶片坚韧直立，内卷成针状，长5～15cm，宽1～2.5mm，两面均被微毛或下面平滑无毛。穗状花序劲直，狭细，长5.5～10cm，穗轴棱边微糙涩；小穗淡黄色，无毛，贴靠穗轴，含4～6小花，长13～17mm，小穗轴平滑；颖矩圆状披针形，平滑无毛，通常具3脉，先端尖或有时为膜质而钝圆，边缘膜质，第一颖长5～7mm，第二颖长（6～）8～10mm。外稃披针形，平滑，脉不明显或于近顶处可见3～5脉，先端尖或为钝头，无芒，基盘平滑无毛，第一外稃长8～11mm；内稃等长或稍短或微长于外稃，先端凹陷，脊上微糙涩，或下部近平滑；花药乳白色。花果期7～9月。

旱中生禾草。生于草原带和草原化荒漠带的山地石质山坡、岩崖、山顶岩石缝间。产阴山（大青山）、东阿拉善（巩吉台、桌子山）、贺兰山、龙首山。分布于我国宁夏西北部、甘肃（祁连山）、新疆北部。为亚洲中部山地分布种。

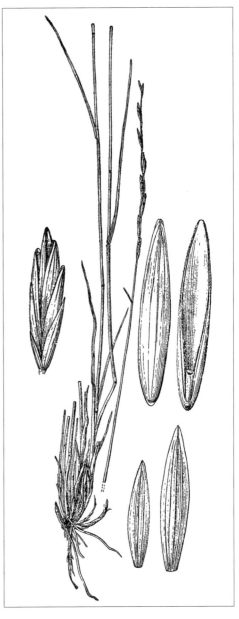

21. 九峰山鹅观草

Roegneria jufinshanica (C. P. Wang et H. L. Yang) L. B. Cai in Act. Phytotax. Sin. 35(2): 170. 1997.——*R. alashanica* Keng var. *jufengshanica* C. P. Wang et H . L. Yang in Bot. Res. Harbin 4(4):87. t.5. 1984; Fl. Intramongol. ed. 2, 5:123. 1994.——*R. jufengshanica* (C. P. Wang et H. L. Yang) Y. Z. Zhao in Class. Fl. Ecol. Geogr. Distr. Vasc. Pl. Inn. Mongol. 640. 2012.——*Elymus jufinshanicus* (C. P. Wang et H. L. Yang) S. L. Chen in Novon 7:228. 1997; Fl. China 22:419. 2006.

多年生禾草。植株具鞘外分蘖（幼时为膜质鞘所包），有时横走或下伸成根状茎。秆质刚硬，疏丛，直立或基部斜升，高 45～70cm。叶鞘紧密裹茎，基生者常碎裂成纤维状；叶舌透明膜质，长约 1mm；叶片坚韧直立，内卷成针状，长 5～15cm，宽 1～2.5mm，两面均被微毛或下面平滑无毛。穗状花序劲直，狭细，长 5.5～10cm，穗轴棱边微糙涩；小穗淡黄色，无毛，贴靠穗

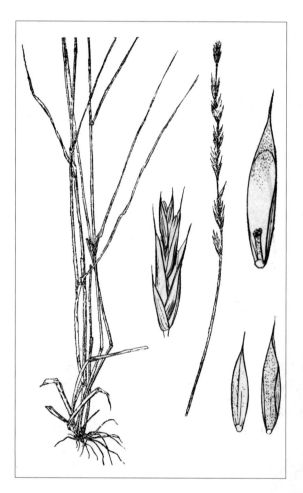

轴，含 4～6 小花，长 13～17mm，小穗轴密被毛；颖矩圆状披针形，颖之腹面全部被较密的贴生柔毛，且与第一外稃等长或近等长，通常具 3 脉，先端尖或有时为膜质而钝圆，边缘膜质，第一颖长 5～7mm，第二颖长（6～）8～10mm。外稃披针形，平滑，脉不明显或于近顶处可见 3～5 脉，基盘平滑无毛，第一外稃长 8～11mm，芒长 2～5mm；内稃等长或亦可稍短或微长于外稃，先端凹陷，脊上微糙涩，或下部近平滑；花药乳白色。花果期 7～8 月。

旱中生禾草。生于草原带海拔 2200m 左右的山地。产阴山（大青山的九峰山）。为大青山分布种。

22. 贫花鹅观草

Roegneria pauciflora (Schwein.) Hylander in Uppsala Univ. Arsk. 7:36,89. 1945; Fl. Intramongol. ed. 2, 5:124. 1994.——*Triticum pauciflorum* Schwein. in Keat. Narr. Exped. St.-Petersb. River 2:383. 1824.

多年生禾草。秆丛生，直立或基部稍倾斜，高 75～90cm。叶鞘无毛，或有时在鞘口被长毛；叶舌干膜质，顶端截平，长 0.5～1mm；叶片扁平，长 3.5～25cm，宽 2～7.5mm，两面无毛或上面疏生长柔毛。穗状花序直立，长 11.5～20cm，棱边粗糙；小穗灰绿色或带黄色，长 11～14mm，含 3～6 小花，小穗轴被微毛；颖宽披针形，先端锐尖至呈芒状，边缘膜质，具 5（～7）脉，第一颖长 9～13mm，第二颖长 10.5～15mm（包括长 1～2mm 的尖头）。外稃无毛或先端具微毛，先端具明显 5 脉，基盘无毛，第一外稃长 8～12mm（芒尖除外），无芒或具长 1.5～2mm 的粗糙芒尖；内稃短于外稃或与之等长，先端钝圆或微凹缺，脊上具纤毛，脊间先端具微毛。

中生禾草。原产北美洲，为北美种。内蒙古呼伦贝尔、锡林郭勒有栽培，我国河北、宁夏、甘肃、青海亦有栽培。

是一种质量很好的牧草，产草量大，营养价值高。

23. 内蒙古鹅观草（短芒鹅观草）

Roegneria intramongolica S. Chen et Gaowua in Act. Phytotax. Sin. 17(4):93. 1979; Fl. Intramongol. ed. 2, 5:124. 1994.——*Elymus intramongolicus* (S. Chen et Gaowua) S. L. Chen in Bull. Nanjing Bot. Gard. 1987:9. 1987; Fl. China 22:421. 2006.

多年生禾草。秆疏丛，直立，高 100～160cm，直径可达 5mm，平滑无毛，基部节略膝曲。叶鞘无毛；叶舌膜质，顶端钝裂；叶片扁平，长 15～25cm，宽 5～10mm，上面被柔毛，下面沿脉被微硬毛。穗状花序直立，绿色或略带紫色，长 9～15cm，穗轴棱边具短纤毛；小穗紧密排列于穗轴两侧，长 11～13.5（～18.5）mm（芒除外），含 3～6 小花，小穗轴背面密被柔毛；颖条状披针形，具 5～7 脉，先端渐尖或具 1～1.5mm 之短芒，背部密生微硬毛，腹面下半部被疏柔毛，并混生微毛，边缘略膜质，第一颖长 9～10mm，第二颖长 10～11mm。外稃披针形，具 5 脉，背部密被微柔毛，先端常具不相等的 2 齿，第一外稃长 11～12.5mm，芒长 1～2.5mm；内稃短于外稃，先端略钝凸，背部被微柔毛，脊具短纤毛；花药长 2～2.5mm；子房先端密生茸毛。花果期 7～9 月。

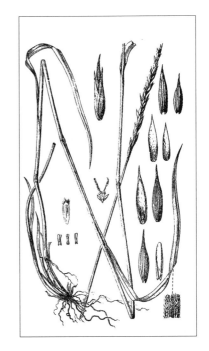

中生禾草。生于森林带和森林草原带的林缘草甸。产兴安北部（东乌珠穆沁旗宝格达山）、兴安南部（西乌珠穆沁旗太本林场）。为兴安山地分布种。

20. 偃麦草属 Elytrigia Desv.

多年生禾草。通常具长或短的根状茎。叶内卷或扁平。穗状花序直立；小穗含 3～10(～12) 小花，单生于每节穗轴，无芒或具短芒，成熟时通常自穗轴上整个脱落，小穗轴亦不于诸花间折断；颖无脊，具 (3～)5～11 彼此接近的脉，光滑无毛，稀疏生柔毛，基部具横沟；外稃具 5 脉，无毛，稀疏生柔毛。

内蒙古有 1 种，另有 4 栽培种。

1. 偃麦草（速生草）

Elytrigia repens (L.) Desv. ex B. D. Jackson in Index Kew 1:836. 1893; Fl. Intramongol. ed. 2, 5:133. t.53. f.1-5. 1994.——*Triticum repens* L., Sp. Pl. 1:86. 1753.

多年生禾草。秆疏丛生，直立或基部倾斜，光滑，高 40～60cm。叶鞘无毛或分蘖叶鞘具毛；叶耳膜质，长约 1mm；叶舌长约 0.5mm，撕裂，或缺；叶片长 (4.5～)9～14cm，宽 3.5～6mm，上面疏被柔毛，下面粗糙。穗状花序长 8～18cm，宽约 1cm，棱边具短纤毛；小穗长 1.1～1.5cm，含 (3～)4～6(～10) 小花，小穗轴无毛；颖披针形，边缘宽膜质，具 5(～7) 脉，长 7～8.5mm，先端具短尖头。外稃顶端具长不及 1～1.2mm 的芒尖，第一外稃长约 9.5mm；内稃短于外稃 1mm 左右，先端凹缺，脊上具纤毛，脊间先端具微毛。

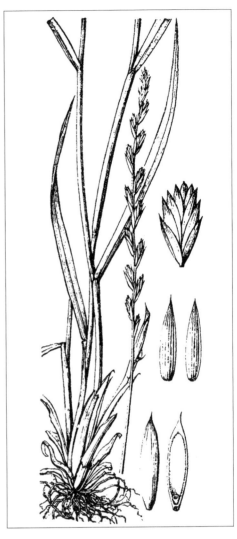

根状茎中生禾草。生于寒温带针叶林带和森林草原带的河谷草甸，也见于河岸、滩地、湖边湿草甸。产岭西（额尔古纳市）、呼伦贝尔（海拉尔区、鄂温克族自治旗、新巴尔虎左旗）、科尔沁、赤峰丘陵（松山区、敖汉旗）、锡林郭勒（东乌珠穆沁旗、锡林浩特市）。分布于我国黑龙江东部和西南部、河北、山东、甘肃中部、青海东北部、四川、西藏东北部、云南西北部、新疆北部和中部及西部，日本、朝鲜、蒙古国、俄罗斯（西伯利亚地区、远东地区），中亚、西南亚、欧洲。为古北极分布种。

除上种外，在锡林郭勒、乌兰察布、呼伦贝尔还可见另外 4 种栽培的偃麦草属植物。该种检索特征如下：

1a. 颖及外稃均密被柔毛···

··················**1. 毛偃麦草 E. trichophora** (Link.) Nevski（Fl. Intramongol. ed. 2, 5:134. t.53. f.9-11. 1994.）

1b. 颖及外稃均无毛。

  2a. 颖及外稃先端钝圆或截平。

    3a. 颖先端截平，不偏斜；小穗长 20～28mm，含 11～14 小花·······················**2. 长穗**

     偃麦草 E. elongata（Host ex P. Beauv.）Nevski（Fl. Intramongol. ed. 2, 5:134. t.53. f.15-17. 1994.）

    3b. 颖先端斜截，偏斜，两侧不对称；小穗长（12～）16～19mm，含 5～9 小花·················

     ···**3. 中间偃麦草 E. intermedia**（Host）Nevski（Fl. Intramongol. ed. 2, 5:134. t.53. f.12-14. 1994.）

  2b. 颖及外稃先端渐尖至具短芒尖。

    4a. 颖先端芒尖长 1～3mm，外稃先端具长 3～6mm 的短芒·······························

     4. 硬叶偃麦草 E. smithii (Rydb.) Nevski (Fl. Intramongol. ed. 2, 5:134. t.53. f.6-8. 1994.）

    4b. 颖先端渐尖成小尖头；外稃先端渐尖或具芒尖，长不及 1～1.2mm·······················

     ·····························**5. 偃麦草 E. repens** (L.) Desv. ex B. D. Jackson

21. 冰草属 Agropyron Gaertn.

多年生禾草。具根状茎或否。叶片扁平或内卷。穗状花序顶生，硬直，穗轴每节具 1 小穗；小穗互相密接呈覆瓦状，含 3～11（～12）小花；颖具 5～7（稀 1～3）脉，两侧具宽膜质边缘，背部主脉形成明显的脊，先端具芒尖或短芒。外稃具 5 脉，中脉也形成 1 脊，尤以上部更为明显，先端常具芒尖或短芒；内稃与外稃近等长或较之稍长，先端常 2 裂。颖果与稃片粘合而不易脱落。

内蒙古有 4 种。

分种检索表

1a. 小穗排列紧密，穗轴节间一般长不超过 2mm，颖通常长不超过第一外稃的一半，先端显著有短芒，其长为 2～4mm，与颖体近等长或较长或至少长为颖体的 2/3～3/4。

  2a. 花序粗壮，宽扁，矩圆形或卵状披针形；小穗整齐排列成篦齿状的 2 行，或近于篦齿状而为覆瓦状。

    3a. 外稃被有稠密的长柔毛或硬毛，或显著被稀疏柔毛。

      4a. 小穗含（3～）5～7 小花，长 6～9（～12）mm；花序矩圆形或两端微窄，或为宽短扁卵形，最宽处不超过 1.5cm····················**1a. 冰草 A. cristatum var. cristatum**

      4b. 小穗含 9～11（～12）小花，长 8～18mm；花序卵状披针形，明显粗壮而宽大，最宽处为 2～2.5cm····················**1b. 多花冰草 A. cristatum var. pluriflorum**

    3b. 外稃全部平滑无毛或疏被极微细（长 0.1～0.2mm）的短刺毛····················

    ····················**1c. 光穗冰草 A. cristatum var. pectinatum**

  2b. 花序狭窄而长，条形或矩圆状条形；小穗向上斜升，虽排列整齐但不呈篦齿状。

    5a. 外稃通常无毛或有时背部以及边脉上多少具短刺毛····················

    ····················**2a. 沙生冰草 A. desertorum var. desertorum**

    5b. 外稃密被长柔毛····················**2b. 毛稃沙生冰草 A. desertorum var. pilosiusculum**

1b. 小穗排列疏松，穗轴节间长 3～5（～10）mm；颖通常长于第一外稃之半，先端无芒或具长为 1～2mm 的芒状尖头，明显的短于颖体的长度（长不超过颖体的 1/2）。

  6a. 穗状花序宽 4～6mm；小穗长 5.5～9mm，基部从不具苞片，含（2～）3～8 小花；颖具 3～5 脉；外稃具 5 脉。

    7a. 颖及外稃平滑无毛或极少在外稃背部或两侧基部散生微小短刺毛；颖先端具芒尖，其长一般不超过 1.5mm····················**3a. 沙芦草 A. mongolicum var. mongolicum**

    7b. 颖及外稃显著被长柔毛或颖无毛而外稃显著被长柔毛；颖先端具短芒，其长可达 2mm。

      8a. 颖及外稃显著被长柔毛····················**3b. 毛沙芦草 A. mongolicum var. villosum**

      8b. 颖无毛而外稃显著被长柔毛····················**3c. 毛稃沙芦草 A. mongolicum var. helinicum**

  6b. 穗状花序宽 10～15mm；小穗长 15～20mm，基部有时可具苞片，含 9～11（～13）小花；颖具 5～7 脉；外稃具 7～9 脉。

    9a. 外稃背部无毛或有时微糙涩或具稀疏微毛··········**4a. 西伯利亚冰草 A. sibiricum f. sibiricum**

    9b. 外稃背部显著被长柔毛····················**4b. 毛西伯利亚冰草 A. sibiricum f. pubiflorum**

1. 冰草 （根状茎冰草）

Agropyron cristatum (L.) Gaertn. in Nov. Comm. Acad. Sci. Imp. Petrop. 14:540. 1770; Fl.

Intramongol. ed. 2, 5:136. t.54. f.1-5. 1994.——*Bromus cristatus* L., Sp. Pl. 1:78. 1753.——*A. michnoi* Roshev. in Izv. Glavn. Bot. Sada S.S.S.R. 28:384. 1929; Fl. Intramongol. ed. 2, 5:137. t.54. f.6-8. 1994.

1a. 冰草

Agropyron cristatum (L.) Gaertn. var. **cristatum**

多年生禾草。须根稠密，外具沙套。秆疏丛生或密丛生，直立或基部节微膝曲，高15～75cm，上部被短柔毛。叶鞘紧密裹茎，粗糙或边缘微具短毛；叶舌膜质，顶端截平而微有细齿，长0.5～1mm；叶片质较硬而粗糙，边缘常内卷，长4～18cm，宽2～5mm。穗状花序较粗壮，矩圆形或两端微窄，为宽短扁卵形，长（1.5～）2～7cm，宽（7～）8～15mm，穗轴生短毛，节间短，长0.5～1mm；小穗紧密平行排列成2行，整齐呈篦齿状，长6～9（～12）mm，含（3～）5～7小花；颖舟形，脊上或连同背部脉间被密或疏的长柔毛，第一颖长2～4mm，第二颖长4～4.5mm，具略短或稍长于颖体之芒。外稃舟形，

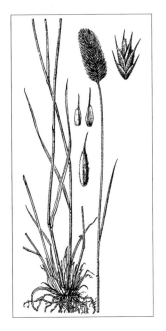

被稠密的长柔毛或显著地被稀疏柔毛，边缘狭膜质，被短刺毛，第一外稃长4.5～6mm，顶端芒长2～4mm；内稃与外稃略等长，先端尖且2裂，脊具短小刺毛。花果期7～9月。

旱生禾草。生于草原带的干燥草原、山坡、丘陵、沙地，在草原群落中可成为优势种或聚集成冰草斑块。产内蒙古各地。分布于我国黑龙江南部和东部、河北西北部、山西北部、陕西北部、宁夏、甘肃、青海、新疆北部和中部及西部，日本、朝鲜、蒙古国、俄罗斯（西伯利亚地区、远东地区）、巴基斯坦，中亚、西南亚、欧洲、北美洲。为泛北极分布种。

为优良牧草，性耐寒、耐旱、耐碱，但不耐涝，适合生长于沙壤土和黏质土的干燥地。适口性好，一年四季为各种家畜所喜食，营养价值很好，是良等催肥饲料。

根入蒙药（蒙药名：油日呼格），能止血、利尿，主治尿血、肾盂肾炎、功能性子宫出血、月经不调、咯血、吐血、外伤出血。

1b. 多花冰草

Agropyron cristatum (L.) Gaertn. var. **pluriflorum** H. L. Yang in Bull. Bot. Res. Harbin 4(4):88. 1984; Fl. Intramongol. ed. 2, 5:136. 1994.

本变种与正种的区别是：花序显然粗壮，长而宽大，呈卵状披针形，最宽处为2～2.5cm；小穗含9～11（～12）小花，长8～18mm。花果期7～9月。

中旱生禾草。生于森林草原带的草地、撂荒地。产兴安南部（西乌珠穆沁旗迪彦林场）。为兴安南部分布变种。

1c. 光穗冰草

Agropyron cristatum (L.) Gaertn. var. **pectinatum** (M. Bieb.) Roshev. ex B. Fedtsch. in Izv. Imp. Bot. Sada Petra Velikago 14(Suppl. 2.):97. 1915; Fl. China 22:439. 2006.——*Triticum pectinatum* M. Bieb. in Fl. Taur.-Caucas 1:87. 1808.——*A. cristatum* (L.) Gaertn. var. *pectiniforme* (Roem. et Schult.) H. L. Yang in Fl. Reip. Pop. Sin. 9(3):113. 1987; Fl. Intramongol. ed. 2, 5:137. 1994.

本变种与正种的区别是：颖与外稃全部光滑无毛或疏被 0.1～0.2mm 的微小刺毛。花期 6～7 月。

旱生禾草。生于草原带的干旱山坡。产呼伦贝尔（新巴尔虎右旗）、赤峰丘陵（红山区）、锡林郭勒（锡林浩特市、正蓝旗那日图苏木）、贺兰山。分布于我国河北、青海、新疆，蒙古国东北部、俄罗斯（西伯利亚地区），中亚，欧洲。为古北极分布变种。

2. 沙生冰草

Agropyron desertorum (Fisch. ex Link) Schult. in Mant. 2:412. 1824; Fl. Intramongol. ed. 2, 5:137. t.54. f.9-10. 1994.——*Triticum desertorum* Fisch. ex Link. in Enum Hort. Berol. Alt. 1:97. 1821.

2a. 沙生冰草

Agropyron desertorum (Fisch. ex Link) Schult. var. **desertorum**

多年生禾草。根外具沙套。秆细，疏丛或密丛，基部节膝曲，光滑，有时在花序上被柔毛，高 20～55cm。叶鞘紧密裹茎，无毛；叶舌长约 0.5mm 或极退化而缺；叶片多内卷成锥状，长 4～12cm，宽 1.5～3mm。穗状花序瘦细，条状圆柱形或矩圆状条形，长 5～9cm，宽 5～9(～11)mm，穗轴光滑或于棱边具微柔毛；小穗覆瓦状排列，紧密而向上斜升，不呈篦齿状，长 5.5～10mm，含 5～7 小花，小穗轴具微毛；颖舟形，光滑无毛，脊上粗糙或具稀疏的短纤毛，第一颖长 3～3.5mm，第二颖长 4～5(～6)mm，先端芒长约 2mm。外稃舟形，背部以及边脉上常多少具短柔毛，先端芒长 1.5～3mm，第一外稃长 5～7mm；内稃与外稃等长或稍长于外稃，先端 2 裂，脊微糙涩。花果期 7～9 月。

　　旱生禾草。生于干燥草原、沙地、山坡、丘陵。产内蒙古各地。分布于我国山西北部和中部、宁夏、甘肃东部、青海东北部、新疆北部和西北部，蒙古国东部和东南部、俄罗斯（西伯利亚地区），中亚，欧洲、北美洲。为泛北极分布种。

　　优等饲用禾草。适口性和营养价值比冰草稍差，但耐旱能力较强，是改良沙地草场的一种有价值的优良牧草。根入蒙药（蒙药名：额乐森－油日呼格），功能、主治同冰草。

2b. 毛稃沙生冰草

Agropyron desertorum (Fisch. ex Link) Schult. var. **pilosiusculum** (Melderis) H. L. Yang in Fl. Reip. Pop. Sin. 9(3):113. 1987; Fl. China 22:439. 2006.——*A. desertorum* (Fisch. ex Link) Schult. f. *pilosiusculum* Melderis in Fl. Mongol. Steppe 1:121. 1949; Fl. Intramongol. ed. 2, 5:139. t.54. f.11. 1994.

　　本变种与正种的区别是：外稃密被长柔毛。

　　旱生禾草。生于草原带的沙地。产锡林郭勒（苏尼特左旗、正蓝旗）。分布于我国青海、新疆，蒙古国。为蒙古高原沙地分布变种。

3. 沙芦草

Agropyron mongolicum Keng in J. Wash. Acad. Sci. 28:305. 1938; Fl. Intramongol. ed. 2, 5:139. t.55. f.1-6. 1994.

3a. 沙芦草

Agropyron mongolicum Keng var. **mongolicum**

多年生禾草。秆疏丛，基部节常膝曲，高 25～58cm。叶鞘紧密裹茎，无毛；叶舌截平，具小纤毛，长约 0.5mm；叶片常内卷成针状，长 5～15cm，宽 1.5～3.5mm，光滑无毛。穗状花序长 5.5～8cm，宽 4～6mm，穗轴节间长 3～5(～10)mm，光滑或生微毛；小穗疏松排列，向上斜升，长 5.5～9mm，含(2～)3～8小花，小穗轴无毛或有微毛；颖两侧常不对称，具 3～5 脉，第一颖长 3～4mm，第二颖长 4～6mm。外稃无毛或具微毛，具 5 脉，边缘膜质，先端具短芒尖，长 1～1.5mm，第一外稃长 5～8mm(连同短芒尖在内)；内稃略短于外稃或与之等长或略超之，脊具短纤毛，脊间无毛或先端具微毛。花果期 7～9 月。

旱生禾草。生于草原带的干燥草原、沙地、石质坡地。产内蒙古各地。分布于我国山西北部、陕西北部、宁夏、甘肃。为黄土—东蒙古分布种。

本种是一种极耐旱和抗风寒的丛生草种，经引种试验，越冬情况良好，是一种优良牧草，马、牛、羊均喜食。根入蒙药（蒙药名：蒙高勒-油日呼格），功能、主治同冰草。

3b. 毛沙芦草

Agropyron mongolicum Keng var. **villosum** H. L. Yang in Bull. Bot. Res. Harbin 4(4):89. 1984; Fl. Intramongol. ed. 2, 5:139. 1994.

本变种与正种的区别是：颖及外稃均显著密被长柔毛，颖先端具短芒，长可达 2mm。花果期 7～9 月。

旱生禾草。生于草原带的沙地。产辽河平原（科尔沁左翼后旗）、科尔沁（翁牛特旗）、锡林郭勒（西乌珠穆沁旗、锡林浩特市、苏尼特左旗）。为科尔沁—浑善达克沙地分布变种。

3c. 毛稃沙芦草

Agropyron mongolicum Keng var. **helinicum** L. Q. Zhao et J. Yang in Bull. Bot. Res. Harbin 26(3):260. 2006.

本变种与正种的区别是：颖无毛而外稃显著被长柔毛。

旱生禾草。生于草原带的丘陵。产阴山和阴南丘陵（和林格尔县、准格尔旗）。为黄土高原分布变种。

4. 西伯利亚冰草

Agropyron sibiricum (Willd.) P. Beauv. in Ess. Agrostogr. 102，142，146, 181. 1812; Fl. Intramongol. ed. 2, 5:140. t.55. f.7-10. 1994.——*Triticum sibiricum* Willd. in Enum. Pl. 1:135. 1809.

4a. 西伯利亚冰草

Agropyron sibiricum (Willd.) P. Beauv. f. **sibiricum**

多年生禾草。秆疏丛生，高 70～95cm，直立或基部节膝曲。叶鞘紧包秆，无毛；叶舌质硬，短小而不显著；叶片扁平或干燥时折叠，长 10～18cm，宽 3～4mm，上面糙涩或有时具微毛，下面光滑无毛。穗状花序微弯曲，长 8～12cm，宽 1～1.5(～2)cm，穗轴节间较长，被微毛；小穗长 15～20mm，含 9～11(～13)小花，基部二颖之间有时具 1 枚苞片，小穗轴具微毛；颖卵状披针形，不对称，具 5～7 脉，脊上粗糙，第一颖长 5～7mm，第二颖长 6.5～9(～10)mm。外稃披针形，背部无毛或微糙涩，具 7～9 脉，第一外稃长 6～10mm；内稃略短于外稃，顶端凹下或微 2 裂，脊上具纤毛。花果期 7～9 月。

旱生禾草。生于草原带的沙地。产锡林郭勒（正蓝旗那日图苏木）。分布于我国河北、新疆，蒙古国东部和东南部及西北部、俄罗斯（西伯利亚地区），中亚，欧洲。为古北极分布种。

饲用价值同冰草。

4b. 毛西伯利亚冰草

Agropyron sibiricum (Willd.) P. Beauv. f. **pubiflorum** Roshev. in Fl. Lugo-Vostoka Evropeiskoi Chasti S.S.S.R. 2:156. 1928; Fl. Intramongol. ed. 2, 5:140. 1994.

本变种与正种的区别是：外稃背部显著具长柔毛。

旱生禾草。生于草原带的草地。产锡林郭勒。为锡林郭勒分布变种。

另外，Ohwi 根据 T. Kanashiro 在内蒙古乌兰察布市福胜庄（原绥远省福生庄）采集的 3907 号标本，在 "Journ. Jap. Bot. 19(5):167. 1943" 上发表了新种 *Agropyron kanashiroi* Ohwi。《中国植物志》[9（3）:110. 1987] 没有收录和处理该种；*Flora of China*（22: 437. 2006）指出，由于没有见到标本，所以也未对其进行收录和处理。《中国沙漠植物志》（1:80. 1987）认为其与阿拉善鹅观草（*Roegneria alashanica* Keng = *Elymus alashanicus* (Keng) S. L. Chen）相同，且 *Roegneria alashanica* Keng 为晚出异名，合法学名应为 *Roegneria kanashiroi* (Ohwi) K. L. Cheng。我们由于没有检查模式标本，所以在这里不做进一步处理，仅录于此，以待今后进一步研究。

22. 旱麦草属 Eremopyrum (Ledeb.) Jaub. et Spach

一年生禾草。穗状花序椭圆状或长圆状卵圆形，穗轴具关节而逐节断落；小穗无柄，单生于穗轴的每节，排列于穗轴的两侧，呈篦齿状，两侧压扁，具很短的芒或无芒，顶生小穗通常不发育，含3～6小花；颖具脊，边缘在成熟时变厚或呈角质，二颖基部多少相连。外稃背部有脊，先端渐尖或具短芒，具基盘；鳞被边缘须状；雄蕊3。

内蒙古有2种。

分种检索表

1a. 穗状花序长2～3cm，小穗被长柔毛···**1. 东方旱麦草 E. orientale**

1b. 穗状花序长1～1.7cm，小穗无毛或被短糙毛·······························**2. 旱麦草 E. triticeum**

1. 东方旱麦草

Eremopyrum orientale (L.) Jaub. et Spach in Ann. Sci. Nat. Bot. Ser. 3, 14:361. 1851; Fl. China 22:440. 2006.——*Secale orientale* L., Sp. Pl. 1:84. 1753.

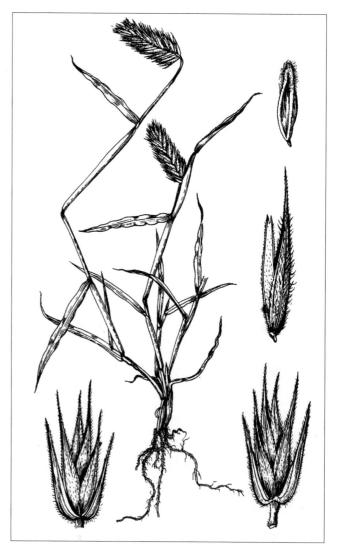

一年生禾草。秆高 8～25cm，常具 3 节，节多膝曲，在花序下的部分具短柔毛。叶鞘的上部稍膨大，大多短于节间，无毛，但位于基部者可长于节间，具微细的柔毛；叶舌膜质，平截，长 0.5～1mm，边缘破碎成裂齿状；叶片条形，扁平，长 2～5cm，宽 2～4mm，两面均被有细微的柔毛，但上面的毛较硬。穗状花序紧密，椭圆形或卵状长圆形，长 2～3cm，宽 8～16mm；小穗长 9～14mm，含 3～5 小花；颖条状披针形，先端长渐尖或呈短芒状（芒长 2～5mm），被柔毛，背部具脊，有 2～3 脉，二颖几等长，长 4～7mm（芒除外）。外稃披针形，密生柔毛，先端渐尖或延伸成 4～5mm 的粗糙芒，背部具脊，有 5 脉，基盘极短，第一外稃长 6～7mm（芒除外）；内稃与外稃几等长或稍短于外稃，顶端 2 裂，脊上粗糙或具短纤毛。花期 4～5 月。

旱中生禾草。生于荒漠带的水分条件较好的地方。产额济纳。分布于我国西藏西部、新疆（北疆地区），俄罗斯、巴基斯坦，地中海地区，中亚。为古地中海分布种。

为牲畜春季喜食的优良牧草。

2. 旱麦草

Eremopyrum triticeum (Gaertn.) Nevski in Trudy Sredne-Aziatsk. Gosud. Univ. Ser. 8b. Bot. 17:52. 1934; Fl. China 22:441. 2006.

一年生禾草。秆高约 30cm，具 3～4 节，基部多膝曲，在花序下被微毛。叶鞘短于节间，上部显著膨大，无毛或下部者被微柔毛；叶舌薄膜质，平截，长 0.5～1mm；叶片扁平，长 1.5～8cm，宽 2～3mm，两面粗糙或被微柔毛。穗状花序卵圆状椭圆形，长 1～1.7cm，宽 6～16mm；小穗草绿色，长 6～10mm，含 3～6 小花，与穗轴几成直角，小穗轴扁平，节间长约 0.6mm；颖无毛，披针形，长 4～6mm，先端渐尖，二颖基部有些互相连合，背部隆起，其 2 脉粗壮而互相靠近成脊；外稃上半部具 5 条明显的脉，稍粗糙，但第一外稃多少被微柔毛，长 5～6mm，先端渐尖或成短芒（芒长 1～1.5mm），基盘极短，长约 0.4mm，第一内稃长约 3.8mm，先端微呈齿状，脊的上部粗糙。花期 4～5 月。

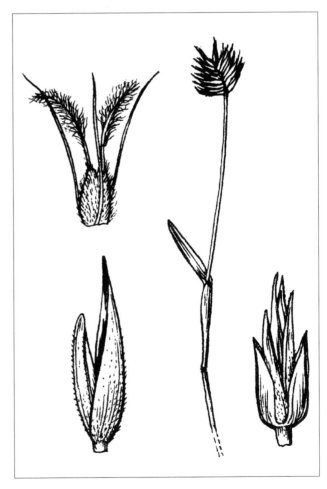

旱中生禾草。生于荒漠带的水分条件较好的地方。产额济纳。分布于我国新疆（北疆地区），俄罗斯，中亚，欧洲。为古地中海分布种。

为牲畜春季喜食的优良牧草。

23. 小麦属 Triticum L.

一年生或越年生禾草。叶扁平。穗状花序直立，顶生，穗轴常延续而不逐节断落；小穗单生，常含 3～5 小花，两侧压扁，侧面对向穗轴；颖卵形，背部具脊，近革质，边缘稍具膜质，顶端常具短尖头。外稃背部扁圆形或稍具脊，顶端有芒或无芒；内稃边缘内折；鳞被边缘具纤毛。颖果卵圆形或矩圆形，顶端具短毛，腹具纵沟，易与稃片分离。

内蒙古有 1 栽培种。

1. 小麦

Triticum aestivum L., Sp. Pl. 1:85. 1753; Fl. Intramongol. ed. 2, 5:140. 1994.

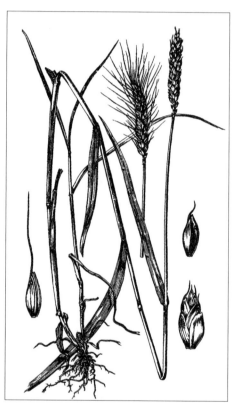

一年生禾草。秆直立，高 30～120cm。叶鞘平滑无毛；叶舌短小，膜质；叶片条状披针形，长 10～20cm，宽 5～10mm，扁平或边缘稍内卷。穗状花序直立，长 5～10cm，宽约 1cm，穗轴每节着生 1 小穗；小穗长约 10mm；颖卵形，近革质，具 5～9 脉，中部主脉隆起成锐利的脊，顶端延伸成短尖头或短芒。外稃扁圆形，具 5～9 脉，背部稍具脊，顶端无芒或有芒，芒长短不一，长 1～15cm，芒上密生斜上的细短刺；内稃与外稃近等长，具 2 脊。颖果长约 6mm。

中生禾草。在内蒙古和我国其他省区及世界各地普遍栽培。

我国北方的重要粮食作物。谷粒磨粉后可做各种面食。麸素可制味精，可做家畜、家禽的饲料。秆、叶可为饲草，秆亦可供编织或造纸用。成熟颖果及未成熟颖果可入药。成熟颖果（药材名：小麦）能养心安神，主治神志不宁、失眠、脏躁等；未成熟颖果（药材名：稃小麦）能止汗，主治自汗、盗汗、体虚汗多不止。

24. 黑麦属 Secale L.

一年生稀多年生禾草。秆直立。叶片扁平。穗状花序顶生，紧密，穗轴延续而通常不逐节断落。小穗单生于穗轴的各节，无柄，两侧压扁，侧面对向穗轴，常含2可育小花；小穗轴脱节于颖之上且延伸于第二小花之后而形成一棒状物，且在2朵可育小花间极为短缩，故2朵可育小花相距极近且并生，在栽培种中延续不脱落，在野生种中可逐节脱落。颖狭窄，锥形，具1脉，两侧有膜质边，先端渐尖或延伸成芒，背部脊上常具细小纤毛。外稃5脉，在边脉背部隆起成脊，脊上具刺毛，先端渐尖或延伸成长芒；内稃等长于外稃；雄蕊3；子房顶端具毛。颖果腹面有沟，顶端有毛，易与稃片脱离。

内蒙古有1栽培种。

1. 黑麦

Secale cereale L., Sp. Pl. 1:84. 1753; Fl. Intramongol. ed. 2, 5:142. 1994.

一年生禾草。秆直立，高60～120cm，具5～6节，于花序下部密生细毛。叶鞘无毛；叶舌近膜质，长约1.5mm；叶片扁平，长5～20cm，宽5～8mm。穗状花序顶生，紧密，长5～10cm，宽约10mm；小穗长约15mm，含2～3小花，其下部的2小花结实，顶生小花不育；颖近等长，线形或线状披针形，无芒，先端渐尖，长约10～12mm。外稃披针形，长12～15mm，先端芒长3～5cm；内稃边缘宽膜质。

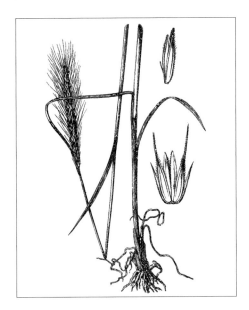

中生禾草。内蒙古赤峰市、锡林郭勒盟、乌兰察布市有栽培。我国黑龙江、河北、河南、宁夏、陕西、安徽、福建、湖北、台湾、贵州、云南、新疆亦有栽培。

谷粒可食用，植株可做家畜饲草，秆亦可造纸或供编织用。

25. 披碱草属 Elymus L.

多年生丛生禾草。无根茎。叶扁平或内卷。穗状花序直立或下垂；小穗散以2～3(～4)枚生于穗轴之每节(有时在上部或基部可见单生者)，含3～7小花；颖锥形、条形至披针形，二颖几等长，先端尖或具长芒，具3～5(～7)脉，脉上粗糙。外稃具5脉，先端延伸成长芒或短芒，芒多少向外反曲；内稃通常与外稃等长。

内蒙古有8种。

分种检索表

1a. 颖（芒除外）显著短于第一小花，花序下垂。

 2a. 植株较粗大；叶长9.5～23cm，宽可达9mm；穗状花序长12～18cm；小穗排列疏松，不偏于一侧，含3～5小花，全部发育·····················**1. 老芒麦 E. sibiricus**

2b. 植株较细弱；叶长（3～）7～11.5cm，宽不超过 5mm；穗状花序长 5～9（～12）cm；小穗排列较紧密，多少偏于一侧，含（2～）3～4 小花，通常仅（1～）2～3 小花发育。

　　3a. 颖长 4～5mm，先端具长 1～4mm 的短芒；叶扁平，宽 2～5mm·········**2. 垂穗披碱草 E. nutans**

　　3b. 颖长 2～4mm，先端渐尖；叶多内卷，宽约 2mm·········**3. 黑紫披碱草 E. atratus**

1b. 颖（芒除外）约等长于第一小花，花序直立或微弯。

4a. 穗轴关节处不膨大，亦不被长硬毛，棱边具小纤毛而无翼。

　　5a. 植株绿色而不被白粉；小穗绿色或带紫色，但颖及外稃不具紫红色小点；外稃的芒粗糙无毛，绿色。

　　　6a. 基部叶鞘密被长柔毛；颖脉上粗糙，疏被短硬毛···**4b. 青紫披碱草 E. dahuricus** var. **violeus**

　　　6b. 叶鞘无毛，或有时下面的叶鞘具短柔毛；颖具粗糙的脉而不被毛（稀可被短纤毛）。

　　　　7a. 外稃全部密生短毛或短小糙毛。

　　　　　8a. 植株高 70～85cm；穗状花序长 10～18.5cm，宽 6～10mm；小穗长 12～15mm，含 3～5 小花，全部发育；颖先端具 3～6mm 长的短芒；外稃先端芒向外展开···
　　　　　·········**4a. 披碱草 E. dahuricus** var. **dahuricus**

　　　　　8b. 植株高 35～45cm；穗状花序长 6～8cm，宽 4～5mm；小穗长 7～10mm，含 2～3 小花，仅 1～2 小花发育；颖先端具 2～3（～4）mm 长的短芒；外稃先端芒直立或稍向外展·········**4c. 圆柱披碱草 E. dahuricus** var. **cylindricus**

　　　　7b. 外稃全体无毛或粗糙，或仅上半部被微小短毛。

　　　　　9a. 叶宽 7～11mm；穗状花序宽 11～14（～16）mm；小穗不偏向一侧，含 4～5（～7）小花；颖先端芒长 4～8mm；外稃先端芒反曲，长 11～30（～40）mm·········
　　　　　·········**5. 肥披碱草 E. excelsus**

　　　　　9b. 叶宽 3～6mm；穗状花序宽 6～9mm；小穗稍偏向一侧，含 3～4 小花；颖先端芒长 1～4mm；外稃先端芒直立，长 5～10mm·········**6. 麦宾草 E. tangutorum**

　　5b. 植株全体被白粉；小穗粉绿色而带紫色，颖及外稃的先端、边缘及基部具紫红色小点；外稃的芒被毛，紫色·········**7. 紫芒披碱草 E. purpuraristatus**

4b. 穗轴关节处膨大，密被长硬毛，棱边具狭翼，亦被长硬毛·········**8. 毛披碱草 E. villifer**

1. 老芒麦

Elymus sibiricus L., Sp. Pl. 1:83. 1753; Fl. Intramongol. ed. 2, 5:143. t.56. f.1-4. 1994.

多年生禾草。秆单生或成疏丛，直立或基部的节膝曲而稍倾斜，全株粉绿色，高 50～75cm。叶鞘光滑无毛；叶舌膜质，长 0.5～1.5mm；叶片扁平，上面粗糙或疏被微柔毛，下面平滑，长 9.5～23cm，宽 2～9mm。穗状花序弯曲而下垂，长 12～18cm，穗轴边缘粗糙或具小纤毛；小穗灰绿色或稍带紫色，长 13～19mm，含 3～5 小花，小穗轴密生微毛；颖披针形或条状披针形，长 4～6mm，脉明显而粗糙，先端尖或具长 3～5mm 的短芒。外稃披针形，背部粗糙，无毛至全部密生微毛，上部具明显的 5 脉，脉粗糙，顶端芒粗糙，反曲，长 8～18mm，第一外稃长 10～12mm；内稃与外稃几等长，先端 2 裂，脊上全部具有小纤毛，脊间被稀少而微小的短毛。花果期 6～9 月。

中生疏丛禾草。生于路边、山坡、丘陵、山地林缘、草甸草原。产内蒙古各地。分布于我国黑龙江、河北中北部、河南西部、山西、陕西南部、宁夏、甘肃、青海、四川西部、云南西北部、新疆，日本、朝鲜、蒙古国、俄罗斯（西伯利亚地区）、印度、尼泊尔。为东古北极分布种。

良等饲用禾草。本种的草质比披碱草柔软，适口性较好，牛和马喜食，羊乐食。营养价值也较高，是一种有栽培前途的优良牧草，现已广泛种植。

2. 垂穗披碱草

Elymus nutans Griseb. in Nachr. Konigl. Ges. Wiss. Georg-Augusts-Univ. 3:72. 1868; Fl. Intramongol. ed. 2, 5:143. t.56. f.5-9. 1994.

多年生禾草。秆直立，基部稍膝曲，高 40～70cm。叶鞘无毛，或基部和根出的叶鞘被微毛；叶舌膜质，长约 0.5mm；叶片扁平或内卷，上面粗糙或疏生柔毛，下面平滑或有时粗糙，长（3～）7～11.5cm，宽 2～5mm。穗状花序曲折而下垂，长 5～9（～12）cm，穗轴边缘粗糙或具小纤毛；小穗在穗轴上排列较紧密且多少偏于一侧，绿色，熟后带紫色，长 12～15mm，含（2～）3～4 小花，通常仅 2～3 小花发育，小穗轴密生微毛；颖矩圆形，长 4～5mm，几等长，脉明显而粗糙，先端渐尖，或具长 1～4mm 之短芒。外稃矩圆状披针形，脉在基部不明显，背

部全体被微小短毛，先端芒粗糙，向外反曲，长 10～20mm，第一外稃长 7～10mm；内稃与外稃等长或稍长于外稃，先端钝圆或截平，脊上的纤毛向基部渐少而不显，脊间被稀少微小短毛；花药熟后变为黑色。花果期 6～8 月。

中生疏丛禾草。生于山地森林草原带的林下、林缘、草甸、路旁。产兴安南部（科尔沁右翼前旗、阿鲁科尔沁旗、巴林右旗、克什克腾旗）、燕山北部（喀喇沁旗、宁城县）、锡林郭勒（东乌珠穆沁旗、西乌珠穆沁旗、锡林浩特市、苏尼特左旗）、阴山（大青山、蛮汗山）、贺兰山。分布于我国河北西部、河南西部、陕西西南部、宁夏、甘肃中部和东部、青海、四川西部、西藏、云南西北部、新疆，日本、蒙古国、俄罗斯（西伯利亚地区）、印度、尼泊尔，中亚、西南亚。为东古北极分布种。

本种为优良牧草，饲用价值与披碱草相似。

3. 黑紫披碱草

Elymus atratus (Nevski) Hand.-Mazz. in Symb. Sin. 7:1922. 1936; Fl. China 22:407. 2006.——*Clinelymus atratus* Nevski in Bull. Jard. Bot. Acad. Sci. U.R.S.S. 30:644. 1932.

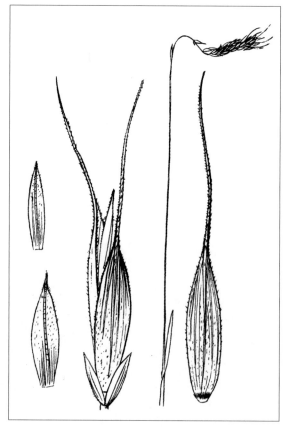

　　多年生疏丛禾草。秆直立，较细弱，高 40～60cm，基部呈膝曲状。叶鞘光滑无毛；叶片多少内卷，长 3～10(～19)cm，宽约 2mm，两面无毛，基生叶上有时生柔毛。穗状花序较紧密，曲折下垂，长约 5cm；小穗常偏于一侧，成熟后紫黑色，长 8～10mm，含 2～3 小花，仅 1～2 小花发育；颖甚小，几等长，长 2～4mm，狭长圆形或披针形，先端渐尖，稀具小尖头，具 1～3 脉，主脉粗糙，侧脉不显著。外稃披针形，密生微小短毛，具 5 脉，第一外稃长 7～8mm，顶端芒粗糙，反曲或展开，长 10～17mm；内稃与外稃等长，先端钝圆，脊上具纤毛。花果期 7～9 月。

中生禾草。生于荒漠带海拔 2900 ～ 3000m 的高山草甸或灌丛，零星生长。产贺兰山。分布于我国甘肃、青海、四川、西藏。为横断山脉分布种。

优良牧草。

4. 披碱草（直穗大麦草）

Elymus dahuricus Turcz. ex Griseb. in Fl. Ross. 4:331. 1852; Fl. Intramongol. ed. 2, 5:144. t.57. f.1-4. 1994.

4a. 披碱草

Elymus dahuricus Turcz. ex Griseb. var. **dahuricus**

多年生禾草。秆疏丛生，直立，基部常膝曲，高 70 ～ 85（～ 140）cm。叶鞘无毛；叶舌截平，长约 1mm；叶片扁平或干后内卷，上面粗糙，下面光滑，有时呈粉绿色，长 10 ～ 20cm，

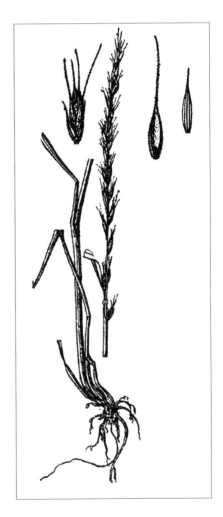

宽 3.5 ～ 7mm。穗状花序直立，长 10 ～ 18.5cm，宽 6 ～ 10mm，穗轴边缘具小纤毛，中部各节具 2 小穗，接近顶端和基部各节只具 1 小穗；小穗绿色，熟后变为草黄色，长 12 ～ 15mm，含 3 ～ 5 小花，小穗轴密生微毛；颖披针形或条状披针形，具 3 ～ 5 脉，脉明显而粗糙或稀被短纤毛，长 7 ～ 11mm（二颖几等长），先端具短芒，长 3 ～ 6mm。外稃披针形，脉在上部明显，全部密生短小糙毛，顶端芒粗糙，熟后向外展开，长 9 ～ 21mm，第一外稃长 9 ～ 10mm；内稃与外稃等长，先端截平，脊上具纤毛，毛向基部渐少而不明，脊间被稀少短毛。花果期 7 ～ 9 月。

中生大型疏丛禾草。生于河谷草甸、沼泽草甸、轻度盐化草甸、芨芨草盐化草甸、田野、山坡、路边。产内蒙古各地。分布于我国河北、河南、山东、山西、陕西、青海、四川西部、西藏东南部、新疆中部和北部，日本、朝鲜、蒙古国、俄罗斯（西伯利亚地区、远东地区）、印度、不丹、尼泊尔，中亚、西南亚。为东古北极分布种。

本种为优良牧草，耐旱、耐碱、耐寒、耐风沙，产草量高，结实性好，适口性强，品质优良。栽培驯化以后（与野生状态相比较），其蛋白质含量有较大的提高，而纤维素的含量则显著下降，可见营养价值已提高。

4b. 青紫披碱草

Elymus dahuricus Turcz. ex Griseb. var. **violeus** C. P. Wang et H. L. Yang in Bull. Bot. Res. Harbin 4(4):86. t.3. 1984; Fl. Intramongol. ed. 2, 5:146. t.57. f.5-8. 1994.

本变种与正种的区别是：基部叶鞘密被白色长柔毛；颖的脉上粗糙并疏被短硬毛，小穗带紫色。花果期 7～9 月。

中生大型疏丛禾草。生于草原带的沟谷草甸、山坡草甸。产阴山（大青山）。分布于我国青海。为华北西部山地分布变种。

4c. 圆柱披碱草

Elymus dahuricus Turcz. ex Griseb. var. **cylindricus** Franch. in Nouv. Arch. Mus. Hist. Nat. Ser. 2, 7:152. 1884; Fl. China 22:406. 2006.——*E. cylindricus* (Franch.) Honda in J. Fac. Sci. Univ. Tokyo Sect. 3. Bot. 3:17. 1930; Fl. Intramongol. ed. 2, 5:148. t.57. f.16-18. 1994.

本变种与正种的区别是：植株高 35～45cm；穗状花序长 6～8cm，宽 4～5mm；小穗长 7～10mm，含 2～3 小花，仅 1～2 小花发育；颖先端具 2～3（～4）mm 长的短芒；外稃先端芒直立或稍向外展。

中生丛生禾草。生于森林带和草原带的山坡、林缘草甸、路旁草地、田野。产兴安北部及岭东和岭西（大兴安岭）、呼伦贝尔、兴安南部（巴林右旗）、赤峰丘陵（红山区、敖汉旗）、锡林郭勒（东乌珠穆沁旗、西乌珠穆沁旗、锡林浩特市、阿巴嘎旗、苏尼特左旗、正蓝旗）、阴南丘陵（和林格尔县、准格尔旗）、鄂尔多斯（伊金霍洛旗、毛乌素沙地）、贺兰山。分布于我国河北北部、河南西部、陕西、宁夏、青海东部和南部、四川西北部和西南部、云南西北部、新疆中部和西部。为亚洲中部分布变种。

中等饲用禾草。青鲜时家畜乐食。

5. 肥披碱草

Elymus excelsus Turcz. ex Griseb. in Fl. Ross. 4:331. 1852; Fl. Intramongol. ed. 2, 5:146. t.57. f.9-12. 1994.

多年生禾草。秆高大粗壮，高 65～155cm，直径可达 6mm。叶鞘无毛或有时下部的叶鞘具短柔毛；叶舌截平或撕裂，长 1～1.5mm；叶片扁平，常带粉绿色，长 19～35cm，宽 7～11mm，两面粗糙或下面平滑。穗状花序粗壮，直立，长 10～15cm，宽 11～14（～16）mm，穗轴边缘具小纤毛，每节具 2～3（～4）小穗；小穗有时具短柄，长 12～15（～19）mm（芒除外），含 4～5（～7）小花，小穗轴密生微小短毛；颖狭披针形，长 10～13mm，脉明显而粗糙，先端具芒，长 4～8mm。外稃矩圆状披针形，背部无毛或粗糙，上部脉明显，先端、脉上和边缘被微小短毛，顶端芒粗糙，反曲，长 11～30（～40）mm，第一外稃长 10～12mm；内稃稍短于外稃或与之等长，脊上具纤毛，脊间被稀少短毛。花果期 6～9 月。

中生大型疏丛禾草。生于森林带和草原带的山坡草甸、草甸草原、路旁。产岭西（额尔古纳市、海拉尔区）、岭东（扎兰屯市）、兴安南部及科尔沁（科尔沁右翼前旗、科尔沁右翼中旗、通辽市、阿鲁科尔沁旗、巴林右旗）、燕山北部（喀喇沁旗、宁城县、敖汉旗）、锡林郭勒（东乌珠穆沁旗、西乌珠穆沁旗、锡林浩特市、阿巴嘎旗、正蓝旗、集宁区）、阴山（蛮汗山）。分布于我国黑龙江、河北、河南西部、山东东部、山西、陕西东南部、甘肃东南部、青海中北部、四川北部、云南、新疆中部和北部、日本、朝鲜、蒙古国北部、俄罗斯（西伯利亚地区、远东地区）。为东古北极分布种。

优良牧草。牛、马、羊等家畜均喜食。

6. 麦宾草

Elymus tangutorum (Nevski) Hand.-Mazz. in Symb. Sin. 7:1292. 1936; Fl. Intramongol. ed. 2, 5:146. t.57. f.13-15. 1994.——*Clinelymus tangutorus* Nevski in Bull. Jard. Acad. Sci. U.R.S.S. 30:647. 1932.

多年生禾草。植株较粗壮。秆基部膝曲，高 75～90cm，具 4～5 节。叶鞘光滑无毛；叶舌截平，长 0.5～1mm；叶片扁平，上面粗糙或疏生柔毛，下面平滑，长 9～18cm，宽 3～6mm。穗状花序直立，较紧密，有时小穗稍偏于一侧，长 14.5～17cm，宽 6～9mm，穗轴边缘具小纤毛；小穗绿色，稍带紫色，长 13～16mm，含 3～4 小花，小穗轴密生微毛；颖披针形或条状披针形，长 (5～)8～10mm，脉明显而粗糙，先端尖或具长 1～4mm 之短芒。外稃矩圆状披针形，全体无毛或仅上半部被微小短毛，脉在上部明显，顶端芒粗糙，直立，长 5～10mm，第一外稃长 (6～)8～9mm；内稃与外稃等长，先端钝，脊具纤毛，脊间被微毛。花果期 7～9 月。

中生疏丛禾草。生于草原带的山坡、草地。产兴安南部及科尔沁（科尔沁右翼中旗、阿鲁科尔沁旗）、燕山北部（喀喇沁旗、宁城县）、锡林郭勒（锡林浩特市、阿巴嘎旗、苏尼特左旗、集宁区）、阴南丘陵（清水河县）、贺兰山。分布于我国山西中部和西南部、宁夏、甘肃中部、

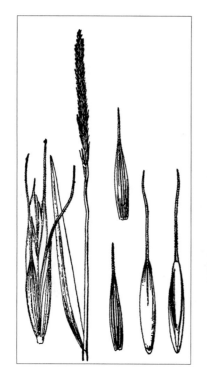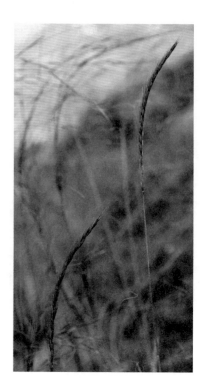

青海东部和南部、湖北西部、四川西部、贵州西北部、西藏东部、云南西北部、新疆中部和西南部，不丹、尼泊尔。为华北—横断山脉—喜马拉雅分布种。

良等饲用禾草。抽穗以前，为家畜所乐食；开花以后，草质粗糙，适口性明显下降。

7. 紫芒披碱草

Elymus purpuraristatus C. P. Wang et H. L. Yang in Bull. Bot. Res. Harbin 4(4):83. t.1. 1984; Fl. Intramongol. ed. 2, 5:148. t.58. f.1-6. 1994.

多年生禾草。秆较粗壮，高可达 160cm，直径 1.5～3.5mm；秆、叶、花序皆被白粉。叶鞘基部节间（紧接基部节之上方）呈粉紫色；叶舌先端钝圆，长约 1mm；叶片常内卷，长 15～25cm，宽 2.5～4mm，上面微粗糙，下面平滑。穗状花序直立或微弯曲，细弱，较紧密，粉紫色，长 8～15cm，宽 4～6mm，穗轴边缘具小纤毛；小穗粉绿而带紫色，长 10～12mm，含 2～3 小花，小穗轴密生微毛；颖披针形或条状披针形，长 7～10mm，先端具长约 1mm 之短芒，具 3 脉，脉上具短刺毛，边缘、先端及基部均点状粗糙，并夹以紫红色小点。外稃矩圆状披针形，背部全体被毛，亦具紫红色小点，尤以先端、边缘及基部较密，顶端芒长 7～15mm，被毛，带紫色，直立或微弯曲，第一外稃长 6～9mm；内稃与外稃等长或较短于外稃，脊上被短毛，毛自中部以下渐稀疏而微小，脊间被微小短毛。花果期 7～9 月。

中生疏丛禾草。生于草原带的山坡草地。产阴山（大青山、蛮汗山）。为阴山分布种。

8. 毛披碱草

Elymus villifer C. P. Wang et H. L. Yang in Bull. Bot. Res. Harbin 4(4):84. 1984; Fl. Intramongol. ed. 2, 5:150. t.58. f.7-12. 1994.

多年生禾草。秆疏丛生，直立，高 60～75cm，直径 1.5～2.5mm。叶鞘密被长柔毛；叶舌短，长约 0.5mm；叶片扁平或边缘内卷，长 9～15cm，宽 3～6mm，两面及边缘被长柔毛。穗状花序微弯曲，长 9～12cm，穗轴节处膨大，密被长硬毛，棱边具窄翼，亦被长硬毛；小穗长 6～10mm（芒除外），含 2～3 小花，小穗轴被短毛；颖狭披针形，长 6～10mm（连芒尖在内），3～5 脉，脉上疏被短硬毛，有狭膜质边缘，先端渐尖，形成长 1.5～2.5mm 之芒尖。外稃矩圆状披针形，背部粗糙，上部疏被短毛，边缘及基部两侧被短硬毛，顶端芒长可达 25mm，粗糙，反曲，第一外稃长 7～11mm；内稃与外稃等长，脊上被短纤毛，脊间及边缘稀被短毛。花果期 7～9 月。

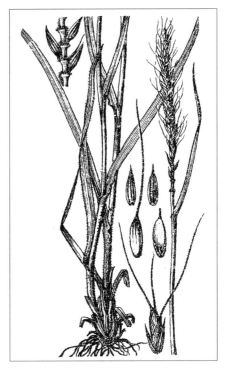

中生疏丛禾草。生于草原带的山地沟谷草甸。产阴山（土默特左旗旧窝铺村及黑牛沟、卓资县红召，乌拉山大桦背山，蛮汗山二龙什台森林公园）。为阴山分布种。

26. 赖草属 Leymus Hochst.

多年生禾草。具下伸或横走的根状茎。秆基部残留叶鞘常呈纤维状。叶片质较坚硬而旋卷。穗状花序顶生；小穗2至数枚生于穗轴之每节（有时亦单生），含2～12小花；颖窄而硬，细长呈锥状，具1～3脉；外稃无芒或具短芒，常因小穗轴之扭转而与颖交叉成对而生，使外稃基部裸露。

内蒙古有7种。

分种检索表

1a. 颖锥状披针形，先端急尖狭窄如芒状，下部多少扩展，具不显著3脉，常具膜质边缘。

  2a. 颖短于小穗。

    3a. 穗轴边缘疏生纤毛，小穗轴节间光滑，外稃及基盘均光滑无毛…………**1. 羊草 L. chinensis**

    3b. 穗轴被短柔毛，节与边缘被长柔毛，小穗轴节间贴生短毛，外稃及基盘均明显被毛…………………………………………………………………**2. 赖草 L. secalinus**

  2b. 颖等于或长于小穗。

    4a. 穗状花序短而宽，密集成长卵形或长椭圆形，长5～9cm，宽1.5～2.5cm；小穗通常4枚生于每节…………………………………………………**3. 宽穗赖草 L. ovatus**

    4b. 穗状花序长而狭，长8～35cm，宽0.7～1cm；小穗通常2～3枚生于每节。

      5a. 小穗含2～3花；颖基部膜质边缘宽，紧包第一外稃基部，不外露…………………………………………………………………………**4. 窄颖赖草 L. angustus**

      5b. 小穗含3～5花；颖基部膜质边缘窄，不紧包第一外稃，基部外露。

        6a. 植株高70～120cm；穗状花序长20～35cm，小穗长15～19mm…………………………………………………………………**5. 天山赖草 L. tianschanicus**

        6b. 植株高50～70cm；穗状花序长8～15cm，小穗长10～15mm…**6. 华北赖草 L. humilis**

1b. 颖近锥形，下部稍扩展，不具膜质边缘，颖等于或稍长于小穗，外稃背部密被细长柔毛…………………………………………………………………**7. 毛穗赖草 L. paboanus**

1. 羊草（碱草）

Leymus chinensis (Trin. ex Bunge) Tzvel. in Rast. Tsentr. Azii 4:205. 1968; Fl. Intramongol. ed. 2, 5:151. t.59. f.1-4. 1994.——*Triticum chinensis* Trin. ex Bunge in Enum. Pl. China Bor. 72. 1833.——*Aneurolepidium chinense* (Trin.) Kitag. in Rep. Inst. Sci. Res. Manch. 2:281.1938.

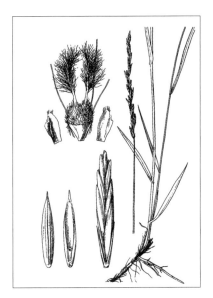

多年生禾草。秆成疏丛或单生，直立，无毛，高 45 ～ 85cm。叶鞘光滑；有叶耳，长 1.5 ～ 3mm；叶舌纸质，截平，长 0.5 ～ 1mm；叶片质厚而硬，扁平或干后内卷，长 6 ～ 20cm，宽 2 ～ 6mm，上面粗糙或有长柔毛，下面光滑。穗状花序劲直，长 7.5 ～ 16.5(～ 26)cm，穗轴强壮，边缘疏生长纤毛；小穗粉绿色，熟后呈黄色，通常在每节孪生或在花序上端及基部者为单生，长 8 ～ 15(～ 25)mm，含 4 ～ 10 小花，小穗轴节间光滑；颖锥状，质厚而硬，具 1 脉，上部粗糙，边缘具微细纤毛，其余部分光滑，第一颖长 (3 ～)5 ～ 7mm，第二颖长 6 ～ 8mm。外稃披针形，光滑，边缘狭膜质，顶端渐尖或形成芒状尖头，基盘光滑，第一外稃长 7 ～ 10mm；内稃与外稃等长，先端微 2 裂，脊上半部具微细纤毛或近于无毛。花果期 6 ～ 8 月。

旱生—中旱生根状茎禾草。羊草的生态幅度较宽，广泛生长于开阔平原、起伏的低山丘陵以及河滩和盐渍低地，发育在黑钙化栗钙土、碱化草甸土、柱状碱土上，在呼伦贝尔和锡林郭勒的森林草原以及相邻的干草原外围地区形成面积相当辽阔的羊草草原群系，成为该地带发达的草原类型之一。产内蒙古各地。分布于我国黑龙江、吉林西部、辽宁、河北、河南、山东西部、山西、陕西中部和北部、甘肃、青海东部、新疆北部和东北部，朝鲜、蒙古国、俄罗斯（西伯利亚地区、远东地区）。为蒙古—华北—满洲分布种。

优等饲用禾草。适口性好，一年四季为各种家畜所喜食。营养物质丰富，夏秋季节是家畜抓膘牧草，为内蒙古草原主要牧草资源，亦为秋季收割干草的重要饲草。本种植物耐碱、耐寒、耐旱，在平原、山坡、沙壤土中均能适应生长。现已广泛种植。

2. 赖草（老披碱、厚穗碱草）

Leymus secalinus (Georgi) Tzvel. in Rast. Tsentr. Azii 4:209. 1968; Fl. Intramongol. ed. 2, 5:151. t.59. f.5-9. 1994.——*Triticum secalinum* Georgi in Bemerk. Reise Russ. Reich. 1:198. 1775.

多年生禾草。秆单生或成疏丛，质硬，直立，高 45 ～ 90cm，上部密生柔毛，尤以花序以下部分更多。叶鞘大都光滑，或在幼嫩时上部边缘具纤毛；叶耳长约 1.5mm；叶舌膜质，截平，长 1.5 ～ 2mm；叶片扁平或干时内卷，长 6 ～ 25cm，宽 2 ～ 6mm，上面及边缘粗糙或生短柔毛，下面光滑或微糙涩，或两面均被微毛。穗状花序直立，灰绿色，长 7 ～ 16cm，穗轴被短柔毛，每节着生 2 ～ 4 小穗；小穗长 10 ～ 17mm，含 5 ～ 7 小花，小穗轴贴生微柔毛；颖锥形，

先端尖如芒状，具1脉，上半部粗糙，边缘具纤毛，第一颖长8～10(～13)mm，第二颖长11～14(～17)mm。外稃披针形，背部被短柔毛，边缘的毛尤长且密，先端渐尖或具长1～4mm的短芒，脉在中部以上明显，基盘具长约1mm的毛，第一外稃长8～11(～14)mm；内稃与外稃等长，先端微2裂，脊的上半部具纤毛。花果期6～9月。

旱中生根状茎禾草。在草原带常见于芨芨草盐化草甸和马蔺盐化草甸群落中，此外，也见于沙地、丘陵地、山坡、田间、路旁。产内蒙古各地。分布于我国黑龙江、吉林、辽宁、河北、河南西部、山西、陕西、宁夏、甘肃、青海、四川西北部、西藏中部和西部、新疆，日本、朝鲜、蒙古国、俄罗斯（远东地区）、印度，中亚。为东古北极分布种。

良等饲用禾草。青鲜状态下，牛和马喜食，羊采食较差；抽穗后迅速粗老，适口性下降。根状茎及须根入药，能清热、止血、利尿，主治感冒、鼻出血、哮喘、肾炎。

3. 宽穗赖草

Leymus ovatus (Trin.) Tzvel. in Bot. Mater. Gerb. Bot. Inst. Kom. Akad. Nauk S.S.S.R. 20:430. 1960; Fl. Intramongol. ed. 2, 5:152. 1994.——*Elymus ovatus* Trin. in Fl. Alt. 1:121. 1829.

多年生禾草。秆单生，高70～100cm，无毛或于花序下密被贴生细毛。叶鞘光滑无毛；叶舌膜质，截平，长约1mm，被细毛；叶片扁平或内卷，长5～15cm，宽5～8mm，上面被稠密的短柔毛并杂有长柔毛，下面密被短毛。穗状花序较宽，密集成长卵形或长椭圆形，长5～9cm，宽1.5～2.5cm，穗轴密被柔毛；小穗4枚生于1节，长10～20mm，含5～7小花，小穗轴节间长约1mm，贴生短柔毛；颖锥状披针形，二颖近等长，长10～13mm，先端狭窄如芒，下部具窄膜质边缘。外稃披针形，上部被稀疏贴生的短刺毛，边缘具纤毛，先端渐尖或具长1～3mm的短芒，基盘具长约1mm的硬毛，第一外稃长8～10mm；内稃与外稃等长或稍短于外稃，脊的上半部具纤毛。花果期7～8月。

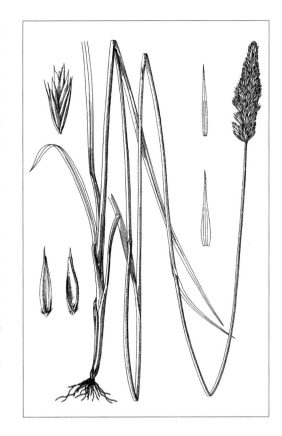

中旱生根状茎禾草。生于草原带的路边。产阴南丘陵（准格尔旗）。分布于我国青海、新疆，蒙古国、俄罗斯（西伯利亚地区）、阿富汗，中亚。为中亚—亚洲中部分布种。

4. 窄颖赖草

Leymus angustus (Trin.) Pilger in Bot. Jahrb. Syst. 74:6. 1947; Fl. Intramongol. ed. 2, 5:152. 1994.——*Elymus angustus* Trin. in Fl. Alt. 1:119. 1829.

多年生禾草。秆单生或丛生，高60～100cm，无毛或在花序下部及节下常被短柔毛。叶鞘平滑或微粗糙；叶舌干膜质，先端钝圆，长0.5～1mm；叶片质较厚而硬，大部内卷，长15～25cm，宽7～10mm，粗糙或其背面近平滑。穗状花序直立，长15～20cm，宽7～10mm，穗轴被短柔毛；小穗2枚（很少3枚）生于1节，长10～14mm，含2～3小花，小穗轴节间长2～3mm，被短柔毛；颖条状披针形，下部较宽广，覆盖第一外稃基部使不外露，先端狭窄成芒，基部的膜质边缘宽，具1粗壮脉，长10～13mm，二颖近等长或第一颖较短。外稃披针形，密被柔毛，顶端渐尖或延伸成长约1mm的芒，基盘被短毛，第一外稃长10～14mm；内稃稍短于外稃，脊的上部有纤毛。花果期6～8月。

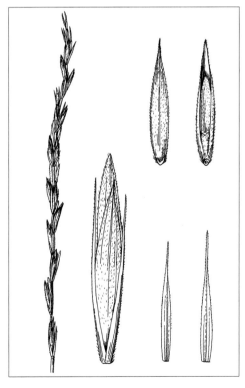

旱中生根状茎禾草。生于荒漠草原带的盐渍化草甸。产乌兰察布（乌拉特中旗）。分布于我国宁夏北部、

甘肃、青海东北部和南部、新疆北部和中部，蒙古国、俄罗斯（西伯利亚地区），中亚、西南亚，欧洲。为古北极分布种。

5. 天山赖草

Leymus tianschanicus (Drob.) Tzvel. in Bot. Mater. Gerb. Bot. Inst. Kom. Akad. Nauk S.S.S.R. 20:429. 1960; Fl. Intramongol. ed. 2, 5:154. 1994.——*Elymus tianschanicus* Drob. in Key Fl. Tashkent. 1:44. 1923.

多年生禾草。秆单生或丛生，直立，高 70 ～ 120cm，平滑无毛，仅于花序下部稍粗糙。叶鞘无毛；叶舌膜质，圆头，长 2 ～ 3mm；叶片扁平或内卷，长 20 ～ 40cm，宽 5 ～ 9mm，无毛或上面及边缘粗糙。穗状花序直立，细长，长 20 ～ 35cm，宽约 1cm，穗轴粗糙或密被柔毛，边缘具睫毛；小穗通常 3 枚生于 1 节（下部者 2 枚），长 15 ～ 19mm，含 3 ～ 5 小花，小穗轴节间长约 3mm，密被短柔毛；颖锥状披针形，稍长或等长于小穗，二颖等长或第一颖稍短，先端狭窄如芒，基部具窄膜质边缘。外稃矩圆状披针形，背部被短柔毛，边缘具纤毛，先端延伸成长 1 ～ 3mm 的小尖头，基盘两侧及上端的毛较长，第一外稃长 10 ～ 13mm；内稃等长或稍短于外稃，脊上具睫毛，上半部的毛长而密。花果期 6 ～ 10 月。

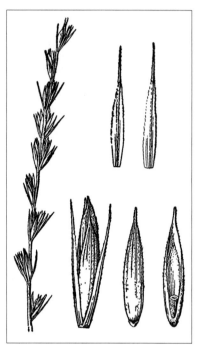

旱生根状茎禾草。生于山地草原。产东阿拉善（磴口县）、额济纳。分布于我国新疆北部和中部及西部，中亚。为戈壁分布种。

6. 华北赖草（矮天山赖草）

Leymus humilis (S. L. Chen et H. L. Yang) Y. Z. Zhao in Class. Fl. Ecol. Geogr. Distr. Vasc. Pl. Inn. Mongol. 647. 2012.——*L. tianschanicus* (Drob.) Tzvel. var. *humilis* S. L. Chen et H. L. Yang in Fl. Intramongol. ed. 2, 5:154. 594. 1994.——*L. kopetdaghensis* auct. non (Roshev.) Tzvel.: Fl. Intramongol. ed. 2, 5:154. 594. 1994.

多年生禾草。秆单生或丛生，直立，高 50 ～ 70cm，平滑无毛，仅于花序下部稍粗糙。叶鞘无毛；叶舌膜质，圆头，长 2 ～ 3mm；叶片扁平或内卷，长 20 ～ 40cm，宽 5 ～ 9mm，无毛或上面及边缘粗糙。穗状花序直立，细长，长 8 ～ 15cm，宽约 1cm，穗轴粗糙或密被柔毛，边缘具睫毛；小穗通常 3 枚生于 1 节（下部者 2 枚），长 10 ～ 15mm，含 3 ～ 5 小花，小穗轴节间长约 3mm，密被短柔毛；颖锥状披针形，稍长或等长于小穗，二颖等长或第一颖稍短，先端狭窄如芒，基部具窄膜质边缘。外稃矩圆状披针形，背部被短柔毛，边缘具纤毛，先端延伸成长 1 ～ 3mm 的小尖头，基盘两侧及上端的毛较长，第一外稃长 10 ～ 13mm；内稃等长或稍短于外稃，脊上具睫毛，上半部的毛长而密。花果期 6 ～ 10 月。

旱中生根状茎禾草。生于草原带和草原化荒漠带的沙地、山地、田边、盐渍化草甸。产兴安南部（克什克腾旗、西乌珠穆沁旗）、东阿拉善（磴口县、阿拉善左旗巴彦浩特镇）、贺兰山。为华北分布种。

7. 毛穗赖草

Leymus paboanus (Claus) Pilger in Bot. Jahrb. Syst. 74:6. 1947; Fl. Intramongol. ed. 2, 5:155. 1994.——*Elymus paboanus* Claus in Beitr. Pflanzenk. Russ. Reich. 8:170. 1851.

多年生禾草。秆密生，高 45～90cm，光滑无毛。叶鞘无毛；叶舌长约 0.5mm；叶片长 10～30cm，宽 4～7mm，扁平或内卷，上面微粗糙，下面光滑。穗状花序直立，长 10～18cm，宽 8～13mm，穗轴较细弱，上部密被柔毛，向下渐无毛，边缘具睫毛；小穗 2～3 枚生于 1 节，长 8～13mm，含 3～5 小花，小穗轴节间密被柔毛；颖近锥形，与小穗等长或稍长，微被细小刺毛或平滑无毛或边缘和背脊稍粗糙，下部稍扩展，不具膜质边缘。外稃披针形，背部密被长 1～1.5mm 的白色细柔毛，先端渐尖或具长约 1mm 的短芒；内稃与外稃近等长，脊的上半部具睫毛。花果期 6～7 月。

旱中生根状茎禾草。生于草原化荒漠带的盐渍化草甸、平原、河边。产东阿拉善（乌拉特后旗狼山北部）。分布于我国宁夏北部、甘肃西部、青海西北部和西南部、新疆北部和东北部，蒙古国、俄罗斯（西伯利亚地区），中亚、西南亚，欧洲。为古地中海分布种。

27. 大麦草属 Hordeum L.

一年生或多年生禾草。秆直立。叶扁平。顶生穗状花序或因三联小穗的两侧生者具柄而形成穗状圆锥花序。小穗通常仅含1小花，稀含2小花；穗轴在成熟时常逐节断落，或在栽培种中坚韧而不断落。顶生小穗常退化。三联小穗同型者无柄，可育；异型者中间的无柄，可育，两侧者有柄可育或否。颖狭披针形，针状或呈刺芒状。外稃背部扁圆形，具5脉，先端延伸成芒，稀无芒；内稃与外稃近等长。颖果常与稃体黏着，稀分离。

内蒙古有5种，另有1栽培种。

分种检索表

1a. 一年生禾草；三联小穗均无柄，皆可育。栽培·······································**1. 大麦草 H. vulgare**
1b. 多年生禾草；三联小穗中间的无柄，可育，两侧的具柄，常不育。

　2a. 中间小穗不含第二不育小花，花序成熟时绿色或紫褐色。

　　3a. 颖呈针状或基部稍宽，长不超过1.5cm。

　　　4a. 颖常短于中间小花的外稃，外稃芒长1～2mm·············**2. 短芒大麦草 H. brevisubulatum**
　　　4b. 颖常稍长于中间小花的外稃，外稃芒长3～7mm。

　　　　5a. 花序常呈紫褐色；中间小穗外稃长约5mm，背部光滑无毛；芒长3～5mm············
　　　　···**3. 小药大麦草 H. roshevitzii**
　　　　5b. 花序常呈粉绿色或黄绿色；中间小穗外稃长6～7mm，背部密生细刺毛；芒长7～8mm···
　　　　···**4. 布顿大麦草 H. bogdanii**

　　3b. 颖退化为细软长芒，长5～6cm·······································**5. 芒颖大麦草 H. jubatum**

　2b. 中间小穗含第二不育小花，花序成熟时红褐色，外稃芒长6～8mm·····································
　···**6. 内蒙古大麦草 H. innermongolicum**

1. 大麦草

Hordeum vulgare L., Sp. Pl. 1:84. 1753; Fl. Intramongol. ed. 2, 5:156. 1994.

一年生禾草。秆粗壮，直立，光滑，高50～90cm。叶鞘松弛；叶耳披针形；叶舌膜质，

长1～2mm；叶片扁平，长5～20cm，宽4～15mm。穗状花序顶生，长3～8cm，宽10～15mm，穗轴每节着生3枚可育小穗；小穗均无柄，长10～15mm；颖条状披针形，先端芒长8～14mm。外稃矩圆形，具5脉，长10～11mm，先端芒长8～15mm；内稃与外稃近等长。颖果成熟时与稃体黏着，不易分离。

中生禾草。原产欧洲。为欧洲种。内蒙古和我国北方其他地区及世界其他地区普遍栽培。

谷粒可做面食，亦可为制啤酒与麦芽糖的原料。谷粒与茎叶为家畜的良好饲料。带稃颖果及发芽带稃颖果可入药。带稃颖果能和胃、宽肠、利尿，主治食滞泄泻、小便淋痛、水肿、烫水伤；发芽带稃颖果（药材名：麦芽）能消食、健胃、回乳，主治食欲不振、食积不消、脘腹胀满、乳汁郁积、乳房胀痛等。

2. 短芒大麦草（野黑麦）

Hordeum brevisubulatum (Trin.) Link. in Linnaea 17:391. 1844; Fl. Intramongol. ed. 2, 5:156. t.60. f.1-2. 1994.——*H. secalinum* Schreb. var. *brevisubulatum* Trin. in Sp. Gram. 1:t.4. 1828.

多年生禾草。常具根状茎。秆成疏丛，直立或下部节常膝曲，高25～70cm，光滑。叶鞘无毛或基部疏生短柔毛；叶舌膜质，截平，长0.5～1mm；叶片绿色或灰绿色，长2～12cm，宽2～5mm。穗状花序顶生，长3～9cm，宽2.5～5mm，绿色或成熟后带紫褐色，穗轴节间长约2～6mm。三联小穗两侧者不育，具长约1mm的柄；颖针状，长4～5mm；外稃长约5mm，无芒。中间小穗无柄；颖长4～6mm；外稃长6～7mm，平滑或具微刺毛，先端具长1～2mm的短芒，内稃与外稃近等长。花果期7～9月。

中生禾草。生于盐碱滩、河岸低湿地。产内蒙古各地。分布于我国黑龙江、河北西北部、陕西东北部、宁夏北部和东部、甘肃、青海东北部、西藏西部、新疆北部和中部及西部，蒙古国、俄罗斯（西伯利亚地区）、巴基斯坦，中亚。为东古北极分布种。

优等饲用禾草。草质柔软，适口性好，青鲜时，牛和马喜食，羊乐食；结实后，适口性有所下降，但调制成干草后，仍为各种家畜所乐食。营养价值较高，抗盐碱的能力强，是改良盐渍化和碱化草场的优良草种之一。

3. 小药大麦草（紫野麦草、紫大麦草）

Hordeum roshevitzii Bowden in Canad. J. Genet. Cytol. 7:395. 1965; Fl. Intramongol. ed. 2, 5:156. t.60. f.3. 1994.

多年生禾草。具短根状茎。秆直，丛生，细弱，高30～60cm，直径1～1.5mm。叶鞘光

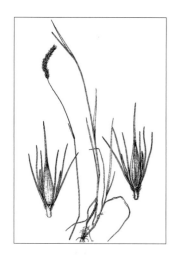

滑；叶舌膜质，长约 0.5～1mm；叶片扁平，长 2～12cm，宽 2～4mm。顶生穗状花序，长约 3～6mm。三联小穗两侧者具长约 1mm 的柄，不育；颖与外稃均为刺芒状。中间小穗无柄，可育；颖长 5～8mm，刺芒状；外稃披针形，长 5～6mm，背部光滑，先端芒长 3～5mm，内稃与外稃近等长。花果期 6～9 月。

中生禾草。生于森林草原带和草原带的河边盐生草甸、河边沙地。产岭西（额尔古纳市、陈巴尔虎旗、鄂温克族自治旗）、兴安南部及科尔沁（扎赉特旗、科尔沁右翼中旗、霍林郭勒市、翁牛特旗、敖汉旗、巴林右旗、克什克腾旗）、辽河平原（科尔沁左翼后旗）、燕山北部（宁城县）、锡林郭勒（东乌珠穆沁旗、西乌珠穆沁旗、锡林浩特市、正蓝旗、苏尼特左旗、苏尼特右旗、丰镇市）、乌兰察布（四子王旗）、阴山（大青山、蛮汗山）、鄂尔多斯（达拉特旗、乌审旗、杭锦旗）、东阿拉善（阿拉善左旗巴彦浩特镇）。分布于我国陕西北部、宁夏北部、甘肃东部、青海北部和东北部、四川、新疆中部，日本、朝鲜、蒙古国、俄罗斯（西伯利亚地区）。为东古北极分布种。

4. 布顿大麦草

Hordeum bogdanii Wilensky in Trudy Glavn. Bot. Sada 40:248. 1928; Fl. Intramongol. ed. 2, 5:157. t.60. f.4. 1994.

多年生禾草。具根状茎。秆丛生，高 30～75cm，直径 1.5～2mm，节上密被灰白色毛，基部常膝曲。叶鞘多短于节间；叶舌膜质，长约 1mm；叶片扁平，长 6～15cm，宽 3～6mm。穗状花序稍下垂，长 5～10cm，宽 3～7mm，穗轴节间长约 1mm，易断落。三联小穗两侧者具柄，柄长 1～1.5mm；颖长 6～7mm；外稃贴生细毛，长 3～5mm。中间小穗无柄；颖针状，长 5～8mm；外稃长约 7mm，背部贴生细毛，先端芒长约 7(～8)mm，内稃短于外稃。花果期 6～9 月。

中生禾草。生于荒漠带的低

地、河谷草地、盐化及碱化草甸。产龙首山、额济纳。分布于我国甘肃西部、青海西北部和西南部、新疆，蒙古国西北部、俄罗斯（西西伯利亚地区）、阿富汗，中亚。为古地中海分布种。

　　本种为良好牧草，家畜喜采食。

5. 芒颖大麦草

Hordeum jubatum L., Sp. Pl. 1:85. 1753; Fl. China 22:398. 2006.

　　多年生禾草。秆丛生，直立或基部稍倾斜，高 20～60cm，直径 1～2mm，具 3～5 节，无毛。

叶鞘长于或中部短于节间，上部者无毛，下部者常被短柔毛，开裂几至基部；叶舌干膜质，平截，长约 0.5mm；叶片扁平，长 5～13cm，宽 1.5～2.5mm，两面粗糙。穗状花序柔软，长达 12cm（包括芒），穗轴易逐节断落，节间长约 1mm，棱上具细纤毛。小穗 3 枚簇生于每节，侧生小穗柄长约 1mm；颖芒状，长 5～6cm；其小花常退化为芒状，稀为雄性。中间小穗无柄，颖长 4.5～6.5cm，芒状；外稃宽披针形，具不明的 5 脉，长 5～6mm，宽约 1.5mm，顶端具一长 4～5cm 之细软长芒，内稃与外稃近等长，子房中部以上具毛。花果期 5～8 月。

　　中生禾草。生于草原带的草地、庭院草坪。外来种。产岭西、锡林郭勒、阴南平原（呼和浩特市）、阴南丘陵、鄂尔多斯。分布于我国黑龙江、辽宁，世界温带地区广布。为泛温带分布种。

6. 内蒙古大麦草

Hordeum innermongolicum P. C. Kuo et L. B. Cai in Act. Biol. Plateau Sin. 6(6):223. t.1. 1987; Fl. Intramongol. ed. 2, 5:157. t.60. f.5. 1994.

　　多年生禾草。具根状茎。秆直立，高 75～100cm，基部节常膝曲。叶鞘无毛或基生者疏生短柔毛；叶舌短，长 0.5～1mm；叶片长 4～12cm，宽 2～5mm，扁平或稍内卷。穗状花序顶生，长 6～16cm，宽 5～7mm，红褐色，穗轴节间长约 2～3mm。三联小穗两侧者小穗柄长 0.5～1mm；颖针状，长 6～8mm；外稃长约 5～7mm，芒长 5～6mm。中间小穗无柄；常含 2 小花，第二小花不育，第一小花发育；颖针状，长 7～8mm；外稃长 7～8mm，贴生微短硬毛，具 5 脉，顶端芒长 6～8mm，内稃与外稃近等长。

　　中生禾草。生于森林带的山地草甸。产兴安北部（东乌珠穆沁旗宝格达山）。分布于我国青海。为华北—兴安分布种。

28. 新麦草属 Psathyrostachys Nevski

多年生禾草。穗状花序条形或矩圆状卵形，穗轴成熟后逐节断落，每节具 2～3 小穗；小穗无柄，含 2～3 小花（或仅含 1 朵小花），均可育或其一顶生小花退化为棒状；颖刺状锥形，二颖等长，具 1 脉，常被柔毛。外稃先端具芒尖，常被柔毛；内稃稍短于外稃。

内蒙古有 2 种。

分种检索表

1a. 小穗含 1 小花及 1 不孕小花；花药紫色，长 5～6mm ·························**1. 单花新麦草 P. kronenburgii**
1b. 小穗含 2～3 小花；花药黄色或紫色，长 3～5mm ·························**2. 新麦草 P. juncea**

1. 单花新麦草（克罗氏新麦草、新疆新麦草、单穗新麦草）

Psathyrostachys kronenburgii (Hack.) Nevski in Fl. U.R.S.S. 2:713. 1934; Fl. Intramongol. ed. 2, 5:159. t.61. f.1-3. 1994.——*Hordeum kronenburgii* Hack. in Allg. Bot. Z. Syst. 11:133. 1905.

多年生禾草。根细绳状，具沙套。秆丛生，高 40～60cm，花序以下有毛，基部具棕褐色残留叶鞘。叶鞘光滑，边缘具狭膜质；叶舌白色膜质，长 1～2mm；叶片坚硬，扁平或内卷，长 5～20cm，宽 2～4mm，秆上部者较短，两面粗糙。穗状花序直立或稍弯曲，长 5～6cm，宽 5～10mm，抽穗初期为顶生叶鞘所包裹，穗轴压扁，两侧被柔毛，成熟后逐节断落，每节着生 3 小穗，节间长 2～4mm；小穗披针形，长 7～10mm，无柄，含 1 小花及 1 不孕小花；颖锥形，长 5～8mm，被短柔毛。外稃披针形，密被短柔毛，长约 7mm，先端具短芒；内稃稍短于外稃，先端具 2 齿；花药条形，紫色，长 5～6mm。

旱生禾草。生于荒漠带的干燥山坡。产龙首山。分布于我国甘肃、青海中部、新疆北部和中部及西部，中亚。为中亚—亚洲中部山地分布种。

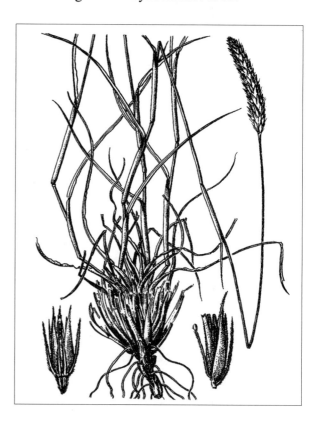

2. 新麦草

Psathyrostachys juncea (Fisch.) Nevski in Fl. U.R.S.S. 2:714. 1934; Fl. China 22:395. 2006.——*Elymus junceus* Fisch. in Mem. Soc. Imp. Nat. Mosc. 1:25. 1811.

多年生禾草，密集丛生。具直伸短根状茎。秆高 40～80cm，直径约 2mm，光滑无毛，仅于花序下部稍粗糙，基部残留枯黄色、纤维状叶鞘。叶鞘短于节间，光滑无毛；叶舌长约 1mm，膜质，顶部不规则撕裂；叶耳膜质，长约 1mm；叶片深绿色，长 5～15cm，宽 3～4mm，扁平或边缘内卷，上、下两面均粗糙。穗状花序下部为叶鞘所包，长 9～12cm，宽 7～12mm，穗轴脆而易断，侧棱具纤毛，节间长 3～5mm 或下部者长达 10mm；小穗 2～3 枚生于 1 节，长 8～11mm，淡绿色，成熟后变黄或棕色，含 2～3 小花；颖锥形，长 4～7mm，被短毛，具 1 不明显的脉。外稃披针形，被短硬毛或柔毛，具 5～7 脉，先端渐尖成长 1～2mm 的芒，第一外稃长 7～10mm；内稃稍短于外稃，脊上具纤毛，两脊间被微毛；花药黄色或紫色，长 4～5mm。花期 5～7 月，果期 8～9 月。

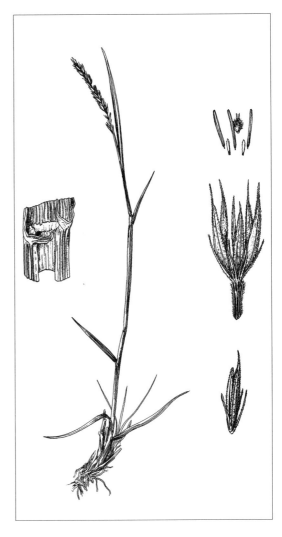

旱生禾草。生于荒漠带的干燥山坡草地。产龙首山。分布于我国甘肃中部、新疆北部和中部及西部，蒙古国西部和南部、俄罗斯（西伯利亚地区）、哈萨克斯坦。为亚洲中部山地分布种。

（11）燕麦族 Aveneae

29.落草属 Koeleria Pers.

多年生禾草。秆通常纤细，密丛。叶片内卷或扁平。圆锥花序紧缩呈穗状；小穗含2～4小花，两侧压扁，小穗脱节于颖之上；颖不等长，具1～3脉，边缘膜质，有光泽，宿存。外稃纸质，边缘及顶端宽膜质，第一外稃与颖片近等长，具3～5脉，顶端尖，或于顶端以下具短芒；内稃狭窄，具2脊。

内蒙古有2种。

分种检索表

1a. 小穗长4～5mm；外稃背部微粗糙；叶上面无毛，下面被短柔毛····················**1.落草 K. macrantha**
1b. 小穗长3.5～4mm；外稃背部被长柔毛；叶上面被短柔毛，下面被长柔毛······**2.阿尔泰落草 K. altaica**

1.落草

Koeleria macrantha (Ledeb.) Schult. in Mant. 2:345. 1824; Fl. China 22:331. 2006.——*Aira macrantha* Ledeb. in Mem. Acad. Imp. Sci. St.-Petersb. Ser. 7, 5:515. 1815.——*K. cristata* (L.) Pers. in Syn. Pl. 1:97. 1805; Fl. Intramongol. ed. 2, 5:161. t.62. f.1-6. 1994. nom. illegit.——*Aira cristata* L., Sp. Pl. 1:63. 1753. p.p.

多年生禾草。秆直立，高20～60cm，具2～3节，花序下密生短柔毛，秆基部密集枯叶鞘。叶鞘无毛或被短柔毛；叶舌膜质，长0.5～2mm。叶片扁平或内卷，灰绿色，长1.5～7cm，宽1～2mm；蘖生叶密集，长5～20（～30）cm，宽约1mm，被短柔毛或上面无毛，上部叶近无毛。圆锥花序紧缩成穗状，下部间断，长5～12cm，宽7～13（～18）mm，有光泽，草黄色或黄褐色，分枝长0.5～1cm；小穗长4～5mm，含2～3小花，小穗轴被微毛或近无毛；颖长圆状披针形，边缘膜质，先端尖，第一颖具1脉，长2.5～3.5mm，第二颖具3脉，长3～4.5mm。外稃披针形，第一外稃长约4mm，背部微粗糙，无芒，先端尖或稀具短尖头；内稃稍短于外稃。花果期6～7月。

旱生禾草。生于典型草原带和森林草原带的草原及草原化草甸群落的恒有种，广泛生长在壤质、沙壤质的黑钙土、栗钙土以及固定沙地上，在荒漠草原棕钙

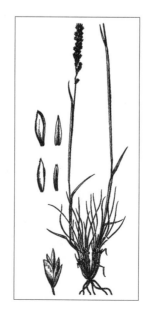

土上少见。产内蒙古各地。分布于我国黑龙江、河北、河南、山东、山西、安徽北部、浙江、福建、湖北东部、宁夏、陕西、青海、四川、西藏东南部和西南部、新疆，日本、蒙古国、俄罗斯（西伯利亚地区、远东地区），喜马拉雅山脉，中亚、西南亚，欧洲、北美洲。为泛北极分布种。

本种春季返青较早，为优等饲用禾草。草质柔软，适口性好，羊最喜食，牛和骆驼乐食。到深秋仍有鲜绿的基生叶丛，因此，被利用的时间长。营养价值较高，对家畜抓膘有良好效果，牧民称之为"细草"，并且适应性强，是改良天然草场的优良草种。

2. 阿尔泰落草

Koeleria altaica (Dom.) Kryl. in Fl. Sibir. Occid. 2:261. 1928; Fl. Intramongol. ed. 2, 5:161. 1994.——*K. eriostachya* Pancic var. *altaica* Dom. in Bibl. Bot. 14(65):163. 1907.

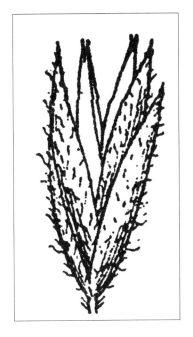 

多年生禾草。植株具短的根状茎或短根头。秆高 13～18(～50)cm，花序以下具柔毛，基部具枯叶纤维。叶鞘密生短柔毛；叶舌近膜质，长 1～2mm；叶片长 4～5cm，宽 1～2.5mm，上面被短柔毛，下面被长柔毛，分蘖叶长 3～13(～30)cm，宽 0.5～1mm。圆锥花序顶生，紧缩呈穗状，下部有间断，长 2～3(～4)cm，宽 5～10mm，黄绿色或黄褐色，有光泽；小穗长 3.5～4mm，含 2～3 小花；颖披针形或矩圆状披针形，第一颖长 3～3.5mm，具 1 脉，第二颖长 4～4.5mm，具 3 脉。外稃披针形，背部被长柔毛，第一外稃长约 4.5mm，具 3～5 脉，顶端无芒，具短尖头；内稃短于外稃。花果期 6～7 月。

旱生禾草。生于草原带的东半部的山地禾草—杂类草草原，为伴生种，亦可沿着山区进入典型草原带的山地草原，一般生长在薄层的山地黑钙土或暗栗钙土上。产兴安北部（牙克石市乌尔其汉镇）、兴安南部（巴林左旗、巴林右旗、克什克腾旗、锡林浩特市）。分布于我国新疆，蒙古国北部和西部、俄罗斯（西伯利亚地区）、哈萨克斯坦（塔尔巴哈台山）。为亚洲中部山地分布种。

本种春季返青较早，6 月初开花，7 月上旬果实成熟，草质优良，马、牛、羊均喜食。

30. 三毛草属 Trisetum Pers.

多年生禾草。秆直立。叶片扁平或内卷。圆锥花序顶生；小穗两侧压扁，含2～6小花；颖不等长，边缘膜质，具1～3脉，顶端尖。外稃披针形，边缘膜质，顶端常2裂，自背面中部以上处生芒；内稃透明膜质，具2脊，等长或较短于外稃。

内蒙古有3种。

分种检索表

1a. 圆锥花序紧密呈穗状，花序下的秆被柔毛；植株低矮，密丛生，高8～30cm···1. 穗三毛草 T. spicatum

1b. 圆锥花序较疏松开展，花序下的秆无毛；植株较高大，疏丛生或单生，高50～120cm。

    2a. 小穗长5～10mm，含2～4小花；外稃芒反曲，长7～9mm········**2. 西伯利亚三毛草 T. sibiricum**

    2b. 小穗长4～4.5mm，含4～6小花；外稃芒近直立，长达6.5mm········**3. 绿穗三毛草 T. umbratile**

1. 穗三毛草

Trisetum spicatum (L.) K. Richt. in Pl. Eur. 1:59. 1890; Fl. Intramongol. ed. 2, 5:164. 1994.——*Aira spicata* L., Sp. Pl. 1:64. 1753.——*T. spicatum* (L.) K. Richt. subsp. *mongolicum* Hulten ex Veldkamp in Gard. Bull. Singapore 36:135. 1983; Fl. China 22:327. 2006.——*Koeleria litvinowii* auct. non Dom.: Fl. Intramongol. ed. 2, 5:161. 1994.

多年生禾草。秆低矮，密丛生，高8～30cm，花序下常具柔毛。叶鞘密生柔毛；叶舌膜质，长1～2mm；叶片扁平或纵卷，宽2～4mm。圆锥花序常紧密成穗状，下部有时间断，长1.5～7cm，宽0.5～2cm，浅绿色或带紫色，有光泽；小穗卵圆形，长4～6mm，含2～3小花；颖长4～6mm，具1～3脉。第一外稃长4～5mm，顶端具2裂齿，基盘被短毛，芒自稃体顶端以下约1mm处伸出，长3～4mm，反曲；内稃稍短于外稃。花果期7～9月。

中生禾草。生于荒漠带的山坡草地、高山草甸。产贺兰山。分布于我国黑龙江东南部、吉林东部、辽宁、河北西部、山西、陕西南部、宁夏、甘肃中部和东部、湖北西部、青海、四川西

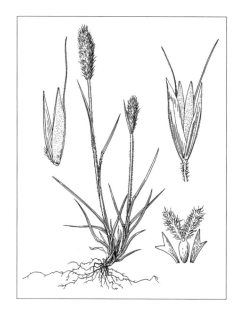

部、西藏、云南西北部、新疆，北半球极地地区、热带高海拔地区亦有分布。为泛北极分布种。

2. 西伯利亚三毛草

Trisetum sibiricum Rupr. in Beitr. Pflanzenk. Russ. Reich. 2:65. 1845; Fl. Intramongol. ed. 2, 5:162. t.62. f.7-12. 1994.

多年生禾草。植株具短的根状茎。秆直立，高 60～100cm，直径 2～4mm。叶鞘无毛或粗糙；叶舌膜质，长 1～2mm；叶片扁平，长 7～20(～30)cm，宽 4～8mm。圆锥花序顶生，狭窄，稍开展，长 10～20cm；小穗长 5～10mm，含 2～4 小花，黄绿色，有光泽；颖披针形，先端渐尖，第一颖长 4～6mm，具 1 脉，第二颖长 5～7mm，具 3 脉。外稃披针形，第一外稃长 5～7mm，背面中部稍上方伸出 1 芒，长 7～9mm，膝曲，下部稍扭转；内稃稍短于外稃。花果期 7～9 月。

中生禾草。生于山地森林带、森林草原带的林缘、林下，为山地针叶林、针阔混交林和杂木林禾草层和山地草甸的常见伴生种。

产兴安北部（额尔古纳市、根河市、牙克石市）、兴安南部（阿鲁科尔沁旗、巴林右旗、克什克腾旗、西乌珠穆沁旗、锡林浩特市）、燕山北部（喀喇沁旗、宁城县、敖汉旗、兴和县苏木山）、阴山（大青山）。分布于我国黑龙江、吉林东部、辽宁西部、河北北部、河南中部和西部、山西、宁夏、陕西南部、甘肃东部、湖北西部、青海东部和南部、四川西部、西藏东部、新疆北部和中部、日本、朝鲜、蒙古国、俄罗斯（西伯利亚地区、远东地区）、中亚、西南亚、欧洲、北美洲。为泛北极分布种。

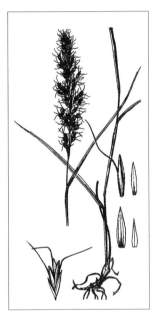

良等饲用禾草。在青鲜状态时，为各种家畜所乐食；结实后，适口性有所下降。

3. 绿穗三毛草

Trisetum umbratile (Kitag.) Kitag. in J. Jap. Bot. 31:320. 1956; Fl. Intramongol. ed. 2, 5:164. 1994.——*T. sibiricum* Rupr. var. *umbratile* Kitag. in Rep. Inst. Sci. Res. Manch. 4:77. 1940.

多年生禾草。秆直立，高 70～75cm，直径 1.5～2mm。叶鞘口边缘被柔毛；叶舌膜质，长 1～2mm；叶片扁平，长 8～13cm，宽 2～3mm。圆锥花序顶生，稍开展，分枝着生小穗较稀疏；小穗长 4～6mm，含 1～2 小花，黄绿色，有光泽。第一颖狭披针形，长 3.5～4mm，具 1 脉；第二颖披针形，长 4.5～5mm，具 3 脉。第一外稃长 5～5.5mm，黄褐色，芒自背面中部以上伸出，长达 6.5mm，细弱，直立或稍膝曲，下部不扭转；内稃稍短于外稃。花果期 7～9 月。

中生禾草。生于森林带山地的禾草沼泽、沼泽化草甸群落中。产兴安北部（额尔古纳市、牙克石市乌尔其汉镇）。分布于我国黑龙江、吉林、辽宁，朝鲜、俄罗斯（远东地区）。为满洲分布种。

31. 异燕麦属 Helictotrichon Besser ex Schult. et J. H. Schult.

多年生禾草。秆直立。叶片扁平或内卷。顶生圆锥花序开展或紧缩，有光泽；小穗直立或开展，含 3 至数朵小花，小穗轴脱节于颖之上及各小花之间；二颖通常不等长，具 1～5 脉，边缘宽膜质。外稃下部质较硬，上部膜质，背部圆形，具数脉，芒自外稃中部附近伸出，扭转，膝曲；内稃短于或等长于外稃。颖果通常与稃体紧贴。

内蒙古有 4 种。

分种检索表

1a. 叶片扁平或稍内卷，宽 2～7（～12）mm，秆生叶舌长 3～8mm。
  2a. 秆丛生，具较短或不明显的匍匐地下茎；叶片宽 2～4mm；小穗长 11～15mm······················
    ······················**1. 异燕麦 H. schellianum**
  2b. 秆常单生，具长的匍匐地下茎；叶片宽 6～7（～12）mm；小穗长 18～22mm···················
    ······················**2. 大穗异燕麦 H. dahuricum**
1b. 叶片内卷呈针状，宽 0.5～2mm，秆生叶舌长 0.5～2mm。
  3a. 圆锥花序分枝较短，排列紧密，紧缩成穗状，卵形或长圆形，长 2～6cm；小穗通常含 2 朵小花；
    花序下部茎秆被柔毛······················**3. 藏异燕麦 H. tibeticum**
  3b. 圆锥花序分枝较长，排列疏松，常偏向一侧，不紧缩成穗状，长 3～9cm；小穗通常含 3 朵小花；
    花序下部茎秆光滑无毛······················**4. 蒙古异燕麦 H. mongolicum**

1. 异燕麦

Helictotrichon schellianum (Hack.) Kitag. in Rep. Inst. Sci. Res. Manch. 3:App.1, 78. 1939; Fl. Intramongol. ed. 2, 5:165. t.63. f.1-6. 1994.——*Avena schelliana* Hack. in Trudy Imp. St.-Petersb. Bot. Sada 12:419. 1892.——*Helictotrichon hooker* (Scribn.) Henrard subsp. *schellianum* (Hack) Tzvel. in Nov. Sist. Vyssh. Rast. 8:68. 1971; Fl China 22:319. 2006.

多年生禾草。秆少数，丛生，高 50～75cm，直径 1.5～2mm，常具 2 节。叶鞘松弛；叶舌膜质，长 3～6mm；叶片扁平或稍内卷，长 5～12cm（分蘖叶长 20～35cm），宽 2～4mm，两面粗糙。圆锥花序紧缩或稍开展，长 7～15cm，宽 1～2cm；小穗淡褐色，有光泽，长 11～15mm，含 3～5 小花；颖披针形，上部及边缘膜质，具 3 脉，第一颖长 9～11mm，第二颖长 10～13mm。外稃具 7 脉，基盘有短毛，第一外稃长 10～13mm，芒生于稃体背面中部稍上方，长 12～15mm；内稃显著短于外稃。花果期 7～9 月。

旱生禾草。生于山地草原、林间、林缘草甸，有时可成为优势种，构成异燕麦山地草原群落片段。产岭西（额尔古纳市、鄂温克族自治旗）、兴安南部（科尔沁右翼中旗、阿鲁科尔沁旗、巴林左旗、巴林右旗、克什克腾旗）、燕山北部（喀喇沁旗、宁城县）、锡林郭勒（锡林浩特市、正蓝旗）、阴山（大青山）。分布于我国黑龙江、吉林西部、辽宁西部、河北北部、河南西部、山西、陕西、宁夏北部、甘肃东部、青海东部、

四川西部、新疆北部和中部，蒙古国、俄罗斯（西伯利亚地区、远东地区），中亚。为东古北极分布种。

　　良等饲用禾草。适口性良好，为各种家畜所喜食，特别是在青鲜时，马和羊均喜食。营养价值较高，耐干旱的能力较强，是一种有栽培前途的牧草。

2. 大穗异燕麦

Helictotrichon dahuricum (Kom.) Kitag. in Rep. Inst. Sci. Res. Manch. 3(App.1):77. 1939; Fl. Intramongol. ed. 2, 5:165. t.63. f.10-13. 1994.——*Avena planiculmis* Schrad. subsp. *dahurica* Kom. in Fl. Kamtch. 1:159. 1927.

　　多年生禾草。具根状茎。秆常单生，高 60～90cm，基部直径 3～4mm。叶鞘无毛；叶舌膜质，长 3～8mm；叶片扁平，长 3～15cm，宽 6～7（～12）mm。圆锥花序顶生，开展，每节着生 1～2 分枝；小穗黄褐色或成熟后带紫色，长 18～22mm，含 3～5 小花；颖宽披针形，

长 11～15mm，边缘膜质，第一颖具 3 脉，第二颖具 3～5 脉。第一外稃矩圆状披针形，长约 20mm，上部与边缘膜质，下部黄褐色，具 7 脉，芒生于稃体中部稍上方，长 15～17mm；内稃短于外稃。花果期 7～9 月。

中生禾草。生于森林带和森林草原带的草甸化草原群落、山地林缘草甸。产兴安北部及岭西（额尔古纳市、牙克石市乌尔其汉镇、鄂伦春自治旗）、岭东（扎兰屯市）、燕山北部（喀喇沁旗、宁城县）。分布于我国黑龙江，蒙古国北部、俄罗斯（东西伯利亚地区、远东地区）。为东西伯利亚—满洲分布种。

3. 藏异燕麦

Helictotrichon tibeticum (Roshev.) J. Holub in Preslia 31(1):50. 1959; Fl. Intramongol. ed. 2, 5:166. t.63. f.7-9. 1994.——*Avena tibetica* Roshev. in Izv. Glavn. Bot. Sada U.R.S.S. 27:98. 1928.

多年生禾草。秆高 20～35cm，花序以下具短柔毛，基部密被枯叶纤维。叶鞘被短毛或无毛；叶舌膜质，长 0.5～2mm；叶片内卷呈针状，长 1.5～5cm，宽 0.5～1.5mm，蘖生叶长 5～25cm，宽 0.2～1mm，质硬，粗糙或上面被微毛。圆锥花序紧缩或稍疏展，长 2～6cm，宽 10～15mm，穗轴及分枝具柔毛；小穗长 8～10mm，黄绿色或带紫褐色，含 2～3 小花，通常第三小花退化；颖披针形或卵状披针形，边缘膜质，第一颖长 7～8mm，具 1 脉，第二颖长 9～11mm，具 3 脉。外稃矩圆状披针形，第一外稃长约 8mm，常具 7 脉，芒自稃体中部伸出，长 10～13mm，基盘具柔毛；内稃短于外稃或近等长，具 2 脊，脊上具纤毛；花药条形，长约 2～3mm，紫色。花果期 7～8 月。

  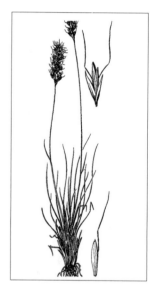

旱生禾草。生于山地草原及林缘草地。产贺兰山。分布于我国甘肃西南部、青海、四川西部、西藏东北部、云南西北部、新疆（天山）。为天山—横断山脉分布种。

4. 蒙古异燕麦

Helictotrichon mongolicum (Roshev.) Henrard in Blumea 3:431. 1940; Fl. Intramongol. ed. 2, 5:166. 1994.——*Avena mongolica* Roshev. in Izv. Glavn. Bot. Sada S.S.S.R. 27:96. 1928.

多年生禾草。秆直立，丛生，高 10～30（～60）cm，具 1～2 节。叶鞘常长于节间；秆生叶舌长 0.5mm，蘖生叶舌长 2～3mm；叶片纵卷，基生者长 15～30cm，秆生者长 2～5cm，宽 1.5～2mm。圆锥花序偏向一侧，稍开展，长 3～9cm，宽 1～2cm；小穗宽披针形，长 10～12mm，黄绿色或稍带紫色，含 3 小花；颖长 9～11mm，具 1～3 脉。第一外稃长约 10mm，具 5～7 脉，芒自稃体中部伸出，芒柱扭转，膝曲，长 13～15mm；内稃稍短于外稃。

花果期 7～9 月。

中生禾草。生于高山草甸、山地林下。产贺兰山。分布于我国新疆北部和中部，蒙古国北部和西部、俄罗斯（西伯利亚地区），中亚。为中亚—亚洲中部高山分布种。

32. 燕麦属 Avena L.

一年生禾草。秆直立。叶片扁平。圆锥花序顶生；小穗含 2 至数朵小花，多长于 2cm，小穗柄常弯曲，小穗轴有毛或否；颖草质，长于下部小花，7～11 脉；外稃草质或质坚硬，5～9 脉，有芒或无芒，芒常自外稃背面中部或稍上方伸出，膝曲，芒柱扭转。

内蒙古有 1 种，另有 2 栽培种。

分种检索表

1a. 外稃草质；小穗轴无毛，多弯曲，第一节间长达 1cm。栽培·····················**1. 莜麦 A. chinensis**

1b. 外稃质坚硬；小穗轴有毛或无毛，不多弯曲，第一节间长不超过 5mm。

　2a. 小穗含 1～2 小花，小穗轴不易脱节，外稃无毛，第二外稃无芒。栽培·············**2. 燕麦 A. sativa**

　2b. 小穗含 2～3 小花，小穗轴易脱节，外稃被疏密不等的硬毛，第二外稃有芒······**3. 野燕麦 A. fatua**

1. 莜麦

Avena chinensis (Fisch. ex Roem. et Schult.) Metzg. in Europ. Cereal. 53. 1824; Fl. Intramongol. ed. 2, 5:168. t.64. f.1-6. 1994.——*A. nuda* L. var. *chinensis* Fisch. ex Roem. et Schult. in Syst. Veg. 2:669. 1817.

一年生禾草。秆直立，高 60～100cm。叶鞘基生者常被微毛；叶舌膜质，长 2～3mm；叶片长 5～25cm，宽 3～9mm，微粗糙，边缘基部有时疏生纤毛。圆锥花序顶生，长达 22cm，宽 5～10cm；小穗含 3～6 小花，小穗轴常弯曲，无毛，第一节间长达 1cm；颖卵状披针形，长 15～25mm，边缘膜质，先端渐尖。外稃草质，卵状披针形或矩圆形，第一外稃长 20～25mm，无芒或具长 1～2cm 的细芒，芒从背部顶端 1/4 处生出；内稃甚短于外稃。颖果长约 8mm，易与稃片分离。

旱生禾草。内蒙古西部地区普遍栽培，我国河北、河南、山西、新疆、云南等省区也有栽培。

谷粒磨粉后可做各种面食。全草亦为优等饲用植物，各种家畜均喜食。

2. 燕麦

Avena sativa L., Sp. Pl. 1:79. 1753; Fl. Intramongol. ed. 2, 5:168. t.64. f.13-16. 1994.

一年生禾草。秆直立，高 70～150cm。叶鞘无毛；叶舌膜质；叶片长 7～20cm，宽 5～10mm。圆锥花序顶生，开展，长达 25cm，宽 10～15cm；小穗长 15～22mm，含 1～2 小花，小穗轴不易脱节；颖质薄，卵状披针形，长 20～23mm。外稃质坚硬，无毛，具 5～7 脉，第一外稃长约 13mm，背部芒长 2～4cm，第二外稃无芒；内稃与外稃近等长。颖果长圆柱形，长约 10mm，黄褐色。

中旱生禾草。原产欧洲。为欧洲分布种。内蒙古常见栽培，我国东北、华北、西北等地区多有栽培。

本种品种很多。谷粒可供食用。全草为优等饲用植物，各种家畜均喜食。

3. 野燕麦

Avena fatua L., Sp. Pl. 1:80. 1753; Fl. Intramongol. ed. 2, 5:169. t.64. f.7-12. 1994.

一年生禾草。秆直立，高 60～120cm。叶鞘光滑或基部有毛；叶舌膜质，长 1～5mm；叶片长 7～20cm，宽 5～10mm。圆锥花序开展，长达 20cm，宽约 10cm；小穗长 18～25mm，含 2～3 小花，小穗轴易脱节；颖卵状或短圆状披针形，长 2～2.5cm，长于第一小花，具白膜质边缘，先端长渐尖。外稃质坚硬，具 5 脉，背面中部以下具淡棕色或白色硬毛，芒自外稃中部或稍下方伸出，长约 3cm；内稃与外稃近等长。颖果黄褐色，长 6～8mm，腹面具纵沟，不易与稃片分离。

中生禾草。生于山地林缘、田间、路旁，外来入侵种。产岭西、科尔沁（阿鲁科尔沁旗、翁牛特旗、克什克腾旗）、赤峰丘陵（红山区、松山区）、燕山北部（喀喇沁旗）、乌兰察布（达尔罕茂明安联合旗）、阴山（大青山）、贺兰山。分布于我国黑龙江南部、河北西北部、河南、山西、宁夏、陕西、青海、四川、西藏东部和南部、云南、江苏、浙江、江西、福建、台湾北部、安徽、湖北、湖南、广东北部、广西东北部、贵州、云南、新疆北部和中部及西部。原产地中海地区，为地中海地区分布种。现世界各地均有分布。

本种可做家畜牧草，亦可做造纸原料。

33. 发草属 Deschampsia P. Beauv.

多年生禾草。秆直立。叶片扁平或内卷。圆锥花序开展，有光泽；小穗含 2～3 小花，小穗轴脱节于颖之上；颖近等长，膜质，具 1～3 脉。外稃膜质，背部呈圆形，顶端啮蚀状，基盘有毛，芒自背部中部或近下部伸出；内稃与外稃近等长，薄膜质。

内蒙古有 2 种。

分种检索表

1a. 花序疏松开展，不呈穗状，长 8～25cm。

　　2a. 小穗较大，长 4～4.5mm；芒自稃体基部伸出，短于或稍长于稃体···**1a. 发草 D. cespitosa** subsp. **cespitosa**

　　2b. 小穗较小，长 3～4mm；芒自稃体中部或稍下处伸出，显著长于稃体···**1b. 小穗发草 D. cespitosa** subsp. **orientalis**

1b. 花序紧密，呈穗状圆柱形，长 2～7cm·······························**2. 穗发草 D. koelerioides**

1. 发草

Deschampsia cespitosa (L.) P. Beauv. in Ess. Agrostogr. 91. 1812; Fl. Intramongol. ed. 2, 5:169. t.65. f.4-6. 1994.——*Aira caespitosa* L., Sp. Pl. 1:64. 1753.

1a. 发草

Deschampsia cespitosa (L.) P. Beauv. subsp. **cespitosa**

多年生禾草。秆丛生，高 60～90cm。叶鞘无毛；叶舌膜质，长 5～7mm；叶片质韧，常纵向卷折，长 3～7cm，宽 1～3mm，上面具明显凸出的脉，粗糙，分蘖叶长达 23cm，宽 1～2.5mm。圆锥花序顶生，开展，塔形，长 15～25cm；分枝粗糙，下部常裸露，上部疏生小穗。小穗黄绿色，常带紫褐色，有光泽，含 2(～3) 小花，长 4～4.5mm；颖长 3.5～4.5mm。外稃长 2.5～3mm，芒自外稃基部伸出，短于或稍长于稃体；内稃与外稃近等长；花药长约 2mm，紫色。花果期 7～9 月。

沼生禾草。生于沼泽化草甸、禾草沼泽、泉溪旁边，为喜潮湿、嗜酸性的丛生植物，有时

可成为优势种，形成发草群落。产兴安北部（额尔古纳市、根河市、牙克石市乌尔其汉镇、东乌珠穆沁旗宝格达山）、兴安南部（扎赉特旗、科尔沁右翼前旗）、燕山北部（宁城县）。分布于我国黑龙江、河北西北部、山东、陕西、甘肃、青海、四川、台湾、西藏、云南、新疆，日本、朝鲜、蒙古国北部和西部、俄罗斯（西伯利亚地区）、不丹、印度、巴基斯坦，中亚、西南亚，欧洲、北美洲。为泛北极分布种。

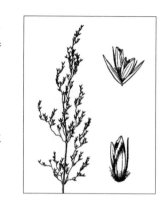

中等饲用禾草。青嫩时为牛、马和羊所喜食。

1b. 小穗发草（长芒发草）

Deschampsia cespitosa (L.) P. Beauv. subsp. **orientalis** Hulten in Kongl. Svenska Vetensk. Acad. Handl. Ser. 3, 5:109. 1927; Fl. China 22:333. 2006.——*D. cespitosa* (L.) P. Beauv. var. *microstachya* Roshev. in Fl. Zabaik. 1:67. 1929; Fl. Intramongol. ed. 2, 5:171. t.65. f.1-3. 1994.

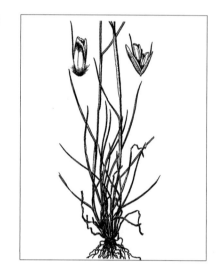

本亚种与正种的区别是：小穗较小，长 3～4mm；芒自外稃中部或稍下处伸出，显著长于稃体。

沼生禾草。生于沼泽化草甸、水边湿草地。产兴安北部（阿尔山市白狼镇）。分布于我国黑龙江、青海、台湾、新疆、云南，日本、朝鲜、蒙古国、俄罗斯（西伯利亚地区、远东地区），北美洲。为泛北极分布种。

2. 穗发草

Deschampsia koelerioides Regel in Bull. Soc. Imp. Nat. Mosc. 41:299. 1868; Fl. Intramongol. ed. 2, 5:171. 1994.

多年生禾草。秆丛生，高 5～30cm，基部具枯叶鞘。叶鞘无毛；叶舌长 2～4mm；叶片纵卷，宽 1～4mm，基生多数，长达 8cm，秆生叶 1～2 枚较短。圆锥花序紧密，常呈穗状圆柱形，长 2～7cm，宽 1～2.5cm；小穗黄褐色或紫褐色，有光泽，长 4～6mm，常含 2 小花；颖与小穗近等长，具 1～3 脉；外稃长 3～4mm，顶端具啮蚀状锯齿，芒自稃体基部 1/5～1/4 处伸出，直立或稍弯曲，与稃体近等长。

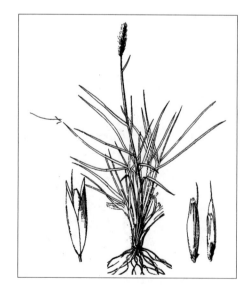

湿生禾草。生于荒漠带的高山草甸、河漫滩、潮湿处。产贺兰山、龙首山。分布于我国甘肃、青海、西藏、新疆，蒙古国北部和西部、俄罗斯（西伯利亚地区）、巴基斯坦、阿富汗，克什米尔地区，中亚。为中亚—亚洲中部分布种。

（12）虉草族 Phalarideae

34. 茅香属 Anthoxanthum L.

——*Hierochloe* R. Br.

多年生。秆细弱，直立，植株具香味。圆锥花序开展成卵形或金字塔形；小穗褐色，含 1 顶生两性小花及 2 侧生的雄性小花；颖几相等，宽卵形，薄膜质，先端尖，具 3 (1～5) 脉。两性小花外稃无芒或具短尖头，下部有光泽，上部多少具柔毛，雄蕊 2；雄性小花外稃多少变硬，与颖片等长或稍短，古铜色，舟形，边缘具纤毛，无芒或有芒，雄蕊 3，内稃具 1～2 脉而质较薄。

内蒙古有 2 种。

分种检索表

1a. 植株较高大，高可达 50cm；小穗长 3.5～6mm；雄花外稃顶端具显著的小尖头，长约 0.5mm⋯⋯⋯⋯⋯⋯⋯⋯⋯⋯⋯⋯⋯⋯⋯⋯⋯⋯⋯⋯⋯⋯⋯⋯⋯⋯⋯⋯**1. 茅香 A. nitens**

1b. 植株较低矮，高 12～25cm；小穗长 2.5～4 (～4.5) mm；雄花外稃顶端钝，不具小尖头⋯⋯⋯⋯⋯⋯⋯⋯⋯⋯⋯⋯⋯⋯⋯⋯⋯⋯⋯⋯⋯⋯⋯**2. 光稃茅香 A. glabrum**

1. 茅香

Anthoxanthum nitens (Weber) Y. Schouten et Veldkamp in Blumea 30(2):348. 1985; Fl. China 22:337. 2006.——*Poa nitens* Weber in Prim. Suppl. Fl. Holsat. n.6. 1787.——*Hierochloe odorata* (L.) P. Beauv. in Ess. Agrost. 164. 1812; Fl. Intramongol. ed. 2, 5:173. t.66. f.1-5. 1994.——*Holcus odoratus* L., Sp. Pl. 2:1048. 1753.

多年生禾草。植株具黄色细长根状茎。秆直立，无毛，高 (20～)30～50cm。叶鞘无毛，或鞘口边缘具柔毛至全部密生微毛；叶舌膜质，长 2.5～4mm，先端不规则齿裂，边缘有时疏生纤毛；叶片扁平，长 3.5～10cm（分蘖叶可达 20cm），宽 2～6mm，上面被微毛或无毛，下面无毛，有时在基部与叶鞘连接处密生微毛，边缘具微刺毛。圆锥花序长 3～7cm，宽 1.5～3.5cm；分枝细弱，斜升或几平展，无毛，常 2～3 个簇生。小穗淡黄褐色，有光泽，长 3.5～6mm；颖具 1～3 脉，等长或第一颖略短。雄花外稃顶端明显具小尖头（长约 0.5mm），背部被微毛，向下渐稀少；两性小花外稃长 2.5～3mm，先端锐尖，上部被短毛。花果期 7～9 月。

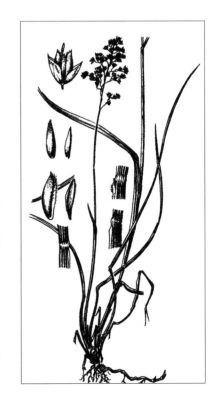

中生禾草。生于草原带和森林草原带的河谷草甸、荫蔽山坡、沙地。产岭西（陈巴尔虎旗、海拉尔区、鄂温克族自治旗）、岭东（扎兰屯市）、科尔沁（扎赉特旗、科尔沁右翼前旗、通辽市）、燕山北部（喀喇沁旗、宁城县、敖汉旗）、锡林郭勒（东乌珠穆沁旗、西乌珠穆沁旗、锡林浩特市、阿巴嘎旗）、阴山（大青山）、阴南丘陵（准格尔旗）、鄂尔多斯（伊金霍洛旗、乌审旗）。分布于我国黑龙江北部、河北、河南西部、山东东部、山西、陕西、宁夏南部、甘肃西南部、青海东部和南部、四川西北部、西藏东北部、云南、贵州、新疆北部和中部，日本、朝鲜、蒙古国、俄罗斯、阿富汗，中亚、西南亚，欧洲、北美洲。为泛北极分布种。

茅香的花序及根状茎可入药。花序能温胃、止呕吐，主治心腹冷痛、呕吐；根状茎能凉血、止血、清热利尿，主治吐血、尿血、急慢性肾炎、浮肿、热淋。

2. 光稃茅香

Anthoxanthum glabrum (Trin.) Veldkamp in Blumea 30:347. 1985; Fl. China 22:337. 2006.——*Hierochloe glabra* Trin. in Neue Entdeck. Pflanzenk. 2:66. 1821; Fl. Intramongol. ed. 2, 5:173. t.66. f.6-8. 1994.

多年生禾草。植株较低矮，具细弱根状茎。秆高 12 ～ 25cm。叶鞘密生微毛至平滑无毛；叶舌透明膜质，长 1 ～ 1.5mm，先端钝；叶片扁平，长 2.5 ～ 10cm，宽 1.5 ～ 3mm，两面无毛或略粗糙，边缘具微小刺状纤毛。圆锥花序卵形至三角状卵形，长 3 ～ 4.5cm，宽 1.5 ～ 2cm，分枝细，无毛；小穗黄褐色，有光泽，长 2.5 ～ 4（～ 4.5）mm；颖膜质，具 1 脉，第一颖长约 2.5mm，第二颖较宽，长约 3mm。雄

花外稃长于颖或与第二颖等长，先端具膜质而钝，背部平滑至粗糙，向上渐被微毛，边缘具密生粗纤毛。孕花外稃披针形，先端渐尖，被有较密的纤毛，其余部分光滑无毛；内稃与外稃等长或较短，具 1 脉，脊的上部疏生微纤毛。花果期 7 ～ 9 月。

中生禾草。生于草原带和森林草原带的河谷草甸、湿润草地、田野。产岭西及呼伦贝尔（额尔古纳市、海拉尔区、满洲里市）、嫩西平原（扎赉特旗）、辽河平原（科尔沁左翼后旗）、兴安南部及科尔沁（科尔沁右翼前旗、通辽市、阿鲁科尔沁旗、巴林右旗、克什克腾旗）、燕山北部（喀喇沁旗、宁城县、敖汉旗）、锡林郭勒（东乌珠穆沁旗、西乌珠穆沁旗、锡林浩特市、阿巴嘎旗、正蓝旗）、乌兰察布（达尔罕茂明安联合旗南部）、阴山（大青山）、阴南丘陵（准格尔旗）、鄂尔多斯（伊金霍洛旗、乌审旗）。分布于我国黑龙江、吉林东部、辽宁、河北、山东、山西、陕西、安徽西部、江苏、浙江西北部、青海东部和南部、新疆中部和西北部，日本、蒙古国、俄罗斯（西伯利亚地区、远东地区）、哈萨克斯坦。为东古北极分布种。

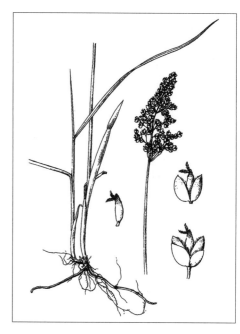

35. 虉草属 Phalaris L.

一年生或多年生禾草。叶扁平。圆锥花序穗状；小穗具1顶生的两性小花及位于其下的2枚不孕外稃；颖等长，舟形，具3脉，其脊常具翼。两性小花外稃革质，短于颖，具不明显的5脉，包住具有2脉的内稃；不孕小花外稃退化为2枚小形鳞片。

内蒙古有1种。

1. 虉草

Phalaris arundinacea L., Sp. Pl. 1:55. 1753; Fl. Intramongol. ed. 2, 5:175. t.66. f.9-14. 1994.

多年生禾草。具根状茎。秆单生或少数丛生，直立，高 70～150cm。叶鞘无毛；叶舌薄膜质，长 2～3mm；叶片扁平，灰绿色，长 4.5～31cm，宽 3.5～13.5mm，两面粗糙或贴生细微毛。圆锥花序紧密狭窄，长 5～16cm，宽 6～15mm；分枝向上斜升，长 10～25mm，密生小穗。小穗长 4～5mm，无毛或被极细小之微毛；颖脊上粗糙，上部具狭翼。孕花外稃宽披针形，长 3～4mm，上部具柔毛；内稃披针形，质薄，短于外稃，2脉不明显，具1脊，脊两旁疏生柔毛。不孕花外稃条形，具柔毛。

湿中生禾草。生于森林草原带的河滩草甸、沼泽草甸、水湿地。产岭西（额尔古纳市、陈巴尔虎旗、鄂温克族自治旗）、兴安南部及科尔沁（扎赉特旗、科尔沁右翼前旗、通辽市、阿鲁科尔沁旗、巴林右旗、克什克腾旗）、燕山北部（喀喇沁旗、宁城县）、阴山（大青山）、鄂尔多斯（乌审旗）。分布于我国黑龙江、吉林东部、辽宁北部、河北中北部、河南、山东东部、山西、宁夏南部、陕西西南部、甘肃东部、青海东南部、四川西北部和西南部、云南东北部、安徽、江苏、浙江、台湾西南部、江西西北部、湖北、湖南中部和西南部、新疆北部和中部，世界温带地区广布。为泛温带分布种。

中等饲用禾草。草质柔嫩，适口性好，为各种家畜所喜食。可作为草甸草原地带建人工草地的优良草种。

183

（13）剪股颖族 Agrostideae

36. 梯牧草属 Phleum L.

一年生或多年生禾草。穗状圆锥花序顶生，紧密，细长圆柱形；小穗两侧压扁，几无柄，脱节于颖之上，含1小花；颖等长，背部中脉成脊，顶端具芒状尖头。外稃膜质，短于颖，无芒；内稃稍短于外稃，脊上具微纤毛。

内蒙古有1种。

1. 梯牧草

Phleum pratense L., Sp. Pl. 1:59. 1753. ——*P. phleoides* auct. non. H. Karst.: Fl. Intramongol. ed. 2, 5:176. t.66. f.15-18. 1994.

多年生禾草。具短根状茎。秆疏丛生，直立，高可达80cm或更高。叶鞘无毛；叶舌干膜质，先端钝圆，长约5mm；叶片扁平或有时卷折，灰绿色，长2～7cm，宽可达4mm，两面微粗糙，边缘具微小刺毛。圆锥花序紧密呈穗状，狭圆柱形，长4～15cm，宽0.5～1cm，灰绿色；小穗倒卵状长圆形，长3～3.5mm；颖膜质，被微柔毛，脊上具长纤毛，先端短芒长0.5～1.5mm。外稃背部主脉成脊，于先端延伸成小芒尖，边脉形成细齿，长约2mm，脊上及两侧被微毛；内稃稍短于外稃，透明膜质，脊上微粗糙。花果期7～9月。

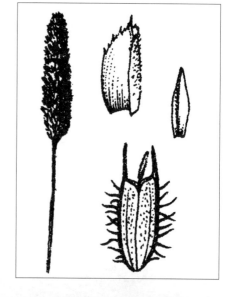

中生禾草。生于森林带的山地草甸化草原、林缘。产兴安北部（牙克石市、新巴尔虎左旗罕达盖苏木、阿尔山市）。分布于我国新疆，蒙古国北部和中部、俄罗斯，中亚、西南亚、北非，欧洲。为古北极分布种。

良等饲用禾草。适口性好，为各种家畜所喜食。

37. 看麦娘属 Alopecurus L.

一年生或多年生草本。叶扁平。圆锥花序密集成穗状；小穗两侧强烈压扁，含1小花，脱节于颖之下；颖等长，无芒，通常基部连合，脊上具纤毛。外稃与颖等长，具5脉，钝头，边缘基部连合，背部脊上具细弱的芒，芒内藏或长于小穗2或3倍；内稃缺。

内蒙古有5种。

分种检索表

1a. 多年生禾草；秆较粗壮；圆锥花序矩圆状卵形或圆柱形，宽6～10mm。
  2a. 颖之两侧密生柔毛；芒自稃体近基部1/4处伸出，膝曲 ············**1. 短穗看麦娘 A. brachystachyus**
  2b. 颖之两侧被短毛或微毛，有时亦可疏生长纤毛；芒自稃体近中部或中部以下伸出，直或膝曲。
    3a. 芒膝曲，自稃体中部以下伸出，显著伸出于颖之外 ··············**2. 大看麦娘 A. pratensis**
    3b. 芒直，自稃体中部伸出，隐藏于颖内或稍外露 ··············**3. 苇状看麦娘 A. arundinaceus**
1b. 一年生禾草；秆较细瘦；圆锥花序条状圆柱形，宽2～5mm。
  4a. 芒长2～2.5mm，隐藏或少外露 ·······································**4. 看麦娘 A. aequalis**
  4b. 芒长4.5～6.5mm，远超出颖之外 ·······························**5. 长芒看麦娘 A. longearistatus**

1. 短穗看麦娘

Alopecurus brachystachyus M. Bieb. in Fl. Taur.-Cauc. Suppl. 3:56. 1819; Fl. Intramongol. ed. 2, 5:176. t.67. f.1-3. 1994.

多年生禾草。具根状茎。秆直立，单生或少数丛生，基部节有膝曲，高45～55cm。叶鞘光滑无毛；叶舌膜质，长1.5～2.5mm，先端钝圆或有微裂；叶片斜向上升，长8～19cm，宽1～4.5mm，上面粗糙，脉上疏被微刺毛，下面平滑。圆锥花序矩圆状卵形或圆柱形，长1.5～3cm，宽(6～)7～10mm；小穗长3～5mm；颖基部1/4连合，脊上具长1.5～2mm的柔毛，两侧密生长柔毛；外稃与颖等长或稍短于颖，边缘膜质，先端边缘具微毛，芒膝曲，长5～8mm，自稃体近基部1/4处伸出。花果期7～9月。

湿中生禾草。生于森林带和草原带的河滩草甸、潮湿草原、山沟湿地。产兴安北部及岭西（额尔古纳市、牙克石市、东乌珠穆沁旗宝格达山、新巴尔虎左旗）、兴安南部及科尔沁（扎赉特旗、科尔沁右翼前旗、科尔沁右翼中旗、科尔沁区、扎鲁特旗、

阿鲁科尔沁旗、翁牛特旗、巴林左旗、巴林右旗、克什克腾旗)、燕山北部（喀喇沁旗、宁城县)、锡林郭勒（阿巴嘎旗、正蓝旗、东乌珠穆沁旗)、阴山（大青山、蛮汗山、乌拉山)。分布于我国黑龙江、河北西北部、青海东北部，蒙古国北部和东部、俄罗斯（东西伯利亚地区、远东地区)。为东古北极分布种。

饲用价值同苇状看麦娘。

2. 大看麦娘（草原看麦娘）

Alopecurus pratensis L., Sp. Pl. 1:60. 1753; Fl. Intramongol. ed. 2, 5:177. t.67. f.4-5. 1994.

多年生禾草。具短根状茎。秆少数丛生，直立或基部的节稍膝曲，高 50 ～ 80cm。叶鞘松弛，光滑无毛；叶舌膜质，先端钝圆，背部被微毛，长 3.5 ～ 4.5mm；叶片扁平，长 19 ～ 31cm，宽 9 ～ 12mm，上面粗糙，下面平滑。圆锥花序圆柱状，长 4 ～ 8cm，宽 6 ～ 10mm，灰绿色；小穗长 3 ～ 5mm；颖下部 1/3 连合，脊上具长纤毛，两侧被短毛，侧脉上及脉间有时亦疏生长柔毛；外稃与颖等长或稍短于颖，顶端被微毛，芒自稃体中部以下伸出，膝曲，长 4 ～ 5mm，显著伸出于颖外，上部粗糙。花果期 7 ～ 9 月。

湿中生禾草。生于森林带和草原带的河滩草甸、潮湿草地。产兴安北部、岭东、岭西、呼伦贝尔、兴安南部、科尔沁、锡林郭勒、阴山（大青山)。分布于我国黑龙江、新疆，蒙古国东北部和西部、俄罗斯，中亚、西南亚，欧洲。为古北极分布种。

3. 苇状看麦娘

Alopecurus arundinaceus Poir. in Encycl. 8:776. 1808; Fl. Intramongol. ed. 2, 5:177. t.67. f.6-7. 1994.

多年生禾草。具根状茎。秆常单生，直立，高 60 ～ 75cm。叶鞘平滑无毛；叶舌膜质，先端渐尖，撕裂，长 5 ～ 7mm；叶片长 10 ～ 20cm，宽 4 ～ 7mm，上面粗糙，下面平滑。圆锥花序圆柱状，长 3.5 ～ 7.5cm，宽 8 ～ 9mm，灰绿色；小穗长 3.5 ～ 4.5mm；颖基部 1/4 连合，顶端尖，向外曲张，脊上具长 1 ～ 2mm 的纤毛，两侧及边缘疏生长纤毛或微毛；外稃稍短于颖，先端及脊上具微毛，芒直，自稃体中部伸出，近光滑，长 1.5 ～ 4mm，隐藏于颖内或稍外露。花果期 7 ～ 9 月。

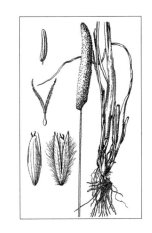

湿中生禾草。生于森林带和草原带的河滩草甸、潮湿草甸、山坡草地。产兴安北部、岭东、岭西、呼伦贝尔、兴安南部（科尔沁右翼前旗、阿鲁科尔沁旗、克什克腾旗）、锡林郭勒（锡林浩特市、阿巴嘎旗、正蓝旗）、阴山（大青山）、东阿拉善（阿拉善左旗巴彦浩特镇）。分布于我国黑龙江、宁夏、甘肃中部、青海东北部、新疆北部和中部及西部，蒙古国、俄罗斯（西伯利亚地区）、巴基斯坦北部，克什米尔地区，中亚、西南亚，欧洲。为古北极分布种。

优等饲用禾草。适口性良好，无论是鲜草还是调制成干草，一年四季均为各种家畜所喜食，尤以牛最喜食。

4. 看麦娘

Alopecurus aequalis Sobol. in Fl. Petrop. 16. 1799; Fl. Intramongol. ed. 2, 5:177. t.67. f.8-10. 1994.

一年生禾草。秆细弱，基部节处常膝曲，高25～45cm。叶鞘无毛；叶舌薄膜质，先端渐尖，长3～6mm；叶片扁平，长3.5～11cm，宽1～3mm，上面脉上疏被微刺毛，下面粗糙。圆锥花序细条状圆柱形，长3.5～6cm，宽3～5mm；小穗长2～2.5mm；颖于近基部连合，脊上生柔毛，侧脉或有时连同边缘生细微纤毛；外稃膜质，稍长于颖或与之等长，芒自基部1/3处伸出，长2～2.5mm，隐藏或稍伸出颖外。花果期7～9月。

湿中生禾草。生于森林带和草原带的河滩草甸、潮湿低地草甸、田边。产兴安北部及岭东和岭西（额尔古纳市、海拉尔区、扎兰屯市、东乌珠穆沁旗宝格达山）、兴安南部（扎赉特旗、科尔沁右翼前旗、科尔沁右翼中旗、扎鲁特旗、阿鲁科尔沁旗、巴林右旗、克什克腾旗）、赤峰丘陵（红山区、翁牛特旗）、燕山北部（喀喇沁旗、宁城县）、锡林郭勒（东乌珠穆沁旗）、阴山（大青山）。分布于我国黑龙江、河北、河南、山东、山西、湖北、江苏、江西、陕西南部、青海、四川、安徽、浙江、福建、台湾、广东、贵州、云南、西藏南部、新疆，日本、朝鲜、蒙古国北部和西部、俄罗斯、不丹、尼泊尔、巴基斯坦，克什米尔地区，中亚、西南亚，欧洲、

北美洲。为泛北极分布种。

全草入药,能利水消肿、解毒,主治水肿、水痘。全草亦为良等饲用禾草,适口性良好,各种家畜均乐食。

5. 长芒看麦娘

Alopecurus longearistatus Maxim. in Prim. Fl. Amur. 327. 1859; Fl. Intramongol. ed. 2, 5:179. 1994.

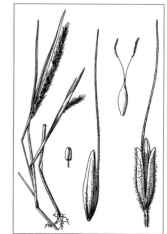

一年生禾草。秆少数丛生,细瘦,基部膝曲,高 7 ~ 12cm。叶鞘松弛,无毛;叶舌膜质,长 2 ~ 4mm;叶片扁平或有时边缘内卷,长 3.5 ~ 6cm,宽约 1.5mm。圆锥花序条状圆柱形,长 3 ~ 4cm,宽 2 ~ 3.5mm,下部包于叶鞘中;小穗长 2 ~ 2.5mm;颖于近基部(0.3mm 左右)处连合,脊上具长为 0.4 ~ 0.6mm 的纤毛;外稃膜质,边缘连合至近中部,稍短于颖或与之等长,芒自稃体基部(稀自稃体中部 2/5 处)伸出,长 4.5 ~ 6.5mm,显著超出小穗。花果期 7 ~ 9 月。

湿中生禾草。生于草原带的湿地。产科尔沁(乌兰浩特市)。分布于我国黑龙江,俄罗斯(远东地区)。为满洲分布种。

38. 拂子茅属 Calamagrostis Adans.

多年生高大粗壮禾草。圆锥花序开展或紧缩为穗状;小穗含 1 小花,脱节于颖之上,小穗轴不延伸于内稃之背后或稀有极短的延伸;颖几等长,条状锥形,先端狭渐尖。外稃短于颖且常较之为薄,先端具微齿或 2 裂,基盘具远长于稃体的丝状毛,芒自稃体之顶端齿间或中部以上伸出;内稃质薄,短于外稃。

内蒙古有 3 种。

分种检索表

1a. 圆锥花序紧密,外稃的芒自其背部中间或稍上处伸出。

  2a. 颖明显不等长,第二颖较第一颖短 1 ~ 1.5mm;外稃顶端 2 裂,芒自其中部以上或近裂齿间伸出;基盘之柔毛短于颖片·····························**1. 大拂子茅 C. macrolepis**

  2b. 颖几等长,或第二颖较第一颖稍短;外稃顶端齿裂,芒自其中部附近伸出;基盘之柔毛与颖片几等长或略短·····························**2. 拂子茅 C. epigeios**

1b. 圆锥花序开展,外稃的芒自其背部近顶端伸出··············**3. 假苇拂子茅 C. pseudophragmites**

1. 大拂子茅

Calamagrostis macrolepis Litv. in Bot. Meter. Gerb. Glavn. Bot. Sada R.S.F.S.R. 2:125. 1921; Fl. Intramongol. ed. 2, 5:180. t.68. f.1-4. 1994.

多年生禾草。植株高大粗壮,具根状茎。秆直立,高 75 ~ 95cm,直径 3 ~ 4mm,平滑无毛。叶鞘无毛;叶舌膜质或较厚,先端尖,易撕裂,长 (3.5 ~)5 ~ 7mm;叶片长 13 ~ 30cm(或更长),宽 5 ~ 7mm,扁平,两面及边缘糙涩。圆锥花序劲直,紧密,狭披针形,有间断,长

17～22cm，最宽处可达 3cm；分枝直立斜上，被微小短刺毛。小穗长 7～10mm。颖披针状锥形，脊上及先端粗糙；第一颖具 1 脉；第二颖较第一颖短 1～1.5mm，具 1 脉或有时下部可具 2～3 脉。外稃质较薄，长 3.5～4mm，先端 2 裂，背部被微细刺毛，中部以上或近裂齿间伸出 1 细直芒，芒长 3～3.5mm，基盘之长柔毛长 5～7mm；内稃长约为外稃的 2/3。花果期 7～9 月。

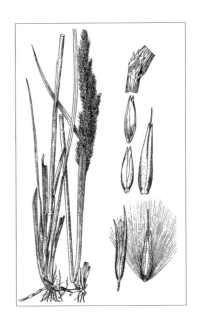

大型中生禾草。生于森林草原带和草原带的山地沟谷草甸、沙丘间草甸、路边。产兴安北部、岭东、岭西、呼伦贝尔、兴安南部及科尔沁（科尔沁右翼前旗、科尔沁右翼中旗、阿鲁科尔沁旗、巴林右旗、翁牛特旗、克什克腾旗、敖汉旗）、锡林郭勒。分布于我国黑龙江西南部、吉林中部、河北西北部、山东、山西中部和西部、青海东部、新疆中部和南部，日本、蒙古国、俄罗斯（西伯利亚地区）、中亚、西南亚、欧洲。为古北极分布种。

2. 拂子茅

Calamagrostis epigeios (L.) Roth in Tent. Fl. Germ. 1:34. 1788; Fl. Intramongol. ed. 2, 5:180. t.68. f.5-6. 1994.——*Arundo epigeios* L., Sp. Pl. 81. 1753.

多年生禾草。植株具根状茎。秆直立，高 75～135cm，直径可达 3mm，平滑无毛。叶鞘平滑无毛；叶舌膜质，长 5～6mm，先端尖或 2 裂；叶片扁平或内卷，长 10～29cm，宽 2～5mm，上面及边缘糙涩，下面较平滑。圆锥花序直立，有间断，长 10.5～17cm，宽 2～2.5cm；分枝直立或斜上，粗糙。小穗条状锥形，长 6～7.5mm，黄绿色或带紫色；二颖近等长或第二颖稍短，先端长渐尖，具 1～3 脉。外稃透明膜质，长约为颖体的 1/2（或稍超逾 1/2），先端齿裂，基盘之长柔毛几与颖等长或较之略短，背部中部附近伸出 1 细直芒，芒长 2.5～3mm；内稃透明膜质，长为外稃的 2/3，先端微齿裂。花果期 7～9 月。

中生禾草。生于森林草原带、草原带和半荒漠带的河滩草甸、山地草甸、沟谷、低地、沙地。产内蒙古各地。分布于我国各地，日本、蒙古国、俄罗斯、巴基斯坦，克什米尔地区，中亚、西南亚、欧洲。为古北极分布种。

中等饲用禾草。仅在开花前为牛所乐食。根状茎发达，抗盐碱，耐湿，并能固定泥沙。

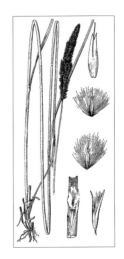

3. 假苇拂子茅

Calamagrostis pseudophragmites (A. Hall.) Koeler in Descr. Gram. 106. 1802; Fl. Intramongol. ed. 2, 5:180. t.68. f.7-9. 1994.——*Arundo pseudophragmites* Hall. f. in Arch. Bot. (Leipzig) 1(2):11. 1797.

多年生禾草。秆直立，高 30～60cm，平滑无毛。叶鞘平滑无毛；叶舌膜质，背部粗糙，先端 2 裂或多撕裂，长 5～8mm；叶片常内卷，长 8～16cm，宽 1～3mm，上面及边缘点状粗糙，下面较粗糙。圆锥花序开展，长 10～19cm；主轴无毛，分枝簇生，细弱，斜升，稍粗糙。小穗熟后带紫色，长 5～7mm；颖条状锥形，具 1～3 脉，粗糙，第二颖较第一颖短 2～3mm，成熟后二颖张开。外稃透明膜质，长 3～3.5mm，先端微齿裂，基盘之长柔毛与小穗近等长或较之稍短，芒自近顶端处伸出，细直，长约 3mm；内稃膜质透明，长为外稃的 2/5～2/3。花果期 7～9 月。

  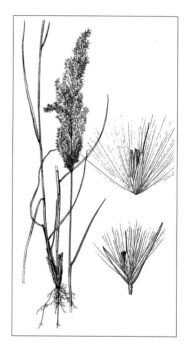

中生禾草。生于河滩、沟谷、低地、沙地、山坡草地或阴湿之处。产内蒙古各地。分布于我国黑龙江、吉林、辽宁、河北、河南、山东、山西、陕西、宁夏、甘肃、青海、湖北、湖南、贵州、四川、西藏、云南、新疆，日本、朝鲜、蒙古国、俄罗斯、印度、不丹、巴基斯坦，中亚、西南亚，欧洲。为古北极分布种。

饲用价值同拂子茅。

39. 野青茅属 Deyeuxia Clarion ex P. Beauv.

多年生高大或细弱禾草。具紧缩或开展的圆锥花序；小穗通常含 1 小花，稀含 2 小花，脱节于颖之上，小穗轴延伸于内稃之后而常被丝状长柔毛；颖近等长或第一颖较长，披针形，先端锐尖或渐尖。外稃稍短于颖，草质或膜质，具 3～5 脉，中脉自稃体之基部或中部以上延伸成 1 芒，稀无芒，基盘两侧之柔毛短于稃体或与之等长；内稃质薄，近等长或较短于外稃。

内蒙古有 7 种。

分种检索表

1a. 基盘两侧之柔毛甚短，远短于稃体，长为其 1/3 以下；外稃背部的芒膝曲。

  2a. 植株下部叶密集，不具被鳞片的芽，叶鞘在基部互相跨覆；圆锥花序紧密呈穗状····················

···**1. 兴安野青茅 D. korotkyi**

2b. 叶不密集在植株下部，基部具被鳞片的芽，叶鞘不互相跨覆；圆锥花序紧缩而略开展⋯⋯⋯⋯
⋯⋯⋯⋯⋯⋯⋯⋯⋯⋯⋯⋯⋯⋯⋯⋯⋯⋯⋯⋯⋯⋯⋯**2. 野青茅 D. pyramidalis**

1b. 基盘两侧之柔毛与稃体等长或略短，至少长为稃体的 1/2 以上；外稃背部的芒细直或下部少扭转但不
膝曲。

3a. 圆锥花序紧缩似呈穗状。

4a. 叶舌长 1～4mm；基盘两侧柔毛明显短于稃体，长为稃体的 1/2～2/3，芒长 1.5～3mm。

5a. 基盘两侧柔毛长为稃体的 2/3～3/4，芒自外稃下部 1/3 或稍靠上伸出，直伸，下部不扭转，
长 1.5～2mm，通常不伸出小穗外；延伸小穗轴与其柔毛共长 2～3.5mm⋯⋯⋯⋯
⋯⋯⋯⋯⋯⋯⋯⋯⋯⋯⋯⋯⋯⋯⋯⋯⋯**3. 忽略野青茅 D. neglecta**

5b. 基盘两侧柔毛约长为稃体的 1/2，芒自外稃近基部伸出，细直，下部稍扭转，长 2.5～3mm，
通常稍露出小穗外；延伸小穗轴与其柔毛共长 3.4～4mm⋯⋯⋯**4. 瘦野青茅 D. macilenta**

4b. 叶舌长 3～7.5mm；基盘两侧柔毛约与稃体等长，芒长 3.5～4mm。

6a. 芒细直，自外稃基部 1/4～1/5 处伸出，长 2.5～4mm；叶舌长 5～7.5mm⋯⋯⋯⋯⋯
⋯⋯⋯⋯⋯⋯⋯⋯⋯⋯⋯⋯⋯⋯⋯⋯⋯⋯⋯**5. 密穗野青茅 D. conferta**

6b. 芒微弯，自外稃下部 1/3 处伸出，长约 3mm；叶舌长 2～5mm⋯⋯**6. 欧野青茅 D. lapponica**

3b. 圆锥花序开展，疏松；基盘柔毛与稃体等长⋯⋯⋯⋯⋯⋯⋯⋯⋯⋯⋯**7. 大叶章 D. purpurea**

1. 兴安野青茅

Deyeuxia korotkyi (Litv.) S. M. Phillips et Wen L. Chen in Novon 13:321. 2003; Fl. China 22:353. 2006.——*Calamagrostis korotkyi* Litv. in Schedae Herb. Fl. Ross. 55：no. 2750. 1918.——*D. turczaninowii* (Litv.) Y. L. Chang in Key Pl. Bor.-Orient. China 492. t.181. f.5. 1959; Fl. Intramongol. ed. 2, 5:182. t.69. f.1-4. 1994.——*Calamagrostis turczaninowii* Litv. in Bot. Mater. Gerb. Glavn. Bot. Sada R.S.F.S.R. 2:115. 1921.

多年生禾草。具短根状茎。秆密丛生，高 50～75cm，平滑
无毛。叶鞘无毛或粗糙，常于秆下部聚集而互相跨覆，并具残
留的枯叶纤维；叶舌膜质，先端钝尖，常撕裂，长 5～7.5mm；
叶片扁平，条状披针形，长 7～21cm，宽 3～8mm，无毛，上
面逆向粗糙，下面较平滑。圆锥花序紧密，略呈穗状，直立，
长 7.5～11cm；分枝直立簇生，粗糙。小穗长 (4.5～)5～7mm，
延伸于小花后的小穗轴长 1～1.5mm，连同其上柔毛共长
(1.5～)2.5～3mm；颖披针形，具 1～3 脉，脉上粗糙，其余
部分平滑或边缘粗糙或全体粗糙，第二颖略短。外稃长 4～5mm，
微粗糙，先端微齿裂，基盘两侧毛长 0.5～1.5mm（可达稃体
1/4），芒自近基部伸出，长 7～9mm，中部以下膝曲，下部扭转；
内稃与外稃近等长，先端微齿裂。花果期 7～9 月。

中生禾草。生于森林带的山地针叶林林缘草甸或山地草甸。
产兴安北部及岭东和岭西（额尔古纳市、根河市、牙克石市、
鄂伦春自治旗、科尔沁右翼前旗索伦镇）。分布于我国黑龙江、
新疆北部，俄罗斯（西伯利亚地区）。为西伯利亚分布种。

2. 野青茅

Deyeuxia pyramidalis (Host) Veldkamp. in Blumea 37:230. 1992; Fl. China 22:354. 2006.——*Calamagrostis pyramidalis* Host in Icon. Descr. Gram. Austriac. 4:t.49. 1809.——*D. arundinacea* (L.) P. Beauv. in Ess. Agrostogr. 160. 1812; Fl. Intramongol. ed. 2, 5:184. t.69. f.5-7. 1994.——*Agrostis arundinacea* L., Sp. Pl. 1:61. 1753.——*Calamagrostis arunidiacea* (L.) Roth. var. *hsinganensis* Kitag. in Rep. Inst. Sci. Res. Manch. 1:294. 1937.

多年生禾草。秆直立或节微膝曲，高 60～120cm，基部具被鳞片之芽。叶鞘较疏松，被长柔毛或无毛而仅于鞘口及边缘被长柔毛；叶舌干膜质，背面粗糙，先端撕裂，长4～5mm；叶片扁平或向上渐内卷，长15～42cm，宽3～9mm，

上面无毛或疏被长柔毛，下面粗糙。圆锥花序较紧缩、略开展，长15～20cm，草黄色或带紫色；分枝簇生，直立，粗糙。小穗长 4.5～6mm，延伸于小花后的小穗轴长 1.5～2mm，与其上柔毛共长3～4mm；颖披针形，先端尖，脊上被微刺毛，其余部分粗糙，二颖几等长或第二颖略短，具1～3脉；外稃与颖等长或略有长短，粗糙，基盘两侧毛长可达稃体的1/3，芒自近基部1/5处伸出，长 5.5～8.5mm，近中部膝曲；内稃与外稃等长或较短。花果期6～8月。

中生禾草。生于森林带和草原带的山地林缘草甸、山地草甸、山坡草地或隐蔽处。产兴安北部及岭东和岭西（额尔古纳市、根河市、牙克石市、鄂伦春自治旗、科尔沁右翼前旗索伦镇）、兴安南部（林西县、巴林右旗）、辽河平原（大青沟）、赤峰丘陵（翁牛特旗）、燕山北部（喀喇沁旗、宁城县、敖汉旗）、阴山（大青山的旧窝铺村和九峰山）。分布于我国黑龙江、吉林、辽宁、河北、河南、山东、陕西、甘肃东部、青海东部、四川、西藏东南部、安徽、江苏、浙江、福建、台湾、江西、湖北、湖南、广东西北部、广西东北部、贵州、云南、新疆北部和中部，日本、朝鲜、俄罗斯、巴基斯坦，克什米尔地区，欧洲。为古北极分布种。

3. 忽略野青茅（小花野青茅）

Deyeuxia neglecta (Ehrh.) Kunth in Revis. Gram. 1:76. 1829; Fl. Intramongol. ed. 2, 5:184. t.70. f.1-3. 1994.——*Arundo neglecta* Ehrh. in Beitr. Naturk. 6:137. 1791.——*Calamagrostis neglecta* (Ehrh.) var. *mongolica* Kitag. in Lin. Fl. Manch. 66. 1939.

多年生禾草。具细短根状茎。秆直立，高 40～80cm，平滑无毛或微粗糙。叶鞘平滑无毛；

叶舌干膜质，先端平截或钝圆，长 1～4mm；叶片扁平或内卷，长 (3～)6～14cm，宽 1.5～3mm，上面脉上及边缘均贴生微刺毛，下面较平滑。圆锥花序紧缩，长 6.5～12cm；主轴平滑无毛或粗糙，分枝短，簇生，被短刺毛。小穗长 3～4.5mm，延伸于小花后的小穗轴长不及 1mm，与其上柔毛共长达 2～2.5mm；二颖等长或第二颖略短，具 1～3 脉，侧脉有时向上渐不显，先端常染有紫色，渐尖，脊上及两侧粗糙或被微刺毛。外稃稍短于颖，膜质，先端钝而具细齿，背部有时带紫色，粗糙，基盘两侧的柔毛长约 2mm，为稃体的 2/3 或略超出 2/3，芒自稃体基部的 1/3 处或稍靠上伸出，细直，粗糙，长 1.5～2mm；内稃短于外稃，膜质，先端钝而具细齿。花期 7～8 月。

湿中生禾草。生于森林带、草原带和荒漠带的沼泽草甸、草甸。产兴安北部（额尔古纳市、牙克石市）、兴安南部（科尔沁右翼前旗、巴林左旗、克什克腾旗）、燕山北部（喀喇沁旗、宁城县）、锡林郭勒（东乌珠穆沁旗、阿巴嘎旗、苏尼特左旗）、鄂尔多斯（伊金霍洛旗合同庙村）、西阿拉善（阿拉善右旗巴丹吉林沙漠）。分布于我国黑龙江、辽宁、河北、山西、陕西、甘肃东南部、青海东部、四川西北部、新疆北部和中部及西部，日本、朝鲜、蒙古国、俄罗斯（西伯利亚地区、远东地区），中亚，欧洲、北美洲。为泛北极分布种。

中等饲用禾草。青鲜状态时，牛、马和羊嗜食；调制成干草后，适口性更好。

4. 瘦野青茅

Deyeuxia macilenta (Griseb.) Keng ex S. L. Lu in Fl. Reip. Pop. Sin. 9(3):215. 1987; Fl. Intramongol. ed. 2, 5:186. t.70. f.4-7. 1994.——*Calamagrostis varia* P. Beauv. var. *macilenta* Griseb. in Fl. Ross. 4:427. 1852.

多年生禾草。植株具细长下伸的根状茎。秆直立，高可达 115cm，无毛或微粗糙。叶鞘无毛或粗糙，基部叶鞘互相跨覆且有时带紫色；叶舌膜质，长 1.5～3.5mm，先端截平或钝圆而略呈三角形，边缘有时具微细短毛；叶片扁平，少为内卷，质较硬，呈灰绿色，两面及边缘均贴生微细刺毛，长可达 30cm，宽 1.5～3mm。圆锥花序紧缩，熟后土黄色并微带紫色，长 6～9cm，分枝簇生，被微刺毛。小穗长 4～5mm，延伸于小花后的小穗轴长 2mm 左右，与其上柔毛共长 4mm 或略短；二颖等长或第一颖略长，微粗糙，具 3 脉，脉在先端不显，先端尖。外稃长 3.5～4mm，先端不规则细

齿裂，基盘毛长 1～2.2(～2.5)mm，芒自外稃近基部处伸出，长 2.5～3mm，下部稍扭转，微粗糙；内稃稍短于外稃。花期 7～8 月。

中生禾草。生于草原带的草甸。产岭西（额尔古纳市）、科尔沁（克什克腾旗）、锡林郭勒（东乌珠穆沁旗、阿巴嘎旗）。分布于我国青海、新疆，蒙古国、俄罗斯（西伯利亚地区）。为东古北极分布种。

5. 密穗野青茅

Deyeuxia conferta Keng in Sunyatsenia 6:68. 1941; Fl. Intramongol. ed. 2, 5:186. t.70. f.8-9. 1994.

多年生禾草。具根状茎。秆丛生或单生，直立，高 75～115cm，基部直径可达 3.5mm，平滑无毛。叶鞘平滑无毛；叶舌干膜质，长 5～7.5mm，先端 2 裂或截平；叶片常内卷，长 14～30cm，宽 2.5～5mm，上面脉上密贴微毛，下面较平滑。圆锥花序紧缩，长 11～16.5cm，宽可达 2.5cm；主轴无毛或稀疏被若干微毛，分枝簇生，被刺状纤毛。小穗长 4～5mm，成熟后呈草黄色或紫色，延伸于小花后的小穗轴长 0.8～1mm，与其上柔毛共长达 3～3.5mm；二颖近相等或第二颖较短，第一颖具 1 脉，第二颖具 3 脉，脉上被微刺毛。外稃长 3.8～4.2mm，先端具微齿，基盘两侧的毛约与稃体等长，芒细直，近基部 1/4～1/5 处伸出，长 2.5～4mm；内稃长约为外稃的 2/3，先端齿裂。花果期 7～9 月。

中生禾草。生于森林带和草原带的林缘草甸、沟谷草甸。产兴安北部及岭东和岭西（大兴安岭、东乌珠穆沁旗宝格达山）、呼伦贝尔、锡林郭勒（锡林浩特市）。分布于我国陕西西南部、甘肃西南部、青海东部。为黄土—兴安分布种。

6. 欧野青茅

Deyeuxia lapponica (Wahlenb.) Kunth in Revis. Gramin. 1:76. 1829; Fl. China 22:356. 2006.——*Arundo lapponica* Wahlenb. in Fl. Lapp. 27. 1812.

多年生禾草。具短根状茎。秆直立，但在基部常膝曲，高 60～100cm，直径约 3mm，平滑无毛，具 3 节。叶鞘平滑；叶舌膜质，长 2～4(～5)mm，顶端常呈撕裂状；叶片纵卷或扁平，长 15～30cm，宽 1～1.5mm，秆生者宽 4mm，上面疏生短毛，下面粗糙。圆锥花序紧密，有间断，长 10～15cm，宽 2～3cm；分枝粗糙，直立贴生或斜升，长 1～3cm，自基部即生小穗，基部分枝有时长可达 4cm 而 1/3 以下裸露。小穗长 4～6mm，紫褐色或草黄色，延伸于小花后的小穗轴长约 1.5mm，与其所被柔毛共长 3～4mm；颖片披针形，先端渐尖，二颖近等长，第一颖具 1 脉，第二颖具 3 脉，背上部及脉纹粗糙。外稃长 3～4(～5)mm，顶端具细齿裂，

基盘两侧的柔毛等长于稃体或较之稍短，芒自稃体基部 1/3 处伸出，微弯，长约 3mm；内稃约短于外稃 1/3，顶端微齿裂；花药长约 2mm，淡褐色。花期 7～8 月。

中生禾草。生于山坡草地、林下。产兴安北部。分布于我国黑龙江、甘肃、四川、西藏、新疆，朝鲜、蒙古国北部、俄罗斯，欧洲、北美洲。为泛北极分布种。

7. 大叶章

Deyeuxia purpurea (Trin.) Kunth in Revis. Gramin. 1:77. 1829; Fl. China 22:355. 2006.——*Arundo purpurea* Trin. in Neue Entdeck. Pflanzenk. 2:52. 1820.——*D. langsdorffii* (Link.) Kunth in Revis. Gramin. 1:77. 1829; Fl. Intramongol. ed. 2, 5:187. t.70. f.10-12. 1994.——*Arundo langsdorffii* Link. in Enum. Fl. Hort. Berol. 1:77. 1812.

多年生禾草。具横走根状茎。秆直立，高 75～110cm，平滑无毛。叶鞘平滑无毛；叶舌膜质，先端深 2 裂或不规则撕裂，长 5～10mm；叶片扁平，长 12～26cm，宽 1.5～6mm，平滑无毛或稍糙涩。圆锥花序开展，长 10～16cm；分枝细弱，粗糙，簇生，斜升。小穗棕黄色或带紫色，长 3.5～4mm，延伸于小花后的小穗轴长 0.5mm 左右，与其上柔毛共长约 3mm；颖近等长，狭卵状披针形，先端尖，边缘膜质，点状粗糙并被短纤毛，具 1～3 脉。外稃膜质，长 2.5～3mm，先端 2 裂，

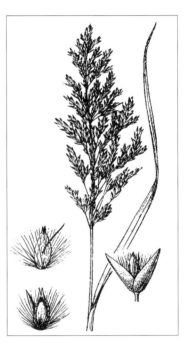

自背部中部附近伸出 1 细直芒，芒长 2～2.5mm，基盘具与稃体等长的丝状柔毛；内稃通常长为外稃的 2/3，膜质透明，先端细齿裂。花果期 6～9 月。

中生禾草。生于森林带和草原带的山地林缘草甸、沼泽草甸、河谷及潮湿草甸。产兴安北部及岭东和岭西（额尔古纳市、牙克石市、陈巴尔虎旗、海拉尔区、鄂温克族自治旗、鄂伦春自治旗、扎兰屯市）、兴安南部及科尔沁（扎赉特旗、科尔沁右翼前旗、科尔沁右翼中旗、扎鲁特旗、阿鲁科尔沁旗、巴林右旗、克什克腾旗）、辽河平原（科尔沁左翼后旗）、燕山北部（喀喇沁旗、宁城县）、锡林郭勒（锡林浩特市、东乌珠穆沁旗、西乌珠穆沁旗、阿巴嘎旗）、阴山（大青山哈拉沁沟）。分布于我国黑龙江、吉林东部、辽宁、河北北部、山西、陕西中部和南部、甘肃东部、青海东南部、湖北西部、四川西北部、新疆北部和中部，日本、朝鲜、蒙古国北部和东部、俄罗斯，欧洲、北美洲。为泛北极分布种。

本种抽穗前刈割可做饲料，是中等饲用禾草。适口性与忽略野青茅相近。

40. 剪股颖属 Agrostis L.

一年生或多年生细弱或中等高度禾草。叶片粗糙，扁平或有时内卷。圆锥花序开展或紧缩；小穗含 1 小花，脱节于颖之上，小穗轴不延伸于小花之后；二颖等长或近相等，先端锐尖或渐尖，背部粗糙。外稃钝头，较颖短且质地较之为薄，无芒或背部生 1 芒，基盘常具微毛或否；内稃常微小而无脉或退化，或短于外稃而具 2 脉。

内蒙古有 6 种。

分种检索表

1a. 内稃显著，具 2 脉，长为稃体的 1/2 ～ 2/3。
   2a. 内稃显著超过外稃之半，长为稃体的 3/5 ～ 2/3。
      3a. 叶舌长 1.5 ～ 6mm。
         4a. 叶舌长 5 ～ 6mm；花序分枝基部可着生小穗，外稃无芒…………**1. 巨序剪股颖 A. gigantea**
         4b. 叶舌长 1.5 ～ 2.5mm；花序分枝基部不着生小穗，分枝下部明显裸露，外稃的裂齿下方有
            时具 1 微细直芒……………………………………**2. 歧序剪股颖 A. divaricatissima**
      3b. 叶舌长 0.5 ～ 1mm……………………………………**3. 细弱剪股颖 A. capillaris**
   2b. 内稃长不及外稃的 1/2……………………………………**4. 西伯利亚剪股颖 A. stolonifera**
1b. 内稃微小，无脉，长不及稃体的 1/4 或缺。
   5a. 叶舌先端常撕裂，2 ～ 4mm；外稃无芒，内稃长不及外稃的 1/4…………**5. 华北剪股颖 A. clavata**
   5b. 叶舌先端钝或渐尖，全缘或具微齿，长 1 ～ 2mm；外稃背部中部以下近基部具膝曲的芒，芒柱扭转，
      内稃缺……………………………………………………**6. 芒剪股颖 A. vinealis**

1. 巨序剪股颖（小糠草、红顶草）

Agrostis gigantea Roth in Tent. Fl. Germ. 1:31. 1788; Fl. Intramongol. ed. 2, 5:188. t.71. f.1-5. 1994.

多年生禾草。具根头及匍匐根状茎。秆丛生，直立或下部的节膝曲而斜升，高 60 ～ 115cm。叶鞘无毛；叶舌膜质，长 5 ～ 6mm，先端具缺刻状齿裂，背部微粗糙；叶片扁平，长 5 ～ 16(～ 22)cm，宽 3 ～ 5(～ 6)mm，上面微粗糙，边缘及下面具微小刺毛。圆锥花序开展，长 9 ～ 17cm，宽 3.5 ～ 8cm，每节具 (3 ～)4 ～ 6 分枝；分枝微粗糙，基部即具小穗。小穗长 2 ～ 2.5mm，柄长 1 ～ 2.5mm，先端膨大；二颖近等长，脊的上部及先端微粗糙。外稃长约 2mm，无毛，不具芒；内稃长 1.5 ～ 1.6mm，长为外稃

的 3/4，具 2 脉，先端全缘或微有齿。花期 6～7 月。

　　中生禾草。生于森林带和草原带的林缘、沟谷、山沟溪边、路旁，为河滩、谷地草甸的建群种或伴生种。产除荒漠区以外的内蒙古各地。分布于我国黑龙江南部、吉林、辽宁西北部、河北、河南、山东、山西、陕西、宁夏、甘肃东部、青海东部和南部、四川西北部、西藏东南部、云南东北部、安徽、江苏、浙江、江西、新疆北部和中部及西部，日本、朝鲜、蒙古国、俄罗斯、尼泊尔、印度西北部、巴基斯坦、阿富汗，西南亚、北非，欧洲。为古北极分布种。

　　优等饲用禾草。草质柔软，适口性好，为各种家畜所喜食，是一种有栽培前途的优良牧草。

2. 歧序剪股颖（蒙古剪股颖）

Agrostis divaricatissima Mez in Repert. Spec. Nov. Regni Veg. 18:4. 1922; Fl. Intramongol. ed. 2, 5:190. t.71. f.6-9. 1994.——*A. mongolica* Roshev. in North. Mongol. Prolim. Rep. Exped. 1:162. 1925.

　　多年生禾草。具短根状茎。秆直立，基部节常膝曲，高 42～70cm，平滑无毛。叶鞘平滑无毛或微粗糙，常染有紫色；叶舌膜质，背面被微毛，长 15～2.5mm；叶片条形，扁平，长 4～8(～15)cm，宽 1～2.5mm，两面脉上及边缘粗糙。圆锥花序开展，长 11～17cm，宽可达 11cm；分枝斜升，细毛发状，粗糙，基部不着生小穗，长 6～12cm。

小穗长 2～2.5mm，深紫色；二颖几等长或第二颖稍短，脊上粗糙。外稃透明膜质，长 1.5～1.8mm，先端微齿裂，裂齿下方有时具 1 微细直芒，长约 0.5mm；内稃长约为外稃的 3/5～2/3，先端钝，细齿裂；花药长约 1.2mm。花果期 7～9 月。

　　中生禾草。生于森林带和草原带的河滩、谷地、低地草甸，为其建群种、优势种或伴生种。产岭东（扎兰屯市）、岭西（额尔古纳市）、呼伦贝尔（新巴尔虎左旗、新巴尔虎右旗、满洲里市）、兴安南部及科尔沁（科尔沁右翼前旗、科尔沁右翼中旗、阿鲁科尔沁旗、巴林左旗、巴林右旗、克什克腾旗）、赤峰丘陵（红山区、翁牛特旗）、燕山北部（喀喇沁旗、宁城县、敖汉旗）、锡林郭勒（锡林浩特市、苏尼特左旗）。分布于我国黑龙江、吉林西部、辽宁西部，朝鲜、俄罗斯（西伯利亚地区）。为西伯利亚—满洲分布种。

3. 细弱剪股颖

Agrostis capillaris L., Sp. Pl. 1:62. 1753; Fl. China 22:342. 2006.——*A. tenuis* Sibth. in Fl. Oxon. 36. 1794; Fl. Intramongol. ed. 2, 5:190. 1994.

多年生禾草。具根状茎及根头。秆细弱，基部节常膝曲，高 30～45cm。叶鞘无毛，有时带紫色，多聚集于基部而互相跨覆；叶舌膜质，先端钝，常撕裂，长 0.5～1mm；叶片扁平或稍内卷，长 8～15cm，宽 1.5～3mm，先端渐尖，两面及边缘粗糙。圆锥花序开展，暗紫色，长 8～15cm，每节具 2～5 分枝；分枝上举或稍呈波状，微粗糙。小穗长 2～2.5mm，其柄长 1～2mm；二颖近等长或第一颖较长，先端尖，脊上部微粗糙。外稃长约 2mm，先端中脉稍凸出成齿，无芒，基盘无毛；内稃长为外稃的 2/3；花药金黄色，长约 1mm。花果期 6～9 月。

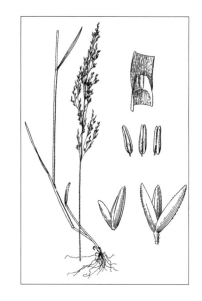

中生禾草。生于森林带和草原带的山地、丘陵坡地、潮湿地。产兴安南部（扎赉特旗、科尔沁右翼前旗）、锡林郭勒（东乌珠穆沁旗）、贺兰山。分布于我国河南、山西、宁夏、青海、新疆，俄罗斯、阿富汗、西南亚、北非、欧洲。为古北极分布种。

4. 西伯利亚剪股颖

Agrostis stolonifera L., Sp. Pl. 1:62. 1753; Fl. China 22:342. 2006.——*A. sibirica* Petrov in Fl. Lakut. 1:175. f.57. 1930; Fl. Intramongol. ed. 2, 5:190. t.72. f.1-4. 1994.

多年生禾草。具细弱的根状茎及根头。秆细弱，直立或基部膝曲，高 40～70cm。叶鞘无毛；叶舌膜质，先端钝，不规则撕裂，长 1.5～2.5mm；叶片扁平，条形，先端尖，长 4～13cm，宽 2.5～4mm，两面微粗糙。圆锥花序较紧缩，长 11～17cm，宽 1～4cm，每节具 2～4 分枝；分枝上举，无毛或微粗糙，长 8～15mm，自基部即着生小穗。小穗长 1.8～2mm，稍带紫色，其柄长 0.5～1mm；颖先端尖，脊上微粗糙。外稃长约 1.5mm，先端尖，无芒，基盘无毛或具微毛；内稃长为外稃的 1/2；花药长 1mm 左右。花果期 7～9 月。

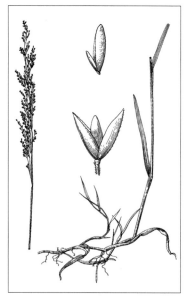

中生禾草。生于森林带和草原带的山地林间草甸、路旁湿地。产兴安北部（额尔古纳市、牙克石市）、呼伦贝尔、兴安南部（扎赉特旗、科尔沁右翼中旗、克什克腾旗）、燕山北部（敖汉旗）、锡林郭勒东部、阴山（大青山）。分布于我国山东、山西、陕西、宁夏、甘肃、安徽、贵州、西藏、云南、新疆北部，日本、蒙古国西部、俄罗斯（西伯利亚地区）、尼泊尔、不丹、印度、中亚、西南亚，欧洲。为古北极分布种。

5. 华北剪股颖

Agrostis clavata Trin. in Neue Entdeck. Pflanzenk. 2:55. 1821; Fl. Intramongol. ed. 2, 5:191. t.72. f.5-8. 1994.

多年生禾草。具细弱的根状茎。秆直立，细弱，高 20～65cm，基部节常膝曲。叶鞘无毛；叶舌膜质，长 2～4mm，先端常撕裂，背面微粗糙；叶片扁平或内卷，长 6～12cm，宽 1.5～6mm，两面微粗糙。圆锥花序疏松开展，长 8～25cm，每节具 2～5 分枝；分枝纤细，微粗糙，斜向上伸展，下部裸露而不生小穗。小穗卵状披针形，柄长 2～3mm，先端膨大，微粗糙。第一颖长 2.5～3mm；第二颖长 2～2.5mm，无毛，脊上粗糙或被微细毛，边缘膜质。外稃透明膜质，长1.8～2.2mm，无芒，边缘内折包住内稃；内稃微小，长不及外稃的 1/4，长 0.4～0.5mm。花果期 6～9 月。

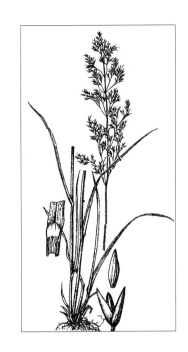

中生禾草。生于森林带和草原带的山地林缘、沟边及路旁潮湿地。产兴安北部及岭东和岭西（额尔古纳市、根河市、牙克石市、扎兰屯市）、呼伦贝尔（新巴尔虎左旗、新巴尔虎右旗）、兴安南部及科尔沁（科尔沁右翼前旗、扎鲁特旗、巴林右旗、克什克腾旗）、燕山北部（喀喇沁旗、宁城县、敖汉旗）、锡林郭勒（东乌珠穆沁旗、西乌珠穆沁旗、乌兰察布市东南部）。分布于我国黑龙江、吉林、河北、河南西部、山东西北部、陕西南部、宁夏、甘肃东部、四川、安徽、福建、台湾、广东、贵州、西藏、云南西北部，日本、朝鲜、蒙古国北部、俄罗斯，西南亚、北欧，北美洲。为泛北极分布种。

良等饲用禾草。各种家畜均喜食。

6. 芒剪股颖

Agrostis vinealis Schreb. in Spic. Fl. Lips. 47. 1771; Fl. China 22:347. 2006.——*A. trini* Turcz. in Bull. Soc. Nat. Mosc. 29(1):18. 1856; Fl. Intramongol. ed. 2, 5:191. 1994.

多年生禾草。秆细弱，疏丛生，基部节微膝曲，高 40～60(～90)cm。叶鞘具膜质边缘；叶舌膜质，钝头或渐尖，全缘或具微齿，长 1～2mm；叶片扁平或内卷成刺毛状，长 (3～)5～12cm，宽 1～3mm，无毛或上面脉上具微小刺毛，下面粗糙。圆锥花序长 5.5～18cm，每节具 2～3 枝；分枝纤细，下部波状或蜿蜒曲卷，平滑。小穗带紫色，长 2～2.5(～3.5)mm，柄长 1.5～3mm；颖膜质，背部较厚，具 1 脉。外稃膜质透明，具 1～3 脉，长 1.6～2(～2.5)mm，背部中部以下至近基部具芒，芒膝曲，芒柱扭转，长 3～4(～4.5)mm；内稃缺。花果期 7～9 月。

中生禾草。生于森林带和草原带的山地林缘、山地草甸、草甸化草原、沟谷、河滩草地。产兴安北部及岭东和岭西（大兴安岭、额尔古纳市、牙克石市、扎兰屯市）、呼伦贝尔（新巴尔虎右旗）、兴安南部及科尔沁（科尔沁右翼前旗、通辽市、巴林左旗、巴林右旗、翁牛特旗、克什克腾旗、东乌珠穆沁旗、锡林浩特市）、燕山北部（喀喇沁旗、宁城县）、阴山（大青山）。分布于我国黑龙江、吉林东部、辽宁，日本、朝鲜、蒙古国北部和东部、俄罗斯、巴基斯坦，欧洲、北美洲。为泛北极分布种。

饲用价值同华北剪股颖。

41. 棒头草属 Polypogon Desf.

一年生或多年生禾草。叶片扁平，粗糙。圆锥花序常密集成棒状；小穗含 1 小花，小穗柄在颖下具关节，自关节处脱落，致使小穗基部具短的柄状基盘；颖等长，先端全缘或 2 裂，芒细弱而直，自顶端或裂片间伸出。外稃膜质透明，远短于颖，通常具 1 细直短芒；内稃较小，膜质，具 2 不明显的脉。

内蒙古有 1 种。

1. 长芒棒头草

Polypogon monspeliensis (L.) Desf. in Fl. Atlant. 1:67. 1798; Fl. Intramongol. ed. 2, 5:193. t.73. f.1-3. 1994.——*Alopecurus monspeliensis* L., Sp. Pl. 1:61. 1753.

一年生禾草。秆直立，基部常膝曲，高 15 ～ 38cm。叶鞘疏松裹茎，被微细刺毛或粗糙；叶舌膜质，先端深 2 裂或不规则撕裂，背部被微细短刺毛，长 3 ～ 6mm；叶片长 4 ～ 7cm，宽 1.75 ～ 4mm，两面及边缘被微小短刺毛或下面粗糙。圆锥花序穗状，长 2.3 ～ 6cm，宽 1.5 ～ 2.5cm（芒包括在内）；小穗灰绿色，熟后呈枯黄色，长 2 ～ 2.5mm；颖密被细纤毛，边缘者较长，先端 2 浅裂，裂口处伸出细长而微粗糙的芒，芒长 4 ～ 6mm（通常第一颖较短）。外稃光滑无毛，长 1mm 左右，先端具不规则微齿，中脉延伸成细弱而易脱落的芒，芒约与稃体等长；内稃透明膜质，稍短于外稃。花果期 7 ～ 9 月。

湿中生禾草。生于沟边湿地、丘陵多石处。产内蒙古各地。分布于我国河北西北部、河南、山东南部和东部、山西中北部、陕西北部和南部、宁夏北部、甘肃中部、青海、四川中部、西藏东北部和西部、云南、安徽、江苏、浙江、福建北部、台湾西部、广东北部、新疆，蒙古国西部和南部、俄罗斯、印度、巴基斯坦，中亚、西南亚，欧洲、非洲。为古北极分布种。

中等饲用禾草。青鲜状态时，马和牛喜食，羊乐食。

42. 单蕊草属 Cinna L.

多年生高大禾草。圆锥花序开展；小穗含1小花，脱节于颖之下，小穗轴延伸于内稃之后，如一短刺，有时顶端着生1个不育的小花；二颖等长或近等长，具1～3脉。外稃等长或稍短于颖，具3脉，顶端之下着生短芒；内稃稍短于外稃，两侧压扁，似具1脊；雄蕊1；子房长圆形，花柱基部连合。

内蒙古有1种。

1. 单蕊草

Cinna latifolia (Trev. ex Goppert) Griseb. in Fl. Ross. 4:435. 1852; Fl. China 22:363. 2006.——*Agrostis latifolia* Trev. ex Goppert in Beschr. Bot. Gaert. Breslau 82. 1830.

多年生禾草。秆单生或少数丛生，高60～160cm，基部直径2～3mm，具7～9节，无毛，粗糙。叶鞘粗糙，大多长于或中部者稍短于节间；叶舌膜质，长3～6mm；叶片两面及边缘粗糙，长15～30cm，宽1～1.5cm。圆锥花序下垂，长15～40cm，每节着生3～6分枝；分枝细弱，粗糙，开展，上部着生小枝与小穗，基部分枝长达10cm。小穗淡绿色，长3～4mm；颖片线状披针形，边缘膜质，具1脉，粗糙，具微毛。外稃长圆状披针形，边缘及先端狭膜质，长2.5～3mm，具3脉，微粗糙，顶端具长0.2～1mm的短芒；内稃稍短于外稃，具2脉，其脉彼此接近，脉上粗糙；花药长约0.7mm。颖果长圆形，长约2mm。花果期7～9月。

中生禾草。生于森林带的山地林下、林缘草甸。产兴安北部（大兴安岭）、兴安南部（巴林右旗、克什克腾旗黄岗梁）。分布于我国黑龙江、吉林东部、辽宁中部、河北北部，日本、朝鲜、蒙古国、俄罗斯，欧洲、北美洲。为泛北极分布种。

43. 菵草属 Beckmannia Host

一年生禾草。叶片扁平。圆锥花序狭窄，由多数简短贴生或斜开的穗状花序组成；小穗含1（稀为2）小花，近无柄，呈2行覆瓦状排列于穗轴之一侧，脱节于颖之下；颖倒卵形，等长，先端尖，具3脉。外稃披针形，窄，先端锐尖或具短芒尖，具5脉，约与颖等长，或稍露出于颖外；内稃与外稃近等长，具2脉。

内蒙古有1种。

1. 菌草

Beckmannia syzigachne (Steud.) Fernald in Rhodora 30:27. 1928; Fl. Intramongol. ed. 2, 5:193. t.73. f.4-6. 1994.——*Panicum syzigachne* Steud. in Flora 29:19. 1846.

一年生禾草。秆基部节微膝曲，高 45～65cm，平滑。叶鞘无毛；叶舌透明膜质，背部具微毛，先端尖或撕裂，长 4～7mm；叶片扁平，长 6～13cm，宽 2～7mm，两面无毛或粗糙或被微细丝状毛。圆锥花序狭窄，长 15～25cm，分枝直立或斜上；小穗压扁，倒卵圆形至圆形，长 2.5～3mm；颖背部较厚，灰绿色，边缘近膜质，绿白色，全体被微刺毛，近基部疏生微细纤毛。外稃略超出颖体，质薄，全体疏被微毛，先端具芒尖，长约 0.5mm；内稃等长或稍短于外稃。花果期 6～9 月。

湿中生禾草。生于水边、潮湿之处。产内蒙古各地。分布于我国黑龙江、吉林、辽宁、河北、山东、山西、青海、四川、西藏南部和东北部、云南北部、江苏、浙江、新疆北部，日本、朝鲜、蒙古国、俄罗斯，中亚，欧洲、北美洲。为泛北极分布种。

中等饲用禾草。各种家畜均采食。

（14）针茅族 Stipeae

44. 落芒草属 Piptatherum P. Beauv.

多年生禾草，常丛生。叶片扁平或内卷。圆锥花序开展或紧缩；小穗含 1 小花，两性，脱节于颖之上；颖草质或膜质，几等长，具 3～5 脉，宿存，顶端渐尖或钝圆，通常长于、稀等长或短于外稃。外稃质地较硬，常具光泽，贴生细毛或无毛；基盘短而钝；芒顶生，细弱而不扭转，大都早落。内稃质地也较硬，稍短于外稃，为外稃边缘所包被。

内蒙古有 2 种。

分种检索表

1a. 叶舌甚短或缺如；外稃全部（包括基盘）被贴生柔毛；圆锥花序每节具 2 分枝··························
·····························**1. 中华落芒草 P. helanshanense**
1b. 叶舌披针形，长 3～10mm；外稃背部被贴生柔毛，基盘光滑无毛；圆锥花序每节具 3～5 分枝········
·····························**2. 藏落芒草 P. tibeticum**

1. 中华落芒草

Piptatherum helanshanense L. Q. Zhao et Y. Z. Zhao comb. nov.——*Oryzopsis chinensis* Hitchc. in Proc. Biol. Soc. Wash. 43:92. 1930; Fl. Intramongol. ed. 2, 5:195. t.73. f.7-12. 1994.——*Achnatherum chinense* (Hitchc.) Tzvel. in Rast. Tsentr. Azii. 4: 40. 1968; Fl. China 22: 208. 2006.——*P. chinense* (Hitchc.) Y. Z. Zhao in Class. Fl. Ecol. Geogr. Distr. Vasc. Pl. Inn. Mongol. 659. 2012, not *P. sinense* Mez (1921).

多年生禾草。秆密丛，高 40～75cm，平滑或微粗糙。叶鞘粗糙，无毛或边缘及鞘口疏生白色短柔毛；叶舌甚短，长不超过 0.5mm，或近于缺；叶片常密集于秆基，长 3～10cm（分蘖者长可达 30cm），宽 0.7～2mm，多纵卷成条状，上面微粗糙，下面平滑无毛或主脉的上部微粗糙，边缘疏生微毛。圆锥花序开展，长 10～18cm；分枝成对，细弱，粗糙，长 5～9cm，下部裸露部分甚长，上部分生小枝呈三叉状。小穗披针形或狭椭圆形，长 3.8～4mm，含 1 小花；颖膜质，上半部透明，长约 4mm，先端尖，侧脉不达顶端，微粗糙。外稃质地较硬，近于圆柱形，深褐色，常发亮有光泽，长 2.5～3.5mm；基盘短而钝，浅褐色，被细毛；芒顶生，长 4～7mm，细弱而不扭转，微粗糙，易脱落。内稃稍短于外稃，疏被贴生细毛，为外稃边缘所包；花药长约 1.8mm，顶

端具毫毛。花果期 5～7 月。

旱生禾草。生于荒漠带的山地草原、石质坡地、沙质地。产贺兰山。分布于我国河北西部、河南西部、山西、陕西、宁夏、甘肃东部、青海东部。为华北分布种。

Flora of China 将本种置于芨芨草属 *Achnatherum* 中，但本种外稃的芒易脱落，细而基部不扭转，与 *Achnatherum* 外稃的芒宿存，粗壮而基部扭转不同，故仍置于本属中。

2. 藏落芒草

Piptatherum tibeticum Roshev. in Bot. Nater. Gerb. Bot. Inst. Kom. Akad. Nauk S.S.S.R. 11:23. 1949; Fl. China 22:195. 2006.——*Oryzopsis tibetica* (Roshev.) P. C. Kuo in Fl. Tsinling. 1(1):145. t.113. 1976.

多年生禾草。须根较粗壮，具短根状茎。秆丛生，直立，高 30～100cm，基部直径 1～3mm，平滑无毛，具 2～5 节。叶鞘松弛，无毛，常短于节间；叶舌膜质，卵圆形或披针形至长披针形，先端钝或尖，长 3～10mm；叶片直立，扁平或稍内卷，先端渐尖，长 5～25cm，宽 2～4mm，无毛或微粗糙。圆锥花序疏松开展，偶不伸展，长 10～20cm，宽 3～14cm，最下部一节具 3～5 分枝；分枝伸展，纤细，粗糙。小穗黄绿色、紫色或有时灰白色而先端为紫红色，卵形；颖草质，几相等，长 3.5～5mm，卵圆形，先端渐尖，无毛或被短毛，具 5～7 脉，侧脉不达先端，弓曲与中脉结合，形似小横脉。外稃褐色，卵圆形，长 2.5～3.5mm，具 5 脉，被贴生柔毛，果期变黑褐色，且脊光滑；基盘光滑无毛；芒细弱，粗糙，长 5～7mm，易脱落。内稃扁平，边缘被外稃所包，被贴生柔毛，具 2 脉；鳞被 3，膜质，上面 1 枚线形且较小，下面 2 枚卵形；雄蕊 3，花药黄色，长约 1mm，顶端具毫毛。颖果卵形，长约 2mm。花果期 6～8 月。

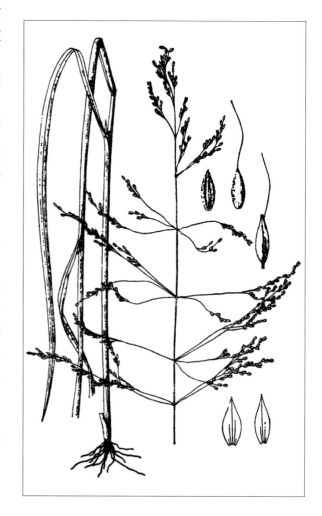

旱生禾草。生于荒漠带的山坡草地。产贺兰山（峡子沟）。分布于我国陕西西南部、甘肃东部、青海东南部、四川西部、西藏东部、云南。为横断山脉分布种。

45. 针茅属 Stipa L.

多年生密丛型禾草。叶片卷成长筒状条形。圆锥花序开展或紧缩，常被苞叶鞘包裹；小穗含 1 小花，两性，脱节于颖之上；颖近等长或第一颖稍长，草质或膜质，披针形，具条状尾尖或短尖，具 3～5 脉。外稃圆筒形，紧密包卷内稃，背部常具纵向排列的细毛，常具 5 脉，顶具芒；芒基部与稃体连接处具关节，关节被毛或无毛，芒一或二回膝曲，芒柱扭转，芒柱及芒针被柔毛或无毛；基盘锐尖，具柔毛。内稃与外稃近等长，被外稃包卷而不外露。

内蒙古有 15 种。

分种检索表

1a. 芒二回膝曲。

  2a. 芒不具柔毛。

    3a. 外稃长 9mm 以下，芒长 4～6.5cm，颖长 9～15mm。

      4a. 外稃 5～6mm；芒针明显长于第一芒柱，细软，毛发状·················**1. 长芒草 S. bungeana**

      4b. 外稃长 8～9mm；芒针短于或等长于第一芒柱，劲直，针刺状···**2. 甘青针茅 S. przewalskyi**

    3b. 外稃长超过 9mm，芒长超过 10cm，颖长 17～40mm。

      5a. 外稃长 15～17mm，芒长 18～28cm，颖长 30～40mm·············**3. 大针茅 S. grandis**

      5b. 外稃长 9～14mm，芒长 10～18cm，颖长 17～33mm。

        6a. 外稃长 12～14mm，芒长 12～18cm，颖长 23～33mm······**4. 贝加尔针茅 S. baicalensis**

        6b. 外稃长 9～11.5mm，芒长 10～15cm，颖长 17～28mm·········**5. 克氏针茅 S. krylovii**

  2b. 芒具柔毛。

    7a. 芒全部具柔毛。

      8a. 外稃长约 10mm；芒具长 2～3mm 的柔毛；颖宽披针形，紫色·····**6. 紫花针茅 S. purpurea**

      8b. 外稃长约 5.5mm；芒具长约 1mm 的短柔毛；颖狭披针形，绿色或淡紫褐色·················

      ···**7. 短花针茅 S. breviflora**

    7b. 芒仅芒柱具柔毛，外稃长 6.5～7.5mm·······································**8. 异针茅 S. aliena**

1b. 芒一回膝曲。

  9a. 芒柱光滑，芒针具白色柔毛。

    10a. 外稃长 7.5～10mm，芒长 6.5～13.5cm，芒柱长 15～25mm，圆锥花序明显超出基生叶丛。

      11a. 外稃长约 10mm，芒长 10～13.5cm，芒柱长 20～25mm·············**9. 小针茅 S. klemenzii**

      11b. 外稃长 7.5～8.5mm，芒长 6.5～8cm，芒柱长约 15mm·············**10. 戈壁针茅 S. gobica**

    10b. 外稃长 4.5～6mm，芒长 3～4cm，芒柱长 5～10mm，圆锥花序不超出基生叶丛或与之近

      等长···**11. 乌拉特针茅 S. wulateica**

  9b. 芒柱与芒针均具白色柔毛。

    12a. 外稃长 7.5～10mm，背部密被白色柔毛。

      13a. 圆锥花序不被顶生叶鞘包裹。

        14a. 芒柱长 4～7mm，全芒长 1～2mm 的白色柔毛·····**12. 蒙古针茅 S. mongolorum**

        14b. 芒柱长 14～18mm；芒柱的被毛向下渐短，上半部毛长 1～2mm，下半部毛长约

        0.5mm；芒针的毛长 2～3mm·····························**13. 阿尔巴斯针茅 S. albasiensis**

      13b. 圆锥花序被顶生叶鞘包裹，芒柱长 15～22mm，全芒具长 2～4mm 的白色柔毛·················

      ···**14. 沙生针茅 S. glareosa**

12b. 外稃长 5～7mm，背部无毛或稍被柔毛，芒柱长 3～5mm，全芒具长 2～3mm 的白色柔毛⋯⋯⋯⋯⋯⋯⋯⋯⋯⋯⋯⋯⋯⋯⋯⋯⋯⋯⋯⋯⋯⋯⋯⋯⋯**15. 狼山针茅 S. langshanica**

1. 长芒草（本氏针茅）

Stipa bungeana Trin. in Enum. Pl. China Bor. 70. 1833; Fl. Intramongol. ed. 2, 5:196. t.74. f.5. 1994.

多年生禾草。秆直立或斜升，基部膝曲，高 30～60cm。叶鞘光滑，上部粗糙，边缘及鞘口具纤毛；叶舌白色膜质，披针形，长 1～3mm。叶片上面光滑，下面脉上被短刺毛，边缘具短刺毛；秆生叶稀少，长 3～5cm；基生叶密集，长 5～20cm。圆锥花序基部被顶生叶鞘包裹，成熟后伸出鞘外，长 10～30cm；分枝细弱，粗糙或具短刺毛，2～4 枝簇生，直立或斜升。小穗稀疏；颖披针形，成熟后淡紫色，上部及边缘白色膜质，顶端延伸成芒状，第一颖长 8～15mm，具 3 脉，第二颖较第一颖略短。外稃长 5～6mm，顶端关节处具短毛，其下具微刺毛；基盘长约 1mm，密生向上的白色柔毛；芒二回膝曲，扭转，光滑或微粗糙，第一芒柱长 1～1.5cm，第二芒柱长 0.5～1cm，芒针细发状，长 3～5cm。花期 6 月，果期 7 月。

旱生丛生禾草。为暖温型草原植被的主要建群种，也见于夏绿阔叶林区的次生禾草植被中。产科尔沁（西拉木伦河以南）、赤峰丘陵（红山区）、燕山北部、乌兰察布（达尔罕茂明安联合旗百灵庙镇、固阳县）、阴山及阴南平原、阴南丘陵（准格尔旗）、鄂尔多斯中部、东阿拉善（阿拉善左旗）、贺兰山。分布于我国河北、河南、山东、山西、陕西、宁夏、甘肃中部和东部、青海东部和南部、四川、西藏东部和南部、安徽北部、江苏北部、新疆中部，中亚（天山）。为亚洲中部分布种。

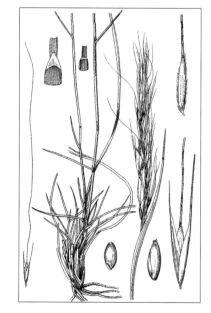

为牲畜比较喜食的优良牧草。常与隐子草、胡枝子、冷蒿等优良牧草组成长芒草草原，成为黄土高原暖温型草原区的重要牧场。但由于开垦和过度放牧，长芒草草原逐渐退化，并且产草量较低，因而不适于做打草场。

2. 甘青针茅（勃氏针茅）

Stipa przewalskyi Roshev. in Bot. Mater. Gerb. Glavn. Bot. Sada R.S.F.S.R. 1(6):3. 1920; Fl. Intramongol. ed. 2, 5:198. t.74. f.6. 1994.

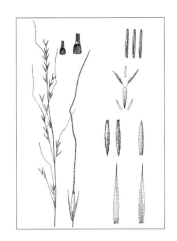

多年生禾草。秆直立，基部节处膝曲，高可达 90cm。叶鞘光滑，顶部边缘膜质；叶舌披针形，白色膜质，长 0.5～3mm。叶片上面光滑或粗糙，下面脉上被较密的短刺毛；秆生叶较稀疏，长 15～30cm；基生叶密集，长可达 60cm。圆锥花序长 10～30cm，伸出鞘外；分枝孪生，向上伸展，被细小刺毛，着生少数小穗。颖披针形，淡紫色，上部白色透明，边缘宽膜质，顶端延长成尾尖，二颖近等长，长 10～15mm，第一颖具 3 脉，第二颖具 5 脉。外稃长 8～9mm，背部具纵向排列的白色刺毛，顶端关节处具一圈白色刺毛；基盘长 1.5～2mm，被密集的白刺毛；外芒二回膝曲，芒柱扭转，角棱上被短刺毛，第一芒柱长 1.5～2.5cm，第二芒柱长约 1cm，芒针劲直，针刺状，与第一芒柱略等长或较之稍短。花果期 6～7 月。

旱生丛生禾草。生于荒漠带的山地草原。产阴山（大青山西部、乌拉山）、贺兰山。分布于我国河北西北部、山西、陕西中部、宁夏、甘肃中部和东部、青海东部、四川西北部、西藏东北部。为华北—唐古特分布种。

3. 大针茅

Stipa grandis P. A. Smirn. in Repert. Spec. Nov. Regni Veg. 26:267. 1929; Fl. Intramongol. ed. 2, 5:198. t.74. f.1-4. 1994.

多年生禾草。秆直立，高 50～100cm。叶鞘粗糙；叶舌披针形，白色膜质，长 3～5mm；叶上面光滑，下面密生短刺毛，秆生叶较短，基生叶长可超过 50cm。圆锥花序基部包于叶鞘内，长 20～50cm；分枝细弱，2～4 个簇生，向上伸展，被短刺毛。小穗稀疏；颖披针形，成熟后淡紫色，中上部白色膜质，顶端延伸成长尾尖，长 (27～)30～40(～45)mm，第一颖略长，具 3 脉，第二颖略短，具 5 脉。外稃长 (14.5～)15～17mm，顶端关节处被短毛；基

盘长约 4mm，密生白色柔毛；芒二回膝曲，光滑或微粗糙，第一芒柱长 6～10cm，第二芒柱长 2～2.5cm，芒针丝状卷曲，长 10～18cm。花果期 7～8月。

旱生丛生禾草。亚洲中部草原区特有的典型草原建群种；在温带的典型草原地带，大针茅草原是主要的气候顶极群落。产兴安北部及岭西(额尔古纳市、根河市、牙克石市、新巴尔虎左旗)、呼伦贝尔(满洲里市)、兴安南部及科尔沁(乌兰浩特市、科尔沁右翼中旗、阿鲁科尔沁旗、巴林左旗、巴林右旗、克什克腾旗)、辽河平原(科尔沁左翼后旗)、赤峰丘陵(红山区、松山区、翁牛特旗)、燕山北部(喀喇沁旗、宁城县、敖汉旗)、锡林郭勒(东乌珠穆沁旗、西乌珠穆沁旗、锡林浩特市、阿巴嘎旗、苏尼特左旗)、乌兰察布(达尔罕茂明安联合旗、固阳县)、阴山(大青山、蛮汗山)、阴南丘陵(准格尔旗)、鄂尔多斯(鄂托克旗)、贺兰山。分布于我国黑龙江西南部、吉林西部、辽宁西部、河北西北部、河南西部、山西、陕西中部和北部、宁夏、甘肃东部、青海东北部，蒙古国东北部和东部、俄罗斯(东西伯利亚地区)。为黄土高原—蒙古高原东部分布种。

良好的饲用植物。各种牲畜四季都乐食。基生叶丰富并能较完整地保存至冬春，可为牲畜提供大量有营养价值的饲草。生殖枝营养价值较差，特别是带芒的颖果能刺伤绵羊的皮肤而致使其伤亡。大针茅的饲用价值不如同属的小型针茅。大针茅常与羊草、根状茎冰草、糙隐子草等优良牧草组成大针茅＋羊草＋丛生禾草草原及大针茅＋丛生小禾草草原，成为内蒙古中东部地区重要的放牧场。

4. 贝加尔针茅（狼针草）

Stipa baicalensis Roshev. in Izv. Glavn. Bot. Sada S.S.S.R. 28:380. 1929; Fl. Intramongol. ed. 2, 5:199. 1994.

多年生禾草。秆直立，高 50～80cm。叶鞘粗糙，先端具细小刺毛；叶舌披针形，白色膜质，长 1.5～3mm；叶片上面被短刺毛或粗糙，下面脉上被密集的短刺毛，秆生叶长 20～30cm，基生叶长达 40cm。圆锥花序基部包于叶鞘内，长 20～40cm；分枝细弱，2～4 个簇生，向上伸展，被短刺毛。小穗稀疏；颖披针形，长 23～33mm，淡紫色，光滑，边缘膜质，顶端延伸成尾尖，第一颖略长，具 3 脉，第二颖稍短，具 5 脉。外稃长 12～14mm，顶端关节处被短毛；基盘长约 4mm，密生白色柔毛；芒二回膝曲，粗糙，第一芒柱扭转，长 3～4cm，第二芒柱长 1.5～2cm，芒针丝状卷曲，长 8～13cm。花果期 7～8月。

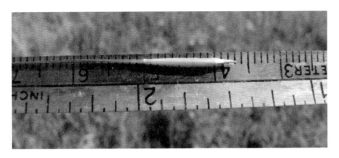

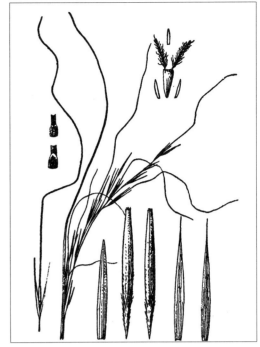

中旱生丛生禾草。亚洲中部草原区草甸草原的重要建群种；在中温型森林草原带占据典型的地带性生境，组成该地带的气候顶极群落；并可沿山地及丘陵上部进入典型草原带，形成山地的贝加尔针茅草原群落。产岭东、岭西、兴安南部、科尔沁、辽河平原、赤峰丘陵、燕山北部、锡林郭勒东部和南部、阴山、阴南丘陵、贺兰山。分布于我国黑龙江中部和西部、吉林西部、辽宁西部、河北西北部、山西、陕西、甘肃中部和东部、青海东部、四川西部、西藏东北部和南部、蒙古国北部和东部、俄罗斯（东西伯利亚地区、远东地区）。为青藏高原东部—黄土高原—蒙古高原东部分布种。

饲用价值大体与大针茅相同，为良好的饲用植物。为本属偏冷、偏中生的类型。在群落组成中，中生植物有所增加，如日阴菅、光稃茅香等多为粗糙的或不可食的植物；但有些群落类型，如贝加尔针茅 + 羊草草原的饲用价值却是比较高的。

5. 克氏针茅（西北针茅）

Stipa krylovii Roshev. in Izv. Glavn. Bot. Sada S.S.S.R. 28:379. 1929; Fl. Intramongol. ed. 2, 5:199. 1994.——*S. sareptana* A. K. Beck. var. *krylovii* (Roshev.) P. C. Kuo et Y. H. Sun in Fl. China 22:198. 2006.

多年生禾草。秆直立，高 30～60cm。叶鞘光滑；叶舌披针形，白色膜质，长 1～3mm；叶上面光滑，下面粗糙，秆生叶长 10～20cm，基生叶长达 30cm。圆锥花序基部包于叶鞘内，长 10～30cm；分枝细弱，2～4 个簇生，向上伸展，被短刺毛。小穗稀疏；颖披针形，草绿色，成熟后淡紫色，光滑，先端白色膜质，长（17～）20～28mm，第一颖略长，具 3 脉，第二颖稍短，具 4～5 脉。外稃长 9～11.5mm，顶端关节处被短

毛；基盘长约 3mm，密生白色柔毛；芒二回膝曲，光滑，第一芒柱扭转，长 2 ～ 2.5cm，第二芒柱长约 1cm，芒针丝状弯曲，长 7 ～ 12cm。花果期 7 ～ 8 月。

旱生丛生禾草。亚洲中部草原区典型草原的建群种，也是中温型典型草原带和荒漠区山地草原带的地带性群系，是某些大针茅草原的放牧演替变型；此外，在许多荒漠草原群落中也常有零星散生的克氏针茅。产岭西及呼伦贝尔（额尔古纳市、陈巴尔虎旗、新巴尔虎左旗、新巴尔虎右旗、满洲里市）、兴安南部及科尔沁（兴安盟、阿鲁科尔沁旗、巴林右旗、克什克腾旗）、赤峰丘陵（红山区、松山区、翁牛特旗）、燕山北部（喀喇沁旗、宁城县、敖汉旗）、锡林郭勒、乌兰察布、阴山、阴南平原、阴南丘陵、鄂尔多斯、贺兰山、龙首山。分布于我国东北地区（辽河平原）、华北北部（黄土高原），青藏高原，新疆，蒙古国、俄罗斯（西伯利亚地区）及中亚也有分布。为亚洲中部分布种。

饲用价值大体与大针茅相同，为良好饲用植物。克氏针茅草原的生产力低于大针茅草原，但能适应更干旱的生态环境，因而分布很广。克氏针茅草原具有耐牲畜践踏的特点，是重要的天然放牧场。

6. 紫花针茅

Stipa purpurea Griseb. in Nachr. Konigl. Ges. Wiss. Georg-Angusts-Univ. 3:82. 1868; Fl. Intramongol. ed. 2, 5:200. t.75. f.6-8. 1994.

多年生禾草。秆直立，高 20～50cm。叶鞘光滑；叶舌披针形，膜质，长约 3mm；叶光滑，秆生叶稀少，长 3.5～5cm，基生叶稠密，长约 10cm。圆锥花序基部常被顶生叶鞘包裹，长 10cm 左右；分枝稀少，细弱，常弯曲，光滑。小穗稀疏；颖宽披针形，深紫色，光滑，中部以上具白色膜质边缘，顶端延伸成芒状，二颖近等长，长 13～15mm，具 3 脉。外稃长约 10mm，顶端关节处具稀疏短毛；

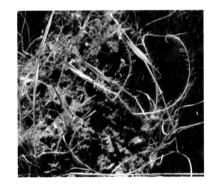  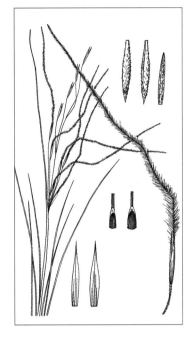

基盘长约 2mm，密生白色柔毛；芒二回膝曲，全部着生长 2～3mm 的白色长柔毛，第一芒柱扭转，长约 1.5cm，第二芒柱长约 1cm，芒针扭曲，长 5～7cm。花果期 7～8 月。

寒旱生丛生禾草。生于荒漠带的山地。产龙首山。分布于我国甘肃中部和西南部、青海、四川西部、西藏（青藏高原）、新疆，喜马拉雅山脉，克什米尔地区，中亚。为中亚—亚洲中部高山分布种。

7. 短花针茅

Stipa breviflora Griseb. in Nachr. Konigl. Ges. Wiss. Georg-Angusts-Univ. 3:82. 1868; Fl. Intramongol. ed. 2, 5:200. t.75. f.1-5. 1994.

多年生禾草。秆直立，基部节处膝曲，高 30～60cm。叶鞘粗糙或具短柔毛，上部边缘具纤毛；叶舌披针形，白色膜质，长 0.5～1.5mm。叶片上面光滑，下面脉上具细微短刺毛；秆生叶稀疏，长 3～7cm；基生叶密集，长 10～15cm。圆锥花序下部被顶生叶鞘包裹，长 10～20cm；分枝细弱，光滑或具稀疏短刺毛，2～4 枝簇生，有时具二回分枝，分枝斜升。小穗稀疏；颖狭披针形，长 10～15mm，绿色或淡紫褐色，中上部白色膜质，第二颖略短于第一颖。外稃长约 5.5mm，顶端关节被短毛；基盘长约 1.5mm，密生柔毛；芒二回膝曲，全芒着生短于 1mm 的柔毛，第一芒柱扭转，长 1～1.5cm，第二芒柱长 0.5～1cm，芒针弧状弯曲，长 3～6cm。花果期 6～7 月。

旱生丛生禾草。生于草原带的山地丘陵坡地，为亚洲中部暖温型荒漠草原的主要建群种，也常在某些典型草原群落及草原化荒漠群落中成为伴生成分。产科尔沁（巴林左旗、敖汉旗）、赤峰丘陵（红山区、松山区）、锡林郭勒（阿巴嘎旗、苏尼特左旗、苏尼特右旗）、乌兰察布（达尔罕茂明安联合旗、乌拉特中旗）、阴山（大青山、蛮汗山）、阴南丘陵（准格尔旗）、鄂尔多斯（乌审旗、鄂托克旗、东胜区）、东阿拉善（阿拉善左旗）、贺兰山、龙首山、额济纳（马鬃山）。分布于我国河北西北部、山西北部、陕西北部、宁夏、甘肃、青海、四川西北部、西藏南部和西部、新疆，蒙古国南部、尼泊尔、克什米尔地区，中亚。为亚洲中部分布种。

优等饲用植物。牲畜四季喜食。常与冷蒿、隐子草、锦鸡儿等优良牧草组成短花针茅草原，成为荒漠草原地带的重要放牧场。

8. 异针茅

Stipa aliena Keng in Sunyatsenia 6(1):74. 1941; Fl. Intramongol. ed. 2, 5:202. 1994.

多年生禾草。秆直立，丛生，高 15～30cm。叶鞘光滑，长于节间；叶舌膜质，长 0.8～1.5mm，顶端圆形或 2 裂，背部具微毛；叶片纵卷成细条形，上面粗糙，下面光滑；秆生叶较短，长 3.8cm

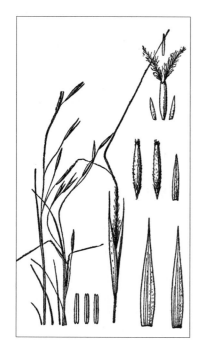

左右；基生叶较长，长可达24cm。圆锥花序成熟时长达10～15cm；分枝斜上，基部者长4～7cm，顶部者长1～2cm，下部常裸露，上部着生1～3小穗。颖几等长，先端细渐尖，具5～7脉，长10～13mm。外稃背部遍生短毛，具5脉，长6.5～7.5mm；基盘锐尖，长约1mm，密生短毛；芒二回膝曲，扭转，第一芒柱长4～5mm，具长1～2mm的短柔毛，第二芒柱约与第一芒柱等长，被微毛，芒针长10～16mm，无毛。内稃与外稃等长，背部具短毛。颖果圆柱形，长约5mm，具浅沟。

  旱生丛生禾草。生于荒漠带的山坡。产贺兰山、龙首山。分布于我国甘肃、青海、四川、西藏。为青藏高原分布种。

9. 小针茅（克里门茨针茅）

Stipa klemenzii Roshev. in Bot. Mater. Gerb. Glavn. Bot. Sada R.S.F.S.R. 5:12. 1924; Fl. Intramongol. ed. 2, 5:202. t.76. f.1-3. 1994.——*S. tianschanica* Roshev. var. *klemenzii* (Roshev.) Norl. in Fl. China 22:199. 2006.

  多年生禾草。秆斜升或直立，基部节处膝曲，高（10～）20～40cm。叶鞘光滑或微粗糙；叶舌膜质，长约1mm，边缘具长纤毛；叶片上面光滑，下面脉上被短刺毛，秆生叶长2～4cm，基生叶长可达20cm。圆锥花序被膨大的顶生叶鞘包裹，顶生叶鞘常超出圆锥花序；分枝细弱，粗糙，直伸，单生或孪生。小穗稀疏；颖狭披针形，长25～35mm，绿色，上部及边缘宽膜质，顶端延伸成丝状尾尖，二颖近等长，第一颖具3脉，第二颖具3～4脉。外稃长约10mm，顶端关节处光滑或具稀疏短毛；基盘尖锐，长2～3mm，密被柔毛；芒一回膝曲，芒柱扭转，光滑，长2～2.5cm，芒针弧状弯曲，长10～13cm，着生长3～6mm的柔毛，芒针顶端的柔毛较短。花果期6～7月。

  旱生丛生小型禾草。亚洲中部荒漠化草原的主要建群种，组成中温型荒漠化草原带的地带性群落，也是草原化荒漠群落的伴生植物。产锡林郭勒（苏尼特左旗、苏尼特右旗、西乌珠穆沁旗）、乌兰察布北部、阴南丘陵（准格尔旗）、鄂尔多斯西部、东阿拉善（阿拉善左旗）。分布于我国黄土高原，蒙古国、俄罗斯（东西伯利亚地区）。为亚洲中部分布种。

  优等饲用植物。全年为各种牲畜最喜吃。颖果无危害。全株营养丰富，有抓膘作用，萌发早，枯草可长期保存，常

与无芒隐子草、葱属植物等优良牧草组成小针茅草原。小针茅草原是绵羊最理想的放牧场。在小针茅草原牧场上饲养的绵羊，肉格外鲜美，驰名各地。

10. 戈壁针茅

Stipa gobica Roshev. in Bot. Mater. Gerb. Glavn. Bot. Sada R.S.F.S.R. 5:13. 1924; Fl. Intramongol. ed. 2, 5:203. t.76. f.4-5. 1994.——*S. tianschanica* Roshev. var. *gobica* (Roshev.) P. C. Kuo et Y. H. Sun in Fl. China 22:199. 2006.

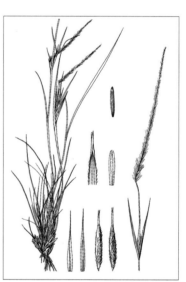

多年生禾草。秆斜升或直立，基部膝曲，高 (10～)20～50cm。叶鞘光滑或微粗糙；叶舌膜质，长约 1mm，边缘具长纤毛；叶上面光滑，下面脉上被短刺毛，秆生叶长 2～4cm，基生叶长可达 20cm。圆锥花序下部被顶生叶鞘包裹；分枝细弱，光滑，直伸，单生或孪生。小穗绿色或灰绿色；颖狭披针形，长 20～25mm，上部及边缘宽膜质，顶端延伸成丝状长尾尖，二颖近等长，第一颖具 1 脉，第二颖具 3 脉。外稃长 7.5～8.5mm，顶端关节处光滑；基盘尖锐，长 0.5～2mm，密被柔毛；芒一回膝曲，芒柱扭转，光滑，长约 1.5cm，芒针急折弯曲近呈直角，非弧状弯曲，长 4～6cm，着生长 3～5mm 的柔毛，柔毛向顶端渐短。花果期 6～7 月。

旱生丛生小型禾草。干旱、半干旱地区山地、丘陵砾石生草原的建群种，也见于草原区石质丘陵的顶部。产赤峰丘陵（红山区）、燕山北部（兴和县苏木山）、锡林郭勒（正镶白旗、苏尼特左旗）、乌兰察布（乌拉特中旗）、阴山（大青山、蛮汗山）、阴南丘陵（准格尔旗）、鄂尔多斯（东胜区、鄂托克旗）、东阿拉善（鄂尔多斯市西部、阿拉善左旗）、西阿拉善（阿拉善右旗）、额济纳。分布于我国黄土高原、青藏高原，甘肃、新疆，蒙古国西部和南部也有分布。为戈壁—蒙古分布种。

为山地草原优等饲用植物。

11. 乌拉特针茅

Stipa wulateica (Y. Z. Zhao) Y. Z. Zhao in Act. Sci. Nat. Univ. Intramongol. 27(2):211. 1996.——*S. gobica* Roshev. var. *wulateica* Y. Z. Zhao in Act. Sci. Nat. Univ. Intramongol. 23(4):546. 1992.

多年生禾草。秆密丛生，高 20 ～ 25cm。叶鞘无毛或稍被短柔毛，边缘生柔毛；叶舌长约 1mm，边缘密生长柔毛；叶片直径 0.2 ～ 0.5mm，外面（背面）稍被短柔毛，里面（表面）密被短柔毛，茎生叶长 5 ～ 11cm，基生叶长 15 ～ 25cm。圆稚花序下部被顶生叶鞘包裹；颖长 14 ～ 20mm，第一颖具 1 脉，第 2 颖具 3 脉，先端长渐尖。外稃 4.5 ～ 6mm，顶端无毛或稍被柔毛；基盘长约 1mm，密被柔毛；芒长 3 ～ 4cm，一回膝曲，芒柱扭转，无毛，长 5 ～ 10mm，芒针长 2 ～ 3.2cm，被长 3 ～ 4mm 的柔毛。花果期 6 ～ 7 月。

旱生丛生小型禾草。生于草原化荒漠带的山坡，是山地荒漠草原的建群种。产东阿拉善（狼山）。为狼山分布种。

12. 蒙古针茅

Stipa mongolorum Tzvel. in Rast. Tsentr. Azii 4:57. 1968; Fl. Intramongol. ed. 2, 5:203. t.77. f.1-3. 1994.

多年生禾草。秆斜升或直立，高约 30cm。叶鞘光滑；叶舌纤毛状，长约 5mm。叶光滑，坚韧；秆生叶 1 ～ 2，长约 3cm；基生叶密集，长 5 ～ 10cm。圆锥花序较开展，不被顶生叶鞘包裹；分枝细弱，粗糙或具微细毛，单生，常倾斜。颖狭披针形，顶端延伸成长尾尖，中部以上为膜质，第一颖具 1 脉，长约 18mm，第二颖具 3 脉，长约 16mm。外稃长约 7.5mm；基盘尖锐，长约 2.5mm，密生白色柔毛；芒一回膝曲，全部被长 1 ～ 2mm 的白色柔毛，芒柱扭转，长 4 ～ 7mm，芒针长约 5.5cm，较平直，非弧状弯曲。花果期 6 ～ 7 月。

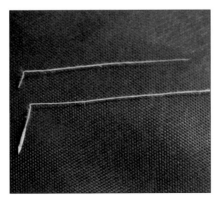

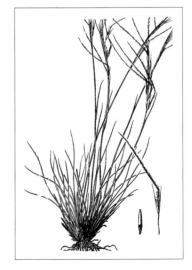

　　旱生丛生小型禾草。为蒙古高原荒漠草原种，也见于山地及荒漠群落中。产乌兰察布（达尔罕茂明安联合旗、乌拉特中旗）。分布于我国宁夏（贺兰山），蒙古国中部和南部。为戈壁—蒙古分布种。

13. 阿尔巴斯针茅

Stipa albasiensis L. Q. Zhao et K. Guo in Ann. Bot. Fennici. 48:522. 2011.

　　多年生禾草。秆高 15～35cm，密丛生，斜升或直立，具 2～3 节。基生叶鞘粗糙或被短柔毛；叶舌膜质，长 1～1.5mm，具短睫毛；叶片纵卷成针状，基生叶长 15～30cm，茎生者长 7～15cm，光滑。圆锥花序裸露，不被叶鞘包裹，长约 9cm；分枝较短，着生 1 或 2 枚小穗。颖尖披针形，边缘膜质透明，先端延伸成丝状，长 1.9～2.2cm，第一颖稍短于第二颖，具 3～5 脉。外稃长 7～9mm，背部具排列成纵行的短毛，顶端关节处具一圈短毛；基盘锐尖，长约 2mm，密生细柔毛；芒长 5.5～7cm，一回膝曲，芒柱长 1.4～1.8cm，扭转，下部被长约 0.5mm 的短毛，上部被长 1～2mm 的柔毛。内稃与外稃近等长，背部略具短柔毛。花果期 5～7 月。

　　旱生禾草。生于海拔 1450m 以上的石质山坡，是山地草原群落的建群种。产东阿拉善（桌子山）、贺兰山。为贺兰山—桌子山分布种。

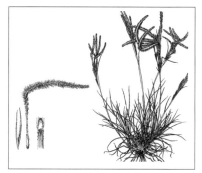

14. 沙生针茅

Stipa glareosa P. A. Smirn. in Bull. Soc. Imp. Nat. Mosc. 38:12. 1929; Fl. Intramongol. ed. 2, 5:205. t.77. f.4-6. 1994.——*S. caucasica* Schmalh. subsp. *glareosa* (P. A. Smirnov) Tzvel. in Fl. China 22:200. 2006.

多年生禾草。秆斜升或直立，基部膝曲，高(10～)20～50cm。基部叶鞘粗糙或具短柔毛，叶鞘的上部边缘具纤毛；叶舌长约1mm，边缘具纤毛；叶上面具短刺毛，粗糙或光滑，下面密生短刺毛，秆生叶长2～4cm，基生叶长达20cm。圆锥花序基部被顶生叶鞘包裹；分枝单生，短且直伸，被短刺毛。颖狭披针形，二颖近等长，长20～30mm，顶端延伸成长尾尖，中上部皆为白色膜质，第一颖基部具3脉，中上部仅剩1中脉，第二颖具3脉。外稃长(7～)8.5～10(～11)mm；基盘尖锐，长约2mm，密被白色柔毛；芒一回膝曲，全部着生长2～4mm的白色柔毛，芒柱扭转，长1.5～2.2cm，芒针常弧形弯曲，长4～7cm。花果期6～7月。

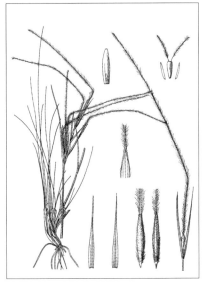

旱生丛生小型禾草。亚洲中部草原区沙壤质荒漠草原的建群种，在蒙古高原荒漠草原带集中分布着大面积沙生针茅草原群落，在鄂尔多斯高原、黄土高原上尚有残留的群落片段，青藏高原及新疆山地草原带也有这一群系的分布。沙生针茅又是草原化荒漠植被的常见伴生种。产乌兰察布（苏尼特左旗、苏尼特右旗、达尔罕茂明安联合旗、乌拉特中旗）、阴南丘陵（准格尔旗）、鄂尔多斯（乌审旗、鄂托克旗）、东阿拉善（杭锦旗、阿拉善左旗）、贺兰山、西阿拉善（阿拉善右旗）、额济纳。分布于我国河北西南部和北部、河南北部、陕西北部、宁夏北部、甘肃西部、青海、西藏北部、新疆，蒙古国中部和南部、俄罗斯（西伯利亚地区）、阿富汗，中亚。为中亚—亚洲中部分布种。

优等饲用植物。饲用价值与小针茅相似，营养丰富，生长季为各种牲畜喜食，冬季枯草能完整地保存，有保膘作用。沙生针茅草原为内蒙古半荒漠地带重要的天然牧场。

15. 狼山针茅

Stipa langshanica (Y. Z. Zhao) Y. Z. Zhao in Act. Sci. Nat. Univ. Intramongol. 27(2):211. 1996.——*S. glareosa* P. A. Smirn. var. *langshanica* Y. Z. Zhao in Act. Sci. Nat. Univ. Intramongol. 22(4):546. f.1. 1992.

多年生禾草。秆密丛生，高10～20cm。叶鞘被短柔毛，边缘生柔毛；叶舌长达1mm，边缘密生长柔毛；叶片直径 0.3～0.8mm，外面（背面）和里面（表面）被短柔毛，茎生叶长 2～3cm，基生叶长 4～9cm。圆锥花序紧密，被顶生叶鞘包裹；颖长 18～23mm，具 3 脉，先端长渐尖。外稃长 5～7mm，无毛或边缘和背面中部以下沿中肋被柔毛，顶端无毛或稍被柔毛；基盘长约 1mm，密被柔毛；芒长 3～4.5cm，一回膝曲，芒柱扭转，长 3～5mm，被长 1～2mm 的柔毛，芒针长 2.5～4cm，被长 2～3mm 的柔毛。花果期 6～7 月。

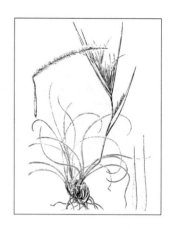

旱生丛生小型禾草。生于草原化荒漠带的山坡，是山地荒漠草原的建群种。产东阿拉善（狼山）。为狼山分布种。

46. 芨芨草属 Achnatherum P. Beauv.

多年生丛生禾草。叶片内卷或扁平。圆锥花序顶生，开展或紧缩成穗状；小穗含 1 小花，两性；颖近等长，宿存。外稃质地厚于颖，厚纸质，成熟后略变硬，顶端多少具 2 裂齿；基盘尖锐或钝圆，具须毛；芒从外稃顶端齿间伸出，不与外稃顶端成关节，下部扭转而宿存，稀近劲直而易脱落，无毛或具细小刺毛。内稃具 2 脉而无脊，成熟后与外稃一起紧密包裹颖果，背部多少裸露；鳞被 3；花药顶端常具毫毛。

内蒙古有 8 种。

分种检索表

1a. 叶舌先端尖或钝圆，披针形或矩圆状披针形，长 3～15mm。

  2a. 芒直或微弯，但不膝曲扭转，无毛或微粗糙；第一颖显著短于第二颖；小穗长 4.5～6.5mm；秆高 80～200cm ·· **1. 芨芨草 A. splendens**

  2b. 芒膝曲，芒柱扭转，具短柔毛；二颖几等长或第一颖稍长；小穗长 11～14mm；秆高 25～70cm ··· ··· **2. 紫花芨芨草 A. regelianum**

1b. 叶舌先端截平，顶端具裂齿，长 2mm 以下。

  3a. 圆锥花序紧缩呈穗状，每节具 6～7 分枝，分枝基部着生小穗；外稃长约 4mm ························ ··· **3. 醉马草 A. inebrians**

  3b. 圆锥花序疏松开展或稍紧密，但不呈穗状，每节具 2～5 分枝，分枝基部常裸露，中部以上着生小穗，稀自分枝基部着生小穗；外稃长在 4.5mm 以上。

    4a. 小穗长 5～6.5mm，外稃长在 4.5～5mm，花药顶端无毛或仅具 1～3 毫毛 ····················· ··· **4. 朝阳芨芨草 A. nakaii**

    4b. 小穗长 7mm 以上，外稃长在 5.5mm 以上，花药顶端明显具毫毛。

      5a. 小穗长 11～13mm，第一颖稍长于第二颖；叶片宽达 10mm ·········· **5. 京芒草 A. pekinense**

      5b. 小穗长 7～10mm，二颖近等长或第一颖稍短；叶片宽 3～8mm。

        6a. 颖贴生细短毛，顶端较钝；秆和叶鞘均粗糙 ·············· **6. 毛颖芨芨草 A. pubicalyx**

        6b. 颖无毛或在脉上疏生小刺毛，顶端尖；秆和叶鞘均平滑。

          7a. 花序分枝成熟后斜向上；外稃长 6～7.5mm；基盘尖锐，长约 1mm ················· ··· **7. 羽茅 A. sibiricum**

          7b. 花序分枝成熟后水平开展；外稃长 5～6.5mm；基盘较钝，长约 0.5mm ············· ··· **8. 远东芨芨草 A. extremiorientale**

1. 芨芨草（积机草）

Achnatherum splendens (Trin.) Nevski in Trudy Bot. Inst. Akad. Nauk S.S.S.R. Ser. 1, Fl. Sist. Vyssh. Rast. 4:224. 1937; Fl. Intramongol. ed. 2, 5:206. t.78. f.1-6. 1994.——*Stipa splendens* Trin. in Neue Entdeck Pflanzenk. 2:54. 1821.

多年生禾草。秆密丛生，直立或斜升，坚硬，高80～200cm，通常光滑无毛。叶鞘无毛或微粗糙，边缘膜质；叶舌披针形，长5～15mm，先端渐尖；叶片坚韧，长30～60cm，宽3～7mm，

纵向内卷或有时扁平，上面脉纹凸起，微粗糙，下面光滑无毛。圆锥花序开展，长30～60cm，开花时呈金字塔形；主轴平滑或具纵棱而微粗糙，分枝数个簇生，细弱，长达19cm，基部裸露。小穗披针形，长4.5～6.5mm，具短柄，灰绿色、紫褐色或草黄色；颖披针形或矩圆状披针形，膜质，顶端尖或锐尖，具1～3脉，第一颖显著短于第二颖，具微毛，基部常呈紫褐色。外稃长4～5mm，具5脉，密被柔毛，顶端具2微齿；基盘钝圆，长约0.5mm，有柔毛；芒长5～10mm，自外稃齿间伸出，直立或微曲，但不膝曲扭转，微粗糙，易断落。内稃脉间有柔毛，成熟后背部多少露出外稃之外；花药条形，长2.5～3mm，顶端具毫毛。花果期6～9月。

高大旱中生密丛生耐盐禾草。生于草原带和荒漠带的盐化低地、湖盆边缘、丘间低地、干河床、阶地、侵蚀洼地、低山丘坡等地。芨芨草广泛地生长在欧亚大陆干旱及半干旱地区，是盐化草甸的建群种。不论在草原区，还是在荒漠区，它多占据隐域性的低湿地生境，其生长往往靠地下水的补给，或接受地表直径流的补充。芨芨草在不同的草原和荒漠地带往往与完全不同的伴生植物组成不同的群落类型，在典型草原带常分别与寸草薹、羊草、野黑麦等组成盐湿草甸群落，在荒漠草原带常与赖草组成盐生草甸或与白刺组成盐生群落，在荒漠带则常常出现各种荒漠化的芨芨草盐化草甸。产内蒙古各地。分布于我国黑龙江西南部、吉林西部、河北西北部、河南北部、山西、陕西北部、宁夏、甘肃、青海、四川、西藏西部和东部、云南、新疆，蒙古国、俄罗斯（西伯利亚地区）、印度北部、巴基斯坦、阿富汗、伊朗，中亚、欧洲。为古地中海分布种。

良等饲用禾草。春末和夏初，骆驼和牛乐食，羊和马采食较少；冬季，植株残存良好，各种家畜均采食，特别在西部地区，对家畜度过寒冬季节有一定的价值。

优良的造纸原料及人造丝原料。秆叶坚韧，长而光滑，可做扫帚，编织草帘子、筐、篓等，又可做改良碱地、保护渠道、保持水土的植物。茎、颖果、花序及根入药，能清热利尿，主治尿路感染、小便不利、尿闭；花序能止血。

2. 紫花芨芨草

Achnatherum regelianum (Hack.) Tzvel. in Novosti Sist. Vyssh. Rast. 43:22. 2012. ——*A. regelianum* (Hack.) Y. Z. Zhao in Key Vasc. Pl. Inn. Mongol. 314. 2014——*Stipa regeliana* Hack. in Sitzb. Acad. Wiss. Math.-Naturw. Cl. Abt. 1:130. 1884; Fl. China 22:202. 2006.——*A. purpurascens* (Hitchc.) Keng in Ill. Gramin. Sin. 596. f.535. 1959; Fl. Intramongol. ed. 2, 5:209. t.78. f.7-11. 1994.——*Stipa purpurascens* Hitchc. in Proc. Biol. Soc. Wash. 43:95. 1930.

多年生禾草。秆密丛生，直立，高 25～70cm，光滑无毛。叶鞘光滑无毛，具膜质边缘，脉纹明显凸起；叶舌披针形，膜质，长 3～7mm，贴生微毛，顶端常不整齐 2 裂；叶片纵向内卷成细条形，长 2～5cm（分蘖者长达 25cm），下面脉纹凸起并微粗糙，叶尖黄褐色，干后破裂为毛状，呈画笔状。圆锥花序狭窄，呈穗状，具 4～14 小穗，长 3～10cm，超出鞘外甚长，每节具 1～2 分枝；分枝短，贴向主轴；小穗狭矩圆形或披针形，长 11～14mm，紫色或混有草绿色，具较粗壮的柄；二颖几相等或第一颖稍长于第二颖，披针形，先端尖至渐尖，中上部以下多为紫色，有时草绿色，顶端膜质，白色或浅褐色，具 5～7 脉，其侧脉细而短。外稃长 7～8mm，背部被短柔毛，具 5 条不甚明显的脉，其脉于顶端会合；基盘尖锐，长约 1mm，密生白色柔毛，但顶端无毛；芒长 2～2.5cm，较粗壮，一回膝曲或有时不明显二回膝曲，芒柱扭转并具短柔毛，芒针上的毛很短，长不及 0.5mm，呈细小刺毛状。内稃与外稃几等长，脉间被疏生短柔毛；花药条形，顶端无毛。花果期 7～9 月。

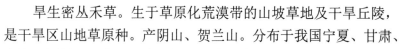

旱生密丛禾草。生于草原化荒漠带的山坡草地及干旱丘陵，是干旱区山地草原种。产阴山、贺兰山。分布于我国宁夏、甘肃、青海、四川、西藏、云南、新疆，克什米尔地区，中亚。为中亚—亚洲中部分布种。

可做造纸原料。作为牧草，适口性较差。

3. 醉马草（药草）

Achnatherum inebrians (Hance) Keng ex Tzvel. in Rast. Tsentr. Azii 4:40. 1968; Fl. Intramongol. ed. 2, 5:209. t.79. f.1-5. 1994.——*Stipa inebrians* Hance in J. Bot. 14:212. 1876.

多年生禾草。秆少数丛生，直立，高 60～120cm，节下贴生微毛，其余部分平滑。叶鞘稍粗糙；叶舌膜质，较硬，顶端截平或具裂齿，长 0.5～1mm；叶片平展或边缘内卷，长 10～40cm，宽 2～10mm，质地较硬，上面及边缘稍粗糙，脉纹在叶片两面均凸起。圆锥花序紧密，呈穗状，下部可有间隔，长 10～25cm，宽 10～15mm，直立或先端下倾，每节具 6～7 分枝；分枝基部着生小穗，穗轴及分枝均具细小刺毛，成熟时穗轴抽出甚长。小穗披针形或窄矩圆形，长 5～6.5mm，灰绿色，成熟后变褐铜色或带紫色，具较粗壮的柄，柄具细小刺毛；颖几等长，膜质，透

明，先端尖，但常破裂，具 3 脉，脉上具细小刺毛。外稃长 3.5～4mm，顶端具 2 微齿，背部遍生短柔毛，具 3 脉，脉于顶端会合；基盘钝圆，长约 0.5mm，密生短柔毛；芒长 10～13mm，一回膝曲，芒柱扭转且有短毛，芒针具细小刺毛。内稃脉间具短柔毛；花药条形，长约 2mm，顶端具毫毛。花果期 7～9 月。

　　旱中生丛生禾草。多生于沟谷底部、坡麓等接受直径流补充的生境中或沿直径流线生长，是干旱区山地草原和芨芨草盐化草甸群落的伴生成分。产东阿拉善（乌拉特后旗、鄂托克旗西部、阿拉善左旗）、西阿拉善（阿拉善右旗）、贺兰山。分布于我国宁夏、甘肃中部、青海东北部和西南部、四川西部、西藏东部、新疆东北部，蒙古国西南部。为亚洲中部山地草原分布种。

　　有毒植物，牲畜误食，轻则致疾，重则死亡。根或全草入药，能解毒消肿，主治化脓肿毒（未溃）、腮腺炎，均外用。

4. 朝阳芨芨草（中井芨芨草）

Achnatherum nakaii (Honda) Tateoka ex Imzab in Fl. Intramongol. 7:196. 1983; Fl. China 22: 210. 2006; Fl. Intramongol. ed. 2, 5:210. t.79. f.6-10. 1994.——*Stipa nakaii* Honda in Rep. First. Sci. Exped. Manch. Sect. 4, 4:104. 1936.

　　多年生禾草。秆直立，丛生，较细弱，高 40～65cm，光滑无毛。叶鞘幼嫩时边缘具细睫毛，后脱落而光滑无毛，上部边缘膜质；叶舌截平，顶端具较短裂齿，长 0.5～1mm；叶片多直立，通常内卷，宽 2～5mm，上面及边缘微粗糙或近光滑，下面光滑。圆锥花序较疏松，长 12～25cm，每节具 2（～3）分枝；分枝细弱，微粗糙，斜向上升，成熟时常开展，基部常裸露。小穗圆柱状或披针形，长 5～6.5mm，草绿色、灰绿色或浅紫色；颖几相等或第一颖稍短，膜质，窄矩圆形或矩圆状披针形，具 3 脉，顶端透明而稍钝圆，背部具较密的微毛。外稃长 4.5～5mm，

密生柔毛，具 3 脉，脉在先端会合；基盘较钝，长约 0.5mm，密生白色柔毛；芒长 10～14mm，一回膝曲或不明显二回膝曲，密生微柔毛或细小刺毛，中部以下扭转。内稃约与外稃等长或较之稍短，脉间具较密的柔毛，先端较钝；花药条形，长约 4mm，顶端无毛或仅具 1～3 毫毛。花果期 7～10 月。

旱中生丛生禾草。生于森林带和草原带的山坡草地及山地灌丛。产岭西（鄂温克族自治旗）、岭东（扎兰屯市）、兴安南部（科尔沁右翼前旗、科尔沁右翼中旗、阿鲁科尔沁旗、巴林左旗、巴林右旗、林西县、克什克腾旗、西乌珠穆沁旗）、辽河平原（科尔沁左翼后旗）、赤峰丘陵（松山区、翁牛特旗）、燕山北部（喀喇沁旗、宁城县、敖汉旗）、阴山（大青山、蛮汗山）、乌兰察布（达尔罕茂明安联合旗）。分布于我国辽宁、河北、山西。为华北—兴安分布种。

5. 京芒草（京羽茅）

Achnatherum pekinense (Hance) Ohwi in Bull. Natl. Sci. Mus. 33:66. 1953; Fl. China 22:211. 2006; Fl. Intramongol. ed. 2, 5:210. t.79. f.11-14. 1994.——*Stipa pekinensis* Hance in J. Bot. 15:268. 1877.

多年生禾草。秆直立，较坚硬，少数丛生，光滑，高 60～120cm。叶鞘通常光滑无毛或微粗糙，边缘膜质而具睫毛；叶舌质地较硬，截平，顶端具不整齐裂齿，长 0.5～1.5mm；叶片

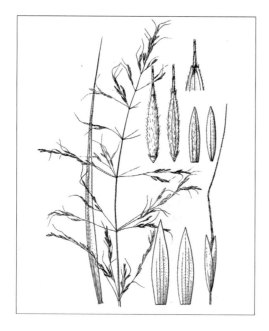

直立或斜向上升，扁平或边缘稍内卷，窄披针形，长 20～50cm，宽 6～10mm，先端长渐尖，上面微粗糙，灰绿色，下面光滑无毛，边缘具细小刺毛。圆锥花序疏松开展，长 12～30cm，每节具 (2～)3～5 分枝；分枝细弱，通常半轮生，微粗糙，基部裸露，上部具稀疏的小穗。小穗狭披针形，长 11～13mm，草绿色、灰绿色或变紫色；二颖几等长或第一颖稍长于第二颖，膜质，披针形，具 3 脉，平滑无毛，先端透明而渐尖。外稃长 6～7mm，顶端具 2 微齿，背部遍生白色柔毛，具 3 脉，脉于先端会合；基盘较钝，长 0.5～0.8mm，具白色柔毛；芒长 1.5～2.5cm，二回膝曲，中部以下扭转，具密生细小刺毛。内稃与外稃等长或稍短于外稃，脉间具柔毛；花药条形，长 4～6mm，顶端具毫毛。花果期 7～9 月。

中生丛生禾草。生于森林带的山地、丘陵灌丛、林缘。产岭东（扎赉特旗）、兴安南部（巴林右旗）、燕山北部（宁城县）。分布于我国黑龙江、吉林东部、辽宁中西部、河北、河南西部、山东东部、山西、陕西、宁夏、甘肃、安徽、云南，日本、朝鲜、俄罗斯（远东地区）。为东亚分布种。

6. 毛颖芨芨草

Achnatherum pubicalyx (Ohwi) Keng in Fl. Tsinling. 1(1):153. 1976; Fl. Intramongol. ed. 2, 5:212. t.80. f.1-6. 1994.——*Stipa pubicalyx* Ohwi in J. Jap. Bot. 17:401. 1941.

多年生禾草。秆直立，较粗壮，少数丛生，高 70～120cm，下部光滑，上部微粗糙。叶鞘粗糙，具很窄的膜质边缘；叶舌截平，长 0.5～1mm，顶端具不整齐的裂齿，有时还有纤毛；叶片多直立，长 20～40cm，宽 3～8mm，边缘常内卷，上面脉纹凸起明显而密生短柔毛，下面脉纹凸起不甚明显，粗糙。圆锥花序较紧缩，但不成穗状或稍疏松，长 15～25cm，主轴粗糙，每节具（2～)3～4 分枝；分枝细弱，粗糙，斜向上升，基部裸露或着生小穗。小穗矩圆状披针形或披针形，长 8～9mm，草绿色、浅褐色或带紫色，柄粗糙或密生细短毛；二颖几等长或第二颖稍长，膜质，矩圆状披针形，具 3 脉，先端较尖或稍钝，背部贴生细短毛，第二颖毛尤密且较长。外稃长 6～7mm，背部密生较长的柔毛，具 3 脉，脉在顶部会合；基盘较钝，长 0.5～1mm，密生白色柔毛；芒一回膝曲，中部以下扭转，密生细短毛或细小刺毛，长 2～2.5cm。内稃与外稃等长或稍短于外稃，脉间疏生柔毛，先端较钝；花药短条形，长约 5mm，顶端具较多的毫毛。花果期 7～10 月。

中生丛生禾草。生于森林带和草原带的山地林缘、灌丛、山地草甸。产兴安北部（额尔古纳市、牙克石市）、兴安南部（扎赉特旗、科尔沁右翼前旗、阿鲁科尔沁旗、巴林右旗、东乌珠穆沁旗、西乌珠穆沁旗、锡林浩特市）、阴山（大青山、乌拉山）。分布于我国黑龙江、吉林东部、河北北部、山西北部、陕西东南部、甘肃西南部、青海东部，朝鲜。为华北—满洲分布种。

全草可做造纸原料。青鲜时可做牲畜饲料。

7. 羽茅（西伯利亚羽茅、光颖芨芨草）

Achnatherum sibiricum (L.) Keng ex Tzvel. in Plobl. Ekol. Geobot. Bot. Geogr. Florist. 140. 1977; Fl. China 22:210. 2006; Fl. Intramongol. ed. 2, 5:212. t.80. f.7-9. 1994.——*Avena sibirica* L., Sp. Pl. 1:79. 1753.

多年生禾草。秆直立，疏丛生或有时少数丛生，较坚硬，高 50～150cm，光滑无毛。叶鞘松弛，光滑无毛，较坚韧，边缘膜质；叶舌截平，顶端具不整齐裂齿，长 0.5～1.5mm；叶片通常卷折，有时扁平，长 20～60cm，宽 3～7mm，质地较坚硬，直立或斜向上升，上面和边缘粗糙，下面平滑。圆锥花序较紧缩，狭长，有时稍疏松，但从不呈开展状，长 15～30cm，每节具（2～)3～5 分枝；分枝直立或稍弯曲而斜向上升，基部着生小穗，有时基部裸露。小穗草绿色或灰绿色，成熟时变紫色，矩圆状披针形，长 8～10mm，具光滑而较粗的柄；二颖近等长或第一颖稍短，矩圆状

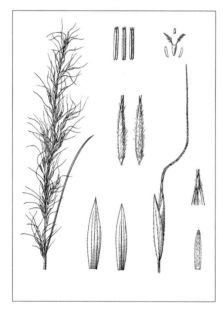

披针形，膜质，先端尖而透明，具 3～4 脉，光滑无毛或脉上疏生细小刺毛。外稃长 6～7.5mm，背部密生较长的柔毛，具 3 脉，脉于先端会合；基盘锐尖，长 0.8～1mm，密生白色柔毛；芒长约 2.5cm，一回或不明显二回膝曲，中部以下扭转，具较密的细小刺毛或微毛。内稃与外稃近等长或稍短于外稃，脉间具较长的柔毛；花药条形，长约 4mm，顶端具毫毛。花果期 6～9 月。

中旱生疏丛生禾草。生于森林带和草原带的草原、草甸草原、山地草原、草原化草甸、山地林缘、灌丛群落中，为其伴生种，有时可成为优势种。产内蒙古各地。分布于我国黑龙江、吉林、辽宁、河北、河南西部、山西、陕西、宁夏、青海东部和东北部、四川西北部、西藏东部、云南西北部、新疆，蒙古国、俄罗斯（西伯利亚地区），中亚、西南亚。为东古北极分布种。

全草可做造纸原料。春夏季节青鲜时为牲畜所喜食饲料。

8. 远东芨芨草（展穗芨芨草）

Achnatherum extremiorientale (Hara) Keng in Fl. Tsinling. 1(1):153. 1976; Fl. Intramongol. ed. 2, 5:213. t.80. f.10-13. 1994.——*Stipa extremiorientalis* Hara in J. Jap. Bot. 15(7):459. 1939.

多年生禾草。秆直立，疏丛生，高 80～150cm，光滑无毛。叶鞘较松弛，光滑无毛，边缘膜质；叶舌膜质，截平，顶端常具裂齿，长约 1mm；叶片质地较软，扁平或边缘稍内卷，长 30～50cm，宽 5～11mm，先端渐尖，上面和边缘微粗糙，下面平滑。圆锥花序疏松开展，长 30～40cm，每节具（2～）3～6 分枝；分枝细长，直立，成熟后水平开展，微粗糙，常呈半环状簇生，下部裸露。小穗草绿色或灰绿色，成熟后变成紫色或浅黄色，矩圆状披针形，长 7～9mm，柄微粗糙；颖几等长或第一颖稍短，膜质，矩圆状披针形，先端短尖或稍钝，具 3 脉，光滑无毛，上部边缘透明。外稃长 5～6.5mm，顶端具不明显 2 微齿，背部密生白色柔毛，具 3 脉，脉于顶端会合；基盘钝圆，长约 0.5mm，密生短柔毛；芒长约 2cm，一回膝曲，芒柱扭转，具疏生极细小刺毛。

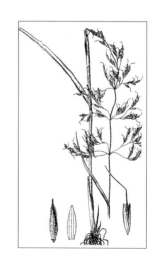

内稃与外稃近等长，脉间具白色短柔毛；花药条形，长约 5mm，顶端有毫毛。花果期 7～9 月。

中生疏丛生禾草。生于森林带和草原带的山地林缘、灌丛、山地草甸。产兴安北部及岭东和岭西（牙克石市、鄂伦春自治旗、陈巴尔虎旗）、兴安南部及科尔沁（扎赉特旗、科尔沁右翼中旗、阿鲁科尔沁旗、巴林左旗、巴林右旗、翁牛特旗、克什克腾旗）、辽河平原（科尔沁左翼后旗、大青沟）、燕山北部（喀喇沁旗、宁城县、敖汉旗）、阴山（大青山、蛮汗山、乌拉山）、阴南丘陵（准格尔旗阿贵庙）。分布于我国东北地区、华北地区，安徽，黄土高原至青海地区；日本、朝鲜、俄罗斯（东西伯利亚地区、远东地区）也有分布。为东西伯利亚—东亚分布种。

全草可做造纸原料，也可做牲畜饲料。

Flora of China (22:211. 2006.) 将其并入 *A. pekinense* (Hance) Ohwi，但本种因小穗较短，长 7～10mm，二颖近等长或第一颖稍短，叶片较窄，宽 3～8mm，而与其不同。

47. 细柄茅属 **Ptilagrostis** Griseb.

多年生禾草。秆紧密丛生。叶片纵卷成细丝状，多集中于基部。圆锥花序开展；小穗含 1 小花，两性，具纤细的长柄，通常无延伸的小穗轴；颖几等长，膜质，具 3～5 脉。外稃纸质，具 5 脉，被毛，先端具 2 微裂齿；基盘较短而钝，具柔毛；芒自外稃顶端齿间伸出，宿存，膝曲，下部疏松扭转，全部被羽状柔毛。内稃背部圆形，无脊，具散生毛，结实时通常裸露；鳞被 3。

内蒙古有 3 种。

分种检索表

1a. 叶舌矩圆形或尖披针形，长 1～3mm，无毛；颖披针形或矩圆状披针形，先端较钝；外稃长 4mm 以上，仅下部被柔毛。

  2a. 外稃长 4～6mm；芒长 1.5～3cm，全部被长短均一的短柔毛；颖基部紫黑色或暗灰色，先端点状粗糙；花药顶端常无毛·······························**1. 细柄茅 P. mongholica**

  2b. 外稃长 3.5～5mm；芒长 1～2cm，芒柱具长 1.2～3mm 的柔毛，向上渐短，芒针被长 1mm 之短柔毛；颖基部灰褐色或草黄色；花药顶端具毫毛·············**2. 双叉细柄茅 P. dichotoma**

1b. 叶舌平截，长 0.2～1mm，顶端被纤毛；颖狭披针形，先端锐尖；外稃长 3～4mm，遍体被柔毛·········
··**3. 中亚细柄茅 P. pelliotii**

1. 细柄茅（蒙古细柄茅）

Ptilagrostis mongholica (Turcz. ex Trin.) Griseb. in Fl. Ross. 4:447. 1852; Fl. Intramongol. ed. 2, 5:215. t.81. f.1-7. 1994.——*Stipa mongholica* Turcz. ex Trin. in Mem. Acad. Imp. Sci. St.-Petersb. Ser. 6, Sci. Math. Seconde Pt. Sci. Nat. 4, 2(1):42. 1836.

多年生禾草。秆密丛生，直立或基部稍倾斜，高 20～60cm，光滑或上部具纵行排列之微毛。叶鞘紧密抱茎，通常稍粗糙，后变光滑，具狭膜质边缘；叶舌膜质，长 1～3mm，先端钝或锐尖，微点状粗糙而无毛；叶片质地较软，长 2～4cm（分蘖者长可达 20cm），脉及边缘微粗糙。圆锥花序开展，长 4～15cm；分枝细弱，呈毛

细管状，长2～6cm，常2个孪生，有时单生，分枝腋间或小穗柄基部通常膨大。小穗卵形或矩圆形，带灰色或暗紫色，小穗柄细长，微粗糙；颖宽披针形或矩圆状披针形，长5～7mm，基部紫黑色或暗灰色，先端尖或稍钝，点状粗糙，侧脉甚短。外稃长4～6mm，下部被柔毛，上部几无毛；基盘稍钝圆，被短柔毛，长约1mm；芒自外稃顶端裂齿间伸出，长1.5～3cm，中部膝曲，下部扭转，被长短均一的短柔毛。内稃约与外稃等长，披针形，散生柔毛；花药长2～3mm，顶端常无毛。花果期7～8月。

寒旱生丛生禾草。生于荒漠带的高山或亚高山，在嵩草高寒草甸群落中成为伴生种或次优势成分，也见于山地沼泽化草甸或沟谷矮林中，或散生于林缘草甸。产东阿拉善（桌子山）、贺兰山、额济纳。分布于我国黑龙江、吉林、辽宁、河北、山西、陕西、甘肃、青海、四川、西藏、云南、新疆，蒙古国北部和西部、不丹、尼泊尔、印度（锡金），克什米尔地区。为亚洲中部山地分布种。

良等饲用禾草，牛、马均喜食。

2. 双叉细柄茅

Ptilagrostis dichotoma Keng ex Tzvel. in Rast. Tsentr. Azii 4:43. 1968; Fl. Intramongol. ed. 2, 5:217. t.81. f.8-13. 1994.

多年生禾草。秆密丛生，直立，高15～50cm，光滑无毛或上部微粗糙。叶鞘紧密抱茎，微粗糙，上部边缘膜质，灰白色，半透明；叶舌膜质，先端渐狭而具钝头，无毛，长2～3mm；叶片微粗糙，长1.5～6cm（分蘖者长可达25cm）。圆锥花序开展，长7～14cm；分枝细弱丝状，通常单生，有时孪生，上部1～3次二叉状分枝，基部主枝长达5cm。小穗灰褐色或暗灰色，矩圆形，长5～6mm；小穗柄纤细，长5～15mm，上部微粗糙，与分枝腋间具枕。颖矩圆状披针形或披针形，基部灰褐色、暗灰色或草黄色，先端稍钝，侧脉仅见于基部。外稃披针形，长3.5～5mm，下部被疏柔毛，上部微粗糙或被较密的微毛；基盘稍钝，长约0.5mm，被柔毛；芒自外稃顶端裂齿间伸出，膝曲，中部以下扭转，长10～20mm，遍生白色柔毛，芒柱上毛长1.2～3mm，向上逐渐短小，芒针被1mm长之短柔毛。

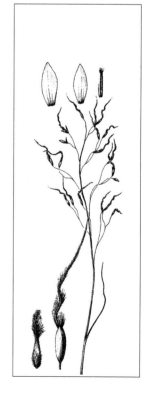

内稃约等长于外稃，被柔毛；花药长 1～1.5mm，顶端具丛生毫毛。花果期 7～8 月。

寒旱生丛生禾草。生于荒漠带的高山或亚高山草甸，也见于林缘草甸。产东阿拉善（桌子山）、贺兰山、龙首山。分布于我国陕西南部、甘肃中部和南部、青海东部和南部及西部、四川西部、西藏东部和南部、云南西北部，印度北部、不丹、尼泊尔。为横断山脉—喜马拉雅分布种。

3. 中亚细柄茅（贝氏细柄茅）

Ptilagrostis pelliotii (Danguy) Grub. in Consp. Fl. Mongol. 62. 1955; Fl. Intramongol. ed. 2, 5:217. t.81. f.14-15. 1994.——*Stipa pelliotii* Danguy in Notul. Syst. (Paris) 2:167. 1912.

多年生禾草。秆密丛生，直立或基部稍斜升，高 20～35cm，被细小刺状毛而粗糙，后变平滑。叶鞘紧密抱茎，粗糙，具狭膜质边缘，浅褐色；叶舌截平或中部稍凸出，长 0.2～1mm，顶端及边缘被细纤毛，下面疏被微毛；叶片质地较硬，粗糙，长 2～5cm（分蘖者长 5～12cm）。圆锥花序疏松开展，长 6～14cm；分枝细弱，细丝形，长 2～6cm，每节具 3～5 分枝，有时亦有孪生。小穗披针形或矩圆状披针形，浅草黄色或带绿白色，长 4～5.5mm；小穗柄细长，微粗糙，后变平滑。二颖几相等或第一颖稍长，披针形，先端渐尖，侧脉达中部以上，上部边缘透明。外稃长 3～4mm，遍生白色柔毛；基盘顶端钝，被短柔毛，长约 0.5mm；芒自外稃顶端裂齿间伸出，长 20～25mm，下部膝曲并稍扭转，遍被白色细柔毛。内稃约与外稃等长或稍短，被白色柔毛，其毛上部者较长而密生；花药顶端无毛。花果期 6～8 月。

强旱生丛生禾草。生于戈壁荒漠的砾石质坡地或基岩缝隙中，伴生在砾石质荒漠群落中，如半日花荒漠、木旋花荒漠群落中。产乌兰察布（乌拉特中旗）、东阿拉善（乌拉特后旗、狼山、桌子山、阿拉善左旗）、西阿拉善（阿拉善右旗）、额济纳。分布于我国宁夏西北部、甘肃中部、青海西北部、新疆中部和西北部，蒙古国南部。为戈壁分布种。

良等饲用禾草。羊和马喜食，牛也喜食。

48. 沙鞭属 **Psammochloa** Hitchc.

属的特征同种。

单种属。

1. 沙鞭（沙竹）

Psammochloa villosa (Trin.) Bor in Kew Bull. 6:191. 1951; Fl. Intramongol. ed. 2, 5:219. t.82. f.1-2. 1994.——*Arundo villosa* Trin. in Sp. Gram. 3:t.352. 1836.

多年生禾草。水平根状茎长达 200 ～ 300cm，横生于沙中。秆直立，光滑无毛，高 100 ～ 150cm，直径 3 ～ 8mm，诸节多密集于秆基部。叶鞘光滑无毛或微粗糙，疏松抱茎，具狭窄的膜质边缘；叶舌膜质，透明，顶端渐尖而通常呈撕裂状，长 4 ～ 8mm；叶片质地较坚韧，扁平或边缘内卷，长 30 ～ 50cm，宽达 1cm，上面具较密生的细小短毛，下面光滑无毛。圆锥花序较紧缩，直立，长 20 ～ 50cm，宽 3 ～ 6cm；分枝斜向上升，穗轴及分枝均被细短毛。小穗披针形，含 1 小花，白色、灰白色或草黄色，长 10 ～ 16mm；小穗柄短于小穗，被较密的细短毛。颖草质，近相等或第一颖较短，先端渐尖至稍钝，具 3 ～ 5 脉，疏生白色微毛。外稃纸质，长 10 ～ 12mm，具 5 ～ 7 脉，背部密生长柔毛，顶端具 2 微裂齿；基盘较钝圆，无毛或疏生细柔毛；芒自外稃顶端裂齿间伸出，直立，长 7 ～ 12mm，被较密的细小短毛，易脱落。内稃与外稃等长或近等长，背部圆形，无脊，密生柔毛，具 5 脉，中脉不甚明显，边缘内卷，不为外稃紧密包裹；花药矩圆形或矩圆状条形，长约 7mm，顶端具毫毛。颖果圆柱形，长 5 ～ 8mm，紫黑色。花果期 5 ～ 9 月。

沙生根状茎旱生禾草。为典型的沙生旱生植物，对流动沙地有强烈的适应性，为沙地先锋植物群聚的优势种，在蒙古高原的典型草原带、荒漠草原带及荒漠带的流动、半流动沙地上均有分布。产锡林郭勒（浑善达克沙地、锡林浩特市、苏尼特左旗、正蓝旗、察哈尔右翼后旗）、乌兰察布（达尔罕茂明安联合旗）、阴南平原（托克托县）、阴南丘陵（和林格尔县、准格尔旗）、鄂尔多斯（伊金霍洛旗、乌审旗、鄂托克旗）、东阿拉善（临河区、磴口县、杭锦旗、阿拉善左旗）、西阿拉善（阿拉善右旗）。分布于我国陕西北部、宁夏北部、甘肃中部、青海中部和西北部、新疆，蒙古国。为戈壁—蒙古分布种。

良等饲用禾草。适口性良好，牛和骆驼喜食，羊乐食，马采食较少。为固沙植物。茎叶纤维可做造纸原料，颖果可做面粉。

49. 钝基草属 Timouria Roshev.

属的特征同种。

单种属。

1. 钝基草 （帖木儿草）

Timouria saposhnikowii Roshev. in Fl. Asiat. Ross. 12:174. 1916; Fl. Intramongol. ed. 2, 5:219. t.83. f.1-5. 1994.——*Achnatherum saposhnikovii* (Roshev.) Nevski in Fl. China 22:207. 2006.

多年生禾草。具较细的短根状茎。秆密丛生，细弱，直立或基部稍斜上升，高 20～60cm，具 2～3 节，平滑无毛，基部具宿存枯萎的叶鞘。叶鞘平滑无毛，紧密抱茎，边缘膜质透明；叶舌薄膜质，透明，长约 0.5mm，顶端呈不整齐裂齿状；叶片质地较坚硬，直立，纵卷成针状，长 5～20cm，宽 1～2mm，上面和边缘粗糙，下面平滑。圆锥花序顶生，直立，紧密狭窄呈穗形，长 4～7cm，宽约 8mm；分枝贴向主轴，微粗糙。小穗披针形，草黄色，含 1 小花，长 5～6mm；小穗柄短，具微毛。颖狭披针形或披针形，膜质，具 3 脉，中脉甚粗糙，先端渐尖，第二颖稍短。外稃质地厚于颖片，矩圆状披针形，长 2～3.5mm，背部遍生短毛，顶端具 2 短裂齿，具 3 脉，边脉于近顶端裂口处与中脉会合，并向上延伸成短而细的芒；芒自外稃顶端裂齿间伸出，具细小刺毛，直立或中下部稍弯曲，有时基部稍呈不明显扭曲状，长 2～4.5mm，易脱落；基盘短而钝圆，具须毛，长约 0.3mm。内稃与外稃等长或略短于外稃，脉间具短柔毛；鳞被 3，矩圆形；花药长约 2mm，顶端无毛。颖果纺锤形，长约 2mm。花果期 6～8 月。

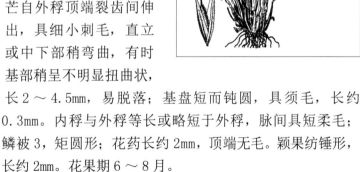

旱生禾草。生于荒漠化草原带和荒漠带的山地干燥砾石质坡地。产乌兰察布（乌拉特中旗）、东阿拉善（乌拉特后旗、鄂托克旗、桌子山、阿拉善左旗）、西阿拉善（阿拉善右旗）、贺兰山、龙首山、额济纳。分布于我国宁夏西部、甘肃（河西走廊）、青海中部和西部、新疆中部和西部，蒙古国，中亚。为戈壁—蒙古分布种。

Flora of China（22:207. 2006.）将本种置于芨芨草属 *Achnatherum*，但本种外稃芒易脱落，基部不扭转而与 *Achnatherum* 不同，故仍保留此属。

50. 冠毛草属 Stephanachne Keng

多年生丛生禾草。叶片条形。圆锥花序紧密，呈穗状；小穗披针形，含1小花，脱节于颖之上，小穗轴多少延伸于内稃之后；颖几等长，膜质，披针形，先端渐尖，具3～5脉。外稃短于颖而质地厚于颖，顶端2裂至中部，其裂片先端渐尖或具短尖头或细弱短芒，裂片基部有一圈冠毛状柔毛；基盘短而钝圆，被柔毛；芒自外稃顶端2裂片间伸出，稍膝曲，中下部扭转。内稃等于或稍短于外稃，具2脉，疏被短柔毛；鳞被2～3，细小；花柱不明显。

内蒙古有1种。

1. 冠毛草（索草）

Stephanachne pappophorea (Hack.) Keng in Contr. Boil. Lab. China Assoc. Advancem. Sci. Sect. Bot. 9(2):136. f.14. 1934; Intramongol. ed. 2, 5:220. t.83. f.6-10. 1994.——*Calamagrostis pappophorea* Hack. in Annuaire Conserv. Jard. Bot. Geneve 7-8:325. 1904.

多年生禾草。秆密丛生，直立或基部稍斜升，高10～40cm，具4～5节。叶鞘紧密抱茎，无毛，微粗糙，边缘膜质；叶舌白色，膜质，顶端撕裂状或具不整齐的裂齿，长2～3mm；叶片直立或斜向上升，长5～20cm，宽1～3mm，无毛，微粗糙，有时边缘和上面甚粗糙。圆锥花序紧密，呈穗状，长6～16cm；小穗黄绿色或成熟后呈枯草色，有光泽，小穗柄长0.5～2.5mm，具微毛；颖近等长或第一颖稍长，先端渐尖成芒状，长5～6mm，具3脉，中脉粗糙。外稃长3～4mm，具明显的5脉，先端裂片长1.2～1.8mm，裂片顶端可渐尖延伸成长约0.5mm之尖头，基部之冠毛状白色柔毛长约3～3.5mm，其下密被短柔毛；芒长5～8mm，光滑无毛或极微粗糙。内稃稍短于外稃，狭披针形；鳞被披针形，长约1mm；花药条形，深黄色，顶端无毛。颖果卵状矩圆形，棕黄色。花果期8～10月。

旱生禾草。生于荒漠带的山地草原，广泛适应于黏土质、砂砾质、石质坡地等生境。产东阿拉善（乌拉特后旗、阿拉善左旗）、西阿拉善（阿拉善右旗）、贺兰山、龙首山。分布于我国甘肃（河西走廊）、青海北部和西南部、新疆，蒙古国西部、塔吉克斯坦。为戈壁分布种。

51. 粟草属 Milium L.

多年生禾草。叶片扁平，质地较薄。圆锥花序顶生，稀疏开展；小穗含 1 小花，两性，背腹压扁，脱节于颖之上；颖草质，几等长，宿存，具 3 脉。外稃光滑无毛，略短于颖，在果实成熟时与内稃均变为软骨质，脉不明显，顶端无芒；基盘短而钝，边缘向内卷折扣裹同质内稃，其形状如黍的谷粒。雄蕊 3；雌蕊具分离的花柱。

内蒙古有 1 种。

1. 粟草

Milium effusum L., Sp. Pl. 1:61. 1753; Fl. Reip. Pop. Sin. 9(3):267. 1987; Fl. China 22:311. 2006.

多年生禾草。须根细长，稀疏。秆质地较软，光滑无毛。叶鞘松弛，无毛，有时稍带紫色，基部者长于节间，上部者短于节间；叶舌透明膜质，有时为紫褐色，披针形，先端尖或截平，长 2～10mm；叶片条状披针形，质软而薄，平滑，边缘微粗糙，上面鲜绿色，下面灰绿色，长 5～20cm，宽 3～10mm，常翻转而使上下面颠倒。圆锥花序疏松开展，长 10～20cm；分枝细弱，光滑或微粗糙，每节多数簇生，下部裸露，上部着生小穗。小穗椭圆形，灰绿色或带紫红色，长 3～3.5mm；颖纸质，光滑或微粗糙，具 3 脉。外稃软骨质，乳白色，光亮，长约 3mm；内稃与外稃同质同长，内、外稃成熟时深褐色，被微毛；鳞被 2，透明膜质，卵状披针形；花药长约 2mm。花果期 5～7 月。

中生禾草。生于沟谷林下潮湿处。产兴安南部（巴林左旗）。分布于我国黑龙江、吉林、辽宁、河北、河南、陕西、宁夏、甘肃、四川、西藏、云南、江苏、浙江、台湾、安徽、湖北、湖南、江西、贵州、新疆，日本、朝鲜、俄罗斯、不丹、巴基斯坦、阿富汗，中亚、西南亚、北美洲东部，欧洲。为泛北极分布种。

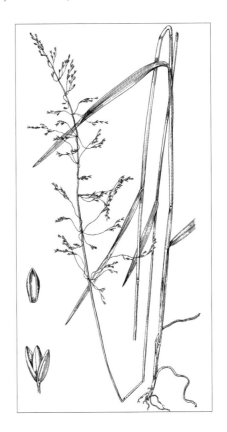

IV. 画眉草亚科 Eragrostidoideae

（15）冠芒草族 Pappophoreae

52. 冠芒草属 Enneapogon Desv. ex P. Beauv.

多年生直立禾草，密丛生。叶狭。圆锥花序顶生，紧缩或呈穗状。小穗含 2～3（～6）小花，上部小花退化；小穗轴脱节于颖之上，但不在各小花间断落。颖膜质，几等长，与小花等长或较长，具 1 至数脉，无芒。外稃短于颖，质厚，背部圆形，具 9 至多数脉，于顶端形成 9 至多数粗糙或具羽毛之芒，呈冠毛状；内稃约与外稃等长，具 2 脊，脊上具纤毛。

内蒙古有 1 种。

1. 冠芒草（九顶草）

Enneapogon desvauxii P. Beauv. in Ess. Agrostogr. 82. 1812; Fl. China 22:456. 2006.——*E. borealis* (Griseb.) Honda in Rep. First. Sci. Exped. Manch. Sect. 4, 4:101. 1936; Fl. Intramongol. ed. 2, 5:221. t.84. f.1-3. 1994.

一年生禾草。植株基部鞘内常具隐藏小穗。秆节常膝曲，高 5～25cm，被柔毛。叶鞘密被短柔毛，鞘内常有分枝；叶舌极短，顶端具纤毛；叶片长 2.5～10cm，宽 1～2mm，多内卷，密生短柔毛，基生叶呈刺毛状。圆锥花序短穗状，紧缩成圆柱形，长 1～3.5cm，宽 5～15mm，铅灰色或熟后呈草黄色；小穗通常含 2 或 3 小花，顶端小花明显退化，小穗轴节间无毛；颖披针形，质薄，边缘膜质，先端尖，背部被短柔毛，具 3～5脉，中脉形成脊，第一颖长 3～3.5mm，第二颖长 4～5mm。第一外稃长 2～2.5mm，被柔毛，尤以边缘更显；基盘亦被柔毛，顶端具 9 条直立羽毛状芒；芒不等长，长 2.5～4mm。内稃与外稃等长或稍长于外稃，脊上具纤毛。花果期 7～9 月。

小型中生喜暖禾草。它利用夏季充沛的雨水或在水分充足的生境中完成生活史周期，在砂砾质荒漠草原群落中，为湿夏雨型一年生禾草层片的常见种，这类层片是不稳定的，干旱年份它的作用明显削弱。冠芒草也见于荒漠区的小型洼地、河滩地、直径流线等低湿生境中。虽然在草原带和森林带也有该种分布，但只是零星散生的稀见植物。产内蒙古各地。分布于我国辽宁、河北、山西、宁夏、青海、安徽、云南、新疆，蒙古国、俄罗斯（西伯利亚地区）、印度、巴基斯坦，中亚、西南亚、非洲、北美洲。为泛北极分布种。

优等饲用禾草。在荒漠化草原上，其饲用价值是较高的。适口性良好，青鲜时，羊、马和骆驼喜食。牧民认为它是夏秋季良好的催肥牧草。

（16）獐毛族 Aeluropodeae

53. 獐毛属 Aeluropus Trin.

多年生低矮禾草，基部多分枝。叶片坚硬，常卷折成针状。圆锥花序紧密，呈穗状或头状；小穗无柄或几无柄，在穗轴一侧排列成 2 行，含 4 至多数小花，小花紧密排列成覆瓦状，小穗轴脱节于颖之上及各小花之间；颖略不相等，短于第一小花，第一颖具 1～3 脉，第二颖具 5～7 脉。外稃卵形，先端尖或具小尖头，具 7～11 脉；内稃几等长于外稃，顶端截平，脊上微粗糙或具纤毛。

内蒙古有 1 种。

1. 獐毛

Aeluropus sinensis (Debeaux) Tzvel. in Rast. Tsentr. Azii 4:128. 1968; Fl. Intramongol. ed. 2, 5:224. t.84. f.4-6. 1994.——*A. littoralis* (Gouan) Parl. var. *sinensis* Debeaux in Act. Soc. Linn. Bordeaux 33:73. 1879.

多年生禾草。植株基部密生鳞片状叶。秆直立或倾斜，基部常膝曲，高 20～35cm，花序以下被微细毛，节上被柔毛。叶鞘无毛或被毛，鞘口常密生长柔毛；叶舌为一圈纤毛，长 0.5～1.5mm；叶片狭条形，尖硬，长 1.5～5.5cm，宽 1.5～3mm，扁平或先端内卷如针状，两面粗糙，疏被细纤毛。圆锥花序穗状，长 2.5～5cm；分枝单生，短，紧贴主轴，宽 3～8mm。小穗卵形至宽卵形，长 2.5～4mm，含 4～7 小花；颖宽卵形，

边缘膜质，脊上粗糙，被微细毛，第一颖长 1.5～2mm，第二颖长 2～2.5mm。外稃具 9 脉，先端中脉成脊，粗糙，并延伸成小芒尖，边缘膜质，无毛或先端粗糙至被微细毛，第一外稃长 2.5～3mm；内稃先端具缺刻，脊上具微纤毛。花果期 7～9 月。

耐盐旱中生禾草。生于草原带和荒漠带的盐湖外围、盐渍低地、盐化草甸，在盐化草甸群落中可成为优势成分。产锡林郭勒（正蓝旗那日图苏木）、乌兰察布、阴南平原（土默特左旗）、鄂尔多斯（鄂托克旗）、东阿拉善（杭锦后旗、阿拉善左旗）、西阿拉善（阿拉善右旗）、额济纳。分布于我国辽宁、河北、河南、山东、山西、陕西、江苏、宁夏、甘肃、青海。为华北分布种。

全草入药，能清热利尿、退黄，主治急、慢性黄疸型肝炎，胆囊炎、肝硬化腹水。本种亦为优良的固沙植物。

（17）画眉草族 Eragrostideae

54. 䅟属 Eleusine Gaertn.

一年生禾草。穗状花序，数枚呈指状簇生于秆顶；小穗无柄，两侧压扁，分两行覆瓦状排列于穗轴一侧，含小花数朵，小穗轴脱节于颖之上及诸小花之间；二颖不等长，第一颖短于第一小花，颖具 1 脉成脊，两侧质薄。外稃具脊；雄蕊 3。种子黑褐色，成熟时具波状皱纹，疏松地包裹于膜质果皮内而为囊果。

内蒙古有 1 种。

1. 牛筋草（蟋蟀草）

Eleusine indica (L.) Gaertn. in Fruct. Sem. Pl. 1:8. 1788; Fl. Intramongol. ed. 2, 5:225. t.85. f.1-4. 1994.——*Cynosurus indicus* L., Sp. Pl. 1:72. 1753.

一年生禾草。秆丛生，常斜升，高 10～40cm。叶鞘压扁而具脊，开裂，光滑，鞘口被柔毛，边缘膜质；叶舌长约 1mm；叶片从中脉卷折，长 10～15cm，宽 3～5mm，光滑，有时具疣状凸起。穗状花序长 4～6cm，宽 3～5mm，2～10 个呈指状簇生于秆顶；小穗椭圆形，长 4～6mm，宽 2～3mm，含 3～6 小花；颖披针形，具粗糙的脊，白色，膜质，背脊具绿色纵纹，第一颖长 1.5～2mm，第二颖长 2～3mm。外稃披针形，白色，具绿色纵纹，光滑，脊粗糙，第一外稃长 3～3.5mm；内稃短于外稃。囊果尖椭圆形，长约 1.5mm；种子卵形或矩圆形，长约 1mm，深褐色，具皱纹。花果期 7～8 月。

中生禾草。生于草原带的居民点、路边。产科尔沁、辽河平原、赤峰丘陵（红山区）、阴南平原（呼和浩特市）、鄂尔多斯、西阿拉善。分布于我国黑龙江南部、吉林、辽宁、河北、河南、山东、山西、安徽、江苏、浙江、福建、台湾、江西、湖北、湖南、广东、贵州、海南、宁夏、甘肃东南部、四川、西藏东南部、云南，印度，小亚细亚半岛，中亚，北美洲、南美洲、非洲、大洋洲。为世界分布种。

全草入药（中药名为千金草），能清热利湿，主治伤暑发热、小儿急惊、黄疸、痢疾、淋病、小便不利，并能防治乙型脑炎。

55. 画眉草属 Eragrostis Wolf

一年生或多年生丛生禾草。叶条形。圆锥花序开展或紧缩；小穗含数朵至多数小花，小花常紧密地排列成覆瓦状，小穗轴常于诸小花间逐节断落或延续而不折断；颖通常不等长，短于第一外稃，具1脉（稀第二颖具3脉），先端尖。外稃先端尖或钝，背部具脊或圆形，具3脉或侧脉不显；内稃与外稃等长或较短于外稃，脊上有时具纤毛，宿存或与外稃同落。

内蒙古有5种。

分种检索表

1a. 叶鞘脉上、叶片边缘、小穗柄上以及颖与外稃的脊上均无腺点。
  2a. 花序紧缩；颖片顶端尖，长1.5～2mm；第一颖具1脉，外稃侧脉明显·················
  ···**1. 秋画眉草 E. autumnalis**
  2b. 花序开展；颖片顶端钝，长0.5～1.4mm；第一颖无脉，外稃侧脉不明显。
    3a. 花序分枝腋间具柔毛·································**2. 画眉草 E. pilosa**
    3b. 花序分枝腋间无毛·····························**3. 多秆画眉草 E. multicaulis**
1b. 叶鞘脉上、叶片边缘及小穗柄上均具腺点，颖与外稃的脊上有时也有腺点。
  4a. 小穗宽2mm以上，外稃长2.5～2.7mm·················**4. 大画眉草 E. cilianensis**
  4b. 小穗宽1.2～2mm（通常不及2mm），外稃长1.4～2.2mm·······**5. 小画眉草 E. minor**

1. 秋画眉草

Eragrostis autumnalis Keng in Contr. Biol. Lab. China Assoc. Advancem. Sci. Sect. Bot. 10:178. 1936; Fl. China 22:476. 2006.

一年生禾草。秆单生或丛生，基部膝曲，高15～45cm，直径1～2.5mm，具3或4节，在基部二、三节处常有分枝。叶鞘压扁，无毛，鞘口有长柔毛，成熟后往往脱落；叶舌为一圈纤毛，长约0.5mm；叶片多内卷或对折，长6～12cm，宽2～3mm，上部叶有时比花序长。圆锥花序开展或紧缩，长6～15cm，宽3～5cm；分枝常簇生、轮生或单生，分枝腋间通常无毛。小穗柄长1～5mm，紧贴小枝；小穗长3～5mm，宽约2mm，有3～10小花，灰绿色。颖披针形，具1脉，第一颖长约1.5mm，第二颖长约2mm。第一外稃长约2mm，具3脉，广卵圆形，先端尖；内稃长约1.5mm，具2脊，脊上有纤毛，迟落或缩存；雄蕊3，花药长约0.5mm。颖果红褐色，椭圆形，长约1mm。花果期7～11月。

中生杂草。生于路边草地。产科尔沁。分布于我国河北、河南、山东、江苏、浙江、福建、安徽、江西、贵州。为东亚分布种。

2. 画眉草（星星草）

Eragrostis pilosa (L.) P. Beauv. in Ess. Agrostogr. 71. 1812; Fl. Intramongol. ed. 2, 5:225. t.86. f.1-5. 1994.——*Poa pilosa* L., Sp. Pl. 1:68. 1753.

一年生禾草。秆较细弱，直立、斜升或基部铺散，节常膝曲，高 10～30（～45）cm。叶鞘疏松裹茎，多少压扁，具脊，鞘口常具长柔毛，其余部分光滑；叶舌短，为一圈长约 0.5mm 的细纤毛；叶片扁平或内卷，长 5～15cm，宽 1.5～3.5mm，两面平滑无毛。圆锥花序开展，长 7～15cm；分枝平展或斜上，基部分枝近轮生，枝腋具长柔毛。小穗熟后带紫色，长 2.5～6mm，宽约 1.2mm，含 4～8 小花；颖膜质，先端钝或尖，第一颖常无脉，长 0.4～0.6（～0.8）mm，第二颖具 1 脉，长 1～1.2（～1.4）mm。外稃先端尖或钝，第一外稃长 1.4～2mm；内稃弓形弯曲，短于外稃，常宿存，脊上粗糙。花果期 7～9 月。

中生杂草。生于田野、撂荒地、路边。产内蒙古各地。分布于我国黑龙江、河北、河南、山东、山西、宁夏、安徽、福建、浙江、台湾、湖北、贵州、海南、云南、新疆，蒙古国，东南亚，非洲、大洋洲、欧洲、北美洲。为世界分布种。

全草入药，功能、主治同大画眉草。

3. 多秆画眉草（无毛画眉草）

Eragrostis multicaulis Steudel in Syn. Pl. Glumac. 1:426. 1854; Fl. China 22:476. 2006.——*E. pilosa* (L.) P. Beauv. var. *imberbis* Franch. in Nouv. Arch. Mus. Hist. Nat. Paris 11. 7:145. 1884; Fl. Intramongol. ed. 2, 5:227. 1994.

一年生禾草。秆较细弱，直立、斜升或基部铺散，节常膝曲，高 10～20cm。叶鞘疏松裹茎，多少压扁，具脊，鞘口常无毛，其余部分光滑；叶舌短，为一圈长约 0.5mm 的细纤毛；叶片扁

平或内卷，长 5～15cm，宽 1.5～3.5mm，两面平滑无毛。圆锥花序开展，长 7～15cm；分枝平展或斜上，基部分枝近轮生，枝腋无毛。小穗熟后带紫色，长 2.5～6mm，宽约 1.2mm，含 4～8 小花；颖膜质，先端钝或尖，第一颖常无脉，长 0.4～0.6(～0.8)mm，第二颖具 1 脉，长 1～1.2(～1.4)mm。外稃先端尖或钝，第一外稃长 1.4～2mm；内稃弓形弯曲，短于外稃，常宿存，脊上粗糙。花果期 7～9 月。

中生杂草。生于田野、撂荒地、路边。产内蒙古各地。分布于我国东北、华北、华南地区及长江流域，日本、印度，东南亚。为东亚分布种。

4. 大画眉草

Eragrostis cilianensis (All.) Vign.-Lut. ex Janchen in Mitt. Nat. Vereins Univ. Wien, n. s. 5:110. 1907; Fl. China 22:471. 477. 2006; Fl. Intramongol. ed. 2, 5:227. t.86. f.6-8. 1994.——*Poa cilianensis* All. in Fl. Pedem. 2:246. 1785.

一年生禾草。秆直立，基部节常膝曲并向外开展，高 30～60cm，节下常有一圈腺体。叶鞘稍扁压，具脊，脉上具腺体并生有疣毛，鞘口具长柔毛；叶舌为一圈细纤毛，长 0.5～1mm；叶片扁平，长 5～28cm，宽 3～6mm，上面贴生微刺毛，下面微粗糙并稀疏被有带疣基的细长柔毛，边缘通常有腺体。圆锥花序开展，长可达 26cm；分枝单生，常水平伸展，分枝腋间及小穗柄上均具淡黄色腺体，有时腋间具细柔毛。小穗绿色或有时带绿白色，长 3～7mm，宽约 2mm，含 5～7(或多至 40) 小花；颖先端尖，第一颖具 1 脉，长 1.5～1.75mm，第二颖具 1(～3) 脉，长 2～2.2mm。外稃侧脉明显，先端稍钝，脊上有时具腺点，第一外稃长 2.5～2.7mm；内稃长约为外稃的 3/4，脊上具微细纤毛；花药长约 0.4mm。花果期 7～9 月。

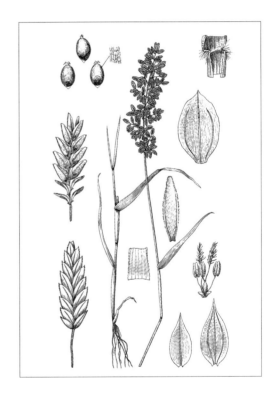

中生杂草。生于田野、撂荒地、路边。产内蒙古各地。分布于我国黑龙江、河北、河南、山东、山西、陕西、宁夏、青海、安徽、福建、浙江、台湾、湖北、贵州、海南、云南、新疆，世界热带、温带地区广布。为世界分布种。

全草及花序入药。全草能疏风清热、利尿，主治尿路感染、肾盂肾炎、肾炎、膀胱炎、膀胱结石、肾结石、结膜炎、角膜炎等；花序能解毒、止痒，主治黄水疮。

5. 小画眉草

Eragrostis minor Host in Icon. Descr. Gram. Austriac. 4:15. 1809; Fl. Intramongol. ed. 2, 5:227. t.86. f.9-10. 1994.

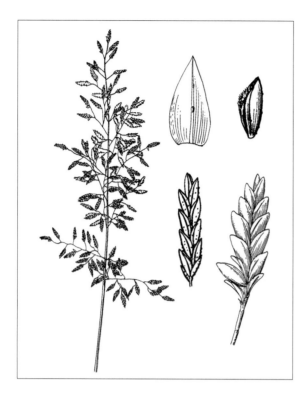

一年生禾草。秆直立或自基部向四周扩展而斜升，节常膝曲，高 10～20(～35)cm。叶鞘脉上具腺点，鞘口具长柔毛，脉间亦疏被长柔毛；叶舌为一圈细纤毛，长 0.5～1mm；叶片扁平，长 3～11.5cm，宽 2～5.5mm，上面粗糙，背面平滑，脉上及边缘具腺体。圆锥花序疏松而开展，长 5～20cm，宽 4～12cm，分枝单生，腋间无毛；小穗卵状披针形至条状矩圆形，绿色或带紫色，长 4～9mm，宽 1.2～2mm，含 4 至多数小花，小穗柄具腺体；颖卵形或卵状披针形，先端尖，第一颖长 1～1.4mm，第二颖长 1.4～2mm，通常具 1 脉，脉上常具腺体。外稃宽卵圆形，先端钝，第一外稃长 1.4～2.2mm；内稃稍短于外稃，宿存，脊上具极短的纤毛。花果期 7～9 月。

中生杂草。生于田野、撂荒地、路边。产内蒙古各地。分布于我国黑龙江、河北、河南、山东、山西、宁夏、陕西、青海、安徽、福建、浙江、台湾、湖北、贵州、云南、西藏、新疆，世界温带地区广布。为泛温带分布种。

优等饲用禾草。草质柔软，适口性良好，羊喜食，马和牛乐食，夏秋季时骆驼也乐食。牧民认为它是羊和马的抓膘牧草。

56. 隐子草属 Cleistogenes Keng

多年生禾草，丛生。叶片扁平或内卷，质较硬，与鞘口相接处有一横痕，易自此处脱落；叶鞘内常有隐生小穗。圆锥花序狭窄或开展；小穗含 1 至数朵小花；颖不等长，质薄，近膜质，第一颖常具 1 脉或稀无脉，第二颖具 3～5 脉，先端尖或钝。外稃具 3～5 脉，先端具细短芒或小尖头，两侧具 2 微齿，稀不裂而渐尖，基盘短钝，具短毛；内稃稍长于或短于外稃，具 2 脊。

内蒙古有 9 种。

分种检索表

1a. 外稃无芒或具长约 0.5mm 以下的小尖头。

  2a. 外稃卵形，长 3～4mm，先端无芒；圆锥花序分枝水平开展‥‥‥‥‥‥**1. 无芒隐子草 C. songorica**

  2b. 外稃披针形，长 3～7mm，先端具长在 0.5mm 以下的小尖头；圆锥花序较狭窄，分枝斜上升‥‥‥‥‥‥
  ‥‥‥‥‥‥‥‥‥‥‥‥‥‥‥‥‥‥‥‥‥‥‥‥‥‥‥‥‥**2. 小尖隐子草 C. mucronada**

1b. 外稃具长 0.5～9mm 的芒。

  3a. 秆密集丛生，具分枝，秋后常呈红褐色，干后呈蜿蜒状卷曲‥‥‥‥‥**3. 糙隐子草 C. squarrosa**

  3b. 秆单生或簇生，不分枝或具单一分枝，秋后草黄色或灰褐色，干后不呈蜿蜒状卷曲或稍左右弯曲。

    4a. 秆纤细，直径 0.5mm；叶鞘除鞘口外均平滑无毛；叶条形，宽 1～2mm，稀 2～4mm。

      5a. 叶片宽 2～4mm；颖片先端钝至尖，第一颖长 1～2mm，具一脉或无脉；外稃先端芒长
      0.5～1mm‥‥‥‥‥‥‥‥‥‥‥‥‥‥‥‥‥‥‥‥‥‥‥**4. 丛生隐子草 C. caespitosa**

      5b. 叶片宽 1～2mm；颖片先端渐尖，第一颖长 1.5～4mm，具 1～3 脉；外稃先端芒长
      0.5～3mm。

        6a. 圆锥花序紧缩，基部为叶鞘包裹‥‥‥‥‥‥‥‥‥‥‥‥**5. 凌源隐子草 C. kitagawae**

        6b. 圆锥花序开展，伸出叶鞘外‥‥‥‥‥‥‥‥‥‥‥‥‥**6. 薄鞘隐子草 C. festucacea**

    4b. 秆较粗壮，直径 1～2.5mm；叶条形至披针形，宽 2～9mm。

      7a. 圆锥花序紧缩，基部包闭最上部的叶鞘；叶鞘常多少具疣毛；颖 3～7 脉‥‥‥‥‥‥‥‥
      ‥‥‥‥‥‥‥‥‥‥‥‥‥‥‥‥‥‥‥‥‥‥‥‥‥‥‥‥**7. 多叶隐子草 C. polyphylla**

      7b. 圆锥花序开展，伸出叶鞘外；叶鞘无毛；颖（0～）1～3 脉。

        8a. 外颖具 1 脉或第一颖无脉，先端通常钝；外稃先端芒长 2～9mm；圆锥花序最下面
        的分枝长约 4cm，单一‥‥‥‥‥‥‥‥‥‥‥‥‥‥‥‥‥**8. 朝阳隐子草 C. hackelii**

        8b. 外颖具 1～3 脉，先端尖；外稃先端芒长 1～2mm；圆锥花序最下面的分枝长约 8cm，
        常具小分枝‥‥‥‥‥‥‥‥‥‥‥‥‥‥‥‥‥‥‥‥‥‥‥**9. 北京隐子草 C. hancei**

1. 无芒隐子草

Cleistogenes songorica (Roshev.) Ohwi in J. Jap. Bot. 18:540. 1942; Fl. Intramongol. ed. 2, 5:230. t.87. f.1-6. 1994.——*Diplachne songorica* Roshev. in Fl. U.R.S.S. 2:752. 1934.

多年生禾草。秆丛生，直立或稍倾斜，高 15～50cm，基部密集枯叶鞘。叶鞘无毛，仅鞘口有长柔毛；叶舌长约 0.5mm，具短纤毛；叶片条形，长 2～6cm，宽 1.5～2.5mm，上面粗糙，扁平或边缘稍内卷。圆锥花序开展，长 2～8cm，宽 4～7cm；分枝平展或稍斜上，分枝腋间具柔毛。小穗长 4～8mm，含 3～6 小花，绿色或带紫褐色；颖卵状披针形，先端尖，具 1 脉，第一颖长 2～3mm，第二颖长 3～4mm。外稃卵状披针形，边缘膜质，第一外稃长 3～4mm，

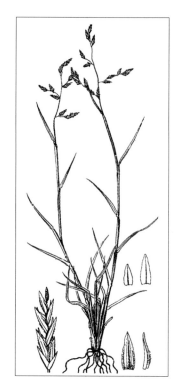

具 5 脉，先端无芒或具短尖头；内稃短于外稃；花药黄色或紫色，长 1.2～1.6mm。花果期 7～9 月。

疏丛旱生禾草。生于荒漠草原带的壤质土、沙壤质土、砾质化土壤，是小针茅草原、沙生针茅草原群落，著状亚菊、女蒿群落的优势成分，也常伴生于草原化群落中，在荒漠草原带及荒漠带成为糙隐子草的替代种。产锡林郭勒（苏尼特左旗北部、苏尼特右旗）、乌兰察布（达尔罕茂明安联合旗、固阳县、乌拉特中旗）、阴南丘陵（准格尔旗）、鄂尔多斯（鄂托克旗）、东阿拉善（阿拉善左旗）、额济纳。分布于我国河南、陕西、宁夏、甘肃（河西走廊）、青海（柴达木盆地）、新疆，蒙古国南半部和西部、俄罗斯（西伯利亚地区），中亚。为戈壁—蒙古分布种。

优等饲用禾草。一年四季为各种家畜所喜食；夏秋季，羊和马最喜食。牧民称之为"细草"。

2. 小尖隐子草（枝花隐子草）

Cleistogenes mucronata Keng ex P. C. Keng et L. Liu in Act. Bot. Sin. 9:70. 1960; Fl. China 22:426. 2006.——*C. ramiflora* Keng et C. P. Wang in Bull. Bot. Res. Harbin 6(1):175. 1986; Fl. Intramongol. ed. 2, 5:230. t.88. f.1-7. 1994.

多年生禾草。具短根头。秆丛生，高 15～45cm，直径 0.5～1mm，平滑无毛，基部具密集枯叶鞘。叶鞘长于节间，鞘口具长柔毛；叶舌为一圈纤毛；叶片线形，长 1.5～6cm，宽 1～2mm，内卷，无毛，上面及边缘粗糙。圆锥花序开展，长 3～11cm；分枝单生，粗糙，自基部即着生小穗，基部分枝长 2～4cm。小穗长（6～）8～10mm，含 4～6 小花，黄褐色或上部带紫色；颖披针形，先端尖，第一颖长约 3mm，1 脉，第二颖长约 4mm，具 3 脉。外稃披针形，具 5 脉，第一外稃长 3～7mm，先端具长约 0.5mm 的短尖头；内稃等长或稍短于外稃；花药黄色，长约 2mm。花果期 7～9 月。

丛生旱生禾草。生于草原带的山地草原。产阴山（大青山）。分布于我国河南、山西、宁夏、陕西、甘肃、青海。为华北分布种。

本种为优良牧草，各种家畜均喜采食。

3. 糙隐子草

Cleistogenes squarrosa (Trin.) Keng in Sinensia 5:156. 1934; Fl. Intramongol. ed. 2, 5:231. t.87. f.7-12. 1994.——*Molinia squarrosa* Trin. in Fl. Alt. 1:105. 1829.

多年生禾草。植株通常绿色，秋后常呈红褐色。秆密丛生，直立或铺散，纤细，高 10～30cm，干后常呈蜿蜒状或螺旋状弯曲。叶鞘层层包裹，直达花序基部；叶舌具短纤毛；叶片狭条形，长3～6cm，宽1～2mm，扁平或内卷，粗糙。圆锥花序狭窄，长4～7cm，宽5～10mm；小穗长5～7mm，含2～3小花，绿色或带紫色；颖具1脉，边缘膜质，第一颖长1～2mm，第二颖长3～5mm。外稃披针形，具5脉，第一外稃长5～6mm，先端常具较稃体为短的芒；内稃狭窄，与外稃近等长；花药长约2mm。花果期7～9月。

丛生旱生禾草。典型的草原植物，可成为各类草原植被的优势成分，也可以成为次生性草原群落的建群种，在贝加尔针茅草原、大针茅草原、克氏针茅草原、羊草草原及线叶菊草原中常组成群落下层的小禾草层片，在小针茅草原及短花针茅草原中也是常见的伴生种或优势种。因此，它不仅是草原群落的恒有成分，而且也常见于草甸草原及荒漠草原群落中，甚至还偶见于某些草原化荒漠中，其分布范围广及森林草原带、典型草原带、荒漠草原带、草原化荒漠带，并占据典型的地带性生境。产内蒙古各地。分布于我国黑龙江、吉林、辽宁、河北、河南、山东、山西、陕西、宁夏、甘肃、青海、新疆、蒙古国、俄罗斯（西伯利亚地区、远东地区）、哈萨克斯坦，西南亚。为黑海—哈萨克斯坦—蒙古分布种。

优等饲用禾草。青鲜时，家畜喜食，特别是羊和马最喜食。牧民认为秋季家畜采食后上膘快，是一种抓膘的宝草。

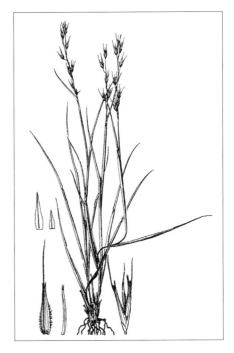

4. 丛生隐子草

Cleistogenes caespitosa Keng in Sinensia 5:154. 1934; Fl. Intramongol. ed. 2, 5:231. t.89. f.1-5. 1994.

  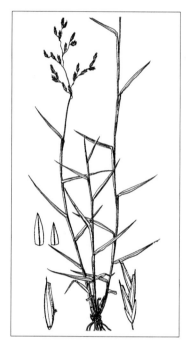

多年生禾草。秆纤细，丛生，高 20～45cm，直径约 1mm，黄绿色或紫褐色，基部常具短小鳞芽。叶鞘仅鞘口具长柔毛；叶舌具短纤毛；叶片条形，长 3～6cm，宽 2～4mm，扁平或内卷。圆锥花序长 7～12cm，宽 2～4cm；分枝常斜上，长 1～3cm。小穗长 5～11mm，含（1～）3～5 小花；颖卵状

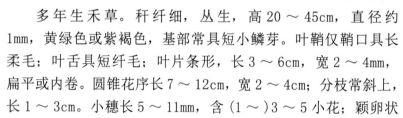

披针形，先端钝，具 1 脉，第一颖长 1～2mm，第二颖长 2～2.5mm。外稃披针形，具 5 脉，边缘具柔毛，第一外稃长 4～5.5mm，先端具长 0.5～1mm 的短芒；内稃与外稃近等长；花药长约 3mm。花果期 7～9 月。

中旱生丛生禾草。生于草原带的山坡草地、灌丛。产兴安南部（阿鲁科尔沁旗、巴林右旗）、阴山（大青山旧窝铺村）。分布于我国辽宁西部、河北西北部、河南西部、山东、山西东北部、陕西西北部、宁夏东部、甘肃东南部。为华北分布种。

5. 凌源隐子草（苞鞘隐子草）

Cleistogenes kitagawae Honda in Rep. First. Sci. Exped. Manch. Sect. IV, 4:99. 1936; Fl. China 22:463. 2006.——*C. kitagawae* Honda var. *foliosa* (Keng) S. L. Chen et C. P. Wang in Fl. Reip. Pop. Sin. 10(1):50. t.13. f.1-5. 1990; Fl. Intramongol. ed. 2, 5:234. t.89. f.6-10. 1994.——*C. foliosa* Keng in J. Wash. Acad. Sci. 28:298. 1938.

多年生禾草。秆纤细，密丛生，直立，基部具鳞芽，高 20～50cm，直径约 1mm，常为叶鞘所包裹。叶鞘无毛，或仅鞘口有毛；叶舌很短，为一圈纤毛；叶片条形，长 3～6cm，宽 1.5～2mm，扁平或内卷。圆锥花序狭窄，长 4～7cm，下部为叶鞘所包，分枝单生；小穗长 6～7mm，含 3～4 小花，黄褐色或稍带紫色；颖卵状披针形，先端尖，具 1 脉，第一颖长 1.5～3mm，第二颖长 3.5～4.5mm。外稃披针形，边缘具疏柔毛，具 5 脉，第一外稃长约 6mm，先端具长 0.5～3mm 的短芒；内稃与外稃近等长。花果期 7～10 月。

中旱生丛生禾草。生于森林带和草原带的山坡草地。产兴安北部（牙

克石市乌尔其汉镇）、岭西、兴安南部、乌兰察布（达尔罕茂明安联合旗百灵庙镇）、阴山。分布于我国河北、辽宁，蒙古国、俄罗斯（远东地区）。为华北—满洲分布种。

6. 薄鞘隐子草（长花隐子草、中华隐子草）

Cleistogenes festucacea Honda in Rep. First. Sci. Exped. Manch. Sect. 4, 4:98. 1936; Fl. China 22:462. 2006.——*C. longiflora* Keng ex Keng f. et L. Liu in Act. Bot. China 9(1):69. 1960; Fl. Intramongol. ed. 2, 5:234. 1994. ——*C. chinensis* (Maxim.) Keng in Sinensia 5:152. f.2. 1934; Fl. Intramongol. ed. 2, 5:236. t.90. f.1-5. 1994.

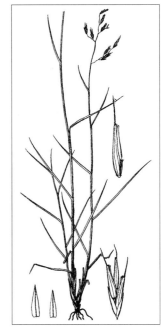

多年生禾草。秆纤细，密丛生，直立，高 20～45cm，直径约 1mm，基部密生短小鳞芽，节间较长，干后亦稍左右弯曲。叶鞘无毛，鞘口可疏生长柔毛；叶舌为长约 2mm 的纤毛；叶片条状披针形，长 2～7cm，宽 0.5～2mm，扁平或稍内卷。圆锥花序疏展，长 6～11cm，宽 2～5cm；分枝长 2～4cm，斜上。小穗灰绿色或紫褐色，长（6～)8～10mm，含 1～3 小花；颖狭披针形，质薄，有光泽，具 1 脉，第一颖长 2～4mm，第二颖长 4～6mm。外稃披针形，边缘疏生细柔毛，具 5 脉，第一外稃长 6～7mm，先端芒长 2～3mm；内稃稍短于外稃；花药长约 2.5mm。花果期 7～9 月。

中旱生丛生禾草。生于森林带和草原带的山地草原、林缘、灌丛。产兴安北部（额尔古纳市）、兴安南部（巴林右旗）、辽河平原（大青沟）、乌兰察布、阴山（大青山坝口子村）、阴南丘陵（准格尔旗）、贺兰山（北寺沟）。分布于我国河北西部和东北部、山东、山西、宁夏东部和北部、青海。为华北—兴安分布种。

7. 多叶隐子草

Cleistogenes polyphylla Keng ex P. C. Keng et L. Liu in Act. Bot. Sin. 9:69. 1960; Fl. Intramongol. ed. 2, 5:236. t.91. f.1-6. 1994.

多年生禾草。秆丛生，较粗壮，直立，高 15～40cm，直径 1～2.5mm，具多节，节间较短，干后叶片常自叶鞘口处脱落，上部左右弯曲，与叶鞘近叉状分离。叶鞘多少具疣毛，层层包裹直达花序基部；叶舌平截，长约 5mm，具短纤毛；叶片披针形至条状披针形，长 2～6.5cm，宽 2～4mm，多直立上升，扁平或内卷，质厚，较硬。圆锥花序狭窄，基部常为叶鞘所包，长 4～7cm，宽 1～3cm；小穗长 8～13mm，绿色或带紫色，含 3～7 小花；颖披针形或矩圆形，具 1～3（～5）脉，第一颖长 1.5～2（～4)mm，第二颖长 3～4（～5)mm。外稃披针形，具 5 脉，第一

外稃长 4～5mm，先端具长 0.5～1.5mm 的短芒；内稃与外稃近等长；花药长约 2mm。花果期 7～10 月。

中旱生禾草。生于森林草原带和草原带的山地阳坡、丘陵、砾石质草原。产兴安北部（额尔古纳市）、兴安南部及科尔沁（科尔沁右翼中旗、扎鲁特旗、阿鲁科尔沁旗、巴林左旗、巴林右旗、克什克腾旗）、辽河平原（科尔沁左翼后旗）、赤峰丘陵（红山区、松山区、翁牛特旗）、燕山北部（喀喇沁旗、宁城县、敖汉旗）、锡林郭勒（正蓝旗）、阴山（大青山）、阴南丘陵（准格尔旗）。分布于我国黑龙江西南部、吉林西部、辽宁西部、河北北部、河南西部、山东西部、山西北部、陕西北部。为华北—满洲分布种。

良等饲用禾草。羊和马喜食，牛乐食。

8. 朝阳隐子草（宽叶隐子草、中井隐子草）

Cleistogenes hackelii (Honda) Honda in Bot. Mag. Tokyo 50:437. 1936; Fl. China 22:463. 2006.——*Diplachne hackelii* Honda in J. Fac. Sci. Univ. Tokyo Sect. 3, Bot. 3:112. 1930.——*C. hackelii* (Honda) Honda var. *nakai* (Keng) Ohwi in Bot. Mag. Tokyo 55:309. 1941; Fl. Intramongol. ed. 2, 5:239. t.90. f.6-10. 1994.——*C. nakai* (Keng) Honda in Rep. First. Sci. Exped. Manch. Sect. 4, 4:99. 1936.

多年生禾草。秆直立，高 50～90cm，直径约 1～3mm，基部具向外斜伸的鳞芽，鳞片质硬，有光泽。叶鞘鞘口常疏生柔毛，基部常具脱落性疣毛；叶片长 5～10cm，宽 4～8mm，粗糙。圆锥花序开展，长 5～10cm；分枝斜上或近于平展，基部分枝长 3～5cm。小穗灰绿色，长 7～9mm，含 2～5 小花；颖近膜质，具 1 脉或第一颖无脉，第一颖长 0.5～2mm，第二颖长 1～3mm。外稃披针形，草黄色或稍带灰褐色斑纹，5 脉，外稃边缘及基盘均具柔毛，第一外稃长 5～6mm，先端芒长 3～9mm；内稃与外稃近等长。花果期 7～10 月。

中旱生禾草。生于阔叶林带的沟谷林缘。产辽河平原（大青沟）、赤峰丘陵（翁牛特旗）、燕山北部（敖汉旗大黑山）。分布于我国黑龙江、辽宁、河北、河南、山东、山西、陕西、宁夏、甘肃、青海、四川、安徽、江苏、浙江、福建、湖北、贵州、日本、朝鲜。为东亚分布种。

9. 北京隐子草（韩氏隐子草）

Cleistogenes hancei Keng in Sinensia 11:408. 1940; Fl. Intramongol. ed. 2, 5:236. t.91. f.7-13. 1994.

多年生禾草。植株具短的根状茎。秆较粗壮，直立，高 50～70cm，基部具向外斜伸的鳞芽，鳞片厚，坚硬。叶鞘无毛或疏生疣毛；叶舌短，先端裂成细毛；叶片条形，长 3～12cm，宽 3～8mm，扁平或内卷，两面均粗糙，质硬，斜伸或平展，常呈粉绿色。圆锥花序开展，

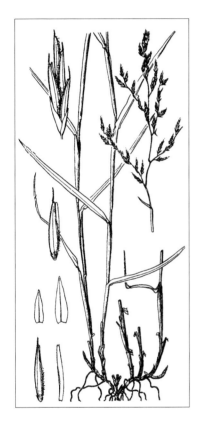

长 6～9cm，具多数分枝；基部分枝长 3～5cm，斜上。小穗排列较紧密，灰绿色或带紫色，长 8～14mm，含 3～7 小花；颖具 1～5 脉，侧脉常不明显，第一颖长 2～3.5mm，具 1～3 脉，第二颖长 3.5～5mm。外稃披针形，有紫黑色斑纹，具 5 脉，第一外稃长 6mm，先端具长 1～2mm 的短芒；内稃等长或较长于外稃，先端微凹，脊上粗糙。花果期 7～9 月。

中旱生禾草。生于森林带和草原带的山地林缘、灌丛、草地。产兴安北部（根河市）、兴安南部（科尔沁右翼前旗、科尔沁右翼中旗、阿鲁科尔沁旗、巴林左旗）、辽河平原（大青沟）、赤峰丘陵（红山区、翁牛特旗、敖汉旗）、阴山（大青山坝口子村）、鄂尔多斯（乌审旗）。分布于我国辽宁、河北中部和北部、河南西部、山东、山西中部和北部、陕西东南部、甘肃东部、江苏、安徽北部、江西东北部、福建东部，日本、俄罗斯（远东地区）。为东亚分布种。

57. 草沙蚕属 Tripogon Roem. et Schult.

多年生细弱禾草，密丛。叶片细长，通常内卷。穗状花序单独顶生；小穗含少数至多数小花，几无柄，呈 2 行排列于纤细穗轴之一侧；穗轴微扭转，小穗轴脱节于颖之上及各小花之间；颖具 1 脉，不等长，第一颖较小，通常紧贴穗轴之槽穴，窄狭，膜质，先端尖或具小尖头。外稃卵形，背部拱形，先端 2～4 裂，具 3 脉，中脉自裂片间延伸成芒，侧脉自外侧裂片顶部延伸成短芒或否，基盘具柔毛；内稃宽或狭窄，与外稃等长或较之为短。

内蒙古有 1 种。

1. 中华草沙蚕

Tripogon chinensis (Franch.) Hack. in Bull. Herb. Boiss. Ser. 2, 3:503. 1903; Fl. Intramongol. ed. 2, 5:239. t.92. f.1-5. 1994.——*Nardurus filiformis* (Salzm. ex Willkomm et Lange) C. Vicioso var. *chinensis* Franch. in Nouv. Arch. Mus. Hist. Nat. Ser. 2, 7:149. 1884.

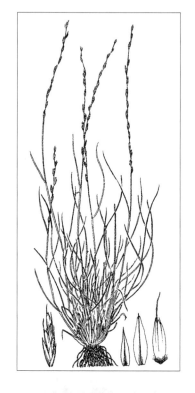

多年生密丛禾草。须根纤细而稠密。秆直立，高 10 ～ 30cm，细弱，光滑无毛。叶鞘通常仅于鞘口处有白色长柔毛；叶舌膜质，长约 0.5mm，具纤毛；叶片狭条形，常内卷成刺毛状，上面微粗糙且向基部疏生柔毛，下面平滑无毛，长 5 ～ 15cm，宽约 1mm。穗状花序细弱，长 8 ～ 11(～ 15)cm。穗轴三棱形，多平滑无毛，宽约 0.5mm；小穗条状披针形，铅绿色，长 5 ～ 8(～ 10)mm，含 3 ～ 5 小花。颖具宽而透明的膜质边缘，第一颖长 1.5 ～ 2mm，第二颖长 2.5 ～ 3.5mm。外稃质薄似膜质，先端 2 裂，具 3 脉，主脉延伸成短且直的芒，芒长 1 ～ 2mm，侧脉可延伸成长 0.2 ～ 0.5mm 的芒状小尖头，第一外稃长 3 ～ 4mm，基盘被长约 1mm 的柔毛；内稃膜质，等长或稍短于外稃，脊上粗糙，具微小纤毛；花药长 1 ～ 1.5mm。花果期 7 ～ 9 月。

砾石生旱生密丛禾草。生于山地中山带的石质及砾石质山坡和陡壁，可在局部形成小面积的草沙蚕石生群落片段，也可散生在石隙积土中。产内蒙古各山地。分布于我国黑龙江西北部和东南部、辽宁西北部、河北、河南、山东、山西、安徽、湖北、江苏东北部、台湾南部、陕西南部、宁夏北部、甘肃东部、四川西部、西藏东部、云南西北部、新疆，朝鲜、蒙古国东部和东南部、俄罗斯（东西伯利亚地区、远东地区）。为东古北极分布种。

中等饲用禾草。羊和马乐食。

（18）虎尾草族 Chlorideae

58. 虎尾草属 Chloris Swartz

一年生或多年生丛生禾草。叶片扁平或具纵折，粗糙。穗状花序 2 至数枚在茎顶呈指状排列；小穗含 1 朵两性小花，无柄，以 2 行排列于穗轴之一侧，脱节于颖之上；两性小花的上方有 1 至数朵仅具外稃的退化不孕小花，互相包卷成球状；颖不相等，第一颖较短而窄，具 1 脉。外稃具脊，宽，具 1～5 脉，先端尖或钝，全缘或 2 裂成短齿，中脉延伸成细弱直芒或形成芒尖，脊上或边脉具柔毛或长纤毛，基盘被柔毛；内稃与外稃约等长。

内蒙古有 1 种。

1. 虎尾草

Chloris virgata Swartz in Fl. Ind. Occid. 1:203. 1797; Fl. Intramongol. ed. 2, 5:240. t.92. f.6-8. 1994.

一年生禾草。秆无毛，斜升、铺散或直立，基部节处常膝曲，高 10～35cm。叶鞘背部具脊，上部叶鞘常膨大而包藏花序；叶舌膜质，长 0.5～1mm，顶端截平，具微齿；叶片长 2～15cm，宽 1.5～5mm，平滑无毛或上面及边缘粗糙。穗状花序长 2～5cm，数枚簇生于秆顶；小穗灰白色或黄褐色，长 2.5～4mm（芒除外）；颖膜质，第一颖长 1.5～2mm，第二颖长 2.5～3mm，先端具长 0.5～2mm 的芒。第一外稃长 2.5～3.5mm，具 3 脉，脊上微曲，边缘近顶处具长柔毛，背部主脉两侧及边缘下部亦被柔毛，芒自顶端稍下处伸出，长 5～12mm；不孕外稃狭窄，顶端截平，芒长 4.5～9mm。内稃稍短于外稃，脊上具微纤毛。花果期 6～9 月。

中生农田杂草。广泛见于农田、撂荒地、路边。在撂荒地上可形成虎尾草占优势的一年生植株群聚，在荒漠草原群落中是夏雨型一年生禾草层片的组成部分，在荒漠及半荒漠带常聚生在干湖盆、干河床、浅洼地中，能适应碱化土及龟裂黏土，也可生长在砾石质坡地的直径流线上，是充分利用雨季降水或直径流汇集的中生植物，所以多雨年份在荒漠草原及荒漠非郁被植被的裸斑空隙中大量繁生，形成很发达的层片，但在不同的年份种群数量很不稳定。产内蒙古各地。遍及我国及世界其他地区，仅欧洲缺少分布。为世界分布种。

（19）鼠尾草族 Sporoboleae

59. 扎股草属 Crypsis Ait.

——隐花草属 *Heleochloa* Host ex Roem.

　　疏展一年生禾草。圆锥花序穗状或紧缩成头状，生于 1 枚或 2 枚苞片状叶鞘的腋内（由扩展的叶鞘及短而坚硬的叶片形成）；小穗含 1 小花，脱节于颖之下；颖约相等，狭窄，披针形，背部具脊，先端锐尖。外稃披针形，宽于颖，膜质，具 1 脉，顶端无芒；内稃与外稃同质，并与之约等长，于脉间分裂；鳞被缺；雄蕊 2 ～ 3。颖果成熟时自内、外稃间分离脱落；种子在成熟时与果皮分离。

　　内蒙古有 2 种。

分种检索表

1a. 花序紧缩成宽扁的头状，其下托以 2 枚苞叶状叶鞘⋯⋯⋯⋯⋯⋯⋯⋯⋯⋯⋯**1. 隐花草 C. aculeata**

1b. 花序紧缩成穗状，狭长，其下托以 1 枚苞叶状叶鞘⋯⋯⋯⋯⋯⋯⋯⋯**2. 蔺状隐花草 C. schoenoides**

1. 隐花草（扎股草）

Crypsis aculeata (L.) Ait. in Hort. Kew. 1:48. 1789; Fl. Intramongol. ed. 2, 5:242. t.93. f.1-4. 1994.——*Schoenus aculeatus* L., Sp. Pl. 1:42. 1753.

　　一年生禾草。秆铺散，平卧或斜升，无毛，长 5 ～ 20(～ 40)cm。叶鞘疏松，上部者膨大，包住花序；叶舌短小，具纤毛；叶片条状披针形，先端锐尖，多少内卷成针刺状，长 1.2 ～ 7.5cm，宽 2 ～ 4mm。圆锥花序紧密短缩成头状，压扁，长 6 ～ 13mm，宽 3 ～ 7mm，下托 2 枚苞片状叶鞘；小穗披针形，淡白色，长 2 ～ 3.8mm；颖狭窄，第一颖长 2 ～ 3mm，第二颖长 2.5 ～ 3.5mm，脊上具短毛；外稃长 2.5 ～ 3.8mm，内稃具 1 脊，雄蕊 2。花果期 7 ～ 9 月。

　　耐盐中生禾草。生于森林带和草原带的河滩、沟谷、盐化低地，为盐化草甸的伴生成分。

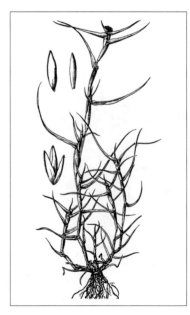

产呼伦贝尔（新巴尔虎左旗）、辽河平原（科尔沁左翼后旗）、科尔沁（赤峰市）、乌兰察布（达尔罕茂明安联合旗、乌拉特前旗）、阴南平原（呼和浩特市小黑河流域、九原区）、阴南丘陵（凉城县）、鄂尔多斯、东阿拉善（阿拉善左旗）。分布于我国河北、河南北部、山东、山西、陕西北部、宁夏北部、甘肃中部和西部、青海（乌兰县）、安徽北部、江苏北部、云南、新疆北部和中部及西部，欧亚大陆寒温带地区广布。为古北极分布种。

2. 蔺状隐花草（蔺状扎股草）

Crypsis schoenoides (L.) Lam. in Tabl. Encycl. 1:166. t.22. 1791; Fl. China 22:485. 2006.——*Phleum schoenoides* L., Sp. Pl. 1:60. 1753.——*Heleochloa schoenoides* (L.) Host in Icon. Gram. Austr. 1:23. t.30. 1801; Fl. Intramongol. ed. 2, 5:242. t.93. f.5-7. 1994.

一年生禾草。秆丛生，具分枝，直立至斜升，膝曲，高5～35cm。叶鞘无毛，常松弛且多少膨大；叶舌短，长约0.5mm，顶端为一圈柔毛；叶片扁平，先端内卷，细弱呈针刺状，长2～6cm，宽1～3mm，上面被微小硬毛并疏生长纤毛，下面平滑无毛或有时被毛。穗状圆锥花序多少呈矩圆形，长约3.5cm，宽约5mm，下托苞片状叶鞘；小穗披针形至狭矩圆形，淡白色或灰紫色，长2.5～3mm；颖膜质，具1脉，脊变硬，上具微刺毛。外稃披针形，具1较硬的脊，被微刺毛，长约3mm或较短；内稃短于外稃；雄蕊3。花果期7～9月。

耐盐中生禾草。生于盐化、碱化低地，沙质滩地，为盐化草甸伴生植物。产乌兰察布（达尔罕茂明安联合旗）、阴南平原（托克托县）、鄂尔多斯（乌审旗）、东阿拉善（乌拉特前旗、狼山、磴口县、阿拉善左旗）。分布于我国河北、河南、山东、山西、安徽、江苏、宁夏、新疆，蒙古国西部，地中海地区，中亚、西南亚、南欧，北美洲。为泛北极分布种。

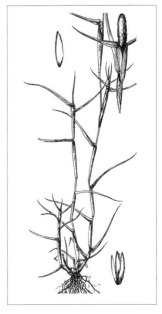

60. 乱子草属 Muhlenbergia Schreb.

多年生禾草。通常具根状茎。秆常分枝。圆锥花序狭或开展；小穗细小，具 1 小花，脱节于颖之上；颖质薄，二颖近等长，有时第一颖短，无脉或具 1 脉。外稃膜质，具铅绿色斑纹，下部疏生柔毛，具微小的基盘，顶端尖或具 2 微齿，具 3 脉，主脉延伸成芒，芒细弱，劲直或稍弯曲；内稃与外稃等长，具 2 脊。颖果细长，圆柱形或稍压扁。

内蒙古有 2 种。

分种检索表

1a. 秆基部伏卧；常无匍匐根状茎或稀具短根状茎；外颖卵状披针形，先端尖，长 1.5～2.2mm ··· **1. 日本乱子草 M. japonica**

1b. 秆基部直立；具长匍匐根状茎，其上被质地较厚的鳞片；外颖卵状，先端钝，长 0.5～0.7mm ··· **2. 乱子草 M. huegelii**

1. 日本乱子草

Muhlenbergia japonica Steudel in Syn. Pl. Glumac. 1:422. 1854; Fl. China 22:486. 2006.

多年生禾草。无根状茎或根状茎较短。秆基部横卧，高 15～50cm，较细弱，稍扁平，光滑无毛，下部节上常生根并具分枝；叶鞘大部分短于节间，光滑无毛；叶舌膜质，顶端截平或呈纤毛状，长约 0.3mm；叶片宽线形，扁平，长 5～15cm，宽 2～4mm，顶端渐尖，两面及边缘粗糙。圆锥花序较狭，稍弯，长 4～15cm，每节具 1 分枝或呈几个分枝状，分枝粗糙；小穗柄通常短于小穗；小穗披针形，灰绿色带黑紫色，长 2.5～3mm；颖白色或稍带紫色，膜质，顶端尖，具 1 脉，第一颖长 1.5～2mm，第二颖长 2～2.2mm。外稃具铅绿色斑纹，有时带紫色，下部具柔毛，毛不露出或稍露出颖外，芒纤细，直立，微粗糙，长 4～8mm；雄蕊 3，花药黄色，长约 0.6mm。花果期 8～10 月。

中生禾草。生于阔叶林带的沟谷河岸。产辽河平原（大青沟）。分布于我国黑龙江东南部、吉林东部、河北北部、河南西部、山东东部和南部、陕西南部、安徽、浙江、福建、湖北、四川南部、贵州、云南、日本。为东亚分布种。

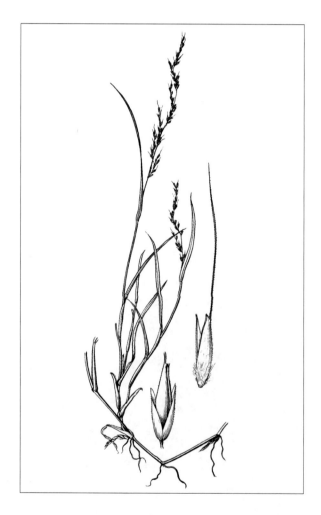

2. 乱子草

Muhlenbergia huegelii Trin. in Mem. Acad. Imp. Sci. St-Petersb. Ser. 6, Sci. Math. Seconde Pt. Sci. Nat. 6, 4(3-4):293. 1841; Fl. China 22:486. 2006.

多年生禾草。根状茎长 8～18cm，被鳞片，鳞片硬而有光泽。秆稍硬，直立，稍扁，高 50～90cm，基部直径 1～2mm，有时带紫色，通常自基部数节生出 1 或 2 个分枝，节下贴生白色微毛。叶鞘通常短于节间，顶部 1 或 2 节可长于节间，无毛；叶舌膜质，长约 1mm，无毛或具纤毛，顶端钝或呈不整齐齿状；叶片扁平，宽线形，暗绿色，顶端渐尖，边缘粗糙，长 4～15cm，宽 4～9mm。圆锥花序长 8～27cm，每节簇生数分枝；分枝斜向上升，细弱。小穗柄短于小穗，与穗轴贴生，小穗长约 3mm；颖白色膜质，有时稍带紫色，顶端钝，第一颖长 0.5～0.7mm，无脉，第二颖长 0.7～1.2mm，无脉或具 1 脉。外稃与小穗等长，具铅绿色斑纹，下部具柔毛，毛通常露出颖外，芒纤细，长 9～15mm，微粗糙；雄蕊 3，花药黄色，长约 0.8mm。颖果长圆形。花果期 7～9 月。

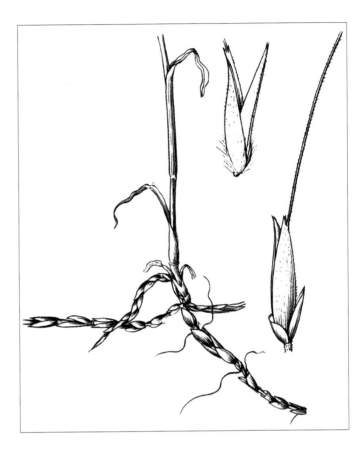

中生禾草。生于森林带的山谷、河边湿地、林下、灌丛。产内蒙古东部。分布于我国黑龙江东南部、吉林东部、辽宁中部、河北、河南、山东、山西南部、陕西、宁夏南部、甘肃东南部、青海东部、四川、安徽、江苏、浙江北部、福建、台湾、江西、湖北、贵州、云南、西藏东南部、新疆，日本、朝鲜、俄罗斯、菲律宾、印度、尼泊尔、巴基斯坦、阿富汗。为东古北极分布种。

（20）结缕草族 Zoysieae

61. 锋芒草属 Tragus Hall.

一年生低矮禾草。叶片扁平。穗形总状花序顶生，细长圆柱状，具短分枝；小穗含 1 小花，通常 2～5 小穗聚生成簇，1 小穗簇几无柄或具梗，成熟时整个穗簇脱落。第一颖小，质薄，或退化而不存在；第二颖大，革质，背部凸拱，具 3～5 加厚的脉，脉上被钩状刺，每小穗簇下方的 2 枚第二颖常互相结合形成一刺球体的一半，其上方的 1～3 小穗常退化而不孕。外稃膜质，扁平；内稃质地亦较薄，背部凸起；雄蕊 3。

内蒙古有 2 种。

分种检索表

1a. 下部小穗长 3.5～4mm；小穗通常 3 枚簇生，其中 1 枚退化；第二颖的顶端具明显伸出刺外的小尖头……
……………………………………………………………………………**1. 锋芒草 T. mongolorum**

1b. 下部小穗长 2～3mm；小穗通常 2 枚簇生，均能发育，稀仅 1 枚发育；第二颖的顶端无明显伸出刺外的小尖头……………………………………………………………………**2. 虱子草 T. berteronianus**

1. 锋芒草

Tragus mongolorum Ohwi in Act. Phytotax. Geobot. 10:268. 1941; Fl. China 22:496. 2006.——*T. racemosus* auct. non (L.) All.: Fl. Intramongol. ed. 2, 5:244. t.94. f.1-5. 1994.

一年生禾草。植株具细弱的须根。秆直立或铺散于地面，节常膝曲，高 (6～)10～30cm。叶鞘无毛，鞘口常具细柔毛；叶舌为一圈长约 1mm 的细柔毛；叶片长 2～5cm，宽 2～5mm，两面无毛，边缘具刺毛。总状花序紧密，呈穗状，圆柱形，长 2.5～7cm；小穗簇明显具梗，通常由 2 枚孕性小穗及 1 枚退化小穗组成，小穗长 4～5mm。第一颖微小，薄膜质，长 1～1.5mm；第二颖革质，背部具 5 条带刺的纵肋，先端尖头，明显伸出刺外，长 3.5～4mm（包括尖头在内）。外稃膜质，具 3 脉，先端具尖头，长 3～4mm；内稃较外稃质薄且短，脉不明显。花果期 7～9 月。

农田中生杂草。生于农田、撂荒地、路边，是荒漠草原夏雨型一年生禾草层片的常见种，在草原沙生植物群落中也常有混生。产辽河平原（科尔沁左翼后旗）、科尔沁（科尔沁右翼中旗、阿鲁科尔沁旗、巴林左旗、巴林右旗、林西县、翁牛特旗）、锡林郭勒（苏尼特左旗、兴和县）、乌兰察布（达尔罕茂明安联合旗、固阳县）、阴山（大青山）、阴南丘陵（准格尔旗）、鄂尔多斯、东阿拉善（阿拉善左旗）、西阿拉善（阿拉善右旗）。

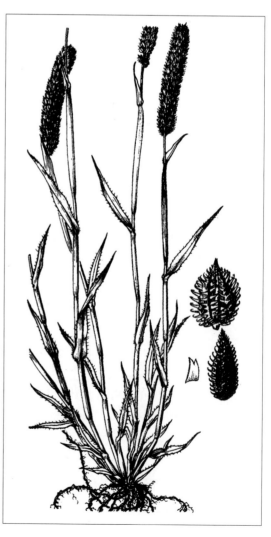

分布于我国河北中西部、山东、山西北部、宁夏、甘肃（河西走廊）、青海东部、四川西部、西藏东南部、云南西北部和南部，蒙古国东南部、印度、马来西亚、越南、巴基斯坦、泰国。为东亚分布种。

2. 虱子草

Tragus berteronianus Schult. in Mant. 2:205. 1824; Fl. China 22:496. 2006.

一年生禾草。须根细弱。秆倾斜，基部常伏卧地面，直立部分高 15 ～ 30cm。叶鞘短于节间或近等长，松弛裹茎；叶舌膜质，顶端具长约 0.5mm 的柔毛；叶片披针形，长 3 ～ 7cm，宽 3 ～ 4mm，边缘软骨质，疏生细刺毛。花序紧密，几呈穗状，长 4 ～ 11cm，宽约 5mm；小穗长 2 ～ 3mm，通常 2 枚簇生，均能发育，稀仅 1 枚发育；第一颖退化，第二颖革质，具 5 肋，肋上具钩刺，刺几生于顶端，刺外无明显伸出的小尖头。外稃膜质，卵状披针形，疏生柔毛；内稃稍狭而短；雄蕊 3 枚，花药椭圆形，细小；花柱 2 裂，柱头帚状。颖果椭圆形，稍扁，与稃体分离。

农田中生杂草。生于农田、荒地、路边。产燕山北部（敖汉旗大黑山）。分布于我国河北、山东、山西、陕西、甘肃、青海东部、四川、安徽、江苏，巴基斯坦、阿富汗、西南亚、非洲、北美洲、南美洲。为亚洲—美洲—非洲分布种。

V. 黍亚科 Panicoideae

（21）野古草族 Arundinelleae

62. 野古草属 Arundinella Raddi

多年生或一年生禾草。叶条形。圆锥花序紧缩或开展；小穗通常孪生（稀为单生），具长短不等的柄，含 2 小花，第一小花雄性，第二小花两性，小穗轴脱节于 2 小花之间；颖草质，第一颖短，先端钝，第二颖较长，先端尖锐或具芒。第一小花外稃膜质至硬纸质，第二小花外稃厚膜质，成熟时可变为革质，先端通常具芒，稀无芒，基盘短，圆钝，具毛；内稃为外稃所包，等长或稍短于外稃；雄蕊 3。

内蒙古有 1 种。

1. 毛秆野古草

Arundinella hirta (Thunb.) Tanaka in Bull. Sci. Fak. Terk. Kjusu Imp. Univ. 1:196, 208. 1925; Fl. Intramongol. ed. 2, 5:245. t.94. f.6-11. 1994.——*Poa hirta* Thunb. in Syst. Veg. ed. 14, 113. 1784.

多年生禾草。具密被鳞片的横走根状茎。秆常单生，高 50～75cm，无毛或仅于节上密被髯毛。叶鞘无毛或粗糙，有时边缘具纤毛或生有疣毛；叶舌甚短，长约 1mm，干膜质，撕裂，先端被毛；叶片扁平或边缘稍内卷，长 6～19cm，宽 2～8mm，无毛或边缘及两面均生有疣毛，上面基部被长硬毛，近鞘口处更密。圆锥花序长 6.5～19cm，主轴粗糙或疏生小刺毛，分枝斜升，长 1～6cm；小穗长 3～4mm，灰绿色或带深紫色。颖卵状披针形，具 3～5 显明的脉，无毛或脉上粗糙，第一颖长 2.2～2.5mm，为小穗的 1/3～1/2，第二颖长 3.5～4mm。第一外稃具 3～5 脉，长 3～3.5mm，先端无芒，基盘无毛，内稃较短，含 3 雄蕊；第二外稃具不明显 5 脉，长 2.5～3mm，无芒或由主脉延伸成长约 1mm 的小尖头，基盘两侧及腹面之毛长约为稃体的 1/3～1/2，内稃稍短。花果期 7～9 月。

中生禾草。生于森林带和草原带的河滩、山地草甸、草甸草原。产岭西（陈巴尔虎旗、海拉尔区）、岭东（扎兰屯市）、兴安南部及科尔沁（扎赉特旗、科尔沁右翼前旗、科尔沁右翼中旗、霍林郭勒市、巴林右旗、西乌珠穆沁旗）、辽河平原（科尔沁左翼后旗）、燕山北部（宁城县）、阴山（大青山哈拉沁沟）。分布于我国黑龙江南部和西南部、吉林、辽宁、河北、河南、山东、山西东

南部、陕西中部、宁夏南部、安徽、江苏、浙江、福建、台湾、江西、湖北、湖南、广东、广西、贵州、四川中部、云南，日本、朝鲜、俄罗斯（东西伯利亚地区、远东地区）。为东西伯利亚—东亚分布种。

劣等饲用禾草。草质粗糙，适口性差，家畜只在饥饿状态时才采食。

（22）黍族 Paniceae

63. 黍属 Panicum L.

多年生或一年生禾草。圆锥花序顶生或腋生。小穗含2小花，背腹压扁，第二小花两性，发育，第一小花不育或雄性，脱节于颖之下或有时颖片缓慢脱落；颖草质，不等长，第一颖通常较小，第二颖和小穗等长或略短于小穗。第一外稃草质，和第二颖相等长，第一内稃存在或完全退化；第二外稃革质，边缘内卷并包着同质的内稃。

内蒙古有1栽培种。

1. 黍（稷、糜子、黄米）

Panicum miliaceum L., Sp. Pl. 1:58. 1753; Fl. Intramongol. ed. 2, 5:247. 1994.

一年生禾草。秆直立或有时基部稍倾斜，高 50～120cm，可生分枝，节密生须毛，节下具疣毛。叶鞘疏松，被疣毛；叶舌短而厚，长约 1mm，具长 1～2mm 的纤毛；叶片披针状条形，长 10～30cm，宽 10～15mm，疏生长柔毛或无毛，边缘常粗糙。圆锥花序开展或较紧密，成熟后下垂或直立，长 20～30cm；分枝细弱，斜向上升或水平开展，具角棱，边缘具糙刺毛，下部裸露，上部密生小枝和小穗。小穗卵状椭圆形，长 3.5～5mm。第一颖长为小穗的 1/2～2/3，具 5～7 凸起脉；第二颖常具 11 脉，其脉于顶端会合成喙状。第一外稃多具 1 弓脉，第一内稃如存在，膜质，先端常凹或呈不整齐状；第二外稃乳白色、褐色或棕黑色。颖果圆形或椭圆形，长 3～3.5mm，各种颜色。

中生禾草。我国新疆北部偶有野生。在内蒙古和我国其他省区及世界其他地区均有栽培。

重要粮食作物。可做食物，亦可用于酿酒；秆叶可做饲料。颖果、茎秆及根可入药。颖果能益气补中，主治泻痢、烦渴、吐逆；茎秆及根能利水消肿、止血，主治小便不利、水肿、妊娠尿血。

本种通常有 2 个栽培变种和 1 个野生变种，现列检索表如下：

1a. 圆锥花序开展或稍紧密，成熟后下垂，外稃宽。

  2a. 圆锥花序较紧密，稍向一侧偏垂；秆密生长毛；谷粒黏···**1a. 黍 P. miliaceum** L. var. **glutinosum** Bretsch.

  2b. 圆锥花序较疏松，不下垂，分枝开展；秆无毛或疏生毛；谷粒不黏，或有黏性而不及上变种···**1b. 稷 P. miliaceum** L. var. **effusum** Alaf.

1b. 圆锥花序直立而不下垂，分枝硬挺而开展，外稃较窄··**1c. 野稷**（豪糜）**P. miliaceum** L. var. **ruderale** Kitag.

64. 野黍属 Eriochloa Kunth

一年生或多年生禾草。圆锥花序狭窄，顶生，由 2 至多数总状花序构成；小穗含 1 两性小花，背腹压扁，单生或成对着生，呈 2 行覆瓦状排列于穗轴一侧，谷粒以腹面对穗轴；基部具环状或珠状基盘，由第一颖和第二颖下的小穗轴愈合膨大而成，脱节于颖之下。第一颖缺，第二颖和第一外稃膜质，几等长，先端尖或渐尖，均无芒；第二外稃革质，边缘稍内卷，包卷同质而钝头的内稃。

内蒙古有 1 种。

1. 野黍（唤猪草）

Eriochloa villosa (Thunb.) Kunth in Rev. Gram. 1:30. 1829; Fl. Intramongol. ed. 2, 5:252. t.96. f.1-4. 1994.——*Paspalum villosum* Thunb. in Syst. Veg. ed. 14, 105. 1784.

一年生禾草。秆丛生，直立或基部斜升，有分枝，下部节有时膝曲，高 50 ～ 100cm。叶鞘无毛或被微毛，节部具须毛；叶舌短小，具较多纤毛，其毛长 0.5 ～ 1mm；叶片披针状条形，

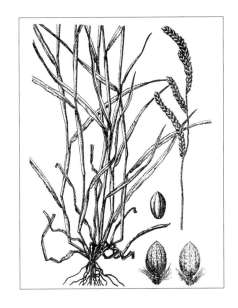

长 5～25cm，宽 5～15mm，疏被短柔毛，边缘粗糙。圆锥花序狭窄，顶生，长达 15cm，总状花序少数或多数，长 1.5～4.5cm，密生白色长柔毛，常排列于主轴的一侧；小穗卵形或卵状披针形，单生，呈 2 行排列于穗轴的一侧，长 4～5mm。第二颖与第一外稃均膜质，和小穗等长，均被短柔毛，先端微尖，无芒；第二外稃以腹面对向穗轴。颖果卵状椭圆形，稍短于小穗，先端钝或微凸尖，细点状粗糙。花果期 7～10 月。

湿生禾草。生于森林带和草原带的路边、田野、山坡、耕地、潮湿地。产岭西（海拉尔区）、岭东（扎兰屯市、莫力达瓦达斡尔族自治旗）、兴安南部及科尔沁（科尔沁右翼前旗、科尔沁右翼中旗、扎赉特旗、科尔沁区、阿鲁科尔沁旗、巴林右旗）、辽河平原（科尔沁左翼后旗）、赤峰丘陵（红山区、松山区）、燕山北部（喀喇沁旗、宁城县、敖汉旗）。分布于我国黑龙江、吉林、辽宁、山东中南部、河南、安徽、江苏、浙江、福建、台湾、湖北、江西、广东北部、贵州、陕西南部、四川东部和南部、云南，日本、朝鲜、俄罗斯（远东地区）、越南。为东亚分布种。

65. 稗属 Echinochloa P. Beauv.

一年生或多年生禾草，单生或丛生。无叶舌；叶片扁平，具较宽而白色中脉。圆锥花序顶生，由穗形总状花序构成；小穗含 1～2 小花，一面扁平，一面凸起，近无柄，成对着生或不规则簇生于穗轴的一侧，脱节于颖之下。颖革质或草质，无芒；第一颖很小，三角形，先端尖，长为小穗的 1/3～3/5，第二颖和第一外稃同长。第一外稃有时稍变硬，无芒或具短芒或长芒，具薄膜质内稃或有时具雄蕊；第二外稃成熟后变硬，质地厚，先端具小尖头，平滑光亮，边缘内卷，包卷同质的内稃，内稃的先端外露，子房卵形。颖果椭圆形；种脐点状。

内蒙古有 2 种，另有 1 栽培种。

分种检索表

1a. 第二颖等长或稍长于小穗，小穗卵形至卵状披针形，花序分枝不弯曲；谷粒易脱落。

  2a. 圆锥花序直立或稍下垂，较疏展；小穗卵形，具短芒或无芒。

    3a. 外稃芒长 0.5～1.5cm，花序分枝所形成的总状花序分枝柔软⋯⋯⋯⋯⋯⋯⋯⋯⋯⋯⋯⋯⋯⋯⋯⋯⋯⋯⋯⋯⋯⋯⋯⋯⋯⋯⋯⋯⋯⋯⋯**1a. 稗 E. crusgalli** var. **crusgalli**

3b. 小穗无芒或外稃芒长不超过 0.5mm，花序分枝所形成的总状花序分枝挺直·········

·········**1b. 无芒稗 E. crusgalli** var. **mitis**

2b. 圆锥花序柔软，下垂或弓形弯曲，花序稍紧密或狭窄；小穗卵状椭圆形，长 2.5～4mm；外稃芒

较粗状，长 1.5～5cm··········**2. 长芒稗 E. caudata**

1b. 第二颖稍短于小穗，小穗宽卵形，花序分枝弓形弯曲；谷粒不易脱落。栽培···**3. 家稗 E. frumentacea**

1. 稗（稗子、水稗、野稗）

Echinochloa crusgalli (L.) P. Beauv. in Ess. Agrostogr. 53. 1812; Fl. Intramongol. ed. 2, 5:248. t.95. f.1-3. 1994.——*Panicum crus-galli* L., Sp. Pl. 1:56. 1753.——*E. hispidula* (Retz.) Nees ex Royle in Ill. Bot. Himal. Mts. 1:416. 1840; Fl. Intramongol. ed. 2, 5:249. t.95. f.4. 1994.——*Panicum hispidulum* Retz. in Observ. Bot. 5:18. 1789.

1a. 稗（旱稗）

Echinochloa crusgalli (L.) P. Beauv. var. **crusgalli**

一年生禾草。秆丛生，直立或基部倾斜，有时膝曲，高 50～150cm，直径 2～5mm，光滑无毛。叶鞘疏松，微粗糙或平滑无毛，上部具狭膜质边缘；叶片条形或宽条形，长 20～50cm，宽 5～15mm，边缘粗糙，无毛或上面微粗糙。圆锥花序较疏松，常带紫色，呈不规则的塔形，长 9～20cm；分枝柔软、斜上或贴生，具小分枝。穗轴较粗壮，粗糙，基部具硬刺疣毛；小穗密集排列于穗轴的一侧，单生或不规则簇生，卵形，长约 3～4mm，近无柄或具极短的柄，柄粗糙或具硬刺疣毛。第一颖长约为小穗的 1/3～1/2，基部包卷小穗，具 5 脉，边脉仅于基部较明显，具较多的短硬毛或硬刺疣毛；第二颖与小穗等长，草质，先端渐尖成小尖头，具 5 脉，脉上具硬刺状疣毛，脉间被短硬毛。第一外稃草质，上部具 7 脉，脉上具硬刺疣毛，脉间被短硬毛，先端延伸成一

粗壮的芒，芒长 5～15(～30)mm，粗糙；第一内稃与其外稃几等长，薄膜质，具 2 脊，脊上微粗糙。第二外稃外凸内平，革质，上部边缘常平展；内稃先端外露。谷粒椭圆形，易脱落，白色、淡黄色或棕色，长 2.5～3mm，宽 1.5～2mm，先端具粗糙的小尖头。花果期 6～9 月。

田间湿生杂草。生于田野、耕地、宅旁、路边、渠沟边水湿地、沼泽地、水稻田中。产内蒙古各地。

分布几遍全国各地，世界温暖地区广布。为泛温带分布种。

良等饲用禾草，青鲜时牛、马和羊喜食。根及幼苗入药，能止血，主治创伤出血不止。谷粒供食用或用于酿酒，茎叶纤维可做造纸原料，全草可做绿肥。

1b. 无芒稗（落地稗）

Echinochloa crusgalli (L.) P. Beauv. var. **mitis** (Pursh) Peterm. in Fl. Lips. Excurs. 82. 1838; Fl. Intramongol. ed. 2, 5:248. t.95. f.7. 1994.——*Panicum crus-galli* (L.) P. Beauv. var. *mite* Pursh. in Fl. Amer. Sept. 66. 1813.

本变种与正种的区别是：小穗卵状椭圆形，长约 3mm，无芒或具极短的芒，如有芒，其芒长不超过 0.5mm；圆锥花序稍疏松，直立；分枝不作弓形弯曲，挺直，常再分枝；第二颖比谷粒长。花果期 7～8 月。

田间湿生杂草。生于田野、耕地、宅旁、路边、渠沟边水湿地、沼泽地、水稻田中。产内蒙古各地。分布几遍全国各地，世界温暖地区广布。为泛温带分布变种。

2. 长芒稗（长芒野稗）

Echinochloa caudata Roshev. in Trudy. Bot. Inst. Akad. Nauk S.S.S.R. Ser. 1, Fl. Sist. Vyssh. Rast. 2:91. 1936; Fl. China 22:518. 2006; Fl. Intramongol. ed. 2, 5:249. t.95. f.5. 1994.

一年生禾草。秆疏丛生，直立或基部倾斜，有时膝曲，高 100～200cm，直径 4～7mm，光滑无毛。叶鞘疏松，无毛或常具疣基毛，有时仅有粗糙毛或仅边缘有毛，上部边缘膜质；叶片条形或宽条形，长 10～45cm，宽 10～20mm，边缘增厚而粗糙，呈绿白色，两面无毛或上面微粗糙。圆锥花序稍紧密，柔软而下垂，长 10～25cm，宽 1.5～4cm；分枝密集，不弯曲，常再分小枝。穗轴粗壮，粗糙，有棱，具疏生疣基毛；小穗密集排列于穗轴的一侧，单生或不规则簇生，卵状椭圆形，长 2.5～4mm，常带紫色，具极短的柄。第一颖三角形，长为小穗的 1/3～2/5，先端尖，基部包卷小穗，具 3 脉；第二颖与小穗等长，草质，顶端具长 0.1～0.2mm 的芒，具 5 脉。第一外稃草质，具 5 脉，先端延伸成一较粗壮的芒，芒长 1.5～5cm，第一内稃与其外稃几等长；第二外稃草质，顶端具小尖头，光亮，边缘包着同质的内稃，鳞被楔形，具 5 脉。谷

粒易脱落，椭圆形，白色或淡黄色，长2～3mm，宽1～2mm。花果期6～9月。

田间湿生杂草。生于田野、耕地、宅旁、路边、渠沟边水湿地、沼泽地、水稻田中。产岭西（海拉尔区）、岭东（扎兰屯市）、兴安南部及科尔沁（扎赉特旗、科尔沁右翼中旗、科尔沁左翼中旗、巴林右旗、翁牛特旗）、辽河平原（科尔沁左翼后旗）、赤峰丘陵（红山区）、燕山北部（喀喇沁旗、敖汉旗）、锡林郭勒（正蓝旗）、乌兰察布（达尔罕茂明安联合旗）、阴南平原（土默特左旗）、阴南丘陵（和林格尔县）。分布于我国黑龙江、吉林、河北、河南、山东、山西、安徽、江苏、浙江、江西、湖南、四川、贵州、云南、新疆，日本、朝鲜、蒙古国、俄罗斯（西伯利亚地区、远东地区）。为东古北极分布种。

用途与稗相同。

3. 家稗（湖南稗子、穆子）

Echinochloa frumentacea (Roxb.) Link. in Hort. Berot. 1:204. 1827; Fl. Intramongol. ed. 2, 5:251. t.95. f.6. 1994.——*Panicum frumentaceum* Roxb. in Fl. Ind. 1:307. 1820.

一年生禾草。秆丛生，粗壮，直立或基部向外倾斜，高100～170cm，直径5～10mm，光滑无毛。叶鞘较疏松，平滑无毛；叶片条形或宽条形，长14～40cm，宽10～24mm，质地较柔软，边缘增厚或呈细波状，先端渐尖，两面无毛。圆锥花序直立，紧密，长10～20cm，宽2～5cm；分枝密集，稍弓状弯曲。穗轴粗壮，具棱，棱边粗糙，有疣基长刺毛；小穗密集排列于穗轴一侧，单生或2～3个不规则簇生，椭圆形或卵状椭圆形，有时宽卵形，长3～5mm，绿白色，成熟时呈暗淡绿色，无芒，具极短的柄。第一颖短小，三角形，长为小穗的1/3～2/5，具3脉；第二颖稍短于小穗。第一外稃草质，与小穗等长，具5脉，先端尖，无芒；内稃膜质，狭窄，具2脊。第二外稃革质。谷粒不易脱落，椭圆形，白色、淡黄色或棕色，长2～3mm，宽1～2.5mm。花果期7～9月。

中生禾草。栽培于兴安北部（牙克石市）、岭东（扎兰屯市、阿荣旗）、科尔沁（开鲁县、科尔沁左翼中旗、巴林右旗、翁牛特旗）、赤峰丘陵（红山区）、阴南平原（土默特左旗）、阴南丘陵（和林格尔县、凉城县）。我国大部分省区有栽培，亚洲热带及非洲温暖地区也有栽培。

谷粒可做粮食。全草为优良青饲料。

66. 马唐属 Digitaria Hill.

一年生或多年生禾草。秆直立至平卧。总状花序细弱，2 至多数呈指状排列或于秆顶彼此靠近地排列在一短轴上。小穗含 1 两性小花及 1 不孕小花，通常（1～）2～3 枚生于穗轴之每节，下方的 1 枚近无柄或具短柄，上方者具较长的柄，互生呈 2 行并排列于穗轴之一侧；穗轴多少呈三角状或压扁，边缘具翼或无。第一颖微小或缺，第二颖与第一（不孕）外稃等长或短；第二小花两性，外稃软骨质，先端尖或钝圆，不具芒，边缘透明膜质，扁平，内包同质之内稃。

内蒙古有 3 种。

分种检索表

1a. 小穗较小，长 2～2.8mm；第二颖稍短于或等长于小穗；第一外稃全部被柔毛；叶鞘通常无毛或疏生细柔毛···**1. 止血马唐 D. ischaemum**

1b. 小穗较大，长 3.5～4mm；第二颖长为小穗的 1/2～3/4；第一外稃仅边缘柔毛，背部无毛；叶鞘疏生疣毛。

　　2a. 第二颖及第一外稃通常无长纤毛或仅边缘具短纤毛·······················**2. 马唐 D. sanguinalis**

　　2b. 第二颖及第一外稃两侧被丝状长柔毛·······················**3. 毛马唐 D. ciliaris** var. **chrysoblephara**

1. 止血马唐

Digitaria ischaemum (Schreb.) Muhl. in Descr. Gram. 131. 1817; Fl. Intramongol. ed. 2, 5:252. t.97. f.1-5. 1994.——*Panicum ischaemum* Schreb. in Spec. Fl. Erlang. 1:16. 1804.

一年生禾草。秆直立或倾斜，基部常膝曲，高 15～45cm，细弱。叶鞘疏松裹茎，具脊，有时带紫色，无毛或疏生细软毛，鞘口常具长柔毛；叶舌干膜质，先端钝圆，不规则撕裂，长 0.5～1.5mm；叶片扁平，长 3～12cm，宽 2～8mm，先端渐尖，基部圆形，两面均贴生微细毛，有时上面疏生细弱柔毛。总状花序 2～4 于秆顶彼此接近或最下 1 枚较远离，长 3.5～8（～11.5）cm。穗轴边缘稍呈波状，具微小刺毛；小穗长 2～2.8mm，灰绿色或带紫色，每节生 2～3 枚，小穗柄无毛，稀可被细微毛。第一颖微小或几乎不存在，透明膜质；第二颖稍短于小穗或约等长，具 3 脉，脉间及边缘密被柔毛。第一外稃具 5 脉，全部被柔毛。谷

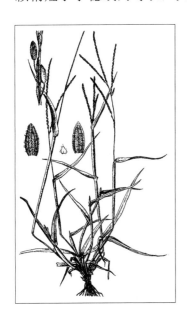

粒成熟后呈黑褐色。花果期 7～9 月。

中生杂草。生于田野、路边、沙地。产兴安北部及岭东和岭西（额尔古纳市、牙克石市、鄂伦春自治旗、新巴尔虎左旗）、兴安南部及科尔沁（扎赉特旗、科尔沁右翼前旗、科尔沁右翼中旗、扎鲁特旗、奈曼旗、阿鲁科尔沁旗、巴林右旗、翁牛特旗、克什克腾旗）、辽河平原（科尔沁左翼后旗）、赤峰丘陵（红山区、松山区）、燕山北部（喀喇沁旗、宁城县、敖汉旗）、锡林郭勒（西乌珠穆沁旗、锡林浩特市、苏尼特左旗、兴和县）、乌兰察布（达尔罕茂明安联合旗南部）、阴山（大青山）、阴南平原（呼和浩特市、包头市）、阴南丘陵（清水河县、准格尔旗）、鄂尔多斯、东阿拉善（巴彦浩特镇）、西阿拉善（阿拉善右旗）。分布于我国黑龙江、吉林、辽宁、河北、河南、山东、山西、陕西北部、宁夏北部和西部、甘肃东部、安徽中部和北部、江苏西部、福建、台湾北部、四川西部、西藏南部、新疆西部，日本、俄罗斯、巴基斯坦，欧洲、北美洲。为泛北极分布种。

中等饲用禾草。秋后，牛和马喜采食。

2. 马唐

Digitaria sanguinalis (L.) Scop. in Fl. Carniol. ed.2, 1:52. 1771;Fl. China 22:542. 2006.

一年生禾草。秆直立或下部倾斜，膝曲上升，高 10～80cm，直径 2～3mm，无毛或节生柔毛。叶鞘短于节间，无毛或散生疣基柔毛；叶舌长 1～3mm；叶片线状披针形，长 5～15cm，宽 4～12mm，基部圆形，边缘较厚，微粗糙，具柔毛或无毛。总状花序长 5～18cm，4～12 枚呈指状着生于长 1～2cm 的主轴上。穗轴直伸或开展，两侧具宽翼，边缘粗糙；小穗椭圆状披针形，长 3～3.5mm。第一颖小，短三角形，无脉；第二颖具 3 脉，披针形，长为小穗的 1/2 左右，脉间及边缘大多具柔毛。第一外稃等长于小穗，具 7 脉，中脉平滑，两侧的脉间距较宽，无毛，边脉上小刺状粗糙，脉间及边缘生柔毛；第二外稃近革质，灰绿色，顶端渐尖，等长于第一外稃，花药长约 1mm。

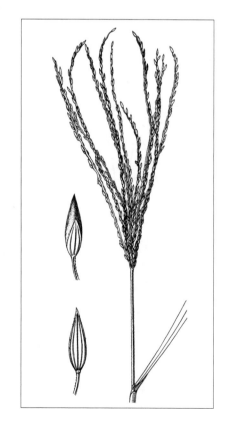

中生杂草。生于田野、路边。产兴安南部（阿鲁科尔沁旗、巴林右旗）、赤峰丘陵（红山区、松山区）、燕山北部（宁城县、敖汉旗）、阴南平原（呼和浩特市）、阴南丘陵（准格尔旗）。分布于我国黑龙江、吉林、辽宁、河北、河南、山东、山西、陕西、宁夏、甘肃、江苏、台湾、安徽、湖北、四川、贵州、西藏、新疆，世界温带、热带地区广布。为世界分布种。

3. 毛马唐（升马唐）

Digitaria ciliaris (Retz.) Koel. var. **chrysoblephara** (Fig. et De Not.) R. R. Stewart. in Kew Bull. 29:444.1974; Fl. China 22:544. 2006.——*D. ciliaris* auct. non (Retz.) Koel.: Fl. Intramongol. ed. 2, 5:254. 1994.——*D. chrysoblephara* Fig. et De Not. in Mem. Reale Accad. Sci. Torino Ser. 2, 14:364. 1852.

一年生禾草。秆基部展开或斜升，高 15～60cm，无毛。叶鞘疏松裹茎，疏生疣毛；叶舌膜质，长 1.5～3mm；叶片条状披针形，长 4～12cm，宽 3～10mm，两面疏生柔毛或无毛，边缘较厚而粗糙，被微刺毛。穗状总状花序 4～6 枚生于秆顶，呈指状，长 5～12cm。

穗轴边缘常具细齿；小穗狭披针形，灰绿色，长 3.5～4mm，通常 2 枚生于每节，其中 1 枚具长柄，1 枚具极短的柄。第一颖微小，略呈三角形，长约 0.2mm，薄膜质；第二颖长为小穗的 1/2～3/4，狭窄，具不明显的 3 脉，被丝状长柔毛。第一外稃与小穗等长，具 5～7 脉，两侧具丝状长柔毛且杂有疣毛，果实成熟时疣毛向外伸展。花果期 7～9 月。

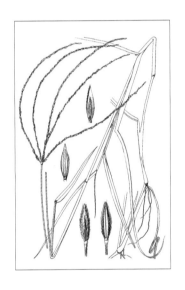

中生杂草。生于田野、路边。产嫩江西部平原（扎赉特旗保安沼农场）、科尔沁（科尔沁右翼中旗、阿鲁科尔沁旗、巴林右旗）、辽河平原（科尔沁左翼后旗）、赤峰丘陵（红山区、松山区）、燕山北部（宁城县、敖汉旗）、锡林郭勒（锡林浩特市、苏尼特左旗）。分布于我国黑龙江、吉林、辽宁、河北、河南、山东、山西、陕西、宁夏、甘肃、安徽、江苏、浙江、福建、台湾、江西、湖北、湖南、广东、海南、广西、贵州、四川、西藏、新疆，世界温带、热带地区广布。为世界分布种。

良等饲用禾草。适口性良好，羊和牛喜食，马采食较差。

67. 蒺藜草属 Cenchrus L.

一年生或多年生禾草。总状花序顶生；外面具不孕小枝愈合而成的具刺总苞，近球形，具短梗，与小穗一起脱落，种子在总苞内萌发；小穗 1 至数枚簇生，无柄，含 2 小花，第一小花雄性，雄蕊 3，第二小花两性；二颖不等长，第一颖短小或无，第二颖常短于小穗；第一小花的外稃膜质，具 3～5 脉，第二小花外稃成熟时变硬。颖果通常膨胀。

内蒙古有 1 种。

1. 光梗蒺藜草

Cenchrus incertus M. A. Curtis in Boston J. Nat. Hist. 1:135. 1837; Fl. China 22:553. 2006.——*C. caliculatus* auct. non Cavan.: Fl. Intramongol. ed. 2, 5:256. t.98. f.1-2. 1994.

一年生禾草。秆高 15～50cm，具 10 余节，压扁，一侧具深沟，下部节常有分枝，基部膝曲，节上生根。叶鞘松弛，压扁，背部具脊，顶端边缘被纤毛；叶舌短小，被白色纤毛；叶片条形，长 10～30cm，宽 3～6mm，质地柔软，粗涩，无毛或疏生长柔毛。总状花序呈穗状直立，长 4～8cm，宽约 1.5cm；刺状总苞长、宽近相等，5～7mm，裂片中部以下连合，背部被细毛，基部具刺毛，边缘被长约 1mm 的白色纤毛，每一刺状总苞内具 2～4 小穗；小穗无柄，披针形，长 4.5～6.5mm；颖膜质，第一颖较小，第二颖长为小穗的 3/4，具 3～5 脉。第一小花雄性，与小穗近等长，外稃具 5 脉；第二小花两性，内外稃成熟时变硬，花药长 1～2mm，雌蕊具长柱头。8 月结实。

中生杂草。生于居民点、田边，为外来入侵种。原产美国。为北美洲分布种。内蒙古科尔沁区、扎鲁特旗南部、阿鲁科尔沁旗南部、甘旗卡镇、大青沟和我国辽宁、北京有逸生。

68. 狗尾草属 Setaria P. Beauv.

一年生或多年生禾草。圆锥花序狭窄，呈穗状；小穗含 1～2 小花，无芒，下托刚毛，脱节于小穗柄上或第二颖及第一外稃之上，刚毛宿存；颖透明，二颖不等长，具 3～7 脉。第一外稃具 5～7 脉，内稃通常膜质，狭条形，包卷在第一外稃内，常无雄蕊（稀可见 3 枚雄蕊）；第二外稃软骨质或革质，第二小花两性。

内蒙古有 4 种，另有 1 栽培种。

分种检索表

1a. 谷粒自颖与第一外稃之上而脱落。栽培···**1. 粟 S. italica**
1b. 谷粒连同第二颖片与第一外稃一起脱落。
  2a. 花序主轴上每簇含小穗 1 枚，稀可见另一枚不育的小穗；第二颖长约为谷粒之半；小穗和刚毛金黄色··**2. 金色狗尾草 S. pumila**
  2b. 花序主轴上每簇含小穗 3 枚以上，第二颖等长或稍短于谷粒，小穗和刚毛绿色或紫色。
    3a. 花序主轴粗糙，但无毛；刚毛具倒向的小刺·····················**3. 轮生狗尾草 S. verticillata**
    3b. 花柱主轴密生粗毛。
      4a. 花序狭细，条状圆柱形，明显有间断·····················**4. 断穗狗尾草 S. arenaria**
      4b. 花序较宽，卵形、矩圆形、椭圆状圆柱形，不间断或仅下部偶有间断。
        5a. 秆高 100cm 左右，花序长（14～）16～24cm·····**5b. 巨大狗尾草 S. viridis var. gigantea**
        5b. 秆高（4.5～）5～80cm，花序长（1～）2～6（～8）cm。
          6a. 圆锥花序卵形或矩圆形，长 1～3cm，其（包括刚毛在内的）长宽比小于 2·············
          ···**5c. 厚穗狗尾草 S. viridis var. pachystachys**
          6b. 圆锥花序圆柱状，长（1～）4～6（～8）cm，其（包括刚毛在内的）长宽比大于 2。
            7a. 花序多数生于植株基部叶鞘内作丛生状，刚毛显然少而短，长不及小穗的 1 或常与之等长；植株低矮，高 4.5～9（～13）cm·····················
            ··**5d. 短毛狗尾草 S. viridis var. breviseta**
            7b. 花序远伸出叶鞘外，刚毛较多且长，为小穗长的 2～4 倍；植株高（15～）20cm 以上。
              8a. 小穗和刚毛紫色·················**5e. 紫穗狗尾草 S. viridis var. purpurascens**
              8b. 小穗和刚毛绿色、黄色，或刚毛偶带淡紫色。
                9a. 秆密丛生，基部膝曲且铺散伏地···**5f. 偃狗尾草 S. viridis var. depressa**
                9b. 秆单生或疏丛生，直立或基部稍膝曲···**5a. 狗尾草 S. viridis var. viridis**

1. 粟（粱、谷子、小米）

Setaria italica (L.) P. Beauv. in Ess. Agrostogr. 51. 1812; Fl. Intramongol. ed. 2, 5:259. t.99. f.8-9. 1994.——*Panicum italica* L., Sp. Pl. 1:56. 1753.

一年生禾草。栽培作物（有时可逸生）。秆直立粗壮，高达 100cm，基部节处可生有支柱根，花序下方粗糙。叶鞘无毛；叶舌短，具纤毛；叶片条状披针形，长 10～35cm，宽 1.5cm 左右，先端渐尖细，基部钝圆，上面粗糙，下面较光滑。圆锥花序穗状下垂，簇丛明显，常延伸成裂片状，或紧密成圆柱状，长 20～40cm，宽（0.5～）1～4cm，主轴密生柔毛，刚毛长为小

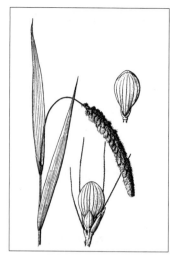

穗的 (1.5～)2～3 倍；小穗长 2～3mm，椭圆形；第一颖长为小穗的 1/3～1/2，具 3 脉，第二颖长仅为小穗的 1/5～1/4。第一外稃与小穗等长，其内稃短小；第二外稃与第一外稃等长，卵形，黄色、红色或紫黑色，具细点状皱纹，成熟时圆球形，自颖片与第一外稃上脱落。

中生禾草。内蒙古及我国其他省区有栽培，印度也有栽培。

本种植物为栽培的杂粮。小米可食，煮粥、煮饭均可，又是制饴糖和酿酒的原料，带糯性的品种酿酒更好；秆叶是骡、马、驴的良好饲料。秆中有时有白瑞香类配糖体的毒质。颖果及发芽颖果可入药。颖果能和中、益胃、除热、解毒，主治脾胃虚热、反胃、呕吐、消渴、泄泻；发芽颖果（粟芽）能消食、开胃，主治食积不消、脘腹胀满、不思饮食、妊娠呕吐。

2. 金色狗尾草

Setaria pumila (Poirt) Roem. et Schult. in Syst. Veg. 2:891. 1817; Fl. China 22:534. 2006.——*Panicum pumilum* Poirt in Encycl. Suppl. 4:273. 1816.——*S. glauca* auct. non (L.) P. Beauv.: Fl. Intramongol. ed. 2, 5:261. t.99. f.10-15. 1994.

一年生禾草。秆直立或基部稍膝曲，高 20～80cm，光滑无毛，或仅在花序基部粗糙。叶鞘下部压扁，具脊；叶舌退化为一圈长约 1mm 的纤毛；叶片条状披针形或狭披针形，长 5～15cm，宽 4～7mm，上面粗糙或在基部有长柔毛，下面光滑无毛。圆锥花序密集成圆柱状，长 2～6(～8)cm，宽（刚毛包括在内）1cm 左右，直立，主轴具短柔毛；刚毛金黄色，粗糙，长 6～8mm，5～20 根为一丛。小穗 3mm 长，椭圆形，先端尖，通常在一簇中仅有 1 枚发育；第一颖广卵形，先端尖，具 3 脉。第一外稃与小穗等长，具 5 脉；内稃膜质，短于小穗或与之几

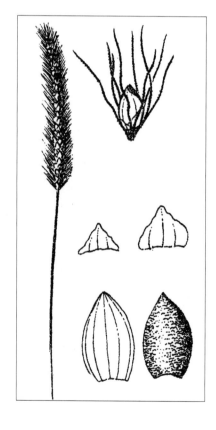

等长，并且与小穗几等宽。第二外稃骨质。谷粒先端尖，成熟时具有明显的横皱纹，背部极隆起。花果期7～9月。

中生杂草。生于田野、路边、荒地、山坡。产内蒙古各地。分布于我国各地，欧亚大陆温带和热带地区广布。为古北极分布种。

本种在青苗时是牲畜的优良饲料。种子可食，也可喂养家禽，还可蒸馏酒精。药用同狗尾草。也入蒙药（蒙药名：西日-达拉），功能、主治同狗尾草。

3. 轮生狗尾草（倒刺狗尾草）

Setaria verticillata (L.) P. Beauv. in Ess. Agrostogr. 51. 1812; Fl. Intramongol. ed. 2, 5:262. 1994.——*Panicum verticillatum* L., Sp. Pl. ed. 2, 1:82. 1762.

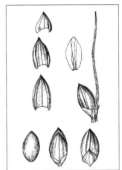

一年生禾草。秆直立，高15～60cm，花序下方粗糙。叶片条状披针形，扁平，极薄，粗糙，或具有疏柔毛。圆锥花序直立，圆柱状，上部渐狭；刚毛呈单独的簇丛，且具有倒向的钩刺。小穗长约2mm；第一颖长约为第二颖的1/3，第二颖与第一外稃等长；第二外稃具有细的皱纹。

中生杂草。生于路边。产内蒙古东部。分布于我国台湾、云南，广布于世界热带和温带地区。为世界分布种。

4. 断穗狗尾草

Setaria arenaria Kitag. in Rep. Inst. Sci. Res. Manch. 4:77. t.1. f.1. 1940; Fl. Intramongol. ed. 2, 5:261. t.99. f.16. 1994.

一年生禾草。秆直立，细，丛生或近丛生，高15～45cm，光滑无毛。叶鞘鞘口边缘具纤毛，基部叶鞘上常具瘤或瘤毛；叶舌由一圈长约1mm的纤毛组成；叶片狭条形，稍粗糙，长6～12cm，宽2～6mm。圆锥花序紧密成细圆柱形，直立，其下部常有疏隔间断现象，花序长1～8cm，宽（刚毛除外）2～7mm，刚毛较短且数目较少（与其他种相比），长4～7mm，上举，粗糙。小穗狭卵形，长约2mm。第一颖卵形，长约为小穗的1/3，先端稍尖；第二颖卵形，与小穗等长。第一外稃与小穗等长，其内稃膜质狭窄；第二外稃狭椭圆形，先端微尖，有轻微的横皱纹。花果期7～9月。

中生杂草。生于森林带和草原带的沙地、沙丘、阳坡、下湿滩地。产兴安北部（根河市）、岭东（扎兰屯市）、岭西及呼伦贝尔（额尔古纳市、海拉尔区、新巴尔虎左旗）、兴安南部及科尔沁（科尔沁右翼前旗、翁牛特旗白音套海苏木、巴林右旗、克什克腾旗）、辽河平原（科尔沁左翼后旗）、锡林郭勒（锡林浩特市、东乌珠穆沁旗、西乌珠穆沁旗）、鄂尔多斯（乌审旗、鄂托克旗）。分布于我国黑龙江、河北、山西。为华北—满洲分布种。

良等饲用禾草。马、牛和羊喜食，骆驼乐食。

5. 狗尾草（毛莠莠）

Setaria viridis (L.) P. Beauv. in Ess. Agrostogr. 51. 1812; Fl. Intramongol. ed. 2, 5:258. t.99. f.1-7. 1994.——*Panicum viride* L. in Syst. Nat. ed. 10, 2:870. 1759.

5a. 狗尾草

Setaria viridis (L.) P. Beauv. var. **viridis**

一年生禾草。秆高 20～60cm，直立或基部稍膝曲，单生或疏丛生，通常较细弱，于花序下方多少粗糙。叶鞘较松弛，无毛或具柔毛；叶舌由一圈长 1～2mm 的纤毛组成；叶片扁平，条形或披针形，长 10～30cm，宽 2～10(～15)mm，绿色，先端渐尖，基部略呈钝圆形或渐窄，上面极粗糙，下面稍粗糙，边缘粗糙。圆锥花序紧密成圆柱状，直立，有时下垂，长 2～8cm，宽（刚毛除外）4～8mm；刚毛长为小穗的 2～4 倍，粗糙，绿色、黄色或稍带紫色。小穗椭圆形，先端钝，长 2～2.5mm。第一颖卵形，长约为小穗的 1/3，具 3 脉；第二颖与小穗几乎等长，具 5 脉。第一外稃与小穗等长，具 5 脉，内稃狭窄；第二外稃具有细点皱纹。谷粒长圆形，顶端钝，成熟时稍肿胀。花果期 7～9 月。

中生杂草。生于荒地、田野、河边、坡地。产内蒙古各地。我国及世界温带和热带地区都有分布。为世界分布种。

本种在幼嫩时是家畜的优良饲料，为各种家畜所喜食；但开花后，由于植物体变粗，刚毛变得很硬，会对动物口腔粘膜造成损伤。此外，种子可食用，也可喂养家禽以及用来蒸馏酒精。全草入药，能清热明目、利尿、消肿排脓，主治目翳、沙眼、目赤肿痛、黄疸肝炎、小便不利、淋巴结核（已溃）、骨结核等。颖果也做蒙药用（蒙药名：乌仁素勒），能止泻涩肠，主治肠痧、痢疾、腹泻、肠刺痛。

5b. 巨大狗尾草

Setaria viridis (L.) P. Beauv. var. **gigantea** (Franch. et Sav.) Matsum. in Cat. Pl. Herb. Sci. Coll. Univ. Tokyo 225. 1886; Fl. Intramongol. ed. 2, 5:259. 1994.——*Panicum viride* L. var. *giganteum* Franch. et Sav. in Enum. Pl. Jap. 2:162. 1879.

本变种与正种的区别是：植物体粗壮高大，高 80～110cm，基部直径可达 8mm；圆锥花序长（14～）16～24cm，宽 1.5～2cm。花果期 7～9 月。

中生杂草。生于草原带的山坡、路边。产科尔沁（阿鲁科尔沁旗）、赤峰丘陵（松山区）、阴山（大青山）、阴南丘陵（和林县、清水河县、凉城县）。分布于我国黑龙江、吉林、河北、山东、陕西、甘肃、青海、四川、湖北、湖南、广东、贵州、新疆，日本、朝鲜、俄罗斯，中亚、西南亚、欧洲、北美洲。为泛北极分布变种。

5c. 厚穗狗尾草

Setaria viridis (L.) P. Beauv. var. **pachystachys** (Franch. et Sav.) Makino et Nemoto in Fl. Jap. 1499. 1925; Fl. Intramongol. ed. 2, 5:258. 1994.——*Panicum pachystachys* Franch. et Sav. in Enum. Pl. Jap. 2:594. 1878.

本变种与正种的区别是：植株矮小；圆锥花序卵形或矩圆形，长 1～3cm，长与宽之比小于 2。花果期 7～9 月。

中生杂草。生于荒漠带和荒漠草原带的路边、田野。产阴山（包头市大青山）、鄂尔多斯（鄂托克旗）、东阿拉善（阿拉善左旗）、贺兰山。分布于我国各地，日本、朝鲜。为东亚分布变种。

5d. 短毛狗尾草

Setaria viridis (L.) P. Beauv. var. **breviseta** (Doell) Hichc. in Rhodra 8:210. 1906; Fl. Intramongol. ed. 2, 5:259. 1994.——*Panicum viride* L. var. *brevisetum* Doell in Rhein. Fl. 128. 1843.

本变种与正种的区别是：植株低矮，高 4.5～9(～13)cm；花序多生于植株基部的叶鞘内，作丛生状；刚毛稀少且短，长不及小穗的 1 倍或与之等长。

中生杂草。生于荒漠带海拔约 1400m 的高平原上。产东阿拉善（阿拉善左旗）。俄罗斯有分布。为戈壁分布变种。

5e. 紫穗狗尾草

Setaria viridis (L.) P. Beauv. var. **purpurascens** Maxim. in Prim. Fl. Amur. 330. 1859; Fl. Intramongol. ed. 2, 5:259. 1994.

本变种与正种的区别是：刚毛或连同小穗的颖片及外稃均变为紫红色至紫褐色。

中生杂草。生于沙丘、田野、河边、水边。产内蒙古各地。分布于我国各地，日本。为东亚分布变种。

5f. 偃狗尾草

Setaria viridis (L.) P. Beauv. var. **depressa** (Honda) Kitag. in Rep. Inst. Sci. Res. Manch. 3(App.1):931. 1939; Fl. Intramongol. ed. 2, 5:259. 1994.——*S. depressa* Honda in Rep. First. Sci. Exped. Manch. Bot. Sect. 4, 2:11. t.4. 1935.

本变种与正种的区别是：秆密丛生，基部膝曲且铺散伏地。

一年生中生杂草。生于草原带的平原、路边。产锡林郭勒（西乌珠穆沁旗）。分布于我国辽宁。为满洲分布变种。

69. 狼尾草属 Pennisetum Rich.

一年生或多年生禾草。常具分枝。叶扁平。圆锥花序密集成圆柱形穗状；小穗含 1～2 小花，单生或 2～3 枚聚生成簇，围以由刚毛（不孕小枝）形成的总苞，并连同刚毛一起脱落；第一颖微小，有时缺，第二颖短于第一外稃或与之等长。第一外稃先端尖或具芒状尖头，具内稃且可含有雄蕊；第二外稃厚纸质，光滑，边缘薄而平，包着同质的内稃，内稃先端与外稃分离。

内蒙古有 1 种。

1. 白草

Pennisetum flaccidum Griseb. in Gott. Nachr. 1868:86. 1868; Fl. China 22:551. 2006.——*P. centrasiaticum* Tzvel. in Akad. Nauk. S.S.S.R. Inst. Kom, Rast. Tsentral. Azii Fasc. 4:30. 1968; Fl. Intramongol. ed. 2, 5:262. t.97. f.10-16. 1994.

多年生禾草。具横走根状茎。秆单生或丛生，直立或基部略倾斜，高 35～55cm，节处常多少具毛。叶鞘无毛或于鞘口及边缘具纤毛，有时基部叶鞘密被微细倒毛；叶舌膜质，顶端具纤毛，长 1～1.5(～3)mm；叶片条形，长 6～24cm，宽 3～8mm，无毛或有柔毛。穗状圆锥花序呈圆柱形，直立或微弯曲，长 7～12cm，宽 1～2cm（刚毛在内）；主轴具棱，无毛或有微毛；刚毛绿白色或紫色，长 3～14mm，具向上微小刺毛。小穗多数单生，有时 2～3 枚成簇，长 4～7mm；小穗簇总梗极短，最长不及 0.5mm。第一颖长 0.5～1.5mm，先端尖或钝，脉不显；第二颖长 2.5～4mm，先端尖，具 3～5 脉。第一外稃与小穗等长，具 7～9 脉，先端渐尖成芒状小尖头，内稃膜质而较之为短或退化，具 3 雄蕊或退化；第二外稃与小穗等长，先端亦具芒状小尖头，具 3 脉，脉向下渐不明显，内稃较之略短。花果期 7～9 月。

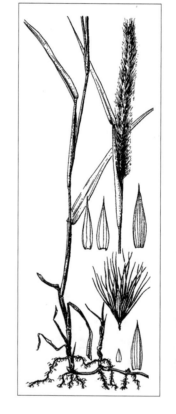

中旱生禾草。生于森林草原带和草原带以及荒漠带的干燥的丘陵坡地、沙地、沙丘间洼地、田野，为沙质草原和草甸的建群种或撂荒地次生群聚的建群植物。产岭西（陈巴尔虎旗、海拉尔区）、兴安南部及科尔沁（科尔沁右翼前旗、科尔沁右翼中旗、通辽市、翁牛特旗、巴林右旗、克什克腾旗）、辽河平原（科尔沁左翼后旗）、赤峰丘陵、燕山北部（宁城县）、锡林郭勒（锡林浩特市、苏尼特左旗、正蓝旗、察哈尔右翼中旗）、乌兰察布（四子王旗、武川县、达尔罕茂明安联合旗、乌拉特前旗）、阴山（大青山、蛮汗山）、阴南丘陵（准格尔旗）、鄂尔多斯（达拉特旗、伊金霍洛旗、乌审旗、鄂托克旗）、东阿拉善（阿拉善左旗）、贺兰山、龙首山。分布于我国黑龙江西南部、吉林西部、辽宁西部和西北部、河北北部、河南西部、山东、山西、陕西、宁夏、甘肃中部和东部、青海东半部、湖北西部、四川西部、西藏、云南、新疆西北部，印度西北部、不丹、尼泊尔、巴基斯坦、阿富汗，克什米尔地区，中亚、西南亚。为古地中海分布种。

良等饲用禾草。适口性良好，各种家畜均喜食。根状茎入药，能清热凉血、利尿，主治急性肾炎、尿血、鼻衄、肺热咳嗽、胃热烦渴。根状茎也入蒙药（蒙药名：五龙），能利尿、止血、杀虫、敛疮、解毒，主治尿闭、毒热、吐血、衄血、尿血、创伤出血、口舌生疮等。

（23）蜀黍族 Andropogoneae

70. 芒属 Miscanthus Anderss.

多年生高大禾草。叶片通常长而扁平。圆锥花序顶生，由疏展、细弱的总状花序聚集而成；小穗含 1 两性小花，孪生于细弱连续的穗轴上，具不等长的小穗柄；颖约相等，膜质或略呈革质。第一外稃稍短于颖，透明，空虚；第二外稃透明，较小于第一外稃，先端 2 裂或急尖，常具 1 弯曲的芒（稀无芒）；雄蕊 2 ～ 3。

内蒙古有 1 种。

1. 荻

Miscanthus sacchariflorus (Maxim.) Hack. in Nat. Pflanzenfam. 2(2):23. 1887; Fl. Intramongol. ed. 2, 5:263. t.100. f.1-5. 1994.——*Imperata sacchariflora* Maxim. in Prim. Fl. Amur. 331. 1859.

多年生禾草。植株具粗壮且被有鳞片的根状茎。秆直立，除节处具长须毛外，余皆无毛，高可达 160cm。叶鞘无毛或有毛；叶舌短，长 0.5 ～ 1mm，先端钝圆，具小纤毛；叶片长 8 ～ 36cm，宽 4 ～ 10mm，上面基部密生柔毛，其余部分均无毛。圆锥花序疏展成扇形，长 15 ～ 25cm，宽 5 ～ 12mm；分枝节处及腋间有短毛及长柔毛，分枝长 6 ～ 10cm。穗轴每节具 1 枚短柄（长 1 ～ 2.5mm）小穗及 1 枚长柄（长 3 ～ 3.5mm）小穗，小穗柄无毛，先端稍膨大；小穗长 4 ～ 5mm，基盘具白色丝状长柔毛，其长约为小穗的 2 倍。第一颖长 4 ～ 5mm，具 2 脊，无脉或在脊间具 1 不明显的脉，先端膜质而渐尖，边缘及上部具长逾小穗 2 倍的丝状柔毛；第二颖舟形，具 3 脉，背部无毛或具稀少长柔毛，先端及边缘膜质并具小纤毛。第一外稃条状披针形，具 3 脉，被小纤毛。第二外稃披针形，长约为颖体的 3/4，无脉或具不明显的脉，

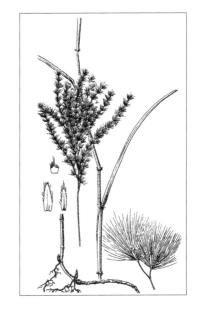

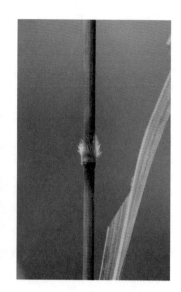

先端渐尖，无芒，稀可具1微小的短芒；内稃卵形，长约为外稃之半，先端不规则齿裂，具长纤毛。花果期7～9月。

高大中生禾草。生于草原带的河岸湿地、沼泽草甸、山坡草地。产科尔沁（突泉县、科尔沁左翼中旗、科尔沁区、开鲁县、阿鲁科尔沁旗、巴林右旗、翁牛特旗）、赤峰丘陵（松山区、喀喇沁旗、敖汉旗）、鄂尔多斯（毛乌素沙地南部）。分布于我国河北、河南、山东、山西、陕西、甘肃，日本、朝鲜、俄罗斯（远东地区）。为东亚北部分布种。

根状茎入药，能清热、活血，主治妇女干血痨、潮热，产妇失血口渴、牙痛。

71. 白茅属 Imperata Cirillo

多年生细弱直立禾草。具长根状茎。圆锥花序狭窄成穗状；小穗含1两性小花及1不孕小花，基部围绕细长的丝状柔毛，通常孪生，具长短不一的小穗柄，排列在细弱的穗轴上；二颖几乎等长或第一颖稍短，膜质，下部及边缘被细长柔毛。外稃均膜质透明，无脉，无芒；第一（不孕小花）内稃缺，第二内稃亦透明膜质；鳞被缺；雄蕊1～2。

内蒙古有1种。

1. 白茅（茅根）

Imperata cylindrica (L.) Raeuschel var. **major** (Nees) C. E. Hubb. in Grass. Maur. Rodriguez 96. 1940; Fl. Intramongol. ed. 2, 5:265. t.100. f.6-11. 1994.——*I. koenigii* (Retz.) P. Beauv. var. *major* Nees in Fl. Afr. Austral. Ill. 90. 1841.

多年生禾草。根状茎密被鳞片。秆丛生，直立，高20～70cm。叶鞘无毛，或有时在边缘和鞘口具纤毛，基部叶鞘常可碎裂成纤维状；叶舌干膜质，先端钝，并具纤毛，长0.5～1.2mm，在其后方与叶片基部的腋间，具长5～10mm的长柔毛；叶片扁平，主脉在下面明显凸出且渐向基部而愈粗大质硬，长3～60cm，宽2～7mm（顶生叶片长仅0.3～1cm，宽1.5～2mm），两面平滑或下面粗糙，边缘糙涩或具细纤毛。圆锥花序圆柱状，长9～12（～20）cm，宽约2.5cm；分枝短缩而密集，在花序基部有时较疏或有间断。小穗披针形或矩圆形，成对而生，1枚具长柄，1枚具短柄，均结实且同形，长4～4.5mm，含2小花，仅第二小花结实，基部的柔毛长约为小穗的3～4倍。颖边缘具丝状纤毛，背部疏生丝状长柔毛；第一颖较狭，两侧具脊，具3～4脉；

第二颖较宽，具4～6脉。第一外稃卵形至卵圆形，长1.5～2mm，先端钝，具丝状纤毛，内稃缺。第二外稃卵圆形，长1.2～1.5mm，先端具丝状纤毛，两侧略呈细齿状；内稃与外稃等长，先端截平，具数齿，亦疏具丝状纤毛；雄蕊2；柱头黑紫色。花果期7～9月。

　　中生禾草。生于草原带的路旁、撂荒地、山坡、草甸、沙地。产兴安南部及科尔沁（扎赉特旗、科尔沁右翼前旗、科尔沁右翼中旗、阿鲁科尔沁旗）、辽河平原（科尔沁左翼后旗）、乌兰察布、阴山（乌拉山）。分布于我国黑龙江西南部、辽宁、河北、河南、山东、山西、陕西南部、安徽北部、江苏、浙江、福建、台湾、江西、湖北、湖南南部、广东北部、广西北部、贵州、海南、四川西南部、西藏东部、云南、新疆，日本、朝鲜、俄罗斯、阿富汗、不丹、印度、巴基斯坦、

尼泊尔、泰国、越南、缅甸、印度尼西亚、菲律宾、马来西亚、巴布亚新几内亚、斯里兰卡，中亚、西南亚，欧洲、非洲、大洋洲。为世界分布变种。

　　根状茎及花序可入药。根状茎（药材名：茅根）能凉血止血、清热利尿，主治吐血、衄血、尿血、热淋、水肿、胃热呕吐、肺热咳嗽等；花序能止血、止痛，主治吐血、衄血、外伤出血。根状茎也做蒙药（蒙药名：查干－包拉乐吉嘎纳），功能、主治同白草。

72. 大油芒属 **Spodiopogon** Trin.

　　多年生高大禾草。圆锥花序开展或较窄狭；小穗孪生，均有柄，或1枚有柄、1枚无柄，穗轴顶端之一节有时为3枚，其中1枚无柄、2枚有柄，含1～2小花，穗轴节间及小穗柄的先端膨大呈棒状；颖草质或薄革质，被毛，具多条脉，二颖近等长。外稃透明膜质，第一小花中性或雄性，无芒，先端尖或钝，具内稃；第二小花两性，外稃先端深2裂，裂齿间伸出1膝曲而下部扭转的芒，内稃短于外稃。

　　内蒙古有1种。

1. 大油芒（大荻、山黄菅）

Spodiopogon sibiricus Trin. in Fund. Agrostogr. 192. 1820; Fl. Intramongol. ed. 2, 5:266. t.101. f.1-6. 1994.

　　多年生禾草。植株具长根状茎且密被覆瓦状鳞片。秆直立，高60～100(～150)cm。叶鞘无毛或边缘密被微毛；叶舌干膜质，钝圆，顶端具纤毛，长1～1.5mm；叶片宽条形至披针形，先端渐尖，基部渐窄，长7～18cm，宽4～10mm，无毛或密被微毛并疏生长柔毛，有时近基部尚疏生长硬毛。圆锥花序狭窄，长11～18cm，宽2～4cm，主轴无毛或分枝腋处具髯毛；总状

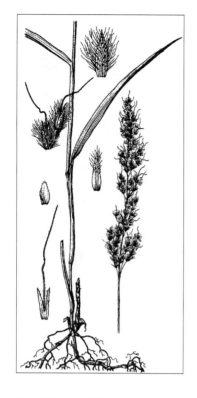

分枝近于轮生，小枝具2～4节，节具髯毛，每节小穗孪生，1枚有柄，1枚无柄，成熟后，穗轴逐节断落，穗轴节间及小穗柄的两侧具较长的纤毛且先端膨大；小穗灰绿色或草黄色或略带紫色，长5～6.5mm，基部具长1～2.5mm的短毛。颖几等长，具5～9(～11)脉，遍体被长柔毛（无柄小穗第二颖仅脊的上部及边缘具长柔毛），先端尖或具小尖头，第二颖背具脊。第一小花雄性，具3雄蕊；外稃卵状披针形，先端尖，具1～3脉，上部生微毛，与小穗几等长；内稃稍短。第二小花两性，外稃狭披针形，稍短于小穗，顶端深裂达稃体的2/3，裂齿间芒长9～12.5mm，中部膝曲；内稃稍短于外稃；雄蕊3；子房光滑无毛，柱头紫色。花果期7～9月。

中旱生禾草。生于森林带和草原带的山地阳坡、砾石质草原、山地灌丛、草甸草原，可成为山地草原的优势种。产兴安北部及岭西（额尔古纳市、牙克石市、鄂温克族自治旗）、兴安南部及科尔沁（扎赉特旗、科尔沁右翼前旗、科尔沁右翼中旗、扎鲁特旗、霍林郭勒市、阿鲁科尔沁旗、巴林左旗、巴林右旗、林西县、克什克腾旗）、辽河平原（科尔沁左翼后旗）、赤峰丘陵（松山区）、燕山北部（喀喇沁旗、宁城县、敖汉旗）、锡林郭勒（东乌珠穆沁旗、西乌珠穆沁旗、锡林浩特市、正蓝旗）、阴山（大青山）、阴南丘陵（准格尔旗）。分布于我国黑龙江、吉林、辽宁、河北、河南、山东、山西、陕西中部和南部、宁夏南部、甘肃东部、安徽、江苏、浙江、江西、湖北西部、湖南西南部、广东、海南、四川北部和中西部、贵州南部、日本、朝鲜、蒙古国北部和东部、俄罗斯（西伯利亚地区）。为东古北极分布种。

全草入药，能止血、催产，主治月经过多、难产、胸闷、气胀。又为中等饲用禾草，适口性较差，青鲜时状态仅牛乐食。

73. 牛鞭草属 Hemarthria R. Br.

多年生禾草。秆直立或平卧。总状花序单独顶生或1～3枚腋生成束；小穗含1小花，孪生，1枚无柄，1枚有柄，无柄小穗嵌生于由穗轴节间及小穗柄愈合而成的凹穴中。第一颖革质或硬纸质，背部扁平，先端钝或渐尖；第二颖多少与穗轴贴生，渐尖或具锥形之尖端。第一外稃透明膜质，空虚；第二外稃透明膜质，无芒，第二内稃微小。

内蒙古有 1 种。

1. 大牛鞭草

Hemarthria altissima (Poiret) Stapf et C. E. Hubb. in Bull. Misc. Inform. Kew 1934:109. 1934; Fl. China 22:642. 2006.——*Rottboellia altissima* Poir. in Voy. Barbarie 2:105. 1789.——*H. compressa* (L. f.) R. Br. var. *fasciculata* (Lam.) Keng in Contr. Biol. Lab. Sci. Soc. China Bot. Ser. 10:202. 1939; Fl. Intramongol. ed. 2, 5:268. t.101. f.7-13. 1994.——*Rottboellia fasciculata* Lam. in Tablets Encycl. Meth. Bot. 1:204. 1791, nom. illeg. superfl.

  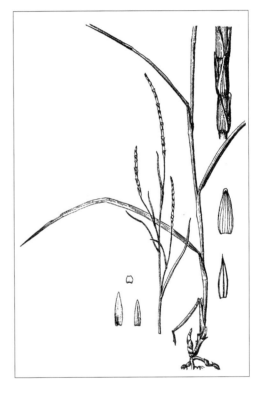

多年生禾草。具长而横走根状茎。秆直立，高 55 ～ 90cm。叶鞘无毛，有时鞘疏生长柔毛；叶舌短小，成一圈纤毛，长约 0.5mm；叶片扁平，条形，长 12 ～ 25cm，宽 4 ～ 7mm，两面无毛。总状花序细直或多少弯曲，长 5 ～ 8cm，宽 2 ～ 2.5mm；穗轴节间短于无柄小穗，无柄小穗长 5.5 ～ 7.5mm，有柄小穗长渐尖，长约 7mm。第一颖先端以下多少有些紧缩；第二颖膜质，舟形，与穗轴凹穴贴生。第一外稃长约 5mm，透明膜质。第二小花两性，第二外稃长约 3.5mm；第二内稃微小，膜质透明，长约 1.5mm。花果期 7 ～ 9 月。

中生禾草。生于森林带和草原带的沼泽草甸、草甸。产岭东（扎兰屯市）、兴安南部及科尔沁（科尔沁右翼前旗、科尔沁右翼中旗、阿鲁科尔沁旗、巴林左旗、巴林右旗）、辽河平原（科尔沁左翼后旗）、阴山（大青山）、鄂尔多斯（乌审旗、鄂托克旗）。分布于我国黑龙江、河北、河南、山东、山西、安徽、浙江、湖北、贵州、云南，印度、印度尼西亚、缅甸、泰国、越南，地中海地区，西南亚，非洲。为亚洲—非洲分布种。

中等饲用禾草，牛喜食。

74. 莠竹属 Microstegium Nees

多年生或一年生禾草。总状花序常排列成指状；小穗成对着生于穗轴的各节，1 枚有柄，1 枚无柄，稀二者均有柄，含 1～2 小花；第一小花若存在则常为雄性，第二小花两性。二颖近等长；第一颖上有 2 脊，扁平或在脊间有沟；第二颖舟形，常 3 脉。外稃膜质，第一外稃常不存在，第二外稃常退化成芒的基部；内稃膜质，第一内稃退化，第二内稃常微小；花药 2～3。

内蒙古有 1 种。

1. 柔枝莠竹（莠竹）

Microstegium vimineum (Trin.) A. Camus in Ann. Soc. Linn. Lyon, n. s. 68:201. 1921; Fl. China 22:596. 2006.——*Andropogon vimineum* Trin. in Mem. Acad. Imp. Sci. St.-Petersb. Ser. 6, Sci. Math. 2:268. 1833.——*M. vimineum* (Trin.) A. Camus var. *imberbe* (Nees ex Steudel) Honda in J. Fac. Sci. Imp. Univ. Tokyo Sect. 4, 3(1):408. 1930; Fl. Intramongol. ed. 2, 5:268. t.102. f.1-3. 1994.——*Pollinia imberbis* Nees ex Steudel in Syn. Pl. Glumac. 1: 410. 1855.

一年生禾草。秆细弱，长可达 50cm 以上，下部匍匐，节上生根，具棱，侧面具一深沟，光滑。叶鞘开裂，基部、边缘及鞘口被柔毛，其他部位光滑，上部叶鞘中常具隐藏小穗；叶舌膜质，上部撕裂为毛刷状；叶片条形，长 3～10cm，宽 4～10mm，两面疏被柔毛，主脉明显呈白色。总状花序 2～6 枚呈指状排列，长 3～6cm，开展。穗轴节间长 3～5mm，被白色纤毛；无柄小穗长约 5mm，基盘被短毛。第一颖披针形，背具 2 脊，脊上被纤毛；第二颖舟形，长约 6mm，先端渐尖，边缘膜质，具 3 脉。第一小花退化，第二小花两性；外稃狭小，长约 1.5mm，白色膜质，顶端具芒，芒长约 13mm，伸出于小穗之外，中部膝曲，下部扭转；内稃卵形，膜质，长约 1mm；雄蕊 3，花药长约 0.5mm。

中生禾草。生于阔叶林带的阴湿沟谷。产辽河平原（大青沟）、燕山北部（敖汉旗大黑山）。分布于我国吉林、河北、河南、山东、山西、陕西、安徽、江苏、浙江、福建、台湾、江西、湖北、湖南、广东、广西、贵州、四川东部和南部、云南，日本、朝鲜、俄罗斯（远东地区）、不丹、印度、缅甸、尼泊尔、菲律宾、越南，西南亚。为东亚分布种。

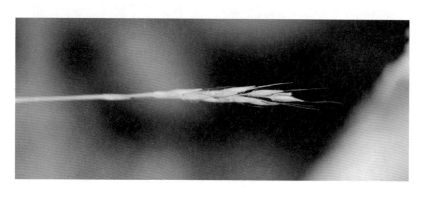

75. 荩草属 Arthraxon P. Beauv.

一年生或多年生禾草。叶心形，基部抱茎。总状花序于秆顶（或叶腋处）排列成指状，极稀呈圆锥状；小穗孪生（很少有单生者）于具关节之穗轴的各节上，1 枚有柄，1 枚无柄，有柄者雄性或退化而仅留其柄之痕迹，无柄者含 1 两性小花，具芒；颖草质、厚纸质或草质，二颖等长或第二颖稍短，边缘有时内折，第二颖对折而主脉形成脊，先端尖或具小尖头。第一外稃透明膜质，内稃及雌、雄蕊均不存在；第二外稃透明膜质，全缘或先端具 2 微齿，自近基部伸出 1 芒，内稃小或缺，雄蕊 2～3。

内蒙古有 1 种。

1. 荩草

Arthraxon hispidus (Thunb.) Makino in Bot. Mag. Tokyo 26:214. 1912; Fl. Intramongol. ed. 2, 5:270. t.103. f.1-6. 1994.——*Phalaris hispida* Thunb. in Syst. Veg. ed. 14, 104. 1784.

一年生禾草。秆细弱，无毛，具多节，常分枝，基部倾斜，其节处着土后易生根，高 23～55cm。叶鞘具短硬疣毛；叶舌膜质，长 1～1.5(～2)mm，边缘具纤毛；叶片卵状披针形至披针形，基部心形抱茎，长 1.5～4.2cm，宽 4～15mm，两面无毛或下面脉上疏生疣毛以至两面均被毛，边缘生有具疣基的纤毛。总状花序细弱，长 1.2～3.2cm，2～5枚呈指状排列。穗轴节间无毛；有柄小穗退化为长仅 0.2～0.5mm 的短柄，无柄小穗卵状披针形，灰绿色或带紫色，长 4～5mm。第一颖草质，边缘带膜质，具 7～9 脉，脉上及脉间疏生短刺毛或粗糙；第二颖较薄，近于膜质，与第一颖等长，因背部具脊而呈舟形，脊上具短刺毛或粗糙，具 3 脉，两侧脉不明显，先端尖。第一外稃矩圆形，先端尖，长约为第一颖的 2/3；第二外稃与第一外稃等长，基部质较硬，芒长 7～9mm，膝曲，下部扭转，色较深。雄蕊 2，花药黄色或带紫色，长 0.5～1mm。花果期 7～9 月。

中生杂草。生于田野、水边湿地、河滩、沟谷草甸、山坡草地、山地灌丛、沙地。产岭东（扎兰屯市）、岭西（额尔古纳市）、兴安南部及科尔沁（科尔沁右翼前旗、阿鲁科尔沁旗、巴林右旗）、辽河平原（科尔沁左翼后旗）、燕山北部（喀喇沁旗、宁城县、敖汉旗）、锡林郭勒（苏尼特左旗）、阴山（大青山、蛮汗山）、阴南丘陵（准

格尔旗）、鄂尔多斯（达拉特旗、伊金霍洛旗、乌审旗、鄂托克旗）、东阿拉善（杭锦后旗）、贺兰山。分布于我国黑龙江、河北、河南、山东、山西、陕西、宁夏、安徽、江苏、浙江、福建、台湾、江西、湖北、广东、海南、贵州、四川、云南、新疆，日本、朝鲜、俄罗斯（远东地区）、不丹、印度、印度尼西亚、马来西亚、尼泊尔、菲律宾、斯里兰卡、巴布亚新几内亚、泰国，中亚、西南亚、非洲、大洋洲。为世界分布种。

全草入药，能止咳平喘、解毒、祛风湿，主治久咳气喘、肝炎、咽喉炎、口腔炎、鼻炎、乳腺炎、疥癣、皮肤瘙痒、恶疮。全草又为良等饲用禾草，牛、羊喜食。

76. 高粱属（蜀黍属）Sorghum Moench

一年生或多年生高大禾草。圆锥花序顶生。小穗孪生（穗轴顶端为3枚），1枚无柄，为两性，另1枚有柄者为雄性或中性；穗轴及小穗柄边缘具纤毛。第一颖背部凸起或扁平，熟后变硬而有光泽，边缘内卷，向顶端渐内折；第二颖具脊，舟形。第一外稃透明膜质，第二外稃先端2裂，裂齿间生出1芒，或全缘而无芒；内稃甚短小。

内蒙古有2栽培种。

分种检索表

1a. 圆锥花序紧缩似穗状或略开展，分枝上升；无柄小穗宽卵形至卵圆形，宿存；颖被微毛或于成熟时光滑无毛·····················**1. 高粱 S. bicolor**

1b. 圆锥花序疏松开展，分枝斜升；无柄小穗披针状椭圆形至披针形，成熟时连同穗轴节间与有柄小穗一起脱落；颖全部密被白色长柔毛·····················**2. 苏丹草 S. sudanense**

1. 高粱（蜀黍）

Sorghum bicolor (L.) Moench in Methodus. 207. 1794; Fl. China 22:601. 2006.——*Holcus bicolor* L. in Mant. Pl. 2:301. 1771.——*S. vulgare* Pers. in Syn. Pl. 1:101. 1805. nom. illeg.; Fl. Intramongol. ed. 2, 5:272. t.103. f.7-10. 1994.

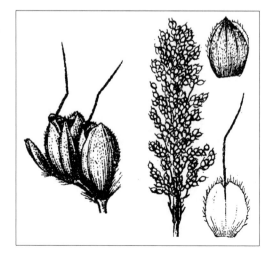

一年生禾草。秆实心，高 200～300cm（也有 100cm 以下者，常因栽培品种不同变异颇大）。叶鞘无毛，常被白粉；叶舌短，长 1～2mm，硬膜质，先端钝圆，具纤毛；叶片长可达 50cm，宽可达 7cm，无毛，具锐尖粗糙的边缘，基部与叶舌之间被密毛。圆锥花序卵形或椭圆形，紧缩似穗状或略开展，长 12～25cm；分枝轮生，上升。无柄小穗宽卵形至卵状椭圆形，长 5～6mm；有柄小穗披针形；颖革质，被微毛或于成熟时光滑无毛。第一外稃（不孕小花）透明膜质；第二外稃透明膜质，先端具芒，芒长 3.5～8mm，基部扭转或否。

中生禾草。原产非洲，为非洲种。内蒙古和我国其他省区及世界其他地区均有栽培。

我国栽培的重要杂粮之一。谷粒可供食用，也可制淀粉、酿酒，亦可栽培做饲料；秆供编织，秆叶为牲畜刍料。颖果入药，能燥湿祛痰、宁心安神，主治湿痰咳嗽、脘痞不舒、失眠多梦、食积。

2. 苏丹草

Sorghum sudanense (Piper) Stapf in Fl. Trop. Africa. 9:113. 1917; Fl. Intramongol. ed. 2, 5:272. t.103. f.11-15. 1994.——*Andropogon sorghum* Brot. subsp. *sudanensis* Piper in Proc. Biol. Soc. Washington 28(4):33. 1915.

一年生禾草。秆光滑无毛，自基部分枝，高 150～200（～300）cm，基部直径 3～9mm。叶鞘无毛；叶舌干膜质，长 3～4.5mm，先端钝圆，常撕裂；叶片长 15～50cm，宽（4.5～）8～20mm，两面无毛，边缘具锐尖刺毛。圆锥花序直立，疏展，卵形，长 15～30cm，宽约为长的 1/2；分枝半轮生，斜上，下半部或 1/3 裸露。无柄小穗披针状椭圆形至披针形，长 4～8mm，宽 2～3mm，基部周围具毛；颖全部密被白色长柔毛，或第二颖向基部渐无毛而光滑；外稃膜质透明，被丝状长柔毛，长 3～4.5（～6）mm，先端具长 1～2cm 膝曲的芒，芒宿存。

中生禾草。原产非洲，为非洲种。内蒙古呼伦贝尔市、锡林郭勒盟、乌兰察布市、巴彦淖尔市、呼和浩特市有栽培。我国黑龙江、河北、河南、陕西、宁夏、安徽、浙江、福建、贵州、新疆及世界其他地区亦有栽培。

本种为栽培牧草。

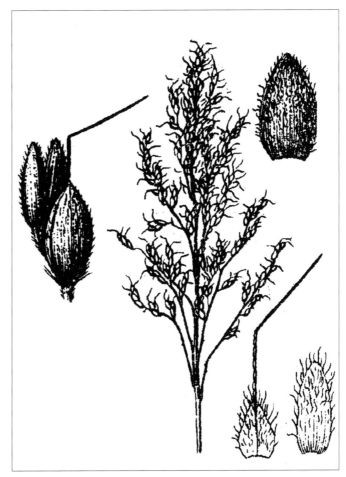

77. 孔颖草属 **Bothriochloa** Kuntze

多年生草本。总状花序于秆顶再排列成圆锥状或伞房状兼指状。小穗孪生，无柄者两性，基盘钝，具短毛，有柄者雄性或中性；穗轴节间与小穗柄中央呈纵凹沟，穗轴上部者更显。第一颖革质兼硬纸质，先端尖或渐尖，边缘内折成2脊；第二颖舟形，具3脉，先端尖。第一外稃透明膜质，无脉；第二外稃退化，膜质，条形柄状，顶端延伸成一膝曲的芒。

内蒙古有1种。

1. 白羊草

Bothriochloa ischaemum (L.) Keng in Contr. Biol. Lab. China Assoc. Advancem. Sci. Sect. Bot. 10:201. 1936; Fl. Intramongol. ed. 2, 5:273. t.104. f.1-6. 1994.——*Andropogon ischaemum* L., Sp. Pl. 2:1047. 1753.

多年生禾草。植株有时具下伸短根状茎。秆丛生，直立或基部膝曲，略斜倾，高35～60cm，节无毛或有时具白色微毛。叶鞘无毛，多聚集于基部而互相跨覆；叶舌膜质，常撕裂，具纤毛；叶片狭条形，长（1～）3～12cm，宽（1～）1.5～3mm，先端渐尖，上面密被微毛，偶而可见少数疣毛，下面无毛或粗糙。总状花序3～6枚于秆顶彼此接近，再排列成圆锥状，长2.5～6cm，细弱，灰白而带紫色。

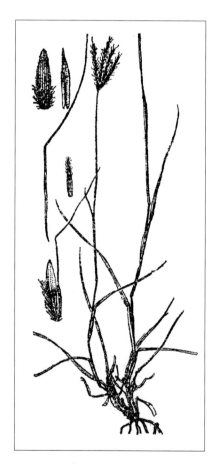

穗轴节间与小穗柄两侧具白色丝状柔毛。无柄小穗长4～5mm，矩圆状披针形，基盘具毛。第一颖背部中央微凹，具5～7脉，边缘内卷，上部成2脊，脊上粗糙，顶端膜质，钝或微齿裂，下部1/3常具丝状柔毛；第二颖背部具脊，脊上粗糙，先端尖，与边缘、脉间均带膜质，中部以下疏生纤毛。第一外稃膜质透明，长3～3.5mm，边缘上部疏生细纤毛；第二外稃退化成细条形，先端延伸成一膝曲的芒，芒长10～12.5mm。有柄小穗雄性，无芒。第一颖背部无毛，具9脉，先端粗糙或被微毛，脊上具细纤毛；第二颖具5脉，边缘内折，膜质透明，疏被细纤毛。花果期7～9月。

中旱生禾草。生于阴山山脉和燕山北部山地以南的山地草原、灌丛，可形成小面积的暖温型白羊草草原群落。产燕山北部（宁城县、敖汉旗）、阴山（大青山白石头沟、九峰山）、阴南丘陵（准格尔旗）、东阿拉善（桌子山）、贺兰山。分布于我国河北、河南、山东、山西、陕西、宁夏、青海、四川、安徽、浙江、福建、台湾、湖北、湖南、广东、贵州、海南、西藏东部和西部、云南、新疆北部和中部及西部，朝鲜、蒙古国、俄罗斯、不丹、印度、尼泊尔、巴基斯坦、阿富汗，中亚、西南亚、北非，欧洲。为古北极分布种。

良等饲用植物。柔嫩多汁，各种家畜均喜食。

78. 菅属 Themeda Forssk.

多年生草本。秆粗壮或细弱。叶片扁平。每枚总状花序下托 1 佛焰苞，单生或聚集成束，生于主秆顶端和上部叶腋，组成复合或单纯之假圆锥花序。小穗孪生或在穗轴顶端者为 3 枚；最下 2 对为同性对，即无柄小穗和有柄小穗均为雄性或中性，互相接近似轮生总苞；其余 1～3 对为异性对，即无柄者为两性，有柄者为雄性或中性，无柄（有性）小穗圆柱形，通常有长芒，有时无芒，倾斜脱落，具尖锐而生有棕色柔毛之基盘。

内蒙古有 1 种。

1. 黄背草（黄背茅、菅草）

Themeda triandra Forssk. in Fl. Aegypt.-Arab. 178. 1775; Fl. China 22:634. 2006.——*T. triandra* Forssk. var. *japonica* (Willd.) Makino in Bot. Mag. Tokyo 26:213. 1912; Fl. Intramongol. ed. 2, 5:276. t.105. f.1-14. 1994.——*Anthistiria japonica* Willd. in Sp. Pl. 4:901. 1806.

多年生禾草。秆高约 80cm。叶鞘压扁具脊，生有疣毛；叶舌膜质，先端钝圆，背部被毛；

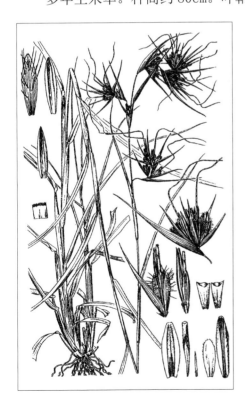

叶边缘反卷，长 10～20cm，宽 3～5mm，疏生疣毛，通常在基部较多。假圆锥花序长约 22cm；总状花序长 10～15mm（芒除外），具长 2～2.5mm 之总梗，托以长 2.5～4.5cm 的佛焰苞。总苞状雄小穗 2 对，近轮生，长 9～11mm；颖草质，先端被少量稀疏疣毛，具膜质边缘。两性小穗通常 1 枚，长 7～9mm，基盘尖锐，具长约 2mm 之棕色毛；颖革质，二颖等长，第一颖上部粗糙或生短毛，边缘内卷。第二外稃具二回膝曲的芒，芒柱扭转，长约 1.5mm，芒针长约 3.5mm，被毛，基部较密。颖果长圆形。

中生禾草。生于阔叶林带的林缘草甸。产燕山北部（宁城县）。分布于我国河北、河南、山东、山西、陕西南部、甘肃东部、安徽、江苏、浙江、福建、台湾、江西、湖北、湖南、四川南部和中东部、西藏东南部、云南、贵州、海南、日本、朝鲜、不丹、印度、印度尼西亚、马来西亚、缅甸、尼泊尔、菲律宾、斯里兰卡、泰国、越南，西南亚，非洲、大洋洲。为亚洲—非洲—澳洲分布种。

（24）玉蜀黍族 Maydeae

79. 薏苡属 Coix L.

一年生或多年生高大禾草。具多数腋生成束之总状花序。小穗单性，雄小穗含2小花，2～3枚生于1节，1枚无柄，其余1～2枚均有柄，排列于1枚细弱而连续的总状花序之上部，由念珠状之总苞中抽出；雌小穗2～3枚生于1节，仅1枚发育，其余皆退化，生于花序的基部而被包于1骨质念珠状总苞内。

内蒙古有1栽培种。

1. 薏苡（菩提子）

Coix lacryma-jobi L., Sp. Pl. 2:972. 1753; Fl. Intramongol. ed. 2, 5:276. t.104. f.7-20. 1994.

一年生禾草。秆直立，较粗壮，高可达100cm以上。叶鞘光滑，疏松略膨大；叶舌质硬，长约1mm，先端不规则细齿裂，截平；叶片披针形至条状披针形，长4～20（～30)cm，宽1～2.5cm，两面无毛，上面有点状微凸起，中脉在下面凸起，边缘具微刺毛，较粗糙。总状花序腋生成束，长5～7cm，直立，具总梗。雌小穗位于花序之下部，骨质总苞卵球形或较狭长，长7～12mm。第一颖环包整个小穗，下部膜质，上端较厚，先端钝，具10余脉；第二颖包于第一颖中，先端渐尖，背部龙骨状拱曲成舟形。第一小花仅具外稃，卵状披针形，短于颖，先端渐尖而质较厚；第二小花外稃形相似而较短，先端稍钝，内稃形亦相似而长仅为外稃的3/4左右，退化雄蕊3枚，雌蕊具长花柱。不育雌小穗2枚并列生于

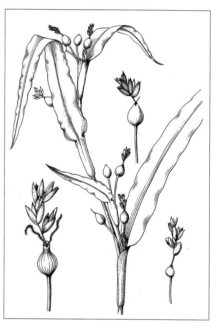

一侧，棒状而呈弓形拱曲。无柄雄小穗长6～8.5mm。第一颖背部扁平，两侧内折成脊，具不等宽之翼，先端钝，具多数脉；第二颖稍长，背部具脊，略呈舟形，先端尖。第一小花与小穗等长，第二小花较短；外稃与内稃均膜质透明；雄蕊3。有柄雄小穗与无柄者相似，但较小甚至有退化者。

中生禾草。呼和浩特市、赤峰市见有栽培。我国东部有野生和栽培，东南亚地区亦有栽培。

颖果含丰富的淀粉和脂肪，可做面食或酿酒，亦可做饲料。颖果及根可入药。颖果（药材名：薏苡仁）能健脾利湿、清热利湿、除痹，主治小便不利、水肿、脚气、脾虚泄泻、肺痈、肠痈、肌肉酸痛、关节疼痛；根能清热、利尿、杀虫，主治黄疸、水肿、淋病、虫积腹痛。

80. 玉蜀黍属 Zea L.

一年生高大禾草。叶片宽大。小穗单性，雌雄同株。雄花序顶生，由穗形总状花序构成开展的圆锥花序。雄小穗含 2 小花，孪生，1 无柄，1 具短柄；颖膜质，先端尖；外稃与内稃均为透明膜质，雄蕊 3。雌花序生于叶腋，花序轴肥厚（初为海绵质，渐趋木质化），花序外为数层鞘状苞片所包。雌小穗含 1 孕小花（及 1 不孕花），无柄，成对排列于肥厚穗轴上；颖宽广，顶端圆形或微凹；外稃透明膜质，雌蕊具纤细长花柱。

单种属。内蒙古有 1 栽培种。

1. 玉蜀黍（玉米）

Zea mays L., Sp. Pl. 2:971. 1753; Fl. Intramongol. ed. 2, 5:277. t.104. f.21-27. 1994.

一年生禾草，高大粗壮之栽培谷物。秆实心，表面常被蜡粉层，直立，基部各节具气生支柱根，高 1～4m（视品种而异），直径可达 5cm。叶鞘具横脉，无毛，鞘口被毛茸；叶舌干膜质，先端钝圆，不规则齿裂，长可达 5mm；叶片长 25～80cm，宽 2～9cm，上面粗糙，疏被细纤毛，近基部生有较密茸毛，下面平滑无毛，边缘皱波状，无毛或被睫毛状纤毛，先端渐尖，基部圆形，常生有细长柔毛。雄花序长 26～40cm，分枝穗形总状，轴被微细毛。雄小穗孪生，1 近无柄，1 有柄，被微毛，长 9～11mm；颖膜质，等长，被微细纤毛，具 7～11 脉（脉分布不匀，边脉较密）；外稃与内稃均透明膜质，稍短于颖，先端齿裂，有时被微毛。雌花序肉穗状，腋生。雌小穗成对排列，8～14（～20）行；

颖无脉，宽短，拱圆而环抱 2 小花，长 2.5～3mm，宽 4.5～5mm，背部较厚，呈肉质，顶端缘口常具微细纤毛。第一小花不育，外稃透明膜质，比颖短小，内稃很小或退化而不存在；第二小花正常发育，具膜质透明的内、外稃。雌蕊具 1 极长（最长可达 50cm 以上）、纤细且被短毛的丝状花柱，远伸出鞘状苞叶以外，绿黄色、紫红色，熟后呈黑褐色；柱头不等长，极短，长不及 1mm（0.5～0.75mm）。

高大中生禾草。内蒙古、我国其他省区及世界其他地区广泛栽培。原产美洲，为美洲种。

重要粮食作物，产量高。谷粒加工后可制成面粉、葡萄糖，还可酿酒；胚可榨油；秆叶可做青饲料。花柱及柱头入药（药材名：玉米须），能利尿、通淋、清湿热、利胆退黄，主治急慢性肾炎水肿、淋病、黄疸型肝炎、胆囊炎、胆石症、糖尿病、高血压等。

134. 莎草科 Cyperaceae

多年生草本，较少为一年生。根簇生，纤维状；根状茎丛生或匍匐，少数兼具块茎。秆单生或丛生，三棱柱形，稀为圆柱形，实心，少数中空。叶基生或秆生，通常具闭合叶鞘及狭长叶片，或有时叶片退化而仅具叶鞘。小穗单生或若干枚形成穗状、总状、圆锥状、头状或长侧枝聚伞花序；苞片1至多枚，叶状、刚毛状、鳞片状或佛焰苞状，基部具苞鞘或无鞘；花甚小，两性或单性，雌雄同株，稀为异株，单生于鳞片（颖片）腋间；鳞片2列或螺旋状排列，多数，少数雌小穗退化至仅具1鳞片；花被不存在或变化为下位鳞片或下位刚毛，有时雌花为先出叶所形成的果囊所包裹；雄蕊3，较少2～1，花丝丝状，花药底着；子房1室，具1胚珠，花柱单一，柱头2～3。果实为小坚果，三棱形，双凸状、平凸状或球形。

内蒙古有14属、148种。

分属检索表

1a. 花两性或单性，无先出叶所形成的果囊（**1. 藨草亚科 Scirpoideae**）。

  2a. 鳞片螺旋状排列；有下位刚毛，极少因退化而几无下位刚毛（**1. 藨草族 Scirpeae**）。

    3a. 花柱基部不膨大，与小坚果连接处无明显界限。

      4a. 小穗不呈2列；花序为头状，或为简单的或复出的长侧枝聚伞花序，很少只有1小穗。

        5a. 下位刚毛6，有时稍多或少，粗短，呈刚毛状，极少无下位刚毛。

          6a. 花序下具禾叶状苞叶或秆状苞片。

            7a. 花序下具禾叶状苞叶，秆三棱形。

              8a. 小穗大，长1～2cm；小坚果大，长2～4mm；根状茎先端通常具球状块茎 ·······**1. 三棱草属 Bolboschoenus**

              8b. 小穗小，长2～9mm；小坚果小，长1～2mm；无根状茎或有，但先端无球状块茎 ·······**2. 藨草属 Scirpus**

            7b. 花序下具秆状苞片，秆圆柱形或三棱形 ··············**3. 水葱属 Schoenoplectus**

          6b. 花序下具鳞片状苞片，小穗单生于秆顶；植株低矮纤细 ··**4. 针蔺属 Trichophorum**

        5b. 下位刚毛多数，果期伸出鳞片之外甚长，状如棉絮 ··········**5. 羊胡子草属 Eriophorum**

      4b. 小穗排成2列 ·······················**6. 扁穗草属 Blysmus**

    3b. 花柱基部膨大，与小坚果连接处通常界限明显。

      9a. 小穗单一；花柱基部膨大，呈帽状，宿存于小坚果上；下位刚毛3～8；叶片退化，仅具叶鞘 ······················**7. 荸荠属 Eleocharis**

      9b. 小穗多数；花柱基部膨大，但不呈帽状；无下位刚毛；叶片存在。

        10a. 花柱基宿存 ·····················**8. 球柱草属 Bulbostylis**

        10b. 花柱基易脱落 ·····················**9. 飘拂草属 Fimbristylis**

  2b. 鳞片2列，无下位刚毛（**2. 莎草族 Cypereae**）。

    11a. 柱头3，稀2；小坚果三棱形 ···············**10. 莎草属 Cyperus**

    11b. 柱头2，稀3；小坚果双凸状、平凸状。

      12a. 小坚果背腹压扁，面向小穗轴着生 ···········**11. 水莎草属 Juncellus**

      12b. 小坚果两侧压扁，棱向小穗轴着生 ···········**12. 扁莎属 Pycreus**

1b. 花单性；雌花有先出叶，绝大多数先出叶的边缘完全愈合成果囊，较少仅部分愈合或完全分离（**2. 薹草亚科 Caricoideae，3. 薹草族 Cariceale**）。

13a. 雌花先出叶的边缘仅部分愈合或完全分离·····················**13. 嵩草属 Kobresia**

13b. 雌花先出叶全部愈合成果囊·····························**14. 薹草属 Carex**

1. 三棱草属 Bolboschoenus (Asch.) Pall.

多年生草本。具根状茎，先端常形成球状块茎。秆三棱形。叶基生或秆生，有叶片或仅具叶鞘。长侧枝聚伞花序简单或复出，顶生或数枚组成圆锥花序，或小穗簇生成头状，假侧生，稀仅具1顶生小穗；小穗具少数至多数花，长1～2cm；苞片叶状，伸展；鳞片螺旋状排列，每鳞片内均具1两性花或最下1至数枚鳞片中空无花；下位刚毛1～6（～9），或不存在，直立或弯曲，常具倒生刺，稀平滑；雄蕊3；柱头2～3。小坚果双凸状或三棱形，长2～4mm。

内蒙古有3种。

分种检索表

1a. 小坚果倒卵状三棱形；柱头3；长侧枝聚伞花序常具3～8辐射枝；植株高大，秆高70～100cm······
·····································**1. 荆三棱 B. yagara**

1b. 小坚果两面微凹或微凸；柱头2；长侧枝聚伞花序短缩成头状或有时具1至数个短辐射枝；植株较小，秆高10～85cm。

2a. 鳞片深棕色，先端具较长的芒；小坚果两面微凹，长3～3.5mm·······**2. 扁秆荆三棱 B. planiculmis**

2b. 鳞片淡黄色，先端具较短的芒；小坚果两面微凸，长约2.5mm·······**3. 球穗荆三棱 B. affinis**

1. 荆三棱（三棱草）

Bolboschoenus yagara (Ohwi) Y. C. Yang et M. Zhan in Act. Biol. Plateau Sin. 7:14. 1988; Fl. China 23:180. 2010.——*Scirpus yagara* Ohwi in Mem. Coll. Sci. Kyoto Imp. Univ. Ser. B, Biol. 18:110. 1943; Fl. Intramongol. ed. 2, 5:279. t.106. f.1-4. 1994.

多年生草本。根状茎粗壮，具地下匍匐枝，块茎黑褐色，直径约2cm。秆高70～100cm，锐三棱形，具纵条纹。基生叶1～2，秆生叶2～4，均具长叶鞘；叶片条形，宽4～8mm。长侧枝聚伞花序具3～8辐射枝，顶端着生1～3小穗；小穗卵状椭圆形，褐色，长0.8～1.5cm，宽3～6mm；苞片2～4，叶状，不等长，最下部苞叶超出花序2～3倍；鳞片卵形，龙骨状，长6～8mm，膜质，背部具短硬毛，上部边缘具稀疏的锯齿，顶端凹陷，中脉延伸成刺芒，长1～2mm，向后稍反曲；下位刚毛6，与小坚果近等长，具倒刺；柱头3。小坚果倒卵状三棱形，长3～3.2mm，褐色，有光泽，表面具小点。花果期7～9月。

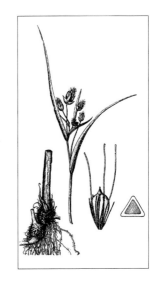

湿生草本。生于稻田、浅水沼泽。产嫩江西部平原（扎赉特旗）、科尔沁。分布于我国黑龙江、吉林东部、辽宁北部、河北、河南、山东东部、安徽、江苏、浙江、贵州、新疆，日本、朝鲜、俄罗斯（远东地区）、印度、越南、哈萨克斯坦，欧洲。为东古北极分布种。

茎、叶可做造纸及人造棉原料，亦可供编织用；块茎可做药材。

2. 扁秆荆三棱（扁秆蔍草）

Bolboschoenus planiculmis (F. Schmidt) T. V. Egorova in Rast. Tsentral. Azii 3:20. 1967; Fl. China 23:180. 2010.——*Scirpus planiculmis* F. Schmidt in Mem Acad. Imp. St.-Petersb. Ser. 7, 7(2) (Reis. Amur-Land., Bot.):190. t.8. f.1-7. 1868; Fl. Intramongol. ed. 2, 5:281. t.107. f.5-7. 1994.

多年生草本。根状茎匍匐，其顶端增粗成球形或倒卵形的块茎，长 1～2cm，直径宽 1～1.5cm，黑褐色。秆单一，高 10～85cm，三棱形。基部叶鞘黄褐色，脉间具横隔；叶片长条形，扁平，宽 2～4(～5)mm。苞片 1～3，叶状，比花序长 1 至数倍；长侧枝聚伞花序短缩成头状或有时具 1 至数个短辐射枝，辐射枝常具 1～4(～6) 小穗；小穗卵形或矩圆状卵形，长 1～1.5(～2)cm，宽 4～7mm，黄褐色或深棕褐色，具多数花；鳞片卵状披针形或近椭圆形，长 5～7mm，先端微凹或撕裂，深棕色，背部绿色，具 1 脉，顶端延伸成 1～2mm 的外反曲的短芒；下位刚毛 2～4，等于或短于小坚果的一半，具倒刺；雄蕊 3，花药长约 4mm，黄色；柱头 2。小坚果倒卵形，长 3～3.5mm，扁平或中部微凹，有光泽。花果期 7～9 月。

湿生草本。生于河边盐化草甸及沼泽。产内蒙古各地。分布于我国南北各地，日本、朝鲜、蒙古国东部和南部、俄罗斯（西伯利亚地区、远东地区）、印度、巴布亚新几内亚、菲律宾，中亚、西南亚，欧洲。为古北极分布种。

可做牧草，供家畜采食。茎可做编织及造纸原料，块茎可药用。

3. 球穗荆三棱

Bolboschoenus affinis (Roth) Drobow in Trudy Bot. Muz. Imp. Akad. Nauk S.S.S.R. 16:139. 1916; Fl. China 23:180. 2010.——*Scirpus affinis* Roth in Syst. Veg. 2:140. 1817.——*B. strobilinus* (Roxb.) V. I. Krecz. in Fl. Tadjikist 2:47. 1963.——*Scirpus strobilinus* Roxb. in Fl. Ind. ed. Carey et Wall., 1:222. 1820; Fl. Intramongol. ed. 2, 5:281. t.106. f.10-13. 1994.

多年生草本。具匍匐根状茎及卵状块茎。秆高 10～20cm，三棱形，中部以上生叶。叶片扁平，条形，宽约 3mm。苞片 2～3，长于花序；长侧枝聚伞花序常缩成头状，少具短辐射枝，具 1 至

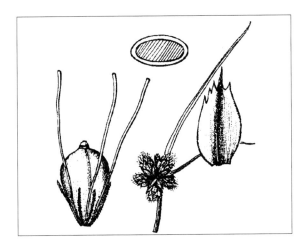

10 余枚小穗；小穗卵形，长 10～15mm，宽 3.5～6(～7)mm，具多数花；鳞片长圆状卵形，膜质，淡黄色，长 4～6mm，顶端凹缺，中脉延伸成芒；下位刚毛 6，其中 2 根较长，超出小坚果一半以上，具倒刺；雄蕊 3；柱头 2。小坚果宽倒卵形，双凸状，长约 2.5mm，成熟后黄褐色，具光泽。花果期 7～9 月。

湿生草本。生于荒漠区的丘间湿地、盐渍化湿地。产西阿拉善（巴丹吉林沙漠）、额济纳。分布于我国宁夏、甘肃、青海、新疆，日本、俄罗斯、越南、柬埔寨、老挝、泰国、印度、阿富汗、伊朗、巴基斯坦，中亚、西南亚，欧洲。为古北极分布种。

2. 藨草属 Scirpus L.

多年生草本。无或有根状茎，但先端无球状块茎。秆三棱形或稀圆柱形，具节。叶基生或秆生。苞片叶状，开展；长侧枝聚伞花序多次复出，组成圆锥花序；小穗长 2～9mm；鳞片无毛，螺旋状排列，每鳞片内均具 1 两性花或最下 1 至数枚鳞片中空无花；下位刚毛 3～6，直立或弯曲，常具倒生刺，稀平滑；雄蕊 1～3；柱头 2～3。小坚果扁三棱形或双凸状，长 1～2mm。

内蒙古有 2 种。

分 种 检 索 表

1a. 下位刚毛比小坚果长 2～3 倍，显著弯曲，平滑；每小穗柄着生 1 小穗·········**1. 单穗藨草 S. radicans**

1b. 下位刚毛与小坚果近等长，直伸；每小穗柄着生 1～3 小穗······················**2. 东方藨草 S. orientalis**

1. 单穗藨草（东北藨草）

Scirpus radicans Schkuhr in Ann. Bot. (Usteri) 4:48. 1793; Fl. Intramongol. ed. 2, 5:281. t.108. f.1-4. 1994.

多年生草本。具短的根状茎。秆粗壮，高60～90cm，钝三棱形。叶鞘疏松，稍带黄褐色，脉间具横隔；叶片条形，扁平，宽4～9mm，边缘粗糙。苞片3～4，叶状；长侧枝聚伞花序多次复出，大型，开展，长7～14cm，宽10～15cm，具多数辐射枝，数回分歧，长1～9cm，每小穗柄具1小穗；小穗矩圆状卵形或披针形，长6～7mm，宽约2mm，铅灰色或灰褐色；鳞片矩圆形，长1.5～2.2mm，宽约1mm，铅灰色，上部边缘具纤毛，具1脉；下位刚毛6，比小坚果长2～3倍，显著弯曲，平滑，仅在顶部具倒刺；雄蕊3，花药长约1mm；柱头3。小坚果倒卵状三棱形，长约1mm。花果期7～9月。

湿生草本。生于森林区和草原区的河湖低地及浅水沼泽。产兴安北部（根河市）、兴安南部及科尔沁（兴安盟）、辽河平原（科尔沁左翼后旗、大青沟）。分布于我国黑龙江、吉林东部、辽宁北部，日本、朝鲜、蒙古国东北部、俄罗斯（西伯利亚地区、远东地区）、哈萨克斯坦，欧洲。为古北极分布种。

茎、叶可做编织、造纸及人造纤维原料，亦可做牧草。

2. 东方藨草（朔北林生藨草）

Scirpus orientalis Ohwi in Act. Phytotax. Geobot. 1:76. 1932; Fl. Intramongol. ed. 2, 5:283. t.108. f.5-7. 1994.

多年生草本。具短的根状茎。秆粗壮，高30～90cm，钝三棱形，平滑。叶鞘疏松，脉间具小横隔；叶片条形，宽4～10mm。苞片2～3，叶状，下面1～2常长于花序1至数倍；长侧枝聚伞花序多次复出，紧密或稍疏展，长3～10cm，宽3.5～13cm，具多数辐射枝，数回分歧，辐射枝及小穗柄均粗糙，每小穗柄着生1～3小穗；小穗狭卵形或披针形，长4～6mm，宽1.5～2mm，铅灰色；鳞片宽卵形，长1.5mm，宽1.2～1.5mm，具3脉，铅灰色；下位刚毛6，与小坚果近等长，直伸，具倒刺；雄蕊3；柱头3。小坚果倒卵形，三棱形，长1.2～1.5mm，宽0.7～0.9mm，浅黄色。花果期7～9月。

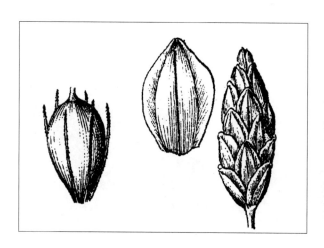

湿生草本。生于森林草原区和草原区的浅水沼泽、沼泽草甸。产岭西及呼伦贝尔（额尔古纳市、鄂温克族自治旗、海拉尔区）、兴安南部（科尔沁右翼前旗、阿鲁科尔沁旗、巴林右旗、克什克腾旗）、赤峰丘陵（红山区、翁牛特旗）、燕山北部（喀喇沁旗、宁城县）、锡林郭勒（锡林浩特市）。分布于我国黑龙江、吉林东部、辽宁中部、河北、山东东部、山西、陕西南部、甘肃东南部、新疆西北部，日本、朝鲜、蒙古国东北部和东部、俄罗斯（西伯利亚地区、远东地区）。为东古北极分布种。

茎、叶可做编织及造纸原料，亦可做牧草。

3. 水葱属 Schoenoplectus（Rchb.）Pall.

多年生或一年生草本。有或无根状茎，有时具块茎。秆圆柱形或三棱形，散生或丛生，无节。叶基生或秆生，有叶片或仅具叶鞘。苞片为秆的延长，直立；长侧枝聚伞花序简单或复出，顶生或数枚组成圆锥花序，或小穗簇生成头状，假侧生，稀仅具1顶生小穗；小穗具少数至多数花；鳞片螺旋状排列，每鳞片内均具1两性花或最下1至数枚鳞片中空无花；下位刚毛1～6(～9)，或不存在，直立或弯曲，常具倒生刺，稀平滑；雄蕊1～3；柱头2。小坚果近三棱形或双凸状。

内蒙古有5种。

分种检索表

1a. 秆圆柱形。

  2a. 花序常1～2次分枝，具3～8辐射枝；根状茎粗壮而长·················**1. 水葱 S. tabernaemontani**

  2b. 花序常呈头状，无辐射枝；根状茎极短·······················**2. 吉林水葱 S. komarovii**

1b. 秆三棱形。

  3a. 根状茎的葡匐枝顶端具小块茎，鳞片顶端全缘·················**3. 三江水葱 S. nipponicus**

  3b. 根状茎葡匐，但顶端具无块茎；鳞片顶端凹缺。

    4a. 苞片剑形，长15～25cm····························**4. 剑苞水葱 S. ehrenbergii**

    4b. 苞片不为剑形，长不足15cm······················**5. 三棱水葱 S. triqueter**

1. 水葱

Schoenoplectus tabernaemontani (C. C. Gmel.) Pall. in Verh. K. K. Zool.-Bot. Gesel. Wien 38:49. 1888; Fl. China 23:184. 2010.——*Scirpus tabernaemontani* C. C. Gmel. in Fl. Bad. 1:101. 1805; Fl. Intramongol. ed. 2, 5:288. t.110. f.4-6. 1994.

多年生草本。根状茎粗壮，匍匐，褐色。秆高 30～130cm，直径 3～15mm，圆柱形，中空，平滑。叶鞘疏松，淡褐色，脉间具横隔，常无叶片，仅上部具短而狭窄的叶片。苞片 1～2，其中 1 枚稍长，为秆之延伸，短于花序，直立；长侧枝聚伞花序假侧生，辐射枝 3～8，不等长，常 1～2 次分枝；小穗卵形或矩圆形，长约 8mm，宽约 4mm，单生或 2～3 聚生，红棕色或红褐色；鳞片宽卵形或矩圆形，长约 3.5mm，宽约 2.2mm，红棕色或红褐色，常具紫红色疣状凸起，背部具 1 淡绿色中脉，边缘近膜质，具缘毛，先端凹缺，其中脉延伸成短尖；下位刚毛 6，与小坚果近等长，具倒刺；雄蕊 3；柱头 2。小坚果倒卵形，长约 2mm，宽约

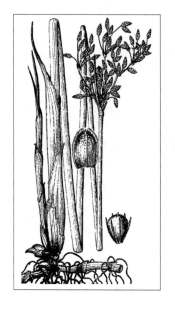

1.5mm，平凸状，灰褐色，平滑。花果期 7～9 月。

湿生草本。生于浅水沼泽、沼泽草甸。产内蒙古各地。分布于我国黑龙江、吉林、辽宁、河北、山东、山西、江苏、浙江、台湾、湖北、湖南、广东、贵州、陕西、宁夏、甘肃、青海、四川、西藏、云南、新疆，日本、朝鲜、俄罗斯（西伯利亚地区、远东地区）、缅甸、越南、尼泊尔、菲律宾、印度、阿富汗、巴基斯坦，克什米尔地区，中亚、西南亚、北非，欧洲、南美洲、北美洲、大洋洲。为世界分布种。

可做编织材料，亦可做牧草。

2. 吉林水葱（头藨草）

Schoenoplectus komarovii (Roshev.) Sojak. in Cas. Nar. Mus., Odd. Prir. 140(3-4):127. 1972; Fl. China 23:187. 2010.——*Scirpus komarovii* Roshev. in Fl. U.R.S.S. 3:579. t.4. f.14. 1935; Fl. Intramongol. ed. 2, 5:288. t.109. f.4-7. 1994.

多年生草本。根状茎极短。秆密丛生，高 10～50cm，圆柱形，具纵沟。基部叶鞘淡褐色，无叶片，上部叶鞘具极短的叶片。苞片 1，为秆之延长，长达 25cm，超出花序数倍；长侧枝聚伞花序紧缩成头状，假侧生，具 3～8 小穗；小穗卵形或卵状长圆形，无柄，长 4～6(～8)mm，绿色，具多数花；鳞片椭圆形，长 2～3.5mm，顶端钝，具短尖，边缘膜质；下位刚毛 4～5，与小坚果近等长或超出其 1 倍，具倒刺；雄蕊 3；柱头 2。小坚果宽倒卵形，深褐色，长 1.2～1.5mm，平凸状，有光泽。花果期 7～9 月。

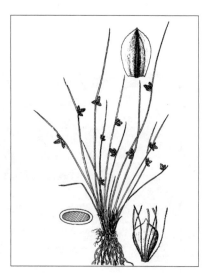

湿生草本。生于稻田、沼泽、湿地。产嫩江平原西部（扎赉特旗）。分布于我国黑龙江、吉林东部、辽宁南部，日本、

朝鲜、俄罗斯（远东地区）。为东亚北部（满洲—日本）分布种。

3. 三江水葱（三江蔍草、日本藤草）

Schoenoplectus nipponicus (Makino) Sojak in Cas. Nar. Mus., Odd. Prir. 140: 127. 1972.——
Scirpus nipponicus Makino in Bot. Mag. Tokyo 9:311. 1895; Fl. Intramongol. ed. 2, 5:283. t.106. f.5-9. 1994.

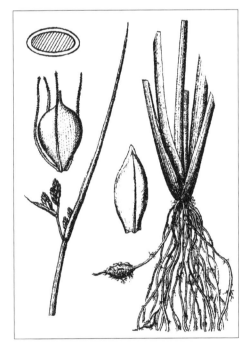

多年生草本。根状茎较短，具地下匍匐枝，其顶端具小块茎；小块茎纺锤形，长 1 ～ 1.3cm，直径 0.3 ～ 0.5cm，黑褐色。秆高 40 ～ 70cm，三棱形。叶近基生；叶鞘脉间具横隔；叶片稍长于秆，锐三棱形。苞片 1，三棱形，为秆之延长，长 9 ～ 20cm，显著长于花序，假侧生，具 2 ～ 3 辐射枝，2 ～ 3 次分枝；小穗单生，椭圆形，锈色，长 5 ～ 12mm，宽 3 ～ 5mm；鳞片质薄，锈色，长圆形，上部边缘微啮蚀状，具 1 中脉，中脉延伸出顶端并成小尖头，长约 5.5mm；下位刚毛 4，具倒刺，长约为小坚果的 1 倍；柱头 2。小坚果倒卵形，双凸状，长约 2.5mm，宽约 2.5mm，黄褐色。花果期 7 ～ 9 月。

湿生草本。生于稻田、沼泽、湿地。产嫩江平原西部（扎赉特旗）。分布于我国东北地区，日本、朝鲜、俄罗斯（远东地区）。为东亚北部（满洲—日本）分布种。

4. 剑苞水葱（剑苞蔍草）

Schoenoplectus ehrenbergii (Boeckeler) Sojak in Cas. Nar. Mus., Odd. Prir. 140:127. 1972; Fl. China 23:183. 2010.—— *Scirpus ehrenbergii* Boeckeler in Linn. 36:712. 1870; Fl. Intramongol. ed. 2, 5:285. t.109. f.1-3. 1994.

多年生草本。根状茎粗壮匍匐，黄棕色。秆高 30 ～ 130cm，直径 3 ～ 15mm，锐三棱形，具纵条纹，基部具长叶鞘。叶片短于秆，宽 6 ～ 10mm，基部折合，向上逐渐开展成翅状。苞片剑形，为秆的延伸，单一，直立，长超过花序，长 15 ～ 25cm；长侧枝聚伞花序简单，假侧生，具 2 ～ 5 辐射枝，辐射枝顶端各具 1 ～ 5 小穗；小穗卵状椭圆形，长 8 ～ 12mm，宽 2 ～ 3mm，具 10 余花；鳞片宽卵形或卵状椭圆形，顶端凹缺，具 1 明显中脉，延伸成短芒，延脉两侧呈棕色，边缘淡黄色或白色，半透明；下位刚毛 6，具倒刺；雄蕊 3；柱头 3。小坚果宽卵形，平凸状，长约 2mm。花果期 7 ～ 9 月。

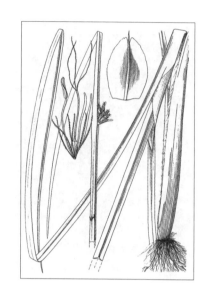

湿生草本。生于稻田、沼泽、湿地。产嫩江平原西部（扎赉特旗）。分布于我国山东、宁夏、甘肃、新疆，俄罗斯（西伯利亚地区）、哈萨克斯坦，欧洲。为古北极分布种。

5. 三棱水葱（蔗草、三棱蔗草）

Schoenoplectus triqueter (L.) Pall. in Verh. K. K. Zool.-Bot. Ges. Wien 38:49. 1888; Fl. China 23:183. 2010. ——*Scirpus triqueter* L., Syst. Nat. ed.12, 2:83; Mant. Pl. 1:29. 1767; Fl. Intramongol. ed. 2, 5:285. t.110. f.1-3. 1994.

多年生草本。根状茎细长，匍匐，红棕色。秆高 20 ～ 90cm，锐三棱形，平滑。叶鞘 1 ～ 3，黄褐色，具隆起的横隔；仅上部具狭条形的叶片，长 1 ～ 10cm，宽 1 ～ 3mm，绿色，背部具稍隆起的中脉。苞片 1，直立，为秆的延伸，长 1.5 ～ 7cm，通常长于花序，稀等长或稍短；长侧枝聚伞花序简单，假侧生，具 2 ～ 6 不等长的辐射枝或短缩成头状；小穗卵形或矩圆形，长 7 ～ 10mm，宽约 5mm；鳞片椭圆形，长约 3.5mm，宽约 2mm，棕褐色或深褐色，背部绿色，具 1 脉，边缘具纤毛，先端凹缺，中脉延伸成短尖；下位刚毛 2 ～ 4，具倒刺，与小坚果近等长；雄蕊 3；柱头 2。小坚果倒卵形，双凸状或平凸状，长约 3mm，宽约 1.7mm，褐色，有光泽。花果期 7 ～ 9 月。

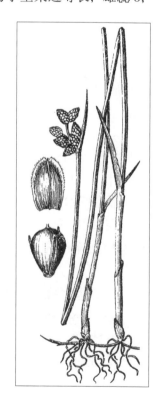

湿生草本。生于森林草原带和草原带的水边沼泽、沼泽草甸。产岭西（鄂温克族自治旗）、兴安南部及科尔沁（乌兰浩特市、科尔沁右翼前旗、科尔沁右翼中旗、阿鲁科尔沁旗、巴林右旗、敖汉旗、克什克腾旗）、赤峰丘陵（红山区、翁牛特旗）、阴山（大青山）、阴南平原（呼和浩特市、包头市）、阴南丘陵（凉城县、清水河县、准格尔旗）、鄂尔多斯（乌审旗）、东阿拉善（巴彦淖尔市、阿拉善左旗）。分布于我国各省区，日本、朝鲜、俄罗斯（远东地区）、印度、巴基斯坦，中亚、西南亚、北非，欧洲、北美洲。为泛北极分布种。

可做造纸、人造纤维及编织材料；亦可做牧草，家畜稍采食。

4. 针蔺属 Trichophorum Persoon

多年生草本。有或无根状茎。秆三棱形。叶基生或秆生，有叶片或仅具叶鞘。苞片鳞片状；小穗单生于秆顶，小穗具少数至多数花；鳞片螺旋状排列，每鳞片内均具1两性花或最下1至数枚鳞片中空无花；下位刚毛6或不发育；雄蕊2、3或6；柱头3，稀2。小坚果三棱形或背腹压扁。

内蒙古有1种。

1. 矮针蔺

Trichophorum pumilum (Vahl.) Schinz. et Thell. in Vierteljahrsschr. Naturf. Ges. Zurich. 6:265. 1921; Fl. China 23:178. 2010.——*Scirpus pumilus* Vahl. in Enum. Pl. 2:243. 1805; Fl. Intramongol. ed. 2, 5:288. t.107. f.1-4. 1994.

多年生草本。具细长匍匐根状茎，黄棕色。秆稍丛生，纤细，三棱形，具纵条纹，黄绿色，高10～25cm，平滑。叶鞘棕褐色；叶片狭条形，长6～16cm，宽0.3～0.5mm，黄绿色，短于秆。苞片鳞片状；小穗单生于秆的顶端；鳞片卵形或椭圆形，棕色，背部绿色，具1脉，边缘膜质，长约1.2mm，宽约1mm；雄蕊3；无下位刚毛；柱头3。小坚果倒卵状三棱形，长约1.5mm，宽约1mm，黑色，光泽，先端具短尖。花果期7～9月。

湿生草本。生于草原区的河边沼泽、盐化草甸。产呼伦贝尔（新巴尔虎左旗）、嫩江平原西部（扎赉特旗）、锡林郭勒（锡林浩特市、正蓝旗）。分布于我国河北西北部、宁夏中部、甘肃（河西走廊）、四川西北部、西藏东部和南部、新疆，蒙古国东部和北部及西部、俄罗斯（西伯利亚地区）、尼泊尔、阿富汗、伊朗、巴基斯坦，克什米尔地区，中亚，欧洲、北美洲。为泛北极分布种。

5. 羊胡子草属 Eriophorum L.

多年生草本。具根状茎，有时兼具匍匐根状茎。秆散生或丛生。基生叶较长，秆生叶较短，常退化成鞘状。苞片鳞片状或佛焰苞状，稀为叶状；长侧枝聚伞花序简单或复出，顶生，具1至数小穗；鳞片螺旋状排列；花两性；下位刚毛多数，白色，稀为红褐色，状如棉絮，果期伸出鳞片之外甚长；雄蕊3；柱头3。小坚果三棱形。

内蒙古有4种。

分种检索表

1a. 小穗单一，顶生；苞叶鳞片状。

　2a. 秆散生，具匍匐根状茎；下位刚毛红褐色；小坚果上部边缘具细刺·········

　·········**1. 红毛羊胡子草 E. russeolum**

　2b. 秆丛生，根状茎短，不匍匐；下位刚毛白色；小坚果上部边缘平滑···**2. 白毛羊胡子草 E. vaginatum**

1b. 小穗多数，排列为简单长侧枝聚伞花序；苞片佛焰苞状。

　3a. 鳞片具1脉；秆较粗壮；叶片扁平或对折，宽2～9mm·········**3. 东方羊胡子草 E. angustifolium**

　3b. 鳞片具多数细脉；秆较细弱；叶片扁三棱状，宽约1mm·········**4. 细秆羊胡子草 E. gracile**

1. 红毛羊胡子草

Eriophorum russeolum Fries in Handb. Skand. Fl. ed. 3, 13. 1838; Fl. Intramongol. ed. 2, 5:289. t.111. f.4-6. 1994.

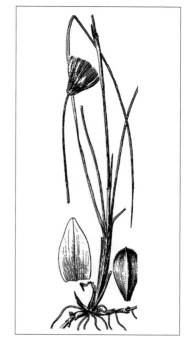

多年生草本。具匍匐根状茎。秆散生，高20～50cm，常单一，直立，近圆柱形，平滑。叶鞘1～2(～3)，无叶片或具短叶片，红褐色或黄褐色；基生叶狭条形，宽约1mm，与秆等长或较长于秆。苞片鳞片状、卵状披针形，边缘白色膜质，具3～9脉；花序顶生，仅具1小穗，花期矩圆柱形，果期倒卵形，长2～4cm，宽2～3.5cm；鳞片矩圆状披针形，先端钝，长6～7mm，宽约2mm，具1脉，灰褐色，边缘白色膜质；下位刚毛多数，红褐色，花后伸长，长2～3.5cm；雄蕊3；柱头3。小坚果倒卵形，扁三棱状，长约2.5mm，宽约1mm，先端具短尖，上部边缘具细刺。花果期7～9月。

湿生草本。生于森林带和草原带的山地沼泽、沼泽草甸。产兴安北部及岭西（额尔古纳市、海拉尔区）、科尔沁（兴安盟）、锡林郭勒（锡林郭勒盟）。分布于我国黑龙江、吉林东部，日本、朝鲜、蒙古国北部、俄罗斯（西伯利亚地区、远东地区），北欧、北美洲。为泛北极分布种。

2. 白毛羊胡子草（羊胡子草）

Eriophorum vaginatum L., Sp. Pl. 1:52. 1753; Fl. Intramongol. ed. 2, 5:289. t.111. f.1-3. 1994.

多年生草本。具短的根状茎。秆丛生，高20～40cm，直立，三棱形，平滑，基部枯叶鞘密集。基生叶三棱形、狭条形，宽约1mm，质硬，多长于秆或较之稍短；秆生叶1～2，退化成鞘状，

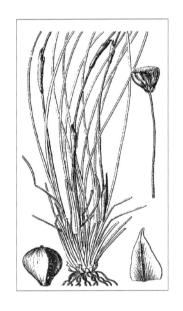

上部鞘口部分常带黑色。苞片鳞片状，卵形，灰褐色或灰黑色，边缘白色膜质，先端尖；花序顶生，仅具 1 小穗；小穗花期矩圆形，灰褐色，长约 1.5cm，宽 8～10mm，果期倒卵形或近球形，长 1.5～3cm，宽 1～2cm；鳞片卵状披针形或三角状披针形，长约 5mm，宽 1.5～3mm，灰黑色，边缘白色；下位刚毛多数，白色，花后伸长，长 1.5～2.5cm；雄蕊 3；柱头 3。小坚果倒卵形，长约 2mm，宽约 1mm，先端具短尖，上部边缘平滑。花果期 7～9 月。

　　湿生草本。生于森林区的山地河边沼泽草甸、沼泽。产兴安北部（额尔古纳市、牙克石市、阿尔山市）、兴安南部（克什克腾旗）。分布于我国黑龙江、吉林东部、辽宁东北部，日本、朝鲜、俄罗斯（西伯利亚地区、远东地区）、哈萨克斯坦，西南亚，欧洲、北美洲。为泛北极分布种。

3. 东方羊胡子草（宽叶羊胡子草）

Eriophorum angustifolium Honekeny in Verz. Gew. Teutschl. 153. 1782; Fl. China 23: 175. 2010.——*E. polystachion* auct. non L.: Fl. Intramongol. ed. 2, 5:291. t.112. f.1-3. 1994.

　　多年生草本。具匍匐根状茎。秆散生，直立，粗壮，高 30～85cm，下部近圆柱形，上部三棱形，平滑。基生叶短于或等长于秆，叶鞘红褐色，叶片扁平，宽 3～5mm，革质；秆生叶鞘闭合，鞘口处常呈紫褐色或黑褐色，叶片披针状条形，扁平或对折，长 3～6cm，宽 2～9mm。苞片 2～3，下部鞘状，褐色，上部叶状，三棱形，先端钝，褐色；长侧枝聚伞花序简单，辐射枝不等长，稍下垂，具 2～6（～10）小穗；小穗花期卵圆形或长椭圆形，长 10～15mm，宽 5～8mm，果期倒卵形；鳞片灰褐色，宽披针形，长 5～6（～8.5）mm，宽 1.8～2.8mm，具 1 中脉或 2～3 脉；下位刚毛多数，白色，柔软，花后伸长，长 2.5～3.5cm；雄蕊 3，花药黄色，长 3～4mm；柱头 3。小坚果深褐色，长倒卵状扁三棱形，先端具短尖，长 2.5～3mm，宽约 1mm。花果期 7～9 月。

湿生草本。生于森林带和草原带的山地河湖边沼泽。产兴安北部及岭西（额尔古纳市、根河市、牙克石市、新巴尔虎左旗、海拉尔区、鄂温克族自治旗）、兴安南部（科尔沁右翼中旗、阿鲁科尔沁旗、克什克腾旗）、燕山北部（喀喇沁旗）、阴山（大青山）。分布于我国黑龙江、吉林东部、辽宁北部，日本、朝鲜、蒙古国北部和西部、俄罗斯（西伯利亚地区、远东地区）、哈萨克斯坦，欧洲、北美洲。为泛北极分布种。

4. 细秆羊胡子草

Eriophorum gracile W. D. J. Koch ex Roth in Catal. Bot. 2:259. 1800; Fl. Intramongol. ed. 2, 5:291. t.112. f.4-5. 1994.

多年生草本。根状茎细长匍匐。秆细弱，高 20 ～ 34cm，直径 1.5 ～ 2mm，扁三棱形，平滑，基部具黑褐色枯叶纤维。基生叶的叶鞘较疏松，紫褐色，叶片狭条形，扁三棱状，宽约 1mm，短于秆或与之近等长；秆生叶的叶鞘呈黄绿色或黄褐色，叶片狭条形，长约 2cm。苞片 1 ～ 2，鞘状，灰褐色；长侧枝聚伞花序简单，辐射枝 2 ～ 5，不等长，长 5 ～ 20mm，纤细；小穗 2 ～ 5，矩圆形或倒卵形，长 5 ～ 10mm，宽 4 ～ 5mm，直立或稍下垂；鳞片卵状披针形，长 4 ～ 5mm，黄褐色，上部稍带灰绿色，中脉明显，两侧具多数细脉，边缘膜质；下位刚毛多数，长约 2cm；雄蕊 3，花药黄色，长约 3mm；柱头 3。小坚果矩圆形，扁三棱形，长约 3mm。花果期 6 ～ 7 月。

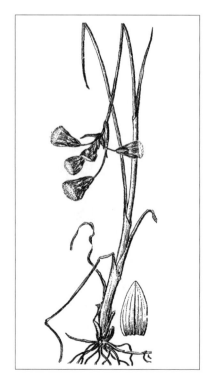

湿生草本。生于森林带山地苔藓沼泽、薹草沼泽。产兴安北部（阿尔山市）。分布于我国黑龙江、吉林东部、辽宁北部、四川北部、云南、新疆北部，日本、朝鲜、俄罗斯、哈萨克斯坦，欧洲、北美洲。为泛北极分布种。

下位刚毛可做纺织纤维材料及造纸原料。

6. 扁穗草属 Blysmus Panz. ex Schult.

多年生草本。具匍匐根状茎。秆扁三棱形或圆柱形，平滑或粗糙。叶基生或秆生，基部叶鞘无叶片。苞片叶状或鳞片状；穗状花序顶生，单一，具 5 至 10 余枚小穗，排成 2 列；小穗含少数两性花，黄褐色或棕褐色；下位刚毛无或 3～6；雄蕊 3，花药先端具附属物；柱头 2。小坚果平凸状。

内蒙古有 2 种。

分种检索表

1a. 下位刚毛无或仅留有少许残迹；小坚果矩圆状卵形或椭圆形，长约 3.5mm…… **1. 内蒙古扁穗草 B. rufus**
1b. 下位刚毛 3～6 条，细弱，卷曲，高出小坚果约 2 倍；小坚果倒卵形，长约 2mm。

    2a. 秆较细弱，高 3～30cm，中部以下生叶………**2a. 华扁穗草 B. sinocompressus** var. **sinocompressus**

    2b. 秆较粗壮，高达 60cm，中部以上生叶……………**2b. 节秆扁穗草 B. sinocompressus** var. **nodosus**

1. 内蒙古扁穗草（布利莎）

Blysmus rufus (Huds.) Link in Hort. Berol. 1:278. 1827; Fl. Intramongol. ed. 2, 5:293. t.113. f.1-4. 1994.——*Schoenus rufus* Huds. in Fl. Angl. ed. 2, 1:15. 1778.

多年生草本。具细的匍匐根状茎。秆近圆柱形，高 3～40cm，通常簇生。基部叶鞘褐色或棕褐色，无叶片；秆生叶细线形，先端带褐色，钝，短于茎。苞片鳞片状，先端具小尖头，或为叶状，绿色；穗状花序单一，顶生，卵状矩圆形或矩圆形，黑褐色或棕褐色，长 12～15mm，宽约 5mm，由 4～7 小穗组成，排列成 2 行；小穗矩圆状卵形，长 5～6mm，具 2～3 花；鳞片椭圆状卵形，先端钝，具 3 纵脉，长约 6mm，宽约 5mm；下位刚毛无或仅留有残迹；雄蕊 3，花药长 1～4mm，先端具附属物；柱头 2，与花柱近等长。小坚果矩圆状卵形或椭圆形，平凸状，长约 3.5mm，宽约 1mm，黄褐色。花果期 7～9 月。

湿生草本。生于山地森林带和草原带的水边沼泽、盐化草甸。产兴安北部及岭西（额尔古纳市、阿尔山市、海拉尔区）、兴安南部（克什克腾旗）、锡林郭勒（锡林浩特市、苏尼特左旗）、鄂尔多斯（乌审旗）。分布于我国黑龙江、吉林、辽宁、宁夏、青海、新疆，蒙古国、俄罗斯（西伯利亚地区）、巴基斯坦，克什米尔地区，中亚、欧洲、北美洲。为泛北极分布种。

2. 华扁穗草

Blysmus sinocompressus Tang et F. T. Wang in Fl. Reip. Pop. Sin. 11:224,41. t.16. f.1-4. 1961; Fl. Intramongol. ed. 2, 5:293. t.113. f.5-8. 1994.

2a. 华扁穗草

Blysmus sinocompressus Tang et F. T. Wang var. **sinocompressus**

多年生草本。根状茎长，匍匐，黄色，光亮，具褐色鳞片。秆近于散生，高3～30cm，扁三棱形，具槽，中部以下生叶，基部有褐色或黑褐色老叶鞘。叶扁平，短于秆，宽1～3.5mm，边缘卷曲，

具有疏而细的小齿，向顶端渐狭成三棱形；叶舌很短，白色，膜质。苞片叶状，短于花序或高出花序，小苞片呈鳞片状，膜质；穗状花序单一，顶生，矩圆形或狭矩圆形，长1.5～3.5cm，宽6～15mm；花序由6～15小穗组成，排列成2列，通常下部有1小穗远离；小穗呈卵状披针形、卵形或卵状矩圆形，长5～7mm，有2～9两性花；鳞片螺旋状排列，卵状矩圆形，顶端急尖，锈褐色，膜质，背部具3～5脉，中脉呈龙骨状凸起，绿色，长3.5～5mm；下位刚毛3～6，细弱，卷曲，高出小坚果约2倍，具倒刺；雄蕊3，花药狭矩圆形，先端具短尖，长约3mm；柱头2，与花柱近等长。小坚果倒卵形，平凸状，深褐色或灰褐色，长约2mm，基部具短柄。花果期6～9月。

湿生草本。生于草原带和荒漠带的河边沼泽、盐化草甸。产兴安南部及科尔沁（阿鲁科尔沁旗、巴林右旗、翁牛特旗、克什克腾旗）、燕山北部（喀喇沁旗）、锡林郭勒（苏尼特左旗、正蓝旗）、乌兰察布（四子王旗）、

阴山（大青山、蛮汗山、乌拉山）、阴南丘陵（准格尔旗）、鄂尔多斯（达拉特旗、伊金霍洛旗、乌审旗、鄂托克旗）、贺兰山、龙首山。分布于我国辽宁、河北、山西、陕西、宁夏、甘肃、青海、四川、云南西北部、西藏、新疆，蒙古国。为亚洲中部分布种。

2b. 节秆扁穗草

Blysmus sinocompressus Tang et F. T. Wang var. **nodosus** Tang et F. T. Wang in Fl. Reip. Pop. Sin. 11: 41, 224. 1961；Fl. Intramongol. ed. 2, 5:295. 1994.

本变种与正种的区别是：秆较粗壮，高 6～50（～60）cm，有节，中部以上生叶。

湿生草本。生于草原带的盐化草甸、沼泽。产兴安南部（巴林右旗）、锡林郭勒（锡林浩特市、苏尼特左旗、丰镇市）、阴山（大青山、蛮汗山）。分布于我国河北、山西、陕西。为华北分布变种。

7. 荸荠属 Eleocharis R. Br.

多年生草本，稀一年生。一般具匍匐根状茎。秆无节，丛生，稀单生。叶片退化，仅具叶鞘。小穗单生于茎顶，直立，极少从小穗基部萌生嫩枝；无苞片；花多数或少数，通常两性，稀单性；鳞片螺旋状排列，极少近 2 行排列，最下 1～2 鳞片无花，稀有花；下位刚毛 3～8，稀缺或发育不全，通常有倒刺；雄蕊 1～3；花柱细，基部膨大，呈帽状，宿存于小坚果上，柱头 2～3，丝状。小坚果倒卵形、三棱形或双凸形，平滑或具网纹。

内蒙古有 10 种。

分种检索表

1a. 花柱基稍发育，三棱圆锥形，与果实顶端无明显界限·····························**1. 少花荸荠 E. quinqueflora**

1b. 花柱基发育，非三棱圆锥形，与果实顶端有明显界限。

  2a. 花柱基高与宽与小坚果近等长，下位刚毛羽毛状·····························**2. 羽毛荸荠 E. wichurae**

  2b. 花柱基明显小于小坚果，下位刚毛非羽毛状。

    3a. 秆较细，丝状，高 3～12cm；小穗长 2～3mm，宽约 1.5mm；小坚果较细，矩圆形，表面具明显的细横纹··**3. 牛毛毡 E. yokoscensis**

    3b. 秆较粗，圆柱形，高可达 70cm；小坚果较宽，一般为倒卵形，表面不具明显的细横纹。

      4a. 一年生草本；小穗卵形；花柱基为扁三角形，顶端渐尖，非海棉质···**4. 卵穗荸荠 E. ovata**

      4b. 多年生草本；小穗圆柱形、矩圆状卵形或矩圆形；花柱基非扁三角形，海棉质。

        5a. 无花鳞片 1，近圆形或卵形，通常完全包围小穗基部。

          6a. 花柱基盘状，宽度明显大于高度·····························**5. 扁基荸荠 E. fennica**

          6b. 花柱基圆锥状卵圆形，宽与高近相等·····················**6. 单鳞苞荸荠 E. uniglumis**

        5b. 无花鳞片 2 或 3，最下部的鳞片包围小穗基部 1/2 或更少。

          7a. 鳞片先端钝或近圆形，花柱基宽卵形·········**7. 具刚毛荸荠 E. valleculosa var. setosa**

          7b. 鳞片先端急尖或近尖。

            8a. 植株较高，高 30～60cm；秆直径 2.5～3.5mm；花柱基乳头状圆锥形，高 0.5～0.6mm，宽稍大于长·····················**8. 乌苏里荸荠 E. ussuriensis**

            8b. 秆高 20～50cm，直径 1～3mm；花柱基较小，高约 0.3mm。

9a. 花柱基球形或宽大于长而为乳头状或帽状；秆灰绿色，具明显凸出的肋棱及纵槽·····················
·····················**9. 槽秆荸荠 E. mitracarpa**

9b. 花柱基长圆形或圆锥形，长明显大于宽；秆绿色，无明显凸出的纵肋，具纵沟纹·····················
·····················**10. 沼泽荸荠 E. palustris**

1. 少花荸荠（少花针蔺）

Eleocharis quinqueflora (Hartm.) O. Schwarz in Mitt. Thuring. Bot. Ges. 1(1):89. 1949; Fl. Intramongol. ed. 2, 5:296. t.114. f.1-2. 1994.——*Scirpus quinqueflorus* Hartm. in Prim. Lin. Inst. Bot. ed. 2, 85. 1767.

多年生草本。具细长根状茎。秆密丛生，直立或斜升，高 3 ～ 20cm，灰绿色，基部具 1 ～ 2 叶鞘。叶鞘管状，膜质，褐色，鞘口截平。小穗卵形或宽卵形，长约 3mm，具花 2 ～ 7，基部具无花鳞片 1，其余鳞片皆有花；鳞片卵状披针形，先端尖锐，长约 4.5mm，褐色，边缘宽膜质；下位刚毛 0 ～ 6，长短不一，一般等长或稍短于小坚果，具倒刺；雄蕊 3；花柱基三棱圆锥形，不膨大，与果实顶端无明显界限，长为小坚果的 1/5 ～ 1/4，柱头 3。小坚果倒卵形，长 1.8 ～ 2.2(～ 2.5)mm，灰黄色，光滑。花果期 6 ～ 7 月。

湿生草本。生于草原带的水边沼泽。产锡林郭勒（苏尼特左旗）、阴南丘陵（凉城县、清水河县、准格尔旗）、鄂尔多斯（达拉特旗、伊金霍洛旗、乌审旗）。分布于我国山西北部、甘肃（河西走廊）、西藏西部、新疆中部和南部，俄罗斯、尼泊尔、印度西北部、阿富汗、巴基斯坦，中亚、西南亚、北非，欧洲、北美洲、南美洲。为泛北极分布种。

2. 羽毛荸荠（羽毛针蔺）

Eleocharis wichurae Boeck. in Linn. 36:448. 1870; Fl. Intramongol. ed. 2, 5:296. t.114. f.3-4. 1994.

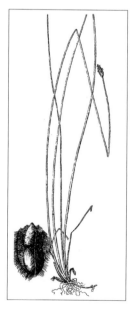

多年生草本。具匍匐根状茎。秆直立，高 20 ～ 40cm，灰绿色，具浅沟，基部具 1 ～ 2 叶鞘。叶鞘长筒形，膜质，红褐色。小穗卵形、矩圆状卵形或披针形，先端急尖，长 7 ～ 15mm，宽 3 ～ 5mm，具多数花，基部具 2 无花鳞片，其余鳞片皆有花；鳞片矩圆形或椭圆形，先端钝圆，长约 3mm，红褐色，中间黄绿色，边缘白色膜质，下部的膜质较宽；下位刚毛约 6，羽毛状；雄蕊 3；花柱基卵形或椭圆状圆锥形，高与宽与小坚果近等长，海绵质，柱头 3。小坚果倒卵形，双凸状，长约 1.2mm。花果期 6 ～ 7 月。

湿生草本。生于森林带和草原带的水边沼泽。产岭东（鄂伦春自治旗）、嫩江西部平原（扎赉特旗保安沼农场）、燕山北部（喀喇沁旗、宁城县）。分布于我国黑龙江、吉林东部、辽宁东部、河北西部、河南东南部、山东、陕西南部、甘肃东南部、安徽西南部、江苏北部、浙江北部、湖北西北部，日本、朝鲜、俄罗斯（远东地区）。为东亚分布种。

3. 牛毛毡

Eleocharis yokoscensis (Franch. et Sav.) Tang et F. T. Wang in Fl. Reip. Pop. Sin. 11:54. 1961; Fl. China 23:193. 2010. ——*Scirpus yokoscensis* Franch. et Sav. in Enum. Pl. Jap. 2:543. 1878.——*E. acicularis* (L.) Roem. et Schult. subsp. *yokoscensis* (Franch. et Sav.) Egol. in Nov. Syst. Pl. Vasc. 17:69. 1980; Fl. Intramongol. ed. 2, 5:298. t.114. f.5-6. 1994.

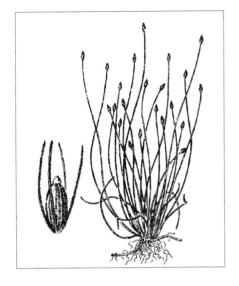 

多年生草本。具细长匍匐根状茎。秆密丛生，直立或斜升，高 3 ～ 12cm，具沟槽，纤细。叶鞘管状膜质，淡红褐色；小穗卵形或卵状披针形，长 2 ～ 3mm，具花 2 ～ 4；所有鳞片皆有花，最下方 1 枚较大，长约等于小穗的 1/2，其余较小，淡绿色，中部绿色，边缘白色膜质；下位刚毛 4，长于小坚果约 1 倍，具倒刺；雄蕊 3；花柱基乳突状圆锥形，柱头 3。小坚果矩圆形，长 0.7 ～ 0.9mm，表面具十几条纵棱及数十条密集的细横纹，呈梯状网纹。花果期 6 ～ 8 月。

湿生草本。生于森林带的水边沼泽，常呈片状分布，局部可形成建群作用明显的单种或寡种群落片段。产兴安北部（额尔古纳市、牙克石市、阿尔山市）、兴安南部（巴林右旗）。分布于我国各地，日本、朝鲜、俄罗斯（远东地区）、蒙古国北部和东部、印度、缅甸、越南、印度尼西亚、菲律宾。为蒙古—东亚分布种。

4. 卵穗荸荠（卵穗针蔺）

Eleocharis ovata (Roth) Roem. et Schult. in Syst. Veg. 2:152. 1817; Fl. Intramongol. ed. 2, 5:298. t.115. f.1-3. 1994.——*Scirpus ovatus* Roth in Tent. Fl. Germ. 2:562. 1793.

一年生草本。具须根，无根状茎。秆丛生，高 20 ～ 30cm，淡灰绿色，具浅沟，基部具叶鞘 1 ～ 3。叶鞘长筒形，长 5 ～ 30cm，鞘口斜截形，上部淡黄绿色，下部微红色。小穗卵形，顶端尖，长 4 ～ 8mm，宽 3 ～ 4mm，铁锈色，基部有无花鳞片 2，其余鳞片皆具花；鳞片卵形或矩圆状卵形，长 3 ～ 4mm，红褐色，中部绿色，具 1 中脉，边缘宽膜质；下位刚毛通常 5 ～ 6，长于小坚果，具倒刺；雄蕊 3；花柱基扁三角形，背腹压扁成薄片状，高 0.5 ～ 0.6mm，宽 0.6 ～ 0.7mm，顶端渐尖，不为海绵质，柱头 2。小坚果褐黄色，倒卵形，长 1.4 ～ 1.5mm，宽 1.2 ～ 1.4mm，近平滑。

湿生草本。生于森林带的水边沼泽。产兴安北部（额尔古纳市、根河市）、锡林郭勒（苏尼特左旗）。分布于我国黑龙江、吉林、辽宁、河北、宁夏、青海、云南，日本、俄罗斯、哈萨克斯坦，欧洲、北美洲。为泛北极分布种。

5. 扁基荸荠（扁基针蔺）

Eleocharis fennica Pall. ex Kneuck. et G. Zinserl. in Allg. Bot. Z. Syst. 7:212. 1901; Fl. Intramongol. ed. 2, 5:298. t.114. f.7. 1994.

多年生草本。根状茎短。秆直立，丛生，高 10～50cm，直径 1mm，灰绿色或绿色，微具沟槽，基部具 2 叶鞘。叶鞘长筒形，长 5～10cm，红色，鞘口截平；小穗卵状圆柱形，长 3～12mm，宽约 3mm，基部具 1 无花鳞片，近圆形或卵形，包围小穗基部一周，其余皆有花；鳞片卵形，先端钝，长约 3mm，宽约 1.5mm，深红色或深褐色，顶端白色膜质；无下位刚毛；花柱基盘状，宽度明显大于高度，高约 0.2mm，宽 0.5～0.7mm，顶端微凹，海绵质，柱头 2。小坚果倒卵形至宽倒卵形，长 1.3～1.4mm，宽 0.8～0.9mm，双凸形，光滑。

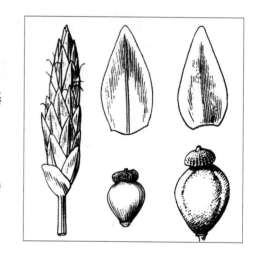

湿生草本。生于草原带的水边沼泽。产呼伦贝尔（满洲里市）、兴安南部（巴林右旗）。分布于我国黑龙江、青海、新疆，俄罗斯（西伯利亚地区）、哈萨克斯坦，欧洲。为古北极分布种。

6. 单鳞苞荸荠

Eleocharis uniglumis (Link) Schult. in Mant. 2:88. 1824; Fl. China 23:199. 2010.——*Scirpus uniglumis* Link in Jahrb. Gewachsk. 1(3):77. 1820.

多年生草本。具匍匐根状茎。秆单生，少数或多数丛生，细弱，直立或微曲，有少数钝肋和纵槽，高 10～15cm，直径 1mm。叶缺，仅于秆基部具 2～3 叶鞘，鞘上部黄绿色，下部血红色，鞘口截形或微斜，高 1～4cm。小穗狭卵形、卵形或长圆形，长 3～8mm，宽 1.5～3mm，褐色或仅有褐色斑纹，有少数花（4 至 10 余朵）。小穗基部有 1 鳞片中空无花，长约小穗的 1/5，近圆形或卵形，抱小穗基部一周；其余鳞片全有花，长圆状披针形，顶端钝，长约 4mm，宽约 2mm，背部开花时绿色，后变为淡褐色，两侧紫红色，开花时边缘狭，后变宽，干膜质；下位刚毛 6，约与小坚果等长或稍短、稍长于小坚果，微弯曲，向外展开，白色，密生倒刺；花柱基圆锥状卵圆形，基部下延，长、宽近相等，厚，长约为小坚果的 1/3，宽约为小坚果的 1/2，海绵质，白色。小坚

果倒卵形或宽卵形，黄色，后变为褐色，双凸状，腹面很凸，背面稍凸，有时呈钝三棱状，长 1.4～1.7mm，宽约 1mm。花果期 5～8 月。

湿生草本。生于荒漠带的湖岸、浅水边。产东阿拉善（阿拉善左旗腾格里沙漠）。分布于我国河北、山西、陕西、甘肃、青海、云南、新疆，蒙古国、俄罗斯、印度、阿富汗、巴基斯坦、中亚、西南亚、北非，欧洲、北美洲。为泛北极分布种。

7. 具刚毛荸荠

Eleocharis valleculosa Ohwi var. **setosa** Ohwi in Act. Phytotax. Geobot. 2:29. 1933; Fl. China 23:198.

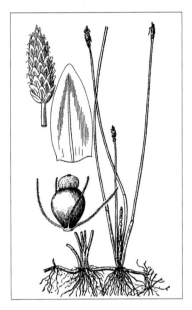

多年生草本，绿色。根状茎有匍匐枝。秆稍丛生，直立，高 25～40cm，稍扁压，具明显凸起的肋。基部叶鞘紫红色，顶端斜截形，上部叶鞘绿色，有小凸尖。小穗长圆状卵形或披针形，红褐色，长 5～15mm，宽 3～4mm，基部具 2 空鳞片，包围小穗基部 1/3～1/2，其余鳞片全有花，长圆形，长 3～4mm，膜质，红褐色，顶端钝，中部具 1 脉，边缘白色膜质；下位刚毛 4，比小坚果显著长，密生倒刺；雄蕊 3；花柱基宽卵形，长度比宽度小，长 0.3～0.4mm，宽 0.4～0.6mm，柱头 2。小坚果广倒卵形，双凸状，长 1.2～1.3mm，宽 1～1.2mm。花果期 6～8 月。

湿生草本。生于浅水中。产科尔沁、鄂尔多斯（伊金霍洛旗）。分布于我国黑龙江、吉林、辽宁、河北、河南、山东、山西、陕西、宁夏、甘肃、青海、四川、安徽、湖北、湖南、贵州、云南、西藏、新疆，日本、朝鲜。为东亚分布种。

8. 乌苏里荸荠（乳头基荸荠、乳头基针蔺）

Eleocharis ussuriensis G. Zinserl. in Fl. U.R.S.S. 3:581. 1935; Fl. China 23:197. 2010.——*E. mamillata* auct. non H. Lindb.: Fl. Intramongol. ed. 2, 5:300. t.114. f. 8. 1994.

多年生草本。具长匍匐根状茎。秆丛生，直立，高 30～60cm，直径 2.5～3.5mm，圆柱

状，具纵脉和不明显横隔。叶鞘长筒形，鞘口近截形倾斜，下部常紫红色，高 5～10cm。小穗披针形或近卵形，长约 1cm，具多数花，基部具 2 中空无花的鳞片，每枚仅包围小穗基部约 1/2；可育花鳞片卵状披针形，长约 3mm，先端急尖或近急尖，中部绿色，具 1 脉，边缘宽膜质；雄蕊 3；花柱基乳头状圆锥形，高 0.5～0.6mm，基部宽约 0.4mm，柱头 2；下位刚毛 4 或 5，具倒刺。小坚果圆倒卵形，双凸形，长 1～1.3mm，黄色或褐黄色，平滑。花果期 7～8 月。

湿生草本。生于草原带的沼泽、沼泽化草甸。产岭西（额尔古纳市）、呼伦贝尔（满洲里市）、兴安南部（科尔沁右翼前旗、科尔沁右翼中旗）、燕山北部（喀喇沁旗、宁城县、敖汉旗）。分布于我国黑龙江、吉林、辽宁、山西，日本、朝鲜、俄罗斯（西伯利亚地区、远东地区）。为西伯利亚—东亚北部分布种。

9. 槽秆荸荠（刚毛荸荠、槽秆针蔺）

Eleocharis mitracarpa Steud. in Syn. Pl. Glum. 2:77. 1854; Fl. Intramongol. ed. 2, 5:300. t.115. f.7-8. 1994.

多年生草本。具匍匐根状茎。秆丛生，直立，灰绿色，高 20～50cm，直径 1～3mm，具明显凸出的肋棱及纵槽。叶鞘长筒形，长可达 10cm，顶部截平，下部紫红色。小穗矩圆状卵形或披针形，长 5～15mm，宽 3～4mm，淡褐色，基部具 2 中空无花的鳞片，每枚仅包围小穗基部 1/2 或更少；花两性，多数；可育花鳞片膜质，卵形或矩圆状卵形，长约 3mm，宽约 1.7mm，先端近急尖，具 1 中脉，上面被紫红色条纹；下位刚毛 4，明显超出小坚果，具倒刺；雄蕊 3；花柱基宽卵形，高约 0.3mm，宽略小于高，海绵质，柱头 2。小坚果宽倒卵形，长约 1.3mm，宽约 1mm，光滑。花果期 6～8 月。

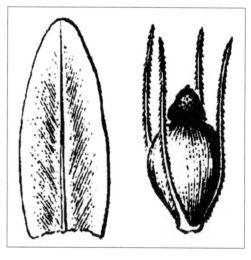

湿生草本。生于森林带和草原带的河湖边沼泽。产兴安北部（额尔古纳市）、兴安南部及科尔沁（科尔沁右翼前旗、敖汉旗、阿鲁科尔沁旗、巴林右旗、克什克腾旗）、辽河平原（科尔沁左翼后旗）、锡林郭勒（东乌珠穆沁旗、苏尼特左旗）、阴南丘陵（准格尔旗）、鄂尔多斯（达拉特旗、伊金霍洛旗、乌审旗）。分布于我国河北、山东、山西、贵州、云南，阿富汗、巴基斯坦，克什米尔地区，中亚、西南亚，欧洲。为古北极分布种。

10. 沼泽荸荠（中间型荸荠、中间型针蔺）

Eleocharis palustris (L.) Roem. et Schult. in Syst. Veg. 2:151. 1817; Fl. China 23:198. 2010.——*Scirpus palustris* L., Sp. Pl. 1:47. 1753.——*E. intersita* G. Zinserl. in Fl. U.R.S.S. 3:76,581. 1935; Fl. Intramongol. ed. 2, 5:301. t.115. f.4-6. 1994.——*E. intersita* G. Zinserl. f. *acetosa* T. Tang et F. T. Wang in Fl. Reip. Pop. Sin. 11:67. 1961; Fl. Intramongol. ed. 2, 5:301. 1994.

多年生草本。具匍匐根状茎。秆丛生，直立，绿色，高 20～40cm，直径 1～3mm，具稀少的纵沟。叶鞘长筒形，紧贴秆，长可达 7cm，基部红褐色，鞘口截平。小穗矩圆状卵形或卵状披针形，长 5～15cm，宽 3～5mm，红褐色，基部具 2 中空无花的鳞片，仅包围小穗基部 1/2 或更多；花两性，多数；鳞片矩圆状卵形，先端急尖或近急尖，长约 3.2mm，宽约 1mm，具红褐色纵条纹，中间黄绿色，边缘白色宽膜质，上部和基部膜质较宽；下位刚毛通常 4，长于小坚果，具细倒刺；雄蕊 3；花柱基三角状圆锥形，高约 0.3mm，略大于宽度，海绵质，柱头 2。小坚果倒卵形或宽倒卵形，长约 1.2mm，宽约 0.8mm，光滑。花果期 6～7 月。

湿生草本。生于森林带和草原带的河边及泉边沼泽、盐化草甸。产兴安北部（额尔古纳市、牙克石市）、呼伦贝尔（满洲里市、海拉尔区、新巴尔虎左旗）、兴安南部及科尔沁（科尔沁右翼前旗、科尔沁右翼中旗、扎赉特旗、巴林左旗、巴林右旗、翁牛特旗、克什克腾旗）、辽河平原（科尔沁左翼后旗）、燕山北部（喀喇沁旗、宁城县）、锡林郭勒（东乌珠穆沁旗、锡林浩特市、苏尼特左旗）、乌兰察布（达尔罕茂明安联合旗南部）、阴山（大青山）、阴南平原（呼和浩特市、包头市）、阴南丘陵（准格尔旗）、鄂尔多斯（伊金霍洛旗、乌审旗、鄂托克旗）、

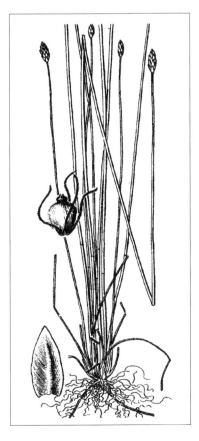

东阿拉善（阿拉善左旗腾格里沙漠）。分布于我国黑龙江、吉林、河北、陕西、宁夏、甘肃、青海、新疆，日本、朝鲜、蒙古国、俄罗斯（西伯利亚地区、远东地区）、尼泊尔、阿富汗、哈萨克斯坦，西南亚，欧洲、北美洲。为泛北极分布种。

8. 球柱草属 Bulbostylis Kunth

一年生或多年生草本。秆细，丛生。叶基生，丝状。苞片叶状，细条形；长侧枝聚伞花序简单，复出或呈头状，有时仅具 1 小穗；小穗具多数花；花两性；鳞片螺旋状排列，最下部 1～2常无花；无下位刚毛；雄蕊 1～3；花柱细长，基部呈小球状膨大，不脱落；柱头 3。小坚果倒卵形，三棱形。

内蒙古有 1 种。

1. 球柱草

Bulbostylis barbata (Rottb.) C. B. Clarke in Fl. Brit. Ind. 6:651. 1893; Fl. Intramongol. ed. 2, 5:301. t.116. f.4-6. 1994.——*Scirpus barbatus* Rottb. in Descr. Icon. Rat. Pl. 27. 1773.

一年生草本。秆丛生，高 5～20cm，丝状，光滑，具纵沟纹。叶基生，丝状，短于秆，边缘内卷，具微糙硬毛或近无毛；叶鞘开裂，边缘宽膜质，鞘口及上部边缘被白色长柔毛。苞片 2～3，其中 1 枚长于花序，细条状，基部较宽，边缘被稀疏糙硬毛；长侧枝聚伞花序由无柄小穗 3 至数枚聚生成头状；小穗披针形或卵状披针形，含 5 花以上，长3～6mm，宽 1～2mm；鳞片膜质，卵形，长约 2mm，舟状，具隆起的脊，先端延伸为短尖，光滑；雄蕊 1；花柱基膨大，扁球形，柱头 3。小坚果三棱状倒卵形，长约 0.8mm，白色，光滑，表面有细网孔。花果期 6～8 月。

中生草本。生于草原带较潮湿的沙地及沙丘林下。产辽河平原（大青沟）。分布于我国辽宁、山东、河北、河南、安徽、江苏、浙江、福建、台湾、江西、湖北、湖南、广东、广西、海南，日本、朝鲜、不丹、尼泊尔、印度、巴基斯坦、柬埔寨、老挝、印度尼西亚、菲律宾、斯里兰卡、泰国、越南、克什米尔地区，北非，大洋洲。为东亚—大洋洲—北非分布种。

9. 飘拂草属 Fimbristylis Vahl.

一年生或多年生草本。丛生或具根状茎。叶常基生，有时仅具叶鞘。苞片叶状；长侧枝聚伞花序简单、复出或多次复出，有时聚成头状；小穗单生或簇生，具多数至少数花；花两性；鳞片螺旋状排列或基部有时近 2 行排列，下部 1～2 鳞片内无花；无下位刚毛；雄蕊 1～3；花柱基膨大，易脱落，上部具缘毛。小坚果倒卵形，三棱形，双凸状，表面具网纹或疣状凸起。

内蒙古有 1 种。

1. 飘拂草（两歧飘拂草）

Fimbristylis dichotoma (L.) Vahl. in Enum. Pl. 2:287. 1805; Fl. Intramongol. ed. 2, 5:303. t.116. f.1-3. 1994.——*Scirpus dichotomus* L., Sp. Pl. 1:50. 1753.

一年生草本。秆丛生，直立或斜升，高 5～35cm，近三棱形。叶基生，略短于秆，狭条形，宽 1～2.5mm，边缘具稀疏的短柔毛。苞片 3～4，叶状，边缘疏被短柔毛，不等长，常有 1 枚超出花序；聚伞花序疏散或紧密，复出或单一；小穗 1～8 生于辐射枝顶端，卵形或矩圆状卵形，长 4～8mm，宽 2～4mm，具多数花；鳞片宽卵形，长约 2.5mm，中脉明显延伸为短尖，上部两侧红褐色，中部及下部淡绿色至白色，边缘宽膜质；雄蕊 2；花柱扁平，长约 1.3mm，上部具缘毛，柱头 2。小坚果扁，倒卵形，双凸状，长 1～1.3mm，宽约 1mm，白色，表面具 9～14 纵脉纹，并具横脉纹，形成密集的横矩形网纹，具短柄。花果期 6～8 月。

湿中生草本。生于沼泽、沙质沼泽化草甸。产辽河平原（科尔沁左翼后旗）、燕山北部（喀喇沁旗）。分布于我国辽宁、河北、河南、山东、陕西南部、山西、安徽、江苏、浙江、江西、福建、台湾、湖南、广东、广西、海南、贵州、四川、云南、西藏东南部、新疆中部，日本、尼泊尔、印度、巴基斯坦、阿富汗，中南半岛，中亚、西南亚，欧洲、北美洲、南美洲、非洲、大洋洲。为世界分布种。

10. 莎草属 Cyperus L.

一年生或多年生草本。具须根或短的根状茎。秆单生、散生或丛生，三棱形。叶基生。长侧枝聚伞花序简单或复出或紧缩成头状，基部具叶状苞片数枚；小穗条形或矩圆形，压扁；鳞片呈 2 行排列，具 1 至多数脉，基部 1～2 枚鳞片无花，余均具 1 朵两性花；雄蕊 3，稀 1～2；柱头 3 或 2。小坚果三棱形。

内蒙古有 6 种。

分种检索表

1a. 小穗排列于辐射枝所延长的花序轴上，呈穗状花序。

    2a. 鳞片矩圆状披针形，具 1 脉；小坚果狭矩圆状三棱形；秆较粗壮；小穗极多，密集成穗状，稀头状·····························**1. 头状穗莎草 C. glomeratus**

    2b. 鳞片宽倒卵形或宽椭圆形，具多数脉；小坚果倒卵形；秆较纤细；小穗少至多数，不密集成头状。

        3a. 穗状花序轴具缘毛；鳞片暗棕色或紫红色，先端钝，无尖头······**2. 毛笠莎草 C. orthostachyus**

        3b. 花序轴平滑无毛，鳞片中脉延伸成短尖。

4a. 长侧枝聚伞花序复出；小穗直立或近斜上开展，淡黄色；鳞片短尖直立·····································
··**3. 黄颖莎草 C. microiria**

4b. 长侧枝聚伞花序简单；小穗通常水平开展，褐色；鳞片短尖反曲·········**4. 阿穆尔莎草 C. amuricus**

1b. 小穗指状排列或簇生于极短的花序轴上，呈头状排列。

5a. 小穗数枚至多数，组成疏散的头状花序；鳞片先端具小尖头·················**5. 褐穗莎草 C. fuscus**

5b. 小穗多数，组成密集的头状或球状花序；鳞片先端无小尖头·············**6. 球穗莎草 C. difformis**

1. 头状穗莎草（聚穗莎草）

Cyperus glomeratus L., Cent. Pl. 2:5. 1756; Fl. Intramongol. ed. 2, 5:304. t.117. f.1-4. 1994.

一年生草本，灰绿色。具须根。秆三棱形，平滑，高 15～60(～90)cm。叶鞘松弛，黄褐色，质薄，脉间具横隔；叶片条形，扁平，宽(1～)3～8mm，边缘粗糙，常短于秆。苞片 3～5，叶状，宽 0.5～9mm，比花序长数倍或稍长，先端渐尖；长侧枝聚伞花序复出，辐射枝 3～9，不等长，多数小穗密集成矩圆形或卵圆形的穗状或稀为头状花序；小穗条形或狭披针形，长 5～9mm，宽 1.5～2mm，近扁平，含 8～12 花；鳞片矩圆状披针形，长 1.5～2mm，宽约 1mm，黄棕色或稍带红褐色，

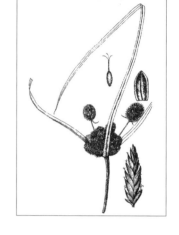

背部绿色，具 1 脉；雄蕊 3；柱头 3。小坚果狭矩圆状三棱形，长约 1mm，宽约 0.5mm。花果期 7～9 月。

湿生草本。生于森林带和草原带的河滩沼泽、沼泽草甸。产岭东（扎兰屯市）、兴安南部及科尔沁（科尔沁右翼前旗、科尔沁右翼中旗、乌兰浩特市、巴林右旗）、辽河平原（大青沟）、燕山北部（喀喇沁旗、宁城县、敖汉旗）。分布于我国黑龙江、吉林、辽宁、河北、河南、山东、山西、陕西、甘肃东南部、安徽东部、江苏、浙江北部、湖北东部、新疆北部，日本、朝鲜、俄罗斯（西伯利亚地区、远东地区），克什米尔地区、中亚、西南亚，欧洲。为古北极分布种。

茎、叶可做造纸或人造棉原料，亦可做牧草。

2. 毛笠莎草（三轮草）

Cyperus orthostachyus Franch. et Sav. in Enum. Pl. Jap. 2:539. 1878; Fl. Intramongol. ed. 2, 5:304. t.117. f.5-8. 1994.

一年生草本。具须根。秆丛生，高 10～45cm，三棱形，平滑。叶基生；叶鞘疏松，稍带红褐色；叶片条形，扁平，宽 3～6mm，边缘粗糙。苞片 3～5，叶状，其中 1～2 枚长于花序。长侧枝聚伞花序疏展，简单，稀少复出；辐射枝 3～8，不等长，长 1～10cm，稀甚短缩，不发育。

小穗8～35(～40)着生于辐射枝的中轴上，条形或条状披针形，扁平，长5～10mm，宽约1.7mm，具10～20(～30)花，中轴粗糙，具缘毛；鳞片宽椭圆形，先端钝，长约1.5(～2)mm，宽约1.1mm，暗棕色或紫红色，上部边缘白色膜质，背部绿色，具4～5脉；雄蕊3；柱头3。小坚果倒卵形，三棱形，长1～1.5mm，宽约0.6mm，褐色，具细点。花果期7～9月。

　　湿生草本。生于森林带的水边沼泽、沼泽化草甸。产兴安北部及岭东（鄂伦春自治旗、扎兰屯市、阿尔山市）、兴安南部（巴林右旗）、燕山北部（宁城县）。分布于我国黑龙江、吉林、辽宁、河北东北部、河南南部、山东东部、安徽西部和南部、江苏、浙江、福建、湖北、湖南、四川东部、贵州东北部，日本、朝鲜、俄罗斯（东西伯利亚地区、远东地区）、越南。为东西伯利亚—东亚分布种。

3. 黄颖莎草（具芒碎米莎草）

Cyperus microiria Steud. in Syn. Pl. Glumac. 2:23. 1854; Fl. Intramongol. ed. 2, 5:306. t.117. f.9-12. 1994.

　　一年生草本。具须根。秆丛生，高5～20cm，纤细，锐三棱形。叶鞘疏松，红棕色；叶片条形，扁平，宽1～3mm。苞片3～4，叶状，其中2～3枚长于花序。长侧枝聚伞花序复出，花序轴平滑无毛，具白色狭翼，具5～7辐射枝；辐射枝长1～3cm，或短缩，不发育。穗状花序卵形或宽卵形，具多数小穗；小穗条形或条状披针形，长6～10mm，宽1.5～2mm，具8～15花，小穗轴具白色狭翼；鳞片排列疏松，倒卵形，长约1.5mm，宽约0.8mm，两侧黄棕色，背部绿色，具3～5脉，中脉延伸成短尖；雄蕊3；柱头3。小坚果三棱状倒卵形，长约1mm，宽约0.6mm，黄褐色，具细点。花果期7～9月。

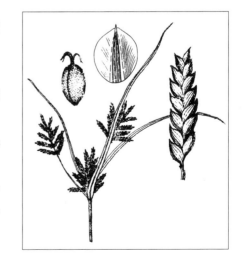

　　湿生草本。生于森林带的稻田、水边沼泽。产岭东（扎兰屯市）、燕山北部（喀喇沁旗）。分布于我国黑龙江、吉林东南部、辽宁、河北、河南、山东、山西、陕西南部、甘肃东南部、安徽、江苏、浙江、福建、江西、湖北、湖南、广东、广西、贵州、四川东部和南部、云南东部，日本、朝鲜、越南、泰国、印度。为东亚分布种。

4. 阿穆尔莎草（黑水莎草）

Cyperus amuricus Maxim. in Mem. Acad. Imp. Sci. St.-Petersb. Div. Sav. 9(Prim. Fl. Amur.):296. 1859; Fl. China 23:236. 2010.

一年生草本。具须根。秆高 4～30cm，丛生，稀单生，三棱形，平滑，纤弱，下部具叶。叶鞘淡褐紫色；叶片线形，扁平，细渐尖，长 2～10mm，宽 1～3mm。苞片 3～5，叶状，开展，比花序稍长或有的超出 1 倍。长侧枝聚伞花序简单，具 3～5（～8）不等长辐射枝；辐射枝先端延长，其上着生 6～15（～20）小穗，中轴明显，稍具翼，平滑。小穗条状披针形，长约 10mm，宽约 2mm，扁平，顶端急尖，开展，着花 8～20，小穗轴明显具翼；鳞片倒卵形，褐红色，有光泽，顶端渐尖，具明显向外弯曲的小尖（0.3～0.4mm），背脊绿色，具 5 脉，长 1.8～2mm；雄蕊 3；花柱短，柱头 3。小坚果长圆状倒卵形，三棱状，褐色，顶端钝圆，长约 1.2mm。

湿生草本。生于湿地、河岸沙地。产燕山北部（喀喇沁旗旺业甸）。分布于我国吉林、辽宁、河北、河南、山东、山西、陕西、江苏、浙江、福建、台湾、安徽、江西、湖北、湖南、重庆、广西、贵州、云南、西藏，日本、朝鲜、俄罗斯（远东地区）。为东亚分布种。

5. 褐穗莎草（密穗莎草）

Cyperus fuscus L., Sp. Pl. 1:46. 1753; Fl. Intramongol. ed. 2, 5:306. t.118. f.5-6. 1994.

一年生草本。丛生。秆高 5～30cm，锐三棱形。叶基生；叶片扁平，宽 1～3mm。苞片叶状，2～3；长侧枝聚伞花序复出或简单，辐射枝 1～6，不等长；小穗数枚至多数，组成疏散的头状花序，小穗棕褐色或有时带黑色，长圆形，长 4～7mm，宽约 2mm，具 15～25 花；鳞片卵形，长约 1.4mm，顶端具小尖头；雄蕊 2；柱头 3。小坚果椭圆形或三棱形，长约 1mm，淡黄色。花果期 7～9 月。

湿生草本。生于森林带和草原带的沼泽、水边、低湿沙地。产兴安北部（额尔古纳市）、呼伦贝尔（满洲里市、新巴尔虎右旗）、科尔沁（突泉县、翁牛特旗）、辽河平原（大青沟）、燕山北部（喀喇沁旗、宁城县）、阴山及阴南平原（大青山、呼和浩特市）、阴南丘陵（准格尔旗）、鄂尔多斯（达拉特旗、伊金霍洛旗、乌审旗）、东阿拉善（临河区、磴口县、巴彦浩特镇）。分布于我国黑龙江西南部、辽宁、河北、河南、山东、山西、陕西、宁夏、甘肃东部、四川、云南、安徽北部、江苏北部、新疆，日本、朝鲜、蒙古国中部和西部、俄罗斯（西伯利亚地区）、印度、老挝、越南、泰国，克什米尔地区，中亚、北非，欧洲。为古北极分布种。

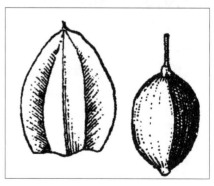

6. 球穗莎草（异型莎草）

Cyperus difformis L., Cent. Pl. 2:6. 1756; Fl. Intramongol. ed. 2, 5:306. t.118. f.1-4. 1994.

一年生草本。具须根。秆丛生，高 5～20(～50)cm，三棱形，平滑，具纵条纹。叶基生；叶鞘稍带红褐色；叶片扁平，短于秆，宽 1～3(～4)mm。苞片 2～3，叶状，不等长。长侧枝聚伞花序简单，稀少复出，常具 2～7 不等长辐射枝；辐射枝长 0.5～3(～5)cm，顶端着生多数小穗，密集成球状或头状。小穗椭圆状披针形或条形，长 3～6mm，宽约 1.4mm，先端钝；鳞片倒卵状圆形或扁圆形，先端钝，长约 1mm，宽约 1mm，具 3 脉，背部中部绿色，两侧紫红色、黄褐色或黑色，具光泽，边缘稍带白色膜质；雄蕊 1～2；柱头 3。小坚果倒卵状椭圆形，具 3 棱，长约 0.9mm，宽约 0.5mm。花果期 7～9 月。

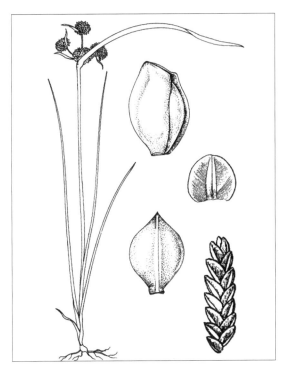

湿生草本。生于森林带和草原带的草甸、水边沼泽。产兴安北部（牙克石市）、兴安南部（乌兰浩特市、科尔沁右翼中旗）、赤峰丘陵（红山区）、燕山北部（喀喇沁旗）、锡林郭勒（苏尼特左旗、丰镇市）、鄂尔多斯（达拉特旗、伊金霍洛旗、乌审旗、鄂托克旗）、东阿拉善（临河区、狼山）。分布于我国黑龙江、吉林、辽宁、河北、河南、山东、山西、陕西、宁夏、安徽、江苏、浙江、福建、台湾、湖北、湖南、广东、广西、海南、贵州、四川、云南、新疆，日本、朝鲜、俄罗斯（远东地区）、不丹、尼泊尔、越南、印度、缅甸、印度尼西亚、斯里兰卡、菲律宾、马来西亚，克什米尔地区，中亚、西南亚，欧洲、非洲、大洋洲。为世界分布种。

11. 水莎草属 Juncellus (Griseb.) C. B. Clarke

一年生或多年生草本。有或无根状茎。秆丛生或散生，基部具叶。苞片叶状；长侧枝聚伞花序简单或复出，疏展或紧缩成头状；小穗排列成穗状或头状；鳞片钝，呈2行排列，基部1～2鳞片无花，余均为两性花；无下位刚毛；雄蕊3，稀1～2；柱头2或3。小坚果背腹压扁，面向小穗轴着生，双凸状或平凸状。

内蒙古有2种。

分种检索表

1a. 秆高22～90cm；长侧枝聚伞花序复出，小穗排列成穗状，苞片开展┄┄┄┄┄**1. 水莎草 J. serotinus**
1b. 秆高7～20cm；长侧枝聚伞花序短缩成头状，假侧生，无辐射枝，苞片直立┄┄┄┄┄┄┄┄┄┄┄┄┄┄┄┄┄┄┄┄┄┄┄┄┄┄┄┄┄┄┄┄┄**2. 花穗水莎草 J. pannonicus**

1. 水莎草

Juncellus serotinus (Rottb.) C. B. Clarke in Fl. Brit. India 6:594. 1893; Fl. Intramongol. ed. 2, 5:308. t.119. f.1-4. 1994.——*Cyperus serotinus* Rottb. in Descr. Icon. Rar. Pl. 31. 1773; Fl. China 23:239. 2010.

多年生草本。具细长匍匐根状茎。秆粗壮，常单生，高22～90cm，扁三棱形。叶鞘疏松；叶片条形，扁平，短于秆，宽5～8(～10)mm，下面具明显中脉。苞片3，叶状，开展，长于花序；长侧枝聚伞花

序复出，长10～20cm，具7～10不等长辐射枝，每一辐射枝具1～3(～6)穗状花序，穗状花序着生5～15(～20)小穗；小穗矩圆状披针形或条状披针形，长8～23mm，宽2～3mm；鳞片宽卵形，长1.6～2mm，宽约2mm，红棕色，背部绿色，具多数脉，先端钝圆，边缘白色膜质；雄蕊3；柱头2。小坚果宽倒卵形，长1.5～1.8mm，宽约2mm，扁平，中部微凹，黄褐色，有细点。

湿生草本。生于森林带和草原带的沼泽草甸、浅水沼泽、水边沙土。产兴安北部（大兴安岭）、呼伦贝尔、兴安南部及科尔沁（乌兰浩特市、科尔沁右翼中旗、阿鲁科尔沁旗、巴林左旗、巴林右旗、敖汉旗）、辽河平原（大青沟）、燕山北部（喀喇沁旗、敖汉旗）、阴山（大青山）、阴南平原（呼和浩特市）、阴南丘陵（凉城县、准格尔旗）、鄂

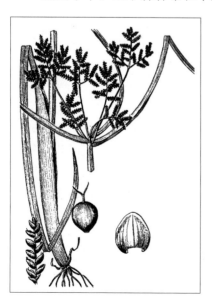

尔多斯（达拉特旗、乌审旗、伊金霍洛旗、鄂托克旗）、东阿拉善（阿拉善左旗腾格里沙漠）。分布于我国黑龙江、吉林、辽宁、河北、河南、山东、山西、陕西、宁夏、甘肃、安徽、江苏、浙江、福建、台湾、江西、湖北、广东、贵州、云南、新疆，日本、朝鲜、俄罗斯（远东地区）、越南、印度、阿富汗、巴基斯坦，克什米尔地区，中亚、西南亚，欧洲。为古北极分布种。

2. 花穗水莎草

Juncellus pannonicus (Jacq.) C. B. Clarke in Bull. Misc. Inform. Kew Addit. Ser. 8:3. 1908; Fl. Intramongol. ed. 2, 5:309. t.119. f.5-8. 1994.——*Cyperus pannonicus* Jacq. in Fl. Austriac. 5:29. t.6. 1778; Fl. China 23:240. 2010.

多年生草本。具短的根状茎，须根多数。秆密丛生，高 7 ～ 20cm，扁三棱形，平滑。基部叶鞘 3 ～ 4，红褐色，仅上部 1 枚具叶片；叶片狭条形，宽 0.5 ～ 1mm。苞片 2，下部者长，上部者较短，下部苞片基部较宽，直立，似秆之延伸；长侧枝聚伞花序短缩成头状，稀仅具 1 小穗，假侧生，小穗 1 ～ 7（～ 12）；小穗长 5 ～ 10mm，宽约 3mm，卵状矩圆形或宽披针形，肿胀，含 10 ～ 20（～ 22）花；鳞片宽卵形，长 2 ～ 2.5mm，宽约 2.5mm，两侧黑褐色，中部淡褐色，具多数脉，先端具短尖；雄蕊 3；柱头 2。小坚果平凸状，椭圆形或近圆形，长 1.8 ～ 2mm，宽 1.2 ～ 1.5mm，黄褐色，有光泽，具网纹。花果期 7 ～ 9 月。

湿生草本。生于草原带的盐化沼泽。产兴安南部及科尔沁（乌兰浩特市、科尔沁右翼中旗、阿鲁科尔沁旗、巴林左旗、巴林右旗、林西县、克什克腾旗、敖汉旗）、赤峰丘陵（红山区）、锡林郭勒（苏尼特左旗）、阴南平原（包头市）、阴南丘陵（准格尔旗）、鄂尔多斯（达拉特旗、

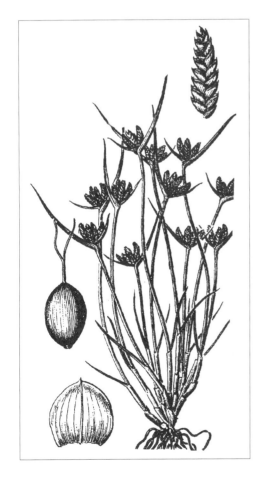

伊金霍洛旗、乌审旗、鄂托克旗)、东阿拉善(阿拉善左旗)。分布于我国黑龙江西南部、吉林西部、河北、河南、山西北部、陕西北部、宁夏、甘肃、新疆,俄罗斯,中亚、西南亚,欧洲中部。为古北极分布种。

12. 扁莎属 Pycreus P. Beauv.

一年生或多年生草本。有或无根状茎。秆丛生,平滑。叶片条形。苞片叶状;长侧枝聚伞花序简单或复出或短缩成头状,稀为1小穗,辐射枝不等长;小穗具多数花;鳞片钝或具短尖,呈2行排列,基部1～2鳞片无花,余均为两性花;雄蕊1～3;柱头2。小坚果两侧压扁,棱向小穗轴着生,双凸状。

内蒙古有3种。

分种检索表

1a. 小穗宽1.5～3mm,小坚果表面具凸起细点。

  2a. 小穗卵形或矩圆形,长5～10mm,宽约3mm,具5～15花;鳞片两侧具宽槽⋯⋯⋯⋯⋯⋯⋯⋯⋯⋯⋯⋯⋯⋯⋯⋯⋯⋯⋯⋯⋯⋯⋯⋯⋯⋯⋯⋯⋯⋯**1.槽鳞扁莎P. sanguinolentus**

  2b. 小穗条形或狭披针形,长10～20mm,宽1.5～2mm,具20～30花;鳞片两侧无宽槽⋯⋯⋯⋯⋯⋯⋯⋯⋯⋯⋯⋯⋯⋯⋯⋯⋯⋯⋯⋯⋯⋯⋯⋯⋯⋯⋯⋯⋯⋯**2. 球穗扁莎 P. flavidus**

1b. 小穗宽(3～)3.5～4mm,小坚果表面具不明显细网纹或条纹⋯⋯⋯⋯⋯⋯**3. 东北扁莎 P. setiformis**

1. 槽鳞扁莎(红鳞扁莎)

Pycreus sanguinolentus (Vahl) Nees ex C. B. Clarke in Fl. Brit. India. 6:590. 1893; Fl. China 23:245. 2010.——*Cyperus sanguinolentus* Vahl in Enum. Pl. 2:351. 1805. nom. cons.——*P. korshinskyi* (Meinsh.) V. I. Krecz. in Bot. Mater. Gerb. Bot. Inst. Kom. Akad. Nauk S.S.S.R. 7:27. 1937; Fl. Intramongol. ed. 2, 5:311. t.120. f.9-12. 1994.——*Cyperus korshinskyi* Meinsh. in Trudy Imp. St.-Petersb. Bot. Sada 18:235. 1901.

一年生草本。具须根。秆丛生,稀单生,高5～45cm,三棱形,平滑。叶鞘红褐色,具纵肋;叶片条形,扁平,短于秆,宽1～2(～3)mm。苞片2～3,叶状,不等长,比花序长1～2倍;长侧枝聚伞花序短缩成头状或具1～4不等长辐射枝,辐射枝长1～4cm,其上着生多数小穗;小穗长卵形或矩圆形,长5～10mm,宽约3mm,具5～15花;鳞片呈2行排列,卵圆形,长约2.4mm,宽约2mm,背部绿色,具3脉,两侧具淡绿色的宽槽,其外侧紫红色,边缘白色膜质;雄蕊3;柱头2。小坚果倒卵形,长约1.2mm,宽约0.7mm,双凸状,灰褐色,具细点。花果期7～9月。

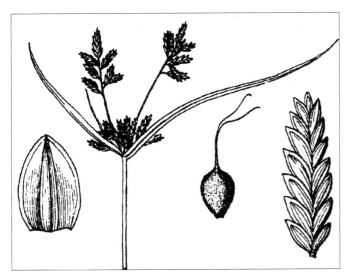

湿生草本。生于森林带和草原带的滩地、沟谷的沼泽草甸、河漫滩。产兴安北部（牙克石市）、呼伦贝尔（新巴尔虎右旗）、兴安南部及科尔沁（乌兰浩特市、科尔沁右翼前旗、科尔沁右翼中旗、扎赉特旗、阿鲁科尔沁旗、巴林右旗、翁牛特旗）、辽河平原（大青沟）、燕山北部（喀喇沁旗、宁城县、敖汉旗）、锡林郭勒（苏尼特左旗、兴和县）、阴山（大青山）、阴南平原（呼和浩特市）、阴南丘陵（凉城县、准格尔旗）、鄂尔多斯（达拉特旗、伊金霍洛旗、乌审旗）、东阿拉善（阿拉善左旗巴彦浩特镇）。分布于我国各地，日本、朝鲜、俄罗斯（远东地区）、尼泊尔、不丹、缅甸、菲律宾、斯里兰卡、印度、印度尼西亚、巴基斯坦，中亚，非洲、大洋洲。为世界分布种。

2. 球穗扁莎

Pycreus flavidus (Retz.) T. Koyama in J. Jap. Bot. 51:316. 1976; Fl. China 23: 243. 2010.——*Cyperus flavidus* Retz. in Observ. Bot. 5:13. 1788.——*P. globosus* (All.) Rchb. in Fl. Germ. Excurs. 140. 1831; Fl. Intramongol. ed. 2, 5:311. t.120. f.1-4. 1994.——*Cyperus globosus* All. in Fl. Pedem. 1:49. 1785.

多年生草本。具极短根状茎。秆纤细，三棱形，高5～22cm，平滑。叶鞘红褐色；叶片条形，

短于秆，宽1～2mm，边缘稍粗糙。苞片2～3，不等长。长侧枝聚伞花序简单；辐射枝1～4，长1～4.5cm，有的短缩，不发育。辐射枝延伸，近顶部形成穗状花序，球形或宽卵圆形，具5～23小穗。小穗条形或狭披针形，长10～20mm，宽1.5～2mm，具20～30花，小穗轴四棱形；鳞片卵圆形或长椭圆状卵形，长约2mm，宽约1mm，背部黄绿色，具3脉，两侧红棕色或黄棕色，边缘白色膜质，先端钝；雄蕊2；柱头2。小坚果倒卵形，双凸状，先端具短尖，长约1mm，宽约0.5mm，黄褐色，具细点。花果期7～9月。

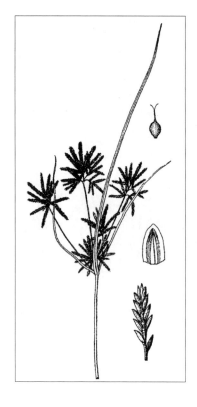

湿生草本。生于沼泽化草甸、浅水。产呼伦贝尔、科尔沁（乌兰浩特市、科尔沁右翼中旗、阿鲁科尔沁旗）、辽河平原（大青沟）、赤峰丘陵（红山区、翁牛特旗）、燕山北部（喀喇沁旗、敖汉旗）、鄂尔多斯（达拉特旗、伊金霍洛旗、乌审旗、鄂托克旗）、东阿拉善（阿拉善左旗）、西阿拉善（阿拉善右旗）、额济纳。

分布于我国黑龙江、吉林、河北、河南、山东、山西、陕西、甘肃东部、四川、云南、安徽、江苏、浙江、福建、台湾、湖北、广东、贵州，日本、朝鲜、俄罗斯、不丹、尼泊尔、老挝、柬埔寨、越南、印度、印度尼西亚、马来西亚、菲律宾、斯里兰卡，中亚、西南亚，欧洲、非洲、大洋洲。为世界分布种。

3. 东北扁莎

Pycreus setiformis (Korsh.) Nakai in Bot. Mag. Tokyo 26:201. 1912; Fl. Intramongol. ed. 2, 5:311. t.120. f.5-8. 1994.——*Cyperus setiformis* Korsh. in Trudy Imp. St.-Petersb. Bot. Sada 12:405. 1892.

一年生草本。具须根。秆细弱，高约10cm，三棱形，平滑。叶鞘稍带红褐色；叶片狭条形，扁平，宽0.3～1mm。苞片2，叶状，长于花序2至数倍；长侧枝聚伞花序简单，辐射枝短缩成头状，顶端着生小穗约4；小穗卵状披针形，长5～8mm，宽(3～)3.5～4mm，具8～15花；鳞片呈2行排列，卵形，长约2.5mm，宽1.5～2mm，背部黄绿色，具3脉，两侧红棕色或棕褐色，先端钝；雄蕊2；花柱长，常伸出鳞片之外，柱头2。小坚果宽倒卵形，长约1.5mm，宽约1mm，黑色，先端具小尖，表面具不明显的细网纹或条纹。花果期7～9月。

中生草本。生于草原区的草甸及低湿沙地。产辽河平原（科尔沁左翼后旗）、燕山北部（宁城县、敖汉旗）。分布于我国黑龙江、吉林、辽宁，日本、朝鲜、俄罗斯（远东地区）。为东亚北部（满洲—日本）分布种。

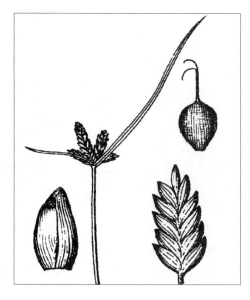

13. 嵩草属 Kobresia Willd.

多年生草本。秆三棱形。叶条形或丝状。花序顶生，穗状或圆锥状，由单一小穗或多数小穗构成；小穗两性或单性，如为两性，则顶生支小穗（为嵩草属花序的基本单位）为雄性，侧生支小穗为雄雌顺序或雌性；支小穗具 1 至少数花。花单性，无花被，极少具退化的花被；雄花生于鳞片腋内，具 3 雄蕊；雌花生于鳞片腋内，具 1 雌蕊及包着雌蕊的先出叶；先出叶膜质，腹侧边缘分离或部分愈合，少数愈合成囊状；花柱基部不膨大，柱头 2～3。小坚果双凸状或三棱状，有时基部具退化小穗轴。

内蒙古有 8 种。

分种检索表

1a. 小穗单一，顶生。

  2a. 侧生支小穗通常雄雌顺序，在基部雌花的上部具 1～4（～5）雌花。

    3a. 花序卵形或椭圆形，宽 4～6mm；叶扁平，基部老叶鞘具叶片••••••••••**1. 矮生嵩草 K. humilis**

    3b. 花序条状圆柱形或矩圆状圆柱形，宽 2～4mm；叶丝状，基部老叶鞘先端无叶片。

      4a. 侧生支小穗具 1（～2）雌花及 1 雄花（稀 2 雄花），稀减退为仅具 1 雌花，花序宽 2～3mm。

        5a. 雄蕊 3，柱头 3••••••••••••••••••••••••••••**2. 嵩草 K. myosuroides**

        5b. 雄蕊 2，柱头 2（稀 3）•••••••••••••••••••••**3. 二蕊嵩草 K. bistaminata**

      4b. 侧生支小穗具 1 雌花及（1～）2～4 雄花，花序宽 3～4mm••••••••**4. 线叶嵩草 K. capillifolia**

  2b. 侧生支小穗雌性，具 1 雌花；植株矮小，高 1～2cm••••••••••••**5. 高山嵩草 K. pygmaea**

1b. 小穗多数，组成复穗状序。

  6a. 小坚果无喙或具极短喙，倒卵形；柱头 2；花序下部 2 小穗有分枝••••••••**6. 高原嵩草 K. pusilla**

  6b. 小坚果明显具喙，非倒卵形；柱头 2～3；花序下部 3～7 小穗有分枝。

    7a. 植株纤细，秆直径约 0.5mm；叶宽 0.25～0.5mm（平展后约 0.8mm）；小坚果矩圆状椭圆形，长 2～2.5mm，宽 1～1.2mm••••••••••••••••••••••••**7. 丝叶嵩草 K. filifolia**

    7b. 植株粗壮，秆直径 1.1～1.8（～2.1）mm；叶宽 2～3mm；小坚果矩圆形或倒卵状矩圆形，长 3.2～4.2mm，宽 1.2～1.5mm••••••••••••••••••**8. 大青山嵩草 K. daqingshanica**

1. 矮生嵩草

Kobresia humilis (C. A. Mey. ex Trautv.) Serg. in Fl. U.R.S.S. 3:111. t.9. f.4.a-c. 1935; Fl. Intramongol. ed. 2, 5:313. t.121. f.6-10. 1994.——*Elyna humilis* C. A. Mey. ex Trautv. in Trudy Imp. St.-Petersb. Bot. Sada 1:21. 1871.

多年生草本。具短的木质根状茎。秆密丛生，高 3～16cm，钝三棱形。基部老叶鞘具叶片，锈褐色，多少纤维状细裂；叶扁平，基部对折，常弧状弯曲，灰绿色，短于秆或近等长，宽 1～2mm，边缘粗糙。花序为简单穗状，卵形或椭圆形，稍压扁，长 6～15mm，宽 4～6mm，淡锈褐色，基部有时具 1～2 不显著分枝；苞片鳞片状；支小穗 4～8，顶生者雄性，侧生者雄雌顺序，在基部雌花的上部具 2～3(～5) 雄花；鳞片宽卵形至卵状椭圆形，长 3.5～5.3mm，淡锈褐色，中部色浅或绿色，具 3 脉，先端急尖或钝，具白色

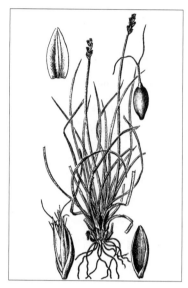

膜质宽边缘；先出叶矩圆形或长椭圆形，长约 4.8mm，淡棕褐色，2 脊微粗糙，腹侧边缘仅基部愈合，长于小坚果；柱头 2～3。小坚果矩圆形或倒卵状矩圆形，双凸状或平凸状，长约 2.8mm，宽约 1.2mm，具短喙。花果期 6～8 月。

多年生中生草本。生于荒漠区海拔 2400～3000m 的谷底草甸、林缘草甸、灌丛。产贺兰山。分布于我国宁夏、甘肃、青海、四川、西藏、新疆，蒙古国西部、印度、尼泊尔、巴基斯坦、阿富汗，中亚、西南亚。为东古北极分布种。

良等饲用植物。草质柔软，适口性好，耐践踏，具有一定营养价值。

2. 嵩草

Kobresia myosuroides (Vill.) Fiori in Fl. Italia 1: 125. 1896; Fl. China 23:280. 2010.——*Carex myosuroides* Vill. in Prosp. Hist. Dauphine 17. 1779.——*K. bellardii* (All.) Degl. ex Loisel. in Fl. Gall. 2:626. 1807; Fl. Intramongol. ed. 2, 5:314. t.121. f.1-5. 1994.——*Carex bellardii* All. in Fl. Pedem. 2:264. 1785.

多年生草本。具短的木质根状茎。秆密丛生，纤细，丝状，高 7～30(～40)cm，直径 0.5～0.7mm，直立，下部近圆柱形，上部钝三棱形。基部老叶鞘窄，先端无叶，栗褐色或棕色，有光泽，高可达 6.5cm；叶狭窄，丝状，与秆近等长或长于秆，宽 0.5～1.5(～2)mm，具沟。花序为简单穗状，条状圆柱形，长 1～2.5(～3)cm，宽 2～3mm；苞片刚毛状；支小穗 10～20，疏生，顶生者雄性，侧生者雄雌顺序，在基部雌花的上部具 1(～2) 雄花，稀减退为仅具 1 雌花，雌蕊 3；鳞片宽卵形或矩圆形，栗褐色，薄膜质，具光泽，长 3.2～4mm，具 1 脉，先端钝或急尖，具白色膜质狭边缘；先出叶狭矩圆形，长 (2.4～)3～4mm，腹侧边缘下部 1/3 处愈合，顶端近截形，膜质，2 脊微粗糙；柱头 3。小坚果矩圆状倒卵形或倒卵形，长 2～2.5mm，双凸状或扁三棱状，褐色，具光泽，顶端具短喙。花果期 6～8 月。

中生草本。生于海拔 1700m 以上的石质山坡、3350m 左右的高山草甸以及河边草甸、踏头沼泽。产兴安北部（牙克石市、阿尔山市、东乌珠穆沁旗宝格达山）、兴安南部（科尔沁右翼前旗、阿鲁科尔沁旗、巴林左旗、巴林右旗、克什克腾旗）、阴山（大青山）、贺兰山。分布于我国吉林、河北、山西、甘肃、青海、新疆，日本、朝鲜、蒙古国北部和西部、俄罗斯（西伯利亚地区、远东地区）、哈萨克斯坦，欧洲、北美洲。为泛北极分布种。

良等饲用植物。草质柔软，营养价值较高，牛、羊、马均喜食。

3. 二蕊嵩草

Kobresia bistaminata W. Z. Di et M. J. Zhong in Act. Bot. Bor.-Occid. Sin. 6(4):275. f.1.1-9. 1986; Fl. Intramongol. ed. 2, 5:314. t.122. f.7-15. 1994.——*K. myosuroides* (Vill.) Fiori subsp. *bistaminata* (W. Z. Di et M. J. Zhong) S. R. Zhang in Novon 9:453. 1999; Fl. China 23:280. 2010.

多年生草本。具短根状茎。秆密丛生，纤细，高 10～30cm，平滑。基部老叶鞘暗棕色或棕色，无叶；叶丝状，与秆近等长，边缘稍粗糙。花序顶生，穗状，条形或近棍棒状，长 1～1.5cm，宽 2～3mm；支小穗 10～20，侧生者雄雌顺序，2 花（稀 1 花）；雌花鳞片宽卵形或矩圆形，长 3～3.5mm，宽 2～2.2mm，栗色，先端钝或急尖，边缘宽透明膜质，具不明显 3 脉；先出叶卵形，长 2.5～3.5mm，棕色，膜质，顶端截形，内卷，基部 1/3 处愈合，具 2 及顶的粗糙脊。

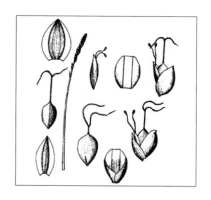

雄花鳞片披针形，对折，长2.5～3mm，宽0.8～1mm；雄蕊2，花丝极纤细；花柱基部长约2mm，柱头2（稀3）。小坚果倒卵形或倒卵状矩圆形，长2～2.5mm，绿色，后棕色，具光泽，有柄，双凸状（稀扁三棱状），顶端具短喙。

中生草本。生于荒漠带海拔约3200m的高山草甸。产贺兰山。分布于我国宁夏、甘肃、青海、四川、西藏、新疆。为青藏高原分布种。

4. 线叶嵩草

Kobresia capillifolia (Decne.) C. B. Clarke in J. Linn. Soc., Bot. 20:378. 1883; Fl. Intramongol. ed. 2, 5:316. t.123. f.1-3. 1994.——*Elyna capillifolia* Decne. in Voy. Inde 4:173. t.174. 1844.

多年生草本。具短的木质根状茎。秆密丛生，高30～44cm，纤细，直径0.8～1.1mm，近圆柱形，具沟槽。基部老叶鞘无叶片，革质，棕褐色至深褐色，具光泽，长约4cm，宽约4mm；叶丝状，灰绿色，柔软或略硬，短于秆，宽0.5～1mm，钩状内卷。花序为简单穗状，矩圆状圆柱形或条状圆柱形，长1.2～2cm，宽3～4mm，上部密生多数支小穗，下部稍疏生，稀基部具1～2短枝；支小穗顶生者雄性，侧生者雄雌顺序，在基部雌花的上部含1～4雄花；鳞片矩圆卵形，长3～5mm，棕褐色或淡褐色，具光泽，有3脉，先端钝或近尖，边缘白色膜质；先出叶矩圆形，长3～4mm，质薄，棕褐色，具光泽，先端截形，无脉，近无脊，边缘分离或在1/4处合生；柱头3。小坚果矩圆状倒卵形，三棱状，褐色，具光泽，长约2.8mm，基部具柄，顶端急缩为圆锥形喙。花果期6～7月。

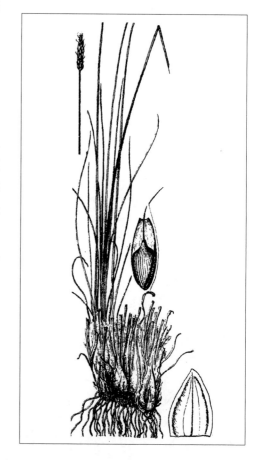

中生草本。生于草原带的河滩草甸。产兴安南部（巴林右旗）、锡林郭勒（锡林浩特市）。分布于我国甘肃、青海、四川、西藏、新疆，蒙古国西部、尼泊尔、不丹、印度、巴基斯坦、阿富汗，克什米尔地区，中亚。为中亚—亚洲中部分布种。

良等饲用植物。草质柔软，适口性好，营养丰富。

5. 高山嵩草

Kobresia pygmaea (C. B. Clarke) C. B. Clarke in Fl. Brit. India 6:696. 1894; Fl. Intramongol. ed. 2, 5:316. t.124. f.1-5. 1994.——*Hemicarex pygmaea* C. B. Clarke in J. Linn. Soc., Bot. 20: 383. 1883.

多年生矮小草本。具短的木质根状茎。秆密丛生，高1～2cm，稍坚实，近圆形或钝三棱形，直径约0.5mm，平滑。基部老叶鞘暗棕褐色；叶刚毛状，内卷，与秆近等长或长于秆，宽0.5～1mm，边缘粗糙。花序简单穗状，卵状矩圆形或矩圆形，长4～5.5mm，宽1～1.5mm，

雌雄同序；苞片鳞片状，背部近顶端伸出绿色短芒；支小穗5，侧生者雌性，具1雌花，顶生者雄性，具1雄花；鳞片宽卵形或矩圆形，长2.5～3mm，上部淡褐色，下部淡白色，具1脉，沿脉淡绿色，先端圆，有时具绿色粗糙芒尖；先出叶矩圆形，长约2mm，无脊，无脉，先端微凹，腹侧边缘基部愈合；花柱短，柱头3。小坚果倒卵状椭圆形，长1.5～2mm，扁三棱形，无喙，腹侧基部具退化小穗轴。花果期6～7月。

中生矮小草本。生于荒漠带海拔3000m左右的高山草甸，为高山草甸建群种。产贺兰山。分布于我国河北（小五台山）、山西东北部、甘肃（祁连山）、青海、四川西部、云南、西藏、新疆，不丹、尼泊尔、印度（锡金）、缅甸、巴基斯坦，克什米尔地区。为华北—青藏高原—喜马拉雅分布种。

良等饲用植物。植株矮小，产草量低，但草质柔软，营养丰富，能长期保持较高的营养水平，尤为马、牛、羊所喜食。被认为是一种"抓膘草"。

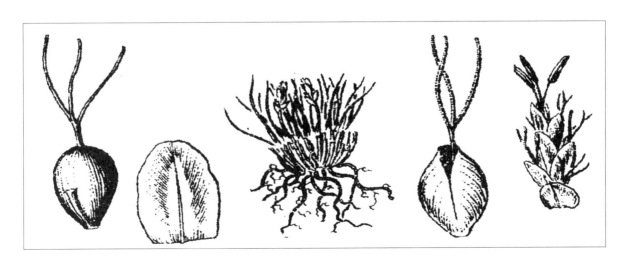

6. 高原嵩草（贺兰山嵩草）

Kobresia pusilla N. A. Ivanova in Bot. Zhurn. S.S.S.R. 24:496. 1939; Fl. China 23:284. 2010.——*K. helanshanica* W. Z. Di et M. J. Zhong in Act. Bot. Bor.-Occid. Sin. 5(4):311. f.1. 1985; Fl. Intramongol. ed. 2, 5:319. t.122. f.1-6. 1994.

多年生草本。具短的木质根状茎。秆密集丛生，直立，高 17～22cm，钝三棱形。叶条形，扁平，长 8～15cm，宽 1～2.5mm，边缘和中脉粗糙，比秆短。花序顶生，椭圆形、卵形或倒卵形，褐色，长 0.8～1.4cm，宽约 0.6cm，由多数小穗组成复穗状花序。小穗 10～13(～18)，矩圆形或狭椭圆形，长 4～6mm，雄雌顺序，2 枚最下部的侧生小穗有分枝，分枝小穗向上至顶端逐渐减化至无分枝；下部的小穗具花 5～7，有 2～3 雌花，3～4 雄花，最上部的小穗有花 1 或 2，雌花 1 和雄花 1，或仅 1 雄花。雌花鳞片卵形或卵状矩圆形，长 4～4.5mm，宽 2～2.2mm，中间部分黄绿色，有 1 粗糙的中脉，边缘白色膜质，其余部分褐色，先端钝或锐尖；先出叶膜质，矩圆形或倒卵状矩圆形，长 3.5～4mm，淡褐色，内卷，基部愈合，背部有稍粗糙的 2 脊；退化小穗轴 1；柱头 2。小坚果倒卵形，长约 2.5mm，双凸状或平凸状，比先出叶短，有光泽，无喙或具极短喙。

中生草本。生于荒漠带海拔 2900m 左右的高山草甸。产贺兰山。分布于我国河北（小五台山）、甘肃（祁连山）、青海、四川西部、西藏东半部。为华北—青藏高原分布种。

7. 丝叶嵩草

Kobresia filifolia (Turcz.) C. B. Clarke in J. Linn. Soc., Bot. 20:381. 1883; Fl. Intramongol. ed. 2, 5:319. t.124. f.6-10. 1994.——*Elyna filifolia* Turcz. in Bull. Soc. Nat. Mosc. 28(1):353. 1855.

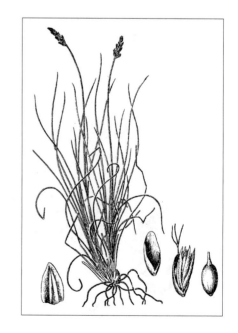

多年生草本。具短的木质根状茎。秆密丛生，纤细，高 10～45cm，直径约 0.5mm。基部老叶鞘无叶片，暗棕褐色，长 1～3(～4)cm，狭窄，宽 1.5～3.5mm；叶细，丝状，内卷，与秆近等长或稍短于秆，宽 0.25～0.5mm（平展后宽约 0.8mm），绿色至灰绿色，直立，边缘粗糙。花序穗状，卵形或矩圆状椭圆形，长 1～1.4cm，宽 2.5～4.5mm，淡棕褐色，下部具 4～5 小穗，上部为 6～7 支小穗；苞片鳞片状，具芒尖，长约 4mm；支小穗雄雌顺序，在基部雌花上部具 1～6 雄花；鳞片宽卵形，淡棕褐色，具光泽，长约 3.3mm，中部色浅，具 3 脉，两侧脉不明显，先端急尖；先出叶矩圆状卵形，长约 3.3mm，棕褐色，具光泽，无脊，无脉，先端钝，腹侧边缘仅基部愈合；柱头 3 或 2。小坚果矩圆状椭圆形，具光泽，长 2～2.5mm，宽 1～1.2mm，具喙。花果期 6～7 月。

中生草本。生于草原带海拔 1900m 左右的亚高山草甸、沼泽化草甸。产兴安南部（阿鲁科尔沁旗、巴林右旗、克什克腾旗、锡林浩特市）、赤峰丘陵（翁牛特旗）、阴山（大青山）。分布于我国河北西部、山西、甘肃中部、青海东北部和南部，蒙古国北部和西部、俄罗斯（西伯利亚地区）。为亚洲中部分布种。

良等饲用植物。茎叶柔软，营养价值高，适口性好，四季均可利用。

8. 大青山嵩草

Kobresia daqingshanica X. Y. Mao in Act. Nat. Sci. Univ. Intramongol. 19(2):341. f1. 1988; Fl. Intramongol. ed. 2, 5:321. t.123. f.4-8. 1994.

多年生草本。根状茎明显，木质。秆密集丛生，直立，高 30～70(～91)cm，直径 1.1～1.8(～2.1)mm，钝三棱形，下部近圆柱形，具细沟槽，仅花序下稍粗糙，基部围有多数无叶片的老叶鞘。叶鞘褐色或栗色，革质，稍有光泽，长 5～8(～9)cm；叶条形，鲜绿色，长 25～45cm，短于秆，宽 2～3mm，扁平或微对折，边缘粗糙。花序顶生，圆柱形或矩圆形，下部稍宽，淡褐色，长 (2～)2.5～3.5(～4)cm，直径 5～7mm，由多数小穗组成复穗状花序，有时叶下部稍稀疏；苞片鳞片状，先端具芒；小穗 11～22，矩圆形或狭椭圆形，长 4～8(～9)mm，雄雌顺序，下部 3～7(～8) 小穗具分枝，不分枝的小穗通常含花 2～9(雌花 1，雄花 1～8)，向上到顶端花数逐渐减少；雌花鳞片宽矩圆形或卵状矩圆形，长 5～5.5mm，褐色，具宽的白色膜质边缘，中部黄绿色，中脉平滑，先端常具短芒；先出叶卵状矩圆形或宽卵形，长 3.5～4.8mm，宽 1.8～2.2mm，膜质，棕褐色，具光泽，先端钝或截形且呈啮蚀状，基部稍愈合或边缘分离，背部有 1～2 脊或不明显；有时有退化小穗轴；柱头 2～3。小坚果矩圆形或倒卵状矩圆形，稀为卵状矩圆形，长 3.2～4.2mm，宽 1.2～1.5mm，短于先出叶或近等长，褐色，具光泽，先端急缩为喙；喙长 0.7～0.9mm，圆锥形，上部暗褐色。花果期 5～8 月。

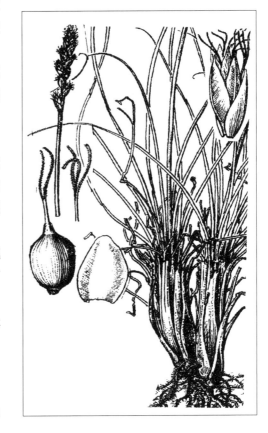

中生草本。生于草原带海拔 1910m 左右的亚高山草甸。产阴山（大青山）。为大青山分布种。

Flora of China (23:284. 2010.) 将本种并入高原嵩草 *K. pusilla* N. A. Ivanova，似觉不妥。

14. 薹草属 Carex L.

多年生草本。具根状茎。秆丛生或单生，三棱形或近三棱形。基部叶鞘无叶或具叶，有时细裂成纤维状或网状，上部叶鞘具叶片；叶片条形，通常具3明显叶脉，呈禾叶状。苞片叶状、鳞片状、刚毛状或佛焰苞状，托于小穗下，具苞鞘或无鞘；小穗单一至多数，单性或两性（雄花中位于雌花之上的为雄雌顺序，反之为雌雄顺序），具柄或无柄，多生于秆之顶端或上部，构成穗状、总状、头状或圆锥花序；鳞片螺旋状排列于小穗轴的周围。花单性，无花被，单生于鳞片腋间；雄花通常具雄蕊3，花丝离生；雌花具1雌蕊，子房包于果囊内，果囊顶端具喙或无喙。小坚果疏松或紧包于果囊中，平凸状、双凸状或三棱状，基部有时具退化小穗轴；花柱基部膨大或否，柱头2～3。

内蒙古有100种。

分种检索表

1a. 小穗单一，顶生，雄雌顺序（**1. 单穗薹草亚属** Subgen. **Primocarex**）。

  2a. 雌花鳞片宿存，小坚果基部具狭条形退化小穗轴。

    3a. 果囊近于膜质，倒卵状椭圆形，无光泽，成熟时水平开展；雌花鳞片先端钝圆；根状茎短……………………………………………………………………………………**1. 额尔古纳薹草 C. argunensis**

    3b. 果囊革质，倒卵状披针形，具光泽，成熟时斜开展；雌花鳞片先端渐尖至急尖；根状茎长而匍匐…………………………………………………………………………**2. 北薹草 C. obtusata**

  2b. 雌花鳞片脱落，小坚果基部无退化小穗轴。

    4a. 果囊具少数不明显细脉，卵形或卵状椭圆形，长2～2.5mm，顶端稍收缩为不明显的喙………………………………………………………………………………………**3. 针薹草 C. dahurica**

    4b. 果囊具多数明显细脉。

      5a. 秆平滑，小穗通常具11～19（～21）果囊，果囊喙口微凹…………**4. 大针薹草 C. uda**

      5b. 秆稍粗糙，小穗通常具5～7果囊，果囊喙口具2尖齿…………**5. 阴地针薹草 C. onoei**

1b. 小穗2枚以上。

  6a. 小穗两性（雄雌顺序或雌雄顺序），稀单性；枝先出叶通常不发育；柱头2，稀3（**2. 二柱薹草亚属** Subgen. **Vignea**）。

    7a. 小穗为雄雌顺序，有时部分小穗为单性或雌性。

      8a. 根状茎短，秆丛生。

        9a. 果囊革质，边缘钝，无翅；花序疏松，狭窄……………………**6. 圆锥薹草 C. diandra**

        9b. 果囊膜质，边缘锐，具增厚的边或有翅。

          10a. 果囊中部以上边缘具宽翅；穗状花序呈尖塔状圆柱形；苞片叶状，长于花序若干倍………………………………………………………………………**7. 翼果薹草 C. neurocarpa**

          10b. 果囊边缘增厚，无翅；穗状花序圆柱形。

            11a. 苞片刚毛状，最下部的1～2枚叶状，长于小穗；果囊上部具紫红色小点…………………………………………………………………………………**8. 尖嘴薹草 C. leiorhyncha**

            11b. 苞片全部为鳞片状，均短于小穗；果囊无紫色小点………………………………………………………………………………………………**9. 假尖嘴薹草 C. laevissima**

      8b. 根状茎长而匍匐，秆散生。

12a. 果囊边缘具翅或仅上部边缘具狭翅，翅缘具微齿；通常喙口深裂。

 13a. 根状茎长 100～200cm，三棱形；沼生·················· **10. 漂筏薹草 C. pseudocuraica**

 13b. 根状茎相对较短，近圆柱形；陆生。

  14a. 果囊两面疏生短毛，常具小疣，边缘具膜质宽翅。

   15a. 叶较宽，宽 2.5～5mm；花序长 3～5cm····· **11a. 疣囊薹草 C. pallida** var. **pallida**

   15b. 叶较狭窄，宽 1～2mm；花序较短，长 1.3～2cm··························

    ················ **11b. 狭叶疣囊薹草 C. pallida** var. **angustifolia**

  14b. 果囊平滑，边缘具狭翅。

   16a. 果囊卵形，正面具 3～5 脉，顶端渐狭为长喙；穗状花序长 1～2cm··········

    ···················· **12. 山林薹草 C. yamatsutana**

   16b. 果囊宽卵形，两面具多数细脉，顶端急狭为喙；穗状花序长 2.5～5.5cm··········

    ······················· **13. 二柱薹草 C. lithophila**

12b. 果囊边缘无翅，喙口斜裂或浅裂。

 17a. 果囊通常平凸状，边缘呈锐角。

  18a. 果囊革质；根状茎细长，匍匐，直径 0.8～1.5（～2）mm；秆束状丛生。

   19a. 果囊宽卵形或近圆形，长 3～3.2mm，两面无脉或具 1～5 不明显脉，顶端急缩为短喙。

    20a. 雌花鳞片具窄的白色膜质边缘，叶片内卷··························

    ·············· **14a. 寸草薹 C. duriuscula** subsp. **duriuscula**

    20b. 雌花鳞片具宽的白色膜质边缘，叶片平展··························

    ·············· **14b. 白颖薹草 C. duriuscula** subsp. **rigescens**

   19b. 果囊卵形或卵状椭圆形，长 3.5～4.5mm，两面近基部具 10～15 脉，顶端渐狭为较长的喙·············· **15. 砾薹草 C. stenophylloides**

  18b. 果囊近膜质；匍匐根状茎粗壮，直径 2.5～5mm；秆 1～3 散生。

   21a. 喙平滑；果囊具细脉至不明显脉，近双凸状或平凸状；叶细，内卷成针状··········

    ··················· **16. 走茎薹草 C. reptabunda**

   21b. 喙缘粗糙；果囊具不明显脉至无脉，平凸状；叶片扁平或打折··········

    ······················· **17. 无脉薹草 C. enervis**

 17b. 果囊双凸状，边缘钝圆；小穗上部具 1～2 雄花，下部具 2 或 3 雌花，或顶生小穗全为雄花·············· **18. 二籽薹草 C. disperma**

7b. 小穗为雌雄顺序。

22a. 花序下部苞片叶状，通常 3，长于花序，其中 1 或 2 超出花序数倍；小穗密集成球形或卵形头状花序·············· **19. 莎薹草 C. bohemica**

22b. 花序下部苞片鳞片状，稀呈刚毛状。

 23a. 果囊无细点，边缘中部以上具细齿状狭翅，顶端渐狭为长喙；喙口 2 齿状深裂··········

  ····················· **20. 狭囊薹草 C. diplasiocarpa**

 23b. 果囊密生细点，具短喙或近无喙；喙口近全缘或微凹。

  24a. 果囊顶端急狭为短喙，喙缘稍粗糙；花序长 3.5～5.5cm，具小穗 5～8··········

  ····················· **21. 白山薹草 C. canescens**

24b. 果囊近无喙，喙缘平滑。

    25a. 小穗聚集成头状或稍疏松的穗状花序，叶灰绿色，果囊两面各具明显脉 5 ～ 9，鳞片与果囊近等长或稍短……………………………………………………**22. 细花薹草 C. tenuiflora**

    25b. 小穗彼此远离或仅上部 2 枚接近生，叶淡绿色，果囊具凸起脉，鳞片明显短于果囊………………………………………………………………………**23. 间穗薹草 C. loliacea**

6b. 小穗单性（上部为雄小穗，下部为雌小穗），稀两性（上部小穗雄雌顺序或雌雄顺序，下部为雌小穗）；枝先出叶呈鞘状；柱头 3，稀 2（**3. 薹草亚属 Subgen. Eucarex**）。

  26a. 柱头 3，小坚果三棱状（但 *Carex humida* 的柱头 2，小坚果双凸状）。

    27a. 果囊三棱状，非背腹压扁。

      28a. 叶具横隔；果囊喙口质硬，2 齿裂或微缺。

        29a. 植株或果囊无毛，仅喙缘有时稍粗糙。

          30a. 果囊膜质，具长喙。

            31a. 果囊膨大，喙齿不外弯。

              32a. 喙口明显 2 齿裂。

                33a. 果囊水平开展或向下反折，顶端多少急缩为长喙。

                  34a. 雄小穗单一（稀 2），果囊具弯生长柄………………………………………………………**24. 柄薹草 C. mollissima**

                  34b. 雄小穗 2 ～ 7，果囊具短柄或近无柄。

                    35a. 秆钝三棱形；叶宽 3 ～ 5mm，灰绿色；雌小穗宽 6 ～ 9mm。

                      36a. 雌花鳞片矩圆状披针形，与果囊近等长或稍短；果囊长约 4mm………**25. 灰株薹草 C. rostrata**

                      36b. 雌花鳞片卵状披针形，短于果囊；果囊长约 5mm………**26. 褐黄鳞薹草 C. vesicata**

                  35b. 秆锐三棱形；叶宽（6 ～）8 ～ 15mm，鲜绿色；雌小穗宽 1 ～ 1.3cm…**27. 大穗薹草 C. rhynchophysa**

                33b. 果囊斜开展，顶端渐狭为喙………**28. 膜囊薹草 C. vesicaria**

              32b. 喙口微缺，无明显裂齿；雌花鳞片卵形或披针状卵形；果囊长 3.5 ～ 4.5mm；小穗长 1.5 ～ 3cm；植株高 15 ～ 50cm………………………………………**29. 二色薹草 C. dichroa**

             31b. 果囊不膨大；喙齿长，外弯呈双钩状或近直立。

              37a. 雌小穗矩圆状卵形或短柱状，长 1.5 ～ 3cm，宽 1.5 ～ 2cm；果囊不倒生；喙齿长，外弯成双钩状或羊角状…**30. 羊角薹草 C. capricornis**

              37b. 雌小穗长圆柱状，长 3 ～ 6cm，宽 0.8 ～ 1cm，下垂；果囊在穗轴上倒生，喙齿狭长，直立………**31. 假莎草薹草 C. pseudocyperus**

           30b. 果囊革质或近革质，具明显或不明显的短喙。

            38a. 果囊革质，具明显隆起的脉至无脉；喙明显。

              39a. 基部叶鞘褐色；叶背面密被乳头状突起；雌小穗矩圆形或圆柱形，长 0.8 ～ 2cm，通常靠近上部的雄小穗；果囊无脉或近无脉…………………………………………………………**32. 异穗薹草 C. heterostachya**

39b. 基部叶鞘紫红色；叶背面无乳头状突起；雌小穗圆柱形或矩圆状圆柱形，长 1.5～5cm，通常远离雄小穗。

  40a. 果囊明显具脉，喙口无毛。

    41a. 果囊暗血红褐色，有明显隆起的脉；喙口 2 齿叉开···**33. 叉齿薹草 C. gotoi**

    41b. 果囊橙黄色或黄褐色，有稍隆起的脉；喙口 2 齿近直立··············

      ···**34. 准噶尔薹草 C. songorica**

  40b. 果囊脉不明显，绿黄色；喙口具短硬毛，喙齿直立···**35. 阴山薹草 C. yinshanica**

38b. 果囊近革质、海棉质状或木栓质状，具细凸脉；喙短，不明显。

  42a. 雌小穗接近生；秆节间短；叶呈束状集生；果囊干后绿黄色，仅基部具明显脉········

    ···**36. 栓皮薹草 C. pumila**

  42b. 雌小穗远离生；秆节间长；叶不呈束状；果囊干后灰褐色或黄褐色，全部具明显脉。

    43a. 果囊矩圆状卵形；喙口半月状微凹；小坚果较大，长约 3.2mm········

      ···**37. 粗脉薹草 C. rugulosa**

    43b. 果囊披针形或矩圆形；喙口稍深裂；小坚果较小，长约 2mm········

      ···**38. 长秆薹草 C. kirganica**

29b. 植株或果囊具毛。

  44a. 果囊密被黄褐色茸毛，具短喙，喙口多少呈半月状凹缺；叶片钩状内卷，呈刚毛状········

    ···**39. 毛薹草 C. lasiocarpa**

  44b. 果囊无毛或仅边缘稍有毛，具长喙，喙口 2 齿状深裂；叶片扁平。

    45a. 果囊草质，卵圆形；叶片下面无细小颗粒状凸起。

      46a. 上部叶鞘无毛或仅鞘口具柔毛，叶宽 3～6mm，两面无毛；果囊长 5～6mm·····

      ···**40a. 野笠薹草 C. drymophila** var. **drymophila**

      46b. 叶鞘密被短柔毛；叶宽 5～10mm，下面疏具柔毛；果囊长 6～7mm·····

      ···**40b. 黑水薹草 C. drymophila** var. **abbreviata**

    45b. 果囊薄草质，矩圆状披针形或圆锥状卵形；叶片下面密被细小颗粒状凸起。

      47a. 果囊矩圆状圆锥形，长（7～）8～9（～10）mm；喙口背面裂口较深，常呈半圆形···

      ···**41. 锥囊薹草 C. raddei**

      47b. 果囊圆锥状卵形，长 6～7（～8）mm，喙口背腹两面裂口深度相等············

      ···**42. 直穗薹草 C. atherodes**

28b. 叶通常无横隔；果囊喙口膜质，全缘或微 2 齿裂。

  48a. 苞片具苞鞘。

    49a. 叶狭长披针形，宽 1～2.7（～3）cm·············**43. 宽叶薹草 C. siderosticta**

    49b. 叶条形或丝状。

      50a. 果囊平滑无毛。

        51a. 雌花鳞片密生锈色斑点，果囊密生乳头状突起·····**44. 斑点果薹草 C. maculata**

        51b. 雌花鳞片无锈色斑点，果囊无乳头状突起。

          52a. 根状茎短，喙直。

            53a. 植株大型；根状茎密被深褐色细裂成纤维状的老叶鞘；果囊长 5～6mm，具长喙·············**45. 麻根薹草 C. arnellii**

53b. 植株较小；根状茎无纤维状的老叶鞘；果囊较小，长不超过 4mm，具长喙或短喙。

 54a. 顶生小穗为雄雌顺序；果囊具少数不明显脉，喙平滑；植株纤弱细小⋯⋯⋯⋯⋯⋯⋯⋯⋯⋯⋯⋯⋯⋯⋯⋯⋯⋯⋯⋯⋯⋯⋯⋯⋯⋯⋯⋯⋯**46. 细毛薹草 C. sedakowii**

 54b. 顶生小穗为雄小穗或雌雄顺序；果囊无脉，喙缘具少数短刺毛。

  55a. 雌小穗具 30 余朵花，花密生，顶生小穗为雄小穗或雌雄顺序；果囊具短喙⋯⋯⋯⋯⋯⋯⋯⋯⋯⋯⋯⋯⋯⋯⋯⋯⋯⋯⋯⋯⋯⋯⋯**47. 小粒薹草 C. karoi**

  55b. 雌小穗具花 4～16（～18），花稀疏，顶生小穗为雄小穗。

   56a. 顶生小穗不超出相邻雌小穗，果囊具光泽，叶为秆长的 1/3～1/2。

    57a. 果囊椭圆状卵形或狭卵形，长 3.5～4mm，顶端渐狭成较长喙⋯⋯⋯⋯⋯⋯⋯⋯⋯⋯⋯⋯⋯⋯⋯⋯⋯⋯⋯⋯**48. 纤弱薹草 C. capillaris**

    57b. 果囊卵状纺锤形、倒卵状纺锤形，长约3mm，膨胀，褐色，先端具短喙⋯⋯⋯⋯⋯⋯⋯⋯⋯⋯⋯⋯⋯⋯⋯⋯**49. 绿穗薹草 C. chlorostachys**

   56b. 顶生小穗明显超出相邻雌小穗。

    58a. 果囊不膨胀，钝三棱形，淡绿黄色或淡黄褐色，具光泽，先端急缩成短喙，喙口边缘具短硬毛；叶明显短于茎；顶端雄小穗倒披针形或棒形⋯⋯⋯⋯⋯⋯⋯⋯⋯⋯⋯⋯⋯⋯**50. 棒穗薹草 C. ledebouriana**

    58b. 果囊扁三棱形，淡黄绿色，无光泽，顶端渐狭为长喙，喙口边缘粗糙；叶稍短于秆；顶端雄小穗披针形或条形⋯**51. 细形薹草 C. tenuiformis**

52b. 根状茎细长。

 59a. 喙向背侧扭转；叶片扁平，宽 3～5mm⋯⋯⋯⋯**52. 大少花薹草 C. vaginata var. petersii**

 59b. 喙直立；叶片对折或内卷，宽 1～1.5mm。

  60a. 雌小穗具小花 5 朵以上，排列较紧密⋯⋯⋯⋯⋯⋯⋯**53. 和林薹草 C. helingeeriensis**

  60b. 雌小穗具小花 2～4，排列稀疏⋯⋯⋯⋯⋯⋯⋯⋯⋯⋯⋯**54. 乌苏里薹草 C. ussuriensis**

50b. 果囊被短柔毛或糙毛。

61a. 小坚果顶端不缢缩为盘状；果囊梨状倒卵形，近无喙；苞片通常佛焰苞状。

 62a. 下方 1 枚雌小穗极远离生；小穗柄细丝状，极长，可达 9cm⋯⋯**55. 阿右薹草 C. ayouensis**

 62b. 下方 1 枚雌小穗非极远离生，小穗柄较短。

  63a. 苞鞘边缘狭膜质，大部分绿色，最下 1 枚先端具明显的短叶片，稀为刚毛状；雌小穗轴通常直。

   64a. 根状茎短缩，斜生；果囊背面无脉或基部稍有脉，腹面仅基部具 3～5 不明显脉⋯⋯⋯⋯⋯⋯⋯⋯⋯⋯⋯⋯⋯⋯⋯⋯⋯⋯⋯⋯**56. 脚薹草 C. pediformis**

   64b. 根状茎匍匐，果囊具明显凸脉或无脉。

    65a. 叶扁平。

     66a. 果囊中部以上密被短柔毛，具明显凸脉；苞片细小，刚毛状⋯⋯⋯⋯⋯⋯⋯⋯⋯⋯⋯⋯⋯⋯⋯⋯⋯⋯⋯⋯**57. 楔囊薹草 C. reventa**

     66b. 果囊全体密被短毛，无脉；苞片叶状，最下 1 枚长达 4cm⋯⋯⋯⋯⋯⋯⋯⋯⋯⋯⋯⋯⋯⋯⋯⋯⋯⋯⋯⋯⋯⋯**58. 祁连薹草 C. allivescens**

    65b. 叶内卷成刚毛状；苞叶顶端叶状；果囊仅顶端疏生短毛，下部无毛⋯⋯⋯⋯⋯⋯⋯⋯⋯⋯⋯⋯⋯⋯⋯⋯⋯⋯⋯⋯**59. 肋脉薹草 C. pachyneura**

63b. 苞鞘腹侧非绿色，顶端通常无叶片；雌小穗轴常"之"字形弯曲或不明显膝曲。

67a. 秆高 10 ～ 36cm，不隐藏于叶丛基部，与叶近等长或稍短。

68a. 果囊具多数明显凸脉。

69a. 雌花鳞片披针形或卵状披针形，比果囊长 1/3 ～ 1/2，先端渐尖；果喙极短。

70a. 植株较高；雌小穗具花（4 ～）6 ～ 7，小穗轴通常"之"字形膝曲，稀近直…
…………………………………………………**60a. 凸脉薹草 C. lanceolata** var. **lanceolata**

70b. 植株较矮小；雌小穗具花 2 ～ 3，小穗轴明显膝曲…………………
…………………………………………………**60b. 少花凸脉薹草 C. lanceolata** var. **laxa**

69b. 雌花鳞片卵形，与果囊近等长，先端具细尖；果囊的喙较长…………
…………………………………………………**60c. 阿拉善凸脉薹草 C. lanceolata** var. **alaschanica**

68b. 果囊无脉或背面基部具 3 或 4 极不明显脉；雌花鳞片宽椭圆形，先端近圆形，具粗
糙短芒尖…………………………………………………**61. 早春薹草 C. subpediformis**

67b. 秆极短，隐藏于叶丛基部。

71a. 根状茎细长，匍匐或斜生；秆疏丛生；雌花鳞片披针形………**62. 低矮薹草 C. humilis**

71b. 根状茎粗壮，短；秆密丛生；雌花鳞片卵形……**63. 矮丛薹草 C. callitrichos** var. **nana**

61b. 小坚果顶端通常缢缩为盘状；果囊卵形或倒卵状椭圆形，具短喙；苞片叶状。

72a. 小坚果顶端呈盘状。

73a. 根状茎短，植株密丛生，果囊喙口微凹或深 2 齿裂。

74a. 雌、雄花鳞片苍白色，中部绿色；果喙口微凹………**64. 等穗薹草 C. breviculmis**

74b. 雌、雄花鳞片淡褐色，雄小穗锈褐色；果喙口深 2 齿裂…**65. 绿囊薹草 C. hypochlora**

73b. 根状茎细长匍匐；植株疏丛生；果囊喙口背侧微凹，腹侧截形。

75a. 果囊倒卵形，具 2 ～ 4 不明显脉，顶端急缩为稍弯曲的短喙………………………
…………………………………………………**66. 小苞叶薹草 C. subebracteata**

75b. 果囊卵状椭圆形，具多数明显细脉，顶端渐狭为圆锥状直喙…………………
…………………………………………………**67. 截嘴薹草 C. nervata**

72b. 小坚果顶端呈喙状，基部常具丝状退化小穗轴………………**68. 轴薹草 C. rostellifera**

48b. 苞片无苞鞘，叶状或鳞片状。

76a. 顶生小穗为雄小穗，其余为雌小穗。

77a. 雌小穗矩圆形或长圆柱形，下方小穗具短柄；小坚果疏松包于果囊中；苞片叶状。

78a. 秆具狭翼；果囊无乳头状突起，具中等长的喙或长喙。

79a. 叶带粉白色；果囊干后淡绿色，具光泽；喙中等长，圆锥形，顶端具 2 小齿…
…………………………………………………**69. 日本薹草 C. japonica**

79b. 叶灰绿色；果囊干后灰绿色或绿褐色，无光泽；喙口斜截形…………………
…………………………………………………**70. 弯囊薹草 C. dispalata**

78b. 秆无翼；果囊密被细小乳头状突起，具短喙…………**71. 米柱薹草 C. glauciformis**

77b. 雌小穗球形、卵形或矩圆形，无柄或近无柄；小坚果紧包于果囊中；苞片通常鳞片状，稀
为刚毛状或叶状。

80a. 果囊具短毛或糙硬毛，无光泽，膜质或草质，喙口微凹或稍 2 齿裂。

81a. 果囊具多数隆起的脉。

82a. 苞片叶状，叶无毛，根状茎匍匐或斜生，秆疏丛生，果囊倒卵形至椭圆形……………………………………………………………………………**72. 球穗薹草 C. globularis**

82b. 苞片鳞片状，叶上面疏生短糙毛，根状茎短，秆密丛生，果囊矩圆状倒卵形或椭圆形……………………………………………………………………**73. 卷叶薹草 C. ulobasis**

81b. 果囊具少数不明显脉，密被极短糙硬毛。

83a. 最下面的苞片叶状，有时较狭，上面的苞片鳞片状；雌花鳞片宽卵形，先端渐尖……………………………………………………………………………**74. 兴安薹草 C. chinganensis**

83b. 苞片鳞片状；雌花鳞片卵形，先端渐尖，具短尖……**75. 鳞苞薹草 C. vanheurckii**

80b. 果囊平滑无毛，具光泽，革质或纸质，喙口斜截形。

84a. 果囊成熟时红棕色，喙长约 1.5mm；雌小穗密集生于秆的上端……………………………………………………………………………………**76. 青海薹草 C. ivanoviae**

84b. 果囊的喙长约 0.5mm，成熟果囊金黄色或棕黄色；雌小穗最下面的 1 枚较远离。

85a. 雄花鳞片狭长卵形或披针形，先端急尖；果囊金黄色，具脉……………………………………………………………………………**77. 黄囊薹草 C. korshinskii**

85b. 雄花鳞片宽倒卵形，先端近圆形；果囊棕绿色，果熟时棕黄色，无脉……………………………………………………………………………………**78. 干生薹草 C. aridula**

76b. 顶生小穗为雌雄顺序或雄雌顺序，稀为雄小穗，其余为雌小穗。

86a. 顶生小穗通常为雄小穗，稀杂性。

87a. 雌小穗狭圆柱形，长 2～3cm，宽 3～4mm，远离生；果囊淡绿色，具明显细脉…………………………………………………………………………**79. 短鳞薹草 C. augustinowiczii**

87b. 雌小穗卵形或矩圆形，长 0.7～1.8cm，宽约 8mm，密集生；果囊黄绿色，上部带紫色，近无脉…………………………………………………………**80. 青藏薹草 C. moorcroftii**

86b. 顶生小穗为雌雄顺序或雄雌顺序，稀为雄性。

88a. 小穗具长柄，花序常下倾……………………………………**81. 华北薹草 C. hancockiana**

88b. 小穗无柄，聚集生或基部 1 枚稍远离生；花序直立。

89a. 花序较小；顶生小穗为雌雄顺序，长 0.5～1cm；叶片下面及果囊无细小乳头状突起。

90a. 果囊稍膨大，三棱形；雌花鳞片长约 2mm，明显短于果囊……………………………………………………………………**82. 紫鳞薹草 C. angarae**

90b. 果囊不膨胀；雌花鳞片长 2～2.2mm，稍短于果囊……………………………………………………………………………………**83. 紫喙薹草 C. serreana**

89b. 花序较大；顶生小穗为雄雌顺序或雌雄顺序，有时为雄小穗，长 1～2.5cm；叶片下面及果囊有细小乳头状突起…………**84. 沙地薹草 C. sabulosa**

27b. 果囊背腹压扁，不呈三棱状，或由于小坚果而使果囊中部稍隆起。

91a. 果囊边缘具锯齿状狭翼；雌小穗远离生，几达秆之基部…………**85. 离穗薹草 C. eremopyroides**

91b. 果囊边缘无翼，小穗皆生于秆之上部。

92a. 苞片具苞鞘。

93a. 果囊不具小刺状粗糙及毛。

94a. 果囊密被乳头状突起，革质。

95a. 雌小穗狭窄，宽约 5mm；苞片具管状长苞鞘；秆及叶片下面无乳头状突起……………
……………………………………………………………………**86. 疏薹草 C. laxa**

95b. 雌小穗宽 0.8～1cm；苞片具短鞘；秆及叶片下面密被细小乳头状突起………
……………………………………………………………………**87. 沼薹草 C. limosa**

94b. 果囊无乳头状突起，平滑，膜质，宽椭圆形，极压扁三棱形………………
………………………………………………………………**88. 扁囊薹草 C. coriophora**

93b. 果囊密生小凸起而成小刺毛状粗糙………………………**89. 鹤果薹草 C. cranaocarpa**

92b. 苞片无苞鞘；果囊密被细小乳头状突起，喙口全缘；植株密丛生；根状茎短，形成踏头…………
……………………………………………………………………**90. 乌拉草 C. meyeriana**

26b. 柱头 2，小坚果平凸状或双凸状。

96a. 顶生 1～3 小穗为雄小穗。

97a. 果囊有时具紫红色线点状斑纹；喙长约 0.5mm，喙口 2 齿裂；根状茎长，匍匐…………
……………………………………………………………………**91. 异鳞薹草 C. heterolepis**

97b. 果囊无紫红色线点状斑纹。

98a. 果囊的喙短或无喙，喙口全缘或微凹。

99a. 根状茎缩短，不匍匐；秆密丛生，形成踏头。

100a. 果囊明显具细脉 5～7（～10）。

101a. 果囊较大，长 2.2～3.5mm；鳞片大，长 2～3mm…………………
…………………**92a. 灰脉薹草 C. appendiculata** var. **appendiculata**

101b. 果囊较小，长 1.8～2.2mm；鳞片小，长 1.5～2mm…………
……………**92b. 小囊灰脉薹草 C. appendiculata** var. **sacculiformis**

100b. 果囊无脉或有时具 1～3 不明显的脉。

102a. 基部叶鞘深紫褐色或红褐色；雌小穗接近生；果囊不膨大，边缘
平滑…………………………………………**93. 丛薹草 C. caespitosa**

102b. 基部叶鞘浅褐色至黑褐色；雌小穗远离生；果囊膨大，上部边缘
微粗糙…………………………………………**94. 膨囊薹草 C. schmidtii**

99b. 根状茎细长而匍匐；秆疏丛生，不形成踏头。

103a. 果囊具脉。

104a. 果囊长椭圆形至椭圆形，长 2.5～3.8mm；雌花鳞片较大，长
1.5～2.75mm；下部雌小穗具短柄………**95. 陌上菅 C. thunbergii**

104b. 果囊宽倒卵形或近圆形，长 2～2.5mm；雌花鳞片较小，长
1.5～1.9mm；下部雌小穗无柄………**96. 双辽薹草 C. platysperma**

103b. 果囊无脉。

105a. 果囊卵形或宽卵状椭圆形，灰黄绿色，无凸起………………
…………………………………………**97. 匍枝薹草 C. cinerascens**

105b. 果囊近圆形或倒卵状圆形，下部淡褐色，上部暗紫色，密生瘤状
小突起………………………………**98. 圆囊薹草 C. orbicularis**

98b. 果囊的喙粗长，喙口深裂为 2 齿状；根状茎具长的地下长匍匐茎；秆密丛生
……………………………………………………………………**99. 湿薹草 C. humida**

96b. 顶生小穗为雌雄顺序………………………………**100. 蟋蟀薹草 C. eleusinoides**

1. 额尔古纳薹草

Carex argunensis Turcz. ex Ledeb. in Fl. Ross. 4:267. 1852; Fl. Intramongol. ed. 2, 5:327. t.125. f.5-8. 1994.

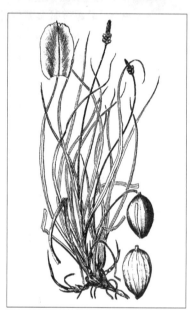

多年生草本。根状茎，匍匐或斜生，被深褐色且细裂成纤维状的老叶鞘。秆疏丛生或有时密生，高 9～28cm，平滑。基部叶鞘浅褐色，细裂，稍呈纤维状；叶片扁平，稍弯曲，黄灰色或带绿色，与秆等长或稍长于秆，宽 1.5～3mm，上面平滑，下面微粗糙。小穗单一，顶生，雄雌顺序，黄褐色；雄花部分与雌花部分相等或较之略长，宽条状棒形。雌花部分具 5～12花；雌花鳞片近于矩圆形，先端钝圆，全缘或为不规则浅波状缘，或有时呈撕裂状，常具小尖头，浅黄褐色，边缘宽膜质，长 3～4(～5.5)mm；果囊近于膜质，倒卵状椭圆形，略呈三棱形，无光泽，脉不明显，长 (3.5～)4～4.5mm，顶端具短喙；喙长 0.25～0.5mm，喙口凹缺，成熟时水平开展。小坚果椭圆形，三棱状，浅褐色，基部具狭条形退化小穗轴；花柱基部短圆锥状，柱头 3。花果期 5～7 月。

中生草本。生于森林草原带的石质山地草原，沙地樟子松林林下、林间。产岭西（额尔古纳市、海拉尔区）、兴安南部（克什克腾旗）。分布于我国黑龙江，蒙古国北部和西部、俄罗斯（东西伯利亚地区、远东地区）。为东西伯利亚—满洲分布种。

2. 北薹草

Carex obtusata Lilj. in Kongl. Vet. Acad. Nya Handl. 14:69. 1793; Fl. Intramongol. ed. 2, 5:328. t.125. f.1-4. 1994.

多年生草本。具长匍匐根状茎。秆纤细，高 10～17cm，三棱形，上部常倒向糙涩，下部生叶。基部叶鞘无叶片，紫红色或黑紫褐色，边缘有时细裂；叶片扁平，浅蓝灰色，短于秆，宽 0.5～2mm，边缘糙涩。小穗单一，顶生，雄雌顺序，长 1～1.6cm；雄花部分条形，长 0.5～0.8mm。雌花部分较宽，与雄花部分近等长，具 (3～)5～7果囊；雌花鳞片卵形，浅褐色，先端渐尖至急尖，中部具 1 脉，边缘宽膜质，白色，长 3～3.5(～4)mm；果囊革质，倒卵状披针形，具光泽，茶褐色，无毛，具不明显钩状脉，长 2.5～3mm，基部渐狭，

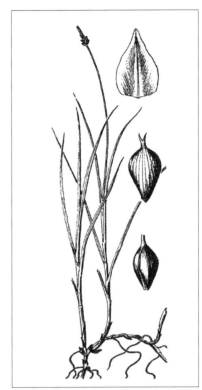

收缩成不明显的柄，顶端具长约 0.5mm 的短喙；喙口膜质，斜截形，成熟时斜开展。小坚果疏松包于果囊中，近椭圆形，三棱形略压扁，长 1.25～1.5mm，基部具细条形退化小穗轴，与小坚果近等长；花柱基部不膨大，柱头 3。果期 6～7 月。

中生草本。生于森林带和草原带的阔叶林林下、林缘，山地草甸或草原。产兴安北部（额尔古纳市、根河市、阿尔山市伊尔施林场）、锡林郭勒（镶黄旗）、阴山（大青山）、乌兰察布（乌拉特中旗）。分布于我国黑龙江西北部、新疆北部，蒙古国北部和西部、俄罗斯、哈萨克斯坦，西南亚，欧洲、北美洲。为泛北极分布种。

3. 针薹草

Carex dahurica Kuk. in Repert. Spec. Nov. Regni Veg. 8:326. 1910; Fl. Intramongol. ed. 2, 5:328. t.126. f.1-4. 1994.

多年生草本。根状茎短。秆丛生，纤细，直立，高 7.5～16cm，平滑。基部叶鞘无叶片，浅褐色；叶片狭窄，条状针形，短于秆（极稀有长出于秆者），宽约 0.5mm。小穗单一，顶生，雄雌顺序，卵形、广卵形至卵圆形，长 3～5.5mm，宽 2～4mm；雄花部分发育较弱，条形，具

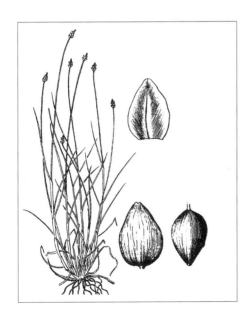

3～6(～9)花。雌花部分明显，具4～7花；雌花鳞片卵形，中脉两侧淡绿色，其余部分浅褐色，顶端钝圆，稍短于果囊，或有时与之等长，早于果囊脱落；果囊向外斜开展，膜质，淡绿色，卵形或卵状椭圆形，稍压扁，长2～2.5mm，具少数不明显细脉，基部近圆形，顶端具不明显的喙，喙口微凹。小坚果疏松包于果囊内，倒卵形或椭圆形，微呈三棱形，长1.5～1.8mm，基部无退化小穗轴；花柱基部不膨大，柱头3。果期6～7月。

湿生草本。生于森林带和森林草原带的踏头沼泽及沼泽化草甸。产兴安北部（阿尔山市伊尔施林场）、兴安南部（克什克腾旗）、锡林郭勒（锡林浩特市）。分布于我国吉林，蒙古国北部、俄罗斯（东西伯利亚地区、远东地区）。为东西伯利亚—满洲分布种。

4. 大针薹草

Carex uda Maxim. in Mem. Acad. Imp. Sci. St.-Petersb. Div. Sav. 9(Prim. Fl. Amur.):303. 1859; Fl. Intramongol. ed. 2, 5:329. t.126. f.5-8. 1994.

多年生草本。具短根状茎。秆密丛生，高13.5～37cm，柔弱，平滑。基部叶鞘常撕裂；叶片扁平，淡黄绿色，短于秆，宽1.2～2.5mm，两面无毛。小穗单一，顶生，雄雌顺序，矩圆状卵形或狭矩圆形，长5～10mm，宽3～7.5mm；雄花部分发育不明显。雌花多数，具11～19(～21)果囊，常向外水平伸展或反折；雌花鳞片狭卵形或卵状披针形，淡锈褐色，具1脉，顶端渐尖；果囊卵状披针形，长2.5～4mm，膜质，淡绿色或淡褐色，平凸形，具多数明显细脉，基部圆形，具短柄或柄不明显，顶端渐狭为喙，喙口微凹。小坚果椭圆形，具3棱，淡褐色，基部无退化小穗轴；花柱基部不膨大，柱头3。果期6～7月。

湿中生草本。生于夏绿阔叶林林中湿地。产辽河平原（大青沟）。分布于我国黑龙江、吉林，日本、朝鲜、俄罗斯（远东地区）。为东亚北部（满洲—日本）分布种。

5. 阴地针薹草（针叶薹草）

Carex onoei Franch. et Sav. in Enum. Pl. Jap. 2:551. 1878; Fl. Intramongol. ed. 2, 5:329. t.126. f.9-12. 1994.

多年生草本。根状茎短。秆丛生，细弱，柔软，稍粗糙。叶片扁平，淡绿色或灰绿色，稍短于秆，宽0.5～2mm，边缘微粗糙。小穗单一，顶生，长3.5～6mm，雄雌顺序；雄花部分发育不明显。雌花部分初为狭卵形，后因果囊向外伸展而呈卵状球形，具果囊5～7，斜升或水平伸展；雌花鳞片狭卵形，长2～2.5mm，淡褐色，具1中脉，先端急尖，有时可形成芒尖；果囊卵状披针形，长3.5～4mm，薄膜质，具多数较明显细脉，基部圆形，有短柄，顶端渐狭成喙，喙口具2尖齿。小坚果椭圆形，表面有较明显的横脉，淡褐色，长2～2.25mm，基部无退化小穗轴；花柱基部不膨大，柱头3。果期6月。

湿中生草本。生于夏绿阔叶林林中湿地。产辽河平原（大青沟）。

分布于我国黑龙江、吉林东部、辽宁、河北北部、陕西南部、浙江，日本、朝鲜、俄罗斯（远东地区）。为东亚北部分布种。

6. 圆锥薹草

Carex diandra Schrank in Cent. Bot. Anmerk. 49. 1781; Fl. Intramongol. ed. 2, 5:329. t.127. f.1-5. 1994.

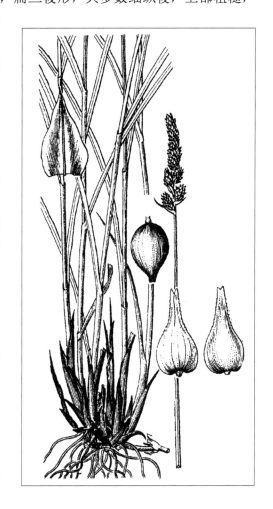

多年生草本。根状茎短。秆丛生，高 30～50cm，扁三棱形，具多数细纵棱，上部粗糙，中部以下生叶。基部叶鞘无叶片，褐色至黑褐色，无光泽；叶片扁平或对折，较软，短于秆，宽 2～3mm，上面微粗糙，边缘粗糙。穗状花序，疏松，狭窄，矩圆形至圆柱形，长 2～3.5cm，有时基部小穗分枝；苞片刚毛状，最下 1 片明显，短于花序；小穗 5～15，雄雌顺序，宽卵形，长 5～7mm；雌花鳞片宽卵形，长约 3mm，宽约 2mm，锈褐色，背部具脊，具 3 脉，两侧脉不明显，上部微粗糙，先端渐尖，边缘白色膜质，与果囊近等长；果囊革质，矩圆状三角形或三角状卵形，平凸状，长 2.8～3mm，宽 1.5～2mm，锈褐色至深褐色，上部带绿色，平滑，背面基部具 4～5脉，腹面无脉，基部微心形，具海绵质，有短柄，边缘钝，无翅，上部粗糙，顶端渐狭为长喙；喙背侧深裂，重叠部分的边缘白色膜质状，喙口浅褐色，2 齿裂。小坚果紧包于果囊中，倒卵形或宽倒卵形，长约 1.4mm，宽约 1.2mm，平凸状，具短柄；花柱基部稍膨大，柱头 2。花果期 6～8 月。

湿生草本。生于森林带和森林草原带的沼泽及沼泽化草甸。兴安北部（额尔古纳市、阿尔山市）、兴安南部（科尔沁右翼前旗、科尔沁右翼中旗、克什克腾旗）。分布于日本、蒙古国北部（肯特地区）、俄罗斯（西伯利亚地区、远东地区），中亚、西南亚，欧洲、北美洲、大洋洲。为世界分布种。

7. 翼果薹草（脉果薹草）

Carex neurocarpa Maxim. in Mem. Acad. Imp. Sci. St.-Petersb. Div. Sav. 9 (Prim. Fl. Amur.): 306. 1859; Fl. Intramongol. ed. 2, 5:331. t.127. f.6-9. 1994.

多年生草本。全株常具锈色点线。根状茎短，密生须根。秆丛生，较粗壮，高 20～60cm，钝三棱状，微扁，具细纵棱槽，近平滑。基部叶鞘无叶片或具极短舌状叶片，淡黄棕色或褐色；叶片扁平或稍内卷，灰绿色，稍硬，长于或短于秆，宽 2～4mm，边缘粗糙。穗状花序呈尖塔状圆柱形，

长 2.5～4.5cm，宽 0.8～1.5cm，稍带红褐色；苞片下部 1～3 枚较大，叶状，宽 2～3mm，长于花序若干倍，中部者狭锥形或刚毛状，上部者纤细或不明显；小穗多数，密集，卵形，雄雌顺序，长 4～7mm，有时下部小穗分枝；雌花鳞片卵形或矩圆状椭圆形，长 2～2.5mm，中间黄白色，两侧浅锈色，膜质，具 3 脉，先端细渐尖，呈芒状，短于果囊；果囊膜质，宽卵形或卵状椭圆形，锈色，扁平，长 3.5～4.5mm，平滑，背腹面具多数深锈色细脉，中部以上边缘具宽翅，翅缘不整齐微波状，基部圆，海绵质，具短柄，顶端渐狭为长喙；喙扁平，两侧的翅缘具细齿，喙口 2 齿裂。小坚果疏松包于果囊中，椭圆形或矩圆形，平凸状，长 1～1.3mm，褐色，光泽，基部具短柄，顶端具凸尖；花柱基部不膨大，柱头 2。果期 7～8 月。

湿生草本。生于森林带和森林草原带的沼泽化草甸。产兴安北部（额尔古纳市、牙克石市）、岭东（扎兰屯市）、兴安南部（科尔沁右翼前旗、扎赉特旗）。分布于我国黑龙江、吉林、辽宁、河北、河南、山东、山西、陕西南部、甘肃东南部、安徽、江苏，日本、朝鲜、俄罗斯（远东地区）。为东亚分布种。

春季到秋季，牛、马喜食，为放牧型牧草。

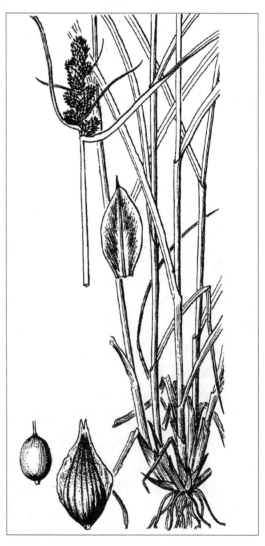

8. 尖嘴薹草

Carex leiorhyncha C. A. Mey. in Mem. Acad. Imp. Sci. St.-Petersb. Div. Sav. 1:217. t.9. 1831; Fl. Intramongol. ed. 2, 5:331. t.128. f. 1-4. 1994.

多年生草本。根状茎短，粗壮，暗褐色。秆丛生，较粗壮，高 15 ～ 60cm，三棱形，平滑，下部生叶。基部叶鞘无叶片，褐色，无光泽，上部分裂成纤维状。叶鞘疏松抱茎，腹面膜质，部分具皱纹，顶端截形。叶片扁平，稍硬，淡绿色，长于或短于秆，宽 2.5 ～ 5mm，两面密生锈色斑点，边缘微粗糙。穗状花序圆柱形，基部小穗稍疏生，长 2.5 ～ 8cm；苞片刚毛状，最下部的 1 ～ 2 枚叶状，长于小穗，边缘微粗糙，向上渐短；小穗多数，雄雌顺序，卵形或矩圆状卵形，长 4 ～ 13mm；雌花鳞片矩圆状卵形或卵状披针形，长 2.5 ～ 3mm，具 3 脉，脉间绿色，两侧锈色，先端渐尖或具芒尖，边缘膜质，有时具红褐色斑点，比果囊短而狭；果囊

膜质，矩圆状卵形或卵状披针形，平凸状，长 3 ～ 4mm，淡黄色或浅绿色，上部具紫红色小点，平滑，两面具多数凸起细脉，边缘具增厚的边，无翅，基部无海绵状组织，具短柄，顶端渐狭成较长喙；喙平滑，喙口 2 齿裂。小坚果疏松包于果囊中，倒卵状椭圆形或近圆形，微双凸状，长 1 ～ 1.2mm，具短柄，顶端圆形，具小尖；花柱长，基部不增大，柱头 2。花果期 6 ～ 7 月。

湿生草本。生于森林带和森林草原带的山地林缘草甸、溪边沼泽化草甸。产兴安北部及岭东和岭西（额尔古纳市、根河市、牙克石市、鄂伦春自治旗、鄂温克族自治旗）、岭东（扎兰屯市）、兴安南部（科尔沁右翼前旗、科尔沁右翼中旗、扎赉特旗、扎鲁特旗、阿鲁科尔沁旗、巴林左旗、巴林右旗、克什克腾旗、东乌珠穆沁旗）、燕山北部（喀喇沁旗、宁城县、敖汉旗）。分布于我国黑龙江、吉林、辽宁、河北、河南、安徽、山东、山西、陕西南部、甘肃东南部，朝鲜、俄罗斯（东西伯利亚地区、远东地区）。为东西伯利亚—东亚北部分布种。

非常耐践踏，各种家畜喜食。

9. 假尖嘴薹草

Carex laevissima Nakai in Repert. Spec. Nov. Regni Veg. 13:245. 1914; Fl. Intramongol. ed. 2, 5:334. t.128. f.5-7. 1994.

多年生草本。根状茎短，粗壮。秆疏丛生，较粗壮，高 20 ～ 70cm，锐三棱形，上部微粗糙，下部生叶。基部叶鞘无叶片，淡褐色，较短；上部叶鞘较长，边缘膜质，部分紧密抱茎，具皱纹，先端呈半圆状凸出；叶片扁平，稍硬，短于秆，宽 1.3 ～ 3.5mm，边缘微粗糙。穗状花序圆柱状，长 2 ～ 6cm；苞片小，鳞片状，长卵形或矩圆形，顶端呈刚毛状，均短于小穗；小穗多数，雄雌顺序，卵形或宽卵形，长 3 ～ 6mm，下部者有时分枝，有时亦混有雌小穗；雌花鳞片卵形或宽椭圆状卵形，长约 3mm，锈褐色，具 3 脉，先端渐尖，边缘白色膜质，短于果囊；果囊膜质，卵状披针形，平凸状，长 3 ～ 3.5mm，淡绿黄色，平滑，两面具多数细脉，无翅，基部具极短的柄，顶端渐狭为长喙；喙微粗糙，喙口 2 齿裂。小坚果疏松包于果囊中，椭圆形，平凸状或微双凸状，长 1 ～ 1.2mm，基部具短柄，顶端具小尖；花柱基部不增大，柱头 2。果期 7 ～ 8 月。

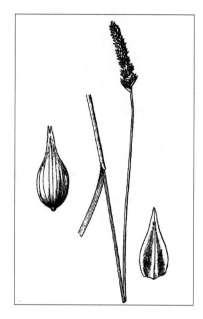

湿生草本。生于森林带山地林缘草甸、沼泽化草甸。产兴安北部及岭西（额尔古纳市、鄂温克族自治旗、阿尔山市）、岭东（扎兰屯市）、燕山北部（喀喇沁旗、宁城县）。分布于我国黑龙江、吉林、辽宁北部，俄罗斯（远东地区）。为满洲分布种。

10. 漂筏薹草

Carex pseudocuraica F. Schmidt in Mem. Acad. Imp. Sci. St.-Petersb. Ser. 7, 12(2)(Reis. Amur-Land., Bot.):67. t.5. f.8-14. 1868; Fl. Intramongol. ed. 2, 5:336. t.129. f.1-4. 1994.

多年生草本。根状茎较粗，水平伸长，长 100 ～ 200cm，褐色或暗褐色，有光泽，三棱形。秆于节上单生，排列成行或 2 ～ 3 束生，高 20 ～ 40cm，扁三棱形，上部稍粗糙，下部生叶。基部叶鞘无叶片，灰褐色；叶片扁平，较软，淡绿色，短于秆，宽 2～3mm，下面中脉微粗糙，先端长渐尖，边缘微粗糙。穗状花序稍疏生，长椭圆状圆柱形，长 1.5 ～ 3cm；苞片鳞片状，短于花序，上部无苞片；小穗 5 ～ 10，雄雌顺序或花序上部者常为雄小穗，下部者为雌小穗，稀全为雌小穗，椭圆形或椭圆状卵形，长 4 ～ 10mm；雌花鳞片卵形或椭圆状卵形，长 2.5 ～ 4mm，锈黄色，先端急尖，与果囊近等长；果囊膜质，卵状椭圆形或矩圆形，长 3 ～ 4mm，平凸状，背面具 6 ～ 7 脉或更多，腹面脉少或不明显，两侧稍具海绵质，上部边缘具狭翅，翅缘具微齿，基部近圆形，具短柄，顶端渐狭成稍扁平的喙；喙短，近平滑，喙口斜截形，淡白色，腹面微 2 齿裂。小坚果稍疏松包于果囊中，矩圆形或椭圆形，平凸状，长 1.2～1.7mm，具短柄，顶端具小尖；花柱基部不膨大，柱头 2。花果期 6～7 月。

湿生草本。生于森林带和森林草原带的河边和湖边沼泽，在河泛地可形成漂筏薹草占优势的难以行走的沼泽植被。产岭东（扎兰屯市）、兴安南部（科尔沁右翼前旗、阿鲁科尔沁旗、克什克腾旗）。分布于我国黑龙江、吉林东部，日本、朝鲜、俄罗斯（东西伯利亚地区、远东地区）。为东西伯利亚—东亚北部分布种。

11. 疣囊薹草

Carex pallida C. A. Mey. in Mem. Acad. Imp. Sci. St.-Petersb. Div. Sav. 1:215. t.8. 1831; Fl. Intramongol. ed. 2, 5:336. t.130. f.1-5. 1994.

11a. 疣囊薹草

Carex pallida C. A. Mey. var. **pallida**

多年生草本。根状茎长，匍匐，稍粗，近圆形，节上生深褐色鞘状鳞片。秆疏生，稍细，高 25～60cm，锐三棱形，上部微粗糙，下部生叶。基部叶鞘无叶片，先端渐尖，灰褐色；叶片扁平，质薄而较软，短于秆，宽 2.5～5mm，边缘粗糙。穗状花序椭圆形或短圆柱形，基部具间隔，长 3～5cm，通常花序上部及下部小穗为雄雌顺序，中部为雄小穗，或下部均为雌小穗或雄雌顺序，有时顶生小穗为雌小穗，其余为雄小穗；小穗 4～7，矩圆形或卵形，长 6～10mm；雌花鳞片卵状披针形或椭圆状卵形，长 2～3mm，淡黄褐色，中部绿色，先端急尖，边缘白色，膜质，短于果囊；果囊膜质，卵形或披针状卵形，平凸状，长 4～6mm，黄绿色，背面具 7～10 脉，腹面基部具 3～5 脉，两面疏生短毛，上部较密，常具小疣，边缘具膜质宽翅，翅缘具齿，基部具短柄，顶端渐狭为弯曲的长喙；喙扁平，粗糙，喙口深 2 齿裂。小坚果紧包于果囊中，卵状矩圆形，平凸状，长 1.3～1.7mm，具短柄，顶端具小尖；花柱基部不膨大，柱头 2。花果期 6～7 月。

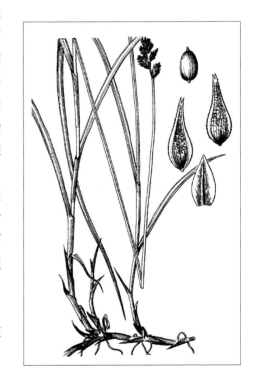

中生草本。生于森林带和森林草原带的林间草甸。产兴安北部及岭东和岭西（额尔古纳市、根河市、鄂伦春自治旗）、兴安南部（科尔沁右翼前旗、扎赉特旗）。分布于我国黑龙江、吉林东部、辽宁北部，日本、朝鲜、蒙古国北部（肯特地区）、俄罗斯（东西伯利亚地区、远东地区）。为东西伯利亚—东亚北部分布种。

11b. 狭叶疣囊薹草

Carex pallida C. A. Mey. var. **angustifolia** Y. L. Chang in Fl. Pl. Herb. Chin. Bor.-Orient. 11:186,207. 1976; Fl. Intramongol. ed. 2, 5:339. 1994.

本变种与正种的区别是：植物纤细；叶较狭窄，宽 1 ～ 2mm；花序较短，长 1.3 ～ 2cm。

中生草本。生于森林带的山地针叶林林下、林缘草甸。产兴安北部及岭东和岭西（额尔古纳市、牙克石市、鄂伦春自治旗、阿尔山市、东乌珠穆沁旗宝格达山）。为大兴安岭分布变种。

12. 山林薹草

Carex yamatsutana Ohwi in Act. Phytotax. Geobot. 1:72. 1932; Fl. Intramongol. ed. 2, 5:339. t.129. f.5-6. 1994.

多年生草本。根状茎细长，匍匐，被褐色鳞片，近圆柱形。秆疏生，细弱，高约 20cm，三棱形，上部稍粗糙。基部叶鞘褐色或淡褐色；叶片扁平，较软，短于秆或近等长，宽 2 ～ 3mm，先端细渐尖，边缘微粗糙。穗状花序矩圆形，长 1 ～ 2cm，有时下部具间隔；苞片鳞片状；小穗 3 ～ 5，雄雌顺序，有时下部者为雌小穗，卵形；雌花鳞片长卵形，长约 2.3mm，苍白色或微带锈色，中部淡绿色，具 1 脉，先端稍急尖，边缘白色膜质，短于果囊；果囊膜质，卵形，平凸状，长 3 ～ 4mm，平滑，淡黄绿色，正面具 3 ～ 5 细脉，腹面脉不明显且较少，边缘具狭翅，有细锯齿，基部近圆形，具短柄，顶端渐狭为长喙；喙口膜质，斜截形，2 齿裂。小坚果稍紧包于果囊中，矩圆形，长约 1.3mm；花柱基部不膨大，柱头 2。果期 7 月。

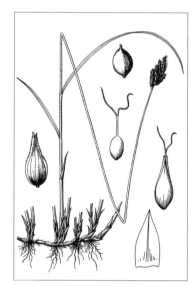

中生草本。生于森林带的山地针叶林林下。产兴安北部（额尔古纳市、根河市、牙克石市）、兴安南部（克什克腾旗）。分布于我国黑龙江、吉林东部、辽宁北部，俄罗斯（东西伯利亚地区、远东地区）。为东西伯利亚—满洲分布种。

13. 二柱薹草（卵囊薹草、岩地薹草）

Carex lithophila Turcz. in Bull. Soc. Imp. Nat. Mosc. 28(1):328. 1855; Fl. Intramongol. ed. 2, 5:339. t.130. f.6-9. 1994.

多年生草本。根状茎伸长，匍匐，近圆柱形，被黑褐色鳞片状鞘。秆疏生，较细，高

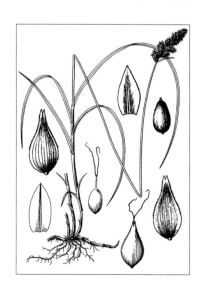

20 ～ 60cm，锐三棱形，有纵槽，上部粗糙。基部叶鞘无叶片，暗褐色，平滑，不分裂；叶片扁平，淡灰绿色，短于秆或近等长，宽 1.5 ～ 3mm，边缘粗糙，稍内卷。穗状花序狭窄，圆柱形或近圆锥形，长 2.5 ～ 5.5cm，上部小穗排列较密，下部较稀，一般上部及下部小穗为雌花，中部和中上部为雄花，有时小穗为雄雌顺序或为雌花；苞片鳞片状或刚毛状，长于小穗，上部无苞片；小穗 8 ～ 15，卵形或矩圆形，长 5 ～ 8mm，淡褐色；雌花鳞片卵形或卵状披针形，长约 3mm，有光泽，淡褐黄色，具 3 脉，先端急尖，边缘为宽白色膜质状，稍短于果囊；果囊近膜质，宽卵形，长 3.5 ～ 4mm，平滑，淡锈褐色，两面具多数细脉，具海绵质，边缘具狭翅，上部翅缘具细齿，基部圆形，具极短柄，顶端急狭为喙；喙直立，扁平，喙口锈色，2 齿裂，

背面喙口下部具折。小坚果稍疏松包于果囊中，矩圆状卵形，平凸状，长 1.5～1.8mm，褐色，具短柄，顶端近圆形，具小尖；花柱基部不膨大，柱头 2。花果期 6～7 月。

湿生草本。生于森林带和森林草原带的河岸沼泽、沼泽化草甸。产兴安北部及岭西和岭东（额尔古纳市、根河市、鄂伦春自治旗、阿荣旗、海拉尔区）、兴安南部及科尔沁（科尔沁右翼前旗、科尔沁右翼中旗、扎赉特旗、科尔沁左翼中旗）、辽河平原（科尔沁左翼后旗）、锡林郭勒（东乌珠穆沁旗、苏尼特左旗）。分布于我国黑龙江、吉林、辽宁、河北、山东、山西东南部、陕西西南部、甘肃东部、新疆，日本、朝鲜、蒙古国北部和西部、俄罗斯（东西伯利亚地区、远东地区）。为东古北极分布种。

14. 寸草薹（寸草、卵穗薹草）

Carex duriuscula C. A. Mey. in Mem. Acad. Imp. Sci. St.-Petersb. Div. Sav. 1:214. t.8. 1831; Fl. Intramongol. ed. 2, 5:340. t.131. f.1-5. 1994.

14a. 寸草薹

Carex duriuscula C. A. Mey. subsp. **duriuscula**

多年生草本。根状茎细长，匍匐，黑褐色。秆疏丛生，纤细，高 5～20cm，近钝三棱形，具纵棱槽，平滑。基部叶鞘无叶片，灰褐色，具光泽，细裂成纤维状；叶片内卷成针状，刚硬，灰绿色，短于秆，宽 1～1.5mm，两面平滑，边缘稍粗糙。穗状花序通常卵形或宽卵形，长 7～12mm，宽 5～10mm；苞片鳞片状，短于小穗；小穗 3～6，雄雌顺序，密生，卵形，长约 5mm，具少数花；雌花鳞片宽卵形或宽椭圆形，锈褐色，先端锐尖，具白色膜质狭边缘，稍短于果囊；果囊革质，宽卵形或近圆形，长 3～3.2mm，平凸状，褐色或暗褐色，成熟后微有光泽，两面无脉或具 1～5 不明显脉，边缘无翅，基部近圆形，具海绵状组织及短柄，顶端急收缩为短喙；喙缘稍粗糙，喙口斜形，白色，膜质，浅 2 齿裂。小坚果疏松包于果囊中，宽卵形或宽椭圆形，长 1.5～2mm；花柱短，基部稍膨大，柱头 2。花果期 4～7 月。

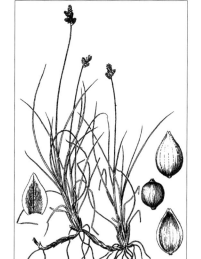

中旱生草本。生于森林带和草原带的轻度盐渍低地，在盐化草甸和草原的过渡地段可出现寸草薹占优势的群落片段。产兴安北部及岭西（额尔古纳市、根河市、鄂温克族自治旗）、岭东（扎兰屯市）、呼伦贝尔（满洲里市、新巴尔虎左旗、新巴尔虎右旗、海拉尔区）、兴安南部及科尔沁（科尔沁右翼前旗、科尔沁右翼中旗、通辽市、阿鲁科尔沁旗、巴林右旗、克什克腾旗）、辽河平原（大青沟）、赤峰丘陵（红山区）、燕山北

部（喀喇沁旗、宁城县、敖汉旗）、锡林郭勒（锡林浩特市、东乌珠穆沁旗、西乌珠穆沁旗、苏尼特左旗、苏尼特右旗、正蓝旗、多伦县、镶黄旗、集宁区、察哈尔右翼前旗）、乌兰察布（二连浩特市、四子王旗、达尔罕茂明安联合旗、乌拉特前旗、乌拉特中旗）、阴山（大青山）、阴南平原（呼和浩特市、包头市）、阴南丘陵（和林格尔县、准格尔旗）、鄂尔多斯（乌审旗、鄂托克旗、杭锦旗）、东阿拉善（乌拉特后旗、阿拉善左旗）、贺兰山。分布于我国黑龙江西南部和东南部、吉林西部、辽宁中东部、河北、河南、山东、山西、陕西、宁夏、甘肃、青海、西藏、新疆，朝鲜、蒙古国、俄罗斯（西伯利亚地区、远东地区）、阿富汗，中亚、西南亚，北美洲。为泛北极分布种。

本种是一种很有价值的放牧型植物，牛、马、羊喜食。

14b. 白颖薹草

Carex duriuscula C. A. Mey. subsp. **rigescens** (Franch.) S. Yun Liang et Y. C. Tang in Act. Phytotax. Sin. 28:155. 1990; Fl. China 23:453. 2010.——*C. stenophylla* Wahl. var. *rigescens* Franch. in Nouv. Arch. Mus. Hist. Nat. Ser. 2, 7:128. 1884.

本亚种与正种的区别是：雌花鳞片具宽的白色膜质边缘；叶片平展。

中旱生草本。生于草地。产内蒙古各地。分布于我国吉林、辽宁、河北、河南、山东、山西、陕西、宁夏、甘肃、青海，俄罗斯（远东地区）。为华北—满洲分布亚种。

15. 砾薹草（中亚薹草）

Carex stenophylloides V. I. Krecz. in Fl. Turkm. 1:230. 1932; Fl. Intramongol. ed. 2, 5:342. t.131. f.6-8. 1994.——*C. duriuscula* C. A. Mey. subsp. *stenophylloides* (V. I. Krecz.) S. Yun Liang et Y. C. Tang in Fl. China 23:453. 2010.

多年生草本。根状茎纤细，匍匐，暗褐色。秆束状丛生，较细，高 5～25cm，钝三棱形，平滑，具纵棱槽，基部生叶。基部叶鞘无叶片，灰褐色或暗褐色，稍细裂成纤维状；叶片近扁平或内卷成针状，灰绿色，长于或短于秆，宽 1～2.5mm，质较硬，两面近于平滑，边缘粗糙。穗状花序卵形或矩圆形，长 1～2.5cm，宽 5～7mm，淡褐色或淡白色；苞片鳞片状，褐色，短于小穗；小穗 3～7，雄雌顺序，通常卵形，具少数花；雌花鳞片卵形或宽卵形，长 3.5～4mm，宽约 1.8mm，锈褐色或淡锈色，具 1 凸起脉，先端急尖，边缘白色

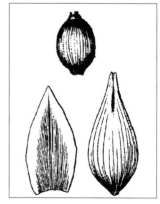

膜质部分较狭或宽，稍短或稍长于果囊；果囊革质，卵形或卵状椭圆形，平凸状，长3.5～4.5mm，宽约2mm，淡褐色或紫褐色，有光泽，两面近基部具10～15脉，上部近无脉，边缘无翅，基部近圆形或宽楔形，具短柄，顶端渐狭为较长的喙；喙微粗糙，喙口浅2齿裂。小坚果稍疏松包于果囊中，椭圆形，长1.6～2mm，宽1～1.4mm，褐色或黄褐色，稍呈平凸状，基部具短柄，顶端较钝，表面具较密的小凸起；花柱基部不膨大，柱头2。花果期4～7月。

旱生草本。生于沙质及砾石质草原、盐化草甸。产兴安北部（牙克石市）、呼伦贝尔（新巴尔虎左旗、海拉尔区）、兴安南部及科尔沁（科尔沁右翼前旗、克什克腾旗）、燕山北部（喀喇沁旗）、锡林郭勒（锡林浩特市、苏尼特左旗、苏尼特右旗、正蓝旗、镶黄旗）、乌兰察布（二连浩特市、四子王旗、达尔罕茂明安联合旗、乌拉特前旗、乌拉特中旗）、阴山（大青山）、阴南平原（呼和浩特市、包头市）、鄂尔多斯（伊金霍洛旗、乌审旗）、东阿拉善（乌拉特后旗、磴口县、狼山、阿拉善左旗）、西阿拉善（阿拉善右旗）、贺兰山、龙首山。分布于我国河北、山西、陕西、甘肃、青海、西藏、新疆，朝鲜、蒙古国西部和南部、俄罗斯（西伯利亚地区）、阿富汗、巴基斯坦，中亚、西南亚。为东古北极分布种。

16. 走茎薹草

Carex reptabunda (Trautv.) V. I. Krecz. in Izv. Bot. Sada Akad. Nauk S.S.S.R. 30(1-2):134. t.2. f.2. 1932; Fl. Intramongol. ed. 2, 5:342. t.132. f.5-7. 1994.——*C. stenophylla* Wahl. var. *reptabunda* Trautv. in Trudy Imp. St.-Petersb. Bot. Sada 1(2):194. 1871.

多年生草本。根状茎长而匍匐，粗壮，灰褐色。秆每1～3散生，较细，高15～45cm，近三棱形，光滑或上部微粗糙，中部以下生叶。基部叶鞘锈褐色，无光泽，稍细裂成纤维状；叶片内卷成针状，有时对折，较硬，灰绿色，短于秆，宽约1.5mm，两面平滑，先端边缘微粗糙。穗状花序矩圆状卵形或卵形，长5～13mm，宽3～5mm，疏松排列，浅褐色；苞片鳞片状，边缘膜质；小穗2～5，雄雌顺序，卵形或椭圆形，长4～5mm，具少数花；雌花鳞片矩圆状卵形、卵形或卵状披针形，长3～4mm，浅锈色，中脉明显，先端锐尖或钝，边缘白色膜质部分较宽，近等长于果囊；果囊膜质，卵形、矩圆状卵形或椭圆形，长3～3.5（～4)mm，宽

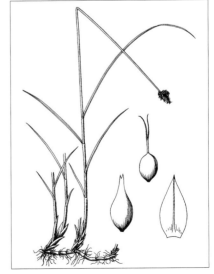

1.2～1.5mm，近双凸状或平凸状，锈褐色或苍白色而上部带锈色，通常具细脉至不明显脉，边缘无翅，平滑，基部圆楔形，无海绵状组织，具短柄，顶部稍急缩为较长喙；喙平滑，喙口白色，膜质，2齿裂。小坚果疏松包于果囊中，矩圆形或椭圆形，微双凸状，长约1.5mm；花柱基部不膨大，柱头2。果期6～7月。

湿中生草本。生于森林带和森林草原带的湖边沼泽化草甸、盐化草甸。产兴安北部（牙克石市）、呼伦贝尔（满洲里市、新巴尔虎右旗、海拉尔区）、兴安南部（科尔沁右翼前旗）、辽河平原（科尔沁左翼后旗）、锡林郭勒（锡林浩特市、苏尼特左旗）、阴山（大青山、乌拉山）、阴南平原（包头市）。分布于我国黑龙江西南部、吉林西部、辽宁北部、陕西北部，蒙古国东部和北部、俄罗斯（东西伯利亚地区）。为东西伯利亚—东亚北部分布种。

17. 无脉薹草

Carex enervis C. A. Mey. in Fl. Alt. 4:209. 1833; Fl. Intramongol. ed. 2, 5:343. t.132. f. 1-4. 1994.

多年生草本。根状茎长，匍匐，褐色。秆每1～3散生，较细，三棱形，高15～45cm，下部平滑，上部微粗糙，下部生叶。基部叶鞘无叶片，灰褐色，无光泽；叶片扁平或对折，灰绿色，短于秆，宽2～3mm，先端长渐尖，边缘粗糙。穗状花序矩圆形或矩圆状卵形，长1.5～2.5cm，

下方1或2小穗稍疏生；苞片刚毛状，短于小穗；小穗5～10，雄雌顺序，卵状披针形，长6～7mm；雌花鳞片矩圆状卵形或卵状披针形，长约3.5mm，锈褐色，中脉明显，先端渐尖，边缘白色膜质部分较宽，稍短于果囊；果囊膜质，卵状椭圆形或矩圆状卵形，平凸状，长3～4mm，下部黄绿色，上部及两侧锈色，背腹面具不明显脉至无脉，边缘肥厚，稍向腹侧弯曲，基部无海绵状组织，近圆形或楔形，具短柄，顶端稍急缩为较长喙；喙缘粗糙，喙口白色膜质，短2齿裂。小坚果疏松包于果囊中，矩圆形或椭圆形，稍呈双凸状，长1.2～1.6mm，浅灰色，有光泽；花柱基部不膨大，柱头2。果期6～7月。

湿中生草本。生于森林带和森林草原带的河边沼泽化草甸、盐化草甸。产兴安北部（牙克石市）、呼伦贝尔（满洲里市、新巴尔虎右旗、海拉尔区）、兴安南部（科尔沁右翼前旗、扎赉特旗、巴林左旗、巴林右旗、克什克腾旗）、辽河平原（科尔沁左翼后旗）、燕山北部（喀喇沁旗）、锡林郭勒（东乌珠穆沁旗、西乌珠穆沁旗、锡林浩特市、苏尼特左旗）、阴山（大青山、乌拉山）、鄂尔多斯（乌审旗）、东阿拉善（河套地区）、贺兰山。分布于我国黑龙江西南部、吉林西南部、山西、陕西、甘肃、青海、四川西部、西藏东北部、云南西部、新疆，蒙古国、俄罗斯（西伯利亚地区），中亚。为东古北极分布种。

18. 二籽薹草（少囊薹草）

Carex disperma Dew. in Amer. J. Sci. Arts. 8:266. 1824; Fl. Intramongol. ed. 2, 5:343. t.132. f.8-11. 1994.

多年生草本。根状茎纤细，匍匐，深褐色。秆疏丛生，线形，细弱，三棱形，高 20～50cm，上部微粗糙，下部生叶。基部叶鞘灰褐色或暗褐色，不分裂；叶片扁平，鲜绿色，质薄，纤弱，短于秆或近等长，宽 1～1.5mm，边缘粗糙。苞片细小，刚毛状，下部者明显；小穗 2～6，远离生，球形或椭圆形，长 2～3mm，雄雌顺序，上部具 1 或 2 雄花，下部具 2 或 3 雌花，或顶生小穗全为雄花；雌花鳞片卵形，苍白色或淡锈色，中部绿色，具 3 脉，侧脉不明显，先端锐尖，具光泽，短于果囊；果囊革质或半革质，椭圆形，双凸状，长 (2～)2.5～3mm，淡绿黄色或淡褐色，有光泽，两面具多数明显脉，平滑，边缘钝圆，基部广楔形，具短柄，顶端急缩成短喙；喙短，圆柱形，平滑，喙口微凹。小坚果紧包于果囊中，椭圆形，双凸状，长 1.4～1.8mm，基部具极短柄，顶端近圆形；花柱基部不膨大，柱头 2。果期 6～7 月。

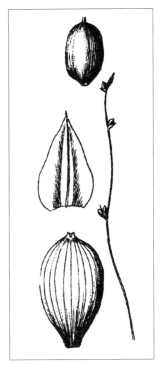

湿生草本。生于森林带的山地落叶松林林下。产兴安北部（阿尔山市伊尔施林场）。分布于我国黑龙江、吉林东南部，日本、朝鲜、俄罗斯（西伯利亚地区、远东地区），欧洲、北美洲。为泛北极分布种。

19. 莎薹草（莎状薹草）

Carex bohemica Schreb. in Beschr. Gras. 2(2):52. t.28. f.3. 1772; Fl. Intramongol. ed. 2, 5:345. t.133. f.6-9. 1994.

多年生草本。根状茎短缩。秆丛生，高 10～23cm，扁三棱形，平滑，中部以下生叶。基部叶鞘无叶片，淡褐色，不分裂；叶片柔软，扁平，淡绿色，短于秆，宽 1.5～2.5mm。花序呈头状，球形或卵形，直径 1～1.8cm；小穗多数，密集，雌雄顺序，披针状矩圆形，长 8～10mm；下部苞片叶状，通常 3，长于花序，其中 1 或 2 超出花序数倍；雌花鳞片条状披针形，膜质，淡锈色，长 4～5mm，约为果囊之半，中部具 1 脉，先端长渐尖并延伸为芒尖状；果囊膜质，条状披

针形，长 9～10mm（包括小柄），平凸状，淡黄绿色或带锈色，背面具多数细脉，腹面具少数不明显细脉，基部稍急收缩为长达 2mm 的小扁柄，边缘自基部以上具翅，翅缘具刺毛状细齿，上部渐狭为钻状长喙；喙淡绿色，中部锈褐色，喙口深裂为 2 锥状细齿，齿稍开展。小坚果紧包于果囊中，矩圆形，平凸状，长约 1.3mm，淡黄色，基部具长柄，柄长达 2mm；花柱宿存，纤细，基部微增大，柱头 2。果期 6～8 月。

湿生草本。生于森林带的河边沙地、沼泽。产兴安北部及岭东和岭西（额尔古纳市、牙克石市、鄂伦春自治旗、海拉尔区）、辽河平原（大青沟）、燕山北部（喀喇沁旗）。分布于我国黑龙江、吉林中部、新疆北部、日本、朝鲜北部、俄罗斯（西伯利亚地区），欧洲。为古北极分布种。

20. 狭囊薹草

Carex diplasiocarpa V. I. Krecz. in Fl. U.R.S.S. 3:590. t.10. f.9. 1935; Fl. Intramongol. ed. 2, 5:345. t.133. f.1-5. 1994.

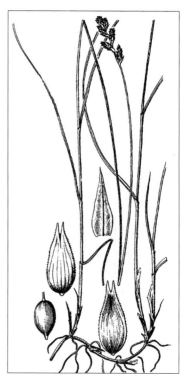

多年生草本。根状茎长，匍匐，鳞片褐色，多少细裂成纤维状。秆纤细，每 1～3 自根状茎成列疏生，上部微粗糙，下部生叶。基部叶鞘无叶片，几不分裂，褐色；叶片扁平，淡绿色，短于秆或近等长，宽 2～2.5mm，上面散生极细颗粒状小点，边缘粗糙。穗状花序长 2.6～3cm，宽 8～11mm；苞片鳞片状，稀呈刚毛状；小穗 6～9，雌雄顺序，下方 1 枚稍离生，卵形或椭圆形，长 7～11mm，宽约 4mm；雌花鳞片卵状披针形，长 3～3.5mm，锈色，中部具 1 脉，沿脉色浅，先端渐尖，具宽的白色膜质边缘，略短于果囊；果囊卵状披针形，平凸状，长 2.6～3.4mm，淡锈绿色，背面具多数细脉，腹面具少数脉，基部圆形或宽楔形，与两侧均为海绵质，具短柄，边缘自中部以上具细齿状狭翅，顶端渐狭为长喙；喙扁平，中部锈褐色，喙口 2 齿状深裂，锈褐色，齿缘白色狭膜质。小坚果紧包于果囊中，矩圆形，平凸状，基部宽楔形；花柱基部稍增粗，柱头 2。果期 6～7 月。

湿中生草本。生于森林带和森林草原带的林下、草甸。产兴安北部及岭东和岭西（额尔古纳市、牙克石市、鄂伦春自治旗、鄂温克族自治旗、海拉尔区、扎兰屯市）、兴安南部（科尔沁右翼前旗、扎赉特旗、克什克腾旗、西乌珠穆沁旗）。分布于我国黑龙江、辽宁，俄罗斯（东西伯利亚地区、远东地区）。为东西伯利亚—满洲分布种。

良等饲用植物，牛、马、羊喜食。

Flora of China (23:451. 2010.) 将本种并入山林薹草 *C. yamatsutana* Ohwi，但本种小穗为雌雄顺序，雌花鳞片披针形，先端渐尖；而山林薹草 *C. yamatsutana* Ohwi 的小穗为雄雌顺序，雌花鳞片长卵形，先端急尖，二者明显不同。

21. 白山薹草

Carex canescens L., Sp. Pl. 2:974. 1753; Fl. Intramongol. ed. 2, 5:347. t.134. f.1-4. 1994.

多年生草本。根状茎短缩。秆丛生，直立，稍硬，高 18～35cm，锐三棱形，粗涩，密被

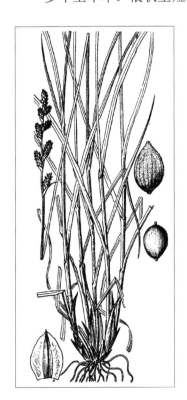

细粒状小点，上部棱上微粗糙，下部生叶。基部叶鞘淡灰褐色，无叶片，不分裂；叶片扁平，柔软，灰绿色，直立，短于秆，宽 2～3mm，边缘微粗糙。花序疏穗状，间断，长 3.5～5.5cm，具 5～8 小穗，雌雄顺序，上部 2 或 3 枚邻接，其余疏远；苞片鳞片状，最下 1 枚具刚毛状叶片；小穗卵形或矩圆形，长 5～10mm；雌花鳞片卵形，中部具 3 脉，脉间淡绿色，两侧膜质，淡白色，先端急尖，稍短于果囊；果囊膜质，卵形或卵状椭圆形，平凸状，长 1.8～2.1mm，淡绿褐色，密生细点，两面各具 5～9 明显细脉，上部边缘稍粗糙，基部圆形或宽楔形，海绵质，具短柄，顶端急狭为短喙；喙缘稍粗糙，喙口近全缘或微凹。小坚果紧包于果囊中，宽椭圆形，长约 1.5mm，平凸状，具短柄；花柱基部不膨大，柱头 2。果期 6 月。

湿生草本。生于森林带和森林草原带的沼泽、沼泽化草甸。产兴安北部及岭西（额尔古纳市）、兴安南部（科尔沁右翼前旗）、锡林郭勒（锡林浩特市）。分布于我国黑龙江、吉林东部、新疆北部，日本、朝鲜、蒙古国北部（肯特地区）、俄罗斯（西伯利亚地区、远东地区），中亚，欧洲、北美洲、南美洲。为泛北极分布种。

22. 细花薹草

Carex tenuiflora Wahl. in Kongl. Vet. Acad. Nya Handl. 24:147. 1803; Fl. Intramongol. ed. 2, 5:347. t.134. f.5-8. 1994.

多年生草本。具纤细匍匐的短根状茎。秆疏丛生，直立，细而稍硬，高 17～35cm，糙涩，密被细粒状小点，上部棱上微粗糙，下部生叶。基部叶鞘淡褐色带锈色，不分裂；叶片扁平或稍内卷，灰绿色，短于秆，宽 1～2mm，下面密被细粒状小点，边缘微粗糙。花序由小穗集生成头状或稍疏松的穗状花序，长 9～13mm，具 2～4 小穗；小穗聚集生，或下方者稍疏远（间距不超过 5mm），球形或卵形，雌雄顺序，长 4～5mm，具 4～10 花；雌花鳞片卵形，长约 2.1mm，中部具 3 脉，脉间淡绿色，两侧膜质，淡黄白色，先端稍钝，略短于果囊；果囊薄革质，卵形或卵状椭圆形，平凸状，长 2.2～2.4mm，宽约 1.1mm，淡灰黄色，密生细粒状小点，两面各具明显脉 5～9，基部收缩为短柄，顶端渐狭为不明显喙；喙缘平滑，锈色，喙口微凹。小坚果紧包于果囊中，近矩圆形，双凸状，长约 1.5mm；花柱基部不增粗，柱头 2。果期 6～7 月。

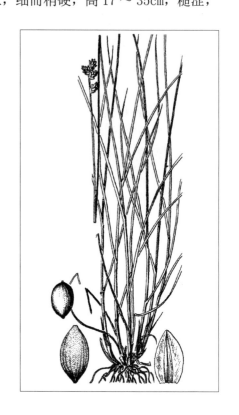

湿生草本。生于森林带的泥炭藓沼泽。产兴安北部及岭西（额尔古纳市、牙克石市、阿尔山市）。分布于我国吉林东部，日本、朝鲜、蒙古国北部、俄罗斯（西伯利亚地区、远东地区），欧洲、北美洲。为泛北极分布种。

23. 间穗薹草

Carex loliacea L., Sp. Pl. 2:974. 1753; Fl. Intramongol. ed. 2, 5:349. t.135. f.5-8. 1994.

多年生草本。根状茎纤细、匍匐。秆疏丛生，细弱，高 15～40cm，密被极细颗粒状小凸起。叶片扁平，淡绿色，宽 1～1.5mm，微粗糙，短于秆。小穗 3～4，雌雄顺序，半球形，花少数，彼此远离或仅上部 2 小穗接近生；雌花鳞片卵形或宽卵形，苍白色，膜质，中部绿色，具 3 脉，两侧脉不明显，先端稍钝，短于果囊；果囊矩圆状卵形，平凸状，革质，长 2.5～3mm，淡棕绿色，背面具 10～12 凸起脉，腹面 5～7，基部圆形，收缩成短柄，顶端近无喙，喙口微凹。小坚果紧包于果囊中，平凸状，长约 1.4mm，顶端及基部近圆形；花柱基部圆锥状，柱头 2。果期 6 月。

湿中生草本。生于森林带的山地针叶林林下。产兴安北部及岭西（额尔古纳市）。分布于我国黑龙江，日本、朝鲜、蒙古国北部（肯特地区）、俄罗斯（西伯利亚地区、远东地区）、哈萨克斯坦，欧洲、北美洲。为泛北极分布种。

24. 柄薹草

Carex mollissima Christ in Kongl. Svenska Vetensk. Acad. Handl., n.s. 22(10)(Scheutz, Pl. Vasc. Jenis.):181. 1888; Fl. Intramongol. ed. 2, 5:349. t.136. f.1-5. 1994; Fl. China 23:404. 2010.

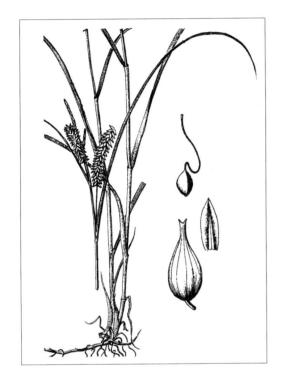

多年生草本。具长匍匐根状茎。秆柔弱，高 30 ～ 40(～ 54)cm，直立，扁三棱形，上部微粗糙。基部叶鞘黄褐色，无叶片，质薄，稍纤维状细裂；叶片扁平，质软，绿色，长于秆，宽 3 ～ 4mm，具小的横隔节，边缘及叶脉微粗糙。苞片叶状，最下 1 枚长于花序，无苞鞘；小穗 3 或 4，远离生。雄小穗 1，稀 2，条形，长(0.6 ～)1 ～ 1.8cm，具短柄；雄花鳞片矩圆形，淡锈色，中部具 1 脉，沿脉淡绿色，先端钝，具白色膜质宽边缘。其余为雌小穗，矩圆状圆柱形，长 1 ～ 3.7cm，宽 6 ～ 8mm，密生花，有时上部具少数雄花，基部小穗具长柄（柄长 1.5 ～ 4.5cm），其余具短柄至近无柄；雌花鳞片近矩圆形，长约 2mm，淡绿白色或淡锈色，具 3 脉，先端稍钝，边缘白色膜质，短于果囊。果囊卵形，膨大，三棱状，长约 4.5mm，宽约 1.8mm，水平开展或向下反折，黄绿色或黄褐色，具光泽，具多数明显凸脉，基部圆形，具弯生长柄，柄长约 1mm，顶端稍急收缩为长喙；喙长 1 ～ 1.5mm，喙口稍 2 齿裂或微缺。小坚果疏松包于果囊中，椭圆形，长约 1.6mm，三棱状，具短柄；花柱基部弯曲，不膨大，柱头 3。果期 8 月。

湿生草本。生于森林带的沼泽。产兴安北部、岭西及岭东（额尔古纳市、根河市、扎赉特旗）。分布于我国黑龙江西北部，朝鲜、俄罗斯（西伯利亚地区、远东地区）。为西伯利亚—远东分布种。

25. 灰株薹草

Carex rostrata Stokes in Bot. Arr. Brit. Pl. ed. 2, 2:1059. 1787; Fl. Intramongol. ed. 2, 5:351. t.137. f.6-10. 1994.

多年生草本。具长而粗壮的
匍匐根状茎。秆疏丛生，粗壮，高
43～61cm，钝三棱形，平滑或上部
稍粗糙，中部以下生叶。基部叶鞘
无叶片，红褐色，稍纤维状细裂成
网状或不分裂，具光泽；叶片扁平，
稍外卷，灰绿色，长于秆，宽3～5mm，
与叶鞘均具明显横隔，边缘稍粗糙。
苞片叶状，最下1枚长于或等于花
序，无苞鞘；小穗5～6(～7)，远
离生。上部3～4(～5)为雄小穗，
条形或披针状条形，长1～3.5cm；
雄花鳞片矩圆形，淡锈色，具1脉，
先端稍钝。其余为雌小穗，圆柱形

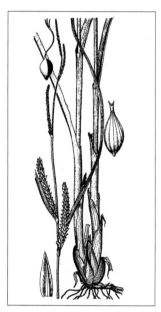

或矩圆形，长（3～）4～6cm，宽6～9mm，具短柄（长0.5～2cm）或近无柄，直立；雌花鳞
片矩圆状披针形，红褐色，中部具1脉，先端渐尖，边缘白色膜质，与果囊近等长或稍短于果囊。
果囊卵形，多少开展，成熟时膨大，长约4mm，宽约2mm，淡黄绿色，两面各具4～6脉，平滑，
具光泽，基部宽楔形，具短柄或近无柄，顶端急收缩为中等长的喙（喙长约1.2mm），喙口短，
2齿裂。小坚果疏松包于果囊中，倒卵形，三棱状，长约1.9mm，具短尖；花柱直，基部不膨大，
柱头3。果期6～7月。

湿生草本。生于森林带和森林草原带的沼泽、沼泽化草甸。产兴安北部及岭西（额尔古纳
市、牙克石市、鄂温克族自治旗、东乌珠穆沁旗宝格达山）、岭东（扎兰屯市）、兴安南部（科
尔沁右翼前旗、阿鲁科尔沁旗、克什克腾旗）、锡林郭勒（锡林浩特市）。分布于我国黑龙江、
吉林西部、新疆北部、朝鲜、蒙古国北部和西部、俄罗斯（西伯利亚地区），中亚，欧洲、北美洲。
为泛北极分布种。

26. 褐黄鳞薹草

Carex vesicata Meinsh. in Trudy Imp. St.-Petersb. Bot. Sada 18:367. 1901; Fl. China 23:405. 2010.

多年生草本。根状茎具地下匍匐茎分枝。
秆高30～70cm，三棱形，上部粗糙，基部包
以红褐色叶鞘。叶短于秆，宽3～4mm，质较
硬，具叶鞘。苞片叶状，长于小穗，通常无鞘，
或最下面的具短鞘。小穗4～6；上端2或3
枚为雄小穗，线形，长2～4cm，近于无柄，
其余为雌小穗，间距较长，长圆形或卵形，长
2～4cm，宽约1cm，小穗基部花疏生，上部密
生多数花，具短柄。雄花鳞片披针形，顶端近
急尖，黄褐色，边缘白色透明，具3脉；雌花
鳞片卵状披针形，长约3.5mm,顶端渐尖,无短尖,

锈褐色，边缘白色透明，具 1～3 脉。果囊斜展，长于鳞片，卵形，膨胀三棱形，长约 5mm，纸质，淡黄绿色，有时稍带棕色，无毛，具 3～5 脉，基部圆形，顶端急缩成中等长的喙；喙口具 2 短齿，齿稍向外叉开。小坚果疏松包于果囊内，近倒卵形，三棱形，长约 1.5mm；花柱长，下部扭曲，基部不增粗，柱头 3，较短。花果期 6～8 月。

湿生草本。生于森林带和森林草原带的河岸。产兴安北部（额尔古纳市、牙克石市、阿尔山市）。分布于我国黑龙江、吉林、辽宁，日本、蒙古国北部和东部、俄罗斯（东西伯利亚地区、远东地区）。为东西伯利亚—满洲分布种。

27. 大穗薹草

Carex rhynchophysa C. A. Mey. in Index Sem. Hort. Petrop. 9.(Suppl.):9. 1844; Fl. Intramongol. ed. 2, 5:351. t.137. f.1-5. 1994.

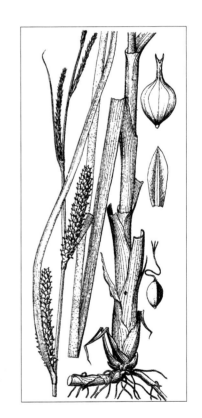

多年生草本。具粗而长的匍匐根状茎。秆粗壮，高 60～100cm，锐三棱形，上部微粗糙，着叶达中部以上。基部叶鞘无叶片，淡褐色，有时带红紫色，无光泽；叶片扁平，质软，鲜绿色，短于秆或近等长，宽（6～）8～15mm，与叶鞘均具明显横隔。苞片叶状，最下 1 枚长于花序，无苞鞘或稀具短鞘（长 4mm）；小穗 5～9。上部 3～6 为雄小穗，稍接近生，条状圆柱形，长 1～6.5cm；雄花鳞片披针形，锈棕色，边缘宽膜质。下部 2～3 为雌小穗，远离生，有时顶部具雄花，圆柱形，长（3.5～）5～8cm，宽 1～1.3cm，着花极密，基部小穗具短柄，其余近无柄，直立或稍下垂；雌花鳞片披针形，长约 4.6mm，红锈色，具 3 脉，脉间淡绿色，具宽的白色膜质边缘，先端渐尖，短于果囊。果囊膜质，极密，水平开展，球状倒卵形，膨胀三棱状，长约 6mm，宽约 3mm，黄绿色，具光泽，两面各具 3～5 细脉，基部宽楔形，具短柄，顶端骤缩为圆筒状长喙；喙平滑，喙口带锈色，2 齿裂。小坚果疏松包于果囊中，椭圆形或倒卵形，三棱状，长 2～2.5mm；花柱长而屈曲，基部不膨大，柱头 3。果期 6～7 月。

湿生草本。生于森林带和森林草原带的沼泽，在河边积水处可形成大穗薹草群聚。产兴安北部及岭东和岭西（额尔古纳市、

根河市、牙克石市、鄂伦春自治旗、鄂温克族自治旗、东乌珠穆沁旗宝格达山、扎兰屯市)、
兴安南部(科尔沁右翼前旗、科尔沁右翼中旗、扎赉特旗、扎鲁特旗、阿鲁科尔沁旗、巴林右旗、
克什克腾旗、西乌珠穆沁旗)、燕山北部(宁城县)。分布于我国黑龙江、吉林东部、新疆北部,
日本、朝鲜、蒙古国东部和北部及西部、俄罗斯(西伯利亚地区、远东地区),欧洲。为古北
极分布种。

嫩叶可做牧草,茎叶可造纸。

28. 膜囊薹草 (胀囊薹草)

Carex vesicaria L., Sp. Pl. 2:979. 1753; Fl. Intramongol. ed. 2, 5:354. t.136. f.6-10. 1994.

多年生草本。根状茎长而匍匐。秆高 40～70cm,锐三棱形,上部粗糙或近平滑,中部以
下生叶。基部叶鞘无叶片,紫红色或红褐色,边缘细裂成网状;叶片扁平,绿色或黄绿色,质
软,与叶鞘均具明显横隔,短于秆,宽 2.5～6mm,边缘粗糙。苞片叶状,最下 1 枚长于花序,
无苞鞘或具很短的鞘;小穗 4～5 (～6),远离生。上部 2～3 为雄小穗,条形,长 0.7～3cm;
雄花鳞片披针形,淡锈色或锈色,中部色淡,具 3 脉,先端近急尖,边缘白色膜质。其余为雌
小穗,卵形或矩圆形,长 1.5～3.6cm,宽 7～9mm,密生花,基部小穗具长达 2.4cm 的细柄,
其余具短柄至无柄,直立或稍下倾;雌花鳞片卵状披针形,长约 3.2mm,锈色或淡锈色,具 3 脉,
脉间黄绿色,先端渐尖,边缘白色膜质,短于果囊。果囊斜开展,膜质,卵形,成熟时呈圆锥
状卵形,稍膨大三棱状,长 6～8mm,淡黄绿色、淡褐色或带紫红色,具光泽,背面具 5 条明
显脉,腹面 2～4,基部圆形,具短柄,顶端渐狭为喙;喙长约 1.2mm,扁柱状,喙口锈色或紫
红色,深 2 齿裂。小坚果疏松包于果囊中,宽倒卵形,三棱状;花柱 2～3 回屈曲,基部不膨大,
柱头 3。果期 6～7 月。

湿中生草本。生于森林带和森林草原带的河边草甸、沼泽化草甸、沼泽。产兴安北部及岭
东和岭西(额尔古纳市、牙克石市、鄂伦春自治旗、鄂温克族自治旗、东乌珠穆沁旗宝格达山、
海拉尔区、扎兰屯市)、兴安南部(扎赉特旗、科尔沁右翼前旗、科尔沁右翼中旗、乌兰浩特市、
阿鲁科尔沁旗、克什克腾旗)、辽河平原(科尔沁左翼后旗伊和塔嘎查)、燕山北部(喀喇沁旗)、

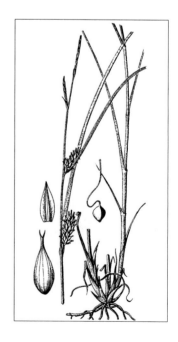

锡林郭勒（锡林浩特市）。分布于我国黑龙江、吉林、辽宁、河北北部、新疆，日本、朝鲜、蒙古国东部和北部、俄罗斯（东西伯利亚地区、远东地区），欧洲、北美洲。为泛北极分布种。

可做牧草及造纸原料。

29. 二色薹草（小穗薹草）

Carex dichroa Freyn in Oesterr. Bot. Z. 40:304. 1890; Fl. Intramongol. ed. 2, 5:355. t.138. f.6-8. 1994.

多年生草本。根状茎匍匐，具分枝。秆疏丛生，高 15 ～ 50cm，锐三棱形，上部微粗糙，中部以下生叶。基部叶鞘无叶片，红褐色，边缘稍细裂；叶片扁平，绿色，与秆近等长，宽 2 ～ 5mm，与叶鞘均具明显横隔，边缘稍粗糙。苞片叶状，最下 1 枚长于花序或近等长，无苞鞘；小穗 2 ～ 5。上部 1 或 2 为雄小穗，稍接近生，条状圆柱形或条状披针形，长 1.5 ～ 3cm，宽约 2.5mm；雄花鳞片淡锈色或灰白色，披针形，先端钝，边缘白色膜质。其余为雌小穗，远离生，矩圆形或矩圆状卵形，长 1.5 ～ 2.5（～ 3）cm，宽约 0.9mm，具长约 8mm 的柄，花密生；雌花鳞片卵形或披针状卵形，长约 3.2mm，棕褐色，具 3 脉，脉间色浅，先端钝，具白色膜质边缘，短于果囊。果囊膜质，斜开展，卵形，稍膨胀三棱状，长 3.5 ～ 4.5mm，绿色或带黄褐色，稍具光泽，背面具 4 或 5 细脉，腹面 2 ～ 3 脉，基部近圆形，无柄，顶端渐狭为圆柱形细喙；喙长约 0.8mm，喙口微缺。小坚果疏松包于果囊中，倒卵形，三棱状，长约 1.6mm；花柱基部不膨大，柱头 3。果期 7 ～ 8 月。

湿生草本。生于森林草原带的河谷、沼泽、水边。产科尔沁（巴林右旗）、锡林郭勒（锡林浩特市）。分布于蒙古国北部和西部、俄罗斯（西伯利亚地区）。为西伯利亚—蒙古分布种。

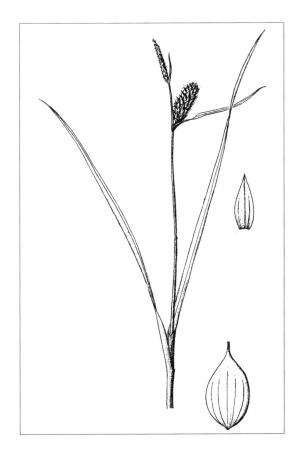

30. 羊角薹草（弓喙薹草）

Carex capricornis Meinsh. ex Maxim. in Bull. Acad. Imp. Sci. St.-Petersb. 31:119. 1886; Fl. Intramongol. ed. 2, 5:355. t.139. f.1-5. 1994.

多年生草本。根状茎短。秆疏丛生，高 25～45cm，锐三棱形，上部微粗糙，着叶达中部。基部叶鞘紫红色带淡褐色；叶片扁平，淡绿色，通常长于秆，宽 4～8mm，与叶鞘均具明显横隔，边缘粗糙。苞片叶状，最下 1 枚长于花序，无或具短苞鞘；小穗 4～5，接近生，或最下 1 枚稍远离生。顶生者为雄小穗，通常仅顶部高出相邻次一雌小穗，棍状或披针形，长 1.5～3cm；雄花鳞片披针形，白绿色，具长约 2mm 的粗糙长芒。侧生

3～4 雌小穗，矩圆状卵形或

短柱状，长 1.5～3cm，宽 1.5～2cm，顶端圆形，着花极密，无柄或下方者具短柄；雌花鳞片矩圆形，长约 2mm，中部具 3 脉，脉间淡锈色，两侧苍白色膜质，先端具长约 2mm 的粗糙长芒，短于果囊。果囊厚膜质，黄绿色，斜开展，条状披针形，长 7～8mm，扁三棱状，平滑，两面具多数凸脉，基部急缩为长约 1mm 的短柄，顶端渐狭为长喙；喙平滑，喙口深 2 裂，裂齿长达 2.5mm，外弯成双钩状或羊角状。小坚果疏松包于果囊中，矩圆形，扁三棱状，长约 1.5mm；花柱细长，2 或 3 次波状屈曲，柱头 3。果期 6～7 月。

湿生草本。生于森林草原带的溪边沼泽、湖边湿地。产岭西（新巴尔虎左旗）、辽河平原（大青沟、科尔沁左翼后旗伊和塔嘎查）。分布于我国黑龙江、吉林东部、辽宁北部、河北北部、陕西，日本、朝鲜、俄罗斯（远东地区）。为东亚北部（满洲—日本）分布种。

31. 假莎草薹草（拟莎草薹草、倒生囊薹草）

Carex pseudocyperus L., Sp. Pl. 2:978. 1753; Fl. Intramongol. ed. 2, 5:358. t.140. f.1-6. 1994.

多年生草本。根状茎短。秆疏松丛生，粗糙三棱状，高 40～80cm。基部叶鞘淡褐色；叶长于秆，质较硬，扁平，宽 5～10mm，具明显凸起中脉。苞片明显长于花序，最下部者具有约 5mm 长的鞘；小穗 3～6，较密集生。顶生者为雄小穗，长披针形或长圆柱形，长 3～6cm；雄花鳞片淡褐色，长披针形，顶部具粗糙长芒。其余小穗为雌性，长圆柱状，长 3～6cm，宽 0.8～1cm，下垂，小穗柄长，至

少达到 4 ～ 5cm；雌花鳞片狭披针形，褐色，具粗糙长芒，短于果囊。果囊卵圆三棱状披针形，密生于小穗轴上，并强烈向背侧反折，长 4.5 ～ 5.5mm，淡绿色，后变成褐绿色，具明显肋状脉，基部急收缩为短柄，顶端渐狭为长喙；喙尖锐平滑，喙口 2 深裂。小坚果疏松包于果囊中，椭圆状三棱形；柱头 3。花果期 6 ～ 7 月。

湿生草本。生于夏绿阔叶林带的溪边沼泽。产辽河平原（大青沟）。分布于我国陕西、甘肃、新疆（天山、阿尔泰山），日本、蒙古国、俄罗斯（西伯利亚地区），中亚、欧洲、北美洲。为泛北极分布种。

32. 异穗薹草（异穗薹、黑穗草）

Carex heterostachya Bunge in Enum. Pl. China Bor. 69. 1833; Fl. Intramongol. ed. 2, 5:358. t.141. f.1-5. 1994.

多年生草本。具长而匍匐的根状茎。秆疏丛生，高 15 ～ 30cm，纤细，三棱形，上部稍粗糙。基部叶鞘无叶片，褐色，稍带红紫色，边缘细裂成纤维状或网状；叶片扁平，稍硬，灰绿色，

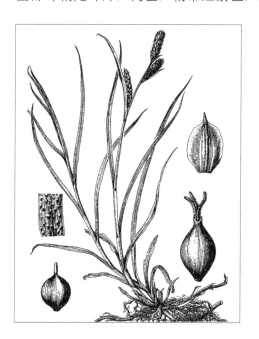

短于秆，宽 1.5 ～ 2.5mm，下面密布细小乳头状突起，边缘稍外卷，微粗糙。苞片叶状，最下 1 枚短于花序或近等长，无苞鞘。小穗 3 ～ 4，接近生；顶端 1 ～ 2 为雄小穗，紫红色，长 1.5 ～ 2.2cm，狭圆柱形或矩圆形，有时其下方小穗为雄雌顺序；其余为雌小穗，无柄或具不明显柄，直立，矩圆形或圆柱形，长 0.8 ～ 2cm，花密生。雌花鳞片紫褐色，卵形或椭圆形，长约 4mm，边缘白色膜质，背部具 1 ～ 3 脉，中脉淡绿色，延伸为尖头；果囊稍长于鳞片，斜开展，卵形至椭圆形，腹面凸起，钝三棱形，稍有光泽，褐绿色或褐色，平滑，无脉或近无脉，基部渐狭或近圆形，先端急缩为短喙；喙直立，较宽，喙口半月形微缺，2 齿裂。小坚果稍疏松包于果囊中，倒卵形或椭圆形，三棱形，长约 2.5mm；花柱基部不膨大，柱头 3。花期 5 月，果期 6 ～ 7 月。

湿生草本。生于夏绿阔叶林带的湿地。产辽河平原（科尔沁左翼后旗）。分布于我国黑龙江、吉林、辽宁、河北、河南、山东、山西、陕西南部、甘肃东部，朝鲜北部。为华北—满洲分布种。

33. 叉齿薹草（红穗薹草）

Carex gotoi Ohwi in Mem. Coll. Sci. Kyoto Imp. Univ. Ser. B, Biol. 5:248. 1930; Fl. Intramongol. ed. 2, 5:361. t.142. f.7-11. 1994.

多年生草本。具长而匍匐的根状茎。秆疏丛生，高35～72cm，三棱形，平滑，中部以下生叶。基部叶鞘无叶片，紫红褐色，边缘细裂成纤维状或网状；叶片扁平或对折，稍硬，鲜绿色，短于秆，宽2～3.5mm，边缘粗糙。苞片叶状，最下1枚长于花序或近等长，无或具短苞鞘，鞘长0.5～1.5cm；小穗3～5。上部2或3为雄小穗，接近生，狭圆柱形或披针形，长（1～）1.5～3cm；雄花鳞片倒披针形，锈色，具1～3脉，先端渐尖或具短芒尖。其余为雌小穗，远离生，长1.5～4cm，宽约6mm，基部小穗具短柄，其余近无柄；雌花鳞片披针形或近卵形，长3～4mm，暗栗色，具3脉，脉间色浅，具白色膜质狭边缘，先端渐尖，具芒尖，短或近等长于果囊。果囊革质，椭圆状卵形或宽卵形，扁钝三棱状，长（2.5～）3～4mm，宽约1.5mm，暗血红褐色，稍具光泽，两面具多数明显隆起的脉，平滑，先端急收缩为短喙或中等长的喙；喙直立，较宽，喙口2齿裂，喙齿常多少叉开。小坚果疏松包于果囊中，倒卵形至宽倒卵形，三棱状，长约1.5mm，具短柄；花柱基部稍弯曲，不膨大，柱头3。果期6～7月。

湿生草本。生于森林带和森林草原带的河谷草甸。产兴安北部及岭东和岭西（额尔古纳市、牙克石市、鄂伦春自治旗、陈巴尔虎旗、海拉尔区）、兴安南部及科尔沁（科尔沁右翼前旗、扎赉特旗、科尔沁左翼中旗）、辽河平原（科尔沁左翼后旗）、燕山北部（喀喇沁旗）、阴山（大青山）。分布于我国黑龙江、吉林、辽宁北部、河北、山东、陕西、甘肃东北部、朝鲜北部、蒙古国东部和东北部、俄罗斯（东西伯利亚地区、远东地区）。为东古北极分布种。

34. 准噶尔薹草

Carex songorica Kar. et Kir. in Bull. Soc. Imp. Nat. Mosc. 15(3):525. 1842; Fl. Intramongol. ed. 2, 5:361. t.138. f.1-5. 1994.

多年生草本。具长而匍匐的根状茎。秆疏丛生，高30～70cm，三棱形，上部微粗糙，着叶达中部。基部叶鞘无叶片，紫红色，具光泽，边缘细裂成纤维状或网状；叶片扁平，稍硬，短于秆，宽2～3mm，下面脉间具横隔，边缘粗糙。苞片叶状，最下1枚与花序几等长，近无苞鞘；小穗3或4。上部1或2为雄小穗，接近生，狭圆柱形或披针形，长1.5～2.5cm；雄花

鳞片矩圆状倒披针形，淡黄锈色，具 1～3 脉，先端钝或具短芒尖。其余为雌小穗，远离生，长 (1.5～)2～4cm，宽约 6mm，基部小穗具短柄，其余近无柄；雌花鳞片卵形，长 3～4mm，淡黄色或略带锈色，具 3 脉，脉间色浅，边缘白色膜质，先端具粗糙短芒刺，稍短于果囊。果囊革质，卵形或宽卵形，钝三棱状，长 3～3.5(～4)mm，宽 1.5～2mm，橙黄色或黄褐色，平滑，稍有光泽，具多数细凸脉，先端急收缩为短喙，喙口 2 齿近直立。小坚果疏松包于果囊中，倒卵形，三棱状，长约 2mm，具短柄；柱头 3。果期 6 月。

湿生草本。生于夏绿阔叶林带的草甸、河滩、湿地。产辽河平原（科尔沁左翼后旗）。分布于我国新疆，蒙古国东北部和西部、俄罗斯（西伯利亚地区）、印度、伊朗、阿富汗。为东古北极分布种。

35. 阴山薹草

Carex yinshanica Y. Z. Zhao in Class. Fl. Ecol. Geogr. Distr. Vasc. Pl. Inner Mongol. 703. 2012.

植株高 30～40cm，具黑褐色匍匐根状茎。秆三棱形，平滑，基部具红褐色叶鞘。叶片宽 1～1.5mm，边缘具短硬毛。苞片叶状，最下部 1 枚长于花序。小穗 2 或 3；上部雄小穗 1 或 2，狭披针形，长 8～15mm；下部雌小穗 1 或 2，卵形或圆柱形，长 1～2cm，宽约 7mm，最下部 1 枚具长达 2cm 的柄。雌花鳞片狭卵形，长 4～5mm，等长或稍长于果囊，中部淡锈色，具 3 脉，边缘白色膜质，先端渐尖成芒状。果囊草质，绿黄色，卵形，具 3 棱，长 4～4.5mm，无毛，脉不明显，顶端渐狭成圆柱状长喙；喙边缘具短硬毛，喙口 2 齿裂，喙齿直立，长达 1mm。小坚果倒卵形，三棱状；柱头 3。花期 6～7 月，果期 6～7 月。

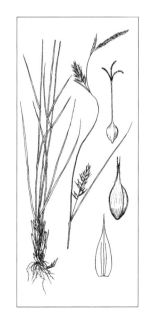

多年生中生草本。生于草原带的山地、沟谷、草甸。产阴山（大青山）。为大青山分布种。

本种与 *C. drymophila* Turcz. ex Steud. 相近，但本种叶片宽 1～1.5mm，边缘具短硬毛，雌花鳞片近等长或稍长于果囊，果囊绿黄色，雌小穗长 1～2cm，最下 1 小穗柄长约 3cm，与 *C. drymophila* Turcz. ex Steud. 明显不同。

36. 栓皮薹草（矮生薹草）

Carex pumila Thunb. in Syst. Veg. ed. 14, 846. 1784; Fl. Intramongol. ed. 2, 5:363. t.140. f.7-11. 1994.

多年生草本，灰绿色。根状茎分枝，具长匍匐枝。秆高 5～25cm。基部叶鞘淡褐色或淡红褐色，细裂成网状至纤维状；叶片质硬，扁平或对折，呈束状集生，宽 2～4mm，长于秆。下部苞片具叶片，明显长于花序，基部具短鞘；小穗 3～5，接近生。上部 2 或 3 为雄小穗，

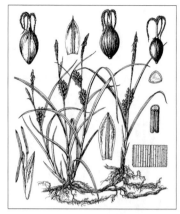

披针形，长 1.5～4cm；雄花鳞片狭披针形，淡黄褐色，具 1 脉。其余者为雌小穗，棒状矩圆形，长 1.5～3cm，具直的柄，柄长达 1cm；雌花鳞片狭卵形，渐尖，顶端稍呈芒状，淡褐色或栗色，中部淡绿色，边缘膜质，短于果囊。果囊木栓质，卵形或狭卵形，长约 6～7mm，淡褐绿色，干后变绿黄色，具肋脉，脉于顶端不明显，基部急收成粗柄，顶端渐狭为喙；喙稍长，平滑，稀稍粗糙，喙口带紫红色，稍深 2 齿裂，裂片锐尖。小坚果稍紧密包于果囊中，顶端具小尖，基部具短柄，倒卵形至椭圆状三棱形，长 2.5～3mm；花柱基部膨大，柱头 3。花果期 6～7 月。

湿生草本。生于夏绿阔叶林带的沙滩、河沟边。产辽河平原（大青沟）。分布于我国辽宁、河北、山东东部、江苏东北部、浙江、福建、台湾，日本、朝鲜北部、俄罗斯（远东地区）。为东亚分布种。

37. 粗脉薹草

Carex rugulosa Kuk. in Bull. Herb. Boiss. Ser. 2, 4:58. 1904; Fl. Intramongol. ed. 2, 5:363. t.143. f.1-5. 1994.

多年生草本。具粗长匍匐的根状茎。秆疏丛生，高 27～43cm，钝三棱形，上部微粗糙，下部生叶。基部叶鞘紫红色或红褐色，边缘细裂成纤维状或网状；叶片扁平，稍硬，灰绿色，干时常对折，与秆近等长或短于秆，宽 3～4mm，边缘粗糙。苞片叶状，最下 1 枚与花序等长或较之稍短，具短苞鞘，鞘长仅 1～2mm；小穗 3～5。上部 2 或 3 为雄小穗，接近生，披针形或狭圆柱形，长 1～2.5cm；雄花鳞片条状倒披针形，淡褐色，具 3 脉，先端近尖或具短尖。其余为雌小穗，矩圆形至圆柱形，远离生，长 1.5～3cm，宽约 8mm，密生花，无柄或基部小穗具短柄，直立；雌花鳞片卵形或长卵形，长 3.8～4mm，淡栗色，具 3 脉，沿脉色淡，先端急尖或近截形，具粗糙芒尖，具宽的白色膜质边缘，短于果囊。果囊近革质，海绵质状，较厚，矩圆状卵形，钝三棱状，长 4.5～5mm，宽 2～2.5mm，淡绿褐色，具多数细凸脉，基部圆形，具短柄，顶端稍急收缩为宽短喙；喙平滑，淡锈色，喙口半月状微凹，具 2 小齿。小坚果稍紧包于果囊中，倒卵形或矩圆形，钝三棱状，长约 3.2mm，具短柄；花柱粗，基部弯，柱头 3。果期 6～7 月。

湿生草本。生于夏绿阔叶林带的河边湿地。产嫩江西部平原（扎赉特旗）、辽河平原（科尔沁左翼后旗）、锡林郭勒东南部。分布于我国黑龙江、吉林、河北，日本、朝鲜、俄罗斯（远东地区）。为东亚北部（满洲—日本）分布种。

38. 长秆薹草（显脉薹草）

Carex kirganica Kom. in Repert. Spec. Nov. Regni Veg. 13:164. 1914; Fl. Intramongol. ed. 2, 5:364. t.143. f.6-10. 1994.

多年生草本。具粗长匍匐根状茎。秆疏丛生，高 35～70cm，锐三棱形，平滑，上部微粗糙，中部以下生叶。基部叶鞘无叶片，淡褐色带紫红色，边缘细裂成纤维状或网状；叶片扁平或稍外卷，质硬，灰绿色，略短或等长于秆，宽 2～4mm，边缘微粗糙。苞片叶状，最下 1 片稍短于花序，具苞鞘，鞘长 0.4～1.2cm；小穗 4～6（～7）。上部 2～3（～4）为雄小穗，接近生，狭披针形或矩圆形，长 1～4cm；雄花鳞片披针形或倒披针形，锈色或淡锈色，先端急尖或具短尖。其余为雌小穗，圆柱形或矩圆形，长 1.5～4cm，宽约 1cm，着花多而下部稍稀疏，具短柄或近无柄；雌花鳞片披针形，栗色，中部淡绿色，具 1 脉，先端渐尖而呈短芒状，短于果囊。果囊近革质，木栓质状，较薄，披针形或矩圆形，钝三棱状，长 4.5～6.1mm，宽约 2mm，淡绿褐色，平滑，具光泽，具多数细凸脉，基部宽楔形，顶端渐狭为喙；喙短，较宽，平滑，喙口半月状，稍深裂，2 裂齿锐尖。小坚果稍紧包于果囊中，倒卵形，淡绿褐色，三棱状，长约 2mm，具短柄；花柱直，基部不膨大，柱头 3。果期 6～7 月。

湿生草本。生于森林带和森林草原带的河漫滩草甸、沼泽。产兴安北部及岭西（额尔古纳市、根河市、牙克石市、东乌珠穆沁旗宝格达山）、兴安南部（科尔沁右翼前旗）、辽河平原（大青沟）、锡林郭勒（苏尼特左旗）。分布于我国黑龙江，朝鲜、俄罗斯（东西伯利亚地区、远东地区）。为东西伯利亚—满洲分布种。

39. 毛薹草

Carex lasiocarpa Ehrh. in Hannov. Mag. 22(9):132. 1784; Fl. Intramongol. ed. 2, 5:364. t.139. f.6-10. 1994.

多年生草本。具短而稍粗的匍匐根状茎。秆疏丛生，高 45～95cm，细而硬，近三棱形，平滑或上部微粗糙。基部叶鞘长，无叶片，棕褐色至红褐色，具光泽，边缘细裂成网状，中部以下生叶；叶片硬，灰绿色，钩状，内卷成刚毛状，与秆近等长，宽 1～2mm，边缘粗糙。苞片叶状，最下 1 枚长于花序或与之近等长，具短苞鞘；小穗 3～4，远离生。上部 1～2 为雄小穗，条形，长 1.5～4.5cm；雄花鳞片矩圆状披针形，长约 5.4mm，淡锈色，具 1 脉，

先端渐尖。其余为雌小穗，矩圆状卵形或圆柱形，长 1～3.5cm，宽 5～8mm，密生花，无柄或最下 1 枚具长约 3mm 的短柄，直立；雌花鳞片矩圆状卵形或披针形，锈褐色，长约 4mm，中部淡绿色，具 3 脉，先端短芒状，具白色膜质狭边缘，短于或等长于果囊。果囊近海绵质，卵状椭圆形，长 3.5～4mm，钝三棱状，灰绿色，密被黄褐色茸毛，具多数不明显脉，基部具短柄，顶端渐狭为短喙；喙口多少呈半月状凹缺，具 2 锐齿，齿长 0.4～0.6mm，具缘毛。小坚果疏松包于果囊中，倒卵形，长约 1.8mm，三棱状，具短柄；花柱基部屈曲，不膨大，柱头 3。果期 6～7 月。

湿生草本。生于森林带和森林草原带的水边沼泽化草甸、沼泽。产兴安北部（额尔古纳市、牙克石市）、兴安南部（科尔沁右翼前旗、阿鲁科尔沁旗）、辽河平原（科尔沁左翼后旗伊和塔嘎查）。分布于我国黑龙江、辽宁（彰武县），朝鲜、俄罗斯（远东地区），欧洲、北美洲。为泛北极分布种。

可造纸。茎、叶可编物、搓绳、制刷。

40. 野笠薹草

Carex drymophila Turcz. ex Steud. in Syn. Pl. Glumac. 2:238. 1855; Fl. Intramongol. ed. 2, 5:366. t.144. f.1-4. 1994.

40a. 野笠薹草

Carex drymophila Turcz. ex Steud. var. **drymophila**

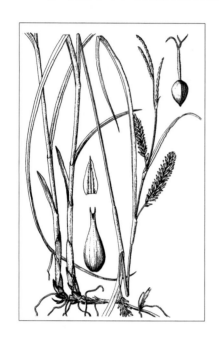

多年生草本。具棕黄色长匍匐根状茎。秆高 60 ～ 67cm，上部微粗糙，着生叶达中部。基部叶鞘红褐色，无叶片，平滑，边缘稍细裂成网状，上部叶鞘无毛或仅鞘口具柔毛；叶片扁平，淡绿色，短于秆，宽 3 ～ 6mm，两面无毛，背面无细小颗粒，边缘粗糙。苞片叶状，最下 1 枚长于花序，具长苞鞘，鞘长 2 ～ 4.6cm；小穗 5 ～ 7。上部 2 ～ 4 为雄小穗，接近生，条形，长 1.8 ～ 3.2cm；雄花鳞片淡锈色，先端常具短芒。其余为雌小穗，棒状圆柱形，长 2.5 ～ 5cm，宽 0.8cm，基部着花较稀疏，具粗糙细柄，最下 1 枚柄长 3.5 ～ 5.8cm，直立或下倾；雌花鳞片狭卵形或披针形，长约 4.2mm，宽约 1.8mm，中部淡绿色或淡锈色，具 3 脉，两侧锈色，边缘白色膜质，先端渐尖，具粗糙短芒，短于果囊。果囊草质，橄榄绿色，卵形或卵状圆锥形，长 5 ～ 6mm，膨大三棱状，基部圆形，两面具多数细脉，顶端渐狭为扁柱状长喙；喙缘疏生短糙毛，喙口 2 齿裂，喙齿直立，长达 1mm，齿缘及喙口以下红褐色。小坚果疏松包于果囊中，倒卵形，三棱状，具短柄；花柱基部不膨大，柱头 3。果期 6 ～ 8 月。

中生草本。生于森林带和森林草原带的河岸草甸。产兴安北部（额尔古纳市、牙克石市）、兴安南部（科尔沁右翼前旗）。分布于我国黑龙江、吉林东部，朝鲜、俄罗斯（东西伯利亚地区、远东地区）。为东西伯利亚—满洲分布种。

幼嫩茎、叶为家畜饲料。

40b. 黑水薹草（毛果野笠薹草）

Carex drymophila Turcz. ex Steud. var. **abbreviata** (Kuk.) Ohwi in Act. Phytotax. Geobot. 12:107. 1943; Fl. Intramongol. ed. 2, 5:366. t.144. f.5-6. 1994.——*C. amurensis* Kuk. var. *abbreviata* Kuk. in Bot. Centralbl. 77:94. 1899.

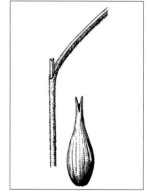

本变种与正种的区别是：植株常较粗壮；秆较高，高 (45 ～)66 ～ 98cm。叶鞘密被短柔毛，下部较稀疏；叶宽 5 ～ 10mm，下面疏具柔毛，基部毛较密。果囊长 6 ～ 7mm，喙部具糙毛，有时果囊上部也有糙毛。

多年生湿生草本。生于森林带和森林草原带的沼泽、草甸。产兴安北部及岭东和岭西（额尔古纳市、根河市、牙克石市、鄂伦春自治旗）、兴安南部（科尔沁右翼前旗、扎赉特旗）。分布于我国黑龙江、吉林，日本、朝鲜、俄罗斯（远东地区）。为东亚北部（满洲—日本）分布变种。

41. 锥囊薹草（河沙薹草）

Carex raddei Kuk. in Bot. Centralbl. 77:97. 1899; Fl. Intramongol. ed. 2, 5:368. t.145. f.1-6. 1994.

多年生草本。具粗壮的匍匐根状茎。秆稍疏丛生，高 25～50cm，钝三棱形，较粗壮，平滑，中部以下生叶。基部叶鞘无叶片，红褐色，边缘细裂成纤维状及网状，下部叶鞘疏被柔毛，其余叶鞘无毛或有时也疏被短柔毛；叶片扁平，淡绿色，短于秆，宽 3～4.5mm，下面密生细小颗粒状凸起，边缘粗糙，外卷。苞片叶状，最下 1 枚短或近等长于花序，基部具苞鞘，鞘长达 4cm；小穗 4～6。上部 2 或 3 为雄小穗，条形或狭披针形，长 1.2～3.5cm；雄花鳞片披针形，淡锈色，先端有时具芒。雌小穗 1～4，侧生，矩圆状圆柱形，长 2.8～4.5cm，宽约 1.3cm，下部着花稀疏，具长达 4.4cm 的柄，直立；雌花鳞片矩圆形或披针形，淡锈色，中部具 3 脉，脉间色浅，先端具粗糙的芒，与芒共长 5.5～7mm，具白色膜质窄边缘，短于果囊。果囊革质，矩圆状圆锥形，膨大三棱状，长 (7～)8～9(～10)mm，淡绿色至黄褐色，无毛，两面各具 5 条凸起细脉，基部圆形，具短柄，顶端渐狭成喙；喙口深 2 齿裂，背面裂口较深并常呈半圆形，喙齿长达 1mm。小坚果疏松包于果囊中，卵状椭圆形，三棱状，长约 2.5mm，具短柄；花柱基部直，不膨大，柱头 3。果期 6～7 月。

湿中生草本。生于森林带和森林草原带的河边沼泽化草甸。产岭西（新巴尔虎左旗）、兴安南部（科尔沁右翼前旗、乌兰浩特市、扎赉特旗、科尔沁左翼中旗）、辽河平原（大青沟）、燕山北部（宁城县）、锡林郭勒（锡林浩特市）。分布于我国黑龙江、吉林西南部、辽宁西部、河北北部、山东、江苏，朝鲜、俄罗斯（远东地区）。为华北—满洲分布种。

42. 直穗薹草

Carex atherodes Spreng. in Syst. Veg. ed. 16,3:828. 1826; Fl. Intramongol. ed. 2, 5:368. t.145. f.7-11. 1994.——*C. orthostachys* C. A. Mey. in Fl. Alt. 4:231. 1833; Fl. China 23:415. 2010.

多年生草本。具长匍匐根状茎。秆疏丛生，高30～65cm，锐三棱形，平滑或上部微粗糙，中部以下生叶。基部叶鞘无叶片，红褐色，边缘细裂成纤维状或网状，上部叶鞘无毛或鞘口疏生柔毛；叶片扁平，短于秆，宽（2～）3～5mm，下面密被细小颗粒，边缘粗糙，稍外卷。苞片叶状，最下1枚长于花序，具长苞鞘，鞘长约2.5cm；小穗5～7。上部2～3为雄小穗，接近生，披针形或条形，长2～4cm；雄花鳞片披针形，淡锈色，具3脉，先端具芒尖。其余为雌小穗，远离生，矩圆形或矩圆状棍棒形，长（2～）2.5～5cm，宽约1cm，下部着花稀疏，直立，最下1枚具长3～4.5cm的柄；雌花鳞片矩圆状卵形或披针形，淡锈色，中部具3脉，脉间色浅，先端渐尖并延伸为粗糙长芒，与芒共长7～8mm，具膜质狭边缘，短或等长于果囊。果囊薄革质，圆锥状卵形，长6～7(～8)mm，宽约2.2mm，稍膨大三棱状，绿色至棕褐色，平滑或上部边缘具疏毛，两面各具6条脉，基部具短柄，顶端渐狭为喙；喙口锥状2齿裂，背腹两面裂口深度相等，喙齿长约1.5mm。小坚果疏松包于果囊中，倒卵形，三棱状，长约2.4mm，具短柄；花柱直，基部不膨大，柱头3。果期6～7月。

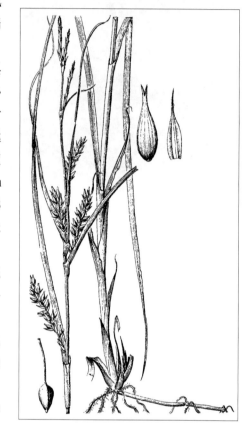

湿中生草本。生于森林带和森林草原带的河边沼泽化草甸、沟谷草甸。产兴安北部及岭西（额尔古纳市、根河市、牙克石市）、兴安南部及科尔沁（科尔沁右翼前旗、扎赉特旗、通辽市）、辽河平原（大青沟）、燕山北部（喀喇沁旗）、锡林郭勒（东乌珠穆沁旗、西乌珠穆沁旗）。分布于我国黑龙江、吉林、辽宁、河北、新疆中部和北部，俄罗斯（西伯利亚地区、远东地区）。为东古北极分布种。

43. 宽叶薹草（崖棕）

Carex siderosticta Hance in J. Linn. Soc., Bot. 13:89. 1873; Fl. Intramongol. ed. 2, 5:370. t.135. f.1-4. 1994.

多年生草本。具长匍匐根状茎。秆分花秆与不孕秆两种：花秆直立而柔弱，扁平，微被长柔毛或无毛，下部具数个红褐色、较松弛的叶鞘；不孕秆上升或直立，较花秆短，上部具3～4叶，下部具数个褐色无叶片的叶鞘。叶片质软，狭长披针形，宽1～2.7(～3)cm，上面绿色，无毛，具2条明显侧脉，下面中脉凸起且两侧各具多条侧脉，沿脉疏生柔毛，边缘粗糙，先端长渐尖，短于秆。苞片佛焰苞状，长2～2.5cm，淡绿色；小穗5～8，远离生，雄雌顺序，条状圆柱状，长1.5～2cm，着花稀疏，具长柄，柄扁平，长3～6cm，向上则渐短；雌花鳞片矩圆状卵形或披针形，长3.5～4mm，淡锈色或淡绿色，具1～3脉，先端尖，边缘白色膜质状，稍短或等长于果囊。果囊膜质，倒卵状椭圆形，三棱状，长3～3.5mm，黄绿色，有锈点，平滑，

具多数凸起细脉，基部渐狭，具长 0.8～1mm 的柄，顶端急缩为极短的喙，喙口截形。小坚果卵状椭圆形，淡褐色，三棱状，长约 3mm；花柱短，基部不膨大，柱头 3。花果期 5～7 月。

中生草本。生于夏绿阔叶林林下。产燕山北部（喀喇沁旗、宁城县、敖汉旗）。分布于我国黑龙江、吉林东部、辽宁东部、河北北部、山东、山西、陕西南部、河南、安徽南部、江苏、浙江、江西北部，日本、朝鲜、俄罗斯（远东地区）。为东亚分布种。

根入药，治妇女气血亏、五劳七伤。

44. 斑点果薹草

Carex maculata Boott in Trans. Linn. Soc. London 20(1):128. 1846; Fl. Intramongol. ed. 2, 5:371. t.146. f. 6-11. 1994.

多年生草本。根状茎丛生。秆高 30～45cm，纤细，三棱柱形，基部叶鞘呈褐色。叶近等长于秆，宽 4～5mm，下面具乳头状突起；叶鞘腹面膜质，具棕色斑点。苞片叶状，长于花序，具苞鞘；小穗 3～5，疏远。顶生 1 枚雄性，长 2～3.5cm，条状圆柱形；雄花鳞片长披针形，锈色，中间具 1 绿色脉。其余为雌小穗，圆柱形，长 2～4cm，宽约 4mm，基部小穗柄长，有时达 3.5～8cm，其余者较短；雌花鳞片矩圆状披针形，长约 2mm，短于果囊，中间绿色，两侧膜质，密生锈色斑点，脉 3 条，顶端锐尖。果囊宽椭圆形或宽卵圆形，稍长于鳞片，深棕色，密生乳头状突起，具 5～7 脉，顶端急尖成短喙，喙顶端微凹。小坚果倒卵状三棱形，长约 1.5mm；柱头 3。花期 6～7 月，果期 6～7 月。

中生草本。生于草原带的山地水边、路旁。产阴山（乌拉山）。分布于我国江苏、浙江、福建、台湾、江西、湖北、湖南、广东、四川，日本、朝鲜、印度、印度尼西亚、斯里兰卡。为东亚分布种。

45. 麻根薹草

Carex arnellii Christ ex Scheutz. in Kongl. Svensk. Vet. Acad. Handl. n. s. 22(10)(Scheutz. in Pl. Vasc. Jenis):177. 1888; Fl. Intramongol. ed. 2, 5:371. t.147. f.1-5. 1994.

多年生草本。根状茎粗短，匍匐而斜生，木质化，密被深褐色细裂成纤维状的残存老叶鞘。秆丛生，高 30～60(～70) cm，三棱形，平滑，上部纤细，下垂。基部叶鞘褐色，纤维状细裂；叶片扁平，柔软，淡绿色，与秆近等长，宽 2～4mm，边缘微粗糙。苞片叶状，最下 1 枚与花序近等长，具苞鞘，鞘长 0.6～1.7cm；小穗 4 或 5。上部 2 或 3 为雄小穗，接近生，披针形，长 1.2～2.3cm；雄花鳞片倒披针形，淡锈色，具 1 脉，先端尖，膜质状。其余为雌小穗，圆柱形，长 3～5cm，着花稀疏或上部较密，具粗糙细长柄，柄长 3.5～6cm；雌花鳞片卵状披针形，长 5～6mm，淡锈色，中部具 3 脉，脉间绿色，先端渐尖并延伸成粗糙芒状尖，与果囊近等长。果囊薄草质，倒卵形至椭圆形，长 5～6mm，淡黄绿色，具光泽，具数条不明显脉，

基部楔形，顶端稍急收缩为细长喙；喙长约 1.5mm，喙缘微粗糙，喙口白色膜质，2 齿裂。小坚果疏松包于果囊中，椭圆状倒卵形，淡棕色，三棱状，长约 2.4mm；花柱稍弯曲，基部不膨大，柱头 3。果期 6～7 月。

中生草本。生于森林带和草原带的林缘沼泽草甸、阴湿山沟、林间草甸、山坡石壁下、固定沙丘阴坡林下。产兴安北部及岭西（额尔古纳市）、岭东（扎兰屯市）、兴安南部及科尔沁（科尔沁右翼前旗、阿鲁科尔沁旗、巴林右旗）、燕山北部（喀喇沁旗、宁城县）、锡林郭勒（锡林浩特市）、阴山（大青山）、贺兰山。分布于我国黑龙江、吉林东部、河北北部、山西北部，日本、朝鲜、蒙古国北部（肯特地区）、俄罗斯（西伯利亚地区、远东地区）。为西伯利亚—东亚北部分布种。

46. 细毛薹草（沟叶薹草）

Carex sedakowii C. A. Mey. ex Meinsh. in Trudy Imp. St.-Petersb. Bot. Sada 18:360. 1901; Fl. Intramongol. ed. 2, 5:373. t.147. f.6-10. 1994.

多年生草本。根状茎短。秆疏丛生，纤弱，高 8～40(～54)cm，钝三棱形，平滑，顶端稍下垂，下部生叶。基部叶鞘淡棕色带红褐色，稍纤维状细裂；叶片条形，纤细，淡绿色，略短于秆，扁平或钩状内卷，宽 0.5～1.2mm，边缘粗糙。苞片狭叶状，最下 1 枚与花序近等长，具苞鞘，鞘长达 3.5cm，其下部常内藏于叶鞘中。小穗 2～4(～5)，顶生者为雄雌顺序，黄锈色，直立，与相邻次一雌小穗接近生，长约 9mm，宽约 1.5mm，下部具雌花 5 或 6；其余为雌小穗，远离生，条形，长 0.6～1cm，宽约 2mm，着花 4～9，稀疏，具丝状粗糙细柄，柄长达 6.5cm，下垂。雌花鳞片宽倒卵形，长约 1.8mm，红锈色，具 3 脉，脉间淡绿色，先端钝，具白色膜质边缘，短于果囊。果囊膜质，狭倒卵形，长 1.8～2.5mm，淡黄绿色，平滑，具少数不明显脉，基部具短柄，顶端稍急收缩为较长喙；喙圆锥状，平滑，淡锈色，喙口白色膜质，斜截形。小坚果稍紧包于果囊中，椭圆形，三棱状，长 1.5～2mm；花柱基部不膨大，柱头 3。果期 6～7 月。

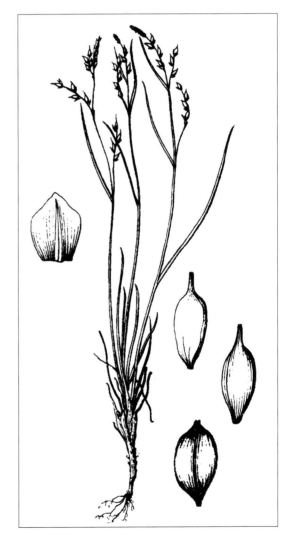

湿生草本。生于森林带的山地林下苔藓沼泽、河边灌丛沼泽。产兴安北部及岭西（额尔古纳市、牙克石市、阿尔山市）。分布于我国黑龙江东南部、吉林东部（长白山）、辽宁、日本、朝鲜、蒙古国北部、俄罗斯（西伯利亚地区、远东地区）。为西伯利亚—东亚北部分布种。

47. 小粒薹草

Carex karoi Freyn in Oesterr. Bot. Z. 40:303. 1890; Fl. Intramongol. ed. 2, 5:373. t.148. f.1-6. 1994.

多年生草本。根状茎短。秆密丛生，纤细，高 10～50cm，圆三棱形，平滑，下部生叶。基部叶鞘棕褐色，常细裂成纤维状；叶片扁平，下部稍对折，淡绿色，稍硬，短于秆，宽 1.5～2(～2.5)mm，边缘粗糙。苞片叶状或上方苞片刚毛状，最下 1 枚短于花序，具苞鞘，鞘长 (0.5～)1～3(～3.5)cm；小穗 4～6，远离生。顶生者为雄小穗或雌雄顺序，常高于相邻次一雌小穗或近等高，矩圆状倒卵形或短棒状，长 (3～)5～8(～9)mm；雄花鳞片矩圆形，淡锈色，具 1 脉，沿脉绿色，先端钝。其余为雌小穗，短圆柱形，长 0.6～1.4cm，宽约 3.5mm，着花密而多（达 30 余朵），柄细长，长可达 9cm；雌花鳞片宽卵形或宽倒卵形，长 1.4～2mm，淡锈色，具 1～3 脉，沿脉淡绿色，具白色膜质宽边缘，短于果囊。果囊膜质，倒卵状椭圆形、宽倒卵形至近圆形，长 1.2～2mm，膨大三棱状，淡绿色，后淡棕色，无脉，平滑，无光泽，基部渐狭，顶端急收缩为短喙；喙圆锥状，喙缘及果囊顶部具少数短刺毛，喙口白色膜质，近斜截形。小坚果疏松包于果囊中，倒卵形，三棱状，长 1.2～1.5mm，具小尖及短柄；花柱基部不膨大，柱头 3。果期 6～7 月。

湿中生草本。生于森林草原带和草原带的沙丘旁湿地、山沟溪旁、沼泽草甸、草甸。产岭西（新巴尔虎左旗）、兴安南部（科尔沁右翼中旗、阿鲁科尔沁旗、巴林右旗、克什克腾旗）、辽河平原（科尔沁左翼后旗）、锡林郭勒（锡林浩特市、苏尼特左旗、多伦县）、阴山（大青山）、鄂尔多斯（伊金霍洛旗、乌审旗、杭锦旗）。分布于我国黑龙江南部、吉林、辽宁西北部、河北、山西、新疆（天山），日本、朝鲜、蒙古国北部（肯特地区）、俄罗斯（西伯利亚地区、远东地区）。为西伯利亚—东亚北部分布种。

48. 纤弱薹草（细秆薹草）

Carex capillaris L., Sp. Pl. 2:977. 1753; Fl. Intramongol. ed. 2, 5:375. t.148. f.7-10. 1994.

多年生草本。根状茎短。秆密丛生，纤细，高 15～45（～60）cm，钝三棱形，平滑，下部生叶。基部叶鞘褐色，细裂成纤维状；叶片扁平，柔软，长约为秆的 1/3～1/2，宽 1.5～2.5(～3) mm，边缘微粗糙。苞片叶状，最下 1 枚短于花序，具长苞鞘，鞘长 1.2～1.8cm；小穗 3～5，远离生。顶生者为雄小穗，通常不超出相邻次一雌小穗，条状披针形，长 5～7mm，宽 1～1.5mm；雄花鳞片矩圆形，苍白色，膜质，具 3 脉，脉间淡绿色。雌小穗 2～4，矩圆状条形，长 0.8～1.6cm，宽 2～4mm，疏生花 7～16(～18)，具粗糙的细丝状柄，柄长 2～3cm，稍下垂；雌花鳞片卵形或卵状矩圆形，长 1.7～2.2mm，淡锈色，具 3 脉，脉间淡绿色，先端钝或近急尖，具宽的白色膜质边缘，常早落，短于果囊。果囊膜质，椭圆状卵形或狭卵形，钝三棱状，长 3.5～4mm，棕褐色至褐绿色，具光泽，无脉，基部具短柄，顶端渐狭为较长喙；喙圆锥状，喙缘小刺状粗糙，喙口细，白色膜质，微凹。小坚果稍紧包于果囊中，椭圆状倒卵形，三棱状，长约 1.5mm；花柱基部稍膨大，柱头 3。果期 6～7 月。

中生草本。生于森林草原带和草原带的山地阴坡、水沟边、河漫滩草甸、灌丛下。产呼伦贝尔（海拉尔区）、兴安南部（阿鲁科尔沁旗、巴林右旗、克什克腾旗）、锡林郭勒（锡林浩特市、兴和县）、阴山（大青山、乌拉山）。分布于我国黑龙江东南部、吉林东部、辽宁南部、河北北部、山西北部、陕西、甘肃西南部、青海、新疆西北部，日本、朝鲜、俄罗斯（东西伯利亚地区、远东地区），欧洲、北美洲。为泛北极分布种。

49. 绿穗薹草

Carex chlorostachys Steven in Mem. Soc. Imp. Nat. Mosc. 4:68. 1813; Fl. China 23:364. 2010.

根状茎短。秆密丛生，高 10～30(～50)cm，细而稍坚挺，钝三棱形，平滑，下部密生多数叶。叶较秆短得多，宽 2～2.5mm，平展，质较软，两面及边缘均粗糙，向顶端渐粗糙，具短鞘。苞片下面者叶状，上面者常呈刚毛状，具鞘，鞘长 5～15mm。

小穗 3～6，下面的排列稀疏，间距最长达 6cm，上面的间距短，小穗稍密生，单生于一苞片鞘内；顶生小穗为雄小穗，长圆状披针形，长 6～10mm；侧生的为雌小穗，圆筒形或长圆形，长 8～18mm，具疏生花 (6～)8～10(～12)，具纤细小穗柄，小穗常下垂。雄花鳞片卵状长圆形，长约 3mm，顶端钝圆，无短尖，膜质，淡麦秆黄色，半透明，具 1 中脉；雌花鳞片倒卵形或近椭圆形，长约 2mm，顶端钝圆，无短尖，膜质，淡褐黄色或麦秆黄色，背面具 1 中脉，早于果囊脱落。果囊斜张开，长于鳞片，卵状纺锤形或倒卵状纺锤形，钝圆三棱形，长约 3mm，膜质，初为黄绿色，成熟时变成棕褐色，具光泽，无脉，基部骤缩成短柄，上端急狭成很短的喙；喙长不及 0.5mm，喙口斜截形，边缘干膜质，白色半透明。小坚果稍疏松包于果囊内，宽倒卵形，三棱状，长约 1.5mm，褐色，无柄；花柱基部稍增粗，柱头 3，短于果囊。花果期 6～8 月。

中生草本。生于草原带的山坡草地、河湖边。产内蒙古中部。分布于我国河北、山西、甘肃、青海中部和东部、四川北部、西藏、新疆西部，日本、朝鲜、俄罗斯（欧洲部分、西伯利亚地区）。为古北极分布种。

50. 棒穗薹草

Carex ledebouriana C. A. Mey. et Trevir. in Bull. Soc. Imp. Nat. Mosc. 36(1):540. 1863; Fl. China 23:365. 2010.

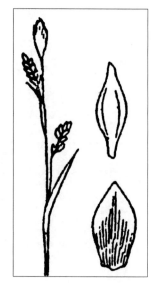

多年生草本。根状茎短。秆密丛生，高 10～15cm，细弱，钝三棱形，平滑，近基部生叶，老叶鞘常撕裂成纤维状。叶长通常为秆的 1/2 或稍长于 1/2，宽 1～2mm，平展，中脉和两侧脉明显，上端边缘粗糙，具短叶鞘，鞘一侧常开裂。苞片下面 2～3 枚叶状，长于小穗，具中等长苞鞘，上面的鞘状，膜质。小穗 4～6，间距较短；顶生小穗为雄小穗，倒披针形或棒形，长 6～10mm，具较短的柄；其余为雌小穗，卵形或长圆形，长 5～12mm，疏生几朵至 10 余朵雌花，具纤细的柄，直立或稍下垂。雄花鳞片长圆形，长约 2mm，顶端钝，白色膜质，有的稍带淡黄色，具 1 条淡黄色中脉；雌花鳞片卵形，长约 1.5mm，顶端钝，膜质，淡黄褐色，具白色半透明边，具 1 脉。果囊斜展，长于鳞片，卵形或长圆形，钝三棱形，长 2.5～3.5mm，膜质，淡绿黄色，成熟时常呈淡黄褐色，无脉，基部急尖或钝，顶端急缩成短喙；喙口截形，边缘具短硬毛，常为白色膜质。小坚果紧包于果囊内，倒卵形，三棱状，长约 1.5mm，深棕色，基部急尖，顶端具短尖；花柱短，柱头 3。花果期 6 ～ 8 月。

中生草本。生于山坡草地。产内蒙古东北部。分布于我国黑龙江、西藏、新疆，蒙古国北部和西部、俄罗斯、欧洲、北美洲。为泛北极分布种。

51. 细形薹草

Carex tenuiformis H. Lev. et Vant. in Bull. Acad. Int. Geogr. Bot. 11:104. 1902; Fl. Intramongol. ed. 2, 5:376. t.149. f.1-4. 1994.

多年生草本。根状茎短。秆密丛生，纤细，高 20 ～ 40cm，钝三棱形，平滑，下部生叶。基部叶鞘淡褐色或带暗血红色，纤维状细裂；叶片扁平，稍软，略短于秆，宽 1.5 ～ 2.5mm，边缘微粗糙。苞片叶状，最下 1 枚短于小穗，具苞鞘，鞘长 2.5 ～ 3cm；小穗通常 3，远离生。顶生者为雄小穗，披针形或条形，长 1.3 ～ 1.7cm，明显超出相邻次一雌小穗；雄花鳞片矩圆形，锈色，具 1 脉，先端钝。其余为雌小穗，条形或条状矩圆形，长 1.5 ～ 2.3cm，宽约 3mm，着花 10 余朵，稀疏，具粗糙细柄，柄长达 6.5cm，直立或稍下垂；雌花鳞片椭圆形或倒卵状矩圆形，锈色，中部具 1 脉，沿脉淡绿色，先端稍钝或急尖，具白色膜质宽边缘，略短于果囊。果囊膜质，近直立，狭椭圆形，扁三棱形，长 3.5 ～ 4mm，淡黄绿色，后变暗棕色，无光泽，无脉，具短柄，顶端渐狭为长喙；喙圆锥形，略外倾，带锈色，边缘粗糙，喙口白色膜质，斜截形。小坚果疏松包于果囊中，倒卵形，三棱状，长 1.7 ～ 2mm，具小尖；花柱基部不膨大，柱头 3。果期 6 ～ 7 月。

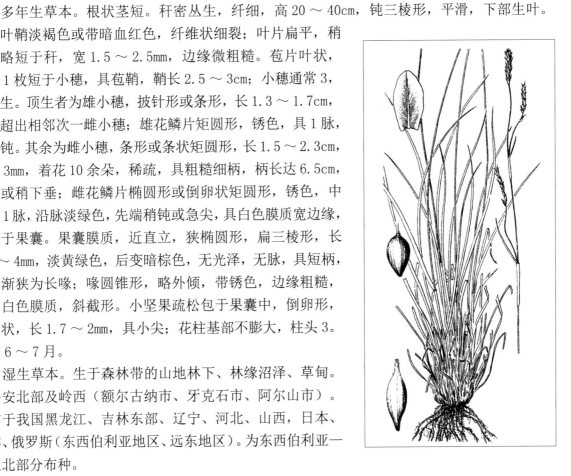

湿生草本。生于森林带的山地林下、林缘沼泽、草甸。产兴安北部及岭西（额尔古纳市、牙克石市、阿尔山市）。分布于我国黑龙江、吉林东部、辽宁、河北、山西，日本、朝鲜、俄罗斯（东西伯利亚地区、远东地区）。为东西伯利亚—东亚北部分布种。

52. 大少花薹草（镰薹草）

Carex vaginata Tausch var. **petersii** (C. A. Mey. ex F. Schmidt) Akiyama in J. Jap. Bot. 11:499. 1935; Fl. China 23:346. 2010.——*C. petersii* C. A. Mey. ex F. Schmidt in Mem. Acad. Imp. Sci. St.-Petersb. Ser. 7, 12(2)(Reis. Amur.-Land. Bot.):194. 1868.——*C. falcata* Turcz. in Bull. Soc. Imp. Nat. Mosc. 11(1):104. 1838; Fl. Intramongol. ed. 2, 5:376. t.150. f.5-8. 1994.

多年生草本。根状茎细，匍匐而上升。秆疏丛生，高 25 ～ 40cm，钝三棱形，平滑，上部稍下倾，下部生叶。基部叶鞘淡褐色，无叶片，常细裂成纤维状；叶片扁平，质软，淡绿色，短于秆或近等长，宽 3 ～ 5mm，边缘粗糙。苞片叶状，基部具长苞鞘（长 2 ～ 5cm）；小穗 3 或 4，远离生。顶生者为雄小穗；雄花鳞片披针状矩圆形，淡锈色，中部色淡，具 1 脉，先端微尖，具白色膜质宽边缘。其余为雌小穗，矩圆形，长 1.7～2.2cm，宽 3～5mm，具花 10 朵左右，稀疏，具细长柄，基部小穗柄长 3～5(～9)cm，直立或下倾；雌花鳞片披针形，红锈色，具 3 脉，脉间黄绿色，先端渐尖或急尖，具狭的白色膜质边缘，短于果囊。果囊草质，卵形至椭圆状倒卵形，稍膨大，三棱状，长 3.5～4.5mm，黄绿色，背面具 7 或 8 凸脉，腹面无脉，平滑，基部无柄，顶端急收缩为向背侧扭转的喙；喙长 1.2～1.5mm，圆柱形，喙口膜质，红锈色，斜截形，腹侧微凹或 2 齿裂。小坚果疏松包于果囊中，椭圆状倒卵形，长约 2.6mm，顶端具短尖，基部具短柄，有时具退化小穗轴；花柱基部不膨大，柱头 3。果期 6～7 月。

中生草本。生于森林带的山地林下、林缘、草甸、灌丛。产兴安北部及岭西（额尔古纳市、牙克石市、阿尔山市、东乌珠穆沁旗宝格达山）、兴安南部（巴林右旗）。分布于我国黑龙江西南部、吉林、辽宁，朝鲜、蒙古国北部（肯特地区）、俄罗斯（东西伯利亚地区、远东地区）。为东西伯利亚—满洲分布变种。

53. 和林薹草

Carex helingeeriensis L. Q. Zhao et J. Yang in Ann. Bot. Fenn. 50(1-2):32. 2013.

多年生草本。根状茎细长，匍匐或斜生。秆疏丛生，高 13～20cm，三棱形，稍粗糙，基部包以少数淡黄色无叶片的鞘和残存的老叶鞘，老叶鞘常撕裂成纤维状。叶短于或长于秆，宽 1～1.5mm，对折或内卷，上表面和边缘粗糙；叶鞘灰白色，具明显的灰白色脉。苞片最下面的叶状，上面的常为刚毛状，具苞鞘。小穗 2 或 3，最下面的小穗稍远离，上面的小穗常靠近；雄小穗 1，顶生，棒状线形，长 1.5～2cm，具明显的柄；雌小穗 1 或 2，长圆形，长 8～13mm，具较密的几朵至 10 余朵花，具柄。雄花鳞片长圆状卵形，长约 4mm，顶端钝尖，膜质，淡黄褐色，边缘白色透明，具 1 中脉，脉白色或淡绿色；雌花鳞片卵形，长约 3mm，顶端渐尖或凸尖，膜质，淡黄褐色，具 1 中脉。果囊斜展，与鳞片等长或稍短，椭圆状三棱形，长约 2.5mm，近革质，成熟后淡褐色，光滑，顶端急缩成短喙，顶端微凹。小坚果倒三棱形，长约 1.5mm；花柱基部稍增粗，柱头 3。花果期 5～8 月。

中生草本。生于草原带的黄土丘陵。产阴山（蛮汗山、大青山）、阴南丘陵（和林格尔县、准格尔旗）。分布于我国山西。为黄土—蒙古高原分布种。

54. 乌苏里薹草

Carex ussuriensis Kom. in Trudy Imp. St.-Petersb. Bot. Sada 18:443. 1901; Fl. China 23:345. 2010.

多年生草本。根状茎具细长的地下匍匐茎。秆疏丛生，高 20 ～ 40cm，钝三棱形，平滑，基部具无叶片的鞘。叶几与秆等长，宽约 0.5mm，边缘微卷，质较软，具黄褐色叶鞘。苞片鞘状，长可达 2cm，鞘口具宽的干膜质边，无苞叶；小穗 2 或 3，稍远离；顶生小穗为雄小穗，通常超过其下面的雌小穗，披针状条形，长 1 ～ 2cm；侧生小穗为雌小穗，长圆形，长 0.5 ～ 1cm，具极疏生的花 2 ～ 4。小穗轴微呈 "之" 字形曲折，小穗柄细长，长可达 3cm。雄花鳞片长圆形，顶端钝，膜质，麦秆黄色，具无色透明的边；雌花鳞片卵形或近椭圆形，长约 3mm，顶端具硬短尖，膜质，淡黄色，边缘具较宽的无色透明边，具 1 中脉，基部环抱小穗轴。果囊近直立，几等长于鳞片，倒卵圆形，不明显三棱形，长约 3mm，近革质，黄绿色，成熟后成黑褐色，无毛，具微凹的多条脉，无光泽，基部宽楔形或近钝圆，顶端急狭为短喙，喙口截形。小坚果较紧包于果囊内，倒卵形，三棱形，长约 2mm；花柱基部增粗，柱头 3，细长。花果期 6 ～ 7 月。

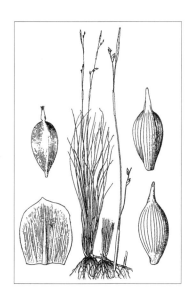

中生草本。生于森林带的山地林缘。产兴安北部和岭东（鄂伦春自治旗）、阴山（蛮汗山）。分布于我国黑龙江、吉林东部、河北西北部、陕西东南部，日本、朝鲜、俄罗斯（远东地区）。为东亚北部分布种。

55. 阿右薹草

Carex ayouensis X. Y. Mao et Y. C. Yang in Fl. Intramongol. 8:90,347. t.38. 1985; Fl. Intramongol. ed. 2, 5:379. t.151. f.1-5. 1994.

多年生草本。根状茎斜生，具短分枝。秆疏丛生，高 12～24cm，纤细，扁三棱形，上部微粗糙，下部生叶。基部叶鞘深褐色，稍细裂成网状；叶片扁平，灰绿色，稍硬，短于秆，宽 1.5～2mm。苞片佛焰苞状，最下 1 枚先端具绿色短叶片，苞鞘长，半藏于叶鞘中；小穗通常 3，上方 2 接近生，下方 1 枚极远离生（相距可达 14cm）。雄小穗顶生，矩圆形，长 1～1.3cm，半超出相邻次一雌小穗或近等高；雄花鳞片矩圆形，中部具 3 脉，两侧褐色，先端钝尖，具白色膜质宽边缘。其余为雌小穗，条状圆柱形，长 1.2～2.5cm，着花 4～9(～12)，稀疏，下方小穗具粗糙的丝状长柄（长可达 9cm），小穗轴直或稍弯曲；雌花鳞片矩圆形，长约 3.5mm，背部绿色，具 3 脉，侧脉不明显，两侧红褐色，先端渐尖或钝尖，具白色膜质宽边缘，稍短于果囊。果囊膜质，倒卵形，钝三棱状，长 3～4mm，淡绿色，被短柔毛，具数条不明显脉，基部渐狭为外弯的长柄，顶端急收缩为短喙；喙明显，长达 0.5mm，近直立，喙口白色膜质，微凹。小坚果紧包于果囊中，倒卵形，三棱状，长约 3.3mm，淡黄绿色；花柱基部膨大，柱头 3。果期 6 月。

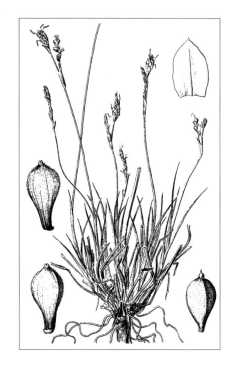

中生草本。生于荒漠区海拔 2700m 左右的山坡草地。产龙首山。为龙首山分布种。

56. 脚薹草（日阴菅、柄状薹草、硬叶薹草）

Carex pediformis C. A. Mey. in Mem. Acad. Imp. Sci. St.-Petersb. Div. Sav. 1:219. t.10. f.2. 1831; Fl. Intramongol. ed. 2, 5:379. t.152. f.1-5. 1994.

多年生草本。根状茎短缩，斜生。秆密丛生，高 18～40cm，纤细，钝三棱形，平滑，上部微粗糙，下部生叶，老叶基部有时卷曲。基部叶鞘褐色，细裂成纤维状；叶片稍硬，扁平或稍对折，灰绿色或绿色，通常短于秆或近等长，宽 1.5～2.5mm，边缘粗糙。苞片佛焰苞状，苞鞘边缘狭膜质，鞘口常截形，最下 1 枚先端具明显短叶片（长 1cm 以上）；小穗 3～4，上方 2 枚常接近生，或全部远离生。顶生者为雄小穗，棍棒状或披针形，长 0.8～1.8cm，不超出或超出相邻雌小穗；雄花鳞片矩圆形，锈色或淡锈色，

长 3～4mm，具 1 脉，边缘白色膜质。侧生 2～3 为雌小穗，矩圆状条形，长 1～2cm，稍稀疏，具长为 1～3.5cm 粗糙柄，穗轴通常直，稀弯曲；雌花鳞片卵形，锈色或淡锈色，长 3.5～4mm，中部淡绿色，具 1～3 脉，先端近圆形，具短尖或芒尖，边缘白色宽膜质，稍长于果囊或近等长。果囊倒卵形，钝三棱状，长 3～3.5mm，中部以上密被白色短毛，背面无脉或基部稍有脉，腹面凸起，具数条不明显脉，基部渐狭为斜向的海绵质柄，顶端骤缩为外倾的喙；喙极短，喙口微凹。小坚果紧包于果囊中，倒卵形，三棱状，长约 3mm，淡褐色，具短柄；花柱基部膨大，向背侧倾斜，柱头 3。花果期 5～7 月。

中旱生草本。生于森林带和森林草原带的山地、丘陵坡地、湿润沙地、草原、林下、林缘，为草甸草原、山地草原优势种，山地山杨、白桦林伴生种。产兴安北部及岭东和岭西（额尔古纳市、根河市、牙克石市、鄂伦春自治旗、扎兰屯市）、呼伦贝尔（鄂温克族自治旗、新巴尔虎左旗、海拉尔区、满洲里市）、兴安南部及科尔沁（科尔沁右翼前旗、科尔沁右翼中旗、扎赉特旗、阿鲁科尔沁旗、巴林左旗、巴林右旗、克什克腾旗）、燕山北部（喀喇沁旗、宁城县、敖汉旗）、锡林郭勒（锡林浩特市、东乌珠穆沁旗、西乌珠穆沁旗、正蓝旗）、阴山（大青山）、阴南丘陵（准格尔旗）、贺兰山、龙首山。分布于我国黑龙江、吉林西部、河北、山西东北部、陕西西南部、甘肃东南部、青海东部、新疆北部和西北部，朝鲜、蒙古国东部和北部及西部、俄罗斯（西伯利亚地区、远东地区）。为东古北极分布种。

耐践踏，为放牧型牧草，牛、马、羊喜食。

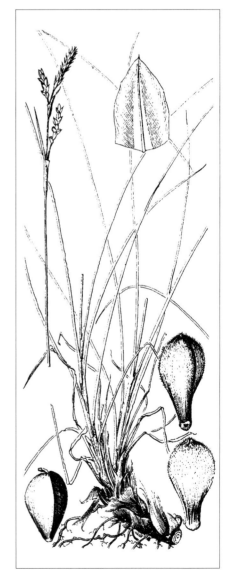

57. 楔囊薹草（柞薹草）

Carex reventa V. I. Krecz. in Fl. U.R.S.S. 3:367, 614. 1935; Fl. Intramongol. ed. 2, 5:381. t.152. f.6-9. 1994.——*C. pediformis* C. A. Mey. var. *pedunculata* Maxim. in Mem. Acad. Imp. St.-Petersb. Div. Sav. 9(Prim. Fl. Amur.):310. 1859.

多年生草本。根状茎长，匍匐，分枝。秆疏丛生，高 20～30cm，纤细，粗糙。基部叶鞘红褐色，边缘细裂成网状；叶片软，扁平，短于秆，宽 1.5～2mm，边缘粗糙。苞片具长约 1.2cm 的苞鞘，先端刚毛状；小穗 3 或 4，远离生。顶生者为雄小穗，稍超出或不超出相邻次一雌小穗，披针形，长 7～9cm；雄花鳞片卵形，锈色或淡锈色，先端急尖，具白色膜质宽边缘。其余为雌小穗，条形，长 1～1.5cm，着花 7～11，稀疏，具长 1.5～2.5cm 的柄；雌花鳞片卵形，锈色，中部淡绿色，具 1 脉，先端骤尖，具白色膜质宽边缘，与果囊近等长。果囊倒卵形，钝三棱状，长约 3.5mm，黄绿色，中部以上密被短柔毛，具明显凸脉，基部楔形，具海绵

质加厚的弯柄，顶端圆形，骤缩为短喙；喙口外弯，具 2 微齿。小坚果紧包于果囊中，倒卵状椭圆形，三棱状，长约 2.5mm；花柱基部膨大，向背侧倾斜，柱头 3。果期 6～7 月。

中生草本。生于森林带的山地落叶松林采伐迹地。产兴安北部（额尔古纳市、牙克石市）、兴安南部（科尔沁右翼前旗）。分布于我国黑龙江、吉林，朝鲜、俄罗斯（远东地区）。为满洲分布种。

58. 祁连薹草

Carex allivescens V. I. Krecz. in Bot. Mater. Gerb. Bot. Inst. Kom. Akad. Nauk S.S.S.R. 9:190. 1946; Fl. Intramongol. ed. 2, 5:384. t.168. f.5-7. 1994.

多年生草本。具细长匍匐的根状茎。秆疏丛生，纤细，高 15～25cm，三棱形，上部微粗糙，下部生叶。基部叶鞘红棕色至棕褐色，稍纤维状细裂；叶片扁平，淡绿色，短于秆，宽 1.5～2.5mm，短锐尖，边缘粗糙。苞片叶状，最下 1 枚长约 4cm，短于花序，具长约 1.1cm 的苞鞘，鞘口膜质部分凸出，呈片状；小穗 3～4，上部 2 接近生，无柄，其余远离生，具长柄（柄长达 3.7cm）。雄小穗 1～2，顶生，狭披针形或矩圆形，长 0.6～1.5cm；雄花鳞片倒卵形，长约 4.5mm，淡锈色或苍白色，中部淡绿色，先端钝或近急尖，具白色膜质宽边缘。雌小穗 2，狭披针形或条形，长 0.8～1.5cm，着花约 10；雌花鳞片倒卵形或矩圆形，淡锈色或苍白色，中部绿色，具 1 脉，先端钝，有

时具小短尖，具白色膜质宽边缘，与果囊近等长。果囊近卵形或椭圆形，淡棕褐色，长约 3mm，全体密被短毛，无脉，基部具粗短柄，先端稍急收缩为短喙；喙口膜质，具 2 微齿。小坚果疏松包于果囊中，狭倒卵形，三棱状，长约 1.5mm；花柱基部膨大，柱头 3。花果期 6～8 月。

　　中生草本。生于荒漠带海拔 3000m 左右的高山灌丛及海拔 2600m 左右的云杉林缘草甸。产贺兰山。分布于我国甘肃、青海，中亚。为中亚—亚洲中部高山分布种。

59. 肋脉薹草

Carex pachyneura Kitag. in Rep. Inst. Sci. Res. Manch. 4:78. t.1. f.2. 1940; Fl. Intramongol. ed. 2, 5:384. t.153. f.1-5. 1994.

　　多年生草本。根状茎细长，匍匐，带淡红色。秆疏丛生，纤细，直立，高 10～28cm，三棱形，平滑，下部生叶。基部叶鞘褐色，细裂成纤维状及网状；叶片内卷成刚毛状，灰绿色，短于秆或近等长，宽约 0.5mm，平展后宽约 1.2mm，边缘粗糙，老叶先端有时卷曲。苞片狭叶状，内卷如刚毛，最下 1 枚短于花序或近等长，基部具长达 1.3cm 的苞鞘；小穗 2～3，远离生。顶生者雄小穗，条形或棒状，长 1～2cm；雄花鳞片矩圆形，锈色，具 1～3 脉，先端钝，骤尖，具膜质宽边缘。侧生 1～2 为雌小穗，短圆柱形或矩圆形，长 0.7～1.1cm，具柄，花稍密生；雌花鳞片卵形或卵圆形，长约 2.8mm，锈色，中部具 3 脉，脉间淡绿色，先端近圆形，具骤尖，边缘白色膜质，与果囊近等长或较之略短。果囊薄革质，倒卵形，膨大，三棱状，长 2.8～3.2mm，淡灰绿色，有时带锈色，两面具多数凸脉，仅顶端疏生短毛，下部无毛，具光泽，基部渐狭为短柄，顶端近圆形，急收缩为短喙；喙口膜质，具 2 微齿。小坚果紧包于果囊中，倒卵形，三棱状，长约 2.2mm；花柱基部略膨大，柱头 3。花果期 5～7 月。

　　中生草本。生于森林带和森林草原带的石质山坡、山顶石缝、河漫滩草甸。产兴安北部（根河市）、兴安南部及科尔沁（科尔沁右翼前旗、翁牛特旗、巴林右旗、克什克腾旗）、锡林郭勒（锡林浩特市）。分布于我国吉林。为兴安—科尔沁分布种。

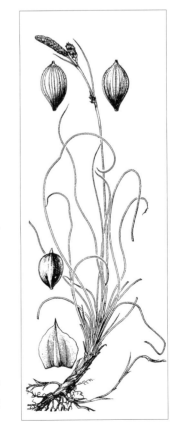

60. 凸脉薹草（大披针薹草、披针薹草）

Carex lanceolata Boott in Narr. Exped. China Japan 2:326. 1856; Fl. Intramongol. ed. 2, 5:385. t.153. f.6-11. 1994.

60a. 凸脉薹草

Carex lanceolata Boott var. **lanceolata**

多年生草本。根状茎粗短，斜生。秆密丛生，高 13～36cm，纤细，扁三棱形，上部粗糙，下部生叶。基部叶鞘深褐色带红褐色，稍细裂成丝网状；叶片扁平，质软，短于秆，花后延伸，宽 1.5～2mm。苞片佛焰苞状，锈色，背部淡绿色，具白色膜质宽边缘，先端无或有短尖头；小穗 3～5，远离生。顶生者为雄小穗，与上方雌小穗接近生，条状披针形，长约 1cm；雄花鳞片披针形，深锈色，先端渐尖，具宽的白色膜质边缘。其余为雌小穗，矩圆形，长 1～1.3cm，着花（4～）6～7，稀疏，具细柄，最下 1 枚长 2～3cm，小穗轴通

常"之"字形膝曲，稀近直；雌花鳞片披针形或卵状披针形，长约 5mm，红锈色，中部具 3 脉，脉间淡棕色，先端渐尖，但不凸出，具宽的白色膜质边缘，比果囊长 1/3～1/2。果囊倒卵形，圆三棱形，长约 3mm，淡绿色至淡黄绿色，两面各具 8 或 9 明显凸脉，被短柔毛，基部渐狭为海绵质外弯的长柄，顶端圆形，急缩为极短喙；喙口微凹，紫褐色。小坚果紧包于果囊中，倒卵形，三棱状，长约 2.5mm；花柱基部稍膨大，向背侧倾斜，柱头 3。果期 6～7 月。

中生草本。生于森林带和草原带的山地林下、林缘草甸、山地草甸草原。产兴安北部及岭东和岭西（额尔古纳市、根河市、牙克石市、海拉尔区、阿荣旗）、兴安南部及科尔沁（科尔沁右翼前旗）、锡林郭勒南部、阴山（大青山、蛮汗山）、贺兰山。分布于我国黑龙江、吉林东部、辽宁东部、河北、河南、山东、山西、陕西南部、甘肃、青海东部、安徽、江苏、江西、浙江、贵州、四川东部、云南，日本、朝鲜、蒙古国北部（肯特地区）、俄罗斯（东西伯利亚地区、远东地区）。为东古北极分布种。

可做饲料，幼嫩时，牛、马喜食，老后适口性降低。茎、叶可造纸。

60b. 少花凸脉薹草

Carex lanceolata Boott var. **laxa** Ohwi in Mem. Coll. Sci. Kyoto Imp. Univ. Ser. B, Biol. 11:402. 1936; Fl. Intramongol. ed. 2, 5:385. 1994.

本变种与正种的区别是：植株较小；雌小穗具花 2～3，稀疏着生，小穗轴明显膝曲。果期 6～7 月。

中生草本。生于森林带的山地森林附近的火山岩上。产兴安北部（阿尔山市）。分布于我国吉林，日本、俄罗斯（东西伯利亚地区、远东地区）。为东西伯利亚—东亚北部（满洲—日本）分布变种。

60c. 阿拉善凸脉薹草（阿拉善薹草）

Carex lanceolata Boott var. **alaschanica** T. V. Egor. in Pl. As. Centr. 3:74. t.4. f.1. 1967; Fl. Intramongol. ed. 2, 5:385. 1994.

本变种与正种的区别是：果囊的喙较长；雌花鳞片卵形，具细尖，与果囊近等长；秆稍粗糙。果期 6～7 月。

中生草本。生于荒漠带的低山和中山带山坡肥沃的草甸土上。产东阿拉善（桌子山）、贺兰山、龙首山。为南阿拉善山地（桌子山—贺兰山—龙首山）分布变种。

61. 早春薹草（亚柄薹草）

Carex subpediformis (Kuk.) Suto et Suzuki in Utsunmiya-Nogaku-Kaishi 8:11. 1933; Fl. Intramongol. ed. 2, 5:387. t.154. f.1-5. 1994.——*C. lanceolata* Boott var. *subpediformis* Kuk. in Pflanzenr. 38(IV, 20):493. 1909; Fl. China 23:343. 2010.

多年生草本。根状茎斜生。秆密丛生，纤细，高 17～22cm，扁三棱形，粗糙，下部生叶。基部叶鞘褐色至红褐色，常细裂成纤维状；叶软，灰绿色，扁平或对折，短于秆或近等长，宽 1～1.5mm，上面及边缘粗糙。苞片佛焰苞状，背侧淡黄绿色，具明显中脉及数条侧脉，腹面锈褐色，具白色膜质宽边缘，先端渐尖，具粗糙芒尖；小穗 4 或 5。顶生者为雄小穗，条形或倒卵形，稍超出相邻雌小穗或近等高，具 5 或 6 雄花；雄花鳞片红锈色，矩圆形，淡棕色，具 1 脉，先端渐尖，具膜质宽边缘。其余为雌小穗，着花 4～7，稀疏，具细柄，基部小穗柄长约 1.5cm，穗轴稍膝曲或近直；雌花鳞片宽椭圆形，长约 4.2mm，红锈色，具 1 脉，沿脉淡绿色，先端近圆形，具粗糙短芒尖，具白色膜质宽边缘，长于或略长于果囊。果囊倒卵形，圆三棱状，淡绿褐色，密生白色短柔毛，无脉或背面基部具 3 或 4 极不明显脉，基部渐狭为长柄，顶端急收缩为向背侧倾斜的喙；喙极短，喙口红色，近全缘。小坚果紧包于果囊中，倒卵形，三棱状，长约 2.5mm；花柱基部稍膨大，向背侧倾斜，柱头 3。果期 6～7 月。

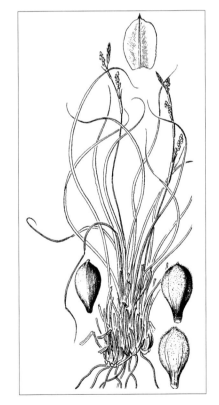

中生草本。生于森林带和草原带的山坡、疏林草地。产兴安北部（根河市）、兴安南部（科尔沁右翼中旗）、阴山（大青山）。分布于我国辽宁、河北、山西、陕西、宁夏、甘肃、湖北、四川西部，日本、俄罗斯（远东地区）。为东亚北部分布种。

62. 低矮薹草（兴安羊胡子薹草）

Carex humilis Leysser in Fl. Halens. 175. 1761; Fl. China 23:336. 2010.——*C. callitrichos* V. I. Krecz. var. *austrohinganica* Y. L. Chang et Y. L. Yang in Fl. Pl. Herb. China Bor.-Orient. 11:119,205. 1976; Fl. Intramongol. ed. 2, 5:387. t.155. f.6-10. 1994.

多年生草本。根状茎细长，红褐色，匍匐或斜生。秆疏丛生，高 6～14cm，平滑。基部叶鞘红褐色，边缘稍细裂成纤维状；叶片细长，柔软，鲜绿色，宽 (0.5～)1～1.5(～2)mm，为秆长的 2 或 3 倍。苞片佛焰苞状，淡绿色，长约 1.2mm，先端急尖，具白色膜质边缘，近缘带锈色；小穗 4～5，远离生。顶生者为雄小穗，条状披针形，具少数花，长约 0.6mm，与相邻雌小穗接近生而略超出；雄花鳞片披针形，淡锈色，先端急尖，边缘白色膜质。其余为雌小穗，条形，长 0.5～1cm，具隐藏于苞鞘中的短柄，花稀疏，(1～)2～4，小穗轴膝曲；雌花鳞片披针形，长约 4mm，锈色，中部具 3 脉，脉间淡绿色，先端渐尖，具白色膜质宽边缘，长于果囊。果囊倒卵形，圆三棱状，长约 2.6mm，淡褐绿色，具数条明显细脉，中部以上密生短柔毛，基部楔形，微弯，顶端近圆形，急收缩为向背侧倾斜的短喙；喙口全缘，淡褐色。小坚果紧包于果囊中，矩圆状倒卵形，三棱状，长约 2.2mm，棕色；花柱基部稍膨大，向背侧倾斜，柱头 3。果期 6～7 月。

中生草本。生于森林带的山地落叶松林下、山坡草甸。产兴安北部（扎兰屯市兴安林场、阿尔山市塔格宾林场）。为大兴安岭分布种。

63. 矮丛薹草

Carex callitrichos V. I. Krecz. var. **nana** (H. Lev. et Vant.) Ohwi in Mem. Coll. Sci. Kyoto Imp. Univ. Ser. B, Biol. 11:399. 1936; Fl. China 23:336. 2010.——*C. lanceolata* Boott var. *nana* H. Lev. et Vant. in Bull. Acad. Int. Geogr. Bot. 11:269. 1902.——*C. humilis* Leyss. var. *nana* (H. Lev. et Vant.) Ohwi in Cyper. Jap. 1:399. 1936; Fl. Intramongol. ed. 2, 5:389. t.155. f.1-5. 1994.——*C. callitrichos* V. I. Krecz. var. *nana* (H. Lev. et Vant.) S. Yun Liang, L. K. Dai et Y. C. Tang in Fl. Reip. Pop. Sin. 12:186. 2000.

多年生草本。根状茎粗壮，短，横生，被深褐色纤维状细裂的旧叶鞘。秆密丛生，高 2.5～5cm，藏于叶丛中，钝三棱状，纤细，平滑。基部叶鞘具叶片，紫褐色；叶片扁平或内卷，灰绿色，宽约 1mm，花后延长，比秆长 3～5 倍，上面及边缘微粗糙。苞片膜质，中部紫红色，先端芒状，基部具白色膜质苞鞘；小穗 2～4，远离生。顶生者为雄小穗，条状披针形，长约 8mm，具花 3～4；雄花鳞片披针形，具 1 脉，两侧红紫色，先端急尖，具白色膜质宽边缘。其余为雌小穗，卵形或矩圆形，长约 5mm，着花 1～2，具藏于苞鞘中的柄；雌花鳞片卵形，长 3.5～4mm，中部淡绿色或淡锈色，具 1 脉，两侧红锈色，先端急尖，具白色膜质宽边缘，长于果囊。果囊膜质，椭圆状倒卵形，钝三棱状，长约 2.8mm，淡黄绿色，带锈色，密被短柔毛，两面各具数条脉，基

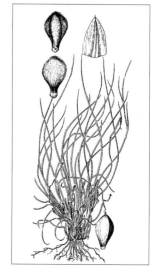

部渐狭为向腹侧弯曲的海绵质宽柄，顶端圆形，急缩为外弯的喙；喙极短，喙口锈色，近全缘。小坚果紧包于果囊中，倒卵形，三棱状，长约 2mm，栗色；花柱基部稍膨大，向背侧倾斜，柱头 3。果期 6～7 月。

中生草本。生于森林带的山地林下、山地草甸、山地草原。产兴安北部及岭东（大兴安岭东坡、阿尔山市）。分布于我国黑龙江、吉林、辽宁、河北，日本、朝鲜、俄罗斯（东西伯利亚地区、远东地区）。为东西伯利亚—东亚北部分布变种。

64. 等穗薹草（青绿薹草、青菅、青薹草）

Carex breviculmis R. Br. in Prodr. 242. 1810.——*C. leucochlora* Bunge in Enum. Pl. China Bor. 68. 1833; Fl. Intramongol. ed. 2, 5:389. t.154. f.6-9. 1994.

多年生草本。根状茎短。秆密丛生，纤细，高 30～40cm，扁三棱形，上部微粗糙，下部生叶。基部叶鞘无叶片，淡褐色；叶片扁平，质硬，短于秆，宽 2～3mm，淡绿色，边缘微粗糙。苞片短叶状，最下 1 枚长于花序，具长约 2.5mm 的短苞鞘，其余为刚毛状；小穗 2～4，直立，接近生。顶生者为雄小穗，条状披针形，长 0.7～1cm，通常与相邻次一雌小穗近等高；雄花鳞片倒卵状矩圆形，苍白色，中部绿色，常具短尖。侧生 2 或 3 雌小穗，矩圆形或矩圆状卵形，长 0.6～1.5cm，着花稍密，无柄或近无柄；雌花鳞片矩圆形或矩圆状倒卵形，长约 2mm（不包括芒），中部淡绿色，具 3 脉，两侧绿白色膜质，先端具粗糙长芒，芒长达 3.5mm，长于果囊。果囊膜质，倒卵状椭圆形，圆三棱状，长 2～2.6mm，淡绿色或绿白色，具 4～6 细脉，疏被短柔毛，基部楔形，具短柄，顶端渐狭为短喙，喙口具 2 微齿。小坚果紧包于果囊中，倒卵形，长约 1.7mm，圆三棱状，顶端缢缩为盘状；花柱基部膨大成圆锥状，柱头 3。果期 6～7 月。

中生草本。生于森林带的山地河谷草甸、石质山坡。产岭东（扎兰屯市）、燕山北部（喀喇沁旗、宁城县）。分布于我国黑龙江、吉林、辽宁、河北、河南、山东、山西、陕西、安徽、江苏、浙江、福建、台湾、江西、湖北、湖南、广东、贵州、甘肃、四川、云南，日本、朝鲜、俄罗斯（远东地区）、印度、缅甸。为东亚分布种。

65. 绿囊薹草

Carex hypochlora Freyn in Oesterr. Bot. Z. 53:26. 1903; Fl. Intramongol. ed. 2, 5:391. t.156. f.1-5. 1994.

多年生草本。根状茎短。秆密丛生，高 18～30(～40)cm，上部稍粗糙。基部叶鞘褐色，细裂成纤维状；叶片扁平，淡黄绿色，直立，短于秆，宽 1.5～2.5(～3)mm，边缘稍粗糙。苞片叶状或刚毛状，绿色，与小穗等长或较之略短，具苞鞘，长 2～3(～8)mm，腹侧膜质；小穗 2 或 3，稍接近生。顶生者为雄小穗，倒披针形或短棒状，长约 1cm；雄花鳞片倒卵状矩圆形，淡褐色，具 1 脉，先端急尖。侧生 1 或 2 雌小穗，球形、卵形或卵状矩圆形，长 0.4～1cm，宽 3～4mm，密生花或下部稍稀疏，基部雌小穗具长约 5mm 的短柄；雌花鳞片宽倒卵形至宽椭圆形，淡棕锈色，长约 3mm，具 1～3 脉，沿脉绿色，先端具粗糙短芒，边缘膜质，短于果囊。果囊宽倒卵形，圆三棱状，近 2～2.7mm，淡黄绿色，被稀疏柔毛，背面无脉，腹面具 4 或 5 凸脉，基部楔形，顶端急收缩为短喙；喙近圆锥形，长约 0.6mm，喙口膜质，深 2 齿裂。小坚果紧包于果囊中，倒卵形，三棱状，长约 1.4mm，顶端缢缩为盘状；柱头 3。果期 6～7 月。

中生草本。生于森林带的山地疏林、林间草甸、山地草甸。产兴安南部（科尔沁右翼前旗）、辽河平原（大青沟）。分布于我国黑龙江、吉林、辽宁，朝鲜、俄罗斯（远东地区）。为满洲分布种。

幼嫩时，牛喜食。

66. 小苞叶薹草

Carex subebracteata (Kuk.) Ohwi in Mem. Coll. Sci. Kyoto Imp. Univ. Ser. B, Boil. 6: 252. 1931; Fl. Intramongol. ed. 2, 5:391. t.156. f.6-10. 1994.——*C. pisiformis* Boott var. *subebracteata* Kuk. in Pflanzenr. 38(IV, 20):477. 1909.

多年生草本。根状茎细长，匍匐。秆疏丛生，纤细，高 15～30cm，扁三棱形，平滑。基部叶鞘淡褐色或褐色，多少细裂成纤维状；叶片柔软，扁平，短于秆，宽 1.5～2mm，上面及边缘微粗糙，残留老叶先端卷曲。苞片具长为 0.4～0.8mm 的苞鞘，先端具刚毛状细小叶片，长 4～7mm；小穗 2 或 3。顶生者为雄小穗，与相邻次一雌小穗接近生，条状披针形或棒状，长 1.2～1.7cm；雄花鳞片狭倒卵形，淡锈棕色，先端微钝，边缘宽，白色膜质。其余为雌小穗，远离生，矩圆状圆柱形或卵形，长 0.4～1.3cm，宽 3mm，具藏于苞鞘内的柄，着花 (7～)10～14，稀疏；雌花鳞片倒卵形至卵形，锈色，具 1 脉，沿脉绿色，先端急尖，具粗糙短芒尖，短于果囊或近等长。果囊倒卵形，圆三棱状，长约 2.5mm，淡绿色，被稀疏短糙毛，具2～4不明显脉，基部楔形，顶端急收缩为短喙；喙圆锥形，略向背侧弯曲，喙口白色膜质，背侧微凹，腹侧截形。小坚果紧包于果囊中，宽倒卵形，圆三棱状，长约1.4mm，顶端呈盘状；柱头3。果期6月。

中生草本。生于森林带的落叶松林下及采伐迹地。产兴安北部（阿尔山市）。分布于我国黑龙江，日本、朝鲜、俄罗斯（东西伯利亚地区、远东地区）。为东西伯利亚—东亚北部（满洲—日本）分布种。

牛喜食其干草。

67. 截嘴薹草

Carex nervata Franch. et Sav. in Enum. Pl. Jap. 2:141,566. 1878; Fl. Intramongol. ed. 2, 5:393. t.157. f.1-4. 1994.

多年生草本。根状茎细长，匍匐。秆疏丛生，高21～27cm，纤细，扁三棱形，平滑，下部生叶。基部叶鞘褐色，常细裂成纤维状；叶片扁平，柔软，宽1.5～2mm，短于秆，边缘微粗糙。苞片基部具绿色管状苞鞘，鞘长0.7～1.5cm，先端具刚毛状细小叶片，最下1枚短于小穗或近等长；小穗2～4，远离生，或上方小穗稍接近生。顶生者为雄小穗，狭披针形或条形，长1～1.8cm；雄花鳞片卵状矩圆形，长约3.8mm，淡锈色，先端稍钝，具1脉，具白色膜质宽边缘。其余为雌小穗，矩圆形或短圆柱形，长0.5～1.1cm，宽约3mm，稍疏松，具细柄，柄长1～2cm；雌花鳞片倒卵形至卵形，锈色，长约2.6mm，具1～3脉，脉间淡绿色，先端近急尖或具短刺芒，具白色膜质边缘，短于果囊。果囊卵状椭圆形，钝三棱状，长2.5～3mm，淡黄绿色，具多数明显细脉，中部以上疏生白色短毛，基部狭楔形，顶端渐狭为圆锥状直喙；喙口带淡锈色，背侧微凹，腹侧截形。小坚果紧包于果囊中，椭圆形，三棱状，长约1.8mm，具短柄，顶端呈盘状；柱头3。果期6～7月。

中生草本。生于森林带的山地草甸、林下及灌丛。产兴安北部（根河市、阿尔山市）。分布于我国黑龙江、吉林东部，日本、朝鲜、俄罗斯（远东地区）。为东亚北部（满洲—日本）分布种。

68. 轴薹草

Carex rostellifera Y. L. Chang et Y. L. Yang in Fl. Pl. Herb. China Bor.-Orient. 11:205,130. t.58. f.1-4. 1976; Fl. Intramongol. ed. 2, 5:393. t.150. f.1-4. 1994.

多年生草本。根状茎细长，匍匐。秆高25～30cm，纤弱，扁三棱形，平滑，下部生叶。基部叶鞘棕褐色，稍细裂成纤维状；叶片扁平，稍柔软，淡绿色，短于秆，宽1.5～2.5mm，边缘粗糙。苞片基部为淡绿色管状苞鞘，鞘长1.1cm，先端为刚毛状细小叶片，长于小穗；小穗3或4，远离生。顶生者为雄小穗，圆柱形或条状倒披针形，长1.2～1.5cm；雄花鳞片倒卵状匙形，棕黄色，长约4mm，具1脉，先端钝，边缘白色膜质。其余为雌小穗，矩圆状圆柱形，长0.5～1.1cm，着花稍稀疏，具短柄；雌花鳞片宽卵形，锈黄色，长2～2.2mm，中部淡绿色，具1脉，先端急尖，略短于果囊。果囊膜质，椭圆状倒卵形或近椭圆形，不明显三棱形，长(1.8～)2.2～2.5mm，具稀疏糙毛，背面无脉，腹面具少数不明显脉，基部楔形，先端渐狭为近圆锥状喙；喙口背侧微凹，腹侧近全缘。小坚果紧包于果囊中，倒卵形或椭圆形，三棱状，长约1.5mm，顶端喙状，基部常具丝状退化小穗轴；花柱极短，柱头3。果期6～7月。

中生草本。生于森林带的落叶松林下。产兴安北部（阿尔山市）。为大兴安岭分布种。

69. 日本薹草（软薹草）

Carex japonica Thunb. in Syst. Veg. ed.14, 845. 1784; Fl. Intramongol. ed. 2, 5:395. t.149. f.5-8. 1994.

多年生草本。根状茎细长，匍匐。秆直立，稍细，高20～40cm，扁三棱形，稍具翼，粗糙，着生叶达中部。基部叶鞘淡褐色，无叶片，边缘细裂成网状；叶片扁平，稍软，带粉白色，长于秆，宽2.5～4mm，边缘粗糙。苞片叶状，最下1枚长于花序，无苞鞘；小穗3～5，远离生。顶生者为雄小穗，条形，长1.5～2cm；雄花鳞片披针形，淡白色，膜质，中部具3脉，脉间淡绿色，先端渐尖，具缘毛。其余为雌小穗，矩圆形或短圆柱形，长1～2cm，宽约6mm，密生多数花，最下1枚具短柄，柄长约1cm，其余无柄或近无柄；雌花鳞片披针状卵形，长约2.5mm，淡白色，具1～3脉，脉间绿色，先端渐尖，上部边缘具极细缘毛，显著短于果囊。果囊膜质，卵形至椭圆形，长2.7～3.3mm，稍膨大三棱状，淡绿色，具不明显脉，无毛，具光泽，基部呈宽楔形，顶端狭缩为中等长的喙；喙圆锥形，喙口白色膜质，具2小齿。小坚果倒卵形，三棱状，长约1.5mm，淡绿棕色，具小乳头状突起，顶端具短尖；花柱稍膨大，柱头3。果期6～8月。

中生草本。生于沟谷阔叶林林下阴湿处。产辽河平原（大青沟）、燕山北部（敖汉旗大黑山）。分布于我国辽宁东部、河北中部、河南、山西、陕西西部、江苏、湖北西北部、四川北部、云南西北部，日本、朝鲜。为东亚分布种。

70. 弯囊薹草（皱果薹草、薹草、弯嘴薹草）

Carex dispalata Boott ex A. Gray. in Narr. Exped. China Japan 325. 1857; Fl. Intramongol. ed. 2, 5:395. t.158. f.1-5. 1994.

多年生草本。根状茎粗长，匍匐。秆疏丛生，直立，粗壮，高55～90cm，扁三棱形，具狭翼，粗糙，叶生至秆的上部。基部叶鞘无叶片，淡褐色带紫红色，边缘稍细裂成网状；叶片扁平，质硬，灰绿色，与秆近等长，宽0.5～1.2cm，边缘自中部至顶端粗糙。苞片叶状，最下1枚短于花序，基部无苞鞘；小穗4～6，远离生。顶生者为雄小穗，圆柱形，长4～6cm，着花多而密；雄花鳞片条形，淡红锈色，先端近尖。侧生3～5为雌小穗，圆柱形，直立，长1.5～7cm，宽约7mm，密生多数花，基部小穗具三棱形粗糙短柄，其余无柄或近无柄；雌花鳞片披针形，长约3.4mm，紫红色，中部色淡，具3明显脉，脉间绿色，先端渐尖，常具芒尖，具狭的白色膜质边缘，短于果囊。果囊开展，向背侧呈镰状弯曲，椭圆形至卵形，稍膨大，三棱状，长约3.5mm，灰绿色或绿褐色，无毛，具不明显脉，基部圆形，具短柄，顶端渐狭为中等长的喙；喙反折弯曲，圆柱状，上部紫红色，喙口白色膜质，斜截形。小坚果疏松包于果囊中，倒卵形，三棱状，淡棕色，长约1.6mm，顶端具小尖，基部具短柄；花柱基部不膨大，柱头3。花果期5～7月。

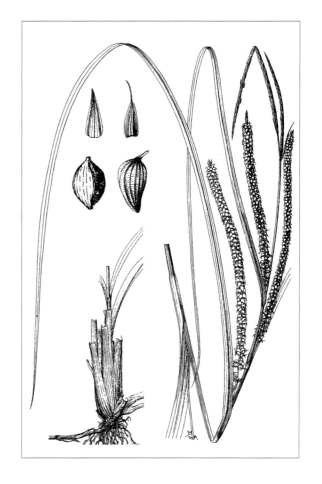

湿中生草本。生于沟谷阔叶林林缘、河边沼泽、沼泽。产辽河平原（大青沟）、燕山北部（敖汉旗大黑山）。分布于我国吉林东部、辽宁、河北西北部、山西东北部、陕西、江苏、浙江、安徽南部，日本、朝鲜。为东亚分布种。

嫩草可做家畜饲料，牛、马喜食。

71. 米柱薹草

Carex glauciformis Meinsh. in Trudy Imp. St.-Petersb. Bot. Sada 18(3):389. 1901; Fl. Intramongol. ed. 2, 5:396. t.158. f.6-9. 1994.

多年生草本。根状茎匍匐。秆疏丛生，高28～52cm，锐三棱形，上部微粗糙，下部生叶。基部叶鞘无叶片，红紫色，有光泽，边缘网状细裂；叶片扁平，有时下部对折，灰绿色，短于秆，宽2～3mm，边缘微粗糙，基部及叶鞘常具横隔。苞片叶状，最下1枚短于花序，基部无苞鞘；小穗3（～4），远离生。顶部1（～2）雄小穗，披针形或矩圆形，长1～3cm，有时基部疏生少数雌花；雄花鳞片矩圆形，锈褐色，先端急尖或具芒尖。雌小穗2，侧生，直立，矩圆形或卵形，长1～2cm，宽约5mm，密生花，基部小穗具4～8mm长的短柄，其余无柄；雌花鳞片矩圆状披针形，长约3.2mm，紫褐色，中脉淡褐色，先端锐尖并具粗糙短芒尖，具白色膜质狭边缘，短于或等长于果囊。果囊斜开展，近革质，椭圆形或宽倒卵形，褐绿色，长2.5～3.2mm，具多数肋状脉，密被细小乳头状突起，基部稍狭为不明显短柄，顶端急收缩为短喙；喙缘微粗糙，喙口红紫色，具2膜质小齿。小坚果疏松包于果囊中，宽倒卵形，三棱状，长约1.8mm，具小尖；花柱基部膨大，柱头3。果期6～7月。

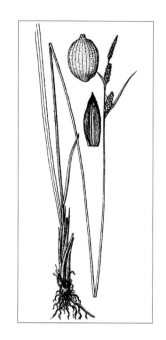

中生草本。生于森林带和森林草原带的山地及河边草甸。产兴安北部及岭西（额尔古纳市、阿尔山市伊尔施林场、新巴尔虎左旗）、兴安南部（科尔沁右翼前旗、扎赉特旗、阿鲁科尔沁旗、巴林右旗）、辽河平原（大青沟）。分布于我国黑龙江、吉林西部、辽宁中部，朝鲜、俄罗斯（东西伯利亚地区、远东地区）。为东西伯利亚—满洲分布种。

72. 球穗薹草（玉簪薹草）

Carex globularis L., Sp. Pl. 2:976. 1753; Fl. Intramongol. ed. 2, 5:396. t.159. f.6-10. 1994.

多年生草本。根状茎红褐色，细长，匍匐或斜生。秆疏丛生，纤细，高20～45cm，上部稍粗糙。基部叶鞘鲜紫红色，无叶片，腹侧常密生短糙毛，边缘细裂成网状；叶片扁平，质软，灰绿色，等长或短于秆，宽1～2mm，无毛，边缘稍外卷。苞片叶状，最下1枚短于花序，无苞鞘或具极短鞘（长0.5～1mm）；小穗3或4。顶生者为雄小穗，与相邻次一雌小穗接近生，圆柱形，长1～2cm；雄花鳞片矩圆状倒卵形，淡锈色，先端钝，膜质。其余为雌小穗，远离生，球形、卵形或矩圆形，长4～12mm，无柄或近无柄；雌花鳞片卵形或宽卵形，长约2.3mm，锈色，先端钝至近尖，具3脉，脉间色淡，边缘白色膜质，短于果囊。果囊膜质，倒卵形至椭圆形，钝三棱状，长（2.2～）3～3.2mm，淡褐绿色或栗色，密被透明的淡棕色短粗毛，具多数隆起的脉，顶端急缩为短喙，喙口微凹。小坚果紧包于果囊中，倒卵形，三棱状，长约2.2mm，褐色，表面密被颗粒状细点；花柱短，较粗，基部不膨大，柱头3。果期6～8月。

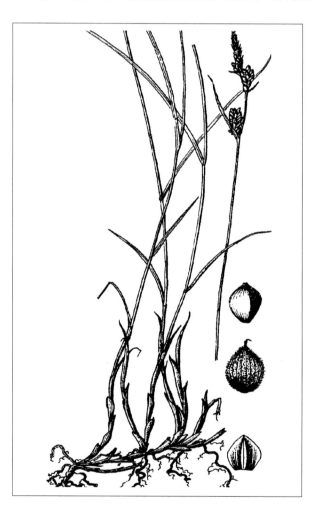

湿生草本。生于森林带的山地沼泽化苔藓—落叶松林下、泥炭藓沼泽、沼泽草甸。产兴安北部及岭东和岭西（额尔古纳市、根

河市、牙克石市、鄂伦春自治旗）、兴安南部（科尔沁右翼前旗、扎赉特旗）。分布于我国黑龙江、吉林东部，日本、朝鲜、蒙古国北部、俄罗斯（西伯利亚地区、远东地区），欧洲。为古北极分布种。

可做牧草，马、羊乐食。

73. 卷叶薹草

Carex ulobasis V. I. Krecz. in Fl. U.R.S.S. 3:311,608. 1935; Fl. Intramongol. ed. 2, 5:398. t.160. f.7-11. 1994.

多年生草本。根状茎短。秆密丛生，高 13～20cm，纤细，直立，上部稍粗糙，下部生叶。基部叶鞘褐色带红紫色，细裂成纤维状，其上部具卷曲粗硬的老叶；叶片扁平，淡绿色，长于秆，宽 1.5～2.5mm，脉间稍具横隔，上面疏生短糙毛，边缘粗糙。苞片鳞片状，抱茎，宽卵形，栗色，先端粗糙芒状；小穗 2 或 3，接近生。顶生者为雄小穗，披针形或棒状，长 0.8～1.5cm；雄花鳞片锈色，先端钝，具短芒。其余为雌小穗，卵形，长 0.6～1.1cm，宽约 3mm，密生花，无柄；雌花鳞片宽卵形，栗褐色，中部色浅，先端近尖或微凹，中脉延伸为粗糙短芒，长 3.5～4.5mm（包括芒），具白色膜质宽边缘，长于果囊。果囊矩圆状倒卵形或椭圆形，扁三棱状，长 3～4mm，淡黄绿色或栗色，疏生白色长柔毛，下部常杂生褐色长毛，具多数隆起的脉，基部楔形，具短柄，先端渐狭为喙；喙短，栗褐色，喙口浅 2 齿裂，粗糙。小坚果紧包于果囊中，卵形或椭圆形，三棱状，长约 2.5mm，紫褐色，基部具短柄及退化小穗轴；花柱短，基部不膨大，柱头 3。果期 6～7 月。

中生草本。生于森林带的山坡、灌丛，有时为杂类草草甸优势种。产兴安北部及岭东（鄂伦春自治旗）。分布于我国黑龙江，朝鲜、俄罗斯（东西伯利亚地区、远东地区）。为东西伯利亚—满洲分布种。

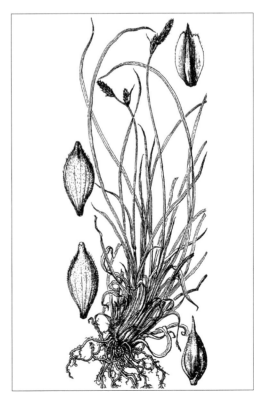

74. 兴安薹草

Carex chinganensis Litv. in Sched. Herb. Fl. Ross. 6:135. 1908; Fl. Intramongol. ed. 2, 5:398. t.160. f.1-6. 1994.

多年生草本。根状茎红褐色，细长，匍匐或斜生。秆纤细，高20～43cm，上部微粗糙，下部生叶。基部叶鞘无叶片，红紫色，细裂成纤维状及网状；叶片扁平，柔软，灰绿色，短于秆，宽1～2mm，上面微粗糙，边缘粗糙。苞片具刚毛状叶片或鳞片状，具膜质短鞘或无鞘；小穗2～3(～4)。顶生者为雄小穗，条形或棒状，与相邻次一雌小穗接近生，长1～1.3cm；雄花鳞片卵形或披针形，淡锈色，具1脉，先端稍尖或钝，具白色膜质宽边缘。其余为雌小穗，无柄，

卵形、宽卵形至球形，长4～9mm，具少数花；雌花鳞片宽卵形，锈色，具3脉，脉间淡绿色，具白色膜质宽边缘，先端渐尖，略短于果囊或近等长。果囊草质，倒卵形，圆三棱状，长2.5～2.8mm，淡黄绿色，后变锈褐色，密被极短糙硬毛，具少数不明显脉，基部楔形，顶端急收缩为喙；喙较短，长约0.6mm，锈色，喙口白色膜质，斜截形。小坚果紧包于果囊中，倒卵形，圆三棱状，淡黄色，长约1.7mm，有时具退化小穗轴；花柱基部膨大，柱头3。果期6～7月。

中生草本。生于森林带的草甸。产兴安北部（额尔古纳市、牙克石市）、兴安南部（科尔沁右翼前旗）、燕山北部（喀喇沁旗）、锡林郭勒（苏尼特左旗）。分布于我国黑龙江西北部、吉林西部，俄罗斯（远东地区）。为满洲分布种。

75. 鳞苞薹草

Carex vanheurckii Müll. Arg. in Observ. Bot. 1:30. 1870. Fl. China 23:312. 2010.

多年生草本。根状茎细长，常包以暗褐色无叶片的鞘，具地下匍匐茎。秆丛生，高10～30cm，纤细，钝三棱形，上部微粗糙，基部包以褐色细裂成纤维状的残存的老叶鞘。叶稍短于秆，宽1～2mm，平张，上表面和边缘均粗糙，干时有的边缘稍向下卷曲，具较长的叶鞘。苞片鳞片状，少数最下面1枚苞片呈钻状，绿色，具长芒。小穗2或3，密集于秆的上端，有的最下面1枚雌小穗稍远离；顶生小穗为雄小穗，线形或近纺锤形，长0.7～1.5cm，近于无柄；其余为雌小穗，球形或卵形，长4～7mm，具少数几朵花，无柄。雄花鳞片倒卵形，长约2.8mm，顶端钝，中间淡黄褐色，边缘较宽部分白色透明，具1中脉；雌花鳞片卵形，长约2.5mm，顶端渐尖，具短尖，中脉部分色淡，两边为褐色，上部边缘白色，具1中脉。果囊斜展，几等长于鳞片，椭圆形或倒卵形，平凸状三棱形，长2.5～3mm，淡黄绿色，

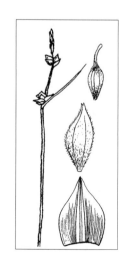

上部稍带褐色，无脉，疏生短硬毛，基部渐狭为楔形，顶端急缩为短喙，边缘具短硬毛，喙口微凹。小坚果紧包于果囊内，宽倒卵形，三棱形，长约 1.7mm；花柱基部不增粗，柱头 3。花果期 5～6月。

中生草本。生于森林带的林下、山坡草地。产兴安北部（大兴安岭）。分布于我国黑龙江、吉林、辽宁，日本、朝鲜、俄罗斯（东西伯利亚地区、远东地区）。为东西伯利亚—东亚北部（满洲—日本）分布种。

76. 青海薹草（无穗柄薹草）

Carex ivanoviae T. V. Egor. in Nov. Sist. Vyssh. Rast. 1966(3):34. 1966; Fl. Intramongol. ed. 2, 5:401. t.161. f. 1-5. 1994.

多年生草本。根状茎细长，匍匐，鳞片棕褐色，细裂成纤维状。秆疏丛生，高 7～19cm，纤细，直径约 0.5mm，近圆柱形，平滑，具沟。基部老叶鞘灰棕色，细裂成纤维状，紧包秆，基部呈束状；叶片刚毛状内卷，灰绿色，长约为秆的 1/2，宽 0.5～1.5mm，边缘粗糙，基部生叶。花序长 1.5～2.5cm；苞片通常具刚毛状短叶片，稀鳞片状，无鞘或

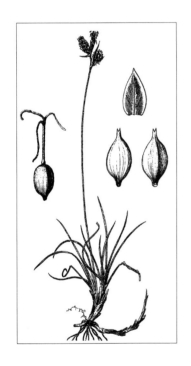

稀具短鞘，基部两侧常具紫褐色耳状物；小穗 2～4，接近生。顶生者为雄小穗，矩圆形或披针形，长 1～1.5cm，宽 2～3.5mm；雄花鳞片卵形，栗色或暗褐色，具 1 脉，先端渐尖。雌小穗通常 2，稀 1 或 3，矩圆形，长 1～1.4mm，宽 4～5mm，上方者无柄，下方者具长达 5mm 的柄；雌花鳞片卵形，栗色或暗褐色，背部色淡，具 1 脉，先端渐尖，边缘白色膜质，与果囊近等长。果囊纸质，矩圆状卵形、椭圆形或倒卵形，三棱状，长 3.8～4.3mm，宽约 1.7mm，无脉，平滑，具光泽，中部以上红褐色，基部渐狭为短柄，顶端急缩为喙，喙长约 1.5mm，平滑，喙口白色膜质，斜截形，具 2 微齿。小坚果紧包于果囊中，椭圆形，三棱状，长约 1.8mm；花柱基部略增大，柱头 3。花果期 6～7 月。

旱生草本。生于荒漠区的高山、山前沙质地。产龙首山。分布于我国青海、甘肃、西藏。为横断山脉分布种。

77. 黄囊薹草

Carex korshinskii Kom. in Trudy Imp. St.-Petersb. Bot. Sada 20:394. 1901; Fl. Intramongol. ed. 2, 5:401. t.162. f.1-5. 1994.

多年生草本。具细长匍匐根状茎。秆疏丛生，纤细，高 20～36cm，扁三棱形，上部微粗糙，下部生叶。基部叶鞘褐红色，细裂成纤维状及网状；叶片狭，扁平或对折，灰绿色，短于秆或

近等长，宽 1～2mm，边缘粗糙。苞片先端刚毛状或芒状，长于或短于小穗，具极短苞鞘。小穗 2 或 3；顶生者为雄小穗，棒状条形，长 1～2.5cm，与相邻次一雌小穗接近生。雄花鳞片狭长卵形或披针形，淡锈色，先端急尖，具白色膜质宽边缘。侧生 1 或 2 为雌小穗，近球形、卵形或矩圆形，长 0.6～1cm，具花 5～12，无柄；雌花鳞片卵形，长约 3mm，淡棕色，中部色浅，先端急尖，具白色膜质宽边缘，与果囊近等长。果囊革质，倒

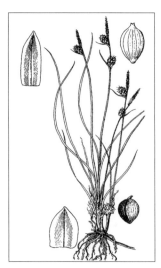

卵形或椭圆形，钝三棱状，金黄色，长约 3mm，背面具多数脉，腹面脉少，平滑，具光泽，基部近楔形，顶端急收缩成短喙；喙平滑，喙口膜质，斜截形。小坚果紧包于果囊中，倒卵形，钝三棱形，长约 1.8mm；花柱基部略增大，弯斜，柱头 3。果期 6～8 月。

中旱生草本。生于森林带和草原带的石质山坡、草原、沙丘，可成为沙质草原及羊草草原的伴生种。产兴安北部（额尔古纳市、牙克石市）、岭西及呼伦贝尔（鄂温克族自治旗、陈巴尔虎旗、新巴尔虎左旗、海拉尔区、满洲里市）、兴安南部及科尔沁（扎赉特旗、科尔沁右翼中旗、阿鲁科尔沁旗、巴林右旗、克什克腾旗）、辽河平原（大青沟）、燕山北部（宁城县）、锡林郭勒（东乌珠穆沁旗、西乌珠穆沁旗、锡林浩特市、苏尼特左旗）、阴山（大青山、乌拉山）、阴南丘陵（清水河县、准格尔旗）、贺兰山、西阿拉善（阿拉善右旗）。分布于我国黑龙江、辽宁、陕西、甘肃东部、新疆中部和北部，朝鲜、蒙古国东部和北部及西部、俄罗斯（东西伯利亚地区、远东地区）。为东古北极分布种。

78. 干生薹草

Carex aridula V. I. Krecz. in Bot. Mater. Gerb. Bot. Inst. Kom. Akad. Nauk S.S.S.R. 9:191. 1946; Fl. Intramongol. ed. 2, 5:403. t.162. f.6-10. 1994.

多年生草本。具细长匍匐根状茎。秆丛生，纤细，直立，高 4～18cm，扁三棱形，微粗糙，基部生叶。基部叶鞘红褐色或紫红色，边缘常细裂成网状；叶片细，扁平，常外卷，灰绿色，短于秆，宽约 1mm，边缘粗糙。苞片鳞片状，锈棕色，边缘白色膜质，最下 1 枚先端刚毛状，无苞鞘。小穗 2 或 3；顶生者为雄小穗，棒状，长 8～12mm，与相邻次一雌小穗接近生；雄花鳞片宽倒卵形，先端近圆形，红锈色，中部色浅，具 3 脉，具白色膜质宽边缘。雌小穗 1 或 2，侧生，球形或矩圆形，长 5～8mm，具 2～14(～16) 朵密生的花，无小穗柄；雌花鳞片宽卵形，锈棕色，长约 2.8mm，具 1 脉，先端近尖，具白色膜质宽边缘，与果囊近等长或较之略短。果囊革质，球状倒卵形，钝三棱状，长 2.2～2.5mm，棕绿色，果熟时棕黄色，平滑，具光泽，无脉，基部宽楔形，顶端骤缩为短喙；喙短柱形，带锈色，喙口白色膜质，斜截形。小坚果倒

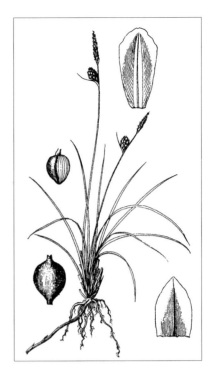

卵形，长约 1.6mm，三棱状，深褐色；花柱基部稍增大，柱头 3。果期 6～8 月。

中旱生草本。生于荒漠带海拔 2000～3000m 的山前沟口滩地、高山草甸及山脊石缝。产贺兰山、龙首山。分布于我国宁夏、甘肃、青海东部和南部、四川北部、西藏南部。为南阿拉善山地—横断山脉分布种。

79. 短鳞薹草（钝鳞薹草、奥古薹草）

Carex augustinowiczii Meinsh. ex Korsh. in Trudy Imp. St.-Petersb. Bot. Sada 12:411. 1892; Fl. Intramongol. ed. 2, 5:403. t.163. f.7-11. 1994.

多年生草本。根状茎具短的匍匐枝。秆紧密丛生，高 30～50cm，三棱形，纤弱，稍粗糙。基部叶鞘无叶片，紫红褐色，稍细裂成纤维状；叶片扁平，质软，宽 2～4mm。苞片叶状，下部者长于花序或较之较短，上部者更小。小穗 3～5；顶生者通常为雄小穗，条形，长约 1cm；其余为雌小穗，稀在小穗基部具少数雄花，直立，狭圆柱形，长 2～3cm，宽 3～4mm，上部者无柄，下部者具短柄。雌花鳞片矩圆状椭圆形，赤黑色或紫褐色，背部脉色浅，具 1 脉，短于果囊。果囊膜质，椭圆形或矩圆状椭圆形，不明显三棱形，淡绿色，具多数明显细脉，长约 3mm，基部近楔形，具小柄，顶端渐狭，稍收缩

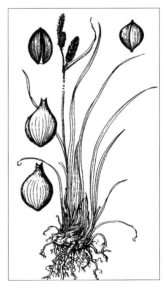

为喙；喙稍扭转，喙口微缺。小坚果稍疏松包于果囊中，扁三棱形；花柱细，基部不膨大，柱头3。花果期6～7月。

湿中生草本。生于山地落叶阔叶林林下、草甸、河边湿地。 产燕山北部（喀喇沁旗、宁城县）。分布于我国黑龙江、吉林东部、辽宁东部、河北北部，日本、朝鲜、俄罗斯（远东地区）。为东亚北部（满洲—日本）分布种。

80. 青藏薹草

Carex moorcroftii Falc. ex Boott in Proc. Linn. Soc. London 20(1):140. 1846; Fl. Intramongol. ed. 2, 5:405. t.146. f.1-5. 1994.

多年生草本。根状茎具粗壮长匍匐枝。秆高10～30cm，坚硬，三棱柱状。基部老叶鞘褐色，纤维状分裂；叶基生，短于秆，扁平，宽2～4mm，中脉凸出，边缘稍粗糙。苞片刚毛状，短于花序。小穗3～5密生，仅基部小穗多少远离，形成矩圆形或卵形穗状花序；顶生小穗多为雄性，极少为雌雄顺序，矩圆形或圆柱形或倒卵状矩圆形，长1～2.5cm；其余为雌小穗，稀为雄雌顺序，卵形或矩圆形，长0.7～1.8cm，宽约8mm，基部小穗具短柄或近无柄，其余无柄。雄花鳞片淡锈色，具白色宽膜质边缘；雌花鳞片卵状披针形或狭卵形，顶端渐尖，背部中脉淡绿色，两侧紫红褐色至黑褐色，具白色宽膜质边缘，与果囊等长或较之稍长。果囊椭圆状倒卵形或卵形，钝三棱状，近革质，黄绿色，上部带紫色，脉不明显，顶端急缩成短喙；喙2齿裂，基部楔形，具短柄。小坚果倒卵状三棱形，长约2.3mm；柱头3。花期6～7月。

中生草本。生于草原带的沙地、沙质草甸、砾石山坡、湖边。产科尔沁（克什克腾旗）、阴山（辉腾梁）。分布于我国青海、四川西部、西藏、新疆（昆仑山），印度东北部，喜马拉雅山脉，克什米尔地区。为青藏高原—喜马拉雅分布种。

81. 华北薹草（点叶薹草）

Carex hancockiana Maxim. in Bull. Soc. Imp. Nat. Mosc. 54(1):66. 1879; Fl. Intramongol. ed. 2, 5:405. t.164. f.6-10. 1994.

多年生草本。根状茎短。秆疏丛生，稍纤细而直立，高 30 ～ 80（～ 110）cm，锐三棱形，上部微粗糙，中部以下生叶。基部叶鞘无叶片，红褐色或紫红色，有光泽，网状细裂；叶片扁平，质软，绿色，长于秆或近等长，宽 2 ～ 4mm，边缘粗糙。苞片叶状或上方者鳞片状，最下 1 枚长于花序，无苞鞘；小穗 3 ～ 5，接近生或最下 1 枚稍远离生，具粗糙细柄，柄长 0.5 ～ 3cm，常下倾，花多而密生。顶生者为雌雄顺序，下部具少数雄花，矩圆形，

长 1.3 ～ 1.8cm，宽约 7mm；雄花鳞片褐紫色。其余为雌小穗，矩圆形，长 0.5 ～ 1.5cm，宽约 6mm；雌花鳞片卵形或卵状披针形，长约 2.3mm，紫褐色，中部具 3 浅色脉，先端渐尖，边缘白色膜质，较果囊短而狭。果囊成熟后水平开展，膜质，倒卵形或椭圆形，淡绿色，后呈淡褐色，膨胀三棱状，长 2.5 ～ 3mm，宽约 1.3mm，平滑，两面具数条不明显细脉，基部稍狭，顶端急缩为短喙；喙紫褐色，具 2 小齿。小坚果疏松包于果囊中，倒卵形，三棱状，长约 1.5mm，顶端具小尖；花柱基部不膨大，柱头 3。花果期 5 ～ 7 月。

中生草本。生于阔叶林带和草原带的山地林间湿地、水边草甸、灌丛。产兴安南部（阿鲁科尔沁旗、巴林右旗）、燕山北部（喀喇沁旗、宁城县、敖汉旗）、阴山（大青山、蛮汗山、乌拉山）、贺兰山。分布于我国吉林东部、河北北部、山西、陕西南部、甘肃中部和东部、青海、四川西部、新疆中部和北部，朝鲜、蒙古国北部（杭爱地区）、俄罗斯（东西伯利亚地区）。为东古北极分布种。

82. 紫鳞薹草（圆穗薹草）

Carex angarae Steud. in Syn. Pl. Glumac. 2:190. 1855; Fl. Intramongol. ed. 2, 5:407. t.164. f.1-5. 1994.

多年生草本。根状茎短，匍匐。秆疏丛生，纤细，质硬，高 35 ～ 55cm，锐三棱形，上部稍粗糙，下部生叶。基部叶鞘紫褐色或红褐色，无叶片，边缘细裂成网状；叶片扁平，质软，暗绿色，短于秆，宽 2 ～ 3mm，边缘微粗糙。苞片叶状，最下 1 枚长于花序，无苞鞘。小穗 3 ～ 5，疏松聚生或基部 1 枚稍远离生；顶生小穗通常雌雄顺序，稀为雄小穗，卵形或矩圆形，长 0.6 ～ 1cm；侧生者为雌小穗，卵形或矩圆状卵形，长 0.5 ～ 1cm，宽 5 ～ 7mm，基部 1 枚具短柄，柄长 0.5 ～ 1cm，

其余近无柄。雌花鳞片卵形或矩圆状卵形，长约 2mm，紫褐色或紫黑色，具 3 脉，先端近急尖，具白色膜质狭边缘，明显短于果囊（约为其半或 1/3）。果囊膜质，矩圆状倒卵形或椭圆形，淡绿色至黄褐色，长 2.6～3mm，稍膨大，三棱形，密生细点，具不明显细脉，基部具短柄，顶端急收缩为短喙；喙淡锈色，平滑或微粗糙，喙口微凹。小坚果疏松包于果囊中，黄褐色，卵状椭圆形，三棱状，具细点，长约 1.5mm，顶端具短尖；花柱稍弯曲，基部不膨大，柱头 3。果期 6～8 月。

中生草本。生于森林带和草原带的山地林下、水边、林间沼泽草甸、河边草甸。产兴安北部（额尔古纳市、牙克石市、东乌珠穆沁旗宝格达山）、兴安南部（科尔沁右翼前旗、扎赉特旗、阿鲁科尔沁旗、巴林右旗）、燕山北部（喀喇沁旗、宁城县）、阴山（大青山、乌拉山）、贺兰山。分布于我国黑龙江、吉林、河北北部，蒙古国北部、俄罗斯（西伯利亚地区、远东地区）。为西伯利亚—东亚北部分布种。

83. 紫喙薹草

Carex serreana Hand.-Mazz. in Oesterr. Bot. Z. 85:225. 1936; Fl. Intramongol. ed. 2, 5:407. t.165. f.6-10. 1994.

多年生草本。根状茎细，匍匐。秆疏丛生，纤细，坚实，高 25～30cm，三棱形，下部生叶。基部叶鞘褐色带红紫色，稍细裂成纤维状；叶片扁平，质软，短于秆，宽 2～3mm，边缘微粗糙。苞片刚毛状，短于花序，基部无苞鞘。小穗 3，接近生；顶生者为雌雄顺序，卵形，长约 9mm，宽约 7mm；侧生者为雌小穗，近卵形，长约 7mm，宽 6～7mm，基部 1 枚具纤细短柄，柄长约 4mm。雌花鳞片卵形，暗紫色或紫黑色，长 2～2.2mm，具 3 脉，侧脉不明显，先端钝或尖，具极狭的白色膜质边缘，稍短于果囊。果囊倒卵状披针形或椭圆状披针形，三棱状，不膨胀，黄绿色或黄褐色，长约 3mm，两面各具 5～6 及 3～4 明显细脉，基部楔形，渐狭为短柄，顶端急收缩为短喙；喙暗紫色，平滑，喙口具 2 小齿。小坚果稍疏松包于果囊中，矩圆形，三棱状，长约 1.6mm；花柱长，基部

不膨大，柱头 3。果期 7 月。

中生草本。生于山地草甸及海拔 3400m 左右的高山草甸。产阴山（大青山）、贺兰山。分布于我国河北、山西北部、甘肃中部、青海东北部。为华北分布种。

84. 沙地薹草

Carex sabulosa Turcz. ex Kunth in Enum. Pl. 2:432. 1837; Fl. Intramongol. ed. 2, 5:409. t.166. f.1-5. 1994.

多年生草本。根状茎短，匍匐。秆硬，直立或略下倾，高 15～25cm，锐三棱形，有时密生细小乳头状凸起，上部棱上微粗糙，基部生叶。基部叶鞘无叶片，褐色，稍纤维状细裂，紧裹于植株基部，呈束状；叶片扁平，质硬，灰绿色，短于秆，宽 2～3.5mm，下面密生细小乳头状凸起，边缘粗糙。苞片狭叶状或鳞片状，最下 1 枚短于花序，无苞鞘。小穗 3～5，聚生，

仅基部小穗稍离生，无柄或近无柄；顶生小穗为雌雄顺序或雄雌顺序，有时为雄小穗，倒卵形或矩圆状棒形，长 1～2.5cm；其余为雌小穗，卵形或矩圆形，长 0.8～2.5cm，宽 6～8mm。雌花鳞片矩圆形或长卵形，暗红紫色至紫褐色，中脉浅色，先端渐尖或近急尖，具白色膜质宽边缘，明显长于且宽于果囊。果囊革质，倒卵形，三棱状，长 3.2～4.2mm，淡棕黄色或棕褐色，密生细小乳头

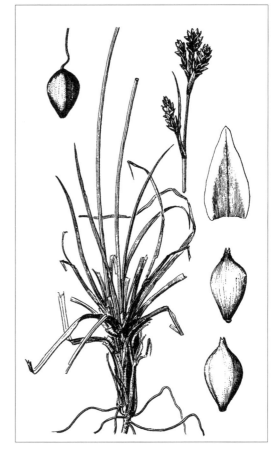

状凸起，脉不明显，基部楔形，具短柄，顶端急缩为喙；喙长 0.7～0.9mm，边缘具少数短刺毛，锈褐色，喙口浅裂为 2 浅色小尖齿。小坚果紧包于果囊中，倒卵形，三棱状，长约 2.2mm，褐色，表面具细小乳头状突起；花柱基部弯曲，柱头 3。果期 6～7 月。

中旱生草本。生于草原带的沙地、路旁、沟谷。产科尔沁及赤峰丘陵（翁牛特旗、克什克腾旗）、锡林郭勒（锡林浩特市）、乌兰察布（达尔罕茂明安联合旗）、阴山（察哈尔右翼中旗辉腾梁）。分布于我国青海、新疆，蒙古国北部和西部、俄罗斯（东西伯利亚地区），中亚。为东古北极分布种。

85. 离穗薹草

Carex eremopyroides V. I. Krecz. in Fl. U.R.S.S. 3:384,617. 1935; Fl. Intramongol. ed. 2, 5:409. t.159. f.1-5. 1994.

多年生草本。根状茎短。秆密丛生，高 5～27cm，平滑。基部叶鞘淡锈褐色，具光泽；叶片扁平，长于秆，宽 2～2.3mm，边缘粗糙。苞片叶状，最下 1 枚长于花序，具苞鞘，鞘长约 8mm。小穗 4～5；上部 1～2 为雄小穗，棒状，长 0.8～1.2cm，具短柄，超出或半超出相邻次一雌小穗。雄花鳞片矩圆状卵形至披针形，苍白色，具 3 脉，脉间绿色。其余为雌小穗，远离生，几达秆之基部，长 1～1.8cm，宽 0.8～1.2cm，基部小穗具藏于苞鞘内的柄，柄长达 1.5cm，花密生；雌花鳞片卵形，苍白色，具 3 脉，脉

间绿色，先端尖，边缘膜质，长为果囊之半。果囊海绵质，背腹扁，卵状披针形或矩圆状卵形，平凸状，长5～6mm，淡绿色，后变淡褐色，无毛，背面具(2～)3～4细脉，腹面无脉或具1脉，边缘具锯齿状狭翼，基部圆形，具短柄，顶端渐狭为长喙；喙扁平，微弯，喙口膜质，深2齿裂。小坚果稍紧包于果囊中，矩圆形，扁三棱状，长约2.9mm，黑褐色，密被细小颗粒，顶端具小尖，基部具柄；花柱基部不弯曲，柱头3。果期6～7。

中生草本。生于草原区的湖边沙地草甸、轻度盐化草甸、林间低湿地。产呼伦贝尔（新巴尔虎右旗、海拉尔区）、辽河平原（科尔沁左翼后旗）、科尔沁（科尔沁区、阿鲁科尔沁旗、克什克腾旗）、阴山（察哈尔右翼中旗辉腾梁）。分布于我国黑龙江西南部、吉林西部，蒙古国东部（东蒙古地区）、俄罗斯（东西伯利亚地区）。为东西伯利亚—东蒙古分布种。

86. 疏薹草（稀花薹草）

Carex laxa Wahl. in Kongl. Vet. Acad. Nya Handl. 24:156. 1803; Fl. Intramongol. ed. 2, 5:412. t.167. f.6-10. 1994.

多年生草本。根状茎短，匍匐。秆疏丛生，纤细，柔弱，高20～36cm，钝三棱形，平滑，上部下倾，下部生叶。基部叶鞘无叶片，褐色至淡褐色，有时带紫褐色，边缘多少网状细裂；叶片扁平，柔软，灰绿色，短于秆，宽1～2mm，边缘微粗糙。苞片叶状，最下1枚短于花序，具管状长苞鞘，鞘长1.5～2cm；小穗2或3，远离生。顶生者为雄小穗，条形至狭披针形，长约1.5cm；雄花鳞片矩圆形，长约5mm，锈色，中部色浅，具3脉，先端钝，具白色膜质狭边缘。雌小穗1或2，侧生，矩圆形，下垂，长1～1.5cm，较狭窄（宽约5mm），花稍疏生，具长达3cm的纤细小穗柄；雌花鳞片卵形，红锈色，中部淡绿色，具3脉，先端钝或近急尖，具膜质狭边缘，稍短于果囊。果囊矩圆状卵形，淡灰绿色，长3.5～3.8mm，密被乳头状突起，两面具多数细脉，基部圆形或楔形，顶端渐狭为短喙；喙口锈色，截形。小坚果疏松包于果囊中，倒卵形，长约2mm，具小尖；花柱基部不膨大，柱头3。果期6～8月。

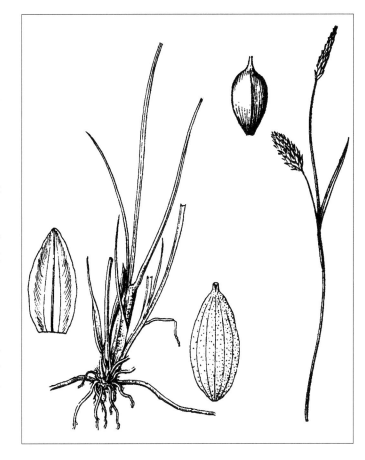

湿生草本。生于草原带的湖边水中及沼泽。产兴安北部（阿尔山市伊尔施林场）。分布于我国黑龙江东南部、吉林东北部、辽宁、日本、朝鲜、俄罗斯（西伯利亚地区、远东地区），欧洲。为古北极分布种。

87. 沼薹草（湿生薹草、沼生薹草）

Carex limosa L., Sp. Pl. 2:977. 1753; Fl. Intramongol. ed. 2, 5:412. t.167. f.1-5. 1994.

多年生草本。根状茎细长，匍匐。秆疏丛生，纤细而直立，高 35～55cm，锐三棱形，密被细小乳头状突起，棱缘平滑或上部微粗糙，下部生叶。基部叶鞘无叶片，红褐色或黄褐色，

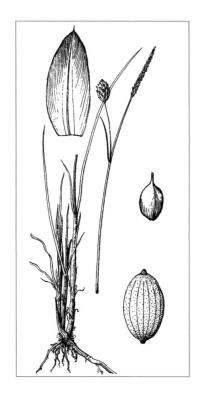

具光泽，边缘细裂成纤维状或网状；叶片扁平或多少对折，稍硬，短于秆，宽 1～1.5(～2)mm，灰绿色或带白霜，下面密被细小乳头状突起，边缘粗糙。苞片狭叶状，最下 1 枚短于花序，具短鞘；小穗 2 或 3，远离生。顶生者为雄小穗，条形或棒状，长 2.3～3cm，直立；雄花鳞片倒披针形，锈褐色，长约 4.8mm，先端急尖，具短尖。侧生 1 或 2 为雌小穗，卵形至矩圆形，长 1.4～2.2cm，宽 0.8～1cm，密生花，具长 1～3cm 的细柄，下垂；雌花鳞片卵状披针形，红铜色，长约 6mm，具 3 脉，先端渐尖，具短尖，边缘稍内卷，长于果囊。果囊草质，椭圆形至卵形，扁三棱状，灰绿色，长 3～3.7mm，密被细小乳头状突起，具 4～6 明显脉，基部圆形，具短柄，先端骤缩为短喙；喙平滑，喙口全缘。小坚果疏松包于果囊中，椭圆形，长约 1.6mm，三棱状；花柱基部不膨大，柱头 3。果期 6～7 月。

湿生草本。生于森林带的高山湖边草甸及泥炭沼泽。产兴安北部（阿尔山市）。分布于我国黑龙江、吉林东部、辽宁、河北北部，日本、朝鲜、俄罗斯（西伯利亚地区、远东地区）、欧洲、北美洲。为泛北极分布种。

88. 扁囊薹草（贝加尔薹草）

Carex coriophora Fisch. et C. A. Mey. ex Kunth in Enum. Pl. 2:463.1837; Fl. Intramongol. ed. 2, 5:413. t.157. f.5-9. 1994.

多年生草本。根状茎细而短，匍匐。秆较粗壮，高 50～75cm，三棱形，平滑，下部生叶。基部叶鞘无叶片，淡褐色或锈褐色，稍细裂；叶片扁平，质硬，淡绿色，长不及秆之半，宽 3～5mm，边缘近平滑。苞片叶状，最下 1 枚短于花序，具长苞鞘，鞘长约 2.5cm；小穗 (2～)3～6(～7)，接近生，下部者稍远离生。顶生 1(～2) 为雄小穗，矩圆状椭圆形，长 1.2～1.6cm，下垂；雄花鳞片矩圆状倒卵形，淡锈色，具 1 脉，长约 3.8mm，先端急尖。

雌小穗 3～4，侧生，矩圆形，长 1～2.2cm，宽约 8mm，密生花，具平滑细柄，柄长 0.6～5cm，弯曲或下垂；雌花鳞片矩圆状披针形，锈褐色，中部淡黄色，具 3 脉，先端渐尖，具狭的白色膜质边缘，稍短于果囊。果囊膜质，宽椭圆形，极压扁三

棱形，长 3.8～4.5mm，锈褐色，无脉，沿边淡黄绿色，上部边缘疏生小刺毛，基部近圆形，具短柄，先端骤缩为细柱状短喙；喙缘微粗糙，喙口白色膜质，斜截形而具 2 微齿。小坚果疏松包于果囊中，倒卵状椭圆形，长约 1mm，三棱状，具长达 1mm 的柄；花柱细，基部不膨大，柱头 3。果期 6～8 月。

湿中生草本。生于森林带和草原带的山地踏头沼泽、沼泽草甸、草甸、林下、灌丛。产兴安北部及岭西（额尔古纳市、牙克石市、新巴尔虎左旗）、兴安南部（扎鲁特旗、克什克腾旗）、燕山北部（兴和县苏木山）、锡林郭勒（锡林浩特市、西乌珠穆沁旗）、阴山（大青山）。分布于我国黑龙江西南部、河北、山西东北部、甘肃中部、青海东部和东北部、四川西部、西藏东南部、新疆西部和中部，蒙古国东部和北部、俄罗斯（西伯利亚地区）。为东古北极分布种。

89. 鹤果薹草

Carex cranaocarpa Nelmes in Bull. Misc. Inform. Kew 1939:184. 1939; Fl. Intramongol. ed. 2, 5:415. t.168. f.1-4. 1994.

多年生草本。根状茎匍匐而斜生。秆疏丛生，直立，细而硬，高 35～40cm，钝三棱形，平滑，下部生叶。基部叶鞘无叶片，褐色，无光泽，细裂成纤维状；叶片扁平，灰绿色，短于秆，宽约 2mm，有时对折，边缘粗糙。苞片具刚毛状狭叶片，最下 1 枚短于或等长于小穗，具褐绿色短苞鞘；小穗 4。上部 3 为雄小穗，接近生，披针状圆柱形，长 1～1.5cm，无柄；雄花鳞片矩圆形，暗红紫色，中部色浅，具 1 脉，先端急尖，具白色膜质宽边缘。雌小穗 1，圆柱形或矩圆形，长约 2cm，宽 6～7mm，密生花，具丝状长柄（柄长 2～3cm），下倾；雌花鳞片椭圆状披针形，暗红紫色，长约 4mm，具 3 脉，侧脉色深，中脉两侧疏生小刺毛及腺点，先端渐尖，有宽的白色膜质边缘，短于果囊。果囊纸质，椭圆状披针形，扁三棱状，长约 5.6mm，宽约

2mm，背腹两面的上部暗红紫色，具密的不规则小凸起而成小刺毛状粗糙，下部淡黄色，具 5 或 6 不明显脉，边缘具小刺毛状粗糙，基部宽楔形，顶端渐狭为中等长的喙，喙口具 2 膜质小齿。小坚果宽矩圆形，长约 2.5mm，扁三棱状，具较长的柄；花柱长，疏生毛，柱头 3。果期 7 月。

中生草本。生于荒漠区海拔3100m左右的高山草甸。产贺兰山。分布于我国河北中部、山西。为华北分布种。

90. 乌拉草（靰鞡草）

Carex meyeriana Kunth in Enum. Pl. 2:438. 1837; Fl. Intramongol. ed. 2, 5:415. t.165. f.1-5. 1994.

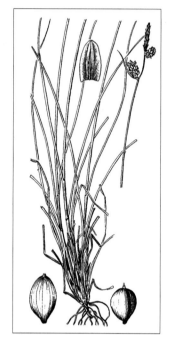

多年生草本。根状茎短，形成踏头。秆密丛生，纤细，坚硬，高25～50cm，锐三棱形，平滑，上部微粗糙。基部叶鞘长，无叶片，棕褐色带红紫色，具光泽，边缘稍细裂成网状；叶片质硬，灰绿色，细条形，有时稍对折成刚毛状，短于秆或与之近等长，宽1～1.5mm，边缘粗糙。苞片鳞片状，紫黑色或锈色，最下1枚常具刚毛状短叶片，无苞鞘；小穗2或3，接近生或基部小穗稍远离生。顶生者为雄小穗，条状披针形，长1.5～2(～2.5)cm；雄花鳞片倒卵状矩圆形，先端钝圆，紫黑色或锈色，具3脉，具不明显膜质边缘。侧生1或2为雌小穗，卵形或卵状球形，长0.5～1.1cm，宽约5mm，密生花，无柄；雌花鳞片卵状椭圆形，紫黑色或棕色，长约3.2mm，具3脉，脉间色淡，先端钝，具极狭白色膜质边缘，短于果囊或与之近等长。果囊薄革质，椭圆形，扁三棱状，长2.5～3mm，宽1.7～2.3mm，灰绿色，密被细小乳头状突起，并散生褐色小斑点，具5～6细脉，基部圆形，具短柄，顶端骤缩为短喙；喙口全缘，棕褐色。小坚果稍紧包于果囊中，宽倒卵形，长约1.6mm，具小尖及短柄；花柱长，基部不膨大，柱头3。果期6～7月。

湿生草本。生于森林带的踏头沼泽。产兴安北部（额尔古纳市、根河市、牙克石市、阿尔山市）。分布于我国黑龙江、吉林东部、辽宁、四川西北部，日本、朝鲜、蒙古国北部、俄罗斯（西伯利亚地区、远东地区）。为西伯利亚—东亚北部分布种。

冬季可做填充物，有保温作用。全草可供编织和造纸用。

91. 异鳞薹草

Carex heterolepis Bunge in Enum. Pl. Chin. Bor. 69. 1833; Fl. Intramongol. ed. 2, 5:417. t.169. f.1-4. 1994.

多年生草本。根状茎长，匍匐。秆疏丛生，高45～75cm，三棱形，粗糙。基部叶鞘无叶片，浅茶褐色，常细裂成网状；叶片扁平，较秆为长，宽2～4.5mm，上面绿色，具明显2侧脉，脉上被稀疏细刺毛，微粗糙，下面灰绿色，中脉明显凸起，密被细点状凸起，边缘粗糙。苞片叶状，基部无鞘，稍长于花序或有时较短。小穗5～7；上部1或2为雄小穗，长2.5～3.2(～5)cm，条形；其余为雌小穗，彼此较接近，条状圆柱形，长(0.5～)1.5～6.5cm，下方者常具0.3～0.7mm的短柄。雌花鳞片披针形或矩圆状披针形，长2.2～2.5mm，具3脉，中部绿色，两侧淡褐色或紫褐色，先端稍钝，与果囊近等长或有时较之稍短。果囊倒卵形，稍呈双凸状，长 2 ～ 2.5mm，具少数脉或脉不明显，浅黄褐色，有时具紫红色线点状斑纹，基部楔形，顶端收缩成喙；喙中等长，长约 0.5mm，平滑，喙口 2 齿裂。小坚果紧包于果囊内，宽倒卵形，微呈双凸状，长约 2mm；花柱基部不膨大，柱头 2。果期 6 ～ 7 月。

中生草本。生于森林带的河边砾石地、山间沟谷低湿地。兴安北部（额尔古纳市、牙克石市）、岭东（扎兰屯市）。分布于我国黑龙江、吉林东部、辽宁西部、河北、山东、山西、陕西南部、江西、湖北，日本、朝鲜。为东亚北部分布种。

92. 灰脉薹草

Carex appendiculata (Trautv.) Kuk. in Bull. Herb. Boiss. Ser. 2, 4:54. 1903; Fl. Intramongol. ed. 2, 5:417. t.169. f.5-8. 1994.——*C. acuta* L. var. *appendiculata* Trautv. in Fl. Ochot. 100. 1856.

92a. 灰脉薹草

Carex appendiculata (Trautv.) Kuk. var. **appendiculata**

多年生草本。根状茎短，形成踏头。秆密丛生，高 35 ～ 75cm，平滑或有时粗糙。基部叶鞘无叶，茶褐色或褐色，稍有光泽，老时细裂成纤维状；叶片扁平或有时内卷，淡灰绿色，与秆等长或较之稍长，宽 2 ～ 4.5mm，两面平滑，边缘具微细齿。苞叶无鞘，与花序近等长。小穗 3 ～ 5；上部 1 ～ 2（～ 3）为雄小穗，条形，长 2 ～ 3.5cm；其余为雌小穗（有时部分小穗顶端具少数雄花），条状圆柱形，长 1.8 ～ 4.5cm，最下部小穗具长 1 ～ 1.5cm 的短柄。雌花鳞片宽披针形，中

部具 1 ～ 3 脉，两侧脉常不显，淡绿色，两侧紫褐色至黑紫色，先端渐尖，边缘白色膜质，短于果囊，且显著较之狭窄；果囊薄革质，椭圆形，长 2.2 ～ 3.5mm，平凸状，密生细小乳头状突起，具细脉 5 ～ 7（～ 10），顶端具短喙，喙口微凹。小坚果紧包于果囊中，宽倒卵形或近圆形，平凸状，长约 2mm；花柱基部不膨大，柱头 2。果期 6 ～ 7 月。

湿生草本。生于森林带和草原带及荒漠带的河岸湿地踏头沼泽。产兴安北部及岭东和岭西（额尔古纳市、鄂伦春自治旗、鄂温克族自治旗）、呼伦贝尔（满洲里市）、兴安南部（科尔沁右翼前旗、扎鲁特旗、阿鲁科尔沁旗、巴林右旗、克什克腾旗）、燕山北部（喀喇沁旗）、锡林郭勒（锡林浩特市、苏尼特左旗）、鄂尔多斯（达

拉特旗、乌审旗、鄂托克旗）、西阿拉善（巴丹吉林沙漠）。分布于我国黑龙江、吉林东部，朝鲜、蒙古国东部和北部、俄罗斯（西伯利亚地区、远东地区）。为东古北极分布种。

92b. 小囊灰脉薹草

Carex appendiculata (Trautv.) Kuk. var. **sacculiformis** Y. L. Chang et Y. L. Yang in Fl. Pl. Herb. China Bor.-Orient. 11:161,206. 1976; Fl. Intramongol. ed. 2, 5:419. t.169. f.9-11. 1994.

本变种与正种的区别是：果囊较小，长 1.8～2.2mm；鳞片小，长 1.5～2mm。

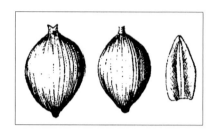

湿生草本。生于森林带和森林草原带的沼泽。产兴安北部及岭西（牙克石市、鄂伦春自治旗、新巴尔虎左旗、阿尔山市）。分布于我国吉林。为满洲分布变种。

93. 丛薹草

Carex caespitosa L., Sp. Pl. 2:978. 1753; Fl. Intramongol. ed. 2, 5:419. t.170. f.5-8. 1994.

多年生草本。根状茎短，形成踏头。秆密丛生，较细，高 35～60cm。基部叶鞘无叶片，深紫褐色或红褐色，边缘丝状分裂，微呈网状；叶片扁平，绿色，一般短于秆，有时较长，宽 1.5～4mm，两面均密布微小点状凸起，粗糙，边缘稍反卷。苞片无鞘，刚毛状，短于或长于小穗。小穗 3～5，接近生；顶生者为雄小穗，条形或条状长圆形，长 2～2.8cm；其余为

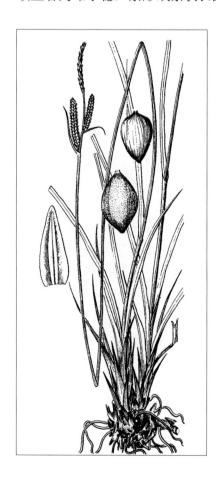

雌小穗，卵状圆柱形至条状圆柱形，长 0.6～2.2cm，宽 3～4.5mm，有时顶端具少数雄花，具短柄，位于下部者较明显。雌花鳞片披针形或卵状披针形，顶端稍钝，紫褐色，具 1～3 脉，有时中部色浅，边缘白色膜质，短于果囊或有时显著长于果囊；果囊卵状披针形、矩圆状椭圆形至卵圆形，近双凸状，长 2～3.2mm，无脉或有时具 1～3 不明显的脉，表面密布小乳头状突起，灰绿色或淡褐色，基部渐狭成楔形，顶端具不明显的短喙，喙口近全缘。小坚果紧包于果囊中，广倒卵形至狭倒卵形，双凸状，长 1.5～2mm，基部微具短柄，顶端具小尖；花柱基部不膨大，柱头 2。果期 6～7 月。

湿生草本。生于森林带和森林草原带的山地沟谷湿地、踏头沼泽。产兴安北部及岭东和岭西（额尔古纳市、牙克石市、

鄂伦春自治旗)、呼伦贝尔(新巴尔虎右旗)、兴安南部(科尔沁右翼前旗、巴林左旗、巴林右旗、克什克腾旗)、锡林郭勒(锡林浩特市、西乌珠穆沁旗)。分布于我国黑龙江、吉林、新疆(天山),日本、朝鲜、蒙古国东部和北部及西部、俄罗斯(东西伯利亚地区、远东地区),欧洲。为古北极分布种。

94. 膨囊薹草(瘤囊薹草)

Carex schmidtii Meinsh. in Beitr. Kennt. Russ. Reich. 26:224. 1871; Fl. Intramongol. ed. 2, 5:419. t.170. f.1-4. 1994.

多年生草本。根状茎短,形成踏头。秆密丛生,高 45～75cm,三棱形,粗糙。基部叶鞘无叶片,浅褐色至黑褐色,有时细裂成纤维状;叶片扁平,灰绿色或有时带黄绿色,短于秆,或偶有较秆长者,宽 1.5～2.5(～2.8)mm,上面平滑,不明显被有细微点状凸起,边缘微外卷,疏具微小刺状锯齿。苞片无鞘,下部者叶片可长于花序或较花序为短;小穗(3～)4～5;顶生 2(～1)为雄小穗,条形或条状长圆形,长 1～3.2cm,紧接生;其余为雌小穗(有时雌小穗顶端生有少数雄花),条状圆柱形,长

1～3.8cm,下部者可具 4～8mm 的短柄,远离生。雌花鳞片披针形至卵状披针形,长 2.5～3mm,中央淡绿色,两侧紫褐色或色较淡,具 1 中脉及 2 不明显侧脉,先端渐尖,边缘白色膜质。果囊卵状球形,膨大,长 2～2.5(～3.2)mm,无脉,或稀可见 1 或 2 脉,绿黄色或茶褐色,表面密生细小乳头状突起,上部边缘微粗糙,顶端具极短喙,喙口全缘或微缺。小坚果紧包于果囊中,倒卵状圆形或扁圆形,双凸状,顶端具小尖,宽 1.5～1.8mm;花柱基部不膨大,柱头 2。果期 6～7 月。

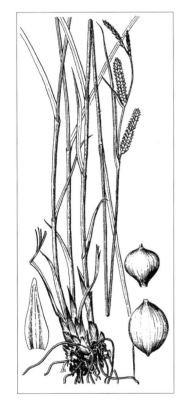

湿中生草本。生于森林带和森林草原带的沼泽、沼泽化草甸。产兴安北部及岭东和岭西(额尔古纳市、牙克石市、鄂伦春自治旗、鄂温克族自治旗、扎兰屯市)、兴安南部及科尔沁(科尔沁右翼前旗、科尔沁右翼中旗、克什克腾旗)、燕山北部(宁城县)。分布于我国黑龙江、吉林,日本、朝鲜、蒙古国北部、俄罗斯(东西伯利亚地区、远东地区)。为东西伯利亚—东亚北部分布种。

95. 陌上菅

Carex thunbergii Steud. in Flora 29:23. 1846; Fl. Intramongol. ed. 2, 5:421. t.171. f.1-4. 1994.

多年生草本。具长匍匐根状茎。秆丛生,高 27～65cm,平滑,上部或沿棱微粗糙。基部叶鞘淡褐色,常细裂成纤维状;叶片灰绿色,短于秆或有时稍长,扁平或内卷,宽 2～3(～3.5)mm,两面无毛或下面被微毛,边缘微粗糙。苞片叶状,无鞘,与花序等长或较

之稍短。小穗 3 或 4，远离生；上部 1～2 为雄小穗，条形，长 1.3～4.8cm；其余为雌小穗，圆柱形或有时为矩圆形，长 0.7～3cm，宽 2.5～4mm，下部者具短柄。雌花鳞片矩圆形，淡褐色至深褐色，中部略呈绿色，具 1 脉，先端钝，边缘白色膜质，长 1.5～2.75mm。果囊膜质，长椭圆形至椭圆形，浅黄色，密被微细乳头状突起，平凸状，具（3～）4～5 脉，长 2.5～3.8mm，宽 2mm 左右，基部宽楔形，渐狭成短柄，顶端微收缩成极短喙，喙口微凹缺或近全缘。小坚果疏松包于果囊内，倒卵形；花柱基部不膨大，柱头 2。果期 6～7 月。

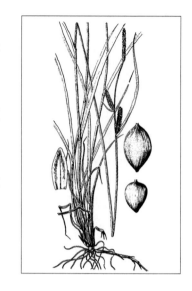

中生草本。生于森林带山地草甸。产兴安北部（额尔古纳市、牙克石市）。分布于我国黑龙江、吉林东部、辽宁，日本。为东亚北部（满洲—日本）分布种。

96. 双辽薹草

Carex platysperma Y. L. Chang et Y. L. Yang in Fl. Pl. Herb. China Bor.-Orient. 11:161,206. t.74. f.6-9. 1976; Fl. Intramongol. ed. 2, 5:421. t.172. f.1-6. 1994.

多年生草本。具长的匍匐根状茎。秆疏丛生，高（28～）40～50cm，纤细，三棱形，平滑。基部叶鞘褐色，有光泽，稍呈网状细裂；叶片扁平，短于秆，宽 2～2.5（～3）mm，边缘粗糙。苞片叶状，最下 1 枚与花序近等长，无苞鞘。小穗 3～4；上部 1（～2）为雄小穗，条形，长 1～2.5cm；其余为雌小穗，圆柱形，稍接近生，长 1～2.5cm，无柄，花密生。雌花鳞片矩圆形，紫红褐色，长 1.5～1.9mm，中部具 1 脉，沿脉淡绿色，先端钝，有时具短的凸尖，短于果囊。果囊近膜质，宽倒卵形或近圆形，平凸状，具狭边，长 2～2.5mm，黄锈色，具细脉 3～5，基部具短柄，顶端急收缩为明显短喙，喙口微凹。小坚果紧密包于果囊中，圆倒卵形或圆形，近双凸状，长约 1.7mm，顶端具小尖；柱头 2。果期 7 月。

湿生草本。生于草原中的湿地。产辽河平原（科尔沁左翼后旗）。分布于我国吉林。为辽河平原分布种。

97. 匍枝薹草（灰化薹草）

Carex cinerascens Kuk. in Bull. Herb. Boiss. Ser. 2, 2:1017. 1902; Fl. Intramongol. ed. 2, 5:423. t.171. f.5-8. 1994.

多年生草本。具长匍匐根状茎。秆丛生，高 25～45cm，较细，平滑。基部叶鞘无叶片，黄褐色至深褐色，微有光泽，有时细裂成网状；叶片扁平，长于秆，宽 1.5～2.5mm，上面平滑，下面密被细微小凸起。苞片叶状，无鞘，最下 1 枚长于花序。小穗 3～5；顶生者为雄小穗，条形，长 1.9～4cm；其余皆为雌小穗（极少见顶端具少数雄花），短圆状圆柱形或条状圆柱形，长

（0.5～）1～2cm，下方者具短柄。雌花鳞片矩圆状披针形，中部稍带绿色，两侧紫红色，具3脉，两侧脉不甚明显，先端稍钝，边缘膜质，长2.5～2.8mm。果囊长于鳞片，膜质，卵形或宽卵状椭圆形，平凸状，灰黄绿色，长2～2.5mm，无脉，顶端渐狭成不明显的喙，喙口全缘或有时微缺。小坚果紧包于果囊中，椭圆形或微呈倒卵形，略扁平，长约1.5mm；花柱基部不膨大，柱头2。果期6～7月。

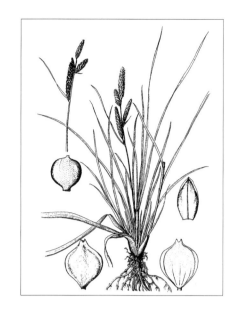

湿中生草本。生于森林带和森林草原带的沼泽、水边草甸。产兴安北部及岭西（额尔古纳市）、岭东（扎兰屯市）、兴安南部（科尔沁右翼前旗、扎赉特旗）。分布于我国黑龙江、吉林、安徽南部、江苏、湖北东部、湖南东北部、陕西西南部、日本。为东亚分布种。

98. 圆囊薹草

Carex orbicularis Boott in Proc. Linn. Soc. London 1:254. 1845; Fl. China 23:418. 2010.

多年生草本。根状茎短，具匍匐茎。秆丛生，高10～25cm，纤细，三棱形，粗糙，基部具栗色的老叶鞘。叶短于秆，宽1.5～3mm，平展，边缘粗糙。苞片下部的刚毛状，短于花序，无鞘，上部的鳞片状。小穗2～3（～4）；顶生1枚为雄性，圆柱形，长1.2～2cm，柄长3～9mm；侧生小穗雌性，卵形或长圆形，长0.5～1.5cm，花密生，最下部的具短柄，柄长2～3mm，上部的无柄。雌花鳞片长圆形或长圆状披针形，顶端稍钝，长1.8～2.5mm，宽1～1.2mm，暗紫红色或红棕色，具白色膜质边缘，中脉色淡。果囊稍长于鳞片而较鳞片宽2～3倍，近圆形或倒卵状圆形，平凸状，长2～2.7mm，宽2.3～2.5mm，下部淡褐色，上部暗紫色，密生瘤状小突起，脉不明显，顶端具极短的喙；喙口微凹，疏生小刺。小坚果卵形，长约2mm；花柱基部不膨大，柱头2个。花果期7～8月。

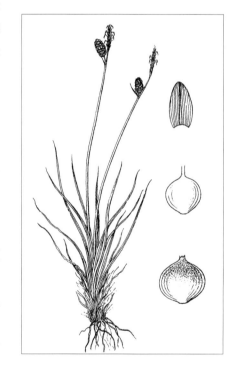

湿中生草本。生于荒漠带的山麓水渠边、山谷溪水边湿地。产贺兰山。分布于我国甘肃、青海、西藏、新疆、尼泊尔、印度西北部、巴基斯坦、阿富汗、俄罗斯，克什米尔地区。为青藏高原—中亚山地分布种。

99. 湿薹草

Carex humida Y. L. Chang et Y. L. Yang in Fl. Pl. Herb. Chin. Bor.-Orient. 11:204. t.34. f.1-6. 1976; Fl. Intramongol. ed. 2, 5:370. t.142. f.1-6. 1994.

多年生草本。根状茎具长的地下匍匐茎。秆密丛生，高50～70cm，钝三棱形，下部平滑，上部稍粗糙。基部具红褐色无叶片的鞘，老叶鞘常细裂成网状；叶短于秆，宽4～6mm，平张，边缘稍外卷，具小横隔脉，无毛或疏被柔毛，具较长叶鞘，上部叶鞘有的被疏柔毛。苞片叶状，最下面苞片长于或等长于花序，上面苞片短于花序，具短苞鞘，最上面的近于无鞘。小穗 3～7，上部的间距短，下部的间距稍长；上端 2～4 小穗为雄小穗，狭披针形，长 2～3cm，近于无柄；其余为雌小穗，长圆状圆柱形或圆柱形，长 3～5cm，密生多数花，基部花较疏，下部的具短柄，上部的近无柄。雄花鳞片披针形，先端渐尖，具长芒，淡锈色，具 3 脉；雌花鳞片长圆状卵形或卵状披针形，长 6～7.5mm（包括芒长），顶端渐尖，具长芒，膜质，淡锈色，具 3 脉。果囊斜展，稍长于鳞片，卵形，平凸状，长 6～8mm，薄革质，淡绿色或黄绿色，具多条脉，无毛，基部近圆形，具短柄，顶端渐狭为中等长的喙，喙口深裂为 2 齿状。小坚果疏松包于果囊内，倒卵形，双凸状，长约 2.5mm，基部具短柄；花柱基部不增粗，柱头 2。花果期 6～7 月。

　　湿生草本。生于森林带和森林草原带的沼泽化草甸、水边湿地、沟谷草甸。产兴安北部及岭西（额尔古纳市、牙克石市、鄂温克族自治旗、新巴尔虎左旗、东乌珠穆沁旗宝格达山）、岭东（扎兰屯市）、兴安南部及科尔沁（科尔沁右翼前旗、扎赉特旗、扎鲁特旗、阿鲁科尔沁旗、巴林左旗、巴林右旗、克什克腾旗）、锡林郭勒（锡林浩特市、苏尼特左旗）。分布于我国黑龙江、吉林东部。为满洲分布种。

100. 蟋蟀薹草

Carex eleusinoides Turcz. ex Kunth in Enum. Pl. 2:407. 1837; Fl. Intramongol. ed. 2, 5:423. t.163. f.1-6. 1994.

　　多年生草本。根状茎短。秆紧密丛生，高 15～40cm，三棱形，粗糙。基部叶鞘紫红色或褐色，稍细裂成纤维状；叶片扁平，宽 2.5～4mm，边缘粗糙。苞片叶状或刚毛状，下部者通常长于花序，基部无鞘。小穗 3～5，束状集生，近圆柱形，长 1～2.5cm，宽约 5mm；顶生者为雌雄顺序，稀顶端及基部为雄花，中部为雌花；其余为雌小穗，上部 2 或 3 无柄或近无柄，最下方者具长柄，柄长达 1.5cm。雌花鳞片稍短于果囊，矩圆状椭圆形，长 2.5～3mm，宽 1.8～2mm，顶端钝，暗紫褐色，具狭的白色膜质边缘，背部具 1 条淡褐色中脉。果囊椭圆形、椭圆状卵形或倒卵状椭圆形，扁压，长约 3mm，宽约 2mm，淡褐色或淡绿色，有时上部具紫色斑点，具细脉，有时脉不明显，基部具短柄，顶端急收缩为短喙；喙短圆柱状，喙口全缘。小坚果疏松包于果囊之下部，广倒卵形，扁压，长约 1.5mm，宽约 1.2mm，基部有短柄；花柱基部不膨大，柱头 2。果期 7 月。

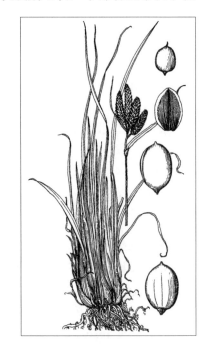

　　中生草本。生于森林带的山地林下、林缘水边。产兴安北部及岭东（鄂伦春自治旗、根河市）。分布于我国吉林，日本、朝鲜、蒙古国北部、俄罗斯（东西伯利亚地区、远东地区），北美洲。为亚洲—北美分布种。

135. 菖蒲科 Acoraceae

多年生草本。有芳香匍匐根状茎。叶 2 列互生，狭长剑形，无柄，基部互抱，具叶鞘。花序生于当年生叶腋，花序柄与佛焰苞部分合生，佛焰苞叶状，肉穗花序圆柱形；花小，密生，花被片 6，2 轮排列；雄蕊 6；子房 2～3 室，每室具 2 至多数胚珠。果为浆果，种子具肉质胚乳。

内蒙古有 1 属、1 种。

1. 菖蒲属 Acorus L.

属的特征同科。

内蒙古有 1 种。

1. 菖蒲（石菖蒲、白菖蒲、水菖蒲）

Acorus calamus L., Sp. Pl. 1:324. 1753; Fl. Intramongol. ed. 2, 5:425. t.173. f.1-3. 1994.

多年生草本。根状茎粗壮，横走，直径 8～10mm，外皮黄褐色，芳香，其上着生多数肉质须根，土黄色。叶基生，剑形，两行排列；叶片向上直伸，长 40～70cm，宽 1～2cm，先端渐尖，基部宽而对褶，边缘膜质，具明显凸起的中脉。花序柄三棱形，长 30～50cm；佛焰苞叶状剑形，长 25～40cm，宽 5～10mm；肉穗花序斜向上，近圆柱形，长 3.5～5cm，直径 5～10mm；两性花黄绿色，花被片倒披针形，长约

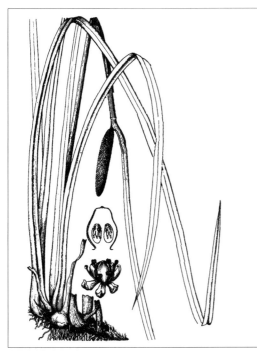

2.5mm，宽约 1mm，上部宽三角形，内弯；雄蕊 6，花丝扁平，与花被片约等长，花药淡黄色，卵形，稍伸出花被；子房长椭圆形，长约 3mm，直径约 1.5mm，具 2～3 室，每室含数个胚珠，花柱短，柱头小。浆果红色，矩圆形，紧密靠合，果序直径可达 1.6cm。花果期 6～8 月。

多年生水生草本。生于沼泽、河流边、湖泊边。产内蒙古各地。我国及世界其他地区均有分布。为世界分布种。

根状茎入药，能化痰开窍、和中利湿，主治癫痫、神志不清、惊悸健忘、湿滞痞胀、泄泻痢疾、风湿痹痛等。也入蒙药（蒙药名: 乌模黑 - 吉木苏），能温胃、消积、消炎、止痛、去腐、去黄水，主治胃寒、积食症、呃逆、化脓性扁桃腺炎、炭疽、关节痛、麻风病等。

136. 天南星科 Araceae

　　草本植物。常含具苦味的水状或乳状汁液。具块茎或根状茎。叶通常基生，若茎生则为互生，呈 2 列，或螺旋状排列；叶片戟形、箭形或掌状、羽状分裂，大都具网状脉。肉穗花序外面有佛焰苞包围；花两性或单性，花单性时，雌雄同株或异株，花被缺；雄蕊 1 至多数，分离或合生为雄蕊柱，花药 2 室，顶孔开裂或缝裂；子房上位或陷入肉穗花序轴内，1 至多室，胚珠 1 至多数。果为浆果，密集于肉穗花序轴上；含种子 1 至多数。

　　内蒙古有 3 属、3 种，另有 1 栽培属、2 栽培种。

分属检索表

1a. 花两性；叶片心形、宽卵形或近圆形，基部心形 ···**1. 水芋属 Calla**
1b. 花单性，雌雄同株或异株。
　　2a. 佛焰苞喉部闭合；雌花序与佛焰苞合生；叶片全缘，或掌状 3 ～ 7 裂。栽培 ······**2. 半夏属 Pinellia**
　　2b. 佛焰苞喉部张开。
　　　　3a. 花雌雄同株，叶全缘或 3 ～ 5 裂 ···**3. 犁头尖属 Typhonium**
　　　　3b. 花雌雄异株，叶掌状 3 ～ 5 全裂或多裂 ···**4. 天南星属 Arisaema**

1. 水芋属 Calla L.

　　属的特征同种。
　　单种属。

1. 水芋（水葫芦、水浮莲）

Calla palustris L., Sp. Pl. 2:968. 1753; Fl. Intramongol. ed. 2, 5:427. t.174. f.1-6. 1994.

　　多年生草本。根状茎粗壮，横走，圆柱形，长可达 50cm，直径 1 ～ 2cm，节上具多数细长纤维状的根，白色或锈黄色。叶片心形、宽卵形或近圆形，长与宽均为 6 ～ 12cm，先端锐尖或骤尖，基部心形；叶柄圆柱形，长 10 ～ 35cm，下部具鞘，鞘长 5 ～ 8cm，其上部与叶柄离生而成鳞叶状。花序具长柄，柄长 15 ～ 20cm；佛焰苞外面绿色，里面白色，宽卵形或椭圆形，长 5 ～ 6cm，宽 3.5 ～ 5cm，先端凸尖成短尾；肉穗花序短圆柱形，长 1.5 ～ 2.5cm，直径约 8mm，具长约 1cm 的梗，顶端有不育雄花；花两性，无花被；雄蕊 6，花丝扁，先端变狭为药隔，花药椭圆形，侧向纵裂；子房卵圆形。果序圆柱形，上部稍狭，长 4 ～ 5cm，直径 2 ～ 3cm；浆果橙红色，近球形，直径约 1cm。种子矩圆状卵形，长约 3.5mm，直径约 1.5mm，灰棕色，表面具黑色梯状网孔。花期 6 ～ 7 月，果期 8 月。

　　水生草本。生于森林带的沼泽、浅水。产兴安北部及岭西（额尔古纳市、牙克石市乌尔其汉镇）、辽河平原（大青沟、科尔沁左翼后旗伊和塔嘎查）。分布于我国黑龙江、吉林、辽宁，亚洲、欧洲、北美洲。为泛北极分布种。

2. 半夏属 Pinellia Tenore

多年生草本。具块茎。叶片全缘，或掌状3～7裂，具柄。佛焰苞宿存，管部席卷，喉部几乎闭合。肉穗花序包于管内；下部雌花序与佛焰苞合生至喉部，一侧着生；雄花序位于喉部之上，圆柱形，花序延长的附属体伸出佛焰苞外。花单性，无花被；雄花有2雄蕊；雌花子房卵圆形，1室，1胚珠。浆果含1种子。

内蒙古有2栽培种。

分 种 检 索 表

1a. 叶片3全裂，裂片3···1. 半夏 P. ternata
1b. 叶片鸟足状分裂，裂片6～11···2. 虎掌 P. pedatisecta

1. 半夏（三叶半夏、野半夏）

Pinellia ternata (Thunb.) Tenore ex Breit. in Bot. Zeitung. 37:687. f.14. 1879; Fl. Intramongol. ed. 2, 5:429. t.173. f.4-5. 1994.——*Arum ternatum* Thunb. in Syst. Veg. ed.14, 827. 1784.

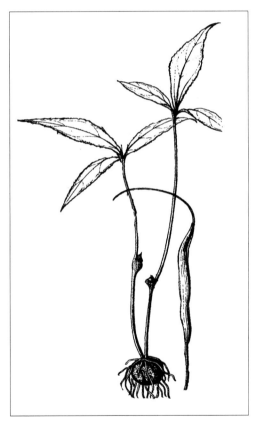

多年生草本。块茎球形，直径1～1.5cm，具须根。当年生幼苗为全缘单叶，叶片心状卵形或椭圆形，先端急尖，基部心形。两年以上老株叶片3全裂；裂片长椭圆形或卵状长披针形，长3～10cm，宽1～3cm；侧裂片稍短，先端渐尖，基部狭楔形，全缘或有不明显浅波状圆齿；具长叶柄，柄长8～15cm；下部具鞘，在鞘的顶端内侧有1小珠芽。花序长于叶，花序柄长25～30cm，从块茎上抽出。佛焰苞绿色或带紫色，长6～7cm；下部内卷成管状，长1.5～2cm；上部矩圆状披针形，长4～5cm，宽约1.5cm。肉穗花序长约3cm，先端延伸附属体长6～10cm，鞭状。雌花卵形，多数，贴生于佛焰苞上；上部为雄花，中间相隔约3mm，雄花无梗，花药淡黄白色。浆果卵圆形，先端尖，黄绿色，长约9mm，直径约2.5mm。花果期5～8月。

中生草本。内蒙古及我国其他地区，欧洲、北美洲有栽培。野生种除内蒙古、新疆、青海、西藏外，我国各地均有分布，日本、朝鲜也有分布。为东亚分布种。欧洲、北美洲有栽培。

块茎入药（药材名：半夏），能燥湿化痰、降逆
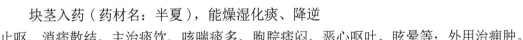
止呕、消痞散结，主治痰饮、咳喘痰多、胸脘痞闷、恶心呕吐、眩晕等；外用治痈肿。

2. 虎掌（掌叶半夏、半夏）

Pinellia pedatisecta Schott in Oesterr. Bot. Wochenbl. 7:341. 1857; Fl. Intramongol. ed. 2, 5:429.
t.175. f.1-2. 1994.

多年生草本。块茎近圆球形，稍扁，直径 2～4cm，密生肉质须根。叶 1～3，叶片鸟足状分裂；裂片 6～11，椭圆形、卵形或披针形，长 6～18cm，宽 1～3cm，中裂片最大，两侧裂片依次渐短小；先端渐尖，基部楔形，无柄或缩为短柄，侧脉在距边缘 2～3mm 处作弧形内曲，连结为集合脉；叶柄淡绿色，长 20～70cm，下部具鞘。花序直立，花序柄长 20～50cm，从块茎顶端抽出。佛焰苞绿色；管部长圆形，长 2～4cm，向下渐收缩；檐部长披针形，长 8～15cm，基部宽约 1.5cm。肉穗花序雌花部分长 1.5～2.5cm，雄花部分长 5～7mm，先端具有附属体，黄绿色，细条形，长约 10cm，直立或稍呈"S"形弯曲。浆果卵圆形，绿色或黄白色，长 4～5mm，藏于宿存佛焰苞管部内。花果期 6～8 月。

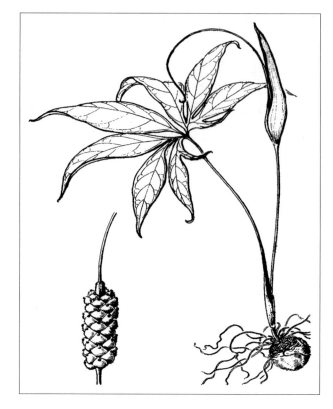

中生草本。内蒙古有栽培。分布于我国河北、河南、山东、山西南部、陕西南部、江苏、安徽、浙江西部、福建北部、湖北西部、湖南西北部、广西、贵州、四川、云南东北部。为东亚分布种。

块茎入药，功效同半夏。

3. 犁头尖属 Typhonium Schott

多年生草本。有块茎。叶全缘或 3～5 裂，与花序柄同时出现。佛焰苞下部管状，喉部收缩，上部卵状披针形或披针形，通常紫红色；肉穗花序两性，雌、雄花远离，雌花序短，与雄花序之间有一段较长的间隔，中性花位于雌花序之上，附属体伸长，呈圆锥形、棒状或纺锤形。花单性，无花被；雄花具 1～3 雄蕊，花药近无柄；雌花子房 1 室，具 1～2 胚珠，无花柱，柱头半头状；中性花同型或异型，下部与雌花相接。浆果卵圆形，含种子 1～2；种皮薄，珠孔稍凸出，胚乳丰富。

内蒙古有 1 种。

1. 三叶犁头尖（代半夏、范半夏）

Typhonium trifoliatum Wang et Lo ex H. Li, Y. Shiao et S. L. Tseng in Act. Phytotax. Sin. 15(2):105. t.7. f.2(4-5). 1977; Fl. Intramongol. ed. 2, 5:431. t.176. f.1-8. 1994.

多年生草本。块茎扁圆球形，直径 1.5～2cm。叶多数，基生；叶柄长 13～19cm，基部鞘状，稍呈膜质。叶片 3 全裂，裂片狭条形；中裂片长 10～12cm，宽 7～10mm，先端渐尖；侧裂片平展，长 4～5cm，宽 3～5mm，中脉明显。花序柄从叶丛中伸出，长 10～15cm。佛焰苞管部卵圆形，长约 2.5cm；上部收缩；檐部三角状披针形，深紫色，长约 15cm；下部宽 4～5mm，先端渐尖成尾状。肉穗花序长 13～20cm，下部雌花序长约 5mm，雄花序长 1～1.8cm，中部间隔裸露，其基部有中性花，附属体长 10～12cm，下部直径约 3mm，向上渐细，先端呈尾状；雌蕊紫色，子房卵形，含 1 胚珠，基生柱头盘状；中性花条形，长 5～6mm，密集，弯曲。浆果卵状近球形，直径约 4mm，内含 1 种子；种子灰色，近球形，直径约 3.5mm，表面呈不规则网状，网眼内具细小蜂窝。花果期 6～7 月。

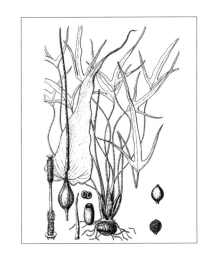

中生草本。生于荒地、田边、农田。产阴南丘陵（准格尔旗）。分布于我国河北西北部、山西中北部、陕西北部。为华北分布种。

块茎可做半夏入药。

4. 天南星属 Arisaema Mart.

多年生草本。具块茎。叶掌状 3 裂或辐射状 5 至多裂，与花序同时抽出。佛焰苞顶生，下部呈管状，上部呈片状，先端渐尖或呈细长尾状。肉穗花序包在佛焰苞内或伸出苞外，附属体有各种形状，仅达佛焰苞喉部或稍伸出喉外；肉穗花序单性或两性，雌花序花密集，雄花序通常花稀疏，在两性花序中，位于雌花序之上。花单性，雄花有 2～5 雄蕊；雌花密集，子房 1 室，胚珠 1～9，基底胎座。浆果 1 室，含种子 1 至数粒。

内蒙古有 1 种。

1. 东北南星（山苞米、天南星、天老星、虎掌）

Arisaema amurense Maxim. in Mem. Acad. Imp. Sci. St.-Petersb. Div. Sav. 9(Prim. Fl. Amur.):264. 1859; Fl. Intramongol. ed. 2, 5:431. t.177. f.1-9. 1994.

多年生草本，高 20～50cm。块茎扁圆球形，直径 2～4cm。鳞片状叶 2，膜质，下部抱茎，上部披针形；叶 1，呈鸟足状全裂，裂片 5，倒卵形、宽倒卵形或椭圆形，长 8～18cm，宽 5～11cm，

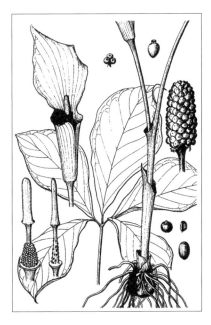

先端渐尖或锐尖，基部楔形，全缘或具不规则锯齿，中间裂片较大，侧裂片较小；叶柄长 15～40cm，下部具 3～14cm 的鞘。肉穗花序从叶鞘中抽出，花序柄长 9～24cm。佛焰苞长 8～12cm；管部漏斗状，淡绿色，长 3～5cm；喉部边缘斜截形；檐部宽卵形或卵形，长 5～7cm，宽 2～4.5cm，绿色或紫色，具白色条纹。肉穗花序单性，异株；雄花序长约 2cm，上部渐狭，花稀疏，雄花具梗，花药 2～3，圆球形，顶孔开裂；雌花序圆锥形，长 1～1.5cm，直径约 5mm，子房倒卵形，柱头大，盘状；附属体棒状，长 2.5～3.5cm，直径 4～5mm，先端圆钝，具短柄。果序圆柱形，长 4～5cm；浆果橘红色，椭圆形，长约 1cm，直径 5～8mm。种子 1～4，乳白色，卵球形，直径约 4mm，成熟种子表面具不规则皱纹。花期 6～7 月，果期 8～9 月。

　　湿中生草本。生于夏绿阔叶林林下、溪边林下。产辽河平原（大青沟、科尔沁左翼后旗伊和塔嘎查）、燕山北部（宁城县）。分布于我国黑龙江、吉林、辽宁、河北、河南、山东、山西、陕西、宁夏，朝鲜、俄罗斯（远东地区）。为满洲分布种。

　　块茎入药（药材名：天南星），能燥湿化痰、祛风止痉、消肿散结，主治中风痰壅、口眼歪斜、半身不遂、癫痫、破伤风；外用治疗疮痈肿等。也入蒙药（蒙药名：巴日森-塔布嘎），能杀虫、去腐、消肿、去黄水、止胃痛，主治秃疮、脓疮、蛲虫病、疥疮、胃寒、暖气、胃胀、骨结核等。

137. 浮萍科 Lemnaceae

一年生水生小草本。植物体常退化成叶状体，无根或具假根。叶状体圆形、矩圆形或卵形，绿色，下面有时紫色。常具芽，进行无性繁殖。花单性，雌雄同株，无花被，1至多花生于叶状体的边缘或上面，常被膜质包鞘所包裹；雄花具1～2雄蕊，花药1～2室，花丝丝状或纺锤状，或无花丝；雌花具1雌蕊，子房1室，胚珠1～7，基生，花柱短，柱头截形或杯状。胞果瓶状；种皮革质，无胚乳。

内蒙古有2属、5种。

分属检索表

1a. 每片叶状体着生1条假根···**1. 浮萍属 Lemna**
1b. 每片叶状体着生数条假根···**2. 紫萍属 Spirodela**

1. 浮萍属 Lemna L.

叶状体扁平，脉纹1～5，具无维管束的假根1，营养芽脱离或附着于母体。膜质苞鞘内有雄花2和雌花1；雄花具1雄蕊，花药2室，花丝为细丝状；雌花胚珠1～6，直立或弯曲。果实卵形。

内蒙古有4种。

分种检索表

1a. 叶状体狭卵形或椭圆状披针形，半透明，具柄；幼叶状体附着于母体两侧，呈"品"字形；植物体常聚成团状，常沉于水中···**1. 品藻 L. trisulca**
1b. 叶状体近圆形或倒卵形，不透明，无柄或幼时具短柄；幼叶状体脱离母体；植物体漂浮于水面。
  2a. 叶状体上表面中线明显具乳头状小突起·······················**2. 乳突浮萍 L. turionifera**
  2b. 叶状体顶端明显具乳头状小突起。
    3a. 叶状体下表面通常粉红色或红色，扁平或稍凸起·················**3. 日本浮萍 L. japonica**
    3b. 叶状体下面总是绿色，有时上表面粉红色，扁平·····················**4. 浮萍 L. minor**

1. 品藻

Lemna trisulca L., Sp. Pl. 2:970. 1753; Fl. Intramongol. ed. 2, 5:435. t.178. f.4-6. 1994.

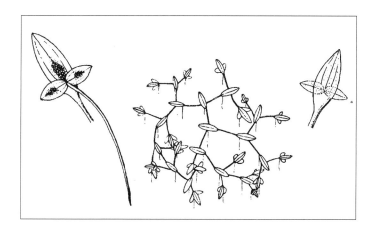

一年生草本。植物体常聚成团状，常沉于水中，在花期和果期浮于水面。叶状体狭卵形或椭圆状披针形，长 4～8mm，宽 1.5～4mm，全缘或具不整齐的细锯齿，两面均为淡绿色，半透明，主脉明显，两侧脉不明显，基部渐狭成细柄，下面具 1 细长假根，根冠尖锐。幼叶状体附着于母体两侧，不脱落，构成"品"字形。花着生于叶状体的开裂处。果实卵形，种子具凸出脉纹。花期 5～6 月。

水生草本。生于静水中、河湖、池塘边缘。产内蒙古各地。分布于我国黑龙江、河北、山东、山西、陕西、青海、四川、云南、安徽、湖北、江苏、浙江、台湾、新疆，世界其他地区均有分布。为世界分布种。

2. 乳突浮萍（鳞根萍）

Lemna turionifera Landolt in Aquatic Bot. 1:355. 1975; Fl. China 23:82. 2010.

一年生草本。植物体漂浮于水面，1～8 叶状体连接成一个群体，基部不具绿色的柄，仅由 1 小的白色梗连接着叶状体。叶状体亮绿色，有时上面具红色斑点，下面红色，且下面红色总比上面深，倒卵形，长 1.5～4mm，为宽的 1～1.5 倍，扁平，上面沿中线具明显的乳突，基部圆形；脉 3，几达叶状体顶端，侧脉弧状外凸；假根长 0.5～18cm，根鞘无翼，顶端圆钝，常具鳞根出条，橄榄褐色，长 0.5～1.5mm。子房具 1 胚珠，具胞果的佛焰苞膜质，顶端具狭的开口。果实先端无翅，种子具 30～60 不明显的肋。花期 6～9 月。

浮水草本。生于湖泊、池塘。产内蒙古各地。分布于我国黑龙江、河北、安徽，日本、朝鲜、俄罗斯，亚洲、欧洲、北美洲。为泛北极分布种。

3. 日本浮萍

Lemna japonica Landolt in Veroff. Geobot. Inst. E.T.H. Stiftung Rubel Zurich. 70:23. 1980; Fl. China 23:82. 2010.

一年生草本。植物体漂浮于水面，1～8 叶状体连接成一个群体，基部不具绿色的柄，仅由 1 小的白色梗连接着叶状体。叶状体亮绿色，通常背面粉红色或红色，倒卵形至椭圆形，全缘，长 2～7mm，宽 2～3mm，背面扁平或略鼓起，上面先端具明显的乳突，节上以及沿中线具不明显的乳突，基部圆形；脉 3，稀具 5，几达叶状体顶端，侧脉弧状外凸；假根长 0.5～18cm，根鞘无翼，顶端圆钝，无鳞根出条。子房具 1 胚珠，具胞果的佛焰苞膜质，顶端具狭的开口。花期 7～10 月。

浮水草本。生于湖泊、池塘。产内蒙古各地。分布于我国黑龙江、河北、河南、山东、山西、陕西、湖北、江苏、浙江、四川、云南，日本、朝鲜。为东亚分布种。

4. 浮萍

Lemna minor L., Sp. Pl. 2:970. 1753; Fl. Intramongol. ed. 2, 5:435. t.178. f.1-3. 1994.

一年生草本。植物体漂浮于水面。叶状体近圆形或倒卵形，长 3～6mm，宽 2～3mm，全缘，两面绿色，不透明，光滑，具不明显的 3 条脉纹；假根纤细，根鞘无附属物，根冠钝圆或截形。花着生于叶状体边缘开裂处，膜质苞鞘囊状，内有

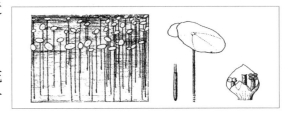

雌花 1 和雄花 2，雌花具 1 胚珠，弯生。果实圆形，近陀螺状，具深纵脉纹，无翅或具狭翅；种子 1，具不规则的凸出脉。花期 6～7 月。

浮水草本。生于静水中、小水池、河湖边缘，常遮盖水面。产内蒙古各地。分布于我国各地，世界各大洲均有分布。为世界分布种。

全草入药，能发汗祛风、利水消肿，主治风热感冒、麻疹不透、荨麻疹、水肿、小便不利等。

2. 紫萍属 Spirodela Schleid.

叶状体盘状，脉纹 3～12；假根数条簇生，具薄的根冠和单一维管束。膜质苞鞘包裹 1 雌花和 2～3 雄花；雄花具 1 雄蕊，花药 2 室；雌花子房 1 室，胚珠 1～2，直立。果实圆形，边缘具翅。

内蒙古有 1 种。

1. 紫萍

Spirodela polyrhiza (L.) Schleid. in Linn. 13:392. 1839; Fl. Intramongol. ed. 2, 5:435. t.178. f.7-11. 1994.——*Lemna polyrhiza* L., Sp. Pl. 2:970. 1753.

一年生草本。植物体浮于水面，常几个簇生。叶状体卵圆形，长 5～8mm，宽 4～7mm，全缘，上面绿色，下面紫色，两面光滑，具不明显 7～11 条脉纹，下面具 1 束细假根，根冠尖锐；假根着生处一侧产生新芽，成熟后脱离母体。花着生于叶状体边缘的缺刻内，膜质苞鞘袋状，内有 1 雌花和 2 雄花，雌花具 2 胚珠。果实圆形，具翅。花期 6～7 月。

浮水草本。生于静水中、水池、河湖边缘。产岭西、辽河平原。分布于我国黑龙江、吉林、辽宁、河北、河南、山东、山西、陕西、青海、四川、安徽、江苏、浙江、福建、台湾、江西、湖北、湖南、广东、广西、贵州、云南、新疆，南北半球热带和温带地区均有分布。为世界分布种。

全草入药（药名：浮萍），能发汗解表、透疹解毒、利水消肿，主治风热感冒、斑疹不透、荨麻疹、皮肤瘙痒、水肿、小便不利。

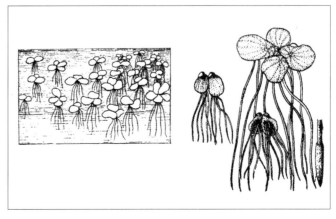

138. 谷精草科 Eriocaulaceae

水生或沼泽生草本，常多年生。茎缩短，很少延长。叶条形，常有横脉而成小方格。花单性，聚成头状花序；萼片2或3，离生或在下部结合成一佛焰苞状的鳞片；花瓣2或3，离生或各种形式地结合，稀无花瓣；雄蕊6或更少，花丝贴生于花冠筒上，花药小，内向；子房上位，由2或3心皮结合，中轴胎座，2～3室，常具子房柄，花柱顶生，柱头与心皮数相等，每室有1悬垂的直生胚珠。蒴果，室背开裂；种子小，表面常有横格与毛状的凸起，胚乳粉状，胚小，凸透镜状。

内蒙古有1属、1种。

1. 谷精草属 Eriocaulon L.

花葶长过叶片；雌雄花混生，聚成头状花序；花被2轮，内轮的顶端常有黑色腺体；雄蕊4～6，常黑色；子房2～3室。蒴果，种子表面有凸起物。

内蒙古有1种。

1. 宽叶谷精草

Eriocaulon robustius (Maxim.) Makino in J. Jap. Bot. 3(7):27. 1926; Fl. Intramongol. ed. 2, 5:437. t.179. f.1-3. 1994.——*E. alpestre* J. D. Hook. et Thoms. ex Korn. var. *robustius* Maxim. in Diagn. Pl. Nov. Asiat. 8:25. 1892.

湿生草本。根纤维状，淡黄白色，海绵质，具横格。叶条形，丛生，长6～13cm，中部宽1.5～3.5mm，先端钝而增厚，具5～12脉，并具横向的脉，半透明。花葶7～20，长10～20cm，具4棱，扭转；鞘疏松膜质，长4～6cm，顶端斜裂；头状花序熟时半球形，褐黑色至黄绿色，长2.5～5mm；总苞片宽卵形至倒卵形，硬膜质，苞片倒卵形至倒披针状匙形，端部有短睫毛；总花托无毛或偶有短柔毛。雄花倒圆锥形，具极短的花柄。外轮花被片3，合生，离轴面深裂成佛焰苞状，顶部3浅裂，无毛或仅边缘有少数睫毛；内轮花被肉质，合生成一柱状体，顶端具3裂片，裂片顶端各有一黑色腺体。雄蕊6，花药黑色；退化子房小，黑色，位于花的中央。雌花椭圆形，无柄。外轮花被佛焰苞状，顶端具钝3裂，边缘有极小的疏柔毛；内轮花被倒披针状匙形，有爪，海绵质，钝头，端部有黑色腺体，内面有长柔毛。子房3室，花柱1，柱头3。蒴果；种子椭圆形至长倒卵形，长0.6～0.7mm，表面具六边形横格，每格边缘生3～4刺状或"丁"字形毛。花期6～7月，果期8～9月。

湿生草本。生于沼泽、湿地。产岭东（扎兰屯市成吉思汗镇）、嫩江西部平原（扎赉特旗保安沼农场）。分布于我国黑龙江、辽宁（丹东市）、河北、日本、朝鲜、俄罗斯（远东地区）。为东亚北部（满洲—日本）分布种。

139. 鸭跖草科 Commelinaceae

多年生或一年生草本。茎有节，通常肉质，直立或攀缘。单叶互生，具闭合叶鞘。花序腋生或顶生，呈聚伞或圆锥花序；花两性，辐射对称，稀两侧对称；萼片3，宿存；花瓣3，分离或在基部合生成管形；雄蕊6，全部发育，或其中2～4退化成不育雄蕊；子房上位，2～3室，每室有1至数胚珠，花柱1，柱头头状或3裂。蒴果胞背开裂；种子具棱角，种皮通常具网纹或小刺，胚乳丰富，粉质，胚小。

内蒙古有3属、3种。

分属检索表

1a. 发育雄蕊6，叶卵状心形 ······································**1. 竹叶子属 Streptolirion**

1b. 发育雄蕊3，其余1～3退化或不完全；叶卵状披针形或条状披针形。

  2a. 花蓝色，包于佛焰苞状的苞片内 ·························**2. 鸭跖草属 Commelina**

  2b. 花黄色或紫色，无佛焰苞 ·····························**3. 水竹叶属 Murdannia**

1. 竹叶子属 Streptolirion Edgew.

属的特征同种。

单种属。

1. 竹叶子（猪耳草）

Streptolirion volubile Edgew. in Proc. Linn. Soc. London 1:254. 1845; Fl. Intramongol. ed. 2, 5:439. t.180. f.1-5. 1994.

多年生缠绕草本。茎长15～70(～200)cm，被稀疏短硬毛，常于节部生根。叶心形或卵状心形，长5～8(～10.5)cm，宽3～5.5(～9)cm，先端渐尖成尾状，基部心形，边缘密被短毛，两面有时被稀疏短柔毛；叶柄细长，长3～11cm，密被短柔毛；叶鞘圆筒形，膜质，长5～10(～15)mm，先端截形，边缘有长柔毛；叶脉弧形，具9～15。蝎尾状聚伞花序，有花2～5，具叶状苞片；花梗长1～4mm，密被短柔毛；花直径3～5mm；萼片椭圆形或倒卵形，长2～4mm，宽1～1.5mm；花瓣白色，条形，约与萼片等长，宽约0.2mm；花丝被绵毛，长1～2mm；子房三棱状卵形，长约8mm，花柱条形，长约0.3mm。蒴果卵状三棱形，长约9mm，花柱宿存；种子椭圆形，具3棱，表面具不规则疣状凸起，长约4mm，宽约3mm。花果期7～9月。

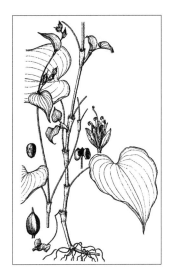

湿生草本。生于溪边阔叶林下。产兴安南部（科尔沁右翼中旗）、辽河平原（大青沟）。分布于我国辽宁、河北、河南西部、山东、山西东部和南部、陕西南部、甘肃东南部、浙江西北部、湖北西部、湖南西北部、广西西北部、贵州、四川西部、西藏东南部、云南，日本、朝鲜、不丹、印度（东北部、锡金）、老挝、柬埔寨、缅甸、泰国、越南。为东亚分布种。

2. 鸭跖草属 Commelina L.

草本植物。茎多分枝，稍肉质，下部匍匐地面。花少数，组成聚伞花序，生于折叠状或漏斗状的苞片内；萼片3，膜质，内面2枚分离或合生；花瓣3，分离，蓝色；发育雄蕊3，其他2～3发育不完全；子房通常3室，每室常有胚珠1～2。

内蒙古有1种。

1. 鸭跖草

Commelina communis L., Sp. Pl. 1:40. 1753; Fl. Intramongol. ed. 2, 5:441. t.180. f.6-11. 1994.

一年生草本。茎基部匍匐，上部斜升，高25～40cm，多分枝，近基部节部生根，上部被短柔毛。叶卵状披针形或披针形，长4～8cm，宽1～2cm，先端渐尖，基部圆形或宽楔形，两面疏被短柔毛或近无毛；叶近无柄，基部具膜质叶鞘；叶鞘长8～12mm，有时具紫纹，下部合生成筒状，被短柔毛，鞘口部边缘被长柔毛。聚伞花序，生于枝上部者有花3～4，生于枝下部者具花1～2；总苞片佛焰苞状，心形，长1～2cm，宽1.4～2.2cm，先端锐尖，基部心形，背面密被短柔毛；萼片3，膜质，卵形，长约4mm，宽2～3mm。花瓣深蓝色，3片，不等形；1片位

于发育雄蕊的一边，较小，倒披针形，长5～8mm，宽1.5～2mm；其他2片较大，位于不育雄蕊的一边，近圆形，长约9mm，基部具短爪。发育雄蕊3；其中1枚的花丝长约5mm，花药箭形，长约2.5mm；其他2枚的花丝长7mm，花药椭圆形，长约2mm。不育雄蕊3，花丝长约3mm，花药呈蝴蝶状。子房椭圆形，长约3mm，花柱条形，细长，长约8mm。蒴果椭圆形，长6～7mm，2室，每室有2粒种子；种子扁圆形，直径2～3mm，深褐色，表面具网孔。花果期7～9月。

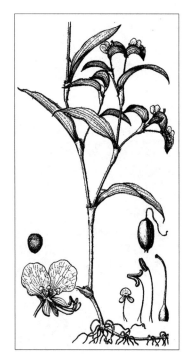

湿中生草本。生于夏绿阔叶林带的山谷溪边林下、山坡阴湿处、田边。产岭东（鄂伦春自治旗、莫力达瓦达斡尔族自治旗、扎兰屯市）、兴安南部（阿尔山市明水河镇、巴林右旗）、辽河平原（大青沟）、燕山北部（喀喇沁旗、宁城县）。分布于除青海、西藏、新疆以外的我国各省区，日本、朝鲜、俄罗斯（远东地区）、

泰国、越南、柬埔寨。为东亚分布种。

全草入药，能清热解毒、利水消炎，主治水肿、小便不利、感冒、咽喉肿痛、黄疸肝炎、热利、丹毒等。

3. 水竹叶属 Murdannia Royle

多年生或一年生直立或匍匐状草本。茎通常分枝。花小，单生或数朵排成顶生或腋生圆锥花序；具苞片；萼片 3，膜质，分离；花瓣 3，大小近相等；能育雄蕊 3，有时其中 1 枚不育，退化雄蕊通常 3；子房无柄，3 室。蒴果 3 瓣裂，每室有种子 2 至数粒。

内蒙古有 1 种。

1. 疣草（水竹叶）

Murdannia keisak (Hassk.) Hand.-Mazz. in Symb. Sin. 7:1243. 1936; Fl. Intramongol. ed. 2, 5:442. t.181. f.1-6. 1994.——*Aneilema keisak* Hassk. in Commel. Ind. 32. 1870.

一年生草本。茎基部匍匐，长 30～60(～80)cm，从节处生出多数须状不定根，具纵条纹，纹内具柔毛。叶长披针形，长 4～7cm，宽 4～8mm，扁平，先端渐尖，基部呈鞘状抱茎，上面被极小糙毛及小白点，下面无毛，边缘具极短硬毛；鞘长 5～14mm，鞘边缘具白色纤毛。花单生于分枝先端的叶腋，或 2～3 朵集成聚伞花序；花梗长 0.5～2.5cm；苞片 1，条状披针形，长约 5mm；萼片绿色，卵状矩圆形或长椭圆形，长 5～6mm，宽约 2mm，顶部呈盔状，外面具一簇刚毛，沿中脉稍下延；花瓣蓝紫色，长椭圆形，长约 6.5mm，宽约 2mm；雄蕊 3，花丝长 2～3mm，花药矩圆形，长 1.5～2mm，花丝下部被毛，退化雄蕊 3，很小；子房卵状圆锥形，长 2～3mm，花柱短，长约 1mm，柱头小片状，不裂。

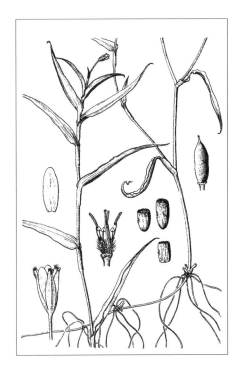

蒴果卵状椭圆形，长 7～9mm，每室具 2～3 粒种子；种子灰色，略扁平，矩圆形或近方形，长 1～3mm，宽约 1.5mm，表面有褐色或黄褐色腺点，具窝孔。花果期 7～9 月。

湿生草本。生于沟渠、池沼浅水中，或为稻田中的杂草。产嫩江西部平原（扎赉特旗保安沼农场）。分布于我国吉林东部、辽宁、浙江东北部、福建南部、江西北部，日本、朝鲜、俄罗斯（远东地区）。为东亚分布种。

140. 雨久花科 Pontederiaceae

水生或沼泽生草本植物，直立或漂浮于水面。单叶互生。花序穗状、总状或圆锥状，从佛焰苞状之叶鞘内抽出；花两性，大部为辐射对称，少两侧对称；花被片 6，花瓣状，分离或基部连合成管状；雄蕊 6 或 3；子房上位，3 室，中轴胎座或 1 室具 3 个侧膜胎座，胚珠多数至 1，花柱 1，柱头 1～6 裂或为头状。蒴果室背开裂为 3 瓣，或为不开裂的瘦果；种子具纵条纹，胚乳粉质，胚劲直，细小。

内蒙古有 1 属、2 种。

1. 雨久花属 Monochoria C. Presl

水生草本。根状茎短。叶基生或单生于茎枝顶端，有长柄。总状或圆锥花序，从最上部的叶鞘内抽出；花被 6 裂，深裂几至基部，白色或蓝色；雄蕊 6，同形或其中一个较大且异色，其花丝基部一侧具小齿，花药基部着生，纵直开裂；子房 3 室，每室有多数胚珠。蒴果室背开裂。

内蒙古有 2 种。

分种检索表

1a. 叶宽卵状心形或心形，长 5～8cm，宽 3.5～5cm；花序超过叶的长度，具花 10～20 或更多；花较大，直径约 2cm ·······················**1. 雨久花 M. korsakowii**

1b. 叶卵状披针形，长 5～12cm，宽 1.5～3cm；花序不超过叶的长度，具花 3～6；花较小，直径约 1.5cm ·······················**2. 鸭舌草 M. vaginalis**

1. 雨久花

Monochoria korsakowii Regel et Maack in Mem. Acad. Imp. Sci. St.-Petersb. Ser. 7, 4(4):155. 1861; Fl. Intramongol. ed. 2, 5:444. t.182. f.1-6. 1994.

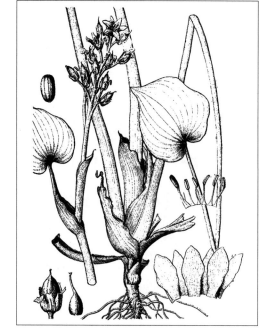

一年生草本，高 25～45cm。主茎短，须根柔软。叶宽卵状心形或心形，长 5～8cm，宽 3.5～5cm，先端锐尖或渐尖，基部心形；基生叶具长柄，茎生叶柄短，长 5～25cm，下部具宽鞘，抱茎，常呈紫色。圆锥花序顶生，长 6～10cm，长出于叶，具花 10～20 或更多；花梗长 4～10mm；花蓝紫色，直径约 2cm；花被裂片椭圆形，长约 1.5cm，宽约 8mm，先端圆钝。花药矩圆形，其中一枚较大，浅蓝色，长约 4mm；其他 5 枚较小，黄色，长约 3mm。花丝丝状，长 3～4mm。子房卵形，长约 5mm；花柱向一侧弯曲，与子房约等长；柱头 3～6 裂，被腺毛。蒴果卵状椭圆形，长 8～12mm，直径 6～8mm，下部包被在宿存花被内；种子白色，矩圆形，长约 1mm，具纵条棱。花果期 8～9 月。

水生草本。生于池塘浅水、湖边、水田。产岭东（莫力达瓦达斡尔族自治旗）、嫩江西部平原（扎赉特旗）、兴安南部及科尔沁（科尔沁右翼前旗、敖汉旗）、辽河平原（大青沟）。分布于我国黑龙江、吉林中部和东部、辽宁、河北、河南、山东东南部、山西中部和东北部、陕西北部和南部、甘肃、安徽南部、江苏、湖北西北部，日本、朝鲜、俄罗斯（远东地区）、巴基斯坦、印度尼西亚、越南。为东亚分布种。

全草入药，能清热解毒、止咳平喘，主治高热咳喘、小儿丹毒、痈肿疔毒等。又可做家畜及家禽的饲料。

2. 鸭舌草（猪耳草、水锦葵）

Monochoria vaginalis (Burm. f.) C. Presl ex Kunth in Enum. Pl. 4:134. 1843; Fl. Intramongol. ed. 2, 5:444. t.182. f.7. 1994.——*Pontederia vaginalis* Burm. f. in Fl. Indica 80. 1768.

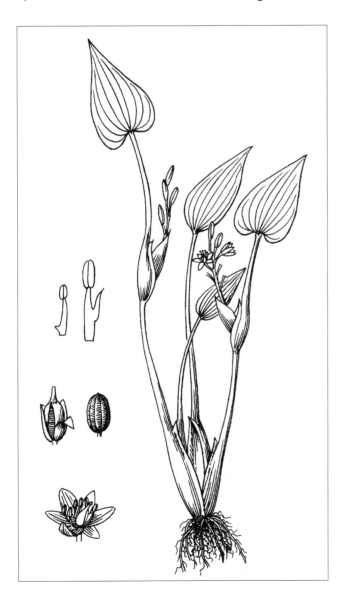

一年生水生草本，高 20～30cm。植株光滑无毛。具短根状茎，须根细条形，浅土黄色。叶卵状披针形，长 5～12cm，宽 1.5～3cm，先端渐尖，基部圆形或略呈浅心形；基生叶具长柄，长达 35cm，茎生叶柄较短，下部具较膨大叶鞘。圆锥花序从叶鞘中抽出，花序梗不超过叶的长度；花序长 3～4cm，具花 3～6；花梗长短不等，长 3～10mm；花蓝紫色，略带红色，直径约 1.5mm；花被裂片椭圆形，长约 1cm，宽约 5mm，先端钝圆。花药矩圆形；其中 1 枚较大，浅蓝色，长约 4mm；其他 5 枚较小，黄色，长约 3mm。花丝丝状，长 3～4mm。子房卵形，长约 3mm；花柱条形，基部膨大，长约与子房相等；柱头头状，被腺毛，6 裂。蒴果卵形，长约 1cm；种子椭圆形，灰褐色，长约 1mm，具细纵条纹。花果期 8～10 月。

水生草本。生于池塘浅水、水田。产嫩江西部平原（扎赉特旗东部）。分布于我国各地，日本、朝鲜、不丹、尼泊尔、柬埔寨、越南、印度、巴基斯坦、印度尼西亚、马来西亚、缅甸、老挝、泰国、菲律宾、斯里兰卡，非洲、大洋洲。为东亚—非洲—大洋洲分布种。

141. 灯心草科 Juncaceae

多年生或一年生草本。根状茎直伸或横走，着生多数须根。茎直立，不分枝。叶多基生，常狭条形或毛发状，扁平或圆柱状，呈禾草状；具开裂或闭合的叶鞘，有时叶片退化仅存叶鞘。花序圆锥状、聚伞状或头状，稀单生；花两性，小型，辐射对称；花被片6，2轮排列，颖状；雄蕊6，稀3，与花被片对生，花药2室，基着，内向纵裂；雌蕊1，子房上位，1～3室，含3至多数胚珠，花柱1～3，短或长，柱头3。蒴果1～3室，室背开裂；种子细小，有时具尾状附属物。

内蒙古有2属、13种。

分属检索表

1a. 叶鞘闭合，叶缘常具长柔毛；蒴果1室，含种子3 ··**1. 地杨梅属 Luzula**

1b. 叶鞘开裂，叶缘无毛；蒴果1或3室，含种子多数 ··**2. 灯心草属 Juncus**

1. 地杨梅属 Luzula DC.

多年生簇生草本。叶禾草状，大部基生，叶片边缘常具长柔毛，叶鞘闭合，无叶耳。复聚伞状或伞状花序，其分枝顶端有单花或有小头状花序；花被片6，颖状，相等；雄蕊6，短于花被片，子房1室，含3胚珠。蒴果1室，含3粒种子。

内蒙古有3种。

分种检索表

1a. 花单生，花序伞状 ··**1. 火红地杨梅 L. rufescens**

1b. 花2至数朵聚生为小头状花序，若干小头状花序排列成复聚伞花序。

  2a. 花被片近等长，紫褐色 ··**2. 多花地杨梅 L. multiflora**

  2b. 外花被片长于内花被片或稀为近等长，淡黄褐色或栗褐色 ··········**3. 淡花地杨梅 L. pallescens**

1. 火红地杨梅

Luzula rufescens Fisch. ex E. Meyer in Linn. 22:385. 1849; Fl. Intramongol. ed. 2, 5:446. t.183. f.1-6. 1994.

多年生草本，高20～30cm。茎单一，纤细，直径约0.5mm。基生叶多数，条状披针形或条形，长6～10cm，宽2～4mm，先端钝尖而加厚，边缘具丝状长柔毛；叶鞘筒状抱茎，鞘口部密生丝状长柔毛。茎生叶2～3。花序伞状，花单生；花梗纤细，长1～3cm，有时花序中央花的花梗极短，有时呈复伞状；总苞片卵形或披针形，边缘具丝状长柔毛；花下具膜质小苞片3，卵形，边缘具丝状长柔毛，有时不规则撕裂；花被片近等长，披针形或卵状披针形，长2～2.5mm，先端渐尖、长渐尖或具小尖头，棕色，边缘白色膜质；雄蕊长约为花被片的2/3，花药狭矩圆形，与花丝近等长；柱头3，旋转，伸出花被外。蒴果三棱状卵球形，先端具短尖头，与花被片近等长，麦秆黄色；种子卵形，长约1mm，具淡黄色的种阜。花果期6～8月。

湿生草本。生于森林带的林缘湿草甸。产兴安北部（额尔古纳市、牙克石市、阿尔山市）。分布于我国黑龙江、吉林东部、辽宁东部，日本、朝鲜、俄罗斯（西伯利亚地区、远东地区），北美洲。为亚洲—北美分布种。

2. 多花地杨梅

Luzula multiflora (Ehrh.) Lej. in Fl. Spa. 1:169. 1811; Fl. Intramongol. ed. 2, 5:447. t.183. f.7-11. 1994.——*Juncus campestris* L. var. *multiflorus* Ehrh. in Beitr. Naturk. 5:14. 1790.

多年生草本，高 20～40cm。茎密丛生，绿色，劲直，直径 0.6～1mm，具纵条棱。叶基生或茎生，基生叶花期常干枯而宿存，茎生叶 2～3；叶片条状披针形或条形，长 3～8cm，宽 1～3mm，先端钝尖而加厚，边缘具丝状长柔毛；叶鞘闭合筒状抱茎，鞘口部密生丝状长柔毛。叶状总苞通常 1，条状披针形；花序由 4～8 头状花序排列成聚伞状，头状花序近半球形，含花 2～7，直径 4～6mm；花序梗长短不一，劲直；花下具膜质小苞片 3，卵状披针形，先端芒尖，边缘具丝状长柔毛，有时撕裂；花被片披针形，长约 2mm，紫褐色，先端长渐尖或具芒尖，边缘膜质；雄蕊长为花被片的  2/3，花药狭矩圆形，黄色，与花丝近等长；柱头 3，细长，螺旋状扭转，伸出花被外。蒴果三棱状倒卵形，先端具短尖头，与花被片近等长，紫褐色；种子卵状椭圆形，棕褐色，长 0.6～0.7mm，基部具淡黄色长约 0.3mm 的种阜。花果期 6～8 月。

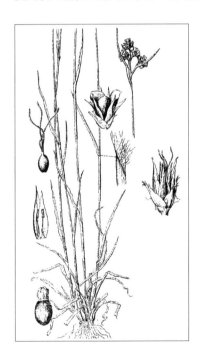

湿生草本。生于森林带和草原带的山地林缘水沟边。产兴安北部（额尔古纳市、牙克石市、东乌珠穆沁旗宝格达山）、阴山（大青山）。分布于我国黑龙江东南部、吉林东部、辽宁西部、河北北部、河南西部、陕西南部、甘肃东南部、青海东部、四川西部、安徽南部、江苏南部、浙江北部、福建、江西北部、湖北、湖南西部、贵州东部、云南北部、西藏南部、新疆北部、台湾北部，日本、俄罗斯（西伯利亚地区、远东地区）、不丹、印度（锡金）、尼泊尔，欧洲、北美洲。为泛北极分布种。

3. 淡花地杨梅

Luzula pallescens Sw. in Summa Veg. Scand. 13. 1814; Fl. Pl. Herb. Chin. Bor.-Orient. 12:53. t.19. f.6-8. 1998.

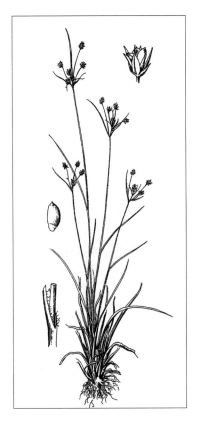

多年生丛生草本。茎直立，高20～30(～35)cm。基生叶较多数，茎生叶1～2，皆为条形，长5～15cm，宽1～3mm；叶鞘口及叶片边缘具白色长毛，叶片先端钝且为硬质，呈胼胝体状。花序为4～10(～16)头状花序所组成的伞形聚伞花序，花序枝直立或近直立，不等长，有时在花序枝的末端再次分枝成二回伞形聚伞花序，头状花序由5～13朵花集生而成；花序最下方的总苞叶与全花序等长或较之稍长或稍短，花下方有近白色膜质的小苞片，呈卵形，渐尖；花被片6，2轮，淡黄褐色或栗褐色，宽披针形或卵状披针形，先端细尖，长(1.8～)2～2.5mm，外花被片长于内花被片或稀为近等长；雄蕊6，长约为花被片的1/2～2/3，花药短于、等于或稍长于花丝。蒴果三棱状卵形，先端圆钝，具短尖，比花被片稍短或与之等长，熟时3瓣裂；种子椭圆形，赤褐色至黑赤褐色，长0.6～0.9(～1)mm，基部的种阜长约为种子的(1/4)1/3至近1/2。花果期5～7月。

湿生草本。生于森林带的湿草甸、疏林下。产兴安北部（额尔古纳市、根河市、牙克石市、阿尔山市）、兴安南部（科尔沁右翼前旗、克什克腾旗）。分布于我国黑龙江、吉林、辽宁、河北、山西、四川、新疆、台湾，日本、朝鲜、蒙古国北部、俄罗斯，欧洲、北美洲。为泛北极分布种。

2. 灯心草属 Juncus L.

多年生或稀一年生草本。植株光滑无毛。叶片禾草状平扁或管状而具横隔，叶鞘开口，常具叶耳，稀叶片退化。花被片颖状，边缘常膜质，内轮与外轮等长，或内轮较短，稀较长；雄蕊6，稀3，常短于花被；雌蕊先成熟，子房3或1室，含多数胚珠。蒴果1或3室，含种子多数。

内蒙古有10种。

分种检索表

1a. 花单生，不呈小头状，有多花排列成聚伞或圆锥状花序。

  2a. 一年生草本；花被片披针形，雄蕊6。

    3a. 花序稀疏，内轮花被片先端急尖；蒴果常短于或等长于内轮花被片……**1. 小灯心草 J. bufonius**

    3b. 花序成簇或偶尔稀疏，内轮花被片先端钝，稀锐尖；蒴果长于内轮花被片………………
    …………………………………………………………………**2. 簇花灯心草 J. ranarius**

  2b. 多年生草本。

    4a. 花被片卵状披针形，长约2mm，先端钝圆；雄蕊6；蒴果明显超出花被片…………………
    ………………………………………………………………**3. 细灯心草 J. gracillimus**

    4b. 蒴果短于花被片，花被片先端稍钝、锐尖或渐尖。

      5a. 花单生；花被片披针状矩圆形，长3.5～4mm，具宽膜质边缘，先端稍钝或锐尖；雄蕊3；
      果长约3mm…………………………………………**4. 洮南灯心草 J. taonanensis**

      5b. 花通常2～3束生；花被片矩圆状披针形，长2～3.3mm，具窄膜质边缘，先端渐尖；
      雄蕊6；果长2～2.8mm…………………………**5. 玛纳斯灯心草 J. libanoticus**

1b. 花2至多数聚生成小头状，由多数小头状花序排列成聚伞或圆锥状花序。

  6a. 叶片无横隔，花被片长4～5mm，蒴果长6～8mm……………**6. 栗花灯心草 J. castaneus**

  6b. 叶片横隔明显，花被片长2.2～3mm，蒴果长3～3.5mm。

    7a. 雄蕊6。

      8a. 花药短于花丝，头状花序含花2～8。

        9a. 花被片披针形或卵状披针形，先端锐尖…………………………………………
        ………………………………**7a. 尖被灯心草 J. turczaninowii var. turczaninowii**

        9b. 花被片矩圆状披针形，先端常钝………**7b. 热河灯心草 J. turczaninowii var. jeholensis**

      8b. 花药与花丝近等长，头状花序含花5～15…………**8. 小花灯心草 J. articulatus**

    7b. 雄蕊3。

      10a. 蒴果三棱状矩圆形，先端骤尖；花序较开展，小头状花序含花（2～）4～6（～10）……
      ………………………………………………………**9. 针灯心草 J. wallichianus**

      10b. 蒴果三棱状披针形，先端长渐尖；花序较密集，小头状花序含花2～4…………………
      ……………………………………………………**10. 乳头灯心草 J. papillosus**

1. 小灯心草

Juncus bufonius L., Sp. Pl. 1:328. 1753; Fl. Intramongol. ed. 2, 5:449. t.184. f.1-5. 1994.

一年生草本，高5～25cm。茎丛生，直立或斜升，基部有时红褐色。叶基生和茎生，扁平，狭条形，长2～8cm，宽约1mm；叶鞘边缘膜质，向上渐狭，无明显叶耳。花序呈不规则二歧聚

伞状，每分枝上常顶生和侧生2～4花；总苞片叶状，较花序短；小苞片2～3，卵形，膜质。花被片绿白色，背脊部绿色，披针形；外轮明显较长，长4～5mm，先端急尖；内轮较短，长3.5～4mm，先端长渐尖。

雄蕊 6，长 1.5～2mm，花药狭矩圆形，比花丝短。蒴果三棱状矩圆形、褐色，与内轮花被片等长或较短；种子卵形，黄褐色，具纵纹，两端锐尖。花果期 6～9 月。

湿生草本。生于沼泽草甸、盐化沼泽草甸。产内蒙古各地。分布于我国黑龙江、吉林、辽宁、河北、河南、山东、山西、安徽、江苏、浙江、江西、陕西、甘肃、青海、四川、贵州、云南、西藏、新疆、台湾、日本、朝鲜、蒙古国、俄罗斯（西伯利亚地区、远东地区）、哈萨克斯坦、阿富汗、不丹、尼泊尔、印度（锡金）、巴基斯坦、斯里兰卡、菲律宾、泰国、越南，西南亚、欧洲、美洲。为泛北极分布种。

中等饲用植物。仅绵羊、山羊采食一些。

2. 簇花灯心草

Juncus ranarius Songeon et E. P. Perrier in Annot. Fl. France Allemagne 192. 1860; Fl. China 24:51. 2000.

一年生草本，高 4～12cm。茎通常多数，直立或斜升，柔弱。叶基生和茎生；叶片扁平，边缘席卷至近圆筒状，长 1.5～5cm，宽 0.5～1mm。头状花序簇生或偶尔松散，花序下具 1～4 叶状苞片；小总苞片叶状，小苞片 2，宽卵形，长 1.5～2mm，宽约 1.5mm。花被片白色，披针形；外轮长 3～5mm，宽 1～1.4mm，中部绿色且质厚，边缘膜质，顶端锐尖；内轮长 2.8～3.3mm，宽 0.3～0.7mm，大部分为干膜质，顶端钝，稀锐尖。雄蕊 6，花丝长 0.8～1.3mm，花药长 0.3～0.7mm；无花柱，柱头长约 0.5mm。蒴果三棱状椭圆形，长 2.9～4mm，稍长于内轮花被片，先端钝；种子宽椭圆形至卵球形，基部和先端钝。花期 5～6 月，果期 7～9 月。

湿生草本。生于沼泽草甸、河边。产内蒙古西部。分布于我国甘肃、青海、云南、江苏、新疆，欧洲。为古北极分布种。

3. 细灯心草

Juncus gracillimus (Buch.) V. I. Krecz. et Gontsch. in Fl. U.R.S.S. 3:627. t.28. f.2. 1935; Fl. Intramongol. ed. 2, 5:449. t.184. f.6-10. 1994.——*J. compressus* Jacq. var. *gracillimus* Buch. in Pflanzenr. 25(IV, 36):112. 1906.

多年生草本，高 30～50cm。根状茎横走，密被褐色鳞片，直径约 3mm。茎丛生，直立，绿色，直径约 1mm。基生叶 2 或 3，茎生叶 1 或 2；叶片狭条形，长 5～15cm，宽 0.5～1mm；叶鞘长 2.5～6cm，松弛抱茎，其顶部具圆形叶耳。复聚伞花序生茎顶部，具多数花；总苞片叶状，常 1，常超出花序，腋部发出多个长短不一的花序分枝，其顶部有 1 至数回的聚伞花序；花小，彼此分离；小苞片 2，三角状卵形或卵形，长约 1mm，膜质；花被片近等长，卵状披针形，长约 2mm，先端钝圆，

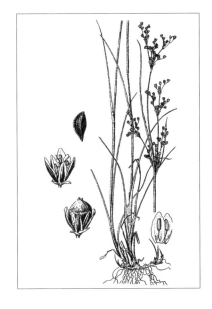  

边缘膜质，常稍向内卷成兜状；雄蕊 6，短于花被片，花药狭矩圆形，与花丝近等长；花柱短，柱头三分叉。蒴果卵形或近球形，长 2.5 ～ 3mm，超出花被片，先端具短尖，褐色，具光泽；种子褐色，斜倒卵形，长约 0.3mm，表面具纵向梯纹。花果期 6 ～ 8 月。

　　湿生草本。生于河边、湖边、沼泽化草甸、沼泽。产内蒙古各地。分布于我国黑龙江西南部、吉林西部、辽宁、河北、河南北部、山东、山西、甘肃东部、青海东部、江苏、江西，日本、朝鲜、蒙古国、俄罗斯、巴基斯坦，欧洲。为古北极分布种。

　　良等饲用植物。马、山羊、绵羊喜食。

4. 洮南灯心草

Juncus taonanensis Satake et Kitag. in Bot. Mag. Tokyo 48:610. f.17. 1934; Fl. Intramongol. ed. 2, 5:451. t.185. f.1-2. 1994.

　　多年生草本，高 15 ～ 25cm。根状茎横走。茎丛生，直立。基生叶 3 ～ 4，茎生叶 1 ～ 2；叶片扁平狭条形，长 6 ～ 16cm，宽约 1mm，先端针状；叶鞘松弛抱茎，边缘膜质，向上渐狭，无明显叶耳。聚伞花序顶生，具 6 ～ 10 花；花单生；总苞片叶状，与花序近等长，有时较长；小苞片常 2，卵形，膜质；花被片近等长，披针状矩圆形，长 3.5 ～ 4mm，宽约 1.2mm，颖状，先端稍钝或锐尖，边缘宽膜质；雄蕊 3。蒴果矩圆状卵形，长约 3mm，比花被片短，淡褐色，有光泽。花期 6 月。

　　湿生草本。生于河边沼泽化草甸。产科尔沁（突泉县）、燕山北部（喀喇沁旗）。分布于我国黑龙江、吉林（洮南市）、辽宁、河北东部、山东西部。为华北—满洲分布种。

5. 玛纳斯灯心草

Juncus libanoticus J. Thiebaut in Bull. Soc. Bot. France 95:20. 1948; Fl. China 24:49. 2000.——*J. manasiensis* K. F. Wu in Act. Phytotax. Sin. 32(5):445. 1994.

多年生丛生草本。根状茎粗壮。茎直立，圆柱形，直径 0.6～1mm，高 8～18cm。基部叶鞘高 1.3～2.5cm；茎生叶 2～4，叶片线形，长 2.5～7.5cm，扁平，稍厚，上面平滑，下面具纵条纹，先端尖；叶耳圆形。稍呈长侧枝聚伞花序，分枝 2～5，直立；总苞片缺，苞片卵状披针形；花通常 2～3 聚集在一起，花梗短于苞片；小苞片宽卵形，长约 2mm，宽约 1.1mm，顶端钝，膜质，麦秆黄色；花被片 6，矩圆状披针形，近等长，长 2～3.3mm，宽 1～1.3mm，黄褐色，先端渐尖，边缘窄膜质；雄蕊 6，花药条形，长 1.2～1.6mm，黄绿色，花丝长 0.3～0.5mm；子房矩圆形，3 室，花柱长约 1mm，柱头长约 1.2mm。蒴果三棱状椭圆形，长 2～2.8mm，具短尖头，麦秆黄色、淡黄色至褐黄色；种子倒卵形，长 0.6～0.7mm，红褐色至栗褐色，有条纹。

湿生草本。生于河滩湿地。产额济纳（额济纳旗达来呼布镇）。分布于我国新疆，蒙古国、俄罗斯南部、阿富汗，西南亚。为古地中海分布种。

6. 栗花灯心草（三头灯心草、栗色灯心草）

Juncus castaneus Smith in Fl. Brit. 1:383. 1800; Fl. Intramongol. ed. 2, 5:451. t.185. f.3-5. 1994.

多年生草本，高 20～50cm。具长的根状茎。茎直立，常单生，圆柱形，直径 1.5～2mm，绿色，具纵沟纹。基生叶 2～4，茎生叶 1～2；叶片狭条形，长 8～20cm，宽 1～3mm，先端针状，边缘常内卷成钩状至圆筒状；叶鞘长 5～10cm，松弛抱茎，无叶耳。顶生聚伞花序由 2～8 头状花序组成，头状花序含花 5～14，头状花序梗不等长，长 1～4cm，其基部有 1～2 膜质苞片；苞片条形或条状披针形，长约 1cm；叶状总苞片 1～2，常超出花序；花被片近等长，披针形，长 4～5mm，先端长渐尖，边缘膜质；雄蕊 6，短于花被片，花药黄色，长约 1mm；花柱短，长约 1mm，柱头三分叉，长 2～3mm，扭转。蒴果披针状矩圆形，长 6～8mm，栗褐色，具三棱角；种子椭圆形或矩圆形，长

0.8～1mm，黄色，两端各有长约 1mm 的白色尾状附属物。花果期 7～9 月。

湿生草本。生于森林带和草原带的山地湿草甸、山地沼泽地。产兴安北部及岭西（额尔古纳市、根河市、阿尔山市、东乌珠穆沁旗宝格达山）、兴安南部（科尔沁右翼前旗、克什克腾旗）、燕北（兴和县苏木山）、阴山（大青山）、贺兰山。分布于我国吉林、河北、陕西、宁夏、甘肃东部、青海东部、四川西部、云南西北部、新疆（天山），蒙古国北部、俄罗斯（西伯利亚地区、远东地区、北极圈部分），欧洲、北美洲。为泛北极分布种。

7. 尖被灯心草（竹节灯心草）

Juncus turczaninowii (Buch.) V. I. Krecz. in Fl. U.R.S.S. 3: 539,629. t.28. f.2. 1935; Fl. Intramongol. ed. 2, 5:453. t.186. f.1-6. 1994.——*J. lampocarpus* Ehrh. ex Hoffm. var. *turczaninowii* Buch. in Bot. Jahrb. Syst. 12:378. 1890.

7a. 尖被灯心草

Juncus turczaninowii (Buch.) V. I. Krecz. var. **turczaninowii**

多年生草本，高 20～50cm。具横走的根状茎。茎直立，密丛生，圆柱形，直径 1～1.5mm，绿色，具纵沟纹。基生叶 1～2，茎生叶通常 2；叶片扁圆筒形，长 5～15cm，宽 1～1.5mm，先端针形，横隔明显，关节状；叶鞘长 3～7cm，松弛抱茎，其顶端具狭窄的叶耳。叶状总苞片 1，常短于花序；复聚伞花序顶生，由多数头状花序组成；头状花序半球形，直径 2～5mm，含花 2～8，其基部有膜质苞片 2；苞片卵形，较花短；小苞片 1，膜质，卵形；花被片近等长，披针形或卵状披针形，长 2.2～3mm，先端锐尖，有时具短尖，边缘膜质；雄蕊 6，短于花被片，花药矩圆形，较花丝短。蒴果三棱状矩圆形或椭圆形，长 3～3.5mm，黑褐色或褐色，具光泽，先端具短尖头；种子尖椭圆形或近卵形，长约 0.5mm，棕色，表面具纵向梯状网纹。花果期 6～8 月。

湿生草本。生于森林带和草原带的湿草甸、沼泽地。产兴安北部及岭东和岭西（额尔古纳市、鄂伦春自治旗、东乌珠穆沁旗宝格达山）、兴安南部及科尔沁（科尔沁右翼前旗、科尔沁右翼中旗、扎赉特旗、扎鲁特旗、阿鲁科尔沁旗、巴林右旗、克什克腾旗）、燕山北部（喀喇沁旗）、阴南丘陵（准格尔旗）、鄂尔多斯（达拉特旗、乌审旗、鄂托克旗）。分布于我国黑龙江、吉林、辽宁北部、河北，俄罗斯（东西伯利亚地区、远东地区）。为东西伯利亚—东亚北部分布种。

7b. 热河灯心草

Juncus turczaninowii (Buch.) V. I. Krecz. var. **jeholensis** (Satake) K. F. Wu et Y. C. Ma in Act. Sci. Univ. Intramogol. 15:114. 1984; Fl. Intramongol. ed. 2, 5:453. t.186. f.7. 1994.——*J. jeholensis* Satake in Rep. Exped. Manch. Sect. 4, 4:106. 1936.

本变种与正种的区别是：花被片矩圆状披针形，先端常钝。

湿生草本。生于森林带和森林草原带的踏头沼泽。产兴安北部（额尔古纳市）、兴安南部及科尔沁（科尔沁右翼前旗、翁牛特旗、克什克腾旗巴林桥）。为兴安—科尔沁分布种。

8. 小花灯心草（棱叶灯心草）

Juncus articulatus L., Sp. Pl. 1:327. 1753; Fl. China 24:53. 2000; Fl. Helan Mount. 749. 2011.

多年生草本。植株绿色，具根状茎。茎圆柱形，具沟槽，高 20～60cm，基部被红褐色叶鞘。叶片圆筒形，具横向隆起的棱肋，短于茎；叶鞘顶部具宽而钝的叶耳。由 5～15 小花聚集成头状花序，再由头状花序组成聚伞花序；总苞片直，短于花序；小苞片膜质，卵形至披针形，短于花；花长 2.5～3mm；花被片披针形，等长，中间绿色，周围褐色，边缘白色膜质，外轮花被片尖，内轮花被片钝；雄蕊长约 1.8mm，花药与花丝近等长。蒴果三棱状长圆形，顶端具短喙，浅褐色，长 3.4～4mm，长于花被片；种子浅褐色，卵形，长约 0.5mm。花果期 5～8 月。

湿生草本。生于荒漠带的沟谷溪边、水库边。产东阿拉善（阿拉善左旗巴彦浩特镇）。分布于我国河北、河南、山西、山东、湖北、陕西、宁夏、甘肃、青海、四川、西藏、云南、新疆，蒙古国、俄罗斯（东西伯利亚地区）、越南、不丹、尼泊尔、印度、巴基斯坦，克什米尔地区，非洲、欧洲、北美洲。为泛北极分布种。

9. 针灯心草

Juncus wallichianus J. Gay ex Laharpe in Mem. Soc. Hist. Nat. Paris 3:139. 1827; Fl. Intramongol. ed. 2, 5:453. t.187. f.1-5. 1994.

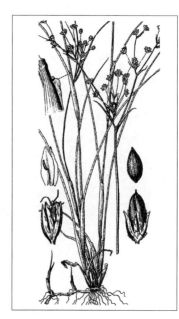

多年生草本，高 25 ～ 40cm。具横走的根状茎。茎直立，密丛生，圆柱形，直径 1 ～ 2mm，有节，绿色，具纵沟纹。基生叶 1 ～ 2，茎生叶通常 2；叶片细长圆柱形，中空，具明显横隔，长 5 ～ 20cm，宽 1 ～ 1.5mm，先端针状；叶鞘长 2 ～ 6cm，松弛抱茎，其顶端有钝圆的叶耳（宽约 1mm），下部叶鞘有时带红紫色。叶状总苞片通常 1，常短于花序；复聚伞花序顶生，由多数头状花序组成；头状花序半球形，直径 2 ～ 5mm，含花 (2 ～)4 ～ 6(～ 10)，其基部有膜质苞片 2；苞片卵形，长约 2mm；花被片近等长，通常披针形，长 2 ～ 2.5mm，先端锐尖或渐尖，边缘膜质；雄蕊 3，短于花被片，花药狭矩圆形，较花丝短。蒴果三棱状矩圆形，长 3 ～ 3.5mm，先端骤尖，棕褐色，有光泽；种子长卵形，有小尖头，棕色，长约 0.5mm，表面有纵向梯状网纹。花果期 7 ～ 9 月。

湿生草本。生于沼泽草甸、河边。产兴安北部（根河市）、兴安南部（科尔沁右翼前旗、科尔沁右翼中旗、扎赉特旗、突泉县、扎鲁特旗、巴林右旗）、辽河平原（科尔沁左翼后旗）、燕山北部（喀喇沁旗、宁城县）、锡林郭勒（锡林浩特市）、鄂尔多斯（乌审旗、伊金霍洛旗）、东阿拉善（阿拉善左旗巴彦浩特镇）。分布于我国黑龙江、吉林、辽宁、山东、福建、甘肃、广东、浙江、云南北部、海南、台湾，日本、朝鲜、俄罗斯（远东地区）、不丹、印度（锡金）、尼泊尔、斯里兰卡。为东亚分布种。

茎、叶可供造纸与编织用，嫩茎、叶可做饲料。

10. 乳头灯心草

Juncus papillosus Franch. et Sav. in Enum. Pl. Jap. 2:98. 1876; Fl. Intramongol. ed. 2, 5:455. t.187. f.6-8. 1994.

多年生草本，高 15 ～ 30cm。植株具短根状茎。茎直立，圆柱形，直径 1 ～ 2mm。基生叶 2 ～ 3，茎生叶通常 2；叶片细长圆柱形，中空，有明显的横隔，长 3 ～ 10cm，宽 1 ～ 2mm，先端近针形；叶鞘长 2 ～ 4cm，松弛抱茎，边缘膜质，其顶端具狭窄的叶耳。叶状总苞 1，常短于花序；复聚伞花序顶生较紧密，分枝直立，由多数小头状花序组成；小头状花序倒圆锥形，含花 2 ～ 4；苞片卵形，边缘膜质；花被片狭披针形，长约 2mm，先端锐尖，内轮花被片比外轮花被片稍长；雄蕊 3，短于花被片。蒴果三棱状披针形，长 3 ～ 3.5mm，先端长渐尖；种子狭椭圆形或倒卵形，长约 0.5mm，黄色，基部棕色，表面具网纹。花果期 7 ～ 9 月。

湿生草本。生于森林带和森林草原带的水边湿地、草甸、沼泽草甸。产兴安北部及岭东和岭西（额尔古纳市、鄂伦春自治旗、扎兰屯市）、兴安南部（科尔沁右翼前旗、扎赉特旗、突泉县、扎鲁特旗、巴林左旗）、辽河平原（科尔沁左翼后旗）、燕山北部（宁城县、敖汉旗）、锡林郭勒（锡林浩特市）。分布于我国黑龙江、吉林、辽宁、河北、河南西部、山东、江苏，日本、朝鲜、俄罗斯（远东地区）。为东亚北部分布种。

142. 百合科 Liliaceae

草本，稀木本。常具根状茎、鳞茎或块茎。叶基生或茎生，茎生叶多互生，稀对生或轮生，常具弧形平行脉，极稀具网状脉。花两性，稀单性异株或杂性，通常辐射对称；花被片6，稀4或更多，离生或不同程度合生，通常花冠状；雄蕊通常与花被片同数而对生，花丝离生或贴生于花被筒上，花药基着或"丁"字形着生，通常2室，纵裂；子房上位，通常3室，具中轴胎座，稀1室而具侧膜胎座，每室具1至多数倒生胚珠。果实为蒴果或浆果；种子具丰富的胚乳，胚小。

内蒙古有20属、81种，另有5栽培种。

分属检索表

1a. 植株具鳞茎。

  2a. 伞形花序，基部具在花蕾期包住花序的白色膜质总苞片·······················**1. 葱属 Allium**

  2b. 单花、总状花序或总状圆锥花序，如为伞形花序则总苞片为绿色叶状，且不包住花序。

    3a. 花被片内面基部具蜜腺、囊状蜜腺或肉质腺体。

      4a. 圆锥花序，花被片内面基部上方具2个或1个在顶端深裂的肉质腺体····················

      ··**2. 棋盘花属 Zigadenus**

      4b. 花单生或排列成总状花序。

        5a. 叶轮生、互生或共生；花被片内面基部具1凹陷的囊状蜜腺窝；蒴果具棱，棱上具翅···

        ··**3. 贝母属 Fritillaria**

        5b. 叶互生或仅在茎顶端轮生；花被片内面基部具蜜腺不下凹；蒴果矩圆形，无翅·········

        ···**4. 百合属 Lilium**

    3b. 花被片内面基部无蜜腺。

      6a. 花多数，排成总状花序·······································**5. 绵枣儿属 Barnardia**

      6b. 花单生或2～3排列成近似总状花序。

        7a. 花被片宿存；花单生或具2～3；具基生叶，茎生叶有或无，互生。

          8a. 花被片在果期增大，通常比蒴果长1倍以上，先端通常锐尖···**6. 顶冰花属 Gagea**

          8b. 花被片在果期不增大而枯萎，比蒴果短或稍长，先端通常钝·····················

          ··**7. 洼瓣花属 Lloydia**

        7b. 花被片在果期脱落；单花顶生；叶2，近对生，生于茎中部·······**8. 郁金香属 Tulipa**

1b. 植株具根状茎。

  9a. 蒴果。

    10a. 叶轮生，花4基数或更多·······································**9. 重楼属 Paris**

    10b. 叶不轮生，花3基数。

      11a. 雄蕊3···**10. 知母属 Anemarrhena**

      11b. 雄蕊6。

        12a. 花被片离生···**11. 藜芦属 Veratrum**

        12b. 花被片下部连合成管状·····························**12. 萱草属 Hemerocallis**

  9b. 浆果。

13a. 叶退化成鳞片状，植株具叶状枝···**13. 天门冬属 Asparagus**

13b. 叶正常发育，植株不具叶状枝。

14a. 花被片 4，雄蕊 4···**14. 舞鹤草属 Maianthemum**

14b. 花被片 6，雄蕊 6。

15a. 花单性，雌雄异株；叶具网状支脉；伞形花序···················**15. 菝葜属 Smilax**

15b. 花两性，叶具平行支脉。

16a. 花被片合生成钟状或管状。

17a. 叶 2 或 3；花被钟状，浅裂片顶端无毛·····················**16. 铃兰属 Convallaria**

17b. 叶多数；花被筒状钟形，浅裂片顶端外面通常具乳头状毛

···**17. 黄精属 Polygonatum**

16b. 花被片离生或仅基部稍连合。

18a. 花被片基部囊状或矩状·······································**18. 万寿竹属 Disporum**

18b. 花被片基部不为囊状。

19a. 叶基生；花被片离生，花葶从叶丛中生出；浆果顶端作蒴果状开裂·······

···**19. 七筋姑属 Clintonia**

19b. 具茎生叶；花被片基部稍合生，花序顶生；浆果不为上述情况············

···**20. 鹿药属 Smilacina**

1. 葱属 Allium L.

多年生草本。植株常有葱蒜气味。鳞茎圆柱状至球状，外皮膜质、革质或纤维质。叶扁平或圆柱状，实心或中空。花葶从鳞茎基部伸出；伞形花序，在花蕾期被一膜质总苞包裹着；小花梗无关节，基部有或无小苞片；花两性；花被片 6，2 轮，分离或基部靠合成管状；雄蕊 6，2 轮，花丝全缘或基部扩大而每侧具齿；子房上位，3 室，每室具 1 至数胚珠，柱头单一或 3 裂。蒴果；种子黑色，多棱形或近球状。

内蒙古有 34 种，另有 4 栽培种。

该属包括葱、蒜、韭、薤四大类，各有其味，明显不同，故具有葱味者中文名不应称为韭，反之亦然。

分种检索表

1a. 叶常为 2，稀 1 或 3，宽椭圆形至倒披针状椭圆形，基部渐狭成柄（**1. 宽叶组 Sect. Anguinum** G. Don）

···**1. 茖葱 A. victorialis**

1b. 叶数枚，条形、半圆柱形、圆柱形、管形或圆筒状，基部无柄。

2a. 叶条形、半圆柱形或圆柱形，中空或实心；花葶圆柱状，常实心。

3a. 鳞茎圆柱形、圆锥形或卵状圆柱形，稀卵形（**2. 根状茎组 Sect. Rhiziridium** G. Don）。

4a. 鳞茎外皮纤维成网状或松散纤维状。

5a. 鳞茎外皮纤维明显成网状。

6a. 花丝短于花被片。

7a. 花白色，内轮花被片全缘，内轮花丝不具裂齿，子房基部无蜜穴；植株具倾斜横生根状茎。

8a. 叶三棱状条形，中空；花被片常具红色中脉┈┈┈┈┈┈┈┈**2. 野韭 A. ramosum**

8b. 叶条形，扁平，实心；花被片常具绿色或黄绿色中脉。栽培┈┈┈┈**3. 韭 A. tuberosum**

7b. 叶条形，扁平；花深蓝色，内轮花被片边缘常具不规则的小齿，内轮花丝有时每侧具1齿，子房基部有具窄帘的凹陷蜜腺；植株不具倾斜横生根状茎┈┈┈┈┈┈**4. 高山韭 A. sikkimense**

6b. 花丝长于花被片，内轮花丝具裂齿。

9a. 花淡紫红色至深紫红色或淡紫色。

10a. 叶狭条形，宽2～5mm；总苞2裂，不具喙；花葶中下部1/3～1/2被叶鞘；鳞茎单生或2枚聚生；子房基部具凹陷的蜜穴；花丝稍长于花被片┈┈┈┈┈**5. 辉韭 A. strictum**

10b. 叶半圆柱状，宽0.5～2mm；总苞单侧开裂，具喙；花葶下部1/4被叶鞘；鳞茎数枚紧密聚生；子房基部无凹陷的蜜穴。

11a. 花丝等稍长于花被片，内轮的基部1/5～1/4扩大，具锐齿；小花梗基部具小苞片；叶纤细，宽0.5～1mm；伞形花序花较疏松；鳞茎外皮黄褐色┈┈┈┈┈┈┈┈┈┈┈┈┈┈┈┈┈┈┈┈┈┈┈┈┈┈┈**6. 贺兰葱 A. eduardii**

11b. 花丝比花被片长1.5～2倍，内轮的基部1/3～1/2扩大成矩圆形，具长齿；叶较粗，宽1～2mm；伞形花序花密集。

12a. 小花梗基部无小苞片；花被片紫红色，长4～6mm；鳞茎外皮红色、红褐色，稀灰褐色至淡褐色┈┈┈┈┈┈**7. 青甘葱 A. przewalskianum**

12b. 小花梗基部具小苞片；花被片淡粉色，长3～3.5mm；鳞茎外皮棕褐色┈┈┈┈┈**8. 乌拉特葱 A. wulateicum**

9b. 花白色或稍带淡黄色；叶半圆柱状，中空，上面具沟槽；花葶中下部约1/3处被叶鞘；总苞2裂；小花梗基部具小苞片；内轮花丝每侧各具1锐齿┈**9. 白头葱 A. leucocephalum**

5b. 鳞茎外皮非网状，呈疏松纤维状。

13a. 总苞单侧开裂，小花梗基部无小苞片。

14a. 叶较粗壮，直径0.5～1.5mm，比花葶短；伞形花序密集多花，花被片长6～9mm，花丝长为花被片的1/2～2/3，子房基部无蜜穴，内轮花丝不具裂齿┈┈┈┈┈┈┈┈┈┈┈┈┈┈┈┈┈┈┈┈┈┈┈┈┈┈**10. 蒙古葱 A. mongolicum**

14b. 叶纤细，直径0.3～1mm；伞形花序疏松少花，花被片长3～5mm，子房基部具有帘的凹陷蜜穴，内轮花丝具齿或无齿。

15a. 花丝与花被片近等长或稍短；叶直径约0.3mm，比花葶明显长┈┈┈┈┈┈┈┈┈┈┈┈┈┈┈┈┈┈┈┈┈┈**11. 鄂尔多斯葱 A. alabasicum**

15b. 花丝长于花被片1/3～1/2，内轮花丝基部具齿；叶直径0.5～1mm，短于花葶或与之近等长┈┈┈┈┈┈**12. 东阿拉善葱 A. orientali–alashanicum**

13b. 总苞2～3裂，小花梗基部具膜质小苞片，内轮花丝具锐齿，花丝等长，稍长于花被片┈┈┈┈┈┈┈┈┈┈┈┈┈┈┈┈┈┈┈┈┈┈┈┈┈┈┈┈┈┈**13. 碱葱 A. polyrhizum**

4b. 鳞茎外皮膜质、纸质或薄革质，不破裂或破裂成片状或条状，有时仅顶端破裂成纤维状。

16a. 花丝短于花被片。

17a. 鳞茎外皮膜质，不破裂或不规则破裂。

18a. 植株较粗壮；叶短于或近等长于花葶，宽1～2mm；小花梗不等长，长1～3cm；花被片长4～5mm；内轮花丝基部不具裂齿。

19a. 花葶、小花梗和叶的纵棱光滑·············**14a. 矮葱 A. anisopodium** var. **anisopodium**

19b. 花葶、小花梗和叶的纵棱具明显的细糙齿····························
············**14b. 糙葶葱 A. anisopodium** var. **zimmermannianum**

18b. 植株纤细；叶长于或近等长于花葶，直径 0.3～1mm；小花梗近等长，长 5～15cm；
花被片长 3～4mm；内轮花丝全缘或具齿·················**15. 细叶葱 A. tenuissimum**

17b. 鳞茎外皮薄革质，条状破裂，褐色至灰褐色；叶明显短于花葶，宽 1～1.5mm；花被片长
4～6mm。

20a. 内轮花丝基部具裂齿或全缘，花梗明显长于花被片，花多数而密集·············
·····················**16. 砂葱 A. bidentatum**

20b. 内轮花丝基部不具裂齿，花梗明显短于花被片，伞形花序具少数或多数花·············
·····················**17. 甘肃葱 A. kansuense**

16b. 花丝长于花被片。

21a. 内轮花丝基部具裂齿。

22a. 花白色或淡黄色，须根淡褐色。

23a. 叶宽条形至条状披针形，扁平，宽 0.8～1.2cm，短于花葶；花葶中部以下被叶鞘；
总苞具长喙，远超出伞形花序·················**18. 天蒜 A. paepalanthoides**

23b. 叶半圆柱状，宽 2～4mm，上面具沟槽，长于花葶或与之近等长；花葶中下部被
叶鞘；总苞喙与伞形花序近等长或稍超出·············**19. 阿拉善葱 A. alaschanicum**

22b. 花蓝色至紫蓝色；须根紫色；叶狭条形，宽 2～3mm，短于花葶；花葶中部以下被叶
鞘；总苞具短喙·················**20. 雾灵葱 A. stenodon**

21b. 内轮花丝基部不具裂齿。

24a. 叶半圆柱状或圆柱状。

25a. 花白色至淡黄色；鳞茎外皮深红褐色，有光泽·········**21. 黄花葱 A. condensatum**

25b. 花淡红色、紫红色至淡紫色。

26a. 鳞茎具横生的粗壮根状茎；鳞茎外皮淡褐色至带黑色，近革质，不破裂或
有时顶端条状破裂；总苞单侧开裂·················**22. 蒙古野葱 A. prostratum**

26b. 鳞茎不具横生根状茎，总苞 2 裂。

27a. 鳞茎狭卵状圆柱形或狭圆锥形，外皮淡灰褐色，略带紫红色，膜质，不
破裂或片状剥裂；伞形花序具少数花，松散；内轮花被片先端具短尖；
花丝略比花被片长，稀略短·················**23. 蜜囊葱 A. subtilissimum**

27b. 鳞茎圆柱状，外皮红褐色，近革质，条状剥裂；伞形花序通常具多而
密集的花；花被片先端无尖头；花丝长为花被片的 1.5～2 倍·········
·····················**24. 长柱葱 A. longistylum**

24b. 叶条形、狭条形或宽条形。

28a. 根状茎横生，粗壮；叶伸直，条形，宽 2～10mm；小花梗基部具小苞片·············
·····················**25. 山葱 A. senescens**

28b. 具短的直生根状茎；叶镰状弯曲，宽条形，宽 5～15mm；小花梗基部无小苞片·············
·····················**26. 镰叶韭 A. carolinianum**

3b. 鳞茎球形、卵球形或卵形，外皮膜质或纸质，不破裂或顶端破裂成纤维状。

29a. 花被片基部靠合成管状；小花梗不等长，长 4 ～ 11cm[**3. 合被组** Sect. **Caloscordum** (Herb.) Baker] ·······**27. 长梗葱 A. neriniflorum**

29b. 花被片分离。

   30a. 内轮花丝具裂齿，裂齿长丝状，超过中间的着药花丝（**4. 长齿组** Sect. **Porrum** G. Don），伞形花序密具珠芽，间有数花；花丝比花被片短；鳞茎由 2 至数枚肉质瓣状小鳞茎紧密排列而成。栽培 ·······**28. 蒜 A. sativum**

   30b. 内轮花丝无裂齿或具短钝齿且比中间的着药花丝短（**5. 单生组** Sect. **Haplostemon** Boiss.）。

     31a. 花紫红色、淡红色或淡紫色。

       32a. 鳞茎近球状，外皮不破裂；花序有时具珠芽，花丝比花被片稍长；叶半圆柱状······**29. 薤白 A. macrostemon**

       32b. 鳞茎卵状或狭卵状，外皮顶端常破裂成纤维状；花序无珠芽，花丝长约为花被片的 1.5 倍。

         33a. 鳞茎基部无小鳞茎；花淡紫色至紫红色；内轮花被片椭圆形或卵状椭圆形，先端钝圆；花丝紫色；叶三棱状条形，背面具 1 纵棱······**30. 球序薤 A. thunbergii**

         33b. 鳞茎基部具小鳞茎；花被片上部紫红色，先端钝尖；花丝白色；叶三棱状半圆柱形，上面具沟槽······**31. 毓泉薤 A. yuchuanii**

     31b. 花白色至淡红色，花丝比花被片长；叶圆柱状，直径 1 ～ 2mm；鳞茎狭卵状，顶端外皮破裂成纤维状······**32. 白花薤 A. yanchiense**

2b. 叶与花葶圆筒形或管形，通常粗壮，均中空；鳞茎外皮膜质或薄革质，不破裂。

  34a. 鳞茎圆柱形至卵状圆柱形；小花梗基部无小苞片，花丝全缘（**6. 葱组** Sect. **Schoenoprasum** G. Don）。

   35a. 花紫红色、淡红色、粉红色、暗粉色或淡紫色；叶管状，较细；鳞茎卵状圆柱状，外皮灰色至灰褐色或黄褐色。

     36a. 花梗不等长，短于花被片，花丝长为花被片的 1/3 ～ 1/2（～ 2/3）······**33. 北葱 A. schoenoprasum**

     36b. 花梗近等长，长为花被片的 1.5 ～ 3 倍，花丝近等长于或长于花被片。

       37a. 花粉红色或暗粉色，花丝等长于或略短于花被片；植株高 15 ～ 25cm······**34. 姜葱 A. maximowiczii**

       37b. 花淡紫色，花丝长于花被片；植株高 25 ～ 70cm······**35. 硬皮葱 A. ledebourianum**

   35b. 花白色或淡黄色，花丝长于花被片；叶圆筒状，较粗壮。

     38a. 鳞茎圆柱状，外皮常为白色，稀淡红褐色，膜质至薄膜质；花白色，小花梗长为花被片的 2 ～ 3 倍。栽培······**36. 葱 A. fistulosum**

     38b. 鳞茎卵状圆柱形，外皮红褐色，薄革质；花黄白色，小花梗比花被片稍短至长为其的 2 倍······**37. 阿尔泰葱 A. altaicum**

  34b. 鳞茎扁球形、球形、卵球形、矩圆状卵形至卵状圆柱形，外皮红褐色、淡红褐色、褐黄色或淡黄色；小花梗基部具小苞片，内轮花丝基部每侧各具 1 齿（**7. 洋葱组** Sect. **Cepa** Prokh.）。栽培。

   39a. 鳞茎扁球形、球形、卵球形；伞形花序密集多花，无珠芽；花被片粉白色，具绿色中脉······**38a. 洋葱 A. cepa** var. **cepa**

   39b. 鳞茎矩圆状卵形至卵状圆柱形；伞形花序具大量珠芽，间有数花；花被片白色，具淡红色中脉······**38b. 红葱 A. cepa** var. **proliferum**

1. 茖葱

Allium victorialis L., Sp. Pl. 1:295. 1753; Fl. Intramongol. ed. 2, 5:480. t.198. f.1-4. 1994.

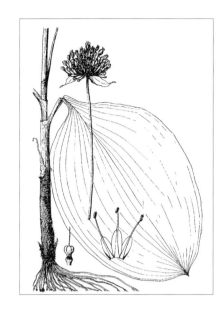

多年生草本。鳞茎多单生,近圆柱状,外皮暗褐色,破裂成纤维状,呈明显的网状。叶2～3,倒披针状椭圆形至宽椭圆形,长14～18cm,宽5～10cm,先端渐尖或具短尖,基部楔形,渐狭成柄,柄长3.5～7cm。花葶圆柱状,高60～80cm,1/4被叶鞘;总苞片2裂,宿存;伞形花序球状,具多而密集的花;小花梗近等长,基部无小苞片;花白色。外轮花被片狭而短,舟形,长约4mm,宽约1.5mm;内轮花被片宽而长,椭圆形,长约5mm,宽约2.5mm。花丝比花被片长达1倍,基部合生并与花被片贴生,外轮者锥形,内轮者狭长三角形;子房具3圆棱,基部变狭成长约1mm的短柄。花果期6～7月。

中生草本。生于山地阔叶林林下、林缘、林间草甸。产兴安南部(阿鲁科尔沁旗、巴林右旗、克什克腾旗)、燕山北部(喀喇沁旗、宁城县)、锡林郭勒(正镶白旗)、阴山(大青山、乌拉山)。分布于我国黑龙江东北部、吉林东部、辽宁、河北、河南西部、山东、山西、陕西南部、甘肃东部、四川北部、湖北西部、浙江北部,日本、朝鲜、蒙古国北部、俄罗斯(西伯利亚地区、远东地区)、印度、哈萨克斯坦,欧洲、北美洲。为泛北极分布种。

嫩叶可供食用。全草入药,能止血、散瘀、止痛,主治衄血、跌打损伤、血瘀肿痛、气管炎咳嗽、高血压等。青鲜时,牲畜不喜食,干草时乐食。

2. 野韭

Allium ramosum L., Sp. Pl. 1:296. 1753; Fl. Intramongol. ed. 2, 5:488. t.203. f.1-3. 1994.

多年生草本。根状茎粗壮,横生,略倾斜;鳞茎近圆柱状,簇生,外皮暗黄色至黄褐色,破裂成纤维状,呈网状。叶三棱状条形,背面纵棱隆起成龙骨状,叶缘及沿纵棱常具细糙齿,中空,宽1～4mm,短于花葶。花葶圆柱状,具纵棱或有时不明显,高20～55cm,下部被叶鞘;总苞单侧开裂或2裂,白色,膜质,宿存;伞形花序半球状或近球状,具多而较疏的花;小花梗近等长,长1～1.5cm,基部除具膜质小苞片外,常在数枚小花梗的基部又为1枚共同的苞片所包围;花白色,稀粉红色。花被片常具红色中脉;外轮花被片矩圆状卵形至矩圆状披针形,

先端具短尖头，通常与内轮花被片等长，但较狭窄，宽约 2mm；内轮花被片矩圆状倒卵形或矩圆形，先端亦具短尖头，长 6 ～ 7mm，宽 2.5 ～ 3mm。花丝等长，长为花被片的 1/2 ～ 3/4，基部合生并与花被片贴生，合生部位高约 1mm，分离部分呈狭三角形，内轮者稍宽；子房倒圆锥状球形，具 3 圆棱，外壁具疣状凸起，花柱不伸出花被外。花果期 7 ～ 9 月。

中旱生草本。生于森林带和草原带的草原砾石质坡地、草甸草原、草原化草甸群落中。产兴安北部、岭东和岭西及呼伦贝尔（额尔古纳市、鄂伦春自治旗、陈巴尔虎旗、海拉尔区、新巴尔虎左旗、新巴尔虎右旗）、兴安南部及科尔沁（扎赉特旗、科尔沁右翼中旗、阿鲁科尔沁旗、巴林右旗、克什克腾旗）、赤峰丘陵（松山区）、燕山北部（喀喇沁旗、宁城县、敖汉旗、兴和县苏木山）、锡林郭勒（东乌珠穆沁旗、西乌珠穆沁旗、锡林浩特市、苏尼特左旗、多伦县）、乌兰察布（达尔罕茂明安联合旗、固阳县）、阴山（大青山、蛮汗山）、阴南丘陵（准格尔旗）、鄂尔多斯（伊金霍洛旗、毛乌素沙地、鄂托克旗）、贺兰山。分布于我国黑龙江、吉林、辽宁、河北、山东、山西、陕西、宁夏、甘肃、青海、新疆，蒙古国、俄罗斯（西伯利亚地区）、哈萨克斯坦。为东古北极分布种。

叶可做蔬菜食用，花和花葶可腌渍成"韭菜花"调味佐食。羊和牛喜食，马乐食，为优等饲用植物。

3. 韭

Allium tuberosum Rottl. ex Spreng. in Syst. Veg. 2:38. 1825; Fl. Intramongol. ed. 2, 5:488. 1994.

多年生草本。根状茎倾斜横生；鳞茎簇生，近圆柱状，外皮黄褐色，破裂成纤维状，呈网状。叶条形，扁平，实心，宽 1 ～ 5mm，短于花葶。花葶近圆柱状，常具 2 纵棱，高 30 ～ 50cm，下部被叶鞘；总苞单侧开裂或 2 ～ 3 裂，宿存；伞形花序近球状，具多而较疏的花；小花梗

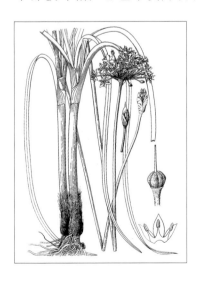

近等长，基部具白色膜质的披针状小苞片，且数枚小花梗的基部又为 1 枚共同的苞片所包围；花白色。花被片中脉绿色或黄绿色；外轮花被片矩圆状披针形，先端具短尖头，长约 4.5mm，宽约 2.5mm；内轮花被片矩圆状卵形，先端微尖或稍钝，长约 5mm，宽约 3mm。花丝等长，长仅为花被片的 4/5，基部合生并与花被片贴生，合生部位高约 1mm，离生部分狭三角形，内轮者稍宽；子房倒圆锥状球形，具 3 圆棱，外壁具小的疣状凸起。种子黑色，具多棱。花果期 7～9 月。

中生草本。原产亚洲东南部。为东南亚分布种。内蒙古及我国和世界各地广泛栽培。

叶和花可做蔬菜食用。种子入药（药材名：韭子），能补肝肾、暖腰膝、壮阳固精，主治阳痿梦遗、小便频数、遗尿、腰膝酸软冷痛、泻痢、带下、淋浊。

4. 高山韭

Allium sikkimense Baker in J. Bot. 12:292. 1874; Fl. China 24:178.——*A. kansuense* Regel. in Act. Hort. Petrop. 10:690. 1887.

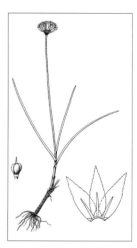

多年生草本，高 9～55cm。鳞茎单生或数枚丛生，圆柱形，外皮淡褐色，破裂成纤维状。叶条形，扁平，比花葶短，宽 2～4mm。花葶圆柱形，基部被叶鞘；伞形花序具少数花；总苞单侧开裂，早落；花梗近等长，比花被片短；花深蓝色；花被片卵形或卵状长圆形，先端钝，长 5～9mm，宽 3～4mm，内轮花被片边缘常具不规则小齿；花丝短于花被片，内藏，内轮花丝基部扩大，有时每侧各具 1 齿；子房基部具蜜腺，花柱极短。花果期 7～9 月。

中生草本。生于荒漠带海拔 2800～3000m 的高山草甸或沟谷林下。产贺兰山。分布于我国宁夏、陕西西南部、甘肃、青海、四川西部、西藏东部、云南西北部，印度（锡金）、不丹、尼泊尔。为横断山脉—喜马拉雅分布种。

5. 辉韭（辉葱、条纹葱）

Allium strictum Schrad. in Hort. Goett. 7. t.1. 1809; Fl. Intramongol. ed. 2, 5:484. t.200. f.4-6. 1994.

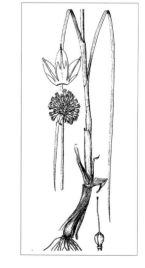

多年生草本。鳞茎单生或 2 枚聚生，近圆柱状，外皮黄褐色至灰褐色，破裂成纤维状，呈网状。叶狭条形，短于花葶，宽 2～5mm。花葶圆柱状，高 40～70cm，直径 2～3mm，中下部 1/3～1/2 被叶鞘；总苞片 2 裂，淡黄白色，不具喙，宿存；伞形花序球状或半球形，具多而密集的花；小花梗近等长，长 0.5～1cm，基部具膜质小苞片；花淡紫色至淡紫红色。花被片具暗紫色的中脉；外轮花被片矩圆状卵形，长约 4mm，宽约 1.5mm；内轮花被片矩圆形至椭圆形，长约 5mm，宽约 2mm。花丝等长，略长于花被片，基部合生并与花被片贴生；外部者锥形；内轮的基部扩大，扩大部分常高于其宽，每侧常各具 1 短齿或齿的上部有时又具 2～4 不规则的小齿。子房倒卵状球形，基部具凹陷的蜜穴，花柱稍伸出花被外。花果期 7～8 月。

中生草本。生于森林带和草原带的山地林下、林缘、沟边、低湿地。产兴安北部及岭东和岭西（额尔古纳市、牙克石市、鄂伦春自治旗、陈巴尔虎旗、鄂温克族自治旗）、兴安南部（巴林右旗、克什克腾旗）、锡林郭勒（锡林浩特市）、阴山（大青山、乌拉山）、龙首山。分布于我国黑龙江、吉林东部、辽宁、宁夏、甘肃（河西走廊）、新疆北部和西部，蒙古国北部和西部、俄罗斯（西伯利亚地区），中亚，欧洲。为古北极分布种。

羊和牛乐食。

Flora of China (24:181. 2000.) 记载内蒙古及我国东北分布有丽韭 *Allium splendens* Will. ex Schult. et J. H. Schult.，但《东北草本植物志》(12:118. 1998.) 认为其是本种，有待进一步研究。

6. 贺兰葱

Allium eduardii Stearn in Herbertia 11:102. 1946; Fl. Intramongol. ed. 2, 5:480. t.198. f.5-7. 1994.

多年生草本。鳞茎数枚紧密聚生，圆柱状，通常共同被以网状外皮，外皮黄褐色，破裂成纤维状，呈明显网状。叶半圆柱状，上面具纵沟，宽 0.5～1mm，短于花葶。花葶圆柱状，高 20～30cm，下部被叶鞘；总苞片单侧开裂，膜质，具长约 1.5cm 的喙，宿存；伞形花序半球状，较疏散；小花梗近等长，长 1～1.5cm，基部具白色膜质小苞片；花淡紫红色；花被片矩圆状卵形至矩圆状披针形，长 5～6mm，宽 2～2.5mm，外轮稍短于内轮；花丝等长，稍长于花被片，基部合生并与花被片贴生；外轮者锥形；内轮的基部扩大，每侧各具 1 细长的锐齿。子房近球状，腹缝线基部不具凹陷的蜜穴，花柱伸出花被外。花果期 7～8 月。

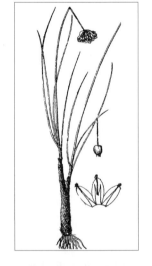

中生草本。生于草原带的山地石缝。产阴山（大青山、乌拉山）、贺兰山。分布于我国河北西北部、宁夏西北部、新疆北部，蒙古国、俄罗斯（西伯利亚地区）。为华北—蒙古分布种。

羊喜吃。

7. 青甘葱

Allium przewalskianum Regel in Trudy Imp. Sci. St.-Petersb. Bot. Sada 3(2):164. 1875; Fl. Intramongol. ed. 2, 5:482. t.199. f.1-3. 1994. ——*A. lineare* auct. non L. : Fl. Intramongol. ed. 2, 5:484. t.202. f.6-9. 1994.

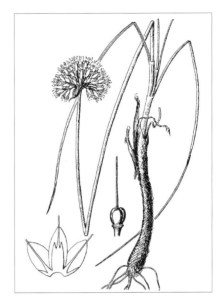

多年生草本。鳞茎数枚聚生，狭卵状圆柱形，外皮红色、红褐色，稀灰褐色至淡褐色，破裂成纤维状，呈明显网状。叶半圆柱状至圆柱状，具纵棱，宽 1～2mm。花葶圆柱状，高 10～45cm，下部被叶鞘；总苞片单侧开裂，宿存；伞形花序球状，具多而密集的花；小花梗近等长；花淡红色至深紫红色；花被片长 4～6mm，外轮者卵形或狭卵形，稍短于内轮，内轮者矩圆形至矩圆状披针形。花丝等长，长于花被片，基部合生并与花被片贴生；外轮的锥形；内轮的基部扩大成矩圆形，每侧各具 1 齿。子房球状。花期 7 月。

中旱生草本。生于荒漠带的山地灌丛或干旱山坡。产贺兰山、龙首山。分布于我国陕西、宁夏西北部、甘肃、青海、四川、西藏、云南西北部、新疆中部和西部，印度、尼泊尔、巴基斯坦。为南阿拉善山地—横断山脉—喜马拉雅分布种。

检查保存在内蒙古大学标本馆在的《内蒙古植物志》第二版中被定为北韭 *A. lineare* L. 的依据标本，其叶为半圆柱形，子房基部无蜜穴，应为本种；而北韭 *A. lineare* L. 的叶应为狭条形，子房基部具凹陷蜜穴，二者明显不同。青甘葱 *A. przewalskianum* Regel 这个种的鳞茎外皮除红色外，尚有红褐色、黄褐色、灰褐色至淡褐色等变化，不能仅仅依据鳞茎外皮为黄褐色或灰褐色这一点将龙首山的标本定为北韭 *A. lineare* L.。

8. 乌拉特葱

Allium wulateicum Y. Z. Zhao et Geming, in Class. Fl. Ecol. Geogr. Distr. Vasc. Pl. Inn. Mongol. 725. 2012.

多年生草本，高 15～25cm。鳞茎 1～3，圆柱形，紧密聚生，外皮纤维明显呈网状，棕褐色。叶半圆柱形，光滑无毛，宽 1～2mm。花葶下部 1/4 被叶鞘；总苞片膜质，与小花梗近等长，单侧开裂，宿存；伞形花序球形，具多而密集的小花；小花梗近等长，长 7～9mm，基部具小苞片；花被片淡粉色，卵状矩圆形，长 3～3.5mm，宽约 2mm，具紫色中肋，先端钝圆。花丝等长，长于花被片 1.5～2 倍，基部合生并与花被片贴生；外轮的锥形；内轮的下部扩大，每侧各具1齿。子房球形，花柱明显伸出花被外。蒴果球形，稍长于花被片。花果期5月至6月初。

旱生草本。生于沙质荒漠化草原群落中。产乌兰察布（乌拉特后旗宝音图苏木）。为乌拉特分布种。

本种与青甘葱 *A. przewalskianum* Regel 相近，但因小花梗基部具小苞片，花被片淡粉色，长3～3.5mm，而又与之明显不同。

9. 白头葱

Allium leucocephalum Turcz. ex Ledeb. in Fl. Ross. 4(12):179. 1852; Fl. Intramongol. ed. 2, 5:482. t.200. f.1-3. 1994.——*A. flavovirens* Regel in Trudy Imp. St.-Petersb. Bot. Sada 10:344. 1887.

多年生草本。鳞茎单生或2～3聚生，近圆柱状，外皮暗黄褐色，撕裂成纤维状，呈网状。叶半圆柱状，中空，上面具纵沟，短于花葶，宽1～2mm。花葶圆柱状，高30～50cm，中下部约1/3处被叶鞘；总苞2裂，膜质，宿存；伞形花序球状，花多而密集；小花梗近等长，长0.5～1.5cm，基部具膜质小苞片；花白色或稍带淡黄色。花被片具不甚明显的绿色或淡紫色的中脉；外轮花被片矩圆状卵形，长4～5mm，宽1.5～1.8mm；内轮花被片矩圆状椭圆形，长5～6mm，宽1.5～2mm。花丝等长，比花被片长出1/3～1/2，基部合生并与花被片贴生；外轮者锥形；内轮者基部扩大，每侧各具1锐齿，有时齿端又分裂为2～4不规则小齿。子房倒卵形，基部具凹陷的蜜穴，花柱伸出花被外。花果期7～8月。

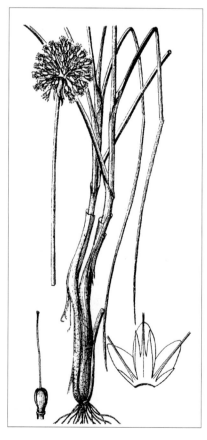

中旱生草本。生于森林草原带和草原带的沙地、砾石质坡地。产呼伦贝尔（陈巴尔虎旗、新巴尔虎左旗、海拉尔区、满洲里市）、锡林郭勒（东乌珠穆沁旗、锡林浩特市）。分布于我国黑龙江西南部、甘肃（河西走廊），蒙古国、俄罗斯（东西伯利亚地区）。为蒙古高原分布种。

绵羊与牛喜食，马乐食。

10. 蒙古葱

Allium mongolicum Regel in Trudy Imp. St.-Petersb. Bot. Sada 3(2):160. 1875; Fl. Intramongol. ed. 2, 5:489. t.204. f.1-3. 1994.

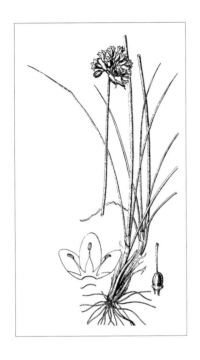

多年生草本。鳞茎数枚紧密丛生，圆柱状，外皮灰褐色，撕裂成疏松纤维状。叶半圆柱状至圆柱状，直径 0.5～1.5mm，短于花葶。花葶圆柱状，高 10～35cm，近基部被叶鞘；总苞单侧开裂，膜质，宿存；伞形花序半球状至球状，通常具多而密集的花；小花梗近等长，长 0.5～1.5cm，基部无小苞片；花较大，淡红色至紫红色；花被片卵状矩圆形，先端钝圆，外轮花被片长约 6mm，宽约 3mm，内轮花被片长约 9mm，宽约 4mm。花丝近等长，长约为花被片的 1/2～2/3。基部合生并与花被片贴生；外轮者锥形；内轮者基部约 1/2 扩大成狭卵形，不具裂齿。子房卵状球形，基部无蜜穴，花柱长于子房，但不伸出花被外。花果期 7～9 月。

旱生草本。生于荒漠草原带及荒漠带的沙地、干旱山坡。产呼伦贝尔（新巴尔虎右旗）、兴安南部（科尔沁右翼前旗）、锡林郭勒（阿巴嘎旗、苏尼特左旗、苏尼特右旗、镶黄旗）、乌兰察布、阴南丘陵（准格尔旗）、鄂尔多斯（东

胜区、伊金霍洛旗、鄂托克旗）、东阿拉善（乌拉特后旗、乌海市、阿拉善左旗）、西阿拉善（巴丹吉林沙漠）、贺兰山、龙首山。分布于我国辽宁西部、山西北部、陕西北部、宁夏北部、甘肃（河西走廊）、青海中部、新疆北部，蒙古国东部和南部及西部、俄罗斯（东西伯利亚地区）、哈萨克斯坦。为戈壁—蒙古分布种。

叶及花可食用。地上部分入蒙药，能开胃、消食、杀虫，主治消化不良、不思饮食、秃疮、青腿病等。各种牲畜均喜食，为优等饲用植物。

11. 鄂尔多斯葱（阿尔巴斯韭）

Allium alabasicum Y. Z. Zhao in Act. Sci. Nat. Univ. Intramongol. 23(4): 555. 1992; Fl. Intramongol. ed. 2, 5:491. t.202. f.10-11. 1994; Fl. China 24:192. 2000.

 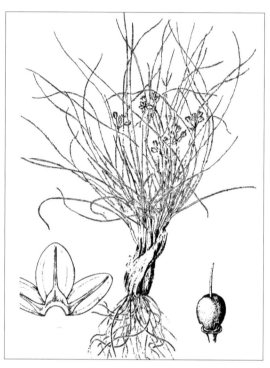

多年生草本。鳞茎多数，紧密丛生，圆柱状，外皮褐色，破裂成纤维状。叶半圆柱形或圆柱形，丝状，长 6～10cm，直径约 0.3mm，明显比花葶长。花葶圆柱状，常具 2 纵棱，高 3～5cm，近基部被叶鞘；总苞单侧开裂，膜质，短于小花梗，宿存；伞形花序松散少花，常 4～5；小花梗近等长，长 4～6mm，基部无小苞片；花紫红色；花被片卵状矩圆形，长 3～3.5mm，宽约 2mm，先端圆钝，外轮稍短；花丝等长，与花被片近等长或较之稍短，基部合生并与花被片贴生，外轮的锥形，内轮的基部约 1/4 扩大成三角状卵形；子房卵球形，基部具帘状凹陷蜜穴，花柱不伸出。花果期 8～9 月。

旱生草本。生于草原化荒漠带干旱山坡。产东阿拉善（鄂托克旗阿尔巴斯苏木）。为阿尔巴斯分布种。

12. 东阿拉善葱

Allium orientali-alashanicum L. Q. Zhao et Y. Z. Zhao sp. nov.

外轮花被片卵状矩圆形，先端钝圆，长约4mm，宽约2mm；内轮花被片倒卵状矩圆形，先端平截，长约5mm，宽约2.5mm。花丝长约为花被片的2/3，基部合生并与花被片贴生；外轮的锥形，有时基部略扩大，比内轮的稍短；内轮下部扩大成卵圆形，扩大部分约为其花丝长度的2/3。子房卵球状，基部无凹陷的蜜穴，花柱短于或近等长于子房，不伸出花被外。花果期6～8月。

中旱生草本。生于森林草原带和草原带的山坡、草地、固定沙地，为草原伴生种。产兴安北部、岭东、岭西及呼伦贝尔、兴安南部及科尔沁（科尔沁右翼前旗、科尔

沁右翼中旗、扎赉特旗、扎鲁特旗、巴林右旗、克什克腾旗）、赤峰丘陵、燕山北部（喀喇沁旗、兴和县苏木山）、锡林郭勒（东乌珠穆沁旗、西乌珠穆沁旗、锡林浩特市、苏尼特左旗）、乌兰察布（达尔罕茂明安联合旗南部）、阴山（大青山）、阴南丘陵（准格尔旗）、鄂尔多斯（乌审旗、鄂托克旗）、贺兰山。分布于我国黑龙江西南部和西北部、吉林中部、辽宁北部和西部、河北、山东东北部、山西、陕西东北部、甘肃东南部、新疆北部，朝鲜、蒙古国、俄罗斯（西伯利亚地区）、哈萨克斯坦。为东古北极分布种。

羊、马和骆驼喜食，为优等饲用植物。

14b. 糙葶葱

Allium anisopodium Ledeb. var. **zimmermannianum** (Gilg) F. T. Wang et Tang in Contr. Inst. Bot. Natl. Acad. Peping 2(8):260. 1934; Fl. Intramongol. ed. 2, 5:497. t.207. f.4. 1994.——*A. zimmermannianum* Gilg in Bot. Jahrb. Syst. 34 (Beibl. 75): 23. 1904.

本变种与正种的区别是：花葶、小花梗和叶沿纵棱均具明显的细糙齿。花果期6～8月。

中旱生草本。生于森林草原带和草原带的山坡、草地、固定沙地。产兴安北部（额尔古纳市、牙克石市、阿尔山市）、兴安南部（科尔沁右翼前旗、克什克腾旗）、阴山（大青山、乌拉山）、

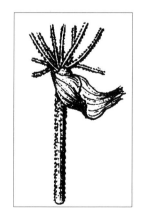

阴南丘陵（准格尔旗）、鄂尔多斯（达拉特旗、乌审旗）、东阿拉善（桌子山）、贺兰山。分布于我国黑龙江、吉林、辽宁、河北、山东、山西、陕西、甘肃。为华北—满洲分布变种。

饲用价值同正种。

15. 细叶葱 （细丝韭、札麻麻花）

Allium tenuissimum L., Sp. Pl. 1:301. 1753; Fl. Intramongol. ed. 2, 5:495. t.206. f.1-3. 1994.——*A. tenuissimum* L. var. *nalinicum* Shan Chen in Fl. Intramongol. 8:199,348. t.88. f.4. 1985.

多年生草本。鳞茎近圆柱状，数枚聚生，多斜升，外皮紫褐色至黑褐色，膜质，不规则破裂。叶半圆柱状至近圆柱状，光滑，直径 0.3～1mm，长于或近等长于花葶。花葶圆柱状，具纵棱，光滑，高 10～40cm，中下部被叶鞘；总苞单侧开裂，膜质，具长约 5mm 之短喙，宿存；伞形花序半球状或近帚状，松散；小花梗近等长，长 5～15cm，基部无小苞片；花白色或淡红色，稀紫红色。外轮花被片卵状矩圆形，先端钝圆，长 3～3.5mm，宽 1.5～2mm；内轮花被片倒卵状矩圆形，先端钝圆状平截，长 3.5～4mm，宽 2～2.5mm。花丝长为花被片的 1/2～2/3，基部合生并与花被片贴生；外轮的稍短呈锥形，有时基部稍扩大；内轮的下部扩大成卵圆形，扩大部分约为其花丝的 2/3，全缘或具齿。子房卵球状，花柱不伸出花被外。花果期 5～8 月。

旱生草本。生于森林草原带和草原带草原、山地草原的山坡、沙地，为草原及荒漠草原的伴生种。产岭西及呼伦贝尔（额尔古纳市、陈巴尔虎旗、新巴尔虎左旗、新巴尔虎右旗、海拉尔区、满洲里市）、兴安南部及科尔沁（扎赉特旗、科尔沁右翼前旗、科尔沁右翼中旗、扎鲁特旗、巴林右旗、克什克腾旗）、赤峰丘陵（红山区）、燕山北部（喀喇沁旗、宁城县）、锡林郭勒（东乌珠穆沁旗、西乌珠穆沁旗、锡林浩特市、苏尼特左旗、苏尼特右旗、集宁区、丰镇市、卓资县）、乌兰察布（达尔罕茂明安联合旗、固阳县、乌拉特前旗、乌拉特中旗）、阴山（大青山、蛮汗山）、阴南丘陵（准格尔旗）、鄂尔多斯（达拉特旗、伊金霍洛旗、乌审旗、鄂托克旗）、东阿拉善、贺兰山。分布于我国黑龙江西南部和西北部、吉林东南部、辽宁北部、河北、河南、山东东北部、山西、陕西、宁夏、甘肃东南部、青海东部、四川中北部、江苏、浙江、新疆北部，蒙古国东部和中部及西部、俄罗斯（西伯利亚地区）、哈萨克斯坦。为东古北极分布种。

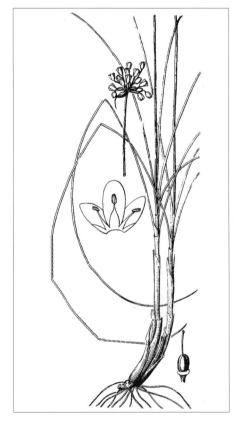

16. 砂葱（双齿葱）

Allium bidentatum Fisch. ex Prokh. et Ikonnikov-Galitzky in Mater. Comm. Etude Republ. Mongol. Tannou-Touva 2:83. 1929; Fl. Intramongol. ed. 2, 5:491. t.204. f.4-6. 1994.

多年生草本。鳞茎数枚紧密聚生，圆柱状，粗 3～5mm，外皮褐色至灰褐色，薄革质，条状撕裂，有时顶端破裂成纤维状。叶半圆柱状，宽 1～1.5mm，边缘具疏微齿，短于花葶。花葶圆柱状，高 10～35cm，近基部被叶鞘；总苞 2 裂，膜质，宿存；伞形花序半球状，具多而密集的花；小花梗近等长，长 3～12mm，基部无小苞片；花淡紫红色至淡紫色。外轮花被片矩圆状卵形，长 4～5mm，宽 2～3mm；内轮花被片椭圆状矩圆形，先端截平，常具不规则小齿，长 5～6mm，宽 2～3mm。花丝等长，稍短于或近等长于花被片，基部合生并与花被片贴生；外轮的锥形；内轮的基部 1/3～4/5 扩大成卵状矩圆形，扩大部分每侧各具 1 钝齿，稀无齿或仅一侧具齿。子房卵状球形，基部无凹陷的蜜穴，花柱略长于子房，但不伸出花被外。花果期 7～8 月。

旱生草本。生于森林草原带和草原带的草原、山地阳坡。产岭西及呼伦贝尔（额尔古纳市、陈巴尔虎旗、新巴尔虎左旗、海拉尔区、满洲里市）、兴安南部及科尔沁（科尔沁右翼中旗、阿鲁科尔沁旗、扎鲁特旗、巴林右旗、克什克腾旗）、赤峰丘陵（红山区、松山区、敖汉旗）、锡林郭勒（锡林浩特市、苏尼特左旗、苏尼特右旗、镶黄旗、正蓝旗、察哈尔右翼中旗）、乌兰察布（达尔罕茂明安联合旗、固阳县、乌拉特前旗、乌拉特中旗）、阴山（大青山、蛮汗山、乌拉山）、阴南平原（土默特左旗、土默特右旗）、阴南丘陵（准格尔旗）、贺兰山。分布于我国黑龙江西南部、吉林东南部、辽宁、河北北部、山西北部、新疆东北部，蒙古国北部和中部及东部、俄罗斯（东西伯利亚地区）、哈萨克斯坦。为东古北极分布种。

羊、马、骆驼喜食，牛乐食，为优等饲用植物。

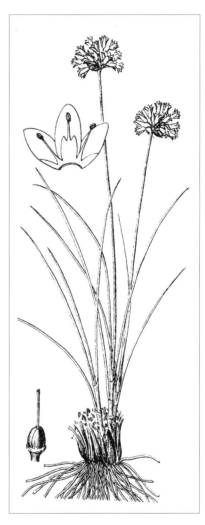

17. 甘肃葱（短梗葱）

Allium kansuense Regel in Trudy Imp. St.-Petersb. Bot. Sada 10(2): 690. 1889; Fl. Helan Mount. 766. t.140. f.2. 2011.

多年生草本。具横走根状茎。鳞茎圆柱状，细长，数枚簇生，外皮暗褐色，破裂成纤维状，呈不明显网状。叶半圆柱形，上面具沟槽，与花葶近等长，直径约 1mm。花葶圆柱状，高 10～25cm，下部被叶鞘；总苞单侧开裂或 2 裂；伞形花序半球形，具少数或多数花，松散或紧实；小花梗极短或近于无梗，短于花被，长度小于 4mm；花天蓝色或淡蓝紫色。外轮花被片矩圆形，先端渐尖，长 4～5mm，宽 2～3mm；内轮花被片矩圆状卵形，先端钝圆，长 5～6mm，宽 3～4mm。花丝近等长，为花被片的 2/3；内轮花丝基部扩大成卵圆形，无齿，扩大部分为花丝的 2/3。子房近球形，基部具凹陷的蜜穴，花柱长于子房，不伸出花被外。花果期 6～9 月。

中旱生草本。生于草原化荒漠带的低山砾石质山坡。产东阿拉善（狼山、桌子山）、贺兰山。分布于我国宁夏、青海和甘肃（祁连山）。为华北西部山地分布种。

18. 天蒜

Allium paepalanthoides Airy Shaw in Not. Roy. Bot. Gard. Edinb. 16:142. 1931; Fl. Intramongol. ed. 2, 5:493. t.205. f.1-3. 1994.

多年生草本。鳞茎单生，近圆柱状，直径约 1cm，外皮灰褐色至黑褐色，纸质，条裂。叶宽条形至条状披针形，扁平，质薄，宽 0.8～1.2cm，先端渐尖，短于花葶。花葶圆柱状，高可达 60cm，中部以下被叶鞘；总苞单侧开裂，膜质，具 5～7cm 的长喙，宿存；伞形花序松散，具多花；小花梗近等长，长 1～2cm，基部无小苞片；花白色。花被片常具绿色中脉；外轮的舟状卵形，长 4～4.5mm，宽 1.8～2mm；内轮的卵状矩圆形，先端钝圆，长 4.5～5mm，宽约 2mm。花丝等长，比花被片长约 1/3，仅基部合生并与花被片贴生；外轮的锥形；内轮的基部扩大，扩大部分每侧各具 1 齿，齿高 1.5～2mm，顶端具 2 至数个不规则小齿。子房倒卵形，基部具有帘的凹陷蜜穴，花柱伸出花被外。花果期 8～9 月。

中生草本。生于草原带的阴湿山坡林下。产阴山（大青山、蛮汗山）。分布于我国山西、河南西部、陕西南部、四川东北部。为华北分布种。

鳞茎可食用。

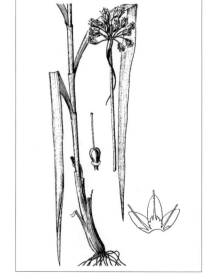

19. 阿拉善葱

Allium alaschanicum Y. Z. Zhao in Act. Nat. Sci. Univ. Intramongol. 23(1):110. 1992; Fl. Intramongol. ed. 2, 5:484. t.201. f.1-3. 1994.——*A. flavovirens* auct. non Regel: Fl. China 24:182. 2000. p. p.

多年生草本。鳞茎单生或2～3聚生，圆柱状，长10～20cm，直径5～20mm，外皮黄褐色、褐色或深褐色，纤维状撕裂。叶半圆柱状，中空，上面具沟槽，与花葶近等长或较之稍长，宽2～4mm。花葶圆柱状，高15～60cm，中下部被叶鞘；总苞2裂，具狭长喙，宿存；伞形花序球形，花多而密集或疏松；小花梗近等长，长为花被片的1.5～2倍，基部无小苞片；花白色或淡黄色；花被片矩圆形或卵状矩圆形，长4～6mm，外轮者稍短，背面淡紫红色。花丝等长，长为花被片的1.5～2倍，基部合生并与花被片贴生；外轮的锥形；内轮的基部扩大，每侧各具1钝齿。子房近球形，基部具凹陷的蜜穴，花柱伸出。花期8月，果期9月。

中旱生草本。生于荒漠带的山坡石缝。产贺兰山。为贺兰山分布种。

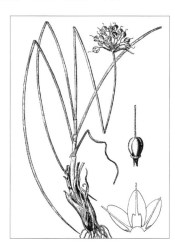

Flora of China（24:182. 2000.）认为本种与 *A. flavovirens* Regel 同种。但 *Plantae Asiae Centralis* (7:32. 1977.) 认为 *A. flavovirens* Regel 与 *A. leucocephalum* Turcz. 同种，它们的特征是鳞茎外皮纤维呈网状，叶比花葶明显短，小花梗基部具小苞片；而 *A. alaschanicum* Y. Z. Zhao 的鳞茎外皮条状或纤维状撕裂，非网状，叶比花葶长或与之近等长，小花梗基部无小苞片。因此，本种与 *A. flavovirens* Regel 明显不同。

20. 雾灵葱

Allium stenodon Nakai et Kitag. in Rep. Exped. Manch. Sect. 4, 1:18. t.6. 1934; ——*A. plurifoliatum* Rendle var. *stenodon* (Nakai et Kitag.) J. M. Xu in Fl. Reip. Pop. Sin. 14:233. 1980; Fl. Intramongol. ed. 2, 5:493. t.205. f.4-6. 1994.

多年生草本。须根紫色；鳞茎簇生或单生，圆柱状，直径3～8mm，外皮黑褐色，破裂成纤维状。叶狭条形，扁平，宽2～3mm，短于花葶。花葶圆柱状，高20～50cm，中部以下常被略带紫色的叶鞘；总苞单侧开裂，先端具短喙，宿存；伞形花序半球状，具多而密集的花；小花梗近等长，长5～12mm，基部无小苞片；花蓝色至紫蓝色；花被片长4～5mm，宽2～3mm，外轮的舟状卵形，稍短于内轮，内轮的卵状矩圆

形。花丝等长，是花被片的 1.5 倍，基部合生并与花被片贴生；外轮的锥状；内轮的基部扩大，扩大部分每侧各具 1 长齿，齿上一侧又具 1 小裂齿或否。子房倒卵状，腹缝线基部具有帘的凹陷蜜穴，花柱伸出花被外。花果期 7～9 月。

中生草本。生于森林草原带和草原带的山地林缘、草甸。产兴安南部（巴林右旗、克什克腾旗、西乌珠穆沁旗）、燕山北部（喀喇沁旗、宁城县、兴和县苏木山）、阴山（大青山、察哈尔右翼中旗辉腾梁、蛮汗山）、贺兰山、龙首山。分布于我国河北、山西、河南西部和北部。为华北分布种。

21. 黄花葱

Allium condensatum Turcz. in Bull. Soc. Imp. Nat. Mosc. 27(2):121. 1854; Fl. Intramongol. ed. 2, 5:500. t.208. f.1-3. 1994.

多年生草本。鳞茎近圆柱形，直径 1～2cm，外皮深红褐色，革质，有光泽，条裂。叶圆柱状或半圆柱状，具纵沟槽，中空，直径 1～2mm，短于花葶。花葶圆柱状，实心，高 30～60cm，近中下部被以具明显脉纹的膜质叶鞘；总苞 2 裂，膜质，宿存；伞形花序球状，具多而密集的花；小花梗近等长，长 5～15mm，基部具膜质小苞片；花淡黄色至白色；花被片卵状矩圆形，钝头，长 4～5mm，宽约 2mm，外轮略短；花丝等长，锥形，无齿，比花被片长 1/3～1/2，基部合生并与花被片贴生；子房倒卵形，腹缝线基部具短帘的凹陷蜜穴，花柱伸出花被外。花果期 7～8 月。

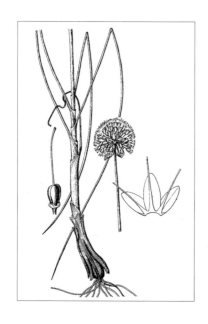   

中旱生草本。生于森林草原带和草原带的山地草原、草原、草甸草原及草甸。产岭西及呼伦贝尔（鄂温克族自治旗、陈巴尔虎旗、新巴尔虎左旗、新巴尔虎右旗、海拉尔区）、兴安南部及科尔沁（扎赉特旗、科尔沁右翼中旗、阿鲁科尔沁旗、巴林右旗、克什克腾旗、敖汉旗）、锡林郭勒（锡林浩特市、东乌珠穆沁旗、西乌珠穆沁旗、苏尼特左旗、正蓝旗、正镶白旗、镶黄旗、多伦县、察哈尔右翼后旗）、乌兰察布（达尔罕茂明安联合旗南部、白云鄂博矿区、固阳县、乌拉特中旗）、阴山（大青山、蛮汗山）、东阿拉善（桌子山）。分布于我国黑龙江、吉林中北部和西南部、辽宁北部和西部、河北北部、山西北部、山东，朝鲜、蒙古国东部、俄罗斯（东西伯利亚地区）。为华北—满洲—东蒙古分布种。

22. 蒙古野葱

Allium prostratum Trev. in Allii Sp. 16. 1822; Fl. Intramongol. ed. 2, 5:499. 1994; Fl. China 24:186. 2000.

多年生草本。具横生的根状茎，粗壮。鳞茎单生或2枚聚生，近圆柱状，外皮淡褐色至带黑色，近革质，通常不破裂或有时顶端条状破裂。叶半圆柱状，直径 0.7～1.5mm，上面具沟槽，下面隆起，边缘具细糙齿。花葶圆柱状，高 10～25cm，直径约 1mm，略具棱，下部被叶鞘；总苞膜质，单侧开裂，宿存；伞形花序半球状，松散；小花梗近等长；花淡紫色至紫红色。外轮花被片卵形，长 3.2～5mm；内轮花被片矩圆形或矩圆状卵形，钝头，上部边缘和先端具不规则的细钝齿，长 4～5.5mm。花丝等长，稍长于或等长于花被片，基部合生并与花被片贴生，外轮的锥形，内轮的狭三角状锥形；子房倒卵状，外壁具细的疣状凸起，花柱伸出花被外。花期 7～8月。

中旱生草本。生于森林草原带的石质坡地。产呼伦贝尔（满洲里市）。分布于我国新疆北部，蒙古国、俄罗斯（东西伯利亚地区南部）。为蒙古高原分布种。

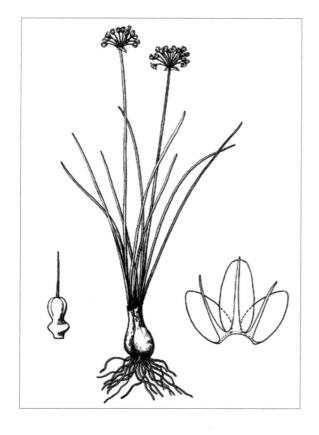

23. 蜜囊葱

Allium subtilissimum Ledeb. in Pl. Alt. 2:22. 1830; Fl. China 24:191. 2000.

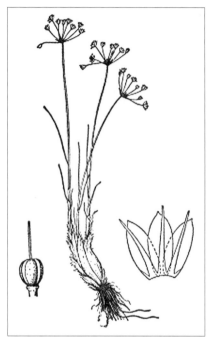

具不明显的直生根状茎。鳞茎数枚或更多聚生，狭卵状圆柱形或狭圆锥形，直径 0.5～1cm，外皮淡灰褐色，略带紫红色，膜质或厚膜质，近于不破裂或顶端破裂。叶 3～5，近圆柱状，纤细，常短于花葶，直径约 0.5mm，上面具沟槽，光滑。花葶纤细，高 5～20cm，直径 0.5～1mm，光滑，下部被叶鞘；总苞 2 裂，具与裂片近等长的喙，宿存；伞形花序具少数花，松散；小花梗近等长，比花被片长 2～3(～4)倍，基部具小苞片；花淡红色至淡红紫色，近星芒状开展。内轮花被片矩圆状椭圆形，长 3.7～5mm，宽 1.3～2.1mm，先端具短尖头；外轮花被片卵状椭圆形，舟状，稍短而狭，先端具短尖头。花丝等长，略比花被片长，稀略短于花被片，锥形，无齿，基部合生并与花被片贴生；子房近球状，外壁多少具细的疣状凸起，沿腹缝线具隆起的蜜囊，蜜囊在子房基部开口，花柱伸出花被外。花果期 7～9 月。

旱生草本。生于荒漠带的山坡。产龙首山。分布于我国新疆中部，蒙古国西南部、俄罗斯、哈萨克斯坦。为亚洲中部山地分布种。

24. 长柱葱

Allium longistylum Baker in J. Bot. 12:294. 1874; Fl. Intramongol. ed. 2, 5:500. t.207. f.5-7. 1994.

多年生草本。鳞茎数枚聚生，圆柱状，直径 4～7mm，外皮红褐色，干膜质至近革质，有光泽，条裂。叶半圆柱状，中空，沿棱有微齿，近等长或稍长于花葶，宽 1.5～2mm。花葶圆柱状，高 20～45cm，中部以下被叶鞘；总苞 2 裂，长 5～7mm，具短喙；伞形花序半球状至球状，较松散；小花梗近等长，长 5～10mm，基部具小苞片；花紫红色至粉红色。外轮花被片矩圆形，钝头，背面呈舟状隆起，长约 3mm，宽约 1.5mm；内轮花被片卵形，钝头，长约 4mm，宽约 2mm。花丝等长，长为花被片的 1.5～2 倍，锥形，在最基部合生并与花被片贴生；子房倒卵形，腹缝线基部具有帘的凹陷蜜穴，花柱伸出花被外。花果期 8～9 月。

中生草本。生于草原带海拔 1500～2500m 的山地林缘。产燕山北部（兴和县苏木山）、阴山（大青山旧窝铺）。分布于我国河北西部、山西。为华北分布种。

25. 山葱（岩葱）

Allium senescens L., Sp. Pl. 1:299. 1753; Fl. Intramongol. ed. 2, 5:499. t.206. f.5-7. 1994; Fl. China 24:187. 2000.——*A. spurium* G. Don in Mem. Wern. Nat. Hist. Soc. 6:59. 1827; Fl. China 24:187. 2000.——*A. spirale* Willd. in Enum. Pl. Suppl. 17. 1814; Fl. China 24:187. 2000.

多年生草本。根状茎粗壮，横生，外皮黑褐色至黑色；鳞茎单生或数枚聚生，

近狭卵状圆柱形或近圆锥状，直径 0.5～1.5cm，外皮灰褐色至黑色，膜质，不破裂。叶条形，肥厚，基部近半圆柱状，上部扁平，长 5～25cm，宽 2～10mm，先端钝圆，叶缘和纵脉有时具极微小的糙齿。花葶近圆柱状，常具 2 纵棱，高 20～50cm，直径 2～5mm，近基部被叶鞘；总苞 2 裂，膜质，宿存；伞形花序半球状至近球状，具多而密集的花；小花梗近等长，长 10～20mm，基部通常具小苞片；花紫红色至淡紫色。花被片长 4～6mm，宽 2～3mm，先端具微齿；外轮者舟状，稍短而狭；内轮者矩圆状卵形，稍长而宽。花丝等长，比花被片长 1.5 倍，基部合生并与花被片贴生，外轮者锥形，内轮者披针状狭三角形；子房近球状，基部无凹陷的蜜穴，花柱伸出花被外。花果期 7～8 月。

中旱生草本。生于森林草原带和草原带的草原、草甸、砾石质山坡,为草甸草原及草原伴生种。产兴安北部、岭东、岭西、呼伦贝尔、兴安南部(科尔沁右翼前旗、科尔沁右翼中旗、突泉县、扎鲁特旗、阿鲁科尔沁旗、翁牛特旗、巴林右旗、克什克腾旗)、赤峰丘陵、燕山北部(喀喇沁旗、兴和县苏木山)、锡林郭勒(锡林浩特市、东乌珠穆沁旗、西乌珠穆沁旗、镶黄旗、多伦县)、阴山(大青山、蛮汗山、乌拉山)、阴南丘陵(准格尔旗)、鄂尔多斯(达拉特旗、鄂托克旗)。分布于我国黑龙江、吉林、辽宁、河北、河南西部和北部、山西、陕西东南部、宁夏、甘肃、新疆北部和东部,朝鲜北部、蒙古国东部和北部及西部、俄罗斯(西伯利亚地区)、哈萨克斯坦,欧洲。为古北极分布种。

嫩叶可作为蔬菜食用。羊和牛喜食,是催肥的优等饲用植物。

《中国植物志》(14:241. 1980.)将 *A. spurium* G. Don 和 *A. spirale* Willd. 并入 *Allium senescens* L. 是正确的,只凭叶的宽窄及扭曲与否(这一性状不稳定)[*Flora of China*(24:187. 2000.)] 很难将这 3 个种区分开来。

26. 镰叶韭

Allium carolinianum Redoute in Liliac. 2:t.101. 1804; Fl. Intramongol. ed. 2, 5:500. 1994.

多年生草本。具短的直生根状茎。鳞茎单生或 2 ～ 3 枚聚生,狭卵状至卵状圆柱形,外皮革质,褐色至黄褐色,顶端破裂,常呈纤维状。叶宽条形,扁平,光滑,常呈镰状弯曲,钝头,宽 5 ～ 15mm,短于花葶。花葶粗壮,高 20 ～ 60cm,直径 2 ～ 4mm,下部被叶鞘;总苞 2 裂,常带紫色,宿存;伞形花序球状,具多而密集的花;小花梗近等长,基部无小苞片;花紫红色、淡紫色、淡红色;花被片狭矩圆形至矩圆形,长 4.5 ～ 9.4mm,宽 1.5 ～ 3mm,先端钝,有时微凹缺,外轮花被片稍短或近等长于内轮花被片;花丝锥形,比花被片长,基部合生并与花被片贴生,内轮花丝贴生部分高出合生部分约 0.5mm,外轮花丝则略低于合生部分,合生部分高约 1mm;子房近球状,腹缝线基部具凹陷的蜜穴,花柱伸出花被外。花果期 6 ～ 9 月。

中生草本。生于荒漠带的高山山地林下及林缘草甸。产龙首山。分布于我国甘肃(河西走廊两侧山地)、青海、新疆北部和中部及西部、西藏北部和西部,印度、尼泊尔、阿富汗,中亚。为中亚—亚洲中部高山分布种。

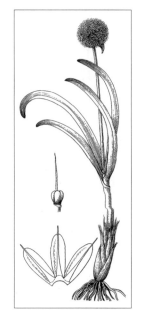

27. 长梗葱（花美韭）

Allium neriniflorum (Herb.) G. Don in Encycl. Pl. ed. 1855(2):1342. 1855; Fl. Intramongol. ed. 2, 5:508. t.211. f.1-3. 1994.——*Caloscordum neriniflorum* Herb. in Edward's Bot. Reg. 30(Misc. Matter):67. 1844.

多年生草本。植物体无葱蒜气味。鳞茎单生，球状，直径 1.5～2cm，外皮灰黑色，膜质。叶近圆柱状，具纵棱，沿棱具微齿，中空，长 5～25cm，宽 1～2mm。花葶圆柱状，高

15～35cm，近下部被叶鞘；总苞单侧开裂，膜质，宿存；伞形花序疏散，具数朵至 10 余朵花；小花梗不等长，长 4～11cm，基部具膜质小苞片；花红色至紫红色；花被片长 7～9mm，宽 2～3mm，自基部 2～2.5mm 处

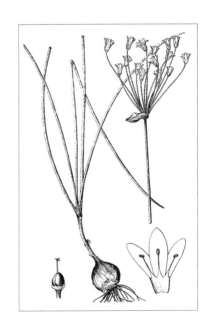

相互靠合成管状，靠合部分尚可见外轮花被片分离之边缘，分离部分星状开展，卵状矩圆形、狭卵形或倒卵状矩圆形，先端微尖或钝，内轮花被片稍长而宽；花丝长约为花被片的一半，自基部 2～2.5mm 处合生并与靠合的花被管贴生，分离部分锥形；子房圆锥状球形。花果期 7～8 月。

旱中生草本。生于草原带的丘陵山地的砾石质坡地、沙质地。产兴安南部及科尔沁（扎赉特旗、科尔沁右翼前旗、科尔沁右翼中旗、阿鲁科尔沁旗、巴林左旗、巴林右旗、翁牛特旗、克什克腾旗）、燕山北部（喀喇沁旗、宁城县、敖汉旗）、锡林郭勒（东乌珠穆沁旗、西乌珠穆沁旗、锡林浩特市、多伦县）、阴山（大青山、蛮汗山）。分布于我国黑龙江西南部、吉林西南部、辽宁、河北北部、山东，蒙古国东部和东北部、俄罗斯（远东地区）。为华北—东亚北部分布种。

鳞茎可食用。

28. 蒜

Allium sativum L., Sp. Pl. 1:296. 1753; Fl. Intramongol. ed. 2, 5:506. 1994.

多年生草本。鳞茎球状，通常由 2 至数枚肉质、瓣状的小鳞茎紧密排列而成，外皮白色至紫色，膜质，数层。叶宽条形至条状披针形，扁平，先端渐尖，宽可达 2.5cm。花葶圆柱状，高可达 60cm，实心，中部以下被叶鞘；总苞具 7～20cm 的长喙，早落；伞形花序密具珠芽，间有数花；小花梗纤细，基部具小苞片，卵形，膜质，具短尖；花常为粉红色；花被片披针形至卵状披针形，长 3～4mm，内轮的较短。花丝等长，短于花被片，基部合生并与花被片贴生；外轮的锥形；内轮的基部扩大，扩大部

分每侧各具 1 齿，齿端呈长丝状，其长度远超过花被片；子房球状，花柱不伸出花被外。花期 7 ～ 8 月。

中生草本。原产亚洲西部。为西亚分布种。内蒙古及我国其他省区，世界其他地区普遍栽培。

鳞茎和花葶可做成调味品，也可作为蔬菜食用。鳞茎入药（药材名：大蒜），能健胃、止痢、杀菌、止咳、驱虫，主治流行性感冒、菌痢、肠炎、阿米巴痢疾、百日咳、消化不良、蛲虫病；外用痈肿疮疡等。鳞茎也入蒙药（蒙药名：萨日木萨格），能杀虫、解毒、去黄水、温胃、祛痰、降气，主治痔疮、白癜风、麻风病、胃寒、呃逆、感冒、气短、痰咳等。

29. 薤白（小根蒜）

Allium macrostemon Bunge in Enum. Pl. China Bor. 65. 1833; Fl. Intramongol. ed. 2, 5:505. t.209. f.4-6. 1994.

多年生草本。鳞茎近球状，直径 1 ～ 1.8cm，外皮棕黑色，纸质，不破裂，内皮白色。叶半圆柱状，中空，上面具纵沟，短于花葶。花葶圆柱状，高 30 ～ 90cm，下部 1/4 ～ 1/3  被叶鞘；总苞 2 裂，膜质，宿存；伞形花序半球状至球状，具多而密集的花，或间具珠芽；小花梗近等长，长 1 ～ 1.5cm，基部具白色膜质小苞片；珠芽暗紫色，基部亦具白色膜质小苞片；花淡红色或淡紫色；花被片先端钝，长 4 ～ 5mm，宽 2 ～ 2.5mm，外轮的舟状矩圆形，常较内轮稍宽而短，内轮的矩圆状披针形；花丝等长，比花被片稍长直到比其长 1/3，基部合生并与花被片贴生，分离部分的基部呈狭三角形扩大，向上渐狭成锥形，内轮的基部比外轮基部稍宽或近相等；子房近球状，基部具有帘的凹陷蜜穴，花柱伸出花被外。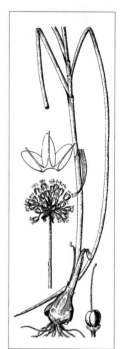

旱中生草本。生于阔叶林带和草原带的山地林缘、沟谷、草甸。产兴安南部（科尔沁右翼中旗）、辽河平原（大青沟）、燕山北部（喀喇沁旗、宁城县、敖汉旗）、阴山（大青山的哈拉沁沟和五当召、乌拉山）、阴南丘陵（准格尔旗）、东阿拉善（桌子山）、贺兰山。除海南、青海、新疆外，遍布我国，日本、朝鲜、蒙古国东部、俄罗斯（远东地区）也有分布。为东亚分布种。

鳞茎可作为蔬菜食用，可以进行栽培驯化。鳞茎入药（药材名：薤白），能理气宽胸、通阳散结，主治胸痹、胸闷胸痛、脘痞不舒、痰饮咳喘、泻痢后重等。可做牧草。

30. 球序薤

Allium thunbergii G. Don in Mem. Wern. Nat. Hist. Soc. 6:84. 1827; Fl. Intramongol. ed. 2, 5:505. t.202. f.1-5. 1994.——*A. sacculiferum* Maxim. in Prim. Fl. Amur. 281. 1859.

多年生草本。鳞茎单生，卵状或狭卵状，稀卵状柱形，直径 0.6 ～ 2cm；外皮黑色或黑褐色，纸质，顶端常撕裂成纤维状；内皮白色或有时带紫红色，膜质。叶三棱状条形，中空，背

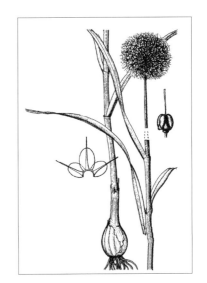

具 1 纵棱，隆起，宽 2 ～ 5mm，短于花葶。花葶圆柱状，中空，高 30 ～ 70cm，中下部被疏离叶鞘；总苞 2 裂，膜质，宿存；伞形花序球状，具多而极密集的花；小花梗近等长，基部具白色膜质小苞片；花淡紫色至紫红色。花被片先端钝圆；外轮者卵状舟形，较短；内轮者椭圆形或卵状椭圆形，长 4 ～ 5mm，宽 2 ～ 3mm。花丝等长，长约为花被片的 1.5 倍，锥形，无齿，基部合生并与花被片贴生；子房倒卵状球形，腹缝线基部具有帘的凹陷蜜穴，花柱伸出花被外。花果期 8 ～ 9 月。

中生草本。生于阔叶林带和森林草原带的山间沟谷。产兴安南部（扎赉特旗、科尔沁右翼中旗、突泉县）、燕山北部（喀喇沁旗、宁城县、敖汉旗、多伦县）。分布于我国黑龙江东北部和西南部、吉林、辽宁、河北、河南、山东东部、山西南部、陕西南部、江苏、湖北东部、台湾北部，日本、朝鲜。为东亚分布种。

鳞茎可做成调味品食用。

31. 毓泉薤

Allium yuchuanii Y. Z. Zhao et J. Y. Chao in Act. Sci. Nat. Univ. Intramongol. 20(2):241. f.1. 1989; Fl. Intramongol. ed. 2, 5:506. t.210. f.1-3. 1994.

多年生草本。鳞茎卵球形，直径 2 ～ 4cm；外皮黑褐色或紫褐色，顶端常撕裂成纤维状；内皮白色，膜质，基部具侧生的小鳞茎。叶三棱状半圆柱形，中空，背面具 1 纵棱，呈龙骨状隆起，短于花葶，宽 2.5 ～ 5mm。花葶单一，圆柱形，中空，高 70 ～ 140cm，直径达 11mm，下部被疏离叶鞘；总苞 2 裂，宿存；伞形花序球状，无珠芽，具多而极密集的花；花梗长短不一，比花被片长 2 ～ 8 倍，基部具小苞片；花被片上部紫红色，下部白色，中脉紫红色，先端钝尖，长 3 ～ 4mm，宽 1 ～ 2mm，外轮舟状；花丝近等长，长约 6mm，长约为花被片的 1.5 倍，下部 2/3 明显加宽成狭三角形，无齿；子房倒卵球形，基部具有帘的凹陷蜜穴，花柱单一，伸出花被外。花期 6 月。

旱中生草本。生于草原带的山地阳坡、沙质地。产辽河平原（科尔沁左翼后旗浩坦嘎查）、锡林郭勒（正镶白旗）、阴山（大青山哈拉沁沟）、阴南平原（呼和浩特市南郊）、阴南丘陵（清水河县、准格尔旗）、贺兰山。为华北分布种。

Flora of China(24:196. 2000.) 将本种并入 *A. sacculiferum* Maxim.。《东北草本植物志》（12:134. 1998.）还认为 *A. sacculiferum* Maxim. 与 *A. thunbergii* G. Don 同为一种，因为它们的特征是鳞茎基部无小鳞茎，花淡紫色，叶三棱状条形，背面具 1 纵棱。但 *A. yuchuanii* Y. Z. Zhao et J. Y. Chao 的鳞茎基部具小鳞茎，花紫红色，叶半圆柱形，上面具沟槽，背面无纵棱，与前二者明显不同，故本种应为单独一种。

32. 白花薤

Allium yanchiense J. M. Xu in Fl. Reip. Pop. Sin. 14:260,286. f.85. 1980; Fl. Intramongol. ed. 2, 5:504. 1994.

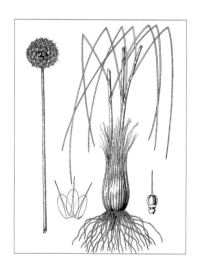

多年生草本。具直生的根状茎。鳞茎单生或数枚聚生，狭卵状，直径 1 ～ 2cm，外皮污灰色，纸质，无光泽，顶端纤维状。叶圆柱状，中空，短于花葶，直径 1 ～ 2mm。花葶圆柱状，高 20 ～ 40cm；总苞 2 裂，具短喙，宿存；伞形花序球状，具多而密集的花；小花梗近等长，基部具小苞片；花白色至淡红色，有时淡绿色，常具淡红色中脉。外轮花被片矩圆状卵形，长 4 ～ 5.2mm；内轮花被片矩圆形或卵状矩圆形，长 4 ～ 6mm；花丝等长，长于花被片，锥形，仅基部合生并与花被片贴生；子房卵球状，腹缝线基部具有帘的蜜穴，花柱伸出花被外。花果期 8 ～ 9 月。

中生草本。生于荒漠带海拔 1300 ～ 2000m 的阴湿沟底及山坡。产东阿拉善（桌子山）、贺兰山。分布于我国河北西南部、山西西部、陕西北部、宁夏西北部和东北部、甘肃东部、青海南部。为华北分布种。

33. 北葱

Allium schoenoprasum L., Sp. Pl. 1:301. 1753; Fl. Pl. Herb. Chin. Bor.-Orient. 12:128. t.55. f.4-5. 1998; Fl. China 24:195. 2000.

  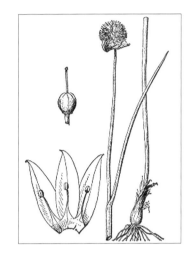

鳞茎常数枚聚生，卵状圆柱形，直径 0.5～1cm，外皮灰褐色或带黄色，皮纸质，条裂，有时顶端纤维状。叶 1～2，光滑，管状，中空，略比花葶短，直径 2～6mm。花葶圆柱状，中空，光滑，高 10～40(～60)cm，直径 2～4mm，1/3～1/2 被光滑的叶鞘；总苞紫红色，2 裂，宿存；伞形花序近球状，具多而密集的花；小花梗常不等长，短于花被片，内层的比外层的长，有时与花被片近等长，基部无小苞片；花紫红色至淡红色，具光泽；花被片等长，披针形、矩圆状披针形或矩圆形，先端短尖或渐尖，长 7～11(～17)mm，宽 3～4mm；花丝为花被片长的 1/3～1/2(～2/3)，下部 1～1.5mm 合生并与花被片贴生，内轮花丝基部狭三角形扩大，比外轮的基部宽 1.5 倍；子房近球状，腹缝线基部具小蜜穴，花柱不伸出花被外。花果期 7～9 月。

旱中生草本。生于阔叶林带的山坡草地。产燕山北部（宁城县）。分布于我国新疆北部（阿勒泰山），日本、朝鲜、蒙古国、俄罗斯（西伯利亚地区）、印度、巴基斯坦、哈萨克斯坦，西南亚，欧洲、北美洲。为泛北极分布种。

34. 姜葱（马葱）

Allium maximowiczii Regel in Trudy Imp. St.-Petersb. Bot. Sada 3(2):153. 1875; Fl. China 24:195. 2000.

多年生草本，高 15～25cm。鳞茎数枚聚生或单生，狭卵状圆柱形，直径 0.5～1cm，外皮灰褐色，薄革质，片状破裂。叶 1～2，管状，中空，短于花葶，直径 3～5mm；叶鞘平滑，有时稍带紫色。花葶圆柱状，高 40～70cm，中部以下被叶鞘；总苞 2 裂，宿存；伞形花序半球状至球状，具多而密集的花；小花梗近等长，长 1～1.5cm，基部无小苞片；花粉红色或暗粉色，有光泽。外轮花被片披针形；内轮花被片卵状披针形，具紫

色中脉，先端具短尖；二者等长或有时外轮稍短，长 5～7mm，宽 2～3mm。花丝等长，稍短于或近等长于花被片，基部合生并与花被片贴生，外轮的锥形，内轮的分离部分呈狭三角形；子房卵球形，基部具凹陷的蜜穴，花柱伸出花被外。花果期 7～8 月。

旱中生草本。生于森林带的山坡草地。产兴安北部（大兴安岭）。分布于我国黑龙江、吉林，日本、朝鲜、蒙古国北部（肯特地区）、俄罗斯（西伯利亚地区）。为西伯利亚—东亚北部分布种。

35. 硬皮葱

Allium ledebourianum Schult. et J. H. Schult. in Syst. Veg. 7:1029. 1830; Fl. Intramongol. ed. 2, 5:501. t.208. f.4-6. 1994.

多年生草本，高 25～70cm。鳞茎数枚聚生或单生，狭卵状圆柱形，直径 0.5～1cm，外皮灰褐色，薄革质，片状破裂。叶 1～2，管状，中空，短于花葶，直径 3～5mm；叶鞘平滑，有时稍带紫色。花葶圆柱状，高 40～70cm，中部以下被叶鞘；总苞 2 裂，宿存；伞形花序半球状至球状，具多而密集的花；小花梗近等长，长 1～1.5cm，基部无小苞片；花淡紫色，有光泽。外轮花被片披针形；内轮花被片卵状披针形，具紫色中脉，先端具短尖；二者等长或有时外轮稍短，长 5～7mm，宽 2～3mm。花丝长于花被片，基部合生并与花被片贴生，外轮的锥形，内轮的分离部分呈狭三角形；子房卵球形，基部具凹陷的蜜穴，花柱伸出花被外。花果期 7～8 月。

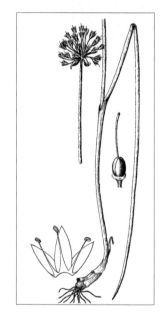

旱中生草本。生于森林带和森林草原带的山地草甸、河谷草甸。产兴安北部及岭东和岭西（额尔古纳市、牙克石市、鄂伦春自治旗、阿尔山市、东乌珠穆沁旗宝格达山、海拉尔区）、兴安南部（科尔沁右翼中旗、巴林右旗、克什克腾旗、锡林浩特市）、燕山北部（宁城县）。分布于我国黑龙江、吉林、河北北部、新疆北部，俄罗斯（西伯利亚地区、远东地区）、哈萨克斯坦。为东古北极分布种。

36. 葱

Allium fistulosum L., Sp. Pl. 1:301. 1753; Fl. Intramongol. ed. 2, 5:504. 1994.

多年生草本。鳞茎单生，圆柱状，直径 2～3cm，外皮白色，稀淡红褐色，膜质至薄革质，不破裂。叶圆筒状，中空。花葶圆柱状，中空，高 30～100cm，中部以下膨大，向顶端渐狭，约在 1/3 处以下被叶鞘；总苞 2 裂，膜质；伞形花序球状，大而较松散，具多花；小花梗纤细，长为花被片的 2～3 倍，基部无小苞片；花白色；花被片长 6～8mm，近卵形，先端渐尖，具反折的尖头，外轮花被片稍短于内轮花被片；花丝等长，长为花被片的 1.5～2 倍，锥形，在基部合生并与

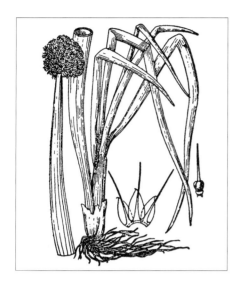  

花被片贴生；子房倒卵状，腹缝线基部具不明显的蜜穴，花柱伸出花被外。花果期6～8月。

中生草本。原产亚洲。为亚洲分布种。内蒙古农村、城镇广泛栽培，牧区有少量栽培；我国其他省区普遍栽培。

叶和鳞茎可作为蔬菜食用。鳞茎入药（药材名：葱白），能发表、通阳、解毒，主治风寒感冒头痛、阴寒腹痛、小便不利、痢疾、痈肿；鳞茎也入蒙药（蒙药名：萨日模苏格），能杀虫、解毒、去黄水、温胃、祛痰、降气，主治痔疮、白癜风、麻风病、胃寒、呃逆、感冒、气短、痰咳等。

37. 阿尔泰葱

Allium altaicum Pall. in Reise Russ. Reich. 2:737. 1773; Fl. Intramongol. ed. 2, 5:501. t.209. f.1-3. 1994.

多年生草本。鳞茎卵状圆柱形，粗壮，直径1.5～3.5cm，外皮红褐色，薄革质，不破裂。叶圆筒状，中空，中下部最粗，直径1～2cm。花葶粗壮，圆筒状，中空，高40cm以上，直径1～2cm，中部以下最粗，向顶端渐狭，中下部被叶鞘；总苞2裂，膜质；伞形花序球状，具多而密集的花；小花梗粗壮，长5～15mm，基部无小苞片；花黄白色。外轮花被片近卵形，长6～7mm；

  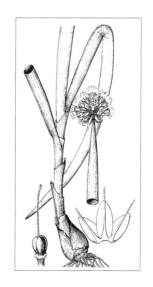

内轮花被片近卵状矩圆形，长 7 ～ 8mm。花丝等长，比花被片长 1.5 ～ 2 倍，锥形，基部合生并与花被片贴生；子房倒卵状，腹缝线基部具蜜穴，花柱伸出花被外。种子黑色，具棱。花果期 8 ～ 9 月。

中生草本。生于森林草原带的山地砾石质山坡或草地。产兴安北部（额尔古纳市）、兴安南部（巴林右旗、西乌珠穆沁旗）。分布于我国黑龙江西南部、新疆北部，蒙古国北部和西部、俄罗斯（西伯利亚地区）、哈萨克斯坦。为西伯利亚南部分布种。

鳞茎和叶可食用。鳞茎入蒙药（蒙药名：哈单松根），能开胃、消食、杀虫，主治消化不良、不思饮食、秃疮、青腿病等。牦牛乐意吃新鲜的茎叶和花序。

38. 洋葱（玉葱、葱头）

Allium cepa L., Sp. Pl. 1:300. 1753; Fl. Intramongol. ed. 2, 5:504. 1994.

38a. 洋葱

Allium cepa L. var. **cepa**

多年生草本。鳞茎球状至扁球状；外皮紫红色、褐红色或淡黄色，纸质至薄革质；内皮肥厚，肉质；内、外皮均不破裂。叶圆筒状，中空，中部以下变粗，向上渐狭。花葶圆筒状，高可达 100cm，中空，中部以下膨大，向上渐细，下部被叶鞘；总苞 2 ～ 3 裂；伞形花序球状，具多而密集的花；小花梗长约 2.5cm；花粉白色；花被片中脉绿色，矩圆状卵形，长 4 ～ 5mm。花丝等长，稍长于花被片，基部合生并与花被片贴生；外轮的锥形；内轮的基部极扩大，扩大部分每侧各具 1 齿。子房近球形，腹缝线基部具有帘的凹陷蜜穴，花柱长约 4mm。花果期 6 ～ 8 月。

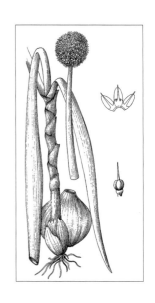

中生草本。原产亚洲西部。为西亚分布种。内蒙古、我国其他省区及世界各地广泛栽培。

鳞茎可作为蔬菜食用。

38b. 红葱

Allium cepa L. var. **proliferum** (Moench) Regel in All. Mongr. 93. 1875; Fl. Reip. Pop. Sin. 14:258. 1980.——*Cepa prolifera* Moench in Methodus 244. 1794.

本变种与正种的区别是：鳞茎狭卵状圆柱形。

中生草本。内蒙古鄂尔多斯市及我国河北、河南、山西、陕西、甘肃等地有栽培，欧洲也有栽培。

2. 棋盘花属 Zigadenus Mich.

多年生草本。具鳞茎或根状茎。叶基生或近基生，条形或狭条形。花两性或杂性，排列成总状花序或圆锥花序；花被片6，离生或基部稍连合成管状，宿存，内面近基部具2个或1个在顶端深裂的肉质腺体。雄蕊6，比花被片短；花丝丝状或下部扩大；花药较小，球形或肾形，药室会合为一，基着，横向开裂。子房3室，胚珠多数，花柱3。蒴果3裂，室间开裂；种子多数，具狭翅。

内蒙古有1种。

1. 棋盘花

Zigadenus sibiricus (L.) A. Gray in Ann. Lyc. Nat. Hist. New York 4:112. 1857; Fl. Intramongol. ed. 2, 5:458. t.188. f.1-3. 1994.——*Melanthium sibiricum* L., Spl. Pl. 1:339. 1753.

多年生草本，高30～70cm。鳞茎小葱头状，外层鳞茎皮黑褐色，有时上部稍撕裂为纤维状。须根纤细，黑褐色。叶基生，条形，长15～30cm，宽3～5mm，在花葶下部常有1～2短叶。总状花序或圆锥花序具疏松的花；花黄绿色或淡黄色；花梗较长，长5～20mm；苞片着生于花梗基部，卵状披针形至披针形，长5～10mm，宽2～7mm；花被片离生，倒卵状矩圆形至矩圆形，长6～9mm，宽2～3mm，中央沿脉绿色，边缘淡黄色，内面近基部有1顶端2裂的肉质腺体；雄蕊稍短于花被片，花丝逐渐向下部扩大，花药近肾形；子房圆锥形，长约4mm，花柱3，近果期稍伸出花被外，外卷。蒴果圆锥形，长约15mm；种子矩圆形，长约5mm，有翅。花期7～8月，果期8～9月。

中生草本。生于森林带的山地林下、林缘草甸。产兴安北部及岭东（额尔古纳市、牙克石市、鄂伦春自治旗）、燕山北部（喀喇沁旗、宁城县）。分布于我国黑龙江东南部、吉林西南部、辽宁西北部、河北东北部、山西东南部、湖北西部、四川东部，日本、朝鲜、蒙古国北部（滨库苏古泊地区）、俄罗斯（东西伯利亚地区、远东地区），欧洲东部。为古北极分布种。

3. 贝母属 Fritillaria L.

多年生草本。具鳞茎。茎直立,不分枝。基生叶有长柄;茎生叶对生、轮生或互生,先端卷曲或不卷曲,基部半抱茎。花单朵顶生或多朵排列成总状花序或伞形花序,具叶状苞片;花被片6,分离,内侧近基部各具1凹陷的囊状腺体,即蜜腺窝;雄蕊6,花药基着或背着;柱头伸出于雄蕊之外。蒴果具6棱,棱上常有翅;种子多数,扁平。

内蒙古有1种。

1. 轮叶贝母(一轮贝母)

Fritillaria maximowiczii Freyn in Oesterr. Bot. Z. 53:21. 1903; Fl. Intramongol. ed. 2, 5:469. t.193. f.4-7. 1994.

多年生草本,高25～50cm。鳞茎由4～5或更多鳞片组成,周围有许多米粒状小鳞片,直径1～2cm,后者很容易脱落。叶条形或条状披针形,长6～11cm,宽4～7mm,先端不卷曲,通常每3～6排成1轮,极少2轮,向上有时还有1～2散生叶。花单生,紫色,稍有黄色小方块;叶状苞片1,先端不卷;花被片长2～3.5cm,宽4～10mm;雄蕊长约为花被片的1/2～3/5,花药近基着;柱头裂片长约5mm。蒴果长2.5～3cm,宽1.5～2cm,具翅,翅宽约4mm;种子扁平,多数呈不规则三角形,褐色。花期6月,果期7～8月。

中生草本。生于森林带的山地林缘、河谷灌丛及草甸。产兴安北部及岭东(根河市、牙克石市、鄂伦春自治旗)、燕山北部(喀喇沁旗、宁城县)。分布于我国黑龙江北部、吉林西南部、辽宁西南部、河北北部,俄罗斯(东西伯利亚地区、远东地区)。为东西伯利亚—满洲分布种。

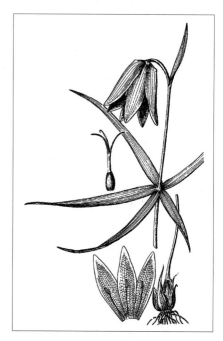

鳞茎入药,能清热、润肺、止咳,主治肺热燥咳、痰火郁结、肺痈、瘰疬等。

4. 百合属 Lilium L.

多年生草本。具鳞茎。茎直立,分枝或不分枝。叶通常散生,少有轮生。花大,单生或形成总状花序;花被片6,2轮生,常多少靠合成喇叭形或钟形,基部有蜜腺,蜜腺不下凹,两侧有乳头状突起、鸡冠状凸起、流苏状凸起或平滑无凸起;雄蕊6,花药大,椭圆形,花丝钻形;子房圆柱形,花柱通常细长,柱头膨大,3裂。蒴果室背开裂;种子小,多数。

内蒙古有4种。

分种检索表

1a. 花直立,花被片不反卷。

  2a. 叶基部无白绵毛;花柱稍短于子房,花被片长3～4cm……**1. 有斑百合 L. concolor** var. **pulchellum**

  2b. 叶基部有1簇白绵毛;花柱长于子房2倍以上,外轮花被片长5～9cm……**2. 毛百合 L. dauricum**

1b. 花下垂，花被片反卷。

　　3a. 苞片顶端不增厚，叶密集。

　　　　4a. 茎密被乳头状突起，蒴果矩圆形，花被片明显反卷⋯⋯⋯⋯**3a. 山丹 L. pumilum** var. **pumilum**

　　　　4b. 茎密被乳头状毛，蒴果近球形，花瓣向外稍反卷⋯⋯⋯**3b. 球果山丹 L. pumilum** var. **potaninii**

　　3b. 苞片顶端加厚，叶稀疏⋯⋯⋯⋯⋯⋯⋯⋯⋯⋯⋯⋯⋯⋯⋯⋯⋯⋯⋯⋯⋯**4. 条叶百合 L. callosum**

1. 有斑百合

Lilium concolor Salisb. var. **pulchellum** (Fisch.) Regel in Gartenfl. 25:354. 1876; Fl. Intramongol. ed. 2, 5:471. t.194. f.1-2. 1994.——*L. pulchellum* Fisch. in Index Sem. Hort. Petrop. 6:56. 1840.

多年生草本。鳞茎卵状球形，高 1.5～3cm，直径 1.5～2cm，白色，上方茎上生不定根。茎直立，高 28～60cm，有纵棱，有时近基部带紫色。叶散生，条形或条状披针形，长 2～7cm，宽 2～6mm，脉 3～7，边缘有小乳头状突起，两面无毛。花 1 至数朵，生于茎顶端；花梗长 1.5～3cm；花直立，呈星状开展，深红色，有褐色斑点；花被片矩圆状披针形，长 3～4cm，宽 5～8mm，蜜腺两边具乳头状突起；花丝长 1.8～2cm，无毛，花药长矩圆形，长 6～7mm；子房圆柱形，长约 1cm，直径 1.5～2mm，花柱稍短于子房，柱头稍膨大。蒴果矩圆形，长约 2.5cm，直径约 1cm。花期 6～7 月，果期 8～9 月。

中生草本。生于森林带和草原带的山地草甸、林缘、

草甸草原。产兴安北部及岭东和岭西（额尔古纳市、牙克石市、鄂伦春自治旗、阿尔山市、扎兰屯市）、兴安南部（科尔沁右翼前旗、扎赉特旗、巴林左旗、巴林右旗、克什克腾旗）、燕山北部（喀喇沁旗、宁城县、敖汉旗、兴和县苏木山）、锡林郭勒（锡林浩特市）、阴山（大青山）。分布于我国黑龙江东南部、吉林东北部、辽宁、河北、山东、山西北部、甘肃，日本、朝鲜、俄罗斯（东西伯利亚地区、远东地区）。为东西伯利亚—东亚北部分布种。

花及鳞茎入蒙药（蒙药名：乌和日－萨仁纳），功能、主治同山丹。

2. 毛百合

Lilium dauricum Ker Gawl. in Bot. Mag. 30:t.1210. 1809; Fl. Intramongol. ed. 2, 5:471. t.195. f.1-3. 1994.

多年生草本。鳞茎卵状球形，高约3cm，直径约2.5cm；鳞片卵形，长1～1.4cm，宽5～10mm，肉质，白色。茎直立，高60～80cm，有纵棱。叶散生，茎顶端有4～5片叶轮生；叶条形或条状披针形，长7～12cm，宽4～10mm，边缘具白色绵毛，先端渐尖，基部有1簇白绵毛，边缘有小乳头状突起，有的还有稀疏的白色绵毛。苞片叶状；花1～2(～3)顶生，橙红色，有紫红色斑点。外轮花被片倒披针形，长5～9cm，宽1.6～2cm，背面有疏绵毛；内轮花被片较窄，蜜腺两边有紫色乳头状突起；花丝长4.5～5cm，无毛，花药长矩圆形，长约8mm；子房圆柱形，花柱比子房长2倍以上，柱头膨大，3裂。蒴果矩圆形，长4～5.5cm，宽约3cm。花期7月，果期8～9月。

中生草本。生于森林带和森林草原带的山地灌丛、疏林下、沟谷草甸。产兴安北部及岭东和岭西（额尔古纳市、根河市、牙克石市、鄂伦春自治旗、鄂温克族自治旗）、兴安南部（科尔沁右翼前旗、扎赉特旗、阿鲁科尔沁旗）。分布于我国黑龙江、吉林、辽宁东北部、河北西北部，日本、朝鲜、蒙古国、俄罗斯（东西伯利亚地区、远东地区）。为东西伯利亚—东亚北部分布种。

可供观赏。

3. 山丹（细叶百合、山丹丹花）

Lilium pumilum Redoute in Liliac. 7:t.378. 1812; Fl. Intramongol. ed. 2, 5:473. t.194. f.3. 1994.

3a. 山丹

Lilium pumilum Redoute var. **pumilum**

多年生草本。鳞茎卵形或圆锥形，高3～5cm，直径2～3cm；鳞片矩圆形或长卵形，长3～4cm，宽1～1.5cm，白色。茎直立，高25～66cm，密被小乳头状突起。叶散生于茎中部，条形，长3～9.5cm，宽1.5～3mm，边缘密被小乳头状突起。花1至数朵，生于茎顶部，鲜红色，无斑点，下垂；花被片明显反卷，长3～5cm，宽6～10mm，蜜腺两边有乳头状突起；花丝长2.4～3cm，无毛，花药长矩圆形，长7.5～10mm，黄色，具红色花粉粒；子房圆柱形，长约10mm，花柱长约17mm，柱头膨大，直径3.5～4mm，3裂。蒴果矩圆形，长约2cm，宽0.7～1.5cm。花期7～8月，果期9～10月。

　　中生草本。生于森林带和草原带的山地灌丛、草甸、林缘、草甸草原。产兴安北部及岭东和岭西（额尔古纳市、牙克石市、鄂伦春自治旗、阿荣旗）、呼伦贝尔（陈巴尔虎旗、海拉尔区、满洲里市）、兴安南部（科尔沁右翼前旗、科尔沁右翼中旗、阿鲁科尔沁旗、巴林左旗、巴林右旗、克什克腾旗）、赤峰丘陵（松山区、翁牛特旗）、燕山北部（喀喇沁旗、宁城县、敖汉旗、兴和县苏木山）、锡林郭勒（锡林浩特市、苏尼特左旗、镶黄旗）、阴山（大青山、蛮汗山、乌拉山）、阴南丘陵（准格尔旗阿贵庙）、东阿拉善（桌子山）、龙首山。分布于我国黑龙江、吉林、辽宁、河北、河南、山东、山西、陕西、宁夏、甘肃、青海东部，朝鲜、蒙古国北部和东部、俄罗斯（西伯利亚地区、远东地区）。为东古北极分布种。

　　鳞茎入药，能养阴润肺、清心安神，主治阴虚、久咳、痰中带血、虚烦惊悸、神志恍惚。花及鳞茎也入蒙药（蒙药名：萨日良），能接骨、治伤、去黄水、清热解毒、止咳止血，主治骨折、创伤出血、虚热、铅中毒、毒热、痰中带血、月经过多等。

3b. 球果山丹

Lilium pumilum Redoute var. **potaninii** (Vrishcz) Y. Z. Zhao in Fl. Intramongol. 8:179. 1985; Fl. Intramongol. ed. 2, 5:473. 1994.——*L. potaninii* Vrishcz in Bot. J. U.R.S.S. 53:1472. 1968.

　　本变种与正种的区别是：果实近球形，花瓣向外稍反卷，茎密被乳头状毛。

　　中生草本。生于荒漠带的山地灌丛、草甸。产贺兰山（哈拉乌北沟）、龙首山。为南阿拉善山地分布变种。

4. 条叶百合

Lilium callosum Sieb. et Zucc. in Fl. Jap. 1:86. t.41. 1839; Fl. Intramongol. ed. 2, 5:475. t.196. f.1-4. 1994.

多年生草本。鳞茎卵形或卵球形，高 1.5～2cm，直径 1～1.5cm，上方茎上有须根；鳞片卵形，先端锐尖，长 1.2～1.5cm，宽 0.5～0.7cm，白色。茎直立，圆柱形，纤细，高 30～40cm，基部带紫色，有小乳头状突起。叶散生，稀疏，狭条形，长 3～6cm，宽 1.5～3.5mm，先端渐尖，无柄，全缘，叶脉 3～7，边缘常反卷并具小乳头状突起，两面无毛，茎上部叶较狭而短。花单生茎顶端；苞片 1～3，狭条形，长约 1cm，顶端加厚；花梗长 1.5～2cm，弯曲；花下垂。花被片开展，开花时中上部向外反卷，深红色，无斑点；外轮花被片匙形，长约 3cm，宽约 6mm；内轮花被片倒披针形，具明显隆起的黄色中脉，蜜腺两边具乳头状突起。花丝长约 1.8cm，无毛，花药狭矩圆形，长约 6mm；子房圆柱形，长约 1cm，宽约 1.5mm，花柱与子房近等长，柱头膨大，3 裂。花期 7～8 月，果期 8～9 月。

中生草本。生于河滩草甸。产科尔沁（科尔沁右翼中旗、阿鲁科尔沁旗、翁牛特旗）、辽河平原（科尔沁左翼后旗）。分布于我国吉林南部、辽宁中北部、河南西部、安徽南部、江苏西南部、浙江东部、台湾北部、广东、广西，日本、朝鲜、俄罗斯（远东地区）。为东亚分布种。

5. 绵枣儿属 **Barnardia** Lindl.

多年生草本。鳞茎具膜质鳞茎皮。叶基生。总状花序；苞片小；花被片 6，离生或基部稍合生，具 1 凸起中脉；雄蕊 6，着生在花被片基部或中部，花药卵形或矩圆形，内向开裂；子房 3 室，通常每室具 1～2 胚珠，花柱丝状，柱头很小。蒴果球形或卵形，室背开裂；种子少数，黑色。
内蒙古有 1 种。

1. 绵枣儿

Barnardia japonica (Thunb.) Schult. et J. H. Schult. in Syst. Veg. 7:555. 1829; Fl. China 24:203.
2000.——*Ornithogalum japonicum* Thunb. in Syst. Veg. ed. 14, 328. 1784.——*Scilla scilloides* (Lindl.)
Druce in Bot. Soc. Exch. Club Brit. Isl. 4:646. 1917; Fl. Intramongol. ed. 2, 5:475. t.197. f.1-2. 1994.——
B. scilloides Lindl. in Bot. Reg. 12:t.1029. 1826.

多年生草本，高 25～35cm。鳞茎卵形或近球形，高 2～5cm，直径 1.2～2.5cm，外包
黑褐色鳞茎皮。叶基生，通常 2～5，呈狭条形，长 15～23cm，宽 2～5mm，质薄而柔软。
总状花序长 5～9cm，具多数花；花紫红色或粉红色，直径 4～5mm；花葶通常比叶长；苞

片条状披针形，长 2～3mm，膜质；花梗长 2～7mm；花
被片矩圆形、倒卵形或狭椭圆形，长 2.5～3.5mm，宽
1～1.2mm，基部稍合生成盘状，先端钝而增厚。雄蕊生
于花被片基部，稍短于花被片；花丝紫色，条状披针形，
中部以上变窄，基部稍合生，边缘和背部具小乳头状突起。
子房长约 2mm，在基部有短柄，表面有稀疏的小乳头状突起，
3 室，每室有 1 胚珠。花柱长约 1mm。蒴果近卵形，长 3～6mm，
宽 2～4mm；种子 1～3，呈矩圆状狭倒卵形，黑色。花
果期 7～10 月。

中生草本。生于山地草甸、灌丛、草甸草原，为夏绿
阔叶林下的早春植物。产岭东（鄂伦春自治旗）、兴安南
部及科尔沁（扎赉特旗、科尔沁左翼中旗、突泉县、翁牛
特旗）、燕山北部（敖汉旗大黑山）。分布于我国黑龙江
南部、吉林西部、辽宁、河北、河南、山东、山西、江苏、
台湾、江西、湖北、湖南西部、广东中部、广西、贵州、四川、
云南北部，日本、朝鲜、俄罗斯（远东地区）。为东亚分布种。

6. 顶冰花属 Gagea Salisb.

多年生草本。具鳞茎。基生叶 1～2，有时具茎生互生叶数片。花通常排成伞房、伞形或总状花序，少单生；花被片 6，通常黄色或绿黄色，离生，2 轮，宿存，增大，变厚，一般比蒴果长 1 倍以上；雄蕊 6，花丝着生于花被片基部，花药卵形或矩圆形，基着；花柱较长，柱头头状或 3 裂。蒴果倒卵形至矩圆形，通常有 3 棱；果皮薄。

内蒙古有 5 种。

分种检索表

1a. 植株仅具基生叶，无茎生叶；花序伞形，基部明显具总苞片；柱头头状或微 3 裂·····················
·····················**1. 小顶冰花 G. terraccianoana**
1b. 植株除具基生叶外，亦具 1～5 枚茎生叶；花单生或总状，基部无明显总苞片。
  2a. 鳞茎基部不具附属小鳞茎，鳞茎外皮上端向上延伸；叶半圆筒形。
    3a. 基生叶 1·····················**2. 少花顶冰花 G. pauciflora**
    3b. 鳞茎从基部伸出数条纤细的匍匐茎状的梗，梗端生小鳞茎·····················**3. 顶冰花 G. chinensis**
  2b. 鳞茎基部具附属小鳞茎。
    4a. 基生叶 2·····················**4. 贺兰山顶冰花 G. alashannica**
    4b. 鳞茎外侧基部附生数枚至多数无柄小鳞茎·····················**5. 大青山顶冰花 G. daqingshanensis**

1. 小顶冰花

Gagea terraccianoana Pascher in Repert. Spec. Nov. Regni Veg. 2:58. 1906; Fl. China 24:118. 2000.——*G. hiensis* auct. non. Pasch.: Fl. Intramongol. ed. 2, 5:466. t.192. f.4-6. 1994.

多年生草本，高 10～13cm。鳞茎卵形，直径 6～8mm，鳞茎皮暗棕色，基部具 1 至多枚小鳞茎。基生叶 1，长达 13cm，宽 2～3mm，扁平，无毛。总苞片条形，约与花序等长，宽 3～5mm；花通常 5～6，排成伞形花序；花梗无毛；花被片条形或条状披针形，长 7～8mm，宽 1～2mm，先端锐尖或钝圆，内面淡黄色，外面黄绿色；雄蕊长为花被片的 1/2～2/3，花药矩圆形，长 0.5～1mm；子房长倒卵形，花柱与子房近等长，柱头头状或微 3 裂。花果期 6 月。

早春类短命中生草本。生于森林带和草原带的山地沟谷草甸。产岭东（阿荣旗）、岭西、兴安南部、阴山（大

青山）。分布于我国黑龙江、吉林东南部、辽宁东南部、河北北部、山西北部、陕西东部、甘肃东北部、青海北部，朝鲜、蒙古国北部（肯特地区）、俄罗斯（东西伯利亚地区、远东地区）。为东西伯利亚—东亚北部分布种。

2. 少花顶冰花

Gagea pauciflora (Turcz. ex Trautv.) Ledeb. in Fl. Ross. 4:143. 1852; Fl. Intramongol. ed. 2, 5:467. t.192. f.1-3. 1994.——*Plecostigma pauciflorum* Turcz. ex Trautv. in Pl. Imag. Descr. Fl. Russ. 8. 1844.

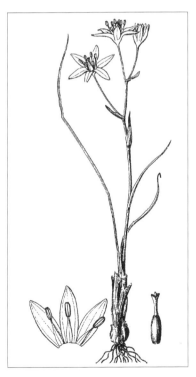

多年生草本，高7～25cm。鳞茎球形或卵形，上端延伸成圆筒状，撕裂，抱茎。基生叶1，长8～22cm，宽2～3mm；茎生叶通常1～3，下部1枚长，可达12cm，披针状条形，上部的渐小而成为苞片状。花1～3，排成近总状花序；花被片披针形，绿黄色，长4～22mm，宽1.5～4mm，先端渐尖或锐尖；雄蕊长为花被的1/2～2/3，花药条形，长2～3.5mm；子房矩圆形，长2.5～3.5mm，花柱与子房近等长或较之略短，柱头3深裂，裂片长度通常超过1mm。蒴果近倒卵形，长为宿存花被片的2/3。花期5～6月，果期7月。

早春类短命中生草本。生于森林草原带和草原带的山地草甸或灌丛。产岭西（额尔古纳市、鄂温克族自治旗、海拉尔区）、锡林郭勒（锡林浩特市、阿巴嘎旗、镶黄旗）、阴山（大青山）、贺兰山、龙首山。分布于我国黑龙江、河北北部、陕西南部、甘肃东部、青海、西藏北部和西南部，蒙古国东部和北部及西部、俄罗斯（东西伯利亚地区、远东地区）。为东古北极分布种。

3. 顶冰花

Gagea chinensis Y. Z. Zhao et L. Q. Zhao in Ann. Bot. Fenn. 41(4):297. 2004.

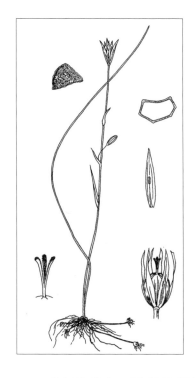

多年生草本。鳞茎卵球形,黄褐色,直径 3～5mm,从基部生出数条纤细的匍匐茎状的梗,梗的末端具黄白色的小鳞茎,外皮上延不明显。茎高 10～30cm,下部密被短毛。基生叶 1,线形,半圆筒状,近轴面具浅沟,远轴面具 4 棱,下部密被短毛,长 9～20cm,宽约 1mm;茎生叶 2～4,条形或狭披针形,长 1～6cm,宽 1～3mm。花单生或 2～4 朵排成总状花序;花梗长 2～10mm,果期稍伸长;花被片 6,矩圆状披针形,边缘膜质,外花被片长 15～17mm,内花被片长 13～15mm;雄蕊 6,长 6～8mm,花药矩圆形,长约 2mm;柱头 3 深裂,裂片长约 3mm,子房矩圆形,长约 5mm。蒴果倒卵球形,长约 1cm,基部具宿存长 18～20mm 的萼片;种子不规则三角形,扁平,红棕色,具黄白色的边缘,长约 2mm。花果期 5～7 月。

早春类短命中生草本。生于草原带的山地。产乌兰察布(四子王旗)、阴山(大青山、蛮汗山)、阴南丘陵(和林格尔县、准格尔旗)、鄂尔多斯。分布于我国华北地区。为华北分布种。

本种与少花顶冰花 *G. pauciflora* 相近,但本种基生叶半圆筒形,具 4 棱,空心,鳞茎外皮上端不向上延伸,故与少花顶冰花明显不同。

4. 贺兰山顶冰花(阿拉善顶冰花)

Gagea alashanica Y. Z. Zhao et L. Q. Zhao in Act. Phytotax. Sin. 41(4):393. 2003.

多年生草本。全株无毛。鳞茎卵形,直径约 5mm,鳞茎皮向上延伸,长约 2.5cm。茎高约 12cm。基生叶 2,半圆筒形,长 10～14cm,直径约 1mm;茎生叶 3,互生,条形,长 7～20mm,宽 1～2mm,基部加宽。花单生;花梗长约 15mm;花被片 6,长圆状披针形,长约 12mm,宽约 3mm,先端急尖;雄蕊长约 6mm,花药长圆形,长约 1mm;花柱长约 3mm,柱头头状。蒴果倒卵球形,长约 6mm。

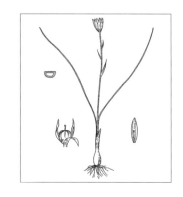

早春类短命中生草本。生于荒漠带海拔 3500m 左右的高山草甸。产贺兰山。为贺兰山分布种。

5. 大青山顶冰花

Gagea daqingshanensis L. Q. Zhao et J. Yang in Ann. Bot. Fenn. 43(3):223. 2006.

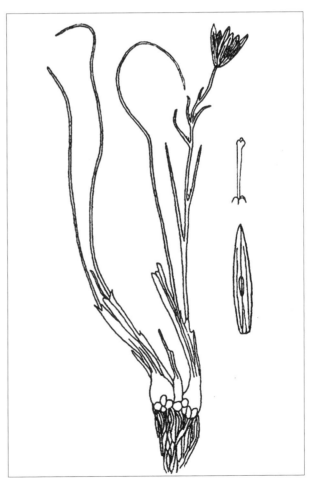

　　多年生类短命植物。鳞茎卵球形，黄褐色或褐色，直径 3～5mm，基部附生数枚至多数小鳞茎，鳞茎外皮向上延伸，顶端撕裂，长 1～3.5cm。茎高 7～15cm，光滑或被柔毛，而后脱落渐变光滑。基生叶 1，线形，管状，具棱，花期长于花；茎生叶下部通常有 3～5 互生叶，线形或狭披针形，长 1～3cm，宽 1～1.5mm，上部常有 2 对生叶，线形，成苞片状，长约 9mm，腋间生 1～2 朵具 1 枚小苞片的花，茎上部叶及苞片近基部边缘具稀疏纤毛。花梗长 1～2.5cm，果期伸长；花瓣 6，矩圆状披针形，黄绿色。外轮 3 枚花被片草质，具 3～5 脉，边缘狭膜质，长约 12mm；内轮 3 枚花被片膜质，具 3 脉，长约 10mm。雄蕊 6，长 6～7mm，花药长圆形，长约 2.5mm；子房长约 3mm，花柱长约 3mm，柱头 3 浅裂。花果期 4～5 月。

　　早春类短命中生草本。生于草原带的山地。产阴山（大青山）。为大青山分布种。

7. 洼瓣花属 Lloydia Salisb. ex Reich.

多年生草本。鳞茎通常狭卵形，上端延长成圆筒状。茎不分枝。叶 1 至多枚基生，茎上有较短的互生叶。花单朵顶生或 2～4 排成近二歧的伞房状花序；花被片 6，离生，近基部常有凹穴、毛或褶片；雄蕊 6，生于花被片基部，花药基着；花柱与子房近等长或较之稍长。蒴果狭倒卵状矩圆形至宽倒卵形，室背上部开裂；种子多数。

内蒙古有 2 种。

分种检索表

1a. 基生叶 1～2；花被片白色，具紫色脉纹；内、外花被片近相似；花丝无毛；花被片基部具 1 凹穴⋯⋯**1. 洼瓣花 L. serotina**

1b. 基生叶 3～10；花被片淡黄色，具淡紫色的绿脉纹；内轮花被片较宽，外轮花被片较窄；花丝中下部具柔毛；内花被片基部具 1 对褶片⋯⋯⋯⋯⋯⋯⋯⋯⋯**2. 西藏洼瓣花 L. tibetica**

1. 洼瓣花

Lloydia serotina (L.) Rchb. in Fl. Germ. Excurs. 102. 1830; Fl. Intramongol. ed. 2, 5:467. t.192. f.7-9. 1994.——*Bulbocodium serotinum* L., Sp. Pl. 1:294. 1753.

多年生草本。鳞茎狭而上端延伸，上部开裂。茎直立，高 10～20cm。基生叶通常 2，稀 1，狭条形，宽约 1mm，短于或有时高于花茎；茎生叶 4，长 1～2.5cm，宽约 2mm。花 1，顶生；内、外花被片近相似，倒卵形，白色而带紫斑，长 1～1.2cm，宽约 5mm，先端钝圆形，内面近基部常有 1 凹穴；雄蕊和雌蕊显著短于花被片，花丝无毛，子房近矩圆形，花柱与子房近等长，柱头 3 裂不明显。蒴果倒卵形，略有 3 钝棱，顶端花柱宿存；种子近三角形，扁平。花期 6～7 月，果期 7～8 月。

早春类短命中生草本。生于亚高山或高山山顶灌丛或岩石处。产阴山（大青山）、贺兰山。分布于我国黑龙江北部、吉林东部、辽宁西南部、河北西北部、山西东北部、陕西西南部、宁夏西北部、甘肃东北部、青海、四川西部、西藏、云南西北部、新疆中部和北部及西部，日本、朝鲜、蒙古国北部和西部、俄罗斯、不丹、印度（锡金）、尼泊尔、巴基斯坦、哈萨克斯坦，欧洲、北美洲。为泛北极分布种。

牛、羊喜食，为良等饲用植物。

2. 西藏洼瓣花

Lloydia tibetica Baker ex Oliver in Hooker's Icon Pl. 23:t.2216. 1892; Fl. China 24:122. 2000.

多年生草本。鳞茎不明显膨大，卵柱形，顶端延长，开裂。基生叶 3～10，条形，扁平，等长或有时高于花茎，宽 1.5～3mm；茎生叶 2～3，短，向上过渡为苞片。花 1～4(～5)，呈二歧聚伞花序；花被片淡黄色，具淡紫色绿脉纹，基部通常多少具柔毛，内轮花被片明显宽于外轮花被片，内面基部有 1 对褶片；雄蕊短于花被，花丝中下部具柔毛；子房长矩圆形，花柱长于子房，柱头近头状，稍 3 裂。蒴果矩圆形；种子不规则矩圆形，扁平。花期 6～7 月，果期 7～8 月。

早春类短命中生草本。生于荒漠带海拔 3000m 左右的石质山脊、石缝及高山灌丛。产贺兰山主峰。分布于我国河北、山西、陕西、湖北、甘肃、四川、西藏，尼泊尔。为华北—横断山脉—喜马拉雅分布种。

8. 郁金香属 Tulipa L.

多年生草本。鳞茎外有多层鳞茎皮。叶大部基生。花较大，通常顶生，直立；花被钟状或漏斗形钟状；花被片 6，离生；雄蕊 6，花药基着，花丝常在中部或基部扩大；子房长椭圆形，花柱明显或不明显，柱头 3 裂。蒴果椭圆形或近球形，种子近三角形。

内蒙古有 1 种。

1. 蒙古郁金香

Tulipa mongolica Y. Z. Zhao in Novon 13(2):297. f.1. 2003.——*T. uniflora* auct. non (L) Bess. ex Baker: Fl. Intramongol. ed. 2, 5:469. t.193. f.1-3. 1994.——*T. heteropetala* auct. non Ledeb.: Fl. Reip. Pop. Sin. 14:95. 1980. p.p.

多年生草本，高 10～25cm。鳞茎卵形，直径 1～2cm，鳞茎皮纸质，暗褐色，内面上部被毛。茎光滑无毛。叶 2，近对生，着生于茎中部，狭条状披针形，长 8～11cm，宽 4～9mm，光滑无毛，通常向外弯曲。单花顶生。花被片 6，离生，黄色，排成 2 轮；外花被片 3，倒披针形，背面绿紫色，长 2.5～4.5cm，宽 4～8mm，先端锐尖；内花被片 3，矩圆状倒卵形，与外花被片等长，宽 8～15mm。雄蕊 6，3 长 3 短，长雄蕊长约 2.4cm，短雄蕊长约 2.2cm；花丝长于花药 2.5～3 倍，黄色，光滑无毛，中下部加宽，向两端渐狭；花药黄色，狭矩圆形，长 4～6mm。雌蕊比雄蕊略长，花柱长约 1cm，柱头 3 裂。蒴果。

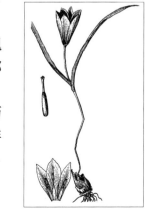

早春类短命中生草本。生于草原带石质坡地、火山锥碎石缝中，现处于灭绝状态。产锡林郭勒（锡林浩特市巴彦锡勒牧场）。蒙古国东部也有分布。为东蒙古分布种。

本种更接近异瓣郁金香 *T. heteropetala* Ledeb.，但因雄蕊花丝比花药长 2.5～3 倍（非雄蕊花丝与花药等长或较之稍长），雌蕊长于雄蕊（非雌蕊短于雄蕊）；内花被片矩圆状倒卵形，长 2.5～4.5cm，宽 8～15mm，先端尖（非内花被片卵形或菱形，长 2～2.5cm，宽 4～8mm，先端钝尖）；2 叶片近对生（非疏离生）而明显不同。

9. 重楼属 Paris L.

多年生草本。具匍匐根状茎。茎直立，不分枝。叶通常 4 至多数，轮生于茎顶部。花单生于叶轮之上；花被片离生，宿存，排成 2 轮，每轮（3～）4～6（～10），外轮花被片通常叶状，内轮花被片条形；雄蕊与花被片同数，通常 1～2 轮；子房近球形或圆锥形，4～10 室；花柱分枝 4～10。蒴果或浆果状蒴果。

内蒙古有 1 种。

1. 北重楼

Paris verticillata Marschall von Bieb. in Fl. Taur.-Cauc. 3:287. 1819; Fl. Intramongol. ed. 2, 5:523. t.214. f.3-4. 1994.

多年生草本，高 25～45cm。根状茎细长，直径 3～5mm。茎绿白色，有时带紫色。叶 6～8 轮生，披针形、狭椭圆形、倒披针形或倒卵形，长 6.5～10cm，宽 2.5～4.5cm，先端渐尖或尾状，基部楔形，具短柄。花梗长 4～8cm。外轮花被片绿色，极少带紫色，叶状，通常 4（～5），倒披针形、倒卵状披针形，长 3～5cm，宽 1～2cm，先端渐尖；内轮花被片黄绿色，条形，长 1～2cm，果后宿存。花药长约 1cm，花丝基部扁平，长 5～7mm，药隔凸出部分长约 5mm；子房近球形，紫褐色，花柱分枝 4～5，向外反卷。蒴果浆果状，直径达 1.5cm。花期 6 月，果期 7～9 月。

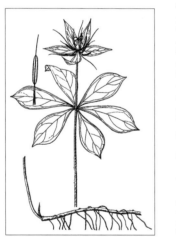

中生草本。生于森林带和草原带的山地阴坡。产兴安北部及岭东和岭西（额尔古纳市、根河市、牙克石市、鄂伦春自治旗、鄂温克族自治旗）、兴安南部（科尔沁右翼前旗、阿鲁科尔沁旗、巴林右旗、克什克腾旗、东乌珠穆沁旗、西乌珠穆沁旗）、燕山北部（喀喇沁旗、宁城县、兴和县苏木山）、阴山（大青山、蛮汗山）。分布于我国黑龙江、吉林东部、辽宁东部、河北、山西、陕西南部、甘肃东部、四川北部、安徽南部、浙江西北部，日本、朝鲜、蒙古国（大兴安岭）、俄罗斯（西伯利亚地区）。为西伯利亚—东亚分布种。

10. 知母属 Anemarrhena Bunge

属的特征同种。
单种属。

1. 知母（兔子油草）

Anemarrhena asphodeloides Bunge in Mem. Acad. Imp. Sci. St.-Petersb. Div. Sav. 2:140. 1831; Fl. Intramongol. ed. 2, 5:462. t.188. f.4-6. 1994.

多年生草本。具横走根状茎，直径 0.5～1.5cm，为残存叶鞘所覆盖；须根较粗，黑褐色。叶基生，长 15～60cm，宽 1.5～11mm，向先端渐尖而呈近丝状，基部渐宽而呈鞘状，具多条平行脉，没有明显的中脉。花葶直立，长于叶；总状花序通常较长，长 20～50cm；苞片小，卵形或卵圆形，先端长渐尖；花 2～3 簇生，紫红色、淡紫色至白色；花被片 6，条形，长 5～10mm，中央具 3 脉，宿存，基部稍合生；

雄蕊 3，生于内花被片近中部，花丝短，扁平，花药近基着，内向纵裂；子房小，3 室，每室具 2 胚珠，花柱与子房近等长，柱头小。蒴果狭椭圆形，长 8～13mm，宽约 5mm，顶端有短喙，室背开裂，每室具 1～2 种子；种子黑色，具 3～4 纵狭翅。花期 7～8 月，果期 8～9 月。

中旱生草本。生于草原、草甸草原、山地砾石质草原，可形成草原群落的优势成分。产岭东（莫力达瓦达斡尔族自治旗）、兴安南部及科尔沁（科尔沁右翼前旗、科尔沁右翼中旗、乌兰浩特市、扎鲁特旗、科尔沁区、库伦旗、阿鲁科尔沁旗、巴林左旗、巴林右旗、克什克腾旗）、辽河平原（大青沟）、赤峰丘陵（红山区、松山区、翁牛特旗）、燕山北部（喀喇沁旗、宁城县、敖汉旗）、锡林郭勒（锡林浩特市、东乌珠穆沁旗、西乌珠穆沁旗、镶黄旗、阿巴嘎旗）、阴山（大青山、蛮汗山）、阴南丘陵（准格尔旗）、鄂尔多斯（伊金霍洛旗、乌审旗、鄂托克旗）、东阿拉善（桌子山）。分布于我国黑龙江西南部、吉林西部、辽宁、河北、山东、山西东部、陕西北部、甘肃东北部、江苏、四川、贵州，蒙古国东部（大兴安岭、东蒙古地区东部）。为东亚（东蒙古—华北—横断山脉）分布种。

根状茎入药（药材名：知母），能清热泻火、滋阴润燥，主治高热烦渴、肺热咳嗽、阴虚燥咳、消渴、午后潮热等。

11. 藜芦属 Veratrum L.

多年生草本。根状茎粗短。茎直立，基部叶鞘枯死后多成为棕褐色的纤维残留物。叶互生，椭圆形至条形，基部常抱茎。圆锥花序具许多花，雄性花和两性花同株，极少仅为两性花；花被片6，宿存；雄蕊6，花丝丝状，花药近肾形，药室贯连；子房上位，3室，胚珠多数，花柱3，宿存。蒴果椭圆形或卵圆形，多少具3钝棱，室间开裂；种子多数。

内蒙古有3种。

分种检索表

1a. 叶片无毛；包茎的基部叶鞘具横脉，枯死后残留为带网眼的纤维网；花被片全缘，子房无毛。

  2a. 叶无柄或仅上部叶具短柄，叶椭圆形至卵状披针形，长20～25cm，宽5～10cm；小花密生于主轴和分枝轴上····································**1. 藜芦 V. nigrum**

  2b. 叶柄长达10cm；叶片矩圆状披针形至矩圆状椭圆形，长20～30cm，宽1.5～4cm；小花疏生于主轴和分枝轴上····································**2. 毛穗藜芦 V. maackii**

1b. 叶片背面密生银白色柔毛；包茎的基部叶鞘无横脉，枯死后残留形成无网眼的纤维束；花被片边缘啮蚀状，子房密生柔毛····································**3. 兴安藜芦 V. dahuricum**

1. 藜芦（黑藜芦）

Veratrum nigrum L., Sp. Pl. 2:1044. 1753; Fl. Intramongol. ed. 2, 5:460. t.189. f.1-5. 1994.

多年生草本，高60～100cm。茎粗壮，基部直径10～20mm，被具横脉的叶鞘所包，枯死后残留为带黑褐色有网眼的纤维网。叶椭圆形至卵状披针形，通常长20～25cm，宽5～10cm，

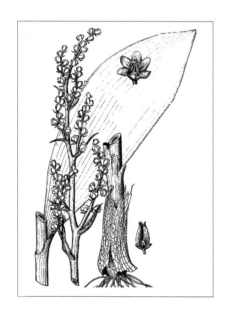

较平展，先端锐尖或渐尖，无柄或仅上部者收缩成短柄，叶片无毛。圆锥花序，通常疏生较短的侧生花序；侧生总状花序近直立伸展，长4～8(～10)cm，通常具雄花；顶生总状花序较侧生花序长2倍以上，几乎全部着生两性花。总轴和分枝轴被白色绵毛；小花多数，密生；小苞片披针形，长约1.5mm，边缘或背部被绵毛；花梗长1～6mm，被绵毛；花被片黑紫色，矩圆形，长

3～6mm，宽约3mm，先端钝，基部略收缩，全缘，开展或略反折；雄蕊长为花被片的一半；子房无毛。蒴果长1.5～2cm，宽约1cm。花期7～8月，果期8～9月。

中生草本。生于森林带和森林草原带的山坡林下、林缘、草甸。产兴安北部及岭东和岭西（额尔古纳市、牙克石市、

鄂伦春自治旗）、呼伦贝尔（陈巴尔虎旗、鄂温克族自治旗、满洲里市）、兴安南部（科尔沁右翼前旗、扎鲁特旗、阿鲁科尔沁旗、巴林左旗、巴林右旗、克什克腾旗）、燕山北部（喀喇沁旗、宁城县、敖汉旗、兴和县苏木山）、锡林郭勒（锡林浩特市）。分布于我国黑龙江、吉林、辽宁、河北、河南、山东中部、山西、陕西南部、甘肃东部、湖北、四川西部、贵州，蒙古国北部和东部、俄罗斯、哈萨克斯坦、欧洲中部。为古北极分布种。

根及根状茎入药（药材名：藜芦），能催吐、祛痰、杀虫，主治中风痰壅、癫痫、喉痹等，外用治疥癣、恶疮、杀虫蛆。根及根状茎也入蒙药（蒙药名：阿嘎西日嘎），能催吐、峻下，主治遗毒、积食、心口痞等。

2. 毛穗藜芦

Veratrum maackii Regel in Mem. Acad. Imp. Sci. St.-Petersb. Ser. 7, 4(4):169. 1861; Fl. Intramongol. ed. 2, 5:460. t.189. f.6-7. 1994.

多年生草本，高 60～100cm。茎较纤细，基部稍粗，直径 5～10mm，被具横脉的叶鞘所包，枯死后残留带棕褐色有网眼的纤维网。叶片长矩圆状披针形至矩圆状椭圆形，长 20～30cm，宽 1.5～4cm，先端长渐尖或渐尖，皱折，两面无毛，基部收缩成柄；叶柄长达 10cm。圆锥花序，通常疏生较短的侧生花序，斜升，长 2～8cm，顶生总状花序与侧生花序等长或更长；总轴和分枝轴疏生绵毛；花多数，疏生；小苞片卵状披针形，长 2～3mm，宽约 1.5mm，背面密生柔毛或仅边缘被绵毛；花梗较长，长 5～15mm，疏被绵毛；花被片黑紫色，近矩圆形，开展或反折，长 3～6mm，宽约 2mm，先端钝，基部无柄，全缘；雄蕊长约为花被片的一半；子房无毛。蒴果直立，长 1～2cm。花期 7～8 月，果期 8～9 月。

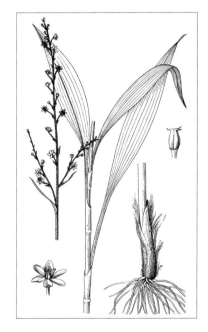

中生草本。生于森林带的林下、灌丛、山地草甸。产岭东（鄂伦春自治旗大杨树镇）。分布于我国黑龙江、吉林东部、辽宁东部、河北东北部、山东东北部，日本、朝鲜、俄罗斯（西伯利亚地区）。为西伯利亚—东亚北部分布种。

药用同藜芦。根及根状茎也入蒙药（蒙药名：乌斯图-阿格西日嘎），功能、主治同藜芦。

3. 兴安藜芦

Veratrum dahuricum (Turcz.) Loes. in Verh. Bot. Ver. Prov. Brand. 68:134. 1926; Fl. Intramongol. ed. 2, 5:462. t.190. f.1-5. 1994.——*V. album* L. var. *dahuricum* Turcz. in Bull. Soc. Imp. Nat. Mosc. 28(1):295. 1855.

多年生草本，高 70～150cm。茎粗壮，基部直径 8～15mm，为仅具纵脉的叶鞘所包，枯死后残留形成无网眼的纤维束。叶椭圆形或卵状椭圆形，长 10～20cm，宽 5～10cm，平展，先

端渐尖，基部无柄，抱茎，背面密生银白色柔毛。圆锥花序，近纺锤形，侧生总状花序多数，斜升，最下部者偶有再次分枝，与顶端总状花序近等长；总轴和分枝轴密生短绵毛；小花多数，密生；小苞片近卵形，长 3～7mm，背面和边缘有毛；花梗较短，长 2～4mm，被绵毛；花被片淡黄绿色，椭圆形或卵状椭圆形，长 7～10mm，宽 3～5mm，近直立或稍开展，先端锐尖或稍钝，基部收缩成柄，边缘啮蚀状，背面具短毛；雄蕊长约为花被片的一半；子房近圆锥形，密生柔毛。花期 7～8 月，果期 8～9 月。

中生草本。生于森林带的山地草甸、草甸草原。产兴安北部及岭东和岭西（额尔古纳市、牙克石市、鄂伦春自治旗、阿尔山市白狼镇、东乌珠穆沁旗宝格达山）。分布于我国黑龙江、吉林东北部、辽宁北部，朝鲜、俄罗斯（西伯利亚地区）。为西伯利亚—满洲分布种。

药用同藜芦。根及根状茎也入蒙药（查干－阿格西日嘎），功能、主治同藜芦。

12. 萱草属 Hemerocallis L.

多年生草本。具很短的根状茎，须根常多少肉质。叶基生，带状。花葶顶端具总状或假二歧状的圆锥花序，较少的花序缩短或只具单花；苞片存在；花近漏斗状，下部具花被管；花被裂片 6；雄蕊 6，花药背着或近基着；子房 3 室，每室具多数胚珠，花柱细长，柱头小。蒴果钝三棱状椭圆形或倒卵形，表面常具皱纹，室背开裂；种子黑色，有棱角。

内蒙古有 2 种。

分种检索表

1a. 根不膨大或稍肉质，呈绳索状；花被管长 1～2.5（～3）cm ···················· **1. 小黄花菜 H. minor**

1b. 根中下部常膨大成纺锤状，花被管长 3～5cm ···················· **2. 黄花菜 H. citrina**

1. 小黄花菜（萱草、黄花菜）

Hemerocallis minor Mill. in Gard. Dict.ed. 8, n. 2. 1768; Fl. Intramongol. ed. 2, 5:464. t.191. f.2. 1994.

多年生草本。须根粗壮，绳索状，直径 1.5～2mm，表面具横皱纹。叶基生，长 20～50cm，宽 5～15mm。花葶长于叶或与之近等长；花序不分枝或稀为假二歧状分枝，常具 1～2 花，稀具 3～4 花；花梗长短极不一致；苞片卵状披针形至披针形，长 8～20mm，宽 4～8mm。花被淡黄色；花被管通常长 1～2.5（～3）cm。花被裂片长 4～6cm，内 3 片宽 1～2cm。蒴果椭圆形或矩圆形，长 2～3cm，宽 1～1.5cm。花期 6～7 月，果期 7～8 月。

中生草本。生于森林带和草原带的山地草原、林缘、灌丛，在草甸草原和杂类草草甸中可成为优势种。产兴安北部及岭东和岭西（额尔古纳市、牙克石市、鄂伦春自治旗、鄂温克族自治旗、海拉尔区、阿荣旗）、兴安南部及科尔沁（科尔沁右翼前旗、科尔沁右翼中旗、阿鲁科尔沁旗、巴林左旗、巴林右旗、翁牛特旗、克什克腾旗）、辽河平原（科尔沁左翼后旗伊和塔嘎查）、燕山北部（喀喇沁旗、宁城县、敖汉旗、兴和县苏木山）、锡林郭勒（锡林浩特市、东乌珠穆沁旗、西乌珠穆沁旗、多伦县）、阴山（大青山、蛮汗山）。分布于我国黑龙江、吉林、辽宁北部、河北、山东、山西、陕西西南部、甘肃东北部，蒙古国北部和东部、朝鲜、俄罗斯（西伯利亚地区、远东地区）。为东古北极分布种。

花可食用。根入药，能清热利尿、凉血止血，主治水肿、小便不利、淋浊、尿血、衄血、便血、黄疸等，外用治乳痈。

2. 黄花菜（金针菜）

Hemerocallis citrina Baroni in Nouv. Giorn. Bot. Ital., n.s. 4:305. 1897; Fl. Intramongol. ed. 2, 5:466. t.191. f.1. 1994.

多年生草本。须根近肉质，中下部常膨大成纺锤状。叶 7～20，长 30～100cm，宽 6～20mm。花葶长短不一，一般稍长于叶，基部三棱形，上部多少呈圆柱形，有分枝；苞片披针形或卵状披针形，下面者长达 3～10cm，自下向上渐短，宽 3～6mm；花梗较短；花 3～5 或更多。花被淡黄色，有时在花蕾顶端带黑紫色；花被管长 3～5cm；花被裂片长 6～10cm，内 3 片宽 2～3cm。蒴果钝三棱状椭圆形，长 3～5cm；种子黑色，有棱，20 多粒。花果期 7～9 月。

中生草本。生于草原带的林缘、谷地。产燕山北部（喀喇沁旗）、鄂尔多斯（达拉特旗、伊金霍洛旗），呼和浩特市、包头市、赤峰市、乌兰察布市南部等地有少量栽培。分布于我国河北、河南、山东、陕西南部、甘肃东南部、安徽南部、江苏中部和南部、浙江、江西北部、湖北、湖南中部、四川东部，日本、朝鲜。为东亚分布种。

食用和药用都同小黄花菜。

13. 天门冬属 Asparagus L.

多年生草本或半灌木。根状茎粗短，须根绳状，有时有纺锤状的块根。茎直立或攀缘；小枝近叶状，称叶状枝，常簇生，扁平，三棱形或近圆柱形；在茎、分枝和叶状枝上有时有透明的乳突状细齿，称软骨质齿。叶退化成鳞片状，基部有时延伸成距或刺。花小，1～4朵腋生，有时由多数花排成总状花序；花两性或单性，有时杂性；花梗一般具关节；花被钟形，花被片离生，稀基部合生；雄蕊6，着生于花被片基部；花柱明显，柱头3裂，子房3室，每室2至几个胚珠。浆果较小，球形，具1至几粒种子。

内蒙古有11种，另有1栽培种。

分种检索表

1a. 叶状枝扁平，镰状弯曲，具明显中脉，有时由于中脉龙骨状而使叶状枝多少呈锐三棱状；茎直立；花梗极短，长约1mm或几无梗，关节在顶部；雄花花丝不贴生于花被片上；须根细长，不膨大···**1. 龙须菜 A. schoberioides**

1b. 叶状枝近圆柱形或稍压扁，常有几条槽或棱，但绝不具中脉，也无腹背之分；花梗较长，均在2mm以上；雄花花丝中部以下贴生于花被片上。

  2a. 根状茎粗壮，茎具多数分枝。

    3a. 花梗较短，长4～8mm。

      4a. 须根肉质，呈近圆柱状块根，直径7～15mm；茎攀缘，分枝与叶状枝具软骨质齿；花梗关节在中部································**2. 攀援天门冬 A. brachyphyllus**

      4b. 根非肉质，绳状，直径约2mm（仅折枝天门冬直径4～5mm）；茎直立。

        5a. 分枝与主茎交成锐角，斜升，稀交成直角；叶状枝与分枝通常交成锐角，斜展；花较小，雄花长3～4mm·····················**3. 兴安天门冬 A. dauricus**

        5b. 叶状枝与分枝通常交成钝角或直角，下倾或平展；花较大，雄花长4～7mm。

          6a. 须根细长，直径1.5～2mm；茎上部通常回折状，分枝常强烈回折状，疏生软骨质齿···**4. 戈壁天门冬 A. gobicus**

          6b. 须根较粗长，直径4～5mm；主茎与分枝通常稍回折状，不具软骨质齿···**5. 折枝天门冬 A. angulofractus**

    3b. 花梗较长，长6～20mm。

      7a. 分枝和叶状枝不具软骨质齿。

        8a. 雄花花被片长5～7mm，花丝中部以下贴生于花被片上。

          9a. 主茎上一般无叶状枝，如有则只见于茎上部，且每节上总数不超过10枚。

            10a. 茎攀缘，分枝与主茎通常成交直角或钝角平展或下倾····················**6. 西北天门冬 A. breslerianus**

            10b. 茎直立，分枝与主茎通常交成锐角伸展。栽培········**7. 石刁柏 A. officinalis**

          9b. 茎除下部外，节上有多数叶状枝，且每节上总数达20～30，茎近直立·············**8. 新疆天门冬 A. neglectus**

        8b. 雄花花被片一般长7～9mm，花丝全长的3/4贴生于花被片上；茎直立··············**9. 南玉带 A. oligoclonos**

      7b. 分枝和叶状枝疏生或密生软骨质齿，茎近直立。

11a. 分枝平展或斜升，基部不呈弧曲状；花梗长6～12mm，关节在近中部或上部·············
·······································**10. 长花天门冬 A. longiflorus**

11b. 分枝先强烈下弯而后上升，基部呈弧曲状，上部回折状；花梗长12～16mm，关节在近中部······
·······································**11. 曲枝天门冬 A. trichophyllus**

2b. 根状茎细长；茎直立，不具分枝；叶状枝常呈镰状。

　　12a. 花梗长3～4mm，花淡紫色；雄蕊6，3长3短···**12a. 青海天门冬 A. przewalskyi** var. **przewalskyi**

　　12b. 花梗长11～20mm，花绿白色；雄蕊6，等长···**12b. 贺兰山天门冬 A. przewalskyi** var. **alaschanicus**

1. 龙须菜（雉隐天冬）

Asparagus schoberioides Kunth in Enum. Pl. 5:70. 1850; Fl. Intramongol. ed. 2, 5:525. t.219. f.1-3. 1994.

多年生草本。根状茎粗短；须根细长，直径2～3mm。茎直立，高40～100cm，光滑，具纵条纹；分枝斜升，具细条纹，有时有极狭的翅。叶状枝2～6簇生，与分枝形成锐角或直角，窄条形，镰刀状，基部近三棱形，上部扁平，长1～2cm，宽0.5～1mm，具中脉；鳞片叶近披针形，基部无刺。花2～4腋生，钟形，黄绿色；花梗极短，长约1mm或几无梗；雄花的花被片长2～3mm，花丝不贴生于花被片上；雌花与雄花近等大。浆果深红色，直径约6mm，通常有1～2粒种子。花期6～7月，果期7～8月。

中生草本。森林草甸种。生于森林带和草原带的阴坡林下、林缘、灌丛、草甸、山地草原。产兴安北部及岭东（鄂伦春自治旗、阿尔山市五岔沟镇）、兴安南部（扎赉特旗、阿鲁科尔沁

旗、巴林左旗、巴林右旗、克什克腾旗、西乌珠穆沁旗、锡林浩特市）、辽河平原（科尔沁左翼后旗）、燕山北部（喀喇沁旗、宁城县）、阴山（大青山）。分布于我国黑龙江、吉林、辽宁、河北、河南西部和北部、山东东北部和西部、山西、陕西（秦岭北坡）、甘肃东南部，日本、朝鲜、蒙古国（大兴安岭）、俄罗斯（达乌里地区、远东地区）。为达乌里—东亚北部分布种。

2. 攀援天门冬

Asparagus brachyphyllus Turcz. in Bull. Soc. Imp. Nat. Mosc. 13:78. 1840; Fl. Intramongol. ed. 2, 5:526. t.220. f.1-2. 1994.

多年生草本。须根膨大，肉质，呈近圆柱状块根，直径 7～15mm。茎近平滑，长 20～100cm；分枝具纵凸纹，通常有软骨质齿。叶状枝 4～10 簇生，近扁的圆柱形，略有几条棱，伸直或弧曲，长 4～12mm，

有软骨质齿，鳞片状叶基部有长 1～2mm 的刺状短距。花 2(～4) 腋生，淡紫褐色；花梗较短，长 4～8mm，

关节位于近中部。雄花的花被片长 5～7mm，花丝中部以下贴生于花被片上；雌花较小，花被片长约 3mm。浆果成熟时紫红色，直径 6～8mm，通常有 4～5 粒种子。花期 6～8 月，果期 7～9 月。

中旱生攀缘草本。草甸种。生于草原带和草原化荒漠带的山地草原及灌丛。产燕山北部（敖汉旗大黑山）、阴山（蛮汗山）、阴南丘陵（准格尔旗）、贺兰山。分布于我国吉林西部、辽宁南部、河北西部、山东东部、山西北部、陕西中部和北部、宁夏、甘肃中部、青海东北部。为华北—满洲分布种。

3. 兴安天门冬（山天冬）

Asparagus dauricus Link in Enum. Hort. Berol. Alt. 1:340. 1821; Fl. Intramongol. ed. 2, 5:529. t.222. f.1. 1994.

多年生草本。根状茎粗短；须根细长，直径约 2mm。茎直立，高 20～70cm，具条纹，稍具软骨质齿；分枝斜升，稀与茎交成直角，具条纹，有时具软骨质齿。叶状枝 1～6 簇生，通常斜立或与分枝交成锐角，稀平展或下倾，稍扁的圆柱形，略有几条不明显的钝棱，长短极不一致，长 1～4(～5)cm，直径约 0.5mm，伸直或稍弧曲，有时具软骨质齿；鳞片状叶基部有极短的距，但无刺。花 2 腋生，黄绿色。雄花的花梗与花被片近等长，长 3～6mm，关节位于中部；花丝大部贴生于花被片上，离生部分很短，只有花药一半长。雌花极小，花被长约 1.5mm，短于花梗，花梗的关节位于上部。浆果球形，直径 6～7mm，红色或黑色，有 2～4(～6) 粒种子。花期 6～7 月，果期 7～8 月。

中旱生草本。草甸草原种。生于草原带的林缘、草甸草原、草原、干燥的石质山坡。产兴安北部及岭东和岭西（额尔古纳市、牙克石市、鄂伦春自治旗、扎兰屯市、阿荣旗）、呼伦贝尔（陈巴尔虎旗、鄂温克族自治旗、新巴尔虎左旗、新巴尔虎右旗、海拉尔区、满洲里市）、兴安南部及科尔沁（科尔沁右翼前旗、科尔沁右翼中旗、

扎赉特旗、乌兰浩特市、科尔沁左翼中旗、科尔沁区、阿鲁科尔沁旗、巴林左旗、巴林右旗、克什克腾旗）、赤峰丘陵（红山区、松山区、翁牛特旗）、燕山北部（喀喇沁旗、宁城县、敖汉旗）、锡林郭勒（东乌珠穆沁旗、西乌珠穆沁旗、锡林浩特市、阿巴嘎旗、苏尼特左旗、苏尼特右旗、正蓝旗、多伦县、镶黄旗、太仆寺旗、集宁区、察哈尔右翼中旗）、乌兰察布（四子王旗、达尔罕茂明安联合旗、固阳县）、阴山（大青山）、阴南丘陵（准格尔旗）、鄂尔多斯（达拉特旗、东胜区、伊金霍洛旗、乌审旗、鄂托克旗）。分布于我国黑龙江西南部、吉林西部、辽宁西部、河北、山西北部、陕西北部、山东西部和东北部、江苏东北部，朝鲜、蒙古国北部和中部及东部、俄罗斯（达乌里地区、远东地区）。为蒙古—东亚北部分布种。

中等饲用植物。幼嫩时绵羊、山羊乐食。

4. 戈壁天门冬

Asparagus gobicus N. A. Ivan. ex Grub. in Bot. Mater. Gerb. Bot. Inst. Kom. Acad. Nauk S.S.S.R. 17:9. 1955; Fl. Intramongol. ed. 2, 5:526. t.221. f.1. 1994.

半灌木。具根状茎；须根细长，直径 1.5～2mm。茎坚挺，下部直立，黄褐色，上部通常回折状，常具纵向剥离的白色薄膜；分枝较密集，强烈回折状，常疏生软骨质齿。叶状枝 3～6（～8）簇生，通常下倾和分枝交成钝角，近圆柱形，略有几条不明显的钝棱，长 5～25mm，直径 0.8～1mm，较刚直，稍呈针刺状；鳞片状叶基部具短距。花 1～2 腋生；花梗长 2～5mm，关节位于上部或中部；雄花的花被片长 5～7mm，花丝中部以下贴生于花被片上；雌花略小于雄花。浆果红色，直径 5～8mm，有 3～5 粒种子。花期 5～6 月，果期 6～8 月。

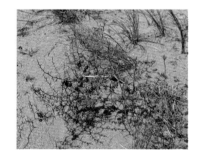

旱生半灌木。生于荒漠和荒漠化草原地带的沙地及砂砾质干河床，为荒漠化草原的特征种。产乌兰察布（二连浩特市、苏尼特左旗北部、苏尼特右旗、四子王旗、达尔罕茂明安联合旗、固阳县、乌拉特中旗、乌拉特前旗）、鄂尔多斯（伊金霍洛旗、杭锦旗、乌审旗、鄂托克旗、鄂托克前旗）、东阿拉善（乌拉特后旗、磴口县、乌海市、阿拉善左旗）、西阿拉善（阿拉善右旗）。分布于我国陕西北部、宁夏北部、甘肃（河西走廊）、青海东部，蒙古国西部和南部及东南部。为戈壁—蒙古分布种。

中等饲用植物。在荒漠和荒漠化草原地带，幼嫩时绵羊和山羊乐食。

5. 折枝天门冬

Asparagus angulofractus Iljin in Fl. U.R.SS. 4:746. 1935; Fl. China 24:213. 2000.

多年生直立草本，高 30～80cm。根较粗长，直径 4～5mm。茎和分枝稍有棱纹或平滑，回折。叶状枝 1～5 簇生，稀疏平展或下倾，和枝成直角或钝角，很少锐角，扁圆柱形，粗，有钝棱或不明显，直伸或稍弧曲，长 0.5～2(～3.5)cm，直径 1～1.5mm；鳞片状叶基无刺或稍有刺。花通常 2 腋生，淡黄色。雄花花梗长 4～6mm，与花被片近等长，关节位于近中部或上部，花丝中部以下贴生于花被片上；雌花花被长 3～4mm，花梗常比雄花梗稍长，关节位于上部或紧靠花被基部。浆果球形，直径 6～8mm，红色。花期 5～6 月，果期 8 月。

旱生草本。生于荒漠带的沙质盐碱地、绿洲边缘、田埂，为荒漠种。产鄂尔多斯（伊金霍洛旗、鄂托克旗、杭锦旗）、西阿拉善（雅布赖山）。分布于我国新疆北部，蒙古国、俄罗斯（西伯利亚地区）、巴基斯坦，帕米尔—阿赖地区，中亚。为中亚—亚洲中部分布种。

6. 西北天门冬

Asparagus breslerianus Schult. et J. H. Schult. in Syst. Veg. 7:323. 1829; Fl. China 24:213. 2000.——*A. persicus* auct. non Baker: Fl. Intramongol. ed. 2, 5:526. t.220. f.3-4. 1994.

多年生攀缘草本。须根细长，直径 2～3mm。茎平滑，长 30～100cm；分枝略具条纹或近平滑。叶状枝 4～8 簇生，近圆柱形，略具钝棱，长 5～15(～35)mm，直径约 0.5mm，直伸或稍弧曲；鳞片状叶基部具长 1～3mm 的刺状距。花 1～2 腋生，红紫色或绿白色；花梗较长，长 6～18mm；花丝中部以下贴生于花被片上，花药顶端具细尖；雌花较小，花被片长约 3mm。浆果在成熟时红色，直径约 6mm，有 5～6 粒种子。花期 6～7 月，果期 7～8 月。

旱生攀缘草本。生于荒漠草原、荒漠区的戈壁和盐碱地，为荒漠种。产东阿拉善（阿拉善左旗）、西阿拉善（阿拉善右旗、巴丹吉林沙漠）、贺兰山、额济纳。分布于我国宁夏西北部、甘肃（河西走廊）、青海（柴达木盆地）、新疆，伊朗、俄罗斯（西伯利亚地区），中亚、西南亚。为古地中海分布种。

7. 石刁柏

Asparagus officinalis L., Sp. Pl. 1:313. 1753; Fl. China 24:214. 2000.

多年生直立草本。根稍肉质，绳索状，直径 2～3mm。茎高 30～100cm，稍柔软，棱条不明显，光滑，上部后期常下垂，枝条通常长而软。退化叶通常呈膜质鳞片状，白色，生于小枝或叶状枝的基部，基部无刺；叶状枝 3～6 或更多簇生，线形，长 0.5～3cm，直径约 0.2(～0.3)mm，略有钝棱，纤细，常稍弧曲，先端稍尖。花每 1～4 腋生，单性，雌雄异株，绿黄色，呈钟状；花梗长 0.5～1.2cm，关节位于其上部或近中部。雄花花被片 6，2 轮排列，外轮花被片长圆形，内轮椭圆形，长约 6mm，宽约 3mm；雄蕊 6，花丝下部与花被片合生，花药长圆形，长 1～1.5mm，先端钝，短于花丝的离生部分或几等长。雌花略小，花被片长约 3mm，柱头 3 裂，具 6 退化雄蕊。浆果球形，直径 7～8mm，熟时红色，具 2～3 粒种子。花期 5～6月，果期 9～10 月。

中生草本。原产欧洲和中亚，为欧洲—中亚分布种。我国新疆西北部有野生。内蒙古及我国其他一些省区有栽培。

栽培供观赏。嫩苗可作为蔬菜供食用。

8. 新疆天门冬

Asparagus neglectus Kar. et Kir. in Bull. Soc. Imp. Nat. Mosc. 14:750. 1841; Fl. China 24:214. 2000.

直立草本或稍攀缘，高 80～100cm。茎近平滑或略具条纹，中部常有纵向剥离的白色薄膜；分枝很多，密接交叉。叶状枝细，长短不齐，多数，常 20～30 枚簇生节上，长 5～25mm，细，常呈毛发状，弯曲，略有钝棱；鳞片状叶基部有刺状距，长 2～3mm，分枝上的距短或不明显。花 1～2 腋生于茎或枝的上部；花梗长 1～1.5cm，关节位于上部。雄花花被长 5～7mm，花丝中部以下贴生于花被片；雌花较小，花被长约 3mm。浆果球形，直径 6～7mm，红色，有 1～3 粒种子。花期 5～6 月，果期 8 月。

旱生草本。生于荒漠带和荒漠草原带的河滩、草坡。产鄂尔多斯（伊金霍洛旗）、西阿拉善（雅布赖山）。分布于我国新疆北部，哈萨克斯坦东部及西天山，帕米尔—阿赖地区。为亚洲中部山地分布种。

9. 南玉带

Asparagus oligoclonos Maxim. in Mem. Acad. Imp. Sci. St.-Petersb. Div. Sav. 9:286. 1859; Fl. Intramongol. ed. 2, 5:531. t.222. f.2. 1994.

多年生草本。根状茎短；须根细长，直径 2～3mm。茎直立，高 20～60cm，平滑或稍具条纹，坚挺，上部不俯垂；分枝具细条纹，稍坚挺，嫩枝有时疏生软骨质齿。叶状枝通常 4～10 簇生，近扁的圆柱形，具钝棱，长 8～25mm，直径约 0.5mm，直伸或稍弧曲；鳞片状叶通常具不明显的短距，极少具短刺。花 1～2 腋生，黄绿色；花梗长 10～20mm，稀更短，关节位于近中部或上部。雄花的花被片长 7～9mm，花丝的 3/4 贴生于花被片上；雌花较小，花被长约 3mm。浆果成熟时红色，球形，直径 8～10mm，有 3～4 粒种子。花期 6～7 月，果期 7～8 月。

中生草本。生于森林草原带的山地草原、灌丛、疏林下，为森林草原种。产兴安南部及科尔沁（扎赉特旗、科尔沁右翼前旗、科尔沁右翼中旗、乌兰浩特市、阿鲁科尔沁旗、巴林右旗、奈曼旗）、辽河平原（科尔沁左翼后旗）、燕山北部（喀喇沁旗、宁城县、敖汉旗）、锡林郭勒（东乌珠穆沁旗、锡林浩特市）。分布于我国黑龙江东部和西南部、吉林西部和东部、辽宁、河北东北部、山东东北部、日本、朝鲜、蒙古国（大兴安岭）、俄罗斯（达乌里地区、远东地区）。为达乌里—东亚北部分布种。

10. 长花天门冬

Asparagus longiflorus Franch. in Nouv. Arch. Mus. Hist. Nat. Ser. 2, 7:110. 1884; Fl. China 24:213. 2000.

多年生草本。根较细，直径 2～3mm。茎直立，高 20～100cm，中部以下光滑，上部多少具纵凸纹并稍具软骨质齿，有时齿不明显；分枝平展或稍斜升，具纵凸纹和软骨质齿，嫩枝尤甚，有时齿不明显。叶状枝 4～12 一簇，伏贴状，略呈近扁圆柱形，长 5～15（～20）mm，直径（0.2～）0.3～0.5mm，有棱，通常伸直，常具软骨质齿，有时齿不明显；叶退化成鳞片状，基部有刺状距或无，分枝上的鳞片叶的距短或无。花通常 2 腋生，单性，雌雄异株，淡紫色；花梗长 6～12mm，关节位于近中部或上部。雄花花被片 6，长圆形，长 6～7mm，宽约 2mm；雄蕊 6，花丝中部以下贴生于花被上，花药长圆形，长 2～3mm。雌花较小，花被片长约 3mm。浆果球形，直径 7～10mm，熟时红色，通常具 4 粒种子，具宿存的花被。花期 5～6 月，果期 7～8 月。

旱中生草本。生于草原带的山坡、林下、灌丛。产锡林郭勒（正镶白旗）、贺兰山。分布于我国河北、山西、山东北部、河南西北部、湖北（丹江口市）、陕西中部、甘肃东部、青海东部。为华北分布种。

11. 曲枝天门冬

Asparagus trichophyllus Bunge in Enum. Pl. China Bor. 65. 1833; Fl. Intramongol. ed. 2, 5:529. t.221. f.2. 1994.

多年生草本。具根状茎；须根细长，直径 2～3mm。茎平滑，近直立，高 20～70cm，中部和上部强烈回折状；分枝先下弯而后上升，几呈半圆形，小枝多少具软骨质齿。叶状枝通常 5～10 簇生，稠密，刚毛状，长 5～15mm，直径 0.2～0.4mm，稍弧曲，常伏贴于小枝而上升，有时稍具软骨质齿；鳞片状叶基部有长 1～2mm 的刺状距，但不呈硬刺，分枝上的距不明显。花 1～2 腋生，绿黄色而稍带紫色；花梗较长，长 12～16mm，关节位于近中部。雄花的花被长 6～8mm，花丝中部以下贴生于花被片上；雌花较小，花被片长 2.5～3.5mm。浆果球形，成熟时紫红色，直径 5～7mm，有 3～5 粒种子。花期 6～7 月，果期 7～8 月。

旱中生草本。生于草原带的山坡草地、荒地、灌丛。产兴安南部（巴林右旗）、赤峰丘陵（翁牛特旗）、燕山北部（喀喇沁旗、宁城县、敖汉旗）、锡林郭勒（正镶白旗、镶黄旗、太仆寺旗、多伦县、苏尼特右旗、丰镇市）、阴山（大青山、蛮汗山、乌拉山）、阴南丘陵（准格尔旗）、鄂尔多斯（伊金霍洛旗）。分布于我国辽宁西部、河北、山西。为华北分布种。

12. 青海天门冬（北天门冬）

Asparagus przewalskyi N. A. Ivan. ex Grub. et T. V. Egorova in Rast. Tsent. Azii, Mater. Bot. Inst. Kom. 7:81. 1977; Fl. China 24:215. 2000.——*A. borealis* S. C. Chen in Act. Phytotax. Sin. 19(4):502. f.2(1-2). 1981; Fl. Intramongol. ed. 2, 5:531. 1994.

12a. 青海天门冬

Asparagus przewalskyi N. A. Ivan. ex Grub. et T. V. Egorova var. **przewalskyi**

多年生草本。根状茎细长，直径 1.2～1.8mm，疏生直径约 1.5mm 的长须根。茎直立，具条纹或有棱，不分枝或略具分枝。叶状枝 5～7 簇生，在花期已长成和叉开，近于扁圆

柱形，常呈镰刀状，长 4～20(～32)mm，直径约 0.7mm；鳞片状叶基部无刺。花单性异株。雄花成对生于茎上，浅紫色；花梗长 3～4mm，关节位于中部以上或近顶端；花被钟形，长约 7mm。雄蕊外轮 3 枚，较长，它的花丝约 3/4 贴生于花被片上；内轮 3 枚，较短，花丝一半贴生于花被片上。花药矩圆形，长约 1mm。雌花比雄花小，花被长约 4mm。浆果近球形，直径约 7mm，通常具 3 粒种子。

中生草本。生于山地林下、灌丛。产锡林郭勒（太仆寺旗炮台营子）、贺兰山（南寺）。分布于我国甘肃西南部、青海（祁连山大通河流域）。为华北分布种。

12b. 贺兰山天门冬

Asparagus przewalskyi N. A. Ivan. ex Grub. et T. V. Egorova var. **alaschanicus** Y. Z. Zhao et J. Xu in Grassland of China 5:13. 2000.

本变种与原变种的区别在于：花梗较长，长 11～20mm；花绿白色；雄蕊 6，等长。

中生草本。生于山地、林下及花丛。分布于贺兰山。为贺兰山特有变种。

14. 舞鹤草属 Maianthemum F. H. Wigg.

多年生草本。有匍匐根状茎。茎直立，不分枝。基生叶 1，早期凋萎；叶茎生，互生。花序总状顶生；小苞片宿存；两性花，小；花被片 4，离生；雄蕊 4，着生于花被片基部，花药背着；子房 2 室，每室有 2 胚珠，花柱短粗。浆果球形，熟时红黑色，含种子 1～3。

内蒙古有 1 种。

1. 舞鹤草

Maianthemum bifolium (L.) F. W. Schmidt in Fl. Boem. Cent. 4:55. 1794; Fl. Intramongol. ed. 2, 5:514. t.212. f.1-3. 1994.——*Convallaria bifolia* L., Sp. Pl. 1:316. 1753.

多年生草本。根状茎细长，匍匐，直径约 1mm，有时分枝，节间长 1～4cm，节上有少数根。茎直立，高 13～20cm，无毛或散生柔毛。基生叶 1，花期凋萎；茎生叶 2(～3)，互生于茎的上部，三角状卵形，长 2～5.5cm，宽 1～4.5cm，先端锐尖至渐尖，基部心形，弯缺张开，下面脉上散生柔毛，边缘有细锯齿状乳突或柔毛；叶柄长 0.5～2.5cm，通常被柔毛。总状花序顶生，直立，长 2～4cm，有花 12～25，花序轴有柔毛或乳状突起；花白色，单生或成对；花梗细，长约

2～5mm，顶端有关节；花被片矩圆形，排成2轮，平展至下弯，长约2mm，具1脉；花丝比花被片短，花药卵形，长约0.5mm，内向纵裂；子房球形，花柱与子房近等长，约0.5mm，浅3裂。浆果球形，熟变红黑色，直径2～4mm；种子卵圆形，种皮黄色，有颗粒状皱纹。花期6月，果期7～8月。

中生草本。生于森林带和草原带的落叶松和白桦林下。产兴安北部及岭东和岭西（额尔古纳市、根河市、鄂伦春自治旗、东乌珠穆沁旗宝格达山）、兴安南部（科尔沁右翼前旗、阿鲁科尔沁旗、巴林左旗、巴林右旗、克什克腾旗）、燕山北部（喀喇沁旗、宁城县）、阴山（大青山、蛮汗山、乌拉山）、贺兰山。分布于我国黑龙江、吉林、辽宁、河北、山西、陕西、甘肃、青海、四川、新疆北部，日本、朝鲜、蒙古国北部和东部、俄罗斯，欧洲、北美洲。为泛北极分布种。

15. 菝葜属 Smilax L.

攀缘或直立小灌木，少为草本。具根状茎。茎常有刺。叶互生，全缘，具3～7主脉和网状细脉，叶柄两侧常有卷须。花小，单性异株，排成腋生伞形花序；花被片6，离生，有时靠合；雄花通常具雄蕊6，花药基着，2室，内向。雌花具（1～）3～6丝状或条形退化雄蕊；子房3，每室具1～2胚珠，柱头3裂。浆果通常球形。

内蒙古有1种。

1. 牛尾菜（草菝葜）

Smilax riparia A. DC. in Monogr. Phaner. 1:55. 1878; Fl. Intramongol. ed. 2, 5:533. t.223. f.1-3. 1994.

多年生草质藤本。根状茎坚硬，横走。茎长100～200cm，中空，有少量髓，干后凹瘪并具槽。叶形状变化较大，宽披针形至矩圆形，长5～13cm，宽1.5～7cm，下面绿色，无毛；叶柄长7～20mm，通常在中部以下有卷须。伞形花序；总花梗长3～7cm；小苞片长1～2mm，在花期

一般不落；雌花比雄花略小，不具或具钻形退化雄蕊，花药条形，弯曲，长约 1.5mm。浆果直径 7～9mm。花期 6～7 月，果期 8～9 月。

　　中生草质藤本。生于夏绿阔叶林林下。产兴安南部（科尔沁右翼中旗）、辽河平原（大青沟）。分布于我国除新疆、西藏、青海、宁夏外的各省区，日本、朝鲜、菲律宾。为东亚分布种。

16. 铃兰属 Convallaria L.

　　属的特征同种。
　　单种属。

1. 铃兰

Convallaria majalis L., Sp. Pl. 1:314. 1753; Fl. Intramongol. ed. 2, 5:508. t.197. f.3-4. 1994.

　　多年生草本，高 19～37cm。具根状茎，白色，横走，须根束状。叶基生，通常 2，椭圆形、卵状披针形，长 10～14cm，宽 3～7cm，先端急尖，基部楔形，两面无毛；叶柄长 16～19cm，宽 2～3mm，呈鞘状互抱，下部具数枚鞘状的膜质鳞片。花葶由根状茎伸出，比叶柄长，顶端微弯；总状花序，偏侧生，具花 10 朵左右；花梗细，长 5～10mm，下垂；苞片披针形，先端尖，膜质，短于花梗；花乳白色，芳香，长 4～6mm，宽 6～8mm，广钟形，下垂；花被先端 6 裂，裂片卵状三角形，先端尖；花丝稍短于花药，向基部加宽，花药近矩圆形；花柱柱状，长约 2mm。浆果熟后红色，直径 6～9mm，下垂；种子扁圆形，直径 2.5～3mm。花期 6～7 月，果期 7～9 月。

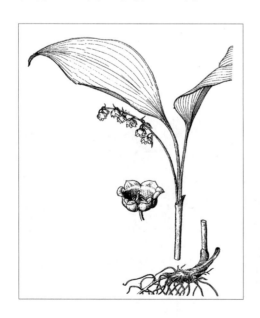

　　中生草本。生于森林带和草原带的林下、林间草甸、灌丛。产兴安北部及岭东和岭西（额尔古纳市、牙克石市、鄂伦春自治旗、扎兰屯市、阿荣旗）、兴安南部（科尔沁右翼前旗、阿鲁科尔沁旗、巴林左旗、巴林右旗、克什克腾旗）、辽河平原（科尔沁左翼后旗）、燕山北部（喀喇沁旗、宁城县、敖汉旗）、阴山（大青山、乌拉山）。分布于我国黑龙江、吉林东部、辽宁、河北、河南西部、山东东北部、山西、陕西南部、宁夏南部、甘肃东北部、浙江、湖南东北部，日本、朝鲜、蒙古国（大兴安岭）、俄罗斯、缅甸，欧洲、北美洲。为泛北极分布种。

　　全草入药，能强心、利尿，主治心力衰竭、心房纤颤、浮肿等。

17. 黄精属 Polygonatum Mill.

多年生草本。根状茎匍匐，肉质。茎不分枝。叶互生、对生或轮生，全缘。花腋生，1～2 或数朵集生成近伞形或总状花序；花被筒状钟形，常下垂，顶端 6 浅裂；雄蕊 6，内藏，花药基部 2 裂；子房 3 室，每室具 2～6 胚珠，花柱丝状，柱头小。浆果球形，有数至 10 余粒种子。

内蒙古有 7 种。

分种检索表

1a. 叶互生，花被长 14～20mm。

　　2a. 苞片叶状，卵形，大，2 枚，对生，包着花 ·····················**1. 二苞黄精 P. involucratum**

　　2b. 苞片膜质或草质，钻形或条状披针形，微小或无。

　　　　3a. 叶下面被短糙毛，淡绿色；腋生花序常具 1 花，花梗明显下弯；植株低矮···**2. 小玉竹 P. humile**

　　　　3b. 叶下面无毛，植株较高大。

　　　　　　4a. 腋生花序具 1～3 花；总花梗较短，长 1～1.5cm··············**3. 玉竹 P. odoratum**

　　　　　　4b. 腋生花序具 8～10 花，总花梗长 4～5cm·················**4. 热河黄精 P. macropodum**

1b. 叶轮生，间有互生或对生；花被长 6～13mm。

　　5a. 叶先端直伸。

　　　　6a. 总花梗和花梗均较短，前者长 3～5mm，后者长 1～2mm··········**5. 狭叶黄精 P. stenophyllum**

　　　　6b. 总花梗和花梗均较长，前者长 4～20mm，后者长 3～10mm········**6. 轮叶黄精 P. verticillatum**

　　5b. 叶先端拳卷或弯曲成钩状···**7. 黄精 P. sibiricum**

1. 二苞黄精

Polygonatum involucratum (Franch. et Sav.) Maxim. in Mel. Biol. Bull. Phys.-Math. Acad. Imp. Sci. St.-Petersb. 11:844. 1883; Fl. Intramongol. ed. 2, 5:516. t.215. f.1-3. 1994.——*Periballathus involucratus* Franch. et Sav. in Enum. Pl. Jap. 2:524. 1878.

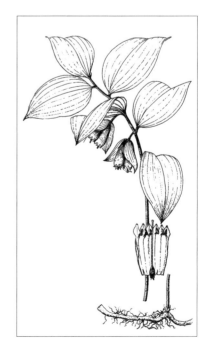

多年生草本。根状茎圆柱形，细长，直径3～4mm，须根较多。茎高20～30cm，上部略倾斜。叶4～7，互生，卵状椭圆形至宽椭圆形，长约7cm，宽约3cm，有短柄，先端短渐尖；叶脉弧形，有横脉纹，平滑。花序腋生，具2花；总花梗长约1.5cm；顶端有2枚对生苞片，包着花，苞片大，叶状，卵形，长1.5～2.5cm，宽1～1.6cm，多脉，宿存；花梗很短，长2～3mm；花大，绿白色至淡黄绿色，筒形，全长约2cm，裂片长约3mm；花丝贴生于花被筒上部，接近裂片，长2～3mm，花药长4～5mm；子房长约5mm，花柱长18～20mm，稍伸出花被外，柱头小。浆果直径约1cm，熟时紫黑色。花期7月。

中生草本。生于阔叶林林下、阴湿山坡草地。产燕山北部（喀喇沁旗、宁城县）、阴山（大青山）。分布于我国黑龙江东部和南部、吉林东北部、辽宁、河北、河南西部和北部、山东、山西南部，日本、朝鲜、俄罗斯（远东地区）。为东亚北部分布种。

药用同玉竹。根状茎也入蒙药（蒙药名：巴嘎拉－其图－查干胡日），功能、主治同黄精。

2. 小玉竹

Polygonatum humile Fisch. ex Maxim. in Mem. Acad. Imp. Sci. St.-Petersb. Div. Sav. 9:275. 1859; Fl. Intramongol. ed. 2, 5:517. t.215. f.4-5. 1994.

多年生草本。根状茎圆柱形，细长，直径2～3mm，生有多数须根。茎直立，高15～30cm，有纵棱。叶互生，椭圆形、卵状椭圆形至长椭圆形，长5～6cm，宽1.5～2.5cm，先端尖至略钝，基部圆形，下面淡绿色，被短糙毛。花序腋生，常具1花；花梗长9～15mm，明显向下弯曲；花被筒状，白色顶端带淡绿色，全长14～16mm，裂片长约2mm；花丝长约4mm，稍扁，粗糙，着生在花被筒近中部，花药长3～3.5mm，黄色；子房长约4mm，花柱长10～12mm，不伸出花被之外。浆果球形，成熟时蓝黑色，直径约6mm，有2～3粒种子。花期6月，果期7～8月。

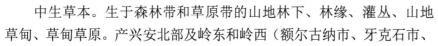

中生草本。生于森林带和草原带的山地林下、林缘、灌丛、山地草甸、草甸草原。产兴安北部及岭东和岭西（额尔古纳市、牙克石市、鄂伦春自治旗、东乌珠穆沁旗宝格达山、阿荣旗）、兴安南部及科尔沁（科尔沁右翼前旗、突

泉县、奈曼旗、阿鲁科尔沁旗、巴林左旗、巴林右旗、克什克腾旗、西乌珠穆沁旗迪彦林场）、燕山北部（喀喇沁旗、宁城县、敖汉旗）、锡林郭勒（多伦县）、阴山（大青山、蛮汗山）。分布于我国黑龙江、吉林东部、辽宁、河北北部、山西，日本、朝鲜、蒙古国（大兴安岭）、俄罗斯（西伯利亚地区、远东地区）。为西伯利亚－东亚分布种。

药用同玉竹。根状茎也入蒙药（蒙药名：巴嘎－模和日－查干），功能、主治同玉竹。

3. 玉竹（葳蕤）

Polygonatum odoratum（Mill.）Druce in Ann. Scott. Nat. Hist. 60:226. 1906; Fl. Intramongol. ed. 2, 5:517. t.216. f.1-4. 1994.——*Convallaria odorata* Mill. in Gard. Dict. ed. 8, Convallaria no. 4. 1768.

多年生草本。根状茎粗壮，圆柱形，有节，黄白色，生有须根，直径 4～9mm。茎有纵棱，高 25～60cm，具 7～10 叶。叶互生，椭圆形至卵状矩圆形，长 6～15cm，宽 3～5cm，两面无毛，下面带灰白色或粉白色。花序具 1～3 花，腋生；总花梗长 1～1.5cm，花梗长（包括单花的梗长）0.3～1.6cm，具条状披针形苞片或无；花被白色带黄绿，长 14～20mm，花被筒较直，裂片长约 3.5mm；花丝扁平，近平滑至具乳头状突起，着生于花筒近中部，花药黄色，长约 4mm；子房长 3～4mm，花柱丝状，内藏，长 6～10mm。浆果球形，熟时蓝黑色，直径 4～7mm，有种子 3～4。花期 6 月，果期 7～8 月。

中生草本。生于森林带和草原带的山地林下、林缘、灌丛、山地草甸。产兴安北部及岭东和岭西（额尔古纳市、牙克石市、鄂伦春自治旗、阿荣旗、鄂温克族自治旗、海拉尔区、满洲里市）、兴安南部及科尔沁（科尔沁右翼前旗、科尔沁右翼中旗、突泉县、奈曼旗、阿鲁科尔沁旗、巴林左旗、巴林右旗、林西县、克什克腾旗）、辽河平原（科尔沁左翼后旗）、赤峰丘陵（翁牛特旗）、燕山北部（喀喇沁旗、宁城县、敖汉旗）、锡林郭勒（锡林浩特市、正蓝旗、多伦县）、阴山（大青山、蛮汗山、乌拉山）、贺兰山。分布于我国黑龙江、吉林、辽宁、河北、河南、山东、山西、陕西、甘肃、青海东北部、安徽、江苏、浙江、台湾、江西、湖北、湖南、广西，日本、朝鲜、蒙古国北部和东部、俄罗斯，欧洲。为古北极分布种。

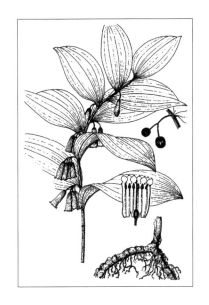

根状茎入药（药材名：玉竹），能养阴润燥、生津止渴，主治热病伤阴、口燥咽干、干咳少痰、心烦心悸、消渴等。根状茎也入蒙药（蒙药名：模和日-查干），能强壮、补肾、去黄水、温胃、降气，主治久病体弱、肾寒、腰腿酸痛、滑精、阳痿、寒性黄水病、胃寒、暖气、胃胀、积食、食泻等。

4. 热河黄精（多花黄精）

Polygonatum macropodum Turcz. in Bull. Soc. Imp. Nat. Mosc. 5:205. 1832; Fl. Intramongol. ed. 2, 5:519. t.216. f.5. 1994.

多年生草本。根状茎粗壮，圆柱形，直径达 1cm。茎圆柱形，高达 80cm。叶互生，卵形、卵状椭圆形或卵状矩圆形，长 5～9cm，先端尖，下面无毛。花序腋生，具 8～10 花，近伞房状；总花梗粗壮，弧曲形，长 4～5cm，花梗长 0.5～1.6cm；苞片膜质或近草质，钻形，微小，位于花梗中部以下；花被钟状至筒状，白色或带红点，长

15～20mm，顶端裂片长4～5mm；花丝长约5mm，具3狭翅，呈皮屑状粗糙，着生于花被筒近中部，花药黄色，长约4mm；子房长3～4mm，花柱长10～13mm，不伸出花被外。浆果直径8～10mm，成熟时深蓝色，有种子7～8。果期7～9月。

中生草本。生于阔叶林带的林下、山地阴坡。产赤峰丘陵（红山区、翁牛特旗乌丹镇）、燕山北部（喀喇沁旗）、贺兰山。分布于我国辽宁、河北、山东中南部、山西北部。为华北分布种。

药用同黄精。根状茎也入蒙药（蒙药名：哈伦－查干胡日），功能、主治同黄精。

5. 狭叶黄精

Polygonatum stenophyllum Maxim. in Mem. Acad. Imp. Sci. St.-Petersb. Div. Sav. 9:274. 1859; Fl. Intramongol. ed. 2, 5:519. t.217. f.5-8. 1994.

多年生草本。根状茎圆柱形，横生，直径3～4mm，有少数须根。茎高50～80cm。4～6叶轮生，上部各轮较密接；叶片条状披针形，长5～9cm，宽4～7mm，先端渐尖，不呈钩状卷曲。花序腋生，有花2；总花梗和花梗均极短，分别长3～5mm和1～2mm，下垂；苞片白色，膜质，长2～4mm；花被白色，全长6～9mm，花被筒在喉部稍缩，顶端裂片约2mm；花丝下部贴生于花被筒中上部，丝状，长约1mm，花药长约2.5mm；子房长约3mm，花柱丝状，长约3.5mm，内藏。花期6月。

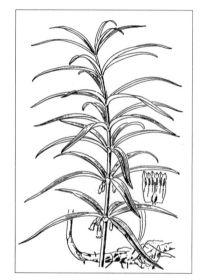

中生草本。生于阔叶林带的林下、灌丛。产岭东（鄂伦春自治旗、扎兰屯市）、兴安南部（科尔沁右翼前旗、突泉县）、辽河平原（大青沟）。分布于我国黑龙江南部、吉林中东部、辽宁北部和东南部、河北北部，朝鲜、俄罗斯（远东地区）。为满洲分布种。

6. 轮叶黄精（红果黄精）

Polygonatum verticillatum (L.) All. in Fl. Pedem. 1:131. 1785; Fl. Intramongol. ed. 2, 5:521. t.217. f.1-4. 1994.——*Convallaria verticillata* L., Sp. Pl. 1:315. 1753.

多年生草本。根状茎，一头粗，一头细，粗的一头有短分枝。茎有纵棱，无毛，高 20～40cm。叶通常为 3 叶轮生，间有互生或对生，披针形至矩圆状披针形，长 6～8cm，宽 0.7～1.5cm，先端急尖至渐尖。花腋生，2 朵成花序或单生；总花梗（指成花序时的梗）和花梗（包括单朵花时的梗）均较长，前者长 4～20mm，后者长 3～10mm，下垂；苞片膜质，钻形，微小，着生于花梗上；花被淡黄色或淡紫色，长 11～13mm，顶端裂片长 1～2mm；花丝极短，贴生于花被筒近中部；子房长约 3mm，花柱与子房近相等或稍短。浆果直径 6～9mm，熟时红色。花期 7 月。

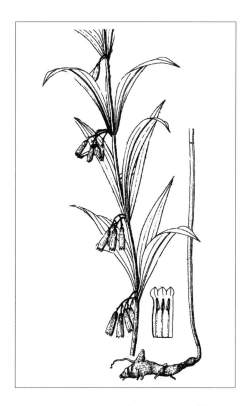

中生草本。生于草原带的山地林缘草甸。产兴安南部（科尔沁右翼前旗）、阴山（大青山）。分布于我国山西北部、陕西西南部、甘肃东部、青海、四川西部、云南西北部、西藏东部和南部，俄罗斯、不丹、印度（锡金）、尼泊尔、巴基斯坦，西南亚，欧洲。为古北极分布种。

药用同黄精。根状茎也入蒙药（蒙药名：都桂日模勒－查干、霍日），功能、主治同黄精。

7. 黄精（鸡头黄精）

Polygonatum sibiricum Redoute in Liliac 6:t.315. 1811; Fl. Intramongol. ed. 2, 5:521. t.218. f.1-4. 1994.

多年生草本。根状茎肥厚，横生，圆柱形，一头粗，一头细，直径 0.5～1cm，有少数须根，黄白色。茎高 30～90cm。叶 4～6 轮生，平滑无毛，条状披针形，长 5～10cm，宽 4～14mm，先端拳卷或弯曲成钩形，无柄。花腋生，常有 2～4 朵花，呈伞形；总花梗长 5～25mm，花梗长 2～9mm，下垂；花梗基部有苞片，膜质，白色，条状披针形，长 2～4mm；花被白色至淡黄色稍带绿色，全长 9～13mm，顶端裂片长约 3mm，花被筒中部稍缢缩；花丝很短，贴生于花被筒上部，花药长 2～2.5mm；子房长约 3mm，花柱长 4～5mm。浆果直径 3～5mm，成熟时黑色，有种子 2～4。花期 5～6 月，果期 7～8 月。

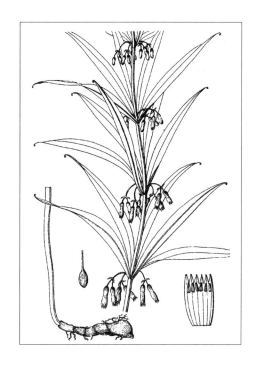

中生草本。生于森林带和草原带的山地林下、林缘、灌丛、山地草甸。产兴安北部及岭西（额尔古纳市、牙克石市、阿尔山市阿尔山、海拉尔区、新巴尔虎左旗、满洲里市）、兴安南部及科尔沁（扎赉特旗、科尔沁右翼前旗、奈曼旗、阿鲁科尔沁旗、巴林左旗、巴林右旗、克什克腾旗）、辽河平原（大青沟）、赤峰丘陵（红山区、松山区、翁牛特旗）、燕山北部（喀喇沁旗、宁城县、

敖汉旗、兴和县苏木山）、锡林郭勒（锡林浩特市、苏尼特左旗、多伦县）、阴山（大青山、蛮汗山、乌拉山）、阴南丘陵（准格尔旗阿贵庙）、贺兰山、龙首山。分布于我国黑龙江西南部、吉林西部、辽宁、河北、河南、山东、山西、陕西、宁夏、甘肃东部、安徽南部、浙江西北部，朝鲜、蒙古国北部和东部、俄罗斯（西伯利亚地区）。为东古北极分布种。

根状茎入药（药材名：黄精），能补脾润肺、益气养阴，主治体虚乏力、腰膝软弱、心悸气短、肺燥咳嗽、干咳少痰、消渴等。根状茎也入蒙药（蒙药名：查干－胡日），能滋肾、强壮、温胃、排脓、去黄水，主治肾寒、腰腿酸痛、滑精、阳痿、体虚乏力、寒性黄水病、头晕目眩、食积、食泻等。

18. 万寿竹属 Disporum Salisb. ex D. Don

多年生草本。根状茎短，有时具匍匐茎；纤维状的根稍肉质。茎下部各节有鞘，上部常有分枝。叶互生，有 3～7 主脉，叶柄短或无。伞形花序有花 1 至数朵，顶生；无苞片；花被狭钟形或近筒状；花被片 6，离生，基部囊状或距状；雄蕊 6，着生于花被片基部，花丝扁平；子房 3，每室有倒生胚珠 2～6。浆果通常近球形，种皮具点状皱纹。

内蒙古有 1 种。

1. 宝珠草

Disporum viridescens (Maxim.) Nakai in J. Coll. Sci. Imp. Univ. Tokyo 31:246. 1911; Fl. Intramongol. ed. 2, 5:514. t.214. f.1-2. 1994.——*Uvularia viridescens* Maxim. in Mem. Acad. Imp. Sci. St.-Petersb. Div. Sav. 9:273. 1859.

多年生草本。根状茎短，须根多而较细，或多肉质。茎高 40～60cm，有时分枝。叶薄纸质，椭圆形至卵状矩圆形，长 6～12cm，宽 3～5cm，先端渐尖或有短尖头，横脉明显，下面脉上和边缘有乳头状齿，基部收狭成短柄或近无柄。花淡绿色，1～2 生于茎或枝的顶端；花梗长 1～2.5cm；花被片矩圆状披针形，长 11～20mm，宽 3～4mm，先端尖，基部囊状；花丝扁平，基部加宽，长约 5mm，花药长 2～3mm；花柱长 3～4mm，柱头 3 裂，向外弯卷，子房与花柱等长或较之稍短。浆果球形，直径约 1cm，黑色，有 2～3 粒种子。花期 7～8 月，果期 8～9 月。

中生草本。生于海拔 300m 左右的阔叶林下溪边。产辽河平原（大青沟）。分布于我国黑龙江东部和东南部、吉林东部、辽宁东半部、河北北部，日本、朝鲜、俄罗斯（远东地区）。为东亚北部（满洲—日本）分布种。

19. 七筋姑属 Clintonia Raf.

多年生草本。根状茎短。叶基生，全缘。花葶直立，有少数而密集的花，排列成顶生的总状花序或伞形花序，少数只有单花；花序轴和花梗最初很短，后明显伸长；花被片 6，离生；雄蕊 6，贴生于花被片基部，花丝丝状，花药背着；子房 3，每室有数胚珠，花柱明显，柱头呈浅 3 裂。果实为浆果状，后期顶端开裂。

内蒙古有 1 种。

1. 七筋姑

Clintonia udensis Trautv. et C. A. Mey. in Reise Sibir. 1(Theil 2, Bot. Lief. 3):92. 1856; Fl. Intramongol. ed. 2, 5:510. t.212. f.4-6. 1994.

多年生草本。根状茎短，横走，直径约 0.5mm，簇生多数纤细的须根，顶端有枯死的撕裂成纤维状膜质的残存鞘叶。叶基生，3～5，纸质或厚纸质，倒卵状矩圆形或倒披针形，长 20～30cm，宽 2.5～7cm，无毛，直脉较细，多数，有横脉纹，顶端骤短尖，基部楔形，下延成鞘状抱茎或后期伸长成柄状。花葶直立，密生白色短柔毛，长 10～20cm，果期伸长可达 70cm；疏总状花序顶生，有花 4～6；花梗向上，被密柔毛，花期长约 1cm，果期伸长达 5cm；苞片披针形，早落；花钟状，常白色；花被片矩圆形，长 7～12mm，宽 3～4mm，先端钝圆，具 5～7 脉；花药长 1.5～2mm，花丝长 3～5mm；子房长约 3mm，花柱连同浅 3 裂的柱头长 3～5mm。果实初为浆果状，后自顶端开裂，蓝或蓝黑色，矩圆形，长约 1cm，宽约 6mm，每室含种子 2～6；种子梭形，长约 4mm，宽约 2mm。果期 7～8 月。

中生草本。生于山地阔叶林下。产兴安南部（克什克腾旗大局子林场、西乌珠穆沁旗巴彦花镇）、燕山北部（宁城县黑里河林场）。分布于我国黑龙江、吉林东部、辽宁东部、河北北部、河南、山西北部、陕西南部、甘肃东部、湖北、青海东部、四川、云南西北部、西藏南部，日本、朝鲜、俄罗斯（西伯利亚地区）、不丹、印度（锡金）、缅甸。为西伯利亚—东亚分布种。

20. 鹿药属 Smilacina Desf.

多年生草本。根状茎短。茎单一，直立，下部有膜质鞘，上部具互生叶。叶通常矩圆形或椭圆形。圆锥花序或总状花序顶生；花小，两性或雌雄异株；花被片6，基部不同程度合生，较少合生成高脚碟状；雄蕊6，花丝常不同程度贴生；子房近球形，3室，每室1或2胚珠。浆果球形。

Flora of China（24:217.2000.）将本属并入舞鹤草属 *Maianthemum* Web.。但本属花被片4、雄蕊4，与舞鹤草属 *Maianthemum* Web. 花被片6、雄蕊6明显不同，故仍记作原2个单独的属。

内蒙古有2种。

分种检索表

1a. 叶长6～13cm，花2～4簇生···1. 兴安鹿药 S. dahurica
1b. 叶2～3，花单生···2. 三叶鹿药 S. trifolia

1. 兴安鹿药

Smilacina dahurica Turcz. ex Fisch. et C. A. Mey. in Index Sem. Hort. Petrop. 1:38. 1835; Fl. Intramongol. ed. 2, 5:512. t.213. f.1-3. 1994.——*Maianthemum dahuricum* (Turcz. ex Fisch. et C. A. Mey.) LaFrankie in Fl. China 24:220. 2000.

多年生草本，高30～60cm。根状茎纤细，粗1～2.5mm。茎疏被毛，具槽，上部有多数互生叶，下部具膜质鞘。叶纸质，矩圆状卵形或矩圆形，长6～13cm，宽2～4cm，先端急尖或具短尖，背面密生短毛，无柄。总状花序具数朵花，长达5cm，花序轴、花梗被短柔毛；花通

常 2～4 簇生，极少为单生，白色；花梗长 3～6mm；花被片基部稍合生，倒卵状矩圆形或矩圆形，长 2～3mm；花药小，近球形；花柱长约 1mm，与子房近等长或较之稍短，柱头稍 3 裂。浆果近球形，干时直径约 5mm，熟时红色或紫红色。花期 6 月，果期 8 月。

中生草本。生于森林带的山地林下。产兴安北部及岭东和岭西（额尔古纳市、根河市、牙克石市、鄂伦春自治旗）、兴安南部（阿鲁科尔沁旗）、燕山北部（宁城县）。分布于我国黑龙江北部和东部、吉林东部，朝鲜、俄罗斯（远东地区）。为满洲分布种。

2. 三叶鹿药

Smilacina trifolia (L.) Desf. in Ann. Mus. Paris 9:52. 1807; Fl. Intramongol. ed. 2, 5:512. t.213. f.4-6. 1994.——*Convallaria trifolia* L., Sp. Pl. 1:316. 1753.——*Maianthemum trifolium* (L.) Sloboda in Rostlinnictvi 192. 1852; Fl. China 24:221. 2000.

多年生草本，高 16～25cm。根状茎细长，直径 2～3mm。茎无毛，具 2～3 叶。叶纸质，矩圆形或狭椭圆形，长 9～12cm，宽 2.5～3.5cm，先端具短尖头，两面无毛，基部收缩成柄状或楔形，多少抱茎。总状花序无毛，具 4～7 花，长 6～11cm；花白色；花梗长 3～6mm，果期伸长；花被片基部稍合生，矩圆形，长 2～3mm；雄蕊基部贴生于花被片上，稍短于花被片，花药小，矩圆形；花柱与子房近等长，长约 1mm，柱头略 3 裂。花期 6～7 月，果期 8 月。

中生草本。生于森林带的山地林下。产兴安

北部及岭西（额尔古纳市、根河市、牙克石市）、兴安南部（阿鲁科尔沁旗）、燕山北部（喀喇沁旗旺业甸林场）。分布于我国黑龙江、吉林东部，朝鲜、俄罗斯（西伯利亚地区、远东地区），北美洲。为亚洲—北美分布种。

143. 薯蓣科 Dioscoreaceae

多年生草本。具块茎或肥厚的根状茎。茎缠绕。叶互生，稀对生，单叶或掌状复叶，叶脉网状。花序穗状、总状或圆锥状；花小，单性，稀两性，多为雌雄异株；花被片6，2轮排列，开展或为钟状；雄蕊3～6，2轮，有时内轮退化，雄花具退化雌蕊或无；雌花具3心皮，子房下位，3室，每室2胚珠，中轴胎座，具退化雄蕊或无。果实为蒴果或浆果，种子具翅。

内蒙古有1属、1种，另有1栽培种。

1. 薯蓣属 Dioscorea L.

多年生草本。根状茎肥厚，横走或直伸。单叶互生。穗状花序；花小型，单性，雌雄异株；花被片6，2轮排列，基部常合生；雄蕊6；雌蕊3心皮合生。蒴果具3翅。

内蒙古有1种，另有1栽培种。

分种检索表

1a. 根状茎横走，叶腋内无珠芽 ·· **1. 穿龙薯蓣 D. nipponica**
1b. 根状茎垂直，叶腋内有珠芽。栽培 ······························· **2. 薯蓣 D. polystachya**

1. 穿龙薯蓣（穿山龙）

Dioscorea nipponica Makino in Ill. Fl. Jap. 1(7):2. t.45. 1891; Fl. Intramongol. ed. 2, 5:533. t.224. f.1-5. 1994.

多年生草本。根状茎横走，常分枝，坚硬，直径1～2cm；外皮黄褐色，薄片状剥离，内部白色。茎缠绕，左旋，圆柱形，具沟纹，坚韧，直径2～4mm。单叶互生。叶片宽卵形至卵形，长5～15cm，宽5～12cm，茎下部叶近圆形，茎上部叶卵状三角形；茎下部及中部叶5～7浅裂至半裂，茎上部叶3半裂，中裂片明显长于侧裂片，裂片全缘，先端渐尖，叶基心形，绿色，下面颜色较浅，两面具短硬毛，下面毛较密；掌状叶脉8～15，支脉网状。叶柄较长，上面中央具深沟。雌雄异株。雄花序穗状，生于叶腋，具多数花；雄花钟状，长2～3mm；花被6裂；雄蕊6，着生于花被片中央，花药内藏；无退化雌蕊。雌花序穗状，生于叶腋，常下垂，具多数花；雌花管状，长4～7mm；花被6裂，裂片披针形；雌蕊柱头3裂，裂片再2裂；无退化雄蕊。蒴果宽倒卵形，长1～2cm，宽约1.5cm，具3宽翅，顶端具宿存花被片；种子周围有不等宽的薄膜状翅，上方为长方形。花期6～7月，果期7～8月。

缠绕中生草本。生于阔叶林带的山地林下、灌丛。产兴安南部（科尔沁右翼前旗索伦镇、阿鲁科尔沁旗、巴林左旗、巴林右旗、克什克腾旗）、辽河平原（大青沟）、燕山北部（喀喇沁旗、

 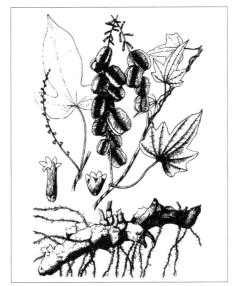

宁城县、敖汉旗）、锡林郭勒（西乌珠穆沁旗、正镶白旗）、阴山（大青山、蛮汗山、乌拉山）。分布于我国黑龙江、吉林、辽宁、河北、河南、山东、山西、宁夏南部、陕西、甘肃东部、青海东部、四川北部、安徽南部、浙江北部、江西北部，日本、朝鲜、俄罗斯（远东地区）。为东亚分布种。

根状茎入药（药材名：穿山龙），能舒筋活血、祛风止痛、化痰止咳，主治风寒湿痹、腰腿疼痛、筋骨麻木、大骨节病、扭挫伤、支气管炎。

2. 薯蓣（长山药）

Dioscorea polystachya Turcz. in Bull. Soc. Imp. Nat. Mosc. 10(7):158. 1837; Fl. China 24:292. 2000.——*D. opposita* auct. non Thunb.: Fl. Intramongol. ed. 2, 5:535. 1994. nom. illegit.

多年生草本。块茎肉质肥厚，圆柱形，直伸，长可达100cm。茎缠绕，圆柱形，右旋，略带紫色，具明显纵沟纹，光滑。单叶互生，中上部对生；叶腋间常有珠芽，三角状卵形至三角状宽卵形，长3～8cm，宽2～5cm；基部戟状心形，3浅裂至深裂，中裂片长三角状卵形或披针形，先端渐尖，两侧裂片圆形；叶两面光滑，7～9条基出弧形叶脉，支脉网状；叶柄细，长1.5～4cm。雌雄异株。雄花序穗状，直立，腋生，花轴多呈曲折状；花小，苞片比花被片短；花被片卵形，背面被棕色毛及散生紫褐色斑点；雄蕊6，花丝粗短。雌花序穗状；雌花具苞片2，具残存花药。蒴果具3翅，长宽近相等，约1.5cm，顶端和基部近圆形，有短柄。

中生草本。内蒙古赤峰市、呼和浩特市土默特左旗有栽培。我国吉林、辽宁、河北、河南、山东中南部、陕西南部、安徽、江苏、江西、浙江、福建、台湾、甘肃东部、四川、湖北、湖南、广东北部、广西、贵州、云南有栽培或野生。日本、朝鲜有分布。为东亚分布种。

块茎可食用，可制成淀粉做粮食或糕点，又可做蔬菜，是一种很好的副食品；还可用根皮酿酒。块茎入药，为滋养强壮剂，微有收敛性，对慢性肠炎、遗精、夜尿及糖尿病等有功效。

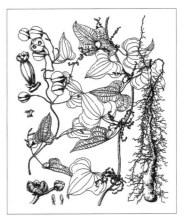

144. 鸢尾科 Iridaceae

多年生草本。具根状茎、块茎或鳞茎。单叶互生，叶片剑形或条形，基部常套折状。花两性，具2至数个苞片组成的佛焰苞；花单生或呈聚伞状；花被片6，花瓣状，鲜艳，2轮，花蕾期常呈覆瓦状排列，同型或异型，外轮较大，下部合生成直立的花被管；雄蕊3，与外轮花被片对生，花药狭长，纵裂。子房下位，3室，中轴胎座，胚珠多数，倒生，常排列成2行；花柱常3裂，仅基部合生，有的单一或2裂，有时扩展成花瓣状。蒴果3室，室背开裂；种子多数，种皮薄或革质，具胚乳。

内蒙古有2属、16种。

分 属 检 索 表

1a. 花柱上部3分枝，分枝扁平，花瓣状；内、外花被片通常明显异形；根状茎圆柱形，很少为块根⋯⋯⋯⋯⋯⋯⋯⋯⋯⋯⋯⋯⋯⋯⋯⋯⋯⋯⋯⋯⋯⋯⋯⋯⋯⋯⋯⋯⋯⋯⋯⋯⋯⋯⋯⋯⋯**1. 鸢尾属 Iris**
1b. 花柱圆柱形，顶端3浅裂，不为花瓣状；内、外花被片近同形；根状茎为不规则的块根⋯⋯⋯⋯⋯⋯⋯⋯⋯⋯⋯⋯⋯⋯⋯⋯⋯⋯⋯⋯⋯⋯⋯⋯⋯⋯⋯⋯⋯⋯⋯⋯⋯⋯**2. 射干属 Belamcanda**

1. 鸢尾属 Iris L.

具根状茎。叶多基生，扁平，呈条形或剑形，基部套折，部分合生。花葶直立。花单生或数朵生于茎顶，从佛焰苞内抽出；花大型，鲜艳，各种颜色。花被片6；外轮3，较大，常反卷，有的上面被须毛或鸡冠状凸起；内轮3，较小，基部狭窄成爪。雄蕊3，贴生于外轮花被片基部，花药条形。花柱上部3分枝；分枝扁平，鲜艳，呈花瓣状，外展，盖在雄蕊上。蒴果矩圆形、椭圆形、球形或圆柱形，具棱。

内蒙古有15种。

分 种 检 索 表

1a. 茎上部叉状分枝；聚伞花序；叶剑形，弯曲，排列于同一平面上；种子具翼⋯⋯⋯⋯⋯⋯⋯⋯⋯⋯⋯⋯⋯⋯⋯⋯⋯⋯⋯⋯⋯⋯⋯⋯⋯⋯⋯⋯⋯⋯⋯⋯⋯⋯**1. 射干鸢尾 I. dichotoma**
1b. 茎上部非叉状分枝；不形成聚伞花序；叶条形或剑形，不排列于同一平面上；种子无翼。
  2a. 花淡蓝色、蓝紫色或紫色，稀白色。
    3a. 叶弯曲而狭长，宽1～3mm。
      4a. 叶扁圆形，宽1～1.5mm，横断面近圆形；生于草原、沙地⋯⋯⋯**2. 细叶鸢尾 I. tenuifolia**
      4b. 叶平展，宽1.5～3mm，横断面弧形；生于高山⋯⋯⋯⋯⋯**3. 天山鸢尾 I. loczyi**
    3b. 叶直立而较宽，宽（1.5～）3mm以上。
      5a. 叶状总苞强烈膨大，呈纺锤形。
        6a. 总苞具纵脉和横脉，形成网状⋯⋯⋯⋯⋯⋯⋯⋯⋯⋯⋯⋯**4. 囊花鸢尾 I. ventricosa**
        6b. 总苞具纵脉，无横脉，不形成网状⋯⋯⋯⋯⋯⋯⋯⋯⋯⋯**5. 大苞鸢尾 I. bungei**
      5b. 叶状总苞不膨胀，不呈纺锤形。
        7a. 外轮花被片具鸡冠状凸起；须根粗壮，稍肉质⋯⋯⋯⋯⋯⋯**6. 粗根鸢尾 I. tigridia**
        7b. 外轮花被片无鸡冠状凸起。
          8a. 植株花期高约10cm，果期可达30cm；蒴果球形；根状茎细长，匍匐。

9a. 叶状总苞椭圆状披针形，长 3 ～ 4cm，先端渐尖，膜质；叶宽 1.5 ～ 3.5mm··············
···**7. 紫苞鸢尾 I. ruthenica**

9b. 叶状总苞椭圆形，长 1.5 ～ 2.5cm，先端较钝；叶宽 4 ～ 8mm···········**8. 单花鸢尾 I. uniflora**

8b. 植株较高大，一般 50cm 以上；蒴果长椭圆形；根状茎短粗。

  10a. 花葶较短，常短于基生叶；叶剑形；植株形成大而稠密的草丛；生于盐渍地。

    11a. 花乳白色 ·······································**9a. 白花马蔺 I. lactea** var. **lactea**

    11b. 花蓝色 ···**9b. 马蔺 I. lactea** var. **chinensis**

  10b. 花葶较长，常长于或稍短于基生叶；叶条形；植株不形成稠密的草丛；生于沼泽化草甸。

    12a. 花鲜红紫色；叶状总苞狭披针形，非膜质···············**10. 玉蝉花 I. ensata**

    12b. 花蓝色、蓝紫色，稀白色；叶状总苞矩圆形或椭圆形，近膜质。

      13a. 叶狭条形，宽 2 ～ 4mm，主脉明显；花期花葶超出基生叶···**11. 北陵鸢尾 I. typhifolia**

      13b. 叶条形、宽条形或剑形，宽0.8 ～ 1.5cm，主脉不明显；花期花葶与基生叶等长或稍短。

        14a. 花直径 9 ～ 10cm；外轮花被片除中央具一条纵向鲜黄色条带外，均为蓝紫
色；花柱分枝顶端裂片长 1.5 ～ 2cm·······················**12. 燕子花 I. laevigata**

        14b. 花直径9cm 以下；外轮花被片中央无鲜黄色条带，而中部及下部黄褐色，被深
蓝色脉纹；花柱分枝顶端裂片长 1.5cm 以下···············**13. 溪荪 I. sanguinea**

2b. 花黄色或淡黄绿色，外轮花被片具须毛状附属物。

  15a. 植株高 20 ～ 30cm；叶镰状弯曲或中部以上略弯曲，花期宽 6 ～ 10mm，果期宽约 15mm；蒴果先端
具长喙，喙长近 1cm·······································**14. 长白鸢尾 I. mandshurica**

  15b. 植株高 5 ～ 15cm；叶条形，直伸，不呈镰刀状弯曲，花期宽 1.5 ～ 4mm，果期宽达 6mm；蒴果
先端急尖···**15. 黄花鸢尾 I. flavissima**

1. 射干鸢尾（野鸢尾、歧花鸢尾、白射干、芭蕉扇）

Iris dichotoma Pall. in Reise Russ. Reich. 3:712. 1776; Fl. Intramongol. ed. 2, 5:538. t.225. f.1. 1994.

    多年生草本，高40 ～ 100cm。根状茎粗壮，具多数黄褐色须根。茎直立，圆柱形，直径2 ～ 5mm，光滑多分枝，分枝处具 1 苞片。叶基生，6 ～ 8 枚，排列于一个平面上，呈扇状；叶片剑形，长 20 ～ 30cm，宽 1.5 ～ 3cm，绿色，基部套折状，边缘白色膜质，两面光滑，具多数纵脉。苞片披针形，长 3 ～ 10cm，绿色，边缘膜质；总苞干膜质，宽卵形，长 1 ～ 2cm；聚伞花序，有花 3 ～ 15，花梗较长，长约 4cm；花白色或淡紫红色，具紫褐色斑纹。外轮花被片矩圆形，薄片状，具紫褐色斑点，爪部边缘具黄褐色纵条纹；内轮花被片明显短于外轮，瓣片矩圆形或椭圆形，具紫色网纹，爪部具沟槽。雄蕊 3，贴生于外轮花被片基部，花药基底着生；花柱分枝

3，花瓣状，卵形，基部连合，柱头具2齿。蒴果圆柱形，长3.5～5cm，具棱；种子暗褐色，椭圆形，两端翅状。花期7月，果期8～9月。

中旱生草本。生于森林带和草原带的山地林缘、灌丛、草原，为草原、草甸草原及山地草原常见杂类草。产兴安北部及岭西（额尔古纳市、牙克石市）、呼伦贝尔（陈巴尔虎旗、海拉尔区、新巴尔虎左旗、满洲里市）、兴安南部及科尔沁（科尔沁右翼前旗、科尔沁右翼中旗、扎鲁特旗、阿鲁科尔沁旗、巴林左旗、巴林右旗、翁牛特旗、克什克腾旗）、辽河平原、赤峰丘陵、燕山北部（喀喇沁旗、宁城县、敖汉旗、兴和县苏木山）、锡林郭勒（东乌珠穆沁旗、锡林浩特市）、阴山（大青山、蛮汗山）、阴南丘陵（准格尔旗）、东阿拉善（桌子山）、贺兰山。分布于我国黑龙江南部、吉林西部、辽宁西北部、河北北部、河南西部和北部、山东西部、山西北部、陕西北部和西南部、宁夏、甘肃东部、安徽东南部、江西、湖北北部、湖南西北部、云南，朝鲜、蒙古国北部和东部、俄罗斯（东西伯利亚地区、远东地区）。为东古北极分布种。

中等饲用植物。秋季霜后，牛、羊采食。

2. 细叶鸢尾

Iris tenuifolia Pall. in Reise Russ. Reich. 3:714. 1776; Fl. Intramongol. ed. 2, 5:538. t.225. f.2-3. 1994.

多年生草本，高20～40cm，形成稠密草丛。根状茎匍匐；须根细绳状，黑褐色。植株基部被稠密的宿存叶鞘，丝状或薄片状，棕褐色，坚韧。基生叶丝状条形，纵卷，长达40cm，宽1～1.5mm，极坚韧，光滑，具5～7纵脉。花葶长约10cm；苞叶3～4，披针形，鞘状膨大成纺锤形，长7～10cm，白色膜质，果期宿存，内有花1～2；花淡蓝色或蓝紫色。花被管细长，可达8cm，花被裂片长4～6cm；外轮花被片倒卵状披针形，基部狭，中上部较宽，上面有时被须毛，无沟纹；内轮花被片倒披针形，比外轮略短。花柱狭条形，顶端2裂。蒴果卵球形，具3棱，长1～2cm。花期5月，果期6～7月。

旱生草本。生于草原带的草原、沙地、石质坡地。产呼伦贝尔（新巴尔虎左旗、新巴尔虎右旗、海拉尔区）、科尔沁（科尔沁右翼中旗、扎鲁特旗、阿鲁科尔沁旗、巴林左旗、巴林右旗、翁牛特旗、克什克腾旗）、赤峰丘陵（红山区）、锡林郭勒（锡林浩特市、苏尼特左旗）、乌兰察布（达尔罕茂明安联合旗、固阳县）、阴山（大青山）、阴南丘陵（准格尔旗）、鄂尔多斯（伊金霍洛旗、乌审旗、鄂托克旗）、贺兰山。分布于我国黑龙江、吉林、辽宁、河北、山东、山西、陕西、宁夏、甘肃、青海、西藏、新疆，蒙古国西部和中部及南部、俄罗斯（西伯利亚地区）、巴基斯坦、哈萨克斯坦、阿富汗。为东古北极分布种。

根及种子入药，能安胎养血，主治胎动不安、血崩。花及种子也入蒙药（蒙药名：纳仁－查黑勒德格），功能、主治同马蔺。

中等饲用植物。春季，羊采食其花。

3. 天山鸢尾

Iris loczyi Kanitz in Bot. Resl. Szech. Cent. As. Exped. 58. 1891; Fl. Intramongol. ed. 2, 5:540. t.225. f.4-5. 1994.

多年生草本，高 25～40cm，形成稠密草丛。根状茎细，匍匐；须根多数，绳状，黄褐色，坚韧。植株基部被片状，具红褐色的宿存叶鞘。基生叶狭条形，长达 40cm，宽 1.5～3mm，坚韧，光滑，两面具凸出纵叶脉。花葶长约 15cm；苞叶质薄，先端尖锐，长 10～15cm，内有花 1～2；

花淡蓝色或蓝紫色；花梗短。花被管细长，可达10cm；外轮花被片倒披针形，长约5cm，基部狭，上部较宽，淡蓝色，具紫褐色或黄褐色脉纹；内轮花被片较短，较狭，近直立。花柱裂片条形。蒴果球形，具棱，长约3cm，顶端具喙。花期5～6月，果期7月。

旱生草本。生于荒漠带的石质山坡、山地草原。产东阿拉善（桌子山）、贺兰山、龙首山。分布于我国宁夏西北部、甘肃（河西走廊两侧）、青海东部、四川西部、西藏西南部、新疆，阿富汗、俄罗斯，中亚、西南亚。为古地中海分布种。

4. 囊花鸢尾

Iris ventricosa Pall. in Reise Russ. Reich. 3:712. 1776; Fl. Intramongol. ed. 2, 5:540. t.226. f.1. 1994.

多年生草本，高 30～60cm，形成大型稠密草丛。根状茎粗短，具多数黄褐色须根。植株基部具稠密的纤维状或片状宿存叶鞘。基生叶条形，长 20～50cm，宽 4～5mm，光滑，两面具凸出的纵脉。花葶明显短于基生叶，长约15cm；苞叶鞘状膨大，呈纺锤形，先端尖锐，长 6～8cm，

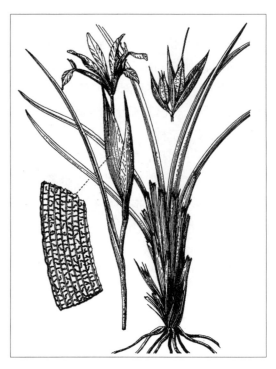

光滑，密生纵脉，并具网状横脉；花 1～2，蓝紫色。花被管较短，长约 2.5cm；外轮花被片狭倒卵形，长 4～5cm，顶部具爪，被紫红色斑纹；内轮花被片较短，披针形。花柱狭长，先端 2 裂。蒴果长圆形，长约 3cm，棱状，具长喙，3 瓣裂；种子卵圆形，红褐色。花期 5～6 月，果期 7～8 月。

中旱生草本。生于森林带和草原带的含丰富杂类草的草原、草甸草原、草原化草甸、山地林缘草甸，为草甸草原伴生种。产兴安北部、岭东、岭西、呼伦贝尔、兴安南部、科尔沁、赤峰丘陵、燕山北部、锡林郭勒。分布于我国黑龙江南部、吉林西南部、辽宁北部、河北北部、青海、新疆东部，蒙古国东部（大兴安岭、哈拉哈河流域）、俄罗斯（东西伯利亚地区）。为东古北极分布种。

5. 大苞鸢尾

Iris bungei Maxim. in Bull. Acad. Imp. Sci. St.-Petersb. 26:509. 1880; Fl. Intramongol. ed. 2, 5:541. t.226. f.2. 1994.

多年生草本，高 20～40cm，形成稠密草丛。根状茎粗短，着生多数黄褐色细绳状须根。植株基部被稠密的纤维状棕褐色宿存叶鞘。基生叶条形，长 15～30cm，宽 2.5～4mm，光滑或粗糙，两面具凸出的纵脉。花葶高约 15cm，短于基生叶；苞叶鞘状膨大，呈纺锤形，长 6～10cm，先端尖锐，边缘白色膜质，光滑或粗糙，具纵脉而无横脉，不形成网状；花 1～2，蓝紫色。花被管长 3～4cm；外轮花被片披针形，长约 5.5cm，顶部较宽，具紫色脉纹；内轮花被片与外轮略等长或较之稍短，披针形，具紫色脉纹。花柱狭披针形，顶端 2 裂，边缘宽膜质。蒴果矩圆形，长 4～6cm，顶端具长喙。花期 5 月，果期 7 月。

强旱生草本。生于荒漠化草原、草原化荒漠带和荒漠带的沙质平原、干燥坡地，为荒漠化

草原的伴生种，在草原化荒漠群落局部地段可成为优势种，盛开着的鲜艳的蓝紫色花朵在荒漠中形成亮丽的景观。产锡林郭勒西部、乌兰察布、鄂尔多斯（鄂托克旗西部）、东阿拉善（乌拉特后旗、阿拉善左旗）、西阿拉善、贺兰山。分布于我国山西、宁夏、甘肃，蒙古国中部和南部。为戈壁—蒙古分布种。

中等饲用植物。干枯后，各种家畜均采食。

6. 粗根鸢尾

Iris tigridia Bunge ex Ledeb. in Fl. Alt. 1:60. 1829; Fl. Intramongol. ed. 2, 5:541. t.226. f.3-4. 1994.——*I. tigridia* Bunge ex Ledeb. var. *fortis* Y. T. Zhao in Act. Phytotax. Sin. 18:60. 1980; Fl. China 24:311. 2000. syn. nov.

多年生草本，高 10 ～ 30cm。根状茎短粗；须根多数，粗壮，稍肉质，直径约 3mm，黄褐色。茎基部具较柔软的黄褐色宿存叶鞘。基生叶条形，先端渐尖，长 5 ～ 30cm，宽 1.5 ～ 4mm，光滑，两面叶脉凸出。花葶高 7 ～ 10cm，短于基生叶；总苞 2，椭圆状披针形，长 3 ～ 5cm，顶端尖锐，膜质，具脉纹；花常单生，蓝紫色或淡紫红色，稀白色，具深紫色脉纹。外轮花被片倒卵形，边缘稍波状，中部有髯毛；内轮花被片较狭较短，直立，顶端微凹。花柱裂片狭披针形，顶端 2 裂。蒴果椭圆形，长约 3cm，两端尖锐，具喙。花期 5 月，果期 6 ～ 7 月。

旱生草本。生于森林带和草原带的丘陵坡地、山地草原、林缘。产兴安北部及岭西（额尔古纳市、牙克石市）、岭东（扎

509

兰屯市）、呼伦贝尔（鄂温克族自治旗、新巴尔虎左旗、海拉尔区、满洲里市）、兴安南部及科尔沁（科尔沁右翼前旗、科尔沁右翼中旗、突泉县、阿鲁科尔沁旗、巴林右旗、克什克腾旗、翁牛特旗）、赤峰丘陵（红山区、松山区）、燕山北部（喀喇沁旗、宁城县、敖汉旗）、锡林郭勒（锡林浩特市）、阴山（大青山）、阴南丘陵、龙首山。分布于我国黑龙江南部、吉林西南部、辽宁、河北、山西东部、甘肃中部、青海东北部、四川西北部，蒙古国北部、俄罗斯（西伯利亚地区）、哈萨克斯坦。为东古北极分布种。

　　中等饲用植物。春季，羊采食。

7. 紫苞鸢尾

Iris ruthenica Ker.-Gawler in Bot. Mag. 28. t.1123. 1808; Fl. Intramongol. ed. 2, 5:541. t.227. f.1. 1994.

　　多年生草本，植株花期高约 10cm，果期可达 30cm。根状茎细长，匍匐，分枝，密生条状须根；植株基部及根状茎被褐色宿存纤维状叶鞘。基生叶条形，花期长约 10cm，果期可达 30cm，宽 1.5～3.5mm，顶端长渐尖，粗糙，两面具 2 或 3 凸出叶脉。总苞 2，椭圆状披针形，长 3～4cm，先端渐尖，膜质；花葶长 5～7cm，短于基生叶；花单生，蓝紫色。花被管细长，长约 1.5cm；外轮花被片狭披针形，长 2～3cm，顶端圆形，基部渐狭，具紫色脉纹；内轮花被片较短。花柱狭披针形，顶端 2 裂。蒴果球形，直径约 1cm，具棱。花期 5～6 月，果期 6～7 月。

旱中生草本。生于森林草原带和阔叶林带的坡地、山地草原。产兴安南部（巴林右旗、克什克腾旗、锡林浩特市）、燕山北部（喀喇沁旗、兴和县苏木山）。分布于我国黑龙江中北部、吉林东部、辽宁、河北、河南、山东、山西、陕西东南部、宁夏南部、甘肃东南部、青海、四川西部、安徽、江西、湖北、湖南、贵州、云南西北部、新疆北部和西北部及西部，朝鲜、蒙古国北部和东部、俄罗斯（西伯利亚地区、远东地区）、哈萨克斯坦，欧洲东部。为古北极分布种。

8. 单花鸢尾

Iris uniflora Pall. ex Link in Jahrb. Gewachsk 1(3):71. 1820; Fl. Intramongol. ed. 2, 5:543. t.227. f.2-3. 1994.

多年生草本，高 20～50cm。根状茎匍匐，细长而分枝；植株基部及根状茎着生褐色宿存纤维状叶鞘。基生叶条形，花期长 10～20cm，宽 4～8mm，果期可达 50cm，宽 1～1.5cm，较柔软，鲜绿色，粗糙，纵脉 7～10，其中 2～3 较凸出。总苞 2，椭圆形，长 1.5～2.5cm，稍膨胀，较坚硬，黄绿色，顶端常具紫红色边缘，光滑，具不明显脉纹，果期宿存；花葶细长，花期高 10～15cm，始花期可超出基生叶，后基生叶超出花葶；花单生，蓝紫色。花被管较短，长不超过 1cm；花被裂片披针形或狭披针形，淡紫蓝色，外轮长 3.5～5cm，顶端圆形，内轮较短。花柱狭披针形，顶端 2 裂。蒴果球形，直径约 1cm，具棱，无喙，3 瓣裂。

中生草本。生于森林带的山地林下、林缘，为山地针叶林、阔叶林及林缘草甸伴生种。产兴安北部及岭西（额尔古纳市、根河市、牙克石市、新巴尔虎左旗、东乌珠穆沁旗宝格达山）、岭东（扎兰屯市）、兴安南部及科尔沁（扎赉特旗、科尔沁右翼前旗、扎鲁特旗、阿鲁科尔沁旗、巴林右旗）、燕山北部（喀喇沁旗、宁城县、敖汉旗）。分布于我国黑龙江、吉林、辽宁，朝鲜、蒙古国东部和东北部、俄罗斯（东西伯利亚地区、远东地区）。为东西伯利亚—满洲分布种。

良等饲用植物。各种家畜均喜食。

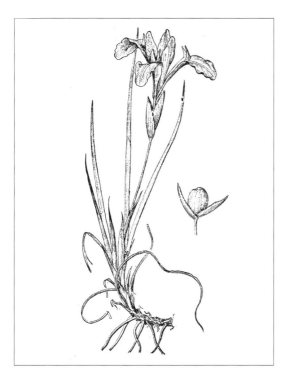

9. 白花马蔺

Iris lactea Pall. in Reise Russ. Reich. 3:713. 1776; Fl. Intramongol. ed. 2, 5:543. 1994.

9a. 白花马蔺

Iris lactea Pall. var. **lactea**

多年生草本，高 20 ～ 50cm。基部具稠密的红褐色纤维状宿存叶鞘，形成大型草丛。根状茎粗壮，着生多数绳状棕褐色须根。基生叶多数，剑形，顶端尖锐，长 20 ～ 50cm，宽 3 ～ 6mm，花期与花葶等长或稍超出，后渐渐明显超出花葶，光滑，两面具数条凸出的纵脉，绿色或蓝绿色；叶基稍紫色。花葶丛生，高 10 ～ 30cm，下面被 2 ～ 3 叶片所包裹；叶状总苞狭矩圆形或披针形，顶端尖锐，长 6 ～ 7mm，淡绿色，边缘白色宽膜质，光滑，具多数纵脉；花 1 ～ 3，乳白色。花被管较短，长 1 ～ 2cm；外轮花被片宽匙形，长 3 ～ 5cm，光滑，中部具黄色脉纹；内轮花被片较小，狭椭圆形，较直立。花柱花瓣状，顶端 2 裂。蒴果长椭圆形，长 4 ～ 6cm，具纵肋 6，顶端有短喙；种子近球形，棕褐色。花期 5 月，果期 6 ～ 7 月。

曹瑞／摄

中生草本。生于草原带的河滩、盐碱滩地。产呼伦贝尔（海拉尔区）、锡林郭勒（苏尼特左旗）、鄂尔多斯（杭锦旗伊和乌素苏木）。分布于我国甘肃、青海、新疆，蒙古国。为戈壁—蒙古分布种。

9b. 马蔺

Iris lactea Pall. var. **chinensis** (Fisch.) Koidz. in Bot. Mag. Tokyo 39:300. 1925; Fl. Intramongol. ed. 2, 5:545. t.228. f.1-2. 1994.——*I. pallasii* Fisch. var. *chinensis* Fisch. in Bot. Mag. 49: t. 2331. 1822.

本变种与正种的区别是：外花被片倒披针形，稍宽于内花被片；内花被片披针形，先端锐尖；花蓝色。

中生草本。生于草原带的河滩、盐碱滩地，为盐化草甸建群种。产内蒙古各地。分布于我国黑龙江、吉林、辽宁、河北、河南、山东、山西、陕西、宁夏、甘肃、青海、四川、安徽、江苏、浙江、江西、湖北、湖南、西藏，朝鲜、蒙古国、俄罗斯（西伯利亚地区、远东地区）、印度、

巴基斯坦、阿富汗，中亚。为东古北极分布种。

花、种子及根入药，能清热解毒、止血、利尿，主治咽喉肿痛、吐血、衄血、月经过多、小便不利、淋病、肝炎、疮疖痈肿等。花及种子也入蒙药（蒙药名：查黑乐得格），能解痉、杀虫、止痛、解毒、利疸退黄、消食、治伤、生肌、排脓、燥黄水，主治霍乱、蛲虫病、虫牙、皮肤痒、虫积腹痛、热毒疮疡、烫伤、脓疮、黄疸性肝炎、胁痛、口苦等。

中等饲用植物。枯黄后，各种家畜均乐食。

10. 玉蝉花（紫花鸢尾）

Iris ensata Thunb. in Trans. Linn. Soc. London 2:328. 1794; Fl. Intramongol. ed. 2, 5:545. t.228. f.3. 1994.

多年生草本，高 50～90cm。根状茎短，粗壮。茎直立，圆柱形，高 60cm 或更高，直径约 6mm，中空，光滑，具茎生叶 1～3。基生叶条形，与茎近等长或稍超出，宽约 1cm，光滑，具明显凸出的中脉。总苞 2，苞片狭披针形，顶端尖锐，长 5～8cm，稍粗糙，具密集的纵脉；花 2～4，鲜红紫色。花被管较短，长 1～2cm；外轮花被片倒卵形或椭圆形，长约 10cm，顶部圆形，具深紫色脉纹，光滑，有时中部具稀疏丝状毛，暗红紫色，下部狭长似柄，其边缘鲜红紫色，中部黄色；内轮花被片倒披针形，明显短于外轮，鲜红紫色。花柱裂片较狭，顶端 2 裂，亦为鲜红紫色。蒴果椭圆形，具棱，顶端具短喙；种子近圆形。花期 6～7 月。

中生草本。生于森林带的河边草甸、沼泽化草甸。产兴安北部及岭东和岭西（大兴安岭、额尔古纳市、鄂伦春自治旗）。分布于我国黑龙江、吉林东部、辽宁南部、山东东北部、浙江西北部，日本、朝鲜、俄罗斯（远东地区）。为东亚分布种。

11. 北陵鸢尾

Iris typhifolia Kitag. in Bot. Mag. Tokyo 48:94. 1934; Fl. Intramongol. ed. 2, 5:545. t.229. f.1. 1994.

多年生草本，高40～60cm。根状茎短，粗壮，着生多数细绳状淡褐色须根。植株基部具红褐色纤维状宿存叶鞘。茎直立，高40～60cm，直径约3mm，光滑，有纵棱，具发育不完全的茎生叶1～2。基生叶狭条形，花期明显短于茎，长20～40cm，宽2～4mm，光滑，具明显凸出中脉。总苞2～4，长椭圆形，顶端尖锐，长3～4.5cm，光滑，近膜质；花2～3。花被管短于花被裂片；外轮花被片倒卵形，长3～5cm，顶部圆形，下部狭长似柄，上部及中部边缘蓝色或蓝紫色，下部黄褐色被深色条纹；内轮花被片倒披针形，明显短于外轮花被片，蓝紫色。花柱裂片狭披针形，顶端2裂，蓝紫色。蒴果

椭圆形，具棱，顶端无喙，或具短钝喙；种子黄绿色。花期6月，果期7～8月。

中生草本。生于森林带和森林草原带的河滩草甸。产兴安北部及岭东和岭西（额尔古纳市、牙克石市、鄂伦春自治旗、海拉尔区、东乌珠穆沁旗宝格达山、海拉尔区）、兴安南部（扎赉特旗、科尔沁右翼前旗、科尔沁右翼中旗、阿鲁科尔沁旗、巴林右旗、克什克腾旗、锡林浩特市）。分布于我国吉林、辽宁中北部。为满洲分布种。

12. 燕子花

Iris laevigata Fisch. in Index Sem. Hort. Petrop. 5:36. 1839; Fl. Intramongol. ed. 2, 5:547. 1994.

多年生草本。根状茎粗壮，斜生，直径约1cm，着生黄白色、有皱缩横纹的须根。茎直立，圆柱形，高40～60cm，中空，中下部有2～3茎生叶。叶灰绿色，剑形或宽条形，长40～100cm，宽0.8～1.5cm，顶端渐尖，基部鞘状，无明显中脉。总苞3～5，膜质，披针形，长6～9cm，宽1～1.5cm，中脉明显，内包2～4花；花蓝紫色，直径9～10cm；花梗长1.5～3.5cm。花被管上部稍膨大，长约2cm；外花被裂片倒卵形或椭圆形，上部反折下垂，爪部楔形，中央下陷成钩状，鲜黄色，无附属物；内花被裂片直立，倒披针形。花柱分枝扁平，花瓣状，拱形弯曲，顶端裂片半圆形，子房钝三角状圆柱形。蒴果椭圆状柱形，长6.5～7cm，直径2～2.5cm，具6纵肋。花期5～6月，果期7～8月。

　　湿生草本。生于森林带的河、湖边沼泽。产兴安北部（牙克石市）、兴安南部（科尔沁右翼前旗）、辽河平原（大青沟）。分布于我国黑龙江中北部和东部、吉林东部、辽宁北部，日本、朝鲜、俄罗斯（远东地区）。为东亚北部（满洲—日本）分布种。

13. 溪荪

Iris sanguinea Donn ex Hornema. in Hort. Bot. Hafn. 1:58. 1813; Fl. Intramongol. ed. 2, 5:547. t.229. f.2. 1994.

　　多年生草本。根状茎粗壮，匍匐，着生淡黄色脆软的须根；植株基部及根状茎被黄褐色纤维状宿存叶鞘。茎直立，圆柱形，高 50～70cm，直径约 5mm，实心，光滑，具茎生叶 1～2。基生叶宽条形，长于或与茎等长，宽 (5～)8～12mm，光滑，具数条平行纵脉，主脉不明显。总苞 4～6，披针形，顶端较尖锐，长 5～7cm，光滑，具多条纵脉，近膜质；花 2～3。花被管较短；外轮花被片倒卵形或椭圆形，蓝色或蓝紫色，中部及下部黄褐色，光滑，被深蓝色脉纹；内轮花被片倒披针形，明显短于外轮。花柱裂片较狭，顶端 2 裂。蒴果矩圆形或长椭圆形，长 3～4cm，具棱。花期 7 月，果期 8 月。

　　湿中生草本。生于森林带和草原带的山地水边草甸、沼泽化草甸。产兴安北部及岭西（额尔古纳市、牙克石市）、呼伦贝尔（海拉尔区、新巴尔虎右旗）、兴安南部（科尔沁右翼前旗、扎鲁特旗、巴林右旗）、辽河平原（科尔沁左翼后旗）、锡林郭勒（东乌珠穆沁旗、正蓝旗）。分布于我国黑龙江北部和东部、吉林东部、辽宁东北部，日本、朝鲜、俄罗斯（东西伯利亚地区、远东地区）。为东西伯利亚—东亚北部分布种。

14. 长白鸢尾

Iris mandshurica Maxim. in Bull. Acad. Imp. Sci. St.-Petersb. 26:530. 1880; Fl. China 24:309. 2000. ——*I. flavissima* auct. non Pall.: Fl. Intramongol. ed. 2, 5:549. 1994.

　　多年生草本。根状茎短粗，块状，常横卧，密生稍肉质的须根。植株基部包有棕褐色的老叶残留纤维。叶剑形、宽线形或线形，长 10～25(～35)cm，宽 (4～)6～15mm，基部鞘状，中上部常稍宽，通常呈镰状弯曲，先端渐尖或短渐尖，无明显中脉。花茎平滑，基部被披针形的叶鞘，高 (5～)10～22cm，顶生 1～2 花；花下苞片 3，膜质或近膜质，绿色，倒卵形或倒披针形，长 3.5～6cm，宽 1～1.8cm，渐尖或骤尖；花黄色，直

陈宝瑞／摄

径 4～5cm; 花梗长 0.5～2cm; 花被管狭漏斗形, 长 1～2(～2.5)cm。花被裂片向斜上方伸展, 相靠合, 全花被外形呈漏斗状; 外花被裂片不反折, 长 4～4.5cm, 宽 1.5～2cm, 有紫褐色网脉, 中脉上密布似棍棒状的须毛; 内花被裂片狭椭圆形, 长约 3.5cm。雄蕊长约 2cm, 花药黄色; 花柱分枝扁平, 先端裂片半圆形, 有疏牙齿, 子房绿色, 狭纺锤形, 长 1～2cm。蒴果纺锤形, 长近 6cm, 直径约 1.5cm, 具 6 明显纵肋, 其中室背 3 条较粗且显著隆起, 先端渐尖成长喙; 喙长近 1cm, 成熟时沿室背开裂。花期 5 月, 果期 6～7(～8)月。

中生草本。生于森林带的山地草甸。产岭西(海拉尔区)、辽河平原(大青沟)。分布于我国黑龙江、吉林、辽宁, 朝鲜、俄罗斯(远东地区)。为满洲分布种。

15. 黄花鸢尾 (黄金鸢尾)

Iris flavissima Pall. in Reise Russ. Reich. 3:715. 1776; Fl. China 24:309. 2000.——*I. potaninii* auct. non Maxim.: Fl. Intramongol. ed. 2, 5:549. t.230. f.3. 1994.

多年生草本。植株基部生有浅棕色的老叶残留纤维。根状茎很短, 木质, 褐色; 须根粗而长, 少分枝, 黄白色。叶条形, 花期叶长 5～15cm, 宽 1.5～3mm, 果期可长达 30cm, 宽达 6mm, 顶端渐尖, 无明显中脉。花茎甚短, 不伸出或略伸出地面, 基部包有膜质、黄白色的鞘状叶; 苞片膜质, 2～3, 狭披针形, 顶端渐尖, 其中含花 1～2; 花黄色, 直径 4～5cm。花被管喇叭形, 长 2.5～3.5cm; 外花被裂片椭圆形或倒卵形, 长 3～3.5cm, 宽 0.6～1.2cm, 有棕褐色的条纹, 爪部楔形, 中脉上生有须毛状附属物; 内花被裂片倒披针形, 长 2.5～3cm, 宽约 4mm, 直立。雄蕊长约 2cm, 花药黄色; 花柱分枝鲜黄色, 长约 2.5cm, 顶端裂片狭长三角形,

子房圆柱形。蒴果纺锤形，长 3.5～4.5cm，直径 1～1.5cm，顶端无喙，常有残存的花被管，基部有残留的苞片。花期 4～5 月，果期 6～8 月。

　　旱生草本。生于草原带和荒漠草原带的砾石质丘陵坡地。产呼伦贝尔（海拉尔区）、锡林郭勒（阿巴嘎旗、苏尼特左旗、镶黄旗）、乌兰察布（达尔罕茂明安联合旗）。分布于我国黑龙江西部、吉林西部、宁夏、新疆，蒙古国北部、俄罗斯（西伯利亚地区、远东地区）、哈萨克斯坦。为哈萨克斯坦—蒙古分布种。

2. 射干属 Belamcanda Adans.

　　多年生草本。具不规则的块状根状茎。茎直立，实心。叶剑形，互生，互相套叠，排成 2 列。二歧式伞房花序顶生；苞片小，短于花梗；花近橙红色；花被管很短，花被裂片 6，2 轮，近同形而外轮者稍大；雄蕊 3，着生于外轮花被裂片基部；子房下位，3 室，中轴胎座，含多数胚珠，花柱圆柱形，顶端 3 浅裂。蒴果倒卵形或倒卵状椭圆形，室背开裂；种子近球形，黑紫色，有光泽。

　　内蒙古有 1 种。

1. 射干

Belamcanda chinensis (L.) Redoute in Liliac. 3:t.121. 1805; Fl. Pl. Herb. Chin. Bor.-Orient. 12:192. 1998.——*Ixia chinensis* L., Sp. Pl. 1:36. 1753.

　　多年生草本。根状茎为不规则的块状，通常横走，具多数粗壮的须根。茎直立，单一，高 50～90cm。叶宽剑形，扁平，于茎上互生，互相套叠，排成 2 列，长20～50cm，宽 1.5～4cm，具平行脉，无毛。二歧式伞房花序顶生，具 3 至 10 余朵花；苞片卵形至披针形，基部包茎；花橙红色、带黄色，直径 3～4.5cm；花被片 6，近同形，基部合生成很短的筒，长倒卵形或椭圆形，开展，内轮 3片稍较小，内侧具暗红色斑点；雄蕊 3，着生于花被基部，花药线形；子房倒卵形，花柱棒状，向上渐宽，柱头 3 裂。蒴果倒卵形或倒卵状椭圆形，长 2～3.5cm，成熟时沿背缝线 3 瓣裂；种子多数，黑紫色，有光泽。花期 7～9 月，果期 8～10 月。

　　中生草本。生于森林草原带的山地草原。产兴安南部（扎鲁特旗）。分布于我国除青海、新疆外的各省区，日本、朝鲜、俄罗斯（远东地区）、不丹、尼泊尔、印度、缅甸、越南、菲律宾。为东亚分布种。

　　根状茎供药用，主治咽喉肿痛、扁桃体炎、腮腺炎、支气管炎、咳嗽多痰、肝脾肿大、闭经、乳腺炎等，外用治水田皮炎及跌打损伤。

145. 兰科 Orchidaceae

多年生草本，陆生、附生或腐生。通常具根状茎或块茎，稀具假鳞茎。茎直立或攀缘。单叶互生，稀对生或轮生，基部常具抱茎的叶鞘，有时退化成鳞片状。单花或排列成总状、穗状或圆锥状花序；花两性，两侧对称。花被片6，排列为2轮；外轮3片为萼片，通常花瓣状，离生或部分合生，中央的1片称中萼片，有时与花瓣靠合成兜，两侧的2片称侧萼片，略歪斜，离生或靠合，稀合生为1合萼片；内轮两侧的2片称花瓣，中央1片特化而称唇瓣。唇瓣常因子房或花梗作180°扭曲而位于花的下方，先端分裂或不分裂，基部囊状或有距。雄蕊通常1或2（～3），与花柱合生称蕊柱，当雄蕊1时，雄蕊生于蕊柱的顶端，当雄蕊2时，雄蕊生于蕊柱的两侧；退化雄蕊有时存在，为小凸起，稀较大而呈花瓣状；花药通常2室，花粉常结成花粉块，花粉块2～8，常具花粉块柄和粘盘或缺。雌蕊由3心皮合生；子房下位，1室，侧膜胎座，含多数胚珠。柱头有两类：当单雄蕊时，3柱头有2发育且常粘合，另1柱头不发育，变成小凸体，称蕊喙，位于花药基部；当2雄蕊时，3柱头合成单柱头，无蕊喙。蒴果三棱状圆柱形或纺锤形，常侧面3～6裂缝开裂；种子极多，微小，无胚乳。

内蒙古有20属、29种。

分属检索表

1a. 腐生兰；叶退化成鳞片或鞘，非绿色。

 2a. 植株具块茎；块茎肥厚，肉质，横生，具环纹；萼片与花瓣合生成筒状⋯⋯⋯⋯**1. 天麻属 Gastrodia**

 2b. 植株无块茎，萼片与花瓣不合生成筒。

  3a. 根极多，盘结成鸟巢状；唇瓣不裂或2裂，内面无褶片和胼胝体⋯⋯⋯⋯⋯**2. 鸟巢兰属 Neottia**

  3b. 根少数，非鸟巢状；唇瓣2裂或3裂，内面有褶片和胼胝体。

   4a. 根状茎肉质，珊瑚状分枝；唇瓣位于下方，中部以下3裂，上表面具2褶片；蕊柱两侧具翅，花粉块4⋯⋯⋯⋯⋯⋯⋯⋯⋯⋯⋯⋯⋯⋯⋯**3. 珊瑚兰属 Corallorhiza**

   4b. 根状茎稍膨大，具肉质粗分枝，珊瑚状或块状；唇瓣位于上方，不裂或近基部3裂，紫红色的波状褶片；蕊柱短粗，花粉块2⋯⋯⋯⋯⋯⋯**4. 虎舌兰属 Epipogium**

1b. 非腐生植物，具绿叶。

 5a. 能育雄蕊2，退化雄蕊1，存在，大；唇瓣呈杓状或囊状或拖鞋状⋯⋯⋯⋯**5. 杓兰属 Cypripedium**

 5b. 能育雄蕊1，退化雄蕊2，存在或否，小；唇瓣非上述情况。

  6a. 植株具直立茎，无假鳞茎。

   7a. 花序轴螺旋状扭转，茎基部簇生数条指状肉质块根⋯⋯⋯⋯⋯⋯**6. 绶草属 Spiranthes**

   7b. 花序轴不呈螺旋状扭转，茎基部无指状肉质块根。

    8a. 茎基部具圆形、卵形、椭圆形肉质块茎，或具指状条形的肉质根状茎。

     9a. 块茎前部分裂成掌状。

      10a. 唇瓣前部几不分裂或3裂，基部的距直筒状，较粗，较子房短或稍长；柱头1；粘盘藏于粘囊中⋯⋯⋯⋯⋯⋯⋯⋯⋯**7. 掌裂兰属 Dactylorhiza**

      10b. 唇瓣先端3裂或几不裂，基部的距弯曲，细长，为子房长的1.5～2倍；柱头2；粘盘裸露⋯⋯⋯⋯⋯⋯⋯⋯⋯⋯⋯⋯**8. 手掌参属 Gymnadenia**

     9b. 块茎不裂。

      11a. 花紫红色或淡红色，花在花序轴上常偏向一侧。

12a. 萼片下部合生，呈兜状；花瓣条形；粘盘裸露……………………**9. 兜被兰属 Neottianthe**

12b. 萼片离生，不呈兜状；花瓣斜卵状披针形，常与中萼片合生，形成兜状瓣；粘盘藏于粘囊中……………………**10. 小红门兰属 Ponerorchis**

11b. 花黄绿色、绿色或带白色，花序的花不偏向一侧。

13a. 花垂头呈钩手状，粘盘常卷成角状或不卷成角状（唇瓣无距）…**11. 角盘兰属 Herminium**

13b. 花不垂头呈钩手状；粘盘不卷成角状，唇瓣通常有距，稀无距。

14a. 唇瓣3裂，侧裂片中部以上撕裂状，基部与中裂片以90°相交，呈"十"字形……………………**12. 玉凤花属 Habenaria**

14b. 唇瓣不裂或3裂，侧裂片非撕裂状，基部与中裂片不呈"十"字形…………………**13. 舌唇兰属 Platanthera**

8b. 茎基部无块茎，只具多少稍肉质的纤维根。

15a. 茎基部匍匐，节间较长，根疏生于茎基部的几个节上；叶的上表面具黄白色的规则斑纹；花常偏向同一侧或不偏向一侧；蕊喙直立，2叉或深2裂……………………**14. 斑叶兰属 Goodyera**

15b. 茎直立，根集生于茎基部；叶的上表面无斑纹；花不偏向同一侧；蕊喙不为2叉状。

16a. 叶1，生于茎中部；花1，顶生，稀2～3，较大，艳丽；萼片长15～22mm……………………**15. 朱兰属 Pogonia**

16b. 叶2至多枚，花多数，绿色或黄绿色，萼片长不超过13mm。

17a. 叶2，对生，生于茎的近中部；唇瓣基部收窄，平伸，中部不缢缩成前、后两部，先端2裂……………………**16. 对叶兰属 Listera**

17b. 叶3至多枚，互生；唇瓣基部凹陷成杯状，中部缢缩成上、下两部分，在两部分之间有关节……………………**17. 火烧兰属 Epipactis**

6b. 植株具假鳞茎。

18a. 叶1，卵形；总花梗和花序轴均无翅；花常1，大而艳丽；唇瓣呈拖鞋状…**18. 布袋兰属 Calypso**

18b. 叶1～3；总花梗通常有翅，至少在花序轴上有翅；花常多数，小，黄绿色或淡黄色。

19a. 花较小，萼片长2～3mm；蕊柱很短，花药和蕊柱的连接点较蕊喙低；子房不扭转；唇瓣位于上方，基部两侧具耳状侧裂片……………………**19. 原沼兰属 Malaxis**

19b. 花较大，萼片长5～8mm；蕊柱长，向唇瓣弯曲，花药和蕊柱的连接点比蕊喙高；子房扭转；唇瓣位于下方，基部两侧无耳……………………**20. 羊耳蒜属 Liparis**

1. 天麻属 Gastrodia R. Br.

腐生兰。块茎肉质，肥厚，外面具多条环纹。茎直立，无绿色叶。叶退化成鞘状鳞片。总状花序顶生，具多数花；花小，淡黄绿色或肉黄色；萼片与花瓣合生成筒状；唇瓣被花被筒所包围，基部贴生于筒的内壁或蕊柱基部（蕊柱足顶端），无距。蕊柱较长，通常具蕊柱足；花药膨大；花粉块2，粉质，粒状；蕊喙小。柱头稍凸起，位于蕊柱基部。

内蒙古有1种。

1. 天麻（赤箭、赤天箭、明天麻）

Gastrodia elata Bl. in Mus. Bot. 2:174. 1856; Fl. Intramongol. ed. 2, 5:586. t.247. f.10-14. 1994.

多年生草本，植株高27～105cm。块茎卵球形或长椭圆形，长4～10cm，直径3～4.5cm，横生，外面有多条环纹。茎直立，黄褐色，圆柱形，直径5～10mm，无毛。叶退化成鞘状鳞片，长5～15mm，抱茎。总状花序长5～30cm，具多花，疏松；花苞片变异较大，倒披针形、披针形、狭椭圆形或矩圆形，长8～12mm，宽2～6mm，边缘全缘，有时波状或具疏齿，先端钝或略尖；花淡黄绿色。花被筒歪斜，长7～12mm，宽5～7mm，口部偏斜，顶端5裂，不等大；萼裂片稍大于花瓣裂片，裂片三角状，深1.5～3mm，先端钝。唇瓣短于花被筒，长7～10mm，中部宽2～5mm，基部与花被筒贴生，中部以下3裂；中裂片卵形或舌状，具乳突，边缘流苏状，上部反曲，长4～6mm，宽2～4mm；侧裂片耳状，长与宽均1～1.5mm。蕊柱长6～9mm，短于花被筒，有翅，翅宽约0.5mm，向顶端延伸为2个三角状的凸起；顶端花药半球形，长约1mm，花粉块无柄；近蕊柱顶端有2小附属物。柱头大，长1.5～2.5mm，宽约1mm；子房倒卵形，长4～7mm，直径3～4mm，无毛，花梗扭转。蒴果椭圆形，长8～14mm。花期6～7月。

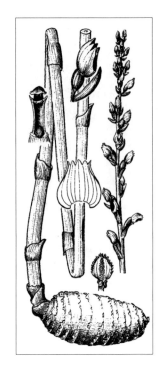

寄生中生草本。生于湿润的阔叶林下及腐殖质较厚的土壤上，依靠真菌植物蜜环菌 *Armillariella mellea* (Fr.) Karst. 寄生于栎或桦等几百种木本或草本植物的根部或枯死的躯体上为其提供养料。天麻、蜜环菌、绿色植物三者共同组成了生态群落的食物链。产辽河平原（大青沟），数量很少。分布于我国吉林东部、辽宁东部、河北西南部、河南西部和东南部、山东、山西东南部、陕西南部、甘肃东南部、四川、安徽西部、江苏西南部、浙江、福建北部、台湾、江西北部、湖北、湖南、广西东北部、贵州、云南、西藏东南部和南部，日本、朝鲜、俄罗斯（远东地区）、印度东北部、不丹、尼泊尔。为东亚分布种。是国家三级重点保护植物。

块茎入药（药材名：天麻），能平肝息风、祛风定惊，主治头晕目眩、肢体麻木、小儿惊风、癫痫、高血压、耳源性眩晕。

2. 鸟巢兰属 Neottia Guett.

腐生兰。根状茎短，具多数粗短而肉质的纤维根，聚生成鸟巢状。总状花序具多数花。萼片离生；唇瓣位于上方或下方，先端2裂，稀不裂，基部无距。蕊柱直立，通常较长，圆柱状，顶端有药床；花药生于药床内，不与蕊柱背脊相连接，直立或向前俯倾，无花丝；花粉块2，粉质，粒状；蕊喙较大，常与花药近相等，前伸并弯向柱头。柱头位于蕊喙之下，隆起，侧生或变成唇形而伸出，较大，多少2裂；子房具细长花梗。

内蒙古有2种。

分种检索表

1a. 花序轴无乳突状短柔毛；花小；唇瓣在上方，短于或近等长于萼片，披针形、卵形或矩圆形，先端不裂···1.尖唇鸟巢兰 N. acuminata

1b. 花序轴被乳突状短柔毛；花较大；唇瓣在下方，明显长于萼片，倒楔形，先端2深裂···2.北方鸟巢兰 N. camtschatea

1. 尖唇鸟巢兰（小鸟巢兰）

Neottia acuminata Schltr. in Act. Hort. Gothob. 1:141. 1924; Fl. Intramongol. ed. 2, 5:578. t.244. f.8-14. 1994.

多年生草本，高 14～27cm。根状茎短，横走，具多数较粗的鸟巢状纤维根。茎直立，无毛，褐色，具 3～4 叶鞘。总状花序长 5～12cm，具多花，花常 3～4 排成一簇，似轮生；花苞片膜质，披针形或卵形，先端渐尖或钝，近等长于花梗。中萼片披针形，长 3～5mm，宽 0.5～0.9mm，先端渐尖或长渐尖，具 1 脉；侧萼片与中萼片相似，歪斜。花瓣狭披针形，长 2～3.5mm，宽 0.3～0.7mm，先端几呈芒状，具 1 脉；唇瓣位于上方，变异较大，从披针形到卵形或矩圆形，略凹陷成舟状或边缘稍内弯，长 2～3mm，宽 1～1.5mm，先端长渐尖或稍钝。蕊柱很短，长约 1mm；花药直立，小，长约 0.5mm，生于药床之内；蕊喙较大，直立，舌状。柱头薄片状，中部凹陷近 2 裂；子房椭圆形，长 4～6mm，直径 2.5～4mm，无毛，花梗长 3～4mm，不扭曲。

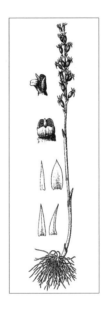

腐生中生草本。生于海拔 1500m 左右的山地阔叶林白桦林下腐殖质较厚的土壤上。产兴安北部（阿尔山市阿尔山和白狼镇）、燕北山地（兴和县苏木山）、贺兰山。分布于我国吉林东北部、河北西北部、山西西南部、陕西南部、甘肃东部、青海东部和东北部、四川西部、湖北西部、台湾、云南西北部、西藏东南部，日本、朝鲜、俄罗斯（远东地区）、印度（锡金）、尼泊尔。为东亚分布种。

2. 北方鸟巢兰（堪察加鸟巢兰）

Neottia camtschatea (L.) H. G. Reich. in Icon Fl. Germ. Helv. 13-14:146. 1850; Fl. Intramongol. ed. 2, 5:578. t.244. f.15-22. 1994.——*Ophrys camtschatea* L., Sp. Pl. 2:948. 1753.

多年生草本，高 7(10～)～35cm。根状茎短，具多数较粗的鸟巢状纤维根。茎直立，棕色，疏被乳突状短柔毛，具 2～5 叶鞘；叶鞘长 1.5～3cm。总状花序长 (2～)5～17cm，具多数花，疏散，花序轴密被乳突状短柔毛；花苞片矩圆状卵形、宽披针形或宽卵形；花淡黄色、淡绿色或黄绿色。中萼片矩圆状卵形、矩圆形或近舌形，长约 4mm，宽约 1.5mm，先端钝，外面疏被短柔毛，具 1 脉；侧萼片与中萼片相似，歪斜。花瓣条形或狭矩圆形，短于或近等长于萼片，较萼片窄，先端钝或渐尖，具 1 脉。唇瓣在下方，近楔形，向基部变狭，肉质，中间具 1 粗中脉，基部上面具 2 褶片，长 6～10mm，近基部宽 1～1.5mm，顶端 2 深裂，2 裂片间具小尖头；裂片近卵状披针形，长 2～3mm，宽 1～1.5mm，2 裂片并行，边缘具乳突状细缘毛。蕊柱长约 3mm；顶端花药近梯形，长约 0.7mm，生于药床之内；蕊喙宽阔，呈片状，近半圆形。柱头隆起，似马蹄形，2 裂，位于蕊喙之下；子房椭圆形或倒卵形，密被乳突状短柔毛，长 2～4mm。蒴果长 8～10mm。花期 7 月。

腐生中生草本。生于海拔2300～2500m的山地阔叶林下腐殖质较厚的生境中。产兴安北部（东乌珠穆沁旗宝格达山）、兴安南部（巴林右旗）、燕山北部（宁城县）、阴山（大青山的旧窝铺村、九峰山、五当召、蛮汗山）、贺兰山。分布于我国河北西北部、山西、陕西北部、甘肃东部、青海东北部、新疆北部和中部，蒙古国北部、俄罗斯（西伯利亚地区、远东地区）、哈萨克斯坦。为东古北极分布种。

3. 珊瑚兰属 Corallorhiza Gagnebin

腐生兰。具珊瑚状肉质根状茎。茎具鞘状鳞片。总状花序，花小；萼片离生，相似，狭矩圆形；花瓣稍较萼片窄；唇瓣位于下方，中部以下3裂，侧裂片很小，无距。蕊柱较长，直立，压扁，无蕊柱足；花药顶生，早落；花粉块4，蜡质，无花粉块柄和粘盘，分离，成对叠生于每个药室；蕊喙短而宽，着生于花药下面。柱头隆起，2裂，位于蕊喙之下。

内蒙古有1种。

1. 珊瑚兰

Corallorhiza trifida Chat. in Spec. Inaug. Corall. 8. 1760; Fl. Intramongol. ed. 2, 5:592. t.244. f.1-7. 1994.

多年生草本，高10～20cm。根状茎肉质，呈珊瑚状。茎直立，圆柱形，淡棕色，无毛，下部具2～4膜质鞘，最下面1枚长约1cm。总状花序长2～4cm，具4～8花，疏松，花序轴无毛；花苞片小，卵形或卵状披针形，长约1mm，先端逐尖，短于花梗；花黄绿色，较小。中萼片条状矩圆形，长约5mm，宽约1mm，先端急尖或渐尖；侧萼片与中萼片相似，稍歪斜，均具1脉。花瓣椭圆状披针形，较萼片略短而宽，长约4mm，宽约1.2mm，先端急尖或渐尖，稍歪斜，具

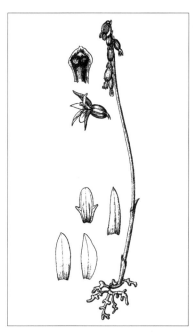

1 脉；唇瓣矩圆形，长约 3.5mm，宽约 1.5mm，先端圆形，具 1 脉，上表面近基部通常具 2 纵褶片，中部以下两侧各具 1 小裂片，斜三角状，长约 0.3mm。蕊柱长约 3mm，两侧具翅，压扁；花药较小，近肾形；花粉块 4，近圆形；蕊喙直立，短而宽。柱头 2，近圆形；子房椭圆形，长约 4mm，花梗扭转，长约 2mm。蒴果椭圆形，下垂，长 6～9mm，直径 4～6mm。花期 6 月，果期 7 月。

　　腐生中生草本。生于海拔约 820m 的山地林下及灌丛中。产兴安北部（牙克石市乌尔其汉镇）、兴安南部（巴林右旗、克什克腾旗）、贺兰山。分布于我国吉林东部、河北西北部、山西、陕西中部、甘肃西南部、青海东部和东北部及南部、四川北部、贵州北部、新疆（天山），日本、朝鲜、蒙古国北部、俄罗斯（西伯利亚地区、远东地区）、印度、尼泊尔、克什米尔地区，欧洲、北美洲。为泛北极分布种。

4. 虎舌兰属 Epipogium J. G. Gmelin ex Borkh.

　　腐生兰。块茎或根状茎具多数粗的肉质分枝，呈珊瑚状。总状花序顶生，具少数花；萼片离生，相似；花瓣与萼片等宽或较宽；唇瓣较大，位于上方，凹陷，不裂或 3 裂，基部通常具钝的距。蕊柱粗短；花药位于蕊柱顶端背方，2 室；花粉块 2，粉质，粒状，具花粉块柄和粘盘，花粉块柄丝状，弯曲，粘盘裸露；蕊喙小，位于花药基部。柱头较大，隆起或平面状，位于蕊喙下面；子房不扭转。

　　内蒙古有 1 种。

1. 裂唇虎舌兰

Epipogium aphyllum Sw. in Summa Veg. Scand. 32. 1814; Fl. Intramongol. ed. 2, 5:584. t.247. f.1-9. 1994.——*Orchis aphylla* F. W. Schmidt in Samml. Phys. Auf. Bohm. Nat. 1:240. 1791, not Forskal (1775).

多年生草本，高 10～34cm，淡褐色。根状茎具多数粗的肉质分枝，呈珊瑚状。茎无毛，圆筒形，近基部稍膨大。叶退化成鳞片，鞘状抱茎，2～4，短，淡褐色。总状花序长 3～8cm，具花 3～6；花苞片矩圆状椭圆形，膜质，短于或稍长于具花梗的子房；花较大，黄色或淡红色；花被稍肉质。中萼片条状披针形，长 12～15mm，宽 1.5～2.5mm，先端钝，具 1 脉；侧萼片与中萼片相似，近等大。花瓣披针形，歪斜，等长但略宽于萼片，宽约 3mm，先端钝。唇瓣凹陷成舟状，位于上方，等长于中萼片，近基部 3 裂；中裂片大，卵状椭圆形，长 9～10mm，宽 5～6mm，先端急尖，边缘近全缘，内卷，内面具 4～6 紫红色波状纵褶片；侧裂片近半卵形或矩圆形，直立，平行，长约 3.5mm，宽 2.5～3mm；距粗大，长约 7mm，宽约 4mm，末端钝。蕊柱长约 7mm（包括药帽），较粗，中部缢缩；花药较大，长约 3mm；花粉块 2，倒尖卵形，花粉块柄弯曲，长 2.5～3mm，2 个粘盘黏合在一块；花药上面具 1 球形药帽，盖着药室；蕊喙小。柱头受粉面较大，海绵状，卵形；子房倒宽卵形，长约 5mm，宽 4～5mm，花梗长 3～6mm，子房与花梗不扭转。

腐生中生草本。生于海拔 1200m 左右的山地林下朽木上。产兴安北部及岭西（牙克石市乌尔其汉镇、鄂温克族自治旗红花尔基镇）、兴安南部（科尔沁右翼前旗、扎鲁特旗）。分布于我国黑龙江中北部、吉林东部、辽宁北部、山西东北部、甘肃东部、台湾、四川西北部、云南西北部、西藏东南部、新疆（阿勒泰山）、日本、朝鲜、蒙古国东北部（达乌里—蒙古地区）、俄罗斯（西伯利亚地区、远东地区）、印度、不丹、尼泊尔，克什米尔地区，欧洲。为古北极分布种。

5. 杓兰属 Cypripedium L.

陆生兰。根状茎粗短或横走。茎生叶2至多片,对生或互生。花通常单生,罕2至多朵,通常大,艳丽;中萼片较大,2侧萼片合生成合萼片,顶端分离;花瓣扭转或否,开展;唇瓣较萼片和花瓣大得多,囊状或拖鞋状,位于下方,无距。蕊柱短,粗壮;雄蕊2(内轮2侧生雄蕊),着生在蕊柱两侧;花药2室,具粒状花粉,不成花粉块;花丝很短,生出2凸起,伸出到花药侧方或上方;退化雄蕊1(外轮中间),大形,花瓣状,覆盖于蕊柱上方;无蕊喙。柱头盾状,3裂,不明显,生于蕊柱顶端前方;子房1室,扭转。

内蒙古有4种。

分种检索表

1a. 叶2,干后变黑色;唇瓣白色,具紫色斑点·····································**1. 斑花杓兰 C. guttatum**
1b. 叶3～5,干后不变黑色;唇瓣非白色。
　2a. 花较大,唇瓣长4～6cm,紫红色·····································**2. 大花杓兰 C. macranthos**
　2b. 花较小,唇瓣长1.8～3cm,黄色。
　　3a. 唇瓣黄色,无斑点,长约3cm;花瓣扭曲;退化雄蕊平展·············**3. 杓兰 C. calceolus**
　　3b. 唇瓣棕褐色,具紫褐色斑点,长约1.8cm;花瓣平展;退化雄蕊舟状·····················
　　·····································**4. 棕花杓兰 C. yinshanicum**

1. 斑花杓兰(紫点杓兰、紫斑杓兰、小口袋花)

Cypripedium guttatum Sw. in Kongl. Vet. Acad. Nya Handl. 21:251. 1800; Fl. Intramongol. ed. 2, 5:553. t.231. f.1-4. 1994.

多年生草本,陆生兰,高15～35cm。根状茎细长,横走,节上生少数根。茎直立,被短柔毛,基部具棕色叶鞘。叶2,着生于茎的近中部,干后变黑色,椭圆形或卵状椭圆形,长6～12cm,宽2.5～6.5cm,先端急尖或渐尖,基部圆楔形,抱茎,全缘,背脉与叶缘疏被短柔毛。花苞片叶状,卵状披针形或披针形,长2～4cm,宽0.7～1.5cm,边缘具细缘毛;花1,

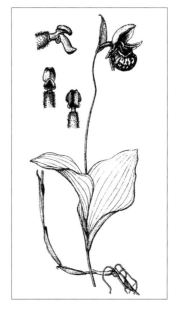

直径1.5～2.5cm,白色具紫色斑点。中萼片卵形或椭圆状卵形,长15～28mm;合萼片狭椭圆形,长10～18mm,顶端2齿,背面被短柔毛,边缘具细缘毛。花瓣斜卵状披针形、半卵形或近提琴形,长10～18mm,内面基部具毛。唇瓣白色,具紫斑,近球形,长15～25mm;囊口部较小,内折的侧裂片很小,囊几乎无前面内弯的边缘。蕊柱长4～6mm;退化雄蕊矩圆状椭圆形,先端截形或

微凹；花药扁球形，直径约 1mm；花丝凸起，长约 1.5mm。柱头近菱形，长 2 ～ 3mm；子房纺锤形，密被短柔毛。蒴果纺锤形，长 2 ～ 3cm，纵裂。花期 6 ～ 7 月，果期 8 月。

中生草本。生于海拔 550 ～ 2000m 的山地白桦林下或白桦—云杉混交林下。产兴安北部及岭东和岭西（额尔古纳市、牙克石市、根河市、鄂伦春自治旗、陈巴尔虎旗、东乌珠穆沁旗宝格达山）、兴安南部（科尔沁右翼前旗、阿鲁科尔沁旗、巴林右旗）、阴山（大青山、蛮汗山）。分布于我国黑龙江、吉林、辽宁、河北、山东、山西、陕西、宁夏、四川西部和西南部、云南西北部、西藏东部和南部，日本、朝鲜、蒙古国北部和东部、俄罗斯（西伯利亚地区、远东地区）、不丹，欧洲、北美洲。为泛北极分布种。

2. 大花杓兰（大花囊兰）

Cypripedium macranthos Sw. in Kongl. Vet. Acad. Nya Handl. 21:251. 1800; Fl. Intramongol. ed. 2, 5:555. t.232. f.1-5. 1994.

多年生草本，陆生兰，高 25 ～ 50cm。根状茎横走，粗壮，长 3 ～ 6cm，具多数细长的根。茎直立，被短柔毛或近无毛，基部具棕色叶鞘。叶 3 ～ 5，椭圆形或卵状椭圆形，长 8 ～ 16cm，宽 3 ～ 9cm，先端渐尖或急尖，基部渐狭成鞘，抱茎，全缘，两面沿脉被短柔毛，具多数弧曲脉序。花苞片与叶同形而较小；花常 1，稀 2，紫红色。中萼片宽卵形，长 3.5 ～ 5cm，宽 2 ～ 3.5cm；合萼片卵形，较中萼片短与狭，先端具 2 齿。花瓣披针形或卵状披针形，长 4 ～ 6cm，宽 1 ～ 2cm，先端渐尖，内面基部被长柔毛。唇瓣椭圆状球形，长 4 ～ 6cm，外

面无毛，基部和囊内底部被长柔毛；囊口直径约 1.5cm，边缘较狭，内折侧裂片舌状三角形。蕊柱长约 2cm；退化雄蕊矩圆状卵形，长 10 ～ 15mm，宽 6 ～ 11mm；花药扁球形，直径约 3.5mm；花丝的角状凸起长约 4mm。柱头近菱形，长约 7mm，宽约 4mm；子房狭圆柱形，弧曲，长 1.5 ～ 2cm，上部被短柔毛或几无毛。蒴果纺锤形，长 3 ～ 5cm。花期 6 ～ 7 月，果期 8 ～ 9 月。

中生草本。生于森林带和草原带海拔 450 ～ 850m 的林间草甸、林缘草甸。产兴安北部及岭东和岭西（额尔古纳市、牙克石市乌尔其汉镇、鄂伦春自治旗、海拉尔区、阿尔山市白狼镇）、兴安南部（阿鲁科尔沁旗、巴林右旗、克什克腾旗）、辽河平原（大青沟）、燕山北部（喀喇沁旗、宁城县、兴和县苏木山）、阴山（大青山）。分布于我国黑龙江北部和西北部、吉林东部、辽宁东北部、河北、山东、山西、青海东部、台湾北部，日本、朝鲜、蒙古国北部、俄罗斯（西伯利亚地区、远东地区），欧洲。为古北极分布种。

花大而艳丽，可做观赏花卉。

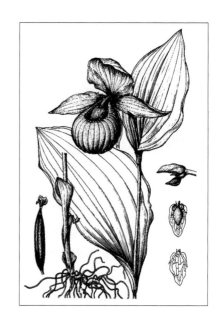

3. 杓兰 (黄囊杓兰、履状杓兰、履状囊兰)

Cypripedium calceolus L., Sp. Pl. 2:951. 1753; Fl. Intramongol. ed. 2, 5:553. t.231. f.5-8. 1994.

多年生草本，陆生兰，高 20～45cm。根状茎粗壮，横走，具多数长而弯曲的根。茎直立，被短柔毛，基部具棕色叶鞘。叶 3～4，椭圆形或卵状椭圆形，长 7～15cm，宽 2.5～6cm，先端急尖或渐尖，基部渐狭成鞘状，抱茎，全缘，两面沿脉被短柔毛，边缘具细缘毛。花苞片叶状，椭圆状披针形，长 4～10cm，宽 1.5～4.5cm，先端渐尖；花常 1，有时为 2，除唇瓣黄色外，其余部分为紫红色。中萼片披针形，长 3～5cm，先端尾状渐尖，背面疏被短柔毛；合萼片与中萼片相似，先端 2 齿。花瓣条形或条状披针形，长 3～5cm，扭曲。唇瓣黄色，椭圆囊状，长约 3cm，基部与囊内底部被长柔毛；囊口部较宽，内折侧裂片三角状。蕊柱长约 1cm；退化雄蕊矩圆状椭圆形，长 7～10mm，基部具短柄；花药扁球形，直径约 1.5mm；花丝凸起角状，长约 2mm。柱头心状卵形，长约 5mm；子房被短柔毛。花期 6～7 月，果期 8 月。

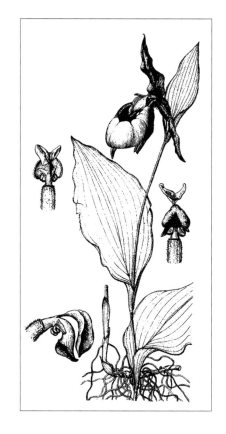

中生草本。生于森林带的山地林下、林缘、林间草甸。产兴安北部及岭东（牙克石市、鄂伦春自治旗）、兴安南部（兴安盟、通辽市、赤峰市）。分布于我国黑龙江、吉林东部、辽宁东北部、河北北部，日本、朝鲜、蒙古国北部、俄罗斯（西伯利亚地区、远东地区）、欧洲、北美洲。为泛北极分布种。

可引种做观赏花卉。

4. 棕花杓兰

Cypripedium yinshanicum Y. C. Ma et Y. Z. Zhao in Class. Fl. Ecol. Geogr. Distr. Vasc. Pl. Inn. Mongol. 749. 2012.——*C. shanxiense* auct. non S. C. Chen: Fl. Intramongol. ed. 2, 5:555. t.233. f.1-6. 1994; Fl. China 24:25. 2000. p. p.

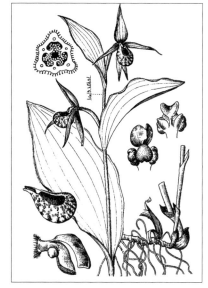

多年生草本，陆生兰，高 25～30cm。根状茎粗壮，直径 3～4mm，横走，具多数长而弯曲的黄白色根。茎直立，圆柱状，被短柔毛和腺毛，基部具叶鞘。叶 3，矩圆状椭圆形或椭圆形，长 7～12cm，宽 2.5～5cm，先端锐尖或渐尖，基部渐狭成鞘状，抱茎，全缘，上面沿脉疏被腺毛或近无毛，下面沿脉和边缘密被腺毛。花 1～2，棕褐色；苞片与叶同形而较小。背萼片披针形，长约 2.5cm，宽约 1cm，先端尾状渐尖，背面疏被腺毛；合萼片与中萼片相似，先端 2 齿裂至 2 深裂，背部被腺毛。花瓣条形或条状披针形，长约 2.7cm，宽约 4mm，平展；唇瓣半球形，兜状，长约 1.8cm，棕褐色，具紫褐色斑点，外面无毛，内面基部具长柔毛，口部近矩圆形。蕊柱长约 8mm；退化雄蕊白色，具紫红色斑点，舟状，长约 8mm，基部具短柄，瓣片下弯；花药近球形，直径约 2mm；花丝下弯，长约 1.5mm。柱头与退化雄蕊近等长，向下弯，淡黄绿色；子房三棱状圆柱形，1 室，稍弯曲，密被腺毛，连同花梗长约 3cm。蒴果纺锤形，长约 3cm，宽约 9mm，具 6 明显的纵棱；果梗长约 1cm。花期 6 月，果期 8～10 月。

中生草本。生于草原带的山地云杉、白桦、山杨林下，溪边草甸。产阴山（土默特左旗的旧窝铺、九峰山）。为大青山分布种。

Flora of China (24:25. 2000.) 将本种并入 *C. shanxiense* S. C. Shen，而且人为地将其性状描述勉强合并在一起，甚感不妥。本种花棕褐色，唇瓣半球形，口部近矩圆形，退化雄蕊白色且具紫红色斑点，植株被腺毛，与 *C. shanxiense* S. C. Shen 花紫色或淡紫色，唇瓣近球形，口部近三角形，退化雄蕊紫色且具深褐色斑点，植株被短柔毛明显不同。所以，这是两个完全不同的种。

6. 绶草属 Spiranthes Rich.

陆生兰。具肉质指状簇生的根。叶数片，多少肉质，近基生。总状花序顶生，花序轴螺旋状扭转；花小；花被片离生，萼片近等大，中萼片常与花瓣靠合成兜状；唇瓣位于下方，上部边缘皱波状，基部凹陷并常抱蕊柱，无距。蕊柱圆柱状，基部稍扩大，但不形成蕊柱足；花药直立，2 室，着生于蕊柱背面；花粉块 2，粉质，粒状，或多或少具花粉块柄，有粘盘，粘盘裸露；蕊喙深 2 裂，粘盘插生于 2 裂片之间。柱头位于蕊喙下方。

内蒙古有 1 种。

1. 绶草（盘龙参、扭扭兰）

Spiranthes sinensis (Pers.) Ames. in Orch. 2:53. 1908; Fl. Intramongol. ed. 2, 5:586. t.242. f.9-17. 1994.——*Neottia sinensis* Pers. in Syn. 2:511. 1807.

多年生草本，高 15～40cm。根数条簇生，指状，肉质。茎直立，纤细，上部具苞片状小叶。苞片状小叶先端长渐尖；近基部生叶 3～5，叶条状披针形或条形，长 2～12cm，宽 2～8mm，先端钝、急尖或近渐尖。总状花序具多数密生的花，似穗状，长 2～11cm，直径 0.5～1cm，

螺旋状扭曲，花序轴被腺毛；花苞片卵形；花小，淡红色、紫红色或粉色。中萼片狭椭圆形或卵状披针形，长约 5mm，宽约 1.5mm，先端钝，具 1～3 脉；侧萼片披针形，与中萼片近等长但较狭，先端尾状，具脉 3～5。花瓣狭矩圆形，与中萼片近等长但较薄且窄，先端钝；唇瓣矩圆状卵形，略内卷成舟状，与萼片近等长，宽 2.5～3.5mm，先端圆形，基部具爪，长约 0.5mm，上部边缘啮蚀状，强烈皱波状，中部以下全缘，中部或多或少缢缩，内面中部以上具短柔毛，基部两侧各具 1 个胼胝体。蕊柱长 2～3mm；花药长约 1mm，先端急尖；花粉块较大；蕊喙裂片狭长，渐尖，长约 1mm；粘盘长纺锤形。柱头较大，呈马蹄形；子房卵形，扭转，长 4～5mm，具腺毛。蒴果具 3 棱，长约 5mm。花期 6～8 月。

中生—湿中生草本。生于森林带和草原带的沼泽化草甸、林缘草甸。产兴安北部及岭东和岭西（额尔古纳市、牙克石市、鄂伦春自治旗、新巴尔虎左旗、扎兰屯市、阿荣旗）、兴安南部及科尔沁（扎赉特旗、科尔沁右翼前旗、科尔沁右翼中旗、乌兰浩特市、阿鲁科尔沁旗、巴林右旗、翁牛特旗、克什克腾旗）、燕山北部（喀喇沁旗、宁城县、敖汉旗）、锡林郭勒（白音锡勒牧场、苏尼特左旗、正蓝旗、丰镇市）、阴山（大青山）、阴南丘陵（准格尔旗）、鄂尔多斯（达拉特旗、东胜区、伊金霍洛旗、乌审旗、鄂托克旗）。分布于我国各省区，日本、朝鲜、蒙古国、俄罗斯（远东地区）、泰国、印度、不丹、尼泊尔、阿富汗、菲律宾、马来西亚、澳大利亚，克什米尔地区，欧洲。为亚洲—欧洲—大洋洲分布种。

块根或全草入药，能补脾润肺、清热凉血，主治病后体虚、神经衰弱、咳嗽吐血、咽喉肿痛、小儿夏季热、糖尿病等；外用治毒蛇咬伤。

7. 掌裂兰属 Dactylorhiza Neck. ex Nevski

——凹舌兰属 Coeloglossum Hartm.

陆生兰。块茎掌状分裂。叶数片，互生。总状花序具多数花，花通常黄绿色，萼片近等长，花瓣较小；唇瓣位于下方，不裂或顶端 3 裂，中裂片小于侧裂片，基部具距，距直筒状，较子房短或稍长。蕊柱短，直立；退化雄蕊 2，生于花药基部两侧；花药较大，生于蕊柱顶端，2 室，基部叉开；花粉块 2，粉质，颗粒状，具短柄及粘盘；粘盘 2，圆形，贴生于蕊喙基部叉开部分的末端，藏于粘囊中；蕊喙位于 2 药室间靠近基部处，稍凸起，三角状，基部叉开。柱头 1，位于蕊喙穴下凹处，肥厚，隆起。

内蒙古有 2 种。

分种检索表

1a. 花紫红色或粉红色，稀白色；唇瓣前部几不裂或微 3 裂，中裂片与侧裂片近等大，唇瓣基部的距长于子房、与子房近等长或稍短与子房··················**1. 掌裂兰 D. hatagirea**

1b. 花绿色或黄绿色；唇瓣前部凹缺，2～3 浅裂，中裂片较侧裂片小得多，唇瓣基部的距囊状，较子房短得多··················**2. 凹舌掌裂兰 D. viridis**

1. 掌裂兰

Dactylorhiza hatagirea (D. Don) Soo in Nom. Nov. Gen. Dactylorhiza 4. 1962; Fl. China 25:115. 2009.——*Orchis hatagirea* D. Don in Prodr. Fl. Nepal. 23. 1825.——*Orchis latifolia* auct. non L.: Fl. Intramongol. ed. 2, 5:559. t.235. f.1-8. 1994.

多年生草本，高 8～50cm。块茎粗大，肉质，两侧压扁，下部 3～5 掌状分裂。茎直立，基部具 2～3 棕色叶鞘。叶 3～6，条状披针形、披针形或长椭圆形，长 3～15cm，宽 7～22mm，先端钝、渐尖、急尖或长渐尖，基部呈鞘状抱茎。总状花序密集似穗状，具多花，不偏向一侧，长 2～12cm；花苞片披针形，先端渐尖或长渐尖；花紫红色或粉红色，稀白色。中萼片椭圆形或卵状、舟状，长 7～9mm，宽 2～4mm，先端钝；侧萼片斜卵状椭圆形，张开，与中萼片近等大，先端钝；萼片均具脉 3～5。花瓣直立，斜卵形，小于或近等于萼片，先端钝；唇瓣近菱形、宽卵形或卵圆形，先端钝，上面有细乳头状突起，边缘浅波状或具锯齿，前部不裂或微 3 裂，长 8～10mm，宽 8～10mm，具多脉；距圆筒状或圆锥状，基部较宽，末端变细，钝，长 8～14mm，长于、近等长于或稍短于子房，长于唇瓣；蕊柱长 3～4mm，花药长约 2mm，花粉块柄短，长约 1mm，粘盘小，圆形，藏于同一个粘囊之中，蕊喙小；子房扭转，无毛。花期 6～7 月。

中生草本。生于森林草原带的水泡附近的湿草甸或沼泽化草甸。产岭西（陈巴尔虎旗、海拉尔区）、兴安南部及科尔沁（科尔沁右翼中旗、扎鲁特旗、阿鲁科尔沁旗、克什克腾旗）、辽河平原（科尔沁左翼后旗）、锡林郭勒（锡林浩特市、苏尼特左旗）。分布于我国黑龙江西南部、吉林南部、宁夏南部、甘肃、青海东部、四川西北部、西藏东部和西部、新疆北部和西部，蒙古国、俄罗斯（西伯利亚地区、远东地区）、不丹、巴基斯坦，克什米尔地区，中亚，欧洲。为古北极分布种。

2. 凹舌掌裂兰（凹舌兰）

Dactylorhiza viridis (L.) R. M. Bateman in Lindleyana 12:129. 1997; Fl. China 25:117. 2009.——
Satyrium viride L., Sp. Pl. 2:944. 1753.——*Coeloglossum viride* (L.) Hartm. in Handb. Skand. Fl. 329.
1820; Fl. Intramongol. ed. 2, 5:564. t.237. f.1-8. 1994.

多年生草本，高 11～40cm。块茎肥厚，掌状分裂，长 1～3cm，
向顶端变细长，颈部具数条细长根。茎直立，无毛，基部具 2～3
叶鞘。叶 2～4，椭圆形、椭圆状披针形、宽卵状披针形或披针形，
长 3～10cm，宽 1～4cm，先端钝、急尖或渐尖，基部渐狭成抱
茎叶鞘，具网状弧曲脉序，无毛。总状花序长 2.5～11cm，具多花，
疏松；花苞片条形或条状披针形，下部较花长得多，长 3～5cm，
上部稍长于、近等长于或略短于花；花绿色或黄绿色。萼片基
部靠合且与花瓣成兜；中萼片卵形或卵状椭圆形，长 3～9mm，宽
2～4mm，先端钝，具 3～5 脉；侧萼片斜卵形，与中萼片近等大。
花瓣条状披针形，长 2～7mm，宽 0.3～1mm，具 1 脉；唇瓣下垂，
肉质，倒披针形，长 4～13mm，基部具囊状距，在近基部中央具 1
条短的纵褶片，顶端 3 浅裂，侧裂片长 1～2mm，中裂片较小，钝
三角状；距卵球形，长 1.5～3mm，直径约 1mm；蕊柱长 1.5～3mm，
直立，退化雄蕊近半圆形，花药近倒卵形，长 1～2mm，花粉块近
棒状，柄长 0.3～0.5mm，粘盘近卵圆形；柱头近肾形，子房扭转，
长 5～10mm，无毛。花期 6～7 月。

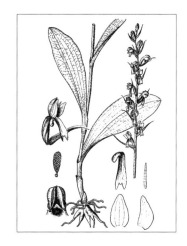

中生草本。生于森林带和草原带海拔 1700m 左右的山坡灌丛、
林下、林缘、草甸。产兴安北部及岭西（额尔古纳市、牙克石市、
东乌珠穆沁旗宝格达山）、兴安南部（科尔沁右翼前旗、阿鲁科
尔沁旗）、燕山北部（兴和县苏木山）、阴山（大青山）、贺兰山。
分布于我国黑龙江、吉林、辽宁、河北、河南、山西、陕西、宁夏、
甘肃、青海、四川、湖北、台湾、云南西北部、西藏东部、新疆，
日本、朝鲜、蒙古国、俄罗斯（西伯利亚地区、远东地区）、不丹、
尼泊尔，克什米尔地区，中亚、西南亚，欧洲、北美洲。为泛北
极分布种。

8. 手掌参属 Gymnadenia R. Br.

陆生兰。块茎掌状分裂。茎直立，具数片叶。总状花序顶生，具多花；花多为紫红色、粉
红色或带白色，少为淡黄绿色；萼片离生，近等长，中萼片舟状，侧萼片张开；花瓣较萼片稍宽，
直立伸展，与中萼片多少相靠；唇瓣位于下方，宽菱形或宽倒卵形，先端 3 裂或几不裂，基部
具距。蕊柱短；退化雄蕊 2，小，位于花药基部两侧；花药较大，位于蕊柱顶端，药室 2，平行；
花粉块 2，粉质，颗粒状，具花粉块柄和粘盘；粘盘裸露；蕊喙小，无臂，位于 2 药室基部之间。
柱头 2，隆起，较大，贴生于唇瓣基部；子房扭转，无毛。

内蒙古有 1 种。

1. 手掌参（手参）

Gymnadenia conopsea (L.) R. Br. in Hort. Kew. ed. 2, 5:191. 1813; Fl. Intramongol. ed. 2, 5:572. t.241. f.1-10. 1994.——*Orchis conopsea* L., Sp. Pl. 2:942. 1753.

多年生草本，高 20～75cm。块茎 1～2，肉质肥厚，两侧压扁，长 1～2cm，掌状分裂，裂片细长，颈部生几条细长根。茎直立，基部具 2～3 叶鞘，中部以下具 3～7 叶。叶互生，舌状披针形或狭椭圆形，长 7～20cm，宽 1～3cm，先端急尖、渐尖或钝，基部收狭成鞘，抱茎，茎上部具披针形苞片状小叶。总状花序密集，具多数花，圆柱状，长 6～15cm；花苞片披针形；花多为紫色或粉红色，少为白色。中萼片矩圆状椭圆形或卵状披针形，长 3.5～6mm，宽 2～3mm，先端钝，略呈兜状；侧萼片斜卵形或矩圆状椭圆形，反折，边缘外卷，通常长于、稀等长于中萼片，先端钝。花瓣较萼片宽，宽 2.5～4mm，斜卵状三角形，与中萼片近等长，先端钝，边缘具细锯齿。萼片、花瓣均具 3～5 脉。唇瓣倒宽卵形或菱形，长 5～6mm，宽约 5mm，前部 3 裂，中裂片较大，长 1.5～2mm，宽约 1.5mm，先端钝；距细而长，圆筒状，下垂，前弯，长 13～17mm，为子房的 1.5～2 倍，先端略尖。蕊柱长约 2mm，花药椭圆形，先端微凹，长约 1.2mm，花粉块柄长约 0.6mm，粘盘近于条形，退化雄蕊矩圆形，蕊喙小。柱头 2，隆起，近棒形，从蕊柱凹穴伸出；子房纺锤形，长 8～10mm。花期 7～8 月。

中生草本。生于森林带和草原带的沼泽化灌丛草甸、湿草甸、林缘草甸及海拔 1300m 左右的山坡灌丛、林下。产兴安北部及岭东和岭西（额尔古纳市、牙克石市、鄂伦春自治旗、鄂温克族自治旗、

东乌珠穆沁旗宝格达山、扎兰屯市）、兴安南部（扎赉特旗、科尔沁右翼前旗、阿鲁科尔沁旗、巴林右旗、克什克腾旗、东乌珠穆沁旗、西乌珠穆沁旗）、燕山北部（喀喇沁旗、宁城县、兴和县苏木山）、阴山（大青山、蛮汗山）。分布于我国黑龙江、吉林东部、辽宁东北部、河北、河南西部、山西、陕西西南部、甘肃东南部、四川北部和西部及南部、云南西北部、西藏东南部，日本、朝鲜、蒙古国北部和东部、俄罗斯（西伯利亚地区、远东地区），欧洲。为古北极分布种。

块茎入药，能补养气血、生津止渴，主治久病体虚、失眠心悸、肺虚咳嗽、慢性肝炎、久泻、失血、带下、乳少、阳萎等。块茎也入蒙药（蒙药名：额日和藤奴－嘎日），能强壮身体、生津、固精益气，主治滑精、阳萎、久病体虚、腰腿酸痛、痛风、游痛症等。

9. 兜被兰属 Neottianthe (Reich.) Schltr.

陆生多年生小草本。块茎近球形，不裂。叶1～2，基生或茎生。总状花序顶生，常具多花；花紫红色或淡红色，常偏向一侧；萼片等大，中部以下贴生，靠合成兜；花瓣条形，较萼片小，紧贴于中萼片；唇瓣位于下方，表面密生乳突，前部3裂，基部具距。蕊柱短；花药直立，2室；退化雄蕊2，较小，生于花药基部两侧；蕊喙小，三角状；花粉块2，粉质，颗粒状，具短花粉块柄和粘盘；粘盘小，裸露。柱头2，隆起；子房扭转，无毛。

内蒙古有1种。

1. 二叶兜被兰（鸟巢兰）

Neottianthe cucullata (L.) Schltr. in Repert. Spec. Nov. Regni Veg. 16:292. 1919; Fl. Intramongol. ed. 2, 5:570. t.240. f.1-6. 1994.——*Orchis cucullata* L. Sp. Pl. 2:939. 1753.

多年生草本，高10～26cm。块茎近球形或卵状椭圆形，长约1cm，直径约0.6cm，颈部生数条细长根。茎纤细，直立，近无毛，中部至上部具2～3小苞片状叶，基部具2基生叶。基生叶近对生，卵形、狭椭圆形或披针形，长3～5cm，宽1.5～3cm，先端急尖或渐尖，基部近圆形或渐狭，具短鞘状叶柄，具网状弧曲脉序；苞叶状小叶狭披针形或条形，长1～1.5(～2)cm，宽1～3mm，先端尾状渐尖。总状花序具几朵至20朵花，长4～11cm，直径8～15mm，花偏向一侧，疏松；花淡红色或紫红色；花苞片小，下部的常长于子房，上部的较短。萼片披针形，中部以下靠合成兜状；中萼片长5～7mm，宽约1.5mm，先端急尖或渐尖；侧萼片与中萼片近等大，稍弯曲。花瓣条形，较萼片稍短，宽约0.5mm，先端钝或渐尖。萼片、花瓣均具1明显的脉。唇瓣向前伸展，长6～10mm，上面及边缘具乳头状突起，近中部3裂；中裂片大，条形或条状披针形，长3～8mm，宽0.7～1.5mm，先端急尖或渐尖；侧裂片变异较大，条形或狭条形，短于或近等长于中裂片，宽常不到0.5mm。距圆锥状，下垂，或多或少向前弯曲，长4～6mm，短于或近等长于子房，基部较宽，向前逐渐变窄，在顶端稍增厚膨大。蕊柱长约1mm；花药长约0.8mm，矩圆形或卵形，先端钝或具短尖，向基部变狭；退化雄蕊近圆形；花粉块柄长约0.2mm；

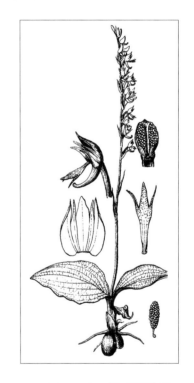

粘盘近圆形；子房纺锤形，扭转，长 5～10mm，无毛。花期 8 月，果期 9 月。

中生草本。生于森林带和草原带海拔 450～1100m 的林下、林缘、灌丛。产兴安北部及岭东和岭西（额尔古纳市、牙克石市、鄂伦春自治旗、阿尔山市五岔沟镇）、兴安南部（科尔沁右翼前旗、克什克腾旗）、燕山北部（宁城县、敖汉旗）、阴山（大青山哈拉沁沟、九峰山）。分布于我国黑龙江、吉林东部、辽宁东北部、河北、河南西部、山西、陕西、甘肃东部、青海东部、四川西南部、云南西北部、西藏东部和西南部、安徽西部和南部、浙江、福建北部、江西东北部、湖北西北部、贵州东北部，日本、朝鲜、蒙古国、俄罗斯（西伯利亚地区、远东地区）、印度北部、不丹、尼泊尔、中亚、欧洲。为古北极分布种。

10. 小红门兰属 Ponerorchis H. G. Reich.

陆生草本。植株小或中等，纤细。块茎近球形、卵球形或椭圆形，不裂，肉质。茎通常直立，圆柱状，光滑，近基部具 1～3 膜质叶鞘，上部具 1～5 发育正常的叶。叶互生或稀近对生，基部渐狭成鞘状抱茎，光滑或稀疏被柔毛。花序顶生，光滑或被柔毛，总状花序疏松或密集，具 1 至多数小花；花苞片披针形至卵形；花偏向一侧或否，由于子房扭曲而使花位倒置，花小或中等大小；子房常稍弧曲，光滑或被柔毛；花萼离生，中萼片直立，常向内弯曲，侧萼片伸展；花瓣常与中萼片合生，形成兜状瓣；唇瓣全缘，3 裂或 4 裂，基部具距或稀无距；距通常与子房等长。蕊柱粗壮；花药直立，与蕊柱连合，具 2 平行药室；花粉块 2，粉质，分别由一个纤细的花粉块柄粘着在粘盘上；粘盘下各有 1 个粘质球，2 个粘质球藏于蕊喙上面的粘囊内，被粘囊包住；花柱向内弯曲，下部具蕊喙；蕊喙凸出，具 2 刺；退化雄蕊 2，常凸出，分别位于蕊柱两侧。蒴果直立。

内蒙古有 1 种。

1. 广布小红门兰

Ponerorchis chusua (D. Don) Soo in Act. Bot. Acad. Sci. Hung. 12:352. 1966; Fl. China 25:95. 2009.——*Orchis chusua* D. Don in Prodr. Fl. Nepal. 23. 1825; Fl. Intramongol. ed. 2, 5:557. t.234. f.1-8. 1994.

多年生草本，高 15～35cm。块茎椭圆形或近球形，直径约 5mm，长 5～10mm。茎直立，纤细，无毛，基部具膜质棕色叶鞘。叶（1～）2～3（～4），披针形或矩圆状披针形或矩圆形，长 3～5cm，宽 3～15mm，先端急尖或渐尖，有时钝，基部渐狭成鞘状抱茎，无柄，全缘，两面近无毛。总状花序疏松，具花 2～10，偏向一侧；花苞片披针形，叶状；花红紫色，直径 15～20mm。中萼片卵状披针形，先端钝，长 6～9mm，宽 2.5～4mm；侧萼片斜卵状披针形，反折，先端急尖或渐尖，长 7～10mm，宽 3～4mm；萼片均具 3 脉。花瓣斜卵状披针形，先端钝，小于萼片，长 5～7mm，宽 2～3.5mm。唇瓣倒宽卵形或菱形，较萼片大，长 7～10mm，宽 6～8mm，先端 3 裂；中裂片矩圆形或四方形，长 3～4mm，宽 2.5～3mm，先端钝，微凹，具短尖或有时具疏的钝齿；侧裂

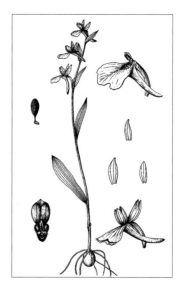

片扩展，先端钝或具疏的钝小齿，短于中裂片。距通常伸直，圆筒状，末端钝，基部较宽，稍长于或近等长于子房，长 1.2～2cm；蕊柱长约 3mm，花药长约 1.5mm，花粉块柄短，长约 0.5mm，基部粘盘藏于 2 个粘质球之中，蕊喙小；子房扭转，无毛。蒴果直立，椭圆形。花期 7 月。

中生草本。生于森林带的山地林缘、林下。产兴安北部及岭东和岭西（额尔古纳市、牙克石市、鄂伦春自治旗）。分布于我国黑龙江北部、吉林东北部、河南、陕西南部、宁夏、甘肃东部、青海东部和南部、四川西部、湖北西北部、云南北部、西藏东南部和南部，日本、朝鲜、俄罗斯（东西伯利亚地区、远东地区）、印度北部、不丹、尼泊尔、缅甸北部。为东西伯利亚—东亚分布种。

11. 角盘兰属 Herminium L.

陆生兰。块茎近球形，不分裂。叶 1 至数枚，互生或近对生。花序总状，顶生，或具多数密集排列的花，长而细似穗状；花小，通常为黄绿色或绿色，常垂头，钩手状；萼片离生，近等大；花瓣通常较萼片狭小，常增厚带肉质；唇瓣位于下方，前部 3 裂或不裂，基部多少凹陷，通常无距，少数具距者其粘盘卷成角状。蕊柱极短，直立；退化雄蕊 2，显著，位于花药基部两侧；花药生于蕊柱顶端，2 室，药室并行或基部稍叉开，下部不伸长成长槽；花粉块 2，粉质，颗粒状，具短的花粉块柄和粘盘；粘盘裸露，卷成角状或不卷为角状（唇瓣基部无距）；蕊喙小，近三角状。柱头 2，隆起，分开，几为棍棒状。

内蒙古有 2 种。

分种检索表

1a. 唇瓣中裂片较侧裂片长得多，基部凹陷，呈浅囊状，无距·····················**1. 角盘兰 H. monorchis**
1b. 唇瓣中裂片较侧裂片短得多，基部有长 1～1.5mm 的短距·················**2. 裂瓣角盘兰 H. alaschanicum**

1. 角盘兰（人头七）

Herminium monorchis (L.) R. Br. in Hort. Kew. ed. 2, 5:191. 1813; Fl. Intramongol. ed. 2, 5:568. t.239. f.1-8. 1994.——*Ophrys monorchis* L., Sp. Pl. 2:947. 1753.

陆生兰，高 9～40cm。块茎球形，直径 5～8mm，颈部生数条细长根。茎直立，无毛，基部具棕色叶鞘，下部常具叶 2～3(～4)，上部具 1～2 苞片状小叶。叶披针形、矩圆形、椭圆

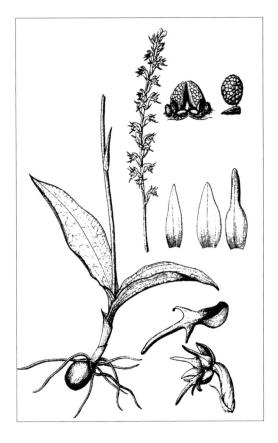

形或条形，长 2.5～11cm，宽（3～）5～20mm，先端急尖或渐尖，基部渐狭成鞘，抱茎，无毛，具网状弧曲脉序。总状花序圆柱状，长（1.5～）2～14cm，直径 6～10mm，具多花；花苞片条状披针形或条形，先端锐尖，尾状，短于或近等长于子房；花小，黄绿色，垂头，钩手状。中萼片卵形或卵状披针形，长 2～3mm，宽约 1mm，先端钝，具 1 脉；侧萼片披针形，与中萼片近等长，但较窄，先端钝，具 1 脉。花瓣条状披针形，向上部渐狭成条形，先端钝，上部肉质增厚，长 3～5mm，最宽处 1～1.5mm。唇瓣肉质增厚，与花瓣近等长，基部凹陷，呈浅囊状，近中部 3 裂；中裂片条形，长 1.5～3mm，宽约 0.5mm，先端钝；侧裂片三角状，较中裂片短得多，无距。蕊柱长约 0.7mm；退化雄蕊 2，显著；花粉块近圆球形，具短的花粉块柄和角状的粘盘；蕊喙矮而阔。柱头 2，隆起，位于蕊喙下；子房无毛，长 3～5mm，扭转。蒴果矩圆形。花期 6～7 月。

中生草本。生于森林带和草原带海拔 500～2500m 的林缘草甸、林下。产兴安北部及岭东和岭西（额尔古纳市、牙克石市、鄂伦春自治旗、海拉尔区）、兴安南部（扎赉特旗、科尔沁右翼前旗、阿鲁科尔沁旗、巴林右旗、克什克腾旗）、燕山北部（喀喇沁旗、宁城县、敖汉旗、兴和县苏木山）、锡林郭勒（西乌珠穆沁旗、锡林浩特市、苏尼特左旗、正蓝旗）、阴山（大青山、蛮汗山、乌拉山）、阴南丘陵（准格尔旗阿贵庙）、鄂尔多斯（伊金霍洛旗）。分布于我国黑龙江、吉林东部、辽宁中部和北部、河北、河南西部、山东西部、山西、陕西、宁夏、甘肃东部、青海、安徽西部、四川西部、西藏东部、云南西北部，日本、朝鲜、蒙古国北部和西部、俄罗斯（西伯利亚地区、远东地区）、印度（锡金）、尼泊尔、巴基斯坦，克什米尔地区，中亚、西亚，欧洲。为古北极分布种。

2. 裂瓣角盘兰

Herminium alaschanicum Maxim. in Bull. Acad. Imp. Sci. St.-Petersb. 31:105. 1887; Fl. Intramongol. ed. 2, 5:570. t.239. f.9-13. 1994.

多年生草本，高 14～60cm。块茎椭圆形或圆球形，直径 8～12mm，颈部生数条纤细长根。茎直立，无毛，基部具棕色膜质叶鞘，下部有叶 2～4，上部有 2～5 苞片状小叶。叶条状披针形、椭圆状披针形或狭椭圆形，长 3.5～8cm，宽 5～15mm，先端急尖或渐尖，基部渐狭成鞘，抱茎，无毛。总状花序圆柱状，长 2～25cm，直径 5～10mm，具多数花；花苞片披针形，先端尾状，下部的较子房长；花小，绿色，垂头，钩手状。中萼片

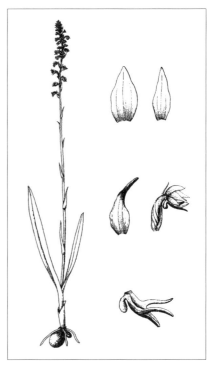

卵形，略呈舟状，长 2～4mm，宽 1～2.5mm，先端钝或近急尖，具 3 脉；侧萼片卵状披针形，歪斜，与中萼片等长，但较窄，先端钝或微急尖，具 1～3 脉。花瓣较萼片稍长，卵状披针形，近中部骤狭成尾状且肉质增厚，或多或少 3 裂；中裂片近条形，先端钝。唇瓣近矩圆形，基部凹陷具距，近中部 3 裂；侧裂片条形，先端微急尖，长 1～3mm，宽约 0.3mm；中裂片条状三角形，先端微急尖或急尖，较侧裂片稍短而宽；距明显，近卵状矩圆形，长 1～1.5mm，基部较狭，向末端加宽，向前弯曲，末端钝。蕊柱长约 1mm；退化雄蕊小，椭圆形；花粉块倒卵形，具极短的花粉块柄和卷曲成角状的粘盘；蕊喙小。柱头 2，隆起，位于唇瓣基部两侧；子房无毛，长 3～5mm，扭转。花期 6～7 月。

中生草本。生于森林草原带和草原带的山地林缘草甸。产兴安南部（科尔沁右翼前旗、扎鲁特旗）、阴山（大青山、蛮汗山、乌拉山）、阴南丘陵、贺兰山。分布于我国河北西部、河南、山西、陕西西部和西北部、宁夏西北部、甘肃东部、青海东部和南部、四川西部、西藏东北部和南部、云南西北部。为华北—横断山脉分布种。

12. 玉凤花属 Habenaria Willd.

陆生兰。具块茎。叶近基生或茎生，常 2 至数枚。花序总状，具少数或多数花；萼片离生，中萼片常与花瓣靠合成兜，侧萼片伸展或反折；唇瓣通常 3 裂，通常具距，稀无距。蕊柱短；花药着生于蕊柱顶端，直立，2 室，药隔宽阔，药室叉开，基部常延长成槽状；花粉块 2，粉质，颗粒状，基部常具长的花粉块柄和粘盘；粘盘裸露；退化雄蕊 2，小，着生于花药基部的两侧；蕊喙有臂，通常厚而小，直立于 2 药室之间。柱头 2，分离，凸起或延长成"柱头枝"，位于蕊喙前方的基部。

内蒙古有 1 种。

1. 线叶十字兰（线叶玉凤花、十字兰）

Habenaria linearifolia Maxim. in Mem. Acad. Imp. Sci. St.-Petersb. Div. Sav. 9(Prim. Fl. Amur.):269. 1859.——*H. sagittifera* auct. non Rchb. f.:Fl. Intramongol. ed. 2, 5:574. t.242. f.1-8. 1994.

多年生草本，高 35 ～ 75cm。块茎矩圆形、球形或卵球形，肉质，长 1 ～ 1.5cm，直径 0.5 ～ 1cm，颈部生出数条细根。茎纤细，直径 3 ～ 5mm，具数叶。叶散生，禾叶状，狭披针状条形或条形，长 5 ～ 22cm，宽 5 ～ 8mm，先端长渐尖；叶鞘闭锁，长 4 ～ 6cm。花序总状，疏松，具花 5 ～ 25，长 6 ～ 17cm；花白色或绿白色；花苞片卵形，先端尾状。中萼片直立，宽卵形或卵形，长 4 ～ 7mm，宽 3 ～ 6mm，先端钝或急尖，具 5 脉；侧萼片稍大，反折，斜卵形，长 5 ～ 9mm，宽 3 ～ 5mm，具 5 脉。花瓣直立，三角状斜卵形，与中萼片近等长，但较窄，基部向前延长成钩状齿。唇瓣下垂，长 1.2 ～ 1.5cm，基部之上 3 ～ 5mm 处 3 裂，近“十”字形；中裂片条形，长 8 ～ 12mm，宽 1 ～ 1.5mm，先端钝，有时略呈撕裂状；侧裂片作 90° 镰刀状弯曲，与中裂片平行且近等长，中部以上和近顶端撕裂状。距长 15 ～ 25mm，长于子房或近等长，下部宽 0.5 ～ 1mm，外弯，顶端膨大增厚。蕊柱长约 5mm（包括“柱头枝”）；花药 2 室，药室长约 3mm，基部延长的槽长约 2mm；花粉块柄长约 2mm，嵌入槽中；粘盘裸露，近圆形；退化雄蕊小；蕊喙三角状，长约 0.8mm。柱头 2，分离，“柱头枝”长约 3mm，肉质，呈楔形，长于花药基部延长而成的槽；子房扭转，长 15 ～ 23mm，具短花梗。花期 7 ～ 8 月。

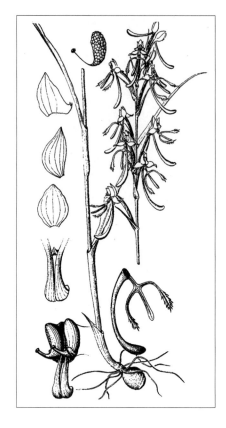

湿中生草本。生于森林带和森林草原带的沼泽化草甸、草甸。产兴安北部及岭东和岭西（鄂伦春自治旗、莫力达瓦达斡尔族自治旗、扎兰屯市）、兴安南部（扎赉特旗、扎鲁特旗）、辽河平原（科尔沁左翼后旗、大青沟）、燕山北部（敖汉旗大黑山）。分布于我国黑龙江、吉林东部、辽宁西北部、河北西北部、河南西南部、山东东北部、安徽南部、江苏、浙江南部、福建北部、江西、湖南，日本、朝鲜、俄罗斯（远东地区）。为东亚分布种。

13. 舌唇兰属 Platanthera Rich.

——蜻蜓兰属 *Tulotis* Rafin.

陆生兰。具指状的根状茎或块茎。叶茎生或基生，互生，2 至多枚。总状花序具多数花，花绿白色或黄绿色；萼片离生，中萼片与花瓣靠合成兜；唇瓣位于下方，条形或舌形，肉质，不分裂或 3 裂，基部有距。蕊柱粗短；花粉块 2，粉质，颗粒状，具花粉块柄和粘盘；粘盘裸露，附于蕊喙基部两侧或藏于蕊喙基部末端的粘囊中；退化雄蕊 2，位于花药基部两侧；蕊喙较大，基部扩大而叉开，位于药室之间。柱头常 1，位于蕊喙穴下凹陷处。

内蒙古有 3 种。

分种检索表

1a. 唇瓣不裂，舌状条形；粘盘裸露。

    2a. 叶3～6，互生，条状披针形；花瓣斜卵形，略小于中裂片；粘盘条形；根部无块茎，具肉质指状根状茎⋯⋯⋯⋯⋯⋯⋯⋯⋯⋯⋯⋯⋯⋯⋯⋯⋯**1. 密花舌唇兰 P. hologlottis**

    2b. 叶2，近对生，椭圆形、椭圆状倒卵形或矩圆形、矩圆状披针形；花瓣偏斜的条状披针形，较萼片小得多；粘盘圆形；根部具块茎⋯⋯⋯⋯⋯⋯⋯⋯⋯**2. 二叶舌唇兰 P. chlorantha**

1b. 唇瓣3裂，侧裂片小，三角状；粘盘藏于蚌壳状粘囊中⋯⋯⋯⋯⋯⋯**3. 蜻蜓舌唇兰 P. fuscescens**

1. 密花舌唇兰（沼兰）

Platanthera hologlottis Maxim. in Mem. Acad. Imp. Sci. St.-Petersb. Div. Sav. 9(Prim. Fl. Amur.):268. 1859; Fl. Intramongol. ed. 2, 5:562. t.236. f.1-7. 1994.

多年生草本，陆生兰，植株高40～70cm。根状茎指状，肉质，多少弯曲。茎直立，无毛，基部具膜质叶鞘。叶3～6，互生，条状披针形，长7～17cm，宽5～18mm，先端渐尖或长渐尖，基部渐狭成抱茎叶鞘。总状花序具多数密生的花，似穗状，长5～15cm，直径1.5～2.5cm；花苞片披针形，先端渐尖或长渐尖；花白色。中萼片卵形或椭圆状卵形，长4.5～6mm，宽3～4mm，先端圆形或钝，具多脉；侧萼片椭圆状卵形，歪斜，长5～9mm，宽3～4mm，先端钝，具多脉。花瓣斜卵形，略小于中萼片，长4～5.5mm，宽3～4mm，先端钝，具多脉；唇瓣舌状，肉质，向前伸直且下弯，长7～8mm，宽1.5～2.5mm，先端钝，具不明显细圆齿；距细圆筒形，弯曲，长1.5～2cm，向末端变细，先端钝。蕊柱长约2mm；药室平行，长约1mm，基部的槽长约1mm，药隔较宽，约0.8mm；花粉块柄粗，长约1mm，嵌入槽中；粘盘条形，长约0.8mm；退化雄蕊小。子房扭转，弓曲，长8～12mm，无毛。

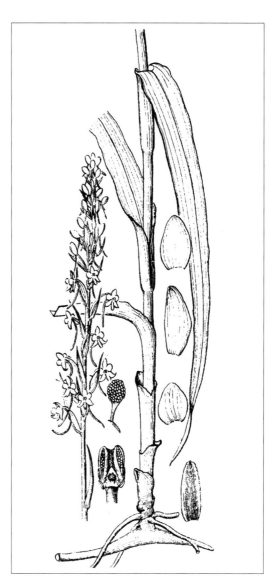

湿生草本。生于森林带和森林草原带的沼泽化草甸、沼泽地。产兴安北部及岭东（鄂伦春自治旗、牙克石市、扎兰屯市）、兴安南部（科尔沁右翼前旗、扎赉特旗）、辽河平原（科尔沁左翼后旗）、燕山北部（喀喇沁旗、宁城县）。分布于我国黑龙江、吉林东北部、辽宁东部、河北东北部、河南、山东东北部、安徽西部、江西、江苏南部、浙江南部、福建中部、湖北西部、湖南南部、广东北部、四川北部、云南西部、贵州、日本、朝鲜、俄罗斯（远东地区）。为东亚分布种。

2. 二叶舌唇兰（大叶长距兰）

Platanthera chlorantha (Cust.) Reich. in Handb. Gewachsk. ed. 2, 2:1565. 1829; Fl. Intramongol. ed. 2, 5:564. t.236. f.8-15. 1994.——*Orchis chlorantha* Cust. in Neue Alp. 2:400. 1827.

多年生草本，陆生兰，高 25～55cm。块茎 1～2，矩圆状卵形，先端变细，伸长。茎直立，无毛，基部具（1～）2 叶鞘，近基部具 2 近对生的叶。叶椭圆状倒卵形、椭圆形、矩圆形、倒矩圆状披针形，长 7～15cm，宽 2～6cm，先端钝或急尖，基部渐狭成鞘状柄；茎中部有时具数枚苞片状小叶，苞片状小叶披针形。总状花序长 6～20cm；花苞片披针形，先端渐尖；花较大，白绿色。萼片绿色；中萼片宽卵形，长 5～7mm，宽 6～9mm，具多脉，先端圆形；侧萼片椭圆状卵形或椭圆形，歪斜，长约 10mm，宽 4～6mm，先端钝，多脉。花瓣白色，偏斜的条状披针形，基部较宽，长 6～7mm，基部宽约 2mm，向顶端变狭成条状，先端渐尖；唇瓣白色，条形，舌状，肉质，不分裂，长 10～13mm，宽 1.5～2.5mm，先端圆形；距弧曲，细长，圆筒状，长 17～22mm，前端稍膨大增粗，末端钝。蕊柱长约 4mm；药室较大，叉开，长约 2mm，基部具槽，槽长约 2mm，药隔较宽；花粉块长约 4mm，花粉块柄较细，长约 2mm，嵌入槽中；粘盘圆形，直径约 0.7mm；退化雄蕊小。子房扭转，弓曲，长 13～16mm，无毛。花期 6～7 月。

中生草本。生于森林带和森林草原带海拔 1200～1800m 的山坡林下、林缘草甸。产兴安北部及岭东（牙克石市、扎兰屯市）、兴安南部（扎赉特旗、克什克腾旗）、燕山北部（宁城县、兴和县苏木山）、阴山（大青山、蛮汗山）。分布于我国黑龙江、吉林北部和东南部、辽宁、河北、河南西部、山东东北部、山西、陕西、甘肃东部、青海东北部、四川西部、云南西北部、西藏东南部，日本、朝鲜、俄罗斯（西伯利亚地区、远东地区），西亚，欧洲。为古北极分布种。

3. 蜻蜓舌唇兰（蜻蜓兰）

Platanthera fuscescens (L.) Kraenzl. in Orchid. Gen. Sp. 1:637. 1901.——*Tulotis fuscescens* (L.) Czer. Addit. et Collig. in Fl. U.R.S.S. 622. 1973; Fl. Pl. Herb. Chin. Bor.-Orient. 12:244. t.105. f.5-7. 1998.——*Tulotis asiatica* Hara in J. Jap. Bot. 30:72. 1955; Fl. Intramongol. ed. 2, 5:566. t.238. f.1-8. 1994.——*P. souliei* Kraenzlin in Repert. Spec. Nov. Regni Veg. 5:199. 1908; Fl. China 25:108. 2009. ——*P. fuscescens* (L.) Y. Z. Zhao in Class. Fl. Ecol. Geogr. Distr. Vasc. Pl. Inn. Mongol. 754. 2012.

多年生草本，陆生兰，高 25～50cm。根状茎细长，指状，肉质，多少弓曲，长达 10cm，直径约 5mm，颈部生出几条肉质细长根。茎直立，基部具 2 叶鞘。叶（1～)2～3，倒卵形或宽椭圆形，长 6～12cm，宽 3～8cm，先端钝，基部渐狭成抱茎叶鞘，具网状弧曲脉序；苞叶 2～3，着生于茎上部，较小，先端急尖或渐尖。总状花序圆柱状，长 7～15cm，直径 1～2cm，花多而密；花苞片狭披针形，常长于子房，先端尾尖；花小，淡绿色。萼片顶端边缘啮蚀状或全缘；中萼片宽卵形，呈舟状，先端钝，长 2.5～4mm，宽 1.2～2.5mm，具 3 脉，侧萼片张开，狭椭圆形，偏斜，边缘外卷成舟状，先端钝，具 3 脉；较中萼片狭而长。花瓣直立，狭椭圆形或矩圆形，偏斜，肉质，顶端钝，较侧萼片狭而短，具 1 脉。唇瓣舌状披针形，肉质，长 3～6mm，基部宽 2～4mm，基部 3 裂；侧裂片小，三角状，长 0.6～1mm；中裂片舌状，向先端渐狭，长 2.2～5mm，宽 0.8～2mm，先端钝圆，在近基部中央有一增厚的凸起。距细长，圆角状，弧曲向前，向末端逐渐增粗，长 7～9mm，几与子房等长或较之稍长。蕊柱长 1～1.5mm，退化雄蕊半圆形，粘盘椭圆形，蕊喙基部叉开，末端形成蚌壳状粘囊，包住粘盘；子房扭转，无毛。花期 6 月下旬至 8 月。

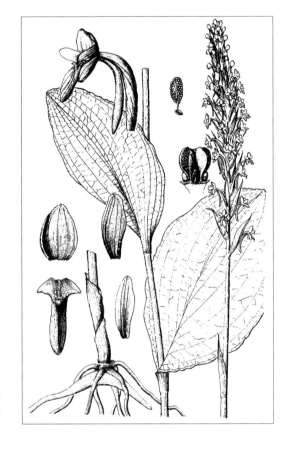

中生草本。生于森林带和森林草原带海拔 500～2800m 的山地林下、林缘。产兴安北部（额尔古纳市、牙克石市、鄂伦春自治旗）、兴安南部（扎赉特旗）、阴山（大青山、蛮汗山）。分布于我国黑龙江、吉林东部、辽宁东部和北部、河北、河南西部和东南部、山东东北部、山西、陕西、甘肃东部、青海东部、四川西部、云南西北部，日本、朝鲜、俄罗斯（西伯利亚地区、远东地区）。为西伯利亚—东亚分布种。

Flora of China（25:108. 2009.）将 *Orchis fuscescens* L.（1753）或 *Tulotis fuscescens* (L.) Czer.（1973）与 *Platanthera souliei* Kraenzlin（1908）和 *Tulotis asiatica* Hara（1955）合并，且将其置入舌唇兰属 *Platanthera* Rich. 中，这无疑是合理的，但按照《国际植物命名法规》规定，最早发表的 *Orchis fuscescens* L.（1753）学名的种名 *fuscescens* 是该种的基本名，因此其正确的学名应为 *Platanthera fuscescens*。

14. 斑叶兰属 Goodyera R. Br.

陆生兰。根状茎伸长，匍匐。叶稍肉质，常具斑纹，具柄。花序总状或密生似穗状；花小，偏向一侧或不偏向一侧；萼片相似，背面常被毛，中萼片与花瓣靠合成兜，侧萼片分离，直立或平展；唇瓣位于下方，不裂，基部凹陷成杯状或舟状，围绕蕊柱基部，无距，顶端外折。蕊柱短；花药直立或斜卧，药隔上端常成喙状尖凸；花粉块 2，粉质，粒状，无花粉块柄或具短柄，具粘盘；蕊喙直立，通常为狭窄 2 叉或深 2 裂；粘盘插生于蕊喙叉中。柱头 1，较大，位于蕊柱前面蕊喙之下。

内蒙古有 1 种。

1. 小斑叶兰

Goodyera repens (L.) R. Br. in Hort. Kew. ed. 2, 5:198. 1813; Fl. Intramongol. ed. 2, 5:587. t.248. f.1-7. 1994.——*Satyrium repens* L., Sp. Pl. 2:945. 1753.

多年生草本，高 13～25cm。根状茎匍匐，伸长，纤细，具节，节上生少数根。茎直立，上半部被腺毛。叶 3～7，生于茎下部，卵形或椭圆形，长 1～3cm，宽 8～20mm，上面具数条弧曲主脉，并分生细脉，脉皆显著形成黄白色网状斑纹，下面灰绿色，先端钝或渐尖，全缘，基部渐狭成鞘状叶柄，柄长 5～10mm；茎上部叶呈鞘状。总状花序长 3～7cm，具几朵至10 余朵花，大部偏向一侧，被腺毛；花苞片披针形，长 4～10mm，先端长渐尖；花白色、绿色或粉红色。萼片外面被腺毛；中萼片椭圆状卵形，长 3～4mm，宽 1.5～2mm，先端钝，与花瓣靠合成兜状；侧萼片斜披针状卵形，等长或略长于中萼片，先端钝。花瓣匙状倒披针形，较萼片狭窄，宽约 1mm；唇瓣舟状，长 3～3.5mm，无爪，不分裂，基部凹陷成囊状，内面无毛，先端狭而弯曲如喙，外折。

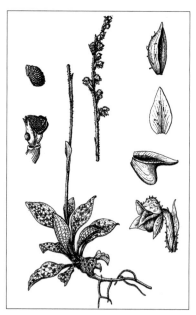

蕊柱长 1.2～2mm，与唇瓣分离；花药较小，长约 0.7mm；花丝长约 0.6mm；蕊喙直立，2 裂，裂片细尖，呈叉状，长约 0.5mm；粘盘插生于其中。柱头 1，较大，长约 0.8mm，宽约 0.6mm，位于蕊喙之下中央；子房扭转，疏生腺毛，长 4～6mm。花期 8 月。

中生草本。生于森林带海拔 500～2800m 的山地林下。产兴安北部及岭东（额尔古纳市、牙克石市、鄂伦春自治

旗）、兴安南部（科尔沁右翼前旗）、龙首山。分布于我国黑龙江西北部、吉林东部、辽宁、河北西部、河南西部和东南部、山东、山西东部和南部、陕西西南部、宁夏（罗山）、甘肃东部、青海东北部、四川、云南东部和北部、西藏南部、安徽西部、湖北、湖南、福建、台湾、新疆北部和西部，日本、朝鲜、蒙古国北部、俄罗斯（西伯利亚地区、远东地区）、缅甸、印度、尼泊尔、不丹，克什米尔地区，中亚，欧洲、北美洲。为泛北极分布种。

15. 朱兰属 Pogonia Juss.

陆生兰。根状茎短，生几条细长根。茎直立，近中部具 1 叶。花顶生，1～3，较大；萼片与花瓣分离，近似；唇瓣位于下方，边缘常有流苏状锯齿，无距。蕊柱长；花药位于蕊柱顶端；有明显花丝；花粉块 2，粉质，粒状，无花粉块柄和粘盘；蕊喙短。

内蒙古有 1 种。

1. 朱兰

Pogonia japonica H. G. Reich. in Linn. 25:228. 1852; Fl. Intramongol. ed. 2, 5:582. t.246. f.1-6. 1994.

多年生草本，高 12～25cm。根状茎短，具 3～7 细长根。茎直立，纤细，直径约 1mm，无毛，近中部具 1 叶。叶矩圆状披针形或披针形，长 3～6cm，宽 8～15mm，先端急尖，基部渐狭，抱茎，具弧曲脉序，无叶柄。花 1，顶生，较大，直径 3～4cm，淡紫色；花苞片矩圆状披针形，长 2.5～4.5cm，宽 5～10mm，较子房长，先端钝或急尖，具弧曲脉序；萼片近相似，矩圆状披针形，长 15～22mm，宽 4～6mm，具 5～7 脉，先端钝；花瓣与萼片近等长，但略宽于萼片，先端钝圆。唇瓣矩圆形，长 15～20mm，宽 4～7mm，基部渐狭，无距，在中部以上 3 裂；中裂片较长，长约 7mm，宽约 5mm，边缘具流苏状锯齿；侧裂片较短，长约 2mm，顶端具少数锯齿；从唇瓣基部至中裂片顶端有 2 纵褶片，褶片在中裂片上具明显鸡冠状附属物。蕊柱长约 1cm，上半部倒三角状，下半部圆柱形，先端具齿状边缘，稍扩大；子房长 2～2.5cm，扭转。花期 7 月。

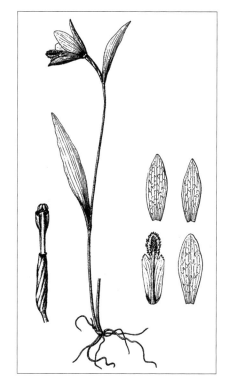

中生草本。生于森林带的山地林下、山坡草丛、踏头草甸。产兴安北部（大兴安岭）。分布于我国黑龙江北部和西北部、吉林东部、山东中部、安徽、浙江南部、福建北部、台湾、江西南部、湖北西部、湖南、广西东北部、贵州、四川东部、云南东北部，日本、朝鲜、俄罗斯（远东地区）。为东亚分布种。

16. 对叶兰属 Listera R. Br.

陆生兰。茎直立，在茎中部具 2 近对生叶。叶常为卵形或心形，近无柄。总状花序顶生，具几朵至 10 余朵花，少数仅具花 1 ～ 2；花常小；萼片离生，与花瓣近等大但常较宽；唇瓣较萼片和花瓣长而宽很多，前伸，通常顶端中部 2 裂，基部无距。蕊柱直立或稍向前弯；花药生于蕊柱顶端，直立，2 室；花粉块 2，粉质，颗粒状，无花粉块柄，粘着于小粘盘上；蕊喙宽阔，位于花药基部。柱头 1，位于蕊喙基部；子房常具细长花梗。

内蒙古有 1 种。

1. 对叶兰（华北对叶兰）

Listera puberula Maxim. in Bull. Acad. Imp. Sci. St.-Petersb. 29:204. 1884; Fl. Intramongol. ed. 2, 5:576. t.243. f.1-7. 1994.——*Neottia puberula* (Maxim.) Szlach. in Fragm. Florist. Geobot. Suppl. 3:118. 1995; Fl. China 25:189. 2009.

多年生草本，高 10 ～ 20cm。根状茎短，生数条细长纤维根。茎直立，纤细，基部具鞘，近中部具 2 对生叶。叶无柄，心形、宽卵形或宽卵状三角形，长 1.5 ～ 2.5cm，宽 1.5 ～ 2cm，先端钝或急尖，基部宽楔形或截形，具网状弧曲脉序。总状花序长 3 ～ 6cm，具花 4 ～ 10，稀疏；花葶被短柔毛；花小，绿色；花梗具短柔毛，长 3 ～ 5mm；花苞片披针形，短于花梗。中萼片披针形，长 2.5 ～ 3mm，宽约 1.3mm，顶端钝，中脉明显；侧萼片歪斜，披针形，与中萼片近等大，中脉明显。花瓣条形，稍歪斜，略短于萼片，宽约 0.3mm。唇瓣倒楔形或倒卵状楔形，长 6 ～ 9mm，近顶端宽 2 ～ 2.5mm，基部宽约 1mm，具数条明显脉，中脉较粗，外侧边缘多少具乳突状细缘毛；顶端 2 裂，裂片深达 2mm，2 裂片叉开或几平行，顶端有不明显钝齿，2 裂片之间有一不太明显的小裂片，长约 0.1mm。蕊柱稍呈弓形弯曲，长 2 ～ 2.5mm；花药近长椭圆形，长约 0.6mm；蕊喙宽卵形，顶端具 1 小尖头。柱头面半圆形，子房长 3 ～ 5mm。花期 7 月。

中生草本。生于森林带海拔 720 ～ 820m 的白桦或针叶林下。产兴安北部（额尔古纳市、牙克石市）、兴安南部（阿鲁科尔沁旗、巴林右旗、克什克腾旗）、燕山北部（兴和县苏木山）。分布于我国黑龙江东南部、吉林东部、辽宁、河北西北部、山西北部、甘肃东部、青海东部、四川西北部、贵州，日本、朝鲜、俄罗斯（远东地区）。为东亚分布种。

Flora of China（25:189. 2009.）将本种并入鸟巢兰属 *Neottia* Guett.。但本种为陆生兰，具 2 绿叶，对生，而 *Neottia* Guett. 为腐生兰，叶退化成鳞片状或鞘，互生，非绿色，二者截然不同，还是维持原来二属比较合理。

17. 火烧兰属 Epipactis Zinn

陆生兰。具根状茎。叶茎生。总状花序具多花；花被片离生，开展；唇瓣中部缢缩分成上、下两部分，下半部称下唇，内分泌蜜汁，上半部称上唇，在上、下唇之间具明显关节，无距。蕊柱短，顶端具 1 浅杯状药床；雄蕊生于蕊柱顶端背侧，具短花丝；花药弯向药床；花粉块 2，球形，每个又多少纵裂为 2，粉质，粒状，无花粉块柄，粘着于小粘盘之上；退化雄蕊 2，小，位于花药基部两侧；蕊喙位于柱头上方中央，大，近于球形。柱头 2，隆起，位于蕊柱前侧方。

内蒙古有 2 种。

分种检索表

1a. 下唇两侧不具耳状侧裂片；上唇三角形，基部有 2 平滑胼胝体·················**1. 火烧兰 E. helleborine**
1b. 下唇两侧具耳状侧裂片；上唇三角状卵形，中下部具 2～3 鸡冠状凸起褶片····························
·····························**2. 北火烧兰 E. xanthophaea**

1. 火烧兰（小花火烧兰）

Epipactis helleborine (L.) Crantz in Stirp. Austr. Fasc. ed, 2，2:467. 1769; Fl. Intramongol. ed. 2, 5:580. t.245. f.7-13. 1994.——*Serapias helleborine* L., Sp. Pl. 2:949. 1753.

多年生草本，高 30～50cm。根状茎短，具多条细长根。茎直立，细圆柱状，下部具数枚叶鞘，近无毛，上部被柔毛。叶（2～）3～5，互生，卵形、卵状披针形或卵状椭圆形，长 4～7cm，宽 2.5～4cm，先端急尖，基部抱茎，具弧曲脉序，边缘具乳突状细缘毛。总状花序长 10cm 以上，疏生 5 至多数花；花序轴被短柔毛；花苞片叶状，卵状披针形或披针形，长 1～4cm，宽 3～10mm，先端渐尖，边缘具乳突状细缘毛，下部的长于花；花下垂。中萼片卵状披针形，舟状，长 8～10mm，宽 2.5～3mm，渐尖，无毛；侧萼片相似于中萼片，开展，稍偏斜。花瓣卵形，长约 7mm，宽约 3mm，先端近渐尖，无毛。萼片和花瓣的中脉明显。唇瓣长约 7mm；下唇凹陷成杯状，近半球形，长约 4mm，内面基部具明显 3 脉，无毛；上唇三角形，长约 3mm，基部宽约 2.5mm，先端渐尖，基部有 2 平滑胼胝体。蕊柱长约 3mm，粗厚，花药长约 2mm；子房狭倒卵形，长约 8mm，花梗扭曲，长约 3mm。花期 7 月。

中生草本。生于荒漠带海拔 2700～3300m 的山坡林下、林缘草甸。产贺兰山。分布于我国黑龙江东南部、吉林东北部、辽宁东部、河北西部、河南西部和东南部、山西、陕西、宁夏、甘肃东部、青海东部和南部、四川、云南北部、西藏南部、安徽、湖北西部、贵州、新疆中部，日本、朝鲜、俄罗斯（西伯利亚地区）、不丹、尼泊尔、印度（锡金）、巴基斯坦、阿富汗、克什米尔地区、中亚、西南亚、北非，欧洲、北美洲。为泛北极分布种。

2. 北火烧兰

Epipactis xanthophaea Schltr. in Repert. Spec. Nov. Regni Veg. Beih. 12:341. 1922; Fl. Intramongol. ed. 2, 5:582. t.245. f.1-6. 1994.

多年生草本，高 30 ～ 80cm。根状茎横走，具多条细长根。茎直立，圆柱状，无毛，基部具棕色膜质叶鞘。叶 6 ～ 8，卵形或卵状披针形，长 5 ～ 15cm，宽 2 ～ 7cm，先端渐尖或尾状渐尖，基部圆形，无叶柄，全缘，无毛，具多数弧曲脉序。总状花序较疏松，具花 10 余朵或更多，长 7 ～ 14cm；花苞片叶状，宽披针形，下部长于花，上部几等长于花；花下垂。中萼片卵形或卵状椭圆形，长 12 ～ 13mm，宽约 7mm；侧萼片卵形，歪斜，与中萼片近等大，先端渐尖。花瓣卵形，稍短于萼片，先端钝或渐尖。萼片与花瓣均具浮凸背脉。唇瓣与花瓣近等长；下唇倒卵形，长约 6mm，扩展平时宽为 8 ～ 11mm，中央凹陷似杯状，内散生少数瘤状突起，两侧具 2 小侧裂片，侧裂片三角状，先端钝，长约 1.5mm，宽约 2.5mm，中间缢缩部分长约 1.5mm，宽约 1mm；上唇三角状卵形，较下唇窄，长约 6mm，宽约 5mm，先端钝，中下部具 2 ～ 3 鸡冠状凸起褶片，不贯到下唇。蕊柱长约 6mm，花药具柔毛，长约 3mm。柱头大，

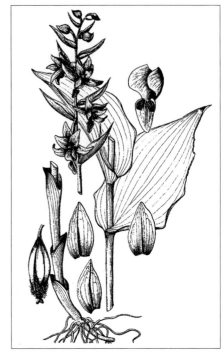

为不规则四边形；子房棒状，无毛，花梗扭转，长 5 ～ 7mm。果实椭圆状圆柱形，具纵棱，纵裂。花期 6 ～ 7 月，果期 8 ～ 9 月。

中生草本。生于阔叶林带的林下及山坡草甸。产辽河平原（大青沟）、燕山北部（敖汉旗大黑山）。分布于我国黑龙江北部和东部、吉林东北部、辽宁北部、河北东北部、山东东北部。为华北—满洲分布种。

18. 布袋兰属 Calypso Salisb.

陆生兰。具假鳞茎。叶 1，具长柄。花葶生于假鳞茎顶端，顶生 1 花；花较大，艳丽，俯垂；萼片离生，萼片和花瓣开展，相似；唇瓣较萼片和花瓣大得多，凹陷成深囊，似拖鞋状，无距。蕊柱花瓣状，两侧具宽翅；花药生于蕊柱近顶端处，2 室，被蕊柱的膜质凸起所覆盖；花粉块 2，蜡质，无柄，固着于方形粘盘上；粘盘 2，分离；蕊喙小，具 3 齿。

内蒙古有 1 种。

1. 布袋兰

Calypso bulbosa (L.) Oakes var. **speciosa** (Schltr.) Makino in J. Jap. Bot. 3:25.1926; Fl. China 25:252. 2000.——*C. speciosa* Schltr. in Repert. Spec. Nov. Regni Veg. Beih. 4:228. 1919.——*C. bulbosa* auct. non (L.) Oakes: Fl. Intramongol. ed. 2, 5:592. t.243. f.8-15. 1994.

多年生草本，高 10 ～ 15cm。假鳞茎长卵球形，长 1 ～ 1.5cm，直径约 5mm，具棕色膜质鞘，基部生数条纤细根，顶生 1 叶。叶片卵形或卵状椭圆形，长 3 ～ 4cm，宽 2 ～ 2.5cm，全缘或微

皱波状，基部近圆形，具柄，柄长 1.5～2.5cm，先端急尖，上面深绿色，下面浅绿色，具网状弧曲脉序。花葶生于假鳞茎顶端，顶生 1 花，下部具 2～3 棕色膜质鞘状鳞片；花苞片披针形，长于或等长于子房，先端渐尖；花大而艳丽，常俯垂。萼片离生，和花瓣相似，近等大，条状披针形，张开；中萼片长 15～17mm，宽 2～3mm，具 3 脉。唇瓣较花瓣和萼片大得多，卵状矩圆形或卵形，凹陷成深囊，似拖鞋状，具色斑及紫色条纹，长约 18mm；囊顶端具 2 角，囊口前部边缘扩展且形成拖鞋状的兜，兜位于囊顶端的 2 角之上且贴生，兜中央靠近基部处有纵列毛丛。蕊柱长 0.8～1cm，具宽的翅，呈宽椭圆状，宽约 0.8cm；花药生于蕊柱近顶端处，极小，2 室；花粉块 2，蜡质，卵球状楔形，无柄；粘盘方形；蕊喙小，具 3 齿。子房纤细，具花梗，连花梗长约 15mm。花期 5～6 月。

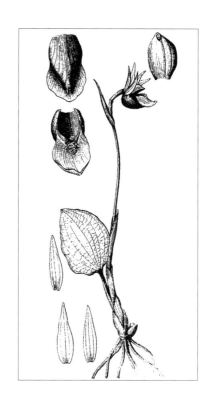

中生草本。生于森林带的山地林下、灌丛。产兴安北部（额尔古纳市、牙克石市库都尔镇）。分布于我国吉林东部、甘肃东南部、四川西北部、西藏、云南西北部，日本。为东亚分布变种。

19. 原沼兰属 Malaxis Soland ex Sw.

陆生或附生兰。具假鳞茎。叶 1～3，常基生，较宽而薄，具鞘状柄。总状花序具多花，花序轴具或多或少的翅；花小，萼片离生，近相似；花瓣狭窄，丝状或条形；唇瓣通常位于上方，无距，基部常凹陷，两侧通常具耳状侧裂片，多少抱蕊柱。蕊柱甚短，常具短而宽的翅；花药位于蕊柱背面，脱落，与蕊柱的连接点较蕊喙低；花粉块 4，呈 2 对，楔形，蜡质，无花粉块柄和粘盘；蕊喙三角形，短于花药。柱头位于蕊柱前面，子房楔形，花梗扭转。

内蒙古有 1 种。

1. 原沼兰（小柱兰、一叶兰）

Malaxis monophyllos (L.) Sw. in Kongl Vet. Acad. Nya Handl. 21:234. 1800; Fl. Intramongol. ed. 2, 5:588. t.240. f.7-13. 1994.——*Ophrys monophyllos* L., Sp. Pl. 2:947. 1753.

多年生草本，陆生兰，植株高 8～35cm。假鳞茎卵形或椭圆形，被多数白色干膜质鞘，似蒜头状，下面簇生多数纤细的根。茎直立，基部具膜质叶鞘。叶基生，1～2，膜质，椭圆形、卵状椭圆形或卵状披针形，长 3～10cm，宽 1～4cm，先端通常钝，稀急尖，基部渐狭成鞘状叶柄，柄长 1.5～7cm，具网状弧曲脉序，无毛。总状花序圆柱状，长 4～16cm，直径 0.5～1cm，花序轴有狭翅；花苞片钻形或披针形，长 2～4mm，与花梗近等长，先端长渐尖；花很小，黄绿色。中萼片位于下方，披针形，长 2～3mm，宽约 0.5mm，外折，具 1 脉；侧萼片相似于中萼片，直立开展。花瓣条

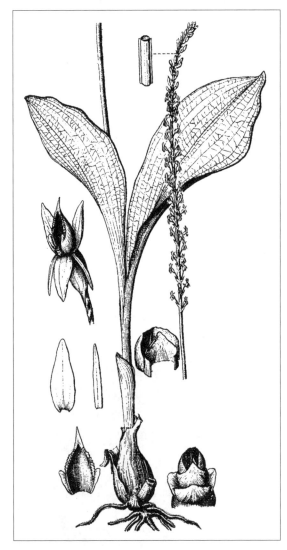

形，常外折，长 1.8～2.5mm；唇瓣位于上方，宽卵形，长 2～2.5mm，最宽处约 1.5mm，凹陷，先端骤尖成尾状，尾长 0.7～1mm，上部边缘外卷并具疣状凸起，基部两侧的耳状侧裂片或多或少抱蕊柱。蕊柱短，长约 1mm，扁平，翅明显；雄蕊几无花丝；花粉块着生于蕊柱背面顶端；蕊喙三角状；柱头 2，子房长约 1.5mm，无毛；花梗长 1.5～3mm，扭转 360°。蒴果椭圆形，长 4～6mm。花期 7 月，果期 8 月。

中生草本。生于森林带和森林草原带海拔 400～2500m 的山坡林下、阴坡草甸。产兴安北部及岭东和岭西（额尔古纳市、牙克石市、鄂伦春自治旗、东乌珠穆沁旗宝格达山）、兴安南部（扎赉特旗、科尔沁右翼前旗、阿鲁科尔沁旗、巴林右旗、克什克腾旗、西乌珠穆沁旗）、燕山北部（喀喇沁旗、宁城县、兴和县苏木山）、阴山（大青山）。分布于我国黑龙江、吉林东部、辽宁、河北、河南西部、山西、陕西西南部、宁夏南部、甘肃东部、青海东部和南部、四川西部、云南西部和西北部及东北部、西藏东部和南部、湖北西部、台湾北部，日本、朝鲜、俄罗斯（西伯利亚地区、远东地区），欧洲、北美洲。为泛北极分布种。

20. 羊耳蒜属 **Liparis** Rich.

陆生或附生兰。茎膨大成假鳞茎。叶 1 至多枚，基生、茎生或生于假鳞茎顶端，具鞘，有时具关节。花葶自假鳞茎顶端生出，具总状花序，具多数或少数花，花序轴具翅；萼片离生，近相似；花瓣相似或小于萼片；唇瓣位于下方，大于萼片和花瓣，常不裂，少为分裂，基部无距。蕊柱长，向唇瓣弯曲，上部稍具翅，无蕊柱足；花药顶生，早落，2 室，前倾；花粉块 4，成 2 对，蜡质，无花粉块柄和粘盘；蕊喙短，直立，不分叉；柱头 1。

内蒙古有 1 种。

1. 羊耳蒜（鸡心七）

Liparis campylostalix H. G. Reich. in Linn. 41:45. 1877; Fl. China 25:216. 2009.——*L. japonica* auct. non (Miq.) Maxim.: Fl. Intramongol. ed. 2, 5:590. t.249. f.1-6. 1994.

多年生草本，陆生兰，高 15 ～ 30cm，无毛。假鳞茎白色，为膜质鞘包被，蒜头状，长 8 ～ 15mm。叶 2，干后膜质，基生，椭圆形或宽卵形，长 6 ～ 14cm，宽 2.5 ～ 7.5cm，先端钝，基部下延，全缘，具多数网状弧曲脉序；具鞘状叶柄，长 2.5 ～ 7cm。总状花序长 3 ～ 10cm，具花少数至多数，花序轴具翅；花苞片极小，卵状三角形，长约 2mm；花淡黄色，直径约 1cm；萼片相似，狭矩圆形，长 5 ～ 8mm，宽 2 ～ 3mm，具 1 脉；花瓣丝状，等长于萼片，宽 0.3 ～ 0.5mm；唇瓣位于下方，较宽大，倒宽卵形或近椭圆形，长 5 ～ 7mm，宽 3 ～ 4mm，不裂，中部稍缢缩，前部多少反折，先端圆形或截形而具短尖，顶部边缘具细齿，基部无胼胝体。蕊柱长约 3mm，稍弯曲，具翅，翅钝圆；花药小，长约 0.8mm。柱头面近圆形，直径约 0.7mm；子房及花梗扭转，花梗长 5 ～ 13mm。蒴果倒披针形，长 8 ～ 15mm，宽 3 ～ 5mm，无毛。花期 6 ～ 7 月。

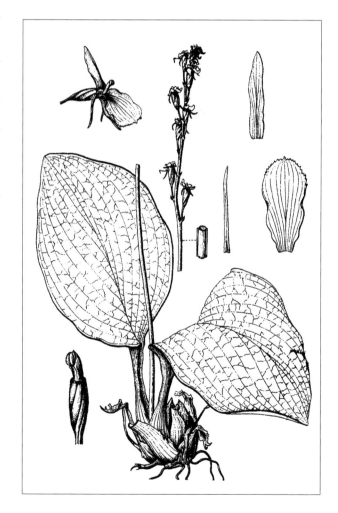

中生草本。生于阔叶林带的林下。产辽河平原（大青沟）。分布于我国黑龙江南部、吉林中部和东部、辽宁东南部、河北西部、河南西部、山东、山西南部、陕西南部、甘肃东南部、青海东部、安徽西部、台湾、湖北西部、四川西南部、云南东北部、贵州北部和西部、西藏，日本、朝鲜、俄罗斯（远东地区）。为东亚分布种。

128-1-1 ᠁ 角果藻 *Zannichellia palustris* L.

128-1 ᠁ 角果藻属 *Zannichellia* L.

128. ᠁ 角果藻科 **Zannichelliaceae**

127-2-2 ᠁ 龙须眼子菜 *Stuckenia pectinata* (L.)
(Persoon) Borner

127-2-1 ᠁ 丝叶眼子菜 *Stuckenia filiformis*
Borner

127-2 ᠁ 篦齿眼子菜属 *Stuckenia* Borner

127-1-11 ᠁ 禾叶眼子菜 *Potamogeton gramineus* L.

127-1-10 ᠁ 兴安眼子菜 *Potamogeton xinganensis*
Y. C. Ma

127-1-9 ᠁ 光叶眼子菜 *Potamogeton lucens* L.

127-1-8 ᠁ 穿叶眼子菜 *Potamogeton perfoliatus* L.

127-1-7 ᠁ 菹草 *Potamogeton crispus* L.

127-1-6 眼子菜 *Potamogeton distinctus* A. Benn.

127-1-5 ᠁ 南方眼子菜 *Potamogeton octandrus* Poir.

131. ᠁ 泽泻科 **Alismataceae**

130-1-2 ᠁ 水麦冬 *Triglochin palustris* L.

130-1-1 ᠁ 海韭菜 *Triglochin maritima* L.

130-1 ᠁ 水麦冬属 *Triglochin* L.

130. ᠁ 水麦冬科 **Juncaginaceae**

129-1-3 ᠁ 纤细茨藻 *Najas gracilima* (A. Braun ex
Engelm.) Magnus

129-1-2 ᠁ 小茨藻 *Najas minor* All.

129-1-1b ᠁ 短果茨藻 *Najas marina* L. var.
brachycarpa Trautv.

129-1-1a ᠁ 茨藻 *Najas marina* L. var. marina

129-1-1 ᠁ 茨藻 *Najas marina* L.

129-1 ᠁ 茨藻属 *Najas* L.

129. ᠁ 水鳖科 **Hydrocharitaceae**

131-1 ᠥᠬᠢᠷ ᠤᠨ ᠡᠪᠡᠰᠦ 泽泻属 Alisma L.

131-1-1 ᠥᠬᠢᠷ ᠤᠨ ᠡᠪᠡᠰᠦ 泽泻 Alisma

131-1-1 ᠥᠬᠢᠷ ᠤᠨ · ᠦᠨᠳᠦᠰᠦᠲᠦ ᠡᠪᠡᠰᠦ 泽泻 Alisma plantago-aquatica L.

131-1-2 ᠳᠣᠷᠤᠨᠠᠲᠤ ᠡᠪᠡᠰᠦ 东方泽泻 Alisma orientale (Sam.) Juz.

131-1-3 ᠪᠦᠷᠬᠦᠪᠴᠢᠲᠦ ᠡᠪᠡᠰᠦ 膜果泽泻 Alisma lanceolatum With.

131-1-4 ᠡᠪᠡᠰᠦᠯᠢᠭ ᠡᠪᠡᠰᠦ 草泽泻 Alisma gramineum Lejeune

131-2 ᠥᠬᠢᠷ ᠤᠨ ᠡᠪᠡᠰᠦ 泽薹草属 Caldesia Parl.

131-2-1 ᠥᠬᠢᠷ ᠤᠨ ᠡᠪᠡᠰᠦ 泽薹草 Caldesia parnassifolia (Bassi ex L.) Parl.

131-3 ᠰᠤᠮᠤᠲᠤ ᠡᠪᠡᠰᠦ 慈姑属 Sagittaria L.

131-3-1 ᠰᠤᠮᠤ 野慈姑 Sagittaria trifolia L.

131-3-2 ᠤᠰᠤᠨ ᠰᠤᠮᠤ 浮叶慈姑 Sagittaria natans Pall.

132. ᠬᠦᠪᠦᠩᠲᠦ ᠶᠢᠨ ᠡᠪᠡᠰᠦ 花蔺科 **Butomaceae**

132-1 ᠬᠦᠪᠦᠩᠲᠦ ᠶᠢᠨ ᠡᠪᠡᠰᠦ 花蔺属 Butomus L.

132-1-1 ᠬᠦᠪᠦᠩᠲᠦ ᠶᠢᠨ ᠡᠪᠡᠰᠦ 花蔺 Butomus umbellatus L.

133-1 ᠲᠤᠲᠤᠷᠭᠠ ᠶᠢᠨ ᠡᠪᠡᠰᠦ 稻属 Oryza L.

133-1-1 ᠲᠤᠲᠤᠷᠭᠠ 稻 Oryza sativa L.

133-2 ᠬᠤᠳᠠᠯ ᠲᠤᠲᠤᠷᠭᠠ ᠶᠢᠨ ᠡᠪᠡᠰᠦ 假稻属 Leersia Sol. ex Sw.

133-2-1 ᠬᠤᠳᠠᠯ ᠲᠤᠲᠤᠷᠭᠠ 秕壳草 Leersia oryzoides (L.) Sw.

133-3 ᠵᠢᠵᠠᠨ ᠤ ᠡᠪᠡᠰᠦ 菰属 Zizania L.

133-3-1 ᠵᠢᠵᠠᠨ 菰 Zizania latifolia (Griseb.) Turcz. ex Stapf

133-4 ᠬᠠᠭ ᠦᠨ ᠡᠪᠡᠰᠦ 芦苇属 Phragmites Adans.

133-4-1 ᠬᠠᠭ · ᠬᠤᠯᠤᠰᠤ 芦苇 Phragmites australis (Cav.) Trin. ex Steud.

133-5 ᠯᠦᠩᠴᠠᠩ ᠤ ᠡᠪᠡᠰᠦ 龙常草属 Diarrhena P. Beauv.

133-5-1 ᠵᠢᠵᠢᠭ ᠵᠢᠮᠢᠰᠲᠦ 小果龙常草 Diarrhena fauriei (Hack.) Ohwi

133-5-2 ᠯᠦᠩᠴᠠᠩ 龙常草 Diarrhena mandshurica Maxim.

133-6 ᠭᠤᠷᠪᠠᠨ ᠰᠤᠷᠮᠤᠰᠤᠲᠤ 三芒草属 Aristida L.

133-6-1 ᠭᠤᠷᠪᠠᠨ ᠰᠤᠷᠮᠤᠰᠤᠲᠤ 三芒草 Aristida adscensionis L.

133-7 ᠦᠨᠦᠷᠲᠦ ᠦ ᠡᠪᠡᠰᠦ 臭草属 Melica L.

133-7-1 ᠲᠣᠮᠤ ᠦᠨᠦᠷᠲᠦ 大臭草 Melica turczaninowiana Ohwi

133-7-2 ᠲᠦᠪᠡᠳ ᠦᠨᠦᠷᠲᠦ 藏臭草 Melica tibetica Roshev.

133. ᠪᠤᠭᠤᠳᠠᠢ ᠬᠦᠷᠲᠦᠭᠡᠨ ᠤ ᠡᠪᠡᠰᠦ 禾本科 **Gramineae**

133-7-3　[蒙古文]　抱草　*Melica virgata* Turcz. ex Trin.

133-7-4　[蒙古文]　臭草　*Melica scabrosa* Trin.

133-7-5　[蒙古文]　细叶臭草　*Melica radula* Franch.

133-8　[蒙古文]　裂稃茅属　*Schizachne* Hack.

133-8-1　[蒙古文]　裂稃茅　*Schizachne purpurascens* subsp. *callosa* (Turcz. ex Griseb.) T. Koyama et Kawano

133-9　[蒙古文]　甜茅属　*Glyceria* R. Br.

133-9-1　[蒙古文]　狭叶甜茅　*Glyceria spiculosa* (F. Schmidt.) Roshev.

133-9-2　[蒙古文]　水甜茅　*Glyceria triflora* (Korsh.) Kom.

133-9-3　[蒙古文]　假鼠妇草　*Glyceria leptolepis* Ohwi

133-9-4　[蒙古文]　二蕊甜茅　*Glyceria lithuanica* (Gorski) Gorski ex B. Fedtsch.

133-10　[蒙古文]　水茅属　*Scolochloa* Link

133-10-1　[蒙古文]　水茅　*Scolochloa festucacea* (Willd.) Link

133-11　[蒙古文]　沿沟草属　*Catabrosa* P. Beauv.

133-11-1　[蒙古文]　沿沟草　*Catabrosa aquatica* (L.) P. Beauv.

133-11-1a　[蒙古文]　沿沟草　*Catabrosa aquatica* (L.) P. Beauv. var. *aquatica* Beauv.

133-11-1b　[蒙古文]　紧穗沿沟草　*Catabrosa aquatica* (L.) P. Beauv. var. *angusta* Stapf

133-11-2　[蒙古文]　长颖沿沟草　*Catabrosa capusii* Franch.

133-12　[蒙古文]　羊茅属　*Festuca* L.

133-12-1　[蒙古文]　远东羊茅　*Festuca extremiorientalis* Ohwi

133-12-2　[蒙古文]　紫羊茅　*Festuca rubra* L.

133-12-2a　[蒙古文]　紫羊茅　*Festuca rubra* L. subsp. *rubra*

133-12-2b　[蒙古文]　毛稃紫羊茅　*Festuca rubra* L. subsp. *arctica* (Hack.) Govor.

133-12-3　[蒙古文]　雅库羊茅　*Festuca jacutica* Drob.

133-12-4　[蒙古文]　达乌里羊茅　*Festuca dahurica* (St.-Yves) V. I. Krecz. et Bobr.

133-12-5　[蒙古文]　蒙古羊茅　*Festuca mongolica* (S. R. Liou et Y. C. Ma) Y. Z. Zhao

133-12-6　[蒙古文]　东亚羊茅　*Festuca litvinovii* (Tzvel.) E. B. Alexeev

133-12-7　[蒙古文]　沟叶羊茅　*Festuca valesiaca* Schleich. ex Gaudin subsp. *sulcata* (Hackel) Schinz et R. Keller

133-12-8　[蒙古文]　矮羊茅　*Festuca coelestis* (St.-Yves) V. I. Krecz.

133-14-9 乌库早熟禾 *Poa ochotensis* Trin.

133-14-8 硬叶早熟禾 *Poa stereophylla* Keng ex L.Liu

133-14-7 光盘早熟禾 *Poa hylobates* Bor

133-14-6 阿拉套早熟禾 *Poa albertii* Regel

133-14-5 西藏早熟禾 *Poa tibetica* Munro ex Stapf

133-14-4 希斯肯早熟禾 *Poa × schischkinii* Tzvel.

133-14-3 西伯利亚早熟禾 *Poa sibirica* Roshev.

133-14-2 散穗早熟禾 *Poa subfastigiata* Trin.

133-14-1 早熟禾 *Poa annua* L.

133-14 早熟禾属 *Poa* L.

133-13-1 银穗草 *Leucopoa albida* (Turcz. ex Trin.) V. I. Krecz. et Bobr.

133-13 银穗草属 *Leucopoa* Griseb.

133-12-10 苇状羊茅 *Festuca arundinacea* Schreb.

133-12-9 羊茅 *Festuca ovina* L. et Bobrow

133-14-23 灰早熟禾 *Poa glauca* Vahl

133-14-22 林地早熟禾 *Poa nemoralis* L.

133-14-21 乌苏里早熟禾 *Poa urssulensis* Trin.

133-14-20 多变早熟禾 *Poa varia* Keng et L. Liu

133-14-19 额尔古纳早熟禾 *Poa argunensis* Roshev.

133-14-18 堇色早熟禾 *Poa ianthina* Keng ex Shan Chen

133-14-17 垂枝早熟禾 *Poa declinata* Keng ex L. Liu

133-14-16 草地早熟禾 *Poa pratensis* L.

133-14-15 高原早熟禾 *Poa alpigena* Lindm.

133-14-14 细叶早熟禾 *Poa angustifolia* L.

133-14-13 粉绿早熟禾 *Poa pruinosa* Korotky

133-14-12 极地早熟禾 *Poa arctica* R. Br.

133-14-11 唐氏早熟禾 *Poa tangii* Hitchc.

133-14-10 瑞沃达早熟禾 *Poa reverdattoi* Roshev.

133-15-1 ᠊ᠠᠷᠠᠯ᠎ᠤᠨ 星星草 *Puccinellia*

133-15 ᠊ᠠᠷᠠᠯ᠎ᠤᠨ 碱茅属 *Puccinellia* Parl.

133-14-36 ᠊ᠠᠷᠠᠯ᠎ᠤᠨ 少叶早熟禾 *Poa paucifolia* Keng ex Y. Z. Zhao

133-14-35 ᠊ᠠᠷᠠᠯ᠎ᠤᠨ 多叶早熟禾 *Poa erikssonii* (Melderis)

133-14-34 ᠊ᠠᠷᠠᠯ᠎ᠤᠨ 渐狭早熟禾 *Poa attenuata* Trin.

133-14-33 ᠊ᠠᠷᠠᠯ᠎ᠤᠨ 细长早熟禾 *Poa prolixior* Rendle

133-14-32 ᠊ᠠᠷᠠᠯ᠎ᠤᠨ 高株早熟禾 *Poa alta* Hitchc.

133-14-31 ᠊ᠠᠷᠠᠯ᠎ᠤᠨ 贫叶早熟禾 *Poa oligophylla* Keng

133-14-30 ᠊ᠠᠷᠠᠯ᠎ᠤᠨ 柔软早熟禾 *Poa lepta* Keng ex L. Liu

133-14-29 ᠊ᠠᠷᠠᠯ᠎ᠤᠨ 硬质早熟禾 *Poa sphondylodes* Trin.

133-14-28 ᠊ᠠᠷᠠᠯ᠎ᠤᠨ 普通早熟禾 *Poa trivialis* L.

133-14-27 ᠊ᠠᠷᠠᠯ᠎ᠤᠨ 假泽早熟禾 *Poa pseudo-palustris*

133-14-26 ᠊ᠠᠷᠠᠯ᠎ᠤᠨ 泽地早熟禾 *Poa palustris* L.

133-14-25 ᠊ᠠᠷᠠᠯ᠎ᠤᠨ 蒙古早熟禾 *Poa mongolica* (Rendle) Keng

133-14-24 ᠊ᠠᠷᠠᠯ᠎ᠤᠨ 毛轴早熟禾 *Poa pilipes* Keng ex

133-16 ᠊ᠠᠷᠠᠯ᠎ᠤᠨ 黑麦草属 *Lolium* L.

133-15-11 ᠊ᠠᠷᠠᠯ᠎ᠤᠨ 碱茅 *Puccinellia distans* (Jacq.) Parl.

133-15-10 ᠊ᠠᠷᠠᠯ᠎ᠤᠨ 微药碱茅 *Puccinellia micrandra* (Keng) Keng et S. L. Chen

133-15-9 ᠊ᠠᠷᠠᠯ᠎ᠤᠨ 鹤甫碱茅 *Puccinellia hauptiana* (Trin. ex V. I. Krecz.) Kitag.

133-15-8 ᠊ᠠᠷᠠᠯ᠎ᠤᠨ 日本碱茅 *Puccinellia nipponica* Ohwi

133-15-7 ᠊ᠠᠷᠠᠯ᠎ᠤᠨ 柔枝碱茅 *Puccinellia manchuriensis* Ohwi

133-15-6 ᠊ᠠᠷᠠᠯ᠎ᠤᠨ 朝鲜碱茅 *Puccinellia chinampoensis* Ohwi

133-15-5 ᠊ᠠᠷᠠᠯ᠎ᠤᠨ 狭序碱茅 *Puccinellia schischkinii* Tzvel.

133-15-4 ᠊ᠠᠷᠠᠯ᠎ᠤᠨ 大药碱茅 *Puccinellia macranthera* (V. I. Krecz.) Norl.

133-15-3 ᠊ᠠᠷᠠᠯ᠎ᠤᠨ 热河碱茅 *Puccinellia jeholensis* Kitag.

133-15-2 ᠊ᠠᠷᠠᠯ᠎ᠤᠨ 线叶碱茅 *Puccinellia filifolia* (Trin.) Tzvel.

tenuiflora (Griseb.) Scribn. et Merr.

133-19 ᠬᠤᠨᠨᠤᠢ ᠶᠢᠨ ᠡᠪᠡᠰᠦ᠂ ᠬᠠᠷ᠎ᠠ ᠶᠢ ᠦᠵᠡᠬᠦ ᠡᠪᠡᠰᠦ 鹅观草属

P. Beauv.

133-18-1 ᠬᠢᠩᠭᠠᠨ ᠬᠤᠷᠤᠭᠤ ᠡᠪᠡᠰᠦ 兴安短柄草 *Brachypodium pinnatum* (L.)
Vahl.

133-18 ᠬᠤᠷᠤᠭᠤ ᠡᠪᠡᠰᠦ ᠶᠢᠨ ᠲᠥᠷᠥᠯ 短柄草属 *Brachypodium* P. Beauv.

133-17-11 ᠶᠠᠫᠤᠨ ᠴᠤᠯᠪᠤᠭᠤᠷ ᠡᠪᠡᠰᠦ 扁穗雀麦 *Bromus catharticus*

133-17-10 ᠰᠢᠪᠠᠭᠤᠨ ᠡᠪᠡᠰᠦ 篦齿雀麦 *Bromus pectinatus* Thunb.

133-17-9 ᠡᠪᠡᠰᠦ 雀麦 *Bromus japonicus* Thunb.

133-17-8 ᠬᠠᠭᠳᠠᠭᠤ ᠴᠤᠯᠪᠤᠭᠤᠷ ᠡᠪᠡᠰᠦ 旱雀麦 *Bromus tectorum* L.

133-17-7 ᠰᠢᠭᠤᠢ ᠴᠤᠯᠪᠤᠭᠤᠷ ᠡᠪᠡᠰᠦ 密穗雀麦 *Bromus sewerzowii* Regel

133-17-6 ᠰᠢᠪᠠᠭᠠᠷ ᠴᠤᠯᠪᠤᠭᠤᠷ ᠡᠪᠡᠰᠦ 西伯利亚雀麦 *Bromus sibiricus* Drobow

133-17-5 ᠰᠤᠷᠮᠤᠰᠤᠳᠤ ᠴᠤᠯᠪᠤᠭᠤᠷ ᠡᠪᠡᠰᠦ 缘毛雀麦 *Bromus ciliatus* L.

133-17-4 ᠨᠢᠭᠲᠠ ᠴᠤᠯᠪᠤᠭᠤᠷ ᠡᠪᠡᠰᠦ 紧穗雀麦 *Bromus pumpellianus* Scribner

133-17-3 ᠫᠤᠤᠰᠧᠨ ᠴᠤᠯᠪᠤᠭᠤᠷ ᠡᠪᠡᠰᠦ 波申雀麦 *Bromus paulsenii* Hack. ex
Paulsen

133-17-2 ᠡᠯᠡᠰᠦᠨ ᠴᠤᠯᠪᠤᠭᠤᠷ ᠡᠪᠡᠰᠦ 沙地雀麦 *Bromus korotkiji* Drobow

133-17-1 ᠰᠤᠷᠮᠤᠰᠤ ᠦᠭᠡᠢ ᠴᠤᠯᠪᠤᠭᠤᠷ ᠡᠪᠡᠰᠦ 无芒雀麦 *Bromus inermis* Leyss.

133-17 ᠴᠤᠯᠪᠤᠭᠤᠷ ᠡᠪᠡᠰᠦ 雀麦属 *Bromus* L.

133-16-2 ᠤᠯᠠᠨ ᠴᠡᠴᠡᠭᠲᠦ ᠬᠠᠷ᠎ᠠ ᠪᠤᠭᠤᠳᠠᠢ ᠡᠪᠡᠰᠦ 多花黑麦草 *Lolium multiflorum* Lam.

133-16-1 ᠬᠠᠷ᠎ᠠ ᠪᠤᠭᠤᠳᠠᠢ ᠡᠪᠡᠰᠦ 黑麦草 *Lolium perenne* L.

133-19-9 ᠳᠤᠮᠳᠠᠳᠤ ᠶᠢᠨ ᠬᠤᠨᠨᠤᠢ ᠶᠢᠨ ᠡᠪᠡᠰᠦ᠂ ᠳᠤᠮᠳᠠᠳᠤ ᠶᠢᠨ ᠬᠠᠷ᠎ᠠ ᠶᠢ ᠦᠵᠡᠬᠦ ᠡᠪᠡᠰᠦ 中华鹅观草
Roegneria sinica Keng

Melderis

133-19-8 ᠰᠢᠷᠪᠦᠰᠦᠳᠦ ᠬᠤᠨᠨᠤᠢ ᠶᠢᠨ ᠡᠪᠡᠰᠦ 粗糙鹅观草 *Roegneria scabridula* (Ohwi)

133-19-7 ᠯᠠᠶᠤᠸᠠᠨ ᠬᠤᠨᠨᠤᠢ ᠶᠢᠨ ᠡᠪᠡᠰᠦ 涞源鹅观草 *Roegneria aliena* Keng
barbicalla (Ohwi) Keng et S. L. Chen var. *pubifolia* Keng

133-19-6c ᠰᠤᠷᠮᠤᠰᠤᠳᠤ ᠨᠠᠪᠴᠢᠳᠤ ᠰᠠᠪᠠᠭ᠎ᠠ ᠬᠤᠨᠨᠤᠢ ᠶᠢᠨ ᠡᠪᠡᠰᠦ 毛叶毛盘草 *Roegneria*
Keng et S. L. Chen var. *pubinodis* Keng

133-19-6b ᠰᠠᠪᠠᠭ᠎ᠠ ᠬᠤᠨᠨᠤᠢ ᠶᠢᠨ ᠡᠪᠡᠰᠦ 毛节毛盘草 *Roegneria barbicalla* (Ohwi)
(Ohwi) Keng et S. L. Chen var. *barbicalla*

133-19-6a ᠰᠤᠷᠮᠤᠰᠤ ᠶᠢᠨ ᠰᠠᠪᠠᠭ᠎ᠠ ᠬᠤᠨᠨᠤᠢ ᠶᠢᠨ ᠡᠪᠡᠰᠦ 毛盘鹅观草 *Roegneria barbicalla*
(Ohwi) Keng et S. L. Chen

133-19-6 ᠰᠤᠷᠮᠤᠰᠤᠳᠤ ᠰᠠᠪᠠᠭ᠎ᠠ ᠬᠤᠨᠨᠤᠢ ᠶᠢᠨ ᠡᠪᠡᠰᠦ 毛盘鹅观草 *Roegneria barbicalla*

133-19-5 ᠾᠧᠪᠸᠢ ᠶᠢᠨ ᠬᠤᠨᠨᠤᠢ ᠶᠢᠨ ᠡᠪᠡᠰᠦ 河北鹅观草 *Roegneria hondai* Kitag.

133-19-4 ᠤᠯᠠᠨ ᠰᠠᠪᠠᠭ᠎ᠠ ᠬᠤᠨᠨᠤᠢ ᠶᠢᠨ ᠡᠪᠡᠰᠦ 多秆鹅观草
Roegneria multiculmis Kitag.

133-19-3 ᠰᠤᠷᠮᠤᠰᠤᠳᠤ ᠬᠤᠨᠨᠤᠢ ᠶᠢᠨ ᠡᠪᠡᠰᠦ 缘毛鹅观草 *Roegneria pendulina* Nevski

133-19-2 ᠦᠰᠦᠳᠦ ᠰᠠᠪᠠᠭ᠎ᠠ ᠬᠤᠨᠨᠤᠢ ᠶᠢᠨ ᠡᠪᠡᠰᠦ 毛秆鹅观草 *Roegneria pubicaulis* Keng

133-19-1 ᠬᠤᠨᠨᠤᠢ ᠶᠢᠨ ᠡᠪᠡᠰᠦ 鹅观草 *Roegneria kamoji* (Ohwi) Keng et S. L. Chen

Roegneria K. Koch

133-19-15 ᠣᠳᠤᠬᠠᠨ ᠬᠢᠶᠠᠭ stricta Keng 小株鹅观草 Roegneria minor Keng

133-19-14 ᠰᠣᠯᠣᠩᠭᠠᠲᠤ ᠬᠢᠶᠠᠭ 肃草 Roegneria

133-19-13 ᠵᠢᠯᠢᠨ ᠬᠢᠶᠠᠭ 吉林鹅观草 Roegneria nakaii Kitag. ex Bunge) Nevski var. lasiophylla (Kitag.) Kitag.

133-19-12b ᠰᠥᠭᠡᠳᠦ ᠤᠨ ᠬᠢᠶᠠᠭ 毛叶纤毛草 Roegneria ciliaris (Trin. Bunge) Nevski var. ciliaris

133-19-12a ᠰᠥᠭᠡᠳᠦ ᠬᠢᠶᠠᠭ 纤毛鹅观草 Roegneria ciliaris (Trin. ex Bunge) Nevski

133-19-12 ᠰᠥᠭᠡᠳᠦ ᠬᠢᠶᠠᠭ 纤毛鹅观草 Roegneria ciliaris (Trin. ex Wang et H. L. Yang

133-19-11 ᠰᠥᠭᠡᠲᠦ ᠬᠢᠶᠠᠭ 毛花鹅观草 Roegneria hirtiflora C. P.

133-19-10 ᠠᠮᠤᠷ ᠤᠨ ᠬᠢᠶᠠᠭ Roegneria amurensis (Drob.) Nevski angustifolia C. P. Wang et H. L. Yang

133-19-9c ᠨᠠᠷᠢᠨ ᠬᠢᠶᠠᠭ 狭叶鹅观草 Roegneria sinica Keng var. media Keng

133-19-9b ᠳᠤᠮᠳᠠ ᠤᠨ ᠬᠢᠶᠠᠭ 中间鹅观草 Roegneria sinica Keng var. Roegneria sinica Keng var. sinica

133-19-9a ᠳᠤᠮᠳᠠᠳᠤ ᠤᠨ ᠬᠢᠶᠠᠭ 中华鹅观草 Roegneria sinica Keng var.

133-20 ᠬᠢᠶᠠᠭ ᠤᠨ ᠲᠥᠷᠥᠯ 偃麦草属 Elytrigia Desv. S. Chen et Gaowua

133-19-23 ᠦᠪᠦᠷ ᠮᠣᠩᠭᠣᠯ ᠤᠨ ᠬᠢᠶᠠᠭ 内蒙古鹅观草 Roegneria intramongolica (Schwein.) Hylander

133-19-22 ᠴᠥᠭᠡᠨ ᠤ ᠬᠢᠶᠠᠭ 贫花鹅观草 Roegneria pauciflora (C. P. Wang et H. L. Yang) L. B. Cai

133-19-21 ᠢᠣᠢ ᠹᠧᠩ ᠱᠠᠨ ᠤ ᠬᠢᠶᠠᠭ 九峰山鹅观草 Roegneria jufinshanica

133-19-20 ᠠᠯᠠᠱᠠᠨ ᠤ ᠬᠢᠶᠠᠭ Roegneria alashanica Keng 阿拉善鹅观草 purpurascens Keng

133-19-19 ᠬᠥᠬᠡ ᠬᠢᠶᠠᠭ 紫穗鹅观草 Roegneria

133-19-18 ᠨᠠᠮᠤᠷ ᠤᠨ ᠬᠢᠶᠠᠭ 秋鹅观草 Roegneria serotina Keng

133-19-17 ᠤᠨᠵᠢᠭᠤᠷ ᠬᠢᠶᠠᠭ 垂穗鹅观草 Roegneria burchan-buddae (Ledeb.) Kitag. var. macranthera (Ohwi) Kitag. (Nevski) B. S. Sun

133-19-16b ᠤᠷᠲᠤ ᠰᠣᠷᠮᠤᠤᠰᠤᠲᠤ ᠬᠢᠶᠠᠭ 大芒鹅观草 Roegneria gmelinii

133-19-16a ᠰᠤᠯᠤᠩᠬᠠᠨ ᠬᠢᠶᠠᠭ Roegneria gmelinii (Ledeb.) Kitag. var. gmelinii 直穗鹅观草 Roegneria gmelinii (Ledeb.) Kitag. var.

133-19-16 ᠰᠤᠯᠤᠩᠬᠠᠨ ᠬᠢᠶᠠᠭ 直穗鹅观草 Roegneria gmelinii (Ledeb.) Kitag.

133-21-2a ᠎ 沙生冰草 *Agropyron desertorum* (Fisch. Link) Schult.

133-21-2 ᠎ 沙生冰草 *Agropyron desertorum* (Fisch. ex var. *pectinatum* (M. Bieb.) Roshev. ex B. Fedtsch.

133-21-1c ᠎ 光穗冰草 *Agropyron cristatum* (L.) Gaertn. var. *pluriflorum* H. L. Yang

133-21-1b ᠎ 冰草 多花冰草 *Agropyron cristatum* (L.) Gaertn.

133-21-1a ᠎ 冰草 *Agropyron cristatum* (L.) Gaertn. var. *cristatum* (L.)

133-21 ᠎ 冰草属 *Agropyron* Gaertn.
ex B. D. Jackson

133-20-5 ᠎ 偃麦草 *Elytrigia repens* (L.) Desv. Nevski

133-20-4 ᠎ 硬叶偃麦草 *Elytrigia smithii* (Rydb.) Nevski

133-20-3 ᠎ 中间偃麦草 *Elytrigia intermedia* (Host) Beauv.) Nevski

133-20-2 ᠎ 长穗偃麦草 *Elytrigia elongata* (Host ex P. Nevski

133-20-1 ᠎ 毛偃麦草 *Elytrigia trichophora* (Link)

Jaub. et Spach

133-22 ᠎ 旱麦草属 *Eremopyrum* (Ledeb.) (Willd) P. Beauv. Roshev.

133-21-4b ᠎ 毛西伯利亚冰草 *Agropyron sibiricum* P. Beauv. f. *sibiricum*

133-21-4a ᠎ 西伯利亚冰草 *Agropyron sibiricum* (Willd.) P. Beauv.

133-21-4 ᠎ 西伯利亚冰草 *Agropyron sibiricum* (Willd.) var. *villosum* H. L. Yang

133-21-3c ᠎ 毛稃沙芦草 *Agropyron mongolicum* Keng var. *helinicum* L. Q. Zhao et J. Yang

133-21-3b ᠎ 毛沙芦草 *Agropyron mongolicum* Keng mongolicum Keng var. *mongolicum*

133-21-3a ᠎ 沙芦草 *Agropyron mongolicum* Keng

133-21-3 ᠎ 沙芦草 *Agropyron* (Melderis) H. L. Yang desertorum (Fisch. ex Link) Schult. var. *pilosiusculum*

133-21-2b ᠎ 毛稃沙生冰草 *Agropyron* ex Link) Schult. var. *desertorum* ex Griseb. var. *violeus* C. P. Wang et H. L. Yang

133-25-4b ᠬᠥᠬᠡᠷᠢᠩᠬᠡᠢ ᠬᠠᠮᠬᠠᠭᠤᠯ ᠡᠪᠡᠰᠦ 青紫披碱草 *Elymus dahuricus* Turcz.

ex Griseb. var. *dahuricus*

133-25-4a ᠬᠠᠮᠬᠠᠭᠤᠯ ᠡᠪᠡᠰᠦ 披碱草 *Elymus dahuricus* Turcz.

ex Griseb.

133-25-4 ᠬᠠᠮᠬᠠᠭᠤᠯ ᠡᠪᠡᠰᠦ 披碱草 *Elymus dahuricus* Turcz.

133-25-3 ᠬᠠᠷᠠ ᠬᠥᠬᠡ ᠬᠠᠮᠬᠠᠭᠤᠯ ᠡᠪᠡᠰᠦ 黑紫披碱草 *Elymus atratus* (Nevski)
Hand.-Mazz.

133-25-2 ᠭᠤᠨᠵᠢᠭᠠᠷ ᠬᠠᠮᠬᠠᠭᠤᠯ ᠡᠪᠡᠰᠦ 垂穗披碱草 *Elymus nutans* Griseb.

L.

133-25-1 ᠰᠢᠪᠢᠷ ᠤᠨ ᠬᠠᠮᠬᠠᠭᠤᠯ ᠡᠪᠡᠰᠦ 老芒麦 *Elymus sibiricus*

133-25 ᠬᠠᠮᠬᠠᠭᠤᠯ ᠡᠪᠡᠰᠦ ᠶᠢᠨ ᠲᠥᠷᠦᠯ 披碱草属 *Elymus* L.

133-24-1 ᠬᠠᠷᠠ ᠪᠤᠭᠤᠳᠠᠢ 黑麦 *Secale cereale* L.

133-24 ᠬᠠᠷᠠ ᠪᠤᠭᠤᠳᠠᠢ ᠶᠢᠨ ᠲᠥᠷᠦᠯ 黑麦属 *Secale* L.

133-23-1 ᠪᠤᠭᠤᠳᠠᠢ 小麦 *Triticum aestivum* L.

133-23 ᠪᠤᠭᠤᠳᠠᠢ ᠶᠢᠨ ᠲᠥᠷᠦᠯ 小麦属 *Triticum* L.

Nevski

133-22-2 ᠭᠠᠩ ᠤᠨ ᠪᠤᠭᠤᠳᠠᠢ ᠡᠪᠡᠰᠦ 旱麦草 *Eremopyrum triticeum* (Gaertn.)

orientale (L.) Jaub. et Spach

133-22-1 ᠳᠤᠷᠤᠨᠠᠲᠤ ᠭᠠᠩ ᠤᠨ ᠪᠤᠭᠤᠳᠠᠢ ᠡᠪᠡᠰᠦ 东方旱麦草 *Eremopyrum*

133-26-7 ᠦᠰᠦᠷᠬᠡᠭ ᠡᠪᠡᠰᠦ 毛穗赖草 *Leymus paboanus* (Claus) Pilger
Yang) Y. Z. Zhao

133-26-6 ᠬᠤᠢᠲᠤ ᠡᠪᠡᠰᠦ 华北赖草 *Leymus humilis* (S. L. Chen et H. L.

133-26-5 ᠲᠡᠩᠰᠢᠨ ᠤ ᠡᠪᠡᠰᠦ 天山赖草 *Leymus tianschanicus* (Drob.) Tzvel.

133-26-4 ᠨᠠᠷᠢᠨ ᠲᠦᠷᠦᠭᠦᠲᠦ ᠡᠪᠡᠰᠦ 窄颖赖草 *Leymus angustus* (Trin.) Pilger

133-26-3 ᠥᠷᠭᠡᠨ ᠲᠦᠷᠦᠭᠦᠲᠦ ᠡᠪᠡᠰᠦ 宽穗赖草 *Leymus ovatus* (Trin.) Tzvel.

133-26-2 ᠳᠠᠰᠢᠮ᠎ᠠ ᠡᠪᠡᠰᠦ 赖草 *Leymus secalinus* (Georgi) Tzvel.
Tzvel.

133-26-1 ᠠᠷᠤ ᠶᠢᠨ ᠡᠪᠡᠰᠦ 羊草 *Leymus chinensis* (Trin. ex Bunge)

133-26 ᠡᠪᠡᠰᠦ ᠶᠢᠨ ᠲᠥᠷᠦᠯ 赖草属 *Leymus* Hochst.

H. L. Yang

133-25-8 ᠦᠰᠦᠷᠬᠡᠭ ᠬᠠᠮᠬᠠᠭᠤᠯ ᠡᠪᠡᠰᠦ 毛披碱草 *Elymus villifer* C. P. Wang et
C. P. Wang et H. L. Yang

133-25-7 ᠪᠥᠭᠡ ᠰᠤᠶᠤᠲᠤ ᠬᠠᠮᠬᠠᠭᠤᠯ ᠡᠪᠡᠰᠦ 紫芒披碱草 *Elymus purpurarisiatus*
Hand.-Mazz.

133-25-6 ᠠᠭᠤᠯᠠ ᠶᠢᠨ ᠬᠠᠮᠬᠠᠭᠤᠯ ᠡᠪᠡᠰᠦ 麦宾草 *Elymus tangutorum* (Nevski)
Griseb.

133-25-5 ᠲᠠᠷᠭᠤᠨ ᠬᠠᠮᠬᠠᠭᠤᠯ ᠡᠪᠡᠰᠦ 肥披碱草 *Elymus excelsus* Turcz. ex

ex Griseb. var. *cylindricus* Franch.

133-25-4c ᠴᠢᠯᠠᠭᠤᠯᠢᠭ ᠬᠠᠮᠬᠠᠭᠤᠯ ᠡᠪᠡᠰᠦ 圆柱披碱草 *Elymus dahuricus* Turcz.

133-30-2 ᠰᠢᠪᠢᠷ ᠤᠨ ᠬᠤᠨᠳᠠᠭ᠎ᠠ ᠡᠪᠡᠰᠦ 西伯利亚三毛草 *Trisetum sibiricum* Richt.

133-30-1 ᠳᠠᠯᠤᠷᠬᠠᠢ ᠬᠤᠨᠳᠠᠭ᠎ᠠ ᠡᠪᠡᠰᠦ 穗三毛草 *Trisetum spicatum* (L.) K.

133-30 ᠬᠤᠨᠳᠠᠭ᠎ᠠ ᠡᠪᠡᠰᠦ ᠶᠢᠨ ᠲᠦᠷᠦᠯ 三毛草属 *Trisetum* Pers.

133-29-2 ᠠᠯᠲᠠᠢ ᠶᠢᠨ ᠮᠢᠬᠢᠷ ᠡᠪᠡᠰᠦ 阿尔泰落草 *Koeleria altaica* (Dom.) Kryl.

133-29-1 ᠮᠢᠬᠢᠷ ᠡᠪᠡᠰᠦ 落草 *Koeleria macrantha* (Ledeb.) Schult.

133-29 ᠮᠢᠬᠢᠷ ᠡᠪᠡᠰᠦ ᠶᠢᠨ ᠲᠦᠷᠦᠯ 落草属 *Koeleria* Pers.

133-28-2 ᠰᠢᠨ᠎ᠡ ᠪᠤᠭᠤᠳᠠᠢ ᠡᠪᠡᠰᠦ 新麦草 *Psathyrostachys juncea* (Fisch.) Nevski

133-28-1 ᠭᠠᠭᠴᠠ ᠴᠡᠴᠡᠭᠲᠦ ᠰᠢᠨ᠎ᠡ ᠪᠤᠭᠤᠳᠠᠢ ᠡᠪᠡᠰᠦ 单花新麦草 *Psathyrostachys kronenburgii* (Hack.) Nevski

133-28 ᠰᠢᠨ᠎ᠡ ᠪᠤᠭᠤᠳᠠᠢ ᠡᠪᠡᠰᠦ ᠶᠢᠨ ᠲᠦᠷᠦᠯ 新麦草属 *Psathyrostachys* Nevski

133-27-6 ᠦᠪᠦᠷ ᠮᠣᠩᠭᠤᠯ ᠠᠷᠪᠠᠢ ᠡᠪᠡᠰᠦ 内蒙古大麦草 *Hordeum innermongolicum* P. C. Kou et L. B. Cai

133-27-5 ᠰᠤᠷᠮᠤᠤᠰᠤᠲᠤ ᠠᠷᠪᠠᠢ ᠡᠪᠡᠰᠦ 芒颖大麦草 *Hordeum jubatum* L.

133-27-4 ᠪᠤᠳᠤᠨ ᠠᠷᠪᠠᠢ ᠡᠪᠡᠰᠦ 布顿大麦草 *Hordeum bogdanii* Wilensky

133-27-3 ᠵᠢᠵᠢᠭ ᠡᠮᠲᠦ ᠠᠷᠪᠠᠢ ᠡᠪᠡᠰᠦ 小药大麦草 *Hordeum roshevitzii* Bowden

133-27-2 ᠠᠬᠤᠷ ᠰᠤᠷᠮᠤᠤᠰᠤᠲᠤ ᠠᠷᠪᠠᠢ ᠡᠪᠡᠰᠦ 短芒大麦草 *Hordeum brevisubulatum* (Trin.) Link.

133-27-1 ᠲᠠᠷᠢᠮᠠᠯ ᠠᠷᠪᠠᠢ ᠡᠪᠡᠰᠦ 大麦草 *Hordeum vulgare* L.

133-27 ᠠᠷᠪᠠᠢ ᠡᠪᠡᠰᠦ ᠶᠢᠨ ᠲᠦᠷᠦᠯ 大麦草属 *Hordeum* L.

133-33-1 ᠰᠢᠪᠠᠭᠤᠨ ᠬᠦᠯᠦᠰᠦᠲᠦ ᠦᠰᠦᠨ ᠡᠪᠡᠰᠦ 发草属 *Deschampsia cespitosa* (L.) 发草 *Deschampsia* P. Beauv.

133-33 ᠰᠢᠪᠠᠭᠤᠨ ᠬᠦᠯᠦᠰᠦᠲᠦ ᠦᠰᠦᠨ ᠡᠪᠡᠰᠦ ᠶᠢᠨ ᠲᠦᠷᠦᠯ 发草属 *Deschampsia* P. Beauv.

133-32-3 ᠵᠡᠷᠯᠢᠭ ᠬᠤᠱᠤᠤ ᠲᠠᠷᠢᠶ᠎ᠠ 野燕麦 *Avena fatua* L.

133-32-2 ᠲᠠᠷᠢᠮᠠᠯ ᠬᠤᠱᠤᠤ ᠲᠠᠷᠢᠶ᠎ᠠ 燕麦 *Avena sativa* L.

133-32-1 ᠶᠠᠩᠵᠢ 莜麦 *Avena chinensis* (Fisch. ex Roem. et Schult.) Metzg.

133-32 ᠬᠤᠱᠤᠤ ᠲᠠᠷᠢᠶ᠎ᠠ ᠶᠢᠨ ᠲᠦᠷᠦᠯ 燕麦属 *Avena* L.

133-31-4 ᠮᠣᠩᠭᠤᠯ ᠬᠤᠱᠤᠤ 蒙古异燕麦 *Helictotrichon mongolicum* (Roshev.) Henrard

133-31-3 ᠲᠦᠪᠡᠳ ᠬᠤᠱᠤᠤ 藏异燕麦 *Helictotrichon tibeticum* (Roshev.) J. Holub

133-31-2 ᠳᠠᠭᠤᠷ ᠬᠤᠱᠤᠤ 大穗异燕麦 *Helictotrichon dahuricum* (Kom.) Kitag.

133-31-1 ᠱᠸᠯ᠂ ᠬᠤᠱᠤᠤ 昇燕麦 *Helictotrichon schellianum* (Hack.) Kitag.

133-31 ᠬᠤᠱᠤᠤ ᠶᠢᠨ ᠲᠦᠷᠦᠯ 昇燕麦属 *Helictotrichon* Besser ex Schult. et J. H. Schult.

133-30-3 ᠰᠠᠭᠤᠷᠢᠯᠢᠭ ᠬᠤᠨᠳᠠᠭ᠎ᠠ ᠡᠪᠡᠰᠦ 绿穗三毛草 *Trisetum umbratile* (Kitag.) Kitag. Rupr.

133-37-2 ᠁ 大看麦娘 *Alopecurus pratensis* L.

133-37-1 ᠁ 短穗看麦娘 *Alopecurus brachystachyus* M. Bieb.

133-37 ᠁ 看麦娘属 *Alopecurus* L.

133-36-1 ᠁ 梯牧草 *Phleum pratense* L.

133-36 ᠁ 梯牧草属 *Phleum* L.

133-35-1 ᠁ 虉草 *Phalaris arundinacea* L.

133-35 ᠁ 虉草属 *Phalaris* L.

133-34-2 ᠁ 光稃茅香 *Anthoxanthum glabrum* (Trin.) Veldkamp

133-34-1 ᠁ 茅香 *Anthoxanthum nitens* (Weber) Y. Schouten et Veldkamp

133-34 ᠁ 茅香属 *Anthoxanthum* L.

133-33-2 ᠁ 穗发草 *Deschampsia koelerioides* Regel

133-33-1b ᠁ 小穗发草 *Deschampsia cespitosa* (L.) P. Beauv. subsp. *orientalis* Hulten

133-33-1a ᠁ 发草 *Deschampsia cespitosa* (L.) P. Beauv. subsp. *cespitosa* P. Beauv.

Keng ex S. L. Lu

133-39-4 ᠁ 瘦野青茅 *Deyeuxia macilenta* (Griseb.) Kunth

133-39-3 ᠁ 忽略野青茅 *Deyeuxia neglecta* (Ehrh.) Veldkamp.

133-39-2 ᠁ 野青茅 *Deyeuxia pyramidalis* (Host) S. M. Phillips et Wen L. Chen

133-39-1 ᠁ 兴安野青茅 *Deyeuxia korotkyi* (Litv.)

133-39 ᠁ 野青茅属 *Deyeuxia* Clarion ex P. Beauv.

133-38-3 ᠁ 假苇拂子茅 *Calamagrostis pseudophragmites* (A. Hall.) Koeler

133-38-2 ᠁ 拂子茅 *Calamagrostis epigeios* (L.) Roth

133-38-1 ᠁ 大拂子茅 *Calamagrostis macrolepis* Litv.

133-38 ᠁ 拂子茅属 *Calamagrostis* Adans.

133-37-5 ᠁ 长芒看麦娘 *Alopecurus longearistatus* Maxim.

133-37-4 ᠁ 看麦娘 *Alopecurus aequalis* Sobol.

133-37-3 ᠁ 苇状看麦娘 *Alopecurus arundinaceus* Poir.

133-43-1 ᠂᠂᠂ 萆草 *Beckmannia syzigachne* (Steud.) Fernald

133-43 ᠂᠂᠂ 萆草属 *Beckmannia* Host

133-42 ᠂᠂᠂ 单蕊草属 *Cinna* L.

133-42-1 ᠂᠂᠂ 单蕊草 *Cinna latifolia* (Trev. ex Goppert) Griseb.

133-41 ᠂᠂᠂ 棒头草属 *Polypogon* Desf.

133-41-1 ᠂᠂᠂ 长芒棒头草 *Polypogon monspeliensis* (L.) Desf.

133-40 ᠂᠂᠂ 剪股颖属 *Agrostis* L.

133-40-1 ᠂᠂᠂ 巨序剪股颖 *Agrostis gigantea* Roth

133-40-2 ᠂᠂᠂ 歧序剪股颖 *Agrostis divaricatissima* Mez

133-40-3 ᠂᠂᠂ 细弱剪股颖 *Agrostis capillaris* L.

133-40-4 ᠂᠂᠂ 西伯利亚剪股颖 *Agrostis stolonifera* L.

133-40-5 ᠂᠂᠂ 华北剪股颖 *Agrostis clavata* Trin.

133-40-6 ᠂᠂᠂ 芒剪股颖 *Agrostis vinealis* Schreb.

133-39-7 ᠂᠂᠂ 大叶章 *Deyeuxia purpurea* (Trin.) Kunth

133-39-6 ᠂᠂᠂ 欧野青茅 *Deyeuxia lapponica* (Wahlenb.) Kunth

133-39-5 ᠂᠂᠂ 密穗野青茅 *Deyeuxia conferta* Keng

133-45-13 ᠂᠂᠂ 阿尔巴斯针茅 *Stipa albasiensis* L. Q.

133-45-12 ᠂᠂᠂ 蒙古针茅 *Stipa mongolorum* Tzvel.

133-45-11 ᠂᠂᠂ 乌拉特针茅 *Stipa wulateica* (Y. Z. Zhao) Y. Z. Zhao

133-45-10 ᠂᠂᠂ 戈壁针茅 *Stipa gobica* Roshev.

133-45-9 ᠂᠂᠂ 小针茅 *Stipa klemenzii* Roshev.

133-45-8 ᠂᠂᠂ 异针茅 *Stipa aliena* Keng

133-45-7 ᠂᠂᠂ 短花针茅 *Stipa breviflora* Griseb.

133-45-6 ᠂᠂᠂ 紫花针茅 *Stipa purpurea* Griseb.

133-45-5 ᠂᠂᠂ 克氏针茅 *Stipa krylovii* Roshev.

133-45-4 ᠂᠂᠂ 贝加尔针茅 *Stipa baicalensis* Roshev.

133-45-3 ᠂᠂᠂ 大针茅 *Stipa grandis* P. A. Smirn.

133-45-2 ᠂᠂᠂ 甘青针茅 *Stipa przewalskyi* Roshev.

133-45-1 ᠂᠂᠂ 长芒草 *Stipa bungeana* Trin.

133-45 ᠂᠂᠂ 针茅属 *Stipa* L.

133-44-2 ᠂᠂᠂ 藏落芒草 *Piptatherum tibeticum* Roshev.

133-44-1 ᠂᠂᠂ 中华落芒草 *Piptatherum helanshanense* L. Q. Zhao et Y. Z. Zhao

133-44 ᠂᠂᠂ 落芒草属 *Piptatherum* P. Beauv.

133-46-8 ᠬᠣᠯᠠ ᠵᠡᠭᠦᠨ 远东芨芨草 Achnatherum extremiorientale (L.) Keng ex Tzvel.

133-46-7 ᠰᠢᠪᠢᠷ ᠤᠨ 羽茅 Achnatherum sibiricum Keng

133-46-6 ᠦᠰᠦᠲᠦ 毛颖芨芨草 Achnatherum pubicalyx (Ohwi) Ohwi

133-46-5 ᠪᠡᠭᠡᠵᠢᠩ ᠤᠨ 京芒草 Achnatherum pekinense (Hance) Tateoka ex Imzab

133-46-4 ᠴᠣᠣᠶᠠᠩ ᠤᠨ 朝阳芨芨草 Achnatherum nakaii (Honda) Keng ex Tzvel.

133-46-3 ᠰᠣᠭᠲᠤ 醉马草 Achnatherum inebrians (Hance) Tzvel.

133-46-2 ᠤᠯᠠᠭᠠᠨ ᠴᠡᠴᠡᠭᠲᠦ 紫花芨芨草 Achnatherum regelianum (Hack.)

133-46-1 ᠳᠡᠷᠢᠰᠦ 芨芨草 Achnatherum splendens (Trin.) Nevski

133-46 ᠳᠡᠷᠢᠰᠦᠨ ᠦ ᠲᠥᠷᠥᠯ 芨芨草属 Achnatherum P. Beauv.

133-45-15 ᠯᠠᠩᠱᠠᠨ ᠤ 狼山针茅 Stipa langshanica (Y. Z. Zhao) Y. Z. Zhao

133-45-14 ᠡᠯᠡᠰᠦᠨ ᠦ 沙生针茅 Stipa glareosa P. A. Smirn.

133-52-1 ᠵᠢᠩᠭᠢᠮᠡᠯ 冠芒草 Enneapogon desvauxii P. Beauv.

133-52 ᠵᠢᠩᠭᠢᠮᠡᠯ ᠦᠨ ᠲᠥᠷᠥᠯ 冠芒草属 Enneapogon Desv. ex P. Beauv.

133-51-1 ᠰᠢᠷᠠ 粟草 Milium effusum L.

133-51 ᠰᠢᠷᠠ ᠶᠢᠨ ᠲᠥᠷᠥᠯ 粟草属 Milium L.

133-50-1 ᠲᠢᠲᠢᠮᠯᠢᠭ 冠毛草 Stephanachne pappophorea (Hack.) Keng

133-50 ᠲᠢᠲᠢᠮᠯᠢᠭ ᠦᠨ ᠲᠥᠷᠥᠯ 冠毛草属 Stephanachne Keng

133-49-1 ᠪᠦᠲᠡᠭᠦᠦ 钝基草 Timouria saposhnikowii Roshev.

133-49-1 ᠪᠦᠲᠡᠭᠦᠦ ᠶᠢᠨ ᠲᠥᠷᠥᠯ 钝基草属 Timouria Roshev.

133-48-1 ᠡᠯᠡᠰᠦᠨ ᠦ ᠲᠠᠰᠢᠭᠤᠷ 沙鞭 Psammochloa villosa (Trin.) Bor

133-48 ᠡᠯᠡᠰᠦᠨ ᠦ ᠲᠠᠰᠢᠭᠤᠷ ᠤᠨ ᠲᠥᠷᠥᠯ 沙鞭属 Psammochloa Hitchc.

133-47-3 ᠳᠤᠮᠳᠠᠳᠤ ᠠᠽᠢᠶᠠ ᠶᠢᠨ 中亚细柄茅 Ptilagrostis pelliotii (Danguy) Grub.

133-47-2 ᠠᠴᠢᠷᠠᠭᠤ 双叉细柄茅 Ptilagrostis dichotoma Keng ex Trin.) Griseb.

133-47-1 ᠨᠠᠷᠢᠨ ᠢᠰᠢᠲᠦ 细柄茅 Ptilagrostis mongholica (Turcz. ex Trin.) Griseb.

133-47 ᠨᠠᠷᠢᠨ ᠢᠰᠢᠲᠦ ᠶᠢᠨ ᠲᠥᠷᠥᠯ 细柄茅属 Ptilagrostis (Hara) Keng

133-56-4 ᠃᠃᠃ 丛生隐子草

(Trin.) Keng

133-56-3 ᠃᠃᠃ 糙隐子草 *Cleistogenes squarrosa* Keng ex P. C. Keng et L. Liu

133-56-2 ᠃᠃᠃ 小尖隐子草 *Cleistogenes mucronata* (Roshev.) Ohwi

133-56-1 ᠃᠃᠃ 无芒隐子草 *Cleistogenes songorica*

133-56 ᠃᠃᠃ 隐子草属 *Cleistogenes* Keng

133-55-5 ᠃᠃᠃ 小画眉草 *Eragrostis minor* Host

133-55-4 ᠃᠃᠃ 大画眉草 *Eragrostis cilianensis* (All.) Vign.-Lut. ex Janchen

Steudel

133-55-3 ᠃᠃᠃ 多秆画眉草 *Eragrostis multicaulis*

133-55-2 ᠃᠃᠃ 画眉草 *Eragrostis pilosa* (L.) P. Beauv.

133-55-1 ᠃᠃᠃ 秋画眉草 *Eragrostis autumnalis* Keng

133-55 ᠃᠃᠃ 画眉草属 *Eragrostis* Wolf

133-54-1 ᠃᠃᠃ 牛筋草 *Eleusine indica* (L.) Gaertn.

133-54 ᠃᠃᠃ 穆属 *Eleusine* Gaertn.

133-53-1 ᠃᠃᠃ 獐毛 *Aeluropus sinensis* (Debeaux) Tzvel.

133-53 ᠃᠃᠃ 獐毛属 *Aeluropus* Trin.

Crypsis schoenoides (L.) Lam.

133-59-2 ᠃᠃᠃ 蔺状隐花草 *Crypsis aculeata* (L.) Ait.

133-59-1 ᠃᠃᠃ 隐花草 *Crypsis schoenoides* (L.) Lam.

133-59 ᠃᠃᠃ 扎股草属 *Crypsis* Ait.

133-58-1 ᠃᠃᠃ 虎尾草 *Chloris virgata* Swartz

133-58 ᠃᠃᠃ 虎尾草属 *Chloris* Swartz

Hack.

133-57-1 ᠃᠃᠃ 中华草沙蚕 *Tripogon chinensis* (Franch.) Hack.

133-57 ᠃᠃᠃ 草沙蚕属 *Tripogon* Roem. et Schult.

133-56-9 ᠃᠃᠃ 北京隐子草 *Cleistogenes hancei* Keng

(Honda) Honda

133-56-8 ᠃᠃᠃ 朝阳隐子草 *Cleistogenes hackelii* (Honda) Honda

polyphylla Keng ex P. C. Keng et L. Liu

133-56-7 ᠃᠃᠃ 多叶隐子草 *Cleistogenes polyphylla* Keng ex P. C. Keng et L. Liu

Honda

133-56-6 ᠃᠃᠃ 薄鞘隐子草 *Cleistogenes festucacea* Honda

133-56-5 ᠃᠃᠃ 凌源隐子草 *Cleistogenes kitagawae*

Cleistogenes caespitosa Keng

133-64-1 ᠁ 野黍 *Eriochloa villosa* (Thunb.)

133-64 ᠁ 野黍属 *Eriochloa* Kunth

133-63-1c ᠁ 野稷 *Panicum miliaceum* L. var. *ruderale* Kitag.

133-63-1b ᠁ 稷 *Panicum miliaceum* L. var. *effusum* Alaf. Bretsch.

133-63-1a ᠁ 黍 *Panicum miliaceum* L. var. *glutinosum*

133-63-1 ᠁ 黍 *Panicum miliaceum* L.

133-63 ᠁ 黍属 *Panicum* L.

133-62-1 ᠁ 毛秆野古草 *Arundinella hirta* (Thunb.)

133-62 ᠁ 野古草属 *Arundinella* Raddi

133-61-2 ᠁ 虱子草 *Tragus berteronianus* Schult.

133-61-1 ᠁ 锋芒草 *Tragus mongolorum* Ohwi

133-61 ᠁ 锋芒草属 *Tragus* Hall.

133-60-2 ᠁ 乱子草 *Muhlenbergia huegelii* Trin.

133-60-1 ᠁ 日本乱子草 *Muhlenbergia japonica* Steudel

133-60 ᠁ 乱子草属 *Muhlenbergia* Schreb.

133-68 ᠁ 狗尾草属 *Setaria* P. Beauv.

133-67-1 ᠁ 光梗蒺藜草 *Cenchrus incertus* M. A. Curtis

133-67 ᠁ 蒺藜草属 *Cenchrus* L.

133-66-3 ᠁ 毛马唐 *Digitaria ciliaris* (Retz.) Koel. var. *chrysoblephara* (Fig. et De Not.) R. R. Stewart.

133-66-2 ᠁ 马唐 *Digitaria sanguinalis* (L.) Scop.

133-66-1 ᠁ 止血马唐 *Digitaria ischaemum* (Schreb.) Muhl.

133-66 ᠁ 马唐属 *Digitaria* Hill.

133-65-3 ᠁ 家稗 *Echinochloa frumentacea* (Roxb.) Link.

133-65-2 ᠁ 长芒稗 *Echinochloa caudata* Roshev. Beauv. var. *mitis* (Pursh) Peterm.

133-65-1b ᠁ 无芒稗 *Echinochloa crusgalli* (L.) P. crusgalli

133-65-1a ᠁ 稗 *Echinochloa crusgalli* (L.) P. Beauv. var. crusgalli

133-65-1 ᠁ 稗 *Echinochloa crusgalli* (L.) P. Beauv.

133-65 ᠁ 稗属 *Echinochloa* P. Beauv. Kunth

133-69-1 ᠴᠠᠭᠠᠨ ᠡᠪᠡᠰᠦ · ᠴᠠᠢᠷᠤ ᠡᠪᠡᠰᠦ 白草 *Pennisetum flaccidum*

133-69 ᠴᠠᠭᠠᠨ ᠡᠪᠡᠰᠦ ᠶᠢᠨ ᠲᠦᠷᠦᠯ 狼尾草属 *Pennisetum* Rich.

133-68-5f ᠴᠡᠷᠡᠭᠡᠢ ᠢᠷᠠᠭ ᠡᠪᠡᠰᠦ 偃狗尾草 *Setaria viridis* (L.) P. Beauv. var. *depressa* (Honda) Kitag.

var. *purpurascens* Maxim.

133-68-5e ᠣᠯᠠᠭᠠᠨ ᠢᠷᠠᠭ ᠡᠪᠡᠰᠦ 紫穗狗尾草 *Setaria viridis* (L.) P. Beauv.

133-68-5d ᠠᠬᠡᠷ ᠢᠷᠠᠭ ᠡᠪᠡᠰᠦ 短毛狗尾草 *Setaria viridis* (L.) P. Beauv. var. *breviseta* (Doell) Hitchc.

var. *pachystachys* (Franch. et Sav.) Makino et Nemoto

133-68-5c ᠲᠣᠮᠣ ᠢᠷᠠᠭ ᠡᠪᠡᠰᠦ 厚穗狗尾草 *Setaria viridis* (L.) P. Beauv. var. *gigantea* (Franch. et Sav.) Matsum.

133-68-5b ᠣᠭᠲᠣ ᠢᠷᠠᠭ ᠡᠪᠡᠰᠦ 巨大狗尾草 *Setaria viridis* (L.) P. Beauv. Beauv. var. *viridis*

133-68-5a ᠢᠷᠠᠭ ᠡᠪᠡᠰᠦ · ᠢᠷᠠᠭ ᠡᠪᠡᠰᠦ 狗尾草 *Setaria viridis* (L.) P.

133-68-4 ᠳᠡᠭᠦᠵᠢ ᠢᠷᠠᠭ ᠡᠪᠡᠰᠦ 断穗狗尾草 *Setaria arenaria* Kitag.

133-68-3 ᠴᠢᠳᠠᠯᠠᠭᠰᠠᠨ ᠢᠷᠠᠭ ᠡᠪᠡᠰᠦ 轮生狗尾草 *Setaria verticillata* (L.) P. Beauv.

133-68-2 ᠠᠯᠲᠠᠨ ᠢᠷᠠᠭ 金色狗尾草 *Setaria pumila* (Poirt) Roem. et Schult.

133-68-1 ᠢᠷᠠᠭ 粟 *Setaria italica* (L.) P. Beauv.

133-76-1 ᠰᠢᠰᠢ 高粱 *Sorghum bicolor* (L.) Moench

133-76 ᠰᠢᠰᠢ ᠶᠢᠨ ᠲᠦᠷᠦᠯ 高粱属 *Sorghum* Moench

133-75-1 ᠬᠥᠬᠡ ᠬᠣᠯᠣᠰᠤ ᠡᠪᠡᠰᠦ 荩草 *Arthraxon hispidus* (Thunb.) Makino

133-75 ᠬᠥᠬᠡ ᠬᠣᠯᠣᠰᠤᠨ ᠤ ᠲᠦᠷᠦᠯ 荩草属 *Arthraxon* P. Beauv. (Trin.) A. Camus

133-74-1 ᠨᠠᠷᠢᠨ ᠴᠠᠭᠠᠨ ᠬᠣᠯᠣᠰᠤ 柔枝莠竹 *Microstegium vimineum*

133-74 ᠨᠠᠷᠢᠨ ᠬᠣᠯᠣᠰᠤᠨ ᠤ ᠲᠦᠷᠦᠯ 莠竹属 *Microstegium* Nees Stapf et C. E. Hubb.

133-73-1 ᠲᠣᠮᠣ ᠰᠢᠯᠪᠢ ᠡᠪᠡᠰᠦ 大牛鞭草 *Hemarthria altissima* (Poiret)

133-73 ᠰᠢᠯᠪᠢ ᠡᠪᠡᠰᠦᠨ ᠤ ᠲᠦᠷᠦᠯ 牛鞭草属 *Hemarthria* R. Br.

133-72-1 ᠰᠢᠪᠢᠷ ᠲᠣᠰᠤᠯᠢᠭ 大油芒 *Spodiopogon sibiricus* Trin.

133-72 ᠲᠣᠰᠤᠯᠢᠭ ᠤᠨ ᠲᠦᠷᠦᠯ 大油芒属 *Spodiopogon* Trin. (Nees) C. E. Hubb.

133-71-1 ᠴᠠᠭᠠᠨ ᠬᠥᠪᠡᠩ ᠡᠪᠡᠰᠦ 白茅 *Imperata cylindrica* (L.) Raeuschel var. *major*

133-71 ᠴᠠᠭᠠᠨ ᠬᠥᠪᠡᠩ ᠡᠪᠡᠰᠦᠨ ᠤ ᠲᠦᠷᠦᠯ 白茅属 *Imperata* Cirillo

133-70-1 ᠬᠥᠮᠥᠭ ᠡᠪᠡᠰᠦ · ᠬᠥᠪᠴᠢ ᠬᠥᠮᠥᠭ ᠡᠪᠡᠰᠦ 荻 *Miscanthus sacchariflorus* (Maxim.) Hack. Anderss.

133-70 ᠬᠥᠮᠥᠭ ᠡᠪᠡᠰᠦ · ᠬᠥᠪᠴᠢ ᠬᠥᠮᠥᠭ ᠡᠪᠡᠰᠦᠨ ᠤ ᠲᠦᠷᠦᠯ 芒属 *Miscanthus* Griseb.

134-5-3 东方羊胡子草 *Eriophorum*

134-5-2 白毛羊胡子草 *Eriophorum vaginatum* L.

134-5-1 红毛羊胡子草 *Eriophorum russeolum* Fries

134-5 羊胡子草属 *Eriophorum* L.

Schinz. et Thell.

134-4-1 矮针蔺 *Trichophorum pumilum* (Vahl)

134-4 针蔺属 *Trichophorum* Persoon

134-3-5 三棱水葱 *Schoenoplectus triqueter* (L.) Pall.

(Boeckeler) Sojak

134-3-4 剑苞水葱 *Schoenoplectus ehrenbergii*

(Makino) Sojak

134-3-3 三江水葱 *Schoenoplectus nipponicus*

(Roshev.) Sojak.

134-3-2 吉林水葱 *Schoenoplectus komarovii*

Gmel.) Pall.

134-3-1 水葱 *Schoenoplectus tabernaemontani* (C. C.

134-3 水葱属 *Schoenoplectus* (Rchb.) Pall.

134-2-2 东方藨草 *Scirpus orientalis* Ohwi

134-2-1 单穗藨草 *Scirpus radicans* Schkuhr

134-2 藨草属 *Scirpus* L.

(Roth) Drobow

134-1-3 球穗荆三棱 *Bolboschoenus affinis*

planiculmis (F. Schmidt) T. V. Egorova

134-1-2 扁秆荆三棱 *Bolboschoenus*

Yang et M. Zhan

134-1-1 荆三棱 *Bolboschoenus yagara* (Ohwi) Y. C.

134-1 三棱草属 *Bolboschoenus* (Asch.) Pall.

134. 莎草科 Cyperaceae

133-80-1 玉蜀黍 *Zea mays* L.

133-80 玉蜀黍属 *Zea* L.

133-79-1 薏苡 *Coix lacryma-jobi* L.

133-79 薏苡属 *Coix* L.

133-78-1 黄背草 *Themeda triandra* Forssk.

133-78 菅属 *Themeda* Forssk.

133-77-1 白羊草 *Bothriochloa ischaemum* (L.)

Keng

133-77 孔颖草属 *Bothriochloa* Kuntze

133-76-2 苏丹草 *Sorghum sudanense* (Piper) Stapf

134-7-5 扁基荸荠 *Eleocharis fennica* Pall. Roem. et Schult.

134-7-4 卵穗荸荠 *Eleocharis ovata* (Roth) (Franch. et Sav.) Tang et F. T. Wang

134-7-3 牛毛毡 *Eleocharis yokoscensis*

134-7-2 羽毛荸荠 *Eleocharis wichurae* Boeck. (Hartm.) O. Schwarz

134-7 荸荠属 *Eleocharis* R. Br. et F. T. Wang var. *nodosus* Tang et F. T. Wang

134-7-1 少花荸荠 *Eleocharis quinqueflora*

134-6-2b 节秆扁穗草 *Blysmus sinocompressus* Tang

134-6-2a 华扁穗草 *Blysmus sinocompressus* Tang et F. T. Wang var. *sinocompressus*

134-6-2 华扁穗草 *Blysmus sinocompressus* Tang et F. T. Wang

134-6-1 内蒙古扁穗草 *Blysmus rufus* (Huds.) Link

134-6 扁穗草属 *Blysmus* Panz. ex Schult.

134-5-4 细秆羊胡子草 *Eriophorum gracile* W. D. J. Koch ex Roth *angustifolium* Honekeny

134-10-4 阿穆尔莎草 *Cyperus amuricus* Maxim.

134-10-3 黄颖莎草 *Cyperus microiria* Steud. Franch. et Sav.

134-10-2 毛笠莎草 *Cyperus orthostachyus*

134-10-1 头状穗莎草 *Cyperus glomeratus* L.

134-10 莎草属 *Cyperus* L.

134-9-1 飘拂草 *Fimbristylis dichotoma* (L.) Vahl.

134-9 飘拂草属 *Fimbristylis* Vahl.

134-8-1 球柱草 *Bulbostylis barbata* (Rottb.) C. B. Clarke

134-8 球柱草属 *Bulbostylis* Kunth

134-7-10 沼泽荸荠 *Eleocharis palustris* (L.) Roem. et Schult.

134-7-9 槽秆荸荠 *Eleocharis mitracarpa* Steud.

134-7-8 乌苏里荸荠 *Eleocharis ussuriensis* G. Zinserl.

134-7-7 具刚毛荸荠 *Eleocharis valleculosa* Ohwi var. *setosa* Ohwi

134-7-6 单鳞苞荸荠 *Eleocharis uniglumis* (Link) Schult. ex Kneuck. et G. Zinserl.

134-13-4 ᠬᠤᠯᠤᠰᠤ 线叶嵩草 Kobresia capillifolia (Decne.) C. M. J. Zhong

134-13-3 ᠬᠤᠯᠤᠰᠤ 二蕊嵩草 Kobresia bistaminata W. Z. Di et Trautv.) Serg.

134-13-2 ᠬᠤᠯᠤᠰᠤ 嵩草 Kobresia myosuroides (Vill.) Fiori

134-13-1 ᠬᠤᠯᠤᠰᠤ 矮生嵩草 Kobresia humilis (C. A. Mey. ex (Korsh.) Nakai

134-13 ᠬᠤᠯᠤᠰᠤ 嵩草属 Kobresia Willd.

134-12-3 ᠬᠤᠯᠤᠰᠤ 东北扁莎 Pycreus setiformis (Retz.) T. Koyama

134-12-2 ᠬᠤᠯᠤᠰᠤ 球穗扁莎 Pycreus flavidus sanguinolentus (Vahl) Nees ex C. B. Clarke

134-12-1 ᠬᠤᠯᠤᠰᠤ 槽鳞扁莎 Pycreus

134-12 ᠬᠤᠯᠤᠰᠤ 扁莎属 Pycreus P. Beauv.

134-11-2 ᠬᠤᠯᠤᠰᠤ 花穗水莎草 Juncellus pannonicus (Jacq.) C. B. Clarke

134-11-1 ᠬᠤᠯᠤᠰᠤ 水莎草 Juncellus serotinus (Rottb.) C. B. Clarke

134-11 ᠬᠤᠯᠤᠰᠤ 水莎草属 Juncellus (Griseb.) C. B. Clarke

134-10-6 ᠬᠤᠯᠤᠰᠤ 球穗莎草 Cyperus difformis L.

134-10-5 ᠬᠤᠯᠤᠰᠤ 褐穗莎草 Cyperus fuscus L.

134-14-10 ᠬᠤᠯᠤᠰᠤ 漂筏薹草 Carex pseudocuraica F. Schmidt

134-14-9 ᠬᠤᠯᠤᠰᠤ 假尖嘴薹草 Carex laevissima Nakai

134-14-8 ᠬᠤᠯᠤᠰᠤ 尖嘴薹草 Carex leiorhyncha C. A. Mey.

134-14-7 ᠬᠤᠯᠤᠰᠤ 翼果薹草 Carex neurocarpa Maxim.

134-14-6 ᠬᠤᠯᠤᠰᠤ 圆锥薹草 Carex diandra Schrank

134-14-5 ᠬᠤᠯᠤᠰᠤ 阴地针薹草 Carex onoei Franch. et Sav.

134-14-4 ᠬᠤᠯᠤᠰᠤ 大针薹草 Carex uda Maxim.

134-14-3 ᠬᠤᠯᠤᠰᠤ 针薹草 Carex dahurica Kük.

134-14-2 ᠬᠤᠯᠤᠰᠤ 北薹草 Carex obtusata Lilj.

134-14-1 ᠬᠤᠯᠤᠰᠤ 额尔古纳薹草 Carex argunensis Turcz. ex Ledeb.

134-14 ᠬᠤᠯᠤᠰᠤ 薹草属 Carex L.

134-13-8 ᠬᠤᠯᠤᠰᠤ 大青山嵩草 Kobresia daqingshanica X. Y. Mao

134-13-7 ᠬᠤᠯᠤᠰᠤ 丝叶嵩草 Kobresia filifolia (Turcz.) C. B. Clarke

134-13-6 ᠬᠤᠯᠤᠰᠤ 高原嵩草 Kobresia pusilla N. A. Ivanova

134-13-5 ᠬᠤᠯᠤᠰᠤ 高山嵩草 Kobresia pygmaea (C. B. Clarke) C. B. Clarke

134-14-21 ᠴᠠᠭᠠᠨ ᠠᠭᠤᠯᠠ 白山薹草 *Carex canescens* L.

134-14-20 ᠬᠠᠪᠴᠢᠭᠤ 狭囊薹草 *Carex diplasiocarpa* V. I. Krecz.

134-14-19 ᠡᠯᠡᠰᠦᠨ 莎薹草 *Carex bohemica* Schreb.

134-14-18 ᠬᠤᠶᠠᠷ 二籽薹草 *Carex disperma* Dew.

134-14-17 ᠰᠤᠳᠠᠯ ᠦᠭᠡᠢ 无脉薹草 *Carex enervis* C. A. Mey.

reptabunda (Trautv.) V. I. Krecz.

Mey. subsp. *rigescens* (Franch.) S. Yun Liang et Y. C. Tang

134-14-16 ᠴᠢᠯᠠᠭᠤᠯᠢᠭ 砾薹草 *Carex stenophylloides* V. I. Krecz.

134-14-15 ᠶᠠᠪᠤᠭᠤᠯ 走茎薹草 *Carex*

134-14-14b ᠮᠠᠷᠠᠯ ᠴᠠᠭᠠᠨ 白颖薹草 *Carex duriuscula* C. A.

Mey. subsp. *duriuscula*

134-14-14a ᠴᠦᠬᠡᠷ 寸草薹 *Carex duriuscula* C. A.

134-14-14 ᠴᠦᠬᠡᠷ 寸草薹 *Carex duriuscula* C. A. Mey.

134-14-13 ᠬᠤᠶᠠᠷ 二柱薹草 *Carex lithophila* Turcz.

134-14-12 ᠠᠭᠤᠯᠠ 山林薹草 *Carex yamatsutana* Ohwi

Mey. var. *angustifolia* Y. L. Chang

134-14-11b ᠨᠠᠷᠢᠨ 狭叶疣囊薹草 *Carex pallida* C. A.

pallida

134-14-11a ᠪᠤᠯᠴᠢᠷᠬᠠᠢ 疣囊薹草 *Carex pallida* C. A. Mey. var.

134-14-11 ᠪᠤᠯᠴᠢᠷᠬᠠᠢ 疣囊薹草 *Carex pallida* C. A. Mey.

134-14-40 ᠵᠡᠷᠯᠢᠭ 野笠薹草 *Carex drymophila* Turcz. ex Steud.

134-14-39 ᠦᠰᠦᠷᠭᠡᠭ 毛薹草 *Carex lasiocarpa* Ehrh.

134-14-38 ᠤᠷᠲᠤ 长秆薹草 *Carex kirganica* Kom.

134-14-37 ᠪᠦᠳᠦᠭᠦᠨ 粗脉薹草 *Carex rugulosa* Kuk.

134-14-36 ᠬᠠᠯᠢᠰᠤᠨ 栓皮薹草 *Carex pumila* Thunb.

134-14-35 ᠠᠭᠤᠯᠠ 阴山薹草 *Carex yinshanica* Y. Z. Zhao

134-14-34 ᠵᠤᠩᠭᠠᠷ 准噶尔薹草 *Carex songorica* Kar. et Kir.

134-14-33 ᠠᠴᠠᠲᠤ 叉齿薹草 *Carex gotoi* Ohwi

134-14-32 ᠦᠭᠡᠷᠡᠭ 异穗薹草 *Carex heterostachya* Bunge

134-14-31 ᠬᠠᠭᠤᠷᠮᠠᠭ 假莎草薹草 *Carex pseudocyperus* L.

Maxim.

134-14-30 ᠢᠮᠠᠭᠠᠨ 羊角薹草 *Carex capricornis* Meinsh. ex

134-14-29 ᠬᠤᠶᠠᠷ 二色薹草 *Carex dichroa* Freyn

134-14-28 ᠪᠦᠷᠬᠦᠭᠦᠯ 膜囊薹草 *Carex vesicaria* L.

134-14-27 ᠶᠡᠬᠡ 大穗薹草 *Carex rhynchophysa* C. A. Mey.

134-14-26 ᠬᠦᠷᠡᠩ 褐黄鳞薹草 *Carex vesicata* Meinsh.

134-14-25 ᠪᠤᠷᠤᠯ 灰株薹草 *Carex rostrata* Stokes

134-14-24 ᠪᠠᠷᠢᠭᠤᠯᠲᠤ 柄薹草 *Carex mollissima* Christ

134-14-23 ᠵᠠᠪᠰᠠᠷ 间穗薹草 *Carex loliacea* L.

134-14-22 ᠨᠠᠷᠢᠨ 细花薹草 *Carex tenuiflora* Wahl.

134-14-52 大少花薹草 Carex vaginata Tausch var. petersii (C. A. Mey. ex F. Schmidt) Akiyama

134-14-51 细形薹草 Carex tenuiformis H. Lev. et Vant. et Trevir.

134-14-50 棒穗薹草 Carex ledebouriana C. A. Mey. Steven

134-14-49 绿穗薹草 Carex chlorostachys Steven

134-14-48 纤弱薹草 Carex capillaris L.

134-14-47 小粒薹草 Carex karoi Freyn ex Meinsh.

134-14-46 细毛薹草 Carex sedakowii C. A. Mey.

134-14-45 麻根薹草 Carex arnellii Christ ex Scheutz.

134-14-44 斑点果薹草 Carex maculata Boott

134-14-43 宽叶薹草 Carex siderosticta Hance

134-14-42 直穗薹草 Carex atherodes Spreng.

134-14-41 锥囊薹草 Carex raddei Kuk.

134-14-40b 黑水薹草 Carex drymophila Turcz. ex Steud. var. abbreviata (Kuk.) Ohwi

134-14-40a 野笠薹草 Carex drymophila Turcz. ex Steud. var. drymophila

134-14-63 矮丛薹草 Carex callitrichos V. I. Krecz. var.

134-14-62 低矮薹草 Carex humilis Leysser

134-14-61 早春薹草 Carex subpediformis (Kuk.) Suto et Suzuki

134-14-60c 阿拉善凸脉薹草 Carex lanceolata Boott var. alaschanica T. V. Egor.

134-14-60b 少花凸脉薹草 Carex lanceolata Boott var. laxa Ohwi

134-14-60a 凸脉薹草 Carex lanceolata Boott var. lanceolata

134-14-60 凸脉薹草 Carex lanceolata Boott

134-14-59 肋脉薹草 Carex pachyneura Kitag.

134-14-58 祁连薹草 Carex allivescens V. I. Krecz.

134-14-57 楔囊薹草 Carex reventa V. I. Krecz.

134-14-56 脚薹草 Carex pediformis C. A. Mey.

134-14-55 阿右薹草 Carex ayouensis X. Y. Mao et Y. C. Yang

134-14-54 乌苏里薹草 Carex ussuriensis Kom.

134-14-53 和林薹草 Carex helingeeriensis L. Q. Zhao et J. Yang

134-14-79 ᠬᠠᠨᠠ ᠡᠪᠡᠰᠦᠳᠦ ᠬᠢᠯᠭᠠᠨ᠎ᠠ 短鳞薹草 *Carex augustinowiczii*
Meinsh. ex Korsh.

134-14-78 ᠭᠠᠩ ᠤᠨ ᠬᠢᠯᠭᠠᠨ᠎ᠠ 干生薹草 *Carex aridula* V. I. Krecz.

134-14-77 ᠰᠢᠷ᠎ᠠ ᠬᠢᠯᠭᠠᠨ᠎ᠠ 黄囊薹草 *Carex korshinskii* Kom.

134-14-76 ᠬᠦᠬᠡᠨᠠᠭᠤᠷ ᠤᠨ ᠬᠢᠯᠭᠠᠨ᠎ᠠ 青海薹草 *Carex ivanoviae* T. V. Egor.

134-14-75 ᠬᠠᠯᠢᠰᠤᠳᠤ ᠬᠢᠯᠭᠠᠨ᠎ᠠ 鳞苞薹草 *Carex vanheurckii* Müll. Arg.

134-14-74 ᠬᠢᠩᠭᠠᠨ ᠬᠢᠯᠭᠠᠨ᠎ᠠ 兴安薹草 *Carex chinganensis* Litv.

134-14-73 ᠨᠠᠭᠠᠷᠢᠮᠠᠭ ᠬᠢᠯᠭᠠᠨ᠎ᠠ 卷叶薹草 *Carex ulobasis* V. I. Krecz.

134-14-72 ᠪᠦᠮᠪᠦᠯᠢᠭ ᠬᠢᠯᠭᠠᠨ᠎ᠠ 球穗薹草 *Carex globularis* L.

134-14-71 ᠮᠢ ᠳᠤ ᠬᠢᠯᠭᠠᠨ᠎ᠠ 米柱薹草 *Carex glauciformis* Meinsh.

134-14-70 ᠮᠤᠷᠤᠢ ᠬᠢᠯᠭᠠᠨ᠎ᠠ 弯囊薹草 *Carex dispalata* Boott ex A. Gray.

134-14-69 ᠶᠠᠫᠤᠨ ᠬᠢᠯᠭᠠᠨ᠎ᠠ 日本薹草 *Carex japonica* Thunb.

134-14-68 ᠲᠡᠩᠬᠡᠯᠢᠭ ᠬᠢᠯᠭᠠᠨ᠎ᠠ 轴薹草 *Carex rostellifera* Y. L. Chang et Y. L.
Yang

134-14-67 ᠲᠠᠰᠤ ᠬᠤᠰᠢᠭᠤᠲᠤ ᠬᠢᠯᠭᠠᠨ᠎ᠠ 截嘴薹草 *Carex nervata* Franch. et Sav.
(Kuk.) Ohwi

134-14-66 ᠵᠢᠵᠢᠭ ᠬᠠᠯᠢᠰᠤᠳᠤ ᠬᠢᠯᠭᠠᠨ᠎ᠠ 小苞叶薹草 *Carex subebracteata*

134-14-65 ᠨᠤᠭᠤᠭᠠᠨ ᠬᠠᠯᠢᠰᠤᠳᠤ ᠬᠢᠯᠭᠠᠨ᠎ᠠ 绿囊薹草 *Carex hypochlora* Freyn

134-14-64 ᠲᠡᠭᠰᠢ ᠲᠦᠷᠦᠭᠰᠡᠨ ᠬᠢᠯᠭᠠᠨ᠎ᠠ 等穗薹草 *Carex breviculmis* R. Br.
nana (H. Lev. et Vant.) Ohwi

134-14-93 ᠪᠦᠭᠡᠮ ᠬᠢᠯᠭᠠᠨ᠎ᠠ 丛薹草 *Carex caespitosa* L.

134-14-92b ᠬᠠᠪᠲᠠᠭᠠᠢ ᠬᠢᠯᠭᠠᠨ᠎ᠠ 小囊灰脉薹草 *Carex*
appendiculata (Trautv.) Kuk. var. *sacculiformis* Y. L.
Chang et Y. L. Yang

134-14-92a ᠦᠨᠳᠦᠷ ᠰᠤᠳᠠᠯᠲᠤ ᠬᠢᠯᠭᠠᠨ᠎ᠠ 灰脉薹草 *Carex appendiculata*
Kuk. var. *appendiculata*

134-14-91 ᠦᠭᠡᠷ᠎ᠡ ᠬᠠᠯᠢᠰᠤᠳᠤ ᠬᠢᠯᠭᠠᠨ᠎ᠠ 异鳞薹草 *Carex heterolepis* Bunge

134-14-90 ᠮᠸᠢᠶᠧᠷ ᠤᠨ ᠬᠢᠯᠭᠠᠨ᠎ᠠ 乌拉草 *Carex meyeriana* Kunth

134-14-89 ᠲᠤᠭᠤᠷᠤᠤ ᠵᠢᠮᠢᠰᠳᠦ ᠬᠢᠯᠭᠠᠨ᠎ᠠ 鹤果薹草 *Carex cranaocarpa* Nelmes

134-14-88 ᠬᠠᠪᠲᠠᠭᠠᠢ ᠬᠢᠯᠭᠠᠨ᠎ᠠ 扁囊薹草 *Carex coriophora* Fisch. et
C. A. Mey. ex Kunth

134-14-87 ᠨᠠᠮᠤᠭ ᠤᠨ ᠬᠢᠯᠭᠠᠨ᠎ᠠ 沼薹草 *Carex limosa* L.

134-14-86 ᠰᠡᠢᠷᠡᠭ ᠬᠢᠯᠭᠠᠨ᠎ᠠ 疏薹草 *Carex laxa* Wahl.

134-14-85 ᠰᠡᠢᠷᠡᠭ ᠲᠦᠷᠦᠭᠰᠡᠨ ᠬᠢᠯᠭᠠᠨ᠎ᠠ 离穗薹草 *Carex eremopyroides* V. I. Krecz.

134-14-84 ᠡᠯᠡᠰᠦᠨ ᠤ ᠬᠢᠯᠭᠠᠨ᠎ᠠ 沙地薹草 *Carex sabulosa* Turcz. ex Kunth

134-14-83 ᠬᠦᠷᠡᠩ ᠬᠠᠯᠢᠰᠤᠳᠤ ᠬᠢᠯᠭᠠᠨ᠎ᠠ 紫喙薹草 *Carex serreana* Hand.-Mazz.

134-14-82 ᠬᠦᠷᠡᠩ ᠬᠠᠯᠢᠰᠤᠳᠤ ᠬᠢᠯᠭᠠᠨ᠎ᠠ 紫鳞薹草 *Carex angarae* Steud.

134-14-81 ᠤᠮᠠᠷᠠᠳᠤ ᠬᠢᠯᠭᠠᠨ᠎ᠠ 华北薹草 *Carex hancockiana* Maxim.

134-14-80 ᠬᠦᠬᠡᠲᠦᠪᠡᠳ ᠤᠨ ᠬᠢᠯᠭᠠᠨ᠎ᠠ 青藏薹草 *Carex moorcroftii* Falc. ex Boott

136-1-1 水芋 *Calla palustris* L.

136-1 水芋属 *Calla* L.

136. 天南星科 Araceae

135-1-1 菖蒲 *Acorus calamus* L.

135-1 菖蒲属 *Acorus* L.

135. 菖蒲科 Acoraceae

134-14-100 蟋蟀薹草 *Carex eleusinoides* Turcz. ex Kunth

134-14-99 湿薹草 *Carex humida* Y. L. Chang et Y. L. Yang

134-14-98 圆囊薹草 *Carex orbicularis* Boott

134-14-97 匍枝薹草 *Carex cinerascens* Kuk.

134-14-96 双辽薹草 *Carex platysperma* Y. L. Chang et Y. L. Yang

134-14-95 陌上菅 *Carex thunbergii* Steud.

134-14-94 膨囊薹草 *Carex schmidtii* Meinsh.

137-2-1 紫萍 *Spirodela polyrhiza* (L.) Schleid.

137-2 紫萍属 *Spirodela* Schleid.

137-1-4 浮萍 *Lemna minor* L.

137-1-3 日本浮萍 *Lemna japonica* Landolt

137-1-2 乳突浮萍 *Lemna turionifera* Landolt

137-1-1 品藻 *Lemna trisulca* L.

137-1 浮萍属 *Lemna* L.

137. 浮萍科 Lemnaceae

136-4-1 东北南星 *Arisaema amurense* Maxim.

136-4 天南星属 *Arisaema* Mart.

136-3-1 三叶犁头尖 *Typhonium trifoliatum* Wang et Lo ex H. Li,Y. Shiao et S. L. Tseng

136-3 犁头尖属 *Typhonium* Schott

136-2-2 虎掌 *Pinellia pedatisecta* Schott

136-2-1 半夏 *Pinellia ternata* (Thunb.) Tenore ex Breit.

136-2 半夏属 *Pinellia* Tenore

140-1-1 雨久花 *Monochoria korsakowii* Regel et Maack

140-1 雨久花属 *Monochoria* C. Presl

140. 雨久花科 Pontederiaceae

Hand.-Mazz.

139-3-1 疣草 *Murdannia keisak* (Hassk.)

139-3 水竹叶属 *Murdannia* Royle

139-2-1 鸭跖草 *Commelina communis* L.

139-2 鸭跖草属 *Commelina* L.

139-1-1 竹叶子 *Streptolirion volubile* Edgew.

139-1 竹叶子属 *Streptolirion* Edgew.

139. 鸭跖草科 Commelinaceae

(Maxim.) Makino

138-1-1 宽叶谷精草 *Eriocaulon robustius*

138-1 谷精草属 *Eriocaulon* L.

138. 谷精草科 Eriocaulaceae

141-2-5 玛纳斯灯心草 *Juncus libanoticus* J. Thiebaut

Satake et Kitag.

141-2-4 洮南灯心草 *Juncus taonanensis*

Krecz. et Gontsch.

141-2-3 细灯心草 *Juncus gracillimus* (Buch.) V. I.

E. P. Perrier

141-2-2 簇花灯心草 *Juncus ranarius* Songeon et

141-2-1 小灯心草 *Juncus bufonius* L.

141-2 灯心草属 *Juncus* L.

Lej.

141-1-3 淡花地杨梅 *Luzula pallescens* Sw.

Meyer

141-1-2 多花地杨梅 *Luzula multiflora* (Ehrh.)

141-1-1 火红地杨梅 *Luzula rufescens* Fisch. ex E.

141-1 地杨梅属 *Luzula* DC.

141. 灯心草科 Juncaceae

C. Presl ex Kunth

140-1-2 鸭舌草 *Monochoria vaginalis* (Burm.f.)

142-1-3 〔蒙文〕 韭 *Allium tuberosum* Rottl. ex Spreng.

142-1-2 〔蒙文〕 野韭 *Allium ramosum* L.

142-1-1 〔蒙文〕 茖葱 *Allium victorialis* L.

142-1 〔蒙文〕 葱属 *Allium* L.

142. 〔蒙文〕 百合科 Liliaceae

141-2-10 〔蒙文〕 乳头灯心草 *Juncus papillosus* Franch.

141-2-9 〔蒙文〕 针灯心草 *Juncus wallichianus* J. Gay ex Laharpe

141-2-8 〔蒙文〕 小花灯心草 *Juncus articulatus* L.

141-2-7b 〔蒙文〕 热河灯心草 *Juncus turczaninowii* (Buch.) V. I. Krecz. var. *turczaninowii*

141-2-7a 〔蒙文〕 尖被灯心草 *Juncus turczaninowii* (Buch.) V. I. Krecz. var. *jeholensis* (Satake) K. F. Wu et Y. C. Ma

141-2-7 〔蒙文〕 尖被灯心草 *Juncus turczaninowii* (Buch.) V. I. Krecz.

141-2-6 〔蒙文〕 栗花灯心草 *Juncus castaneus* Smith

142-1-16 〔蒙文〕 砂葱 *Allium bidentatum* Fisch. ex Prokh. et Ikonnikov-Galitzky

142-1-15 〔蒙文〕 细叶葱 *Allium tenuissimum* L.

142-1-14b 〔蒙文〕 糙葶葱 *Allium anisopodium* Ledeb. var. *zimmermannianum* (Gilg) F. T. Wang et Tang

142-1-14a 〔蒙文〕 矮葱 *Allium anisopodium* Ledeb. var. *anisopodium*

142-1-14 〔蒙文〕 矮葱 *Allium anisopodium* Ledeb.

142-1-13 〔蒙文〕 碱葱 *Allium polyrhizum* Turcz. ex Regel

142-1-12 〔蒙文〕 东阿拉善葱 *Allium orientali-alashanicum* L. Q. Zhao et Y. Z. Zhao sp. nov.

142-1-11 〔蒙文〕 鄂尔多斯葱 *Allium alabasicum* Y. Z. Zhao

142-1-10 〔蒙文〕 蒙古葱 *Allium mongolicum* Regel

142-1-9 〔蒙文〕 白头葱 *Allium leucocephalum* Turcz. ex Ledeb.

142-1-8 〔蒙文〕 乌拉特葱 *Allium wulateicum* Y. Z. Zhao et Geming

142-1-7 〔蒙文〕 青甘葱 *Allium przewalskianum* Regel

142-1-6 〔蒙文〕 贺兰葱 *Allium eduardii* Stearn

142-1-5 〔蒙文〕 辉韭 *Allium strictum* Schrad.

142-1-4 〔蒙文〕 高山韭 *Allium sikkimense* Baker

142-1-34 ᠬᠤᠸᠠᠨ 姜葱 *Allium maximowiczii* Regel

142-1-33 ᠬᠤᠸᠠᠨ 北葱 *Allium schoenoprasum* L.

142-1-32 ᠬᠤᠸᠠᠨ 白花薤 *Allium yanchiense* J. M. Xu
J. Y. Chao

142-1-31 ᠬᠤᠸᠠᠨ 毓泉薤 *Allium yuchuanii* Y. Z. Zhao et

142-1-30 ᠬᠤᠸᠠᠨ 球序薤 *Allium thunbergii* G. Don

142-1-29 ᠬᠤᠸᠠᠨ 薤白 *Allium macrostemon* Bunge

142-1-28 ᠬᠤᠸᠠᠨ 蒜 *Allium sativum* L.

142-1-27 ᠬᠤᠸᠠᠨ 长梗葱 *Allium neriniflorum* (Herb.) G. Don

142-1-26 ᠬᠤᠸᠠᠨ 镰叶韭 *Allium carolinianum* Redoute

142-1-25 ᠬᠤᠸᠠᠨ 山葱 *Allium senescens* L.

142-1-24 ᠬᠤᠸᠠᠨ 长柱葱 *Allium longistylum* Baker

142-1-23 ᠬᠤᠸᠠᠨ 蜜囊葱 *Allium subtilissimum* Ledeb.

142-1-22 ᠬᠤᠸᠠᠨ 蒙古野葱 *Allium prostratum* Trev.

142-1-21 ᠬᠤᠸᠠᠨ 黄花葱 *Allium condensatum*
Turcz.

142-1-20 ᠬᠤᠸᠠᠨ 雾灵葱 *Allium stenodon* Nakai et Kitag.

142-1-19 ᠬᠤᠸᠠᠨ 阿拉善葱 *Allium alaschanicum* Y. Z. Zhao

142-1-18 ᠬᠤᠸᠠᠨ 天蒜 *Allium paepalanthoides* Airy Shaw

142-1-17 ᠬᠤᠸᠠᠨ 甘肃葱 *Allium kansuense* Regel

142-4-3 ᠬᠤᠸᠠᠨ 山丹 *Lilium pumilum*
dauricum Ker Gawl.

142-4-2 ᠬᠤᠸᠠᠨ 毛百合 *Lilium*
pulchellum (Fisch.) Regel

142-4-1 ᠬᠤᠸᠠᠨ 有斑百合 *Lilium concolor* Salisb. var.

142-4 ᠬᠤᠸᠠᠨ 百合属 *Lilium* L.

142-3-1 ᠬᠤᠸᠠᠨ 轮叶贝母 *Fritillaria maximowiczii* Freyn

142-3 ᠬᠤᠸᠠᠨ 贝母属 *Fritillaria* L.

142-2-1 ᠬᠤᠸᠠᠨ 棋盘花 *Zigadenus sibiricus* (L.) A. Gray

142-2 ᠬᠤᠸᠠᠨ 棋盘花属 *Zigadenus* Mich.

142-1-38b ᠬᠤᠸᠠᠨ 红葱 *Allium cepa* L. var.
proliferum (Moench) Regel

142-1-38a ᠬᠤᠸᠠᠨ 洋葱 *Allium cepa* L. var.
cepa

142-1-38 ᠬᠤᠸᠠᠨ 洋葱 *Allium cepa* L.

142-1-37 ᠬᠤᠸᠠᠨ 阿尔泰葱 *Allium altaicum* Pall.

142-1-36 ᠬᠤᠸᠠᠨ 葱 *Allium fistulosum* L.
J. H. Schult.

142-1-35 ᠬᠤᠸᠠᠨ 硬皮葱 *Allium ledebourianum* Schult. et

142-7 ᠬᠤᠸᠠ ᠶᠢᠨ ᠥᠪᠡᠷ 洼瓣花属 *Lloydia* Salisb. ex Reich.

142-6-5 ᠳᠠᠴᠢᠩ ᠠᠭᠤᠯᠠ ᠶᠢᠨ ᠰᠢᠷᠠ ᠴᠡᠴᠡᠭ 大青山顶冰花 *Gagea daqingshanensis* L. Q. Zhao et J. Yang

142-6-4 ᠠᠯᠠᠱᠠ ᠶᠢᠨ ᠰᠢᠷᠠ ᠴᠡᠴᠡᠭ 贺兰山顶冰花 *Gagea alashanica* Y. Zhao

142-6-3 ᠴᠥᠭᠡᠨ ᠴᠡᠴᠡᠭᠲᠦ ᠰᠢᠷᠠ ᠴᠡᠴᠡᠭ 少花顶冰花 *Gagea pauciflora* (Turcz. ex Trautv.) Ledeb.

142-6-2 ᠳᠤᠮᠳᠠᠳᠤ ᠤᠯᠤᠰ ᠤᠨ ᠰᠢᠷᠠ ᠴᠡᠴᠡᠭ 顶冰花 *Gagea chinensis* Y. Z. Zhao et L. Q. Zhao

142-6-1 ᠵᠢᠵᠢᠭ ᠰᠢᠷᠠ ᠴᠡᠴᠡᠭ 小顶冰花 *Gagea terraccianoana* Pascher

142-6 ᠰᠢᠷᠠ ᠴᠡᠴᠡᠭ ᠦᠨ ᠥᠪᠡᠷ 顶冰花属 *Gagea* Salisb.

142-5-1 ᠪᠦᠳᠦᠭᠦᠨ ᠴᠠᠭᠠᠨ 绵枣儿 *Barnardia japonica* (Thunb.) Schult. et J. H. Schult.

142-5 ᠪᠦᠳᠦᠭᠦᠨ ᠴᠠᠭᠠᠨ ᠤ ᠥᠪᠡᠷ 绵枣儿属 *Barnardia* Lindl.

142-4-4 ᠬᠤᠳᠠ ᠴᠠᠴᠢᠭ 条叶百合 *Lilium callosum* Seib. et Zucc.

142-4-3b ᠪᠥᠮᠪᠥᠭᠡᠷ ᠵᠢᠮᠢᠰᠲᠦ 球果山丹 *Lilium pumilum* Redoute var. potaninii (Vrishcz) Y. Z. Zhao

142-4-3a ᠰᠠᠷᠠᠨ᠎ᠠ ᠵᠢᠮᠢᠰ᠂ ᠰᠠᠷᠠᠨ᠎ᠠ ᠴᠡᠴᠡᠭ᠂ ᠴᠠᠴᠢᠭ 山丹 *Lilium pumilum* Redoute var. pumilum Redoute

---

142-12-1 ᠵᠢᠵᠢᠭ ᠰᠢᠷᠠ ᠴᠡᠴᠡᠭ 小黄花菜 *Hemerocallis minor* Mill.

142-12 ᠰᠢᠷᠠ ᠴᠡᠴᠡᠭ ᠦᠨ ᠥᠪᠡᠷ 萱草属 *Hemerocallis* L.

142-11-3 ᠳᠠᠭᠤᠷ ᠤᠨ ᠬᠠᠷᠠ ᠴᠡᠴᠡᠭ 兴安藜芦 *Veratrum maackii* Regel dahuricum (Turcz.) Loes.

142-11-2 ᠦᠰᠦᠲᠦ ᠲᠤᠯᠤᠭᠠᠶᠢᠲᠤ 毛穗藜芦 *Veratrum nigrum* L.

142-11-1 ᠬᠠᠷᠠ ᠴᠡᠴᠡᠭ 藜芦 *Veratrum nigrum* L.

142-11 ᠬᠠᠷᠠ ᠴᠡᠴᠡᠭ ᠦᠨ ᠥᠪᠡᠷ 藜芦属 *Veratrum* L.

142-10-1 ᠴᠠᠭᠠᠨ ᠤ ᠴᠡᠴᠡᠭ᠂ ᠴᠡᠴᠡᠭ 知母 *Anemarrhena asphodeloides* Bunge

142-10 ᠴᠠᠭᠠᠨ ᠤ ᠴᠡᠴᠡᠭ᠂ ᠬᠠᠷᠠᠴᠠᠭᠠᠢ ᠶᠢᠨ ᠥᠪᠡᠷ 知母属 *Anemarrhena* Bunge von Bieb.

142-9-1 ᠬᠤᠶᠠᠷ ᠳᠠᠪᠬᠤᠷ᠂ ᠬᠦᠯ ᠴᠡᠴᠡᠭ 北重楼 *Paris verticillata* Marschall

142-9 ᠬᠤᠶᠠᠷ ᠳᠠᠪᠬᠤᠷ᠂ ᠴᠠᠭᠠᠨ ᠬᠤᠶᠠᠷ ᠳᠠᠪᠬᠤᠷ ᠤᠨ ᠥᠪᠡᠷ 重楼属 *Paris* L.

142-8-1 ᠮᠣᠩᠭᠣᠯ ᠤᠨ ᠱᠠᠷᠭ᠎ᠠ ᠴᠡᠴᠡᠭ 蒙古郁金香 *Tulipa mongolica* Y. Z. Zhao

142-8 ᠱᠠᠷᠭ᠎ᠠ ᠴᠡᠴᠡᠭ ᠦᠨ ᠥᠪᠡᠷ 郁金香属 *Tulipa* L.

142-7-2 ᠲᠥᠪᠡᠳ ᠦᠨ ᠬᠤᠸᠠ 西藏洼瓣花 *Lloydia tibetica* Baker ex Oliver

142-7-1 ᠬᠤᠸᠠ 洼瓣花 *Lloydia serotina* (L.) Rchb.

142-13-11 ᠁ 曲枝天门冬 *Asparagus trichophyllus longiflorus* Franch.

142-13-10 ᠁ 长花天门冬 *Asparagus* Maxim.

142-13-9 ᠁ 南玉带 *Asparagus oligoclonos* Maxim.

142-13-8 ᠁ 新疆天门冬 *Asparagus neglectus* Kar. et Kir.

142-13-7 ᠁ 石刁柏 *Asparagus officinalis* L.

142-13-6 ᠁ 西北天门冬 *Asparagus breslerianus* Schult. et J. H. Schult.

142-13-5 ᠁ 折枝天门冬 *Asparagus angulofractus* Iljin

142-13-4 ᠁ 戈壁天门冬 *Asparagus gobicus* N. A. Ivan. ex Grub.

142-13-3 ᠁ 兴安天门冬 *Asparagus dauricu* Link

142-13-2 ᠁ 龙须菜 *Asparagus schoberioides* Kunth

142-13-1 ᠁ 攀援天门冬 *Asparagus brachyphyllus* Turcz.

142-13 ᠁ 天门冬属 *Asparagus* L.

142-12-2 ᠁ 黄花菜 *Hemerocallis citrina* Baroni

142-17-2 ᠁ 小玉竹 *Polygonatum humile* Fisch. ex Maxim.

142-17-1 ᠁ 二苞黄精 *Polygonatum involucratum* (Franch. et Sav.) Maxim.

142-17 ᠁ 黄精属 *Polygonatum* Mill.

142-16-1 ᠁ 铃兰 *Convallaria majalis* L.

142-16 ᠁ 铃兰属 *Convallaria* L.

142-15-1 ᠁ 牛尾菜 *Smilax riparia* A. DC.

142-15 ᠁ 菝葜属 *Smilax* L.

142-14-1 ᠁ 舞鹤草 *Maianthemum bifolium* (L.) F. W. Schmidt

142-14 ᠁ 舞鹤草属 *Maianthemum* F. H. Wigg.

142-13-12b ᠁ 贺兰山天门冬 *Asparagus przewalskyi* N. A. Ivan. ex Grub. et T. V. Egorova var. *przewalskyi*

142-13-12a ᠁ 青海天门冬 *Asparagus przewalskyi* A. Ivan. ex Grub. et T. V. Egorova

142-13-12 ᠁ 青海天门冬 *Asparagus przewalskyi* N. Ivan. ex Grub. et T. V. Egorova var. *alaschanicus* Y. Z. Zhao et J. Xu

Bunge

143. [ᠮᠣᠩᠭᠣᠯ] 薯蓣科 **Dioscoreaceae**

142-20-2 [ᠮᠣᠩᠭᠣᠯ] 三叶鹿药 *Smilacina trifolia* (L.) Desf.

dahurica Turcz. ex Fisch. et C. A. Mey.

142-20-1 [ᠮᠣᠩᠭᠣᠯ] 兴安鹿药 *Smilacina*

142-20 [ᠮᠣᠩᠭᠣᠯ] 鹿药属 *Smilacina* Desf.

142-19-1 [ᠮᠣᠩᠭᠣᠯ] 七筋姑 *Clintonia udensis* Trautv. et C. A. Mey.

142-19 [ᠮᠣᠩᠭᠣᠯ] 七筋姑属 *Clintonia* Raf.

142-18-1 [ᠮᠣᠩᠭᠣᠯ] 宝珠草 *Disporum viridescens* (Maxim.) Nakai

142-18 [ᠮᠣᠩᠭᠣᠯ] 万寿竹属 *Disporum* Salisb. ex D. Don

142-17-7 [ᠮᠣᠩᠭᠣᠯ] 黄精 *Polygonatum sibiricum* Redoute

142-17-6 [ᠮᠣᠩᠭᠣᠯ] 轮叶黄精 *Polygonatum verticillatum* (L.) All.

142-17-5 [ᠮᠣᠩᠭᠣᠯ] 狭叶黄精 *Polygonatum stenophyllum* Maxim.

142-17-4 [ᠮᠣᠩᠭᠣᠯ] 热河黄精 *Polygonatum macropodum* Turcz.

142-17-3 [ᠮᠣᠩᠭᠣᠯ] 玉竹 *Polygonatum odoratum* (Mill.) Druce

144-1-10 [ᠮᠣᠩᠭᠣᠯ] 玉蝉花 *Iris ensata* Thunb.

144-1-9b [ᠮᠣᠩᠭᠣᠯ] 马蔺 *Iris lactea* Pall. var. *chinensis* (Fisch.) Koidz.

144-1-9a [ᠮᠣᠩᠭᠣᠯ] 白花马蔺 *Iris lactea* Pall. var. *lactea*

144-1-9 [ᠮᠣᠩᠭᠣᠯ] 白花马蔺 *Iris lactea* Pall.

144-1-8 [ᠮᠣᠩᠭᠣᠯ] 单花马蔺 *Iris uniflora* Pall. ex Link

144-1-7 [ᠮᠣᠩᠭᠣᠯ] 紫苞鸢尾 *Iris ruthenica* Ker.-Gawler

144-1-6 [ᠮᠣᠩᠭᠣᠯ] 粗根鸢尾 *Iris tigridia* Bunge ex Ledeb.

144-1-5 [ᠮᠣᠩᠭᠣᠯ] 大苞鸢尾 *Iris bungei* Maxim.

144-1-4 [ᠮᠣᠩᠭᠣᠯ] 囊花鸢尾 *Iris ventricosa* Pall.

144-1-3 [ᠮᠣᠩᠭᠣᠯ] 天山鸢尾 *Iris loczyi* Kanitz

144-1-2 [ᠮᠣᠩᠭᠣᠯ] 细叶鸢尾 *Iris tenuifolia* Pall.

144-1-1 [ᠮᠣᠩᠭᠣᠯ] 射干鸢尾 *Iris dichotoma* Pall.

144-1 [ᠮᠣᠩᠭᠣᠯ] 鸢尾属 *Iris* L.

144. [ᠮᠣᠩᠭᠣᠯ] 鸢尾科 **Iridaceae**

143-1-2 [ᠮᠣᠩᠭᠣᠯ] 薯蓣 *Dioscorea polystachya* Turcz.

143-1-1 [ᠮᠣᠩᠭᠣᠯ] 穿龙薯蓣 *Dioscorea nipponica* Makino

143-1 [ᠮᠣᠩᠭᠣᠯ] 薯蓣属 *Dioscorea* L.

145-3-1 ᠁ 珊瑚兰 *Corallorhiza trifida* Chat.

145-3 ᠁ 珊瑚兰属 *Corallorhiza* Gagnebin

H. G. Reich.

145-2-2 ᠁ 尖唇鸟巢兰 *Neottia acuminata* Schltr.

145-2-1 ᠁ 北方鸟巢兰 *Neottia camtschatea* (L.)

145-2 ᠁ 鸟巢兰属 *Neottia* Guett.

145-1-1 ᠁ 天麻 *Gastrodia elata* Bl.

145-1 ᠁ 天麻属 *Gastrodia* R.Br.

145. ᠁ 兰科 **Orchidaceae**

干 *Belamcanda chinensis* (L.) Redoute

144-2-1 ᠁ 射

Belamcanda Adans.

144-2 ᠁ 射干属

144-1-15 ᠁ 黄花鸢尾 *Iris flavissima* Pall.

144-1-14 ᠁ 长白鸢尾 *Iris mandshurica* Maxim.

144-1-13 ᠁ 溪荪 *Iris sanguinea* Donn ex Hornema.

144-1-12 ᠁ 燕子花 *Iris laevigata* Fisch.

144-1-11 ᠁ 北陵鸢尾 *Iris typhifolia* Kitag.

145-9-1 ᠁ 二叶兜被兰 *Neottianthe cucullata* (L.) Schltr.

145-9 ᠁ 兜被兰属 *Neottianthe* (Reich.) Schltr.

145-8-1 ᠁ 手掌参 *Gymnadenia conopsea* (L.) R. Br.

145-8 ᠁ 手掌参属 *Gymnadenia* R. Br.

(L.) R. M. Bateman

145-7-2 ᠁ 凹舌掌裂兰 *Dactylorhiza viridis*

145-7-1 ᠁ 掌裂兰 *Dactylorhiza hatagirea* (D. Don) Soo

Nevski

145-7 ᠁ 掌裂兰属 *Dactylorhiza* Neck. ex

145-6-1 ᠁ 绥草 *Spiranthes sinensis* (Pers.) Ames.

145-6 ᠁ 绥草属 *Spiranthes* Rich.

145-5-4 ᠁ 棕花杓兰 *Cypripedium yinshanicum* Y.

C. Ma et Y. Z. Zhao

calceolus L.

145-5-3 ᠁ 杓兰 *Cypripedium*

145-5-2 ᠁ 大花杓兰 *Cypripedium macranthos* Sw.

145-5-1 ᠁ 斑花杓兰 *Cypripedium guttatum* Sw.

145-5 ᠁ 杓兰属 *Cypripedium* L.

145-4-1 ᠁ 裂唇虎舌兰 *Epipogium aphyllum* Sw.

145-4 ᠁ 虎舌兰属 *Epipogium* J. G. Gmelin ex Borkh.

145-14 ᠳᠣᠯᠳᠣᠢ ᠭᠠᠷᠤᠳᠠᠢ ᠶᠢᠨ ᠤᠪᠤᠭ 斑叶兰属 Goodyera R. Br.

(L.) Kraenzl.

145-13-3 ᠭᠠᠯᠠᠭᠤᠨ ᠪᠠᠯᠴᠢᠷ ᠴᠡᠴᠡᠭ 蜻蜓舌唇兰 Platanthera fuscescens

chlorantha (Cust.) Reich.

145-13-2 ᠣᠯᠠᠨ ᠰᠠᠯᠠᠭᠠᠲᠤ ᠴᠡᠴᠡᠭ ， ᠴᠡᠴᠡᠭ 二叶舌唇兰 Platanthera

Maxim.

linealifolia Maxim.

145-13-1 ᠵᠢᠭᠡᠰᠦᠨ ᠴᠡᠴᠡᠭ 密花舌唇兰 Platanthera hologlottis

145-13 ᠪᠠᠯᠴᠢᠷ ᠴᠡᠴᠡᠭ 舌唇兰属 Platanthera Rich.

145-12-1 ᠵᠢᠷᠤᠭᠠᠰᠤᠲᠤ ᠴᠠᠭᠠᠨ ᠴᠡᠴᠡᠭ 线叶十字兰 Habenaria

alascharicum Maxim.

145-12 ᠴᠠᠭᠠᠨ ᠴᠡᠴᠡᠭ 玉凤花属 Habenaria Willd.

145-11-2 ᠡᠪᠡᠷᠲᠦ ᠴᠡᠴᠡᠭ 裂瓣角盘兰 Herminium

Herminium L.

145-11-1 ᠡᠪᠡᠷᠲᠦ ᠴᠡᠴᠡᠭ ， ᠡᠪᠡᠷᠲᠦ ᠴᠡᠴᠡᠭ ， 角盘兰 Herminium monorchis (L.) R. Br.

145-11 ᠡᠪᠡᠷᠲᠦ ᠴᠡᠴᠡᠭ ， ᠡᠪᠡᠷᠲᠦ ᠴᠡᠴᠡᠭ ， 角盘兰属

Soo

145-10-1 ᠤᠯᠠᠭᠠᠨ ᠴᠡᠴᠡᠭ 广布小红门兰 Ponerorchis chusua (D. Don)

145-10 ᠤᠯᠠᠭᠠᠨ ᠴᠡᠴᠡᠭ 小红门兰属 Ponerorchis H. G. Reich.

145-20-1 ᠨᠠᠭᠤᠷᠤᠨ ᠴᠡᠴᠡᠭ 羊耳蒜 Liparis campylostalix H. G. Reich.

145-20 ᠨᠠᠭᠤᠷᠤᠨ ᠴᠡᠴᠡᠭ 羊耳蒜属 Liparis Rich.

145-19-1 ᠨᠠᠭᠤᠷ ᠤᠨ ᠴᠡᠴᠡᠭ 原沼兰 Malaxis monophyllos (L.) Sw.

145-19 ᠨᠠᠭᠤᠷ ᠤᠨ ᠴᠡᠴᠡᠭ 原沼兰属 Malaxis Soland ex Sw.

speciosa (Schltr.) Makino

145-18-1 ᠴᠡᠴᠡᠭ 布袋兰 Calypso bulbosa (L.) Oakes var.

145-18 ᠴᠡᠴᠡᠭ 布袋兰属 Calypso Salisb.

145-17-2 ᠬᠦᠷᠡᠩ ᠴᠡᠴᠡᠭ 北火烧兰 Epipactis xanthophaea Schltr.

145-17-1 ᠬᠦᠷᠡᠩ ᠴᠡᠴᠡᠭ 火烧兰 Epipactis helleborine (L.) Crantz

145-17 ᠬᠦᠷᠡᠩ ᠴᠡᠴᠡᠭ 火烧兰属 Epipactis Zinn

145-16-1 ᠴᠡᠴᠡᠭ 对叶兰 Listera puberula Maxim.

145-16 ᠴᠡᠴᠡᠭ 对叶兰属 Listera R. Br.

145-15-1 ᠴᠡᠴᠡᠭ 朱兰 Pogonia japonica H. G. Reich.

145-15 ᠴᠡᠴᠡᠭ 朱兰属 Pogonia Juss.

145-14-1 ᠳᠣᠯᠳᠣᠢ ᠭᠠᠷᠤᠳᠠᠢ 小斑叶兰 Goodyera repens (L.) R. Br.

581

中文名索引

拉丁文名索引

617